郑州黄河志

（1948～2015）

郑州黄河河务局　编

黄河水利出版社
·郑州·

图书在版编目（CIP）数据

郑州黄河志．1948～2015/郑州黄河河务局编．—郑州：黄河水利出版社，2018.12
ISBN 978-7-5509-2228-0

Ⅰ.①郑…　Ⅱ.①郑…　Ⅲ.①黄河-水利史-郑州-1948-2015　Ⅳ.①TV882.1

中国版本图书馆 CIP 数据核字(2018)第 292447 号

策划编辑:岳晓娟　　电话:0371-66020903　　QQ 邮箱:2250150882@qq.com

出 版 社:黄河水利出版社
　　地址:河南省郑州市顺河路黄委会综合楼 14 层　邮政编码:450003
发行单位:黄河水利出版社
　　发行部电话:0371-66026940、66020550、66028024、66022620(传真)
　　E-mail:hhslcbs@126.com
承印单位:河南瑞之光印刷股份有限公司
开本:889 mm×1 194 mm　1/16
印张:40.5　　插页:12
字数:900 千字　　印数:1—2 000
版次:2018 年 12 月第 1 版　　印次:2018 年 12 月第 1 次印刷

定价:360.00 元

《郑州黄河志》编纂委员会成员名单

（2011.4～2013.5）

主 任 委 员　刘培中
副主任委员　申家全　张治安
委　　　员　（以姓氏笔画为序）
丁学奇　万　勇　马水庆　王广峰　王巧兰　王玉华
王实诚　王春雷　申家全　任爱菊　刘　平　刘天才
刘培中　朱松立　余孝志　张东风　张汝印　张治安
张宝华　张海鹰　张福明　李予生　李长群　李　强
杨秀丽　杨建增　杨　玲　武青章　范晓乐　范朋西
贺庭虎　赵书成　贾志诚　秦金虎　秦新国　高建伟
崔景霞　蔡长治　薛西平

《郑州黄河志》编纂委员会成员名单

（2013.5～）

主 任 委 员　朱松立
副主任委员　申家全　刘　巍　张治安
委　　　员　（以姓氏笔画为序）
万　勇　王广峰　王巧兰　王玉华　王实诚　申家全
石红波　任爱菊　刘　平　刘　巍　朱松立　余孝志
张东风　张汝印　张治安　张宝华　张海鹰　张福明
李予生　李长群　李百军　李爱军　李　强　杨秀丽
杨建增　杨　玲　武青章　范朋西　贺庭虎　赵书成
贾志诚　秦金虎　秦新国　高建伟　黄晓霞　蒋胜军
蔡长治　薛西平

编纂委员会办公室人员名单

（2011.4～2016.7）

主　任　秦新国

成　员　温　婧

编纂委员会办公室人员名单

（2016.7～）

主　任　蒋胜军　秦新国

成　员　温　婧　黄晓霞　吕志华　张　健

《郑州黄河志》编写人员名单

主　编　刘培中　朱松立

副主编　申家全　刘　巍　张治安　秦新国

编写人员

温　婧　蒋胜军　黄晓霞　吕志华

张　健　李　敏　辛　虹

审校人员

蔡长治　余孝志　秦金虎　张汝印

赵书成

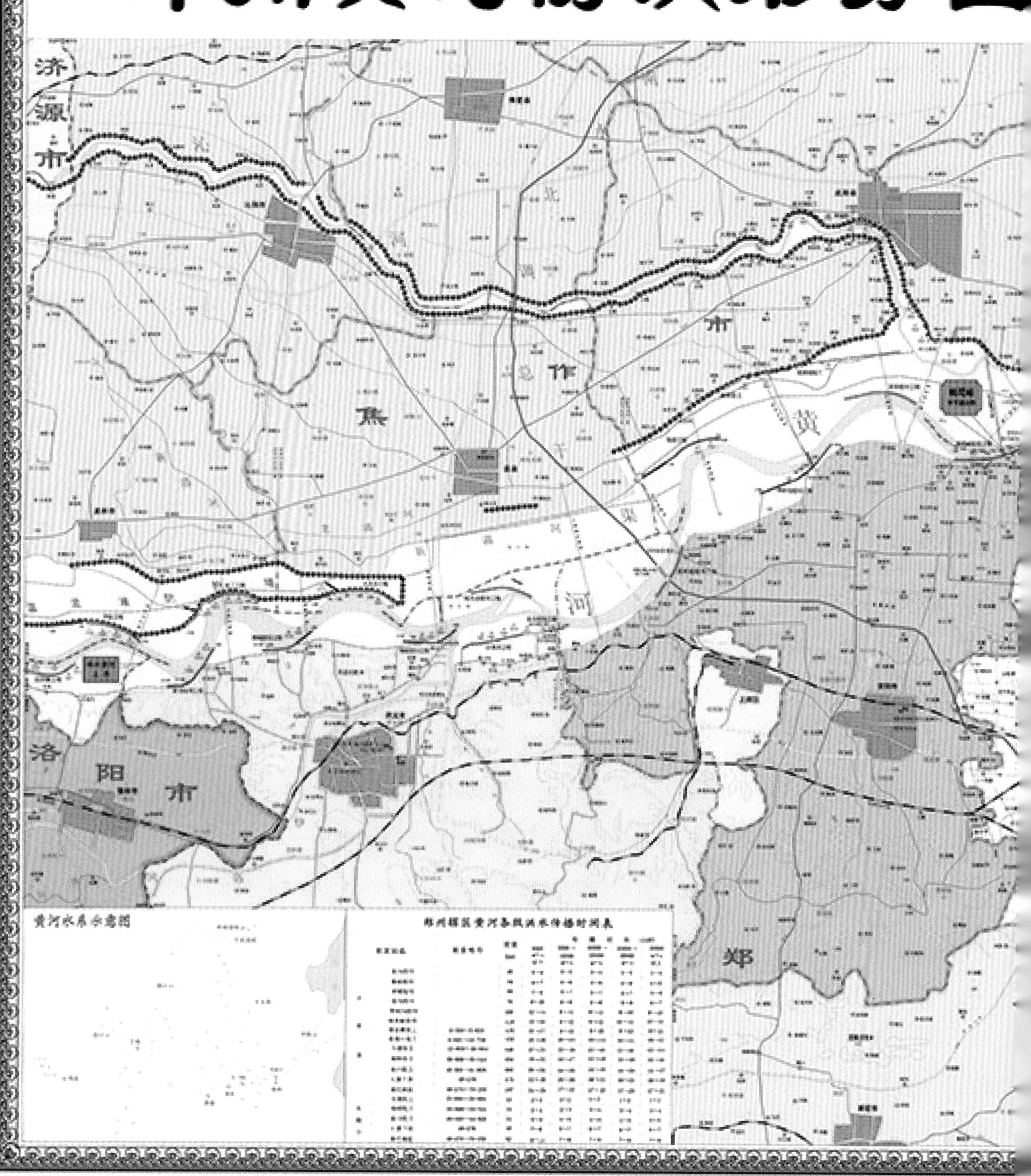
郑州黄河防洪形势图
济源市
焦作市
黄河
洛阳市
郑
黄河水系示意图
郑州辖区黄河各级洪水传播时间表

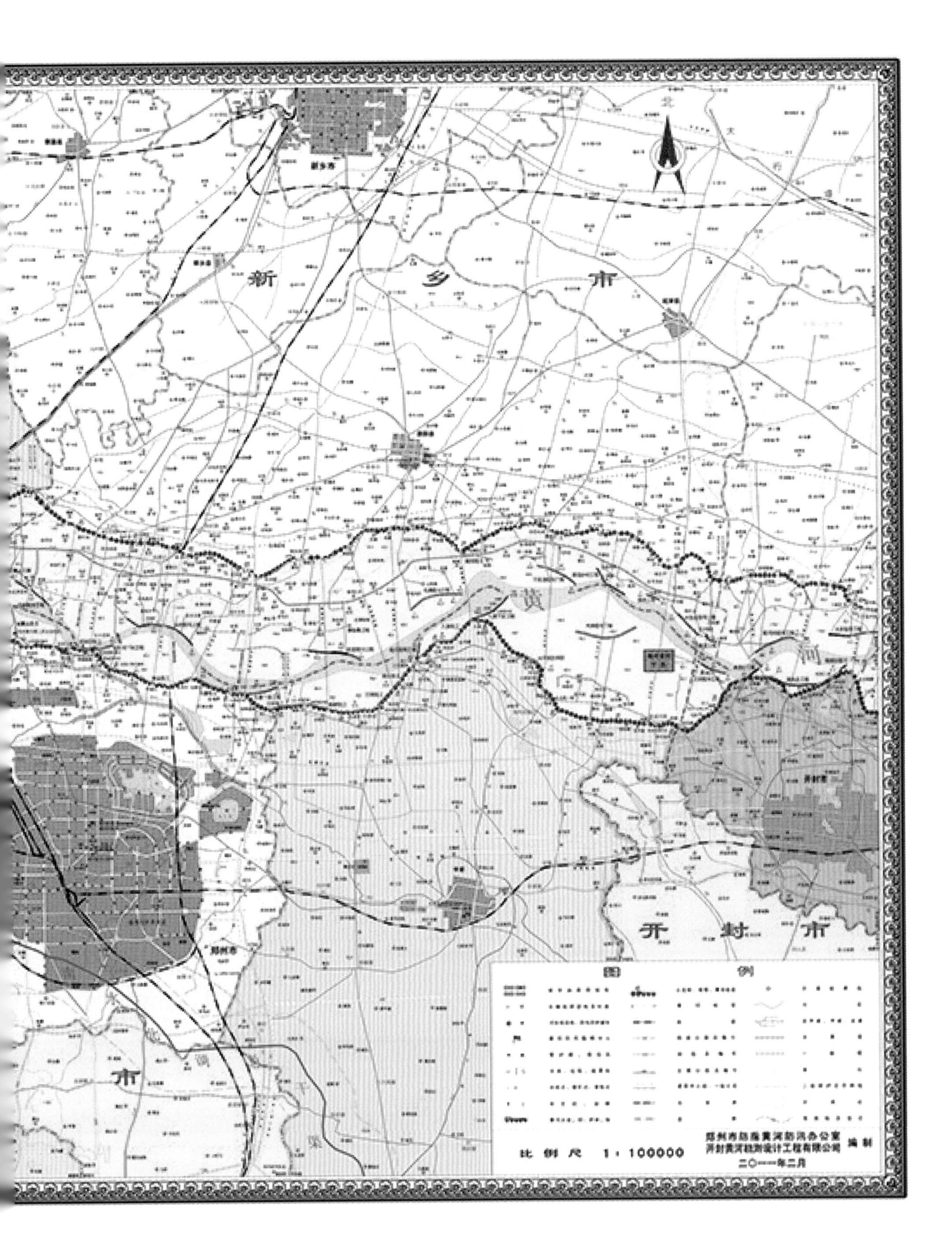

北
新 乡 市
黄
河
开 封 市
郑州市
市
图 例
比 例 尺 1：100000
郑州市防指黄河防汛办公室
开封黄河勘测设计工程有限公司
编 制
二〇一一年二月

黄河流域简图

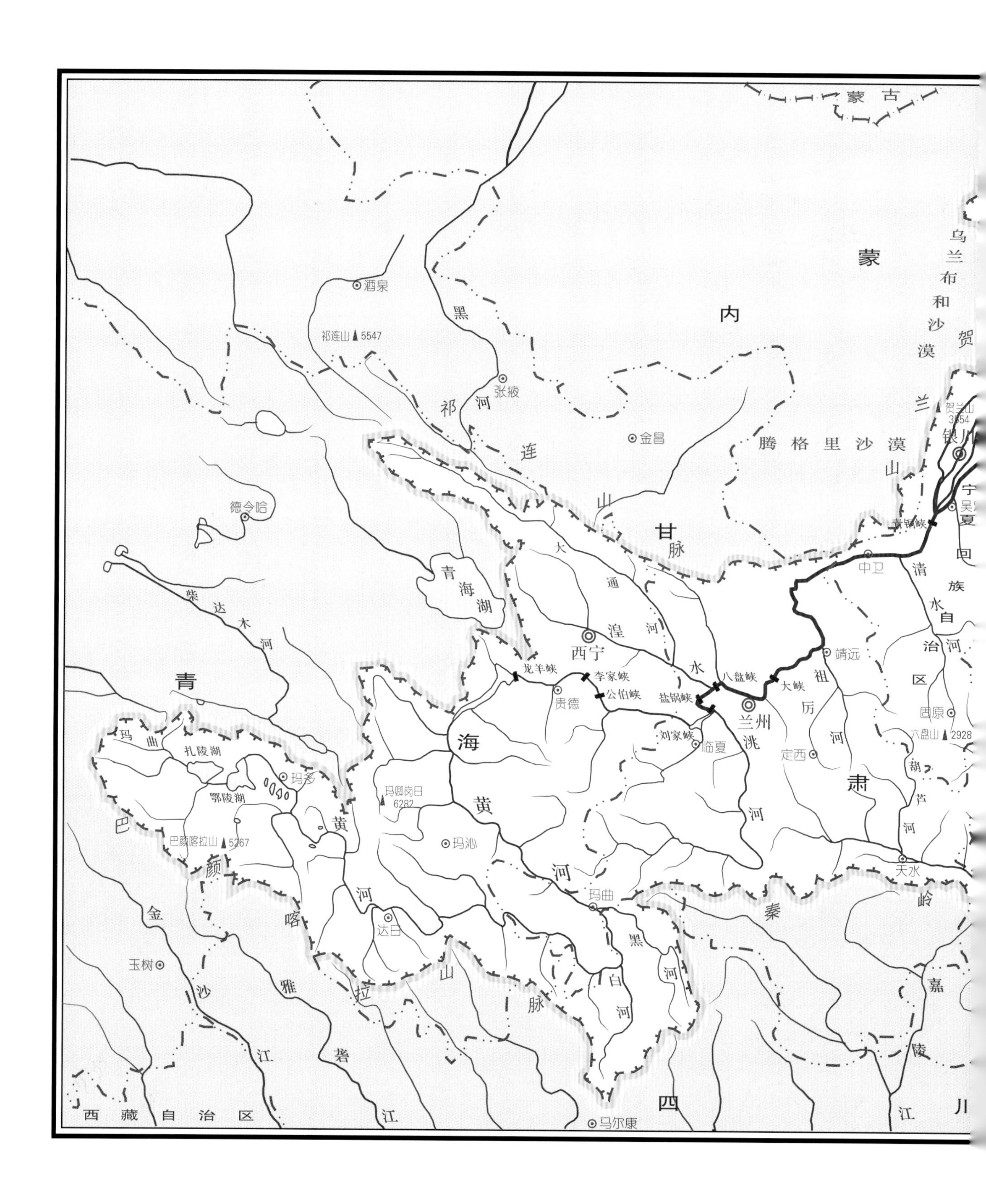

蒙古
乌兰布和沙漠
蒙
内
贺兰山
3554
银川
腾格里沙漠
酒泉
黑河
祁连山 5547
张掖
祁连山脉
金昌
宁夏回族自治区
吴忠
青铜峡
中卫
清水河
甘
大通河
湟水
德令哈
青海湖
西宁
柴达木河
龙羊峡
李家峡
公伯峡
八盘峡
盐锅峡
大峡
靖远
祖厉河
固原
六盘山 2928
贵德
兰州
刘家峡
临夏
洮河
定西
青
玛曲
扎陵湖
鄂陵湖
玛多
海
玛卿岗日 6282
黄河
葫芦河
肃
巴颜喀拉山 5267
玛沁
天水
巴颜喀拉山脉
金沙江
玉树
达日
玛曲
黑河
白河
秦岭
嘉陵江
雅砻江
西藏自治区
四川
马尔康

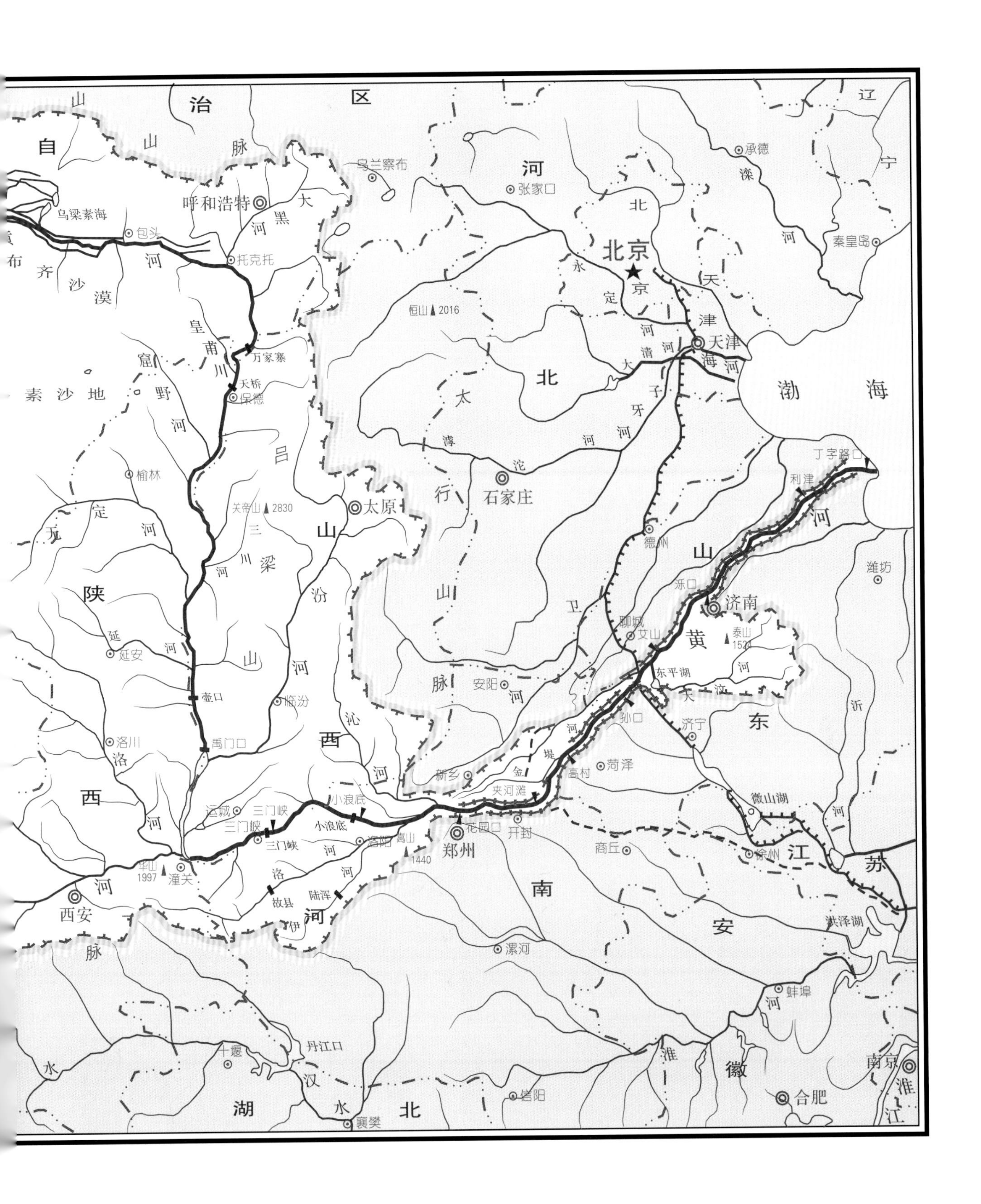

黄河中下游交界碑 —— 郑州黄河桃花峪
（2013 年）

黄河下游右岸大堤里程碑
（2013 年）

郑州、开封黄河交界牌（堤防千米桩号 70+250）（2002 年）

郑州黄河堤防春色

（2013年）

郑州黄河堤防秋色

（2013年）

郑州黄河花园口险工

（2013年）

郑州黄河神堤控导工程

（2006年）

郑州黄河九堡控导工程

（2015年）

郑州黄河韦滩灌注桩工程

（2013年）

郑州黄河花园口引黄闸

（2007 年）

郑州黄河赵口引黄闸

（2011 年）

郑州黄河金沟控导工程块石进占施工
（2012年）

郑州黄河九堡控导工程沉排施工
（1990年）

黄河花园口水位站

（2012 年）

郑州黄河防汛麻料

（2012 年）

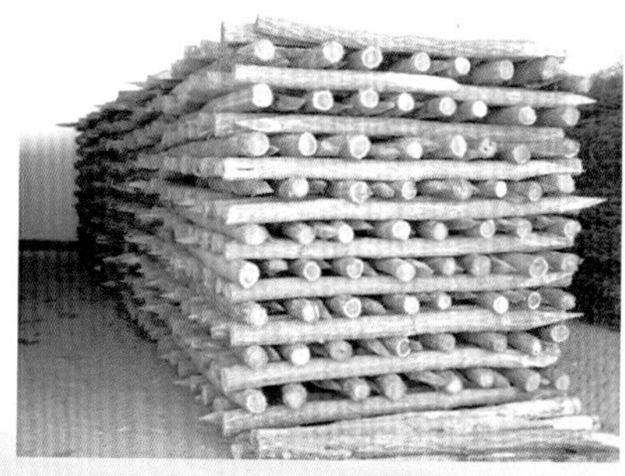

郑州黄河防汛木桩

（2012 年）

郑州黄河防汛石料

（2012 年）

郑州黄河人工捆抛铅丝笼抢险
（1998 年）

郑州黄河人工捆抛柳石枕
（2012 年）

郑州黄河长臂机抛石整坡
（2012 年）

郑州黄河自卸汽车抛石
（2012 年）

郑州黄河机械化抢险队整装待发
（2013 年）

郑州黄河九堡控导工程人工打桩
（1990 年）

20 世纪 80 年代黄河知名抢险专家（郑州）赵春合传授拴打家伙桩技能

从邙山眺望黄河
（2010 年）

郑州黄河大桥
（2013 年）

京珠高速公路郑州黄河特大桥
（2013 年）

黄河水扮美丽的郑东新区
（2013 年）

洪湖监利长江干堤加固工程（2004 年
郑州黄河工程公司承建）

郑州天诚信息工程有限公司参加北京
水博会（2009 年）

河南省、黄委会青年“保护母亲河行动”启动仪式在中牟黄河举行
（千米桩号 52+000 处）（1999 年）

植树造林绿化黄河
（2010 年）

郑州黄河淤背区绿化一瞥
（2010 年）

植树造林绿化黄河
（2011 年）

郑州黄河堤防雪松长势喜人
（2011 年）

黄河花园口景区大门
（2011年）

黄河花园口景区一瞥
（2011年）

职工精心养护树木
（2012年）

郑州黄河堤防栾树郁郁葱葱
（2012年）

植树造林绿化黄河
（2014年）

职工志愿队净化美化黄河
（2012年）

黄河母亲雕塑
（2013 年）

大禹雕塑
（2013年）

炎黄二帝大型雕塑
（2013 年）

汉霸二王城战马嘶鸣
（2013 年）

黄河博物馆
（2013 年）

郑州二七纪念塔
（2013 年）

黄河花园口记事广场

（2013 年）

黄河花园口镇河铁犀

（2013 年）

郑州河务局机关喜迎国庆

（2012 年）

庆“五一”活动

（2007 年）

闹元宵

（2010年）

离退休职工太极拳比赛

（2010 年）

机关职工拓展训练

（2011 年）

离退休职工欢度重阳节

（2011 年）

机关职工早操

（2012 年）

廉政宣誓

（2015 年）

保卫母亲河行动

（2015 年）

春节联欢会

（2016 年）

郑州河务局及所属单位荣获“省级文明单位”称号

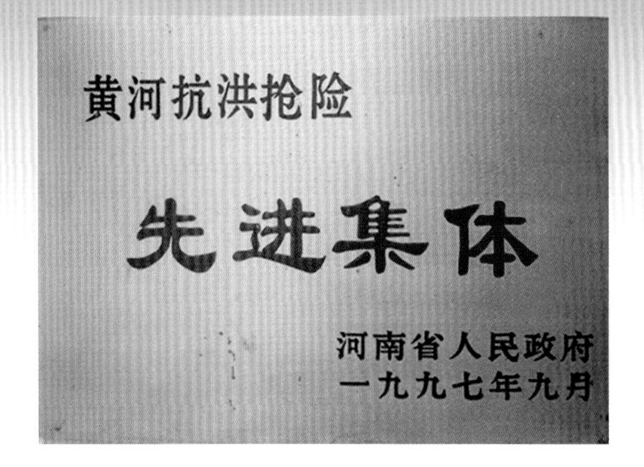

郑州河务局荣获河南省“黄河抗洪抢险先进集体”称号

证书

荣获全国职工职业道德百佳班组称号。

一九九九年七月

1999年荣获“全国职工职业道德百佳班组”称号（郑州中牟九堡守险班）

1999年荣获中组部“先进党支部”称号（郑州中牟老干部党支部）

企业信用等级证书

CERTIFICATE OF ENTERPRISE CREDIT GRADE

郑州黄河工程有限公司：

中国水利工程协会对郑州黄河工程有限公司的信用状况进行了评价，结果为水利水电工程施工AAA。评价时间：2010年12月。特发此证。

This is to certify that ZHENGZHOU YELLOW RIVER ENGINEERING CO.,LTD is rated as Water Resources and Hydropower Project Construction AAA credit grade by China Water Engineering Association.Evaluation time:December,2010.

证书说明：

Notes：

1、企业信用等级自评定之日起有效期为三年。
The enterprise credit grade is valid for 3 years starting from the date of issue.

2、企业信用等级实行复审制度，有效期内，每年复审一次，经复审合格的，加盖复审章后可继续使用；信用状况发生变化的，需重新评定信用等级并更换证书。
The credit grade should be re-examined every year in the period of validity.If the credit status has changed, the credit grade should be re-evaluated and the certificate should be changed.

3、有效期内企业改变名称的，必须持证到发证单位办理变更手续。
If the enterprise changes name in the period of validity,it shall take the certificate to the issue unit to go through the formalities for the change.

4、本证书只证明企业在有效期内的信用状况，不作他用。
The certificate is only used to prove the credit status in the period of validity.

5、本证书不得涂改、转借。
Modifications or use by any other person is not allowed.

复审记录：

Re-examination record：

中国水利工程协会

China Water Engineering Association

二〇一一年一月六日

荣誉证书

郑州黄河工程有限公司：

荣获“2012年全国工程建设优秀施工企业”，特颁此证。

中国施工企业协会

二〇一二年七月

2011年郑州黄河工程公司为国家水利一级资质企业，次年荣获“2012年全国工程建设优秀施工企业”

编纂会议

《郑州黄河志》编纂工作动员会

（2012年）

《郑州黄河志》编纂工作培训会

（2012年）

《郑州黄河志》目录专家评审会

（2012年）

《郑州黄河志》初稿专家评审会

（2012年）

《郑州黄河志》编纂工作推进会

（2014年）

《郑州黄河志》三审稿专家评审会

（2016年）

序

黄河是华夏文明的摇篮，是中华民族的母亲河。

在5000年的华夏文明史中，河南作为全国政治、经济、文化的中心长达3000多年，在中国发展史上有着十分重要的地位。郑州市作为国家中心城市、中部地区枢纽和河南省省会，处在引领中原经济区建设发展的核心位置。黄河安澜之于河南、之于郑州有着更为重要的意义。

黄河又是一条桀骜不驯的河流，以“善淤、善决、善徙”闻名于世。郑州黄河地处黄河中游和下游的过渡河段，河道由窄变宽，尤其是下游河道宽浅散乱、河势游荡多变，泥沙淤积严重，“地上悬河”问题突出，所辖河段内有伊洛河、沁河汇入，汛期洪水突发性强，预见期短，回旋余地小，历史上决溢频繁。从先秦时期到民国2500余年间，黄河下游共决溢1500多次，大改道26次，特别是1938年国民党扒开郑州花园口大堤造成的决口，致使黄河改道8年零9个月，洪水所及之处人民灾难深重，令人扼腕。

“黄河宁，天下平”是炎黄子孙一直追求的梦想。从远古时期的大禹治水开始，历朝历代都为治理黄河水患进行了不懈的探索与奋斗。1948年10月22日，郑州解放，开启了郑州人民治黄的新纪元。1952年10月31日，毛泽东主席第一次离京出巡就亲临郑州黄河等地视察，发出了“要把黄河的事情办好”的伟大号召。党中央、国务院高度重视黄河治理与开发，毛泽东、周恩来等老一辈无产阶级革命家和江泽民、胡锦涛、习近平等历届党和国家领导人多次到郑州黄河视察。黄河郑州段是国家防总明确的确保堤段，人民治黄特别是中华人民共和国成立以来，国家一直把郑州段列为黄河治理与开发的重点河段，投入了巨大的人力、物力和财力，加复大堤、改建坝岸、整治河道，工程抗洪能力显著提高，并建成了较为完善的防汛指挥调度系统，在水利部、黄委、河南黄河河务局和地方党委、政府的正确领导下，郑州广大干部群众众志成城、顽强拼搏，依靠工程措施和非工程措施，赢得了黄河70年岁岁安澜，为郑州乃至河南经济社会稳定发展创造了安全的环境，取得了巨大的经济效益和社会效益。在除害的同时注重兴利，建闸（站）引黄、兴建灌区，大力开发黄河水资源，已累计引用黄河水110多亿立方米，为郑州及周边地区发展提供了重要的水资源支撑。进入21世纪后，郑州黄河河务局及各级党委、政府进一步发扬

“团结、务实、开拓、拼搏、奉献”的黄河精神,积极践行治黄新理念和新思路,实施了标准化堤防建设、下游涵闸除险加固、水资源依法统一调度、防汛信息化建设等一系列重大举措,黄河治理体系与治理能力现代化水平不断提高。

盛世修志是中华民族的优良传统。也是资治、存史、鉴今和惠及子孙的伟业。为进一步留存治河史实,总结治河经验,促进黄河治理开发,郑州黄河河务局于2011年8月启动《郑州黄河志》编纂工作。经过7年的不懈努力,《郑州黄河志(1948~2015)》即将出版。它的出版,是郑州人民治黄事业及黄河史志编纂工作的又一重要成果。

《郑州黄河志(1948~2015)》以黄河郑州段的治理开发与管理为中心,运用辩证唯物主义和历史唯物主义修史方法,遵循志书体例,站在河南治黄事业不断创新发展的高度,突出流域、专业、部门特点,实事求是地记录1948~2015年黄河郑州段发展变化的重要历史及重大事件。该志书是一部郑州人民治黄事业发展历程活的“史实”和实用性较强的志书。它的出版,必将进一步推动郑州治黄事业迈向新台阶,助力各级党委、政府及各有关部门进一步办好黄河的事情,让黄河更好地造福广大人民群众、造福中华民族。

司毅铭

2018年8月

凡 例

一、《郑州黄河志(1948～2015)》的编写以马列主义、毛泽东思想、邓小平理论、“三个代表”重要思想、科学发展观以及习近平新时代中国特色社会主义思想为指导,坚持实事求是,坚持辩证唯物主义和历史唯物主义,力求达到思想性、科学性、资料性的统一。

二、本志贯彻国务院颁发的《地方志工作条例》和水利部《关于加强江河水利志编纂工作的通知》精神,依据黄委的统一部署,坚持“真实准确,质量第一”的原则,突出郑州黄河治理的特点,如实记述事物的客观实际,充分反映当代郑州黄河治理开发所取得的巨大成就。

三、内容断限:上限自1948年,下限至2015年。为反映事物发展和变化的历程及修志工作情况的需要,在限外进行必要的“上沿下顺”,将上限以上必要内容编入附录,下限以下必要内容编入相关章节。

四、本志以志为主体,辅以述、记、传、图、表、录、照片等,采用章、节和条目结合体,事一类从,横分纵述。章为最高层次,序、凡例、综述、各专业归类和附录、索引、编纂始末均独立成章,一级并列。章下依类设节,节以下以条目展开。章下设无题序言,节下据实确定。条目为实体,以时为序,归类编排,直陈其事。唯有郑州黄河河道和局属单位依上下游为序编排。附表、附图另设索引以便查找。

五、章、节、条目以事命题,条目标次第序码为六级,即“一”“(一)”“1.”“1)”“(1)”“①”。各级标题力求简明、规范,能准确涵盖所描述的内容。

六、文体使用,全志采用规范的语体记述文,文字力求准确、朴实、简洁、流畅。

七、字体使用,除引文和特殊情况必须用繁体字外,一律以中国文字改革委员会1986年10月公布的《简化汉字表》为依据,使用标准的简化字书写。

八、书写格式自左向右横排,标点符号按中华人民共和国国家标准《标点符号用法》(GB/T 15834—2011)执行。

九、名称使用,一般不用简称、俗称。各种机构、文件、会议、著作等名称全部使用全称。如名称过长,第一次出现时用全称并加括号注明以后所用的简称。地名用当时名称,并在括号内加注志书下限时的名称。纪年一般按公历。机构、职务按当时称谓记述。译名一般以通译为准。

十、书中注释,均采用文内注。文中图表用所在章和排列序号两个数字编码。

十一、数据引用,以统计部门为主,以主管部门和有关单位为辅。数字使用执行中华人民共和国《出版物上数字用法》(GB/T 15835—2011)。

十二、计量单位名称、符号的使用,以《中华人民共和国计量法》为准。做到计量准确,前后统一,凡见于行文的计量单位名称均用汉字表示,如千米、立方米等。历史上使用过的计量单位照录,也可换算成现行量值。

十三、《郑州黄河志(1948 ~2015)》资料来源,主要为档案、文献、史籍、工具书及征集调查资料,在编写过程中广采博取,并详加甄别核实,力求做到去伪存真,准确完整,翔实可靠,所引资料出处一般不予注明。

目　录

综　述

黄河是中国第二大河，发源于青海省巴颜喀拉山北麓海拔4500米的约古宗列盆地，流经青海、四川、甘肃、宁夏、内蒙古、山西、陕西、河南、山东9省(区)，在山东省垦利县注入渤海，干流全长5464千米。

黄河是中华民族的摇篮。在历史发展的长河中，黄河造就了中华民族的精神与品格，孕育了光辉灿烂的民族文化与文明。

历史上，由于社会制度和自然条件的限制，虽经大力治理，黄河下游决溢改道依然频繁。从先秦到中华民国的2500多年间，决口多达1500余次，两岸人民的生命财产损失惨重。

中华人民共和国成立后，在中国共产党领导下，沿黄军民响应毛泽东主席“要把黄河的事情办好”的伟大号召，开展了一场场整治黄河的气壮山河的战斗，取得了举世瞩目的成就。据不完全统计，人民治黄以来，毛泽东、周恩来等60多位党和国家领导人亲临郑州黄河(花园口)视察，做出了一系列指示，并多次在郑州召开会议，有力地推动了治黄事业的发展。被称为“中国之忧患”的黄河，70年伏秋大汛岁岁安澜。

为确保郑州黄河安澜，郑州人民发扬“团结、务实、开拓、拼搏、奉献”的黄河精神。对71.422千米堤防进行了三次大复堤和放淤固堤及标准化堤防建设，使现在的黄河大堤较解放初期大堤(上延)增长了1.172千米，加高了3米以上，堤身断面扩大了10倍，堤防道路全部硬化；对游荡性河道进行整治，基本控制河势，全部11处险工754道坝、垛、护岸进行了加高改建(占河南黄河险工1499个单位工程的50%)，并将全部土护岸和(秸料)土坝、垛进行了石化整治，极大地增强了工程抗洪强度。在“除害兴利，综合利用”治黄思想指导下，从20世纪50年代起，建设引黄涵闸(取水)工程14座，为郑州及周边市县工农业生产、生活及生态建设提供了水源支撑，从而使沿黄经济得以迅猛发展。从20世纪70年代起，新修河道工程12处坝(垛)409道，有效地控制了河势，减少了主流摆动和中常洪水的威胁，促进了滩区生产建设，改善了滩区群众生活条件。

在做好黄河工程建设的同时，郑州市委、市政府高度重视黄河防汛工作，认真贯彻落实“防汛抗洪工作实行各级人民政府行政首长负责制，统一指挥、分级分部门负责”和各项责任制度。经过多年的防汛抗洪抢险斗争，郑州黄河人总结出了防汛准备工作“五落实”：狠抓思想落实、组织落实、技术落实、工具料物落实、工程落实。在黄河工程施工方法、防汛抢险技术等方面，实现了由人力到机械化的跨越式发展，战胜了6次大洪水，使数百次重大险情及数万次一般险情转危为安。

加强河道运行管理,促进黄河生态建设。随着郑州治黄事业不断发展,水政水资源管理工作的地位日益凸显,对河道管理起着保驾护航的作用,对郑州及周边的供水做出了突出贡献。植树造林始终是郑州治黄工作中的一项重要任务。解放初期,以防风固沙为主,郑州黄河人发扬“有条件要上,没有条件创造条件也要上”的斗争精神,不畏艰难,在黄河滩区风口地段营造了一片又一片柳林,有效地阻止了“搬沙运动”(冬春天,风吹河沙南移,堆积在堤顶、堤坡及更远的地方);而后,在防风固沙的同时,以黄河防洪为主,大搞“临河防浪,背河取材”造林活动,在临背河护堤地栽植了大量的柳树和其他树种,培育了大量的防汛抢险料源,形成绿色长廊。

1980年以前,郑州黄河河务局(简称郑州河务局)的主要工作是“修、防、管”;1980年以后,主要工作是“修、防、管、营”,黄河产业经济应运而生。根据黄委“一手抓治黄,一手抓经济”的指导思想,1996年,郑州河务局在巩固原有企业的同时,新成立郑州黄河工程有限公司、郑州天诚信息工程有限公司等企业,面向社会,自主经营。到2015年,郑州河务局已有水利水电施工总承包一级企业1个、二级企业3个,城市园林绿化二级企业1个,计算机信息系统集成三级企业1个。各公司运营正常,取得了良好的经济效益和社会效益。

在做好治黄工作的同时,黄河职工生产生活环境发生了巨大的变化。郑州河务局机关建设从土坯房到砖瓦房,从砖瓦房到平房,从平房到楼房办公大院;职工住宅从无到有,从帐篷到土坯房,从土坯房到砖瓦房,从砖瓦房到平房,从平房到楼房生活小区;一线班组从茅草庵到茅草屋,从茅草屋到砖瓦房,从砖瓦房到平房小院,从平房小院到功能齐全的楼房大院。

黄河的发展离不开治黄队伍建设和人才的培养。郑州河务局1949年成立,至2015年十三届领导集体带领全体职工,治黄队伍从几十人发展到近2000人。郑州河务局及四个局属单位被授予省级文明单位;郑州河务局及局属单位多次被黄委授予先进集体,被河南黄河河务局(简称河南河务局)连年授予先进集体。郑州河务局被中组部授予离退休干部职工管理先进集体,被中共河南省委授予学习型先进单位;中牟河务局离退休党支部被中组部等授予先进党支部;中牟河务局九堡守险班被国家授予“双百佳”班组,等等,诸多殊荣激励着郑州河务局每一位职工献身治黄事业。

黄河流域的自然环境孕育了黄河文化。从早期裴李岗龙山文化,到唐宋时期,河南长期作为全国政治经济文化中心,对中华文化的传承发展产生了深远的影响。郑州是河南政治经济文化中心,是河南的缩影,商城曾是全国文明古都之一,沿黄风景名胜星罗棋布。悠久的历史,灿烂的文化,对实现中原崛起,增强民族凝聚力,扩大对外开放,产生了巨大影响。至2015年,已建设运用跨穿黄河工程19座(处),规划待建1座,其中,黄河铁路大桥3座,公铁两用黄河大桥1座,黄河公路大桥7座(一座在建);黄河浮桥3座;穿河工程6处。这些工程的建设,为郑州的交通、供电、供气等起到了不可替代的作用。

第一章　河道经济概况

郑州黄河是黄淮海大平原脊轴的龙头，是“地上悬河”之首。河道地形复杂，纵坡缓、横坡陡，南岸低、北岸高，洪水具有涨势猛、洪峰高、含沙量时空分布不均、预见期短等突出特点。

黄河素有“铜头铁尾豆腐腰”之称。黄河中上游为“铜头”，黄河下游275千米（其中，河南段255千米、山东段20千米）游荡性河道为“豆腐腰”，黄河下游的下段为铁尾。因此，河南黄河显得尤为重要，然而更为险要的是郑州黄河河道。郑州黄河河段160千米全部在河南游荡性河道之中，占河南黄河游荡性河道（右岸）的65%；险工11处，占河南37处的30%；险工长47.223千米，占河南险工117千米的40%；险工坝垛护岸751道，占河南坝垛1499道的50%；涵闸（取水工程）14座，占河南涵闸37座（一座涵闸一个险点）的38%。

在河南境内有五条支流汇入郑州黄河，流域面积34394平方千米。其中，郑州辖区内有伊洛河、汜水河和枯河三条支流汇入，流域面积19691平方千米；辖区对岸有沁河、蟒河两条支流汇入，流域面积14703平方千米。

郑州黄河河段另有21处（座）跨穿黄工程、7处渡口等非防洪工程。

郑州河段情况复杂，跨河工程、建筑物、片林、涉水船只、旅游服务业等不定因素多；洪水特点突出，面对黄河下游洪水，郑州河段首当其冲，洪水来势猛、预见期短、应急任务重，要确保标准22000立方米每秒洪水容得下、送得出的艰巨任务。总的来讲，郑州黄河险工长，坝垛护岸多、涵闸多、复杂情况多，防汛任务大、抗洪任务大、抢险任务大、救灾任务大、管理任务大，即形成郑州黄河“一长、三多、五大”的特点。郑州黄河具有三个突出特点：一是黄河花园口以上是禹门古道，以下是明清河道；二是受地心引力作用，黄河主流多靠右（南）岸；三是游荡性河段之首。

由此可见，黄河下游是黄河防洪的重点，河南黄河是黄河下游防洪的重点，郑州黄河是河南防洪的重点。郑州黄河是黄河防洪的重中之重则由此而来。郑州黄河河段，是国家明确的黄河防洪的确保河段，必须严防死守，确保万无一失。

依托郑州黄河，郑州辖区文化名胜星罗棋布，经济发展较快，居河南之首。

第一节　郑州黄河干支流

一、郑州黄河干流

郑州河段位于黄河中游下界和下游上首南岸,河道长160千米。其中,无堤防河道长88.588千米,有堤防河道长71.422千米。黄河自洛阳偃师进入郑州辖区,西起巩义市杨沟,流经巩义、荥阳、惠济、金水、中牟五县(市、区),在中牟县狼城岗镇东狼村东入开封境。河道呈"上陡下缓,北高南低,游荡善变,宽浅散乱"等态势,河势查勘描述为"东流流、西流流,一片乱流"。

(一)河道地形

郑州黄河河段在黄河南岸,与焦作、新乡隔河相望,流向自西向东,横跨黄河中下游和黄河二、三两个阶梯,为强力堆积的冲积性平原河流,横贯于华北大平原。河床高程,上首110米,下界82米,高差28米。河道比降:上陡下缓,京广铁桥以上河道纵比降为0.25‰,京广铁桥以下为0.18‰;横比降多为北高南低。一般河道宽度5～10千米,最窄处在无堤防河道的邙山提灌站与对岸共产主义渠首闸之间为4.5千米,有堤防河道的辛寨断面为5.5千米;最宽处在有堤防河道陡门断面为15千米。河道断面为复式断面,堤距5.5～15千米,河槽1～3千米,主槽1～2千米。滩地面积35.62万亩,其中耕地面积31.04万亩,分别为巩义市6.58万亩、荥阳市5.64万亩、惠济区6.73万亩、金水区0.54万亩、中牟县11.55万亩。河床滩面一般高于堤外地面3～5米,是世界上著名的地上"悬河",成为黄淮海大平原的脊轴。干流河道以北属海河流域,以南属淮河流域。根据历史文献记载,黄河在郑州境发生决溢改道的次数居多。

桃花峪是黄河中下游的分界点。现河道是在不同历史时期内形成的,桃花峪以上属中游,原是禹河故道,距今有4000余年的历史,南岸为绵延的邙山,高出水面100～150米;北岸为青风岭,断续的黄土低崖,高出水面10～40米。桃花峪以下属下游,原是明清故道,距今有500余年的历史,该河段全靠堤防约束,为典型的游荡性河道,是现阶段黄河下游河道整治的重点河段。

(二)水文特征

郑州黄河水位观测点见图1-1。

1. 洪水特征

郑州黄河河段洪水的发生时间与暴雨出现时间一致,主要是每年的7～10月,常称之为"汛期"。洪水来源可分为4个地区,即上游区,中游河口镇—龙门区间(简称河龙间)、龙门—三门峡区间(简称龙三间)、三门峡—花园口区间(简称三花间)。其对下游影响最大的是中游三个区域的来水情况。从现有资料来看,中游三区经常出现以下三种

图 1-1　郑州黄河水位观测点(2012 年)

洪水遭遇情况:一是河龙间与龙三间洪水相遇,形成三门峡以上大洪水和特大洪水,与此相应的三花间洪水很小,这就是常说的以三门峡以上来水为主的“上大型洪水”,如 1843 年和 1933 年洪水为“上大型”典型洪水。这类洪水具有洪峰高、洪量大、含沙量大的特点,对黄河下游威胁严重;二是三花间出现大洪水或特大洪水与三门峡以上一般洪水遭遇,专业称之为“下大型洪水”,如 1761 年和 1958 年洪水为“下大型”典型洪水,其特点是洪水涨势猛、洪峰高、含沙量小、预见期短,对黄河下游防洪威胁最大。据历史调查的最大洪水发生在 1843 年,陕西站洪峰流量为 36000 立方米每秒,实测最大洪水发生在 1958 年,花园口洪峰流量 22300 立方米每秒;三是龙三间与三花间洪水遭遇。对花园口来说,三门峡上下的洪水约各占 50%,简称为“上下较大型洪水”,对下游洪水也有威胁。郑州辖区黄河各级洪水传播时间表见表 1-1。

郑州黄河河道槽滩宽阔,且滩地植物多,糙率大,漫滩洪水流速小,因而槽蓄量较大,削减洪峰显著。如 1958 年花园口洪峰流量 22300 立方米每秒,洪水传播至孙口站洪峰流量为 15900 立方米每秒,河道蓄洪量 29. 5 亿立方米,削减洪峰 6400 立方米每秒,占总洪峰流量的 28. 6% 。1982 年花园口洪峰流量为 15300 立方米每秒,河道蓄洪量为 32. 98 亿立方米,削减洪峰 4900 立方米每秒,占整个洪峰流量的 32% 。河道削峰作用与洪水的大小有关。一般情况下,洪水愈大,洪峰愈瘦,其削峰作用就愈明显。然而,自 1992 年(6430 立方米每秒)以来,由于主河槽萎缩,“二级悬河”形势加重,中常洪水情况下槽蓄量也有加大的趋势。如“96 · 8”洪水,花园口站洪峰流量 7600 立方米每秒,属于中常洪水,但因水位高,推进速度慢,漫滩严重,滩区大量滞蓄洪水。郑州河段洪水有着和其他河段不同的特点:小浪底、黑石关、武陟三站洪水出现只需两三个小时就进入本河段,洪水突发性强、形成快、来势猛、预见期短。

表 1-1 郑州辖区黄河各级洪水传播时间表 (单位:小时)

起至站名		各险工起至桩号	距离(千米)	洪水级别(立方米每秒)				
				5000以下	5000～10000	10000～15000	15000～20000	20000以上
小浪底	赵沟控导	无堤防河道	45	5～6	3～5	3～5	3～5	3～4
	裴峪控导	无堤防河道	56	6～7	4～6	4～6	4～6	4～5
	神堤控导	无堤防河道	66	7～9	5～7	5～7	5～7	5～6
	枣树沟控导	无堤防河道	106	12～14	8～11	8～11	8～10	8～10
	桃花峪控导	无堤防河道	119	13～16	9～12	9～12	10～11	10～11
	保合寨险工	0+300～5+820	125	14～17	9～13	9～13	9～13	9～11
	花园口险工	6+663～16+738	132	15～18	10～14	10～14	10～14	10～12
	马渡险工	22+800～26+664	148	17～21	12～16	12～16	12～16	12～14
	杨桥险工	30+968～35+514	156	19～22	13～17	13～18	13～18	13～16
	赵口险工	40+364～44+820	166	20～24	14～19	14～19	14～19	14～17
	九堡下延	49+270	175	22～26	15～20	16～21	16～21	16～19
	南仁滩区	49+270～70+250	187	24～29	17～22	17～23	17～23	17～21
花园口	马渡险工	22+800～26+664	13	2～3	1～2	1～2	1～2	1～2
	杨桥险工	30+968～35+514	21	3～4	2～3	3～4	3～4	3～4
	赵口险工	40+363～44+820	31	5～6	4～5	4～5	4～5	4～5
	九堡下延	49+270	40	7～8	5～7	6～7	6～7	6～7
	南仁滩区	49+270～70+250	52	9～11	7～8	7～9	7～9	7～9

注:此表为2000年以前的统计分析成果表。

2. 泥沙特征

1)黄河来水来沙异源

进入黄河下游的水沙主要来自三个区间:一是河口镇以上,水多沙少,水流较清。河口镇多年平均年水量占“三、黑、小”(三门峡、黑石关、小浪底)的56.2%,而年沙量仅占9.8%。二是河口镇至三门峡区间(简称河三间),水少沙多,水流含沙量高。三是伊洛河和沁河,为黄河又一清水来源区,两条支流合计,多年平均年水量占“三、黑、小”的9.6%左右,而年沙量仅占1.9%。

2)水沙量年际、年内分布不均

水沙量年际间分布不均。“三、黑、小”水文站最大年沙量为1933年的37.63亿吨(按水文年,下同),为最小年沙量1.85亿吨(1961年)的20.3倍;最大年水量为753.7亿立方米(1964年),为最小年水量178.7亿立方米(1991年)的4.2倍。花园口站最大年来沙量为1958年的27.8亿吨,为最小年来沙量1987年2.48亿吨的11.2倍。由于水少沙多,遇到来沙高度集中的洪水时,往往引起河床的强烈冲淤,河势剧变,出现“横河”

"斜河"。

水沙量年内分布不均，主要集中于汛期。"三、黑、小"多年平均汛期水量占全年水量的55.9%，汛期沙量占全年沙量的87.7%。

3）近期水沙变化特点

20世纪80年代中期以后，1986～1999年下游的年平均水量为275.2亿立方米，仅占长系列来水量的67.6%，汛期水量减少尤其突出，仅为长系列的56.6%；20世纪80年代和90年代沙量分别为8亿吨、9.52亿吨，也比长系列减少。水量减少主要是由于黄河处于相对枯水期，同时工农业用水也迅速增加；沙量减少主要是由于中游地区暴雨强度和频次减少，同时水土保持也起一定作用。由于自1986年龙羊峡、刘家峡联合调节运用，使进入下游汛期洪峰基流减少2000～3000立方米每秒。水沙量及年内分配变化和三门峡入库水沙变化类似，汛期来水比例减少。

1999年10月小浪底水库蓄水运用后，水沙变化情况详见附录"调水调沙"。

3. 河道冲淤

郑州黄河河道两岸堤距5.5～12.7千米，河槽宽1.5～7.5千米。由于堤距较宽，溜势分散，泥沙易于淤积，加之主溜摆动频繁，新淤滩岸抗冲能力弱，主溜冲滩岸坐弯后，易形成"横河""斜河"顶冲大堤，威胁堤防安全。该河段历史上决口频繁，中华人民共和国成立后虽然没有发生决口，但是危及堤防安全的重大险情不断，是历年汛期重点防守河段。黄河下游河道属于多泥沙平原堆积性河道，水流作用于河床，引起滩化；滩槽的变化又改变了对水流的约束条件，使水流发生相应的变化。来水量及其过程可以改变水流在河床中的运动形式；来沙量及其过程影响着滩槽的冲淤，也将改变河势状况；高含沙水流通过时，又会塑造相应的断面形态。因此，河势处于永无休止的变化过程中。

郑州黄河平原河段是黄河淤积的主要河段，河道整体表现为"地上悬河"，泥沙淤积严重，河道高悬地上。大水淤滩刷槽，小水淤槽不刷滩。其中来水来沙是河道冲淤的决定因素。每遇暴雨，来自黄河中游的大量泥沙随洪水一起进入下游，使郑州河道发生严重淤积，尤其是高含沙洪水，郑州河道淤积更为严重，河道冲淤年际间变化较大。郑州黄河河道呈现"多来、多淤、多排"和"少来、少淤（或冲刷）、少排"的特点。根据统计，铁谢—花园口河段1950年7月至1960年6月全断面淤积0.62亿吨，1964年11月至1980年10月全断面淤积0.73亿吨，1980年11月至1985年10月全断面冲刷0.36亿吨。1986年以来，由于龙羊峡水库的投入运用，进入下游的水沙条件发生了较大变化，主要表现出汛期来水比例减少、非汛期来水比例增加，洪峰流量减小、枯水历时增长的特点。该时期由于枯水历时较长，前期河槽较大，主槽淤积严重。

二、郑州黄河支流

黄河在郑州境内的支流有伊洛河、汜水河、枯河三条，对岸焦作有沁河和蟒河两条支流汇入。此为下大洪水的主要来源区，流域面积34394平方千米，其中，无控制流域面积达27000平方千米;叠加洪峰流量1万立方米每秒以上,年注入郑州黄河水量近百亿立方米。该区洪水来势猛,预见期短。

(一)伊洛河

伊河与洛河在偃师县杨村汇流后,谓之“伊洛河”。洛河,源出陕西洛南县冢岭山。伊水,源出卢氏县伏牛山关顿岭北麓。伊、洛两河,在偃师市高村汇流后入巩义市,经回郭、芝田、康店、孝义、站街、南河渡等6个乡(镇),在南河渡镇神北村注入黄河(见图1-2)。

图1-2 伊洛河汇入郑州黄河(2012年)

伊洛河总长447千米,流域面积18881平方千米,巩义境内河长37.8千米,流域面积803平方千米。伊洛河巩义段原来无完整的堤防,1958年7月17日伊洛河黑石关站出现9450立方米每秒洪峰后,重新整修了两岸堤防,堤距1400～1800米,两岸堤防长31.68千米。

伊洛河上游在伊河和洛河上分别建有陆浑水库和故县水库。伊洛河在郑州境内的主要支流有登封市狂水河和巩义市干沟河、坞罗河、后寺河、东泗河、西泗河。1948年以后,先后在支流上建有宋窑、赵城、坞罗、后寺河、凉水泉、天坡等中小型水库十余座,在农田灌溉和乡镇供水方面发挥了显著效益。

1958年7月17日,黑石关水文站实测伊洛河最大洪峰流量9450立方米每秒,枯水期平均流量8.56立方米每秒,多年平均过境水量31.4亿立方米。伊洛河是巩义市境内的主要排涝泄洪河道。

(二)汜水河

汜水河由东西两条二级支流汇成。东支称刘河,发源于新密市尖山乡田种湾村五指岭北坡,流经荥阳市环翠峪风景区、巩义市米河镇、荥阳市刘河镇和高阳镇、上街区峡窝镇,由荥阳市汜水镇口子村注入黄河。西支上游称玉仙河,发源于新密市尖山管委会巩密关村以北五指岭东牛旦山，经仲沟村，巩义市新中镇、小关镇，至米河镇两河口村汇入东支。汜水河总长42千米，流域面积560平方千米。据1956年屈村水文站实测，该河年正常流量0.58~2.23立方米每秒。1975年，荥阳县政府组织群众在巩义市米河镇草店村附近汜水河上建闸引水修建胜利渠，引水渠道长22.9千米，设计引水流量2立方米每秒，可灌溉荥阳市农田2万亩。1994年，荥阳在胜利渠上建黄淮泵站实施跨流域引水，将汜水河水输入淮河水系索河上游的楚楼水库，年引水量250万立方米。

1948年以后，汜水河上游先后建有王河、纸坊、潘窑、峡峪、三官庙、岳陈图、仙鹤湖等小型水库，并修建了环山渠、降龙渠等引水工程，在防洪和供水方面发挥了一定作用。

（三）枯河

古称“旃然河”，系黄河支流。上游分为两支，一支源于荥阳市王村镇前白杨旃然池向东流，经河沟、新店、蒋头、柏朵、司马至竖河；另一支源于荥阳市王村镇西大村济渎池及上街区肖洼村，经刘寨、真村、山张村至竖河。两水相交后向东北流，经高村、闫村、唐岗、任河、樊河、小胡村北入郑州市惠济区古荥镇，穿京广铁路，经保合寨，在岗李村北南裹头东注入黄河。河道全长40.6千米，流域面积250.4平方千米，河道正常流量0.2~0.3立方米每秒，遇干旱易断流。据1957年洪水调查，当年最大洪峰流量达970立方米每秒。1957年在上游建有一中型水库——唐岗水库，控制流域面积163.4平方千米，总库容2798万立方米，并建有唐岗水库灌区，设计灌溉面积3万亩，有效灌溉面积1万亩。

第二节　跨穿黄工程

到2015年，郑州黄河境内，据不完全统计共有渡口7处、跨穿黄工程21处（座），为郑州的飞速发展起到了重大作用。

一、跨河工程

（一）黄河大桥

1. 焦作至巩义黄河公路大桥（南河渡黄河大桥）

焦作至巩义黄河公路大桥位于郑州黄河公路大桥和洛阳黄河公路大桥之间，北岸是河南省温县关白庄，南岸是河南省巩义市东站镇。1998年12月开工建设，2001年9月竣工通车。

该大桥长3010.13米，桥宽18.5米，南北两岸连接线总长15.492千米。由焦作市公路管理局建设，河南省交通规划勘察设计院设计。前30年由焦作公路大桥公司管理，之后由焦作市公路管理局管理。

大桥主桥采用50米跨径预应力混凝土简支T型梁，下部结构采用单排双柱式桥墩、预应力混凝土盖梁、单排立挂式桥台，直径2.2米钻孔灌注桩基础。设计荷载等级为汽—超20、挂—120。连接线工程按平原微丘二级公路标准修建,路基宽18米,路面宽15米(见表1-2)。

表1-2 焦作至巩义黄河公路大桥(南河渡黄河大桥)基本情况

桥梁等级	特大桥	地震烈度	Ⅶ度	荷载等级	汽—超20,挂—120
防洪标准	1/300	设计流量	24300立方米每秒	设计水位	108.85米
通航标准	5级	通航水位		通航桥孔最低下弦高程	1136.13米
接线等级	二级公路	堤桥交叉方式	右岸立交,左岸无堤防	堤顶高程	左岸无堤,右岸108.59米
河槽冲刷深度	14米	滩地冲刷深度	无	跨堤处桥梁下弦高程	左岸无堤,右岸112.39米
设计运用期后河道淤积厚度	0.41米	最大壅水高度	0.45米	壅水范围(长度)	3000米
审查同意时间	1999	开工建设时间	1999	竣工通车时间	2001年9月30日

该大桥是河南省第一座由当地自筹资金修建的黄河公路大桥。它的修建结束了当地黄河两岸人民千百年来"茅津唤渡,柳岸待舟"的局面,对于加强黄河两岸经济文化交流、加速中原城市群一体化进程,有着极为重要的作用。大桥距小浪底大坝约75千米,在寨峪东断面下游约2750米、伊洛河口断面上游约2250米处。该段黄河左岸为清风岭阶地,右岸为邙山,处于伊洛河入黄口上端,为无堤防河道。右岸大桥采用立交方式与巩义神堤控导工程交叉。焦作黄河公路大桥所处河段为典型的游荡性河道,河床宽浅散乱,主流摆动频繁。桥址处河道滩宽9350米,其中河槽宽1230米,河槽最大摆动宽度1000米,河床平均纵比降为0.2‰。冰凌情况不严重。

2. 河洛黄河大桥(焦桐高速温县至巩义黄河大桥)

该桥北端位于焦作市温县,接焦作至温县高速公路;南端位于巩义市河洛镇,与连霍高速公路互通,是规划中的焦作至桐柏高速公路跨越黄河的公路大桥。2012年7月15日,通过动床模型验收,规划"十三五"开工建设。

该桥桥名寓意:一是该桥位于河洛镇境内;二是传说"河图洛书"出于此处,是华夏文明的源头,"河出图,洛出书,圣人则之",以此命名体现了河洛文化的历史底蕴。

3. 焦作黄河大桥(焦作至荥阳黄河公路大桥)

该桥南端位于荥阳市高村乡,北端位于武陟县大虹桥乡,距下游郑州黄河公路大桥约36千米。该桥是连接连霍高速公路与晋焦郑高速公路的一级公路大桥,桥长9459米,属"十一五"规划建设项目。该桥是焦作市的南大门迎宾大道向南延伸部分,是焦作市跨黄河连接晋焦高速与连霍高速的一级公路大桥。

该桥北接焦郑高速公路,南接连霍高速公路,为经营性公路,全长32千米,其中黄河大桥长9459米，桥北连接线长14.28千米，桥南连接线长8.1千米，估算投资25.8亿元。项目采用六车道一级公路标准，设计行车速度100千米每小时。计划2006年开工建设，后推迟至2014年开工，计划2018年竣工。

4. 桃花峪黄河大桥

郑州桃花峪黄河公路大桥位于荥阳市和焦作市武陟县交界处，是郑州市区第四座跨黄河公路大桥，是武陟至西峡高速公路跨越黄河的一座特大桥，也是郑州西南绕城高速公路向北延伸跨越黄河的一条南北向高速大通道。北端在武陟县境内与郑焦晋高速公路相连，南接郑州市西南绕城高速公路，途经武陟县嘉应观乡、谢旗营镇和荥阳市广武镇。桥梁设计全长7691.5米，采用双向六车道高速公路标准设计，设计行车速度为100千米每小时。该桥主跨406米，是三跨双塔全钢梁自锚式悬索桥，项目概算总投资39.9亿元，于2010年3月开工，2013年9月27日通车。

5. 郑州黄河铁路老桥

京广（曾称卢汉、京汉、平汉）铁路为跨越黄河老桥，工程于1902年修建，1905年竣工，1987年拆除。郑州黄河铁桥桥长3015米，102孔，孔距21～37米，桥墩基础深12米，桥面有铁轨1对，该大桥建成于1905年11月15日，由清政府与比利时合股公司承建，是当时卢沟桥至汉口铁路（后改称京汉铁路）工程中的一项关键工程。历经洪水和战争的破坏，到20世纪60年代，时出故障，时加维修，花费了大量人力、物力，仅1934～1962年，用于加固桥墩的石料就有40多万立方米。1933年特大洪水时，洪水水面与平汉（京广）铁路桥平，铁桥的第77、78两孔被激流所冲，东移数寸，17天不能通车。1958年，黄河出现22300立方米每秒流量洪峰，冲断铁桥两孔，周恩来总理曾莅临现场，很快恢复了南北交通。后来桥长为2951米、101孔。

该桥由于基础较浅，为防止洪水淘刷，多用抛石护基，1933年洪水时，抛石181259立方米，洪水后又抛石59993立方米，共计241252立方米，平均每座桥墩抛石2400立方米，致使桥前壅水，对河防工程和防汛工作不利。1958年洪水时，大桥处前后水位高差1米。

1964年12月，铁道部和水利电力部同意黄委与郑州铁路局共同商定的黄河桥抛石护基标高，“保持在90～91米（大沽高程）。对过去抛石超过90米部分不再清除”。

6. 郑州黄河铁路大桥（嘉应观黄河铁路大桥）

郑州黄河铁路大桥位于黄河下游河道的上端，原黄河铁路桥下游500米处，北岸是河南省武陟县老田庵村，南岸为黄河大堤0+730处。于1958年5月开工建设，1960年4月建成通车。该大桥桥长2900米，71孔，每孔跨度40.7米，桥墩基础深30米，桥面铺设铁轨两对，可容两列火车同时通过。这座新桥建成后，原有的老桥改成公路桥。2014年5月16月停止通车，转轨新建郑焦城际铁路郑州黄河大桥。

中华人民共和国成立不久，根据铁路运量迅速增长的迫切需要，铁道部即着手筹建武汉长江大桥。1957年武汉长江大桥建成，京汉铁路连通了粤汉铁路，合称京广铁路，全长达到2313千米。此后，国家着力加快京广铁路复线建设，1960年建成了现在的郑州黄河铁路大桥,武汉至衡阳段、衡阳至广州段第二线工程也先后通车,1988 年,京广铁路复线全线开通,成为纵贯中国南北的交通大动脉。50 多年运营史的郑州黄河铁路大桥在中国铁路交通运输网中仍发挥着至关重要的作用。近年新修建从北京至郑州的客运专线分流了大部分客运。

郑州黄河铁路大桥由北岸引桥、主桥、南岸引桥三部分组成,全长 2889.8 米,桥面宽 12.5 米。由铁道部原大桥事务所设计,铁道部大桥工程局第一工程处施工,郑州黄河桥工段管理。大桥设计运用年限 60 年,总投资 1800 万元。孔跨布置为上部钢板梁结构、钢筋混凝土管柱基础;下部结构墩身为钢筋混凝土椭圆状结构,桩基入土深度 30 米左右,桩底标高 61.78～71.21 米(见表 1-3)。

表 1-3　郑州黄河铁路大桥(嘉应观黄河铁路大桥)基本情况

桥梁等级	特大桥	地震烈度	Ⅶ度	荷载等级	中－22
防洪标准		设计流量	25000 立方米每秒	设计水位	93.65 米
通航标准	4 级	通航水位		通航桥孔最低下弦高程	
接线等级		堤桥交叉方式	平交	堤顶高程	左岸 95.76 米,右岸 96.22 米
河槽冲刷深度	5 米	滩地冲刷深度	10.2 米	跨堤处桥梁下弦高程	左岸 95.57 米,右岸 102.7 米
设计运用期后河道淤积厚度	2.4 米	最大壅水高度	0.26 米	壅水范围(长度)	800 米
审查同意时间		开工建设时间	1958 年 5 月 4 日	竣工通车时间	1960 年 4 月

郑州黄河铁路大桥所处河段主河槽宽度 900 米,河槽最大摆动宽度 900 米。两岸由控导工程控制河势,属地上悬河。大桥处于游荡性河段上,防洪压力较大,存在凌汛威胁。

7. 郑焦城际铁路郑州黄河大桥

新建郑焦城际铁路郑州黄河大桥为郑州至焦作客运专线铁路与改建京广铁路跨越黄河的共用桥梁,为四线铁路特大型桥梁,距郑州黄河铁路大桥下游 110～190 米处。主桥采用大跨度钢桥,滩地引桥以预应力混凝土简支箱梁为主。主桥采用四线合建形式,引桥部分郑焦线与京广线分行。该桥是我国首座跨黄河四线铁路特大桥。大桥郑焦城际线部分全长 9.63 千米,设计行车速度为 250 千米每小时;京广线部分全长 11.28 千米,设计行车速度为 160 千米每小时。

大桥于 2011 年年初开始全面施工建设,2014 年 5 月 16 日竣工通车。

8. 郑州黄河公路大桥(花园口黄河公路大桥)

郑州黄河公路大桥位于郑州市花园口黄河右岸大堤千米桩 11＋500 处,左岸为河南省原阳县马庄。大桥于 1984 年 7 月动工,1986 年 10 月建成通车,是 107 国道主干线上的一座特大型桥梁。

大桥由北引桥工程、主桥工程、南引桥工程3部分组成，全长5449.86米，共137孔，桥面宽18.5米，桥墩136个，路面分快慢车道和人行道，是我国当时黄河上最长的公路桥。

该桥设计运用年限100年，防洪标准设计流量36000立方米每秒，设计水位94.78米。右岸采用立交方式与黄河大堤交叉。

该桥上下构造为预应力混凝土简支梁，桥面采用简易连续构造。每140～250米设一伸缩缝，以伸缩缝为分联界线，计25联；下部结构为钻孔灌注桩基础，最低桩基高程为64米。框架式桥台，双柱式桥墩。全桥体积为14万立方米，投资1.8亿元，用木材10600立方米、钢材28028吨、水泥70088吨。大桥正桥桥面宽18.5米、行车道宽16米、人行道宽2.1米、南引桥桥面宽19.5米、行车道宽16.0米、人行道宽2.15米（见表1-4）。黄河公路大桥属双向4车道大桥，是20世纪80年代河南省公路桥梁中最长的一座，它的建成基本上解决了南北交通堵塞不畅的问题，可使郑州至新乡的运输距离缩短18千米。

表1-4　郑州黄河公路大桥（花园口黄河公路大桥）基本情况

桥梁等级	特大桥	地震烈度	Ⅶ度	荷载等级	汽—超20，挂—120
防洪标准		设计流量	36000立方米每秒	设计水位	94.78米
通航标准	4级	通航水位		通航桥孔最低下弦高程	
接线等级	一级公路	堤桥交叉方式	左岸平交，右岸立交	堤顶高程	左岸99.80米，右岸99.15米
河槽冲刷深度	11米	滩地冲刷深度	12.5米	跨堤处桥梁下弦高程	左岸99.80米，右岸103.15米
设计运用期后河道淤积厚度	2.3米	最大壅水高度	0.3米	壅水范围（长度）	600米
审查同意时间		开工建设时间	1984年7月	竣工通车时间	1986年10月1日

该桥左岸跨堤采用平交方式，同时设置防汛交通辅道连接上下游堤防交通；右岸采用立交方式与黄河大堤交叉，大桥跨越黄河大堤时与堤顶道路净空不足3.5米，对黄河防洪抢险的交通畅通和运输安全有一定影响。

9. 郑新黄河大桥（郑州黄河公铁两用桥）

郑新黄河大桥原名郑州黄河公铁两用桥，是京广铁路客运专线与河南中原黄河公路大桥跨越黄河的共用桥梁，桥位距下游京港澳高速公路郑州黄河大桥约6千米。公路北起新乡市原阳县原武镇阎庄，向南经原阳县原武镇，跨越黄河，与新建的G107辅道相接。该桥位处黄河两岸堤距约10.5千米。铁路桥梁总长14.9057千米，公路桥梁总长11.6456千米，公路南北接线总长12.6318千米。合建段长9.1769千米，采用公路在上、铁路在下的上下层布置方式,是国内合建段最长的公铁两用桥,也是黄河上规模最大的桥梁,已于2010年底建成通车。

大桥总投资50亿元,全长22.891千米。大桥公路、铁路采用上下层布置,上层为设计时速100千米的双向六车道国道公路,下层为设计时速350千米的高铁,创下世界特大型桥梁通行速度的新纪录。

郑州黄河公铁两用特大桥建成后更名为郑新黄河大桥。

10. 刘江黄河大桥(郑州黄河京港澳高速公路特大桥)

刘江黄河大桥是郑州黄河高速公路特大桥,又称"郑州黄河二桥",是京港澳高速公路的重要组成部分,全长9.8482千米,行车宽度为42米,双向8车道,设计时速120千米。于2002年4月开工建设,2004年10月建成通车,是当时黄河上第一座钢管拱形特大桥,也是当时黄河上最长、最宽阔的高速公路特大桥(见表1-5)。

表1-5　刘江黄河大桥(黄河特大桥)基本情况

桥梁等级	特大桥	地震烈度	Ⅶ度	荷载等级	汽—超20, 挂—120
防洪标准		设计流量	18700 立方米每秒	设计水位	93.65米
通航标准	4级	通航水位		通航桥孔 最低下弦高程	
接线等级	高速公路	堤桥交叉方式	左岸平交, 右岸立交	堤顶高程	左岸95.76米, 右岸96.22米
河槽冲刷深度	12米	滩地冲刷深度	13.5米	跨堤处桥梁 下弦高程	左岸95.57米, 右岸102.7米
设计运用期后 河道淤积厚度	2.4米	最大壅水高度	0.33米	壅水范围 (长度)	800米
审查同意时间	2002年	开工建设时间	2002年	竣工通车时间	2004年10月

该桥是京港澳高速国道主干线河南境内新乡至郑州段跨越黄河的特大型桥梁,位于黄河下游河道上端,南岸为河南省郑州市金水区,北岸为河南省原阳县,南岸位于黄河右堤26+100处,北岸位于黄河左堤110+800处。大桥由北引桥工程、主桥工程、南引桥工程三部分组成,设计运用年限100年。

该桥左岸跨堤采用平交方式,同时设置防汛交通辅道连接上下游堤防交通;右岸采用立交方式与黄河大堤交叉,保证黄河防汛抢险的交通畅通和运输安全。

11. 官渡黄河大桥(中牟东彰黄河大桥)

该桥南端位于中牟县雁鸣湖,北端位于原阳县大宾乡,全长7493米,采用双向八车道,距上游郑州黄河公路大桥约28千米,是107国道新乡—长葛段改线取直后跨越黄河的一级公路大桥,属"十二五"、跨"十三五"建设项目。于2015年12月开工,预计2018年竣工。

"官渡之战"是历史上有名的以少胜多的经典战役,该桥南端距离中牟县官渡镇很近,以此命名可弘扬中原历史文化。

（二）黄河浮桥

1. 荥武黄河浮桥

2005年，由河南鑫舟黄河浮桥有限公司出资，在黄河南岸枣树沟控导工程15～16坝和与此黄河河道垂直相对应的北岸兴建钢制浮桥一座。桥长800米，引路工程共12千米。黄河右岸枣树沟控导工程15～16坝之间、左岸大堤桩号57+000处修建“荥武黄河浮桥工程”。荥武黄河浮桥南至荥阳市高村乡，北接焦作市武陟县北郭乡。2006年5月开工建设，2006年9月开始架接。浮桥全长800米，桥宽12米，浮桥采用浮舟连接黄河两岸道路，汛期，当预报花园口流量3000立方米每秒以上时，浮桥将在24小时内拆除。

2. 惠武黄河浮桥

郑州惠武黄河浮桥位于京广铁路黄河大桥下游2000米处，北起武陟县詹店镇，南至郑州市惠济区

郑州惠武黄河浮桥是由郑州市惠济区人民政府、武陟县人民政府选项，黄河水利委员会批准，郑州惠武浮桥有限公司和开封黄河浮桥有限公司投资，山东济南黄河船舶制造厂建造。工程从2006年5月开始筹建，至2007年1月底竣工，历时8个月。浮桥全长600米、宽12米，桥面上设有防滑条带，两边装有护栏、桥灯，浮桥南北两端的引道均为沥青混凝土路面、行车道宽9米的三级公路。郑州惠武浮桥的建设与通行，结束了原省道68线断行20年的历史。

3. 原阳黄河浮桥

原阳黄河浮桥北起新乡市原阳县黄河大堤98+000处，南至郑州市惠济区花园口东坝头险工8号坝下游150米处，管理单位为河南花园口黄河浮桥有限公司。所用浮舟是为适应二级公路，昼夜交通量为2000辆车左右的浮桥而设计。桥面总宽为21.38米，路面宽度为9米，共用浮舟25组、趸船一组、跳板两块，全长524米。为保证浮桥通车安全，河南花园口黄河浮桥有限公司在架设浮桥时，按设计要求，在上游距桥面中心线120米处投放从济南专门运来的两块6.4吨左右的锚石一组，作为锚锭，用浮桥专用锚链和浮筒相连接，浮筒再用直径3.5毫米钢缆与承压舟相连接。每组锚锭系2艘承压舟。浮桥两端的承压舟固定在两岸已埋设好的地锚上，下游用直径32.5毫米钢缆固定在岸边预先埋好的锚石上。浮桥两边与南北两岸用2块跳板连接。2011年3月2日，该浮桥通过新乡市地方海事局组织的验收。浮桥两岸辅道总长12千米，是按照国家二级公路标准进行设计的，双车道，路宽9米，路基高度均不超过0.5米。

（三）强弱电工程

1. 网通北京至武汉光缆爬越黄河大堤工程

2000年4月14日，中国网通公司与铁道部沿京广铁路合建北京至武汉管道光缆工程，与黄河右堤相交于0－650处，管道光缆线路通过黄河河道部分均沿铁路敷设，通过黄河时，架在铁路桥上，通过大桥后，在铁路路肩上铺设通过。

该工程建设单位是中国网络通信有限公司中铁通信中心下属的网通时代光纤网络有限公司，设计单位是北京全路通信信号研究设计院。2000年6月29日，根据《中华人

民共和国河道管理条例》《黄河流域河道管理范围建设项目管理实施办法》等法规,经黄委审查,同意北京网通时代光纤网络有限公司在黄河大堤左岸84+203处、右岸0-747处兴建网通北京至武汉光缆管道爬越黄河大堤工程。郑州河务局同意该工程于2000年8月26日开始施工,施工期和建成运用期由郑州河务局实施检查监督,2001年4月1日竣工。

2. 黄河农牧场滩区供电工程

黄河农牧场滩区供电工程为小型建设项目,位于黄河南岸大堤6+300"九五"滩水源管理处南侧,为滩区供电工程,建设单位是原郑州市邙山区黄河农牧场(现为郑州市惠济区黄河农牧场)。2000年2月1日,根据《中华人民共和国河道管理条例》《黄河流域河道管理范围建设项目管理实施办法》,原邙金河务局(现为惠金河务局)下发《施工许可证》,同意该工程于2000年2月15日开始施工。该项目经郑州河务局审查同意。该项目设施包括配电室1座,面积约60平方米,滩区内架设高压线路8000米,沿线设变压器6台。

3. 哈密南—郑州特高压输电跨黄工程

世界上最长的哈密南—郑州±800千伏特高压输电跨黄工程于2013年4月16日全部完工,哈郑特高压工程对推动中原经济区建设具有重要意义。

哈郑特高压工程输电线路全长2210千米,是当时(2013年7月)世界上电压等级最高、输送容量最大、输送距离最长的特高压直流工程,工程总投资233.9亿元,2012年5月开工建设,2013年7月全线贯通,2013年9月工程验收,2013年底双极低端投运。该工程位于黄河右岸大堤43+600千米处。工程投运后,每年将向河南提供400亿千瓦时以上电量。

二、穿黄工程

(一)南水北调(中线)穿黄工程

南水北调是缓解中国北方水资源严重短缺局面的重大战略性工程。我国南涝北旱,南水北调工程通过跨流域的水资源合理配置,大大缓解我国北方水资源严重短缺问题,促进南北方经济、社会与人口、资源、环境的协调发展,分东线、中线、西线三条调水线。中线工程从第三阶梯西侧通过,从长江支流汉江中上游丹江口水库引水,可自流供水给黄淮海平原大部分地区。2003年12月30日,南水北调中线工程开工,2014年2月22日,南水北调中线穿越黄河工程两条隧洞开始充水试验,2014年12月12日14时32分,长1432千米、历时11年建设的南水北调中线工程正式通水。

南水北调(中线)穿黄工程位于郑州市荥阳孤柏渡黄河上游约30千米处,线路总长19.30千米,主体工程由南、北岸渠道,南岸退水洞,进口建筑物,穿黄隧洞,出口建筑物,北岸防护堤,北岸新、老蟒河交叉工程,以及孤柏嘴防洪控导补偿工程等组成。穿黄隧洞,单洞长4.25千米,包括过河隧洞和邙山隧洞,其中过河隧洞段长3450米,邙山隧洞段长 800 米，隧洞采用双层衬砌，外衬为预制钢筋混凝土管片，内径 7.9 米，内衬为现浇预应力钢筋混凝土，成洞内径为 7.0 米。隧洞为双洞平行布置，中心线间距为 28 米，各采用 1 台泥水平衡盾构机自黄河北岸竖井始发向南岸掘进施工。穿黄隧洞最大埋深 35 米，最小埋深 23 米；断面最大水压为 4.5 兆帕。过河隧洞坡度由北向南由 2‰变为 1‰，邙山隧洞由北向南设计坡度为 49.107‰。

（二）西气东输穿黄工程

2000 年 2 月，国务院第一次会议批准启动西气东输工程，这是仅次于长江三峡工程的又一重大投资项目，是拉开西部大开发序幕的标志性建设工程。西气东输管道是国内距离最长、口径最大的输气管道。全线采用自动化控制，供气范围覆盖中原、华东、长江三角洲地区。西起新疆塔里木轮南油气田，向东经过库尔勒、吐鲁番、鄯善、哈密、柳园、酒泉、张掖、武威、兰州、定西、西安、洛阳、信阳、合肥、南京、常州等大中城市。东西横贯新疆、甘肃、宁夏、陕西、山西、河南、安徽、江苏、上海等 9 个省区，全长 4200 千米。

西气东输管道工程郑州段穿越黄河，全长 7.66 千米，全部采用管道铺设技术，在河南境内的穿黄工程是整个西气东输工程的重点，南起荥阳市王村镇孤柏嘴，北到焦作市武陟县的寨上村，全长 3600 米。全部工程在黄河河床下 23～25 米深处，铺设直径达 1.8 米的钢管。

该工程 2002 年 6 月动工。2003 年底西气东输黄河顶管工程成功从黄河河床以下 24 米的地方穿越，地下钢管套管工程全面贯通。

河南省是西气东输的第一个用气省份。2003 年豫南、豫北两条地方支线开工建设。豫南支线工程管线 215 千米，途径郑州、许昌、平顶山、漯河、驻马店、信阳 6 市，年最大输气量 10 亿立方米；豫北支线工程管线 206 千米，途径焦作、新乡、鹤壁、安阳，年最大输气量 6.3 亿立方米。

（三）郑州—汤阴成品油管道穿黄工程

该穿黄工程北岸位于原阳县境内，南岸位于中牟县境内。黄河穿越段管线设计压力为 10 兆帕，管径为 D355.6 毫米，设计使用年限为 50 年，管道设计通过黄河大堤采用爬越方式，通过黄河滩区及黄河主槽采用穿越方式。管道穿越黄河设计水平长度为 11370 米，其中定向钻穿越黄河主槽水平长度为 4496 米。

该管道穿越黄河段位于京港澳高速公路黄河大桥下游 16.7 千米，南大堤穿越位置位于赵口险工与安庄之间，北大堤穿越位置位于娄谷堆和冯庄之间，其间管线经过东刘庄、赵厂、包长、娄庄、冯庄及娄谷堆等村庄。地面高程为 79.36～89.60 米，最大高差为 10.24 米。工程于 2009 年 6 月 6 日开工，2010 年 3 月 29 日完成主体工程。

（四）锦州—郑州成品油管道穿黄河工程

锦州—郑州成品油管道工程起点为辽宁省锦州市，终点为河南省郑州市，干线管道全长 1296.5 千米，直线管道全长 1274.2 千米，总投资 80 亿元，2014 年 9 月 30 日全线完工。其中，下穿黄河工程管道直径 559 毫米，设计压力 8 兆帕，设计使用年限 50 年。锦州—郑州成品油管道过黄河工程自小大宾西侧向东南爬越黄河北大堤桩号 133＋122，在田庄与黑圪垱之间穿越堤南干渠,然后在三官庙西侧线路偏南穿越黄河主河道,在九堡控导工程下游820米处穿越南岸滩地,之后折向西南,在中牟县张庄与张满庄之间爬越黄河南大堤桩号53+880。穿越路线长约11.67千米。

(五)博爱—郑州—薛店天然气管道穿黄工程

该工程建设单位为河南蓝天燃气股份有限公司,该项目的建设将实现河南省南北区域天然气管道的互联互通,增强西气东输一线、二线和鄂尔多斯天然气、山西煤层气及未来多种气源的互补互济能力,提高河南省天然气干线管网供气可靠性和安全性,推动中原经济区建设。

该项目北起焦作博爱县,途经温县,郑州荥阳、中原区、二七区,最后到达新郑市。该项目分别在温县南平皋村、荥阳市孤柏嘴穿越黄河,其中荥阳市穿越处左岸堤防桩号由42+660调整为42+720;右岸在孤柏嘴下游满沟出口处。该工程管道全长107.32千米,设计压力6.3兆帕,管径610毫米,年输气规模4.8亿立方米,建设博爱首站、郑州分输站、薛店末站3座站场,气源来自端氏—晋城—博爱输气管道输送的山西煤层气。供气目标市场主要是郑州、开封、许昌、漯河等市。

第三节　航(陆)运

一、渡口

郑州临近黄河,且支流较多,又有贾鲁河、双洎河等较大的河流贯穿境内,故渡口较多。1840年以前,水运鼎盛时期,在辖区的水运线上,有大小渡口60余个;鸦片战争以后,郑州水运、渡口逐渐萧条。到1990年底,郑州固定的渡口仅有15个,渡口摆渡的船只多为木质船,以运送农村物资及人畜过河为主。据旧志记载和老船工回忆,现在的效区段即原荥泽县和郑县所辖河段。原有渡口3个(荥泽口、花园口、马渡口)。荥泽口因距铁桥较近,已不存在。至2015年,花园口、马渡口每天还有船只往返摆渡,运送过往人员和物资。

由于郑州地处南北交通要冲,黄河横贯郑州北部,横断南北陆上交通,而黄河沿岸渡口在郑州渡运业比重仍占大部分,京广铁路未修通前,南北来往车辆行人全靠渡口摆渡。1906~1909年,京汉、陇海两大铁路干线相继在郑州交会通车,铁路的兴起,逐渐取代了水运,黄河渡运也日益衰败。但由于铁路运量有限,花园口渡口、汜水渡口都曾有过较繁忙的时期,来往郑州—新乡的旅客、车辆仍频繁过渡,郑州境内自黄河公路桥开通后,黄河的渡运才逐渐萧条。

(一)汜水渡口

汜水渡口位于荥阳县城西北23千米处,距荥阳市汜水镇1千米,隔河为温县境。汜水镇历史悠久，渡口南有虎牢关，汜水入黄处有山凭依，历史上曾为军事要冲，为“虎牢要塞”，是兵家必争之地。周武王伐纣时，有兵卒 45000 人、战车 300 乘，从这里渡河直逼商朝都城朝歌，大败商军于牧野。清末民初，汜水渡口的商业运输比较兴旺，常常几十艘船只鱼贯而至，陕、甘等地的药材、棉花由这里转汜水车站外运。

京广、陇海铁路未通车之前，该渡口一度繁盛。当时有 2 条街道，商行 10 家，经常有 50～60 只帆船来往停泊，山西、陕西、甘肃、河北的物资在此集散，每天人来船往，运送南北旅客 400～500 人次。1949～1952 年，汜水渡口由船泊公会领导。1953 年设内河航运管理局黄河中段渡口汜水分所，共有船 49 只，船工 142 人。自陇海铁路向西延伸后，渡口商业运输地位日益降低，仅为民间使用。1957 年有木船 8 只，船工 251 人，年运货量 7.8 万吨，输运来往乘客 32884 人次，主要为农业生产服务并运送来往过河人畜、生产工具。1986 年黄河公路大桥建成通车后，渡口日渐萧条。1990 年航运社解散，老船工退休，仅有 3 只木船来往摆渡。

(二)牛口峪渡口

牛口峪渡口位于荥阳县城北 20 千米处牛口峪，古名板渚，也叫板渚津，近代称仓头口、牛树沟渡口，现名牛口峪渡口。

该渡口处在广武山截然断止之处，隔河为武陟县境，地面开阔，口外为古汴河受水口，古鸿沟、汴渠、通济渠的引水口即在峪口附近。秦汉时这里是漕运的枢纽，秦时在此设敖仓，一度成为漕运的重要枢纽。唐开元十八年(公元 730 年)，为便于漕运管理，把汜水、武陟、荥阳三县的一部分置河阴县，并于河口置输场，在输场东置河阴仓。唐太宗时，江淮都转运使刘宴，在扬州造直通三门峡的运粮船 2000 只，规定“每船载千斛，十船为纲，每纲三百人，篙工五十，从扬州遣将送至河阴”。清末民初，设有转运公司，曾有各种行店 10 多家，民船 10 多只往来运送粮、棉、食盐、药材、煤炭、柿饼、土布等货物。该渡口在历代漕运中发挥过显著作用。抗日战争时期，京汉铁路被日军控制后，该渡口一度成为通往华北地区过往黄河的重要渡河点。

(三)孤柏嘴渡口

孤柏嘴渡口位于荥阳县城西北 20 千米的广武山下，该渡口历史悠久，据清道光三年(1823 年)渡船碑记载：“本为农设，间利行人，每岁夏秋间，大雨连绵，河洛并涨，及隆冬河水断澌不可渡，行人多于此间问津焉。”此处黄河水流平稳，船夫操船便利，且沿山多村落，旅客登陆无泥潭之苦。抗日战争期间，有渡船 40 多只，并常有巩县方船、石家庄瓜皮船等在此停泊。

(四)花园口渡口

花园口渡口位于郑州市北郊 15 千米处的黄河南岸，自明代以来是这一带比较固定的渡口。1970 年 5 月以前有 120 马力机动船 1 艘及 30 吨左右渡船 3 艘。每日有新乡至郑州之间的车辆行人频繁过渡，1962 年，郑州老黄河大桥改建成可通行各类汽车的公路桥，花园口渡口逐渐萧条。1970 年以后改为小渡口，1986 年 9 月，郑州黄河公路桥建成通车，但大桥禁止行人、自行车通行，花园口渡口仍为民间小渡口。到 1990 年，仅有木船

3 艘,承担来往旅客、自行车、架子车的过渡,每天可摆渡 100 人左右。

(五)杨桥渡口

杨桥渡口位于中牟县西北 22 千米杨桥村东北 0.5 千米处,系古渡口,有公路直通杨桥。明清时期,此渡口繁盛,近代逐渐衰落,到 1990 年,仅有大型木帆船 1 只、机帆船 1 只。

(六)赵口渡口

赵口渡口顺河东下距杨桥约 15 千米,原为赵家渡口,如《中牟县志》载:"北岸河滩内,赵厂村富民赵氏,有南岸滩地数十顷,因耕地不便,造船运送农器。清乾隆年间,圣驾南巡行至河干,问系何渡,村人以实告,此渡遂盛。"后简称赵口。摆渡范围,由万滩至辛寨。该渡口历史上是中牟县黄河南北两岸交通运输的主要渡口。据了解,历史上中牟县城到赵口有一条大路(群众叫官路),民国年间废除。来往渡河的人物较多,当时南岸有民船五六只,北岸有三四只(均系人力民船,载重量 20 多吨),中华人民共和国成立后,由于郑州黄河铁路、公路桥的启用,运输以汽车、火车交通为主,从而使昔日的繁忙景象逐渐消退。到 2015 年底,南北两岸各有民船一只,摆渡往来一般每天一次。

(七)流水渡口

流水渡口位于东漳村北,以方便农耕为主。因北岸群众耕种南岸滩区土地数十顷,为此农民自造民船数只,来往渡运农具和庄稼及摆渡往来。1976 年黄河南北岸滩地坍塌入河,至此该渡口便停止行渡。

二、石料运输

(一)石料来源

1. 新乡辉县石料厂

石材为青石,多为石灰岩石,形状有块石和片石两种。20 世纪 80 年代以前是郑州黄河用石的主要来源地,后被逐步取缔。

2. 巩义红石山石料厂

石材为红石,形状为块石。该石厂逐步代替新乡辉县石料厂的作用。

3. 巩义黄河石料厂

石材为红石,石料厂存续期间,发挥了很好的作用。

4. 其他石料厂

石材有红石、青石、杂色石,形状有块石、片石、卵石等。

(二)铁路运输

1. 广花铁路运输

自京广铁路广武站至黄河花园口东大坝石料转运站,全长 16.59 千米的铁路运输线,建于 1950 年,拆除于 1996 年,期间主要担负郑州黄河建设与抢险用石的运输任务。运石列车到达后,石料转运站的职工及时组织人力,昼夜不停卸石,将石料抛到铁路两侧,堆积如山。大部分石料被运往施工抢险工地;部分石料人力运到转运站备料场。卸车人力，20 世纪 80 年代以前多为黄河职工和当地群众，而后，逐步被山东曹县农民承揽。

2. 京广、陇海铁路运输线运输

在石料转运站没有覆盖郑州黄河用石以前，郑州北（货）站、中牟火车站承担了大量郑州黄河用石任务。

（三）船运

1. 航运石料的起点与终点

起点在花园口石料转运站，终点在各个抛石和备石点。抛石点，即用于根石加固和抢险的地点，将石料直接从船上抛于水中；备石点，则将船上石料运到岸上，备石的地点。石料上岸，最初是靠人力背板上岸，即用一块平板系在人的背上，然后将块石放在板子上，一般单块石重 50 千克左右。就这样一人一天往返上下岸百余次，辛苦程度可想而知。后逐步发展为人力独轮车、架子车运石上岸。

2. 花园口船舶修造厂（原航运大队）担当航运任务

20 世纪 80 年代以前，依靠平板驳船运输石料，一次可运 80 吨。在道路较差的年代，发挥了很大的作用。当时，郑州黄河大堤通往石坝、石护岸建有运石马道，随着航运的结束，工程改建，运石马道逐步消失。

3. 民用船只运输石料

在航运大队建设之前和没有担当大任之前，民船在黄河石料运输当中发挥了很大的作用。

（四）陆运

1. 人力运石

20 世纪 70 年代以前，石料卸站后，由当地县和人民公社组织群众用独轮车、架子车（长途）运往治黄工地。

2. 拖拉机和平板汽车运石

进入 20 世纪 80 年代，拖拉机和平板汽车替代人力运石。先是由当地县和乡（镇）组织群众运石，后由郑州工程处（原郑州黄河运输大队）担当此任。

3. 自卸汽车运石

20 世纪 80 年代以后，郑州黄河运输大队购置了一批自卸汽车，从此，担当了郑州黄河运石任务。随着改革开放，多元经济的形成，黄河石料运输逐步被民营汽运所代替，所用石料从开采地直接运到施工、抢险、备石现场。

第四节　区域经济

依托黄河和郑州的区位优势，省会郑州及市属沿黄县（市）区经济发展迅速，位居河南之首。

一、郑州市

郑州交通、通信发达，处于我国交通大十字的中心位置。107、310国道和京港澳、连霍(连云港—霍尔果斯)高速公路以及境内18条公路干线，构成了郑州四通八达的公路交通网络，为全国7个公路交通主枢纽城市之一。机场高速、郑少(郑州—少林寺)高速、郑尧(郑州—尧山)高速、西南绕城高速的建成通车，优化了城市的交通运输，提高了城市的综合能力。郑州已经成为一个铁路、公路、航空、邮电通信兼具的综合性重要交通、通信枢纽。

郑州是全国具有重要地位的大型铁路交通枢纽。京广(北京—广州)、陇海(连云港—兰州)两大铁路干线在郑州交会，拥有3个铁路特等站。郑州北站是亚洲最大的列车编组站，郑州东站是全国最大的零担货物中转站，郑州车站是全国最大的客运站之一。郑西(郑州—西安)、郑石(郑州—石家庄)、郑武(郑州—武汉)三条客运专线2015年已全部建成运营。郑州成为全国唯一的客运专线接点城市，铁路交通优势更加突出。

郑州是河南省省会，位居河南省中部偏北，面积7446.2平方千米。郑州地跨黄河、淮河流域，黄河流域面积1830平方千米，淮河流域面积5616.2平方千米。境内有大小河流124条，过境河流有黄河、伊洛河，其中黄河在郑州市境内河长160千米，堤防长71.42千米。

截至2015年年底，郑州市共辖12个县(市、区)，其中县级市5个、县1个、市辖区6个；另有4个非行政区(郑州航空港经济综合实验区、郑州高新技术产业开发区、郑州经济技术开发区、郑东新区)。2015年末，郑州市常住人口956.9万人。年末全市城镇化率达到69.7%。

2015年，郑州市完成地区生产总值7315.2亿元，人均生产总值77217元。其中，第一产业增加值151亿元，第二产业增加值3625.5亿元，第三产业增加值3538.7亿元。其中，全部工业增加值3188.2亿元，建筑业增加值438.3亿元，交通运输、仓储和邮政业增加值400.9亿元，批发和零售业增加值538.0亿元，住宿和餐饮业增加值246.4亿元，金融业增加值666.8亿元，房地产业增加值411亿元，营利性服务业增加值556.9亿元，非营利性服务业增加值715.2亿元。非公有制经济完成增加值4407.7亿元，占生产总值的比重为60.3%。

二、县(市、区)

(一)巩义市

巩义位于嵩山北麓，西距古都洛阳市76千米，东距郑州82千米，面积1041平方千米。巩义市辖区黄河全长34千米，河段内右岸有伊洛河汇入，流域面积1009.83平方千米。

2015 年底，巩义市共有 15 个镇、5 个街道，318 个村（社区）。2015 年底全市常住人口 82.4 万人，城镇化率达到 52.35%。

2013 年完成生产总值 581.2 亿元，人均生产总值 71335 元。全年地方一般预算收入 30 亿元。全市粮食总产量 15.3 万吨，完成工业增加值 388.2 亿元；2014 年全市生产总值完成 613.56 亿元，人均生产总值达 74996 元。全年全社会固定资产投资完成 414.3 亿元；全市城镇居民人均可支配收入 24722 元，农村居民人均纯收入 15426 元；2015 年，巩义市生产总值 640.49 亿元，其中，第一产业增加值 11.29 亿元，第二产业增加值 408.22 亿元，第三产业增加值 220.98 亿元，三次产业结构为 1.8∶63.7∶34.5。全市全部工业增加值 386.5 亿元，建筑业完成增加值 22.18 亿元。全年固定资产投资 475.5 亿元，全市社会消费品零售额 248.3 亿元，进出口总值 4.17 亿元。全年运输旅客 2734 万人次，共完成邮电业务总量 5.57 亿元，共接待海内外游客 703.8 万人次，旅游总收入 10 亿元。

巩义是河南省首批赋予省辖市经济和部分社会管理权限的扩权县（市），是全国综合经济实力百强县（市），中原城市群、郑洛工业走廊的重要节点城市和河南省直管县试点，全国综合改革试点县（市）、中国最具投资潜力中小城市 50 强、国家卫生城市、中国优秀旅游城市、国家园林城市、河南省文明城市、河南省历史文化名城、外商眼中最佳投资城市。

（二）荥阳市

荥阳市位于郑州西 15 千米，是河南省距省会最近的县级市，面积 908 平方千米。辖 9 个镇、3 个乡、2 个街道办事处和 1 个风景区管委会，人口 59 万人。2013 年完成生产总值 520.1 亿元，城镇居民人均可支配收入 22582 元。2015 年全年完成生产总值 612.8 亿元，比上年增长 10.0%。人均生产总值达到 99537 元。

荥阳是象棋的故里、郑氏的祖地、阀门之乡和建筑机械之乡。先后被评为全国科技进步县（市）、全国科普示范试点县（市）、全国计划生育优质服务先进县（市）、国家卫生城市、省级园林城市、河南首批 23 个对外开放重点县（市）和 35 个扩权县（市）之一。

荥阳地理位置优越，西望古都洛阳，南眺中岳嵩山，北临九曲黄河，东接省会郑州，是黄河中下游重要的交通枢纽城市。它地处郑州市中原区与上街区中间位置，郑州市建设路、中原路、科学大道、陇海路以及 310 国道、连霍高速、陇海铁路、郑西高铁、郑州轻轨、郑州地铁 10 号线、南水北调干渠、郑州绕城高速横贯全境，形成铁路、公路、航空立体交通网络。与郑州高新技术开发区、郑州大学城、郑州纺织工业城为邻，正在和郑州市融合发展，接受郑州的辐射和带动。

（三）惠济区

惠济区是河南省会郑州市的中心城区，辖区总面积 206 平方千米，辖 6 个街道办事处、2 个镇，常住人口 30 万人。2013 年全区实现地区生产总值 92.8 亿元。2016 年，惠济区完成生产总值 117.80 亿元，城镇居民人均可支配收入 28718 元，农村居民人均可支配收入 21666 元。

惠济区围绕主导产业定位,积极推进三次产业相互融合、竞相发展,都市农业不断壮大。2013年荣获“河南省文明城区”称号。惠济区位于黄河南岸,拥有距离郑州中心城区最近的自然山体——邙山,北依中华民族的母亲河——黄河,全区600万株树木、6.4万亩森林面积,是河南省“平原绿化高级达标先进区”和国家级“生态示范区建设试点”单位。惠济区是郑州市中心城区的北部组团,惠济新区规划面积48.8平方千米,河南省“城乡一体化建设试点”和“土地综合利用试验区”。

(四)金水区

金水区是河南省会郑州市的中心城区,因发源于春秋战国时期的金水河流经辖区而得名。辖区总面积135.3平方千米,其中城区面积70.65平方千米,辖17个街道,常住人口140.2万人,是全省面积最大、人口最多、经济最发达的城区之一。2013年实现地区生产总值781.5亿元,城镇居民人均可支配收入达到3.1万元。完成服务业增加值686亿元。

金水区持续转变发展方式,成功引进中国(郑州)国际酒店用品博览中心等重大项目53个,总投资890亿元,并按照“率先在全市实现全域城市化”的目标。金水区是全省政治、经济、文化、金融、信息的中心城区。辖区经济繁荣,交通便利,设施先进,功能完善,拥有得天独厚的区位优势和较为优质的资源禀赋。

(五)中牟县

中牟县位于河南省中部,隶属省会郑州市,东接古都开封,西邻省会郑州,南和新郑、尉氏接壤,北与原阳县隔河相望。面积917平方千米,辖3个街道办事处、10个镇、1个乡,273个行政村。总人口47.4万人。2015年生产总值260.2亿元,人均生产总值55424元。

中牟是典型的农业大县,主要农业经济指标多年稳居郑州市第一位,位于全省前列。是全省唯一连续23年获“红旗渠精神杯”的先进县。先后被评定为国家级无公害农产品生产示范基地县、园艺产品出口创汇基地县、平原绿化高级达标先进县、北京市“场地挂钩”蔬菜生产基地县和河南省农业标准化生产示范县、农业“十强县”之一。“县南林果牧、县中瓜蒜菜、县北水面种植和水产养殖”的产业布局已经形成,设施农业、精品农业、标准化农业、无公害农业、生态农业相继形成规模效应。

中牟是中原经济区、郑州都市区、郑州航空港经济综合实验区三区叠加的中心区域,是郑汴融城战略和郑汴产业带核心区,中牟县集“铁、公、机”交通优势于一体。东接京九铁路、西连京广铁路,陇海铁路、郑开城际轨道在境内分别设有站点,距郑州高铁站20千米;以郑州为中心的“米”字形高铁辐射网络,让中牟处在了“3小时经济圈”。全县每百平方千米道路密度261千米,居全省各县(市)第一位,郑开大道、物流大道等5条城际道路横贯东西,省道223线、规划新107国道纵穿南北;县城北距连霍高速下道口11千米,西距京港澳高速下道口12千米,郑民高速2个下道口分别距县城5千米,机西高速正在规划建设。中牟南距郑州国际机场25千米,郑民高速可直通机场。发达完善、快速便捷的“三位一体”的交通体系,保证了对外联系的时效性和开放性,极大地提高了经济发展效率。素有“一肩挑两市、一路通三城”之说。

中牟县实施工业强县战略、都市型现代农业发展战略和现代服务业提质增效战略，确立了千亿元产值的汽车产业、千万人次的国家级时尚文化旅游产业、国家级都市型现代农业三大主导产业。

第二章 工程建设

郑州黄河工程建设主要包括堤防、险工、控导、引黄工程、附属工程、滩区建设及建设管理工作。

人民治黄以来,郑州人民把千疮百孔的郑州黄河河道工程建设成为完整的黄河防洪工程体系,实现了除害兴利的建设目标。主要建设成就是,对160千米河道工程进行全部整治,扩建、改建、除险加固。其中,堤防普遍加高3米以上,加宽100多米,接长1172米,达71.422千米;加高改建(石化了单位工程)险工坝垛护岸751道,新建控导工程12处409个单位工程;从无到有新建引黄涵闸8座,提取水工程10多处;改土路为硬化道路,防汛道路四通八达;滩区工程建设利国富民;生态工程建设发展良好,防风固沙,植树造林,绿化河防。郑州黄河工程建设为确保黄河岁岁安澜打下了坚实的物质基础。

第一节 堤 防

郑州黄河堤防始建于1587年,距今已有430年历史,从民堰到官堤,从断头堤到延绵不断的堤防,从低小到高大,逐步形成黄河防洪屏障,尤其郑州解放以来,开展了三次大复堤、放淤固堤、标准化堤防建设(2005年建成)、岁修及除险加固等,成效显著。

一、堤防工程

(一)建设成果

郑州黄河堤防相应大堤桩号-1-172~70+250,全长71.422千米。堤顶超高2000年设计防洪水位3米,堤顶宽度10~12米,边坡一般为1∶3,堤顶高程范围101.99~88.36米,堤身高7~10米;淤背区宽度100米,顶部高程平2000年设计防洪水位。堤顶硬化长度70.75千米,相应大堤桩号0-500~70+250;主要上堤路口29个(见表2-1和表2-2)。

表 2-1　郑州黄河堤防基本情况一览表

（单位：米）

序号	管辖单位	大堤桩号	长度（千米）	堤顶高程	2000 年设防水位	顶宽	临河坡度	护堤地宽度		淤区			备注
								临河	背河	宽度	高程	坡度	
	郑州河务局	-1-172~70+250	71.422										黄海高程系
一		-1-172~30+968	32.140									1:3.0	
1		-1-100		101.99	99.21	10.00	1:3.0	0.0	10.0	100.0	98.89	1:3.0	
2		0+000		101.02	98.93	11.50	1:3.0	0.0	10.0	100.0	98.55	1:3.0	
3		1+000		100.83	98.68	12.00	1:3.0	0.0	10.0	100.0	98.25	1:3.0	后戗被淤区覆盖
4		2+000		100.49	98.44	12.77	1:3.0	0.0	10.0	100.0	97.94	1:3.0	后戗被淤区覆盖
5		3+000		100.39	98.19	12.80	1:3.0	0.0	10.0	100.0	97.63	1:3.0	
6		4+000		100.28	97.94	11.59	1:3.0	0.0	10.0	100.0	97.33	1:3.0	
7		5+000		100.33	97.69	12.00	1:3.0	50.0	10.0	100.0	100.83	1:3.0	
8		6+000		100.44	97.44	12.00	1:2.6	50.0	10.0	185.0	100.94	1:3.0	
9		7+000		99.89	97.19	11.50	1:1.2	0.0	10.0	100.0	96.40	1:3.0	
10		8+000		99.51	96.94	11.00	1:2.0	132.0	10.0	100.0	96.09	1:3.0	
11		9+000		99.20	96.69	10.00	1:3.0	109.9	10.0	100.0	95.78	1:3.0	
12		10+000		99.16	96.44	10.00	1:3.0	102.0	10.0	100.0	99.56	1:3.0	
13		10+915											花园口引黄闸
14		11+000		99.00	96.20	12.00	1:3.0	0.0	10.0	100.0	98.7	1:3.0	
15		12+000		98.88	95.94	13.00	1:3.0	0.0	10.0	100.0	99.28	1:3.0	
16		12+720											东大坝提灌站
17		13+000		98.39	95.70	11.00	1:3.0	0.0	10.0	100.0	94.96	1:3.0	
18	惠金河务局	14+000		97.31	95.52	12.00	1:3.0	50.0	10.0	88.0	94.82	1:3.0	
19		15+000		98.06	95.35	10.00	1:2.0	50.0	10.0	100.0	94.66	1:3.0	
20		16+000		97.75	95.17	10.00	1:2.0	30.0	10.0	100.0	94.51	1:3.0	
21		17+000		97.27	95.00	10.00	1:3.0	50.0	10.0	185.0	94.36	1:3.0	
22		18+000		97.10	94.82	10.50	1:3.0	50.0	10.0	100.0	94.2	1:3.0	
23		19+000		96.75	94.64	10.00	1:3.0	50.0	10.0	100.0	94.05	1:3.0	
24		20+000		93.03	94.47	10.00	1:3.0	150.0	10.0	100.0	93.9	1:3.0	
25		21+000		96.79	94.29	10.50	1:3.0	150.0	10.0	100.0	93.74	1:3.0	
26		22+000		96.70	94.12	10.00	1:3.0	150.0	10.0	100.0	93.58	1:3.0	
27		23+000		92.92	93.94	10.00	1:3.0	0.0	10.0	100.0	93.42	1:3.0	
28		24+000		96.61	93.76	10.00	1:3.0	0.0	10.0	100.0	93.27	1:3.0	
29		25+000		96.27	93.59	10.00	1:3.0	0.0	10.0	100.0	93.11	1:3.0	
30		25+330											马渡引黄闸
31		26+000		96.32	93.45	10.00	1:3.0	0.0	10.0	100.0	92.95	1:3.0	
32		27+000		95.49	93.29	12.00	1:3.0	50.0	10.0	160.0	92.79	1:3.0	
33		28+000		95.53	93.13	12.00	1:3.0	50.0	10.0	180.0	92.63	1:3.0	
34		29+000		95.93	92.97	12.00	1:3.0	50.0	10.0	100.0	92.47	1:3.0	
35		30+000		95.94	92.81	12.00	1:2.0	100.0	10.0	100.0	92.31	1:3.0	
36		30+500		95.94	92.73	12.00	1:2.0	100.0	10.0	120.0	92.23	1:3.0	

续表 2-1

序号	管辖单位	大堤桩号	长度（千米）	堤顶高程	2000年设防水位	顶宽	临河坡度	护堤地宽度		淤区			备注
								临河	背河	宽度	高程	坡度	
二		30+968～70+250	39.282										
1		30+968		95.31	91.65	13.80	1:3.0	30.0	30.0	266.0	92.14	1:3.0	
2		31+000		95.21	91.65	14.20	1:3.0	30.0	30.0	212.0	91.10	1:3.0	
3		32+000		95.29	91.49	15.80	1:3.0	30.0	30.0	100.0	92.08	1:3.0	
4		32+021		95.30	91.49	16.50							杨桥引黄闸
5		33+000		94.91	91.34	13.50	1:3.0	30.0	30.0	92.0	92.01	1:3.0	
6		34+000		94.64	91.18	14.50	1:3.0	30.0	30.0	100.0	91.04	1:3.0	
7		35+000		94.49	91.02	13.00	1:3.0	30.0	30.0	100.0	90.11	1:3.0	
8		36+000		94.36	90.86	14.30	1:3.0	30.0	30.0	100.0	90.77	1:3.0	后戗被淤区覆盖
9		37+000		93.89	90.70	14.80	1:3.0	30.0	30.0	89.0	91.43	1:3.0	
10		38+000		93.60	90.55	15.00	1:3.0	30.0	30.0	100.0	89.86	1:3.0	
11		38+500		93.19	90.47	14.00	1:2.8	30.0	30.0	100.0			
12		39+000		93.23	90.39	14.30	1:2.9	30.0	30.0	81.0	90.66	1:3.0	
13		40+000		93.39	90.23	15.20	1:2.8	30.0	30.0	88.0	91.18	1:3.0	
14		41+000		93.51	90.08	13.30	1:2.8	30.0	30.0	80.0	91.03	1:3.0	
15		42+000		93.05	89.91	13.30	1:2.5	30.0	30.0	98.0	91.24	1:3.0	
16		42+392											三刘寨引黄闸
17		42+675											赵口引黄闸
18	中牟河务局	43+000		92.62	89.76	16.00	1:2.9	30.0	30.0	100.0	91.06	1:3.0	
19		44+000		92.79	89.60	11.00	1:3.3	30.0	30.0	85.0	90.67	1:3.0	
20		45+000		92.36	89.44	13.00	1:4.2	30.0	30.0	100.0	90.80	1:3.0	
21		46+000		93.36	89.28	13.50	1:5.5	30.0	30.0	100.0	91.05	1:3.0	
22		47+000		92.94	89.12	12.60	1:3.6	30.0	30.0	100.0	91.57	1:3.0	
23		48+000		91.89	88.97	13.50	1:3.5	30.0	30.0	100.0	89.04	1:3.0	
24		49+000		91.70	88.81	13.00	1:3.2	30.0	30.0	100.0	89.47	1:3.0	
25		50+000		92.04	88.65	13.00	1:2.2	30.0	30.0	100.0	89.51	1:3.0	
26		51+000		91.63	88.49	13.00	1:5.2	30.0	30.0	100.0	89.69	1:3.0	
27		52+000		91.01	88.34	16.00	1:5.5	30.0	30.0	56.0	88.82	1:3.0	
28		53+000		91.02	88.18	15.00	1:5.7	30.0	30.0	35.0	89.40	1:3.0	
29		54+000		91.19	88.02	13.50	1:3.0	30.0	30.0	100.0	88.02	1:3.0	
30		55+000		90.76	87.87	13.50	1:3.0	30.0	30.0	100.0	87.87	1:3.0	
31		56+000		90.72	87.71	11.80	1:3.0	30.0	30.0	100.0	87.71	1:3.0	前戗
32		57+000		90.58	87.57	12.50	1:3.0	30.0	30.0	100.0	87.57	1:3.0	前戗
33		58+000		91.35	87.39	14.20	1:3.0	30.0	30.0	100.0	87.39	1:3.0	前戗
34		59+000		90.76	87.24	12.50	1:3.0	30.0	30.0	100.0	87.24	1:3.0	前戗
35		60+000		89.75	87.09	12.00	1:3.0	30.0	30.0	100.0	87.09	1:3.0	前戗
36		61+000		89.52	86.93	12.00	1:3.0	30.0	30.0	100.0	86.93	1:3.0	前戗
37		62+000		90.19	86.77	12.00	1:3.2	30.0	30.0	100.0	86.77	1:3.0	前戗

续表 2-1

序号	管辖单位	大堤桩号	长度（千米）	堤顶高程	2000年设防水位	顶宽	临河坡度	护堤地宽度		淤区			备注
								临河	背河	宽度	高程	坡度	
38	中牟河务局	63 +000		89.70	86.62	11.90	1:3.0	30.0	30.0	100.0	86.62	1:3.0	前戗
39		64 +000		89.41	86.46	11.20	1:3.0	30.0	30.0	100.0	86.46	1:3.0	前戗
40		65 +000		89.14	86.30	12.00	1:3.0	30.0	30.0	100.0	86.30	1:3.0	前戗
41		66 +000		89.12	86.15	11.30	1:3.0	30.0	30.0	100.0	86.15	1:3.0	前戗
42		67 +000		88.79	85.99	12.80	1:3.0	30.0	30.0	100.0	85.99	1:3.0	前戗
43		68 +000		88.69	85.83	12.30	1:2.9	30.0	30.0	100.0	85.83	1:3.0	前戗
44		69 +000		88.29	85.67	13.00	1:3.3	30.0	30.0	100.0	85.67	1:3.0	前戗
45		70 +000		88.33	85.52	13.00	1:3.5	30.0	30.0	100.0	85.27	1:3.0	前戗

表 2-2　郑州黄河堤防（前戗）基本情况一览表

序号	管辖单位	大堤桩号	长度（千米）	宽度（米）	高程（米）	坡度
	郑州河务局	54 +750 ~ 70 +250	15.500			
一	中牟河务局	54 +750 ~ 70 +250	15.500			
1		54 +750	0	10.0	87.51	1:2.6
2		55 +000	0.250	10.0	87.50	1:2.6
3		56 +000	1.000	10.0	87.49	1:2.6
4		57 +000	1.000	10.0	87.49	1:2.6
5		58 +000	1.000	10.0	87.47	1:2.8
6		59 +000	1.000	10.0	87.20	1:3.0
7		60 +000	1.000	9.7	86.79	1:2.9
8		61 +000	1.000	10.0	86.37	1:2.8
9		62 +000	1.000	10.0	86.35	1:3.0
10		63 +000	1.000	10.0	86.35	1:3.0
11		64 +000	1.000	10.0	86.42	1:2.6
12		65 +000	1.000	10.0	86.14	1:2.9
13		66 +000	1.000	10.0	85.92	1:3.0
14		67 +000	1.000	10.0	85.92	1:3.0
15		68 +000	1.000	10.0	85.61	1:3.0
16		69 +000	1.000	10.0	85.61	1:3.0
17		70 +000	1.000	10.0	85.61	1:3.0
18		70 +250	0.250	10.0	85.61	1:3.0

（二）堤防扩建

堤防扩建即为扩大堤防建设规模，主要是大复堤和堤防加培（加高帮宽）。1950 年以来，黄河下游堤防进行了 3 次大复堤工程：第一次 1950 ~ 1957 年；第二次 1963 ~ 1967 年；第三次 1974 ~ 1983 年。据不完全统计，累计复堤长度 150.474 千米，累计加高 3 米左右（一般一次加高 1 米左右，最低 0.3 米以上，最高达 2 米），完成土方 808.81 万立方米，投资 4603.53 万元（见表 2-3）。施工方法：第一次复堤采用人工木独轮车填土，人工夯实法施工（见图 2-1）；第二次复堤采用人工木独轮车和架子车填土，人工夯实和东方红履带式拖拉机碾压法施工;第三次复堤独轮车已不是主要施工工具,逐步被架子车取代。人工夯实逐步被东方红履带式拖拉机取代;20世纪90年代复堤逐步进入机械化施工。

表2-3　郑州黄河堤防扩建(大复堤)工程一览表

序号	管辖单位	大堤桩号	复堤长度(千米)	工程量(万立方米)	投资(万元)	施工年代	备注
	郑州河务局	－1－172～70＋250	150.474	808.81	4603.53	1951～1997	
一	惠金河务局	－1－172～30＋968	100.552	584.76	4315.65	1951～1997	
1		－1－172～30＋968	23.150	377.44	577.96	1951～1976	
2		12＋500～13＋100	0.600			1951	加高帮宽
3		14＋700～27＋700	13.000			1951	加高帮宽
4		0＋000～7＋000	7.000			1956	加高帮宽
5		9＋200～13＋150	3.950			1956	加高帮宽
6		16＋200～26＋600	10.400			1956	加高帮宽
7		0－650～0＋000	0.650			1956	新修
8		0＋090～0＋800	0.710			1961	加高帮宽
9		2＋200～5＋600	3.400			1961	加高帮宽
10		13＋372～21＋400	10.280			1973	加高帮宽
11		－1－172～0－650	0.522			1976	新修
12		0－650～13＋372	12.722			1976	加高帮宽
13		21＋400～30＋968	9.568			1976	加高帮宽
14		0－500～6＋200	6.700	207.32	3741.69	1997	加高帮宽
15		0－500～6＋200	6.700	207.32	3741.69	1997	加高帮宽
二	中牟河务局	30＋968～70＋250	47.922	224.05	287.88	1951～1976	加高帮宽
1		36＋000～65＋000	12.640	10.69	11.21	1951～1955	加高帮宽
2		30＋968～70＋250	35.282	213.36	276.67	1974～1976	加高帮宽

图2-1　20世纪50年代郑州黄河第一次大复堤

(三)堤防改建

为便于防汛、抢险、施工、工程管理等工作,1975～2004年郑州黄河堤防共改建7段,据不完全统计,累计改建堤段长度5.012千米,土方73.93万立方米,投资706.06万元

（见表2-4）。采用的施工方法为机淤法和机械填筑压实法两种。

表2-4　郑州黄河堤防改建工程一览表

序号	管辖单位	大堤桩号	改建年份	长度（千米）	工程量（万立方米）	工程投资（万元）
	郑州河务局	13+500~69+400	1975~2004	5.012	73.93	706.06
一	惠金河务局	13+500~27+900	1995~2004	3.300	66.72	622.02
1		16+600~17+300	1995	0.700	6.13	69.84
2		22+450~22+850		0.400		
3		13+500~14+500	2004	1.000	29.60	274.83
4		26+700~27+900	2004	1.200	30.99	277.35
二	中牟河务局	30+968~69+400		1.712	7.21	84.04
1		30+968~31+650	1975	0.682		
2		44+845~45+375	1975	0.530		
3		68+900~69+400	1995	0.500	7.21	84.04

（四）堤防加固

郑州黄河堤防加固主要包括放淤固堤，修筑前、后戗，堤防补残，截渗墙及其他方法等。始于1949年，止于2004年标准化堤防建设完成。

1. 放淤固堤

放淤固堤源于虹吸和引黄涵闸自流放淤而得名。而后随着淤区的升高，无法自流放淤，即改为提灌站提淤，再到船、泵抽淤，后三种均为机械化淤筑堤防，简称为机淤。从完成工程量来讲，大部分是由机淤完成的。

1）设计标准

黄河下游放淤固堤工程设计标准有2个：一是依1983年作为水平年进行设计，二是依2000年作为水平年进行设计。防洪标准为防御花园口洪峰流量22000立方米每秒。

根据大堤规划断面，20世纪90年代以前，淤区顶部高程高出浸润线出逸点1.5米（浸润线坡度为：险工段1∶10，平工段1∶8）；20世纪90年代以后，凡新设计的放淤固堤工程，不论平工、险工，淤区顶部高程均与2000年设防水位平齐。

淤区宽度按大堤规划断面推算为100米，边坡1∶3，村庄相对密集的堤段，根据实际情况按100米、80米、60米设计。

淤区沿堤线布置，在临河一侧的为淤临，在背河一侧的为淤背，淤区外侧布置围堤，围堤外侧布设截渗沟及退水渠。淤土完成后，进行包边盖顶，每隔100米设1条横向排水沟。

实施结果是：20世纪90年代以前，淤区顶部高程一般低于堤顶3米；20世纪90年代以后，淤区顶部高程一般低于堤顶4米。新旧淤区处理原则，一般为过去完成的淤区超高部分不再调整，特殊堤段特殊处理，从而使个别淤区顶部高程与大堤平齐或低于1米。

2）实施方法

郑州黄河放淤固堤遵照“先自流后提淤，先险工后平工，先薄弱（险点）后一般”的实施原则。其施工方法大体上分为三个阶段：第一个阶段是引黄淤灌阶段，是放淤固堤的基础或者说是前期工程。实施年代是1956～1969年。施工方法主要是利用虹吸和提灌站对临堤附近潭坑、洼地、碱地进行沉沙处理,平均淤高0.5～1.0米,有效地缩小了堤防临背悬差。第二个阶段是引黄放淤固堤阶段,是放淤固堤工程的正式启动和实施及其名称的由来。实施年代是1970～1985年。施工方法主要是利用引黄涵闸和提灌站对规划内的淤区进行蓄混排清,进一步缩小堤防临背悬差达2～3米。第三个阶段是机淤固堤阶段,是放淤固堤工程的高潮期和收官之战。实施年代是1977～2004年。施工方法主要是利用泥浆泵和吸(挖)泥船等对规划内的淤区进行蓄混排清。本着先险点、险工堤段,后平工堤段及一般河段的次序,实施机淤加固堤防。

当淤区淤筑高程接近设计高程时,根据情况采取两种方法实施封顶包淤:一是用吸泥船和泥浆泵抽洪(黏土)封顶盖淤;二是使用挖装运机械取黏土进行封顶包淤。包淤厚度为0.5～1.0米,一般对包淤土只做平整,不做碾压,以利包淤完成后植树植草绿化。

3)完成情况

据不完全统计,1971～2004年郑州黄河完成淤(临)背工程长度66 450米,土方6011.61万立方米,投资25267.64万元(见表2-5)。

表2-5 郑州黄河淤(临)背工程一览表

序号	管辖单位	建设年份	大堤桩号	淤筑长度(米)	完成土方(万立方米)	投资(万元)	备注
	郑州河务局	1971～2004	4+800～70+250	66450	6011.61	25267.64	
一	惠金河务局	1974～2004	4+800～30+968	26168	2387.25	9224.18	
1		1974～1983	4+800～30+968		885.00	438.00	
2		1984	12+200～25+300		135.32	97.72	
3		1985	12+300～21+700		95.05	74.07	
4		1986	6+000～30+200		71.12	70.02	
5		1987	4+800～70+250		55.02	56.12	
6		1988	11+255～26+800		37.75	47.95	
7		1989	7+850～26+556		36.74	69.94	
8		1990	6+750～29+925		9.70	122.46	
9		1991	6+220～27+326		50.00	157.52	
10		1993	6+220～29+094		93.10	723.89	
11		1994	10+600～28+830		90.12	464.41	
12		1995	11+492～26+100		79.76	423.14	
13		1996	10+600～21+583		42.00	699.51	
14		1997	11+550～30+250		76.40	402.5	
15		1998	14+300～17+300		83.95	912.63	
16		1999～2000	14+300～30+700		172.21	1874.44	
17		2001～2003	4+800～8+200		313.42	2147.68	
18		2004	13+500～27+900		60.59	442.18	

续表 2-5

序号	管辖单位	建设年份	大堤桩号	淤筑长度（米）	完成土方（万立方米）	投资（万元）	备注
二	中牟河务局	1971～2004	30+968～70+250	39282	3624.36	16043.46	
1		1971～1990	31+630～45+000		1755.82	941.85	
2		1991	31+630～49+200		57.00	53.10	
3		1992	31+630～49+200		122.42	254.36	代赈投资 198.75
4		1993	31+630～49+200		100.00	140.45	代赈投资 92.09
5		1994	33+400～36+000		60.00	132.1	代赈投资 107.25
6		1995	36+110～70+020		169.16	456.84	
7		1996	31+800～37+950		37.70	234.83	专项资金 99.69
8		1997	31+630～49+200		35.00	193.97	
9		1998	49+800～70+250		82.85	556.21	汽运 27.23 万立方米
10		1999	30+968～70+250		168.58	1901.26	
11		2000	56+750～69+150		354.10	3241.94	
12		2001	64+750～69+150		76.50	584.00	
13		2002	57+550～64+750		43.00	330.18	
14		2003～2004	31+630～70+250		562.23	7022.37	

2. 前、后戗修筑

1951～1997 年，据不完全统计，郑州黄河共修筑堤防前后戗 7 段，总长度 20 380 米，土方 248.02 万立方米，投资 1264.27 万元（见表 2-6）。施工方法：1981 年以前，采用人工填土，人工夯实法施工；1981～1987 年，采用小型机械，即小翻斗车等填土，机械压实施工法；1988 年后实现机械化施工。

表 2-6　郑州黄河堤防前、后戗工程一览表

序号	管辖单位	修建年份	大堤桩号	长度（米）	土方（万立方米）	投资（万元）	备注
	郑州河务局	1951～1997		20380	248.02	1264.27	
一	惠金河务局	1951～1997		4080	170.30	1063.83	
1		1951	花园口口门	450			前戗
2		1956	花园口口门	500			后戗
3		1956	石桥口门	400			后戗
4		1961	1+870～2+600	730			后戗
5		1997	0+600～2+600	2000	170.30	1063.83	前戗
二	中牟河务局	1981、1987		16300	77.72	200.44	
1		1981	54+750～70+250	15500	69.19	156.87	前戗
2		1987	35+400～36+200	800	8.53	43.57	孙庄后戗

3. 堤防补残

据不完全统计，1986～1998 年郑州中牟黄河堤防共补残 9 段，完成土方 29.42 万立

方米,投资177.77万元(见表2-7)。施工方法:1986年人工装土,小翻斗车填土,拖拉机碾压;1989年后机械化施工。主要解决堤坡坡度不足和凸凹不顺问题。

表2-7 郑州(中牟)黄河堤防补残统计表

序号	补残年份	大堤桩号	土方(万立方米)	投资(万元)	备注
合计	1986~1998	36+150~70+250	29.42	177.77	
1	1986	36+150~38+300	0.64	1.16	
2	1989	54+750~55+400	2.31	11.75	
3	1990	67+700~68+200	2.72	13.78	
4	1991	41+000~66+500	2.85	15.5	
5	1992	45+000~70+250	3.47	17.55	
6	1993	59+100~62+100	2.87	28.05	
7	1994	56+200~59+200	2.27	33.91	
8	1995	56+600~69+000	1.46	14.48	
9	1998	51+200~53+200	10.83	41.59	

4. 堤防险点、险段处理

至2015年底,郑州河段13处隐患已全部清除完毕(见表2-8)。

表2-8 郑州黄河堤防险点险段消除情况一览表

序号	管辖单位	险点名称	清除年份	险点位置	长度(米)	险点情况
	郑州河务局			-1-172~70+250	24060	10个险点,3个险段
一	惠金河务局			-1-172~25+330		7个险点,1个险段
1		堤防单薄	1998	-1-172~6+200	7372	宽度不足
2		公路缺口	2004	0-500		低于设计洪水位2.14米
3		公路缺口	2004	0-760		低于设计洪水位2.43米
4		95滩供水	2004	3+600		低于设计洪水位3.29米
5		花园口二水厂	2004	13+200		管底低于设计洪水位
6		东大坝提灌站	2004	13+200		穿堤
7		花园口闸	2004	10+915		穿堤
8		马渡闸	2004	25+330		穿堤
二	中牟河务局			32+050~70+250		3个险点,2个险段
1		杨桥闸	2014	32+050		穿堤
2		三刘寨闸	1996	42+200		闸洞有裂缝
3		赵口闸	2013	42+700		有不均匀沉陷等
4		老口门潭坑	1988	47+412~48+850	1438	背河有水浸现象发生
5		临河堤根低洼	2004	55+000~70+250	15250	易顺堤行洪

1)锥探灌浆

为消除堤防隐患,增加堤身土质密度,1949~1983年,郑州黄河堤防普遍锥探灌浆两遍,险工、险点堤段进行3~4遍,个别平工堤段进行了1遍,如狼城岗堤段。施工组织:由所辖修防段组织本单位职工和民技工实施,很少动用农民工。施工方法:1972年以前主要是采取人工锥探灌浆法，而后采取机械打锥灌浆法施工。从总体上看，锥探灌浆效果良好，机械压力灌浆效果更好。

2）抽槽换土

为了解决赵口口门处堤基粗沙渗水问题，1955 年在中牟赵口险工 10～18 坝间分段进行抽槽换土，建成 2.4 米深的黏土直墙。施工当中，严格质量控制，层层硪实，每层虚土厚 0.2 米，硪实后为 0.13 米。硪实遍数 6 遍，硪实不到边的再用夯打实 6～7 遍。此次施工共完成土方 3500 立方米，投资 7000 元。

3）抽水窨堤

经 2 次复堤，4 次密锥灌浆，修筑黏土斜墙。但在中牟赵口黄河大堤桩号 41＋132～41＋964 处隐患仍然存在。为此，于 1965 年对该堤段进行抽水窨堤处理，历时 2 个月。

5. 堤防混凝土截渗墙修筑

堤防混凝土截渗墙是加固堤防的有效措施之一。1997 年在郑州黄河大堤桩号 15＋200～15＋850 实施了堤防混凝土截渗墙加固工程。工程分三个标段进行，历时 138 天（1997 年 3 月 1 日至 7 月 27 日），共计建造混凝土防渗墙长 650 米，造墙面积 10980 平方米，浇筑 C10 混凝土 2836.85 立方米，投资 285.10 万元。三段分别是：

第一段，大堤桩号 15＋500～15＋850，由河南河务局勘测工程处引进福建水利水电科研所射水法建造混凝土连续墙技术进行工程性应用试验，1997 年 3 月 1 日开工至 4 月 29 日完工。完成造孔 172 孔，造截渗墙长度 350 米、面积 5880 平方米、混凝土 1456.85 立方米。

第二段，大堤桩号 15＋350～15＋500，由新乡河务局第三工程处采用液压槽连续槽法建造防渗技术进行试验和试生产应用，1997 年 4 月 10 日开工至 5 月 27 日完工，造截渗墙长度 150 米、面积 2550 平方米、浇筑混凝土 693 立方米。

第三段，大堤桩号 15＋200～15＋350，由新乡河务局第三工程处采用河南河务局科技处自行研制的液压槽连续槽法建造防渗技术进行试验和试生产应用，1997 年 6 月 26 日开工至 7 月 27 日完工，造截渗墙长度 150 米、面积 2550 平方米、浇筑混凝土 687 立方米。

截渗墙的修建主要分为开槽式和非开槽式两种，此次采取的是开槽式薄体混凝土截渗墙，对设计工艺和施工方法都是一种考验。施工环境和地质条件的不同，影响着设计方案和施工方法，而且资金投入、施工进度、建设难度具有较大差异。黄河堤防截渗墙通常布置在大堤堤顶或堤脚，此次布置在大堤堤顶施工，位置在大堤堤顶距临河堤肩 2 米处，底部嵌入相对不透水层 1 米，墙顶高程超设防水位 1 米以上。墙体厚度 0.2～0.4 米，平均 0.26 米。墙体材料为 C10 混凝土。

此种方法显著增强了堤身的防渗效果，是防渗加固，防止发生溃决的有力措施，特别是在处理堤身裂纹和内部洞穴问题上效果明显。

二、堤防道路及绿化

(一)堤防道路

1986年以前,郑州黄河大堤堤顶道路多为土质路面,仅花园口堤段有小段混凝土预制块路面,雨雪天无法通行,防汛抢险料物难以运送,贻误抢险时机的情况时有发生。1986年在花园口堤段和中牟万滩至赵口堤段,做六边形混凝土预制块试验路面,由于造价和路基问题,没几年部分混凝土块破碎,路面凸凹不平,行车更难,后被彻底刨出。为解决这一难题和有利沿黄群众生产生活,1996~1998年经上级批准,实施了堤顶硬化工程。工程建设标准,参照四级公路标准建设,由于路面标准低,承受不了抢险运石车辆的重负荷运行,路面状况较差。1998年后,堤防道路工程建设标准全部提高,硬化路面均参照平原微丘三级公路标准修建,总长度为69.73千米(见表2-9)。

表2-9 郑州黄河大堤堤顶道路一览表

序号	管辖单位	修建年份	大堤桩号	长度(千米)	路面结构
	郑州河务局		-1-172~70+250	71.422	硬化69.730
一	惠金河务局		0-480~30+968	31.140	硬化30.448
1			-1-172~0-480	0.692	黏土路
2		2000	0-480~5+200	4.720	柏油路面
3		1999(2002年改建)	5+200~27+900	22.700	柏油路面
4		2000	27+900~30+968	3.068	柏油路面
二	中牟河务局	无土路面	30+968~70+250	39.282	全部硬化
1		2000	30+968~38+500	7.532	柏油路面
2		1998(2003年改建)	38+500~50+300	11.8	柏油路面
3		2000	50+300~59+500	9.2	柏油路面
4		2002	59+500~70+250	10.75	柏油路面

(二)堤防绿化

堤防绿化是黄河建设管理的一项重要工作。1985年以前,黄委明确"临河防浪、背河取材"的植树方针。树的品种以柳树为主(适用于抢险),以杂木为辅。堤口堤坡普遍栽植葛芭草(这种草好栽易活、蔓长叶密、节节生根,所以具有联结地皮,防风浪和耐冲刷的优点)。临河护堤地植一行丛柳,其余为高柳,背河护堤地因地制宜,种植经济用材林。临背堤肩以下半米各植两行行道林,不侵占堤顶,堤顶两旁(除行车道外)及临背堤坡种植葛芭草,逐步清除杂草。淤背区主要发展用材林和苗圃。但研究发现,在堤身植树对堤身有破坏作用,也不利于查水抢险。为此,1987年黄委对堤防植树做出新的规定:临黄堤身上除每侧堤肩各保留一排行道林外,临、背坡上一律不种树。已植的树木,临河坡1988年底前全部清除,背河坡1990年底以前全部清除。堤肩和堤坡全部植草防护,草皮覆盖率不低于98%。临河护堤地植低、中、高三级柳林防浪,背河护堤地植柳树或其他乔木。淤背区有计划种植片林或发展其他树种。

根据1998年黄委《黄河下游生物防洪措施规划》和河南河务局《河南黄河工程生物

防洪措施规划》，并开始以植柳为主的防浪林种植（行道林以绿化树木为主）（见表2-10）。

表2-10　郑州黄河堤防绿化情况一览表

序号	管辖单位	大堤桩号	堤防长度（千米）	完成年份	防浪林宽度（米）	淤区植树宽度（米）
	郑州河务局	0-500~70+250	70.750	1997~2005	50~100	100
一	惠金河务局	0-500~30+968	31.468	2005	50~100	100
1		0-500~7+300	7.8	2005	50	100
2		7+300~10+800	3.5	2005	100	100
3		10+800~15+350	4.55	2005	50	100
4		15+350~17+500	2.15	2005	100	100
5		17+500~19+200	1.7	2005	50	100
6		19+200~23+000	3.8	2005	100	100
7		23+000~30+968	7.68	2005	50	100
二	中牟河务局	30+968~70+250	39.282	1997~2004	50	100
1		30+968~49+270	18.302			100
2		49+270~51+200	1.9	2004	50	100
3		51+200~53+200	2.0	1997	50	100
4		53+200~57+200	4.0	1998	50	100
5		57+200~67+450	10.25	2001	50	100
6		67+450~69+750	2.3			100
7		69+750~70+250	0.5	2001	50	100

三、标准化堤防建设

标准化堤防建设是淤临淤背工程建设的继续和完善。

（一）工程主要技术指标

1. 堤防帮宽工程设计标准

堤顶设计高程为2000年设防水位超高3米；帮宽段现状堤顶高程已达到设防标准者，设计高程取与现状堤顶平；堤顶帮宽设计宽度为12米，边坡1∶3。

2. 淤区工程设计标准

以防御花园口站22000立方米每秒流量为标准，淤区顶部设计高程与2000年当地设计防洪水位平；淤区宽度以概化标准断面为基准，顶部宽度为100米，边坡为1∶3，盖顶厚度0.5米，包边水平厚度1.0米。

3. 险工改建工程设计标准

坝顶高程与现状坝顶平，根石台高程与2000年水平年3000立方米每秒流量相应水位平,顶宽2米,根石外坡1∶1.5,坦石内、外坡比1∶1.3、1∶1.5,土石结合部铺设复合土工布防渗(见图2-2)。

图2-2　郑州黄河三点一线工程一瞥(2008年)

4. 防汛道路设计标准

参照三级公路标准改建,路面采用0.04米厚沥青加碎石上封层,宽6米;路基上铺设0.15米厚水泥石灰碎石土,宽6.5米;路基下铺设0.15米厚石灰稳定土,宽6.8米。

5. 其他工程设计标准

防浪林种植宽度为50米。在堤顶两侧设纵向排水沟并完善堤坡横向排水沟。根据工程管理需要,沿堤配备市县乡交界碑、工程简介牌、公里桩、百米桩、边界桩、交通警示牌、历史事件标志牌等工程标志标牌。

(二)实施情况

1998年中共中央、国务院《关于灾后重建、整治江湖、兴修水利的若干意见》中明确指出:“抓紧加固干堤,建设高标准堤防”。2001年黄委研究决定,在黄河下游防洪工程建设的思路方面进行调整,对堤防工程项目要集中连片一次建成。据此,河南河务局根据两岸堤防情况,综合考虑,集中建设,选择右岸郑州至开封堤段(大堤桩号为-1-172～156+050)157.22千米,首期进行标准化堤防建设。

1. 工程主要建设内容

该工程主要有堤防帮宽、机淤固堤、险工改建、防汛道路、其他工程、工程管护基地及配套设施建设等6大类26个项目。

2. 招标与投标

建设单位:郑州河务局;招标单位:黄河工程技术开发公司;施工单位:郑州黄河工程有限公司、郑州黄河水电工程局(后改为郑州黄河水电工程有限公司)、开封黄河工程开发有限公司等;监理单位:河南立信工程咨询监理有限公司。招标投标时间:2003年4～6月。

3. 工期与投资

根据标准化堤防建设的总体规划，要求于2005年6月30日前完成主体工程施工任务。一切满足工程施工需要，开展工程大会战，风雨无阻，加班加点，抢时间，赶工期，于2004年12月25日提前6个月完成了主体工程。

本工程计划投资19289万元，竣工决算完成投资19212.30万元，节余76.70万元。郑州黄河标准化堤防工程的建成，进一步完善了郑州黄河防洪工程体系，为工程管理、防汛抢险提供了保障。

第二节　险工及控导工程

黄河险工是保护堤防的重要屏障，是抵御黄河洪水淘刷堤防，控制河势流向，防止堤防溃决的关键性工程。经常靠溜，极易出现各种险情的堤段，称为险工段。在险工堤段，依托大堤修建坝、垛、护岸工程。

河道整治工程包括险工和控导工程两部分，1948年以后，除了进一步加强堤防建设外，1959年郑州河段开展了河道整治工作。河道整治工程是采取“以坝护湾、以湾导流”的办法，达到控导水流、缩小主流摆动范围、稳定流势，护滩护村，减轻临堤抢险的紧张局面和提高引黄保证率的目的而建设的。

一、河道整治规划

黄河河道规划治导线呈“～”形。在郑州黄河河道整治工程当中，除险工外，另规划新做工程12处，单位工程452个，至2015年底基本完成。左右岸工程布局和基本流路是：左岸开仪↘（迎溜入郑州黄河辖区）右岸赵沟↗左岸化工↘右岸裴峪↗左岸大玉兰↘右岸神堤↗左岸张王庄↘右岸金沟→孤柏嘴↗左岸驾部↘右岸枣树沟↗左岸东安↘右岸桃花峪↗左岸老田庵↘右岸保合寨↗左岸马庄↘右岸花园口↗左岸双井↘右岸马渡↗左岸武庄↘右岸赵口↗左岸毛安↘右岸九堡下延↗左岸三官庙↘右岸韦滩（送溜出郑州黄河辖区）↗左岸大张庄。实施情况见表2-11。

二、险工

（一）险工建设

2015年统计，郑州黄河险工始建于1661年，形成于1902年。相应大堤桩号0+300～49+270，险工长度为51.125千米，占堤防长度71.422千米的72%。建有11处险工（含太平庄防洪工程一处，但不列入工程长度和修建年代），754个单位工程（见表2-12）。经过200多年的修建和加固，尤其郑州人民治黄以来得到党和政府的高度重视,投入了大规模的人力、物力和财力,抗洪抢险、除险加固,几经加高帮宽、接长改建,防洪能力明显增强,11处险工均达到防御黄河花园口站(2000年水平年)设防流量22000立方米每秒洪水标准。

表 2-11 郑州黄河河道整治工程规划与完成情况统计表

序号	控导工程名称	规划参数			完成情况	
		工程长度(米)	弯道半径(米)	单位工程(个)	工程长度(米)	单位工程(个)
合计	12处	46204	1563～6944	452	41744	409
1	赵沟	4210	1563、1950	38	4210	38
2	裴峪	3934	1780、6944	36	3934	36
3	神堤	2879	2295、1963	31	2879	31
4	金沟	4700	3700	46	2600	26
5	枣树沟	5911	2800、5000	64	5911	64
6	桃花峪	5310	3740	50	5310	50
7	保合寨	4100	2500	41	4100	41
8	东大坝	1000	5600	8	1000	8
9	马渡	2100	3900、6000、3400	21	2100	21
10	赵口	2040	2413、3130	17	1680	14
11	九堡	3520	3500	35	3020	30
12	韦滩	6500	2385、3450	65	5000	50

表 2-12 郑州黄河险工基本情况统计表

(单位:米)

序号	单位名称	险工名称	始建年份	大堤桩号	工程长度	裹护长度	单位工程个数			
							坝	垛	护岸	合计
	郑州河务局	11处	1661～1902	0+300～49+270	51125	41917	279	165	310	754
一	惠金河务局	6处	1722～1888	0+300～30+968	28472	28086	143	144	210	497
1		保合寨	1882	0+300～5+820	5520	4847	25	18	20	63
3		花园口	1754	6+633～16+738	10075	9040	41	46	65	152
4		申庄	1888	16+738～22+800	6062	6708	35	42	65	142
5		马渡	1722	22+800～26+664	3864	4997	22	30	48	100
6		三坝	1727	28+860～30+968	2108	2037	20		12	32
二	中牟河务局	5处	1661～1902	30+968～49+270	20595	16345	136	21	100	257
1		杨桥	1661	30+968～35+514	4546	3059	34		25	59
2		万滩	1722	35+514～40+363	4849	3462	32		18	50
3		赵口	1759	40+363～44+820	4457	4920	27	16	41	84
4		九堡	1845	44+820～49+270	4450	4092	31	5	16	52
5		太平庄	1902	54+300～56+593	2293	812	12			12

(二)险工简介

黄河险工历史悠久,坝、垛界定并不十分严格,其粗略的定义是:轴线长的为坝,轴线短的为垛。因此,个别坝的轴线没有垛的轴线长。另外,裹护长度测量位置不一致,有的以坝顶口石为依据,有的以根石台里口或滩地坝脚为依据,还有的以裹护体中间为依据。理论上应以坝坡裹护体重心所在的等高线为依据。

1. 保合寨险工

保合寨险工始建于1882年，是黄河下游右岸上首第一段险工。工程位于大堤桩号0+300~5+820处，下连南裹头险工。工程长度5520米，裹护长度4847米。建设单位工程63个(其中，坝25道、垛18个、护岸20段)，主坝3道，即17、38、47坝，尤其47坝，坝长927.5米，起主要挑溜作用。

1963年南裹头险工建成之前，保合寨险工经常靠溜，多次出险，1952年曾发生重大险情。1963年南裹头险工建成后，保合寨险工从此脱河，当发生7000立方米每秒洪水时堤根才有可能偎水，由此被称之为“老险工”。

1963年以后，几经加高帮宽改建。1997年又对黄河(大堤桩号0+000~6+000)堤防加高帮临时，2~44坝被埋在堤身，均未消号，现存20个单位工程(其中坝14道、垛3个、护岸3段)(见表2-13)。

表2-13 保合寨险工基本情况统计表 (单位：米)

序号	坝号	大堤桩号	修建年份	坝长	坝宽	坝顶高程	裹护长度	坦石结构
合计	63个	0+380~5+570	1882~1991				4847	
1	1坝	0+380	1952	26	22	99.14	45	
2	2~44坝	0+380~2+310	1882~1952					隐于堤身
2	45坝	2+310	1896	44	9	99.00	68	干砌
3	46坝	2+404	1896	135	15	98.67	76.6	干砌
4	47坝	2+596	1896	927.5	15	98.67	868.9	干砌
5	48坝	3+716	1941	365.8	15	98.31	159.5	干砌
6	49坝	4+052	1941	225	15	98.31	136.2	干砌
7	50坝	4+344	1941	86.4	15	98.31	85.1	干砌
8	56坝	4+560	1922	81.5	15	98.31	92.2	干砌
9	57坝	4+684	1941	107.7	15	98.31	63.6	干砌
10	59坝	4+776	1917	128	15	98.17	80.6	干砌
11	60坝	4+945	1909	172	15	98.17	100.6	干砌
12	61坝	4+120	1909	187	15	98.17	92.6	干砌
13	62坝	5+310	1909	186	15	98.17	94.6	干砌
14	63坝	5+570	1909	114.6		98.17	257.3	干砌

2. 南裹头险工

南裹头险工原为花园口枢纽工程拦河坝的一段。1963年拆除拦河坝后，留下残余部分于1964年进行裹护整理，形成控制河势的工程，即为南裹头险工。

南裹头险工是郑州人民治黄以来新建的第一处险工工程，工程位于大堤桩号5+820~6+633处；上接保合寨险工，下连花园口险工；沿堤长度843米，工程长度2244米，裹护长度475米；建设主坝头1个和附垛7个(见表2-14)，连接南端泄洪闸(已封堵)，再与大堤相连，生根在6+200处。

工程自建后常年靠河，1996年“96·8”洪水期间受大溜顶冲曾多次出险。2001年12月为增加裹头防冲能力，对裹头乱石粗排坦石结构进行拆除整修，将乱石坦改为浆砌石结构。而后,几经加高帮宽改建,2003 年又全部进行改建。

表 2-14　南裹头险工基本情况统计表

(单位:米)

序号	坝号	大堤桩号	修建年份	坝长	坝顶高程	裹护长度	坦石结构
合计	8 个	5+820~6+633	1964~2003			475	浆砌
1	南裹头大坝	5+820~6+633	1964	2244			
2	附 1 垛	6+200	1964	76.8	97.03	76.8	浆砌
3	附 2 垛	6+200	1964	36.8	97.07	36.8	浆砌
4	附 3 垛	6+200	1964	29.5	97.07	29.5	浆砌
5	附 4 垛	6+200	1964	34.4	97.09	34.4	浆砌
6	附 5 垛	6+200	1964	39.6	97.07	39.6	浆砌
7	附 6 垛	6+200	1964	32.6	96.97	32.6	浆砌
8	主坝头	6+200	1964	145.2	96.97	145.2	浆砌
9	主坝附垛	6+200	1964	80.3	96.99	80.3	浆砌

3. 花园口险工

相传明嘉靖年间,许家堂村许赞,官居吏部尚书,他家的花园紧临黄河,又是黄河的渡口,故名花园口。

花园口险工始建于 1754 年,位于郑州市北 18 千米,大堤桩号 6+663~16+738 处;上接南裹头险工,下连申庄险工;工程长度 10075 米,裹护长度 9040 米;建设单位工程 152 个(其中,坝 41 道、垛 48 个、护岸 63 段,见表 2-15),东大坝下延工程及花园口引黄闸 1 座(大堤桩号 10+915),东大坝提灌站 1 座(大堤桩号 12+720)。该险工从 1862~2013年,150 多年间迎溜靠河,基本未脱河,是黄河右岸防御洪水的重要屏障。人民治黄以来,几经加高帮宽改建和新建,2004 年前后全部改建。主坝 11 道,即 1、3、5、7、9、14、15、90、127、129、137 坝。

主坝 90 坝又称将军坝,建于清乾隆十九年(公元 1754 年),清嘉庆十三年(公元 1808 年)在此处修建将军庙一座,由此而得名“将军坝”。该坝根石深达 23.5 米,是黄河下游坝垛根石最深的一道坝,以作为河道工程和桥梁设计的参考依据。

主坝 127 坝及其 14 个附垛又称东大坝,长期起迎送大溜的作用。

表 2-15　花园口险工基本情况统计表

(单位:米)

序号	坝号	大堤桩号	修建年份	坝型	坝长	坝宽	坝顶高程	裹护长度	坦石结构
合计	152 个	6+663~16+738	1745~2005					9040	
1	1 坝	6+663	1960	圆头	127.4	13.5	96.94	147	干砌
2	2 护	6+680	1960		150	1	99.70	152	
3	3 坝	6+810	1960	圆头	162	13.4	96.70	187	干砌
4	4 护	6+830	1960		190	1	99.90	185	

续表 2-15

序号	坝号	大堤桩号	修建年份	坝型	坝长	坝宽	坝顶高程	裹护长度	坦石结构
5	5 坝	7 +025	1960	圆头	150	14	96. 54	185	干砌
6	6 护	7 +085	1960		205	1	99. 48		
7	7 坝	7 +820	1960	圆头	147	14	97. 22	120	干砌
8	8 护	7 +300	1960		205	1	99. 74		
9	9 坝	7 +506	1955		153	10	98. 14	205	干砌
10	10 护	7 +575	1955		253	1	99. 18		
11	11 坝	7 +830	1889		369	18	99. 83		
12	12 坝	8 +320	1796		50. 0	21. 6	98. 7	67. 42	干砌
13	13 护	8 +440	1908		58	1	98. 7		
14	14 坝	8 +500	1796	磨盘	175. 3	30	98. 7	175. 28	干砌
15	15 坝	8 +600	1796	人字	175. 3	30	98. 7	175. 28	干砌
16	16 护	8 +650	1921		175. 3	4	98. 7	175. 28	干砌
17	17 坝	8 +696	1796	人字	52. 0	28	98. 7	52. 04	干砌
18	18 护	8 +731	1921		35. 0	3. 5	98. 7	34. 93	干砌
19	19 垛	8 +760	1886	人字	16. 4	9	98. 7	16. 37	干砌
20	20 护	8 +775	1932		64. 5	4. 5	98. 7	64. 5	干砌
21	21 坝	8 +835	1868	人字	56. 5	23	98. 7	56. 54	干砌
22	22 垛	8 +891	1886	人字	29. 6	11	98. 7	29. 57	干砌
23	22 护	8 +918	1886		17. 5	7	98. 7	17. 48	干砌
24	23 垛	8 +933	1886	人字	20. 2	15	98. 7	20. 15	干砌
25	24 护	8 +960	1932		19. 1	4. 5	98. 7	19. 05	干砌
26	25 垛	8 +987	1914	人字	43. 5	7	98. 7	43. 51	干砌
27	26 护	8 +998	1932		43. 5	4. 5	98. 7	43. 51	干砌
28	27 坝	9 +024	1869	人字	40. 9	16	98. 3	40. 86	干砌
29	28 护	9 +061	1869		86. 3	4. 5	98. 3	86. 29	干砌
30	29 坝	9 +147	1869	人字	28. 5	19. 3	98. 3	28. 48	干砌
31	30 护	9 +168	1915		31. 3	5	98. 3	31. 25	干砌
32	31 垛	9 +195	1885	人字	22. 1	15. 5	98. 3	22. 14	干砌
33	32 坝	9 +220	1869	人字	95. 4	41	98. 3	95. 37	干砌
34	33 护	9 +290	1915		42. 2	14	98. 7	42. 18	干砌
35	34 垛	9 +320	1885	人字	23	23. 4	98. 75	23. 43	干砌
36	35 护	9 +356	1915		22	25. 9	99. 17	25. 85	干砌
37	36 垛	9 +370	1886	人字	17. 1	10. 2	98. 75	10. 2	干砌

续表 2-15

序号	坝号	大堤桩号	修建年份	坝型	坝长	坝宽	坝顶高程	裹护长度	坦石结构
38	37 护	9+380	1915		14.3	21.5	98.75	21.54	干砌
39	38 坝	9+400	1869	人字	34	38.8	98.75	38.81	干砌
40	39 护	9+420	1915		16	19.5	98.75	19.52	干砌
41	40 坝	9+460	1886	人字	15.4	29.9	98.75	29.85	干砌
42	41 垛	9+480	1886	人字	13	24.0	98.75	24.02	干砌
43	42 护	9+496	1886		16	18.8	98.75	18.78	干砌
44	43 垛	9+520	1869	人字	10	19.8	98.75	19.82	干砌
45	44 护	9+550	1915		29	26.6	98.75	26.59	干砌
46	45 垛	9+570	1886	人字	22	19.2	98.75	19.15	干砌
47	46 垛	9+580	1886	人字	23	31.3	98.75	31.34	干砌
48	47 垛	9+610	1869	人字	25	30	98.75	30	干砌
49	48 垛	9+630	1901	人字	21	16	98.75	16	干砌
50	49 垛	9+650	1901	人字	19.8	26.4	98.62	26.36	干砌
51	50 护	9+700	1915		32	31.8	98.62	31.76	干砌
52	51 坝	9+780	1796	人字	38	44.4	98.71	44.38	干砌
53	52 护	9+800	1915		28	25.5	98.71	25.54	干砌
54	53 垛	9+860	1901	人字	27.7	21.1	98.69	21.09	干砌
55	54 护	9+880	1915		32	39.8	98.68	39.8	干砌
56	55 垛	9+900	1901	人字	21.6	20.8	98.68	20.84	干砌
57	56 护	9+940	1915		36	45.7	98.68	45.69	干砌
58	57 垛	9+970	1901	人字	22.5	13.6	98.53	13.59	干砌
59	58 护	9+990	1915		20	29.7	98.53	29.66	干砌
60	59 垛	10+000	1901	人字	22.5	13.9	98.55	13.94	干砌
61	60 护	10+057	1915		29.7	43.9	98.55	43.93	干砌
62	61 垛	10+070	1915	人字	21.2	8.78	98.68	8.78	干砌
63	62 护	10+090	1915		15.5	28.7	98.7	28.7	干砌
64	63 垛	10+100	1901	人字	21.5	17.2	98.74	17.24	干砌
65	64 护	10+125	1901		15	25.2	98.8	25.16	干砌
66	65 垛	10+140	1915	人字	13.5	30.2	98.77	30.2	干砌
67	66 护	10+170	1901		34	15	98.8	15	干砌
68	67 垛	10+200	1901	人字	22	17.6	98.8	17.63	干砌
69	68 护	10+210	1915		17.3	22.5	98.8	22.52	干砌
70	69 垛	10+230	1901	人字	20.5	14.5	98.8	14.52	干砌

续表 2-15

序号	坝号	大堤桩号	修建年份	坝型	坝长	坝宽	坝顶高程	裹护长度	坦石结构
71	70 护	10 + 210	1915		14	22. 1	98. 76	22. 07	干砌
72	71 垛	10 + 230	1901	人字	19	20. 0	98. 76	19. 97	干砌
73	72 护	10 + 250	1915		24. 8	36. 3	98. 8	36. 25	干砌
74	73 垛	10 + 280	1901	人字	25	16. 8	97. 79	16. 82	干砌
75	74 护	10 + 300	1915		20	26. 2	98. 78	26. 19	干砌
76	75 垛	10 + 320	1901	人字	21	25. 7	98. 78	25. 66	干砌
77	76 护	10 + 350	1901		18. 5	17. 5	98. 69	17. 54	干砌
78	77 坝	10 + 385	1796	人字	32	46. 6	98. 58	46. 57	干砌
79	78 护	10 + 400	1796		36	40. 3	98. 75	40. 31	干砌
80	79 坝	10 + 470	1901	人字	48	54. 4	98. 5	54. 39	干砌
81	80 垛	10 + 500	1900		24. 5	26. 7	98. 5	26. 65	干砌
82	81 坝	10 + 535	1917		30	82. 8	98. 5	82. 76	干砌
83	82 护	10 + 585			69	51. 5	98. 4	51. 47	干砌
84	83 坝	10 + 615	1900		40	58. 7	98. 4	58. 7	干砌
85	84 护	10 + 640	1955		27	51. 4	98. 5	51. 36	干砌
86	85 垛	10 + 670	1887	人字	22	51. 4	98. 5	51. 36	干砌
87	86 护	10 + 680			9	51. 4	98. 5	51. 36	干砌
88	87 坝	10 + 700	1817	人字	49	49. 0	98. 5	48. 98	干砌
89	88 垛	10 + 795	1901	人字	68	25	98. 71		浆砌
90	89 垛	10 + 820	1901	人字	32	31	98. 90		浆砌
91	90 坝	10 + 880	1754		120. 8	35	98. 25		浆砌
92	91 护	10 + 915	1901	花闸					
93	92 垛	10 + 950	1901	人字	24	22	98. 15	56	浆砌
94	93 护	10 + 970	1915		26	16	98. 46	26	浆砌
95	94 垛	10 + 980	1811	人字	29	19	98. 57	37	浆砌
96	95 护	10 + 990	1901		10	9	98. 47	10	浆砌
97	96 垛	11 + 000	1911	人字	30	17	98. 49	34. 5	浆砌
98	97 护	11 + 030	1915		36. 3	10	98. 45	36. 3	浆砌
99	98 垛	11 + 100	1811	人字	36	26	98. 56	40. 2	浆砌
100	99 护	11 + 130	1915		27. 8	16	98. 53	27. 8	浆砌
101	100 垛	11 + 150	1901	人字	14	19	98. 53	15. 9	浆砌
102	101 护	11 + 180			16. 7	18	98. 47	16. 7	浆砌
103	102 垛	11 + 200	1817	磨盘	50	24	98. 53	60	浆砌

续表 2-15

序号	坝号	大堤桩号	修建年份	坝型	坝长	坝宽	坝顶高程	裹护长度	坦石结构
104	103 护	11 +239			46	9	98. 37	40	浆砌
105	104 坝	11 +271	1946	马头	24	22	98. 44	33. 2	浆砌
106	105 护	11 +281	1946		28	13	98. 58	26	浆砌
107	106 坝	11 +300	1946	马头	49	19	98. 39	60	浆砌
108	107 护	11 +320	1946		32	9	98. 56	32	浆砌
109	108 坝	11 +370	1945		17	43	98. 39	66	浆砌
110	109 护	11 +400	1946		144. 9	6	98. 68	144. 86	干砌
111	110 坝	11 +500	1946		59. 2	64	97. 95	59. 2	干砌
112	111 护	11 +630	1946		134	37	97. 99	87. 34	乱石
113	112 坝	11 +640	1945		87. 3	82	97. 75	87. 34	干砌
114	113 护	11 +700	1946		140	39	97. 70	90. 87	乱石
115	114 坝	11 +810	1945		83. 5	102	97. 6	83. 47	干砌
116	115 护	11 +900	1946		114	50	97. 50	79. 16	乱石
117	116 坝	11 +920	1946		90. 9	110	97. 6	90. 87	干砌
118	117 护	12 +000	1946		125	7	98. 48		土基
119	118 坝	12 +050	1946		79. 2	14	97. 45	256. 52	干砌
120	119 护	12 +100	1946		92. 7	80	97. 45	79. 16	干砌
121	120 坝	12 +350	1946		120. 2	14	97. 4	92. 71	干砌
122	121 护	12 +400	1946		55. 3	7	98. 37	120. 22	干砌
123	122 坝	12 +530	1946		75. 2	12	97. 26	55. 27	干砌
124	123 护	12 +580	1946		76. 9	5	97. 89	75. 22	干砌
125	124 坝	12 +600	1946	人字	76. 9	23. 5	97. 3	76. 86	干砌
126	125 护	12 +620	1946		76. 9	17	97. 55		浆砌
127	126 坝	12 +700	1946		44. 5	51	97. 3	44. 47	干砌
128	127 坝	12 +720	1895		163. 3	16	97. 5	163. 26	干砌
129	附 1 护	12 +720	1895		46. 4	1	97. 5	46. 39	干砌
130	附 2 垛	12 +720	1895		22. 3	8	97. 5	22. 32	干砌
131	附 3 护	12 +720	1895		44. 9	1	97. 5	44. 87	干砌
132	附 4 垛	12 +720	1895		19. 7	9	97. 5	19. 72	干砌
133	附 5 护	12 +720	1895		53. 1	1	97. 5	53. 14	干砌
134	附 6 垛	12 +720	1895		17. 3	10	97. 5	17. 32	干砌
135	附 7 护	12 +720	1895		43. 6	1	97. 5	43. 6	干砌
136	附 8 垛	12 +720	1895		21. 4	10	97. 5	21. 43	干砌

续表 2-15

序号	坝号	大堤桩号	修建年份	坝型	坝长	坝宽	坝顶高程	裹护长度	坦石结构
137	附 9 护	12 +720	1895		47.6	1	97.5	47.58	干砌
138	附 10 垛	12 +720	1895		20.9	10	97.5	20.9	干砌
139	附 11 护	12 +720	1895		50.4	1	97.5	50.44	干砌
140	附 12 垛	12 +720	1895		18.7	8.5	97.5	18.74	干砌
141	附 13 护	12 +720	1895		106.1	1	97.5	106.12	干砌
142	附 14 垛	12 +720	1895		100.1	9	97.5	100.12	干砌
143	128 坝	14 +720	1901		105	15.5	96.64	430	干砌
144	129 坝	14 +864	1898		200	15.5	97.09	226	干砌
145	130 垛	15 +199	1907	人字	16	25	96.73	52	干砌
146	131 垛	15 +271	1907	人字	33	22	96.69	46	干砌
147	132 坝	15 +330	1898		72	15.5	96.69	94	干砌
148	133 垛	15 +350	1908	人字	13	7	97.6	14	
149	134 坝	15 +510	1898		63.9	37	96.2	125.67	干砌
150	135 垛	15 +617	1908	人字	13.5	13.4	98	15	
151	136 垛	15 +650	1908	人字	13.7	7.4	98	16	
152	137 坝	15 +736	1887		948.7	70	95.81	948.71	干砌

4. 申庄险工

申庄险工始建于 1888 年,位于大堤桩号 16 +738 ~22 +800 处;上接花园口险工,下连马渡险工;工程长度 6062 米,裹护长度 6708 米;建设单位工程 142 个(其中,坝 35 道、垛 42 个、护岸 65 段,见表 2-16)。整个险工呈一个“凹”字形的御溜工程,由于大多坝体长度较短,挑溜作用不大,仅起顺流导向作用。主坝 3 道,其坝号为 1、118、123 坝。人民治黄以来,几经加高帮宽改建。2003 年按标准化堤防要求全部进行改建。

表 2-16　申庄险工基本情况统计表　（单位:米）

序号	坝号	大堤桩号	修建年份	坝长	坝宽	坝顶高程	裹护长度	坦石结构
合计	142 个	16 +738 ~22 +800	1888 ~2003				6708	
1	1 坝	16 +800	1888	114	28.4	97.30	219	干砌
2	2 坝	16 +850	1888	44	29	97.06	65.5	干砌
3	3 护	16 +910	1888	29	10	98.00	29	干砌
4	4 坝	16 +950	1888	26	24.7	96.89	63.1	干砌
5	5 护	16 +985	1888	22	14	96.42	22	干砌
6	6 垛	17 +000	1888	14	13	96.51	28	干砌

续表 2-16

序号	坝号	大堤桩号	修建年份	坝长	坝宽	坝顶高程	裹护长度	坦石结构
7	7 护	17 +100	1888	94	7	96. 08	94	干砌
8	8 垛	17 +130	1888	12. 8	14	96. 41	22	干砌
9	9 护	17 +200	1888	50	7	95. 97	50	干砌
10	10 垛	17 +210	1888	16. 5	14	96. 83	30	干砌
11	11 护	17 +250	1888	50	10	95. 59	50	干砌
12	12 垛	17 +260	1888	14. 9	13	95. 46	25. 3	干砌
13	13 护	17 +280	1888	26. 6	7	95. 59	26. 2	干砌
14	14 坝	17 +300	1888	54	29	96. 41	70. 8	干砌
15	15 护	17 +390	1888	51. 5	10	97. 08	41. 5	干砌
16	16 垛	17 +400	1888	17. 5	18. 5	96. 84	26. 9	干砌
17	17 护	17 +420	1888	26	6. 5	96. 79	26	干砌
18	18 垛	17 +470	1888	18. 5	13	96. 61	21. 8	干砌
19	19 护	17 +490	1888	22	6. 528	96. 69	22	干砌
20	20 坝	17 +500	1888	35	7	96. 71	70. 3	干砌
21	21 护	17 +580	1888	16. 5	23	96. 81	46. 5	干砌
22	22 垛	17 +600	1888	23	7	96. 63	30	干砌
23	23 护	17 +650	1888	45	24	96. 73	45	干砌
24	24 垛	17 +680	1888	10	7	96. 36	35. 8	干砌
25	25 护	17 +690	1888	25	20	96. 43	25	干砌
26	26 垛	17 +700	1888	27	36. 5	96. 43	46. 7	干砌
27	27 坝	17 +760	1888	57	11	96. 53	84. 7	干砌
28	28 护	17 +780	1888	31	19. 8	96. 62	31	干砌
29	29 垛	17 +790	1888	20	19. 8	96. 46	30	干砌
30	30 护	17 +800	1888	19	7	96. 93	19	干砌
31	31 坝	17 +820	1896	41	30. 6	96. 45	56. 9	干砌
32	32 护	17 +850	1896	30. 4	5	96. 71	30. 4	干砌
33	33 垛	17 +870	1896	13	16. 7	96. 47	32. 3	干砌
34	34 护	17 +900	1896	33. 7	6	96. 52	33. 7	干砌
35	35 坝	17 +910	1896	44. 5	25. 5	96. 56	62. 4	干砌
36	36 护	17 +970	1896	18	13. 5	96. 76	18	干砌
37	37 垛	17 +990	1888	19	23. 5	96. 78	22. 2	干砌
38	38 护	18 +000	1896	26	15	96. 77	11	干砌
39	39 坝	18 +030	1896	72	12. 5	96. 62	74. 7	干砌

续表 2-16

序号	坝号	大堤桩号	修建年份	坝长	坝宽	坝顶高程	裹护长度	坦石结构
40	40 护	18 +060	1896	94. 7	1	96. 57		干砌
41	41 坝	18 +130	1896	57	14	96. 56	66. 8	干砌
42	42 护	18 +200	1896	82	1	96. 96		干砌
43	43 坝	18 +240	1896	63	9. 5	96. 77	76. 7	干砌
44	44 护	18 +300	1888	130	1	96. 99		干砌
45	45 坝	18 +380	1896	50	20	96. 73	67. 3	干砌
46	46 护	18 +450	1896	75	1	97. 07		干砌
47	47 坝	18 +500	1896	57	12	96. 48	68	干砌
48	48 护	18 +550	1888	69	1	97. 02		干砌
49	49 垛	18 +610	1888	17	20	96. 17	36. 5	干砌
50	50 护	18 +630	1888	16	5	95. 97		干砌
51	51 坝	18 +670	1888	12	161	96. 46	213	干砌
52	52 护	18 +800	1888	166	1	96. 97		干砌
53	53 坝	18 +880	1888	11	129	96. 29	148. 9	干砌
54	54 护	18 +970	1888	142	1	96. 66		干砌
55	55 垛	19 +050	1888	30	22	96. 33	37. 6	干砌
56	56 护	19 +070	1888	18. 5	5	96. 60	18. 5	干砌
57	57 垛	19 +090	1888	20	11	96. 07	25	干砌
58	58 护	19 +100	1888	16	5. 5	96. 56	16	干砌
59	59 垛	19 +130	1888	28	18	95. 44	30. 5	干砌
60	60 垛	19 +140	1888	18. 4	13. 5	95. 63	21. 4	干砌
61	61 垛	19 +200	1888	55	23	96. 12	60	干砌
62	62 垛	19 +250	1888	35	21	96. 13	40	干砌
63	63 垛	19 +280	1888	31	24	96. 27	36	干砌
64	64 护	19 +300	1888	59	10	96. 05	59	干砌
65	65 垛	19 +360	1888	24	19	96. 45	27. 2	干砌
66	66 护	19 +400	1888	27	9. 5	95. 99	27	干砌
67	67 垛	19 +420	1888	43	25	96. 14	48. 8	干砌
68	68 护	19 +450	1888	17	7	96. 34	17	干砌
69	69 垛	19 +470	1888	16	12	96. 33	17	干砌
70	70 护	19 +500	1888	27	8. 5	96. 36	27	干砌
71	71 坝	19 +520	1888	48	30	96. 53	66	干砌
72	72 垛	19 +570	1888	60	14	96. 51	64	干砌

续表 2-16

序号	坝号	大堤桩号	修建年份	坝长	坝宽	坝顶高程	裹护长度	坦石结构
73	73 护	19+620	1888	17	8	96.60	20	干砌
74	74 垛	19+650	1888	24.5	14	96.49	20	干砌
75	75 垛	19+680	1888	27	19.5	96.48	34	干砌
76	76 护	19+700	1888	25	6	96.45	25	干砌
77	77 垛	19+720	1888	24	14.5	96.48	23	干砌
78	78 护	19+750	1888	20.5	8	96.47	20.5	干砌
79	79 垛	19+770	1888	25	17.5	96.40	23	干砌
80	80 护	19+790	1888	17	10	96.49	17	干砌
81	81 垛	19+800	1888	16	15	96.52	16	干砌
82	82 护	19+820	1888	15	9	96.60	15	干砌
83	83 坝	19+850	1888	54	33	96.60	73	干砌
84	84 垛	19+900	1888	29	16	96.56	34	干砌
85	85 护	19+920	1888	30	7	96.59	30	干砌
86	86 坝	19+980	1888	38	21	97.75	45	干砌
87	87 护	20+000	1888	54.5	8	97.74	54.5	干砌
88	88 坝	20+080	1888	30	23	97.66	45	干砌
89	89 护	20+100	1888	59	8.5	97.55	59	干砌
90	90 垛	20+170	1888	18	18	97.73	30	干砌
91	91 护	20+200	1888	79	8.5	97.73	79	干砌
92	92 垛	20+260	1888	25	17	97.63	24	干砌
93	93 护	20+300	1888	86.5	10	97.75	86.5	干砌
94	94 坝	20+390	1888	68	10	97.74	77.5	干砌
95	95 护 1	20+430	1888	77	1	97.63	77	干砌
96	95 护 2	20+500	1888	95	5	97.24	95	干砌
97	96 坝	20+590	1889	58	31	97.53	72	干砌
98	97 护	20+600	1889	51	20	97.83	51	干砌
99	98 坝	20+670	1889	15	25	97.47	58.5	干砌
100	99 护	20+700	1889	30	7.5	97.07	30	干砌
101	100 坝	20+740	1889	25	22	97.33	38	干砌
102	101 护	20+770	1889	20	8	97.57	20	干砌
103	102 坝	20+790	1889	37	22	97.59	55	干砌
104	103 护	20+820	1889	66	8	97.39	66	浆砌
105	104 坝	20+900	1889	37	22	97.25	45	浆砌

续表 2-16

序号	坝号	大堤桩号	修建年份	坝长	坝宽	坝顶高程	裹护长度	坦石结构
106	105 护	20 +930	1889	52. 5	7. 5	97. 36	52. 5	浆砌
107	106 坝	20 +970	1889	29	20. 5	96. 09	39	浆砌
108	107 护	21 +000	1889	39	9	96. 04	39	浆砌
109	108 坝	21 +030	1889	52	29	95. 98	58. 8	浆砌
110	109 护	21 +100	1889	66	7. 5	96. 09	66	浆砌
111	110 坝	21 +150	1889	26. 5	27	96. 03	40	浆砌
112	111 护	21 +200	1889	51. 5	14. 5	96. 07	51. 5	浆砌
113	112 垛	21 +220	1889	26	23	96. 22	54	浆砌
114	113 护	21 +250	1889	32	8. 5	96. 26	32	干砌
115	114 垛	21 +290	1889	14. 5	19	96. 18	25. 3	干砌
116	115 护	21 +300	1889	39	11	96. 22	39	干砌
117	116 坝	21 +340	1889	22	22. 5	96. 38	35	干砌
118	117 护	21 +380	1889	30	11. 5	96. 47	30	干砌
119	118 坝	21 +400	1889	82	51	96. 64	133	浆砌
120	119 护	21 +500	1889	33	10	96. 72	33	干砌
121	120 垛	21 +560	1889	13	14	96. 74	19	毛坦
122	121 护	21 +600	1889	59	9	96. 62	60	毛坦
123	122 垛	21 +620	1889	48	12. 5	96. 43	58	毛坦
124	123 坝	21 +700	1889	127	16. 5	96. 49	161	毛坦
125	124 护	21 +800	1889	159	0	96. 31		土基
126	125 垛	21 +840	1889	28	18	95. 27	57. 5	毛坦
127	126 护	21 +900	1889	45	11. 5	95. 55	45	毛坦
128	127 垛	21 +930	1889	23	20	95. 55	32	毛坦
129	128 护	21 +950	1889	29	11	95. 62	29	毛坦
130	129 垛	21 +970	1889	23	18	95. 75	28	毛坦
131	130 护	22 +000	1889	42	8	95. 97	42	毛坦
132	131 坝	22 +020	1889	22	187	96. 15	225	浆砌
133	132 护	22 +100	1889	235		96. 36		土基
134	133 垛	22 +300	1889	23	16. 5	95. 72	31. 5	毛坦
135	134 护	22 +330	1889	55	6	95. 86	55	毛坦
136	135 垛	22 +350	1889	17. 5	16. 2	95. 61	33. 6	毛坦
137	136 护	22 +400	1889	50	11	95. 91	50	毛坦
138	137 垛	22 +420	1889	32	17	96. 05	35	毛坦

续表 2-16

序号	坝号	大堤桩号	修建年份	坝长	坝宽	坝顶高程	裹护长度	坦石结构
139	138 坝	22+450	1900	18	66	96.21	80	毛坦
140	139 护	22+500	1900	80		96.49		土基
141	140 坝	22+590	1901	32	74	96.25	126	毛坦
142	141 坝	22+670	1901	15.5	73	96.35	78	毛坦

5. 马渡险工

马渡险工始建于1722年，位于大堤桩号22+800~26+664处，上接申庄险工，下连三坝险工；工程长度3864米，裹护长度4997米，建设100个单位工程(其中，坝22道、垛30个、护岸48段，见表2-17)和马渡引黄闸(大堤桩号25+330)；主坝6道，即7、20、27、29、39、85坝。特别是85坝又称来潼寨大坝，该坝连接有12个垛和护岸，长达520米，挑流明显，作用大。

1994年7月，对马渡26坝下护进行改建施工，该工程根石以下采用混凝土铰链式模袋沉排新型结构进行施工，这在黄河上还是首次使用，属于黄河下游不抢险坝重点试验。

人民治黄以来，几经加高帮宽改建。2005年又对其中87道坝进行了改建和加固，有效地控制了河势，保证了防洪安全。

表 2-17 马渡险工基本情况统计表 (单位:米)

序号	坝号	大堤桩号	修建年份	坝型	坝长	坝宽	坝顶高程	裹护长度	坦石结构
合计	100 个	22+800~26+664	1722~2005					4997	
1	1 坝	22+900	1907	圆头	12	41	96.36	87	平扣
2	2 护	22+950	1907		57	12.5	96.20	57	平扣
3	3 坝	22+980	1907	圆头	12	40	96.25	70	平扣
4	4 护	23+000	1907		46	10.5	96.34	46	平扣
5	5 坝	23+030	1907	圆头	66.3	40	96.15	66.3	平扣
6	6 护	23+070	1907		39.17	0	96.13	39.17	平扣
7	7 坝	23+100	1800	圆头	138.1	0	96.23	138.12	平扣
8	8 护	23+200	1800		62.23	0	96.34	62.23	平扣
9	9 护	23+300	1888		49.25	39.5	96.01	49.25	平扣
10	10 护	23+350	1888		61.24	0	96.30	61.24	平扣
11	11 坝	23+400	1888	圆头	53.84	46	96.31	53.84	平扣
12	12 护	23+440	1888		46.71	0	96.25	45.71	平扣
13	13 垛	23+450	1888		28.72	16.5	96.13	28.72	平扣
14	14 护	23+500	1888		25.97	0	96.12	25.97	平扣

续表 2-17

序号	坝号	大堤桩号	修建年份	坝型	坝长	坝宽	坝顶高程	裹护长度	坦石结构
15	15 垛	23 +520	1888		28. 56	16	96. 20	28. 56	平扣
16	16 护	23 +550	1888		29. 87	0	96. 31	29. 87	平扣
17	17 垛	23 +580	1902		29. 72	19	96. 22	29. 72	平扣
18	18 护	23 +600	1902		31. 27	0	96. 32	31. 27	平扣
19	19 垛	23 +630	1902		35. 3	17	96. 23	35. 3	平扣
20	20 坝	23 +700	1902	圆头	134. 5	36	96. 49	134. 54	平扣
21	21 垛上护	23 +800	1991. 5		67. 74	0	96. 90	67. 74	平扣
22	21 护附垛	23 +850	1990. 9		80. 21	40	96. 09	80. 21	平扣
23	21 垛下护	23 +900	1991. 5		56. 55	0	96. 09	56. 55	平扣
24	22 坝	23 +980	1798	圆头	77. 48	36	96. 21	77. 48	平扣
25	23 坝	24 +000	1798	圆头	54. 69	30	96. 15	54. 69	平扣
26	24 护	24 +050	1991. 5		53. 86	0	96. 11	53. 86	平扣
27	25 坝	24 +100	1991. 5	圆头	95. 21	33	96. 07	95. 21	平扣
28	26 护	24 +180	1991. 5		35. 07	0	96. 18	35. 07	平扣
29	27 坝	24 +200	1800	圆头	120. 5	40	95. 95	120. 49	平扣
30	28 护	24 +300	1800		94. 38	0	96. 05	94. 38	平扣
31	29 坝	24 +380	1800	圆头	102. 2	15	96. 25	102. 17	平扣
32	30 护	24 +430	1800		87. 93	0	96. 82	87. 93	平扣
33	31 坝	24 +500	1800	圆头	121	28	95. 76	155	平扣
34	32 护	24 +600	1800		61	1	95. 96		平扣
35	33 垛	24 +660	1800		27	19	95. 96	24	平扣
36	33 垛下护	24 +690	1800		22	11	95. 94	22	平扣
37	34 垛	24 +700	1800		23	18	95. 90	42	平扣
38	34 垛下护	24 +740	1800		17. 5	10	95. 90	17	平扣
39	35 坝	24 +760	1800	圆头	92. 61	33	95. 93	92. 61	平扣
40	36 护	24 +850	1800		86. 32	0	96. 33	86. 32	平扣
41	37 坝	24 +940	1800	圆头	78. 91	25	95. 92	78. 91	平扣
42	38 护	25 +000	1800		33. 08	0	96. 13	33. 08	平扣
43	39 坝	25 +040	1800	圆头	165. 5	25	96. 02	165. 5	平扣
44	40 护	25 +100	1800		181. 5	0	95. 98	181. 49	平扣
45	41 坝	25 +260	1787	圆头	57. 31	33	96. 09	57. 31	平扣
46	42 坝	25 +400	1787	圆头	31. 53	20	96. 38	31. 53	平扣
47	43 护	25 +420	1787		72. 55	0	96. 00	72. 55	平扣

续表 2-17

序号	坝号	大堤桩号	修建年份	坝型	坝长	坝宽	坝顶高程	裹护长度	坦石结构
48	44 垛	25 +450	1787		72.55	0	95.94	72.55	平扣
49	45 护	25 +500	1787		72.55	0	96.88	72.55	平扣
50	46 垛	25 +520	1894		41.38	31	95.99	41.38	平扣
51	47 护	25 +570	1894		74.82	0	96.02	74.82	平扣
52	48 垛	25 +620	1896		64.39	0	95.43	64.39	平扣
53	49 护	25 +670	1896		64.39	0	95.43	64.39	平扣
54	50 垛	25 +690	1896		17.73	13	95.54	17.73	平扣
55	51 护	25 +700	1896		45.59	0	95.67	45.59	平扣
56	52 垛	25 +760	1896		18.5	14	96.03	18.5	平扣
57	53 护	25 +780	1896		40.72	0	95.91	40.72	平扣
58	54 垛	25 +800	1896		19.19	13.5	95.68	19.19	平扣
59	55 护	25 +840	1896		36.23	0	95.83	36.23	平扣
60	56 垛	25 +870	1787		20.12	15.5	95.67	20.12	平扣
61	57 护	25 +890	1787		84.61	0	95.67	84.61	平扣
62	58 垛	25 +900	1787		25.45	18	95.81	25.45	平扣
63	59 护	25 +940	1787		54.03	0	96.00	54.03	平扣
64	60 垛	25 +990	1787		17.34	16.5	95.87	17.34	平扣
65	61 护	26 +000	1787		55.23	0	95.66	55.23	平扣
66	62 坝	26 +050	1787	圆头	33.11	27	95.54	33.11	平扣
67	63 护	26 +100	1787		77.54	0	95.62	77.54	平扣
68	64 坝	26 +180	1787	圆头	25.17	22	95.49	25.17	平扣
69	65 护	26 +190	1787		23.27	0	95.51	23.27	平扣
70	66 垛	26 +200	1787		15	19.5	95.94	21.5	平扣
71	67 护	26 +230	1787		29	7	96.01	29	平扣
72	68 垛	26 +250	1787		15	12	96.00	17	平扣
73	69 护	26 +270	1787		26.5	7	95.96	26.5	平扣
74	70 垛	26 +290	1787		15.5	13	96.03	20	平扣
75	71 护	26 +300	1787		16	6.5	95.94	16	平扣
76	72 垛	26 +310	1787		10.5	11	95.96	12.5	平扣
77	73 护	26 +330	1787		21	8	96.00	21	平扣
78	74 垛	26 +360	1787		15	13.5	95.98	21	平扣
79	75 护	26 +380	1787		28.5	9.5	96.02	28.5	平扣
80	76 坝	26 +400	1787	圆头	22	19	96.02	31	平扣

续表 2-17

序号	坝号	大堤桩号	修建年份	坝型	坝长	坝宽	坝顶高程	裹护长度	坦石结构
81	77 护	26 +410	1787		27	10.5	95.96	27	平扣
82	78 垛	26 +430	1787		17.5	16	96.04	20	平扣
83	79 护	26 +460	1787		51.5	10.5	95.96	51	平扣
84	80 坝	26 +500	1787	圆头	32	27	96.00	40	平扣
85	81 护	26 +540	1787		27	20	96.01	27	平扣
86	82 坝	26 +570	1787	圆头	19	26	95.98	21	平扣
87	83 护	26 +600	1787		62	21	96.04	62	平扣
88	84 垛	26 +640	1787		25	24	95.92	28	平扣
89	85 坝 1 护	26 +600	1722		55	14	96.01	55	平扣
90	85 坝 2 垛	26 +600	1722		24	22	95.99	32	平扣
91	85 坝 3 护	26 +600	1722		34.5	11	96.00	34.5	平扣
92	85 坝 4 垛	26 +600	1722		31	18	96.05	38	平扣
93	85 坝 5 护	26 +600	1722		28	9	95.94	28	平扣
94	85 坝 6 垛	26 +600	1722		35	20	96.01	42	平扣
95	85 坝 7 护	26 +600	1722		23	10	95.93	23	平扣
96	85 坝 8 垛	26 +600	1722		40	35	96.07	64	平扣
97	85 坝 9 护	26 +600	1722		51	11	95.93	51	平扣
98	85 坝 10 垛	26 +600	1722		11.5	18	96.02	21.5	平扣
99	85 坝 11 护	26 +600	1722		168	15	95.99	168	平扣
100	85 坝 12 垛	26 +600	1722		15.5	18	96.11	40.5	平扣

6. 三坝险工

三坝险工始建于 1727 年，位于大堤 26 +664 ~30 +968 处；上接马渡险工，下连中牟杨桥险工；工程长度 2108 米，裹护长度 3536 米；建设单位工程 32 个（其中，坝 20 道、护岸 12 段，见表 2-18）；主坝 3 道，即新 1、2、12 坝。1983 年在险工工程的上首原先老坝址上新接土石坝 4 道、护岸 1 段。原坝因多年脱河失修，新坝虽建在老基础上，但根石较浅。人民治黄以来，几经加高帮宽改建。2003 年按标准化堤防要求进行了改建。

表 2-18　三坝险工基本情况统计表　　(单位:米)

序号	坝号	大堤桩号	修建年份	坝型	坝长	坝宽	坝顶高程	裹护长度	坦石结构
合计	32 个	26 + 664 ～ 30 + 968	1727 ～ 2003					3536	
1	新 1 坝	28 + 880	1983	圆头	120	15	95. 05	53. 5	毛坦
2	新 2 坝	29 + 000	1983	圆头	82. 5	15	95. 44	43. 7	毛坦
3	新 3 坝	29 + 100	1983	圆头	70	15	95. 52	42. 4	毛坦
4	新 4 坝	29 + 300	1983	圆头	22. 5	45	95. 33	51. 5	毛坦
5	新 5 护	29 + 400	1983		106. 5	13	95. 19	106. 5	毛坦
6	1 坝	29 + 500	1727		27. 5	27. 5	94. 92	37. 3	干砌
7	2 护	29 + 550	1727		35. 9	20	95. 14	35	干砌
8	3 坝	29 + 580	1727		18	22	95. 14	40. 7	干砌
9	4 坝	29 + 600	1727	圆头	28. 5	33	94. 99	55. 7	干砌
10	5 坝	29 + 630	1727	圆头	18	30	95. 04	44. 2	干砌
11	6 护	29 + 660	1727		33. 8	7	94. 95	33. 8	干砌
12	7 坝	29 + 700	1727	圆头	10	19	94. 96	26. 4	干砌
13	8 护	29 + 720	1727		44. 9	7	94. 84	44. 9	干砌
14	9 坝	29 + 800	1727	圆头	23	47	94. 90	54. 5	干砌
15	10 护	29 + 850	1727		81. 6	7	94. 68	81. 6	干砌
16	11 坝	29 + 870	1727	圆头	60	67	94. 68	78	干砌
17	12 坝	30 + 000	1727	圆头	110	45	94. 66	128. 9	干砌
18	13 护	30 + 120	1727		101. 6	5	94. 71	101. 6	干砌
19	14 坝	30 + 210	1727		57. 5	65	94. 53	68. 7	干砌
20	15 坝	30 + 390	1727	圆头	65. 5	72	94. 59	81	干砌
21	16 护	30 + 450	1727		47. 2	8. 5	94. 52	47. 2	干砌
22	17 坝	30 + 500	1727		24	28	94. 48	43. 4	干砌
23	18 护	30 + 515	1727		44. 5	9	94. 68	44. 5	干砌
24	19 坝	30 + 590	1727		21	30	94. 56	39	干砌
25	20 护	30 + 620	1727		49. 4	13	94. 50	48. 3	干砌
26	21 坝	30 + 670	1727		15	29	94. 66	34	干砌
27	22 护	30 + 700	1727		72. 6	8. 5	94. 76	71. 5	干砌
28	23 坝	30 + 800	1734		20. 5	38	94. 81	48. 3	干砌
29	24 护	30 + 840	1734		55. 4	11	94. 67	54. 9	干砌

7. 杨桥险工

杨桥险工始建于 1661 年,位于大堤桩号 30 + 968 ～ 35 + 514 处;上接三坝险工,下连万滩险工;工程长度 4546 米,裹护长度 3059 米;建设单位工程 59 个(其中,坝 34 道、护岸25段,见表2-19),根石深度在8～16米;主坝12道,即4、11、14、16、22、23、25、27、29、30、32、33坝。人民治黄以来,几经加高帮宽改建,工程抗洪能力逐步加强,2005年进行全部改建。工程内建有杨桥引黄闸。

该险工1990年以前常年靠河和着溜,水流上提下挫,时有"横河""斜河"发生,生险频繁。在此期间工程内建有杨桥渡口,对岸民间摆渡航运,较为繁荣。1990年马渡下延工程修建后,杨桥险工逐步脱河。

表2-19　杨桥险工基本情况统计表　（单位:米）

序号	坝号	大堤桩号	修建年份	坝型	坝长	坝宽	坝顶高程	裹护长度	坦石结构
合计	59个	30+968～35+514	1661～2005					3059	
1	1坝上护	31+073	1972		55	5.1	94.83	55	平扣
2	1坝	31+080	1891	圆头	37.8	37.5	94.83	53	平扣
3	1坝下护	31+090			44	5.1	94.83	44	平扣
4	2坝	31+106	1895	圆头	57.6	39	94.79	54.4	平扣
5	2坝下护	31+140	1972		23	3	94.79	23	平扣
6	3坝	31+171	1895	圆头	48	51	94.40	69	平扣
7	3坝下护	31+247	1972		96.4	4.5	94.40	96.4	平扣
8	4坝	31+326	1895	圆头	48	53	94.17	64.6	平扣
9	4坝下护	31+378	1972		62	6.5	94.17	62	平扣
10	5坝	31+430	1895	圆头	45	56	94.25	75.2	平扣
11	5坝下护	31+489	1972		62	3	94.25	62	平扣
12	6坝	31+535	1895	圆头	59	56	94.18	102	平扣
13	6坝下护	31+505	1972		79	6.5	94	76.3	平扣
14	7坝	31+735	1760	圆头	125	120	93.55	147.2	平扣
15	7护	31+765	1760		66	8	93.55		土基
16	8坝	31+784	1760	圆头	121	16	93.53	111.4	平扣
17	8护	31+900	1760						土基
18	9坝	31+956	1760	圆头	130	108	93.35	119	平扣
19	10坝	32+073	1760	圆头	127	54	93.40	130	平扣
20	11坝	32+183	1760	圆头	90	17	93.35	100	平扣
21	11护	32+184	1760		110	29	93.35		土基
22	12坝	32+227	1760	圆头	83	16	93.20	66	平扣
23	12护	32+284	1760		67	3	93.30		土基
24	13坝	32+352	1760	圆头	108	38	93.30	83	平扣

续表 2-19

序号	坝号	大堤桩号	修建年份	坝型	坝长	坝宽	坝顶高程	裹护长度	坦石结构
25	14 坝	32 +422	1760	圆头	145	31	93. 40	105	平扣
26	14 坝下护	32 +600	1760		108	3	93. 4		土基
27	15 坝	32 +688	1760	圆头	111	21	93. 34	85	平扣
28	15 护	32 +724	1760		70	3	93. 34		土基
29	16 坝	32 +758	1661	圆头	165	16	93. 34	91	平扣
30	16 护	32 +911	1661		247	3	93. 78	247	
31	17 坝	33 +046	1661	圆头	98	17	93. 34	91. 4	平扣
32	17 护	33 +155	1661		109	3	93. 34		土基
33	18 坝	33 +186	1661	圆头	52	54	93. 34	57	平扣
34	18 坝下护	33 +250	1661		60	6	93. 40	60	平扣
35	19 坝	33 +277	1661	圆头	33	33	93. 34	51	平扣
36	19 坝下护	33 +377	1978		107	11	93. 34	107	平扣
37	20 坝	33 +439	1661	圆头	56	65	93. 34	82	平扣
38	20 护	33 +439	1661		39	9	93. 33	39	平扣
39	21 坝	33 +560	1661	圆头	49	54	93	60	平扣
40	21 护	33 +560	1661		75	11	93. 34	75	平扣
41	22 坝	33 +664	1661	圆头	125	18	93. 34	97. 2	平扣
42	22 护	33 +743			71	5	93. 34		土基
43	23 坝	33 +780	1661	圆头	120	17	93. 34	75	平扣
44	24 坝	33 +892	1661	圆头	145	15	93. 34	69	平扣
45	24 护	33 +892			110	6	93. 60	110	土基
46	25 坝	34 +100	1661	圆头	150	28. 5	93. 34	109. 5	平扣
47	25 护	34 +175			65	3	93. 32	65	土基
48	26 坝	34 +280	1661	圆头	27	45	93. 34	74	平扣
49	26 护	34 +383			110	6	93. 60	110	土基
50	27 坝	34 +395	1661	圆头	220	26. 5	93. 34	154	平扣
51	27 护	34 +505	1661		215	6	93. 34		土基
52	28 坝	34 +600	1661	圆头	70	31	93. 393	无	土基
53	29 坝	34 +765	1661	拐头坝	90	20	93. 153	无	土基
54	30 坝	34 +905	1661	圆头	265	15	93. 15	118. 53	平扣
55	31 坝	35 +020	1661	圆头	100	13	93. 033	118. 53	土基
56	32 坝	35 +150	1661	拐头坝	110	15	93. 173	无	土基
57	33 坝	35 +285	1661	圆头	270	16	92. 7	无	平扣
58	34 坝	35 +442		圆头	95	17. 5	92. 7	100. 51	土基
59	34 坝	35 +442		圆头	95	17. 5	92. 7	无	土基

8. 万滩险工

万滩险工始建于1722年,位于大堤桩号35+514~40+363处;上接杨桥险工,下连赵口险工;工程长度4849米,裹护长度3462米;建设单位工程50个(其中,坝32道,护岸18段,见表2-20);根石深度4~17米,一般深度10米左右;主坝12道,即35~46坝。人民治黄以来,几经加高帮宽改建,工程抗洪能力逐步加强。

该险工1962~1992年间常年靠河和着溜,水流上提下挫,时有"横河""斜河"发生,生险频繁。随着河道整治工程的建设和完善,1992年后脱河,较大洪水时极易出现串沟水。

表2-20 万滩险工基本情况统计表

(单位:米)

序号	坝号	大堤桩号	修建年份	坝型	坝长	坝宽	坝顶高程	裹护长度	坦石结构
合计	50个	35+514~40+363	1722~2004					3462	
1	35坝	35+578	1722	圆头	210	15	93.04	153.02	平扣
2	36坝	35+827	1722	圆头	220	15	92.7	95	平扣
3	37坝	36+062	1722	拐头	215	15	93.3	139.88	平扣
4	38坝	36+264	1722	圆头	170	15	93.3	127.87	平扣
5	39坝	36+434	1722	拐头	150	15	93.3	37.51	平扣
6	40坝	36+636	1722	拐头	160	15	93.18	115	平扣
7	41坝	36+758	1722	拐头	280	16	92.84	125.71	平扣
8	42坝	36+900	1899	圆头	300	15	92.84	130.81	平扣
9	43坝	37+147	1899	圆头	323	15	92.7	122	平扣
10	44坝	37+508	1899	圆头	356	15	92.7	125	平扣
11	45坝	37+800	1899	圆头	285	15	92.7	160.81	平扣
12	46坝	38+212	1898	圆头	103	15	92.7	65.66	平扣
13	47坝	38+318	1898	圆头	71	15	92.7	57.16	平扣
14	48坝	38+418	1898	圆头	20	30	92.10	79.0	平扣
15	48坝下护	38+462	1898		50		92.10	50	平扣
16	49坝	38+513	1898	圆头	22	20	92.10	47.16	平扣
17	50坝	38+628	1898	圆头	20.7	30	92.20	41.47	平扣
18	50坝下护	38+675	1898		58	1	92.20	58	平扣
19	51坝	38+738	1898	圆头	33	37	92.20	51.98	平扣
20	51坝下护	38+775	1898		58	1	92.20	58	平扣
21	52坝	38+847	1898	圆头	37	36	92.15	48.62	平扣
22	52坝下护	38+895	1898		62	1	92.15	62	平扣
23	53坝	38+950	1898	圆头	33	36	92.25	48.76	平扣
24	53坝下护	38+992	1898		53	1	92.20	53	平扣
25	54坝	39+055	1898	圆头	35	37	92.20	56.18	平扣

续表 2-20

序号	坝号	大堤桩号	修建年份	坝型	坝长	坝宽	坝顶高程	裹护长度	坦石结构
26	54 坝下护	39 +103	1898		61	1	92. 30	61	平扣
27	55 坝	39 +164	1898	圆头	37	36	92. 20	54. 59	平扣
28	55 坝下护	39 +205	1898		57. 6	1	92. 20	57. 6	平扣
29	56 坝	39 +265	1898	圆头	34	42	92. 15	63. 17	平扣
30	56 坝下护	39 +309	1898		49	1	92. 20	49	平扣
31	57 坝	39 +366	1898	圆头	45	40	92. 17	71. 47	平扣
32	57 坝下护	39 +412	1898		35	51	92. 15	35	平扣
33	58 坝	39 +459	1898	圆头	40	43	92. 20	61. 04	平扣
34	58 坝下护	39 +495	1898		22	1	92. 20	22	平扣
35	59 坝	39 +560	1898	圆头	35	36	92. 10	55. 07	平扣
36	59 坝下护	39 +611	1898		55	1	92. 10	55	平扣
37	60 坝	39 +664	1898	圆头	35	32	92. 10	43. 72	平扣
38	60 坝下护	39 +710	1898		63	1	92. 10	63	平扣
39	61 坝	39 +764	1898	圆头	29	30	92. 13	47. 01	平扣
40	61 坝下护	39 +812	1898		65	1	92. 10	65	平扣
41	62 坝	39 +865	1898	圆头	33	34	92. 10	48. 43	平扣
42	62 坝下护	39 +929	1898		60	1	92. 15	60	平扣
43	63 坝	39 +967	1898	圆头	38	33	92. 10	19. 31	平扣
44	63 坝下护	40 +029	1898		63	1	92. 10	63	平扣
45	64 坝	40 +065	1898	圆头	38	35	92. 10	54. 94	平扣
46	64 坝下护	40 +128	1898		61	1	92. 20	61	平扣
47	65 坝	40 +169	1898	圆头	34	31	92. 25	52	平扣
48	65 坝下护	40 +223	1898		69	1	92. 22	69	平扣
49	66 坝	40 +261	1898	圆头	28	31	92. 22	47. 77	平扣
50	66 坝下护	40 +327	1898		64	1	92. 22	64	平扣

9. 赵口险工

赵口险工始建于1759年,位于大堤桩号40+363~44+820处;上接万滩险工,下连九堡险工;工程长度4457米,裹护长度4920米;建设单位工程85个(其中,坝28道、垛16个、护岸41段,见表2-21),根石深度在8~15米;主坝6道,即8、43、45、72~74坝,其中8和74坝为骨干坝,起主要的抗冲挑流作用。

该险工1993年前常年靠河、着溜,水流上提下挫,时有“横河”“斜河”发生,生险频繁。且有赵口渡口,对岸摆渡航运。随着河道整治工程的建设和完善,1993年后工程基本脱河,仅有43~45坝3道工程常年靠河。人民治黄以来,几经加高帮宽改建,工程抗洪能力逐步加强。险工内建有三刘寨引黄闸、赵口引黄闸、赵口控导工程等。

表 2-21　赵口险工基本情况统计表　（单位：米）

序号	坝号	大堤桩号	修建年份	坝型	坝长	坝宽	坝顶高程	裹护长度	坦石结构
合计	85 个	40 +363 ~44 +820	1759 ~2006					4920	
1	1 坝	40 +373	1898	圆头	23	31	92.32	45.9	平扣
2	1 坝下护	40 +373			24	1	92.3	24	平扣
3	2 坝	40 +430	1898	圆头	21	24	92.3	37.43	平扣
4	2 坝下护	40 +430			18	1	92.23	18	平扣
5	3 坝	40 +479	1898	圆头	33	33	92.17	51.48	平扣
6	3 坝下护	40 +479			70	1	92.15	70	平扣
7	4 坝	40 +584	1898	圆头	35	35	92.15	51.57	平扣
8	4 坝下护	40 +584			71	1	92.15	71	平扣
9	5 坝	40 +638	1898	圆头	26	25	92.15	45.49	平扣
10	5 坝下护	40 +638			74	1	92.15	74	平扣
11	6 坝	40 +789	1898	圆头	41	32	92.1	56.87	平扣
12	6 坝下护	40 +789			60	1	92.1	60	平扣
13	7 坝	40 +885	1898	圆头	54	45	92.1	78.97	平扣
14	7 坝下护	40 +885			66	1	92.1	66	平扣
15	8 坝	41 +038	1759	圆头	175	152	92	223.31	平扣
16	9 护	41 +170			69	6	92.99		土基
17	10 坝	41 +220	1840	圆头	92	84	91.8	114	平扣
18	11 护	41 +323	1894		55	1	91.8	55	平扣
19	12 坝	41 +380	1840	圆头	70	52	92	93.09	平扣
20	13 护	41 +443	1955		71	1	92	71	平扣
21	14 坝	41 +476	1940	圆头	56	50	91.96	95	平扣
22	15 护	41 +476	1955.		31	1	91.96	31	平扣
23	16 坝	41 +572	1940	圆头	53	54	91.96	78	平扣
24	17 护	41 +572	1955		35	1	91.96	35	平扣
25	18 坝	41 +670	1940	圆头	76	76	91.96	113	平扣
26	19 护	41 +670	1955		45	1	91.96	45	平扣
27	20 垛	41 +812	1894	圆头	8	11	91.96	21	平扣
28	21 护	41 +812	1916		24	1	91.96	24	平扣
29	22 垛	41 +852	1894	圆头	18	18	91.96	34	平扣
30	23 护	41 +852	1916		88	1	91.96	88	平扣

续表 2-21

序号	坝号	大堤桩号	修建年份	坝型	坝长	坝宽	坝顶高程	裹护长度	坦石结构
31	24 坝	41 +971	1840	圆头	69	47	91. 96	95	平扣
32	25 垛	42 +038	1914	圆头	13	13	92. 83	76. 61	平扣
33	26 护	42 +100	1840		92	1	92. 8	92	平扣
34	27 坝	42 +121	1915	圆头	38	34	92. 65	57. 22	平扣
35	28 护	42 +190	1840		100	1	92. 55	100	平扣
36	29 垛	42 +253	1946	圆头	33	27	92. 77	45. 26	平扣
37	30 护	42 +284	1840		30	1	92. 51	30	平扣
38	31 垛	42 +307	1914	圆头	19	19	92. 73	27. 91	平扣
39	32 护	42 +322	1840		24	1	92. 51	24	平扣
40	33 垛	42 +338	1840	圆头	25	27	92. 77	47	平扣
41	34 护	42 +397	1840						土基
42	35 坝	42 +413	1840	圆头	36	34	92. 65	99	平扣
43	36 坝	42 +473	2006	圆头	50	33	92. 5	98	平扣
44	36 护	42 +523	1946		80	1	92. 5	80	平扣
45	37 垛	42 +563	1840	圆头	17	17	92. 69	24. 58	平扣
46	38 护	42 +595	1840		30	1	92. 5	30	平扣
47	39 垛	42 +625		圆头	17	17	92. 5	56	平扣
48	40 护	42 +695	1840						赵口闸
49	41 垛	42 +753	1915	圆头	18	17	92. 5	54	平扣
50	42 护	42 +753	1915		24	1	91. 79	24	平扣
51	43 坝	42 +837	1927	拐头	90	17	93	105	平扣
52	44 护	42 +837	1927		58	1	93	58	平扣
53	45 坝	42 +917	1840	拐头	165	20	93	168. 5	平扣
54	46 护	42 +945	1927		52	9	91. 79	52	平扣
55	47 坝	43 +000	1840						土基
56	47 护	43 +070	1840						土基
57	48 坝	43 +130	1950	圆头	19	15	93. 31	20	平扣
58	49 护	43 +173	1840		72	1	92. 32	72	平扣
59	50 垛	43 +227	1949	圆头	29	28	92. 33	46. 08	平扣
60	51 护	43 +300	1949		28	1	92. 3	28	平扣
61	52 垛	43 +329	1949	圆头	8	12	92. 3	13. 82	平扣

续表 2-21

序号	坝号	大堤桩号	修建年份	坝型	坝长	坝宽	坝顶高程	裹护长度	坦石结构
62	53 护	43 +329	1949		65	1	92. 3	65	平扣
63	54 坝	43 +362	1949	圆头	33	28	92. 3	56. 69	平扣
64	54 护	43 +426	1952		115	1	92. 3	115	平扣
65	55 坝	43 +517	1840	圆头	35	30	92. 3	58. 82	平扣
66	56 护	43 +590	1952		140	1	92. 3	140	平扣
67	57 坝	43 +703	1949	圆头	33	29	92. 3	55. 55	平扣
68	58 护	43 +770	1905		112	1	92	112	平扣
69	59 垛	43 +840	1840	圆头	16	16	92	36. 99	平扣
70	60 护	43 +890	1840		54	1	92	54	平扣
71	61 垛	43 +913	1840	圆头	11	12	92	21. 69	平扣
72	62 护	43 +946	1840		36	1	92	36	平扣
73	63 坝	43 +990	1840	圆头	64	40	91. 6	86. 68	平扣
74	64 护	44 +460	1949		49	1	91. 6	49	平扣
75	65 垛	44 +072	1949	圆头	18	20	91. 6	28. 05	平扣
76	66 护	44 +980	1949		27	1	91. 58	27	平扣
77	67 垛	44 +122	无	圆头	45	40	91. 58	42. 8	平扣
78	68 护	44 +137	无		60	1	91. 58	60	平扣
79	69 坝	44 +221	1840	圆头	35. 6	27	91. 56	63. 3	平扣
80	69 护	44 +300			58	1	91. 56	58	平扣
81	70 垛	44 +343	1949	圆头	23	23	91. 54	34	平扣
82	71 护	44 +308			73	1	91. 86	73	平扣
83	72 坝	44 +440	1840	圆头	17	25	91. 82	42. 86	平扣
84	73 护	44 +525	1949		24	1	91. 65	24	平扣
85	74 坝	44 +675	1840	圆头	56	47	91. 45	250. 6	平扣

10. 九堡险工

九堡险工始建于 1845 年，位于大堤桩号 44 +800 ~49 +270 处；上接赵口险工，下连平工堤段；工程长度 4470 米，裹护长度 4092 米；建设单位工程 52 个(其中，坝 31 道、垛 5 个、护岸 16 段，见表 2-22)，根石一般深度 8 米左右，主坝 15 米左右；主坝 4 道，即 80、93、97、118 坝，尤其 118 坝抗冲挑流作用最为明显。人民治黄以来，几经加高帮宽改建，工程抗洪能力逐步加强。

该险工 1983 年前常年靠河和着溜，水流上提下挫，时有“横河”“斜河”发生，频繁生险。随着河道整治工程的建设和完善，1986 年后工程逐步脱河。

表2-22 九堡险工基本情况统计表

(单位:米)

序号	坝号	大堤桩号	修建年份	坝型	坝长	坝宽	坝顶高程	裹护长度	坦石结构
合计	52个	44+800～49+270	1845～2005					4092	
1	75垛	44+815	1952	圆头	42	25	91	29.37	丁扣
2	76坝	44+890	1894	圆头	90	20	91.4	67.42	丁扣
3	77坝	45+012	1894	圆头	81.2	20	91.44	93.08	丁扣
4	78坝	45+117	1894	圆头	51	14	91.2	60.58	丁扣
5	79坝	45+236	1952	圆头	35	22	91.6	56.9	丁扣
6	80坝	45+336	1845	圆头	85	23	91.85	69.13	丁扣
7	81坝	45+537	1951	圆头	65	35	91.1	60.92	丁扣
8	82坝	45+646	1951	圆头	64	31	90.96	69.64	丁扣
9	83坝	45+772	1951	圆头	103.5	17	91.2	92.85	丁扣
10	84坝	46+039	1951	圆头	103.7	20	91.21	67.24	丁扣
11	85坝	46+162	1951	圆头	104	19	91.38	68.77	丁扣
12	86坝	46+350	1951	圆头	112.9	17	91.12	92.7	丁扣
13	87坝	46+528	1951	圆头	97.1	16.5	91.2	90.72	丁扣
14	88坝	46+727	1951	圆头	91	16	91.47	94.59	丁扣
15	89坝	46+860	1952	圆头	73.1	15	91.55	88.55	丁扣
16	90坝	46+941	1845	圆头	108	18.37	91.13	54.9	丁扣
17	91坝	47+191	1845	圆头	76	15	91.09	100.77	丁扣
18	92护	47+300	1952		38	1	91.07	38	丁扣
19	93坝	47+503	1845	圆头	59	41	90.70	243.16	平扣
20	94护	47+620	1952		54.7	1	90.70	54.7	平扣
21	95坝	47+646	1845	拐头	81.5	15	90.60	108.9	平扣
22	96护	47+800	1952		117.7	1	90.70	117.7	平扣
23	97坝	47+950	1845	圆头	154	113.9	91.12	212.5	平扣
24	98坝	48+095	1845	圆头	28.4	27.6	90.50	36.52	平扣
25	99护	48+121	1953		36.5	1	90.97	36.5	平扣
26	100坝	48+150	1845	圆头	36.8	25.2	90.97	52	平扣
27	101护	48+185	1952		32	1	90.97	32	平扣
28	102坝	48+223	1845	圆头	35.65	21.23	90.97	54.8	平扣
29	103护	48+257	1952		42.3	1.15	90.97	42.3	平扣
30	104坝	48+298	1845	圆头	30	22.5	90.97	35.4	平扣
31	105护	48+344	1952		53.3	1.15	90.97	53.3	平扣
32	106坝	48+387	1845	圆头	27.5	29.6	90.97	52.8	平扣
33	107护	48+433	1953		46.4	1.1	90.50	46.4	平扣
34	108坝	48+464	1845	圆头	16	22.6	90.50	38.5	平扣
35	108坝下护	48+464	1977		61	1.1	90.75	61	平扣
36	109垛	48+567	1845	圆头	16	20	90.75	16.4	平扣
37	110护	48+603	1951		77	1.1	90.75	77	平扣

续表 2-22

序号	坝号	大堤桩号	修建年份	坝型	坝长	坝宽	坝顶高程	裹护长度	坦石结构
38	111 坝	48 +672	1845	圆头	127.7	35.7	90.65	153.8	平扣
39	112 坝	48 +843	1845	圆头	79	30	90.81	84	平扣
40	112 坝下护	48 +843	1977		31	1.25	90.81	31	平扣
41	113 坝	48 +911	1845	圆头	15.5	22.7	90.81	34	平扣
42	113 坝下护	48 +940	1977		25	1.2	90.81	25	平扣
43	114 坝		1845	圆头	34	22	90.81	64	平扣
44	114 坝下护	49 +000	1977		29	1.3	90.81	30	平扣
45	115 垛	49 +021	1845	圆头	23	23.5	90.81	42	平扣
46	115 坝护岸	49 +045	1977		13.7	1.1	90.81	13.7	平扣
47	116 坝	49 +073	1845	圆头	38	37	90.81	51.5	平扣
48	116 坝下护	49 +147	1977		50	1.2	90.81	50	平扣
49	116 坝下垛	49 +170	1977	圆头垛	14	22	90.81	34.5	平扣
50	117 坝上护	49 +193	1845		25	1.5	90.81	25	平扣
51	117 坝	49 +193	1977	圆头	57.5	16.8	90.81	77	平扣
52	118 坝	49 +250	1845	圆头	142	30.8	90.81	150	平扣

注：表中，117 坝和 117 坝上护岸大堤桩号同是 49 +193，是由于坝夹角导致二者坝轴线起点重合所致，特此说明。

11. 太平庄防洪坝

太平庄防洪坝始建于 1902 年，位于大堤桩号 54 +300 ~56 +593 处；工程长度 2293 米，裹护长度 812 米；建设单位工程 12 道坝（见表 2-23），是平工堤段中的险要堤段。

1986 年后河势急剧变化，主流南滚逼近该河段堤防不足 300 米，经实地察看、河势分析和技术论证，经上级批准，1989 年修建 6 ~9 坝，而后对原土坝（1 ~5 坝）进行整修加高，接着续建 10 ~12 坝，由此形成太平庄防洪工程。

该工程全部是旱地挖槽修筑，基础很浅。

表 2-23 太平庄防洪坝基本情况统计表 （单位：米）

序号	坝号	大堤桩号	修建年份	坝型	坝长	坝宽	坝顶高程	裹护长度	结构
合计	12 道	54 +300 ~56 +593	1902 ~2004						
1	1 坝	54 +300	1902	圆头	145.56	15	90.23		土基
2	2 坝	54 +400	1902	圆头	136.52	15	90.23		土基
3	3 坝	54 +530	1902	圆头	130	15	90.23		土基
4	4 坝	54 +700	1902	圆头	130	15	90.23		土基
5	5 坝	54 +880	1902	圆头	128.94	15	90.23		土基
6	6 坝	55 +050	1989	圆头	125.46	15	90.13	132.7	平扣
7	7 坝	55 +160	1989	圆头	135	15	90.13	90.6	平扣
8	8 坝	55 +294	1989	圆头	178.65	15	90.13	101.7	平扣
9	9 坝	55 +460	1989	圆头	263.2	15	90.13	131.5	平扣
10	10 坝	55 +808	2003	圆头	300	15	89.74	201.5	平扣
11	11 坝	56 +219	2003	圆头	220	15	89.70	170.4	平扣
12	12 坝	56 +593	2004	圆头	300	15	89.65	200.2	平扣

三、控导工程

郑州黄河控导工程始建于1974年,分布在巩义、荥阳、惠济、金水、中牟五县(区)境内。已建工程12处,单位工程(坝、垛、护岸)409个。

在统计中,由于个别数据标准和要求不一,因此表述的含义随之不同。如:丁坝长分两种情况,一种是坝根到坝头圆心的长度,另一种是坝根到坝前头长度。再有坝岸裹护长度测量位置,有的以坝顶口石为依据,有的以根石台里口或滩地坝脚为依据,还有的以裹护体中间为依据。理论上应以坝坡裹护体重心所在的等高线为依据,特此说明。

赵沟、裴峪、神堤三处控导工程1978年由地方交给国家,均在巩义市辖区内,归属巩义河务局管理。另外有3处河道工程由地方管理:一是沙鱼沟护滩工程,由巩义市河洛镇政府管理,建坝(垛)37个,工程长度4320米;二是孤柏嘴工程,由荥阳市王村乡政府管理;三是邙山控导工程,由黄河游览区管理,建8道坝,工程长度1000米。

(一)控导工程建设

1974～2015年,郑州黄河控导工程建设情况见图2-3、表2-24。

图2-3 郑州黄河控导工程标志(2008年)

(二)控导工程图及相关参数

1. 控导工程平面图及参数

控导工程(一般)平面图见图2-4。

弯道半径及连坝夹角:由于各处工程弯道半径不同,相邻连坝段间的夹角即随之不同。郑州黄河12处控导工程,弯道半径在1500～7000米变化,相邻连坝段间的夹角也在49′47″和49′5″之间变化。

表 2-24 郑州黄河控导工程一览表

管辖单位	工程名称	始建年份	工程长度（米）	裹护长度（米）	坝岸数量（道）				坦石结构		
					合计	坝	垛	护岸	砌石	扣石	乱石
郑州河务局	12 处	1974～2013	41744	41354	409	351	43	15	8	231	120
巩义河务局	3.5 处		12223	13377	117	103	14			117	
	赵沟	1974	4210	4157	38	34	4			38	
	裴峪	1974	3934	4004	36	36				36	
	神堤	1974	2879	4088	31	21	10			31	
	金沟	2008	1200	1128	12	12				12	
荥阳河务局	2.5 处		12621	11319	128	92	21	15		209	99
	金沟		1400	1316	14	14				14	
	枣树沟	1999	5911	5358	64	28	21	15			64
	桃花峪	1999	5310	4645	50	50				15	35
惠金河务局	3 处		7200	6701	70	62	8		8	37	25
	保合寨	1992	4100	3665	41	41				37	4
	东大坝	1984	1000	1000	8		8		8		
	马渡	1990	2100	2036	21	21					21
中牟河务局	3 处		9700	9957	94	94				44	
	赵口	1998	1680	1643	14	14				14	
	九堡	1986	3020	3314	30	30				30	
	韦滩	1999	5000	5000	50	50			灌注桩		

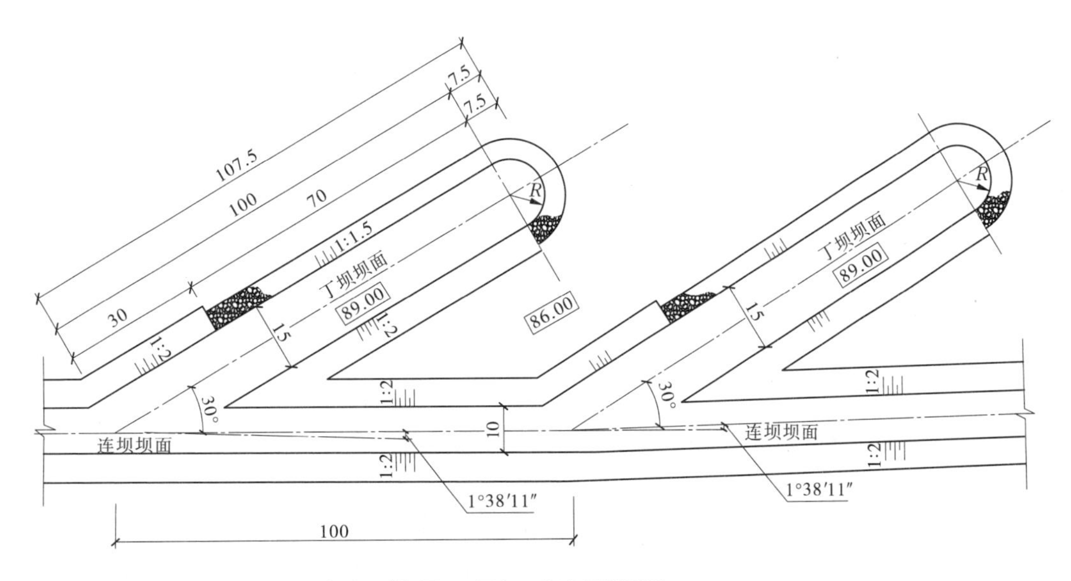

图 2-4 控导工程（一般）平面图 （单位：米）

丁坝与连坝夹角:一般丁坝与连坝夹角为30°,个别的小于或大于30°。

坝顶高程:丁坝与连坝平齐。具体设计高程起初由当地5000立方米每秒超高0.5～1.0米的,后来也有当地4000立方米每秒超高1.0米及其他情况的。

丁坝裆距:一般为100米,少数小于或大于100米。

丁坝长度:一般为100米,由于修建时长度终点不同,同是100米,其结果不同。一是2000年以前,丁坝长起于丁坝坝根至(圆头)圆心长100米;二是2000年以后出现,丁坝长起于丁坝坝根至坝前头长100米,比2000年以前的整整缩短了7.5米。上丁坝对下丁坝迎溜保护长度明显不足,生险概率加大。还有部分小于或大于100米的情况。

丁坝裹护长度:一般距丁坝坝根30米临河处开始裹护至丁坝下跨角结束。2000年后,由于工程长度不足,裹护长度向丁坝坝根方向延伸。另外,裹护长度测量位置不一致,有的以坝顶口石为依据,有的以根石台里口或滩地坝脚为依据,还有的以裹护体中间为依据。理论上应以坝坡裹护体重心所在的等高线为依据。

坝顶宽度:连坝10米,丁坝15米。

边坡:土坡,水上部分均为1:2,水下部分均为1:4;裹护段,外坡1:1.3～1:1.5,内坡1:1～1:2。

2. 控导工程断面图及参数

坝顶高程:当地4000～5000立方米每秒超0.5～1米。

丁坝顶宽:15米,其中:护坡顶宽1米,土体顶宽14米。

设计施工水位:当地2000立方米每秒。

水深:一般在4～12米。

传统水中进占坝(见图2-5):是郑州黄河2000年以前常用的进占方法。柳石搂厢(占体)高出施工水位1米,宽度1:(0.8～1),最窄不小于3米;抛石护坡(根),水深流急时,下部抛铅丝笼镇脚,上部抛块石,内坡1:1.2,外坡1:1.5。

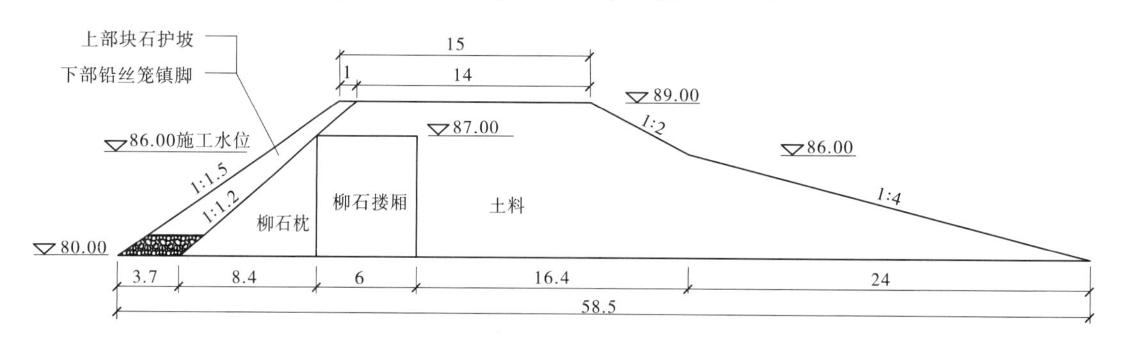

图2-5 传统水中进占坝(一般)断面图 (单位:米)

块石水中进占坝(见图2-6):是郑州黄河2000年以后逐步兴起的进占方法。施工水位及水深同传统坝;进占体为不等腰梯形,临河侧1:1.3～1:1.5,背河侧1:1～1:1.2;顶面高出施工水位1.5～1米,宽一般为3米。

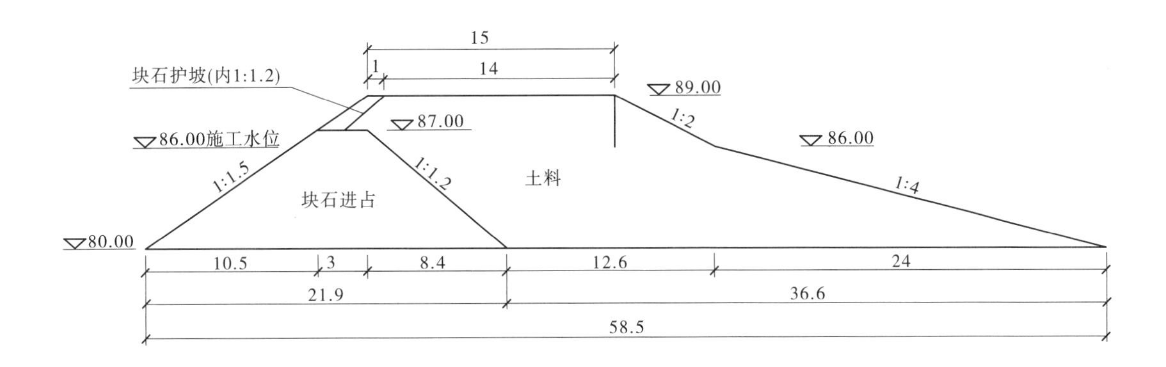

图 2-6　块石水中进占坝(一般)断面图　(单位:米)

另有其他水中进占坝,较以上两种有明显的劣势和不适应性,效果不佳。

铅丝笼沉排坝(见图 2-7):是多种结构沉排坝的一种,也是(相对)最为成功的沉排坝。沉排坝均为旱滩泥浆泵挖槽(一般为 4 米),沉入不同材料建造。1989 年,在中牟九堡首次试验推广应用铅丝笼沉排坝。铅丝笼沉排坝沉排宽度:自裹护体起点至坝体上跨角依次展宽,一般在 11 ~24 米,坝上跨角至坝前头为最大宽度(24 米),坝前头至下跨角宽度依次变窄,一般在 24 ~11 米;槽挖好、坡修好后,铺设无纺土工布,土工布顶部低于坝顶 0. 5 ~1 米埋入土中(宽 2 米),然后铺设软料(秸草类)防治石块砸破土工布,接着沉排铅丝笼厚 1 米,并用 5 股 12 号铅丝绳牵拉,扎在坝体内木桩上,最后抛石护坡。

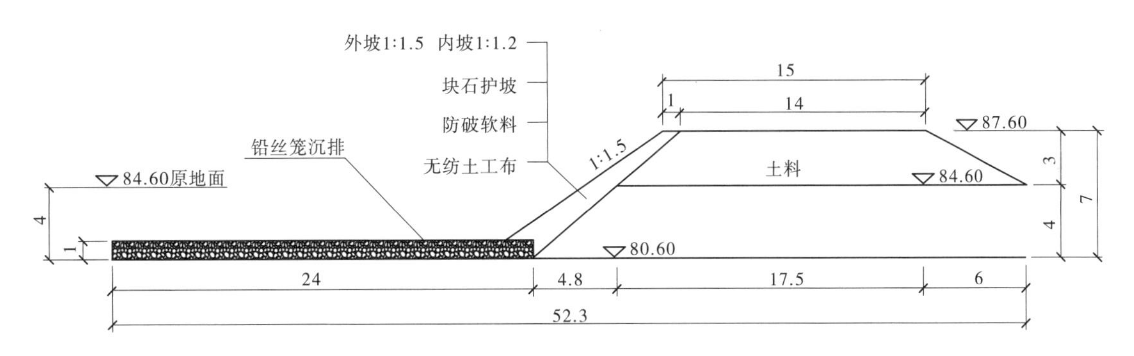

图 2-7　铅丝笼沉排坝(一般)断面图　(单位:米)

(三)控导工程简介

以上下游为序,依次编排。即巩义、荥阳、惠金、中牟四个县(区)级河务局所管辖的工程。

1. 赵沟控导工程

赵沟控导工程始建于 1974 年,位于巩义市康店镇赵沟村北,距巩义市区 18 千米,是郑州黄河上游首处控导工程。工程上迎对岸开仪控导工程来溜,下送溜至对岸化工控导工程。规划工程长度 4210 米,弯道半径从 1563 米转至 1950 米。已建工程长度 4210 米,裹护长度 4157 米,单位工程 38 个(其中,坝 34 道、垛 4 个,见表 2-25)。

1978年前该工程属地方自建自管工程,有单位工程16个(1～15坝),工程标准较低。1978年交由巩义河务局管理,而后逐步对原工程进行整修,又续建上延和下延工程。

该工程大多坝、垛经过洪水考验,多次生险抢护和根石加固,基础相对稳定。只有16～18坝基础较浅,且未经洪水考验,遇洪水极易发生险情。

表2-25 赵沟控导工程基本情况统计表

(单位:米)

序号	坝号	修建年份	坝型	坝长	坝宽	坝顶高程(m)	裹护长度(m)	坦石结构	修筑方式
合计	38个	1974～2007					4157		
1	上延16	1996	拐头	127.5	15.0	114.30	115.0	平扣	旱工挖槽
2	上延15	1996	拐头	127.5	15.0	114.30	115.0	平扣	旱工挖槽
3	上延14	1996	拐头	127.5	15.0	114.30	115.0	平扣	旱工挖槽
4	上延13	1996	拐头	127.5	15.0	114.30	115.0	平扣	旱工挖槽
5	上延12	1996	拐头	127.5	15.0	114.30	115.0	平扣	旱工挖槽
6	上延11	1994	拐头	127.5	15.0	114.30	115.0	平扣	旱工挖槽
7	上延10	1994	拐头	127.5	15.0	114.30	115.0	平扣	旱工挖槽
8	上延9	1994	拐头	127.5	15.0	114.30	115.0	平扣	旱工挖槽
9	上延8	1994	拐头	127.5	15.0	114.30	115.0	平扣	旱工挖槽
10	上延7	1994	拐头	127.5	15.0	114.30	115.0	平扣	旱工挖槽
11	上延6	1994	拐头	127.5	15.0	114.30	115.0	平扣	旱工挖槽
12	上延5	1994	拐头	127.5	15.0	114.30	115.0	平扣	旱工挖槽
13	上延4	1994	拐头	127.5	15.0	114.30	115.0	平扣	旱工挖槽
14	上延3	1997	拐头	127.5	15.0	114.30	115.0	平扣	水中进占
15	上延2	1997	拐头	127.5	15.0	114.30	115.0	平扣	水中进占
16	上延1	1997	拐头	127.5	15.0	114.30	115.0	平扣	水中进占
17	1垛	1998	圆头	20.0	12.5	114.30	77.0	平扣	水中进占
18	2垛	1998	圆头	20.0	12.5	114.30	77.0	平扣	水中进占
19	3垛	1974	圆头	20.0	12.5	114.30	77.0	平扣	水中进占
20	1坝	1974	圆头	41.0	16.8	114.30	42.0	平扣	水中进占
21	2坝	1974	拐头	73.0	13.7	114.30	70.0	平扣	水中进占
22	3坝	1975	圆头	67.0	10.0	114.30	55.0	平扣	水中进占
23	4坝	1976	圆头	48.0	12.0	114.30	45.0	平扣	水中进占

续表 2-25

序号	坝号	修建年份	坝型	坝长	坝宽	坝顶高程（m）	裹护长度（m）	坦石结构	修筑方式
24	5 坝	1976	拐头	69.0	15.7	114.30	68.0	平扣	水中进占
25	6 坝	1976	圆头	38.0	22.6	114.30	70.0	平扣	水中进占
26	6－1 垛	1998	圆头	20.0	12.5	114.30	76.0	平扣	水中进占
27	7 坝	1974	圆头	28.0	19.5	114.30	29.6	平扣	水中进占
28	8 坝	1974	拐头	87.0	20.1	113.80	70.0	平扣	水中进占
29	9 坝	1974	拐头	179.0	16.8	113.80	180.0	平扣	水中进占
30	10 坝	1974	拐头	277.0	17.4	113.80	142.0	平扣	水中进占
31	11 坝	1974	拐头	136.0	18.4	113.80	160.0	平扣	水中进占
32	12 坝	1974	拐头	128.0	16.7	113.80	140.0	平扣	水中进占
33	13 坝	1974	拐头	127.0	16.3	113.80	140.0	平扣	水中进占
34	14 坝	1974	拐头	128.0	17.6	113.80	162.0	平扣	水中进占
35	15 坝	1974	拐头	137.0	19.5	113.80	175.0	平扣	水中进占
36	16 坝	2007	圆头	107.5	15.0	112.61	166.0	平扣	水中进占
37	17 坝	2007	圆头	107.5	15.0	112.61	166.0	平扣	水中进占
38	18 坝	2007	圆头	107.5	15.0	112.61	166.0	平扣	水中进占

2. 裴峪控导工程

裴峪控导工程始建于 1974 年，位于巩义市康店镇裴峪村北，距巩义市区 13 千米。工程上迎对岸化工控导工程来溜，下送溜至对岸大玉兰控导工程。规划工程长度 3934 米，弯道半径从 1780 米转至 6944 米。已建工程长度 3934 米，裹护长度 4004 米，丁坝 36 道（见表 2-26）。

1978 年前该工程属地方自建自管工程，有丁坝 10 道（7～16 坝），工程标准较低。1978 年交由巩义河务局管理，而后逐步对原工程进行整修改建，又续建上延和下延工程，新做坝 26 道。

该工程部分坝、垛经过洪水考验，多次生险抢护和根石加固，基础相对稳定。部分坝基础较浅，且未经洪水考验，一遇洪水极易发生险情。

表 2-26　裴峪控导工程基本情况统计表　　（单位：米）

序号	坝号	修建年份	坝型	坝长	坝宽	坝顶高程	裹护长度	坦石结构	修筑方式
合计	36 道	1974～2007					4044		
1	上延 10	2007	圆头	107.5	15.0	110.67	110.7	平扣	旱工挖槽
2	上延 9	1998	圆头	107.5	15.0	111.30	111.3	平扣	旱工挖槽
3	上延 8	1998	圆头	107.5	15.0	111.30	111.3	平扣	旱工挖槽

续表 2-26

序号	坝号	修建年份	坝型	坝长	坝宽	坝顶高程	裹护长度	坦石结构	修筑方式
4	上延 7	1998	圆头	107.5	15.0	111.30	111.3	平扣	旱工挖槽
5	上延 6	1998	圆头	107.5	15.0	111.30	111.3	平扣	旱工挖槽
6	上延 5	1998	圆头	107.5	15.0	111.30	111.3	平扣	旱工挖槽
7	上延 4	1998	圆头	107.5	15.0	111.30	111.3	平扣	旱工挖槽
8	上延 3	1998	圆头	107.5	15.0	111.30	111.3	平扣	水中进占
9	上延 2	1998	圆头	107.5	15.0	111.30	111.3	平扣	水中进占
10	上延 1	1998	圆头	107.5	15.0	111.30	111.3	平扣	水中进占
11	1 坝	1998	圆头	107.5	15.0	111.30	111.3	平扣	水中进占
12	2 坝	1998	圆头	107.5	15.0	111.30	111.3	平扣	水中进占
13	3 坝	1999	圆头	107.5	15.0	111.30	111.3	平扣	水中进占
14	4 坝	1999	圆头	107.5	15.0	111.30	111.3	平扣	水中进占
15	5 坝	1999	圆头	107.5	15.0	111.30	111.3	平扣	水中进占
16	6 坝	1999	圆头	107.5	15.0	111.30	111.3	平扣	水中进占
17	7 坝	1974	拐头	181.6	15.0	110.98	111.0	平扣	水中进占
18	8 坝	1974	拐头	110.9	15.0	110.98	111.0	平扣	水中进占
19	9 坝	1974	拐头	85.8	15.0	110.98	111.0	平扣	水中进占
20	10 坝	1974	拐头	88.7	15.0	110.98	111.0	平扣	水中进占
21	11 坝	1974	拐头	67.4	15.0	110.98	78.0	平扣	水中进占
22	12 坝	1974	拐头	95.0	12.5	110.48	108.0	平扣	水中进占
23	13 坝	1974	拐头	106.0	13.8	110.48	128.0	平扣	水中进占
24	14 坝	1974	拐头	110.0	13.4	110.48	142.0	平扣	水中进占
25	15 坝	1976	拐头	120.0	16.7	110.48	153.0	平扣	水中进占
26	16 坝	1976	拐头	131.0	18.6	110.48	164.0	平扣	水中进占
27	17 坝	1992	拐头	127.5	15.0	109.98	115.0	平扣	水中进占
28	18 坝	1992	拐头	127.5	15.0	109.98	115.0	平扣	水中进占
29	19 坝	1993	拐头	127.5	15.0	109.98	115.0	平扣	水中进占
30	20 坝	1993	拐头	127.5	15.0	109.98	115.0	平扣	水中进占
31	21 坝	1995	拐头	127.5	15.0	109.98	115.0	平扣	水中进占
32	22 坝	1995	拐头	127.5	15.0	109.98	115.0	平扣	水中进占
33	23 坝	1996	拐头	127.5	15.0	109.98	115.0	平扣	水中进占
34	24 坝	1996	拐头	127.5	15.0	109.98	115.0	平扣	水中进占
35	25 坝	1996	拐头	127.5	15.0	109.98	115.0	平扣	水中进占
36	26 坝	1996	拐头	127.5	15.0	109.98	115.0	平扣	水中进占

3. 神堤控导工程

神堤控导工程始建于1974年,位于巩义市南河渡镇神北村北,距巩义市区17千米。工程上迎对岸大玉兰控导工程来溜,下送溜至对岸张王庄控导工程。规划工程长度2879米,弯道半径从2295米转至1963米。已建工程长度2879米,裹护长度4088米,单位工程31个(其中,丁坝21道、垛10个,见表2-27)。

1978年前该工程属地方自建自管工程,有丁坝16道(8～23坝),工程标准较低。1978年交由巩义河务局管理,而后逐步对原工程进行整修改建,又续建上延和下延工程,新做丁坝15道。该工程部分坝、垛经过洪水考验,多次生险抢护和根石加固,基础相对稳定。部分坝基础较浅,且未经洪水考验,遇洪水极易发生险情。

表2-27　神堤控导工程基本情况统计表　（单位:米）

序号	坝号	修建年份	坝型	坝长	坝宽	坝顶高程	裹护长度	坦石结构	修筑方式
合计	31个	1974～2005					4088		
1	延1垛	2005		20.0		108.90	77.0		旱工挖槽
2	上延2垛	2005		20.0		108.90	77.0		旱工挖槽
3	上延3垛	2005		20.0		108.90	87.0		旱工挖槽
4	1垛	2000		12.5		108.90	77.0		旱工挖槽
5	2垛	2000		12.5		108.90	77.0		旱工挖槽
6	3垛	2000		12.5		108.90	77.0		旱工挖槽
7	4垛	2000		12.5		108.90	77.0		旱工挖槽
8	5垛	2000		12.5		108.90	77.0		旱工挖槽
9	6垛	2000		12.5		108.90	77.0		旱工挖槽
10	7垛	2000		12.5		108.90	77.0		旱工挖槽
11	8坝	1974		30		109.10	78.0		水中进占
12	9坝	1974		11.0		109.10	49.0		水中进占
13	10坝	1974		18.0		109.10	58.0		水中进占
14	11坝	1974		40.0		109.10	60.0		水中进占
15	12坝	1974		58.0		109.10	80.0		水中进占
16	13坝	1974		98.0		109.10	97.0		水中进占
17	14坝	1974		130.0		109.10	118.0		水中进占
18	15坝	1974		163.0		109.10	103.0		水中进占
19	16坝	1974		226.0		109.10	130.0		水中进占
20	17坝	1975		217.0		109.10	122.0		水中进占
21	18坝	1975		165.0		109.10	133.0		水中进占
22	19坝	1975		160.0		109.10	150.0		水中进占
23	20坝	1975		120.0		109.10	156.0		水中进占

续表 2-27

序号	坝号	修建年份	坝型	坝长	坝宽	坝顶高程	裹护长度	坦石结构	修筑方式
24	21 坝	1976		119.0		108.60	148.0		水中进占
25	22 坝	1976		118.0		108.60	152.0		水中进占
26	23 坝	1976		126.0		108.60	158.0		水中进占
27	24 坝	2000		184.4		108.90	234.0		水中进占
28	25 坝	2000		194.7		108.90	234.0		水中进占
29	26 坝	2000		208.4		108.90	234.0		水中进占
30	27 坝	2000		219.1		108.90	234.0		水中进占
31	28 坝	2000		221.2		108.90	234.0		水中进占

4. 金沟控导工程

金沟控导工程始建于2008年,位于巩义和荥阳市两个辖区内,距巩义市区24千米,工程上迎对岸的张王庄工程来溜,过该工程后,流经孤柏嘴工程,而后下送溜至对岸驾部工程。

规划工程长度4700米(其中,迎流段2000米、导流段1700米、送流段1000米),弯道半径3700米。已建工程长度2600米,裹护长度2444米,丁坝26道,待建丁坝20道(见表2-28)。

该工程隶属巩义和荥阳两河务局管辖。其中,巩义河务局管辖1200米,12道丁坝;荥阳河务局管辖(规划)3400米,34道丁坝。

该工程属新建工程,基础不深,遇洪水出险概率较大。

表 2-28 金沟控导工程基本情况统计表 (单位:米)

序号	坝号	修建年份	坝型	坝长	坝宽	坝顶高程	裹护长度	坦石结构	修筑方式
合计	26 道	2008～2012					2444		
1	1 坝	2008	圆头	107.5	15.0	106.1	94.0	平扣	旱工挖槽
2	2 坝	2008	圆头	107.5	15.0	106.1	94.0	平扣	旱工挖槽
3	3 坝	2008	圆头	107.5	15.0	106.1	94.0	平扣	旱工挖槽
4	4 坝	2008	圆头	107.5	15.0	106.1	94.0	平扣	旱工挖槽
5	5 坝	2008	圆头	107.5	15.0	106.1	94.0	平扣	旱工挖槽
6	6 坝	2008	圆头	107.5	15.0	106.1	94.0	平扣	旱工挖槽
7	7 坝	2008	圆头	107.5	15.0	106.1	94.0	平扣	散抛石进占
8	8 坝	2008	圆头	107.5	15.0	106.1	94.0	平扣	散抛石进占
9	9 坝	2008	圆头	107.5	15.0	106.1	94.0	平扣	散抛石进占
10	10 坝	2008	圆头	107.5	15.0	106.1	94.0	平扣	散抛石进占
11	11 坝	2008	圆头	107.5	15.0	106.1	94.0	平扣	散抛石进占

续表 2-28

序号	坝号	修建年份	坝型	坝长	坝宽	坝顶高程	裹护长度	坦石结构	修筑方式
12	12 坝	2008	圆头	100.0	15.0	106.09	94.0	平扣	散抛石进占
13	13 坝	2010	圆头	100.0	15.0	106.09	94.0	平扣	散抛石进占
14	14 坝	2010	圆头	100.0	15.0	106.09	94.0	平扣	散抛石进占
15	15 坝	2010	圆头	100.0	15.0	106.09	94.0	平扣	散抛石进占
16	16 坝	2010	圆头	100.0	15.0	106.09	94.0	平扣	散抛石进占
17	17 坝	2012	圆头	100.0	15.0	106.09	94.0	平扣	散抛石进占
18	18 坝	2012	圆头	100.0	15.0	106.09	94.0	平扣	散抛石进占
19	19 坝	2012	圆头	100.0	15.0	106.09	94.0	平扣	散抛石进占
20	20 坝	2012	圆头	100.0	15.0	106.09	94.0	平扣	散抛石进占
21	21 坝	2012	圆头	100.0	15.0	106.09	94.0	平扣	散抛石进占
22	22 坝	2012	圆头	100.0	15.0	106.09	94.0	平扣	散抛石进占
23	23 坝	2012	圆头	100.0	15.0	106.09	94.0	平扣	散抛石进占
24	24 坝	2012	圆头	100.0	15.0	106.09	94.0	平扣	散抛石进占
25	25 坝	2012	圆头	100.0	15.0	106.09	94.0	平扣	散抛石进占
26	26 坝	2012	圆头	100.0	15.0	106.09	94.0	平扣	散抛石进占

5. 枣树沟控导工程

枣树沟控导工程始建于 1999 年，位于荥阳市高村乡境内。工程上迎对岸驾部控导工程来溜，下送溜到对岸东安控导工程。规划工程长度 5911 米，弯道半径 2800 米转至 5000 米。已建工程长度 5911 米，裹护长度 5358 米，单位工程 64 个（其中，丁坝 28 道、垛 21 个、护岸 15 段，见表 2-29）。

该工程有 15 道旱坝没有基础，遇洪水，极易出险。此外，另有 22 道充沙长管袋褥垫沉排坝，工程根基较浅，经近几年运行后，沉排裸露，多次出现重（较）大险情，外抛块石实时抢护，转危为安。

表 2-29　枣树沟控导工程基本情况统计表　（单位：米）

序号	坝号	修建年份	坝型	坝长	坝宽	坝顶高程	裹护长度	坦石结构	修筑方式
合计	64 个	1999 ~ 2007					5358		
1	－27 垛	2001	人字形	22.8	30.0	100.37	53.0	乱石	旱地挖槽
2	－26 垛	2001	人字形	22.8	30.0	100.37	53.0	乱石	旱地挖槽
3	－25 垛	2001	人字形	22.8	30.0	100.37	53.0	乱石	旱地挖槽
4	－24 垛	2001	人字形	22.8	30.0	100.37	53.0	乱石	旱地挖槽
5	－23 垛	2001	人字形	22.0	27.0	100.37	53.0	乱石	传统坝
6	－22 垛	2001	人字形	22.0	27.0	100.37	53.0	乱石	传统坝

续表 2-29

序号	坝号	修建年份	坝型	坝长	坝宽	坝顶高程	裹护长度	坦石结构	修筑方式
7	-21 垛	2001	人字形	22.0	27.0	100.37	53.0	乱石	传统坝
8	-20 垛	2001	人字形	22.0	27.0	100.37	53.0	乱石	传统坝
9	-19 垛	2001	人字形	22.0	27.0	100.37	53.0	乱石	传统坝
10	-18 垛	2001	人字形	21.0	27.0	100.37	53.0	乱石	传统坝
11	-17 垛	2001	人字形	21.0	27.0	101.37	53.0	乱石	传统坝
12	-16 垛	2001	人字形	21.0	27.0	101.37	53.0	乱石	传统坝
13	-15 垛	2000	人字形	15.0	27.0	101.37	53.0	乱石	传统坝
14	-14 垛	2000	人字形	15.0	27.0	101.37	53.0	乱石	传统坝
15	-13 垛	2000	人字形	15.0	27.0	101.37	53.0	乱石	传统坝
16	-12 垛	2000	人字形	15.0	27.0	101.37	53.0	乱石	传统坝
17	-11 垛	2000	人字形	15.0	27.0	101.37	53.0	乱石	传统坝
18	-10 垛	2000	人字形	15.0	27.0	101.37	53.0	乱石	传统坝
19	-9 垛	2000	人字形	15.0	27.0	101.37	53.0	乱石	传统坝
20	-8 垛	2000	人字形	15.0	27.0	101.37	53.0	乱石	传统坝
21	-7 垛	2000	人字形	15.0	27.0	101.37	53.0	乱石	传统坝
22	-6 丁坝	2000	圆头	50.0	15.0	101.37	67.9	乱石	传统坝
23	-5 丁坝	2000	圆头	70.0	15.0	101.37	100.1	乱石	传统坝
24	-4 丁坝	1999	圆头	107.5	15.0	101.37	98.6	乱石	长管袋褥垫沉排
25	-3 丁坝	1999	圆头	107.5	15.0	101.37	98.6	乱石	长管袋褥垫沉排
26	-2 丁坝	1999	圆头	107.5	15.0	101.37	98.6	乱石	块石进占
27	-1 丁坝	1999	圆头	107.5	15.0	101.37	98.6	乱石	块石进占
28	1 丁坝	1999	圆头	107.5	15.0	101.37	98.6	乱石	长管袋褥垫沉排
29	2 丁坝	1999	圆头	107.5	15.0	101.37	98.6	乱石	长管袋褥垫沉排
30	3 丁坝	1999	圆头	107.5	15.0	101.37	98.6	乱石	长管袋褥垫沉排
31	4 丁坝	1999	圆头	107.5	15.0	101.37	98.6	乱石	长管袋褥垫沉排
32	5 丁坝	1999	圆头	107.5	15.0	101.37	98.6	乱石	长管袋褥垫沉排
33	6 丁坝	1999	圆头	107.5	15.0	101.37	98.6	乱石	长管袋褥垫沉排
34	7 丁坝	1999	圆头	107.5	15.0	101.37	98.6	乱石	长管袋褥垫沉排
35	8 丁坝	1999	圆头	107.5	15.0	101.37	98.6	乱石	长管袋褥垫沉排
36	9 丁坝	1999	圆头	107.5	15.0	101.37	98.6	乱石	长管袋褥垫沉排
37	10 丁坝	1999	圆头	107.5	15.0	101.37	98.6	乱石	长管袋褥垫沉排
38	11 丁坝	2000	圆头	100.0	15.0	101.37	93.6	乱石	长管袋褥垫沉排
39	12 丁坝	2000	圆头	100.0	15.0	101.37	93.6	乱石	长管袋褥垫沉排

续表 2-29

序号	坝号	修建年份	坝型	坝长	坝宽	坝顶高程	裹护长度	坦石结构	修筑方式
40	13 丁坝	2000	圆头	100.0	15.0	101.37	93.6	乱石	长管袋褥垫沉排
41	14 丁坝	2000	圆头	100.0	15.0	101.37	93.6	乱石	长管袋褥垫沉排
42	15 丁坝	2000	圆头	100.0	15.0	101.37	93.6	乱石	长管袋褥垫沉排
43	16 丁坝	2000	圆头	100.0	15.0	101.37	93.6	乱石	长管袋褥垫沉排
44	17 丁坝	2000	圆头	100.0	15.0	101.37	93.6	乱石	长管袋褥垫沉排
45	18 丁坝	2000	圆头	100.0	15.0	101.37	93.6	乱石	长管袋褥垫沉排
46	19 丁坝	2000	圆头	100.0	15.0	101.37	93.6	乱石	长管袋褥垫沉排
47	20 丁坝	2000	圆头	100.0	15.0	101.37	93.6	乱石	长管袋褥垫沉排
48	21 丁坝	2002	圆头	100.0	15.0	101.37	93.6	乱石	块石进占
49	22 丁坝	2002	圆头	100.0	15.0	101.37	93.6	乱石	块石进占
50	23 护岸	2002	一字形	100.0	20.0	101.24	100.0	乱石	块石进占
51	24 护岸	2002	一字形	100.0	20.0	101.24	100.0	乱石	块石进占
52	25 护岸	2002	一字形	100.0	20.0	101.24	100.0	乱石	块石进占
53	26 护岸	2002	一字形	100.0	20.0	101.24	100.0	乱石	块石进占
54	27 护岸	2002	一字形	100.0	20.0	101.24	100.0	乱石	块石进占
55	28 护岸	2007	一字形	100.0	20.0	101.32	100.0	乱石	块石进占
56	29 护岸	2007	一字形	100.0	20.0	101.32	100.0	乱石	块石进占
57	30 护岸	2007	一字形	100.0	20.0	101.32	100.0	乱石	块石进占
58	31 护岸	2007	一字形	100.0	20.0	101.32	100.0	乱石	块石进占
59	32 护岸	2007	一字形	100.0	20.0	101.32	100.0	乱石	块石进占
60	33 护岸	2007	一字形	100.0	20.0	101.32	100.0	乱石	块石进占
61	34 护岸	2007	一字形	100.0	20.0	101.32	100.0	乱石	块石进占
62	35 护岸	2007	一字形	100.0	20.0	101.32	100.0	乱石	块石进占
63	36 护岸	2007	一字形	100.0	20.0	101.32	100.0	乱石	块石进占
64	37 护岸	2007	一字形	100.0	20.0	101.32	136.4	乱石	块石进占

6. 桃花峪控导工程

桃花峪控导工程始建于 1999 年，位于黄河中下游分界处，荥阳市广武镇境内，后临霸王城，右邻邙山提灌站、郑州黄河游览区。工程上迎东安控导工程来溜，下送溜至老田庵控导工程。规划工程长度 5310 米，弯道半径 3740 米。已建工程长度 5310 米，裹护长度 4645 米，建丁坝 50 道（见表 2-30）。

该工程有 5 道旱坝没有基础，遇洪水极易出险。此外，另有 10 道充沙长管袋褥垫沉排坝，工程根基较浅，经近几年运行后，沉排裸露，多次出现重（较）大险情，外抛块石实时抢护，转危为安。

表2-30 桃花峪控导工程基本情况统计表 (单位:米)

序号	坝号	修建年份	坝型	坝长	坝宽	坝顶高程	裹护长度	坦石结构	修筑方式
合计	50道	1999～2012					4645		
1	－11坝	2012	圆头	100.0	15.0	98.07	86.1	平扣	旱工挖槽
2	－10坝	2012	圆头	100.0	15.0	98.07	86.1	平扣	旱工挖槽
3	－9坝	2012	圆头	100.0	15.0	98.07	86.1	平扣	旱工挖槽
4	－8坝	2012	圆头	100.0	15.0	98.07	86.1	平扣	旱工挖槽
5	－7坝	2012	圆头	100.0	15.0	98.07	86.1	平扣	旱工挖槽
6	－6坝	2004	圆头	100.0	15.0	98.07	42.4	乱石	块石进占
7	－5坝	2004	圆头	100.0	15.0	98.07	103.7	乱石	块石进占
8	－4坝	2004	圆头	100.0	15.0	98.07	100.2	乱石	块石进占
9	－3坝	2004	圆头	100.0	15.0	98.07	96.0	乱石	块石进占
10	－2坝	2004	圆头	100.0	15.0	98.07	97.0	乱石	块石进占
11	－1坝	2004	圆头	100.0	15.0	98.07	100.0	乱石	块石进占
12	1坝	2004	圆头	100.0	15.0	98.07	102.3	乱石	土工包进占
13	2坝	2004	圆头	100.0	15.0	98.07	99.0	乱石	土工包进占
14	3坝	2004	圆头	100.0	15.0	98.07	99.0	乱石	块石进占
15	4坝	2004	圆头	100.0	15.0	98.07	104.1	乱石	块石进占
16	5坝	2007	圆头	100.0	15.0	98.07	96.1	平扣	块石进占
17	6坝	2007	圆头	100.0	15.0	98.07	96.1	平扣	块石进占
18	7坝	2007	圆头	100.0	15.0	98.07	96.1	平扣	块石进占
19	8坝	2007	圆头	100.0	15.0	98.07	96.1	平扣	块石进占
20	9坝	2007	圆头	100.0	15.0	98.07	96.1	平扣	块石进占
21	10坝	2007	圆头	100.0	15.0	98.07	96.1	平扣	块石进占
22	11坝	2007	圆头	100.0	15.0	98.07	96.1	平扣	块石进占
23	12坝	2007	圆头	100.0	15.0	98.07	96.1	平扣	块石进占
24	13坝	2007	圆头	100.0	15.0	98.07	96.1	平扣	块石进占
25	14坝	2007	圆头	100.0	15.0	98.07	96.1	平扣	块石进占
26	15坝	2000	圆头	100.0	15.0	98.07	93.6	乱石	长管袋褥垫
27	16坝	2000	圆头	100.0	15.0	98.07	93.6	乱石	长管袋褥垫
28	17坝	2000	圆头	100.0	15.0	98.07	93.6	乱石	长管袋褥垫
29	18坝	2000	圆头	100.0	15.0	98.07	93.6	乱石	长管袋褥垫
30	19坝	2000	圆头	100.0	15.0	98.07	93.6	乱石	长管袋褥垫
31	20坝	2000	圆头	100.0	15.0	98.07	93.6	乱石	长管袋褥垫
32	21坝	2000	圆头	100.0	15.0	98.07	93.6	乱石	长管袋褥垫

续表 2-30

序号	坝号	修建年份	坝型	坝长	坝宽	坝顶高程	裹护长度	坦石结构	修筑方式
33	22 坝	2000	圆头	100.0	15.0	98.07	93.6	乱石	长管袋褥垫
34	23 坝	2000	圆头	100.0	15.0	98.07	93.6	乱石	长管袋褥垫
35	24 坝	2000	圆头	100.0	15.0	98.07	93.6	乱石	长管袋褥垫
36	25 坝	2001	圆头	100.0	15.0	98.82	93.6	乱石	块石进占
37	26 坝	2001	圆头	100.0	15.0	98.82	93.6	乱石	块石进占
38	27 坝	2001	圆头	100.0	15.0	98.82	93.6	乱石	块石进占
39	28 坝	2001	圆头	100.0	15.0	98.82	93.6	乱石	块石进占
40	29 坝	2001	圆头	100.0	15.0	98.82	93.6	乱石	块石进占
41	30 坝	2006	圆头	100.0	15.0	98.07	86.1	乱石	块石进占
42	31 坝	2006	圆头	100.0	15.0	98.07	86.1	乱石	块石进占
43	32 坝	2006	圆头	100.0	15.0	98.07	86.1	乱石	块石进占
44	33 坝	2006	圆头	100.0	15.0	98.07	86.1	乱石	块石进占
45	34 坝	2006	圆头	100.0	15.0	98.07	86.1	乱石	块石进占
46	35 坝	2006	圆头	100.0	15.0	98.07	86.1	乱石	块石进占
47	36 坝	2006	圆头	100.0	15.0	98.07	86.1	乱石	块石进占
48	37 坝	2006	圆头	100.0	15.0	98.07	86.1	乱石	块石进占
49	38 坝	2006	圆头	100.0	15.0	98.07	86.1	乱石	块石进占
50	39 坝	2006	圆头	100.0	15.0	98.07	86.1	乱石	块石进占

7. 保合寨控导工程

保合寨控导工程始建于 1992 年，位于大堤桩号 2 +500，距大堤 1500 米处黄河高滩生根。工程上迎对岸老田庵控导工程来溜，下送溜至对岸马庄控导工程。规划工程长度 4100 米，弯道半径 2500 米。已建工程长度 4100 米，裹护长度 3665.1 米，丁坝 41 道（见表 2-31）。

该工程修筑时均为旱坝，采用泥浆泵挖槽，多种材料沉排，根基较浅。自修建以后，1 ~33 坝未经洪水考验，遇洪水极易生险。34 ~41 坝经历几次洪水考验，多次出险抢护，根基较好。

表 2-31　保合寨控导工程基本情况统计表　（单位：米）

序号	坝号	修建年份	坝型	坝长	坝宽	坝顶高程	裹护长度	坦石结构	修筑方式
合计	41 道	1992 ~2006					3665.1		
1	1 坝	2006	圆头	100.0	15.0	95.86	86.1	乱石坝	散抛石
2	2 坝	2006	圆头	100.0	15.0	95.86	86.1	乱石坝	散抛石
3	3 坝	2006	圆头	100.0	15.0	95.86	86.1	乱石坝	散抛石
4	4 坝	2006	圆头	100.0	15.0	95.86	86.1	乱石坝	散抛石
5	5 坝	2006	圆头	100.0	15.0	95.86	86.1	乱石坝	散抛石
6	6 坝	2006	圆头	100.0	15.0	95.86	86.1	乱石坝	散抛石
7	7 坝	2006	圆头	100.0	15.0	95.86	86.1	乱石坝	散抛石

续表 2-31

序号	坝号	修建年份	坝型	坝长	坝宽	坝顶高程	裹护长度	坦石结构	修筑方式
8	8 坝	2006	圆头	100.0	15.0	95.86	86.1	乱石坝	散抛石
9	9 坝	2006	圆头	100.0	15.0	95.86	86.1	乱石坝	散抛石
10	10 坝	2006	圆头	100.0	15.0	95.86	86.1	乱石坝	散抛石
11	11 坝	2005	圆头	100.0	15.0	95.86	86.1	乱石坝	褥垫沉排
12	12 坝	2005	圆头	100.0	15.0	95.86	86.1	乱石坝	褥垫沉排
13	13 坝	2005	圆头	100.0	15.0	95.86	86.1	乱石坝	褥垫沉排
14	14 坝	2005	圆头	100.0	15.0	95.86	86.1	乱石坝	褥垫沉排
15	15 坝	2005	圆头	100.0	15.0	95.86	86.1	乱石坝	褥垫沉排
16	16 坝	2005	圆头	100.0	15.0	95.86	86.1	乱石坝	褥垫沉排
17	17 坝	2005	圆头	100.0	15.0	95.86	86.1	乱石坝	褥垫沉排
18	18 坝	2001	圆头	100.0	15.0	96.78	93.6	乱石坝	褥垫沉排
19	19 坝	2001	圆头	100.0	15.0	96.78	93.6	乱石坝	褥垫沉排
20	20 坝	2001	圆头	100.0	15.0	96.78	93.6	乱石坝	褥垫沉排
21	21 坝	2001	圆头	100.0	15.0	96.78	93.6	乱石坝	褥垫沉排
22	22 坝	2001	圆头	100.0	15.0	96.78	93.6	乱石坝	褥垫沉排
23	23 坝	2001	圆头	100.0	15.0	96.78	93.6	乱石坝	褥垫沉排
24	24 坝	1994	圆头	107.5	15.0	96.94	93.6	免烧砖	挤压块
25	25 坝	1994	圆头	107.5	15.0	96.94	93.6	平扣	铅丝笼沉排
26	26 坝	1994	圆头	107.5	15.0	96.94	93.6	平扣	铅丝笼沉排
27	27 坝	1993	圆头	107.5	15.0	96.94	93.6	平扣	铅丝笼沉排
28	28 坝	1993	圆头	107.5	15.0	96.94	93.6	平扣	铅丝笼沉排
29	29 坝	1993	圆头	107.5	15.0	96.94	93.6	平扣	铅丝笼沉排
30	30 坝	1993	圆头	107.5	15.0	96.94	93.6	平扣	铅丝笼沉排
31	31 坝	1992	圆头	107.5	15.0	96.94	93.6	平扣	柳石枕沉排
32	32 坝	1992	圆头	107.5	15.0	96.94	93.6	平扣	柳石枕沉排
33	33 坝	1993	圆头	107.5	15.0	96.94	93.6	平扣	柳石枕沉排
34	34 坝	1993	圆头	107.5	15.0	96.94	93.6	平扣	柳石枕沉排
35	35 坝	1993	圆头	107.5	15.0	96.94	93.6	平扣	柳石枕沉排
36	36 坝	1993	圆头	107.5	15.0	96.94	93.6	平扣	柳石枕沉排
37	37 坝	1993	圆头	107.5	15.0	96.94	93.6	平扣	柳石枕沉排
38	38 坝	1999	圆头	107.5	15.0	96.94	93.6	乱石坝	埽料沉排
39	39 坝	1999	圆头	107.5	15.0	96.94	93.6	乱石坝	埽料沉排
40	40 坝	1999	圆头	107.5	15.0	96.94	93.6	乱石坝	埽料沉排
41	41 坝	1999	圆头	107.5	15.0	96.94	93.6	乱石坝	埽料沉排

8. 东大坝下延控导工程

东大坝下延控导工程始建于1984年,位于大堤桩号13+850处,在花园口险工东大坝生根。工程上迎对岸马庄控导工程来溜,下送溜至对岸双井控导工程。规划工程长度1000米,弯道半径5600米。已建工程长度1000米,裹护长度1000米,丁坝8道(见表2-32)。

该工程均为传统水中进占坝，根石基础深度一般在8米左右。修建后，曾多年靠河着溜，几经抢险，基础相对稳定。

表2-32　东大坝下延工程基本情况统计表　（单位：米）

序号	坝号	修建年份	坝型	坝长	坝宽	坝顶高程	裹护长度	坦石结构	修筑方式
合计	8道	1984～1999					1000		
1	1坝	1984	圆头	110.0	20.0	94.30	170.0	乱石坝	水中进占
2	2坝	1984	圆头	110.0	20.0	94.30	110.0	毛坦	水中进占
3	3坝	1984	圆头	110.0	20.0	94.30	110.0	毛坦	水中进占
4	4坝	1984	圆头	110.0	20.0	94.30	110.0	毛坦	水中进占
5	5坝	1985	圆头	110.0	20.0	94.30	110.0	毛坦	水中进占
6	6坝	1990	圆头	105.0	15.0	94.30	130.0	毛坦	水中进占
7	7坝	1990	圆头	105.0	15.0	94.30	130.0	毛坦	水中进占
8	8坝	1990	圆头	105.0	15.0	94.30	130.0	毛坦	水中进占

9. 马渡下延控导工程

马渡下延控导工程始建于1990年，位于大堤桩号26+600处，在马渡险工85坝生根。工程上迎对岸双井控导工程来溜，下送溜至对岸武庄控导工程。规划工程长度2100米，弯道半径3900米转至6000米转至3400米。已建工程长度2100米，裹护长度2035.6米，丁坝21道（见表2-33）。

该工程采取几种不同的进占施工方法，即传统埽工法、抛投块石法、长管袋褥垫冲砂水中进占法等。根石基础深度一般在8米左右。修建后，常年靠河着溜，导流效果明显，几经抢险加固和加高改建，基础相对稳定。

表2-33　马渡下延工程基本情况统计表　（单位：米）

序号	坝号	修建年份	坝型	坝长	坝宽	坝顶高程	裹护长度	坦石结构	修筑方式
合计	21道	1990～2007					2035.6		
1	86坝	1990	圆头	107.5	15.0	91.84	93.6	乱石坝	水中进占
2	87坝	1990	圆头	107.5	15.0	91.84	93.6	乱石坝	水中进占
3	88坝	1990	圆头	107.5	15.0	91.84	93.6	乱石坝	水中进占
4	89坝	1991	圆头	107.5	15.0	91.84	93.6	乱石坝	水中进占
5	90坝	1996	圆头	107.5	15.0	91.84	93.6	乱石坝	水中进占
6	91坝	1996	圆头	107.5	15.0	91.84	93.6	乱石坝	水中进占
7	92坝	1997	圆头	107.5	15.0	91.84	93.6	乱石坝	水中进占
8	93坝	1997	圆头	107.5	15.0	91.84	93.6	乱石坝	水中进占
9	94坝	1998	圆头	107.5	15.0	91.84	93.6	乱石坝	长管袋
10	95坝	1999	圆头	107.5	15.0	91.84	93.6	乱石坝	水中进占
11	96坝	1999	圆头	107.5	15.0	91.84	93.6	乱石坝	长管袋
12	97坝	1999	圆头	107.5	15.0	91.84	93.6	乱石坝	水中进占

续表 2-33

序号	坝号	修建年份	坝型	坝长	坝宽	坝顶高程	裹护长度	坦石结构	修筑方式
13	98 坝	2000	圆头	100.0	15.0	91.84	86.1	乱石坝	水中进占
14	99 坝	2000	圆头	100.0	15.0	91.84	86.1	乱石坝	网袋充填
15	100 坝	2000	圆头	100.0	15.0	91.84	86.1	乱石坝	水中进占
16	101 坝	2000	圆头	100.0	15.0	91.84	86.1	乱石坝	水中进占
17	102 坝	2007	圆头	100.0	15.0	91.32	193.6	乱石坝	散抛石进占
18	103 坝	2007	圆头	100.0	15.0	91.32	93.6	乱石坝	散抛石进占
19	104 坝	2007	圆头	100.0	15.0	91.32	93.6	乱石坝	散抛石进占
20	105 坝	2007	圆头	100.0	15.0	91.32	93.6	乱石坝	散抛石进占
21	106 坝	2007	圆头	100.0	15.0	91.32	93.6	乱石坝	散抛石进占

10. 赵口控导工程

赵口控导工程始建于1998年,位于大堤桩号43+000处,在赵口险工45坝生根。工程上迎对岸武庄控导工程来溜,下送溜至对岸毛庵控导工程。规划工程长度2040米,弯道半径2413米转至3130米,已建工程长度1680米,裹护长度1643.4米,丁坝14道(见表2-34)。

该工程均为传统水中进占坝,根石基础深度一般在8米左右。修建后,常年靠河着溜,导流效果明显,1～8坝几经抢险加固,基础相对稳定。9～14坝未经洪水考验,基础较浅,遇洪水极易出险。

表2-34　赵口控导工程基本情况统计表　(单位:米)

序号	坝号	修建年代	坝型	坝长	坝顶宽	坝顶高程	裹护长度	坦石结构	修筑方式
合计	14 道	1998～2012					1643.4		
1	1 坝	1998	拐头	120.0	15.0	90.24	145.0	乱石坝	水中进占
2	2 坝	1998	拐头	120.0	15.0	90.24	114.0	乱石坝	水中进占
3	3 坝	1998	拐头	120.0	15.0	90.24	114.0	乱石坝	水中进占
4	4 坝	1998	拐头	120.0	15.0	90.24	114.0	乱石坝	水中进占
5	5 坝	1999	拐头	120.0	15.0	90.24	113.6	乱石坝	水中进占
6	6 坝	1999	拐头	120.0	15.0	90.24	113.6	乱石坝	水中进占
7	7 坝	2000	拐头	120.0	15.0	89.04	114.0	乱石坝	水中进占
8	8 坝	2000	拐头	120.0	15.0	89.04	114.0	乱石坝	水中进占
9	9 坝	2006	拐头	120.0	15.0	89.25	114.0	乱石坝	水中进占
10	10 坝	2006	拐头	120.0	15.0	89.25	114.0	乱石坝	水中进占
11	11 坝	2006	拐头	120.0	15.0	89.25	114.0	乱石坝	水中进占
12	12 坝	2006	拐头	120.0	15.0	89.25	114.0	乱石坝	水中进占
13	13 坝	2012	拐头	120.0	15.0	89.18	122.6	乱石坝	散抛石进占
14	14 坝	2012	拐头	120.0	15.0	89.18	122.6	乱石坝	散抛石进占

11. 九堡控导工程

九堡控导工程始建于 1986 年,位于大堤桩号 49 +270 处,在九堡险工 118 坝生根。工程上迎对岸毛庵控导工程来溜,下送溜至对岸三官庙控导工程。规划工程长度 3520 米,弯道半径 3500 米,已建工程长度 3020 米,裹护长度 3314 米,丁坝 30 道(见表 2-35)。

表 2-35　九堡下延工程基本情况统计表　　　　(单位:米)

序号	坝号	修建年份	坝型	坝长	坝顶宽	坝顶高程	裹护长度	坦石结构	修筑方式
合计	30 道	1986 ~ 2008					3314		
1	119 坝	1986	拐头	120. 0	15. 0	90. 81	152. 1	乱石坝	水中进占
2	120 坝	1986	圆头	100. 0	15. 0	90. 81	129. 9	乱石坝	水中进占
3	121 坝	1986	圆头	100. 0	15. 0	90. 81	134. 9	乱石坝	水中进占
4	122 坝	1986	圆头	100. 0	15. 0	90. 81	134. 9	乱石坝	水中进占
5	123 坝	1986	圆头	100. 0	15. 0	90. 81	127. 3	乱石坝	水中进占
6	124 坝	1988	圆头	100. 0	15. 0	87. 91	127. 0	乱石坝	水中进占
7	125 坝	1988	圆头	100. 0	15. 0	87. 91	117. 7	乱石坝	水中进占
8	126 坝	1989	圆头	100. 0	15. 0	87. 91	117. 7	沉排坝	泥浆泵挖槽
9	127 坝	1989	圆头	100. 0	15. 0	87. 91	117. 7	沉排坝	泥浆泵挖槽
10	128 坝	1990	圆头	100. 0	15. 0	87. 91	117. 7	沉排坝	泥浆泵挖槽
11	129 坝	1990	圆头	100. 0	15. 0	87. 91	117. 7	沉排坝	泥浆泵挖槽
12	130 坝	1990	圆头	100. 0	15. 0	87. 91	117. 7	沉排坝	泥浆泵挖槽
13	131 坝	1990	圆头	100. 0	15. 0	87. 91	117. 7	沉排坝	泥浆泵挖槽
14	132 坝	1990	圆头	100. 0	15. 0	87. 91	117. 7	沉排坝	泥浆泵挖槽
15	133 坝	1990	圆头	100. 0	15. 0	87. 91	117. 7	沉排坝	泥浆泵挖槽
16	134 坝	1990	圆头	100. 0	15. 0	87. 91	117. 7	沉排坝	泥浆泵挖槽
17	135 坝	1990	圆头	100. 0	15. 0	87. 91	117. 7	乱石坝	水中进占
18	136 坝	1990	圆头	100. 0	15. 0	87. 91	117. 7	乱石坝	水中进占
19	137 坝	1990	圆头	100. 0	15. 0	87. 91	117. 7	乱石坝	水中进占
20	138 坝	1990	圆头	100. 0	15. 0	87. 91	117. 7	乱石坝	水中进占
21	139 坝	1991	圆头	100. 0	15. 0	87. 91	117. 7	乱石坝	水中进占
22	140 坝	1991	圆头	100. 0	15. 0	87. 91	113. 6	乱石坝	水中进占
23	141 坝	1993	圆头	100. 0	15. 0	87. 91	113. 6	乱石坝	水中进占
24	142 坝	1999	圆头	100. 0	15. 0	87. 91	113. 6	乱石坝	水中进占
25	143 坝	1999	圆头	100. 0	15. 0	87. 91	113. 6	乱石坝	水中进占
26	144 坝	2008	圆头	100. 0	15. 0	87. 58	106. 2	乱石坝	水中进占
27	145 坝	2008	圆头	100. 0	15. 0	87. 58	106. 2	乱石坝	水中进占
28	146 坝	2008	圆头	100. 0	15. 0	87. 58	106. 2	乱石坝	水中进占
29	147 坝	2008	圆头	100. 0	15. 0	87. 58	106. 2	乱石坝	水中进占
30	148 坝	2008	圆头	100. 0	15. 0	87. 58	106. 2	乱石坝	水中进占

该工程多为传统水中进占坝,根基相对较深;126～134 坝为铅丝笼沉排坝(见图 2-8),根基相对较浅。工程修建后,119～134 坝曾多年靠河着溜,经多次抢险加固,基础相对稳定;135～148 坝基本未经洪水考验,基础较浅,遇洪水极易出险。

泥浆泵挖槽淤筑土坝基

众人运送土工布

众人铺设土工布

众人铺设芦苇垫层

滚动铺设大铅丝笼网片

小翻斗车运石

图 2-8 郑州黄河中牟九堡控导工程铅丝笼沉排坝施工组图(1990 年)

12. 韦滩控导工程

韦滩控导工程始建于 1999 年,位于中牟县狼城岗镇韦滩村北 4 千米处。工程上迎三官庙控导工程来溜,下送溜至大张庄控导工程。规划工程长度 6500 米,弯道半径 2385 米转至 3450 米。已建工程长度 5000 米,工程结构为钢筋混凝土透水桩坝,设计桩径 0.8 米,桩中心距 1.1 米,净间距 0.3 米,桩长 29 米,沿桩顶横向设有 0.8 米宽的梁盖,背河侧另设 1.2 米宽的悬臂板。

该工程为旱工施工,常年脱河,未经洪水考验。根据相同结构的工程分析,具有较强的抗洪能力。

第三节　引黄取水工程

黄河下游引黄工程始于20世纪50年代,1956～1976年,是引黄工程大建设时期。以后逐步建设发展,形成完整的引黄供水工程体系。

1956～2015年郑州辖区共建引黄供水工程16座(处)。按管理权限划分,国家建设与管理的有8座(其中在控导工程上建设的有2座、在黄河大堤上建设的有6座),地方建设与管理的有8处(见表2-36、表2-37)。按工程型式分,涵洞式涵闸8座,提灌站3座,群井5处。按取水方式划分,直接取黄河地表水工程11处,取黄河滩地下水工程5处;取水性质多为农业、工业、生态、生活、养殖等。根据运行情况,国家建设的引黄涵闸全部进行了改建或除险加固。设计总流量为375.67立方米每秒,按年10%引水率计算,年引水量可达11.85亿立方米。据统计,已累计引用黄河水115.21亿立方米,为郑州及周边地区发展提供了重要水资源支撑。

表2-36　郑州国家建设与管理引黄涵闸统计表

序号	名称	地点	建设年份	型式	孔数	设计流量(立方米每秒)	许可引水量(万立方米)	用途
合计	8座		1956～2013		34	364.4	38800	
1	河洛引黄渠首闸	金沟控导	2013	涵洞式	3	25	2000	生活、工业
2	桃花峪引黄渠首闸	桃花峪控导	2007	涵洞式	2	16	9000	生活、工业
3	花园口引黄闸	10+915	1956	涵洞式	3	20	500	农业、生态
4	东大坝引黄渠首闸	12+720	2007	涵洞式	2	15	8300	工农业
5	马渡引黄闸	25+330	1975	涵洞式	2	20	1000	生态
6	杨桥引黄闸	32+021	1970	涵洞式	3	32.4	7000	农业、生态
7	三刘寨引黄闸	42+392	1966	涵洞式	3	25	2500	农业、生态
8	赵口引黄闸	42+675	1970	涵洞式	16	210	8500	农业、生态

20世纪60～70年代建设,80年代拆除的虹吸、电灌站,在当时引黄改土、农业灌溉成效显著。随着引黄涵闸的建设完善,逐步被拆除掉。然而,又随着黄河的发展变化,堤防加宽,河床刷深,出现了自流不畅等情况。如何继续发展提高引黄工程的能力,仍有可借鉴的经验,如在临黄紧靠护岸修筑取水池,直接吸(提)取黄河水等。

表2-37 郑州地方建设与管理引黄工程统计表

序号	名称	地点	建设年份	型式	设计流量(立方米每秒)	许可引水量(万立方米)	用途
合计	8处		1974～2003		11.27	7040	
1	赵沟村提灌站	巩义市康店镇	1974	提水	0.29	25	养殖
2	巩义市三水厂	石板沟村黄河滩区	2003	群井	0.46	200	生活、工业
3	河南中孚有限公司	巩义小关黄河滩区	2003	群井	0.65	1000	工业
4	李村提灌站	荥阳市李村	1960	提水	4.00	200	生活、工农业
5	孤柏嘴提水站	荥阳市王村乡	1988	提水	2.40	1200	工业
6	宏光有限公司	惠济区黄河滩区	1998	群井		15	生活、养殖
7	石佛水厂	惠济区黄河滩区	1995	群井	1.16	2400	生活、工业
8	东周水厂	惠济区黄河滩区	2000	群井	2.31	2000	生活、工业

一、涵闸工程

(一)河洛引黄渠首闸

河洛引黄渠首闸位于巩义与荥阳两市交界处,金沟控导工程12～13坝之间。始建于2012年,为3孔涵洞式水闸。设计防洪流量4000立方米每秒,引水流量25立方米每秒。该闸主要承担城市生活及工业用水,由郑州供水分局负责管理。

(二)桃花峪引黄渠首闸及邙山提灌站

桃花峪引黄渠首闸位于荥阳市桃花峪控导工程30～31坝之间。建于2007年1～6月,为2孔涵洞式水闸(见图2-9),闸底板高程90.47米。设计防洪流量4000立方米每秒,最高运用水位97.07米,引水流量16立方米每秒,引水位93.96米。该闸主要承担郑州市西区居民生活、工业用水,兼顾沿渠农田的灌溉任务。2005年黄委批准邙山提灌站年取水量均为12000万立方米,2010年取水许可证换证时,将邙山提灌站取水权进行

图2-9 郑州黄河桃花峪引黄渠首闸(2007年)

了变更，由渠首闸桃花峪引黄闸作为取水工程，2010 年黄委批准年取水量为 9000 万立方米，其中郑州市城市生活与工业用水 8000 万立方米，生态用水 1000 万立方米。

邙山提灌站（见图 2-10）位于邙山脚下的枣榆沟。建于 1970 年 7 月至 1972 年 10 月。为二级提水工程，一级提水扬程为 33 米，提水能力 10 立方米每秒；二级提灌扬程为 53 米，提水能力为 1 立方米每秒（二级提灌建成后没有运行过）。一级提灌工程项目包括：一级泵站及其干渠，隧洞 9 条（全长 3700 米，其中较长的邙山洞 510 米、英雄洞 840 米、青年洞 900 米），总干渠 24 千米。自 1982 年以来，平均每年提水 1.5 亿立方米以上，其中向城市供水量 1 亿～1.3 亿立方米左右，另外还可兼顾灌溉邙山附近及沿渠农田 10 多万亩。邙山提灌站提取的黄河水通过 24.5 千米的输水总干渠进入西流湖，后经改造，沿干渠铺设 DN2400 毫米暗管直接进入石佛沉沙池，作为柿园水厂的原水水源。

图 2-10　郑州黄河邙山提灌站（2007 年）

另外，为提高邙山提灌站提水保障率，2012 年在桃花峪引黄渠首闸上游修建了桃花峪泵站。位置在桃花峪控导工程 21～22 坝之间，设计流量为 6 立方米每秒，泵站后通过管道穿过连坝进入出水池，其后接 531 米长的混凝土矩形渠道及 346 米长的浆砌石渠道，与扩宽后的原桃花峪引黄闸后渠道连接。

（三）花园口引黄渠首闸及灌区

花园口引黄闸（见图 2-11）位于黄河右岸，大堤桩号 10+915 处，为 I 级水工建筑物。建于 1955 年 12 月至 1956 年 6 月，为 3 孔涵洞式水闸。闸室长 6.4 米，后接两节涵洞，每节长 11.25 米，每孔高 1.8 米，宽 1.6 米，设钢木平板闸门。闸底高程 88.29 米。设计防洪水位 96.41 米，引水水位 91.09 米，流量 20 立方米每秒，加大流量 35 立方米每秒，灌溉面积 30 万亩。

1980 年 10 月进行改建，按原涵洞断面出口向下游接长洞身 52.5 米，原涵洞不做加固处理，竣工堤顶高程为原堤顶高程，不再覆土；原闸门改为平板钢闸门，启闭机换为 20T 手摇电动两用螺杆启闭机。设计防洪水位 96.40 米，校核水位 97.40 米，改建后建筑

图2-11 郑州黄河花园口引黄闸(2015年)

物总长118.20米,其中闸室和洞身段共长81.40米。

2014年进行了除险加固处理。

2015年拆除重建。设计单位:河南黄河勘测设计院设计;施工单位:郑州黄河工程有限公司。

拆除原因:随着小浪底水库的调水调沙运用,黄河下游河床冲刷严重,主河槽下切(2.67米)并北移,在黄河流量达600立方米每秒时,该闸引水流量仅为1~2立方米每秒,远远不能满足引水需求,因此拆除重建。

工程主要建设内容包括:闸室、涵洞、上下游连接段、闸室上部结构以及金属结构和电气设备安装,管理房拆除重建,花园口引水泵站前池改建等。仍为Ⅰ级水工建筑物。

改建后主要技术指标为:将闸室沿原轴线向临河前移5米。为3孔钢筋混凝土厢型涵洞式水闸,闸室长12米,后接涵洞10节,每节8.9米,洞总长89米,每孔净宽净高均为2.5米。设钢筋混凝土闸门,30T手摇电动两用螺杆启闭机。闸底板高程86.79米(比原闸底板降低1.5米)。设计防洪水位96.40米,校核水位97.40米。引水流量20立方米每秒,加大流量35立方米每秒,以改善城市供水及灌溉用水需求。

花园口引黄灌区情况:位于郑州市北郊。引3闸(花园口引黄渠首闸、东大坝引黄渠首闸、马渡引黄渠首闸)之水,通过6条干渠和1条总干渠实施灌溉。设计干渠总长73.21千米,已建成长度56.74千米(其中,硬化长度50.51千米);支渠4条,长21.3千米;斗渠209条,长129千米;农渠89条,长46.4千米;各类水工建筑物583座。

(四)东大坝引黄渠首闸及其提灌站

东大坝引黄渠首闸(见图2-12)位于大堤桩号12+720处,为Ⅰ级水工建筑物。建于2007年3~6月,为2孔涵洞式水闸,孔口尺寸高3米、宽2.5米,闸底板高程86米;设计引水流量15立方米每秒。闸后渠道分为两条,分送东大坝提灌站和中法原水有限公司引黄闸。

图2-12　郑州黄河东大坝引黄渠首闸(2009年)

(1)东大坝提灌站位于黄河右岸大堤桩号13+150处,管理单位为郑州市引黄淤灌处。设计最大引水流量10立方米每秒,设计灌溉面积26000亩,有效灌溉面积17500亩。该提灌站自1969年建成后共进行了两次改建,1989年改建主要是对泵房进行了修建;1998年主要是对机泵进行改建。2005年黄委批准年取水量300万立方米,属农业用水,2010年取水许可证换证时,将东大坝提灌站取水权进行了变更,由渠首闸东大坝引黄闸作为取水工程,批准年取水量仍为300万立方米。

(2)中法原水有限公司花园口水源厂进水闸位于花园口险工127坝与东大坝下延工程1坝之间,郑州市花园口水源厂的前身是郑州市二水厂,1979年2月批准建设,1982年2月动工兴建,1984年6月底建成投产。花园口水源厂是从花园口取黄河水为水源,先引入沉沙池沉沙,然后通过一级泵站提至调蓄池再沉沙后经二级泵站及管道输送至中法水厂(原白庙水厂),中法水厂净化处理后进行供水。

花园口水源厂日输水30万立方米,水源工程有80万立方米沉沙池1座,一级泵站1座,450万立方米调蓄池1座,二级泵站1座,直径为1.2米、长11.9千米输水干管1套。

(五)马渡引黄闸

马渡引黄闸(见图2-13)位于大堤桩号25+330处,为Ⅰ级水工建筑物。建于1975年,为2孔涵洞式水闸,闸孔宽2.5米,高2.5米,底板高程86.31米,设钢平板闸门,10T手摇电动两用螺杆启闭机。设计防洪水位93.51米,流量为20立方米每秒,加大流量30立方米每秒,灌溉面积10.5万亩。主要承担祭黄(祭城村至黄庄村)公路以东及莆田环城铁路以东地区引黄灌溉。

(六)杨桥引黄闸及灌区

杨桥引黄闸(见图2-14)位于大堤桩号32+021处,为Ⅰ级水工建筑物。建于1970年1~5月,为3孔涵洞式水闸,孔口宽2.6米、高2.5米,闸底板高程82.81米,设钢木平板闸门和15T手摇电动两用螺杆启闭机。设计防洪水位92.51米。引水流量32.4立方

图 2-13　郑州黄河马渡引黄闸(2009 年)

米每秒,加大引水流量 45 立方米每秒,灌溉面积 36.5 万亩(实际灌溉面积 22.3 万亩)。

图 2-14　郑州黄河杨桥引黄闸(2012 年)

改建与维修情况:1978 年 10 月至 1979 年 1 月,洞身接长 42 米。1990 年 10～12 月更换为钢筋混凝土平板闸门板。前后维修数次。2009 年 3 月被黄河勘测规划设计有限公司鉴定为三类引黄涵闸。2014 年 5～8 月进行除险加固。

杨桥灌区情况:1970 年 5 月建成北灌区,1976 年 4 月又建成南灌区,由此穿越郑汴公路、陇海铁路,进入中牟县南沙区。经多年续建配套,灌区设施基本齐全,控制灌区总面积 43 万亩。

(七)三刘寨引黄闸及灌区

三刘寨引黄闸(见图 2-15)位于大堤桩号 42+392 处,为Ⅰ级水工建筑物。建于 1966 年 5 月,为 3 孔涵洞式水闸,孔宽 2.5 米、高 2.0 米。闸底板高程 82.80 米,闸顶高程 90.00 米,机架桥高程 94.50 米,胸墙底高程 84.80 米,胸墙顶高程 90.00 米。设计防洪水位92.50米，校核水位93.50米，闸前水位86.20米、闸后水位85.90米，最高运用水位90.00米，引水流量25立方米每秒，加大流量30立方米每秒，灌溉面积28万亩。

图2-15　郑州黄河三刘寨引黄闸（2009年）

改建与维修情况：1982年赵口闸改建后，以此代替三刘寨引黄闸。于1982年11月将三刘寨引黄闸堵复。在背河筑戗堤，顶宽10米，边坡1∶5，高程89米（高出1983年洪水位浸润线0.5米）。1989年12月至1990年11月进行改建并拆除戗堤，恢复原有功能。后维修数次。2009年3月被黄河勘测规划设计有限公司鉴定为三类引黄涵闸。2013年8～12月进行除险加固。

三刘寨灌区情况：1966年5月灌区建成，经多年续建配套，灌区设施基本齐全，控制灌溉面积28万亩。

（八）赵口引黄闸及灌区

1969年，三门峡四省会议确定黄河下游大放淤，赵口和白潭（山东）为试点工程。

赵口引黄闸位于大堤桩号42+675处，为Ⅰ级水工建筑物。建于1970年，为16孔涵洞式水闸（见图2-16），共分三联，边联各5孔、中联6孔，每孔宽3.0米、高2.5米，闸底板高程为81.50米。设计防洪水位91.30米，校核防洪水位92.30米，引水水位85.6米，引水流量240立方米每秒，灌溉面积220万亩。

改建与维修情况：由于河床逐年淤积抬高，洪水位相应升高，闸的渗径不足，闸上堤身单薄，涵洞结构强度偏低，于1981年12月对其改建。2009年5月被黄河勘测规划设计有限公司鉴定为三类引黄涵闸。2012年5月至2013年5月进行了除险加固。加固后建筑物总长154.36米，其中闸室（见图2-17）和涵洞段共长68.56米，上游防冲槽长5米，铺盖段长20米，下游消能防冲段长20.8米，海漫段长40米；闸身宽度54.99米。

1991年2月10日，时任中共中央总书记江泽民到此视察。

赵口灌区情况：主要承担中牟部分乡镇和开封、周口、许昌、商丘等地区农业灌溉、农业补源及贾鲁河生态用水。控制灌溉面积远大于220万亩。

图 2-16 郑州黄河赵口引黄闸(2013 年)

图 2-17 郑州黄河赵口闸闸室(2009 年)

二、其他引水工程

(一)运行工程

1. 赵沟提灌站

赵沟提灌站原名为团结提灌站,位于巩义市康店镇赵沟村北,黄河右岸赵沟控导工程 8 坝迎水面。管理单位为巩义市康店镇赵沟村民委员会,该工程最大取水流量 0.29 立方米每秒,设计灌溉面积 600 亩,设计受益面积为 39700 亩。2005 年以来,经赵沟村委整修后重新启用，主要供应赵沟渔场用水，受益面积达600余亩。2005年、2010年黄委批准取水量均为25万立方米。

2. 李村提灌站

李村提灌站位于荥阳市王村镇李村北约4.5千米处，黄河右岸邙山岭，管理单位为荥阳市李村电力提灌管理处，其主管机关为荥阳市水利局。设计最大取水流量4立方米每秒，现状供水能力2立方米每秒。因连续多年拖欠水费，在2000年更换取水许可证时，黄委取消了其取水资格。近年来，随着井灌面积扩大，引黄灌区面积减小，设备大部分处于闲置状态，没有充分发挥工程效益。该提灌站运行40年来，取水口稳定，供水可靠性强，在2005年换发取水许可证期间，李村提灌站根据当地经济发展和用水需求情况提出了恢复取水申请，黄委于2005年7月恢复了其取水资格，2005年黄委批准年取水量360万立方米，属农业用水，由于荥阳电厂的报建，黄委预批取水许可410万立方米，合计为770万立方米。2010年黄委批准年取水量200万立方米，加上荥阳电厂预批取水许可410万立方米，合计为610立方米。

3. 孤柏嘴提水站

孤柏嘴提水站位于荥阳市王村镇司村，隶属中国铝业股份有限公司河南分公司（2002年以前称中国长城铝业公司）。2002年以前其主管机关是中国有色金属总公司，属工业用水，2002年改为中国铝业股份有限公司。设计引水流量2.4立方米每秒。该取水工程作为中国铝业股份有限公司河南分公司的第三水源，配备有6台XH－1型水泵，主要保障铝业生产用水。2005年、2010年黄委批准年取水量均为1200万立方米。

（二）废弃工程

1. 引黄闸

东风渠引黄闸1座，位于黄河右岸大堤千米桩号5＋704处，郑州市惠济区花园口镇岗李村北。建于1958年4～11月，5孔开敞式水闸，是花园口水利枢纽工程的组成部分。1966年停用，1978年在闸前修筑围堰堵复。2003年闸门拆除。

2. 虹吸

（1）申庄虹吸：位于郑州市惠济区花园口镇申庄村东北，黄河右岸大堤桩号21＋000处。建于1969年6月。设虹吸管两条，管内径0.96米，每管长42.75m，可抽水4立方米每秒，设计防洪水位92.3米，设计灌溉水位，临河89.2米，背河88.4米。控制点高程：空气室管底管中心93.4米，圆球活节球中心92.8米，出水口88.7米，静水池85.4米。1969～1975年间淤平了石桥老口门的大潭坑和背河堤脚的低洼地带，共淤填土方168.88万立方米，完成淤背任务后，于1984年拆除。

（2）杨桥虹吸：位于中牟县万滩镇杨桥村北，黄河右岸大堤千米桩号31＋700处。建于1968年5月，设2条管道，每条长50.9米；设计流量4立方米每秒。为背河杨桥潭坑和低洼处淤填及农田灌溉发挥了一定的作用。于1980年6月拆除。

（3）九堡虹吸：位于中牟县雁鸣湖镇辛寨村北，黄河右岸大堤千米桩号48＋260处。建于1958年3～6月，管道长65.5米，设计流量1.1立方米每秒。为农田灌溉发挥了一定的作用。于1975年11月拆除。

3. 电灌站

(1)石桥电灌站:位于黄河右岸大堤千米桩号23+200处,郑州市惠济区花园口镇石桥村北。建于1970年9月至1971年7月。装机3组,设计提水流量3.3立方米每秒,投资19万元。主要是淤背固堤,从石桥村北的石沟以北到马渡村已淤土方40万立方米。于1988年6月拆除。

(2)杨桥提灌站:位于杨桥引黄闸后,1974年装机4组,设计提水流量5立方米每秒,投资27万元。为杨桥淤区机淤固堤发挥了很好的作用。使命完成后,于1982年拆除。

(3)三刘寨提灌站:位于三刘寨引黄闸后,1972年兴建,装机4组,设计提水流量2.4立方米每秒,投资26万元。为三刘寨淤区机淤固堤发挥了很好的作用。使命完成后,于1982年拆除。

(4)东漳提灌站:位于黄河右岸大堤千米桩号59+900处,中牟县雁鸣湖镇东漳村东。建于1983年,设计流量1立方米每秒,主要用途为滩区农田灌溉,属地方管理使用,已拆除。

(5)狼城岗提灌站:位于黄河大堤千米桩号65+750处,中牟县狼城岗镇青谷堆村北。建于1983年,设计流量1立方米每秒,主要用途为滩区农田灌溉,属地方管理使用,已拆除。

第四节 滩区建设

滩区建设包括滩区水利建设和滩区安全建设两大项内容,滩区建设是黄河防洪工程体系的重要组成部分。滩区水利建设采取兴修水利工程措施,以改善滩区群众生产生活条件为目的;滩区安全建设采取修建迁安道路和避洪措施,以确保滩区群众安全为目的。郑州黄河滩区建设得到了党和政府的高度重视与大力支持、滩区群众的热烈拥护和积极参与。

一、滩区水利建设

郑州黄河滩区涉及巩义、荥阳、惠济、金水、中牟五个县(市、区),14个乡(镇),8.91万人(其中,居住在滩区的人口为2.16万人),滩区总面积为36.84万亩(其中,可耕地有32.44万亩)。

为进一步增强黄河防汛抗洪能力,改善滩区生产生活条件,提高滩区人民福祉,从1989～1995年,国家和地方及滩区群众分三期投资,建设滩区水利工程。投资比例为三个1/3,即国家投资1/3、地方政府匹配1/3、群众投劳(折合投资)1/3。

在党和政府的正确领导与大力支持下,通过沿黄群众的共同努力,圆满完成了三期滩区水利建设任务（见表2-38），取得了明显的经济效益和社会效益，加快了滩区群众脱贫致富的步伐。

表2-38　郑州黄河滩区水利建设情况统计表

序号	建设单位	建设时间	完成情况（总投资519万元）				
			引水工程（座）	机井（眼）	地埋管（米）	渠道（米）	道路（米）
	郑州市	1981～1995	11	653	67000		14000
1	巩义市	1981～1995	7	77	13600	3500	3000
2	荥阳市	1981～1993		211	7000		
3	惠济（金水）区	1981～1995	2	172	15200		3000
4	中牟县	1981～1995	2	193	31200		8000

二、滩区安全建设

为确保郑州黄河滩区人民群众防洪避洪安全，1992年修建中牟孙拔庄村西至韦滩村村东护村堤一道，长8000米，顶部高程84.92米。1996年对其加高，平均高程达85.52米，高出滩面2.54米。堤顶宽度，孙拔庄村西至南仁村村东为12米，南仁村东至韦滩村村东为4米。1993年在中牟滩区修建避水台1处，完成土方15万立方米。1993～2015年累计修建迁安救护道路13条，全长52千米，均为柏油路面（见表2-39）。

表2-39　郑州市黄河滩区迁安道路一览表

序号	行政区划	滩区名称	迁出地	迁入地	上堤桩号	长度（千米）	路面宽度（米）
	郑州市					52	
1	惠济区	九五滩	南阳路	黄河风景区	-500+0	16.70	15.0
2	中牟县	九堡滩	孙拔庄	东漳	59+000	3.70	5.0
3		九堡滩	王庄	朱固	61+150	3.30	5.0
4		九堡滩	东漳东村（堤北）	东漳东村（堤南）	59+000	0.40	5.0
5		韦滩滩	东狼	后史庄	68+180	2.80	5.0
6		韦滩滩	西狼（堤北）	西狼（堤南）	68+180	0.20	5.0
7		韦滩滩	辛庄	北堤	63+550	4.00	5.0
8		韦滩滩	北韦	太平堤	66+600	2.50	5.0
9		韦滩滩	南韦	青谷堆	65+810	2.40	5.0
10		韦滩滩	斜庄	北堤	63+550	3.00	5.0
11		韦滩滩	曹楼	北堤	63+550	2.00	5.0
12		韦滩滩	南北街	北堤	63+550	3.00	5.0
13		韦滩滩	南仁	瓦坡	63+550	8.00	5.0

第五节　建设管理

自1948年至2015年的68年间,郑州黄河四易建设管理单位,依次为县区黄河修防段、郑州河务局、河南河务局、河南河务局建设管理局。随着改革的深入,建设队伍组织相应发生了三次大的变化。建设管理主要业务工作有防洪基建、事业基建、防汛岁修、工程验收。

一、管理队伍

(一)县区黄河修防段管理时期

1988年以前建设管理主要是以修防段为工程建设单位,修防处组织工程设计,河南河务局审批。新修河道工程、涵闸由河南河务局负责设计,黄委审批。资金来源多为单一的国家投资,建设重点以险点消除和应急度汛为主。体制是建设、管理、经营"三位一体"。

(二)郑州河务局管理时期

1988~1998年建设管理以郑州河务局为建设单位。新修河道工程、涵闸由河南河务局负责设计,黄委审批;堤防加固(放淤、后戗)工程由各修防处组织人员设计,河南河务局审批。资金来源包括国家投资、以工代赈(1992~1996年)、地方投资(1993~1997年)以及水利专项经费(1997年),建设重点以险点消除为主,管理体制仍沿用"三位一体",实行投资包干和施工承包经营管理责任制。

(三)河南河务局管理时期

1998~2012年建设管理以河南河务局为主管单位,郑州河务局为建设单位,各县级河务局为运行管理单位,全面推行了"三项制度"改革,施工单位、监理单位采用招标投标择优选用。工程设计委托有资质的单位进行,由黄委和河南河务局负责审批。建设重点:1998~2000年为大堤加高和帮宽,2000~2003年为标准化堤防建设。投资来源为国家财政预算内专项资金、水利建设基金、非经营性资金以及亚洲开发银行贷款项目等。

(四)河南河务局建设管理局管理时期

2012年10月河南河务局成立建设管理局,此后建设管理以河南河务局为建设单位,郑州河务局设立建设项目管理部,各县级河务局为运行管理单位,继续推行"三项制度"。

二、管理工作

(1)1948~1983年,治黄建设管理的领导为地方各级党委领导下的群众治黄。"沿黄各级党委要加强对治黄土方工程施工的领导,充分发动和依靠群众,组织好施工队伍,发挥人民治黄的强大威力。凡是治黄土方任务较大的各地(市)、县都要建立施工指挥部，下设办公室和各科，并建立拖拉机碾压、质量检查专门组织，分工负责完成各方面的工作。基层施工组织以社队（社指人民公社，队指生产大队或生产队）为基础进行组织，公社下设施工队。土工、机械工、边锨工三个工种分别组织，施工中相互配合。按照统一领导下的分工负责精神，划分堤段或险工，由社队保质保量，负责到底，一气完成。组织劳力要与当地农业生产、救灾工作相结合。尽量组织精壮劳力，上堤工具要齐全，要求每人一张锨，一至二人一辆车（木制独轮车或架子车）”。“各级指挥部要加强办公室的工作，及时掌握施工组织活动、施工进度、工程质量、气象变化等情况，要及时总结经验，抓好典型，推动治黄工作的开展，协助领导，指导工作”。以上摘录自1975年《河南黄（沁）河土方工程施工规范》。工程完工后，交由黄河修防段管理。工程投资为国家投资和补贴治黄粮，地方投劳。这一阶段施工是人海战术（靠人拉肩扛，重体力劳动）建设黄河。从1948年郑州解放至1983年，历时35年。

（2）1983～1998年，治黄建设管理的领导为沿黄县（区）修防段（1990年后为河务局），施工队伍以广大职工干部为主体，以沿黄农民自发组织起来的施工队（又叫副业队或亦工亦农抢险队）为辅，负责完成施工任务。较大的建设项目，由当地县级或乡级领导参加，成立工程施工指挥部，建立相应组织，全面负责完成工程建设任务。工程完工后，交由县（区）河务局管理，即为自建自管工程，工程投资来源于国家。这一阶段是半机械化（人多机多配合施工）建设黄河，施工机具逐步由小到大走向机械化，运输设备先后是0.5吨小翻斗车、小平板车、卡车，碾压设备是75马力东方红履带拖拉机等。黄河埽工依然是主要的施工方法。从1983年至1998年，历时15年。

（3）1998年以后，治黄建设管理的领导为水行政管理事业单位（黄委或河南河务局）。1998年长江大洪水后，随着以堤防工程为重点的大规模防洪工程建设的开始，黄河水利工程建设项目进而实行了项目法人责任制、招标投标制及建设监理制，即“三项制度”改革。施工中标单位为具有专业施工资质的施工企业（国有企业或民营企业），施工单位从基层河务部门中剥离出去，组建具有专业施工资质的施工企业，与社会施工企业一样，参与黄河工程投标，中标者参与施工。工程完工后，交由县（区）河务局管理，工程投资来源于国家。这一阶段是机械化（人少机多有机配合）建设黄河。施工机具有了大的发展，无论施工还是抢险均实现了大型机械化，施工抢险方法也随之发生了大的变化，黄河埽工这一传统做法，逐步被新的施工、抢险方法所代替。

三、主要业务

（一）防洪基建

郑州河务局防洪基建主要包括堤防加固、河道整治、险工加高、堤防道路建设、防浪林种植等。建设管理实施情况：1988年以前，黄河基层单位黄河修防段根据上级工作安排，编制防洪基建年度计划，逐级上报；经国家批复后，逐级（进行项目细化后）下达投资计划到黄河修防段；黄河修防段严格按照黄委规范规定，负责组织实施，接受上级监督检查,工程竣工后,一般由郑州河务局负责初验,河南河务局组织终验。较小的项目,由河南河务局委托郑州河务局验收;较大的项目,黄委参加验收。

1988 年以后,随着经济建设的深入,防洪基建资金管理和项目管理难度日显突出。为管好用好建设资金,确保工程质量,建设部(新介入)、水利部和黄委制定颁发了一系列关于工程建设质量管理的规程、规定,河南、郑州黄河各级单位也制定了相应的办法和细则。其建设程序是,黄河水利基本建设工程建设的前期工作包括项目建议书、项目可行性研究报告、项目初步设计等方面的内容。河南黄河防洪工程建设自 1998 年实行"三项制度"改革后,对于招标工作的工程建设的项目建议书、可行性研究由黄委或河南河务局负责委托进行,其他程序均由建设单位组织进行。河南黄河防洪基建工程新建项目的项目建议书、可行性研究报告和单项工程设计,由建设单位预审、河南河务局初审后,报黄委审批;续建项目和由黄委授权的审批项目,由建设单位预审,河南河务局审批。

对于节(结)余资金的管理,1998 年以前基建投资基本为单一的国家投资,使用不完的资金上缴国家重新安排项目。1998 年以后为划清主管部门、建设单位、施工单位之间的关系,缩短建设工期,保证施工质量,降低工程造价和提高投资效益,河南黄河基本建设投资实行包干责任制。规定"国家预算内拨款的建设项目,建设单位投资包干节余,按照国家规定上缴主管部门 50%,建设单位留成 50%,主管部门的上缴与分配方案,按有关规定执行。建设单位留成的 50%,一般按"六二二"比例分别作为生产发展基金、集体福利基金和职工分成。当包干节余数较大时,分配比例应适当调整,相应加大生产发展基金的比重"。1998 ~ 2003 年,水利基本建设投资节余的管理按照国家财政部和水利部规定执行。国债投资产生的节余,只用于其他经过批准的水利工程建设项目,对国债以外其他中央水利建设投资项目的节余也有相关的规定。

(二)事业基建

事业基建主要指职工宿舍、办公业务用房、设备购置、科研教育及生产生活配套设备设施建设等,其资金来源主要是非经营性投资和自筹资金等。郑州黄河事业基建投资计划包括中长期计划、框架计划和建议计划、年度计划。其中中长期计划由河南河务局配合黄委进行编制;框架计划和建议计划由河南河务局局属有关单位根据黄委中长期规划编制,并于每年 6 月中旬上报河南河务局,河南河务局计划管理部门根据黄委拟定的投资规模进行综合整理,经研究后上报黄委。

郑州黄河事业基建项目的立项,以上级批准的中长期规划或实施方案为依据。中长期规划或实施方案以外的,不能立项和审批,其审批权限也有一定的范围。河南黄河基础设施建设总投资在 300 万元以下(不含 300 万元)的项目建议书,报黄委审批,下属单位的项目由河南河务局审批;基础设施建设总投资在 300 万元以上 3000 万元以下的项目建议书,由河南河务局组织审查后报黄委审批;基础设施建设总投资在 3000 万元以上的项目建议书,经水利部组织审查后报国家计委审批。事业基建项目实行"先审计,后建设"的原则。经过黄委或河南河务局立项审批的,由黄委或河南河务局审计部门进行工程建设开工审计后,才可以报批开工;经过国家计委立项审批的,由国家审计署审计后方可报批开工。

(三)防汛岁修

防汛岁修费是中央财政安排的水利事业费的重要组成部分,是用于中央直管的大江、大河、大湖堤防和涵闸等防洪工程防汛和岁修的业务经费。

防汛费使用范围包括防汛和抢险用器材、料物的采购、运输、管理及其保养所必需的费用;防汛期间调用民工补助,防汛职工劳保用品补助;防汛检查、宣传和演习所必需的费用支出;防汛专用车船和通信设施的运行、养护、维修费用,汛期临时设置或租用通信线路所支付的费用以及水文报汛费;防洪工程(含水文站房和水文测报设施)遭受特大洪水后的抗洪抢险和水毁修复所需经费。

岁修费的使用范围是:堤防工程维修、绿化、养护所发生的支出;险工、控导、护滩工程整修所发生的人工、材料、机械使用、赔偿等费用;防洪用涵闸的检查、维修、加固费用;其他为防洪工程岁修而进行的勘测、设计等发生的支出。

郑州黄河防汛岁修费使用计划的编制由下而上进行,由各使用防汛岁修费的事业单位根据所辖防洪工程防汛岁修情况、有关定额和经费标准逐级编报、汇总,于每年1月底前上报水利部。防汛岁修费使用计划编报内容包括上年度防汛岁修费计划完成情况和本年度所需防汛岁修费两大部分。

防汛岁修费使用计划按事业财务级次,实行下管一级的审批办法。郑州河务局防汛岁修使用计划由河南河务局审批。防汛岁修费中有实物工作量的实行项目管理,没有实物工作量的实行经费总额控制管理。郑州黄河防汛岁修费的主要来源为水利事业专项经费。郑州黄河防洪工程计划完成情况见表2-40。

表2-40 郑州黄河防洪工程计划完成情况汇总表

序号	项目名称	单位	合计	“七五”之前	“七五”时期	“八五”时期	“九五”时期	“十五”时期	“十一五”时期	“十二五”时期	备注
一	投资完成	万元	171110.73	23839.77	2847.28	9006.66	34381.95	62693.20	25905.87	12436	
1	中央投资	万元	164795.93	23839.77	2839.78	4578.36	34381.95	62693.20	25905.87	10557	
2	地方配套	万元	6314.8		7.50	4428.30				1879	含以工代赈
二	工程量										
1	土方	万立方米	7625.3	1944.27	686.09	1101.33	1104.28	2409.40	250.18	129.75	
2	石方	万立方米	254.38	22.18	14.39	8.77	37.82	65.46	80.53	25.23	
3	混凝土	立方米	75870.4	2235.36	900.00		23404.00		44095.00	5236.04	
三	能力效益										形象进度
1	堤防长度	千米	71.422	71.422	71.422	71.422	71.422	71.422	71.422	71.422	新建及加固
2	河道整治长度	千米		0.5	4.8	3.04	13.5	7.5	19.9	1.9	
3	险工加高改建	个		235	90	27	93	21			(坝、垛)
4	堤顶道路	千米					59.8	37.35		1.624	
5	涵闸建设	座		3	4	3	0	0		3	

注:“七五”之前包含的具体内容是:三年恢复期(1949~1952),“一五”时期(1953~1957),“二五”时期(1958~1962),三年调整期(1963~1965),“三五”时期(1966—1970),“四五”时期(1971~1975),“五五”时期(1976~1980),“六五”时期(1981~1985)。

(四)工程验收

工程竣工验收是工程完成建设目标的标志,是全面考核基本建设成果、检验设计和工程质量的重要步骤。竣工验收合格的项目即可从基本建设转入生产运行。

根据黄河下游防洪工程的实际情况,竣工验收又可分为某一单项工程的竣工验收和某一类单项工程总项目的竣工验收。竣工验收应在工程完建后3个月内进行,确有困难的,经工程验收主管单位同意,可适当延长验收期限。

在黄河河道管理范围内由黄委批复兴建的黄河防洪工程建设项目,均由黄委或所属单位按照项目管理权限,负责工程验收。河南河务局负责本辖区内的工程验收。

河南黄河防洪工程竣工验收分为初步验收和竣工验收。初步验收由项目法人(建设单位)主持;竣工验收由上级主管单位(河南河务局或黄委)组织并主持进行。竣工验收委员会由主管单位有关部门的代表、质量监督单位的代表及专家共同组成。工程项目法人(建设单位)、设计、施工、监理、运行管理等单位的代表作为被验单位列席竣工验收会议,施工单位人员不能作为验收委员会的成员。

对于防洪工程建设项目,在竣工验收前,应由上级主管单位组织有关专家组成竣工技术预验收专家组,对各建设单位的申请报验项目,进行技术性预验收。项目法人应在竣工验收前,委托省级以上水行政主管部门认定的水利工程质量检测单位对工程质量进行一次抽检。工程质量抽检的项目和数量由质量监督机构确定。工程质量检测单位不得与项目法人、监理单位、施工单位隶属同一经营实体或同一行政单位直接管辖范围,并按有关规定提交工程质量检测报告。凡质量抽检不合格的工程,必须按有关规定进行处理,不得进行验收,项目法人需将处理报告连同质量检测报告一并提交竣工验收委员会。竣工验收委员会可根据需要在竣工验收时对工程质量再次进行抽检,抽检内容和方法由竣工验收委员会确定。

工程建设达到竣工验收条件,由项目法人(建设单位)向竣工验收主管单位提出竣工验收申请报告,并同时提供初步验收工作报告和工程质量检测报告。竣工验收主管单位在接到竣工验收申请报告后28天内,应同有关部门(单位)进行协商,拟定验收时间、地点及验收委员会组成单位等有关事宜,同时,批复竣工验收申请报告。

工程竣工验收的成果是竣工验收鉴定书,其内容包括工程概况,概算执行情况及分析,阶段验收、单位工程验收及工程移交情况,工程初期运用及工程效益,工程质量鉴定,存在的主要问题及处理意见,验收结论,验收人员签字等。

第六节　花园口水利枢纽工程

一、工程建设

黄河花园口枢纽工程,是在1958年黄河上、中游诸大工程相继动工的形势下,为解决下游平原引黄灌溉问题而兴建的工程。它是黄河下游干流上第一级拦河壅水工程，位于郑州京广铁路桥下游约8千米处，南岸为郑州市郊岗里村，北岸为武陟、原阳两县交界处。1959年开始兴建，1960年投入运用。后因泄洪闸消能设施冲毁停用，1963年破除拦河坝，工程报废。

（一）兴建缘由

1954年黄河规划委员会编制的《黄河综合利用规划技术经济报告》提出，为保证两岸灌区引水，在下游河道布置桃花峪、位山、泺口三级壅水枢纽工程，并选定桃花峪枢纽为第一期工程。1957年水利部北京勘测设计院编制的《黄河流域规划（草案）》提出，为满足黄河两岸豫东、豫北灌区的用水及郑州与新乡间的通航需要，须在京广铁路桥一带筑坝固定水位，并推荐建设花园口枢纽。

1958年黄河下游平原地区大搞引黄灌溉，许多引水工程相继动工兴建。花园口以上北岸原有人民胜利渠引水闸，1958年又建成共产主义渠引水闸，黄河南岸也建成东风渠引水闸，南北两岸引黄灌区设计灌溉面积将近1400万亩。黄河三门峡水利枢纽已开工兴建，三门峡以下的伊河水库和洛河水库准备动工，并着手筹建黄河桃花峪水库。这些工程建成运用后，可使黄河下游最大流量控制在6000立方米每秒以下，而且随着三门峡和桃花峪水库下泄清水，下游河道将大幅度冲刷下切，京广铁路桥首当其冲需要防护。为此，1958年12月黄委在《黄河下游综合利用规划（草案）》中提出：为了灌溉及航运，需要在黄河下游修建六级枢纽，其中花园口枢纽应及早兴建。

花园口枢纽工程，由黄委勘测设计院勘测设计，由河南省黄河花园口枢纽工程指挥部施工修建。1959年11月完成初步设计，12月8日开工建设。在边勘测、边设计、边施工的情况下，河南省抽调39县的13万群众参与建设施工，于1960年6月建成投入运用。

（二）规模

花园口枢纽工程南接黄河大堤，北临黄河北滩区，河道宽阔，堤距达12千米。主要建筑物如下：

（1）拦河坝。全长4822.4米，为碾压式土坝。坝顶高程89.5米，顶宽20米，铺设10米宽泥结碎石路面。上游坡1:6，下游坡1:4，上游块石护坡96.5米高程，下游反滤层95.0米高程。

（2）溢洪堰。设计最大泄洪流量10000立方米每秒，堰长1404米，为印度式浆砌石低堰。堰顶高程92.5米，宽6米，上游坡1:8，下游坡1:5，消力池底高程88.5米。在南北裹头打管柱桩。

（3）泄洪闸。位于东风闸下游280米，18孔，每孔净宽10米，最大泄洪流量初期2700立方米每秒，加固冲刷后逐渐提高到4500立方米每秒。泄洪闸采用钢筋混凝土平底闸型，闸身长209.1米，高12米，闸底高程87.0米，闸室长28米，长设机架桥及公路桥，桥面高程98.5米。

（4）防护堤。位于北岸高滩上，长8381.3米，为辗压式土坝。顶宽6米，堤顶高程东端为98.5米,西端为99.5米,主要保护部分高滩地。

工程共挖填土方855.54万立方米,砌石及反滤工程用石39.87万立方米,浇筑混凝土11.78万立方米。总造价5085.9万元,用工1400.54万工日。共计抽调了39个县(市)的13万名青壮年劳力和使用了1025吨截流料物。

二、工程运用

花园口枢纽工程建成后,自1960年6月泄洪闸放水至1962年12月关闸,闸堰共泄流4个半月,其他时间全靠泄洪闸过水,泄洪闸正常运用期间最高水位95.09米。该工程运用以后,花园口至杨桥间,出现了长达30千米的顺直河势;溜势集中,河床下切,是历史上从没见过的好河势。

泄洪闸的设计泄洪量为4500立方米每秒,初期限制在2700立方米每秒。在引水灌溉方面,首先受益的是南岸的东风渠(灌溉133万亩)和北岸的幸福渠(灌溉25万亩)。

工程主要用于壅水灌溉,南岸东风渠渠首闸1958年9月建成,设计流量300立方米每秒,设计灌溉面积806万亩。1959年抗旱需水时,由于闸前闸后淤塞,无法引水。郑州市政府两次动员清淤,但成效不大,仅灌地133万亩。花园口枢纽建成后,设计引水位得到保证,引水最多年达17亿立方米以上。但因灌排渠系不配套,大水漫灌,导致次生盐碱地急剧扩大,河、渠淤积严重,不得已于1961年10月关闸停水。北岸幸福渠闸位于防护堤上,1961年6月建成,设计流量40立方米每秒,灌溉面积25万亩,主要是原阳黄河滩区,建成后运用效果良好。

三、工程废弃

1961年10月19日花园口流量6300立方米每秒通过前,下游局部冲刷坑最深点高程为82.4米,大水过后降为79.28米,亚黏土及黏土层基本冲完。1961年12月至1962年2月在对泄洪闸全面检查时发现,下游钢筋混凝土沉排南半部下沉0.17~0.43米;下游防冲槽上端及中部下沉0.1~0.8米,下端北半部下沉1~5米,其中1孔已形成冲刷坑;上游防冲槽冲深0.45~5.15米。1962年8月16日泄洪闸过流6080立方米每秒,长时间超设计泄流运用,下游局部形成冲刷坑。8月17日坑底高程已由6300立方米每秒洪水通过时的82.4米降为64.8米。12月2日闸下游陡坡段中部北岸翼墙砌石隆起(面积0.25平方米),砌石护坡及填土部分发生裂缝,泄洪闸的陡坡段、消力池、沉排及防冲槽均发生严重损坏。

泄洪闸损坏的主要原因:一是超过设计能力运用。1960年11月至1962年12月过闸流量达2700~4500立方米每秒的时间为78天,大于4500立方米每秒的时间达20天,最大流量达6300立方米每秒,大大超过初期运用流量2700立方米每秒的规定,也超过设计流量4500立方米每秒。二是闸门操作运用不当。据647天闸门启闭记录,不均匀开启时间达531天,占全部运用时间的80%以上。三是施工时强调困难,原设计的导流堤未予兴建,上游丁坝和下游三个坝头根石清除不彻底,以致水流集中北侧,增大冲刷破坏能力。四是防冲槽及沉排在施工时存在严重问题,减弱了工程的作用。

由于泄洪闸损坏严重,1962年12月19日停止使用泄洪闸,开放溢洪堰洪水。1963年5月河南河务局编制的《1963年黄河花园口度汛工程计划》中提出:为了保证河防安全,防止泄洪闸继续破坏,破除拦河坝,并在泄洪闸下游修筑围堰。破坝宽度1300米,两端修裹头,其北裹头与溢洪堰南裹头相距200米。泄洪闸围堰采取堆石双厢填土断面,顶宽6米,高程97米,上下坝脚均为堆石体,坝坡用块石护坡。计划批准后,1963年5月动工,7月17日6时40分爆破拦河坝。破坝以后,溢洪堰与破坝口并泄河水。溢洪堰南裹头与拦河坝口门北裹头相连如一孤岛。1964年7月28日花园口发生9400立方米每秒洪水,溢洪堰南北裹头及其毗连的堰身被水冲毁。

花园口枢纽工程废除的主要原因是1962年三门峡水库改为滞洪排沙运用,黄河下游河道恢复淤积,枢纽壅水对排沙不利;桃花峪水库短期不能修建,花园口枢纽泄洪能力严重不足,扩建工程投资很大;兴利任务不落实,京广运河、黄河河道通航及枢纽发电等短期目标均难实现,实灌面积远小于设计灌溉面积等。

第三章　防　汛

防汛是为防御洪水、预防或减轻洪水灾害所开展的各项工作,其内容主要包括河势查勘、防洪工程检查、修建防洪工程、组织防汛指挥机构和防汛队伍、准备防汛料物,以及通过法令、政策、经济手段加强非工程防洪措施。

抢险是防洪工程出现险情时,采取必要的措施、方法和手段,使工程转危为安,并恢复工程原貌的过程。

人民治黄以来,党和政府始终高度重视防汛与抢险工作,规范防汛管理,着力制度建设,制定防汛方针、法规、政策和规范。鉴于郑州黄河的特殊位置和防洪形势,郑州黄河人没有辜负党和国家的重托,在防汛抢险方面创造了多个第一。首先提出了防汛工作"四落实",后又整合为"五落实六到位"。即在思想方面,首先提出"防汛工作无小事,准备工作无止境",充实了思想内涵,警示和强化思想认识;在组织方面,首创亦工亦农抢险队、县区黄河防汛民兵营、乡镇黄河防汛民兵连"三位一体"军民联防体系。1988 年在郑州中牟成立了河南黄河第一机动抢险队,1990 年受到时任中共中央总书记江泽民的接见。首先成立县区河务局黄河防汛办公室,并确定其规格,由股级升为副科级,后定为科级;在责任方面,首先开展行政首长防汛培训,进一步增强行政首长的责任意识;在技术方面,最早开展年度治黄职工技术培训班,抢险队员人人床头悬挂模拟传统埽工家伙桩绳;在迁安救护方面,开创了为滩区群众发放迁安救护明白卡。由此,郑州黄河在防汛工作、技术比武、技术演练当中始终处于领先水平。人民治黄以来,在确保郑州黄河岁岁安澜的同时,郑州黄河人多次支援河南黄河、黄河流域以及跨省、跨流域抢险救灾,成绩突出,贡献巨大。

第一节　组织制度建设

我国现有防汛抗洪减灾体系主要由工程体系和非工程体系两部分组成。制度建设是非工程体系的重要组成部分,而制度建设的核心是法规体系建设。

1982 年以前,计划经济时期和改革开放初期,主要依靠党的方针、政策和部门规章等文件为依据引领黄河防洪与治理。1982 年以后,随着改革开放的深入和依法治国进程的加快,水法规建设力度逐步加大,形成了较为完善的水法规和防汛抗洪减灾法规体系,将防汛抗灾工作纳入法治轨道。为规范和约束人的行为、维护防汛抗洪减灾正常秩序提供了法规依据,为防汛抗洪减灾的顺利开展和经济社会可持续发展提供了有力的制度保障。

思想是基础,组织是保障。人民治黄以来,党和政府始终重视防汛组织建设工作。黄河防汛组织是准军事化组织,防汛组织建设包括防汛指挥机构、办事机构、军民联防体系建设。由河务(专业队伍)、地方(群防队伍、社会团体)、人民解放军和武警部队组成的"三位一体"的军民联防体系,其组织原则是统筹兼顾、组织科学、保障有力,做到"招之即来,来之能战,战之能胜"。

一、机构建设

(一)组织机构

随着社会的变革以及水环境的变化,黄河防汛组织机构也随之变化,组织机构、办公场所经历了由不固定到相对固定再到固定的过程。计划经济时期,郑州河务局及所属单位的日常防汛工作由工务部门负责,没有专门的防汛办公室,汛期成立临时办事机构,隶属市县防汛指挥部和河务部门领导。1995 年以前,郑州河务局及局属单位相继建立了防汛办公室,但没有编制和固定办公场所。1995 年国家防总印发《各级地方人民政府行政首长防汛工作职责的通知》,明确规定:强化以行政首长为核心的,各级各部门负责的防汛责任制。由此,建立了郑州黄河防汛机构,编制明确、办公场所固定,通常郑州市防汛抗旱指挥部指挥长由市长担任,郑州市黄河防汛抗洪指挥部指挥长由主管副市长担任。在以上两个机构中,郑州河务局局长分别任成员和副指挥长,有些年份未设郑州市黄河防汛抗洪指挥部,郑州河务局局长便担任成员或副指挥长,郑州市防汛抗旱指挥部下设办公室、黄河防汛办公室和城市防汛办公室,市防指抗旱指挥部黄河防汛办公室设在河务局。

沿黄县区、乡镇也相应建立防汛指挥部,所辖行政村设立防汛领导小组,承担组织群众防汛队伍、筹措部分防汛料物以及辖区责任段的堤线防守、查险和抢险等具体工作。县区防汛指挥机构指挥长随郑州防汛指挥机构变化而变化,1990 年县区河务局升格为副县级以后,县区河务局局长(固定)任副指挥长,主管副局长任防汛指挥部成员。

成员单位一般由以下单位组成:市发展和改革委员会、市水务局、河务局、市国土资源局、市交通运输委员会、市公安局、市民政局、市财政局、市城市管理局、市城乡建设委员会、市人民防空办公室、市住房保障和房地产管理局、市工业和信息化委员会、市农业农村工作委员会、市卫生局、郑州铁路局、团市委、市气象局、市文化广电新闻出版局、郑州日报社、市供电公司、市旅游局、市商务局、市供销合作社、市司法局、市人力资源和社会保障局、市城乡规划局、市林业局、市安全生产监督管理局、市煤炭管理局、市邮政局、市粮食局、市水文水资源勘测局、中国联合网络通信集团有限公司郑州分公司、中国人寿保险公司郑州分公司、中国人民财产保险股份有限公司郑州分公司等。

(二)机构职责

随着黄河防洪形势的发展和黄河事业的需要,防汛组织机构的职责在不断地细化、明确、完善,每年均由郑州市委和市人民政府明文规定。

郑州市防汛抗旱指挥部职责:市防汛抗旱指挥部是本市防汛工作的常设机构,受市人民政府和上级防汛指挥部的共同领导,行使防汛指挥权,组织并监督防汛工作的实施。贯彻国家有关防汛工作的法律法规和方针、政策,执行上级防汛抗旱指挥部的各种指令,负责向市人民政府和上级防汛抗旱指挥部报告工作,做好黄河防汛工作。遇设防标准以内的洪水,确保堤防工程防洪安全;遇超标准洪水,尽最大努力,想尽一切办法缩小灾害。组织宣传群众,提高全社会的防洪减灾意识,召开防汛会议,部署防汛工作。组织防汛检查,督促并协调有关部门做好防汛工作,完善防洪工程和非工程防护措施,落实各种防汛物资储备。根据黄河防洪总体要求,结合当地防洪工程现状,制订防御洪水的各种预案,研究制订防洪工程抢护方案。负责下达并检查监督防汛调度命令的贯彻执行,同时将贯彻执行情况及时上报。组织动员社会各界投入黄河防汛抢险和迁安救灾工作。探讨研究和推广应用现代防汛科学技术,总结经验教训,按有关规定对有关单位和个人进行奖惩。

郑州市行政首长职责:统一指挥本市的防汛工作,对本市的防汛抗洪工作负总责。督促建立健全防汛机构。负责组织制定本市有关防洪的法规、政策,并贯彻实施。教育广大干部群众树立大局意识,以人民利益为重,服从统一指挥调度。组织做好防汛宣传,克服麻痹思想,增强干部群众的水患意识,做好防汛抗洪的组织和发动工作。贯彻防洪法规和政策,执行上级防汛抗旱指挥部的指令,根据统一指挥、分级分部门负责的原则,协调各有关部门的防汛责任,及时解决抗洪经费和物资等问题,确保防汛工作顺利开展。组织有关部门制订本市黄河各级洪水防御方案和工程抢险措施,制订滩区群众迁安方案。主持防汛会议,部署黄河防汛工作,进行防汛检查。负责督促本市河道的清障工作。加快本市防洪工程建设,不断提高抗御洪水的能力。根据本市汛情和抗御洪水实际情况,及时批准河务部门提出的工程防守、群众迁安救护方案,调动本市的人力、物力有效地投入抗洪抢险斗争。洪灾发生后,迅速组织滩区群众的迁安救护,开展救灾工作,妥善安排灾区群众的生活,尽快恢复生产、重建家园,修复水毁防洪工程,保持社会稳定。对黄河防汛工作必须切实负起责任,确保安全度汛,防止发生重大灾害损失。按照分级管理的原则,对各县(市、区)防汛指挥部的工作负有检查、监督、考核的责任。

河务部门职责:负责本市黄河防洪规划的实施和河道、堤防等各类防洪工程的运行管理;负责市防汛抗旱指挥部黄河防汛办公室的日常工作;负责黄河各类防洪工程的汛前普查、防洪工程除险加固及水毁工程修复工作;制订黄河防洪预案和工程抢护方案;负责国家储备防汛物资的日常管理、补充与调配;及时掌握防汛动态,随时向市人民政府及市防汛抗旱指挥部和有关部门通报水情、工情和灾情,分析防洪形势,预测各类洪水可能出现的问题并提出方案,当好各级行政首长的参谋;负责警戒水位以下河道和涵闸工程的查险、报险工作;科学调度、优化配置黄河水资源,在首先满足城乡居民生活用水需要的前提下,最大程度满足引黄灌区抗旱用水需求。

防指成员单位职责:市防汛抗旱指挥部成员单位要按照防汛抗旱指挥部的统一部署和黄河防汛的整体方案安排,根据本单位职责范围实行成员单位分工负责制,承担应有的防汛责任、任务。

市发展和改革委员会:负责指导防汛抗旱规划和建设工作。负责大中型水库除险加固、主要河道整治、滞洪区安全基础设施、水文测报基础设施、防汛通信工程和抗旱设施等计划的协调安排与监督管理。

市水务局:负责组织、协调、监督、指导全市防汛抗旱的日常工作,归口管理防汛抗旱工作。负责全市大中型防洪工程项目建议书、可行性研究报告和初步设计的编制,组织建设和管理具有控制性或跨县(市)的主要防洪抗旱工程;负责防洪除涝抗旱工程的行业管理;负责防汛抗旱指挥部办公室人员调配及正规化、规范化建设;负责拟订大型及重点中型水库、主要防洪河道汛期调度运用计划;负责提供雨情、水情、洪水预报调度方案及安全度汛措施,供领导指挥决策;负责大中型水库、主要防洪河道的度汛、水毁修复工程计划的申报和审批;负责市本级防汛抗旱经费、物资的申报和安排。

市国土资源局:负责地质灾害防治知识的宣传教育工作;负责编制年度地质灾害防治方案;负责汛期地质灾害防治的组织、协调、指导和监督工作;会同气象等部门开展汛期地质灾害预警预报。

市交通运输委员会:负责国家和省干线公路(含高速公路)及市地方公路、水运交通、水上浮动设施、工程、装备的防洪安全及交通系统的行业防汛管理;负责水上交通管制、船舶及相关水上设施检验、登记和防止污染以及船舶与港口设施安全保障、危险品运输监督、航道管理等工作。负责及时组织人员对水毁公路、桥涵的修复工作,保证防汛道路畅通;负责组织防汛抢险、救灾及重点度汛工程的物资运输;负责组织协调发生大洪水时抢险救灾物资及撤离人员的运送。

市公安局:负责抗洪抢险的治安保卫工作,维护好社会秩序、交通秩序;严厉打击破坏防洪工程、水文测报设施,盗窃防汛物资、通信线路的违法犯罪活动。

市教育局:负责汛期教学秩序稳定和教学设施的安全度汛;负责受灾区教学设施的恢复和重建工作。

市民政局:负责遭受洪涝灾害的群众迁安和生活救济工作,组织协调黄河滩区、分滞洪区受灾群众生活救助工作;协助地方政府做好行滞洪区、分洪区受灾群众生活救助工作。

市财政局:负责正常防汛经费的安排、下拨和管理,会同市防汛抗旱指挥部办公室做好特大防汛经费的使用和管理。

市城市管理局、市城乡建设委员会、市人民防空办公室、市住房保障和房地产管理局:负责组织市区防洪计划;掌握市区防汛情况;组织指导市区抗洪抢险工作;监督检查市区防洪工程设施、地下人防工程设施的安全运行,负责行洪障碍清除和城区排涝。

市工业和信息化委员会:负责掌握本系统企业的防洪保安情况,指导、组织上述受灾企业恢复生产及善后处理;负责协调供电部门保障防汛、抗洪、排涝的电力供应,协调有关部门确保防汛物资的铁路运输保障。

市农业农村工作委员会:负责掌握农业洪涝旱等灾情信息;负责洪涝旱灾害发生后农业救灾、生产恢复工作;负责渔港水域安全监管;负责渔船安全监管工作。

市卫生局:负责组织灾区卫生防疫和医疗救护工作。

郑州铁路局:负责所辖铁路、桥涵等工程设施防汛安全;保证优先运送防汛抢险、救灾物资设备和防疫人员。

团市委:负责动员、组织全市团员、青年,在当地政府和防汛指挥机构的统一领导下,积极投入抗洪抢险救灾等工作。

市气象局:负责提供短、中、长期天气预报和气象分析材料;负责提供实时雨情等情报工作及灾害天气等气象信息。

市文化广电新闻出版局、郑州日报社:负责组织广播、电视、报刊的防汛宣传工作;负责根据市防办提供的汛情,及时向公众发布防汛信息。

市供电公司:负责所辖电厂(站)、输变电工程设施的运行安全及本系统的防汛工作;保证防汛抢险及重点防洪度汛工程的电力供应;加强电力微波通信的检修管理,保证防汛通信畅通。

市旅游局:负责旅游景点以及设施的安全管理,汛期根据天气情况合理配置旅游线路,确保游客安全。

市商务局、市供销合作社:负责抗洪抢险物资的调拨和必要的筹集储备;负责协调完成市防汛指挥部下达的防汛抗旱物资代储任务,保证防汛需用的物资按下达任务及时供应。

市司法局:负责督促相关部门宣传水利、防洪法规,不断增强广大公民的法律意识和法制观念,自觉维护水利、防洪设施。

市人力资源和社会保障局:按照有关规定,做好防汛抗旱中的奖励和惩戒工作;负责参加医疗保险的在职职工的医保工作,并协同有关部门做出妥善处理。

市城乡规划局:会同有关部门组织编制城市排水规划;负责城市规划区防洪排涝工程的规划审批;参与城市规划区防洪排涝工程的竣工验收;参与城市防洪法规的编制与实施情况的监督检查。

市林业局:负责做好林区防汛工作;对河道、行洪区内由林业部门管理的林区,做好清障工作,确保行洪安全。

市安全生产监督管理局:负责督促、指导和协调汛期全市安全生产工作,依法行使综合监督管理职权;督促、指导落实汛期安全生产责任制和安全生产责任追究制;及时提供水旱灾区的工矿商贸行业灾情。

市煤炭管理局:督促指导企业矿区防汛工作;参与协调指导煤矿企业抗洪抢险工作;负责检查督促煤矿企业做好防洪物资储备工作。

市邮政局:负责所辖邮政设施防洪安全;做好邮政设施的维护、管理,保证防汛邮件等的迅速、准确投递。

市粮食局:负责市局属粮食仓库安全度汛;负责提供抢险所需的麻袋等物资。

市水文水资源勘测局:负责防汛水情值班;负责雨水情信息的采集、整理,并准确、及时地向省、市防指提供防汛指挥、调度所需的雨水情信息;及时编发雨水情日报和雨水情简报、预报。

中国联合网络通信集团有限公司郑州分公司：负责所辖通信设施的防洪安全；做好通信设施的检修、管理，保证话路畅通，负责应急通信保障，保证防汛通信需要。

中国人寿保险公司郑州分公司、中国人民财产保险股份有限公司郑州分公司：负责研究适合郑州情况的洪水保险机制，逐步建立适合郑州市的洪水保险制度。根据洪水造成的不同灾害类别和不同地区，具体研究保险实施对象，开展洪水保险业务。积极开展洪水保险的宣传，提高社会各阶层对洪水保险的意识，进一步扩大保险的覆盖面积。

二、队伍建设

队伍建设是黄河防汛的基础和保障，历来党和政府都非常重视。1986 年以前，计划经济时期和改革开放初期，黄河防汛队伍由河务局职工、地方（沿黄群众、社会团体）、人民解放军三部分组成。河务局职工作为专业队伍，以局属工程队和专业技术人员为主，以机关干部职工为辅，担当防汛抢险技术指导和尖刀班的重任；沿黄人民群众是以基干民兵为主组建的防汛队、护闸队、抢险队、迁安救护队、运输队等，并分为一、二、三线队伍，一线为沿黄乡村，二线为靠近沿黄的乡镇，三线为边远的乡镇或县区；社会团体是以国家企事业单位干部职工为主的防汛队伍，其主要任务是责任段防守、交通管制、卫生防疫、后勤补给、宣传发动、通信气象、综合协调等工作；人民解放军始终是防大汛、抗大洪、抢大险的中坚力量，担负着“急、难、险、重”的防汛任务。1986 年以后，随着国家改革的深入，多元经济的发展，防汛队伍组织形式也在发展中变化，以适应黄河长治久安的需要，防汛队伍建设得到了长足的发展。

（一）专业防汛队伍

1988 年，在专业防汛队伍的基础上组建了机动抢险队。黄河防总印发的《黄河防汛工作正规化、规范化若干规定》指出，为提高抢险效能，黄河下游各修防处都应建立一支训练有素、技术精良、反应迅速、战斗力强的机动抢险队。根据《关于组建河南黄河河务局郑州、新乡机动抢险队的通知》，在原郑州中牟修防段工程队的基础上，组建了“郑州机动抢险队”，编制 50 人，配备了部分机械设备，隶属郑州黄河修防处，委托中牟黄河修防段全权管理，由中牟修防段副段长朱福庆同志兼任队长。1990 年河南河务局将郑州机动抢险队更名为“河南黄河第一机动抢险队”（以北岸封丘河务局为基础组建“河南黄河第二机动抢险队”，此时全河共有四支机动抢险队，山东、河南各两支），编制 50 人，由中牟黄河河务局副局长张治安同志兼任队长，隶属郑州河务局，委托中牟河务局管理，河南黄河防办行使直接调度权。适用范围：依次为河南黄河南岸、北岸，黄河流域，跨流域险情救灾等。

1993 年，河南省发布实施《中华人民共和国防汛条例》细则，要求防汛队伍做到训练有素、技术精良、反应迅速、机动高效，一旦接到调遣和防守命令，必须做到拉得出、上得去、守得住。1997 ~ 1999 年，国家相继安排专项资金，加强机动抢险队建设。先后为郑州两支机动抢险队重点配置了大型抢险机械，大大提高了抢险队的快速反应能力。1999 年，为进一步加强和规范黄河专业机动抢险队管理，不断提高其防汛抢险技术水平和实战能力，河南省防汛抗旱指挥部黄河防汛办公室印发了《河南省黄河专业机动抢险队管理办法》,使黄河专业机动抢险队步入科学、规范、系统的管理轨道。

1999年,河南河务局将河南黄河第一机动抢险队更名为郑州黄河第一机动抢险队;在邙金河务局施工队的基础上成立了郑州黄河第二机动抢险队。郑州河务局率先完成了两支黄河专业机动抢险队的组建工作,河南黄河辖区共有17支黄河专业机动抢险队相继诞生。防汛专业队伍由两部分组成:一是专业机动抢险队,即郑州第一、二机动抢险队,是郑州黄河专业防汛队伍的中坚力量。二是经常性专业管护队伍,由基层单位工程技术人员、堤防和河道险工管护人员及机关职工组成。经常性专业管护队伍是防汛技术骨干力量,成员必须纪律严明、熟悉黄河工程、精通黄河技术,有处理汛情、工情,分析险情和指导非专业防汛队伍人员技术的能力。

2011年,河南河务局投资2000余万元,在郑州组建了"河南黄河应急抢险队",队员以郑州河务局职工为主,以新乡河务局职工为辅,编制50人,并配置了大型抢险机械十多台(套),由河南黄河防办副主任高兴利兼任队长。2012年河南河务局将"河南应急抢险队"更名为"河南第一应急抢险队",队员全部为郑州河务局干部职工,编制50人,由郑州河务局调研员张治安兼任队长。隶属河南河务局,委托郑州河务局和惠金河务局管理,河南黄河防办行使直接调度权。

(二)地方防汛队伍

随着社会变革,群众防汛队伍的组成也随之变化,社会团体没有明显变化。

20世纪80年代,群防队伍以县、乡基干民兵和青壮年劳力为骨干组成一线、二线、三线防汛队伍。沿黄县区的沿黄乡镇和滩区群众为一线防汛队伍,非沿黄乡镇为二线防汛队伍;靠近沿黄县区的县区为三线防汛队伍。一般以乡镇建制编队,组织有防汛队、护闸队、抢险队、迁安救护队、运输队等。

20世纪80年代,随着市场经济的发展,群防队伍组建遇到了一些新情况、新问题。农村的青壮年大多进城务工或经商,劳动力急剧减少,造成群防队伍组织困难。为适应新的变化,经过不断探索,1986年中牟黄河修防段在全黄河率先组建了三支150人的亦工亦农抢险队,即"中牟黄河修防段亦工亦农抢险队",受中牟黄河修防段直接调度。亦工亦农抢险队本着"有工务工,无工务农"的原则,与单位签订合同,实行合同管理,进行技术培训、技术比武、抢险演练等。在黄河防汛抢险、工程施工、工程管理工作中起到了很好的、不可替代的作用。特别是1991年在黄河北岸郑焦过河高压塔基抢护中,中牟黄河修防段亦工亦农抢险队配合河南第一机动抢险队,承担了别人承担不了的工作,完成了别人完不成的任务。中牟黄河修防段成立亦工亦农抢险队的经验得到了各级领导的充分肯定和赞誉,并在大河上下迅速推广。

1996年以后,为进一步适应防汛工作的需要,结合国防建设、民兵预备役建设,在原亦工亦农抢险队的基础上,中牟首先发起组建黄河防汛民兵营,由县区党委、人民政府和人民武装部下文明确,县区设立黄河防汛民兵营,隶属县区人民武装部和县区河务局直接领导。营长由县区河务局长兼任,教导员由县区人民武装部副部长兼任,副营长由主管防汛工作的县区河务局副局长和沿黄乡镇长兼任，副教导员由沿黄乡镇党委书记兼任。沿黄每一个乡镇设一个黄河防汛民兵连，连长由乡镇长兼任；县区河务局设一个黄河防汛民兵连，连长由县区河务局防办主任兼任。黄河防汛民兵营的建立，有效地把地方党委、政府、人民武装和河务部门紧密地结合在一起，把民间行为变成政府行为，依照防汛"五落实"的要求，强化思想教育、纪律教育、组织建设、技术培训，使之成为准军事化管理的、纪律严明的、训练有素的防汛队伍。

（三）中国人民解放军、武警部队

黄河防汛实行军民联防。中国人民解放军、武装警察部队是抗洪抢险的中坚力量。国家防总在《关于防汛抗旱工作正规化、规范化意见》中指出，各级防汛指挥部应主动向参加防汛的部队、武警介绍防御洪水方案和工程情况，并建立水情、汛情通报制度。《河南省黄河防汛正规化、规范化若干规定》中强调指出，人民解放军、武警部队是抗洪抢险的中坚力量，主要承担"急、重、险、难"任务，县区以上防汛指挥部应主动与当地驻军联系，明确部队防守堤段和迁安救护任务，并及时向部队通报汛情，搞好军民联防。需调动部队时，应当由县区、市指挥部提出，上报省黄河防办同意，经批准后按部队调动程序出动。汛前，明确防守任务、勘察了解情况、制订行动方案、组织抢险演练。各级黄河防汛部门主动与其通报情况，建立联系。在黄河发生洪水和紧急抢险时，由省防指报请省军区派部队支援，在紧急情况下，各级防指也可直接请求部队支援，边行动边报告。在历年的黄河防洪抢险救灾中，中国人民解放军、武警部队做出了突出的贡献。

为贯彻《中华人民共和国防汛条例》，1994 年沿黄驻军在做好防洪兵力部署的基础上，进行了黄河防汛指挥调度演习，郑州市军分区参加了防汛演习。通过演习，提高了各级首长在防汛抢险中的组织和指挥能力。1995 年驻郑部队首长率部查勘工程，部署抗洪抢险和迁安救护兵力。此后，成为惯例，形成制度，每年部队首长都要带领官兵到责任堤段查看河情，部署任务。

黄河防汛是大社会效益的政府行为。1996 年汛前，为进一步规范军民联防体系、探索搞好黄河防汛的新路子，确保黄河度汛安全，郑州河务局发起联合组建"三位一体"军民联防体系，由郑州防汛指挥部下文予以明确。每年汛前由军分区、河务部门牵头分别到担任一线黄河防洪任务的驻郑部队、武警部队、军事院校共同分析研究本年度黄河防汛的形势，相互介绍防守方案，互为补充，更趋完善。部队连以上干部到沿黄堤段实地勘查，具体落实防守任务，明确防守责任。按行政区、乡镇界和险工堤段建立"三位一体"的防汛指挥机构，实施战时防汛指挥调度。整个辖区堤防共设一个指挥中心、两个指挥部、六个前线指挥所。当预测花园口站将发生 8000 ~ 15000 立方米每秒洪水时，"三位一体"军民联防方案启动，各路人马迅速集结到位。

在"三位一体"军民联防体系内，黄河防汛专业队伍是防汛抢险的骨干力量，承担日常的防汛抢险任务和重大险情抢护的技术指导；群众防汛队伍是黄河防汛的基础力量，承担大洪水时或发生重大险情时的巡堤查险、运送抢险料物任务，并承担一般险情的抢护；中国人民解放军和武警部队是防汛抢险的中坚力量，承担防汛抗洪斗争中的急、重、险、难任务。市、县区各级防汛指挥机构内都由三方的主要领导担任指挥,负责防汛抢险的组织、协调;需要动用部队时,按程序成建制集中使用;河务部门担任技术指导,当好参谋。汛前共同进行防汛勘察,熟悉情况,落实责任,增进联系,并按照防洪预案进行工作部署。抗洪期间,按照责任分工及调度程序,团结一致,共同抗洪抢险救灾。

三、防汛会议

黄河防汛会议是贯彻党的方针政策、部署防汛工作、安排防汛任务、落实防汛责任的重要会议,是思想落实的重要环节。防汛会议为年度会议,从中央到地方,块块条条自上而下逐级召开,每年5 ~6 月中旬完毕。国家防总多次在郑州召开黄河防汛抗旱会议,黄河防总召开的四省(陕西、山西、河南、山东)黄河防汛抗旱会议、河南省防汛会议和黄河防汛抗旱会议、郑州市防汛会议和黄河防汛抗旱会议、郑州沿黄五县区防汛会议和黄河防汛会议、沿黄乡镇防汛会议和黄河防汛会议等;单位专业会议有黄委黄河防汛会议、河南河务局黄河防汛会议、郑州河务局黄河防汛会议及四县区河务局黄河防汛会议,类型有综合性会议、专题会议、研讨会等。

随着《中华人民共和国防洪法》的颁布和防汛工作规范化、正规化工作的推进,各级行政首长也将防汛工作提到了重要位置。郑州市每年举行全市防汛工作会议,市委、市政府、市人大、市政协四大班子有关领导以及武装部、政府办、河务、水务、建设等部门主要负责人出席会议,市直、各县区有关负责人、河务局等成员单位参加会议。会议上主管农业的副市长对当年防汛工作任务进行详细安排部署,市委或市政府主要领导对防汛工作提出要求,沿黄各县区向市政府递交黄河防汛责任书,印发黄河防汛有关预案、工作组织和各单位、各县区的黄河防汛工作任务。通过多年的实施,防汛会议已经成为做好防汛工作的重要制度和手段,是防汛工作行政首长负责制的具体体现,为做好郑州黄河防汛工作发挥了重要的组织保障。

郑州市召开的防汛会议主要有黄河防汛、城市防汛和内河防汛三部分内容。郑州市防汛指挥部办公室设在市水利局,负责全市防汛工作的部署及日常防汛业务等工作;黄河防汛办公室设在市河务局,负责本市河段的黄河防汛工作和河道整治、堤防加固。郑州河务局作为郑州市防汛指挥部的成员单位,每年都积极和郑州市防汛指挥部主动沟通、联系,参加由市政府召开的防汛抗旱会议。会议主要分析当前防汛形势,部署当年防汛抗旱工作,动员全市落实防汛责任制,做好预案、预警、物资、演练等各项准备工作,确保安全度汛。

防汛会议地址也是随着发展变化而变化的,尤其县级黄河防汛会议,20 世纪80 年代以前,多在黄河岸边召开,参会人员席地而坐;后在县区河务局所在地召开,而后又在县区政府所在地召开,会议环境逐步改善。

防汛会议结束后,各级领导、责任单位、干部职工等随即认领责任堤段,部署任务,相互对接,明确责任,以及召开军民联防"三位一体"联席会议,查勘河势、堤防、防汛道路,官兵相识等(见图3-1～图3-6)。

图3-1　防汛备料检查(1988年)

图3-2　黄委主任李国英检查防汛(2010年)

图3-3　河南省省长郭庚茂检查防汛(2011年)

图3-4　河南河务局局长牛玉国检查防汛(2011年)

图3-5　黄委副主任苏茂林检查防汛(2012年)

图3-6　郑州黄河"三位一体"军民联防会议(2012年)

四、法规

(一)法律、规章

1.国家法规

1949年颁布并被确定为临时宪法的《中国人民政治协商会议政治纲领》规定了"兴

修水利,防洪防旱"的工作方针。1961年国务院颁布的《关于加强航道管理和养护工作的指示》等规范性的文件中都有涉及防汛的规定。同年水电部制定了《关于加强水利管理工作的十条意见》。1979年国务院颁布了《关于保护水利安全和水产资源的通令》。1988年1月21日第六届全国人民代表大会常务委员会第二十四次会议通过了一部治水管水用水的法律《水法》。1988年6月10日国务院颁布了《河道管理条例》。1991年7月2日国务院颁布了《防汛条例》,使我国防汛法规建设取得了突破性进展,1995年国家防总印发《各级地方人民政府行政首长防汛工作职责的通知》,首次以文件形式,明确了地方行政首长和部门的防汛工作责任,从此,省、市、县、乡(镇)在每年的防汛会议上,都要签订防汛工作责任书。1997年8月29日八届全国人大常务委员会第二十七次会议通过了《中华人民共和国防洪法》,1998年1月实施。其第三十八条明确规定:"防汛抗洪工作实行各级人民政府行政首长负责制,统一指挥,分级分部门负责"。这是我国防治自然灾害的第一部重要法律,进一步完善了依法防洪的法制体系建设,是统管防洪工作全局、调整全社会有关防洪关系的基本法。

2. 地方法规

1982年河南省人大颁布实施的《河南省黄河工程管理条例》和河南省人民政府颁布实施的《河南省黄河河道管理办法》,是河南黄河纳入地方法规管理的开端,在促进河南黄河防洪工程建设、保护工程完整等方面发挥了很好的作用。随着社会的发展以及情况的变化,1992年对《河南省黄河工程管理条例》和《河南省黄河河道管理办法》进行了修订,1998年河南省政府印发《关于进一步加强黄河防汛抗洪责任制的通知》,河南省防汛指挥部印发《河南省黄河防汛督察办法》《河南省黄河巡坝查险办法》《河南省黄河防洪工程班坝责任制》。2001年印发《河南省黄河防汛工作考核办法(试行)》。2002年印发《河南省黄河专业机动抢险队管理办法》。2004年印发《河南省黄河巡堤查险办法》。2007年印发《河南省黄河防汛物资管理细则》等。

2012年郑州市防汛抗旱指挥部印发了《郑州黄河河道内开发建设与管理工作意见》的通知,进一步细化、规范、明确了各级各部门的涉河安全和黄河防汛的责任与义务,极大地提高了办事效率,有效地避免了推诿扯皮现象的发生,增强了全社会的防洪意识。这一经验在河南黄河迅速推广,成效显著。

2013年郑州市防汛抗旱指挥部印发了《关于全面落实黄河河道内开发建设与涉河安全管理责任的通知》,明确了黄河河道内开发建设与管理工作的管理机制、各职能部门的工作职责,确保了黄河河道管理秩序和涉河安全管理形势的稳定。

2015年郑州市防汛抗旱指挥部印发了《关于强化郑州黄河涉河安全管理确保防汛大局稳定工作的通知》《关于加强郑州黄河涉河应急突发事件管理的通知》《关于进一步加强郑州黄河河道管理工作的通知》3个文件,进一步完善了防汛社会化管理机制。

(二)文件、规范

1982年以前,黄河防汛抗洪减灾和堤防河道建设与管理,多以黄委规范性的文件为依据,这也为后来国家和地方立法打下了基础。随着社会的发展和治黄形势的需要,

1982 年以后国家、地方关于黄河的法律、法规、规章相继出台，黄河河务部门规章、规范更加完善和细化，形成了较为完善的黄河防汛抗洪减灾法规体系和预案管理体系。

黄河防总文件：1986 年印发的《黄河防汛管理工作规定》，1995 年印发的《黄河防汛动态联系规定（暂行）》《黄河防汛办公室建设办法（试行）》等一系列规章制度等。

黄委文件：2003 年印发的《黄河防汛信息上网应用管理办法》《黄河防洪工程备防石规范化管理规定（试行）》《黄河防洪工程抢险管理若干规定（试行）》等。

河南省黄河防汛办公室文件：1997 年印发的《关于加强河南黄河防汛纪律若干规定》《河南黄河防洪工程抢险责任制》，2008 年印发的《河南黄河防洪工程查险管理系统运行管理办法（试行）》，2012 年印发的《黄河防汛抢险大型机械设备资源管理规定（暂行）》《黄河防汛机动抢险队设备使用管理办法（试行）》等。

河南河务局文件：1997 年印发的《河南黄河河务局防汛石料管理实施细则》，2008 年印发的《河南河务局维修养护根石加固项目管理办法（试行）》《河南黄河河道工程抢险及监督管理办法（试行）》《河南黄（沁）河自记水位计及信息系统运行管理办法（试行）》，2009 年印发的《河南河务局防汛值班实施细则（试行）》等。

五、预案编制

1986 年以前，年度防汛工作意见一直作为统领黄河防汛的纲领性文件，黄河防洪预案的内容是其重要组成部分，没有相对独立的防洪预案。1986 年郑州河务局率先制订了独立的郑州黄河防汛抢险方案，16 开本，内容简洁、客观具体、可操作性强，在河南黄河进行推广。1992 年郑州河务局依据现实和以往防汛工作开展情况，第一个制订了独立的郑州黄河防汛预案，仍是 16 开本，内容简洁、客观具体、涵盖面广、可操作性强，在河南黄河进行推广。这也是黄河防洪预案的前身。

1996 年 6 月，河南省防汛抗旱指挥部黄河防汛办公室转发国家防办《防洪预案编制要点（试行）》和黄河防总《黄河防洪预案编制提要（试行）》，明确了预案的编制目标、编制原则、编制方法，以及预案内容和编制要求、编制分工等，防洪预案编制工作正式实施。黄河“96・8”洪水和长江 1998 年大洪水后，结合抗洪抢险的经验教训，从实战出发，针对不同对象、不同级别洪水、不同内外部条件进行了修订和完善，并印发了《县级防洪预案编制大纲》。

为提高黄河下游防洪工程抢险方案和编制质量，增强其可操作性，2000 年黄河防总办公室编写了《黄河下游防洪工程抢险方案编制大纲》。2001 年针对小浪底水库建成运用后黄河防洪形势及防洪预案在抗洪抢险中的作用，黄河防总对市、县河务局防汛办公室主任进行了黄河防洪预案编制培训。

2002 年河南省防汛抗旱指挥部黄河防汛办公室印发《河南黄河防洪预案编制细则》《河南黄（沁）河防洪工程抢险预案编制细则》《河南黄河滩区迁安救护预案编制细则》《河南黄河防汛物资供应调度保障预案编制细则》《河南黄河通信保障预案编制细则》等，这五项细则的实施,使2002年郑州黄河防洪预案编制的整体水平得到提高。从2002年至今,郑州黄河防洪预案都经郑州市政府审定后予以颁布实施。同年,黄河进行首次调水调沙试验,郑州河务局为确保河道整治工程安全和调水调沙的顺利实施,结合工程实际情况,制订了《2002年小浪底水库调水调沙期间郑州黄河河务局河道整治工程抢险预案》和《2002年小浪底水库调水调沙期间郑州黄河河务局河道监测方案》。

2003年,在总结历年防洪预案的编制经验的基础上,对编制工作提出了新的要求:一是根据"二级悬河"形势不断加剧的新情况、新问题,提出新的防洪对策;二是在运筹的防洪措施中,充分运用新材料、新机具和新技术、新方法;三是编制防洪预案概化图,使防洪预案图示化,方便各级各方面指挥人员使用;四是建立完善防洪预案计算机管理系统,提高可视、可读性,实现科学化管理。另外,还结合当时的"非典"疫情,在预案中增加了大洪水期间查险、抢险人员和滩区群众迁安防治"非典"及其他疫情预案,使预案满足了应对突发事件的要求。

由于2003年8月,黄河流域发生了历史罕见的秋汛,根据秋汛流量小、持续时间长的特点,2004年郑州河务局及时对工程抢险预案进行了修订,完善了中小量级洪水防守方案,制定了非常情况下的抢险组织、物资调运、通信保障和后勤保障措施,以及大型抢险设备和抢险新技术、新材料、新工艺在抢险中的应用方案。

2009年根据河南河务局《关于印发河南黄河河务局抗地震应急预案的通知》,为做好所辖黄河防洪工程设施的抗震应急工作,最大限度地减轻地震灾害,郑州河务局汛前编制了《郑州河务局抗地震应急预案》。

随着经济社会的飞速发展,涉河项目逐年增多。为规范防御涉河危险源工作,促进郑州黄河防御危险源灾害工作有序、高效、科学地开展,全面提升防御涉河危险源灾害能力和全市涉河危险源管理水平,最大程度地减轻危险源带来的损失,保障人民生命财产安全和社会经济的持续稳定发展,2011年郑州河务局编制了《郑州市黄河河道危险源预案》。

从2003年开始黄河防洪预案每年由各级防汛指挥部办公室制定,并经同级人民政府以正式文件下发。每年汛前郑州河务局都组织各县局人员集中培训预案编制,对预案编制提出更高要求。《郑州市黄河防洪预案》《郑州市黄河防汛应急预案》《郑州市黄河河道危险源预案》《郑州市黄河堤防险点、险段防守预案》《郑州市黄河滩区蓄滞洪运用预案》《郑州市黄河通信保障预案》《郑州市黄河防汛物资供应调度保障预案》《郑州市黄河防御大洪水夜间抢险照明预案》《郑州河务局抗地震应急预案》《郑州市黄河涵闸工程度汛预案》等预案,为各级指挥部准确把握汛情、科学正确地进行指挥调度、确保安全度汛提供了有力的决策依据。

防洪预案的主要内容有:基本情况和存在问题;防洪任务和洪水处理原则;防汛组织指挥和防洪责任划分;防汛队伍的组织调度;防汛抢险物资的筹备及使用;各级洪水防守预案。

(一)预案编制的基本依据

(1)《水法》《防洪法》《防汛条例》等防汛法规、政策;

（2）国家防办制定的《防洪预案编制要点（试行）》、黄河防总办公室制定的《黄河防洪预案编制提要（试行）》及省黄河防汛办公室制定的《河南黄河防洪预案编制细则》等；

（3）上级制定、确定的洪水调度原则、调度规程及洪水处理方案；

（4）防洪工程状况及运行条件、设计防洪标准；

（5）河道状况及排洪能力；

（6）物质基础和技术条件。

（二）预案编制的工作步骤

1. 做好预案编制的准备工作

搜集整理编制预案所需要的基本资料，如辖区工程状况、河道状况、滩区情况、交通道路状况、历史洪水险情、历年防汛抢险经验及行政机构设置、社会经济情况等；学习掌握防汛有关法规、政策及有关规定、规范；了解各种防汛抢险方法、技术及适应条件等。

2. 进行计算分析

（1）分析计算河道排洪能力。由于黄河下游河道冲淤变化大，水位—流量关系很不稳定，同一水位下的过流能力相差很大，这些因素直接影响防洪部署和工程的防洪运用。每年都要在计算河道前期淤积的基础上，对当年的河道排洪能力进行计算，推算出主要站的水位—流量关系，分析各级洪水的水位、传播时间等。

（2）分析河势变化趋势。郑州辖区黄河是典型的游荡性河段，主流变化频繁，河势变化是造成工程出险的重要因素。要根据前期河势的发展状况、河道形态、历史河势及物理模型试验等来分析近期河势发展趋势、各级洪水河势，以及可能对工程造成的影响等。

（3）分析工程可能出现的问题。由于防洪工程的作用、结构、基础条件、所处位置不同，洪水及外因条件复杂，工程可能出现的问题也是多方面的，各不相同，需要根据掌握的工程资料，逐工程进行分析，针对各级洪水、各种来水条件分析工程可能出现的问题。

（4）进行滩区洪水风险分析。黄河滩区是洪水的多灾区和重灾区。由于河槽淤积抬高，滩区社会经济情况变化，每年各级洪水淹没范围、灾害损失也在变化，要根据河道条件、洪水演进情况、历史漫滩灾害和滩区社会经济情况、避洪工程情况等进行滩区洪水风险分析。

（5）分析非工程措施状况。如防汛队伍组织，交通、通信和物资状况，以及防汛抢险技术条件等。

（三）确定防洪预案

（1）确定防洪任务。河南黄河的防汛任务是：确保花园口站22000立方米每秒洪水大堤不决口，遇超标准洪水，做到有准备、有对策，尽最大努力，采取一切措施缩减灾害。

（2）确定防洪运用指标。如保证水位、警戒水位（警戒流量）、设计防洪水位、工程设防标准及洪水处理原则等。

（3）确定各级洪水的防守对策、措施。根据各级洪水的表现、工程可能出现的问题、滩区淹没情况和洪水风险，确定查险、抢险、防守措施与方法，迁安避洪方案，以及防汛组织部署、交通、通信、物资设备和后勤供应等保障措施。

(四)防洪预案的基本内容

黄河防洪预案主要由以下几个方面组成:洪水处理、工程防守与抢险、滩区迁安避洪、通信保障、物资保障、后勤保障等。为便于操作,往往把防洪预案分为一个总体预案和多个子预案。总体预案是各种防洪预案的总纲,确定各种防洪标准、指标及各级洪水处理原则,明确防洪目标任务、防守对象、保护范围,制定防守对策、防洪调度、部署原则、程序等。子预案是对总体防洪预案的支持、细化,根据总体预案确定的防洪任务、标准,按照防守对策、调度原则、程序,进行分解、细化,分项制定具体的实施措施及各种保障措施等。

1. 防洪预案

防洪预案的主要内容包括河道基本情况、防洪工程概况、河道排洪能力、防洪存在问题、防洪任务、险情处置原则、防洪职责分工、各种保障措施及各级洪水处理方案等。

根据黄河防洪的任务,当前黄河下游洪水处理原则是:充分使用水库拦蓄洪水;在确保大堤安全的条件下,尽量利用河道排泄洪水。

根据河南黄河洪水表现情况和防洪工程的运用条件,省黄河防汛办公室按照花园口站流量将洪水分为六级:4000 立方米每秒以下、4000~6000 立方米每秒、6000~10000 立方米每秒、10000~15000 立方米每秒、15000~22000 立方米每秒、22000 立方米每秒以上。

洪水处理预案可分为设防标准内各级洪水处理预案、超标准洪水处理预案、突发性洪水和异常洪水处理预案:

(1)设防标准内各级洪水处理预案。根据各级洪水的洪水过程和演进情况,结合防洪工程标准、防洪能力及调度原则,确定防洪工程调度运用方案;按照防洪调度原则,确定防洪部署和防守方案;根据洪水表现和漫滩情况确定滩区人员的迁安避洪方案。

(2)突发性洪水和异常洪水处理预案。突发性洪水和异常洪水处理方案是指防御由于防洪工程失事(如堤防决口、垮坝、涵闸失事等)突发事件所造成洪水的方案及防御高含沙等异常洪水的方案,其主要内容包括分析决堤或跨坝的洪峰流量、洪水流路、淹没范围等,分析高含沙等异常洪水的表现和对防洪工程的影响,确定应急措施,最大限度地减少损失。

2. 工程防守与抢险预案

工程防守与抢险预案主要指堤防、河道工程、涵闸等防洪工程的防洪运用情况、险点分布、存在问题,以及根据各级洪水可能造成的工程险情,采取的防守部署、观测与查险报险、抢护措施及组织指挥、物资料物保障等。

(1)防洪工程基本情况。主要是工程的基本状况、所在河段的排洪能力与河势情况,河床土质状况及工程的修建、抢险、加固沿革。

(2)防洪工程存在的问题。分析河道存在的问题及可能出现的不利河势;工程存在的薄弱环节;不利于工程稳定和抢险的河床土质、工程基础;交通、通信及物料供应等方面的不利因素。分析防洪工程在各种洪水条件下可能出现的险情及其发展情况。

(3)工程观测和查险、报险。分工程拟定观测、查险项目(如水位、河势、坍塌、沉陷等)、方法、责任等,并确定报险制度和程序。

(4)工程防护和抢险预案。针对各级洪水可能发生的各级险情确定防洪部署和抢险措施,逐工程、逐险情制定。

(5)防守、抢险对策相应的保障措施。包括人员组织、责任分工、交通道路、物资与通信保障等。

3.滩区蓄滞洪运用预案

滩区蓄滞洪运用是指滩区及洪水可能淹没致灾范围内群众的转移安置和临时避洪方案。

(1)区内基本情况。包括人员、财产、地形、道路及避洪工程状况。

(2)分析洪水风险。分析各级洪水的淹没范围、受灾损失,确定重灾、轻灾及转移和就地防守区域。

(3)确定迁移安置与避洪预案。根据现有交通网络和避洪工程现状,分片(最好按行政区划确定)确定需转移的人员和财产的数量、转移路线、安置地点,以及就地避洪的范围和避洪方式、防守措施等。

(4)人员转移安置的实施预案。包括指挥系统、组织分工、预警报警、交通工具、时间要求、治安后勤、救生工具等。

4.通信预警保障预案

通信预警保障预案,包括有线、无线和移动通信保障措施,常规通信保障措施和应急通信保障措施。

(1)通信保障预案要密切结合防洪预案编制,根据各级洪水的防洪部署分别制定其通信保障措施。

(2)根据通信发展状况,通信保障预案编制应在黄河专用通信网的基础上,尽可能利用公用通信网和其他通信网建立防洪通信保障体系。

(3)除做好常规通信保障措施外,要建立应急保障措施。为适应防洪抢险的需要,要建立一套或多套应急保障措施,如防洪抢险临时指挥部的通信保障、紧急抢险工地的通信保障等。

(4)应制订通信设施突发故障的紧急抢修方案和备用保障方案。

5.防汛物资保障预案

物资保障预案主要包括常用物资的储备与管理、出现不同洪水和险情时的物资调度预案,以及物资调运的组织、运输工具、调运程序等实施预案。

(1)物资保障预案要紧密结合本辖区的防守任务和防洪抢险的需求,分析预测所需要的防汛物资,尤其要关注重点防守堤段与新修工程抢险所需的防汛物资。

(2)防汛物资储备结合辖区内的生产、经营,充分发挥社会、群众的储备能力,建立国家、社会、群众三结合的防汛物资储备保障体系。同时,根据防洪抢险的需要,要做好新材料、新机具和大型抢险设备的保障。

(3)在考虑一般性抢险物资保障的同时,要充分考虑突发情况下的物资保障;既要考虑货源储备充足、运输条件好的物资的供应,又要有货源短缺或运输条件困难情况下的应急办法;不仅做好常用防汛物资的保障,还要有不常用或稀有物资的保障措施。

(4)落实物资保障责任,要明确在不同的防洪任务情况下,物资保障工作应供应什么物料,由何处提供,是何单位、何人负责,以及调运程序等。

6.其他防洪预案

由于黄河防洪涉及面广,各地区有不同情况,所以还要根据不同地区、不同河段的具体情况,制订相关的防洪预案。除上述几个方面的预案外,还有后勤保障、夜间抢险照明预案等。有的预案可以相互融合为一体,应视具体情况而定。

(五)防洪预案编制注意事项

编制防洪预案应遵循的基本原则是:①贯彻行政首长负责制,统一指挥,分级分部门负责;②全面部署,充分准备,保证重点,以防为主,全力抢险;③工程措施和非工程措施相结合;④顾全大局,团结抗洪,充分调动全社会积极因素。除此之外,还应注意以下六个方面问题:

1.内容要全面、系统、完善

防洪预案的编制从防洪总体调度、物资保障、通信保障、迁安救护和防洪工程抢险等方面着手,结合各地的河道、工程情况,对各级洪水的汛情及可能发生的险情都要进行详细预估;要根据预估情况制定相应防守重点、防守措施及抢险方案;要划分各单位、各部门职责;要明确抢险队伍、物资、通信、交通、后勤保障等方面的组织调度原则及具体工作程序。防洪预案的各个分项预案、各个方面、各个步骤,上下纵横都要相互联系、相互贯通、相互照应。

2.要结合当年当地实际,切实可行

各项防洪预案的编制,都要立足于现实河道条件、工程基础和非工程措施现状,分析历史洪水表现和河势变化,预测各级洪水的表现及可能发生的险情、灾情,有针对性地编制。黄河下游河道情况、防洪工程和非工程措施情况在不断发生变化,有些方面的变化还比较大,防洪预案必须根据变化后的情况进行编制。

1)确定最优的水位—流量关系

水位—流量关系历来是确定河道排洪能力、编制防洪预案的基础。一般都是由河南河务局水情科根据河南河务局下发的成果进行细化,而后下发所属各县局。各县局再根据市局下发的成果进一步细化,满足县局自身编制防洪预案的需要。

省局给定的各河道断面水位—流量关系是按照大堤桩号推算的,过去各市局、县局在细化的过程中也往往沿用按大堤桩号进行推演的做法。这种做法是不正确的,因为水位沿程递减沿的是主流线的流程而不是大堤。就长河段而言,主流线长度和大堤长度基本相当,省局按大堤桩号推演水位—流量关系是可以的,但在局部的短河段,主流线长度和大堤长度就很可能相差较多,市局和县局再按大堤桩号推演水位—流量关系就很不妥当了,应该按照主流线的长度来推演。这就要求市局、县局在推演水位—流量关系之前,首先要由对河道情况、洪水规律比较熟悉的技术人员对洪水主流线做出认真、细致、具体的预测,然后按照预测的主流线长度来推演水位—流量关系。黄河下游河道相近的多个量级洪水的主流线一般很相近，可以用一条主流线来推演其水位—流量关系。如果洪水达到一定量级以后，预计主流线将出现较大变化时，则应依据新的主流线来推演该量级的水位—流量关系。

2）注重解决工程抢险道路泥泞难行的问题

黄河上游降了雨、汇成流，洪水到达下游时，往往雨区也同时到了下游。我国自西向东的降雨天气系统，导致了黄河下游抗洪抢险期往往为雨期。

黄河下游防洪工程尤其是河道工程地处偏僻，交通道路设施相对滞后，遇阴雨天气通行艰难，严重影响到抗洪抢险。防洪预案不仅要预筹正常情况下的抢险措施，还要着力研究解决通往河道工程道路和工程连坝自身泥泞难行、机械不能发挥抢险效能情况下的抢险对策，要有多手准备。这一方面是如何改善抢险交通条件，另一方面是寻找道路泥泞条件下的抢险方式、方法。

3）针对小流量、长历时、小水出大险提出应对措施

过去的防洪预案对大流量的各级洪水情况下的抗洪抢险斗争考虑较多，研究的较为详细，一般都是从4000立方米每秒开始预筹对策，而对4000立方米每秒以下的小流量级情况下的抢险估计不足。

根据小浪底水库防洪和调水调沙运用的实际情况，原本可能发生的较大流量级洪水往往通过水库调节成2500立方米每秒左右的、较长历时的小流量过程。在当前下游河道严峻的“二级悬河”形势和河道排洪能力不高的情况下，小流量、长历时、多抢险、抢大险正是我们面临较多的、新的突出情况。2003年，下游长历时的秋汛期间，河南黄河多处工程、多次出现紧张严峻的抢险局面，已经充分说明了这一问题的严重性。今后的防洪预案要加强对这方面问题的研究，充分预筹小流量、长历时、小水出大险的应对措施。

4）慎重选择抢险方法，要考虑料物不足情况下的工程抢险

一处河道工程的防汛备料是有限的，往往是几个较大险情甚至是一个重大险情就将一处工程的备防石消耗殆尽，此时若再遇后续险情，就往往面临着严重的抢险料物不足问题。这一方面要求我们加强抢险料物的储备，这包括石料等硬料，也包括柳料等软料；另一方面也要求我们在抢护险情时，充分考虑工程的后期抢险形势和自身的备料情况，慎重选取抢护方法。现代的机械抛石抢险速度快、强度高，但其对石料的消耗也很大；传统的埽工抢险对石料的消耗低，但其速度慢、强度低。这两种抢险方法各有优缺点，如何合理选择抢险方法，要根据具体情况具体分析。

5）预案要加强抗洪抢险后勤保障工作预筹

抗洪抢险斗争往往是艰苦的战斗，做好后勤保障工作是取得整个抗洪斗争胜利的重要保障之一。

到2013年，我们的物质条件是能够满足一般抗洪抢险需要的，但在抗洪前期和紧急抗洪期却往往有后勤保障跟不上的问题出现，防洪预案应针对这些方面的问题提出应对措施。

3. 责任要明确，措施要具体

在预案编制中，要把防汛职责划分放在十分重要的位置，要把以行政首长负责制为

核心的防汛责任制贯穿到各项防洪工作的方方面面,从各单位和各部门的防汛职责、各工程和各堤段防守责任人、巡堤查险带班干部、抢险和迁安组织到物资、通信、交通道路、后勤保障责任人都要详细、具体,责任到人,并明确上岗时间、位置、职责和工作内容等。对各级洪水和可能发生的各种险情都要制定处理与防守措施,并将各项防守措施细化到各工程坝垛,具体到工作步骤、工作方法。

各级防洪预案在明确防汛抗洪岗位职责时,可以一岗多人,尽可能避免一人多岗。在预案中要把各部门在防汛抗洪中的责任说清楚,把应说的问题说清楚。使得各单位、各部门积极主动地做好分内工作,一旦出现问题,不能够相互推脱责任,同时也使得各级黄河河务部门在抗洪抢险期间更好履行自身的参谋和技术指导职责。

4.防洪预案要有较强的可操作性,指挥调度方案要有依据

防洪工作是一项庞大的社会工程,需要社会各界的广泛支持和参与,防洪预案是针对可能发生的各类洪水险情制定的防御对策和措施,是调动社会方方面面投入抗洪抢险的部署计划。因此,防洪预案必须使防洪所涉及的各个工作过程能够一步一步地按照预案实施。防洪预案制定的各项措施和各个环节、各个工作程序都要按照实际运行情况进行科学安排,步骤要可行,可操作性要强,拟定的每项决策、每个指令都要有科学的依据,使各项防洪调度工作有条有理、井然有序。

5.预案编制要注重新材料、新机具的运用,注重科技含量

在预案编制中,要充分利用科学手段分析预测洪水险情,要将物理模型、数学模型的分析成果同历史经验相结合。要根据近年来防汛抢险新材料、新机具、新方法的研究成果,充分考虑比较成熟的新技术的运用和大型机械设备在抢险中的使用,增加防洪预案的科技含量。在预案编制过程中,还要尽可能地运用计算机技术来处理有关数据、信息,绘制有关图表,提高工作质量和效率。

6.简明扼要,格式规范

编制防洪预案,有了对可能出现各类问题的准确预测和拟采取各种对策的全面、科学预筹,还要将它们尽可能地以简明扼要、通俗、直观的方式表达出来,包括图表、模拟、视频、三维演示等技术手段。要能图则图,能表则表,图表结合,图文并茂;各种图表,要以便于查看、清楚表达用意为目的;按有关技术文件的要求,防洪预案中文字和数字的用法、写法要规范,文字要简练,格式要统一。要使得预案富于操作性,使得各类防汛指挥人员对预案能一看就懂,一看就会操作,达到"傻瓜型"预案的要求。

(六)预案应用

从实践看,随着社会的发展变化,人们的文化素质越来越高,预案的编写日趋规范。但是可操作性始终是一个难题,应当加以解决。大家都明白:"没有问题,没有预案,预案源于问题。"因此,结合实际找出问题、找准问题是第一要务。找准问题,区别轻重缓急,研究解决办法和措施,简明扼要地形成文字,这就是预案。药方是用来治病的,防洪预案是解决洪水带来的问题的,因此说编制一个好的预案,是非常重要的。预案的好与不好,就是看它的可操作性、应用效果如何。

第二节　技术培训

为把防汛抢险技术一代代地传下去，并不断提高防汛抢险队伍人员的技术水平，以利于迎战各级各类不同洪水和险情，开展防汛抢险技术培训是非常必要的。

技术培训对象：行政首长、专业抢险队、河务职工、黄河防汛民兵营、社会团体、防汛群众、人民解放军和武警部队。

针对每年不同的防汛工作重点和要求，开展不同类型的技术培训，一般采用三种形式：一是技能培训，二是防汛演练，三是技术比武。

一、技能培训

（一）原则与方法

防汛抢险技能培训遵循从实际出发、因地制宜、理论联系实际的原则。一般采取邀请既有理论知识，又有防汛抢险实践经验的工程技术人员、老干部、老河工授课，将防汛抢险技术传授给防汛人员，使其达到应知应会的要求。

防汛抢险技能培训形式一般采用学习班、研讨会、实战演练、拉练、知识竞赛和技术比武等，或者结合实际施工、抢险，理论联系实际，有针对性地传授某一种抢险技术，或者采用挂图、模型、录像等形式进行教学。

（二）对象及重点

对象不同，其培训重点则不同，分别是：

（1）行政首长培训：重点放在让行政领导充分认清防洪形势，应担当的防汛责任、防汛指挥调度程序及防汛指挥应注意的事项。郑州河务局从 1997 年开始，多年坚持对沿黄各县区行政首长进行培训，并编制《郑州黄河防汛指挥调度程序》一书，让郑州沿黄各级行政领导深入了解郑州黄河的基本情况、防洪特点、战略地位、防洪形势、防汛抢险基本原则、动用队伍原则、指挥原则、调度程序，明确责任，科学运筹，确保郑州黄河安全。

（2）专业队伍培训：内容有本年度的防洪形势，所辖河段的基本情况和易发生的工程险情，险情的抢护措施及技术，防汛抢险新技术、新工艺，指挥调度群防队伍进行险情抢护等。黄河专业抢险队伍是防汛抢险的骨干，由河务部门人员组成，平时进行水行政、工程管理等工作，进入汛期在有汛情时即投入防守岗位，专业队伍要不断学习管理养护知识和防汛抢险技术，并做好专业培训和实战演习。

（3）群防队伍培训：重点放在各种险情抢护技术培训及增强组织纪律观念。群防队伍是以青壮年为主，吸收有防汛经验的人员参加，组成基干班、护闸队等不同类型的防汛队伍，每年汛前由当地防指对队伍进行组织及培训，河务部门可对培训进行技术指导，并于 6 月 15 日前完成组织及培训工作。

(4)部队培训:重点放在黄河基本情况及工程基本情况的介绍、部队担负责任段的基本情况介绍及防汛抢险技术的培训。中国人民解放军和武警部队是防汛抢险的突击力量。军民联防是黄河防汛的一项基本经验,解放军和武警部队每年都参加黄河防汛抢险,在历年防洪斗争中,都做出了重大贡献。队伍的培训由部队自行组织,也可联合河务部门、地方政府进行实战培训。

(三)培训内容

1. 防汛管理

防洪标准:防御黄河花园口站22000立方米每秒,控制黄河艾山站10000立方米每秒,为黄河防洪标准。

防洪任务:确保标准以内洪水堤防安全。对超标准洪水,按国务院1985年批准的防洪预案:采取非常措施,处理洪水,尽最大努力,缩小灾害,减少受灾损失。

防汛工作方针:根据上述防汛任务,20世纪80年代以后防汛工作的方针是"安全第一、常备不懈、以防为主、全力抢险"。防汛的方针是根据每个时期防洪工程建设情况、经济状况以及防洪任务的不同要求而提出的。例如,在中华人民共和国成立初期,面临江河防洪工程的残破局面,洪水灾害威胁严重,为了社会安定,恢复生产,当时提出"防治水患,兴修水利",作为水利建设各项工作的基本方针。以后,随着水利建设的迅速发展,对大量堤防进行了整修加固,防洪工程设施增多,控制江河洪水的能力有所提高。在此情况下,20世纪60年代防洪工作强调了"从最坏处打算,向最好方面努力"的指导思想,提出"以防为主,防重于抢,有备无患"的方针。这主要是强调一个"防"字,无论是洪水前的准备工作,还是洪水期的防守工作,都要立足于防。对于出现的超标准洪水,也要本着"有限保证、无限负责"的精神,积极防守,力争把灾害减少到最低限度。强调"防重于抢"主要是要克服麻痹思想,要重视平时的防汛准备和防汛检查,而不能把战胜洪水寄托在临时抢险上,要防患于未然,把各种险情消灭在萌芽状态。当前我国防洪体系已逐渐健全,江河防洪工程系统已进一步完善,对于各种类型的洪水制订了不同的防御方案,加强了非工程防洪措施的建设,开展了分洪区、蓄滞洪区的安全建设与管理,提高了暴雨、洪水预报精度,加强了通信报警系统,建立了以行政首长负责制为核心的各项责任制度,防洪工作进入了新阶段,因而制定了"安全第一,常备不懈,以防为主,全力抢险"的方针,这是总结了多年的实践经验而提出的。

防汛义务:《防洪法》第六条规定,任何单位和个人都有保护防洪设施和依法参加防汛抗洪的义务。

防洪工作原则:防洪工作实行全面规划、统筹兼顾、预防为主、综合治理、局部利益服从全局利益的原则。

防汛责任制度:防汛是一项责任重大的工作,必须建立健全各种防汛责任制度,实现科学化、程序化、正规化、规范化管理,做到各项工作有章可循,各司其职。《防洪法》第三十八条规定"防汛抗洪工作实行各级人民政府行政首长负责制,统一指挥,分级分部门负责"。具体包括以下八个方面的内容:行政首长负责制、分级责任制、分包责任制、岗位责任制、技术责任制、值班工作制度、班坝责任制、防汛工作制度。

强化防汛准备工作，明确防重于抢，是贯彻防汛方针、实施防汛原则、落实防汛责任的关键。要求各项工作做到洪水到来之前完成。20 世纪 80 年代以前防汛准备工作是“四落实”，即思想、组织、技术、工具料物四落实；20 世纪 80 年代后防汛工作是“五落实”，即思想、组织、技术、工具料物、工程五落实；增加工程落实后，每年汛前都要开展工程徒步拉网式普查，已形成制度化。1996 年黄河防总明确防汛工作“六到位”，即思想、组织、责任、技术、工具料物、迁安救护六到位，强调了责任和迁安救护工作。

2. 防汛基础知识

黄河“四汛”：所谓汛，是指江河周期性的涨水。依季节不同而有桃汛、伏汛、秋汛、凌汛，通常称“四汛”。黄河洪水主要来源于上、中游地区，由融雪融冰、降雨形成。春季涨水称为“桃汛”，一般在 3、4 月时值春季，亦称春汛。洪水来自上游的融雪和内蒙古的融冰；伏汛，指伏暑时的江河涨水，一般在 7、8 月，是夏季暴雨造成的；秋汛，指秋季的江河涨水，一般在 8、9 月，是秋雨造成的；凌汛是由江河开冻时由于冰凌对水流产生阻力而引起的，流水集结冰凌堵塞河道，壅高水位造成的，一般在 1、2 月。“四汛”中以伏汛和秋汛为最大，这两个汛期互相连接，一般称“伏秋大汛”，或简称“大汛”。这种“大汛”极为普遍。所谓汛期，一般就是指伏秋大汛而言。我国各江河的汛期不尽相同，黄河等北方地区河流的汛期一般在 7 ~ 9 月。

“五时”“五到”“三清”“三快”。在黄河防汛当中，巡查人员的岗位职责是非常重要的，因此要求巡查人员在巡查工作中（见图 3-7）必须高度警惕，认真负责，不放松一刻，不忽视一点，注意“五时”，做到“五到”“三清”“三快”。

图 3-7　20 世纪 70 年代黄河巡堤查水

“五时”：黎明时（人最疲乏）、吃饭及换班时（巡查容易间断）、天黑时（容易看不清）、刮风下雨时（最容易出险）、落水时（人的思想最易松动麻痹）。

“五到”：眼到（要看清堤面、堤坡脚有无崩挫、裂缝、獾穴或漏洞、散浸、翻沙鼓水等现象，看清堤外水边有无浪坎、崩坎，近堤水面有无漩涡等现象）、手到（用手来探摸和检查堤边签桩是否松动，堤上绳缆、铅丝是否太松，风浪冲刷堤坡是否崩塌淘空，以及随时持探水杆探摸等)、耳到(用耳听水流有无异常声音、漏洞和堤岸崩垮落水都能听出特殊的声音,尤其在夜深人静时伏地静听,对发现险情是很有帮助的)、脚到(用脚检查,特别是黑夜雨天,水淌地区不易发现险情时,要以赤脚试探水温及土壤松软情况,水温低感觉浸骨,就要仔细检查,可能是从地层深处或堤内渗流出来的水,土壤松软,内层亦软如弹簧,即非正常。跌窝崩塌现象,一般也可用脚在水下探摸发现)、工具料物随人到(以便遇到险情及时抢堵)。

"三清":出现险象要查清、报告险情要说清、报警信号要记清。

"三快":发现险情快、报告快、抢护快。

"五知五会":守险及现场管理人员,对所管工程应做到"五知五会",即知工程概况、知重大历史河势变化及坝岸着溜情况、知抢险及用料情况、知根石状况、知备料数量;会查险报险、会抢险、会整修、会探摸根石、会观察河势。

二、技能演练

(一)演练形式

1. 实战演练

演练项目:迁安救护、堵塞漏洞、拴打家伙桩、编制铅丝笼网片、推铅丝笼、捆抛柳石枕、柳石搂厢、机械抢修土堤等。

演练组织:一般为四级。一是黄河防总在1996~2002年间,几乎连年举行堵漏演习等,地点大多在郑州;二是河南黄河防总在2004年前,连年举行捆抛柳石枕、柳石搂厢、机械抢修土堤等演习,地点大多在郑州,其次在新乡、焦作;三是郑州河务局在组织配合上级演练的同年,都要举行所有演练项目的演习;四是县区黄河防指演练则是经常的、较广泛的。

演练队伍:由专业机动抢险队、经常性抢险队、群众防汛队伍、人民解放军、武警部队等组成。

项目做法:首先,选择模拟现场,人造险情。其次,项目要求:迁安救护,设定某年月日时,黄河水情报告,将发生×××立方米每秒洪水,防总或防指电令,某村依照迁安救护方案,迅速将群众安全转移。堵塞漏洞,修筑围堤,蓄水设洞,实施漏洞抢护,单兵或多兵演练均可;拴打家伙桩,一般在26种埽工家伙中,选取其中的十多种家伙,进行打桩拴绳演练,以严控质量、提高速度为演练标准,为单兵演练;编制铅丝笼网片,依照编制铅丝笼网片的标准要求,严控质量,以提高编制速度为演练标准,多为单兵演练;推铅丝笼,依照推铅丝笼的标准要求,严控质量,确保安全,以提高扎推速度为演练标准,为多兵演练;捆抛柳石枕,依照捆抛柳石枕的标准要求,严控质量,确保安全,以提高捆抛速度为演练标准,为多兵演练;柳石搂厢,依照柳石搂厢的标准要求,严控质量,确保安全,以提高速度为演练标准,多为人机组合演练;机械抢修土堤,依照土石方施工的标准要求,严控质量,确保安全,以提高速度为演练标准,开展以机械为主的人机组合演练。再次,演练队伍实地操作演练各种防汛抢险技术(见图3-8)。

图 3-8　郑州黄河防汛抢险堵漏演练(1997 年)

2. 岗位练兵

每年汛前或进入汛期,郑州河务局防办组织局属各单位有关业务人员,进行知识竞赛,或通过组织测试等手段,提高干部的业务素质,以利更好地完成防汛任务。测试内容涉及水法规、险情及水文资料管理、滩区蓄滞洪运用、物资调配等防汛业务的方方面面。从 2009 年开始,结合无纸化办公理念,测试形式由传统纸质答卷转变为网络即时答题,各级防办的每位工作人员均参与到出题、答题和评卷过程中,全体职工参赛的主动性、积极性和创造性空前。郑州河务局防办及所属各局防办人员参与竞赛面达 100%,全局干部职工的参与率达 85% 以上。机动抢险队队员岗位练兵则是经常性的:一是学习防汛抢险知识;二是模拟拴打家伙桩;三是机械操演等。

3. 模拟演练

通过虚拟洪水和假想的防汛战场,对各级防汛指挥人员与防汛队伍实施演习。在演习过程中,各级防汛指挥部根据模拟的水情发展,预估可能发生的险情,及时做出应变部署,确定对险情采取的抢护措施和实施步骤。防汛抢险队伍按照上级命令及部署,根据实战要求进行操作,以提高指挥人员应变决策能力与防汛队伍抢险战斗力。

演练一般有两种形式:一是以黄河防办为主,不进驻现场,只在各自办公岗位进行上传下达,模拟汛情和险情,依照防汛抢险预案进行推演演练;二是人民解放军单独行动,依照布防任务,根据实战要求,实施军事行动等。

4. 紧急演习

紧急演习一般分两种情况进行:一是专业机动抢险队紧急演习居多;二是以乡镇、村庄为单位进行紧急演习,选择夜间演习的较多。假定某某工程出现某种险情,要求参战队员和机械实行全副武装紧急集合,按时到达抢险地点。主要检查内容:到达时间是否在规定时间内;队伍的组织纪律性是否严明,有无缺岗替补现象;机械、设备、工具料物等是否符合要求到达;现场考问参战人员的防汛抢险等相关知识内容,操演机械设备等。对紧急演习中暴露出来的问题,有针对性地及时纠正,进一步督促思想、组织、技术、工具料物四落实工作。使其达到“招之即来,来之能战,战之能胜”的实战要求。

5. 信息化演练

随着数字化防汛的发展,各种防汛信息化系统应运而生。为了提高各级防汛信息化实战能力,全面检验各级防汛信息的处理能力和信息保障的应急反应能力,郑州河务局汛前组织局属四县局开展黄河防汛信息化演练。演练共设网络传真与腾讯通数据传递、水情上报、预案系统测试、查险系统上报、较大险情上报、物资管理系统数据核查六个演练科目。演练过程中,局属各单位、防办相关技术人员职责分工明确,各岗位人员履职、报送信息到位,完成全部演练科目。演练完成以后,郑州河务局防办技术人员对每个科目结合完成情况进行了现场点评,肯定成绩,指出不足,提出意见和建议。

(二)演练实例

1. 1997 年郑州黄河堤防堵漏演练

1997 年 6 月 16 日上午,郑州河务局在中牟县杨桥险工 27 坝举行郑州黄河堤防堵漏演练。参加观摩指导的单位领导有黄委河务局、河南河务局、郑州市防指、中牟县等领导和黄河电视台等新闻单位。参演单位河南(中牟)第一机动抢险队、邙金局抢险队、中牟亦工亦农抢险队三支队伍。演练项目:模拟堤防漏洞险情抢护的实战演练。

这次堵漏,郑州河务局做了充分准备,从方案制订到实地查勘,从模拟大堤施工质量、设置漏洞到抢险工具、物料研制、供应,都做了认真的安排部署。共设置了三种类型八个漏洞:深水漏洞 1 个(距离水面 3 米),较深水漏洞 4 个(距离水面 1.7 米),浅水漏洞 3 个(距离水面 1 米)。演习采取竞赛形式,三支队伍分别进行,计算时间。按照指挥长命令,参赛队员先探找洞口,用麦糠法、浮漂法、探堵器探洞法、手摸脚触法、潜水触摸法等逐一进行查找,找准洞口后,再用草捆塞堵法、铁锅盖堵法、土工布、帆布蓬软帘盖堵、软袋塞堵等方法进行探讨堵漏洞最佳方法。三个队按程序很快完成了任务。实践表明:探找洞口用漂浮法、探堵器探洞法、潜水触摸法适用于深水洞或较深水洞洞口的查找;浅水洞口的探找用手摸脚触法效果好。堵洞方法:软袋堵塞法适用于深或较深的漏洞,草捆或土工布、帆布篷软帘适用于较浅的漏洞。在抢堵第 8 号漏洞时,有意使漏洞险情扩大,两个草捆都从漏洞冲出,顿时现场高度紧张,一场演练变成了真正堵漏抢险,队员们飞快传运土袋、软帘盖堵,自卸车、装载机紧急出动,全力抢护才化险为夷。

2. 1999 年中牟河务局承办河南河务局堤防堵漏演习

1999 年 6 月 28 日,河南河务局在中牟杨桥险工 27 坝举行堤防堵漏演习。河南河务局副局长王德智指导观摩演习,郑州黄河第一机动抢险队和中牟亦工亦农抢险队员参加演练。

3. 1999 年中牟河务局承办黄委全河防汛抢险演习及抢险新技术演示

1999 年 7 月 11 日至 12 日,在中牟赵口举行黄委全河防汛抢险演习及抢险新技术演示。黄委副主任陈效国任组长,黄委河务局局长周月鲁、黄委科外局局长董保华任副组长,黄委主任鄂竟平到会动员讲话,水利部专家参会。河南河务局局长王渭泾,副局长赵民众、王德智等领导指导观摩了演习。

7 月 11 日,上午进行了防汛抢险演习,参加演习的单位有:武警山东总队抢险队伍、山东黄河亦工亦农抢险队、山东黄河群众抢险队、山东黄河专业抢险队、武警河南总队抢险队伍、河南黄河亦工亦农抢险队、河南黄河群众抢险队、河南黄河专业抢险队。

项目:①水冲袋塞洞,软帘加固、封堵;②抛土袋或抛土压实;③速凝混凝土堵漏,软帘加固;④钢管土工布压盖,背河反滤围井;⑤导杆式软帘覆盖;⑥编织袋装黏土堵洞口,背河养水盆等。

7 月 11 日下午至 7 月 13 日下午,进行了黄河防汛抢险新技术演示,项目有高压喷射混凝土、爆夯堵漏法、自动移动式抛石排、多功能抛石排、液压式装抛笼架、打桩机等 25 项。

此次演习,河南河务局出色的表现和中牟河务局的周密筹备,得到了黄委领导的充分肯定和赞誉。尤其在推土机推土堵口时,中牟河务局推土机技术能手朱兆立,以过硬的本领、高超的技术,博得众彩,受到了河南河务局副局长王德智的极高评价:"很好！朱兆立同志应破格晋升为技师。"

4. 2000 年中牟河务局承办黄河防总堵漏演习

2000 年 6 月 23 日,在中牟杨桥险工 27 ~ 30 坝之间举行黄河防总堵漏演习,中牟河务局作为协办单位,对场地进行布置、平整,做好了筑围堤、预埋演习钢管、蓄水等,准备了演练料物、机械等。演习成功,达到预期目的。

5. 2004 年中牟河务局承办河南省军区民兵黄河防汛抢险演练

2004 年 5 月 29 日,河南省军区开展了大规模的民兵黄河防汛抢险演练,在中牟赵口举行。中牟河务局作为协办单位,很好地完成了场地平整、布置,料物准备等工作。演练获得成功。

6. 2009 年中牟河务局承办河南河务局抢险技能演练

2009 年 5 月 27 日,河南河务局举行抢险技能演练,在中牟赵口控导工程举行,河南河务局所属六支专业机动抢险队 150 余名抢险队员代表参加。共有五个演练竞赛项目:①挖掘机配合自卸车装抛铅丝石笼;②挖掘机配合自卸车装抛厢枕;③挖掘机装抛铅丝石笼;④装载机装抛铅丝石笼;⑤冲锋舟驾驶技能演练等。

为配合河南河务局做好此次演练的组织及各项准备工作,中牟河务局作为演练筹办单位专门拟定了《2009 年防汛演练筹备工作实施方案》,成立了演练筹备领导小组及 7 个相关职能工作组,对演练活动的筹备工作进行了全面部署,对各项工作进行了严密分工,严格按照河南河务局《2009 年防汛抢险技能演练方案》要求开展筹备工作。在整个演练活动的筹备工作中,中牟河务局先后有 100 余名干部、职工奋战在演练场地一线,他们顶烈日、冒酷暑、起早贪黑,恪尽职守、乐于奉献,充分发扬了黄河人特别能吃苦、特别能战斗的精神风貌,圆满完成了防汛演练的各项筹备工作,确保了防汛演练的顺利开展。由于竞赛组织出色,获得河南河务局 2009 年防汛抢险技能竞赛组织奖。

7. 防汛模拟演练

(1)2003 年 6 月 25 日上午,在黄河防总的统一部署下,郑州河务局首次进行全天候、大规模合成演练。此次演练包括从水文预报到调水调沙,从查险抢险到灾情统计等各个防汛抗洪的重要环节,都将在一场压缩为三天两夜的洪水实战背景下模拟进行。为此,郑州河务局成立了专门的工作小组,下设方案组、工情防汛组、水情组等 9 个职能小组。在整个演练过程中主要进行了防汛机动抢险队集结抢险、工程查险报险、防汛料物调用、工情险情信息采集等项目的演练。在技术方面首次启用了网络视频会商系统和电子签字、电子公章系统,借助现有的网络传输通道,实现了图像、文字、声音的网络传输。为各级防指决策部署的上传下达赢得了时间,并受到黄委督察组的一致好评。另外,模拟洪水共计22次,其中涉及郑州辖区的有13次,郑州市防指在接到洪水预报后均能迅速进行安排部署,提出防守部署方案。总体来说,此次合成演练对郑州河务局迎战大洪水的能力进行了全面的考验,尤其是对防洪预案的可操作性进行了验证。

(2)2006年5月23日上午,河南河务局组织豫西、郑州、开封、焦作、新乡和濮阳6个河务局及20个县级河务局,对防汛视频会商、工情险情会商、移动视频转播车和防汛物资管理等“数字防汛”应用系统进行了综合测试演练。15时,各市级河务局准时开启视频会商网络系统,对视频、音频质量进行了全面测试。15时30分,工情险情会商系统测试演练,由各县级河务局选择一个靠河工程,按照要求录入“一般、较大、重大”险情各一组演练数据。在河南河务局统一调度下,各县河务局依次录入险情,省、市河务局接收险情后,按有关规定对险情进行了批复或上报,同时通过“水利数码通”上传险情照片。整个工情险情会商系统运行稳定,测试演练有条不紊。16时,对移动视频转播车进行测试,6辆移动视频转播车分别位于豫西的铁谢工程、郑州的南裹头工程、开封的黑岗口下延工程、新乡的周营工程、焦作的大玉兰工程、濮阳的青庄工程。测试期间,各测试点均能将流畅、清晰的图像传至省测试演练中心。该系统的应用将为防汛指挥决策提供更加直观、全面的信息。17时,各县级河务局按照要求把测试数据输入系统,由省、市河务局对录入的数据和工作流程进行了认真审核。此次测试演练锻炼了各级防汛工作人员的实战水平,提高了队伍的整体素质,确保了黄河防汛期间各项数字防汛系统的高效运行,为黄河防汛指挥决策提供了有力的支撑。

(3)2008年6月9日,按照河南河务局统一安排,河南黄河防汛演练工作拉开了帷幕。郑州河务局作为参加演练的六个市级河务局之一,圆满完成了演练过程中各项防汛任务的部署和落实。

此次演练背景为模拟一场历时6天的洪水过程,三门峡、小浪底、陆浑、故县四库联调后,花园口站发生15700立方米每秒左右大洪水。在不同流量级洪水情况下,各级防汛部门进行本辖段水位预估,并做出相应的工作部署及应对措施。演练涉及洪水预报、工程查险、报险、险情抢护、防洪工程查险及抢险组织、滩区迁安救护、防汛通信及信息化系统应用等项目。

郑州河务局在接到通知后,立即召开动员会,安排部署防汛演练有关工作。郑州河务局制订了详细的演练方案,成立了综合调度组、水情组、工情险情组、通信及信息保障组、后勤保障组5个工作组,明确了各组的责任人和职责,确保演练工作顺利完成。在演练过程中,在河南河务局分别发布了流量为5000立方米每秒、10000立方米每秒、15700立方米每秒及落水期8000立方米每秒的洪水后,郑州河务局对不同流量级的洪水紧急进行了安排部署,并通过查险管理系统、工情险情会商系统、防汛通及时上报了各级险情。险情发生后,紧急调用第一机动抢险队赶赴保合寨控导工程出险现场支援抢险,并使用移动视频转播车实时转播抢险队伍到位情况。期间,还演练了在内网、内部通信方式失去联络的情况下使用外部网络、移动手机及卫星电话进行联络。此次演练,完全实现了无纸化办公,确保了各类防汛信息的上传下达。

三、技术比武

为提高黄河防汛抢险实战能力,达到实战要求,黄河防总、河南河务局多次在郑举行黄河防汛抢险技术比武。郑州河务局更是积极实施“技能振兴行动”,加强抗洪抢险综合训练,重点培养了一批抗洪抢险指挥骨干、专业技术骨干、工程机械操作手,针对抢险救灾的艰苦性、技术性和连续性的特点,年年集训抢险队员,进行抗洪抢险演习和技能比武。

(一)黄河防总技术比武

1998年7月8日,黄河防总在山东东阿县井圈险工,举行第二届黄河防汛抢险演习暨新技术演示会(实际是比武)。其主要项目有水中搂厢进占、捆抛柳石枕、捆抛铅丝笼、堵漏洞等。接到通知后,中牟河务局局长张治安、工会主席朱富仁、三支队杨副支队长等带领108人(其中,郑州机动抢险队30人、亦工亦农抢险队30人、驻中牟河南武警三支队30人、领队及后勤保障18人)参会。在水中浮枕搂厢进占演示中,河南(中牟)、山东各占一个占位,指挥员一声令下,两支队伍展开角逐:在水下地形(山东设定)高低悬差大而突变的情况下,河南队凭借经验丰富、技术熟练,分工明确,团结协作,快而不乱,错落有致,刹那间,捆浮枕,抛浮枕,蒋全营1人站浮枕,接铺底钩绳,编底的、抱柳的、铺柳的、压石的等,充分展现出河南黄河人的亮丽风采,呐喊声震耳欲聋,在河南武警三支队的带动下,全场有节奏的掌声,让人无比振奋。在呐喊声、掌声、欢呼声中,河南队以高速度、高质量胜利完成任务。那边仅剩山东队在水下地形平坦的情况下演练,几人连续踏上浮枕,翻入水中。而后,河南队以绝对的优势,得到黄委领导和山东省副省长的高度赞扬。

(二)河南黄河技术比武

(1)2006年5月30日,由河南河务局主办的大型机械防汛抢险技能竞赛在郑州保合寨控导工程举行,郑州、豫西、开封、焦作、新乡和濮阳6个河务局代表队参加了此次竞赛。郑州河务局赢得了挖掘机配合自卸车装抛铅丝笼比赛集体项目第一名、挖掘机个人操作第二名的优异成绩。郑州河务局作为本次防汛抢险技能竞赛的承办方,领导高度重视,严格落实比赛场地、机械、车辆等各项工作。同时,郑州河务局根据技能竞赛大纲的有关要求,抽调抢险队骨干人员,积极组织开展防汛抢险技能培训。此次竞赛项目有挖掘机配合自卸车装抛铅丝笼、挖掘机配合自卸车装抛厢枕和推土机涉水等三个项目。早上7时,保合寨控导工程处彩旗飘扬,河南河务局防汛抢险技能竞赛拉开了帷幕。首先,河南河务局副局长王德智介绍了此次竞赛的必要性和重要意义,接着各参赛队抽签确定入场顺序。郑州河务局参赛队率先开始挖掘机配合自卸车装抛厢枕和推土机涉水两个项目。装抛厢枕项目中,郑州河务局参赛队员按照规定开始铺绳、铺软料(柳料)、装块石、盖软料、捆绳,在裁判员完成各项检查后,自卸车直奔抛投现场,按指定的位置停好车,拴好留绳,将厢枕抛投入水。挖掘机配合自卸车装抛铅丝笼比赛项目中,郑州河务局代表队第四组入场,各项比赛程序进行得有条不紊。首先由人工将大铅丝笼铺于自卸车内,再由挖掘机将石料装进车上的铅丝笼网片内,由封口机封口后,再由自卸车运至指定场地抛投。比赛过程中,郑州河务局挖掘机手熟练的操作技术赢得了阵阵喝彩,更为该组比赛节省了大量的时间。最终郑州河务局赢得了该比赛集体项目第一名、挖掘机个人操作第二名的优异成绩。

(2)2010年6月10日8时20分,由河南河务局、河南省人力资源和社会保障厅联合举办的河南黄河防汛抢险演练暨技能竞赛在郑州马渡控导下延工程拉开序幕。

来自濮阳、郑州、开封、豫西、新乡、焦作6市黄河河务局的专业机动抢险队代表队,在挖掘机配合自卸车装抛厢枕、挖掘机配合自卸车装抛铅丝笼、挖掘机抓抛铅丝笼、装载机装抛铅丝笼等4个机械化抢险技能集体项目以及厢枕拴绳、堤防测量两项个人项目进行了同台竞技。他们以防汛抢险技能演练竞赛的方式,拉开了河南黄河技能演练、备战大汛的序幕。

近20年来,伴随着挖掘机、装载机、自卸车等大型机械在黄河抢险中的广泛应用,依靠数十名黄河专业抢险队员和几台大型机械设备快速出击,凭着技术过硬、反应快速、机动灵活的优势,中常险情很快便得到遏制。

黄河抢险贵在"抢早抢小",举行防汛抢险技能演练是对河南黄河机械化、信息化抢险成果的一次大展示,是对专业抢险队伍和信息化队伍的一次大检阅。这次竞赛的目的是应对当年复杂的黄河防洪形势,检验专业机动抢险队的综合抢险能力和信息传输,真正打牢抢险队员的思想作风、身体素质和技术基础,推动抢险技术进步,提高河南黄河抢险队伍实战能力,把河南河务局机动抢险队建设成黄河的抗洪抢险突击力量。截至2015年底,郑州河务局两支机动抢险队和1支应急抢险队配备了40台(套)大型抢险机械设备。

本次竞赛,郑州河务局共派出了20多名队员参赛。参赛队员积极准备,沉着应战,在装载机装抛铅丝笼、挖掘机抓抛铅丝笼等项目上取得第一名、第二名的好成绩,其他项目也有不俗表现。通过本次竞赛,进一步加强和改进了防汛抢险技术,推动了抢险技术进步,提高了抢险队伍实战能力;进一步提高了技能人才队伍的技术水平,改善了郑州黄河技能人才队伍整体结构,加快了技能人才的培养使用步伐。本次竞赛也是郑州黄河机械化抢险成果的一次大展示和对专业抢险队伍、河道修防队伍的一次大检阅。

第三节　度汛工程及责任落实

一、度汛工程

度汛工程一般是指在汛前必须抢修完成的工程或要求达到一定标准的在建工程。

如堤防工程除险加固、坝岸根石加固、坝岸坦石整修或改建、涵闸维修和保证滞洪区安全运用的工程设施等。

郑州黄河度汛工程主要有新修控导工程、根石预加固工程、险工改建等。列为度汛工程的控导工程和根石预加固工程，必须在汛前完成；列为度汛工程的险工改建工程，新砌坦石高程在汛前必须超过设防水位，汛期绝对不允许拆除旧坦石等工程。

二、根石探测与加固

根石探测也叫根石探摸，是根石加固和防守的重要依据，是黄河防汛工作中一项常态化工作，每年汛前或汛末测一次，汛中加测。随着社会的发展，根石探测方法也发生了变化，2000 年以前，采取的是人工探测方法，由辖区县（市、区）局的工程队或抢险队来完成，无须资质等要求，只要探测人员认真负责、技术精湛、探得准确即可。2000 年以后，根石现场探测严格按《黄河河道整治工程根石探测管理办法（试行）》和《水利水电工程物探规程》（SL 326—2005）执行，有资质的单位采取电磁波技术探测法进行探测，辅以人工探测为佐证。

郑州黄河根石加固从 20 世纪 80 年代以后进入常态化，一般每年都要进行。加固的原则是，根石的坡度小于稳定坡度或规定值时，即要进行加固。一般是采取抛投乱石、大块石、铅丝笼等予以补足强度。汛前和汛后加固根石，大多依据根石探测分析结果进行。汛中加固根石，大多依据河势工情进行。根石加固大多是向水中抛投，但特殊情况例外，如：曾进行过旱工挖槽加固或借助险工加高改建加固的，且工程量和单位工程个数相当多，称为“预加固根石”。据不完全统计，30 年来郑州黄河险工、控导工程年均加固根石万余立方米，最多年份达数万立方米。为抗御洪水，减少工程出险次数，赢得应急抢护时间等，效果明显。由此说明，加固根石是确保黄河安全的好的措施之一。

三、防汛道路

（一）堤顶道路及路口

1. 堤顶道路

堤顶道路是黄河防汛工程的重要组成部分，是完成黄河防汛抢险的重要交通道路。人民治黄以来，党和政府非常重视堤顶道路建设，由 20 世纪 50 年代凸凹不平的沙化堤顶、拨沙堤顶（遇大风，堤顶形成沙堆，风后人们即要上堤拨沙），到 1977 ~ 1986 年逐步形成较为平坦光滑的土路面；而后逐年逐段实施了堤防路面硬化工程，形成了郑州黄河 70. 750 千米堤顶路面的全硬化。

2. 上堤路口

郑州辖区堤防临、背河的主要防汛和生产上堤路口共有 137 个，其中，土路口 82 个，泥结石路口 3 个，沥青、油渣、混凝土路口 48 个。路口的硬化，是随着大堤堤面和防汛道路硬化而硬化的。具体情况见表3-1。

表3-1　郑州辖区上下堤道路统计表

（单位:米）

序号	辖区	桩号	上堤路口名称	临背河	坡度	长度	宽度	路面结构
	郑州河务局		137个					
一	惠金河务局		50个					
1		0－500	江山路上堤路口	背	1:5	20	4	土
2		0－500	江山路下堤路口	临	1:5	20	4	土
3		1＋100	保合寨上堤路口	背	1:20	200	3	土
4		1＋100	保合寨生产道路	临	1:15	150	6	沥青
5		3＋700	牛庄上堤路口	背	1:20	250	6	土
6		3＋700	牛庄生产道路	临	1:10	100	5	沥青
7		4＋100	前刘生产道路	临	1:16	100	6	土
8		4＋550	前刘上堤路口	背	1:15	150	3	水泥
9		4＋800	牛庄上堤路口	背	1:20	150	6	水泥
10		4＋800	牛庄生产道路	临	1:15	150	5	沥青
11		5＋100	后刘下堤路口	临	1:16	100	8	水泥
12		5＋100	后刘上堤路口	背	1:15	150	5.5	土
14		6＋200	岗李上堤路口	背	1:20	250	6	土
15		6＋200	南裹头	临	1:10	80	10	沥青
16		7＋950	李西河上堤路口	背	1:10	200	6.5	土
17		7＋950	李西河生产道路	临	1:16	100	10	土
18		9＋450	常庄生产道路	临	1:16	100	6	土
19		10＋220	花园口生产道路	临	1:16	100	6	土
20		10＋910	花园口上堤路口	背	1:50	300	12	沥青
21		13＋000	油库上堤路口	背	1:30	100	5	沥青
22		13＋030	水厂上堤路口	背	1:15	150	4	泥结石
23		13＋180	水厂上堤路口	背	1:15	150	4	泥结石
24		13＋180	水厂下堤路口	临	1:20	150	4	泥结石
25		13＋600	南月堤生产道路	临	1:20	100	6	土
26		14＋500	南月堤上堤路口	背	1:30	100	5	沥青
27		14＋900	赵兰庄上堤路口	背	1:20	150	4	沥青
28		15＋200	赵兰庄生产道路	临	1:16	120	6	沥青
29		17＋250	六堡上堤路口	背	1:14	150	6	沥青

续表 3-1

序号	辖区	桩号	上堤路口名称	临背河	坡度	长度	宽度	路面结构
30		17+250	六堡生产道路	临	1:16	120	6	沥青
31		17+700	七堡生产道路	临	1:20	100	5	土
32		17+950	七堡上堤路口	背	1:22	150	6	沥青
33		18+520	凌庄上堤路口	背	1:18	150	6	沥青
34		18+520	凌庄生产道路	临	1:17	100	6	
35		19+150	八堡上堤路口	背	1:20	150	6	
36		19+200	八堡生产道路	临	1:30	120	6	沥青
37		19+920	于庄上堤路口	背	1:20	150	6	沥青
38		20+300	在建黄河大道	临	1:25	125	9.5	土
39		20+300	在建黄河大道	背	1:25	125	9.5	土
40		20+510	金地生态园下堤路口	临	1:20	150	6	沥青
41		20+800	申庄上堤路口	背	1:23	200	6	沥青
42		22+400	石桥生产道路	临	1:20	150	6	沥青
43		22+870	石桥上堤路口	背	1:20	200	6	沥青
44		22+870	石桥生产道路	临	1:30	100	4	土
45		24+700	马渡上堤路口	背	1:26	150	6	沥青
46		26+950	来潼寨上堤路口	背	1:30	200	6	沥青
47		27+680	来潼寨生产路口	临	1:16	100	6	土
48		27+900	来潼寨上堤路口	背	1:20	180	6	沥青
49		28+700	黄岗庙上堤路口	背	1:15	200	6	土
50		29+100	黄岗庙生产道路	临	1:14	100	3	土
二	中牟河务局		87 个					
51		31+766	杨桥防汛上堤路口	背	1:12	320	7.7	油渣
52		31+780	杨桥生产路口	临	1:10	220	10	土
53		32+006	杨桥乡村道路口	背	1:12	300	9.8	土
54		32+100	永定庄生产路口	临	1:10	250	6	土
55		32+750	永定庄生产路口	临	1:10	220	6	土
56		33+170	永定庄生产路口	临	1:10	300	9	油渣
57		33+620	永定庄乡村道路路口	背	1:12	330	11	土
58		34+210	小朱庄生产路口	临	1:10	220	6	土
59		34+270	小朱庄乡村道路口	背	1:12	230	9	土
60		34+760	孙庄乡村道路口	背	1:12	240	10	土
61		34+910	孙庄生产路口	临	1:10	560	10	土
62		35+170	孙庄生产路口	临	1:10	320	3	土
63		35+300	孙庄生产路口	临	1:10	220	2.2	土

续表 3-1

序号	辖区	桩号	上堤路口名称	临背河	坡度	长度	宽度	路面结构
64	中牟河务局	35+520	孙庄乡村道路口	背	1:12	330	9	土
65		35+550	孙庄生产路口	临	1:10	260	6	土
66		35+820	孙庄生产路口	临	1:10	220	11	土
67		35+825	孙庄乡村道路口	背	1:12	740	8	油渣
68		36+090	孙庄生产路口	临	1:10	390	6	土
69		36+665	娄庄生产路口	临	1:10	230	11	土
70		36+670	娄庄乡村道路口	背	1:12	380	8.5	沥青
71		36+765	娄庄乡村道路口	临	1:10	290	11	土
72		36+880	农场乡村道路口	背	1:12	220	6	土
73		36+900	娄庄生产路口	临	0.05	260	2.3	土
74		37+460	万滩生产路口	临	1:10	270	10.4	土
75		37+605	万滩乡村道路口	背	1:13	800	8	混凝土
76		37+810	万滩生产路口	临	1:10	300	6	土
77		38+510	万滩防汛路上堤路口	背	1:12	840	10	油渣
78		38+530	万滩生产路口	临	1:10	230	8	油渣
79		39+450	毛庄乡村道路口	背	1:12	240	7	土
80		40+100	三刘寨乡村道路口	背	1:12	1500	6.5	油渣
81		40+980	三刘寨乡村道路口	背	1:13	800	10	石板,差
82		42+360	王庄乡村道路口	背	1:12	1300	6	沥青,差
83		42+850	关家乡村道路口	背	1:12	520	10	油渣
84		43+405	关家乡村道路口	背	1:12	460	6	土
85		44+870	六堡乡村道路口	背	1:12	2700	10	石板,差
86		45+230	安庄乡村道路口	背	1:12	230	5	土
87		46+150	安庄乡村道路口	背	1:12	280	5.5	土
88		46+700	辛寨乡村道路口	背	1:12	270	10	土
89		46+700	辛寨生产路口	临	1:10	1500	7.5	土
90		48+800	九堡生产路口	临	1:10	320	9	土
91		49+350	九堡乡村道路口	背	1:12	400	6.5	土
92		49+500	九堡乡村道路口	背	1:12	3000	6	沥青,差
93		49+650	九堡生产路口	临	1:98	320	8	土
94		50+000	李庄乡村道路口	背	1:12	520	5	土
95		50+300	李庄乡村道路口	背	1:12	480	6	土
96		51+100	李庄生产路口	临	1:10	330	5	土
97		51+100	万庄乡村道路口	背	1:12	460	8	土
98		51+200	万庄生产路口	临	1:10	550	7	土

续表 3-1

序号	辖区	桩号	上堤路口名称	临背河	坡度	长度	宽度	路面结构
99	中牟河务局	52 +050	万庄乡村道路口	背	1:12	630	9	土
100		52 +200	万庄生产路口	临	1:10	460	7	土
101		52 +400	万庄生产路口	临	1:10	560	6	土
102		52 +900	张庄生产路口	临	1:10	640	9	土
103		53 +200	张庄乡村道路口	背	1:12	630	7.5	土
104		53 +700	张庄生产路口	临	1:10	490	7	土
105		54 +500	太平庄乡村道路口	背	1:12	560	7	油渣
106		54 +500	太平庄生产路口	临	1:10	300	7	土
107		55 +000	太平庄乡村道路口	临背	1:12	320	7	水泥,差
108		55 +300	太平庄生产路口	临背	1:12	370	5.5	土
109		56 +280	司口乡村道路路口	临背	1:12	300	10	土
110		56 +500	闫寨乡村道路口	背	1:12	450	9	土
111		57 +550	司口生产路口	临	1:10	220	9	土
112		57 +700	西村生产路口	临	1:10	230	7	土
113		57 +780	中东路防汛上堤路口	背	1:12	300	9	沥青,差
114		58 +010	西村生产路口	临背	1:12	3000	7.5	土
115		58 +320	西村生产路口	临背	1:12	750	6.5	土
116		58 +570	西村生产路口	临背	1:12	840	6.5	土
117		59 +000	西村乡村道路口	临背	1:12	950	8	水泥
118		59 +500	东村乡村道路口	背	1:12	450	6.5	水泥
119		59 +500	东村生产路口	临	1:10	300	7	土
120		61 +150	朱固迁安路上堤路口	临	1:10	1000	6.5	油渣
121		61 +650	朱固乡村道路口	背	1:12	560	6.5	水泥
122		61 +650	朱固生产路口	临	1:10	330	7	土
123		62 +950	北堤乡村道路口	背	1:12	260	6	土
124		62 +950	北堤迁安路上堤路口	临	1:12	1300	6	油渣
125		63 +550	仓狼路防汛上堤路口	背	1:12	1100	6	油渣
126		63 +550	仓狼路防汛上堤路口	临	1:10	1100	6	油渣
127		64 +240	韦滩生产路口	临	1:10	400	4	土
128		64 +950	韦滩乡村路口	临	1:10	4000	5	土
129		65 +810	青谷堆迁安路路口	临背	1:12	1500	5	水泥
130		66 +600	太平堤迁安路路口	临背	1:12	550	10	土
131		67 +400	西狼乡村道路口	临背	1:12	460	5	土
132		67 +525	西狼乡村道路口	临背	1:12	490	7	土
133		68 +180	西狼迁安路上堤路口	临背	1:12	670	7	水泥
134		69 +306	东狼乡村道路口	临	1:10	270	10	土
135		69 +306	东狼乡村道路口	背	1:12	330	7	土
136		69 +650	东狼乡村道路口	临	1:10	280	7	土
137		69 +650	东狼乡村道路口	背	1:12	380	6	土

(二)防汛公路

在郑州辖区内,通往河道工程的防汛公路共有32条,其中,土路2条、泥结石路5条、柏油或混凝土路25条,见表3-2。

表3-2 郑州黄河防汛道路统计表

序号	辖区	路名	大堤桩号	长度(千米)	结构	建设属性	建设年份	改建年份
	郑州河务局	32条						
一	巩义河务局	6条						
1		赵沟防汛路		14.00	混凝土			1984
2		裴峪防汛路		5.50	混凝土		1990	
3		裴峪防汛路		8.20	柏油等		1997	
4		礼柴北防汛路		4.00	柏油		1995	
5		神堤防汛路		8.00	柏油等		2000	
6		金沟控导道路						
二	荥阳河务局	4条						
1		枣树沟防汛路		3.50	柏油		2000	
2		金沟控导道路						
3		桃花峪防汛路		1.00	柏油		2005	
4		桃花峪防汛路		1.50	柏油		2005	
三	惠金河务局	14条						
1		保合寨防汛路	2+100	3.00	柏油	国家	2007	
2		大铁公路	3+900	4.00	柏油	民办公助	1978	
3		岗单公路	4+500	2.00	柏油	民办公助	1984	
4		郑(花)东公路	5+704	4.50	柏油	地方	1960	
5		郑花公路	10+905	18.00	柏油	地方	1958	1972
6		东大坝防汛路	12+900	0.60	碎石	国家	1991	
7		赵京公路	15+000	1.50	柏油	民办公助	1984	
8		凌京(黄)公路	18+250	1.00	柏油	民办公助	1983	
9		申京(黄)公路	20+800	1.30	柏油	民办公助	1983	
10		石京(黄)公路	23+000	2.00	柏油	民办公助	1983	
11		马渡下延道路	26+550	3.30	碎石	国家	2005	
12		来黄公路	27+500	4.00	柏油	民办公助	1979	
13		保合寨防汛路		0.80	土路	国家	1996	
14		古黄公路		27.00	柏油	地方		
四	中牟河务局	8条						
1		中万公路	38+500	22.00	柏油	民办公助	1978	1998
2		赵口控导道路	44+000	1.30	泥结石	国家	2007	
3		九堡控导道路	53+500	3.00	泥结石	国家	2008	
4		中东公路	57+470	22.00	柏油	民办公助	1979	多次改建
5		南仁防汛路	59+000	4.30	柏油	民办公助	1995	
6		韦滩防汛路	62+950	6.70	柏油	民办公助	1999	2008
7		仓狼公路		18.00	柏油	民办公助		部分改建
8		杨东公路		33.00	柏油等	民办公助	1992	部分改建

(三)铁路

1950年冬,自广武车站至花园口险工东大坝重新修建广花铁路支线,1951年完成,全长15千米。广郑黄河修防段承修土建部分,购地8.82亩,做土方35690立方米,投资1.5亿余元(旧币)。

1955年复堤时,铁路全线拆修一次。

1958年5月,东风渠渠首闸,拆除东风渠以东铁路。

1961年春,拆除东风渠以西至断堤头铁路。

1962年,铁道兵部队建成东风渠大桥,修复铁路9千米,全线通车。

1983年10月,因复堤拆除东风渠至东大坝的全部铁路,长8.8千米,南移并加长450米,1984年5月竣工通车。终点卸货场设于东大坝后,铺设卸石支线三条。拆、修投资2491200元,由郑州铁路局承修。

广花铁路专线,自京广铁路广武车站接轨,沿黄河南岸堤防东行,至花园口险工东大坝止,全长16.59千米,专为黄河运送石料和其他建设物资,每年运石约8万吨,除供郑郊堤段用石外,还供中牟、开封、封丘、长垣、原阳等修防处(段)使用。

随着公路建设的发展,广花铁路逐步淡出,1996年彻底废止。

2003年标准化堤防建设,广花铁路专线全部拆除,施工单位和资产残值均由铁路部门组织与收回。

四、责任堤段划分

防指按照行政首长负总责、统一指挥、分级分部门负责的原则,形成以行政首长负总责、河务部门当参谋、有关部门积极配合,齐抓共管的防汛运作机制。

辖区内黄河防洪工程、堤防划分为段分包给各个防指成员单位,并要求各部门汛前到黄河认领防守责任段,了解工程情况,熟悉防汛业务,按照部门职责和分包责任制的要求,积极做好迎战大洪水的各项准备。

每年汛前,驻郑部队、政府、河务三方协作部署黄河防汛工作,认领防守责任堤段,熟悉工程情况,明确防洪任务。驻郑某部队按行政县区、乡镇界和险工堤段进行黄河防汛兵力部署,地方政府与河务部门密切配合、通力协作,确保黄河度汛安全(见图3-9、图3-10)。

五、工程普查

防汛工程普查主要包括河势查勘和汛前拉网式普查。河势查勘又分经常性查勘和特殊性查勘两种。汛期前后查勘为经常性查勘,汛期中间特殊情况查勘为特殊性查勘。汛前拉网式普查,即对辖区堤防、河道整治、过堤涵闸实施的普查。每年的工程普查工作均由所辖县(市、区)河务局组织,成立普查工作领导小组,制订实施方案,组织工务科、防

图 3-9　黄委主任陈小江夜查防汛工作(2011 年)

图 3-10　郑州河务局局长刘培中讲解防汛部署重点(2011 年)

办、运行科、养护公司等技术人员,本着“从严、从细,真实、全面”的原则,对堤防工程及河道工程中的裂缝、动物洞穴、水沟浪窝、陷坑天井、残缺土方、违章建筑、石护坡、排水沟以及险工坝岸坦石(坡)缺损等进行全面检查。着重对重点隐患进行鉴定、复核。必须将位置、处数、尺寸、类型、工程量等记清标明。对过堤涵闸的普查,必须逐机进行启闭检查;发现建筑物裂缝、结合部裂陷、砌石残缺等,填写登记必须要位置准确、尺寸翔实、类型清楚,并且要做到记录详细,签字完整,普查全面,不留死角;普查结果将由专人负责记录,标清隐患位置、数量、大小和整改工程量,内容翔实、具体,数据真实、准确,对普查中发现的问题必须及时汇总,分析成因,阐明危害,上报处理方案。堤防、河道工程、涵闸进行全面细致的徒步拉网式查勘。

第四节　工具料物

郑州河务局的物资管理工作2005年以前由财务部门负责,2005年水管体制改革后划归防办管理,主要负责物资报表的统计、汇总、物资采购、报废等工作。

随着郑州治黄事业的发展,防汛物资的采购和供应也发生了很大变化。在计划经济时期,治黄物资的来源按渠道主要来自两个方面:一是系统内计划供应,主要是计划内物资,国家计划内统配的材料和机电产品等;二是计划外物资。中共十一届三中全会后,经济体制改革不断深化,防汛物资供应方式由国家计划供给逐渐转变为市场采购供应,由河南河务局集中采购供应逐步转变为郑州河务局自主采购。

一、物资储备

黄河防汛物资储备贯彻“安全第一、常备不懈、以防为主、全力抢险”的防汛工作方针,采取国家储备、社会团体储备和群众备料相结合的储备方式,遵循“统一领导、归口管理、科学调度、确保需要”的原则,保障抗洪抢险物资供应。

国家储备物资是指黄河河务部门按照定额和防汛需要而储备的防汛抢险物资。主要包括石料、铅丝、麻料、木桩、砂石反滤料、篷布、麻袋、编织袋、土工织物、发电机组、柴油、汽油、冲锋舟、橡皮船、抢险设备、查险用照明灯具及常用工器具等,分布于各县(市、区)所在的河务局。在计划经济时期,以上物资由国家统一分配,属专控物资。根据黄河防汛需要,按行政隶属关系逐级申请,并向上级主管单位编报物资申请计划。在计划经济向市场经济转轨后,国家常备料物主要由黄河防汛部门面向市场实行招标投标方式采购。随着治黄事业的发展,物资储备数量和品种不断增加。

社会团体储备物资是指社会各行政机关、企事业单位为黄河防汛筹集和所掌握的可用于防汛抢险的物资。主要包括各种抢险设备、交通运输工具、通信工具、救生器材、发电照明设备、铅丝、麻料、麻袋、编织袋、篷布、木材、钢材、水泥、砂石料及燃料等,这些物资是为了弥补国家储备防汛物资不足,保证防汛抢险需要时紧急调用,是郑州黄河抗洪抢险物资的重要来源。

群众储备黄河防汛物资,是根据当地资源和抢险习惯,群众自有的可适用于防汛抢险的物资。主要包括各种抢险设备、交通运输车辆、漂浮工具、树木及柳秸料等。社会团体和群众储备黄河防汛物资,按照“汛前备料、备而不集、用后付款”的原则筹措。其储备物资的品种、规格、数量,由防汛物资储备单位、乡、村群众所在的各县(市、区)人民政府登记造册,落实料源(见图3-11、图3-12)。

图3-11　防汛石料验收(2011年)

整齐的铁锹、铅丝等物资

整齐的铅丝、麻绳和完好的发电设备

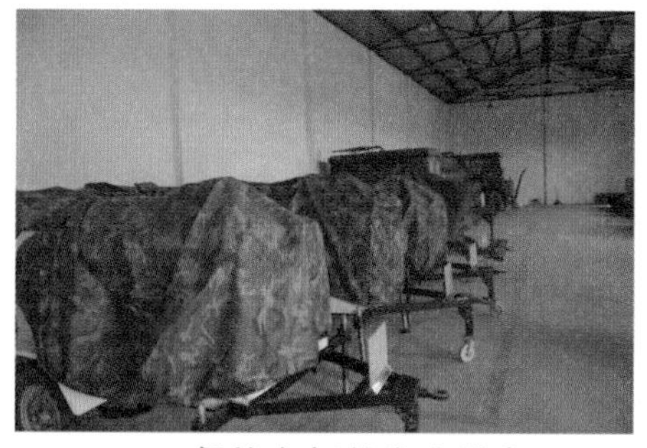

保护良好的发电设备

图3-12　郑州黄河防汛物资储备组图(2012年)

二、调度原则

黄河防汛储备物资供应与调度应遵循“统一领导、分级负责、归口管理、科学调度的原则”，按照“满足急需、先主后次、就近调用、早进早出”的调运方式运行。

国家储备的防汛物资主要用于黄河防洪工程抢险，由各级河务局按管理权限负责组织采购、管理和调用。

社会团体储备的防汛物资用于黄河防洪工程抢险的，由发生险情所在的县（市、区）黄河防汛办公室提出调用物资指令，由储备单位负责做好物资供应到位。

群众储备防汛物料，由发生险情所在的县（市、区）黄河防办根据黄河防洪工程出险情况下达调用指令，由有储备任务的乡（镇）政府、村民委员会负责组织群众供应。

一般情况下，动用黄河专业机动抢险队的物资设备须经市黄河防办批准；市防汛指挥部组织部队、企事业单位的群众参加抗洪抢险，必须自带交通工具、通信设备、抢险小机具及生活用品。抢险所需国家物料由市黄河防办负责组织供应和调度。动用社会储备物资、器材、设备用于黄河抗洪抢险的，一律由市、县级河务局的财务物资部门负责接收、检验，并出具收据，以此为结算依据。

在黄河紧急防汛期，各级黄河防汛指挥机构，根据抗洪抢险需要，有权在管辖范围内调用物资、设备及交通运输工具，并在汛期结束后及时归还。如造成损坏或无法归还的，按照有关规定给予补偿。

三、物资调度

自“96·8”洪水至2012年，郑州河务局共参与防洪抢险调用防汛物资和设备近百余次，有具体记录可查的80多次，以下是调用情况记录：

2003年9月3日，河南河务局调用邙金河务局铅丝网片500张参加渭南抢险。

2003年9月3日，河南河务局调用邙金河务局第二机动抢险队3辆奔驰车（大型抢险自卸汽车），赶往巩义神堤28坝参加抢险。

2003年9月13日，郑州河务局调用邙金河务局2米木桩1000根，支援封丘大宫工地抢险。

2003年9月24日，郑州河务局调用邙金河务局第二机动抢险队3辆大型自卸车到封丘县局大宫工地抢险。调用中牟局大麻绳10吨。

2003年10月27日，郑州河务局调用邙金河务局第二机动抢险队挖掘机1部，前往兰考蔡集参加抢险。调用中牟河务局铅丝网片500张、核桃绳5吨、8号铅丝5吨、土工布1500平方米。

2004年，河南河务局调用邙金河务局八丈绳2.5吨、五丈绳0.92吨参加渭南抢险。

2004年6月11日，为配合部队防汛抢险技能演练，郑州河务局调用惠金河务局编织袋1000条、石料3立方米、铅丝网片4个、木桩30根。

2005年,河南河务局调用中牟河务局麻袋10000条,调用惠金河务局麻绳5吨参加黄河小北干流放淤试验。

2005年,河南河务局调用中牟河务局物资及抢险设备参加王庵工程抢险;调用冲锋舟到濮阳韩胡同参加扰沙工作。

2005年10月,河南河务局调用惠金河务局水陆两栖车1台,调用中牟河务局冲锋舟1艘及操舟机2台参加渭南抗洪抢险。

2006年,郑州河务局多次调中牟河务局抢险设备参加荥阳桃花峪抢险。

2007年6月4日,河南河务局调用惠金河务局第二机动抢险队卡特挖掘机1部,赶至孟州局化工控导工程参加修防暨抢险技能竞赛。

2007年6月22日,郑州河务局调用惠金河务局第二机动抢险队自卸车4台、装载机1辆、挖掘机1台,赶往桃花峪控导工程16坝参加抢险。

2007年6月23日,郑州河务局调用惠金河务局第二机动抢险队自卸车4台、挖掘机1台,赶往桃花峪控导工程16坝参加抢险。

2007年7月2日,郑州河务局调用惠金河务局第二机动抢险队自卸车4台、挖掘机1台,赶往赵口控导工程9坝参加抢险。

2007年8月5日,郑州河务局调用惠金河务局第二机动抢险队自卸车2台、挖掘机1台,赶往桃花峪控导工程17坝参加抢险。

2007年8月7日,郑州河务局调用惠金河务局第二机动抢险队自卸车2台,赶往桃花峪控导工程19坝参加抢险。

2007年9月7日,郑州河务局调用惠金河务局第二机动抢险队自卸车2台,赶往桃花峪控导工程18坝参加抢险。

2007年10月31日,郑州河务局调用惠金河务局第二机动抢险队自卸车2台,赶往荥阳枣树沟控导工程4坝参加抢险。

2008年2月15日,郑州河务局调用惠金河务局第二机动抢险队自卸车2台,调到枣树沟控导工程-4坝参加抢险。

2008年2月20日,郑州河务局调用惠金河务局防汛备石10000立方米,调到枣树沟控导工程。

2008年3月20日,由于内蒙古河段发生黄河大堤溃决,河南河务局调用惠金河务局自卸车3部、挖掘机1台、装载机1台、大麻绳200根、小麻绳500根。

2008年5月17日河南河务局调用惠金河务局卡特挖掘机1台参加汶川抗震救灾。

2008年抽调中牟河务局设备、物资、人员参加汶川抗震救灾工作。

2008年5月18日,河南河务局调用惠金河务局装载机1台、面包车1部。

2008年6月17日,为支援南水北调工程,河南河务局从惠金河务局调出5万条1999年进库编织袋。

2008年6月23日,郑州河务局调用惠金河务局第二机动抢险队自卸车1台、装载机

1 台,调到桃花峪控导工程 20 坝参加抢险。

2008 年 6 月 23 日,郑州河务局调用惠金河务局第二机动抢险队自卸车 2 台,调到桃花峪控导工程 20 坝参加抢险。

2008 年 6 月 25 日,郑州河务局调用惠金河务局 30 个 8 立方米大网片,用于桃花峪控导工程 22 坝抢险。

2008 年 6 月 25 日,郑州河务局调用惠金河务局第二机动抢险队自卸车 2 台,用于桃花峪控导工程 22 坝抢险。

2008 年 6 月 25 日,郑州河务局调用惠金河务局 2 把油锤,参加桃花峪工程抢险。

2008 年 6 月 25 日,郑州河务局调用惠金河务局 2 辆移动照明车、8 套查水灯具,前往桃花峪控导工程 21 坝支援抢险。

2008 年 8 月 4 日,南水北调工地调用惠金河务局大麻绳 150 根、小麻绳 100 根、木桩 300 根(1 米)。

2008 年 8 月 6 日,南水北调工地调用惠金河务局六丈大麻绳 100 捆、五丈链子绳 100 捆、木桩 100 根(2 米)。

2009 年甘肃舟曲抢险拟调用中牟河务局铅丝网片 500 片。

2009 年 1 月 5 日,河南河务局调用惠金河务局土工布 650 平方米,前往惠武浮桥。

2009 年 5 月 25 日,郑州河务局调用惠金河务局冲锋舟外挂机 2 台及配套油桶、连接油管,冲锋舟舟体 1 台及船篙 1 只,卡特挖掘机 1 台,北方奔驰自卸汽车 2 部,自卸车抛笼用网片 8 片,送到中牟赵口控导工程防汛抢险技能演练现场。

2009 年 6 月 24 日,郑州河务局调用惠金河务局挖掘机 1 台、自卸车 2 辆,支援荥阳桃花峪控导工程抢险。

2010 年 6 月 8 日,根据河南河务局防汛抢险技能竞赛工作的需要,郑州河务局调用惠金河务局第二机动抢险队挖掘机 1 台、载重汽车 2 辆。

2010 年 7 月 6 日,根据郑州黄河京广公铁两用桥栈桥处浮桥舟体打捞需要,河南河务局调用惠金河务局第二机动抢险队队员及设备前往支援。

2010 年 8 月 10 日,为支援甘肃省舟曲县处理泥石流灾害灾情,河南河务局调用惠金河务局 75 千瓦发电机组 1 台。

2011 年 6 月 18 日,河南河务局调用惠金河务局第二机动抢险队挖掘机 1 台、装载机 1 台、自卸车 3 台,调到惠金河务局姚桥养护班。

2012 年 8 月 2 日凌晨,根据上级《关于调运防汛物资的紧急通知》指示精神,切实做好支援内蒙古包头市黄河抗洪抢险工作,惠金河务局立刻组织人员迅速将 500 张铅丝笼网片装车连夜紧急运往内蒙古包头市抢险现场,支援抗洪抢险工作。

2013 年 1 月 31 日,郑州河务局调用荥阳河务局防汛铅丝网片 300 张,前往巩义河务局赵沟控导工程上延 10 ~ 15 坝支援抢险。

2013 年 5 月 16 日,郑州河务局调用中牟河务局防汛铅丝网片 600 张、编织袋 10000 条,前往巩义河务局赵沟控导工程上延 10 ~ 15 坝支援抢险。

2013年6月30日,郑州河务局调用河南河务局黄河应急抢险队队员15名和装载机1台,前往中牟河务局参加实战抢险演练。

2013年7月17日,根据开封欧坦导流桩应急抢修工程需要,郑州河务局调用惠金河务局防汛物资救生衣50件、冲锋舟1艘及驾驶员2人,支援开封欧坦险工抢险。

2013年7月19日,郑州河务局调用荥阳河务局防汛铅丝10吨,前往巩义河务局赵沟控导工程上延10～15坝支援抢险。

2013年7月19日,根据开封欧坦导流桩应急抢修工程需要,郑州河务局调用惠金河务局防汛帐篷4顶,支援开封欧坦险工抢修。

2013年7月26日,为支援山西三门峡库区平陆四滩工程抢险应急,根据黄委防办《关于调拨土工布支援山西平陆四滩工程抢险的通知》,河南河务局从惠金河务局调拨国家储备土工布5100平方米予以支援。

2013年12月31日,根据防汛物资储备工作需要,河南河务局从河南黄河防汛物资储备调配中心调拨给惠金河务局防汛铅丝笼网片255张,存放于杨桥基地库房。

2014年6月29日,根据《关于开展防御大洪水演习的通知》需要,郑州河务局调用惠金河务局发电机(雅马哈5千瓦)1台,以确保演练指挥调度中心不断电。

2014年6月30日,郑州河务局调用河南黄河应急抢险队设备长臂挖掘机1台,前往巩义河务局赵沟控导工程参加抢险加固。

2014年7月30日,根据黄河防汛物资储备定额规定,郑州河务局研究调用惠金河务局防汛物资救生衣(规格:填充式91－YB)100件,支援中牟抢险。

第五节　滩区救护

滩区群众迁安救护是一项很重要、很复杂的工作。为使被迁群众生命财产得到安全转移,需要在汛前深入细致地做好思想发动、组织安排、交通运输工具及通信联络等准备工作。由于滩区人口多,交通条件差,加之洪水预报期短,迁安救护任务十分艰巨。因此,每年汛前郑州防汛指挥部黄河防汛办公室及所属各县(市、区)防指都要制订迁安救护方案,认真落实组织机构、撤退路线、运输工具等,发放滩区与滞洪区乡、村、户对口迁安救护"明白卡",根据洪水预报,凡预测进水的村庄必须按照对口安置的原则进行迁移安置。

一、滩区基本情况

郑州黄河滩区总面积为35.62万亩,其中耕地面积31.04万亩,涉及巩义、荥阳、惠济、金水、中牟5个县(市、区),滩区平均高程111.7～81.5米(黄海)。滩区内无引水渠和比较明显的串沟,滩区生产路和滩区迁安道路一般高出滩面0.5米,迁安救护涉及惠济区、中牟县的3个乡(镇)18个自然村2.8万人。

滩区群众以务农为主,夏作物以小麦、油菜、大蒜为主,秋作物以大豆、西瓜、花生种植为主,经济作物植有少量果树。滩区经济是典型的农业经济,由于受洪水漫滩影响,秋作物种不保收,群众生活十分艰苦,还有部分群众的温饱问题没有解决,属重点贫困地区。截至2013年12月,滩区内有为发展滩区经济而成立的旅游公司、黄河滩区管理公司、渔业公司等,带动了滩区经济的发展。郑州黄河滩区内有个人财产、集体财产、国家财产三大类。个人财产主要有房屋、农业生产机械、牲畜、主要耐用消费品、工矿企业、机井等;集体和国家财产主要有工矿企业、公路、输电线路、通信线路、渠道及渠系建筑物、机井、桥梁、房屋等。

二、迁安救护任务

(1)黄河花园口站实测平滩流量情况见表3-3。

表3-3　花园口站实测平滩流量典型年统计表

年份	1958	1964	1973	1980	1985	1997	2002	2008	2012	2013	2014	2015
时段	汛后	汛后	汛前	汛前	汛前	汛前	汛前	汛期	汛期	汛期	汛期	汛期
流量(立方米每秒)	8000	9000	3500	4400	6900	3900	4100	6000	5800	5800	5800	5800

(2)统计分析,应急预案。

当花园口站预报出现8000立方米每秒洪水,部分高滩和大部分低滩将可能漫滩,漫滩面积33.9万亩。涉及惠济、中牟2个县(区)的16个村庄进水、2个村庄被水围困,需外迁安置16个村庄1.97万人。巩义市滩区8.35万亩受淹,荥阳市滩区6.35万亩受淹,惠济、金水区滩区约8.08万亩受淹,中牟县滩区11.12万亩受淹。

当花园口站出现10000立方米每秒以上洪水时,大部分高滩和所有低滩都可能漫滩,漫滩面积34.33万亩。涉及惠济、中牟2个县(区)的18个村庄进水,需外迁安置18个村庄2.49万人;巩义市、荥阳市滩区全部被淹,惠济区滩区全部被淹,中牟县滩区11.55亩受淹。

三、迁安救护演练

自1978年农村基层组织发生变化以后,郑州沿黄县区多次举行迁安救护演练,其组织形式是:县区组织,郑州市有关部门参加观摩督导。实例如下。

(一)2008年中牟县黄河防汛抢险暨迁安救护实战演练

7月11日上午,中牟县防指在黄河滩区、赵口控导工程举行了由多部门协作、1100余人参加的黄河防汛抢险暨迁安救护实战演练。

为保证此次演练的实战要求,该县防指召开多部门演练协调会,并下拨了专项演练经费,成立了演练指挥部,下设4个工作组:指挥组、秘书组、宣传组、保障组。由3个演练点组成:第一演练点为黄河民兵连拉练及黄河抢险技能演练;第二演练点为黄河滩区群众迁移演练;第三演练点为迁移群众安置演练。

上午8时,河务部门向县防指通报模拟水情:“7月11日12时花园口水文站将发生10000立方米每秒洪水,中牟县黄河滩区漫滩,临黄大堤全线偎水,滩区群众急需迁安转移。同时黄河防洪工程出现较大险情,急需调用专业队伍和黄河防汛民兵营对险情进行及时抢护。”接通报后,该县副县长、县防指副指挥长马少军迅速对模拟洪水下的各项防洪工作进行了决策部署,立即启动了黄河滩区迁安救护预案和黄河防洪工程抢险预案。伴随着指挥长一声令下,各工作组迅速到达指定地点开展工作。郑州黄河第一机动抢险队在赵口控导工程12坝对推铅丝笼、柳石搂厢等传统抢险项目和抢险新技术“丙纶网兜”进行了现场演示。

10时整,该县副县长、迁安救护领导小组组长王兴林下达迁安救护命令,狼城岗镇西狼村60余户群众和当地流动人口300余人在乡、村干部的带领下,乘坐自备的农用奔马车和交通部门提供的大巴车迅速撤出该村,并模拟了10名群众的强制迁安过程,按照预案中的迁移路线,安全转移到对口安置点,按照迁安救护卡进行了户对户安置。演练过程中,还进行了车辆故障排除、医疗救助等项目演练。随后,演练指挥部成员、观摩代表对堤外户对户安置情况和流动人口安置点的保障情况进行了现场检查指导。在流动人口安置点,食宿保障、医疗救护、卫生防疫、饮用水保障等保障措施一应俱全,有条不紊,使大水期间滩区流动人口的安置得到了充分保障。

此次演练全面检验了黄河专业抢险队伍和防汛民兵营的快速集结、克险制胜能力及滩区迁安救护工作中的各个环节,为黄河防汛抢险和滩区迁安救护工作提供了宝贵经验。

县防指成员单位代表、郑州市防指黄河防办代表、沿黄乡镇防指成员,以及沿黄乡镇各村支部书记、村委会主任等60余人观摩了整个演练过程。

(二)2009年郑州市惠济区防指举行迁安救护实战演练

7月8日上午,郑州市惠济区防指在古荥镇孙庄村举行迁安救护实战演练。

“根据黄河水情预报,花园口站将发生8000立方米每秒洪水,区防指宣布启动迁安救护方案,要求各部门立即展开行动。”随着指挥员的一声令下,只见排列有序的交通管制车、110巡警、群众转移奔马车、卫生医疗等车辆,迅速到达地点,转移群众及财产,沿着迁安救护撤退指示路线,按照村对村、户对户迁安救护明白卡的要求,向安置村庄出发。

这次演练的目的主要是检验区、镇、村、组各级迁安救护责任人是否能迅速组织群众安全有序撤离;群众对报警信号、撤退路线、交通工具、对口安置点是否清楚;撤离群众是否能得到妥善安置等。演练共分为水情分析传递组、警报信息发布组、转移安置组、应急救护组、救灾物资供应组、卫生防疫组、交通和安全保障组、新闻报道组等8个小组。通过演练,检验了惠济区防指迎战黄河洪水时的指挥调度、协调作战、处置应变和迁安救护能力,使惠济区的迁安救护水平有了明显提高,也为进一步修订完善迁安预案提供了第一手资料。

参加演练的有惠济区、古荥镇、滩区村庄以及水利、河务、公安、交通、卫生医疗、民政、宣传等有关部门100余人。

（三）2010年荥阳黄河防汛抢险暨迁安救护实战演练

2010年7月5日，花园口流量达到6680立方米每秒，为荥阳河务局建局以来最大流量洪水。该次洪水造成枣树沟控导－27垛上首200米处嫩滩漫水，淹没面积约1500亩，焦作市武陟县过河种地的群众31人被困。7月5日5时30分，荥阳市公安局110指挥中心接到求救报警，6时20分，时任荥阳市长袁三军、公安局长巴西振立即组织公安、消防及乡镇干部前往营救。与此同时，荥阳河务局也接到黄河派出所电话告知，按110指挥中心指令，立即安排了驻守枣树沟控导工程的工作人员就近前往营救，荥阳河务局局长李长群等立即乘车赶往事发现场，7时30分，人员全部到位开始营救，至8时50分，31人全部脱离险境。期间地方政府调动黄河风景名胜区气垫船一艘、郑州市公安局警用直升机一架，黄河派出所协调农用船一艘参与救援。

（四）2014年郑州市惠济区举办防汛抢险暨迁安救护演练

6月12日，郑州市惠济区防指在东大坝下延6坝举行了2014年防汛抢险暨滩区迁安救护演练，惠济区防指主要成员单位参加演练，惠济、金水两区沿黄镇、村两级防汛指挥长对演练全过程进行了观摩学习。

此次演练模拟了黄河花园口站发生洪峰流量10000立方米每秒洪水，接到汛情后，郑州市惠济区防汛指挥部立即召开汛情会商并现场决策，立即发布滩区群众外迁命令，要求花园口镇群众按照指挥部命令启动迁安救护预案，迅速外迁。接到命令后，各职能组迅速集结、出动，将滩区群众迁移到安置地并妥善安置。

郑州市第二机动抢险队进行了抢险技能演练，先后展示了装载机配合自卸车装抛铅丝笼和人工推抛柳石枕两个项目。抢险队员整齐的队伍、娴熟的技术、响亮的口号，充分展现了黄河铁军的风采。

通过此次演练，全面检验了滩区迁安救护工作中的各个环节，综合考查了黄河专业抢险队伍的快速集结、克险制胜能力，为黄河防汛抢险和滩区迁安救护工作提供了宝贵经验，为做好2014年黄河防汛工作打下了坚实的基础。

（五）2015年中牟县举办黄河滩区迁安救护演练

7月14日上午9时，中牟县狼城岗镇黄河滩区迁安救护演练正式开始。5户一组，统一组织，滩区群众迅速到达集结地，点名、上车。50余辆运输车按照迁移路线快速迁移，路上避险播报车全程播报，提醒群众避险迁移。9时30分，狼城岗镇滩区参演群众全部得以安全转移。本次演练模拟花园口水文站洪峰流量8000立方米每秒，中牟县狼城岗镇黄河滩区出现漫滩，滩区群众的生命财产受到威胁，急需迁移。狼城岗镇防指在洪水到来之前完成了600余名滩区群众的对口安置。演练过程中还模拟了通信中断、交通中断、紧急医疗救助等特殊情况下的应对措施。

此次演练包括警报发布、组织动员、转移安置、交通管制、安全保卫、医疗保障、后勤保障、返迁善后等八个环节。演练全面检验了滩区迁安救护工作中可能出现的各种情况，为黄河滩区迁安救护工作提供了宝贵经验，县、镇两级迁安救护机构的组织力和执行力得到进一步历练,群众应对灾情险情的反应能力也得到了进一步提高,为做好2015年黄河防汛工作打下了坚实的基础。

中牟县民政、河务、交通、公安、水务、卫生、教育、供销、电力、财政、广电、信息、司法等防指成员单位和狼城岗镇机关干部共计200余人参加演练。郑州市防指黄河防办、郑东新区防指办公室、沿黄各镇防指、沿黄各村有关负责人观摩了演练过程。

第六节 抗洪抢险

“防汛抗洪工作实行各级人民政府行政首长负责制,统一指挥,分级分部门负责”的责任制得到了很好落实,在抗洪抢险中得以充分体现。

郑州治黄人(军民联防“三位一体”)政治合格、作风优良、纪律严明、技术精湛,在基本没有外援(仅1962年保合寨抢大险1次有外援)的情况下,完全依靠自己的力量,团结战斗,确保了郑州黄河岁岁安澜。与此同时,多次受上级委派、紧急调令(仅2003年就达37次),调派郑州河务局专家和抗洪抢险救灾队员,帮助指导、支援流域内外,祖国各地抗洪抢险救灾工作,并出色地完成了任务。

一、水文测报

(一)水文站(点)

1. 花园口水文站简介

花园口水文站设立于1938年7月,集水面积73万平方千米,占黄河流域总面积的97%,是国家级重要水文站和黄河下游防洪的标准站。水文站断面总宽度达9800米,中常洪水下为3000～5000米,实测最大洪峰流量22300立方米每秒。该水文站的水沙测验数据是黄河下游防洪预报调度指挥决策和水量调度管理的基本依据。

2002年6月15日,花园口水文站新站作为黄河上第一个“数字化”水文站正式启用,实现了流量测验自动化,水位观测遥测自记,应用手机短信、北斗通信卫星、计算机网络系统传输测验数据和水情报汛;水文信息分析、计算、查询、处理实现计算机网络化。高含沙河流泥沙测验是世界级重大难题,通常采用的取样分析方法,精度低且费力费时,不能及时获得数据。黄委自行研制的振动式测沙仪在此领域取得历史性的重大突破,花园口水文站应用这一仪器及系统实现了泥沙在线测验,能随时监测含沙量的变化过程,并将数据实时传入水文网络。

花园口水文站装备有国际先进水平的声学多普勒流速剖面仪(ADCP),与需要数小时的传统测验方式相比,可大大提高水文的快速、机动测验能力,仅5～10分钟就可以完成一次断面流量测验,并把数据实时传送至计算机,同步进行处理,在计算机屏幕上清晰反映出测验过程以及断面形态和流态的分布。

2. 控制断面

郑州辖区控制断面13个,最宽断面13千米,最窄断面4.7千米。分别是:

(1)马峪沟断面:在赵沟工程下首2千米处,对岸经过化工工程,宽6.4千米。

(2)裴峪断面:在裴峪工程下首,宽4.7千米。

(3)伊洛河口断面:在神堤工程下首2千米处,经过沙鱼沟工程,宽11.0千米。

(4)孤柏嘴断面:在孤柏嘴,对岸距驾部工程下首2千米,宽7.0千米。

(5)罗坡村断面:在罗坡村,对岸经过唐郭险工,宽10.3千米。

(6)官庄峪断面:在左、右岸分别距罗坡村断面约4千米、10千米,宽7.0千米。

(7)秦厂断面:在邙山提灌站上10千米处,对岸在共产主义渠首闸上游1千米处,宽6.7千米。

(8)花园口断面:在大堤桩号9+780和花园口险工51坝处,宽10.0千米。

(9)八堡断面:在大堤桩号20+390及申庄险工94坝处,宽11.0千米。

(10)来潼寨断面:在大堤桩号27+100及马渡下延86坝处,宽9.5千米。

(11)辛寨断面:在大堤桩号48+672及九堡险工111坝处,宽5.5千米。

(12)黑石断面:在大堤桩号59+500及东漳村北,宽12.7千米。

(13)韦滩断面:在大堤桩号68+250及东狼城岗西1千米处,宽13.0千米。

3. 河南河务局确定的水位点

郑州辖区的水位观测站由河南河务局设定,郑州河务局负责校核审查,各县局负责日常管理。辖区共设立14处水位站点,分别位于赵沟控导7坝、裴峪控导13坝、神堤控导17坝、枣树沟控导工程护岸、桃花峪控导29~30坝坝裆、南裹头险工、花园口闸、马渡险工42坝、杨桥闸10坝、万滩险工49坝、赵口闸、赵口控导11坝、九堡险工111坝、九堡下延147坝,其中在裴峪、神堤、枣树沟、南裹头、马渡、九堡下延设立了自记水位计。

(二)水位资料整编

每年汛期的6月1日至10月31日,黄河干流的三门峡、小浪底水文站,伊洛河的宜阳、龙门、黑石关水文站都按要求向黄河修防段拍发水情电报,若遇大水或洪峰,再由黄河修防段向县政府、防汛指挥部,沿黄乡镇和有关单位传报,以便采取防范措施。汛期中早8时,晚20时各观测一次,大水、洪峰加观测次数,并作记录,整编资料,逐级上报。裴峪工程采用黄委会水文局水位站数据。

郑州河段为黄河下游之首,花园口水文站是黄河下游的第一个水文站。它的水文数据代表着黄河进入下游的水文状况,花园口以上的流域面积是730036平方千米,占全黄河流域面积的97%。它是下游沿河布置防洪、防凌措施及决定下游沿河工程建设的主要依据。花园口站水文数据见表3-4~表3-6。

表3-4　黄河花园口站历年最高水位、最大流量统计表

出现年份日期（年-月-日）	最高水位（米）	最大流量（立方米每秒）	出现年份日期（年-月-日）	最高水位（米）	最大流量（立方米每秒）
1946-07-22	91.13	8440	1984-09-17	93.25	6990
1947-08-27	92.72	(7100)	1985-07-12	93.45	8260
1948-10-02	92.52	(9700)	1986-08-29	92.63	4130
1949-09-14	92.84	12300	1987-08-09	93.72	4600
1950-10-19	92.75	7250	1988-07-26	93.72	7000
1951-08-17	92.52	9220	1989-07-26	93.31	6100
1952-07-12	92.56	6000	1990-08-31	93.02	4440
1953-08-28	93.00	11200	1991-06-14	92.86	3190
1954-08-05	93.42	15000	1992-08-16	94.33	6430
1955-08-15	93.02	6800	1993-08-07	93.86	4300
1956-08-05	93.11	8360	1994-08-08	94.19	6300
1957-07-19	93.45	13000	1995-08-01	93.87	3630
1958-07-17	94.42	22300	1996-08-05	94.73	7860
1959-08-22	93.42	9480	1997-08-04	93.95	3860
1960-08-06	93.08	4000	1998-07-16	94.40	4660
1961-07-02	92.92	6300	1999-07-24	94.04	3340
1962-08-16	92.40	6080	2000-04-27	93.34	1180
1963-09-21	92.90	5620	2001		
1964-07-28	92.92	9430	2002-07-05	93.62	
1965-07-22	92.77	6440	2002-07-06		3080
1966-08-01	93.20	8480	2003-10-11	93.09	2760
1967-09-13	93.20	7280	2004-06-23	92.86	2970
1968-09-16	93.23	7340	2005		
1969-08-02	92.93	4500	2006-06-21	92.86	
1970-08-05	93.60	5830	2006-06-23		3920
1971-07-28	93.06	5040	2007-06-28	92.87	4290
1972-07-23	92.86	4170	2008-07-01	92.71	4610
1973-08-30	94.18	5890	2009-06-22	92.84	
1974	93.04	4150	2009-06-29		4170
1975	93.53	7580	2010-07-05	93.16	6680
1976-09-16	93.42	9210	2011-06-25	92.53	
1977-09-30	93.19	10800	2011-06-24		4100
1978-08-27	93.41	5640	2012-07-01	92.22	
1979-08-14	93.56	6600	2012-06-30		4320
1980-09-18	93.27	4440	2013-06-24	92.01	4310
1981-08-26	93.67	8060	2014-07-02	91.99	4000
1982-08-02	93.99	15300	2015-07-06	91.78	3520
1983-09-25	93.50	8180	2015-07-06		

表 3-5　黄河花园口站实测大于 10000 立方米每秒洪水表

年份	出现日期(月-日)	最高水位(米)	最大流量(立方米每秒)
1946	07-27	92. 83	11700
1949	09-14	92. 84	12300
1953	08-03	93. 00	10700
1954	08-05	93. 42	15000
1954	09-05	93. 36	12300
1957	07-19	93. 45	13000
1958	07-17	94. 42	22300
1958	08-22	92. 98	10700
1977	08-08	93. 19	10800
1982	08-02	93. 99	15300

表 3-6　花园口站 5000 立方米每秒以上洪峰流量逐月出现次数统计表

序号	流量级(立方米每秒)	7月		8月		9月		10月		合计	
		次数	占总次数(%)	次数	占总次数(%)	次数	占总次数(%)	次数	占总次数(%)	次数	占总次数(%)
1	大于 5000	26	27	39	41	19	20	11	12	95	100
2	大于 8000	7	29	11	46	6	25			24	100
3	大于 10000	3	30	5	50	2	20			10	100
4	大于 15000	1	33	2	67					3	100
5	大于 20000	1	100							1	100

注:资料系列为 1946 ~ 2000 年,其中 1947 年、1948 年缺测。

经黄委调查考证,黄河历史上有两次特大洪水,一为清乾隆二十六年(公元 1761 年)8 月 18 日洪水,来自三门峡至花园口区间,推算花园口洪峰流量为 32000 立方米每秒;二为清道光二十三年(公元 1843 年)8 月 17 日洪水,来自河口镇至三门峡区间,推算陕县洪峰流量为 36000 立方米每秒、花园口流量为 33000 立方米每秒。

1. 黄河泥沙

黄河流经陕西、甘肃黄土高原,挟带了大量泥沙,从而成为世界上含沙量最高的河流之一。从 1949 年至 1983 年,平均每年通过花园口水文站断面的泥沙达 12. 4 亿吨,平均每立方米流量含沙 26. 7 千克。年输沙量最大者为 1958 年的 27. 8 亿吨,其次为 1954 年的 21. 3 亿吨,再次为 1959 年的 21 亿吨和 1967 年的 20. 5 亿吨。年输沙量最小者为

1961 年的 4.43 亿吨和 1962 年的 4.87 亿吨。通过花园口水文站断面的日平均含沙量最大者为 546 千克每立方米(1977 年 7 月 10 日),其次是 449 千克每立方米(1973 年 8 月 29 日)和 405 千克每立方米(1970 年 8 月 9 日)。断面平均含沙量最小者,除 1960 年的一些日期因断流和河干而为零外,在 1968 年 6 月 15 日出现含沙量 0.066 千克每立方米,1961 年 2 月 9 日含沙量 0.082 千克每立方米。年平均含沙量最大值为 1959 年,平均含沙量 53.6 千克每立方米,其次为 1977 年平均含沙量 49.9 千克每立方米和 1970 年平均含沙量 48.2 千克每立方米。年平均含沙量的最小值是 1961 年,平均含沙量 7.92 千克每立方米。

年输沙量在年内的分配更不均匀。汛期(7~10 月)输沙量在年输沙量中占比重更大,达 53.3%(1965 年)~94.9%(1977 年)。汛期输沙量的多年平均值是 10.4 亿吨,为多年平均输沙量的 83.9%,1959 年 8 月的输沙量竟占全年输沙量的 59.5%。由于受三门峡水库(自 1974 年实行控制运用)集中在汛期排泄泥沙的影响,虽有三门峡至花园口区间河道冲刷和淤积的一些抵消,仍然使花园口站自 1974 年以来的多年汛期(7~10 月)输沙量占全年输沙量的比重连续增大,平均高达 87.3%。

黄河通过京广黄河铁路桥后,进入宽河段。由于河床比降、过流断面的变化,河水挟带的泥沙开始大量淤积,使河床逐年抬高,黄河由郑州河段开始成为高悬于地面的"地上河"。根据 1949 年以来的资料统计,本河段秦厂断面平均每年河床上升 0.17 米,花园口断面平均每年河床上升 0.15 米。1960 年以后由于受三门峡水库调节的影响,河床淤高速度变慢。按 1958~1980 年河南河务局测量队所测秦厂、花园口、来潼寨三个断面的测量资料计算,秦厂断面(在花园口断面上游 16.5 千米处)1958 年 12 月 14 日至 1980 年 10 月 10 日,河床累计升高 0.95 米,平均每年上升 0.043 米。花园口断面,1958 年 10 月 27 日至 1980 年 10 月 5 日,河床累计升高 0.71 米,平均每年升高 0.032 米。来潼寨断面(在花园口断面下游 16.3 千米处),自 1957 年 11 月 15 日至 1980 年 10 月 4 日,河床累计升高 0.89 米,平均每年河床抬高 0.039 米。由秦厂至来潼寨 32.8 千米河段,22 年累计淤积泥沙 1.3 亿立方米,平均每年淤积 590 万立方米。

2. 黄河特异水情

黄河中游黄土高原地区许多支流上,经常出现含沙量高达 700~800 千克每立方米的洪水,最大可达 1500 千克每立方米。这种高含沙水流在冲淤剧烈的河段,出现一些异常现象。例如龙门至潼关河段内,以及渭河下游,经常出现揭底冲刷。据历史记载,在黄河下游 1933 年洪水时曾出现"揭底"现象。20 世纪 50~80 年代观测发现,黄河下游高含沙洪水形成水位、流量暴涨暴落等一系列现象,"浆河""揭河底""掀老底"等时有发生。"揭河底""掀老底"的成因一是层沙层淤河底,二是高含沙大流量,缺一不可。

高含沙水流的异常现象,在 1973 年 8 月底至 9 月初洪水时表现突出。8 月 28 日 11 时,花园口出现 4710 立方米每秒的洪峰,水位 93.41 米,每立方米含沙量 118 千克,沙峰在洪峰过后 31 个小时即 29 日 18 时才出现,最大含沙量 449 千克每立方米,相应流量 2990 立方米每秒。8 月 30 日 22 时第二次洪峰出现,当时花园口站洪峰流量仅 5020 立方米每秒,含沙量181千克每立方米,基本断面(P)水位为94.63米,比1958年22300立方米每秒特大洪水P断面水位还高出0.21米。其水位—流量关系曲线很陡,与一般洪水不同,致使报汛流量偏大一倍(后经分析并进行现场验证,水文站申请改正)。这次小洪水在河南兰考、山东东明一带,老滩生产堤漫决,仅河南河段30多处险工出险,近50千米平工靠溜行洪。

1973年8月异常高水位与高含沙水流的集中淤积,使河道壅阻,8月29日花园口断面平均河底高程为92.50米,至8月30日由于高含沙水流的淤积,河底高程上升至93.34米,相差达0.84米之多。这两次洪峰相隔仅两天时间,流量只有310立方米每秒,而第一次洪峰与1958年同流量水位差0.89米,第二次洪峰与1958年同流量水位差1.61米。两相比较,1973年8月28日和30日两次洪峰间淤积使水位抬高0.72米,几乎接近自1958年以后花园口站的15年间淤积的总和。这种短时间内的严重淤积情况,在下游观测资料中是少见的。

1977年汛期,花园口出现两次高含沙洪水:一次是7月8~11日,另一次是8月7~12日。前者产生"揭底"冲刷,后者使下游河段出现水位流量骤然升降的异常现象。

1977年7月8~11日,花园口洪峰流量8100立方米每秒(9日19时),含沙量546千克每立方米(10日6时),两者时序适应,而且沙峰过程中含沙量在400千克每立方米以上持续的时间较长。在与此相应时段内,小浪底洪峰流量为8100立方米每秒(8日15时30分),最大含沙量535千克每立方米(9日8时)。水出峡谷后,在铁谢以下108千米的长河道内,落水过程中发生"揭底"冲刷,由上而下推移,直至夹河滩。据伊洛河口船工谈,"头一次涨水时,河一落,水越发浑,往上冒泥浆,接下来就涌上大块大块黑色泥炭,翻出水面丈把高,而后倒下,过一阵子又见一块冒出来,块头足有一间房子大小"。在揭底冲刷的河段,峰前峰后同流量水位下降0.7~1.3米。花园口7月10日8时主槽大量冲刷,主槽左侧的浅槽发生"揭底"现象,当时流量为5960立方米每秒,水面宽由2180米减为800米。套绘峰前(7月8日)和"揭底"后的断面,主槽平均河底高程下降1.43米,实际冲刷的最大幅度还要大于此地。

1977年第二次高含沙量洪峰8日12时48分出现,洪峰流量10800立方米每秒,水位92.95米,含沙量437千克每立方米,而最高水位93.19米出现在8日11时42分。峰前、峰后均有测次控制,与小浪底水文站流量过程线对照,花园口洪峰出现时间较一般含沙量的同级洪水传播时间晚了6小时,流量加大了2400立方米每秒。这次洪水在中游小浪底水文站7日20时出现洪水含沙量941千克每立方米的该站含沙量极值,7日21时量大洪峰流量达10100立方米每秒,洪水流至孟津铁谢站,水位还与小浪底相应,到巩县赵沟,7日22时水位突然降落,以下各站也相应有陡落现象,而且落水历时变长、变幅大。

赵沟落水历时2小时,下落0.1米;裴峪落水历时4小时,下落0.13米;汜水口下落0.4米(调查值);驾部落水历时6小时,下落0.85米。

赵沟水位下降2小时后,始见回升,经4小时半回升1.5米。驾部于8日5时开始回升,经1.5小时升高2.84米。花园口站距驾部35千米,洪峰8日12时48分在花园口通过,没有发生水位陡然升降现象。

(三)信息传递

1. 相关规定

(1)水情、汛情传递。郑州黄河防办接到上级水情后,应及时向所属区县及有关部门传递;县区黄河防办接到水情后,应及时传至县区防指。郑州黄河防办接到上级汛情通知后,应及时根据通知要求结合郑州实际,快速通知所属区县和有关部门;县区黄河防办接到通知后,应及时根据通知要求,结合当地实际,向县区防指报告。县区防指及时向责任乡镇和有关部门发出指令,要求做好相应的准备工作;乡镇接到通知或指令后,应迅速通知到村和有关部门,做好一切应对准备。2000年以后,县区防办接到上级水情、汛情通知后,在向县区防指报告的同时,也要向责任乡镇等通知。

各级务必确保信息畅通,确保及时、准确、无误传递。

(2)险情信息传递。工程出险后,巡查人员应在10分钟内将险情报至县区河务局,县区河务局接到险情报告后,应立即核实出险尺寸、险情类别及抢护方案,30分钟内电话报至郑州河务局,并录入工情险情会商系统;若为较大、重大险情,60分钟内将险情书面报告报至郑州河务局。郑州河务局接到较大、重大险情电话报告后,30分钟内电话报至河南河务局,并在接到书面报告后,60分钟内审核上报河南河务局。

各级在接到较大、重大险情电话报告后,10分钟内将险情信息报告同级主管领导。

2. 事实传递

由于各级领导对信息传递工作的高度重视和郑州广大治黄职工的积极努力,党领导人民治黄以来,郑州黄河信息传递工作完成得非常出色,为郑州黄河岁岁安澜做出了重要贡献。但是,也曾出现过极少的让人虚惊的事情,如:

1992年8月19日上午10时,"中牟县政府快报至省政府,省政府快报已下达,批评中牟河务局防汛工作上传下达不力,造成……"郑州黄河防办主任赵应福急电。随即中牟河务局副局长张治安、防办主任丁学奇及工程师魏云到县政府对接核实情况,政府办负责同志说,是某某同志误报信息,水情上传下达,棚架在乡里。河务局没有任何责任,你们的工作做得很好、很到位。对此,表示歉意。并约定隔日到省、市说明情况。当天下午,张治安、丁学奇、魏云一同到郑州河务局汇报,郑州河务局领导班子全体成员和防办、工务等有关部门负责同志一同听取汇报。会议到18时结束,整整3个小时,足显对防汛工作的高度重视,会议决定:针对此事,尽管中牟河务局没有责任,但仍需继续努力做好防汛工作,要进一步与各方沟通,挽回其影响,为防汛工作创造良好的舆论氛围。8月21日上午,张治安、丁学奇和县政府办副主任王仁义等,一同到郑州河务局、省政府信息处说明情况,取得上级的理解和支持。随后,省政府快报,对中牟河务局黄河防汛工作进行了表彰。

二、抗洪

据统计,1949～2015年的67年间,郑州黄河共进行六次大的抗洪抢险斗争,其时间分别是1952年、1958年、1977年、1982年、1985年、1988年、1996年,分述如下。

(一)1958年洪水

1958年7月13日,陕西渭河流域及三门峡至花园口之间的伊洛河、沁河流域连降暴雨,雨量在100～200毫米,多的达400～500毫米。暴雨集中在三门峡至花园口之间,伊洛河流域黄庄降雨586.2毫米,宜阳降雨326.4毫米,黄河干流区间山西垣曲降雨487.1毫米,河南新安降雨337.2毫米,济源降雨400毫米。这些地区的降雨洪峰很快出现,7月17日6时伊河龙门镇洪峰流量6850立方米每秒,7月17日11时洛河白马寺洪峰流量7230立方米每秒,两站汇至黑石关站,洪峰流量9450立方米每秒,沁河小董站流量1050立方米每秒,干流小浪底洪峰流量17000立方米每秒,汇合至花园口站。7月17日24时,黄河花园口洪峰流量达22300立方米每秒,相应水位94.24米,此次洪水15000立方米每秒以上流量的洪水历时20小时,10000立方米每秒以上流量历时81小时。这次洪水是由于三门峡以下干流之伊、洛、沁河流域暴雨集中,各河洪峰相遇而成,其特点是水位高、流量大、来势猛、持续时间长。

郑州黄河防汛处于十分严峻的局面。通过对雨情、水情、工情的分析,黄委提出了要固守大堤和实行分洪两手准备,并做出具体部署。此后,根据花园口站洪水回落,干支流雨势减弱的情况,黄委主任王化云主持研究,提出加强防守,不分洪、滞洪,战胜洪水的意见,得到黄河防总和豫、鲁省委的支持,迅即报请中央防总批示。当时正在上海开会的周恩来总理得悉后停止会议,乘飞机飞临黄河下游空中视察后,抵达郑州,坐镇指挥,听取情况汇报,批准了不分洪意见,并立即电示豫、鲁两省加强防守,战胜洪水。

河南省委、省人大发出了《关于紧急动员起来,战胜特大洪水的紧急指示》。河南省委第一书记、黄河防总总指挥吴芝圃检查防守情况。省委书记处书记史向生及省委委员、副省长、厅局长多人率领导干部坐镇指挥。沿黄各地、市、县负责人都亲临前线,和群众一起巡堤查水,抗洪抢险,并迅速组织滩区群众迁移、救护,后方组织了物资支援和撤离滩区群众的安置工作。河南省军区副司令员苏鳌亲率1100多名官兵,守护花园口大堤。洪水一进入黄河下游,京汉线上的铁路桥即被冲毁两孔,洪峰直泻至中牟境,各堤段大部偎水着河,杨桥至九堡全部漫滩。郑州沿线吃紧,数万名抗洪大军严阵以待,严密地把守着每一段堤防,每千米堤段安排300～500人巡堤查水,险要堤段每千米安排千余人把守,当时的口号是"人在堤在,水涨一寸,堤高一尺,洪水不落不收兵"。

在驯服这场洪水中,党中央、国务院和全国各地给予了巨大的关怀与援助,经过广大军民连续奋战10昼夜,排除了无数艰险困难,战胜了洪水,在治黄史上留下了最光辉灿烂的一页。

(二)1977 年洪水

1977 年汛期共出现三次洪峰,首次洪峰在 7 月 9 日,花园口站洪峰流量 8400 立方米每秒;第二次是 8 月 5 日花园口站洪峰流量 7500 立方米每秒;第三次是 8 月 8 日 12 时 48 分花园口站洪峰流量 10800 立方米每秒,相应水位 92.95 米。为 1958 年以来最大的一次洪峰流量,洪峰特点是连续性瘦型洪水,来势猛、落得快,含沙量大、水位高。每次洪峰过后,大量泥沙淤积引起河势激烈变化。造成根石走失严重,坝垛、护岸蛰陷、坍塌达百余处,严重的也有数十处。滩地淹没,河床抬高平均达 100 毫米以上。

(三)1982 年洪水

1982 年 8 月 2 日,花园口站出现洪峰流量 15300 立方米每秒洪水,是黄河下游有实测资料以来仅次于 1958 年的大洪水。1982 年黄河出现的大洪水主要来自三花间,7 月 29 日开始,河南西部连降大雨、暴雨,局部特大暴雨。形成洪水暴发,伊洛、黄沁并涨,花园口站 10000 立方米以上的洪水持续 52 小时,7 天总水量为 50 亿立方米。洪水的特点是来势凶猛、水量大、水位高、含沙量小、冲刷力强,再加上阴雨连绵,堤顶道路泥泞,为抗洪斗争增加了困难。由于下游河道淤积抬高,这次洪水与 1958 年洪水比较,从花园口到孙口间,流量少 7000～6000 立方米每秒,而水位普遍高于 1958 年 1 米多。

洪水经过巩县时,出槽漫滩,境内 33500 亩滩地全被水淹。县防汛指挥部对这次防洪十分重视,副书记刘绪云亲自带领机关干部到神堤控导工程查看河势工情,指挥防汛,巩县黄河修防段段长霍光兴带领全体机关职工冒雨步行 30 多千米赶赴赵沟控导工地,和工人一起日夜巡堤查水。洪水过后,赵沟控导 8 坝及 11～13 坝相继出险,康店公社防洪指挥部立即抽调 200 多人的抢险队伍,经过两昼夜抢护,抛石 1060 立方米,运土 240 立方米,恢复了出险部位。

洪水期间,郑州郊区 32 千米的大堤就有 30 千米靠河行洪,水深达 1～2 米。淹没河滩地 18810 亩。南裹头和三坝险工 8 处出险,1550 人参加抢险,历时 5 个昼夜,抛石 1900 立方米,抛铅丝笼 15 个,控制了险情。

(四)1985 年洪水

9 月 12 日起,黄河上游山西、陕西和三花间普降大雨。9 月 17 日 16 时,花园口水文站出现 8100 立方米每秒洪峰,水位 94.45 米,仅次于 1982 年该站 15300 立方米每秒洪水位 93.99 米。这次洪水突出的特点是来的晚、含沙量小、冲刷力强、中水流量持续时间长。花园口水文站 5000 立方米每秒以上流量历时 8 天,4000 立方米每秒以上流量历时 24 天,3000 立方米每秒流量以上历时 38 天。因河势变化剧烈,河道内产生多处“横河”“斜河”,大溜顶冲淘刷严重,工程出险较多。加之当时流域内大面积连续降雨,道路泥泞,防汛抢险难度增大。

(五)1988 年洪水

8 月上旬,黄河流域普降暴雨。8 月 16 日 20 时 30 分,花园口水文站出现洪峰流量 6900 立方米每秒洪水,水位 93.40 米。洪水主要来自三门峡以上,其组成是:三门峡出库流量为 4970 立方米每秒,伊洛河黑石关水文站流量为 391 立方米每秒,沁河武陟水文站流量为1020立方米每秒。8月21日3时，花园口又出现6620立方米每秒洪峰。洪水过程的特点是洪峰次数多，中水历时长，来沙量大。

8月16日，当花园口水文站流量6900立方米每秒洪峰时，河南省副省长宋照肃，在黄委副主任杨庆安、庄景林和河南河务局副局长赵天义等陪同下，赴花园口三坝、东大坝、将军坝等险工查看洪水、工情。济南军区副司令张志坚带领有关部门负责人，查勘黄河汛情、险情，部署和检查部队抗洪抢险救灾工作。驻豫部队、武警部队领导亲临现场检查部队救灾情况，并派某部空降旅300余人及冲锋舟营救滩区被水围困群众。

（六）1996年洪水

1996年8月5日，黄河花园口站出现了第一号洪峰，流量7600立方米每秒，水位95.33米。8月13日，花园口站出现第二次洪峰，流量5520立方米每秒，水位94.69米。特别是第一号洪峰水位表现异常偏高，达到该站有实测资料记载以来最高水位，洪量大，持续时间长，河道工程出险多，滩区淹没严重，并且两次洪峰相隔仅8天时间。

这次洪水尽管属于中常洪水，但表现异常。一是水位表现高，演进速度慢。据统计，花园口洪水位为94.73米，比1982年15300立方米每秒洪水位高0.74米，洪峰从花园口到孙口传播历时224.5小时，是同流量级洪水平均传播时间的4.7倍，比有记载以来传播时间最长的141小时（1976年）还要多83.5小时。由于洪水演进速度慢，以至于8月13日花园口水文站出现的二号洪峰（5560立方米每秒）在孙口站赶上了一号洪峰，叠加为一个洪峰。二是工情险情多，滩区受灾严重。由于堤防偎水严重，洪水期间郑州市辖区16处险工、控导工程全部偎水生险，控导工程部分漫顶，保合寨控导14道坝和马渡下延4道坝全部漫顶。

1996年8月2日8时，黄河花园口出现3580立方米每秒洪水，是入汛以来最大的洪水，下午15时，中牟河务局局长张治安陪同县长康培元、副县长魏诗礼等查勘狼城岗滩区，滩区漫水，生产堤开口150米，组织村民抢护。18时天又降起了大暴雨。在现场康培元说："治安局长，黄河防汛，你们是专家，大汛期咱们俩形影不离，我做你的传话筒，要人组织人，要物组织物，全力保障。"一席话充分体现了地方行政首长对黄河防汛工作的高度重视和责任担当，对黄河主管部门的充分信任和大力支持。中牟当天河势工情：九堡下延工程以上水位偏高，与1992年6262立方米每秒时水位相当。高水位持续整整1天，河道一片汪洋，九堡以下滩区村庄（孙拔庄、南仁、狼城岗等）被洪水包围。九堡控导下延工程124～141坝水位在87.12～87.17米。8月3日情况报告：狼城岗滩区机淤场地漫水深达2米左右，设备撤出，2个帆布屋被水淹没露出2个小尖尖。水沟浪窝很多，尤其万滩险工，坝面护岸上浪窝一个接一个，龙卷风把树木刮倒数百棵，果园围墙刮倒300多米，落果1万多千克，治黄高压线路被树木砸断多处。下午，郑州河务局局长王德智、副局长刘天才、工会主席陈敬波赶到狼城岗与参加抗洪的武警部队首长一起研究抗洪事宜。8月4日2时，黄河花园口出现4050立方米每秒洪水，预报下午将出现5500立方米每秒洪水，情况十分危急。早晨5时，王德智电令：中牟河务局副局长兼抢险队队长朱兆付同志带20名抢险队员立即赶赴巩义抢险。在这种情况下，中牟河务局电请上级：

在九堡下延124～141连坝上打子埝,以防洪水漫顶。10时河南河务局批复:同意中牟打子埝的方案。标准是:子埝高0.5米、顶宽0.6米、边坡1:1.5、长1800米等。中牟河务局随即做出安排,组织职工150人、亦工亦农抢险队(4支队伍)队员200余人。到下午18时完成任务。由于洪水加雨水的恶劣环境,朱兆付等从巩义赶回后,又带领抢险队和留守在子埝守险的1个班汇合共同守险。中牟河务局男职工回单位(万滩)待命,女职工回基地(县城)待命。8月5日九堡又降大雨,子埝渗水告急,待命职工70人赶到,同抢险队守险人员120人,加固了子埝。8月6日3时,子埝再次渗水告急,随即安排抢险队用塑料布进行防护。紧接着东漳上堤迁安路口告急,县防指电令到此查勘河势情况,上堤只剩混凝土路面,下部被淘空。一旦路断人稀,危及迁安工作,县委书记王锦平及四大班子主要领导赶赴现场,研究抢修方案,将抢修任务交给中牟河务局。8月7日电请郑州河务局批准,中牟河务局随即安排抢险队统计员刘进贵带领11人进行抢修,天黑前完成清基任务,另外抢险队班长安延学带领1个班防守。深夜,王振武负责组织四轮车20辆,运107国道拆下来的混凝土路面石20车,分别运至东漳路口10车,赵口险工8坝10车。8月8日8～21时,10多名抢险队冒着危险,在狭小的空间和炎热潮湿的环境下,将一块块混凝土块铺塞在路面下的洞中。在抢修当中,张玉奇头部被碰伤,多名职工的手脚被砸伤。在这种情况下,他们坚持完成了抢修任务。“没想到干得这么快,这群人竟是河务局职工,太质朴,真英雄,是全县人民学习的榜样,谢谢你们!”这是坚守在现场的县人大副主任张凤芝的赞誉。

从这次洪水过程看,不少控导工程因漫水,损失较大。中牟九堡抢修子埝效果俱佳,既避免了顺堤行洪危及堤防安全和近堤群众的生活生产安全,又保住了控导工程。

三、抢险

(一)抢险情况统计

1948～1984年黄河多为丰水年,黄河堤防、险工险情频发,抢险投入人力、物力、财力巨大。可惜资料缺失,未能录入。

1985～2015年黄河多为枯水年代,河道整治工程逐步完善,抗御洪水能力逐步增强,堤防、险工、涵闸出险相对较少。但是,新修控导工程,基础浅,出险多。据统计,31年间郑州黄河共发生重大险情27次、较大险情56次、一般险情4118次,抢险用石共计601841立方米,抢险费用7636.82万元(见表3-7)。

关于险情级别的大小问题:一般以发生时为依据确定险情级别的大小。从险情发展和结果来看,有的较大险情的规模和工程量足以达到重大险情标准,一般险情足以达到较大险情标准。也就是说,实际的重大险情和较大险情发生的次数,应该多一些。

表 3-7　郑州黄河历年河道工程险情统计表

年份	花园口最大流量（立方米每秒）	险情（次数）			抢险用石（立方米）	抢险费用（万元）
		重大	较大	一般		
合计		27	56	4118	601841	7636. 82
1985	8100	7	7	39	20507	84. 84
1986	4030	0	0	28	3764	19. 47
1987	4700	0	3	18	3797	21. 77
1988	7000	0	1	35	7762	54. 57
1989	6100	1	0	26	6908	26. 61
1990	4250	0	0	11	5197	32. 27
1991	3100	0	0	65	14238	76. 67
1992	6260	2	1	89	10421	84. 2
1993	4360	1	0	22	4908	115. 55
1994	6260	0	0	149	20003	211. 61
1995	3560	0	0	43	7975	102. 59
1996	7600	1	0	98	18856	236. 92
1997	4020	0	0	43	5660	62. 19
1998	4700	0	3	105	18865	217. 3
1999	3260	0	0	221	21978	291. 34
2000	1180	0	0	122	13873	155. 87
2001	1680	0	1	179	20256	260. 7
2002	3080	0	1	469	51910	659. 16
2003	2780	6	4	506	63998	909. 29
2004	3550	0	0	144	16327	171. 43
2005	3640	0	2	289	34492	408. 8
2006	3920	5	2	186	23904	323. 626
2007	4290	1	5	215	33601	451. 567
2008	4610	0	8	159	26257	407. 239
2009	4010	0	1	120	16214	218. 04
2010	6680	0	0	176	23593	303. 2
2011	4100	3	2	94	31644	357. 68
2012	4320	0	4	149	24473	330. 87
2013	4310	0	11	318	50460	1041. 45
2014	4000	0	1	131	17763	448. 04
2015	3520	0	1	66	10804	219. 33

(二)抢险实例

1.1952年保合寨险工抢大险

1952年7月28日至10月6日,黄河在保合寨险工对岸上游坐弯折向东南,形成“横河”,直冲脱河多年的保合寨险工。当时大河流量仅为2130立方米每秒,水面宽由千余米缩窄到百余米,形成大河入袖之势,水流集中,淘刷严重,造成堤防坍塌长45米、宽6米、水深10米以上,大堤上的一段铁路也被悬空在大溜之上,险情十分危急。对此成立了临时抢险指挥部,抢险指挥部设在大堤防汛屋内,袁隆(河南河务局局长)为总指挥,黄委会工务处沈麒麟等参加。开封地委书记和行署专员也赶赴现场,组织抢险。抢险指挥部从河南河务局所属的中牟、开封、兰考和平原省所属的沁阳、武陟、原阳、封丘等7个修防段抽调工程队员200人支援抢险,同时又组织沿黄有抢险经验的民工400余人配合工程队抢险。此外,又向郑州铁路局申请一个专列运送石料,指令郑县沿黄4个区送柳料100万千克。朱占喜在工地负责宣传工作,在广播里连续播放好人好事,激励着大家的斗志。当时,正处在抗美援朝时期,工程队员和民工的爱国主义热情与主人翁精神异常高昂,工地上开展了热火朝天的爱国主义劳动竞赛活动。抢护方法:采用(李建荣的)风搅雪、外抛柳石枕,加固护岸等。经过10个昼夜奋战,恢复了工程,抢修了4个石垛。本次抢险用石6000立方米,柳料100万千克等,使保合寨黄河堤防转危为安。

2.1964年7月下旬花园口险工191坝抢大险

1964年7月下旬,花园口险工191坝出现重大险情。因水深(13～16米)流急,主溜淘刷,坦石坍塌及土坝体入水;仅抢险用石量,就高达11600立方米。

3.1974年中牟杨桥险工抢大险

1974年,杨桥险工20坝等发生重大险情。因大河主溜紧逼杨桥险工,造成20坝等多处坦石坍塌,猛墩猛蛰,滑坡不断。在地方政府的大力支持下,省、市河务部门的指导下,中牟修防段全体职工和沿黄群众,连续45天奋力抢护,才使工程转危为安。

4.1977年杨桥、万滩两险工抢大险

1977年8月8日,当花园口站洪峰流量10700立方米每秒洪水进入中牟河段后,杨桥险工8坝以下至万滩险工49坝均靠溜,其中杨桥险工19～27坝靠大边溜,造成19坝上、下跨角坍塌下蛰10余米入水,20坝下蛰30余米入水。当时,抢险急需柳秸料、石料。万滩、大孟、刘集、东漳四公社于24小时之内向出险地点砍送柳枝20多万千克,全县涉及14个公社由中牟县城运石到险工达7000多立方米。当时,正值雨季,道路泥泞,车辆难行,马车、架子车只得借助于拖拉机来牵引。后来中牟县委又及时组织百余辆汽车,从县城拉来煤渣垫路,保证运石车辆通行,满足抢险用石之急需,并组织了足够的人力、物力,不分昼夜抛柳石枕和铅丝笼抢护。继27坝出险后,万滩险工从35坝到58坝共17道坝及3段护岸相继坍塌下蛰。又组织人力,及时分头予以抢险,加之物料供应及时,组织严密,抢护得法,使险情缓和下来。此次抢险,杨桥险工共用石料6276立方米、柳枝20.46万千克、铅丝6846千克,万滩险工共用石料9550立方米、铅丝11664千克。

5. 1985 年花园口东大坝 2 ~5 坝抢大险

1985 年 9 月 20、21 日，花园口东大坝 2 ~5 坝发生重大险情。因大溜顶冲，9 月 20 日凌晨 3 时，新 5 坝迎水面到坝头长 60 米、宽 16 米全部蛰入水中。9 月 21 日 22 时，4 坝下跨角背水面由于回流淘刷，导致从坝头向后连同坝基冲失。10 月 11 日 17 时，3 坝上跨角至坝头由于出现近 45 度角的斜河，走失 37 米。另外，2 坝、5 坝也都出现了较为严重的险情。险情发生后，河南省副省长胡廷积，省军区参谋长李学思、副参谋长孟庆夫，黄委副主任刘连铭、庄景林，以及郑州市副市长彭甲戌等先后到现场察看险情，研究抢护方案。险情严重时，河南河务局副局长王渭泾、赵献允和当地防汛指挥部领导坐镇指挥，参加抢险人数达 1200 多人，其中解放军和总参电子学院 600 多人。经过 45 天的艰苦奋战，用柳石搂厢进占、抛枕护根，并首次使用装载机抛石，最终控制了险情。抢险共用石料 13424 立方米、柳料 217 万千克，抢险费用 92. 14 万元。

6. 1988 年中牟九堡下延 119 ~125 坝抢大险

1988 年 8 月 8 日，九堡险工 118 坝下首产生“斜河”，直逼新修九堡下延 119 ~125 坝，从 6 时到 8 时仅仅 2 个小时，7 道坝坦石几乎全部坍塌入水，情况万分紧急，段长刘天才，副段长吴立信、张治安、朱福庆带领全局职工 300 人和 5 支亦工亦农抢险队及村民 500 余人迅速实施抢护，中牟县政府领导及东漳、万滩乡领导也迅速赶到现场参战。郑州修防处领导和治黄抢险老专家赵春合相继赶赴现场指导抢险。段领导及时分工：刘天才全面负责，吴立信负责协调工作，副书记娄伯谦坐镇机关做后勤保障工作，张治安现场指挥，朱福庆负责现场后勤保障工作，将 50 人的抢险队分为 7 个组，各组把守 1 道坝，作为技术骨干据守在各个枕位和笼点带领职工民众抢险。经过全体指战员 8 昼夜的艰苦奋战，使工程转危为安。此次抢险主要采取的是人工搂厢、推枕、推笼和抛投块石，小翻斗车运土。

7. 1992 年中牟九堡下延工程 131 ~138 坝连续抢险

1992 年 8 月 15 日上午，大河洪水上涨，中牟九堡下延工程水位表现较高，距连坝坝顶(87. 6 米高程)只有 0. 2 ~0. 5 米。139、140 丁坝坝头漫水，部分丁坝面局部上水，134 连坝中间被冲一水沟。中牟河务局局长高新科、副局长张治安、工会主席朱兆福等带领抢险队 50 名全体队员、8 部小翻斗车进行紧急抢护。郑州河务局总工曾日新、工务科长申建华、助工张遂芹等赶赴现场指导。研究决定：抢修恢复坝顶设计高程 87. 6 米；在最危险处修筑子埝，埝高、顶宽均为 1 米，边坡 1∶1，用草袋护坡；购草袋 5000 条、柳料 10 万千克。当天 17 时，河南河务局副局长赵天义、工管处副处长谷慧林等赶赴现场，明确要求：子埝做 0. 5 米高，哪里危险做哪里。8 月 16 日 3 时 50 分，九堡下延 137、138 连坝普遍漫水，情况十分危急。张治安、朱兆福随即组织机关男职工 50 人赶赴现场，131 ~138 坝一片汪洋。职工迅速跳入水中，用草袋等筑子埝。随即通知三支亦工亦农抢险队 170 人(九堡 30 人、三刘寨 75 人、万滩 65 人)参加抢护。根据险情发展情况，5 时 50 分，张治安电告郑州河务局防办和中牟县委书记王发智。7 时，王发智等领导到达现场，并调东漳乡 500 人 8 时前赶赴现场。7 时 30 分，河南河务局工管处处长杨家训、郑州河务局总工曾日新等赶赴现场。依据指导意见,中牟河务局局长高新科明确,成立抢险指挥部,张治安任指挥长,负责全面指挥;副局长朱福庆、朱立谦分别负责后勤保障和统计工作;工会主席朱兆福负责险点抢护工作。经过全体人员的奋力抢护,到次日天亮,工程转危为安。本次抢险,高峰时投入人力1100多人,用工2000多个,各种车辆100多台班、草袋5000条、柳料10万千克、土方4000余立方米等。当日(16日)8时花园口流量6230立方米每秒,九堡最高水位87.92米,高出坝顶(87.60米)0.32米。

8.1993年保合寨控导工程37坝抢大险

1993年8月20日,保合寨控导工程37坝发生重大险情。保合寨控导工程27~37坝为旱坝,是新修工程,此前不靠河,且距大河主溜较远。8月20日14时,河势骤然变化,主溜急剧南滚,浪头起伏不断,达数百米,河床大块泥土被揭起(实属严重的“揭河底”现象),仅1个小时,河槽刷深,主溜顶冲37坝。该坝是旱工柳石沉排坝,基础只有4米深,经不起淘刷,至16时坝前头被冲走20米(邙金河务局副局长张治安现场报告)。

接到险情报告后,邙金河务局局长边鹏、副局长崔润田和党组成员王世成、李老虎等迅速赶赴现场。郑州河务局局长苏茂林,副局长王德智、刘天才、郝正民等领导及机关相关部门负责同志也及时赶到,随后河南河务局高兴利、杨家训等赶赴现场。邙金河务局职工干部400人几乎全员出动,邙山区领导带领沿黄200多名群众主战。

由于道路泥泞,料物缺乏,就地砍柳人工拉送十分困难,铅丝、麻绳、木桩、油料及生活用品全靠冲锋舟水上运输。连夜奋战到次日,仍不奏效。苏茂林命令,成立现场指挥部,由张治安任指挥长,成员由郑州河务局部门负责人和邙金河务局领导等组成,并请具有丰富抢险经验的老队长赵春合做顾问,又调郑州黄河第一抢险队20人助战。在各级领导和地方政府的大力支持下,即采用传统的抢险方法,又采纳高兴利提出的“石料、柳料一起进”的抢护方法。全体指战员苦战三天三夜,才使工程转危为安。次此抢险张治安同志颈椎负伤,而后住院治疗。同志们的艰辛程度可想而知。

思考:抢险要依据实际情况,此前,黄河抢险是不允许大量抛石的,多采用传统的抢护方法,而本次因柳秸料缺乏,采用了“石料、柳料一起进”抢护方法,从形式上改变了抢护方法,但从本质上并没有改变其机制。这种做法和黄河南岸“风搅雪”的做法是一致的。

9.2006年桃花峪控导工程15坝抢险

2006年6月20~22日,桃花峪控导工程15坝出现较大险情。因水深(13米)流急,大溜顶冲,该坝迎水面连同坝前头,坦石坍塌入水,土胎裸露,累计出险体积2833立方米。险情发生后,荥阳河务局及时报告,申请支援,郑州河务局迅速调郑州第一、二机动抢险队人力、机械和物资支援,立即成立桃花峪控导工程重大险情抢险指挥部,郑州河务局局长边鹏,副局长董小五、崔景霞亲临现场指导抢险,紧急调用惠金河务局自卸车3辆、推土机1台,中牟河务局编织袋5000条、塑料网兜150千克、土工格栅70平方米、自卸车2辆。中牟河务局局长王广锋带领第一机动抢险队、惠金河务局局长仵海英带领第二机动抢险队火速赶赴现场参加抢险。抢险现场动用自卸车5辆、装载机3台、挖掘机1

台、发电机组2台。由于柳料缺乏，指挥部决定采用土工格栅装编织袋护土胎、抛铅丝笼护根、抛散石护坡。经过120余人的全力抢护，工程转危为安。历时5天，于6月25日胜利结束。

10. 2007年荥阳桃花峪控导工程16坝抢险

2007年6月22日18时55分至23日21时55分，桃花峪控导工程16坝相继发生较大险情。因水深(11米)流急，桃花峪16坝迎水面和坝前头先后发生险情3次，累计出险体积2072立方米。险情发生后，荥阳河务局及时报告，申请支援，郑州河务局迅速调郑州第一、二机动抢险队人力、机械和物资支援。河南河务局副局长王德智、防办副主任高兴利，郑州河务局局长边鹏、副局长崔景霞和马水庆，荥阳市副市长王和祥等亲临现场指导，决定采取抛柳石枕和丙纶网兜相结合的方法进占，抛铅丝笼固根，抛块石还坡，填土整平进行抢护。本次抢险历时2天，至6月24日12时结束。动用人力120人、自卸车6辆、装载机2台、挖掘机1台、推土机1台、发电机组2台，抢险用料散石1234立方米、土方768立方米、铅丝814千克，编织袋10458个、丙纶网兜20个，抢险投资22.58万元。

11. 2013年巩义赵沟控导工程抢大险

2013年，赵沟控导工程上延8坝至上延15坝发生重大险情。因水深(5～10米)流急，淘刷严重，坦石坍塌入水，长管袋褥垫沉排裹护体悬空2～3米。险情发生后，省、市河务局和地方政府领导现场指导，大力支持，巩义河务局充分发挥人力和大型抢险机械作用，组织全力抢护，采取抛笼固根、抛石还坡、填土整平的方法进行抢护。历时半年，控制了险情的发展，修复了工程原貌。累计抢护体积达27877立方米。

12. 2013年九堡下延工程抢大险

2013年6月27日至7月15日，九堡下延工程4道坝连续出现较重大险情，险情发生后，中牟河务局迅速组织抢护，黄委和省、市河务局领导现场指导。由于组织严密、措施得力、方法得当，使工程转危为安。

(1)2013年6月27日17时30分，136坝出现较大险情。因水深(12米)流急，大溜淘刷，该坝前头连同下跨角坍塌入水，土胎裸露。出险尺寸：长25.2米、宽4.8米、高8米，出险体积968立方米。本次抢险历时2天，2013年6月29日17时抢护结束。动用装载机3辆、挖掘机2台、推土机2台、自卸车6辆、发电机组2台、洒水车2辆、平板拖车10趟。用工900工日。抢险用料：石料595立方米、铅丝298千克、麻绳902千克、木桩45根、柳料5.68万千克、土方273立方米。抢险投资54.15万元。

(2)2013年7月6日10时10分，140坝发生较大险情。因回溜淘刷，该坝迎水面0+38～0+63处坦石坍塌入水，土胎裸露。出险尺寸：长25米、宽5.59米、高7.5米，出险体积1048立方米。本次抢险历时1天，2013年7月7日抢护结束。动用装载机3辆、挖掘机2台、推土机2台、自卸车6辆、发电机组2台、洒水车2辆、其他车辆3辆，用工750工日。抢险用料：石料640立方米、铅丝476千克、木桩20根、土方408立方米。抢险投资39.90万元。

(3)2013年7月10日17时45分，142坝发生较大险情。因大溜顶冲，该坝上跨角连同前头坦石墩蛰入水,土胎外露。出险尺寸:长25米、宽4.03米、高10米,出险体积1007立方米。本次抢险历时5天,2013年7月15日抢护结束。动用装载机3辆、挖掘机2台、推土机2台、自卸车6辆、发电机组2台、洒水车2辆、其他车辆3辆。用工750工日。抢险用料:石料625立方米、铅丝715千克、木桩30根、土方382立方米。抢险投资45.16万元。

(4)2013年7月13日16时55分,124坝发生较大险情。因水深(11米)流急,大溜顶冲,该坝上跨角连同前头坦石坍塌入水,土胎裸露。出险尺寸:长38米、宽3.55米、高9米,出险体积1214立方米。本次抢险历时2天,2013年7月15日抢护结束。动用装载机3辆、挖掘机2台、推土机2台、自卸车6辆、发电机组2台、洒水车2辆、其他车辆3辆。用工700工日。抢险用料:石料800立方米、铅丝715千克、木桩30根、土方414立方米。抢险投资44.54万元。

13. 2014年巩义赵沟上延2坝抢险

2014年7月6日14时,赵沟上延2坝出现较大险情。因水深(18米)流急,边溜淘刷。该坝上跨角连同圆头坦石坍塌入水,土胎裸露。出险尺寸:长18.0米、宽5.0米、高7.5米,出险体积675立方米。险情发生后,巩义河务局迅速组织抢护,采取抛笼固根、抛石还坡、填土平整。本次抢险历时1天,至7月7日抢护结束。动用装载机2台、自卸汽车4辆、挖掘机3台。

14. 2015年中牟九堡下延控导工程119坝抢险

2015年7月20日13时10分,九堡下延控导工程119坝发生较大险情。因大溜顶冲,该坝直线段连同坝前头坦石墩坍塌入水,土胎外露。出险尺寸:直线段,长25米、宽3.9米、高12米,出险体积117立方米;坝前头,长10米、宽2米、高11.8米,出险体积236立方米。险情发生后,中牟河务局迅速组织抢护,采取抛笼固根、抛石还坡、填土平整。本次抢险历时半天,胜利结束。

四、援外救灾

郑州治黄人为黄河流域内外和全国各地提供抗洪抢险救灾物资数百次,参加指导和抢护行动多达上百次。

部分抢险救灾及指导等实例

1. 长江抗洪抢险

1978年,长江告急。一天深夜接黄委紧急通知,中牟修防段工程队队长赵春合,作为国家抗洪抢险专家重要成员之一,赴长江指导抗洪抢险,历时半个月,受到领导和当地军民的高度赞扬。

2. 焦作孟县抢险

1986年7月,焦作孟县逯村控导工程引坝续建工程发生重大险情。直接威胁大片地区群众生命财产安全,引起了当地政府的高度重视。投入千余人力实施抢护,历时数日,险情继续扩大。河南河务局紧急调抢险专家赵春合和河南(中牟)第一机动抢险队支援。中牟修防段副段长吴立信和河南(中牟)第一机动抢险队队长齐胜志,带领30名抢险队员赶赴现场,迅速制订抢护方案,确定新的抢护生根位置和系统的传统水中进占(不只搞单一的推枕抢护)方法。冒雨迅速实施抢护,进一批坯,保一坯,进一占,稳一占,占占安全。历时7昼夜。

3. 开封沉排坝施工

1990年,应开封河务局邀请,中牟河务局工程师张景奎指导开封黄河沉排坝施工。主要任务是指导编制超大型铅丝笼网片,用于沉排大石笼施工。

4. 跨河塔基围堰抢护

1991年4月,河南黄河工程局承建的郑焦跨河超高压55万伏塔基围堰告急。该围堰一旦失守,整个工程将毁于一旦,造成数百万元的经济损失。经多日抢护无果,建设、施工队伍等均束手无策。河南河务局急电,河南第一机动抢险队前去救援。接电后,队长张治安带领40名抢险队员迅速赶赴现场。在抢险老专家赵春合的亲自指导下,迅速查看河势工情,拟订抢护方案,采取搂厢护胎、推枕固根的方法,奋战两天两夜,控制了险情,加固了围堰,有效支援了地方建设。

5. 小浪底浮桥抢险

1992年7月,国家重点建设项目小浪底水库前期工程正在紧张施工,由河南黄河工程局承建的辅桥桥墩受大水冲刷出现较大险情,直接影响着小浪底前期工程进度的大局,先后由多名专家和抢险队伍进行抢护,历时半个多月均不奏效,险情继续扩大。后紧急调用河南(中牟)第一机动抢险队支援,队长齐胜志带领50名抢险队员赶赴现场,制订方案,改抛小石笼(1立方米)为抛大石笼(3立方米),固基防冲,效果很好。全体队员连续奋战4昼夜,使桥墩转危为安,工程施工正常进行。

6. 传授编网技术

2001年,应孟津河务局邀请,中牟河务局职工闫金叶等6人参加指导孟津河务局铅丝网片编织技术。由该局原来的1立方米网片改为3立方米网片,质量高,又省铅丝,抛投固基效果俱佳。此后,该局全部编织使用3立方米铅丝笼网片。而后,还曾支援渭南抢险用料。

7. 孟津土地平整

2001年,应孟津河务局邀请,中牟河务局推土机技术能手朱兆立,7天为孟津河务局平整土地400余亩。原计划30天任务,由于朱兆立技术过硬、吃苦耐劳、昼夜奋战,仅用7天时间完成任务,使孟津河务局职工干部感到惊讶,并高度赞扬,甚至提出让朱兆立同志留孟津工作等。朱兆立的工作为该局留下了美好而持久的印象,从而使孟津河务局机械施工技术提升了一大步。

8. 孟津浅坝施工

2002年,应孟津河务局再次邀请,中牟河务局推土机技术能手朱兆立,在非典的危险期间参加铁谢(太奥)浅坝施工。朱兆立同志驾驶D85推土机,推石进占,利用超高技能,压低占顶于水中,极大地提高了施工进度和工程质量。17 天 520 米(水中 420 米)长坝完工。在黄河上实属罕见,受到了孟津河务局职工干部的再一次极高评价和赞扬,也为该局今后的河道工程施工留下了印象,打下了基础。

9. 沉沙试验

2002 年,郑州(中牟)第一抢险队队长齐胜志作为专家组成员,参加小北干流沉沙工程试验,黄委副总工胡一三带队。

10. 孟津比武培训

2002 年,应豫西河务局机动抢险队邀请,中牟河务局老职工丁合勤、高级技师王凤岭培训指导队员比武前的学习与演练。主要任务是传统水中进占、捆抛柳石枕和铅丝笼等。当年,在河南河务局比武中,豫西河务局机动抢险队获得第二名的好成绩。这是多年来第一次参加并获此殊荣,为该队树立了信心和发展壮大奠定了基础。后经上级批准,豫西河务局机动抢险队由原来的 30 人增加到 50 人,并增添了抢险设备。

11. 渭南东芦抢险

2003 年,国庆期间,渭南东芦某黄河护滩工程发生严重险情。郑州第一抢险队队长吴中兴带领 30 名抢险队员,赶赴现场,迅速展开抢险战斗,采取传统水中进占法进行抢护,历时 12 天,工程转危为安。

12. 兰考蔡集抢险

2003 年,兰考蔡集控导工程上首溃决,情况危急。中牟河务局副局长朱富仁、郑州第一抢险队队长吴中兴和老队长齐胜志带领 40 名抢险队员参加蔡集控导工程抢险,主要负责厢埽、进占、裹头、合龙工作,历时 20 天。

13. 焦作沁河抢险

2003 年,沁阳北孔村沁河护滩工程发生严重险情。中牟河务局副局长朱富仁、郑州第一抢险队队长吴中兴和老队长齐胜志带领 50 名抢险队员赶赴现场,迅速制订抢护方案,冒雨采取传统旱工修垛,挑流逼洪,效果显著,奋战 3 天,凯旋而归。

14. 封丘大宫抢险

2003 年,封丘大宫护滩工程出现严重险情,中牟河务局副局长朱富仁、郑州第一抢险队队长吴中兴带领队员 20 人,实施传统水中进占抢护,历时 10 天,凯旋而归。

15. 封丘黄河工程施工

2004 年,原郑州第一抢险队队长齐胜志,受上级委派,参加指导封丘 18 道坝施工。

16. 汶川抗震救灾

2008 年,郑州河务局组织 30 人,由中牟河务局副局长丁学奇带队,参加汶川抗震救灾,主要负责水库守护,渠道爆破导流,历时 20 天,凯旋而归。

17. 嫩江抗洪

2013 年 8 月,吉林嫩江告急。接上级通知,中牟河务局高级技师孙天宝作为国家抗洪抢险专家组成员,赴嫩江指导抗洪抢险,历时 3 天,胜利而归。

18. 内蒙古抢险

2014 年 8 月,内蒙古黄河达拉特旗河段张四圪堵险工告急。8 月 24 日 10 时 17 分,河南河务局接黄河防总办通知，要求派出一支由30人组成的防汛抢险组，并适量携带防汛常用物资和工器具，赴内蒙古抗洪前线，协助参与防汛抢险工作。8月24日17时，支援内蒙古抢险的河南黄河应急抢险队（队员主要来自郑州河务局）30人，在惠金河务局迅速集结，河南河务局副局长李建培等领导亲自送行并做战前动员，勉励大家到达抢险现场后，要发扬“团结、务实、开拓、拼搏、奉献”的黄河精神，展现河南黄河抢险队良好的精神风貌，在确保自身安全的同时，圆满完成抗洪抢险任务。17时30分，河南抢险组人员乘坐一辆大巴客车和一辆吉普车，携带的土工布、麻绳、木桩、发电机、手硪、油锤、油锯、手斧、小型缝包机、缝包线等抢险物料和帐篷、灶具、单人床、被褥等生活用品由三辆货车拉运，急驰内蒙古。经过26个小时的昼夜兼程，于25日19时，队伍到达鄂尔多斯市达拉特旗。8月25日，河南抢险组负责人、应急抢险队长高兴利，对全体队员进行简短动员之后，副队长张建永带领抢险队奔往抢险工地，卸运物资设备，架设锅灶，安营扎寨。8月26日14时，正式投入张四圪堵险工抢险战斗，采取大铅丝笼和土工包水中筑坝进占方法进行抢护，一部分队员迅速编制大铅丝笼网片和缝制大土工包，一部分队员迅速实施抛投抢护。全体队员团结协作、不畏艰险、连续奋战，历时一周胜利完成支援内蒙古黄河抗洪抢险任务（见图3-13、图3-14）。

图3-13　河南郑州黄河应急抢险队赴内蒙古抢险现场（2012年）

图3-14　河南郑州黄河应急抢险队赴内蒙古抢险凯旋（2012年）

第四章　河　政

河政工作是治黄工作的重要组成部分，突出体现在人与管理等方面的工作。对此，郑州河务局主要强化实施了以下七个方面的工作，即机构、工程运行管理、水政水资源管理、财务与审计、人事劳动、科技与信息。

第一节　机　构

郑州河务局是郑州黄河的水行政主管机关，正县处级单位，受河南黄河河务局和郑州市人民政府双重领导，承担着郑州黄河河段的防洪、治理开发规划与实施、工程建设与管护和水资源管理等任务。

1995 年机构改革以前郑州河务局及所属河务局的主要职责是“修、防、管、营”四大职责。修，是修建、改（扩）建、除险加固、岁修维护河道工程（堤防、坝岸、涵闸及穿堤建筑物）；防，是防洪、防汛、抢险；管，是河道工程管理，河道和河道工程管护地的维护，工程建设规划、设计、实施，防洪规划和防汛预案的修订及日常工作的综合管理；营，是综合经营，开展土地开发、种植养殖和兴办工商业、施工企业等。

一、郑州河务局

（一）主要职能

1995 年以后，随着治黄事业的发展，水行政管理职能的加强以及行政区划的调整，其机构设置也有些变化和调整。主要职责有八项（2011 年机构改革后，又做了进一步明确）：

一是负责《水法》《防洪法》《河道管理条例》《黄河水量调度条例》等有关法律、法规的实施和监督检查，并根据上级授权，拟定郑州黄河治理开发、管理与保护的政策和规章制度。

二是根据黄河治理开发总体规划，编制郑州黄河综合规划和有关专业或专项规划，规划批准后负责监督实施；组织有关建设项目前期工作；编报郑州黄河水利投资的年度建设计划；组织、指导辖区内黄河有关水利规划和建设项目的后评估工作；负责提出辖区内黄河中央水利项目、水利前期工作、直属基础设施项目的年度投资计划并组织实施。

三是负责辖区内黄河水资源的管理和监督。受上级委托组织开展郑州黄河水资源调查评价工作。组织拟订郑州黄河水量分配方案和年度水资源调度计划以及旱情紧急情况下的水量调度预案，实施水量统一调度和监督管理；组织或指导辖区内涉及黄河水资源建设项目的水资源论证工作，组织实施取水许可等制度。负责辖区内黄委审批发证的取用水工程或设施的取用水统计工作。

四是负责编制郑州市防御黄河洪水预案并监督实施；指导、监督郑州市黄河滩区安全建设工作，按规定组织协调管辖范围内的水利突发公共事件的应急管理工作。负责管辖范围内应急度汛工程、水毁修复工程项目上报及实施，组织实施河道工情巡查观测及工程维护。承担郑州市防汛抗旱指挥部黄河防汛抗旱办公室的日常工作。

五是负责郑州黄河河道、堤防、险工、控导、涵闸等水利工程的管理、保护；按照规定或授权，负责辖区内黄河水利设施、水域及其岸线的管理与保护，以及水利工程和基础设施、非工程措施的运行管理；根据授权，组织辖区内建设项目的审查许可及监督管理。负责辖区内及授权河段河道采砂管理及监督检查。

六是负责辖区内水政监察和水行政执法工作，查处水事违法行为；负责辖区内水政监察队伍的建设与管理工作；负责辖区内黄河水事纠纷的调处工作；协调黄河派出所建设与管理有关工作；负责安全生产工作及其直接管理的水利工程质量和安全监督；根据授权，负责管辖范围内堤防、涵闸等水利工程的安全监督。

七是按规定指导管辖范围内农村水利及农村水资源开发有关工作。组织承担有关科技成果的推广应用。负责郑州黄河治理开发和管理的现代化建设。

八是按照规定或授权，负责辖区内黄河水利资金的使用、检查和监督；负责辖区内水利国有资产监管和运营；依据有关法规计收黄河供水水费和有关规费；承担有关水利统计工作。如图 4-1 所示。

图 4-1　签订目标责任书（2009 年）

（二）机构沿革

1948年10月22日郑州解放，原治黄机构维持不变，原地下党负责人及军代表负责日常工作，同年12月，成立了华北人民民主政府黄河水利委员会并接收国民党河南修防处，修防处下设南一总段、南二总段、北一总段。

1949年3月23日，广郑黄河修防段成立，管辖广武县和郑县的黄河南岸大堤(30.125千米)，原南一总段及一、二分段建制撤销。孟洪九任广郑黄河修防段段长，段部驻在郑县花园口。

1950年3月5日，广郑黄河修防段机构设置为秘书股、工程股、财务股及工程队。职工由63名增加到78名，其中技术干部3名、行政干部6名、勤杂7人、修防工人62名。

1953年3月20日，广武、郑县撤销，广郑黄河修防段所辖原广武及郑县堤段，因行政区划的变动，均改属郑州市，因而于3月25日改名为河南黄河河务局郑州黄河修防段。仍为3股1队，职工76人，其中技术干部增至4人。

1954年2月，郑州黄河修防段改为河南黄河河务局的直属段。

1956年12月12日，郑州黄河修防段改名为郑州黄河修防处（简称郑州修防处），3股1队改为3科1队。职工83名，其中技术干部5名、行政干部16名、工人62名。

1959年12月开始兴建的黄河花园口枢纽工程，于1961年2月竣工验收，3月由东风渠首闸管理段接管，受河南省水利厅东风渠灌溉管理局花园口枢纽管理分局领导。3月27日，分局与郑州修防处合并办公，统一组织机构。局设办公室、淤灌科、工管科、园林科、财务科，渠首闸管理段、黄河修防段、索贾河管理段。7月，河南省水利厅任命郑州修防处主任、副主任为分局局长和分局副局长。12月2日，河南省水利厅又通知分局与修防处分开。

1962年5月4日，河南省人民委员会决定东风渠渠首管理段改为郑州花园口枢纽工程管理段，受郑州修防处领导。分局改为皋村、郭当口、大贺庄三个管理段及灌区灌溉试验场，均属东风渠灌溉管理局领导。成立黄河派出所，业务由郊区公安分局领导。郑州修防处共有职工28人。1962年底增加到48人。

1963年11月30日，黄委成立花园口枢纽工程管理处，下设秘书、工务、财务3科及原武管理段。

1966年7月21日，花园口枢纽工程管理处恢复花园口枢纽工程管理段名称，仍归郑州修防处领导。9月开始“无产阶级文化大革命”，各项工作由“文化大革命领导小组”和群众组织领导。

1968年成立郑州黄河修防处革命委员会，10月撤销黄河派出所，12月成立“郑州修防处革命委员会”，下设政工组、办事组、财务组、生产组、工程队，以及马渡引黄闸、花园口提灌站、东风渠三个工程管理点。全处职工137名，其中技术干部12名、行政干部43名、工人82名。

1971年5月21日，郑州修防处隶属郑州市革委会直接领导。有职工142名，其中技术干部16名、行政干部41名、工人85名。1975年4月16日，成立荥阳黄河修防段，隶属郑州修防处领导，有职工30名，5月14日开始办公，1977年2月7日撤销。

1977年8月27日，河南黄河河务局与郑州修防处合办东风渠农场，工人15名。

1978年3月1日，省革委转发水利电力部指示，各修防处段仍归属黄委建制，实行以黄河系统为主的双重领导。1978年10月恢复原隶属关系，归河南黄河河务局领导。党的关系及政治运动属地方党委负责。

1979年1月恢复黄河派出所建制。6月，撤销淤灌、工程、办事、财务、政工5个组，同时恢复淤灌科、工程科、秘书科、财务科、政工科的建制。

1980年初，全处职工增至385人，其中新招236人。1月30日，处务会议决定成立施工大队，下设工程队、船队，以及翻斗车、修配、电工三个组。8月，淤灌科与工务科合并。下设四个工程管理点：花园口、马渡、石桥、东风渠。9月，修防处、转运站、农场、航运大队、测量队、水文站六个单位自筹资金和人员，在修防处院内，由修防处代管组建"黄河职工子弟学校"。

1983年6月，实行市管县及机构改革，郑州黄河修防处更名为郑州市黄河修防处。新成立郑州市郊区黄河修防段（人员绝大部分由郑州黄河修防处人员组成）。下辖巩县、中牟、郑州郊区三个修防段和赵口闸管理段、施工队、石料转运站、巩县石料厂及东风渠农场（巩县修防段、中牟修防段、赵口闸管理段、施工队、巩县石料厂属开封地区划入的）。

1984年4月，机关成立纪检组，5月成立通信分站。由此郑州市黄河修防处设办公室、工务科、财务科、政工科、工会、纪检组、通信分站7个职能部门；下设巩县、郊区、中牟3个黄河修防段和赵口渠首闸管理段、施工大队、巩县黄河石料厂、农副业基地、花园口石料转运站等5个局属单位。

1985年9月，成立生产经营办公室。

1986年4月，郑州市黄河修防处由花园口迁至关虎屯。9月，成立安全保卫科。

1987年8月，成立审计科。

1988年10月，根据郑州市行政区划调整，原隶属开封市黄河修防处的花园口船舶修造厂划归郑州市黄河修防处。

1989年1月，政工科更名为劳动人事科，4月成立老干部科。8月成立综合经营办公室（人员构成为原生产经营办公室）。11月成立监察科。

1990年11月，根据河南黄河河务局豫黄劳人〔1990〕52号文件，郑州市黄河修防处更名为郑州市黄河河务局，仍属正处级单位，下属各段也更名为河务局。撤销安全保卫科。

1991年1月，综合经营办公室更名为综合经营科，通信分站更名为通信科，增设防汛办公室与水政科，其余科室名称与级别不变。9月，原巩县黄河石料厂更名为巩义市黄河石料厂，其机构和隶属关系不变。

1992年，成立兴河公司。

1995年8月，按照河南黄河河务局文件精神和郑州市政府关于一级局委的科改称处的会议要求，郑州市河务局将机关职能部门的科统一改称为处（级别仍为科级）。由此郑州河务局机关由办公室、工务处、防汛办公室、水政水资源处、人事劳动教育处、财务处、综合经营处、离退休职工管理处、审计处、监察处、通信管理处、纪律检查组、工会、机关党总支思想政治工作办公室14个职能部门组成。局属事业单位5个，分别为巩义市黄河河务局、邙山金水区黄河河务局、中牟县黄河河务局、赵口闸渠首管理处、农副业基地。企业管理单位4个，分别为郑州工程处、船舶修造厂、石料转运站、巩义市黄河石料厂。人员编制966人（其中机关编制90人）。12月，成立郑州黄河工程公司，为市局属二级机构。同时撤销农副业基地，该单位现有人员及一切财产、设施等划归邙山金水区黄河河务局管理。1996年，兴河公司被撤销。

1998年4月，石料厂转运站被撤销，划归邙山金水区黄河河务局管理。

1999年4月，原离退休干部管理处被撤销，工作合并人事劳动处，撤销思政办，成立党办，将纪检、监察合署办公，合称纪检组（监察处），新组建机关劳动服务公司，后称机关服务部。

2001年5月，成立供水公司筹建处、监理公司筹建处。2001年9月，成立郑州天诚信息工程有限公司，该公司由郑州市黄河河务局、中牟县黄河河务局、河南牟山黄河水电工程有限公司等三家单位共同出资组建，公司属股份制企业，实行独立核算、自负盈亏。

2002年，根据水利部《流域机构机构改革指导意见》和河南黄河河务局《市（地）县级河务局机构改革指导意见》的精神，按照水利部、黄委及河南黄河河务局的总体部署。11月，河南黄河河务局下达《关于郑州市黄河河务局职能配置、机构设置和人员编制方案的批复》。当月，郑州市黄河河务局先后制定并印发了《郑州市黄河河务局事业单位机构改革实施意见》《郑州市黄河河务局机关各部门职能配置、机构设置和人员编制方案的通知》《郑州市黄河河务局机关机构改革正、副科级干部上岗意见》《郑州市黄河河务局机构改革机关副科级职位竞争上岗实施方案》《郑州市黄河河务局机关工作人员定岗实施办法》《郑州市黄河河务局机关一般岗位上岗实施细则》《郑州市黄河河务局机关机构改革人员转岗安排工作实施意见》等有关文件和局属单位机构改革实施意见。11月29日，郑州市黄河河务局召开全局事业单位机构改革动员大会，安排部署市、县局机构改革工作。11月30日至12月20日，郑州市黄河河务局机关副处级以下领导干部及一般岗位经过报名、资格审查、竞争上岗、组织考察、党组研究、结果公示、研究聘任，办理聘用、转岗、提前退休等几个阶段工作，机关机构改革全部结束。

此次机关机构改革，将离退休职工管理从原人事劳动处分离出来，成立离退休职工管理处；撤销了党办，其职能转入原劳动人事处，更名为劳动人事教育处；将审计处和纪检组（监察处）合并，成立监察审计处；将经济管理与行政职能分开，原机关综合经营处从机关分离出去，成立郑州黄河经济发展管理处；原机关服务部更名为机关服务中心。机关人员编制由1995年的90人核减到60人。

局属事业单位的机构改革按照分类改革的原则，根据其所承担的职能、人物，划分为基础公益类、社会服务类和经营开发类三种类型。保留的基础公益类事业单位有巩义市、邙山金水区和中牟县3个县级河务局。保留的经营开发类事业单位为赵口渠首闸管理处。新成立的基础公益类事业单位为郑州市黄河河务局第一机动抢险队（正科级）、郑州市黄河河务局第二机动抢险队（正科级）。新成立的经营开发类事业单位为郑州市黄河河务局供水局（正科级）。通信管理处更名为信息中心（正科级），列入基础公益类事业单位；机关服务部更名为机关服务中心（正科级），列入社会服务类事业单位；机关综合经营处更名为郑州黄河经济发展管理处（正科级），列入社会服务类事业单位。

郑州河务局所属事业单位的机构改革自12月开始进行。12月5日前，局属事业单位上报本单位机构改革“三定”方案。12月13日前，市局党组审查、批准局属事业单位的“三定”方案。按照竞争上岗的原则，进行了各类人员的竞争上岗、分流和相关手续的办理，至1月15日，顺利、平稳地完成了各项改革任务。

机构改革后，郑州河务局机关由办公室、工务处、水政水资源处、财务处、人事劳动教育处、科技与信息处、防汛办公室、监察审计处、离退休职工管理处、郑州黄河工会10个部门组成，人员编制60人。局属事业单位10个，分别为巩义市黄河河务局、邙山金水区黄河河务局、中牟县黄河河务局、郑州市黄河河务局第一机动抢险队、郑州市黄河河务局第二机动抢险队、赵口闸渠首管理处、信息中心、机关服务中心、郑州黄河经济发展管理处、郑州市黄河河务局供水处。全局事业编制952人。

2003年6月，撤销监察审计处，分别设立监察处、审计处。

2004年9月，对基层河务局单位名称进行变更，郑州市黄河河务局更名为河南黄河河务局郑州黄河河务局，巩义市黄河河务局更名为郑州黄河河务局巩义黄河河务局，邙山金水区黄河河务局更名为郑州黄河河务局惠金黄河河务局，中牟县黄河河务局更名为郑州黄河河务局中牟黄河河务局。同时，将巩义市黄河石料厂、船舶修造厂、郑州工程处分别交巩义黄河河务局、惠金黄河河务局、中牟黄河河务局代为管理。

2005年1月，郑州黄河经济发展管理处更名为郑州黄河河务局经济发展管理处。成立郑州黄河河务局荥阳黄河河务局，撤销巩义黄河石料厂，其资产、人员整体划归荥阳河务局（巩义黄河河务局不再管理）。同年2月，撤销船舶修造厂，其人员和资产划归惠金黄河河务局。

2005年，按照黄委《关于开展水利工程管理体制改革试点工作的通知》和河南河务局《关于惠金河务局、中牟河务局水利工程管理体制改革实施方案的批复》精神，4月21日郑州河务局召开动员会，全面布置水管体制改革工作；4月22日成立水利工程管理体制改革领导小组及驻中牟河务局、惠金河务局工作组；4月23日制订惠金、中牟河务局水管体制改革实施方案；4月28日印发了《郑州河务局所属企业总经理、副总经理职位竞聘上岗实施方案》《郑州河务局所属企业总经理、副总经理职位竞聘上岗招聘公告》。5月16日，郑州河务局对6个局属企业的总经理、副总经理共16个岗位进行了公开选拔、择优聘用。

本次改革以“管养分离为核心”，结合本单位实际情况，调整和规范水利工程管理和维修养护的关系，理顺管理体制，畅通经济渠道，实现管理单位、维修养护单位和其他企业的机构、人员、资产的彻底分离，为形成基层单位事、企全面分开的格局奠定基础，逐步建立适应社会主义市场经济体制要求的、充满生机与活力的水利工程管理体制和良性运行机制。

2006年4月，郑州黄河河务局经济发展管理处更名为郑州黄河河务局经济发展管理局。5月，成立河南黄河河务局供水局郑州供水分局，为河南黄河河务局供水局的分支机构，隶属于郑州河务局管理。

2009年10月，河南黄河旅游开发公司划归郑州河务局。12月，统一成立中共郑州黄河河务局机关委员会，同时撤销中共郑州黄河河务局总支部委员会。

2011年11月，安全生产管理从原人事劳动教育处分离，划归工务处管理，工务处更名为工务处（安全监察处），人事劳动教育处更名为人事劳动处。机构改革后，机关由办公室、工务处、水政水资源处、财务处、人事劳动处、科技与信息处、防汛办公室、监察处、审计处、离退休职工管理处、直属机关党委、郑州黄河工会12个部门组成，人员编制60人。局直事业单位3个，分别为郑州黄河河务局经济发展管理局、郑州黄河河务局机关服务中心、郑州黄河河务局信息中心，人员编制112人。局属事业单位7个，分别为郑州黄河河务局巩义黄河河务局、郑州黄河河务局荥阳黄河河务局、郑州黄河河务局惠金黄河河务局、郑州黄河河务局中牟黄河河务局、郑州黄河河务局供水局、郑州黄河河务局第一专业机动抢险队、郑州黄河河务局第二专业机动抢险队。企业管理单位3个，分别为郑州黄河工程有限公司、郑州宏泰黄河水利工程维修养护有限公司、郑州天诚信息工程有限公司，另有郑州黄河建设工程有限公司、郑州市黄河花园口旅游管理处、河南牟山黄河水电工程有限公司、河南黄河旅游开发公司等，分别隶属县区局管理。全局事业编制总数为677名，公务员编制136名。

2015年底，郑州河务局人员编制为1102人，实有1081人；职工总人数为1879人，其中：在职职工1081人（干部462人，工人619人），离退休职工798人（离休职工12人，退休职工786人）。具体机构设置和人员编制及实有人员情况见表4-1。

表4-1　郑州河务局机构设置和人员情况统计表

序号	机构名称	合计人数		领导人数		一般工作人员数	
		编制	实有	编制	实有	编制	实有
	合计	1102	1081	183	149	512	465
一	机关	60	55	29	26	31	31
（一）	单位领导	10	8	8	6	2	4
（二）	职能部门	50	47	21	20	29	27

续表 4-1

序号	机构名称	合计人数		领导人数		一般工作人员数	
		编制	实有	编制	实有	编制	实有
1	办公室	8	8	3	2	5	5
2	工务处	10	10	4	4	6	6
3	水政水资源处	5	4	2	2	3	3
4	财务处	5	5	2	2	3	3
5	人事劳动处	5	5	2	2	3	2
6	科技与信息处	2	1	1	1	1	1
7	防汛办公室	5	5	2	2	3	3
8	监察处	2	2	1	1	1	1
9	审计处	2	2	1	1	1	1
10	离退处	2	2	1	1	1	1
11	直属机关党委	2	2	1	1	1	1
12	郑州黄河工会	2	1	1	1	1	0
二	局直事业单位	112	60	9	9	103	53
1	信息中心	20	15	3	3	17	13
2	机关服务中心	32	25	3	3	29	23
3	经济发展管理局	60	20	3	3	57	17
三	局属事业单位	640	493	89	78	378	381
1	巩义河务局	47	43	10	9	37	27
2	荥阳河务局	26	24	8	8	18	12
3	惠金河务局	183	177	27	22	159	137
4	中牟河务局	188	177	28	23	164	146
5	郑州供水分局	97	72	16	16		59
6	第一机动抢险队	50					
7	第二机动抢险队	50					
四	企业管理单位	290	473	56	36		
1	工程公司		94	21	19		
2	水电工程公司		59	10	8		
3	养护公司	290	201	10	5		
4	天诚公司		1				
5	牟山公司		46	6	2		
6	建设公司		45	6	2		
7	旅游公司		27	3			

注：离退处全称为离退休职工管理处；工程公司全称为郑州黄河工程有限公司；养护公司全称为郑州宏泰黄河水利工程维修养护有限公司；天诚公司全称为郑州天诚信息工程有限公司。

二、郑州河务局局直单位

（一）经济发展管理局

郑州河务局经济发展管理局是郑州河务局的经济工作管理部门。主要职责是：授权代表郑州河务局出资人资格，行使投资主体职能；宏观管理和行业指导郑州河务局施工企业、土地开发种植、旅游开发等经营项目，使其争取最大经济效益；在日常的生产经营活动中，跟踪国有经营性资产的运营，对郑州河务局出资项目或者新开发的经营性项目进行评估监测，使国有资产达到预期的增长率；负责郑州河务局经营报表的统计和经济信息的收集整理、分析工作，并发布其经济信息。

（二）信息中心

郑州河务局信息中心是郑州河务局通信管理部门。主要职责是：对巩义、荥阳、惠金、中牟四个单位实行业务管理和指导；担负着郑州河务局日常通信管理、运行、维护、协调等任务和汛期抢险、通信保障等工作。本着服务于防汛、服务于经济建设的宗旨，确保通信设施安全运行，通信联络畅通无阻。努力实现“各项工作责任化，工作进程数量化，善后抽查制度化，管理规章模式化，维护、开支成本化，话务优质一惯化”的工作目标。

（三）机关服务中心

郑州河务局机关服务中心是郑州河务局机关服务管理部门。主要职责是：对郑州河务局机关车辆管理、调度；负责机关办公和家属区的水、电、暖、房屋的管理、收费、维修及代收家属区住户的售电等工作；负责机关文印工作和配合办公室搞好文明单位的创建工作等。

三、郑州河务局局属事业单位

1995年以后，巩义、荥阳、惠金、中牟四个河务局，随着治黄事业的发展和水行政职能的加强，其机构设置也有些变化和调整。主要有水行政管理和水利工程管理两大职责八大任务。

水行政管理职责三大任务：

（1）负责《水法》《防洪法》《河道管理条例》等法律、法规的实施和监督检查，负责管理范围内的水行政执法、水政监察，依法查处水事违法行为，负责调处水事纠纷。

（2）执行水量统一调度指令，实施水量统一调度和监督管理。

（3）负责编制管理范围内防御黄河洪水预案，并监督实施；负责监督管理范围内黄河滩区的安全建设；负责管理范围内的防汛抗旱指挥部黄河防汛办公室的日常工作。

水利工程管理职责五大任务：

（1）负责管理范围内的黄河河道、控导、非供水水闸等水利工程的管理、运行、调度和保护，保证水利工程安全和发挥效益。

（2）协助做好管理范围内水利工程建设项目的建设管理；负责管理范围内建设项目的监督；负责落实水利工程管理标准。

（3）负责水利工程的运行和观测；负责汛期巡堤查险的组织、指导、监督工作和水尺观测工作，并及时向上级河务部门上报汛情；负责险情抢护工作的组织。

（4）负责水利工程的资产管理；负责签订维修养护合同及监督检查维修养护合同的执行情况。

（5）负责管理范围内的黄河治理开发和管理的现代化建设。

（一）巩义河务局

巩义河务局是巩义黄河的水行政主管机关，受郑州河务局和巩义市人民政府双重领导，承担着巩义黄河河段的防洪、治理开发规划与实施、工程建设与管护和水资源管理等任务。

机构建设情况：

1973 年 9 月成立巩县黄河修防段，正科级编制。1973 年底正式职工 3 人。1974 年底正式职工 6 人，临时工 3 人。

1975 年底正式职工 10 人，临时工 3 人。为加强工程的管理防守，开始使用较为长期的民工 90 余人。

1976～1979 年的 4 年里，巩县黄河修防段有固定职工 15 人，较为长期的民工有所增减，至 1979 年底为 52 人。

1978 年 12 月设立机关秘书股、工务股、财务股三个部门。

1980 年，根据上级黄河主管部门的指示精神，从 52 名民工（亦称民技工）中选招 28 名符合条件的青年为固定职工，加上又新调入和从知识青年中招收的，巩县黄河修防段人数猛增为 50 人。同年设立局属单位工程队。而后巩县黄河修防段有正式固定职工在 50 人以上。

1987 年 3 月经郑州公安局批准，设立巩县公安局黄河公安特派员。12 月设立巩县黄河修防段劳动服务公司。

1991 年 1 月 1 日，“河南黄河河务局巩县黄河修防段”更名为“巩县黄河河务局”，规格定为副县级。下设办公室、工务科、财务科三个职能部门和工会组织，规格均为副科级编制。撤销中共巩县黄河修防段党支部，成立中共巩县黄河河务局党组。

1991 年 8 月 5 日，原巩县黄河河务局更名为“巩义市黄河河务局”，其机构编制不变。

2004 年 8 月 25 日，原巩义市黄河河务局更名为郑州黄河河务局巩义黄河河务局。其机构编制不变。

2008 年 7 月，增设防汛办公室。

2015 年底，巩义河务局人员编制为 47 人，实有 43 人；职工总人数为 65 人，其中：在职职工43人（干部28人，工人15人），离退休职工22人。具体机构设置和人员编制及实有人员情况见表4-2。

表4-2　巩义河务局机构设置和人员情况统计表

序号	机构名称	合计人数		领导人数		一般工作人员数	
		编制	实有	编制	实有	编制	实有
	合计	47	43	10	10	37	33
一	机关	47	43	10	10	37	33
（一）	单位领导	3	3	3	3		
（二）	职能部门	44	40	7	7	37	33
1	办公室	6	6	2	2	4	4
2	防汛办公室	4	3	1	1	3	2
3	工程管理科	4	3	1	1	3	2
4	水政水资源科	3	2	1	1	2	1
5	运行观测科	27	26	2	2	25	24

（二）荥阳河务局

荥阳河务局是荥阳黄河的水行政主管机关，受郑州河务局和荥阳市人民政府双重领导，承担着荥阳黄河河段的防洪、治理开发规划与实施、工程建设与管护和水资源管理等任务。

机构建设情况：

1975年4月16日成立荥阳黄河修防段，隶属郑州黄河修防处领导，有职工30名，5月16日开始办公，1977年2月7日撤销。2005年成立的荥阳河务局与此无关。

2005年1月，成立郑州黄河河务局荥阳黄河河务局，级别为副处级。

2006年5月水管体制改革后，荥阳河务局机关设办公室、工程管理科、水政水资源与防汛科（均为正科级），并加挂“郑州黄河河务局荥阳黄河水政监察大队”的牌子。水政监察大队大队长由县级河务局分管副局长兼任，水政监察大队办公室设在水政水资源与防汛科。下设二级机构运行观测科（正科级）。人员编制26人，其中机关人员编制12人（含公务员编制4人），二级机构人员编制11人，辅助类人员编制3人。单位领导职数3人，其中局长1人，副局长2人（一名副局长兼总工程师，另一名副局长兼纪检组长、工会主席）。

2008年7月，增设防汛办公室。至此，荥阳河务局机关内设办公室、工程管理科、水政水资源科、防汛办公室4个部门。人员编制仍为26人。

2015年底，荥阳河务局人员编制为26人，实有24人；职工总人数为56人，其中：在职职工24人（干部10人，工人14人），离退休职工32人（离休职工2人，退休职工30人）。具体机构设置和人员编制及实有人员情况见表4-3。

表 4-3　荥阳河务局机构设置和人员情况统计表

序号	机构名称	合计人数		领导人数		一般工作人员数	
		编制	实有	编制	实有	编制	实有
	合计	26	24	8	8	18	16
一	机关	15	14	7	7	8	7
(一)	单位领导	3	3	3	3		
(二)	职能部门	12	11	4	4	8	7
1	办公室	4	4	1	1	3	3
2	防汛办公室	3	3	1	1	2	2
3	工程管理科	3	2	1	1	2	1
4	水政水资源科	2	2	1	1	1	1
二	二级机构	11	10	1	1	10	9
5	运行观测科	8	8	1	1	7	7
6	辅助类	3	2			3	2

（三）惠金河务局

惠金河务局是惠济、金水黄河的水行政主管机关，受郑州河务局和惠济、金水区人民政府双重领导，承担着惠济、金水黄河河段的防洪、治理开发规划与实施、工程建设与管护和水资源管理等任务。

机构建设情况：

1983 年 6 月，实行市管县及机构改革时，成立郑州市郊区黄河修防段，设工务、财务、秘书、政工四个股和一个工程队。

1988 年 2 月，原“郑州市郊区黄河修防段”更名为“郑州市邙金黄河修防段”。

1990 年 11 月，原“郑州市邙金黄河修防段”更名为“郑州市邙山金水区黄河河务局”（副县级）。

1995 年 12 月 22 日，经河南河务局批复，撤销郑州黄河农副业基地，该单位人员及一切财产、设施并入邙山金水区黄河河务局，邙山金水区黄河河务局增设“花园口旅游区管理处”，为正科级机构。

1999 年 5 月，成立郑州市黄河河务局第二机动抢险队，隶属郑州河务局，直属郑州邙山金水区黄河河务局管理。

2002 年 11 月，郑州河务局船舶修造厂成建制划归邙山金水区黄河河务局管理，事业性质、独立核算、自收自支、自负盈亏。

机关部门（均为正科级）编制：改革后 48 人，其中领导班子 5 人：1 正 3 副，工会主席 1 人。7 个职能部门分别为：办公室 7 人、工务科 8 人、水政科（水政监察大队）7 人、财务科 8 人、人事劳动教育科（党办）6 人、防汛办公室 5 人、工会 2 人。

基础公益类事业单位 4 个：郑州市黄河河务局第二机动抢险队、工程养护处、通信管理处、防汛物资管理调配中心。

社会服务类事业单位1个：机关服务中心。

经营开发类事业单位2个：经济发展管理处、供水处。

企业单位6个：花园口旅游管理处、花园口船舶修造厂、郑州市黄河工程建设有限公司、郑州市绿苑环境艺术有限公司、郑州市纸餐具有限公司、花园口太阳能厂。

2004年9月，对基层河务局单位名称进行变更，郑州市邙山金水区黄河河务局更名为郑州黄河河务局惠金黄河河务局。

2005年10月，惠金河务局管辖的花园口景区整体移交给河南黄河旅游开发有限公司。

2005年实施机构改革。

改革前，惠金河务局共有职工611人，在职职工409人（含船厂69人）；离退休职工202人（含船厂48人）。机关设置7个科室，即办公室、人事劳动教育科、工务科、财务科、防汛办公室、工会、水政水资源科；下设事业单位8个，即郑州市黄河河务局第二机动抢险队、工程养护处、供水处、机关服务中心、通信管理科、防汛物资管理调配中心、经济发展管理处、黄河派出所；下属6个企业，即郑州市黄河工程建设有限公司、郑州市纸餐具有限公司、花园口太阳能厂、郑州市绿苑环境艺术公司、花园口旅游管理处、花园口船舶修造厂。

改革后，惠金河务局分离为由郑州河务局管理的惠金河务局、郑州惠金黄河水利工程维修养护有限公司、郑州黄河工程建设有限公司、郑州市黄河花园口旅游管理处四个单位。

单位领导职数5人，其中局长1人、副局长2人、纪检组长1人、工会主席1人。机关设置7个科室，即办公室、水政水资源科、工程管理科、防汛办公室、人事劳动教育科、财务科、党群工作科。另设一个二级机构：运行观测科。其中机关人员编制56人（含公务员编制22人）、二级机构人员编制113人、辅助类人员编制14人，总计183人。

郑州惠金黄河水利工程维修养护有限公司设总经理1人、副总经理2人，内设综合部、工程部、财务部三个部门，分别设经理、副经理各1人，公司定员121人。

郑州黄河工程建设有限公司设总经理1人、副总经理2人，内设综合部、工程部、筑路工程处三个部门，分别设经理、副经理各1人，公司根据经营需要确定员工人数。

郑州市黄河花园口旅游管理处设处长1人、副处长2人，内设综合部、财务部两个部门，分别设经理、副经理各1人，公司定员50人。

2006年8月6日，郑州市黄河河务局第二机动抢险队单位名称变更为郑州黄河河务局第二机动抢险队，管理权限不变。

2009年10月，花园口旅游管理处重新归惠金河务局管理。

2010年11月，郑州市公安系统启动改革，郑州公安局根据改革机构编制，将惠金河务局黄河派出所暂定为黄河警务室，隶属长兴路派出所。

2011 年 3 月 8 日，郑州市公安系统撤销黄河警务室，原黄河派出所正式民警全部召回迎宾路接警点，由迎宾路接警点承担原黄河警务室职责。

2013 年 12 月 28 日，惠济区森林公安第三派出所在惠金河务局正式挂牌成立。

郑州河务局第二机动抢险队编制 50 人（实有 50 人），隶属郑州河务局，由惠金河务局运行观测科管理。单位地址设在东风渠渠首闸处。

2015 年底，惠金河务局人员编制为 233 人，实有 249 人；职工总人数为 523 人，其中：在职职工 249 人（干部 123 人，工人 126 人），离退休职工 274 人（离休干部 3 人，退休干部 35 人，退休工人 236 人）。具体机构设置和人员编制及实有人员情况见表 4-4。

表 4-4　惠金河务局机构设置和人员情况统计表

序号	机构名称	合计人数		领导人数		一般工作人员数	
		编制	实有	编制	实有	编制	实有
	合计	233	249	27	21	206	228
一	机关	183	177	24	21	159	156
（一）	单位领导	5	5	5	5		
（二）	职能部门	178	172	19	16	159	156
1	办公室	7	6	3	3	4	3
2	水政水资源科	10	9	2	2	8	7
3	工程管理科	12	12	3	3	9	9
4	防汛办公室	8	7	2	1	6	6
5	人事劳动教育科	5	4	2	2	3	2
6	财务科	6	5	2	1	4	4
7	党群工作科	4	4	1	1	3	3
8	运行观测科	112	111	4	3	108	108
9	辅助类	14	14			14	14
二	企业管理单位		72	3		47	72
1	建设公司		45				45
2	旅游处	50	27	3		47	27

注：建设公司全称是“郑州黄河工程建设有限公司”，旅游处全称是“郑州市黄河花园口旅游管理处”。

（四）中牟河务局

中牟河务局是中牟黄河的水行政主管机关，受郑州河务局和中牟县人民政府双重领导，承担着中牟黄河河段的防洪、治理开发规划与实施、工程建设与管护和水资源管理等任务。

机构建设情况：

1949 年 2 月，中牟黄河修防段成立，隶属河南黄河第一修防处；设有“三股一队”，即秘书股、工务股、财务股、工程队。共有职工干部92人。其中：段长1人、副段长1人，秘书股13人、工务股9人、财务股6人、工程队62人。

1950年，由河南黄河河务局直接管理，当年成立工会组织。

1953年12月划归郑州修防处管理，办事机构未变更。

1955年划归开封黄河修防处管理。

1958年吸收新工人30名。

1966年12月，中牟黄河修防段“文化大革命”运动开始，工会取缔，建立“文革小组”。

1967年12月，实行革命大联合，成立“文化革命委员会”，下设政工股、生产股、财务股。

1972年6月，中牟黄河修防段划归开封地区黄河修防处管理。本年撤销生产股，建立工务股。

1973年3月，中牟黄河修防段划归中牟县地方管理，机构不变。

1975年，中牟修防段险工段淤背工程开始，设立生产组，主要施工人员是根据施工需要招“民季工”，至1976年底，招民季工150人，业务由工务股管理。

1977年，成立淤灌股，主管大堤淤背工程，下设船队、泵队。

1978年2月，中牟黄河修防段归开封地区黄河修防处领导，地方只保留党组织关系，下设机构不变，从开封市修防处船舶修造厂调入集体所有制职工36人。

1979年，中牟黄河修防段招收最后一批“民季工”80人，主要补充到船、泵队施工。

1980年，中牟黄河修防段共有职工402人，同年2月中牟黄河修防段招收（民季工转正）正式工人270余人，隶属开封地区修防处领导。1980年机构设置有：段长1人，副段长4人，副书记1人；设秘书股、政工股、财务股、工务股、淤灌股、工程队、船队、泵队、教育股、黄河派出所，工会、妇联、共青团恢复工作，归政工股。

1981年，撤销淤灌股。

1983年6月，因行政区划调整，中牟黄河修防段划归郑州市黄河修防处管辖，原管辖职能和区域不变。设五个职能部门三个队一个所，共有干部职工402人，其中：段长1人、副段长4人，秘书股68人、工务股55人、财务股18人、政工股9人、教育股3人，工程队82人、船队64人、泵队95人，黄河派出所3人。

1984年，共有职工388人。撤销教育股，职工教育业务归政工股管理；增设工会。

1985年，共有职工373人。其中：段长、副段长3人，专职副书记2人。

1986年6月，共有职工366人，成立多种经营办公室。

1987年，增设物资管理股、工管股（年初从工务股分离出，年底又撤销与工务股合并）。共有职工364人，其中：书记1人、段长1人、副段长2人。机构设置六股、两办、三队。即政工股7人、秘书股34人、工务股11人、财务股18人、工会4人、多经办37人，工程队65人、船队47人、泵队96人，黄河派出所3人。

1988年，共有职工339人。1988年6月，成立河南黄河河务局黄河南岸机动抢险队（1991年2月更名为郑州河务局第一机动抢险队）。

1989年8月，共有职工330人；政工股更名为人事劳动股，秘书股更名为办公室。

1990年，增设水政股（水政监察所）；原工程队更名为工程一队，增设工程二队（机械化施工队）。

1991年，中牟黄河修防段更名为中牟县黄河河务局，由正科级升格为副县级管理单位，隶属和管辖权限不变。全局共有在职职工315人。机构设置为7个部门3个队，即办公室、人事劳动科、财务科、工务科、水政科、多经办、工会，施工大队、船队、泵队；其他机构撤销。

1992年，中牟县黄河河务局共有在职职工317人，离退休职工55人。多种经营办公室更名为综合经营科，新增设通信科和防汛办公室。

1993年，成立黄河实业公司，后更名为中牟县黄河河务局招待所。

1994年，中牟县黄河河务局共有在职职工322人，离退休职工51人。增建机关抢险队、施工大队、黄河派出所。

1995年，中牟县黄河河务局在职职工322人，离退休职工55人。

1996年，中牟县黄河河务局共有在职职工319人，离退休职工54人。

1999年，中牟县黄河河务局共有在职职工328人，离退休职工55人。本年进行机构改革，人员分流。撤销综合经营科，增设工管经营处；撤销通信科，设通信管理站；新增设机关服务部。

2000年，在职职工341人、离退休职工54人。12月，第五工程处更名为河南牟山黄河水电工程有限公司。

2002年机构改革：在职职工357人，离退休职工55人。机关设部门7个，即办公室、工务科、水政水资源科（水政监察大队）、财务科、人事劳动教育科、防汛办公室、工会。基础公益类事业单位（正科级）4个，即郑州市黄河河务局第一机动抢险队、工程养护处、通信管理处、防汛物资管理调配中心。社会服务类事业单位2个，即机关服务中心、黄河派出所。经济开发类事业单位1个，即经济发展管理处。企业单位2个，即河南牟山黄河水电工程有限公司、河南黄河情矿泉水有限公司。11月，郑州黄河工程处成建制划归中牟河务局管理。

2004年5月，赵口渠首闸管理处成建制划归中牟河务局管理。

2004年10月，中牟县黄河河务局更名为郑州黄河河务局中牟黄河河务局（以下简称为中牟河务局）。

2005年水管体制改革：在职职工321人、离退休职工113人（在职职工人数不含赵口管理处、郑州工程处，退休人数含以上两单位退休人数）。

通过本次改革，将原中牟河务局及其所属单位按照产权清晰、权责明确、管理规范的原则，分离为由郑州河务局管理的中牟河务局、郑州牟山黄河水利工程维修养护有限责任公司、河南牟山黄河水电工程有限公司、河南黄河情矿泉水有限公司四个单位。

原中牟河务局管理的引黄供水涵闸机构及管理人员归郑州河务局供水分局统一管理。机关设7个部门，即办公室、水政水资源科、工程管理科、防汛办公室、人事劳动教育科、财务科、党群工作科（均为正科级）。设二级机构1个，即运行观测科（正科级，非独立核算）。设3个公司，即郑州牟山黄河水利工程维修养护有限责任公司、河南牟山黄河水电工程有限公司、河南黄河情矿泉水有限公司，设郑州黄河河务局第一机动抢险队1个。

郑州河务局第一机动抢险队编制50人，实有50人。隶属郑州河务局，由中牟河务局运行观测科管理，单位地址设在中牟万滩黄河大堤（38+500）处。

2015年底，中牟河务局人员编制为188人，实有177人；职工总人数为390人，其中：在职职工177人（干部62人，工人115人），退休职工213人（干部22人，工人191人）。具体机构设置和人员编制及实有人员情况见表4-5。

表4-5　中牟河务局机构设置和人员情况统计表

序号	机构名称	合计人数		领导人数		一般工作人员数	
		编制	实有	编制	实有	编制	实有
	合计	188	178	25	27	163	151
一	机关	188	178	25	27	163	151
（一）	单位领导	5	5	5	5	0	0
（二）	职能部门	183	173	20	22	163	151
1	办公室	7	7	3	3	4	4
2	防汛办公室	8	8	2	2	6	6
3	工程管理科	13	12	3	3	10	9
4	人劳科	5	6	2	3	3	3
5	水政科	17	14	3	3	14	11
6	党群科	4	4	1	1	3	3
7	财务科	6	6	2	2	4	4
8	辅助岗位	14	11	0	0	14	11
9	运行观测科	109	105	4	5	105	100

注：中牟河务局党组书记张复明编制在郑州河务局经管局，因此中牟河务局实有人数应为177人。

（五）郑州供水局

1．主要职责

1）郑州供水局主要职责

（1）负责辖区内引黄供水的生产和管理。

（2）执行水行政主管部门的水量调度指令。

（3）负责汇总编报辖区内用水需求计划，根据河南河务局供水局授权，与用户签订引黄供水协议书，及时完成辖区内引黄供水订单的汇总上报，负责辖区内引黄供水计量、水费计收。

（4）负责辖区内引黄供水工程管理、供水工程日常维修养护计划与更新改造计划的编报和实施。

（5）负责供水局及所属闸管所人员管理。

（6）负责供水局成本核算、预算的编报和实施。

（7）按照防汛责任制要求，做好辖区内引黄供水工程范围内的防汛工作。

（8）做好辖区内引黄供水服务。

（9）负责供水局职工队伍的管理工作。

（10）完成上级交办的其他工作。

2）郑州供水局闸管所主要职责

（1）负责辖区内引黄供水的生产和管理。执行水行政主管部门的水量调度指令。

（2）根据上级授权，与用户签订引黄供水协议书，及时完成辖区内引黄供水订单的汇总上报，负责辖区内引黄供水计量、水费计收。

（3）负责辖区内引黄供水工程的运行观测、维修养护等日常管理工作。

（4）按照防汛责任制要求，做好辖区内引黄供水工程范围内的防汛工作。

（5）完成上级交办的其他工作。

2. 机构建设情况

2002年11月，根据河南黄河河务局《关于郑州市黄河河务局职能配置、机构设置和人员编制方案的批复》，成立了郑州市黄河河务局供水处，级别为正科级。

2005年试点改革中，供水处冻结人员分别划入相应闸管所。花园口闸管所负责管理花园口闸、马渡闸；赵口闸管所负责管理杨桥闸、三刘寨闸、赵口闸（原赵口闸门管理段，成立于1971年3月，隶属原开封地区修防处管理）。

2006年5月，成立河南黄河河务局供水局郑州供水分局，为河南黄河河务局供水局的分支机构，隶属于郑州河务局管理，不具备法人资格，为全额自收自支事业单位。编制正科级，人数72人。设局长1人（由郑州河务局主管副局长兼任），常务副局长1人、副局长1人。设有办公室、工管科、财务科三个部门（副科级编制）。下设花园口、赵口两个供水水闸管理所，撤销原有的郑州黄河河务局供水处、惠金供水处、中牟供水处。

2007年5月，花园口闸管理所更名为河南黄河河务局供水局惠金供水处；赵口闸管理所更名为河南黄河河务局供水局中牟供水处。同时，新成立河南黄河河务局供水局巩义供水处，编制3人；新成立河南黄河河务局供水局荥阳供水处，编制7人。以上10人，在原有供水编制中调剂。巩义、荥阳、惠金、中牟四个供水处（均为正科级编制），人、财、物由郑州供水分局统一管理。

2008年7月，供水分局人员统一由河南黄河河务局供水局管理，编制调整为111人。

2015 年河南黄河河务局供水局郑州供水分局及所属机构成建制划归郑州黄河河务局管理，名称变更为郑州黄河河务局供水局，行政级别为正科级，内设办公室、工程管理科、财务科三个部门，级别均为副科级；下辖郑州黄河河务局供水局惠金供水处、郑州黄河河务局供水局中牟供水处、郑州黄河河务局供水局巩义供水处、郑州黄河河务局供水局荥阳供水处，级别均为正科级。

到 2015 年底，郑州供水分局人员编制为 97 人，实有 73 人；职工总人数为 99 人，其中：在职职工 73 人（干部 32 人，工人 41 人），退休职工 26 人。具体机构设置和人员编制及实有人员情况见表 4-6。

表 4-6　郑州供水分局机构设置和人员情况统计表

序号	机构名称	合计人数		领导人数		一般工作人员数	
		编制	实有	编制	实有	编制	实有
	合计	97	73	16	14	81	59
一	机关	16	15	6	6	10	9
（一）	单位领导	2	2	2	2	–	–
（二）	职能部门	13	13	4	4	9	9
1	办公室	4	4	1	1	3	3
2	财务科	3	3	1	1	2	2
3	工管科	6	6	2	2	4	4
二	供水处	81	58	10	10	71	48
1	惠金供水处	14	16	3	3	11	13
2	中牟供水处	43	30	3	3	40	27
3	荥阳供水处	13	8	2	2	11	6
4	巩义供水处	11	4	2	2	9	2

四、郑州河务局原局属单位

（一）巩义黄河石料厂

厂址位于巩县米河镇，1983 年巩县黄河石料厂从开封黄河河务局划出，归属郑州黄河河务局管理；1991 年更名为巩义黄河石料厂；随着市场经济的发展和交通道路的发展完善，石料料源供应日益充足，石料厂受此冲击，1996 年 3 月，一个机构两个牌子，在保留巩义黄河石料厂的同时，另一个牌子是郑州黄河工程有限公司第三工程处，主营工程施工。2004 年 9 月交由巩义河务局托管，2005 年 1 月撤销，划归荥阳河务局。多年来，黄河石料厂为黄河南岸，尤其郑州黄河工程建设和抢险用石提供了保障。

（二）黄河石料转运站

站址位于黄河花园口大堤 11＋000 处，背河一侧，1983 年以前由河南河务局直管，1983 年交由郑州黄河修防处管理；随着交通运输业的发展，该站的石料转运业务逐步被取缔，1998 年 4 月单位撤销，并入惠金河务局。多年来，该站为郑州黄河工程建设和抢险，备石、转运石料，提供了很好的服务。

（三）郑州黄河河务局船舶修造厂

厂址位于郑州市北郊花园口镇花园口街 27 号，隶属邙山金水区黄河河务局。

1976 年 6 月撤销河南河务局航运大队，组建河南河务局船舶修造厂，隶属河南河务局；1979 年 9 月恢复航运大队设置，仍隶属河南河务局；1983 年 8 月航运大队再度撤销，航运一队、三队、船厂合并为黄河花园口造船厂，隶属开封市黄河修防处；1988 年 10 月划归郑州市黄河修防处；1991 年 3 月更名为郑州市黄河河务局船舶修造厂；随着社会造船业的发展，该厂的船舶制造业逐步萎缩，1996 年 3 月，一个机构两个牌子，在保留郑州市黄河河务局船舶修造厂的同时，另一个牌子是郑州黄河工程有限公司第二工程处；2004 年 9 月划归惠金河务局，2005 年 1 月撤销。

多年来，该厂主要经营范围是船舶制造、维修、五金加工，随着近年来造船任务的逐渐减少，靠造船很难维持生计。1996 年转移到以道路施工为主，并取得显著的经济效益。先后承接并完成大小工程项目 23 个，其中完成船舶修造任务 9 项：水源厂挖泥船，水文站、中牟河务局、邙山电船的维修；豫西河务局采石船、温孟滩 9 条活动浮船、水文局双体式探测船、水源厂绞吸式挖泥船、金水河 5 条清淤船的建造；为长垣河务局建造活动泵站；完成河南河务局挖泥船、活动泵站配套项目。完成道路的维修、硬化任务 8 项。积极参加温孟滩移民工程建设，完成改造 10 个集装箱活动房，三门峡槐扒提水工程 4 号、5 号槽，河南河务局测量队机械手修理等。

（四）农副业基地

基地位于原花园口枢纽处，原名东风渠农场，1983 年以前由河南河务局直管，1983 年交由郑州黄河修防处管理；1984 年更名为农副业基地；随着市场经济的发展和治黄事业的需要，基地农业生产逐步被取缔，1995 年基地撤销，并入惠金河务局。

（五）赵口闸门管理处

处址位于大堤 42 + 675 处，1970 年建闸，随后建立赵口闸门管理段，隶属开封地区黄河修防处；1983 年划归郑州黄河修防处管理；后几经更名，即赵口闸门管理所、赵口闸门管理处；随着治黄供水改革，赵口闸门管理处几经归属变更，规格由科级变为副科级，最终于 2005 年划归郑州河务局郑州供水分局管理。

第二节　工程运行管理

工程运行管理是确保工程运行良好，延长工程寿命，发挥工程最大作用的重要工作。工程运行管理主要包括以下六个方面的工作：管理队伍、堤防管理、险工及控导工程管理、引黄工程管理、管护设施及标志、附属工程管理。

一、管理队伍

从1951年起，沿堤乡村逐级建立了5～7人的堤防管理委员会（管委会主任由各级政府的副职担任），沿堤各村根据堤防任务的需要，选派热心治黄事业和责任心强的群众负责这项工作，由修防段与各村订立护堤合同。人民公社成立后，以原有护堤人员为基础，以社队为单位，统一组建防汛护堤基干队（一般每千米30人左右），平时护堤，汛期防汛，这个组织形式一直延续到1960年。

1960年以后，护堤人员由每500米15人改为1人，修防段工务股抽出1名职工专门负责这项工作，称作堤防管理专干。群众护堤员的报酬归各大队评工记分，报酬不得低于一般社员。

1980年黄河大招工以后，修防段工务股下设堤防组，专门负责工程管理工作。随着社会变革，农村实行联产承包责任制，护堤员的报酬，农村大队不再负担，此后，护堤人员的报酬来源于成材林树木收入分成，其分成比例是：修防段60%、护堤人员40%。

2003年护堤员队伍全部退出黄河护堤工作，经济等事宜全部结清，并与黄河管理单位彻底分离。而后，由黄河职工全面负责黄河工程管理工作。图4-2为2009年养护职工技能竞赛。

图4-2　养护职工技能竞赛（2009年）

二、堤防管理

黄河堤防管理范围：临河堤脚外50米、背河堤脚外100米，超出部分保留现状。在管理范围内严禁取土、挖洞、建窑、开沟、爆破、埋坟，排放废物、废渣或进行其他有害堤身完整和安全的活动。凡在黄河河道内和大堤上破堤修建工程，跨河修桥架线等，均须事先经黄河主管部门批准后，方可兴建。禁止铁轮车和履带拖拉机在堤上通行，堤顶泥泞期间，除防汛抢险和紧急军事专用车辆外，其他车辆一律不准在堤上通行。

（一）管理项目

黄河堤防管理范围内的管理项目：

（1）堤顶：堤顶修补、填垫、整平、刮压、洒水、清扫，排水沟整修，边埂整修，行道林及堤肩草皮养护。

（2）堤坡：堤坡（淤区、前后戗边坡）整修、填垫，护坡、排水沟整修，辅道整修、填垫，草皮养护及补植。

（3）附属设施：标志标牌（碑）维护，护堤地边埂（沟）整修。

（4）防浪林、护堤林：浇水、施肥、打药、除草、补植及修剪。

（5）淤区：淤区整修、填垫，围格堤整修，排水沟维修，适生林养护。

（6）前（后）戗：戗台、边埂整修、填垫，树木、草皮养护。

（7）土牛（备防土）整修。

（8）备防石整修。

（9）管理房维修。

（10）害堤动物防治。

（11）堤顶道路养护。

（二）维修养护标准

堤顶、前戗、后戗、淤背区、淤临区的高程、宽度、坡度等主要技术指标应符合设计或竣工验收时的标准。

未硬化堤顶应保持花鼓顶，达到饱满平整，无车槽及明显凸凹、起伏；降雨期间及雨后无积水；平均每 5.0 m 长堤段纵向高差不应大于 0.1 m，横向坡度宜保持在 2% ~3%。

硬化堤顶应保持无积水、无杂物，堤顶整洁，路面无损坏、裂缝、翻浆、脱皮、泛油、龟裂、啃边等现象。

泥结碎石堤顶保持顶面平顺，无明显凸凹、起伏。

堤肩边埂应达到埝面平整，埝线顺直，无杂草；无边埂堤肩应达到无明显坑洼，堤肩线平顺规整，应植草防护。

堤防土牛应达到顶平坡顺、边角整齐、规整划一。

备防石位置合理，摆放整齐，便于管理与抢险车辆通行，无坍垛、无杂草杂物，垛号、方量等标注清晰。

淤背区、淤临区、前戗、后戗应保持顶面平整，沟、埂整齐，内外缘高差符合设计要求。

堤坡（淤区边坡）应保持竣工验收时的坡度，坡面平顺，无残缺、水沟浪窝、陡坎、洞穴、陷坑、杂草杂物，无违章垦植及取土现象，堤脚线明确。砌石堤坡和混凝土堤坡按险工、控导工程养护标准执行。

护堤地要达到地面平整，边界明确，界沟、界埂规整平顺，无违章取土现象，无杂物。

上堤辅道应保持完整、平顺，无沟坎、凹陷、残缺，无蚕食侵蚀堤身现象，行道林及警示标志完整。

1．黄河堤顶道路

黄河堤顶道路是抗洪抢险的主要交通保障线，必须加强黄河堤顶道路的管理与维修养护，保持道路的完整性和耐久性，确保抢险道路畅通。

1）堤顶道路管理

堤顶道路是黄河堤防工程的组成部分，沿黄河务部门是黄河堤顶道路的主管部门，县（市、区）河务部门负责辖区内黄河堤顶道路的管理与维修养护。

县（市、区）河务部门承担堤顶道路管理的职责是：

（1）负责宣传和贯彻实施有关防汛、堤顶道路维修养护管理的法律、法规、规章制度。

（2）实施黄河堤顶道路路况巡查，并制止有碍堤顶道路安全的一切违法行为。

（3）负责对堤顶道路的维修、养护，保持路面平整、附属设施完好，保障防汛抢险与工程管理交通畅通。

黄河各级水政、公安派出所等执法部门应按照各自的职责，积极配合做好堤顶道路设施管理工作。

为保持黄河堤顶道路完整，保障防汛交通畅通，在堤顶道路上禁止下列行为：摆摊设点、打场、晒粮，堆放砂、石、柴草、粪肥等杂物；修建未经河道主管部门批准的临时工程；损坏、移动、涂改各种标志标牌。

2）堤顶道路检查与维护

堤顶道路维护范围包括已铺筑的路面（含辅道）及路沿石。

堤顶道路维修养护分为养护类（日常）、维修类和应急抢修三种情况。

（1）养护类（日常）：由各县（市、区）养护公司道路养护人员承担，应经常对所管辖的路面进行养护，内容包括路面清扫、雨天排水、雪后及时清除路面积雪、路面轻微损坏的修补；对一时来不及修补的路面，管理人员应及时设置标志引导车辆绕行。

（2）维修类：根据检查出的问题，每年年末纳入部门预算，报上级核准后，由县（市、区）河务部门组织实施。维修工作程序、质量应参照《公路养护规范》并符合堤防管理的有关要求。维修项目完成后，由上级管理部门组织验收。

（3）应急抢修：当堤顶路面出现突发性严重损坏，影响抢险交通时，应由县（市、区）级河务部门立即组织抢修，并及时报上级主管部门。

各级河务部门应按照工程管理规范化建设的要求，结合工程管理检查对堤顶道路管理维护工作进行定期检查。

（1）县级河务部门宜结合堤防管理检查，每月对堤顶路面进行一次检查，及时提出意见。

（2）市（地）级河务部门每半年检查一次，对辖区内堤顶路面管理状况进行考评，对养护不好的路段提出限期整改意见。

(3) 省级河务部门应结合工程管理年终检查，制定堤顶道路评分标准，并纳入年终工程管理总评。

2. 奖惩

堤防管理是工程管理的重要组成部分，坚持每月检查评比制度，由有关负责人及管理人员进行检查。每年的三月和汛前对堤防、险工、涵闸进行徒步拉网式检查，对查处的险点、隐患及时处理解决。

对在堤顶道路管理中成绩显著的单位和个人，由上级主管部门给予表彰或奖励。对在堤防道路管理中玩忽职守造成重大损坏者，由其所在单位或者上级主管机关追究直接责任人或单位负责人的责任。违章占用堤顶道路的，应给予批评教育，责令立即改正或限期改正；拒不改正的，依法强行清除；占用堤顶道路造成道路及其附属设施损坏的，由损坏单位和个人负责赔偿损失。对损坏堤顶道路及其附属设施的单位和个人，当地河道主管机关可依照防洪法进行处罚。

三、险工及控导工程管理

(一) 险工管理

险工维修养护定额标准项目包括坝顶维修养护、坝坡维修养护、根石维修养护、附属设施维修养护、上坝路维修养护和防护林带养护。

坝顶维修养护内容包括坝顶养护土方、坝顶沿子石维修养护、坝顶洒水、坝顶刮平、坝顶边埂整修、备防石整修和坝顶行道林养护。

坝坡维修养护内容包括坝坡养护土方、坝坡养护石方、排水沟维修养护和草皮养护及补植。

根石维修养护内容包括根石探测、根石加固和根石平整。

附属设施维修养护内容包括管理房维修养护、标志牌（碑）维护和护坝地边埂整修。

河道整治工程按照“重点固根、定额备石”的要求，对工程管理及管理人员实行月检查、季评比、年中初评、年终总评，保持工程完整。经常观测河势变化，适时探摸根石，掌握情况，及时对坝垛根石坡度不够规定标准的工程进行整修加固。对出现险情的坝做到抢早、抢小，保证水下工程稳定，做到防守主动。各工程平时要备足石料、土方，应付出险。保持道路通畅，为抢险提供方便。对工程进行绿化，增加收益。

沿河各地的水文设施、测量标志、电话线路、废堤废坝、公里桩、界碑、防汛房、治黄铁路、防汛公路等，要认真保护，不准擅自移动和破坏。严禁向河道内排放有毒、有害污水，需要排放的必须净化处理，符合国家规定的排放标准。禁止在黄（沁）河河道内任意修建阻水、挑水工程，禁止滩区修建生产堤和成片种植阻水树木、芦苇等高秆作物。

2008 年，在惠金河务局选取最具代表性的黄河堤防工程 15 +800、黄河险工工程马渡 35 坝、黄河控导工程马渡下延 102 坝三个代表点，连同沿线堤防建设，倾力构建了黄河河防“三点一线”示范工程。

2009 年，按照“三点一线”示范工程的标准将全线堤防建成示范工程。

（二）控导工程管理

坝（垛、护岸）顶、高程、宽度、坝坡坡度及险工根石台的高程、宽度等主要技术指标符合设计或竣工验收时的标准。

坝（垛、护岸）顶、根石台顶面平整，无凸凹、陷坑、洞穴、水沟浪窝，无乱石、杂物及高秆杂草等。

沿子石规整、无缺损、无勾缝脱落；眉子土（边埂）平整、无缺损。

备防石位置合理，摆放整齐，便于管理与抢险交通，无坍垛，无杂草杂物，坝号、垛号、方量标注清晰。

土坝坡：坡面平顺，草皮覆盖完好，无高秆杂草、水沟浪窝、裂缝、洞穴、陷坑。

散抛块石护坡：坡面平顺，无浮石、游石，无明显外凸里凹现象，保持坡面清洁。

干砌石护坡：坡面平顺、砌块完好、砌缝紧密，无松动、塌陷、架空，灰缝无脱落，坡面清洁。

浆砌石护坡：坡面平顺、清洁，灰缝无脱落，无松动、变形。

根石台平整，宽度一致，无浮石、杂物；根石坡平顺，无明显外凸里凹现象，无浮石、游石。

连坝参照堤防工程标准执行。

四、引黄工程管理

（一）队伍建设

2002 年以前，国家投资建设的引黄工程由县区河务局负责管理（赵口引黄涵闸管理处隶属郑州河务局领导）。地方投资建设的引黄工程仍由地方负责管理。

2002 年 10 月 24 日经黄委批复成立河南河务局供水局，为自主经营、独立核算、自负盈亏、具备独立法人资格的经营开发类事业单位，同时各市局成立供水管理处，为非法人基层核算单位，受市河务局和河南河务局供水局双重领导。

到 2015 年底，郑州供水分局编制核定为 97 人。其中：郑州供水分局机关 15 人，荥阳供水处 7 人，巩义供水处 7 人，惠金供水处 25 人，中牟供水处 43 人。

（二）运行管理

引黄工程以“确保安全，充分发挥效益”为原则进行运用。管理单位平时对工程加强管理，勤观测检查，保证工程安全运行，具体做到土工建筑物完好无缺损，石方无松动，混凝土工程无脱落，启闭机升降灵活，观测设备安全完好，按照规定进行水位、流量、含沙量、测压管、位移、沉陷、裂缝、冲淤观测，逐步实现闸门启闭、监测、计量的自动化管理。工程周围进行绿化、美化，禁止在闸站附近爆破、炸鱼和进行危害工程安全的活动。

管理范围内环境应保持整洁美观，搞好绿化美化。

土工建筑物无水沟浪窝、塌陷、裂缝、渗漏、滑坡和洞穴等；排水系统、导渗及减压设施无损坏、堵塞、失效；土石结合部无异常渗漏。

石工建筑物块石护坡无塌陷、松动、隆起、底部淘空、垫层散失；墩墙无倾斜、滑动，无勾缝脱落；排水设施无堵塞、损坏、失效。

混凝土建筑物（含钢丝网水泥板）无裂缝、腐蚀、非正常磨损、剥蚀、露筋（网）及钢筋锈蚀等情况。

水下工程无冲刷破坏；消力池、门槽内无砂石杂物；伸缩缝止水无损坏；门槽、门坎的预埋件无损坏。

闸门无变形、锈蚀、焊缝开裂或螺栓、铆钉锈蚀、松动；支承行走机构运转灵活；止水装置完好；门体表面涂层无大面积剥落。

启闭设备运转灵活、制动性能良好，无腐蚀，运用时无异常声响；钢丝绳无断丝、锈蚀，端头固定符合要求；零部件无缺损、裂纹、非正常磨损，螺杆无弯曲变形；油路通畅，油量、油质合乎规定要求。

机电设备及防雷设施的设备、线路正常，接头牢固；安全保护装置动作准确，指示仪表指示准确，接地可靠，绝缘电阻值符合规定；防雷设施安全可靠；备用电源完好。

水闸工程维修养护定额标准项目包括水工建筑物维修养护、闸门维修养护、启闭机维修保养、机电设备维修保养、附属设施维修保养、物料动力消耗、闸室清淤、白蚁防治、自动控制设施维修保养和自备发电机组维修保养。

水工建筑物维修养护内容包括养护土方、砌石护坡护底维修养护、防冲设施破坏抛石处理、反滤排水设施维修养护、出水底部构件养护、混凝土破损修补、裂缝处理和伸缩缝填料填充。

闸门维修养护内容包括止水更换和闸门维修养护。

启闭机维修养护内容包括机体表面防腐处理、钢丝绳维修养护和传（制）动系统维修养护。

机电设备维修保养内容包括电动机维修保养、操作设备维修保养、配电设备维修保养、输变电系统维修保养和避雷设施维修保养。

附属设施维修养护内容包括机房及管理房维修养护、闸区绿化、护栏维修养护。

物料动力消耗内容包括水闸运行及维修养护消耗的电力、柴油、机油和黄油等。

五、管护设施及标志

(一)发展变化

1988年以前，设有堤防千米桩（在右堤肩处）、坝号桩（在左堤肩与坝轴线交点处）、涵闸简介牌、县区交界牌、护堤人员责任交界牌、防汛责任乡村（单位部门）交界牌等。1988年以后，逐步增设堤防百米桩、根石探摸断面桩、河势查勘重点坝表示桩、工程简介牌、工程用地边界桩等。2002年7月14日，国务院批复《黄河近期重点治理开发规划》明确提出建设黄河下游标准化堤防工程。

(二)规范化

标准化堤防工程建设前，工程标志标牌由于修建年代不一，标准规格、材料不统一，加之平时管理投资无来源，致使工程标志标牌破损严重，边界桩由于与群众耕地相连，毁坏、丢失严重；各种界桩、路口、险工工程标志、警示标志牌种类、数量不齐全等；重大历史事件发生地和历史决口处没有标志性建筑等，达不到警示后人的目的。按照黄委《工程管理设计若干规定》，标准化堤防建设需要完善或更新各类管理标志（见表4-7）。

表4-7 河道工程管理主要标志更换一览表

序号	项目名称	数量（个）	序号	项目名称	数量（个）
1	千米桩	73	10	市、县级交界牌	6
2	百米桩	693	11	市、县交界工程简介牌	5
3	边界桩	462	12	防浪林工程简介牌	6
4	坝号桩	751	13	路口及河道工程路标	81
5	查河桩	126	14	警告、急转弯标志牌	31
6	根石断面桩	6883	15	禁行标志牌	17
7	工程简介牌	15	16	历史事件标志	10
8	乡级交界牌	8	17	亭子	2
9	村级交界牌	51			

(三)主要管护标志埋设位置

千米桩、百米桩：堤防应从起点到终点依序进行计程编码，埋设千米桩、百米桩，均沿背河堤肩埋设。

交界牌：沿堤各县（市、区）、乡（镇）、村行政区交界处统一设置交界牌。县（市、区）还要设立简介牌。

边界桩：沿堤防浪林带与护堤地边界埋设边界桩，边界桩以县局为单位从起点到终点依序进行编码。

工程标志（简介）牌：沿堤险工、防浪林堤段（以乡镇为单位）应设立工程标志

（简介）牌。

路口及河道工程路标：沿堤线重要路口及通往河道工程的路口应设立路标，参照公路标准设置。

其他标志牌：参照公路标准沿堤线设立警告、急转弯、禁行标志牌。

险工坝号桩、根石断面桩、查河桩：沿堤险工按标准设立坝号桩、根石断面桩、高标准。

重大历史事件标志：历史老口门堤段设立一块石碑。石碑正面刻上历史事件发生的地点、原因、造成的损失及抢护情况等，以警示世人。

为加强规范化管理，对制定黄河工程管理的标志（标牌）分类规格进行统一，按照《黄河防洪工程标志标牌建设标准》，为规范黄河工程建设、标志标牌建设，加快黄河防洪工程现代化管理步伐，结合黄河防洪工程实际情况，规范了堤防工程、河道整治工程、涵闸工程、滞洪区、滩区等安置标志标牌的式样及建立地点。

关于开展黄河水利工程确权划界实施计划，促进1998年以来新建工程用地、管护用地及历史遗留问题的解决。

六、附属工程管理

（一）土地管理

土地管理主要是指河道工程用地管理，它的形成由来已久，随着河道的发展变化而变化，即自然占压→无偿划拨→有偿划拨→有偿征用。国家投资从无到有，逐步市场化，这就是治黄土地形成与管理的基本情况。2000年后，国家实施土地确权划界工作，郑州河务局会同当地土地主管部门实地勘定边界、测绘、履行相关手续，较好地完成了郑州黄河土地确权划界工作，共计永久性用地面积31191.92亩，已确权办证面积22580.06亩，另有8611.86亩尚待确权办证。其中：惠金河务局永久性用地面积15130.57亩，已确权办证11432.9亩（惠济区8032.9亩，金水区2400亩），另有3697.67亩尚待确权办证；中牟河务局永久性用地面积16061.35亩，已确权办证11147.16亩，另有4914.19亩尚待确权办证。未办证的主要缘由：1999～2006年黄河防洪工程建设用地，补偿标准较低，没有达到政策规定的新的征地补偿标准，2011年国家新增了征地补偿投资，郑州河务局已将补偿投资足额发放到位，办证手续到2015年底尚未完成。

（二）房产管理

随着社会的发展变化，郑州黄河职工办公、生活、生产环境得到了逐步改善，人民治黄初期，20世纪50～60年代环境艰苦，办公是薄皮瓦房，生活生产住帐篷；20世纪70～80年代，办公有了平房和小楼房，职工有宿舍，生产有简易房；在30年建设的基础上，20世纪80年代以后发生了飞跃，尤其2000年前后发展更快、更好。据不完全统计，郑州河务局及局属共有房产面积达154829平方米（含部分集资住房），其中：办公用房17206平方米，生活用房107866平方米，生产用房22368平方米，仓储和其他用房7389平方米。2015年底郑州房产情况见表4-8。

表4-8 郑州河务局房产情况统计表

序号	管辖单位及房屋属性	名称	建设年代	大堤桩号或地点	面积（平方米）	
					地籍	建筑面积/栋数
	郑州河务局		1980～2013			
一	局直		1985～2003			40590
1	办公	办公楼	1985、1996	政七街23号院	5340	7913/3
2	生活					32677
（1）		北环家属院	2003	郑州市区	16665	21650/6
（2）		政七街23号院	1985	郑州市区		5805/4
（3）		红专路102号院	1994	郑州市区	多家院	2040/1
（4）		红专路107号院	1999	郑州市区	多家院	3182/1
二	巩义河务局					8950
1	办公		2010	巩义市东开发区	5880	2300/1
2	生活基地		1985		3000	2260/2
3	生产基地					2175
（1）	赵沟管护基地		2007、2012		4820	652/2
（2）	裴峪管护基地		2007、2012		6120	618/2
（3）	神堤管护基地		2006		1567	420/1
（4）	金沟管护基地		2010		11873	485/1
4	仓库及其他					2215/1
三	荥阳河务局					7838
1	办公	办公（平房）区	2000	演武路04号	17479	748/1
2	生活基地		2000	永丰巷003号		5856/2
3	生产基地					1234
（1）	金沟管护基地		2013	汜水镇廖峪村	2000	待建
（2）	枣树沟管护基地		1999	牛口峪村	15118	707/2
（3）	桃花峪管护基地		2005、2009	霸王城村	2921	527/2
四	惠金河务局					57881
1	办公					2345
（1）		机关办公楼	1991	花园口村	586	2345/1
2	生活基地					43806
（1）		北环家属院	2002	郑州市区	20667	33344/6
（2）		红专路102号院	1994	郑州市区	12053	10462/6

续表 4-8

序号	管辖单位及房屋属性	名 称	建设年代	大堤桩号或地点	面积（平方米）	
					地籍	建筑面积/栋数
3	生产基地					8361
(1)		防汛值班楼	2001	花园口村	813	1626/2
(2)		通信楼	1993	11 +650	850	850/1
(3)		质检中心	1980	花园口村	486	972/1
(4)		机动抢险队	2008	6 +200		556
(5)		古荥管护基地	2004	6 +270	13500	803/1
(6)		花园口管护基地	2008	16 +800	11000	2021/1
(7)		马渡管护基地	2005	25 +245	2880	395/1
(8)		姚桥管护基地	2006	27 +000	8100	1138/1
4	仓库及其他	局防汛和抢险队	2000	花园口村		3369
(1)		防汛中心仓库	2000	花园口村	4025	1705/3
(2)		抢险队仓库	2008	6 +200	6500	840/2
(3)		第二机动抢险队	2006	姚桥管护基地	8100	824
五	中牟河务局					30625
1	办公					1805
(1)		机关办公楼	1989	官渡大街		1805/1
2	生活基地					16417
(1)		官渡大街家属院	1991 ~ 1997	官渡大街	7133	6723/5
(2)		龙海家属院	1997	龙海路	11667	9694/2
3	生产基地					10598
(1)		防汛值班楼	1980	38 +500		1450/1
(2)		微波通信楼	1989	38 +500		326/1
(3)		中牟黄河派出所	1980	38 +500		413/1
(4)		机动抢险队	1985	38 +500		1090/1
(5)		杨桥管护基地	2005	32 +100		1384/1
(6)		万滩管护基地	2005	38 +500		1810/1
(7)		赵口管护基地	2005	43 +100		1344/1
(8)		九堡管护基地	2005	九堡控导		542/1
(9)		雁鸣湖管护基地	2005	57 +000		899/1
(10)		狼城岗管护基地	2005	67 +800		1340/1
4	仓库及其他	防汛仓库	1999	38 +500		1805/1
六	水电公司					
1	办公	机关办公楼	1996			2095
2	生活基地	家属院	2004		4000	6850/2
3	生产基地		1985	38 +500	27030	

第三节　水政水资源管理

随着社会的发展变化，郑州黄河水政水资源管理在治黄工作中逐步发展壮大，日趋完善。水政水资源管理涵盖队伍建设、普法教育、水行政执法和水量调度等工作，为黄河的治理与开发保驾护航的作用成效显著。

一、队伍建设

（一）水政监察队伍建设

1988 年《中华人民共和国水法》（简称《水法》）实施之前，水政水资源管理工作由工务部门和黄河派出所等负责。随着《水法》的宣传贯彻落实，依据上级规定，1990 年以后逐步设立水政水资源管理机构。

1990 年县区河务局设立水政股（水政监察所），负责水政水资源管理工作。1991 年升格为水政科（水政监察大队），领导黄河派出所，仍负责水政水资源管理工作。1991 年郑州河务局设立水政科，1995 年更名为水政水资源处（仍为科级），1999 年成立郑州河务局水政监察支队，下设 4 个水政监察大队，分别为惠金河务局水政监察大队、中牟河务局水政监察大队、巩义河务局水政监察大队、荥阳河务局水政监察大队。

2005 年底，郑州河务局全局水政部门编制情况见表 4-9。2005 年水管体制机构改革中，明确水政水资源处负责水政监察工作，在辖区内开展水行政执法工作，查处水事违法行为，维护正常的水事秩序；同时，水政监察大队未予撤销，现在与水政水资源科属于同一部门。

表 4-9　2005 年度水政监察队伍基本情况统计表

队伍		人员									
名称	支数	工作方式		性别结构		年龄结构			文化程度		
		专职	兼职	男性	女性	29 岁以下	30～45 岁	46 岁以上	中专以下	大专	本科以上
合计	5	29	7	29	7	7	14	16	11	14	11
郑州支队	1	5	1	4	2	1	1	4	1	2	3
巩义大队	1	4	1	4	1	1	2	2	2	2	1
荥阳大队	1	1	1	2		1	1				2
惠金大队	1	10	2	11	1	1	5	6	6	4	2
中牟大队	1	9	2	8	3	3	5	3	2	6	3

2013 年底，郑州河务局全局水政部门编制情况见表 4-10。水政管理与水政监察人

员、业务没有明确划分，一人承担多项任务的情况很普遍。如，负责行政许可的受理、审查、行政许可审批，又要开展河道巡查，负责对建设项目的监管和对违规、违法行为的案件查处，若有执法异议，还要开展行政复议，举行听证会等。

表 4-10　郑州河务局 2013 年底水政监察人员情况统计表

单位名称	编制（人）			现有执法人员（人）				现有执法人员分布（人）				黄河派出所干警（人）
	总数	公务员	事业	小计	公务员	事业	企业	小计	水政部门	执法队伍	协警	
合计	29	15	14	57	16	23	18	57	43	0	14	4
水政处（支队）	5	5		8	7		1	8	8	0	0	0
巩义河务局水政监察大队	3	3		6	2	1	3	6	3	0	3	1
荥阳河务局水政监察大队	2	1	1	4		2	2	4	4	0	0	3
惠金河务局水政监察大队	10	2	8	16	3	11	2	16	16	0	0	0
中牟河务局水政监察大队	9	4	5	23	4	9	10	23	12	0	11	0

2014 年，在惠金河务局开展了水政监察大队改革试点建设。2015 年，郑州河务局所属 4 个县级河务局开展水利综合执法大队示范点建设，改革后成立的综合执法专职水政监察大队为县级河务局的水行政综合执法的专职机构，承担着河务局的水行政执法职责。水政水资源科对水政监察大队进行法律指导和执法监督，其他相关职能部门依照其行政管理业务，指导、配合水政监察大队的执法工作。通过聘请专业律师作为水政监察大队的法律顾问，运用网格化管理理念，实现“横到边、纵到底”的网格巡查，实现了河道巡查区域全覆盖（见表 4-11）。

表 4-11　郑州河务局 2015 年底水政监察人员情况统计表

队伍	批复情况			人员情况（人）									
	支数	编制		工作方式		性别结构		年龄结构			文化程度		
		专职	兼职	专职	兼职	男性	女性	29 岁以下	30～45 岁	46 岁以上	中专	大专	本科以上
合计	5	57	5	53	5	45	13	14	31	13	9	20	29
郑州河务局水政处（支队）	1	5	1	5	1	3	3	2	1	3		1	5
巩义河务局水政监察大队	1	9	1	8	1	7	2	3	4	2	2	2	5
荥阳河务局水政监察大队	1	6	1	6	1	6	1	2	4	1	1	3	3
惠金河务局水政监察大队	1	20	1	22	1	19	4	5	13	5	5	10	8
中牟河务局水政监察大队	1	17	1	12	1	10	3	2	9	2	1	4	8

（二）黄河公安队伍建设

1962 年 5 月成立郑州黄河修防处黄河派出所，业务隶属郑州郊区公安分局领导。

1968 年撤销，1979 年恢复。1983 年 6 月交由新成立的郑州市郊区黄河修防段管辖。1982 年《河南省黄河工程管理条例》颁发实施，黄河公安队伍逐步加强。2011 年因郑州公安系统改革和黄委改革，一度撤销或削弱了黄河公安队伍建设，2013 年又逐步恢复了黄河公安队伍，并加强了基础设施建设。由于发展不平衡，局属四个河务局黄河公安队伍建设与管理有所不同。图 4-3 为 2009 年黄河派出所安全建设会议。

图 4-3　黄河派出所安全建设会议（2009 年）

1．巩义河务局黄河公安队伍建设

1987 年设立巩县公安局黄河特派员，后成立巩县黄河派出所。中间经历撤销、调整、恢复过程。2013 年巩义黄河派出所按照五类派出所标准改造建设，由巩义市公安局为巩义黄河公安派出所委派所长 1 名，巩义河务局通过内部考试录用协警 4 名。

2．荥阳河务局黄河公安队伍建设

2013 年经荥阳市编委批复，荥阳黄河派出所按照五类派出所标准改造建设。荥阳市公安局向荥阳黄河派出所派出了公安民警，至此荥阳黄河派出所共有民警 3 人（所长 1 人）。

3．惠金河务局黄河公安队伍建设

1983 年接管黄河派出所后，经过撤销、调整、恢复过程。2013 年底恢复成立了郑州市林业公安局第三派出所，编制 19 人，内设所长、指导员各 1 名，副所长 2 名，内勤 1 名，民警 5 名，协警 9 名。其管辖范围为惠济行政区、中原行政区、郑州市高新技术开发区、惠金河务局辖段；业务除承担林业派出所职责外，还承担原黄河派出所的职责。

4．中牟河务局黄河公安队伍建设

1980 年成立黄河派出所，所长由中牟县公安局干警担任，业务隶属中牟县公安局领导；中间几经撤销、调整、恢复，2013 年经中牟县编委批复。中牟黄河派出所按照三类派出所标准改造建设。到 2015 年底正式公安民警没有到位，有协警 17 人在工作，执法力度亟待加强。

二、普法教育

（一）法规

1. 河道综合管理类

主要有《中华人民共和国河道管理条例》《黄河水量调度条例》《中华人民共和国行政监察法实施条例》《水行政许可实施办法》《水行政许可听证规定》《水利部实施行政许可工作管理规定》《河南省黄河河道管理办法》《河南黄河河务局正确履行河道管理职责规定》等。2005 年 12 月郑州河务局转发了《河南河务局水行政许可工作制度（暂行）的通知》。2012 年郑州河务局成立了行政许可领导小组，出台《郑州河务局行政许可联席会议制度》《郑州河务局行政许可实施细则（试行）》《郑州河务局实施行政许可工作管理规定（暂行）》，进一步规范了行政许可行为，初步建立防范审计风险长效机制，标志着行政许可工作进一步走向法制化、规范化。2013 年研究制定《郑州河务局重大水事违法案件挂牌督办制度》，转发了《河南河务局转发黄委关于〈黄河水利委员会重大水事案件报告、督办和备案制度（试行）〉的通知》。2014 年转发了《河南河务局转发黄委水政局关于进一步加强河道管理工作的通知》。

2. 水事活动管理类

（1）河道管理范围内建设项目管理：主要有《河道管理范围内建设项目管理的有关规定》《黄河流域河道管理范围内建设项目管理实施办法补充规定（暂行）》《关于进一步规范河道管理范围内建设项目管理工作的通知》《关于〈黄河流域河道管理范围内建设项目审查同意书〉有效期限的通知》《黄河下游跨堤越堤管线管理办法》《黄河河道管理范围内建设项目技术审查标准（试行）》《黄河流域河道管理范围内非防洪建设项目施工度汛方案审查管理规定（试行）》《河南河务局水行政许可工作制度（暂行）》《河南河务局关于河道管理范围内建设项目审批有关问题的通知》《河南河务局关于进一步规范河道管理范围内建设项目管理工作的通知》。2012 年为全面贯彻省政府办公厅《关于进一步加强黄河河道内开发建设管理工作的通知》精神，郑州河务局制定了《郑州黄河河道内开发建设与管理工作意见》，促成郑州市防指印发文件执行，实现政府牵头、多部门管理，责任明确的管理机制。同时，局属河务局及时向当地政府汇报，结合本河段实际，出台了相应的河道管理工作意见。该意见的出台进一步规范了郑州黄河河道管理范围内开发建设的日常管理和监督，促进了涉水建设项目的有序开发，为今后河道内项目的建设、管理、执法提供了保障和依据。2013 年制定了《郑州河务局河道内建设项目监督管理工作意见》。2014 年转发了《河南河务局行政许可实施细则》《河南河务局关于印发〈河南河务局水行政审批改革实施意见〉的通知》，印发了《郑州河务局关于印发行政许可工作实施细则的通知》。

（2）浮桥管理：主要有《黄河下游浮桥建设管理办法》《黄河中下游浮桥度汛管理办法（试行）》《关于进一步加强黄河下游浮桥度汛管理的通知》《关于进一步加强

黄河下游浮桥管理工作的通知》《河南省浮桥安全管理办法（试行）》《河南河务局关于加强浮桥建设管理工作的通知》《河南河务局关于对有关浮桥管理工作进行责任分工的通知》《河南黄河浮桥管理实施意见》已批准执行。2015 年，按照《河南河务局转发黄委水政局关于开展黄河浮桥专项执法检查情况督察及建立浮桥管理档案工作的通知》（豫黄水政〔2015〕4 号）文件要求，建立了浮桥管理档案。

（3）河道采砂：主要有《河道采砂收费管理办法》《黄河防总关于全年禁止在黄河河道采淘铁砂的通知》《黄委关于全面巩固黄河河道禁采铁砂工作成果的通知》《河南省黄河河道采砂收费管理规定》《关于河南黄河河道内全面禁止采淘铁砂的通知》。针对黄河下游河道采砂暴露出的问题以及由此带来的不利影响，2012 年郑州河务局组织人员对河道采砂深入分析研究，编制完成《郑州黄河河道采砂规划》。同时，为严格规范审批程序，配套出台了《郑州黄河河道采砂管理办法》。建立健全了《河道采砂许可审批制度》《采砂规费管理制度》《采砂监督管理制度》等一系列管理制度，规范了采砂许可审批文本格式，建立了河道采砂管理联席会议制度和采砂监管台账。从采砂规划、审批、收费和监管等四个方面来加强规范郑州黄河河道采砂管理，为强化执法手段和现场监管提供依据，指导黄河河道采砂活动走上依法、科学、有序的轨道。

（4）砖窑场管理：主要有《关于印发黄河下游滩区砖瓦窑厂建设控制有关规定的通知》《河南河务局关于在黄（沁）河河道内采挖泥沙设置窑厂有关意见的通知》《河南河务局关于加强滩区窑厂管理工作的意见》《河南河务局关于加强滩区窑厂管理工作的补充通知》《河南省人民政府办公厅关于进一步做好黄河滩区黏土砖瓦窑厂整顿规范工作的通知》等。

（5）河道巡查：主要有《黄河河道巡查报告制度》《河南黄（沁）河河道行洪障碍巡查管理规定》等。

（6）水政监察制度：主要有《水行政处罚实施办法》《水政监察工作章程》《水政监察证件管理办法》《关于流域管理机构决定〈防洪法〉规定的行政处罚和行政措施权限的通知》《重大水污染事件报告办法》《黄委系统水政监察制度及管理办法》《水政监察人员学习培训制度》《水政监察人员行为规范》《水政监察人员考核奖惩办法》《执法办案制度》《大案要案请示、报告和备案制度》《水行政执法错案责任追究制度》《水行政执法统计工作制度》《水行政执法文书档案管理办法》《水政监察装备配置及使用管理办法》《黄河水行政联合执法工作制度（试行）》《黄河重大水污染事件报告办法（试行）》《黄河重大水污染事件应急调查处理规定》《关于加强黄河重大水污染事件报告和调查处理的通知》《河南黄河河务局水事违法案件快速反应规定》《河南河务局水政监察信息反馈管理办法》等。

2005 年郑州河务局先后制定了《水政处工作制度》《水政监察人员学习培训制度》《水政监察人员岗位责任制》《水政人员执法办案制度》《统计报表制度》等各项规章制度。2006 年郑州河务局制定了《郑州河务局行政执法标准》，建立了《行政执法岗位责任制》。2007～2009 年郑州河务局在行政执法责任分解工作的基础上进一步细化了行政执法责任制，明确了执法活动的主要负责人和执法岗位负责人以及其执法责任范围和岗位职责，制定并完善了各项规章制度，进一步强化了执法人员的责任感。通过以上工作的开展，有效提高了执法人员的执法水平，同时也进一步提高了行政执法的透明度，密切了执法人员与群众的联系，确保了执法工作的质量，为依法治河、依法管水打下了良好的基础。2010 年郑州河务局研究制定了《建立最严格的郑州黄河河道管理体系工作意见》，并制定了《郑州黄河河道巡查报告制度》《大案、要案分析、报告、请示、备案制度》等 6 项制度，并以红头文件下发执行。

（7）河道清障：主要有《黄河防汛行洪障碍清除督察办法（试行）》《黄河下游河道清障管理办法》《黄河下游河道内片林生产堤清障管理办法》《河南黄（沁）河河道行洪障碍巡查管理规定》等。

为健全各项水政监察工作制度，2005 年郑州河务局先后制定了《水政监察人员学习培训制度》《水政监察人员岗位责任制》《水政人员执法办案制度》等各项规章制度。根据水政处年初与局签订的目标任务书，实行目标责任制管理，充分调动了广大水政监察人员的工作积极性和责任感，保证了执法行为规范化，提高了工作效率。

2008 年 3 月 1 日，新修订的《河南省黄河工程管理条例》（以下简称《条例》）正式施行，为了更好地贯彻学习宣传《条例》及各项水法规，使广大干部职工及沿黄群众及时了解《条例》内容，郑州河务局根据上级统一部署，采取自学、培训等多种形式，认真组织学习《条例》，并做好宣传工作，掀起贯彻执行《条例》的高潮。此后郑州河务局相继制定了《水政监察人员岗位责任制》《水政监察人员执法办案制度》《郑州河务局大案要案请示、报告和备案制度》《河道巡查制度》《水政监察办案廉洁制度》等一批约束执法人员遵法守纪的规章制度。通过各项制度的建设，郑州河务局水政监察人员的责任意识得到了强化，执法行为受到了规范，队伍的整体形象得到了提升。2013 年建立了《郑州河务局河道内倾倒建筑垃圾长效机制》。

3．水资源类

20 世纪 60 年代以前，黄河流域的水资源管理侧重于水资源规划、水文监测、水文资料整编等基础性工作。20 世纪 70 年代后，黄河下游干流河段频繁出现断流，用水矛盾日益突出。为此，黄委组织有关部门和地区开展了黄河流域水资源评价、开发利用预测及分水方案的编制等工作。1983 年 7 月，水利电力部召开沿黄各省（区、市）和国务院有关部委参加的黄河水资源评价与综合利用审计会，对黄河水量分配提出了初步建议。1984 年 8 月在全国计划会议上，国家计委就水利电力部报送的《黄河河川径流的预测和分配的初步意见》，约请同黄河水量分配关系密切的 12 个省（区、市）计委和水电、石油、建设、农业等部门座谈，调整并提出了在南水北调工程生效前黄河可供水量分配方案。1987 年 9 月，国务院办公厅批准并转发了国家计委和水利电力部《关于黄河可供水量分配方案的报告》。具体情况见表 4-12。

表 4-12　1987 年黄河可供水量分配方案　（单位：亿立方米）

地区	青海	四川	甘肃	宁夏	内蒙古	陕西	山西	河南	山东	河北	合计
年耗水量	14.1	0.4	30.4	40	58.6	38	43.1	55.4	70	20	370

1988 年《中华人民共和国水法》颁布执行。黄委于 1990 年成立了统管全河水政水资源管理工作的机构水政水资源局，河南河务局成立了水政水资源处，郑州河务局于 1991 年初成立了郑州河务局水政监察处及县区河务局水政监察科。

1994 年水利部下发《关于授予黄河水利委员会取水许可管理权限的通知》，授权黄委对黄河干流及其重要跨省（区）支流的取水许可全额管理或限额管理的权限，按照国务院批准的黄河可供水量分配方案，对沿黄各省（区）黄河取水许可实行总量控制。根据《取水许可制度实施办法》和《河南省取水许可制度和水资源费征收管理办法》，郑州河务局开始对所管辖范围内取水项目的取水许可证换发，取水许可证年审，新建、改建、扩建工程取水许可（预）申请的审批，取水许可总量控制等进行规范管理。根据《取水许可制度实施办法》，水利部先后于 1994 年印发了《取水许可申请审批程序规定》，1996 年颁发了《取水许可监督管理办法》，1994 年 10 月 21 日黄委颁发《黄河取水许可实施细则》。依照有关规定，郑州河务局自 1994 年开始对所管辖范围内的取水项目进行取水许可证的登记、发放工作。

1998 年 12 月，国家计委、水利部颁布《黄河水量调度管理办法》，规定黄河流域各地取水许可计划用水管理要服从黄委对黄河水量的统一调度。为合理配置黄河水资源，缓解断流和水资源供需矛盾，自 1999 年 3 月黄委开始对黄河干流实施水量统一调度。

2002 年 6 月，郑州河务局市、县两级河务部门均设立了水政水资源管理部门。其职能是：统一管理郑州黄河水资源（包括地表水和地下水），依照河南河务局批复的黄河水量分配方案，制订郑州黄河水供求计划和水量调度方案，并负责实时调度和监督管理。审核涵闸放水计划，负责《黄河下游水量调度工作责任制》的贯彻落实。在授权范围内组织实施取水许可制度、保护和利用黄河水资源，确认了郑州河务局及其所属各县（区）河务局郑州黄河水资源主管机关的地位，郑州黄河水资源统一管理工作得到全面加强。

2002 年 11 月，黄委颁发《黄河取水许可总量控制管理办法》，明确规定河南省 55.4 亿立方米的分配水量“包括取用黄河干支流的地表水量和河道管理范围内的地下水量”“黄委和沿黄省（区）各级水行政主管部门审批的黄河干、支流取水许可总量之和扣除直接回排到黄河干支流水量后的耗水量，不得超过国务院批准的黄河可供水量分配方案分配给本省（区）的耗水量指标”。郑州河务局按照取水许可管理权限，负责所辖范围内黄河取水许可总量控制管理。

截至 2015 年，郑州河务局辖区颁发取水许可证 18 套。按水源分，地表水 11 套、地下水7套，取水许可总量45841.2万立方米（其中地表水40225万立方米、地下水5616.2万立方米）；按用途分，工业及城市生活用水9套（地表水4套、地下水5套）、农业用水9套（地下水2套、地表水7套）。

实施取水许可制度是水资源管理的核心。郑州河务局在全面履行取水许可制度的基础上，加强监督管理，对计划用水、节约用水和计量设施安装运行等方面进行了强化管理，积极配合黄委、河南河务局开展黄河水量统一调度工作。严格执行上级水调指令，合理调配各涵闸的引水流量，确保上级分配用水指标的充分使用。

为了加强黄河水资源管理，严肃水量调度纪律，规范引水行为，确保水量指令的认真执行，水资源管理人员按照《河南黄河水量计量稽查办法》规定，做好水量计量稽查，充分利用现有的测流、测沙设备，对各渠首闸放水量进行稽查，保证黄河水资源充分利用，使郑州沿黄乡镇农业用水基本得到了保证。

（二）宣传活动

自人民治黄以来，治理黄河的宣传活动一直是高潮迭起，形式多样，效果良好。1991年以前，主要宣传形式是会议和沿黄大量的墙面固定标语及临时标语等。1991年以后，根据河南河务局的统一安排与部署，郑州河务局结合本单位实际，积极、主动地开展了"二五""三五""四五""五五"和"六五"普法宣传教育工作。高度重视普法宣传教育，特别是对各级领导干部和水政监察人员，采取脱产培训、在职自学、集中辅导等形式加强法律知识的学习，提高他们依法管理和依法行政的水平。每年，郑州河务局都注重加强职工普法骨干的培训教育。在选拔人员参加上级组织的普法培训班学习的同时，根据普法规划要求举办普法培训班，邀请有丰富工作经验和深厚理论知识的治河专家、学者及法律界人士授课。同时，采取多种形式组织广大干部职工认真学习相关的法律知识；并利用会议、周五干部职工集体学习等，组织干部职工学习《行政处罚法》《国家赔偿法》《防洪法》《行政复议法》等法律法规。充分运用广播、报纸、电视、张贴标语、组织宣传车、设立水法规咨询站等宣传手段，采取群众喜闻乐见的形式，深入广泛地宣传《防洪法》《水法》《河道管理条例》《行政处罚法》《河南省黄河工程管理条例》等法律法规，营造全社会关心和支持治黄工作的良好氛围。

为提高沿黄广大干部群众的水法意识，郑州河务局坚持"世界水日""中国水周""12·4全国法制宣传日"集中法制宣传与日常宣传相结合，深入沿黄乡村、集贸市场、繁华街道、建设工地等有关场所，大力宣传《水法》《河道管理条例》《防洪法》《行政许可法》《黄河水量调度条例》等水利法律法规。每年3月22日"世界水日"和3月22~28日"中国水周"期间，郑州河务局统一组织安排，组成宣传车队，深入到惠济金水区、中牟、巩义和荥阳沿黄城乡深入开展大规模的水法规宣传活动。同时郑州河务局结合工作实际，在机关门前布置水法规宣传拱门，设立法律咨询台，结合当年水法宣传主题制作并悬挂宣传横幅、张贴宣传彩页，散发以《防洪法》为主要内容的水法宣传单（见图4-4），制作水法宣传板块，重点介绍在水政执法和水资源管理中取得的成绩和经验等，使集中宣传和经常性宣传结合起来。

图4-4　郑州黄河水法规宣传（2010年）

2005年“水周”期间共悬挂了42条过街横幅；发放了20000余份以《水法》《防洪法》《行政许可法》和以2005年“世界水日”“中国水周”宣传口号为内容的彩色传单；张贴标语、通告600条；设置水法宣传咨询台4处，组装宣传车辆6辆，制作宣传版面2块，制作电视专题片1套，制作音像材料5套，组织召开了纪念第十三届“世界水日”和第十八届“中国水周”座谈会，共投入宣传人力118人次，接受宣传教育人数约330万人次。

先后组织改革后的水政人员认真学习《水法》《防洪法》《河南省河道管理条例》《行政许可法》《行政赔偿法》《行政复议法》等相关法律法规。积极组织水政人员参加上级组织的各项执法培训班4期23人次，通过对法律法规的学习和研究，提高了执法队伍的执法水平和业务素质。

“五五”普法期间，郑州河务局精心编制实施《郑州黄河河务局2006～2010年法制宣传教育和依法治理工作规划》和年度实施意见，及时调整普法领导小组人员，制定各类普法和依法行政工作制度60多项、规范性文件50多件，局中心组每年专门学法3次以上。

“五五”普法期间，郑州河务局共组织和参加法律、法规培训班20多期，200多人次，每年进行2次以上法律知识考试；购置和编印各类普法资料40多套，影像光盘30余套，散发普法传单十余万份，张贴通告1200余张，张贴标语7000多条；设立普法宣传牌500余块，出动宣传车200多辆次，组成宣传队伍1000余人次，设立法律咨询站120多个，制作宣传横幅500余条，制作宣传版面100多块，录制水法规磁带100余盘，受教育人数达400多万人次。期间共投入普法经费近48万元。

在“12·4法制宣传日”“中国水周”期间，在辖区内集中组织开展大规模水法规宣传活动，共发放印制有普法内容的宣传手册、纸杯等20万余套（件），宣传活动涉及郑州市区、沿黄各乡镇、黄河滩区和引黄灌区；依托现代化、电子化信息手段，利用电子政务中“普法宣传教育”专栏、听证会、法律、法规知识竞赛等各种形式开展法律、法规知识宣传。宣传活动期间，围绕宣传主题悬挂大型横幅和条幅，设立咨询台、出宣传板报专栏等，采取多种形式进行宣传。同时，组织职工收看法制宣传专题片，举办知识竞赛、灯谜会等，有效宣传了《宪法》《行政许可法》和水法规，对培养广大干部的法律意识，增强法治观念，提高依法行政、依法管理、依法办事的能力起到了积极的推动作用。

“五五”普法期间，郑州河务局被评为郑州市文明单位。截至“五五”普法，郑州河务局系统内省级文明单位 3 个、市级文明单位 2 个，花园口被黄委命名为爱国主义教育基地，各级文明单位创建率已达 96% 以上，惠金河务局多年来一直保持国家一级水管单位的荣誉称号；中牟河务局保持国家二级水管单位称号，被省、市任命为先进基层党组织、黄委工会先进单位、计划生育先进单位称号，2009 年又获得河南省五一劳动奖。郑州黄河工程有限公司获“河南省信用建设示范单位”荣誉称号，为构建郑州和谐局面做出了突出贡献。

自 2011 年“六五”普法规划实施以来，在黄委、河南河务局的正确领导下，郑州河务局在“五五”普法取得黄委先进单位的基础上，深入学习贯彻党的十八大，十八届三中、四中全会和习近平总书记系列重要讲话精神，以“维持黄河健康生命”为目标，继续践行“四位一体”理念，进一步加大普法宣传教育和依法治理工作力度，积极推进郑州黄河水利法制体系建设，使各项工作步入法制化轨道，促进治黄事业的健康发展，全面完成了“六五”普法的各项目标任务，并取得显著成效。

“六五”普法期间，郑州河务局高度重视法治文化基地建设，在机关、一线班组、水利景区、上堤路口等重点位置建设了丰富多彩长达 545 米的普法长廊 17 处。在上堤路口、涉河项目园区、浮桥及采砂场等处设立大型普法宣传展板 3 处、涉河项目公示牌 70 处、浮桥监督管理警示牌 6 处、安全警示标志标牌 2100 余块、工程管护牌 700 余块，做到了沿河安全有警示、防洪工程有提示、项目许可有公示、大型路口有告示，使社会各界能以直观、通俗易懂的方式受到水法宣传教育。

“六五”普法活动以来，郑州河务局创新思维，编制了普法宣传漫画册 2000 份，编印了宣传单 14 余万份、宣传彩页 20 余万份，订购了报刊书籍 5000 余份、光盘 20 张，定制了扇子 4000 把、扑克牌 2000 副、书写笔 2000 支、防洪避险手册 2000 份、防洪避险明白卡 20 万份、雨伞 200 把、雨衣 100 套、环保袋 3 万个、围裙 1000 个、水杯 400 个，达到了普法全覆盖，传递了依法治国、依法行政、依法治河正能量。

郑州河务局坚持集中宣传和日常普法相结合，利用法制宣传教育队伍和阵地，在“世界水日”“中国水周”“12·4 全国法制宣传日”等重要节点，开展群众喜闻乐见的水利法制宣传教育活动，通过广播电视、网络、滩区预警系统、大屏幕、报刊、微信、微博、QQ 群、小品汇演、书画作品展、法律知识竞赛、普法答卷等多种形式，向广大干部职工和沿黄群众大力宣传水利法律法规、防汛形势、涉河安全和河情、工情，强化忧患意义、法制意识、大局意识和节水意识，大力弘扬社会主义法治精神，做到了“电视有影、广播有声、报刊有文、网络有版、舞台有戏”，普法宣传有声有色。2011～2015年“世界水日”“中国水周”期间，郑州河务局出动水法宣传车辆约400余车次，设立水法宣传咨询站125处，悬挂宣传横幅305幅，张贴各类标语15000余条，发放传单、宣传材料80000余份，张贴宣传画685幅，制作墙报、展板130块，发放手提袋10000余个。通过水法宣传，收到了良好的宣传效果，为郑州黄河治黄事业的发展营造了良好的法治环境。

“六五”普法期间，多次到沿黄乡镇、集市设立“水法咨询台”，现场回答群众关心的问题，通过发放普法宣传材料，提高沿黄群众学法、守法意识。到社区，开展“普法讲堂进社区”活动。讲解《宪法》《水法》《防洪法》《河道管理条例》等相关法律法规知识和一些涉河安全常识，帮助他们解决工作生活中的实际问题。到学校开展“法治进课堂”专题活动，发放水法宣传册、涉河安全避险手册、明白卡等形式讲解爱水、节水、护水和涉河安全的相关科普知识，增强学生环保意识、节水意识和安全意识。深入滩区各项目园区、浮桥公司、采砂场企业召开业主座谈会，学习《水法》《防洪法》《黄河下游河道采砂管理办法》《黄河河道管理办法》等法律法规，增强滩区企业守法意识，促进社会健康发展。邀请专家到各单位讲课，设置普法专栏、板报。组织本单位领导职工分批分层次上台讲授学法普法心得，增强法制观念，做学法用法模范。

“六五”普法期间，郑州河务局本级机关累计开展法治建设相关学习480余次，接受教育2300余人次，参加上级组织的专业培训182人次，本单位举办的专业培训班97批次，受教育420余人次。2011年，该局被郑州市委、市政府评为法制宣传教育和依法治理工作先进单位；2012年荣获黄委水政监察人员法律知识竞赛团体赛一等奖及河南河务局水政监察人员法律知识竞赛优秀组织奖。局机关连年被评为郑州市直机关学习型单位、学习型党组织建设先进集体，干部职工集中学习案例先后入选黄委、河南省学习型组织建设典型案例。“六五”普法期间，郑州河务局共建立完善制度74个，并装订成册，发放到每位干部职工手中，实现了工作有章可循、办事有理有据。

三、水行政执法

（一）执法程序

水行政执法程序如图4-5所示。

（二）管理与执法

1. 综合管理

随着黄河流域经济社会的快速发展，跨堤、穿堤等各类建设项目和滩区开发活动逐年增多。未经黄河河道主管机关批准，擅自在河道内进行工程项目建设的现象时有发生，损毁黄河工程设施、盗窃黄河防汛备防石、种植违章片林等违法案件屡见不鲜，严重干扰了正常的水事秩序，给黄河防洪安全带来较大隐患。

根据《黄河河道管理巡查报告制度》《水事违法案件快速反应规定》《正确履行河道管理职责规定》等规范性文件，郑州河道监督管理实行各级各部门负责制。水政监察部门负责所辖河道管理范围内违反法律、法规、规章规定的水事行为的预防、巡查、报告和查处，工务部门负责所辖河道管理范围内直管水工程及其设施（包括大堤临河50米、背河100米，控导工程临河30米、背河50米管护范围）发生违反法律、法规、规章规定的水事行为的巡查、报告和制止，案件查处由水政部门负责，由各级防办负责，对河道管理范围内阻碍行洪障碍物的清除，水政和工务部门配合。

河道巡查坚持定期巡查和不定期巡查相结合的原则，对所辖河道每月进行不少于两次的全面巡查。发现较大或重大水事违法案件，在规定的时间内，赶赴现场，及时制止、上报。严格的河道巡查有效维护了黄河河道的行洪安全，减少了不必要的经济

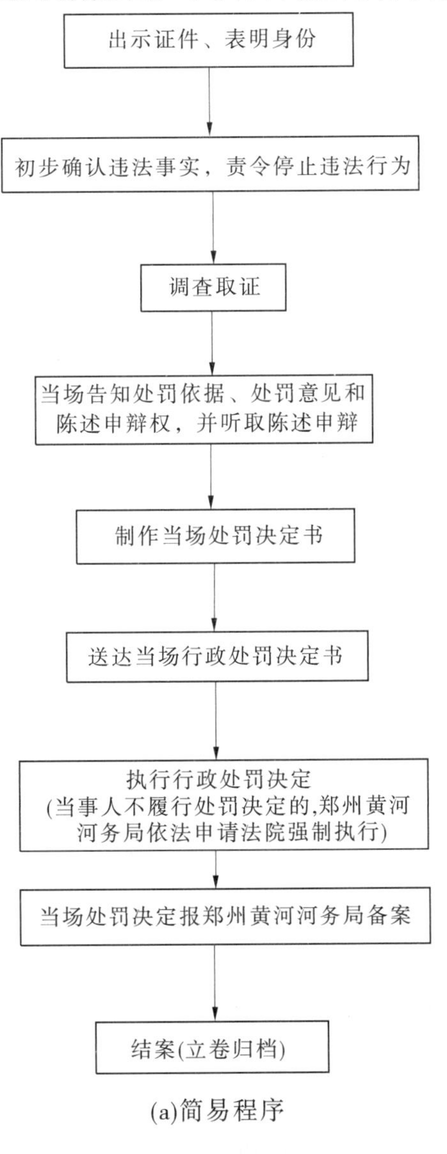

(a)简易程序

图4-5　水行政执法程序示意图

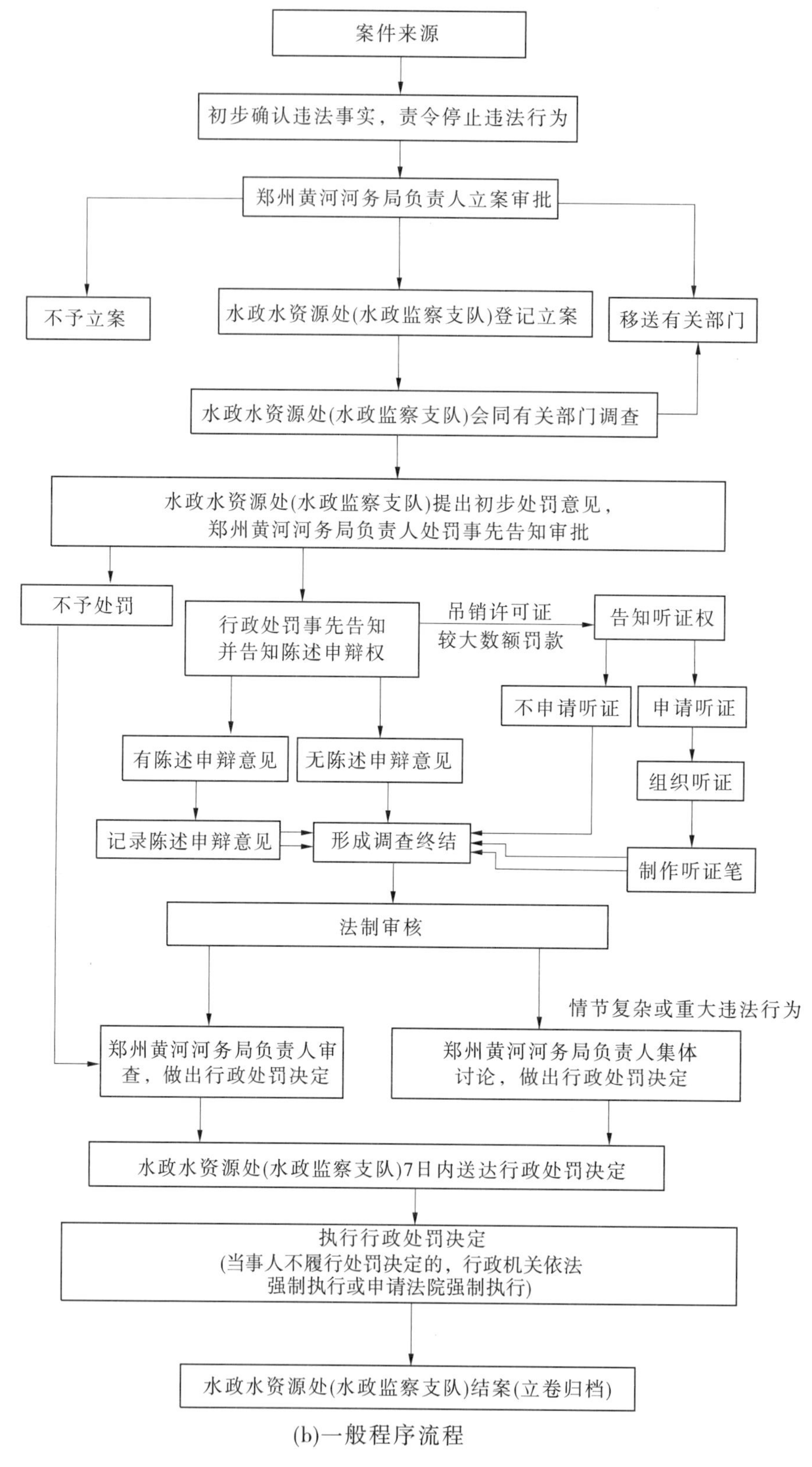

(b)一般程序流程

续图 4-5

损失。

2. 河道内建设项目管理

1982 年以前，郑州黄河河道管理范围内的建设项目实施管理依据主要是黄委颁布的规章，得到了沿黄军民的大力支持和有效维护。1982 年以后，《河南省黄河工程管理条例》是郑州黄河河道管理范围内的建设项目实施管理的主要法规依据。1988 年以后，《水法》等法规相继出台，进一步健全了法规体系。

按照规定，凡是在郑州黄河河道范围内新建、扩建、改建的建设项目，包括开发水利水电、防治水害、整治河道的各类工程、跨河、穿河、跨堤、穿堤，临河的桥梁、码头、道路、渡口、管道、缆线、取水口、排污口等建筑物，厂房、仓库、工业和民用建筑以及其他公共设施，建设单位必须向建设项目所在地的河道主管机关提出申请，领取、填报黄河流域河道管理范围内建设项目申请书，并提交“申请书”“建设项目所依据的文件”“建设项目涉及河道与防洪部分的方案”“占用河道管理范围内土地情况及该建设项目防御洪涝的设防标准与措施”等相关文件。河道主管机关接到建设单位提交的河道管理范围内建设项目申请后，对“是否符合黄河流域综合规划和有关的国土及区域发展规划”“是否符合防洪标准和有关技术要求”“对河势稳定、水流形态、水质、冲淤变化有无不利影响”“建设项目防御洪涝的设防标准与措施是否适当”“是否妨碍防汛抢险”等相关内容进行审查。经审查同意兴建的建设项目，由具有审批权限的河道主管机关向建设单位发放黄河流域河道管理范围内建设项目审查同意书。

建设项目经批准后，建设单位须将批准文件和施工安排、施工期间度汛方案、占用河道管理范围内土地情况等，报送发放建设项目审查同意书的河道主管机关审核。经审核同意后，发给黄河流域河道管理范围内建设项目施工许可证，建设单位方可组织施工。建设项目施工期间，由发放施工许可证的河道主管机关对建设项目是否按审查意见和批准的施工安排施工实施监督管理。

建设单位在建设项目竣工验收前，应将有关的竣工资料报送河道主管机关。建设项目竣工后，经发放黄河流域河道管理范围内建设项目审查同意书的河道主管机关检验合格后方可启用。

1999~2015 年，郑州河务局受理的黄河河道管理范围内建设项目有取水工程、跨河桥梁、跨河线路、跨河管道、临河码头、养殖、旅游开发等数十项。其中，上报黄委审批的大型项目有郑州黄河公路二桥、郑州北郊地下水源厂等。在满足流域和区域规划的前提下，以不影响黄河防洪安全为原则，经建设单位修改方案后审查同意的建设项目达 90% 以上。

2013 年，为详细了解河道内建设项目的情况，郑州河务局对河道内建设项目进行了全面普查和分类统计，建立 34 个违规建设项目河道内建设项目电子档案，为河道内建设项目的监管打下了基础。此后，根据河南河务局开展河道内建设项目整改的要求，研究制定《2013 年郑州黄河河道内违规建设项目专项整改工作方案》，成立郑州滩区违规建设项目专项整改工作领导小组，对辖区河道内的 34 个违规建设项目进行专项整改。整改期间，召开20余次专题会议，约谈30多个（次）建设项目负责人，开展执法行动与现场说服教育相结合，使其中23个违规建设项目的整改得以完成。通过历时一年多的专项整改，河道内违规建设现象在一定程度上被制止。

3．河道采砂治理

1）采砂许可依据

根据《水法》《黄河下游河道采砂管理办法（试行）》《河南省河道采砂管理办法》《2012年河南河务局采砂规划》等有关法规规定要求进行行政审批。2013年，国务院批复的《黄河流域综合规划》中提出：按照“上拦下排、两岸分滞”调控洪水、“拦、调、排、放、挖”综合处理和利用泥沙的基本思路，通过“控制、利用、塑造”管理洪水，协调水沙关系，减轻河道淤积，维持中水河槽，保障防洪安全。截至2015年底，辖区内符合条件并经许可的采砂场共有23家，其中惠金河务局辖区内14家、中牟河务局辖区内3家，荥阳河务局辖区内6家。

2）采砂许可的条件

所有经许可的采砂场，均必须按照郑州河务局编制并经河南河务局批复的《郑州黄河河道采砂规划》及《黄河下游河道采砂管理办法（试行）》中的规定开展采砂活动。在提交采砂许可申请时，应提交如下申请材料：河道采砂申请书；申请单位资质证明或申请个人身份材料；采砂方式为船采的，应提供船舶登记证书、船舶检验证书、船员证书复印件和采砂机具来历证明；申请人与第三者有利害关系的，与第三者达成的协议或者有关文件；应提供的其他材料。

3）采砂许可程序

采砂许可受理、审批程序均按照《河南河务局行政许可工作实施细则（暂行）》执行：开采量在100万立方米以上的，由市级河道主管机关受理并提出初审意见，河南河务局审批；年开采量在10万立方米以上100万立方米以下的，由县级河道主管机关受理并提出初审意见，市级河道主管机关审批；年开采量在10万立方米以下的，由县级河道主管机关受理并审批，市级河道主管机关审核并加盖公章。经过审批的采砂厂要进行公告，采砂人领取《河道采砂许可证》后方可进行采砂活动。采砂许可年限为一年，对不服从监管且拒不整改的，采砂许可到期后审批机关不再进行新的采砂许可。

4）采砂场的监督管理情况

对采砂场的监督管理，严格按照《黄河下游河道采砂管理办法（试行）》《河南省河道采砂管理办法》《郑州黄河河道采砂管理工作实施意见（试行）》开展，实行严格的一采砂场一台账的监管方式，设置责任公示牌、安全警示牌等措施督促安全生产，建立监管台账强化监督管理。采砂场周边种植柳树，围闭砂场，以保护环境，设立安全警示标志和责任公示牌。砂车运输要加盖篷布，不得超过箱体。

2014年，印发了《郑州河务局关于规范黄河河道采砂管理工作的意见》《郑州河务局河道采砂管理长效机制》。同时，为探索采砂管理新模式，为学习采砂管理先进经验，郑州河务局组织相关人员对温县河务局的采砂场管理情况及山东沂沭河水利管理局河道采砂管理和专项治理工作进行调研。通过对温县采砂场的管理情况及山东沂沭河水利管理局在采砂场精细化管理方面的先进经验学习，查找出该局采砂管理工作存在的问题，为郑州采砂精细化管理奠定了基础。2015 年，郑州河务局下发了《郑州河务局转发关于加强河道采砂管理工作的通知》，对采砂场的监督管理工作进行进一步细化和规范。按照河南河务局的要求及郑州河务局的安排部署，局属各河务局对采砂场标志标牌设置情况、制度及相关公示内容的公示，以及已审批采砂场做好堆场地周边柳树、柳撅种植工作进行监管。郑州河务局下发《郑州河务局关于开展河道采砂管理专项执法检查实施方案》，印发《郑州河务局关于对采砂活动自查自纠的紧急通知》，下发《关于全面落实禁采期期间停止采砂作业的通知》。

党的十八大及十八届三中、四中全会以来，对保护生态环境和自然资源提出了更高要求。2015 年 5 月 8 日，国家十部委联合印发了《关于进一步加强涉及自然保护区开发建设活动监督管理的通知》（环发〔2015〕57 号），要求各有关部门严格执行《中华人民共和国自然保护区条例》等相关法律法规，严厉打击破坏自然资源或自然景观的生产行为。2015 年 7 月 31 日，国家三部委联合印发了《水利部 国土资源部 交通运输部关于进一步加强河道采砂管理工作的通知》（水建管〔2015〕310 号），要求水利部门会同相关部门严格划定禁采区，实行保护优先、总量控制和有序开展，确保河道采砂不影响河势稳定，不带来防洪隐患，不威胁生态安全。为此，为了实现对采砂问题的彻底根治，郑州河务局完成郑州黄河河道禁采区报告，并上报河南河务局。

5）采砂管理费的征收、管理和使用

依据谁审批谁收费，采砂管理费用的收取根据《河道采砂收费管理办法》和《河南省黄河河道采砂收费管理规定》执行。采砂管理费的征收均办有行政事业性收费许可证，有当地物价部门核定的具体价格，使用财政部门核发的行政事业性收费票据，由发放采砂许可证的机关足额征收，上缴省财政。

采砂管理费实行专户存储，严格实行收支两条线的相关规定。采砂管理费用于防洪工程的维修养护、工程设施的更新改造和河道主管机关的管理等。

6）标准化采砂场建设

2013 年，在中牟、荥阳、巩义辖区河段选取 7 处采砂场作为标准化采砂场进行标准化建设。采砂场场地周边柳树、柳撅种植，设置标志牌 264 块。对辖区河道采砂进行许可审批，共审批砂场 27 处。对许可审批后的砂场，要求按标准化采砂场建设逐步到位，并建立监管台账，实行一船一证一账。监管台账包括采砂许可申请提供的相关资料、审批内容、监管日志。每处砂场要求落实责任人，责任人按要求进行定期、不定期巡查，对巡查内容记录，双方签字。监管台账将作为采砂许可续批的主要条件之一。

7）非法采砂治理情况

2014 年，郑州河务局开展非法采砂专项整治行动。其间，共出动水政执法人员

275 人次、执法车辆 38 台次、冲锋舟 1 艘、机械铲车 8 台次、自卸车 8 台次，吊离抽砂浮筒约 820 米，挖掘机 2 台、吊车 3 台，吊离抽砂船只 26 艘，暂扣电缆线 300 米、电瓶 4 个、小电焊机 1 台及其他采砂工具 23 件，拆除管道 60 米。依法取缔非法采砂场 26 处、清理采砂船 26 只。

2015 年初，郑州河务局下发《郑州河务局关于开展河道采砂管理专项执法检查实施方案》（郑黄水政电〔2015〕1 号）内部明电，开展了河道采砂管理专项执法检查活动。2015 年 6 月 16 日，郑州河务局印发了《郑州河务局关于对采砂活动自查自纠的紧急通知》（郑黄水政电〔2015〕3 号），要求局属各河务局高度重视，于 7 月 31 日前完成专项整治，并行文上报。2015 年 6 月 19 日，郑州河务局下发了《关于全面落实禁采期期间停止采砂作业的通知》，要求已许可采砂场落实禁采期间全段禁止采砂。2015 年 9 月 23 日，河南河务局印发了《关于按照水利部、国土资源部、交通运输部有关要求进一步加强河道采砂管理工作的通知》（豫黄水政便〔2015〕14 号）。按照文件要求，郑州河务局各级水政人员人尽其责，由县局水政人员具体巡查、查处，主管领导统筹协调地方其他执法部门联合查处，市局水政负责全局监督指导的运行机制，使得河道采砂治理取得成效。已审批采砂场均能依法依规开采，26 处非法采砂场已全面取缔，船只吊离上岸，骗取采砂许可的采砂场 1 家被依法撤销，超采到期采砂场 2 家被依法取缔；郑州黄河河道采砂禁采区重新划定，会同其他部门采砂审批的思想被确定。

4. 清障及执法行动

1）非法建设仓储清除

在 2013 年的建设项目普查中，郑州河务局将排查发现的违规建设的部分仓储列入建设项目整改台账，集中力量努力治理。在郑州河务局向郑州市政府汇报后，郑州市政府下达了《关于清除黄河河道行洪障碍物的通知》（郑防指电〔2013〕9 号）。2013 年 12 月，郑州河务局、惠济区防汛指挥部组织河务、公安、城管执法、法院、乡镇政府等单位、部门，共计 200 余人的执法队伍开展联合执法清障行动，因地方保护主义严重及个别群众法制意识淡薄，使行政执法阻力较大，无法对河道内非法仓储进行强制拆除。

2014 年 5 月下旬，郑州河务局再次排查显示，新建和遗留的仓储大棚 138 个，总面积约 111430 平方米，主要分布在南月堤村、赵兰庄、浮桥路口、凌庄附近黄河滩区内。2014 年 6 月 16 日，郑州河务局向郑州市政府提交《郑州河务局关于清除惠济黄河滩区非法仓储项目的请示》（郑黄〔2014〕7 号），并就仓储问题向河南河务局专题汇报，但仓储拆除工作没有实质性进展。

2015 年，经郑州河务局排查，惠济区、金水区黄河滩区有 144 处非法仓储项目。郑州河务局于 2015 年 8 月 18 日向郑州市政府上报了《郑州河务局关于惠济区、金水区黄河滩区非法仓储项目存在安全隐患的报告》，主管副市长就此工作做了专门批示，明确要求惠济区、金水区组织相关职能部门，依法清除辖区内黄河滩区非法仓储项目。其后，在郑州河务局及局属惠金河务局的协调下，金水区辖区的非法仓储项目由金水区防指组织拆除完毕。因发现非法仓储新增13处，郑州河务局于2015年10月21日向郑州市政府上报了《郑州河务局关于清除郑州黄河滩区非法仓储项目安全隐患的报告》，郑州市主管副市长为此再次批示，要求属地政府及时清除非法仓储，直至2015年底，惠济区辖区的非法仓储未进行拆除。

2）非法倾倒建筑垃圾治理

2013年，在发现郑州河务局辖区河道内出现非法倾倒建筑垃圾现象后，郑州河务局迅速展开行动，对河道内倾倒建筑垃圾行为进行严厉打击，并积极向郑州市政府汇报。之后，郑州市政府召开专题会议，组成由政府三处（郑州市政府办公厅三处）、河务、公安、环保、拆迁办、旅游等部门组成的督导组，加强夜间巡查和督导。在巡查查处的同时，郑州河务局按照河南省政府办公厅《关于严禁向黄河河道倾倒建筑垃圾的通知》（豫政办文〔2013〕61号）及郑州市人民政府办公厅《关于清理我市黄河河道内建筑垃圾等废弃物的紧急通知》（郑政办明电〔2013〕249号）要求，责成所属惠金河务局积极配合惠济区政府开展河道内弃渣专项治理活动。

按照“谁设障，谁清除”的原则，惠金河务局累计完成了18810立方米的建筑垃圾清理任务，尚有12168立方米至2015年一直未能清理。为了完成清理工作，郑州河务局于2015年7月向郑州市政府上报《郑州河务局关于协调清除惠济区黄河河道内现有建筑垃圾的请示》，惠金河务局也多次向属地政府提交专题报告，希望惠济区政府组织专门力量尽快对存留的垃圾进行清理。同时，惠金河务局联合森林公安派出所等部门，继续开展夜间巡查，及时制止并坚决打击违规倾倒垃圾的行为。2013年以来，惠金河务局现场处理及查处倾倒垃圾案件共计30余件，劝回和暂扣不法车辆约200余部，依法暂扣非法倾倒垃圾车辆20余台，并对多人进行了处罚，在上堤路口设置管理房，努力制止此类行为的再次发生。

3）滩区综合整治

2015年，按照郑州市人民政府《关于郑州黄河国家湿地公园生态保育区及周边黄河滩区综合整治实施方案的通知》，惠金河务局水政执法人员对涉及花园口东门至南裹头下游200米处工程管理范围区域内所有经营商户进行动员，先后下达限期拆除通知55份，并印制惠济区政府红头文件，在上堤路口及辖区内张贴20份。在郑州河务局的积极配合下，强制拆除期间共清除广告设施70处、遮阳棚及钢架棚33处、私搭乱建电线360米、违章广告牌4处，拆除房屋3处、大中型游乐设施50处、马场围栏约500米。安全隐患排除过程中，河务部门共取缔非法采砂场29处、吊离上岸船只29艘，清理仓储大棚1处1300平方米，清理弃渣垃圾2处，清理围堤1处；农业部门整治规范餐饮船只20处；海事部门整治规范冲锋舟及快艇12艘，清理无证船只12艘；环保部门取缔非法作坊式炼油厂3处；属地乡镇取缔渡口1处，拆除禽类养殖棚1处。

4）浮桥违法行为处理

按照《河南黄河浮桥管理实施意见》，2014年5月21日，郑州河务局组织开展汛前浮桥安全管理检查，发现花园口浮桥北岸浮桥引路西侧用编织袋、废弃混凝土块、石子等进行防护和加固，长度约600米，致使部分河势改变，局部出现横河，涉嫌影响河势稳定。其后，郑州河务局将相关情况向河南河务局进行汇报，并下发通知要求惠金河务局对相关问题进行处理，浮桥北岸的建筑垃圾裹头问题得到处理。之后，按照河南河务局要求，完成惠武浮桥、花园口浮桥及荥武浮桥的河势影响评估。此后每年均要求浮桥提交度汛方案及对河势影响进行评估。

（三）案件查处情况

1995年查处水事违法案件117起，含河道案件53起、水工程案件62起、其他案件2起，现场即时处理102起，立案14起，公安司法部门处理1起，结案率100%。

1996年查处水事违法案件47起，其中河道案件11起、水工程案件30起、其他案件6起，现场即时处理36起，水政科立案处理7起，黄河派出所处理4起，结案率100%，挽回经济损失4820元，采取补救措施1200元。

1997年查处水事违法案件40起，其中河道案1起、水工程案28起、水土保持案1起、其他案件10起，现场即时处理17起，立案18起，公安司法部门处理4起，结案39起，结案率98%。

1998年查处水事违法案件17起，其中河道案7起、水工程案9起、其他案件1起。现场即时处理9起，立案7起，公安司法部门处理1起，司法强制执行4起，刑事处罚3人，结案率94%。

1999年查处水事案件14起，其中河道案5起、水工程案7起、其他案件2起；立案处理1起，现场即时处理13起；直接经济损失0.24万元，罚款0.09万元，责令赔偿0.49万元。结案14起，结案率100%。

2000年查处水事案件15起，其中河道案件3起、水工程案9起、其他案3起，现场即时处理12起，立案2起，公安司法部门处理1起，结案率100%。

2002年查处水事案件11起，其中河道案5起、水工程案6起，警告3起，当事人自动履行11起，结案率100%。

2003年查处水事案件22起，其中河道案10起、水工程案8起，立案4起、结案率100%。罚款0.16万元，责令限期拆除8起，责令采取补救措施12起，当事人自动履行19起，行政机关采取强制措施执行3起，结案率100%。

2004年查处水事案件12起，其中河道案11起、水资源案1起，现场处理9起，立案3起，结案11起。责令限期拆除8起，责令采取补救措施2起，当事人自动履行11起，结案率92%。

2005年查处水事违法案件24起，含河道案件4起、水工程案件19起、水资源案件1起，结案24起。全年水事案件查处率100%。同年8月，按照黄委要求，对辖区的违章片林进行了查处和清理。与防办配合，通过地方防指动用大量人力、物力清除了中牟县雁鸣湖乡黄河滩区违章片林500余亩。

2006年查处水事违法案件13起，含河道案件10起、水工程案件2起、水资源案件1起，现场处理案件13起，立案3起，结案3起。全年水事案件查处率100%。另外，为加强郑州河务局水政队伍处理水事违法案件的快速反应能力，郑州河务局水政监察支队在5月开展了一次查处水事违法案件快速反应演习。

2007年查处水事违法案件共有14起，其中河道案11起、水工程案3起，现场处理共有14起，全年水事案件查处率100%。共制止违章种植7起，避免滩区违章种植约2000亩。

2008年查处水事违法案件共有12起，其中河道案9起、水工程案3起。全年水事案件查处率100%。全年共清除阻水片林30亩，共8000余棵。

2009年查处水事违法案件共有14起，其中河道案10起、水工程案4起。全年水事案件查处率100%。共清除阻水片林两处计1014亩，44000余棵。

2010年河道巡查中发现违章建房、违章片林、违章采砂事件11起，处理11起。结案率100%。制止河道内违章植树3次，清除面积20余亩；清除黄河大堤上违章摊点20余处；清除违章建房200余平方米。

2011年河道巡查中发现违章建房、违章片林、违章采砂事件72起，处理72起。制止河道内违章植树5次，清除片林面积5000余平方米；清除违章私搭乱建1750余平方米；制止非法采砂31起；清理采淘铁砂船只76艘。发生水事案件76起，结案75起，结案率99%。

2012年，开展河道巡查共340余次，本年度共查处案件159起，结案147起，结案率92.5%。现场处理水事违法行为140起，立案17起，警告56次，罚款8.1万元（所有罚款均缴入罚款专户）。责令限期拆除8次，责令采取补救措施28项，当事人自动履行92件，行政机关采取强制措施2件，人民法院强制执行2件。现场处理案件主要是无证采砂、违法采淘铁砂、违章建筑、违章种植、上堤放牧、违章打井、打场晒粮、倾倒垃圾杂物等，以警告处理为主。

2013年开展河道巡查340余次，开展联合执法2次，依法查处各类水事违法案件126起，结案124起，结案率98.4%，行政机关采取强制措施2件，申请人民法院强制执行2件。在开展采铁砂专项整治行动，对采铁砂行为形成高压态势。在开展的23次专项执法行动中，惠金、中牟河务局清理采铁砂船只100余艘，劝返采铁砂船只7艘，批评教育当事人20余人，有效遏制了违法采铁砂现象。完成对21个违规建设项目的整改，共拆除违规建筑物11596平方米，依法做出行政处罚9.1万元。

2014年依法查处各类水事违法案件161起，结案155起，结案率92.26%，现场处理水事违法行为153起，立案20起，警告164次，罚款5.5万元（所有罚款均缴入罚款专户）。责令限期拆除45次，责令采取补救措施95项，行政机关采取强制措施24件，申请人民法院强制执行0件。

2015年全年郑州河务局各级河务局组织河道巡查共计580余次，发生案件268起，全年结案247起，结案率92.2%。警告198次，罚款27.38万元，责令限期拆除79次，责令采取补救措施177项，当事人自动履行235件，行政机关采取强制措施14件。

黄河公安派出所案件处理情况。2011～2015年，共受理案件28起，逮捕起诉12

人、劳动教养17人、治安拘留57人、警告8人，查扣超限车辆30余辆，拆除违章建筑130余处，取缔违法采砂点10处，清理违法抽砂采铁船只152艘，调解沿黄群众侵占黄河土地案件23起。

四、水量调度

(一) 基本情况

黄河流经地区大部分为干旱、半干旱地区，黄河是其主要的供水水源。随着沿黄地区国民经济的发展，生产和生活引用黄河水量急剧增加，用水矛盾日益加剧。1972 ~1998年的27年间，有21个年份黄河下游发生断流。其中，20世纪90年代断流形势尤为严重，1991 ~1998年黄河下游连续出现断流，而1995 ~1997年3年断流则延伸到了河南黄河河段。特别是1997年的断流，上延至开封柳园口，断流长度达704千米，断流持续到黄河主汛期。

黄河下游连年断流，引起了党和国家及社会各界的广泛关注。1997年国务院及国家计委、国家科委、水利部分别召开了“黄河断流及其对策专家研讨会”，对黄河断流的原因和对策进行研讨。1998年1月，中国科学院和中国工程院163位院士联名签署了“行动起来，拯救黄河”的呼吁书。部分院士和专家在对黄河进行实地考察后，向国务院提出了《关于缓解黄河断流的对策与建议》的咨询报告，建议“依法实施统一管理和调度”。当年，遵照水利部的安排，根据1987年国务院批准的黄河可供水量分配方案，制订了《黄河可供水量年度分配及干流水量调度方案》和《黄河水量调度管理办法》，经国务院批准由国家计委和水利部颁布实施。1999年黄委根据《黄河水量调度管理办法》和河南、山东两省的用水要求，按照“总量控制，以供定需，分级管理，分级负责”及“枯水年同比例缩压”的原则对黄河水量实施统一调度。同年，郑州黄河实行水量统一调度和管理。

1999 ~2015年，虽然时常发生严重旱情，但由于实施了水量统一调度并加强了用水监督管理，保证了郑州沿黄城乡生活用水和工业用水，最大限度地满足了沿黄灌区农业用水，合理安排了生态用水，实现了确保达到黄委调度指令要求的流量和控制郑州辖区引水总量不超过黄委下达的引水指标。

(二) 水量调度制度建设

1998年12月14日，国家计委和水利部颁布实施《黄河可供水量年度分配及干流水量调度方案》和《黄河水量调度管理办法》。其中，《黄河可供水量年度分配及干流水量调度方案》规定了正常年份黄河可供水量年内分配指标、年度水量分配计划的编制、干流水库调度运行计划的确定、水量调度预案的编制原则和方法。

自1999年3月黄河实施水量统一调度后，为保证水量调度工作高效运作，确保上级各项水量调度指令落实，制度建设得到不断加强。

2000年，按照黄委下达的引水总量和省际断面流量双控制的原则，河南黄河水量调度正式下达了用水指标，郑州河务局实行总量控制、分级管理、旬调度与日调度相结合的水调制度。在用水紧张时期实行日调度指令制度，协调上下游、左右岸引水指标，与其他市局根据需要实行轮灌制度。

2001年郑州河务局严格按照用水申报、用水审批等程序进行操作。各供水单位根据灌区用水需求制订用水方案，按黄委分配指标控制，确保了调水指令的严格执行。10月河南河务局制定并印发《河南黄河水量调度管理办法》，11月郑州河务局按照要求开始实行订单供水。

为严肃水量调度纪律，保证计划用水和水量调度指令执行，确保黄河不断流，河南河务局下发了《河南黄河引水计量稽查管理办法（试行）》。为加强黄河下游水量调度管理工作正规化、规范化建设，明确分工，落实责任，实现水资源优化配置，河南河务局制定了《河南黄河水量调度工作责任制（试行）》。

2003年上半年黄河全流域发生严重干旱，4月10日经国务院同意，水利部印发实施《2003年旱情紧急情况下黄河水量调度预案》。该预案是全国第一次实施的旱情紧急情况下的水量调度预案。为加强引水计量工作，年初实行了岗位责任制、持证上岗制、测流测沙签名制。为应对旱情紧急情况下的水量调度，河南河务局先后制订了《河南黄河2003年滩区引水控制及督察预案》《2003年旱情紧急情况下河南黄河水量调度督察预案》《2003年旱情紧急情况下河南黄河水量调度预案》《黄河水量调度突发事件应急处置实施细则》等，将滩区重点引水口门纳入水量调度统一管理范畴，结束了滩区无序引水的历史。同时，将水量调度督察纳入日常管理，对所辖口门进行不打招呼、不定期督察；对不认真执行上级调水指令擅自开闸放水的单位或个人，进行通报批评；对弄虚作假多引少报或引而不报的，追究当事人和单位领导的责任，并核减下一个月的引水指标。郑州河务局采取联合督察、夜间巡查、现场监督、重点抽查、突击回访等多种形式及时纠正引水当中的一些违规现象，确保了水量调度指令的落实。

为加强订单供水调度管理，规范供水订单工作，实现黄河水量精细调度，提高水资源的有效利用率和引黄灌区用水申报准确性，按照2003年河南河务局制定印发的《河南黄河订单供水管理若干规定（试行）》。结合引黄涵闸引水管理及计量工作的实际，郑州河务局对混合供水（农业和非农业）的郑州邙山提灌站开展取水量分类统计工作，做到“两水分离、两费分计”。同年6月，依据《黄河水量调度管理办法》结合郑州黄河水调工作实际，印发了《郑州河务局水资源管理与水量调度工作规章制度》。

2006年7月24日，国务院总理温家宝签署第472号国务院令，公布了《黄河水量调度条例》，并于2006年8月1日起正式施行。这是关于黄河治理开发第一部国家级的专门法规，在黄河治理开发与管理的历史上，具有里程碑意义。《黄河水量调度条例》的施行，把水法关于水量调度的基本制度落在了黄河水量调度和管理的实处，建立了黄河水量调度的长效机制，极大地促进了有限的黄河水资源的优化配置，有利于缓解黄河流域水资源供需矛盾和水量调度中存在的问题，正确处理上下游、左右岸、地区之间、部门之间的关系，从而实现确保黄河不断流，减轻和消除黄河断流所造成的危害，保障人民群众的安居乐业和长远发展，促进流域经济社会的可持续发展。

2007年，为加强黄河水量调度管理，建立健全黄河水量调度应急处置运行机制，快速、有效应对黄河水量调度突发事件，避免或减少突发事件造成的损失，维护黄河水量调度秩序，确保黄河"生态安全"和"供水安全"，根据《水法》《黄河水量调度条例》《黄河水量调度管理办法》《黄河水量调度突发事件应急处置规定实施细则》《黄河重大水污染事件应急调查处理规定》等，结合河南黄河水量调度工作实际，河南河务局制定了《河南黄河水量调度应急处置预案》。黄河水量调度突发事件，是指在黄河水量调度过程中，预测主要水文控制断面达到或小于预警流量、干流控制性水利枢纽发生故障、正常引水遭受干扰及重大水污染事件等，致使水量调度不能正常进行，甚至有可能造成黄河断流的事件。

2008年，根据《黄河水量调度条例》，水利部制定了《黄河水量调度条例实施细则（试行)》。郑州河务局下发《转发关于进一步做好郑州黄河水量调度及引黄供水工作的通知》，制定了《2008年郑州黄河水资源管理与调度工作要点》。

2009年，河南河务局编制了《河南黄河抗旱应急响应预案（试行)》，随后郑州河务局制订了《郑州黄河抗旱应急响应预案（试行)》。

2010年11月25日，河南省省长郭庚茂签署第134号人民政府令，颁布了《河南省实施〈中华人民共和国抗旱条例〉细则》(以下简称《细则》)，自2011年1月1日起施行。《细则》的颁布实施填补了河南省抗旱立法的空白，标志着抗旱工作进入了有法可依、规范管理的新阶段，对河南省依法防旱抗旱、有效应对旱灾和减少旱灾造成的损失，促进经济社会的可持续发展具有十分重要的意义，是依法行政、做好抗旱工作的重要法律依据。

2010年，水利部和黄委从我国的基本水情和国家战略全局及长远发展出发，提出实行最严格的水资源管理制度，进而对水资源进行合理开发、综合治理、优化配置、全面节约、有效保护。3月2日，河南河务局按照水利部、黄委实行最严格的水资源管理制度的工作要求，研究制定了《建立最严格的河南黄河水资源管理体系工作意见》。随后几年，郑州河务局相继制定了《郑州河务局黄河调水调沙引水控制方案》《郑州黄河抗旱应急响应预案》《郑州黄河重大水污染事件报告预案》《郑州引黄河工程防淤减淤方案》等一系列水资源管理预案，初步形成了一套规范化管理体系。建立最严格的郑州黄河水资源管理体系是贯彻落实水利部、黄委实行最严格的水资源管理制度，践行"四位一体"工作理念的新举措，是沿黄经济社会健康稳定发展的必然要求，是提高各级河务部门社会管理和公共服务能力，推进郑州治黄事业又好又快发展的迫切需要。

(三) 取水情况

1999～2015年引水情况见表4-13～表4-15。

表 4-13　1999～2007 年地表水引水量统计表　　（单位：万立方米）

单位	合计	1999 年	2000 年	2001 年	2002 年	2003 年	2004 年	2005 年	2006 年	2007 年
郑州	135725	8397	9705	10296	11845	20359	18876	19350	18315	18582
赵沟提灌站	81	0	0	0	0	0	0	25	39	17
孤柏嘴提水站	5750	0	0	0	0	991	991	1140	1171	1457
邙山提灌站	28848	0	876	876	0	6032	5089	4933	4868	6174
花园口引黄闸	641	214	73	72	99	57	35	16	22	53
东大坝提灌站	204	0	0	0	0	104	52	12	19	17
中法原水	35613	0	0	0	0	6719	6759	7346	6676	8113
马渡引黄闸	3943	933	508	1085	918	56	15	11	373	44
杨桥引黄闸	12428	1131	1191	2294	4238	1085	804	1671	0	14
三刘寨引黄闸	17689	2345	1365	1922	1835	2012	2350	1989	2406	1465
赵口（东）	15677	2056	1629	1157	1995	1782	1793	1699	2741	825
赵口（中）	14851	1718	4063	2890	2760	1521	988	508	0	403

表 4-14　2008～2015 年地表水取水量统计表　　（单位：万立方米）

单位	2008 年	2009 年	2010 年	2011 年	2012 年	2013 年	2014 年	2015 年	年许可水量
郑州引水	45740	54229	62211	77836	104591	89162	66056	47634	38225
赵沟提灌站	21	25	25	25	25	25	25	25	25
李村提灌站	0	0	0	0	0	0	0	0	200
孤柏嘴提水站	1464	1702	1825	2085	1891	1489	1606	1613	1200
邙山提灌站	7706	7645	10729	11336	11436	11349	11398	10105	9000
花园口引黄闸	378	1218	2864	4310	4674	3706	4121	5289	500
东大坝引黄闸	7557	7708	8225	8548	9214	9933	10826	6324	8300
马渡引黄闸	8	451	471	567	525	558	128	237	1000
杨桥引黄闸	9117	14935	9733	14913	28067	17513	5348	5377	7000
三刘寨引黄闸	3285	5359	4035	4354	18113	14098	13233	8675	2500
赵口引黄闸	16204	15186	24305	31699	30646	30492	19372	9989	8500

表 4-15　地下水取水量统计表　（单位：万立方米）

单位	2007 年	2008 年	2009 年	2010 年	2011 年	2012 年	2013 年	2014 年	2015 年	年许可水量
郑州取水	2926	3946	4064	4353	4901	5166	5187	5413	4245	4694
石板沟提水工程	3	5	3	3	6	48	29	156	231	638
大河庄园有限公司	0	1	0	1	5	1	1	0	0	15
石佛水厂取水	2149	2457	2115	1886	2074	2137	1889	2010	1854	2600
滩小关取水井群	774	607	680	768	807	807	577	552	586	1440
东周水厂	0	876	1266	1695	2009	2173	2691	2695	1574	3891

第四节　财务与审计

计划经济时期，郑州河务局实行财务审计一体化管理。20 世纪 70 年代以前，以县区修防段为独立核算单位，实行“统收统付”财政供给政策，国家全额预算资金拨付，一般收入大于支出，余额上交国库。20 世纪 70～80 年代实行“预算包干，差额补贴，自收自支”财政供给政策，资金全部来自国库，分为事业费（水管费）和治黄工程款，以工程收入弥补事业经费的不足。体现多劳多得，职工收入有所差别，但差别不大，单位没有负债，固定资产逐年增加。

1978 年改革开放后，先后实行了“预算包干和增收节支分成”“统一核算，以收抵支、财务包干”等办法。此后职工收入差别在于公务员、事业和企业之间，公务员高于事业，企业没有定数，部分单位有负债。郑州河务局财务管理的主要内容包括：编制和下达部门预算及各项财务收支计划，负责组织郑州黄河各项治黄经费的管理和企业会计核算，监督检查局属各单位的资金使用情况，确保各项经费合理合规和有效使用。1996～2015 年，随着管理体制和运行机制的不断改革，郑州河务局按照上级有关规定，先后制定了一系列办法和规定，财务管理工作不断走向规范化，逐步建立起了适应社会主义市场经济需要的财务管理模式。

一、财务管理体制改革

结合实际，认真贯彻执行上级财政法规，不断深化财务体制、预算管理、会计核算、资产管理改革，逐步构建起了事业、企业、基本建设三套会计核算体系；积极推进部门预算、国库集中支付和政府采购三项制度改革，促进了郑州治黄事业的稳定发展。

（一）预算管理改革

1978 年后，郑州河务局实行“预算包干，收入留成”的管理办法。1985 年实行

"预算包干和增收节支分成办法"。1986年开始对全额事业单位试行"以收抵支"的管理办法，规定局属预算单位继续执行"收入抵顶预算支出"的办法，对事业、综合经营等经济收入项目进行划分，对各项收入实行按净收入提成，收入抵顶预算支出和定额上交办法，进一步明确了提成比例，对罚没收入、以前年度支出收回、固定资产变价收入等做出了统一规定。

在总结20世纪80年代预算管理改革经验的基础上，1991年对直接为防汛抢险服务的附属生产单位实行"定额上交和定额、定向补贴，超收、减亏全留，超亏不补"的管理办法，对自收自支单位实行"核定收支，定额上交"的管理办法。1994年重新核定预算管理形式，进一步理顺预算管理体制，按照"增人不增钱，减人不减钱"的原则，对全额预算单位实行"收入全部抵顶预算支出，增收节支定额上交，超收节约全部留用，减收超支不补"的预算包干办法。对差额预算单位，区别情况，实行"收支全额管理，增收节支定额上交，超收节约全部留用，减收超支不补"的包干办法。对自收自支单位实行"收支全额管理，自收自支，增收节支定额上交"的管理办法。经济实体按照行业性质不同，分别执行行业会计制度。

1998年以后，根据上级要求，凡有修防和防汛任务的单位（郑州河务局机关、邙金河务局、中牟河务局、巩义河务局和赵口闸管理处）执行新的事业会计制度，差额预算单位（巩义石料厂、船舶修造厂、中牟工程处）执行企业会计制度，郑州河务局作为防洪基建的建设单位执行基本建设会计制度。郑州黄河工程公司和县局所属企业单位执行行业会计制度，同时要求各单位不得任意设置会计机构，非财务部门不得开立银行账户、办理会计业务，各项资金收支必须纳入财务部门统一核算管理，纳入国家报表体系，使会计报表种类唯一、格式统一，最终形成了事业财务报表、企业财务报表和国有建设单位财务报表三套并行的财务管理体系。

为提高财务管理工作水平，完善内部控制制度建设，2000年制定了《郑州市黄河河务局财务物资管理规章制度》，2001年制定了《郑州市黄河河务局会计电算化管理办法》，2002年制定了《郑州市黄河河务局项目部资产管理办法》，2003年制定了《郑州市黄河河务局内部控制制度》和《郑州黄河防洪工程建设财务管理办法》，2004年制定了《郑州市黄河河务局会计集中核算管理实施方案》等。2005～2006年，郑州河务局按照上级要求进行了水利工程管理体制改革，改革后管理单位执行国家统一的事业单位会计制度，养护公司执行企业会计制度。2013年开始执行《事业单位准则》和新的《事业单位会计制度》。截至2015年，郑州河务局对各项财务管理办法和内控制度不断进行修订完善，具体包括《郑州河务局内部控制制度》《郑州河务局会计核算中心预算管理办法》《郑州河务局会计核算中心业务办理规程》《郑州河务局机关财务管理办法》《郑州河务局民主理财实施细则》《郑州河务局政府采购实施办法》《郑州河务局公务卡结算管理办法》等。

（二）构建事业、企业、基本建设核算体系

2011年底以前，郑州河务局是郑州黄河治理基本建设的主管单位。

1984年郑州河务局按照财政部颁发的《国营建设单位会计制度》及补充规定执行，1988年按照《河南黄河基本建设项目投资包干责任制暂行办法》及《基本建设投资财务管理和会计核算若干规定》执行。同时，按照水利电力部《水利电力工程基本建设竣工决算编制试行办法》和“补充说明”的规定，编制工程项目竣工决算。此后，郑州河务局基本建设工程一直实行建设项目投资包干责任制，按照建设投资财务管理和会计核算若干规定，实施财务管理和会计核算。

1998年前郑州河务局所属事业单位基本上按全额事业单位管理，执行水利部《直属水利事业单位预算会计制度》及有关补充规定。1998年国家对事业单位会计制度实行重大改革，郑州河务局贯彻执行财政部《事业单位会计准则（试行）》和《事业单位会计制度》，取消原全额预算管理、差额预算管理和自收自支管理三套会计科目，使用统一的预算管理方式和统一的事业单位会计制度，以及新的会计报表体系。全额预算单位按上述制度规定办理各类财务会计业务。实行企业管理的各差额预算单位事业性质不变，原则上执行相应行业的企业财务会计制度。已实行自负盈亏、独立核算的各综合经营实体，继续执行相应行业的企业财务会计制度。水管体制改革以来，郑州河务局本级和四个县级河务局执行事业会计制度，所属施工企业、养护企业和其他企业均执行企业会计制度。

2011年11月黄委下文成立河南黄河河务局工程建设管理局，由其履行河南黄河河务局各类基本建设的项目法人职责。至此，郑州河务局不再作为本辖区内的基本建设主体，也没有基本建设核算任务。

（三）财政三项制度改革

2000年国家推行财政体制三项改革，即“部门预算、政府采购、国库集中支付”。

1. 部门预算

部门预算改变过去按功能进行预算管理的办法，采取按部门归口管理预算方式，部门和预算单位的各项收支统一纳入部门预算，集中归口进行管理。部门预算包括收入预算和支出预算两部分。2001年郑州河务局开始编制部门预算，实行“两上两下”部门预算编制程序，预算编制、汇总、报送、下达和执行程序初步建立，预算安排进一步细化、透明，财政保障水平及支持力度逐步增强，预算管理水平不断提高。此后，郑州河务局不断规范部门预算编制、申报、批复和管理工作，开展部门预算编制执行情况监督检查，全面推行了部门预算改革。2007年以来，执行新的法规办法如下：《中华人民共和国预算法》《中央本级基本支出预算管理办法》《中央本级项目支出预算管理办法》《中央本级项目支出定额标准管理暂行办法》《特大防汛抗旱补助费管理办法》《中央级水利工程维修养护经费使用管理暂行办法》《水利部中央级预算项目验收管理暂行办法》等。

2. 政府采购

1999年开始推行政府采购制度，郑州河务局及所属县局相继成立了政府采购领导小组，2001年制定了《郑州河务局政府采购工作领导小组办公室工作制度》，同时转发了河南河务局制订的《政府采购招标文件文本格式书》。为加强政府采购管理，提高资金使用效益，建立和规范政府采购运行机制，在2004年制定了《郑州河务局政府采购管理实施办法》，按照围绕中心工作、保证重点工作需要，严格控制一般性采购支出的原则，从严从紧编报了政府采购预算并保证了政府采购预算的完整。对于集中采购目录项目，采用批量集中采购、协议供货等方式进行集中采购；对于集中采购标准以上的未列入集中采购目录的项目，采用公开招标、邀请招标、竞争性谈判、询价和单一来源采购单方式进行分散采购，保证财政资金的充分利用。

3. 国库集中支付

国库集中支付制度是财政支付体制改革的主要方面，它是将所有财政性资金都纳入国库单一账户体系管理，收入直接缴入国库或财政专户，支出通过国库单一账户体系支付到商品和劳务供应者或用款单位。

2002年郑州河务局被确定为黄委市局一级的首批试点单位，实行财政直接支付与财政授权支付相结合的支付方式。其间，按照规定对银行账户进行了彻底的清查和整理。

为加快预算执行进度，郑州河务局于每年年初与所属预算单位签订《预算执行进度目标责任书》，要求各单位要细化分解预算支付任务，科学安排支付工作。同时，国库支付额度的使用符合有关规章制度的要求。由于及时完成了国库集中支付额度的申请和支付工作，多次受到上级业务部门的表彰，申请的额度满足了各项事业发展对资金的需要。

二、资金管理

1984年后，财政拨款虽然逐年有所增长，但水利事业费紧张状态始终没有从根本上解决。防汛费、岁修费几乎每年都出现超支挂账，人员经费、公用经费缺口始终在60%以上，单位组织创收的压力越来越大。2008年，全局离退休职工451人（其中离休23人），全年人均实际发放工资总额为2.51万元，当年财政拨款571.22万元，人均财政保障工资水平为1.27万元，人均差额为1.24万元，全年总差额为559.24万元，有近50%的经费差额需要通过创收自行解决。

2012年以后，财政拨款有所增加，离退休人员经费缺口有所缩小，但在职人员经费支出压力依然沉重。2015年郑州河务局事业人员1158人（其中：在职人员536人、离退休人员622人）。人员经费财政拨款5594.6万元，实际支出6833.54万元，缺口1238.94万元，人均缺口：在职人员每年2.72万元，离退休人员每年0.67万元。

（一）事业费管理

郑州河务局水利事业费的构成在不同时期有所变化。1984年前后，水利事业费预算“项”级科目包括防汛费、岁修费、特大防汛抗旱补助费、干部培训费、其他水利事业费（包括人员工资、补助工资、职工福利、离退休人员费用、公务费、其他费用等)。1988~1997年水利事业费报表的主要指标是核定支出预算数、拨款限额累计数和实际支出数；1998~2003年水利事业费报表的主要指标是收入数、财政拨款数和实际支出数。从1997年起增加了水政管理费；从1999年起行政事业单位离退休人员经费和住房改革支出与水利事业费在“类”级科目并列，单独反映。国家财政预算科目的变化，有利于解决单位离退休人员经费的缺口和住房改革支出的实际需求，为以后国家财政逐步增加和解决上述经费提供了条件。其间，水利事业费的预、决算科目和财务报表，随着财政管理体制的变革而发生变动。

防汛、岁修费是水利事业费的重要组成部分。为加强中央级防汛岁修经费的使用管理，提高资金的使用效果，1995年财政部颁发了《中央级防汛岁修经费使用管理办法（暂行)》。同年，财政部、水利部、国家防总颁发了《中央级防汛物资储备及其经费管理办法》。1997年，为加强有实物工作量的中央级防汛岁修经费的项目管理，水利部颁发了《中央级防汛岁修经费项目管理办法（暂行)》。2000年，财政部、水利部印发了《水利事业费管理办法》，对防汛费、岁修费的使用范围、开支项目较以前有所扩大，管理进一步规范。2015年开始执行黄委《黄河水利工程维修养护经费管理办法(试行)》。

特大防汛抗旱补助费是中央财政预算安排的专项资金，1994年财政部、水利部发布了《特大防汛抗旱补助费使用管理暂行办法》，1996年河南河务局印发了《关于加强特大防汛抗旱补助费资金管理的通知》，1999年财政部、水利部印发了《特大防汛抗旱补助费使用管理暂行办法》，2011年财政部、水利部印发了《特大防汛抗旱补助费管理办法》，郑州河务局在贯彻执行中，严格按照管理办法的要求，规范会计核算，保证及时、全面、真实地反映该项经费的使用情况，同时还建立健全了资金管理责任制、责任追究制度及重大事项报告制度等制度办法。

（二）企业财务管理

1984年上级开始对郑州河务局下属的附属生产、建安单位实行企业化管理。1998年制定了《建安生产单位财务管理办法（试行)》《建安生产单位会计基础工作规定》等。1991年制定《财会工作有关问题补充规定》，明确对直接为防汛抢险服务的附属生产单位实行“定额上交和定额、定项补助，超收、减亏全留，超支不补”的管理办法。1992年黄委批复郑州河务局4个建安生产单位自1991年起改按事业单位差额预算管理，其会计制度按水利部《直属水利事业单位预算会计制度》及有关补充规定执行。1993年上级印发《关于进一步明确差额预算单位事业专项周转金和事业储备周转金的通知》，要求差额预算单位的原流动资金科目余额要分别纳入“事业专项周转金”和“事业储备周转金”两个科目核算，并加强周转金的管理，提高使用效率。同年，郑州河务局施工企业统一执行财政部印发的《施工企业会计制度》，不再执行《国营施工企业会计制度——会计制度和会计报告表》。2001年统一执行财政部印发的《企业会计制度》。2002年制定了《郑州市黄河河务局项目部资产管理办法》。2003年转发财政部《企业国有资本与财务管理暂行办法》，要求各企业管理单位根据本办法及有关规定修订本单位管理制度。

企业单位财务管理旨在建立健全单位内部财务管理制度，做好财务管理基础工作，正确核算工程施工成本，如实反映单位财务状况，依法计算和缴纳各种税收，保证国有资产的保值增值。企业财务管理重点是：规范管理，完善制度，提高经济效益。

（三）基本建设财务管理

20 世纪 80 年代，国家对郑州黄河工程的基本建设投资主要是“防洪基建基金”。初期，河南河务局规定各修防段承包基本建设工程实现的投资包干结余一律作为事业单位的净收入处理，并按照“分成事业收入”的有关规定在事业账上进行管理和核算，在基建会计核算上，对实行投资包干的工程项目，按结算的工程价款单列投资完成，不再核算和反映承包工程的实际成本与包干结余，也不再建立“事业发展基金”及“职工集体福利和奖励基金”；对不实行投资包干的工程项目，按实际支出数列报投资完成，并核算其实际成本。1985 年国家预算内基本建设投资全部由拨款改为贷款，郑州黄河基本建设投资由河南河务局向河南省建行统一贷款，然后以下拨形式拨付资金。“拨改贷”投资由计划部门根据国家批准的计划安排，纳入国家五年计划和年度基建计划，贷款利息计入固定资产价值，防洪排涝工程等项目不计利息，免还全部本金等。

自 1990 年起，郑州河务局所报年度财务收支计划中申请有预拨下年度基本建设款的，要在建设银行开设预拨款资金户，专户储存、专款专用。当下年度投资计划下达并收到上级基本建设拨款时，按规定通过建行预拨款资金户将预拨款上缴河南河务局。1996 年郑州河务局贯彻执行财政部《关于加强基本建设财务管理若干意见的通知》及黄委《关于加强基本建设财务管理和会计核算工作的意见》，强调严禁在建设成本中列支与建设项目无关的费用，保证建设工程成本的真实性与完整性。

1997 年，国家对黄河基本建设投资增加了“水利基本建设基金”，郑州河务局按照财政部《中央水利建设基金财务管理暂行办法》执行，保证了资金的合理使用，发挥了应有的投资效益。

1998 年，国家大幅度提高了黄河工程基本建设投资，在前两项基金投资的基础上又增加了国债资金的投入。郑州河务局转发《河南黄河河务局基本建设财务管理和会计核算若干规定》，2001 年按照水利部制定的《水利基本建设项目竣工财务决算编制规程》，开始编制水利基本建设项目竣工财务决算。2003 年，按照黄委《关于加强水利基本建设项目招投标结余管理的通知》要求，各类基本建设项目招投标结余，由黄委统一重新安排工程建设项目。招标投标结余外的其他基本建设项目结余，仍执行财政部《基本建设财务管理规定》的分配办法。

为加强郑州黄河防洪工程建设财务管理，规范建设单位财务管理行为，提高投资效益，2003 年制定了《郑州黄河防洪工程建设财务管理办法》，适用于郑州黄河防洪工程建设管辖范围内的所有基本建设项目。

（四）专项资金管理

专项水利资金管理是郑州河务局财务管理的重要组成部分。按照上级规定，有的专项资金比照事业项目预算管理，执行事业单位会计制度，有的专项资金比照基本建设投资管理，执行基本建设单位会计制度。

1992～1997年，根据国家农业综合开发项目政策规定，上级安排了郑州黄河滩区水利建设投资。该项投资采取中央财政、河南省级财政和有关市、县财政按比例投资，并实行资金回收的管理办法。为加强和完善郑州黄河滩区建设项目的财务管理，郑州河务局与沿黄各市、县签订了黄河下游滩区水利建设承包协议书，以确保建设任务的顺利完成。郑州黄河滩区建设项目第三期工程于1997年7月顺利通过国家农业综合开发办验收。

1997年开始安排的“中央水利建设基金”由两部分组成：用于黄河重点治理工程维护和建设的部分，纳入中央基本建设投资计划管理，按照国家有关基本建设管理的规定执行，实行基本建设会计制度核算；安排用于黄河防汛抗洪设施支出的，其使用管理比照《特大防汛抗旱补助费使用管理暂行办法》中的有关规定执行，实行事业会计制度核算。

（五）预算外资金管理

预算外资金管理主要是对预算外收入和支出的管理。预算外收入主要是行政事业性收费和总机构管理费。其中，行政事业性收费有河道采砂费、工程质量监督费、引黄渠首供水收费、黄河大堤堤防养护补偿费等。1998年以前，郑州河务局行政事业性收费作为抵支收入纳入预算管理；1998年后对预算外收入实行收支两条线管理。

2000年，按照水利部直属单位预算外资金使用管理暂行规定，郑州河务局预算外资金上缴河南河务局汇总后在河南省财政厅专户存储，有关单位用款按月提出申请，并填报省级财政专户专项经费申请书。但引黄渠首供水收费也由行政事业性收费改为经营性收费。2002年，遵照财政部《预算外资金管理实施办法》等文件规定，各单位预算外资金收入上缴中央财政专户，其中，黄河大堤堤防养护补偿费仍上缴河南省财政厅财政专户。

（六）民主理财

为提高民主执政能力，切实加强民主理财和政（厂）务公开，以及加强党风廉政建设，构建和谐郑州治黄新局面，郑州河务局开展了民主理财工作。2002年，郑州河务局成立了民主理财委员会，制定了《郑州河务局机关民主理财实施方案》。2005年根据上级的要求制定并印发了《大力推进民主执政建设构建和谐郑州治黄新局面实施方案》，对民主理财工作提出了具体的要求，随后又制定了《郑州河务局民主理财实施细则》。

通过多年来民主理财工作的开展，不仅为单位节约了大量的开支，产生了大量直接或间接的经济效益，而且在创新财务管理制度、加强资金管理、加强廉政建设、增强职工的凝聚力等方面取得了显著成效。截至2015年，共开展民主理财467次，理财金额25070.19万元，节约资金1227.53万元，增加利润136.26万元。

（七）会计工作电算化

2000 年 7 月，为全面提高会计工作电算化水平，郑州河务局组织所属的 11 个单位参加了黄委举办的用友财务软件培训班，配备了财政部批准使用的用友财务软件。同时，为保证会计电算化工作顺利开展，郑州河务局分别制定下发了《关于印发〈用友软件操作指南〉的通知》和《郑州市黄河河务局会计电算化管理办法》等文件，使财会人员的操作有依据、管理有办法。在 2001 年 12 月 7 日黄委和河南河务局联合验收小组进行的验收中，郑州河务局被验收的四个单位（巩义河务局、赵口闸管理处、郑州河务局机关总务室和郑州黄河工程公司）全部一次通过验收，被确定为可以甩账单位。郑州河务局基建财务电算化也于 2001 年 11 月通过黄委验收。2002 年郑州河务局加大了对会计电算化工作的指导与人员培训的力度，在黄委和河南河务局组织的会计电算化验收工作中，所属 6 个会计核算单位顺利通过验收。至此，郑州河务局所有独立核算单位全部通过了上级组织的会计电算化验收。

水利财务管理信息系统于 2015 年进行运行测试，2016 年正式运行。

三、资产管理

（一）国有资产管理

为提高国有资产管理水平，2003 年郑州河务局配合河南河务局财务处和郑州天诚信息工程有限公司共同完成了《国有资产管理信息系统》软件的开发、测试和试运行工作，并在郑州河务局所属的邙金河务局、郑州河务局机关总务室、郑州天诚信息工程有限公司和郑州河务局本级进行了跨网段调试，为该软件的定型做出了一定的贡献。2003 年 11 月 14～16 日，配合河南河务局对河南河务局全局的国有资产软件操作人员进行了培训，从而使该软件在河南河务局范围内进行全面推广应用，为全局国有资产的管理提供了技术支持，也为加强郑州河务局国有资产管理提供了保证。同时，为加强对国有资产的管理，在 2000 年制定了《郑州市黄河河务局财务物资管理规章制度（暂行）》，各单位分别建立和完善了资产管理制定、资产管理账簿和卡片，定期对资产进行清查，保证了资产开展账张、账表、账卡和账实的一致，保证了国有资产的保值增值。

（二）资产处置及清产核资

2000 年，郑州河务局依据上级清产核资的文件精神，组织局属各单位开展了清产核资工作。通过清产核资共清查资产 3446.30 万元。其中：形成待处理流动资产损失 236 万元，待处理固定资产净损失 3.60 万元。其次，根据上级文件关于清产核资的布置与安排，对需盘盈、盘亏、损毁和报损的资产和资金进行了核实，并按要求编制了清产核资和资金核实的有关报表，同时按处理权限进行了相应的处理，为单位核实资产进行下一步体制改革创造了必要条件。

根据上级统一安排，2007 年初组织局属各事业单位进行资产清查。本次清查共核对各类资产 11205.48 万元，负债 4440.97 万元，净资产总额 6764.51 万元，申报各类资产损失 4207.24 万元，其中：申报财政部审批的损益 3329.82 万元、申报水利部审批的损益 277.36 万元、申报黄委审批的损益 650.06 万元。同时，部分损益还通过了财政部委托的会计师事务所的鉴证。2007 年底，上级已批复各类的损益 1262.17 万元，其中：水利部批复的损益 656.25 万元、黄委批复的损益 605.92 万元，上述损益在 2007 年底已进行了账务处理，使各事业单位都能轻装上阵。

根据上级统一安排，2016 年初组织局属各事业单位进行资产清查。本次资产清查，共清查盘盈资产 10156.82 万元、资产损失 2261.51 万元、资产类资金挂账265.47万元、负债类资金挂账 375.35 万元，已经中介机构鉴证并上报。

（三）产权登记工作

根据上级统一安排，2002 年组织所属企业单位开展了企业产权登记工作，共有 12 家企业参加了产权登记，2002 年 12 月已有 11 家企业拿到了产权证，按时保质保量完成了产权登记工作，受到了上级业务部门的表扬。

根据上级统一安排，2014 年组织事业单位及所办企业开展了国有资产产权登记工作，共有郑州河务局本级和惠金、中牟、巩义、荥阳河务局 5 家事业单位，以及所属郑州黄河工程有限公司等 8 家企业完成了国有资产产权登记上报工作。

（四）企业清理整合

为深化水利改革，促进事业健康稳定发展，根据《水利部关于印发〈水利部关于加强事业单位投资企业监督管理的意见〉的通知》（水财务〔2013〕503 号）和《黄委关于事业单位投资企业清理整合工作指导意见》（黄财务〔2014〕391 号）的要求，依据国家有关法律法规，结合单位实际，郑州河务局于 2015 年 8 月 13 日召开了关于企业清理整合及一级资质换证专题会议。依据会议精神，郑州河务局对局属四家施工企业进行清理整合，分别是郑州黄河工程有限公司吸收合并郑州黄河水电工程有限公司、郑州黄河工程建设有限公司和河南牟山黄河水电工程有限公司，整合方案为：由郑州黄河工程有限公司吸收合并郑州黄河水电工程有限公司、郑州黄河工程建设有限公司、河南牟山黄河水电工程有限公司。此项工作已于 2015 年底完成。

四、审计

（一）审计工作开展情况

1987 年以前没有独立的审计部门，审计管理工作全部由财务部门直接负责，履行复查审核审计职能，对单位独立行使财经管理工作。1987 年 8 月郑州河务局设立审计科，从此，审计管理工作从财务部门分离出来，由审计部门负责单位内部审计工作。其主要职责是对局属单位财政收支、内部经济活动的真实性、合法性和效益性进行独立监督与评价，维护单位合法权益、促进单位改善经济管理目标。自独立内部审计工作开展以来，紧紧围绕治黄新思路和本单位中心工作，坚持“立足服务，强化监督，围绕中心，服务大局”的内部审计工作定位和“全面审计，突出重点”的工作方针，坚持审计工作为治黄建设服务、为经济发展服务、为干部队伍建设服务、为廉政建设服务的方向，加大审计执法力度，拓宽审计范围，强化对治黄资金的审计监督，广泛开展领导干部经济责任审计、财务收支审计、经济效益审计、基本建设（概）预算和竣工决算审计以及专项审计调查，维护了治黄资金的安全，促进了黄河的治理开发，受到了各级领导的好评，多次被黄委审计局和河南河务局评为内部审计先进单位。

（二）审计程序及审计范围

按照审计程序，审计工作分三个阶段开展，即准备阶段、实施阶段、终结阶段。在准备阶段，主要编制年度审计工作计划和制订审计项目实施方案；实施阶段，主要是审计人员进驻被审计单位，运用审计方法开展实际审计、撰写审计报告、下达审计决定；在终结阶段，主要是后续跟踪审计和完成审计档案整理工作。审计工作中，坚持依法审计，严格质量控制，强化风险意识，做到审计目标更加明确、重点更加突出、方案更加具体、实施更加规范、成果更加实用、结果运用和审计整改更加有效。审计范围是财务收支审计和经济效益审计，随着形势的发展，审计范围逐渐扩大，先后开展了经济责任审计、预算执行审计和跟踪审计。

（三）健全内部制度

治黄事业发展为审计工作提出了新的更高要求，有关新的法规制度陆续颁布实施，审计职能不断拓展，更加注重加强审计制度建设。结合实际，在对以往制度进行梳理和清理的基础上，围绕制度建立、执行、考核检查等关键环节，在规范审计管理、严格审计程序、强化审计手段、严肃审计纪律等方面，制定完善相关制度，有效提升审计的规范性、科学性。

1991 年转发了《河南河务局内部审计情况统计报表及填报说明》和《河南河务局审计工作考核试行办法》，并制定了定期审计制度、审计工作年度计划报批制度、审计统计报表的编报制度等。2000 年制定了《审计人员职业道德规范》《部门审计工作纪律规定》，审计工作逐步走向正规化、规范化。2004 年，相继出台了多项内部审计及经济责任审计制度，为规避风险，提高审计质量奠定了基础。2010 年出台了《郑州河务局内部审计工作规程》《郑州河务局审计项目质量控制办法》《郑州河务局审计人员责任追究办法》《郑州河务局财务收支审计办法》《郑州河务局预算单位政府采购审计办法》《郑州河务局部门预算执行情况审计暂行办法》《郑州河务局内部审计工作责任追究暂行办法》《郑州河务局企业经济效益审计办法》《郑州河务局水利工程管理及维修养护经费审计办法》《郑州河务局联合审计办法》等。2013 年出台了《郑州河务局关于建立审计整改工作长效机制的意见》《施工企业项目经理部管理审计办法》《郑州河务局预算审计实施办法》。至此，郑州河务局基本上形成了一套以财务收支审计、领导干部经济责任审计、企业经济效益审计、内部控制制度审计、施工企业项目经理部管理审计及预算审计为框架的较为完善的内部审计制度。

为适应新形势的发展，创新工作机制，逐步形成“自我约束、责任落实、监督有力、保障有效”的内部审计长效监督机制，建立了兼职审计员制度和联合审计机制，积极开展事前、事中审计，在审计关口前移上求突破；强化落实各项审计决定，在审计结果应用上求突破；注重从源头分析原因，在管理效益审计上求突破；注重制度上堵塞漏洞，在内控制度监督上求突破。努力使审计真正成为国有资产的守护者、违法违纪的查处者、合法利益的维护者、改革发展的促进者。

（四）审计工作开展

1. 调查审签情况

1987～2015年，共完成各类审计项目1258个，共审计1592个单位次。其中，基建审计346项，经济责任审计28项，财务收支审计91项，经济效益审计47项，跟踪审计65项，专项审计79项，审计调查407项；决算审签单位195个；查出违规金额480.20万元，纠正违纪金额491万元，促进增收节支567万元，提出审计建议意见被采纳826条，下达各类审计决定282条。审计客观公正，促进了治黄经济的健康发展。1987～2015年财务决算审签195项，提出合理化审计建议146条，审计金额达345794.81万元。

2. 领导干部经济责任审计

开展领导干部任期经济责任审计，是加强干部管理和监督的一个重要环节，是促进领导干部廉洁勤政、从源头上预防和治理腐败的一项重要举措。郑州河务局结合自身实际统筹安排经济责任审计和廉政审计工作，重点关注领导干部政策执行、权力运行、职责履行、廉洁从政和民主决策情况。促进依法行政、科学决策、正确履职、廉洁从政，促进廉政“阀门”机制的建立和落实。积极探索和创新审计方法，加强与纪检监察、人事、财务等部门的协作，严格审计程序，规范审计行为，促进从经济事项决策的程序性监督审计向履职、决策、执行和效果的综合性监督审计转变，从对事的监督审计向对领导干部廉政监督审计转变。准确界定领导干部应当承担的直接责任、主管责任和领导责任，客观评价领导干部廉洁从政情况，确保经济责任审计和廉政审计结果可信、可靠、可用。1988年根据河南河务局审计处工作计划安排，开展经济责任审计的准备工作，至1990年底，初步建立了经济责任审计的考核体系。1997年转发河南河务局《干部离任经济责任审计实施细则》《水利部直属事业单位法人离任经济责任审计暂行规定》。1996～1998年正式进行领导干部经济责任审计，完成了郑州河务局机关和局属单位（邙金河务局、中牟河务局、郑州工程处、船舶制造厂）对一把手的离任审计工作。1987～2015年，开展了多位处级领导干部的经济责任审计，为上级领导选拔、任用干部提供了重要的有参考价值的审计信息。截至2015年，共完成领导干部任期经济责任审计28项，审计金额303040.79万元，提出审计建议60条。

3. 基本建设项目竣工决算审计

为了加强对基本建设项目竣工决算的审计监督，促进基本建设项目管理，提高竣工决算的质量，正确评价投资效益，郑州河务局转发了黄委《基本建设项目竣工决算审计实施意见》。自1993年竣工决算审计开始，逐步实现了竣工决算审计的制度化。

1997 年转发了《河南河务局防洪基本建设项目审计监督的规定（试行）》和《河南河务局基本建设项目审计实施细则》。明确提出了加强事前审计、强化事中监督、搞好竣工决算的具体要求。1999 年根据上级《关于立即开展竣工决算审计的通知》，当年开展了单项工程竣工决算审计。2000 年按照上级《关于进一步加强财务竣工决算审计的通知》，参照《审计竣工对国家建设项目竣工决算审计实施办法》开展工作。2001～2002 年，主要对水利工程前期经费、具有代表性的单项工程以及单项竣工决算进行审计。截至 2015 年，共完成基本建设项目竣工决算审计 346 项，审计金额 80885.11 万元，提出审计建议 305 条。受上级委托完成 50 项，配合上级完成 23 项。

4. 财务收支审计

郑州河务局开展财务收支审计工作始于 1987 年，当年完成了 4 个事业单位的财务收支工作。1988 年对处属 9 个单位进行了财务收支审计。1989 年制定财务收支定期审计制度，使被审计单位的全部经济活动纳入经常性的审计监督之中。1991～2015 年严格遵循定期审计制度，以服务全局主要工作为目标，重点开展了县河务局多项财务收支审计。在“全面审计、突出重点”的指导原则下，2002～2003 年同时参加省河务局审计部门组织开展的各市局互查财务决算审计（豫西、濮阳等河务局），审计金额 16241.22 万元，提出问题 43 个，建议 52 条。截至 2015 年，共完成局属河务局财务收支审计 91 项，审计金额 88363.14 万元，共查出和纠正有问题资金 234 万元，提出审计建议 152 条，有力地推动了财务管理水平的提高。

5. 经济效益审计

20 世纪 80 年代后，治黄经费严重不足。为保障治黄工作的发展和职工队伍稳定，所属单位相继开展了经营创收活动，创办了经营项目。为确保经营资金的正确使用和经营项目的效益最大化，郑州河务局于 1990 起就逐步把内审工作的重点转向效益审计。通过审计及时总结经验，提出建议，促进了经营管理工作的加强和经济工作的发展。1990 年开始，凡有综合经营项目的单位均要进行审计调查（经济效益审计）。1991 年开展了对巩义石料厂经营经济效益审计，审计金额 103.13 万元。1994 年水利部确定为经营管理效益年，提出了 20 世纪 90 年代水利改革和发展目标。同年开展了中牟河务局经济效益审计。1994～1999 年经济效益审计工作日趋规范，并总结了郑州黄河特色的经济效益审计经验：一是审清问题，帮助被审计单位解决问题，促进该单位管理水平的提高；二是做好审计分析，多给领导和被审单位出主意、想办法，为被审单位服务。截至 2015 年，共完成经济效益审计 47 项，审计资金总额 114523.30 万元，共查出和纠正问题资金 35 万元，提出审计建议 108 条。

6. 审计调查

开展内部审计调查，是新的治黄形势下发挥审计“免疫系统功能”的重要方法。结合治黄中心工作，围绕治黄体制机制及职责履行、水资源管理、资金使用、制度建设等开展审计调查。从 1990 年开始，截至 2015 年共开展审计调查 407 项，审计调查单位 157 个，资金总额度达 534573.80 万元。

第五节　人事劳动管理

一、队伍建设

(一) 干部制度改革

1984 年，郑州市黄河修防处转发河南河务局劳动工资工作计划，并启用劳动工资专用章。

1985 年，郑州市黄河修防处及所属单位 1985 年工资年报、人员工资级别、工作年限、工资改革核定工资名单，落实政策。

1985 年，郑州市黄河修防处转发了国务院办公厅处对工资、劳动人事改革和改革后的财务管理。工会经费、工资和津贴、对经济体制改革的意见及说明等文件。

1986 年，郑州市黄河修防处对干部离休、职务任免、更改工作年限、管理权限、落实知识分子政策、发放护理费等做了调整。

1986 年 3 月，根据《中共中央关于严格按照党的原则选拔任用干部的通知》要求，对危害干部队伍建设、损害党的威望的行为进行纠正。并做到：①领导干部必须在用人方面模范地遵守党的原则，维护组织人事工作纪律。②选拔任用领导干部必须严格按照规定的程序办事。③选拔任用领导干部必须充分走群众路线。④决定提拔干部前，必须按拟任职务所要求的德才条件进行严格考察。⑤选拔干部必须由党委集体讨论决定，不准个人说了算。⑥提拔干部应从经过实践锻炼的同志中择优任用。⑦严格禁止擅自增设机构、提高机构规格和增加领导干部职数。⑧各级组织人事部门必须认真履行职责，当好党委的参谋和助手。

1988 年 4 月，根据郑州市黄河修防处《1988 年劳动人事工作安排意见》，开始对处管副科（段）长以上干部实行任期制，每届任期 3 年，其他干部一律实行聘任制，时间一般为 1 ~2 年。任免干部除正式行文外，同时签发任命书。按照干部管理权限，每年进行一次全面考核，在 12 月进行，内容包括德、能、勤、绩四个方面，考核结果分四个等次：优秀、胜任、基本胜任和不胜任。

1989 年转发河南河务局劳动合同制工人管理考核、鉴证、聘干、劳保用品、奖励工资规定意见。

1992 年转发河南河务局《关于实行干部交流的几项规定》，干部交流工作从此开始。

1992 年转发水利部、人劳司、黄委、河南河务局等机关对职务变动、新工人工资、奖励工作标准，合同制工人起标时间、工资性补贴、聘干、伤病休假管理，民办教师、乡村医生参加工作时间、调整工龄津贴标准的通知。

1993年转发黄委、河南河务局《全民所有制事业单位辞退专业技术人员和管理人员暂行规定》，领导干部自愿辞职、责令辞职、引咎辞职有了政策依据。

1997年10月转发河南河务局《中共河南黄河河务局党组关于干部任命工作的若干规定》。

2001年转发黄委、河南黄河河务局《关于进一步做好公开选拔领导干部工作的通知》《关于推行党政领导干部任前公示制度的意见》《党政领导干部任职试用期暂行规定》。

2002年8月转发河南河务局《关于认真学习贯彻〈党政领导干部选拔任用工作条例〉的通知》。

2003年转发《贯彻实施〈党政领导干部选拔任用工作条例〉的意见》和《干部考察预告暂行办法》，推进了选拔任用工作的制度化、规范化建设。

2004年2月，转发河南河务局《关于认真贯彻党政领导干部选拔任用工作监督检查办法（试行）》，深入学习和认真贯彻落实文件，切实加强对党政领导干部选拔任用工作的监督检查。

2004年7月转发河南河务局《中共河南黄河河务局党组关于实行干部谈话的办法》。

2005年7月转发中组部《关于切实解决干部选拔任用工作中几个突出问题的意见》。

2005年8月转发河南河务局《〈党政领导干部选拔任用工作条例〉若干问题的答复意见（二）》。

2006年2月制定印发《郑州河务局党政领导干部廉政沟通办法（试行）》，能够及时、准确了解掌握党政干部任用期间党风廉政建设情况，坚持以正面教育和预防为主，从关心爱护干部的目的出发，对干部培养选拔任用和廉洁从政行为进行有效监督，促进干部健康成长。

2006年9月转发中共河南黄河河务局党组《转发中央纪委、中央组织部〈关于对党员领导干部进行诫勉谈话和函询的暂行办法〉、〈关于党员领导干部述职述廉的暂行规定〉的通知》。充分认识实行党员领导干部诫勉谈话、函询和述职述廉的重要性，强化对党员领导干部的日常教育管理和监督。

2007年7月转发河南河务局《关于在全局开展学习贯彻〈行政机关公务员处分条例〉活动的通知》。处分条例是行政机关公务员依法开展行政惩戒工作，督促行政机关公务员廉洁从政、依法行政，不断加强自身建设的一项重要举措。

1．干部考核

1998年转发河南河务局《领导班子及领导干部年度考核暂行规定》，规范领导干部考核工作。

2002年郑州河务局印发《郑州市黄河河务局领导班子和领导干部年度考核暂行办法》的通知，规范领导干部年度考核。

2004年12月转发《河南黄河河务局局管领导班子及领导干部考核暂行办法》。

2008年10月，为进一步完善对领导班子、领导干部的管理和监督，提高考核的针对性、准确性和科学性，根据《党政领导干部考核工作暂行规定》《体现科学发展观要求的党政工作部门领导班子和领导干部综合考核评价办法（试行）》《公务员考核规定（试行）》，按照《河南河务局局管领导班子及领导干部年度考核办法（试行）》要求，结合实际，制定了《郑州河务局局管领导班子及领导干部年度考核办法（试行）》，对副科级以上领导干部进行年终考核。

2. 公开选拔

2002年机构改革，对机关各部门空缺的领导岗位，采取公开选拔的方式进行了补充，选拔出10名优秀年轻的副科级干部走上领导岗位。

2015年，郑州黄河河务局供水局通过公开选拔的方式，选拔2名副科级干部走上领导岗位。

（二）干部队伍建设

1986年1月，转发《关于调整录用“五大”毕业生的实施意见》的通知，明确了河南省内经教育部同意备案的“五大”学校，并对“五大”毕业生的录用进行规范。

1986年1月，转发《关于下放干部管理和劳动管理审批权限的通知》，将干部任免、职工调动和离退管理审批权限下放到郑州市黄河修防处。

1986年9月，《关于印发〈黄河水利委员会关于大、中专毕业生见习期间管理工作的暂行规定（试行）〉的通知》，对黄委大、中专毕业生见习期间管理工作进行规范。

1988年6月，根据河南河务局正式文件印发的《河南黄河河务局干部管理制度》，从干部任免、领导班子建设、任期目标管理、干部考核、干部培训、干部调配、吸收聘任干部、专业技术干部管理、奖惩、福利待遇、干部回避和离休、退休、退职等方面对干部管理进行了一系列详细明确的规定和规范。

1989年5月，转发黄委《关于加强干部调配管理工作的补充规定》，严格控制干部数量增长，尽量减少系统外进人，充分调动和挖掘现有干部的潜力。

1991年3月，根据《关于干部档案工作分级管理的通知》，对副科级和科级干部档案归市局统一管理，一般干部档案归各单位管理，并执行《黄河水利委员会干部档案工作条例》。

1991年4月，按照黄委颁布的《聘用制干部管理暂行办法》，科学管理聘用制干部，做到以岗求人，不因人设岗或以工顶岗工作，确因工作需要调往干部岗位的，必须经干部（人事）部门同意后方可调整岗位。

1992年3月，干部调配工作进一步规范，其中，对干部调配原则、调配职责范围和条件、审批权限、调配程序、调配纪律等方面进行规定，干部调配需省局审批。

1992年4月，颁布《干部档案工作条例》，开始执行中共中央组织部和国家档案局于1990年修订的《干部档案工作条例》《关于干部档案材料收集、归档和暂行规定》《干部档案整理工作细则》。

2002 年 10 月，转发河南河务局《关于加强干部管理工作有关问题的通知》，为加强党的思想、组织和作风建设，规范对干部的日常管理，提高干部管理水平提供了依据。

2004 年 11 月，转发《河南黄河河务局处级领导干部政治理论水平任职资格考试办法（试行）》。

2006 年 9 月，为认真贯彻干部队伍“四化”方针，建立科学规范的培养选拔后备干部工作制度，进一步加强郑州河务局后备干部队伍建设，郑州河务局党组制定了《郑州河务局培养选拔党政领导班子后备干部工作暂行规定》。

2007 年 9 月，转发河南河务局《关于贯彻执行〈黄河水利委员会处级以下干部理论水平任职资格考试办法（试行）〉的通知》，并结合实际具体提出：①各单位要认真学习贯彻执行文件精神，并按规定积极组织相关人员参加理论水平任职资格考试。②全局 45 周岁（含）以下的正、副处级干部（包括担任领导职务、非领导职务和享受相应待遇）和正、副科级领导干部都要参加考试。正、副处级干部参加由河南河务局组织的考试；正、副科级领导干部参加由郑州河务局统一组织的考试。③考试内容根据《黄河水利委员会处级以下干部理论水平任职资格考试办法（试行）》的要求，并结合实际情况研究确定。④已经参加河南河务局 2005 年、2006 年处级干部政治理论水平任职资格考试，成绩合格（60 分及以上）者，依然有效。

2008 年 7 月，转发河南河务局《关于认真贯彻〈中共水利部党组关于加强领导班子建设的意见〉的通知》并认真贯彻执行。

2010 年 6 月，根据河南河务局《河南河务局工作人员借调管理办法》，制定了《郑州河务局工作人员借调管理办法》。

2012 年 2 月，转发河南河务局《转发黄委关于〈委属事业单位从企业单位调入工作人员暂行规定〉的通知》，并规定局属各事业单位从企业单位调入工作人员时，除按照《委属事业单位从企业单位调入工作人员暂行规定》第六条要求提供的相关材料外，还需上报工作人员调动请示函，说明调入人员的事业单位上级批复编制数、现有人数、空编数及本次拟调入人数等情况。

2012 年 2 月，转发河南河务局《转发黄委关于进一步加强黄河水利工程维修养护公司人员管理的通知》，要求各单位严格按照文件要求，确定维修养护公司的机构设置和定员调整方案。

（三）专业技术人才队伍建设

1. 制度建设

20 世纪 80 ~ 90 年代，在专业技术人才队伍建设上重点是落实有关政策。1995 年转发《关于重申〈黄河水利委员会专业技术人员工作、生活待遇的规定〉的通知》，落实专业技术人员工作、生活待遇。

1997 年，按照河南河务局《河南黄河河务局 1997 ~ 2005 年人才开发工作意见》

要求，大力实施人才开发战略，人才资源开发进入新阶段。在这期间，郑州河务局不断加大人才开发投入力度，继续开展各类人员培训工作，让优秀人才“走出去”，将好的工作做法和先进经验“引进来”，建立经营管理人才奖励制度，推行管理岗位竞争上岗；广泛开展岗位练兵、技能竞赛等活动。

2004年，河南河务局授予郑州河务局朱艾钦同志为河南河务局首届“治黄科技拔尖人才”荣誉称号，并荣获“十一五人才工作先进个人”“十一五优秀专业技术人才”“十一五优秀技能人才”等荣誉称号。

2．职称评聘

1987年，按照河南河务局要求，开始职称制度改革，实行专业技术职务聘任制。当年，郑州河务局成立工程技术初级职务评审委员会。1990年，郑州河务局成立工程技术中级、社会科学初级专业职务评审委员会。1992年7月17日，根据河南河务局技术职务评聘工作领导小组要求，成立郑州市黄河河务局工程系列初级技术职务评审委员会，原市局成立的各类各级评审委员会一律自行解除。随后，专业技术职务评聘工作步入正轨。

1993年，根据黄委《关于转发水利部办思政文件的通知》、河南河务局《关于成立思想政治工作专业初级职务评委会的通知》文件精神，对企业中直接、专职从事思想政治工作的人员首次进行评聘。1994年，评审与聘用分开，2003年按新的赋分标准进行赋分评审，减小学历、资历、外语、计算机、专业理论的分值，加大经历、业绩成果及论文著作的分值。截至2015年底，郑州河务局共有专业技术人才594人。其中，具备教授级高级工程师1人、高级职称72人、中级职称202人，中、高级技术人才占技术人才的45%以上，专业技术结构更趋合理。

（四）技能人才队伍建设

1．制度建设

1991年12月16日，执行《黄河水利委员会工人技师管理办法》，技师考核每两年进行一次。

1993年，工人专业技术职务开始考评。1993年，郑州河务局10人获得工人技师任职资格，50人获得优秀技术工人任职资格。同年，郑州河务局印发《郑州市黄河河务局关于工人专业技术职务聘任后待遇及管理暂行规定》，规定被聘任的工人专业技术人员，从受聘下月起享受职务津贴和其他福利待遇。本规定的实施，提高了技术工人的福利待遇，旨在鼓励中、青年技术工人立足本职，钻研技术理论，提高操作水平，大大促进治黄技术的发展。

1997年，河南河务局水利行业特有工种职业技能鉴定站和河南河务局国家职业技能鉴定站分别成立。按照河南河务局的部署和要求，1998年执行《河南黄河河务局职业技能鉴定实施办法》，五年申报一次。取得技师资格三年以上可申报高级技师。

2012年，河南河务局授予郑州河务局职工孙天宝、刘冰2人“十一五优秀技能人才”荣誉称号。

截至2015年底，全局647名工人队伍中，有高级技师36人、技师257人，技师及以上技能人才占工人总数的45%，高层次人才培养成效显著，其中：取得“全国水利行业技术能手”称号2人、“河南省首席技师”称号1人、“黄委技术能手”称号4人、“黄委青年技术能手”称号1人、“省局首席技能人才”称号2人、“省局技术能手”称号8人、河南河务局“十一五优秀技能人才”称号2人。

2. “爱岗位、练技能、革新创造争文明”活动

2015年，在全局范围内广泛开展了岗位练兵、技能培训、技术比武、科技成果演示和论文交流等活动，通过对防汛抢险等多个竞赛项目的评比，涌现出了一大批先进集体和优秀选手。通过这次爱岗位、练技能活动的开展，及时发现人才，培养人才，建立人才跟踪培养机制，造就一支能够适应新形势下“三条黄河”建设需要的高素质治黄队伍，这些工作，郑州河务局均分工明确，落实到人，并将通过具体工作的落实，达到“爱岗位、练技能、革新创造争文明”活动的预期目的。

3. “劳动竞赛促发展”活动

1998~2015年，郑州河务局每年均组织了涵盖不同工种和岗位的劳动竞赛活动（见图4-6）。2010年，郑州河务局在全局范围内开展了“劳动竞赛促发展”活动，在长达8个月的活动中，全局职工全员参与，结合实际工作需要组织竞赛项目101项，全局累计近3000人次参加竞赛。利用网络、报纸等载体发稿300余篇，营造了良好的内、外宣传舆论氛围。通过此次活动，人员综合素质得到明显提高，工作氛围得到更好改善，各项工作的质量和效率得到了很大的提升。涌现出一批有理论、有经验、有技术的优秀技能人才。

图4-6　郑州黄河职工技能竞赛（1998年）

2011年7月28日至10月21日，郑州河务局先后承办了河南黄河防汛抢险演练暨河道修防工职业技能竞赛、河南河务局河道修防工竞赛培训班及黄委河道修防工职业技能竞赛。面对规格高、规模大、历时长的竞赛活动，郑州河务局加强组织领导，认真部署实施，把组织竞赛当成一次练兵的好机会，广泛发动职工积极参与，市、县两级层层选拔，两次竞赛均取得圆满成功。6人取得高级技师任职资格，50人取得技师任职资格，57人分别取得了高级工、中级工和初级工的鉴定。另外，有2人获得“河

南河务局首席技能人才”称号。在河南河务局防汛抢险演练及技能竞赛中，郑州河务局获得优秀组织奖，并有2个项目分别获得集体第一名和第二名的好成绩。郑州河务局被黄委授予“黄委职业竞赛优秀组织单位”，并获得河南河务局修防工技能竞赛组织奖。

2012年，郑州河务局荣获黄委“十一五”人才工作先进集体荣誉。2012年7月，郑州河务局召开了“十一五”人才工作会议，对郑州河务局“十一五”人才工作先进集体、先进个人及优秀专业技术人才、优秀技能人才进行了表彰。对6个先进集体、8个先进个人、9名“十一五”优秀专业技术人才和12名优秀技能人才进行了表彰。

二、劳动工资与安全卫生

(一) 工资制度发展

1956年以等级工资制取代供给制、1985年将等级工资改为以职务工资为主的结构工资制，是中华人民共和国成立以来在工资制度上两次大的改革，这两次工资改革在当时都起到了积极的作用。郑州治黄事业自1946年开始以来，在工资执行中先后实行了供给制、等级工资制和以职务工资为主的工资制等工资政策。

随着国家工资制度改革的推进，郑州河务局先后经历了1985年、1993年和2006年三次大的工资制度改革，劳动工资制度得到不断完善。2004年3月，依照国家公务员制度管理过渡合格人员名单确定，依照公务员管理人员执行国家机关公务员职级工资制度，并将过渡合格人员按照机关工作人员工资进行了套改，并从2004年1月开始按照机关工作人员职级工资制度执行工资。

1985年工资制度改革后，按照职能的不同，工资由基础工资、职务工资、工龄津贴、奖励工资等4部分组成。1993年工资制度改革后，工资构成中固定部分为60%，浮动部分为40%，并建立正常晋升工资档次的制度。即两年考核成绩均为合格以上的人员可在本职务所对应的工资标准内晋升一个工资档次。此后，经过不断完善，逐步建立了一套体现“按劳分配，兼顾公平与效益”的分类管理的工资制度。

2006年7月工资制度改革后，公务员基本工资构成由现行的职务工资、级别工资、基础工资和工龄工资调整为职务工资和级别工资两项，取消了基础工资和工龄工资；事业单位实行岗位绩效工资制度，岗位绩效工资由岗位工资、薪级工资、绩效工资和津贴补贴4部分构成，其中岗位工资和薪级工资为基本工资。对从事公益服务的事业单位，根据其功能、职责和资源配置等不同情况，实行工资分类管理，基本工资执行国家统一的政策和标准，绩效工资根据单位类型实行不同的管理办法。完善工资正常调整机制。公务员年度考核累计两年为合格及以上的，从次年的1月1日起晋升一个级别工资档次，年度考核累计5年称职及以上的，从次年的1月1日起晋升一个级别。事业单位人员年度考核结果为合格及以上等次的人员，每年增加一个薪级。

（二）劳动工资

1985 年工资制度改革的主要内容是将原标准工资加上副食品价格补贴和行政经费节支奖后，就近就高套入本职务的工资标准。按照工资的不同职能，分为基础工资、职务工资、工龄工资、奖励工资 4 个部分。

根据国务院《关于印发机关、事业单位工资制度改革三个实施办法的通知》和水利部《关于印发水利部直属事业单位工资制度改革实施意见的通知》精神，以及黄委《关于黄河水利委员会事业单位工资制度改革实施意见的通知》规定，1994 年郑州河务局进行了工资制度改革，工资构成中固定部分为 60%，浮动部分为 40%。当年，河南河务局批复郑州河务局参加工资制度改革的人数为 517 人，人均月增资 22 元，新工资标准从 1993 年 10 月开始执行。从 1993 年 10 月开始，以后每两年正常晋升工资档次。

1993 年 10 月进行工资改革后，1997 年 7 月、1999 年 7 月、2001 年 1 月、2001 年 10 月和 2003 年 7 月按照国家政策分别对机关事业单位在职职工工资标准进行了调整，对离退休人员也按照相应职务增加了离退休费。

2004 年 3 月，按照人事部、水利部《印发〈流域机构各级机关依照国家公务员制度管理人员过渡实施办法〉的通知》精神，郑州河务局严格按照政策规定，本着公开、平等、竞争、择优的原则，119 人经过考核和考试过渡为依照国家公务员管理人员，并对过渡人员的工资进行了套改，从 2004 年 1 月起按照国家公务员职级工资标准进行发放。

2007 年 3 月，根据水利部《关于印发水利部机关事业单位工资收入分配制度改革实施意见的通知》和黄委《黄河水利委员会参照公务员法管理的机关工作人员工资制度改革实施意见》《黄河水利委员会事业单位工作人员收入分配制度改革实施意见》《黄河水利委员会机关事业单位离退休人员计发离退休费等问题的实施意见》文件精神，对全局参照公务员法管理人员和事业单位职工工资进行了改革。全局共有 969 人参加了此次工资制度改革，其中参照公务员法管理人员 112 人，事业单位人员 418 人，退休职工 415 人，离休职工 24 人。按照文件规定，套改后依照公务员法管理人员人均增资额 322 元，事业单位人均增资额 206 元，退休人员人均增资额 208 元，离休职工人均增资额 505 元。从 2006 年 7 月开始执行新的工资结构。

2015 年 7 月，按照《国务院办公厅转发人力资源社会保障部 财政部关于调整机关事业单位工作人员基本工资标准和增加机关事业单位离退休人员离退休费三个实施方案的通知》精神，郑州河务局组织人员对局机关及局属单位共计 1119 人进行了基本工资和基本离退休费的调整工作，其中：在职 508 人、离休 12 人、退休 599 人。并按照相关文件规定，从 2014 年 10 月开始，机关事业单位在职人员及退休人员加入所在地的养老统筹，对在职人员的养老金和职业年金进行了预扣。

（三）其他工资

按照国务院工资制度改革小组、劳动人事部《关于 1986 年调整部分工资区类别的通知》，1986年郑州河务局符合调整部分工资区类别的在职和离退休职工共计1287人，月人均增资额1.44元。按照水利部《关于调整水利水电、送变电职工流动施工津贴标准的通知》，郑州河务局所属执行施工津贴的单位施工补助费自1992年7月1日起执行，每人每天5.3元。1993年职工书报费、洗理费在原标准的基础上每人每月增加10元。自1993年7月起县以下修防单位职工实行浮动一级工资。从1994年起，对年底考核合格及以上的人员，年终发给一次性奖金，奖金数额为当年12月的基本工资。

根据《水利部直属事业单位提前或越级晋升职务工资暂行办法》，郑州河务局严格按照河南河务局年度下达的提前或越级晋升职务工资的指标，1995～2005年累计升级419人次。

2009年7月，按照黄委《关于河南黄河河务局各级机关退休人员待遇有关问题的批复》和《关于河南黄河河务局离休人员待遇人员待遇有关问题的批复》文件精神，对局属事业单位2004年1月1日前离退休人员的津补贴进行了规范，规范后津补贴项目为国家统一规定项目、改革性津补贴项目和归并后所在地离退休人员补贴，经过水利部、黄委同意文明奖继续执行，黄委劳模津贴80元/月继续执行，离退休规范后津补贴从2009年1月起开始执行。

2011年12月，按照河南河务局《关于郑州河务局机关及所属县级河务局机关参照公务员法管理在职人员津贴补贴项目分类的批复》精神，郑州河务局局属四个县局参公在职人员的津补贴进行了规范，规范后津补贴项目分为国家统一规定项目、改革性补贴项目和归并后所在地在职人员补贴。经过水利部同意文明奖继续执行，新的津补贴执行时间为2009年7月1日。

（四）安全卫生制度建设

1985年，认真贯彻执行河南河务局《机动车辆安全生产管理制度（试行）》。1988年4月，成立郑州市黄河修防处安全生产委员会，同年7月制定了《郑州市黄河修防处关于加强安全管理治安保卫工作考评办法》，该办法规定了安全管理、事故处理及治安保卫各占100分的三个百分制。1989年，认真贯彻执行河南河务局《石油库安全管理暂行规定》，该规定从安全标志、安全距离、防火管理、防雷管理、存放装运和出入库管理等方面提出了具体要求。1989年，制定《安全生产考核评比办法》，实行百分考评办法。

1998年认真贯彻执行河南河务局《安全生产目标管理考评办法》及《安全生产目标管理风险抵押与奖惩办法》，以百分制对各单位的安全生产进行量化。

1999年认真贯彻执行河南河务局《职工劳动安全卫生教育管理规定》，分总则、从事施工人员的安全教育、从事管理工作人员的安全教育、安全教育的组织和分工、监督和惩罚等6部分，进一步规范了职工安全卫生教育工作。同年，按照河南河务局《劳动安全卫生检查管理规定》，规定了安全检查程序、形式、内容，以及检查制度、事故隐患整改、监督和检查、检查报告等。同时按照河南河务局《民工安全生产管理规定》，从安全责任、安全合同、安全教育和培训、防护用品、事故管理、奖惩等方面规范了对民工的管理。

2000 年按照《河南河务局安全生产责任制（试行）》，明确各单位和各级人员在安全生产中的职责，强化了各级领导和全体职工的安全生产责任制。

2002 年印发《郑州河务局定期安全生产联席会议制度》《安全生产规范化考评实施细则（试行）》《安全生产规范化管理实施意见（试行）》，并认真执行《黄河水利委员会劳动安全条例（试行）》和《河南河务局交通安全管理规定》。

2005 年，为进一步规范安全生产监察旬报工作，制定《郑州河务局安全生产监察旬报制度（试行）》。

2012 年 2 月开始执行黄河水利工程建设项目开工安全审核和竣工安全验收暂行办法，对所辖范围内的黄河水利工程建设项目进行开工安全审核和竣工安全验收。

2013 年 7 月开始执行水利安全生产标准化评审管理暂行办法。

为加强安全生产精细化管理，规范安全生产监督检查行为，进一步发挥安全生产检查的作用，确保安全生产检查取得实效，2014 年 1 月，开始执行《黄河水利委员会安全生产检查办法（试行）》。

进一步抓好安全生产监督管理工作，强化红线意识，严格落实各级责任。2014 年 9 月，开始执行《黄委关于强化安全生产监督管理的通知》。

2014 年 10 月，开始执行重新修订的《郑州河务局安全生产管理制度》。

2015 年 9 月，开始执行黄委新修订的《黄河水利委员会安全生产责任制度》。

为加强对安全生产工作的领导，明确和落实各级领导干部的安全生产工作责任，建立健全“党政同责、一岗双责、齐抓共管”的安全生产责任体系，有效防范各类生产安全事故，2015 年 11 月制定了《郑州河务局安全生产“一岗双责”暂行规定》并开始执行。

（五）安全生产责任制

1998 年认真执行河南河务局《安全生产目标管理考评办法》，从考评组织、考评范围、否决条件、赋分及奖分办法和考评结果处理等方面做出了统一规定，首次提出了安全生产一票否决制。同时，按照河南河务局《安全生产目标管理风险抵押奖惩办法》，根据风险、责任对等、安全责任大小的原则，计算各单位应缴纳抵押金的数量，年初确定各单位应当完成的目标任务，签订目标责任书，然后以目标责任书为依据，确定各单位应缴纳的风险抵押金。年终，安全生产委员会对各责任单位完成当年目标任务的情况进行百分考核，以实际得分为依据，扣除或奖励相应的抵押金。对安全生产工作较差而被一票否决的单位，全额扣除当年的抵押金，不再返还。对完成目标管理情况较好的单位（考核 90 分以上）进行表彰和奖励。

2000 年认真执行《河南河务局安全生产责任制（试行）》。提出各单位行政正职是安全生产第一责任人，对本单位安全生产负全面领导责任；分管其他工作的副职，在其分管工作中涉及安全生产内容的，承担相应的领导责任。单位内各职能部门必须在各自的工作范围内对安全生产负责。按照《河南河务局安全生产责任制（试行）》的规定，每年郑州河务局都要和下属单位签订目标责任书，确定各单位的安全目标。通过层层签订安全生产责任书，把安全责任和目标落实到每个具体岗位。

2011年12月以《关于印发郑州河务局机关各部门职能配置机构设置和人员编制方案的通知》将安全管理监督职能由人劳处转移至工务处。河南河务局成立了专门机构，明确相应职责，市、县河务局也进行了相应调整。河南河务局每年向郑州河务局安全生产监督检查工作拨付经费1万元。

（六）医疗卫生

计划经济时期，国家实行“救死扶伤的革命人道主义”，大力开展积极防病治病工作。治黄职工药费（不分门诊或住院）报销100%，直系亲属（父母、子女）药费（不分门诊或住院）报销50%。报销程序：职工所在单位工会审核，主管财务领导批准。

1984～1992年郑州河务局执行的是国家公费医疗政策，基本原则是积极防病，保证基本医疗，克服浪费。

1993年郑州河务局机关印发了《关于1993年市局机关职工医药费和独生子女保健、医药费、托费的暂行办法》，开始试行公费医疗改革，即实行“限额包干、节约归己”的办法。规定从1993年1月1日起，机关职工及退休职工公费医疗实行“定额包干、现金看病、比例负担、节约归己”的办法，取消了公费医疗“三联单”。机关离休职工也实行“定额包干、节约归己”的办法，但超出部分按100%报销。职工公费医疗费包干基数标准按年龄段划分（见表4-16）。

表4-16　1993年郑州河务局职工公费医疗包干基数划分情况

年龄	30岁以下	30～40岁	40～50岁	50～60岁	退休人员	离休人员
年人标准	200元	250元	300元	350元	350元	500元

职工公费医疗包干基数每年发给职工个人一次，在上述包干基数以内，自己掌握，节约归己，超过基数部分按表4-17的规定比例报销。

表4-17　1993年郑州河务局职工公费医疗超标准报销比例　（%）

年累计	在职职工干部		退休职工干部		离休干部	
	门诊	住院	门诊	住院	门诊	住院
千元以下	60	85	60	90	100	100
千元以上		90				

2001年，河南省政府印发《河南省省直职工基本医疗保险实施办法》。按照属地原则，郑州河务局机关及驻郑单位作为首批加入单位参加省直医疗保险。除离休职工、老红军外及二等乙级以上伤残军人医疗待遇不变，职工因工伤、生育发生的医疗费按

现行规定执行外，其他人员均按新的医疗保险制度执行。原公费医疗的有关制度及其配套制度于2001年11月30日停止执行。图4-7为机关职工流感预防接种（2009年）。

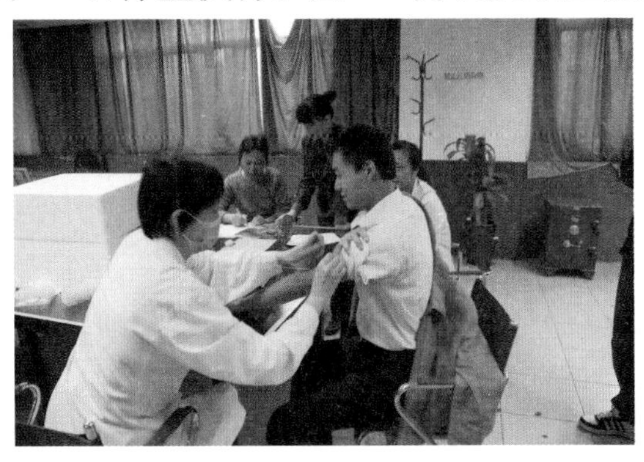

图4-7　机关职工流感预防接种（2009年）

（七）基本医疗保险

2001年12月1日，河南省直属单位医疗保险制度正式施行，郑州河务局机关共131人（在职105人，退休26人）参加了省直基本医疗保险，同时还参加了公务员医疗保险和大额医疗保险。

2001～2003年，郑州河务局机关共为职工个人医疗保险账户3次注入铺底金，保证了从公费医疗向医疗保险的平稳过渡。

至2015年，根据《河南省省直职工基本医疗保险门诊慢性病管理暂行办法》，为职工申报门诊慢性病41人次。

（八）生育保险

2008年，河南省政府印发《河南省职工生育保险办法》和《河南省省直职工生育保险实施细则》。按照文件精神，郑州河务局机关及驻郑单位在职职工参加省直生育保险。《河南省省直职工生育保险实施细则》实施前发生的生育医疗费用及相关待遇不变，原有关制度及其配套制度于2008年12月31日停止执行。

2009年1月1日，河南省直属单位生育保险制度正式施行，郑州河务局机关在职职工113人参加了省直生育保险。

（九）基本养老保险

按照黄委《关于印发加强黄委水管企业职工基本养老保险纳入省级统筹工作实施意见的通知》和《关于进一步加强黄河水利工程维修养护企业职工基本养老保险工作的通知》，2010年3月，局属6个企业单位共677名职工基本养老保险全部纳入省级统筹，并一次性补缴职工基本养老金1351万元。

郑州黄河工程有限公司、郑州黄河水电工程有限公司、郑州黄河工程建设有限公司、河南牟山黄河水电工程有限公司及河南黄河旅游开发有限公司5个施工企业作为第二批转制企业参加省直基本养老保险，参保起始时间为2005年7月。郑州宏泰黄河水利工程维修养护有限公司作为第三批转制企业参加省直基本养老保险，参保起始时间为2006年9月。

至2013年底，郑州河务局局属企业单位累计缴纳职工基本养老金2934.18万元，其中单位缴纳累计金额2100.49万元，个人缴纳累计金额833.69万元。

(十) 工伤保险

2011年，河南省人力资源和社会保障厅印发《关于事业单位等组织工伤保险有关问题的通知》和《关于做好省直事业单位等组织参加工伤保险有关问题的通知》。郑州河务局局属驻郑事业单位（参照公务员法管理的事业单位除外）在职职工参加省直工伤保险。其他部分事业单位按照属地管理原则，参加所在地工伤保险统筹。

河南省驻郑事业单位工伤保险制度从2011年1月1日开始实行，郑州河务局局直3个事业单位（信息中心、机关服务中心、经济发展管理局）及郑州供水分局共58人作为一个单位参加了省直工伤保险。

2015年1月，按照《关于省直机关和参照公务员法管理的事业单位参加工伤保险有关问题》的文件精神，郑州河务局机关55名公务员也参加了省直工伤保险。

三、离、退休职工管理

(一) 基本情况

1989年4月郑州河务局成立老干部科，1995年8月老干部科更名为离退休干部管理处。1999年4月，原离退休干部管理处被撤销，工作合并劳动人事处。2002年郑州市黄河河务局机构改革，机关增设离退休职工管理处。至此离退休职工管理的职责更加明确，即以政治待遇和生活待遇为重点，重视落实离退休费和医疗保险制度，组织离退休职工开展科学健身活动，使离退休人员老有所养、老有所医。根据离退休人员的身体状况，充分发挥他们的政治优势和一技之长，使他们老有所为、老有所教、老有所学、老有所乐，让他们保持一个良好的身体和健康的心态。

截至2015年底，共设立离退休管理部门8个（郑州河务局局机关、惠金河务局、中牟河务局、巩义河务局、荥阳河务局、养护公司、供水分局、工程公司），共有离退休职工794人，其中离休干部12人、退休干部137人、退休工人645人。共设离退休党支部3个（局机关、惠金河务局、中牟河务局）离退休党员147名。配备专职管理人员3名，兼职管理人员7名。

(二) 管理制度

为了保障老年人合法权益，发展老年事业，弘扬中华民族敬老、养老的美德，1996年8月29日第八届全国人民代表大会常务委员会第二十一次会议通过了《中华人民共和国老年人权益保障法》。为使老同志的晚年生活过得更愉快、更充实，更好地发挥老同志的余热，为治黄事业做出应有的贡献，同年郑州河务局成立了离退休职工工作委员会，使老干部工作得到了落实。为进一步做好老干部工作，下发了《关于建立了市局机关在职干部联系离退休干部制度的通知》，更好地落实了老干部的思想、身体以及生活状况，帮助他们解决实际困难做好思想政治工作。

1997 年转发了《关于转发中共中央组织部〈老干部信访工作暂行规定〉的通知》，进一步落实了老干部信访工作。

2000 年转发了《省委办公厅省政府办公厅关于转发〈省委组织部、省委老干部局、省劳动厅、省财政厅、省卫生厅关于加强离休干部医疗保障和管理工作的实施意见〉的通知》。

在落实离退休干部各项待遇方面，郑州河务局已经形成了一套比较健全并行之有效的规章制度。按照规定给老同志配发各类报刊、杂志，对应传达到老干部的重要文件，采取多种方式及时传达到每个老同志。坚持定期向老同志通报情况制度，党组领导每年向离退休干部通报 1 ~2 次情况，坚持在职领导及各部门联系离退休职工制度及离退休职工活动室管理制度。此外，还有走访慰问制度、学习与活动制度、参观与考察制度、就医与体检制度、后事处理制度及老同志参加重要会议和重大活动等制度，见图 4-8 ~ 图 4-11。

图 4-8　河南河务局副局长王德智等慰问郑州老同志（2008 年）

图 4-9　郑州河务局局长刘培中等同离退休老同志座谈（2009 年）

图 4-10　郑州黄河国庆汇演（崔长英表演扇子舞）（2009 年）

图 4-11　郑州河务局局长刘培中等慰问老同志（2010 年）

（三）两个待遇

“基本政治待遇不变，生活待遇还要略为从优”，这是中央制定的老干部政策的重要原则，是做好老干部工作的重要标准。郑州河务局根据这个原则，认真做好了老干部的两项待遇落实。

1. 政治待遇

老干部“基本政治待遇不变”，主要指的是按规定组织老同志阅读文件、听报告；请老同志参加必要的会议和一些重大活动，使他们及时了解中央的精神，国内外大事，本地区、本单位的主要生产、工作情况；安排和组织老干部党员的组织生活；组织老同志参观工农业生产项目；重大节日走访慰问老干部等；给老干部通报情况，传达文件，组织学习活动。

1991年郑州河务局学习了《河务局党组学习中组部5号文件精神反映》，在中组部5号文件中指出了老干部工作需要加强和解决的主要问题，并阐述了解决这些问题的基本思想和原则。该文件的实施，对解决老干部工作中存在的薄弱环节，进一步推动全局老干部工作的发展，具有重大指导作用。

为加强离退休人员的思想政治工作，1999年转发了水利部《关于转发中组部等四部门关于加强退（离）休干部思想政治工作的通知》，2000年转发了水利部《关于加强和改进离退休干部思想政治工作的若干意见的通知》，详细阐述了做好离退休干部思想政治工作的重要性、紧迫性和指导思想等。

2013年3月按照十八大提出的“全面做好离退休干部工作”的总要求，转发了《中组部关于全国老干部工作部门认真组织学习贯彻党的十八大精神的通知》。通过组织学习，使郑州河务局老干部工作者统一了思想、明确了方向，提高了老干部工作科学化水平。

为了切实维护老同志的合法权益，2013年9月转发了黄委离退局《关于在全河学习宣传贯彻中华人民共和国老年人权益保障法的通知》，郑州河务局离退工作人员对《老年法》进行了学习宣传。同年9月转发了中共河南省委老干部局《关于认真组织学习贯彻省委书记郭庚茂同志在省级离退休干部座谈会上重要讲话精神的通知》。12月转发了《省委老干部局关于认真组织学习习近平总书记重要讲话精神的通知》。

为更好地落实离退休职工的政治待遇，郑州河务局离退休党员单独组建了党支部，选配了支部书记，在活动场地、经费、学习资料等方面给予了保证。支部通过组织老同志学习、参观、召开座谈会等多种形式，使老同志的思想统一起来。坚持组织老同志每月在活动室开展政治理论知识，观看各类纪录片，使老同志永远保持政治坚定、思想常新的精神面貌。通过学习党章、党的方针政策、中央领导讲话、报纸社论、保健知识等，使老同志们了解国家大事，增强其学习兴趣和凝聚力。

2015年5月11日，郑州河务局离退休代表参加黄委2015年全河离退休工作会议，获“全河离退休先进集体”荣誉称号，机关退休干部单恩生同志获离退休先进个人。

郑州河务局设立的活动室每周工作日对老同志开放，安排专人进行服务和管理。活动室内配备有电视机、空调、电脑、饮水机、各类棋牌及简单的健身器材。另外，每年都给每位离休干部订有一份报纸，在活动室内还订阅有《人民日报》《河南日报》

《黄河报》《健康报》《老年报》等各种报刊、杂志和内部读物，基本上满足了老同志的学习和老年保健需要。

郑州河务局各党支部都有健全的政治生活和组织生活制度，每月组织一次政治理论学习或支部活动。离退休党员每月积极自觉缴纳党费，机关党委按党费的50%留成比例拨给离退休党支部。党费主要用于订阅或购买开展党员教育的报刊和资料，培训党员，补助生活困难的党员，表彰先进基层党组织、优秀共产党员和优秀党务工作者等工作。

2. 生活待遇

所谓“生活待遇略为从优”，根据现有文件规定，主要有以下几个方面：一是离休干部除原工资照发、生活福利待遇不变外，还按个人参加革命工作的不同时期，每年增发1个月、1个半月、2个月本人标准工资作为生活补贴；二是在住房、用车、生活用品供应等方面，给予适当照顾；三是在制度规定范围内的医疗费用要实报实销；四是因瘫痪等原因，生活完全不能自理的，每月发给一定数额的护理补助费；五是每年按一定标准分别提取公用经费和特需费，用以保证离休干部日常活动的必要开支和困难补助。

1987年转发了河南省老干部局《关于离休干部特需经费提取办法和使用范围的暂时规定》和国家劳动人事部、财政部《关于调整离退休人员护理费标准的通知》，并按规定进行逐一落实。

1993年根据省物价局、财政厅、民政厅《关于调整火葬收费标准的通知》精神，单位职工亡故后丧葬费标准由原来每名亡故人员600元调整为1000元。

1994年根据《关于印发黄河水利委员会事业单位工资制度改革实施意见的通知》，及时增加补发了离退休人员的离退休费。

1995年初，黄委主任钮茂生在调查中发现，家居黄河两岸的离退休职工因自然条件限制，地理环境较差，经济发展比较落后，加之黄河职工长期以来收入偏低，经济困难，家中住房普遍低于当地农民的住房水平。因此，他要求各单位把此项工作列入议事日程，作为一件大事来抓，认真解决。为此，郑州河务局根据《关于下达家居农村离退休职工住房特困户建房补助投资的通知》精神，专门成立了由工务、财务、劳人、工会、老干部等部门组成的领导小组，负责此项工作。此次补贴共发放8.5万元，其中石料厂1.6万元、农场1万元、中牟局0.4万元、邙金局4.5万元、机关1万元。

1996年根据《转发国务院、人事部、水利部关于机关、事业单位工作人员正常晋升工资档次和离退休人员增加离退休费的通知》《关于驻豫事业单位正常晋升工资档次和增加离退休费有关问题的处理意见》《转发水利部关于机关、事业单位工资制度改革后离退休人员的有关待遇问题的通知》，对离退休人员的工资及有关待遇问题进行了落实。

1997年在水利部直属单位离退休干部工作表彰会议上，时任水利部部长钮茂生指出，要进一步提高对离退休工作的认识，加强对离退休工作的领导，关心、重视、支持离退休工作。郑州河务局根据会议精神，进一步检查、落实了离退休费发放和医药费报销问题。根据省局执行情况，从1997年3月起，离退休人员公用经费按厅局级每人每月500元、县处级400元、县处级以下人员300元的标准执行。

2010年7月，接中共河南省委老干部局电话通知，进一步落实中央关于丧事从简的有关政策，市厅级及其以上干部逝世后，不开追悼会，不搞告别仪式，改为遗体送别。遗体送别活动不设主持人，不宣读生平（可印发生平简介），不介绍参加送别活动的领导及人员。

“重阳”“三八”等节日期间，郑州河务局组织开展形式多样的活动，丰富了离退休职工的文化生活。积极组织离退休职工体检，为离休干部办理省直保健优诊卡、老年乘车证，整修活动室，为黄委劳模送生日贺卡、蛋糕等活动。通过这些活动的开展，离退休职工感受到领导的关爱和组织的关心，他们非常满意。

郑州河务局离退休人员各项生活待遇，目前都按照政策规定进行了落实。凡是中央和国家规定的都按照规定执行，对所属地区的政策，都结合各自的实际参照执行，单位各项福利性补贴与在职职工一样对待。对长期患病、工资比较低、家庭有特殊困难的老同志、老同志的遗孀，采取措施，帮助解决实际困难。

（四）组织活动情况

20世纪80年代至90年代初，郑州河务局离退休老年活动基本上都是足部按摩、刮痧、香功、太极拳等活动。为了丰富离退休职工的生活，1996年4月16日正式成立了“夕阳红”秧歌队，省、市河务局领导多次观看、指导并从物资上给予了大力的支持。

为了更好地发挥老同志在“两个文明”建设中的作用，用他们的革命生涯和光荣传统培养教育下一代，1996年成立了郑州河务局老干部关心下一代协会。同年成立了郑州河务局离退休职工工作委员会。为了庆祝人民治黄五十周年，同年6月举办了“第一届离退休职工象棋友谊赛和书法绘画展”。

1997年举办郑州河务局离退职工第二届书画展、棋类比赛。同年，离退休职工管理工作获得了“河南河务局先进单位”的荣誉称号。

郑州河务局认真组织离退休工作理论研讨活动。其间共收到各类论文40篇，向黄委推选10篇，30篇获河南河务局优秀论文奖和鼓励奖。同年，在庆祝中华人民共和国成立五十周年之际，中共中央组织部做出了表彰全国离退休干部先进个人和先进离退休干部党支部的决定，中牟河务局离退休党支部荣获“全国先进离退休干部党支部”荣誉称号。

2000年黄委对离退休工作做出突出贡献的单位及个人予以了表彰，中牟河务局再次荣获先进集体称号。同年在河南河务局对离退工作的表彰中，邙金河务局获得离退休工作先进集体。为了促进离退休工作，弘扬中华民族的传统美德，更好地发挥离退休老同志的积极作用，同年河南河务局表彰了“老有所为奉献奖”，郑州河务局高新科、王育德2位老同志获此殊荣。

2006年获得河南河务局首届离退休职工书法、绘画、摄影展组织奖，第三届离退休运动会团体三等奖。

2008年推荐的离退休职工书法作品参加全河首届离退休职工书画摄影展览，被评为三等奖。

2009年组织离退休职工参加黄委老年太极拳协会第六届太极拳比赛，获得太极剑（器械）团体优秀奖、太极拳团体优秀奖。

2010年为庆祝中国共产党创建80周年，郑州河务局举办了机关离退休老同志诗歌、书画展，共计展出作品29幅，其中14幅作品评为优秀奖。同年，组织离退休职工代表队参加了河南河务局举办的第八届“重阳杯”象棋比赛，荣获比赛团体第三名的好成绩。

2011年6月30日，郑州河务局举办了“庆祝中国共产党成立90周年老干部书画展”，其间共展出书画作品22幅，其中书法类13幅、绘画类9幅。

2012年组织离退休职工参加“黄河设计杯”黄委驻郑单位老年太极拳协会第九届太极拳比赛，获得太极剑（器械）团体第二名、太极拳团体第二名。重阳节参加河南河务局第三届离退休职工钓鱼比赛，获得团体优秀奖。

2013年3月举办了局机关离退休女职工迎“三八”室内趣味运动会。4月组织离退休老同志参加“黄河建工杯”黄委驻郑单位第十届老年太极拳比赛，荣获太极拳团体第三名、太极剑团体第三名及个人太极拳项目第三名，并有1名老同志荣获个人太极拳（剑）“老年健康奖”。重阳节承办了河南河务局第九届重阳节象棋比赛，并组织人员积极参加比赛，荣获团体优秀奖。

为了更好地丰富广大离退休职工晚年的精神文化生活，2013年6月在机关老干部活动室举办了为期一个月的“美丽中国在我心”全局离退休职工书画展。9月举办了“弘扬中国精神，释放正能量”的报纸剪画展。同年，组织离退休职工参加河南河务局廉政文化书画作品展评活动，1人获得一等奖，3人获得二等奖。

2014年4月28、29日，郑州河务局离退休代表队在黄委驻郑单位第十一届老年太极拳比赛中，分别荣获太极拳团体第一名、太极剑团体第二名的好成绩。6月，组织收集整理了《老年人夏季饮食养生知识》，并制作健康知识宣传栏，向老同志宣传科学的饮食生活。重阳节组织机关离退休职工在活动室举办了“庆祝建国65周年、欢度重阳节”联欢活动。10月，组织离退休职工参加河南河务局第四届离退休职工中国牌比赛，荣获三等奖。11月，配合社区在机关活动室组织举办了“植得杯”老龄秋季健康运动会。郑州河务局离退休职工踊跃报名参加，分别获得了书画类一等奖，双升一、二等奖，象棋二等奖。

2015年5月，组织机关离退休职工参观了巩义石窟寺、神堤普法长廊、河洛文化和金沟一线班组建设。6月，举办了“七一暨抗日战争胜利”联欢活动。重阳节组织机关离退休职工到邙山登高望远。组织离退休职工参加黄委“铭记历史，珍爱和平”全河离退休职工书法展览活动，并上报作品11幅。组织开展离退休职工“铭记历史，缅怀先烈，珍爱和平，美好生活——抗战胜利70周年征文”活动，组织推荐诗歌、回忆录5篇。组织离退休职工参加“聚焦美好生活，记录发展变化”全河离退休职工摄影展览等系列活动。

四、职工教育

（一）学历教育

1985年郑州河务局安排部署成人高等教育招生工作。为提高职工队伍三大素质，鼓励职工报考，同时规定考生可享受自学补贴。对于单科和各科学习成绩合格者，学习期间的所需学费由本单位支付；对于单科或各科学习成绩不及格者，学习期间的学费由职工本人自理。同年，组织职工参加了河南河务局电大汉语言文学专业班考试。经全国统考，有3名职工符合录取条件，作为试听生参加电大汉语言文学专业班脱产学习。

2002年制定了《郑州市黄河河务局职工培训条例》，对职工学习教育申请、费用报销进行了详细的规定，进一步明确了职工参加学历教育的具体奖励办法。

同年，根据黄委和河南河务局的要求，对干部职工1980年以后通过在职学习获得的大专以上学历、学士以上学位以及党校学历进行了全面检查清理。对属于清查范围内的学历、学位证书，通过个人自查、核对档案，然后送交有关学历、学位管理部门、院校核查等方式，进行认真的核对认证。对将非学历学位证书登记为学历学位的情况进行了更正；对主动放弃虚假学历学位的人员进行了批评教育，并予以纠正；对查出的虚假学历学位按有关规定进行了严肃处理。

针对学历清查工作中发现的问题，2003年转发了《河南黄河河务局学历、学位证书审验管理办法》，对学历、学位证书审验管理的原则、职责分工、审验程序、方法、处罚等做出了明确规定，规范了职工学历、学位证书的审验管理工作。

（二）岗位培训

20世纪80年代后期，岗位培训以黄委举办为主，重点是市、县修防处、段的中层干部。1989年按照河南河务局印发的《修防处处管干部（部分）岗位规范》，对修防段段长、业务副段长，修防处办公室主任及人事劳动科、工务科、财务科和审计科科长的职责、文化程度、能力与经历做出了明确的规定。

1990年认真组织人员参加了河南河务局开展的河道管护修防班、组长岗位资格培训试点。试点工作主要是对从业人员按照岗位需要，在一定文化基础上进行的以提高政治思想水平、工作能力和生产技能为目标的定向培训。

1994~1995年重点参加了河南河务局举办的现代经营管理干部研修班，对经营管理干部进行了水利经济知识、社会主义市场经济、领导科学与科学决策、新会计制度、税制改革、资产评估、期货与股票、企业经营管理知识、法律等方面知识的培训。

2003年认真开展“爱岗位、练技能、革新创造争文明”活动，除按照河南河务局下达的活动方案认真开展了15个项目的培训竞赛外，郑州河务局根据自身实际情况，又增加了水法知识竞赛，全体职工受到了一次水法知识教育，进一步增强了依法管水、依法治水的法律意识。

2006年2月在全局开展“热爱黄河、珍惜岗位、敬业奉献”教育活动，制定了《郑州河务局“热爱黄河 珍惜岗位 敬业奉献”活动实施方案》。通过板报、局域网、广播、标语等多种形式，分阶段逐层深入、由表及里、由学习到实践有序推进，促进了学风和工作作风的转变，使全局职工思想统一，精神振奋，使广大干部职工树立了爱岗敬业的良好精神风貌，进一步增强了单位凝聚力和战斗力。

2010年，全局开展“劳动竞赛促发展”活动。在长达8个月的活动中，全局共开展竞赛项目101项，累计参加竞赛人员近3000人次。干部职工综合素质得到了明显提高，工作氛围得到进一步改善，各项工作的质量和效率得到了很大提升。

同年10月，机关建立周五职工集中学习制度，目前已进行100多期（次），直接培训职工达9000余人次。各项培训工作的开展，增强了业务交流，拉近了干群距离，提高了广大职工思想政治素质和业务水平，推动了各项工作的开展。

“十一五”期间，郑州河务局高度重视职工教育培训工作，全局共举办防汛抢险、工务、水政、人事、财务、审计等各类培训班206期，培训人员达7533余人（次）。参加上级培训930人次，累计投入经费257.95万元。仅2011年全局投入教育经费117.4万元，人均达1064元，为全面加强职工教育培训工作提供了保障。由于成绩突出、成效显著，2012年郑州河务局被黄委授予“十一五”人才工作先进集体。

“十二五”期间，完善外出学习的审批手续和经费的管理，全局共计举办培训班289个，培训总人数达到23871余人次。同时积极组织人员参加上级下达的各类培训93个，共计165人次参加，圆满完成了培训任务。

第六节　科技与信息

自20世纪80年代初科技创新伊始，郑州河务局始终重视治黄科技工作，围绕“科技是第一生产力”，以科技创新为目标，紧紧围绕治黄工作中心，按照“民生水利”和“维持黄河健康生命”的要求，深入贯彻落实“四位一体”治黄工作理念和“基层为本、民生为重”的管理理念。

进入21世纪，随着治水新理念和“原型黄河、数字黄河、模型黄河”建设思路的提出，科研工作的重点开始向高新技术应用和治黄工作现代化方向发展，以“数字黄河”工程为代表的信息化建设后来居上，治黄工作面貌焕然一新，郑州河务局坚持以“数字黄河”建设为重点，锐意进取，扎实工作，尽职尽责，积极推进科技成果的研究、开发、转化和应用，努力提升以“电子政务系统”为龙头的“数字黄河”成果的应用和服务质量，为郑州治黄及各项工作的发展提供了强有力的支撑。郑州河务局计算机网络始建于2000年，在逻辑上是以郑州河务局为中心，连接局属各河务局，同时通过专网与省河务局连接。单位网络自组建以来，分步扩建，经2002年、2003年、2009年三次升级改造，划分VLAN分6个网段分别连接局属八个单位局域网组成的混合型结构局域计算机网络。

一、科技

（一）科技成果

1995～2012年，《干部防汛抢险技术培训教材》《郑州市黄河防洪形势图（布质）》等145项成果获得河南河务局科技火花奖，见表4-20。

2007～2012年，《水利国有资产管理信息系统》《堤顶路面排水沟多功能清扫车》等9项成果获得黄委科技进步奖，见表4-18。图4-12为2009年黄委科技创新成果评审会现场。

图4-12 黄委科技创新成果评审会在郑举行（2009年）

2002～2013年，《引黄涵闸远程集中监控调度系统》《险工水位资料整编系统》等33项成果获得河南河务局科技进步奖，见表4-19。

2004～2009年，共获得黄河水利委员会“三条黄河”建设十大杰出青年、河南黄河河务局“治黄科技拔尖人才”等8项科技荣誉奖，见表4-21。

2015年伊始，根据局党组安排，原科技处负责的信息化工作由信息中心进行管理。科技处不再负责此项工作。

2015年10月，郑州河务局的“天诚移动水务通系统”“探地雷达探测堤防隐患及路面结构的应用研究”在第一届“河南河务局科技成果推广应用展示交流会”上分别获得第四、第九名，以上项目的4名完成人赵涛、刘金武、尚向阳、孙玉庆获得“科技成果推广先进个人”称号，同时郑州河务局也被授予“科技成果推广先进单位”称号。

表 4-18　获得黄委科技进步奖名单

年份	名称	等级	完成单位	主要完成人
2007	水利国有资产管理信息系统	2	黄委会财务局、郑州河务局财务处、郑州天诚公司	张建华　李文民　马奉昌　范朋西　朱文明　雷洪涛　司　权　赵新征　朱艾钦　范　琳
2008	堤顶路面排水沟多功能清扫车	2	惠金河务局	孙广伟　张建永　仵海英　张东风　刘剑钊　郭小红　张　玥　张双双　刘随林　孟　冰
2009	铅丝笼抓抛器的研制与应用	2	惠金河务局	仵海英　张玉山　刘德龙　孙亚明　张　艳　刘　冰　顾　凯　谢爱红　张海鹰　弓小翠
	新型节能型风力抽水机的研制与应用	3	中牟河务局	高建伟　刘云山　张汝印　谢有成　白明放　刘全国　校文庆
2010	PTW－A 型平头王自行式宽幅割草机的研制与应用	2	巩义河务局	秦金虎　刘铁锤　艾志峰　张治安　范晓乐　关红兵　刘　平　黄鲜芬　张永强　宋宝玉
	探地雷达探测顶道路隐患的应用研究	3	郑州黄河工程公司	刘培中　尚向阳　张汝印　张福明 张东风　丁　强　孙国勋
2011	黄河下游移动式不抢险潜坝应用研究	1	河南河务局、华北水利水电学院、河南黄河设计院、黄河机械厂、郑州黄河水电工程公司	耿明全　吴林峰　孙东坡　刘培勋　李永强　谢有成　崔　武　刘云生　刘　筠　胡俊玲　王保民　田　凯　常晓辉　卢　健　赵彦彦
	天诚移动水务通的研发与应用	2	郑州天诚公司、中牟河务局	赵　涛　张东风　刘金武　娄慧敏　刘新鲜　高建伟　张先山　赵大闯　孙金萍　申智娟
2012	TCZK－200 系列闸门远程监控产品的研发与应用	2	郑州天诚公司	赵　涛　张东风　苏茂荣　余孝志　杨　森　娄慧敏　朱宏敏　周　鑫　丁　博　李　森
2014	防汛物资储备中心智能化管理系统的开发与应用	2	惠金河务局	李长群　谢爱红　张建永　韩兆辉　禹凯瑞　刘　冰　辛　红　李　萍　张　帆　冯　娜
2015	专用船只自动装卸运输机具的研制与应用	3	中牟河务局	张福明　杜栓岭　石红波　张进福　李究平　朱喜安　洪　鹏

表 4-19　获得河南河务局科技进步奖名单

年份	名称	等级	完成单位	主要完成人
2002	引黄涵闸远程集中监控调度系统	1	郑州天诚公司	刘天才　朱艾钦　张柏山　耿明全　曹立志　杨爱民　王　静　连九英　朱占峰　郭全明　李予生　王实诚　范朋西　何金秀　孙玉庆
	险工水位资料整编系统	2	巩义河务局	赵书成　王中奎　刘　平　王巧兰　黄晓霞　蒋胜军　王　萍　雷　宇　仵海英　齐洪海
	中牟黄河信息管理系统	2	中牟河务局	郭全明　仵海英　李玉起　刘天才　闫少义　耿明全　余孝志　苏茂荣　闫留顺　张进福

续表 4-19

年份	名称	等级	完成单位	主要完成人
2004	水利水电工程施工投标管理软件	1	郑州工程公司	孙国勋 吴香菊 董小五 柴 哲 李 戈 张宝华 孙金萍 刘 丰 楚景记 张福明 黄 东 高建伟 李 艳 王洪利 贺顺卿
	黄河防汛物资信息管理系统	2	焦作河务局、郑州天诚公司	朱成群 花景胜 曹金刚 朱元柱 郭冬晨 李富中 穆会成 宋靖邦 郅小丽 黄甫海军
	郑州黄河防汛会商系统	2	郑州河务局	崔景霞 高建伟 杨 玲 朱艾钦 杨 莉 张治安 陆相荣 沈淑萍 王中奎 李国清
2007	水利国有资产管理信息系统	1	郑州河务局、郑州天诚公司	董小五 刘尊黎 司 权 马奉昌 朱文明 朱艾钦 范朋西 余孝志 赵 涛 范 琳 杨开营 胡晓辉 罗振宇 申智娟 曾 嵘
	堤坝根石位移智能监测系统	2	惠金河务局、郑州天诚公司	司 权 仵海英 余孝志 王小远 刘遂林 史宗伟 石洪波 李春燕 杨 莉 曹立志
	移动式造浆设备充填土工模袋在防汛抢险中的研究与应用	2	惠金河务局	仵海英 李长群 刘随林 杨根有 余孝志 张 玥 李春燕 顾小天 韩兆辉 李 磊
2008	堤顶路面排水沟多功能清扫车	1	郑州河务局、惠金河务局	孙广伟 张建永 仵海英 张东风 刘剑钊 郭小红 张 玥 张双双 刘随林 孟 冰 苏秋捧 李铄颖 田孝心 王雅娴 王新喜
	自计式铅丝笼盘条机的研制与应用	2	郑州河务局、中牟河务局	孙天宝 崔秀娥 李 辉 李宁华 高建伟 孙晓新 苏秋捧 孟 冰 张东风 李志成
	便携式防汛动态定位现场视频采集系统	2	郑州河务局、惠金河务局	刘 冰 仵海英 苏秋捧 朱艾钦 孟 冰 齐洪海 张 玥 刘遂林 蒋文军 尚冠华
	智能化浇灌系统的研制与应用	2	郑州河务局、中牟河务局	吴中兴 张艳军 魏成云 郭国洲 许忠莲 苏秋捧 李永福 张东风 孟 冰 白明放
	混凝土四面六边透水框架群防根石走失技术研究与应用	2	郑州河务局、荥阳河务局	李长群 张汝印 陆相荣 石红波 余孝志 张东风 许 佳 付丽娟 杨 磊 史 杰
2009	移动式不抢险潜坝施工技术研究	1	郑州黄河水电工程公司、河南河务局科技处	刘培勋 苏茂荣 仵海英 白领群 白展坡 耿明全 刘云生 张汝印 孙艳茹 邢志永 李武安 孙林山 史中选 梁玉芳 刘晓勇
	铅丝笼定点自动抓抛器	1	郑州河务局、惠金河务局	仵海英 张玉山 刘德龙 孙亚明 张 艳 刘 冰 顾 凯 谢爱红 张海鹰 弓小翠 李根柱 林全山 靳润波 田安民 任雨顺

续表 4-19

年份	名称	等级	完成单位	主要完成人
2009	TCZK－200 系列闸门远程监控产品	1	郑州天诚公司	朱艾钦　赵　涛　刘忠礼　杨　森　杨晋芳　郭　芳　张玉山　张付阳　夏　薇　李源源　常桂琴　王　静　卞世中　李震宇　李锡川
	新型节能型风力抽水机的研制与应用	1	中牟河务局、河南河务局科技处	高建伟　刘云生　张汝印　谢有成　白明放　刘全国　校文庆　庞隆霞　张玉山　闫留顺　吴中兴　魏成云　魏国兴　杨玲丁　孙晓新
	PTW－A 型平头王自行式宽幅割草机的研制与应用	1	郑州河务局、巩义河务局	秦金虎　艾志峰　张治安　关红兵　白红跃　王建中　丁云霞　刘铁锤　宋录成　杨　岚　宋宝玉　蒋志军　王相武　李志成　李震宇
	液压悬臂滑模新技术设计与应用	2	郑州黄河工程公司	孙国勋　张福明　王纳新　炊廷柱　张存银　刘　丰　楚景记　尚向阳　柴　哲　袁　梅
	多功能修剪一体机的研发与应用	2	郑州河务局、荥阳河务局	李长群　张建永　陆相荣　许　佳　史　杰　朱富仁　李红军　付丽娟　王陶新　杨　磊
	堤顶防护墩自动清洗车	2	郑州河务局、惠金河务局	孙广伟　孙玉庆　刘剑钊　董　磊　周　瑜　罗振宇　张　玥　程好进　田孝心　王砖群
	MF－1 型道路多功能维修养护车	2	郑州河务局、中牟河务局	王战伟　张汝印　石红波　高建伟　孙晓新　丁长栓　王林川　白明放　杨玲丁　魏成云
2010	天诚移动水务通	1	郑州天诚公司、中牟河务局	王庆伟　赵　涛　高建伟　张汝印　史宗伟　李予生　刘新鲜　娄慧敏　刘金武　南晓飞　连九英　朱红敏　陆相荣　杨开营　刘创良
	探地雷达探测堤顶道路隐患的应用研究	1	郑州工程公司	刘培中　尚向阳　张汝印　张福明　张东风　丁　强　孙国勋　石红波　刘　丰　闫留顺　张宝华　王　朴　闫好好　李　艳
	无动力自动跟踪太阳能开水器研制与应用	2	郑州河务局、中牟河务局	高建伟　张汝印　石红波　张　俊　王　翔　闫社会　刘庆飞　白明放　韩建军　蒋小丽
2011	“WSYG－1 型声光警示桩”的研制与应用	1	郑州黄河水电工程公司	楚景记　胡春环　李京晓　王洪利　张存银　白领群　娄保红　张　璞　梁玉芳　雷　刚　刘全富　郭留霞　张银芝　吴　娜　蒋三中
	黄河大堤堤顶超限治理管理系统	1	郑州河务局、中牟河务局	张福明　高建伟　石红波　张先山　张　俊　王洪军　李　辉　赵子孺　杨雁茗　李明山　吕建新　吴社勇　李　敏　杨启忠　魏成云
2012	防汛物资储备中心智能化管理系统的开发与应用	1	惠金河务局	李长群　谢爱红　刘　冰　禹凯瑞　温素金　冯　娜　李　萍　姜丽娜　张新建　李效利　张　帆　朱玉琴　秦书红　王艳红　王雅娴
	防汛物资码放装卸助力机的研制与应用	2	中牟河务局	闫留顺　魏成云　张　健　朱建波　燕书立　郝水奇　朱可俊　吴国顺　尚向明　时　代

续表 4-19

年份	名称	等级	完成单位	主要完成人
2013	黄河河道低空自动航拍系统的研制与应用	2	荥阳河务局	陆相荣　王春雷　史　杰　许家凤　杨建增　高建伟　闫朝晖　赵　涛　杨　磊　张如冰
	郑州黄河防汛应用移动办公平台开发与应用	2	郑州河务局	朱松立　高建伟　秦　挺　朱艾钦　李　敏　刘金武　程　鹏　付丽娟　黄永荣　谢爱红
	黄河河道管理与防汛预警发布系统的研制与应用	1	郑州河务局	朱松立　高建伟　秦　挺　朱艾钦　李　敏　李　森　王春雷　张建勇　程　鹏　付丽娟　赵　涛　黄永荣　高璐瑶
2014	专用船只自动装卸运输机具的研制与应用	1	郑州黄河河务局、中牟黄河河务局	张福明　杜栓岭　石红波　张进福　李究平　朱喜安　洪　鹏　徐慧丽　王　勇　燕书立　魏成云　张　俊　历光辉　杨　娟　刘　斌
	水资源信息遥测管理系统研发与应用	2	郑州天诚公司	赵　涛　张东风　周振华　常俊超　冯　娜　范晓乐　杨　淼　吴媛媛　陈永涛　陈　峰
	土石围堰龙骨施工技术在工程中的应用	3	郑州黄河工程有限公司	炊林源　孙玉庆　马晓燕　孙建云　尚向阳　吕军奇　李留彦
2015	水上射水插（拔）桩施工技术	1	郑州河务局	蔡长治　朱松立　余孝志　张存银　白领群　陈冬冬　张宝华　付卫山　张兴旺　梁玉芳　刘小勇　梁　华　申智娟　李　敏　李　萍
	大中型灌区信息化综合平台的研究与应用	1	郑州天诚公司	赵　涛　李　森　苏　超　王军霞　吴媛媛　陈永涛　陈　峰　孙建云　张付阳　王　彬　张永梅　李震宇　李　帅　张　璞　杨　晖
	ZL 电动式快速捆枕机研制与应用	3	中牟河务局	李　辉　王　俊　邱　辰　鲁广涛　丁长栓　孙晓新　闫继龙
	小型自行式喷洒机在工程养护中的技术应用	3	巩义河务局	赵俊奇　李崇峰　李金鹏　白　璐　杨　岚　袁冬青　白新丽

表 4-20　获得河南河务局科技火花奖名单

年份	名称	等级	完成单位	主要完成人
1995	《黄河堤防供排水沟》的应用	1	邙金河务局	张治安（河南）
	《黄河堤防护路闸》的应用	2		
1996	干部防汛抢险技术培训教材	2	郑州河务局	杨玲玲
	郑州市黄河防洪形势图（布质）	2	郑州河务局	赵应福　徐　广　张治安（陕西）
	间歇喷雾扦插育苗技术	2	邙金河务局	卢　伟
	汛期流量、河势、险情对应图	2	邙金河务局	张玉山　朱太顺　宋海燕
	cx－120 磁选机	2	邙金河务局太阳能厂	田　乐
	野外作业活动房	2	郑州市河务局船厂	赵应福　常进宝　张德旺
	工务工作管理办法汇编	3	郑州市河务局	刘天才　郭全明　周君林
	籽粒苋引种试种研究	3	邙金河务局	卢　伟　王新喜　王自力

续表 4-20

年份	名称	等级	完成单位	主要完成人
1997	浮漂探漏自动报警器	2	郑州市河务局	张玉山　李老虎　余甫坤
	软袋塞堵漏洞	3	郑州市河务局	宋继来　牛学义　王留喜
	探堵器探洞、堵洞	3	郑州市河务局	王德智　史宗伟　余孝志
	郑州黄河防汛指挥台调度程序	3	郑州市河务局	王德智　赵应福
	水资源管理及取水许可资料汇编	3	郑州市河务局	吴艳秋
1999	浅谈土工网罩加固根石的施工方法	1	郑州市河务局	陈群珠　冯　波　余甫坤
	25T/h 黑粒料拌和机简易筛分机设计制作	2	郑州市河务局	李国力　申智捷　常进宝
	无线电遥控电路控制系统	3	郑州市河务局	闫少义　贾长春　赵金岭
	LT6CB 型沥青混凝土摊铺机工作宽度改制	3	郑州市河务局	李国力　申智捷　常进宝
2000	险工、控导工程出险自动报警其研制及应用	1	郑州市河务局	辛敬凯　郭全明　仵海英
	8T 拖带式多功能沥青洒布车的研制	1	郑州市河务局	徐振杭　刘正文
	利用低压管道灌溉系统浇溉门树的试验及效益分析	3	郑州市河务局	李老虎　邵水山　齐洪海
	80 立方米每小时绞吸式挖泥船泥浆泵叶轮的改制	3	郑州市河务局	刘正文　徐振杭
2001	150PNLD－265 型泥浆泵动力密封技术	1	郑州市河务局	朱长河　王合岭
	杆式无限探漏器	1	郑州市河务局	贾长春　彭文彬　刘明川
	无线电遥控电路控制系统	1	郑州市河务局	贾长春　万宝全　赵金岭
	装载机铲斗的多用途改造	2	郑州市河务局	王相武　顾孝强
2002	黄河淤背区种植银杏树栽植密度研究	1	赵口渠首闸管理处	白秋芬　朱福庆　赵金岭
	泥浆泵泵壳修补技术	2	中牟县河务局	李贵明　黄慎严　常艳玲
	推土机支重轮 7909 轴承改装技术	2	中牟县河务局	杨小六　朱福仁　吴中兴　闫留顺　张艳军
	加压泵柴油机冷却系统改造	2	邙金河务局	杨志超　刘宝贵　冯　波　石洪波　刘　冰
	隧洞贯通误差预计的新方法	2	巩义市河务局	焦海波　孙国勋
	IP 局域网网络管理系统	2	郑州河务局	高建伟　杨　莉　崔景霞
	郑州市黄河河务局办公室工作规范	2	郑州市河务局	崔景霞　沈淑薄　宋海燕　毛彦宇　常桂莲
	巩义市黄河河务局工务、防汛工作管理办法	2	巩义市河务局	秦金虎　王巧兰　毛国庆　付丽娟　李剑锋

续表 4-20

年份	名称	等级	完成单位	主要完成人
2003	牵引式液压升降圆盘开槽机	1	邙金河务局	王中奎　陈群珠　刘正文　石洪波　弓广建
	电话信息查询系统软件	1	郑州市河务局	崔景霞　薛西平　李予生　范　乐　冯建民
	防汛抢险多用铅丝笼纺织架技术研究	2	中牟县河务局	孙天宝　闫少义　谢爱红　李宁华　张书振
	CASIO　FX－4500P 计算器测量程序在工程中的应用	2	郑州黄河工程局	吕军奇　张汝印　邢志永　陆相荣　赵大闯
	电磁流量计进行供水计量的应用	2	邙金河务局	郭全明　冉占国　李锡川　辛　红　黄晓霞
	工程管理喷洒车	2	巩义市河务局	白由河　刘铁锤　付进兴　付丽娟　白新丽
2004	绝对编码型闸位计	1	郑州天诚公司	朱艾钦　周保林　李源源　朱占峰　刘中礼
	民主理财制度	1	惠金河务局	董　栋　宋靖邦　刘爱琴　曹金刚　张渊龙
	郑州黄河网网站管理系统开发	1	郑州河务局	高建伟　杨　莉　陆相荣　赵　涛
	STIHL　FS200 机动镰切割机投改造	1	巩义河务局	秦金虎　王巧兰　刘铁锤　付丽娟　冯　超
2005	投标现场快速计分排列软件	1	郑州黄河工程公司	孙国勋　孙金萍　炊林源　王纳新　常桂芹
	外置式低耗耐磨切割机头的研制	1	巩义河务局	秦金虎　张治安　毛国庆　刘铁锤　化天玉
	手推斜坡式割草机的研制与应用	2	中牟河务局	孙晓新　魏成云　葛晓华　白国勤　马艳华
	郑州黄河通信管理系统研发与应用	2	郑州河务局	赵　亮　薛西平　范晓乐　冯建民　李予生
	VPN 技术在基层防汛抢险远程数据传输及远程移动办公中的应用	2	惠金河务局	刘　冰　齐洪海　张义超　商冠华　郭力强
	淤区排水系统材料施工方法的改进	2	中牟河务局	闫留顺　魏成云　郝水齐　丁　强　邱海军

续表 4-20

年份	名称	等级	完成单位	主要完成人
2006	堤顶路面排水沟多功能清扫车的研制与应用	1	惠金河务局	孙广伟　李长群　张建永　刘剑钊　郭晓红
	沙枕在根石加固及防汛抢险中的应用研究	1	惠金河务局	仵海英　齐洪海　尚冠华　周传民　朱二庆
	便携式防汛动态定位现场视频采集系统	1	惠金河务局	刘　冰　商秋霞　齐洪海　赵　亮　尚冠华
	水冲旋钻式电动根石探摸机的研制与应用	1	惠金河务局	刘遂林　韩兆辉　王艳红　张　玥　张　艳
	堤顶道路超载监控系统的研制与应用	1	惠金河务局	仵海英　张玉山　张　艳　侯晓婷　王艳红
	洒水车智能化浇灌系统的研制与应用	1	中牟河务局	王广峰　吴中兴　张艳军　刘全国　郭国洲
	电脑主机分享系统的研发与应用	1	中牟河务局	闫留顺　李　敏　杨玲丁　丁　强　邱海军
	新型伸缩式割草机的研制与应用	1	巩义河务局	艾志锋　秦金虎　张治安　刘铁锤　吕志华
	四面六边透水框架网防根石走失技术应用研究	1	荥阳河务局	张汝印　马平召　石洪波　陆相荣　焦　震
	郑州黄河科技管理系统	2	郑州河务局	司　权　余孝志　高建伟　张东风　张　强
	电磁式河道自动测流系统	2	郑州河务局	马水庆　焦海波　张付阳　刘中礼　夏　薇
	堤坝根石位移智能监测系统的应用	2	郑州河务局	司　权　仵海英　李百军　王　静　刘中礼
	平板式可消真空密封型堵漏装置的研制与应用	2	惠金河务局	许宝玉　刘遂林　许　斌　张　玥　叶长银
	欧曼自卸载重车前牵引钩和后支重副梁的改进与应用	2	惠金河务局	顾孝奇　张　玥　张玉山　张　艳　王雅娴
	斯蒂尔背负式割草机辅助装置的研制与应用	2	惠金河务局	冯和勤　张建永　刘剑钊　孙广伟　郭晓红
	工程自卸车后视系统的研制与应用	2	惠金河务局	李　磊　武青章　张海鹰　刘宝生　周　瑜
	自计式快速铅丝盘条机的研制与应用	2	中牟河务局	孙天宝　丁学奇　李宁华　李　辉　朱兆立
	空心圆台体联合土工织物连环袋预防控导工程险情技术研究与应用	2	荥阳河务局	张汝印　马平召　石洪波　陆相荣　许　佳
	钢卡箍支架在大桥盖梁施工中的研发与应用	2	荥阳河务局	白全恒　付丽娟　张新建　秦新甫　陈小柱
	QYXH－1 型锡焊工具的研制与应用	2	郑州水电公司	刘新河　刘培勋　邢志永　孙艳茹　刘晓勇

续表 4-20

年份	名称	等级	完成单位	主要完成人
2007	条形码技术在水利国有资产管理信息系统中的应用	1	郑州天诚公司	张付阳　侯春光　夏　薇　丁福英　陈　新
	红叶杨嫁接技术的研制与应用	1	中牟河务局	陈永涛　许忠莲　张天旺　高晓玲　孙银聚
	平头王自行式割草机的研制与应用	1	巩义河务局	秦金虎　艾志锋　张治安　刘铁锤　白红跃
	ArcGIS 在防洪预案中的应用	2	惠金河务局	王　琨　王新喜　张素清　王新建　王新河
	HYK－Ⅰ型草坪浇灌设备自动控制系统在养护工作中的研究与应用	2	惠金河务局	贺纲领　顾　凯　禹凯瑞　冯　娜　侯春光
	水量调度引水日报表改进及应用	2	惠金河务局	侯晓婷　时永建　丁彩霞　丁云霞　何智超
	移动式冲锋舟操作机检修台的研制与应用	2	惠金河务局	谢爱红　禹凯瑞　孟春丽　冯　娜　马建平
	多功能修剪一体机的研发与应用	2	荥阳河务局	李长群　杨爱萍　李红军　彭　红　王陶新
	滑移式阶梯型水尺	2	巩义河务局	秦金虎　雷　宇　张治安　李崇峰　丁福英
	土袋丙纶网笼抢险技术的研究应用	2	中牟河务局	张艳军　许忠莲　魏成云　薛国庆　丁福英
	折叠式树径卡尺的研制与应用	2	中牟河务局	崔秀娥　李宁华　李　辉　孙天宝　任春发
	关于 CAD 技术在控导工程中的新应用	2	中牟河务局	宋　凯　白海涛　张海玉　高建营　李宏伟
	土压平衡式顶管出土技术改进	2	郑州工程公司	李留彦　周　博　王纳新　常桂芹　炊林源
2008	探地雷达探测堤防隐患及路面结构的应用研究	1	郑州工程公司	尚向阳　张福明　楚景记　刘　丰　孙国勋
	WSYG－1 型声光警示桩的研制与应用	1	郑州水电公司	刘培勋　史中选　邢志永　李武安　孙艳茹
	便携自吸式多功能钻的研制与应用	1	中牟河务局	张艳军　郭国洲　吴中兴　王秋林　刘国亮
	便携式树木倒伏校正器的研究应用	1	中牟河务局	刘书亮　魏国兴　张中山　辛广银　孙银聚
	防汛抢险机具车的研制与应用	2	中牟河务局	孙天宝　张书振　任春发　徐慧丽　朱兆立
	红外线自动控制电子语音系统的研发与应用	2	惠金河务局	吕新捷　贺纲领　高彩霞　刘宝生　蒋文军

续表 4-20

年份	名称	等级	完成单位	主要完成人
2008	小型行道林浇灌车的研制与应用	2	巩义河务局	雷　宇　闫红梅　王相武　雷锐锐　黄鲜芬
	GPRS 技术在黄河水量调度监控系统中的应用	2	郑州天诚公司	刘中礼　杨　森　刘新鲜　夏　薇　王　朴
	资产借用管理在水利国有资产管理信息系统的应用	2	郑州天诚公司	杨开营　刘新鲜　王　朴　夏　薇　刘中礼
	机关物业管理查询系统	2	郑州河务局	薛西平　王春雷　张建华　焦柏杨　邱俊霞
2009	液压拖曳装置在防汛抢险中的应用	1	惠金河务局	刘德龙　顾　凯　张　艳　秦　璐　靳润波
	新型超限墩的研制	1	惠金河务局	朱长河　刘遂林　刘剑钊　孙宝建　孔洪明
	便携式挖坑松土钻机的研发与应用	1	荥阳河务局	李长群　王春雷　任爱菊　李灿江　赵海燕
	CJTS－1 型推土机坡比提示仪的研发与应用	1	郑州水电公司	苏清华　楚景记　孙林山　邢志永　王洪利
	便携式快速加油机的研制与应用	1	中牟河务局	刘全国　张艳军　刘国亮　徐慧丽　李凤霞
	泥结石拌和耙的研制与应用	1	郑州水电公司	楚景记　王洪利　苏清华　李彦选　吕军山
	养护系列机具在工程维护中的研制与应用	2	巩义河务局	张治安　王相武　化天玉　李崇峰　杨　岚
	电子红外鼢鼠捕鼠器研制与应用	2	中牟河务局	王战伟　周长亮　丁长栓　孙晓新　王林川
	多功能日常养护清洁车的研制与应用	2	惠金河务局	刘　冰　冯建民　尚冠华　马晓辉　田　野
	防汛智能语音汇报系统的研制与应用	2	中牟河务局	王洪军　张书振　杨　娟　朱兆力　王建军
	车辆电源智能化控制系统	2	中牟河务局	张国旺　万春林　吕建新　刘丽霞　郭宏利
	防汛抢险现场移动供水系统的研发与应用	2	惠金河务局	刘　冰　冯建民　齐洪海　尚冠华　许川雅

续表 4-20

年份	名称	等级	完成单位	主要完成人
2011	防汛仓库料物精准定位器	1	惠金河务局	秦　璐　赵桂玲　朱培戎　靳志强　牛学义
	GDXL－1 型火险预警装置的研制应用	1	郑州水电公司	楚景记　白领群　吴亚敏　刘晓勇　苏　超
	FDJ－1 型连杆铜套拆装器的研制应用研发与应用	1	郑州水电公司	楚景记　师卫明　梁玉芳　张　伟　李彦波
	润滑油电动注油机的研制与应用	1	中牟河务局	白云高　张　俊　毛颖强　魏永信　华　鑫
	人工充气式便携野外油漆喷涂器的研制与应用	2	惠金河务局	刘　冰　谢爱红　齐洪海　尚冠华　李　鹏
	装载机多功能刮板的研制与应用	2	惠金河务局	朱培戎　马保国　李义军　靳志强　高民生
	事业单位薪级工资自动核算工具	2	惠金河务局	秦　璐　赵桂玲　朱培戎　靳志强　牛学义
	自行车式割草机的研制与应用	2	中牟河务局	王战伟　华　鑫　王　俊　赵广合　刘丽霞
	防洪预案行政首长查询器的研制与应用	2	中牟河务局	孙天宝　张　俊　朱可俊　赵广合　杨　娟
	可折叠便携式装袋器的研制与应用	2	荥阳河务局	王春雷　朱宏敏　周长亮　韩双成　张　喆
2012	堤防维修养护开槽多功能机的研制与应用	1	中牟河务局	闫书柯　马艳华　吴国顺　刘国亮　张艳军
	预应力钢筋混凝土管道的安装工艺研究	1	郑州工程公司	白建中　邢志永　时　代　吕晓娜　孟　辉
	节能环保型电力割草机的研制与应用	1	中牟河务局	闫留顺　燕书立　张　璞　杜栓岭　王小强
	FDJ－1 型过滤式空滤清洁器的研发应用	1	郑州水电公司	张存银　白领群　孙艳茹　梁玉芳　李京晓
	视频采集设备通用驱动中间件软件研发	1	郑州天诚公司	李　森　刘创良　杨　淼　杨　晖　杨开营
	超轻便多用途应急救援担架的研制与应用	2	惠金河务局	张　艳　张　璞　李根柱　时　代　许　佳

续表 4-20

年份	名称	等级	完成单位	主要完成人
2012	黄河多用途镂空混凝土体的研制与应用	2	惠金河务局	张建永　冯建民　王政文　汤开军　弓虎林
	中牟河务局信息服务系统开发与应用	2	中牟河务局	张　俊　魏永信　吴国顺　石金花　张利涛
	高秆杂草药物治理应用研究	2	巩义河务局	毛国庆　王若茂　郭新亚　李文博　李金鹏
	便携式搂草耙的研制与应用	2	荥阳河务局	陆相荣　史　杰　许家凤　杨　磊　张如冰
	DY－1 型电动圆盘匀速盘绳机的研制与应用	2	荥阳河务局	陆相荣　史　杰　许家凤　杨　磊　张如冰
2013	水行政执法快速反应机具的研制与应用	1	中牟河务局	杜栓岭　石红波　张进福　李究平　杨　霂
	“单位电子工作日志管理系统”的开发与应用	1	郑州天诚信息工程有限公司	董　蕾　李文英　李明山　古喜波　杨开营
	速固植筋技术在河南黄河中牟赵口引黄闸除险加固工程中的应用研究	1	郑州黄河工程有限公司	邢志永　吕军奇　尚向阳　李　艳　孟　辉
	适用于复杂作业面衬砌施工的改造与应用	2	惠金河务局	宋　峰　牛　聪　李根柱　兰　卫　刘　双
	抢险料物叉吊设备的研制与应用	2	惠金河务局	王继轩　邵　雷　李根柱　顾孝奇　周全民
	网络排线扣卡的研发与应用	2	中牟河务局	陆雅涛　董　蕾　冉丙午　李建伟　卢广涛
	背负手推式两用型割草机的研制与应用	2	巩义河务局	毛国庆　白新丽　李剑峰　李文英　马　珂
	水利工程维修养护边坡整修快速放线仪研制	2	荥阳河务局	任爱菊　李　强　朱国伟　张如冰　杨冠婷
	“水利工程三维地理信息展示制作系统”的开发与应用	2	郑州天诚信息工程有限公司	李文英　董　蕾　李明山　古喜波　杨开营

续表 4-20

年份	名称	等级	完成单位	主要完成人
2014	多功能车辆维修移动升降台研制与应用	1	中牟河务局	历光辉　魏成云　王国省　杜栓岭　杨　娟
	MA-1型移动式气动修剪机的研制与应用	1	荥阳河务局	许家凤　杨　磊　陆相青　史小胜　刘　煜
	层次分析法在赵口闸闸基改建中的研究与应用	1	郑州黄河工程有限公司	时　代　马晓辉　尚向阳　孟　辉　黄继伟
	机泵组合抽砂的研究与应用	1	郑州黄河水电工程有限公司	张存银　梁玉芳　刘　煜　周华钤　许永宽
	基于3G技术应用的水文巡测系统的研发与应用	1	郑州天诚信息工程有限公司	李　森　王军霞　苏　超　武宏章　邱俊霞
	缓凝速凝抢护修补剂的研制与应用	2	中牟河务局	王国杰　孙天宝　王国省　吴国顺　韩建军
	多功能秸秆取暖炉的研制与应用	2	中牟河务局	吴国顺　孙天宝　张书振　王　俊　张同旺
	标志标牌喷涂模具的研制与应用	2	中牟河务局	王国省　张剑锋　吴社勇　邱俊霞　张同旺
	集成式多功能后勤保障服务平台的研制与应用	2	惠金河务局	李　萍　秦书红　禹凯瑞　刘兴璐　王　佳
	伸缩式水尺的研制与应用	2	巩义河务局	毛国庆　李崇峰　白新丽　杨　岚　李金鹏
2015	屋面高效隔热处理剂的探索研究	1	中牟河务局	王　俊　付丽娟　王　辉　郭宏斌　马铁骥
	维修养护危险作业保护器	1	荥阳河务局	韩兆辉　史　杰　万宝全　杨冠婷　史　帅
	机械设备自助加油装置的研究与应用	2	惠金河务局	刘德龙　顾　凯　张　艳　刘　冰　刘兴璐
	超大U形薄壁预应力渡槽槽片预制工艺	2	郑州黄河工程有限公司	时　代　马晓辉　孟　辉　许　佳　郭　帅
	钥匙立体定位管理装备	2	中牟河务局	刘东东　王　超　石小昊　韩　震　郝洋洋
	水利工程建设与维修养护工程量计算方法研究与应用	2	惠金河务局	林庆佳　周　瑜　李　胜　王　佳　万　嵩

表 4-21　获得科技荣誉奖名单

<table>
<tr><th>年份</th><th>名称</th><th>完成单位</th><th>获奖人</th></tr>
<tr><td rowspan="2">2004</td><td>黄河水利委员会“三条黄河”建设十大杰出青年</td><td rowspan="3">郑州天诚公司</td><td rowspan="3">朱艾钦</td></tr>
<tr><td>河南黄河河务局“治黄科技拔尖人才”</td></tr>
<tr><td>2011</td><td>河南省电子学会河南电子信息科技创新先进工作者</td></tr>
<tr><td>2007</td><td>全国水利行业工程建设优秀项目经理</td><td rowspan="3">郑州水电公司</td><td>张存银</td></tr>
<tr><td rowspan="3">2008</td><td>全国水利工程优质（大禹）奖</td><td>白领群</td></tr>
<tr><td>中国水利工程优质（大禹）奖</td><td>吴建国</td></tr>
<tr><td>全国水利行业工程建设优秀项目经理</td><td>巩义河务局</td><td>楚景记</td></tr>
<tr><td>2009</td><td>全国水利行业工程建设优秀项目经理</td><td>郑州水电公司</td><td>柴　哲</td></tr>
</table>

进入 21 世纪，党和国家把创新提到一个新的高度，党的十六大把创新作为长期坚持的治国治党之道，党的十七大更是提出要把改革创新精神贯彻到治国理政的各个领域，增强自主创新能力，建设创新型国家。2003 年黄委党组提出：“创新是今后一个时期全面推进黄河治理开发与管理现代化的必然选择，是今后工作的支点。”多年来，郑州河务局始终高度重视创新工作，围绕“切合工作实际，提高工作效率”的工作理念，在治黄、防汛抢险、工程技术、综合管理等方面积极开展创新工作。为激励和推进创新工作的深入开展，全面提高郑州黄河治理开发与管理的现代化水平，成立了创新工作领导小组，并于 2010 年 4 月 16 日印发《郑州河务局激励创新实施办法》，对奖励范围和评审标准、申报条件和程序、成果评审及奖励予以明确，营造了人人想创新、事事讲创新的宽松氛围。

按照河南河务局创新工作开展原则，创新成果评审周期为 2 年，申报时间为奇数年的 7 月底前。申报的创新成果须是在治黄工作实践中应用并产生经济、社会效益的成果。机关办公室承担创新工作的日常管理，负责年度创新工作的计划制订及督促检查，受理成果申报、登记、汇总、组织评审、向河南河务局推荐上报和成果的推广应用等相关工作。按照分级管理的原则，局属各单位负责本单位创新活动的组织，明确创新管理部门，落实工作职责。根据成果实际用途的不同，创新成果分为体制管理类、应用技术类和理论技术类。体制管理类创新成果是指在各项工作中，对原有体制与机制进行扬弃、创新，或者引进、消化、吸收国外成功经验，结合实际情况，提出更具操作性的管理模式和管理机制；或制定的能够改进原有工作方式、方法，显著提高工作效率和工作质量的新的制度、办法、标准、规范以及实施意见等。应用技术类创新成果是指在工作实践中，对使用的工具（机械设备、测量工具）、材料等，实施新的工艺或对结构进行改造，形成更为实用的产品；或者自行研制出具有实用功能的新器具、新材料等，能有效节省投资、降低能耗和劳动强度，提高劳动安全保障水平和工作效率。理论技术类创新成果是指在治黄业务基础研究领域中，创造性地提出新的治河理论、治河方略，以及自主研发或引进、消化吸收国内外先进的技术成果并推广应用于治黄工作实践中，产生的能够对治黄主业起到明显指导和促进作用的新设备、新技术和新工艺（见表4-22）。

表4-22 获得黄委新技术、新方法、新应用奖名单

年份	名称	完成单位	主要完成人
2002	150PNLD－265型泥浆泵动力密封技术	郑州河务局	朱长河 王合岭
	杆式无限探漏器	郑州河务局	贾长春 彭文彬 刘明川
	无线电遥控电路控制系统	郑州河务局	贾长春 万宝全 赵金岭
2003	砂石充填土工织物筑坝施工公寓	邙金河务局	李老虎 郭全明 冯 波 陈群珠 石洪波
	险工、控导工程出险无线自动报警系统	中牟河务局	辛敬凯 吕建新 魏成云 张艳军 闫少义
	土工网防根石走失技术在河道整治工程中的应用	邙金河务局	陈群珠 李老虎 冯 波 石洪波 尚青松
	通信设备及线路集中监测警告系统	中牟河务局	朱艾钦 刘天才 张治安 王实诚 李予生
	黄河下游渠首取水管理系统（YRWMS）	郑州河务局	吴艳秋 陈 明 胡殿军 刘礼豹 蒋晓莉
	黄河淤背区种植银杏树栽植密度研究	赵口闸管理处	白秋芬 朱福庆 赵金岭
	加压泵柴油机二次螺旋冷却系统改造	邙金河务局	杨志超 刘宝贵 冯 波 石洪波 刘 冰
2004	郑州黄河防汛移动会商系统	郑州河务局	崔景霞 高建伟 陆相荣 杨 莉 朱艾钦
	牵引式液压升降圆盘开槽机	邙金河务局	王中奎 陈群珠 刘正文 石红波 弓广建
	防汛抢险多用铅丝笼边支架技术研究	中牟河务局	孙天宝 闫少义 谢爱红 李宁华 张书振
2005	绝对编码型闸位计	郑州天诚公司	朱艾钦 周保林 李源源 朱占峰 刘中礼
	民主理财方法探讨	惠金河务局	张献春 李长群 武青章 张海鹰 石洪驳
2006	黄河标准化堤防工程管理模式的研究	惠金河务局	边 鹏 王庆伟 余孝志 刘 平 史宗伟
	水深测量仪研制及应用	中牟河务局	辛敬凯 丁 强 李宁华 杨玲丁 张艳军
2007	堤坝根石位移智能监测系统	郑州河务局	仵海英 刘遂林 史宗伟 余孝志 杨 莉
	郑州黄河科技管理系统	郑州河务局	杨 莉 余孝志 胡小辉 张青合 王小远
	外置式低耗耐磨切割机头	巩义河务局	秦金虎 刘铁锤 化天玉 张治安 关红兵
	便携式锡焊工具的研制与应用	郑州水电公司	刘培勋 邢志永 杨 莉 李京晓 吕军奇
	投标现场快速计分排列软件	郑州工程公司	孙国勋 楚景记 王纳新 孙金萍 李武安
	长管袋褥垫沉排坝裸露管袋保护措施研究	荥阳河务局	张汝印 陆相荣 石红波 杨 磊 马平召
2008	挖掘机边坡修整装置	惠金河务局	刘德龙 李建河 王新喜 何智超 兰遂喜
	WXP－1型伸缩式机电一体化割草机的研制与应用	巩义河务局	秦金虎 艾志峰 雷 宇 张治安 刘铁锤
	船抛土袋铅丝笼技术在根石加固中的研究与应用	巩义河务局	秦金虎 关红兵 毛国庆 丁彩霞 孟 冰
	WSYG－1危险源点报警装置的研制与应用	郑州工程公司	刘培勋 邢志永 李武安 李京晓 孙艳茹
	灌注桩扩孔率控制技术	郑州工程公司	炊廷柱 楚景记 柴 哲 炊林源 郝胜利

续表 4-22

年份	名称	完成单位	主要完成人
2008	混凝土四面六边透水框架防根石走失技术研究与应用	荥阳河务局	李长群　张　涛　陆相荣　许　佳　付丽娟
	空心圆台体联合土工织物连环袋预防控导工程	荥阳河务局	李长群　张　涛　陆相荣　许　佳　史　杰
	电脑主机分享系统的研制与应用	中牟河务局	闫留顺　李　敏　杨玲丁　闫朝辉　丁　强
	数字显示水尺研制与应用	中牟河务局	李宁华　闫朝辉　丁　强　杨玲丁　张书振
	多功能小型喷灌车的研制与应用	中牟河务局	闫留顺　丁长栓　李　敏　孟　冰　苏秋捧
	履带式草皮修剪机的研制与应用	中牟河务局	丁长栓　孙晓新　王林川　张　涛　孟　冰
	堤顶道路超载监控系统	惠金河务局	张玉山　侯晓婷　张　艳　何智超　张　玥
2009	土袋丙纶网笼抢险技术的研究与应用	中牟河务局	吴中兴　张艳军　王秋林　闫朝辉　杨玲丁
	MF－1 型道路多功能维修养护车研制与应用	中牟河务局	王战伟　孙晓新　闫朝辉　杨玲丁　吕玉霞
	便携自吸式多功能钻的研制与应用	中牟河务局	张艳军　魏成云　王秋林　郭国洲　吴中兴
	便携式树木倒伏校正器的研制与应用	中牟河务局	魏成云　刘书太　崔秀娥　刘书亮　吕玉霞
	冲锋舟操作机移动检修台的研制与应用	惠金河务局	孙玉庆　谢爱红　禹凯瑞　冯　娜　侯晓婷
	LED 车载抢险照明设备的研制与应用	惠金河务局	李　磊　韩兆辉　张　玥　王雅娴　孙菡芳
	吊车机电两用动力系统的研制与应用	惠金河务局	孙玉庆　刘德龙　张玉山　张　玥　顾　凯
	铅丝笼吊装定点自动抓抛器的研制与应用	惠金河务局	仵海英　孙玉庆　刘德龙　谢爱红　张　艳
	堤顶防护墩自动清洗车	惠金河务局	孙广伟　鲁照明　孙宝建　张海鹰　梁胜杰
	液压悬臂滑模新技术设计与应用	郑州工程公司	孙国勋　张福明　王纳新　炊廷柱　张存银
	探地雷达探测堤防隐患及路面结构的应用研究	郑州工程公司	尚向阳　张福明　孙国勋　楚景记　炊廷柱
	多功能修剪一体机的研发与应用	荥阳河务局	李长群　张建永　陆相荣　许　佳　史　杰
	CG－50 型激光快速放样仪的研究与应用	荥阳河务局	李义军　李长群　张建永　尚青松　任爱菊
	移动式不抢险潜坝施工工艺研究与实践	郑州水电公司	仵海英　苏茂荣　刘培勋　邢志永　李武安
	“CJTS－1 型推土机坡比提示仪”的研发与应用	郑州水电公司	刘培勋　邢志永　李武安　苏清华　李京晓
	平头王自行式宽幅割草机的研制与应用	巩义河务局	秦金虎　艾志峰　张治安　刘铁锤　白红跃
	滑移式阶梯型水尺的研制与应用	巩义河务局	秦金虎　李崇峰　雷　宇　丁云霞　刘铁锤
	涵闸引水信息 GPRS 无线传输系统的开发与应用	郑州天诚公司	朱艾钦　曹立志　杨　淼　刘中礼　夏　薇

续表 4-22

年份	名称	完成单位	主要完成人
2010	条形码技术在国有资产管理中的研发与应用	郑州天诚公司	赵　涛　刘新鲜　李予生　连九英　杨开营
	柴油机调温散热系统在放淤固堤中的应用	惠金河务局	刘德龙　张　艳　顾　凯　黄　磊　秦　璐
	黄河河道巡查信息管理系统	惠金河务局	潘　磊　李效利　侯晓婷　刘礼豹　王　栋
	“可移动式不抢险潜坝”管桩拔除施工技术的应用	郑州水电公司	楚景记　王洪利　白领群　李京晓　孙艳茹
	电焊机安全保护装置的研制与应用	郑州宏泰公司	邵　雷　李　慧　周　瑜　张　玥　孙宝建
	探地雷达在河道探测中的应用研究	郑州工程公司	尚向阳　张福明　刘　丰　张宝华　闫好好
	防汛智能语音汇报系统的研制与应用	中牟河务局	高建伟　王洪军　任春发　蔡媛媛　朱可俊
	郑州黄河数字“工管通”系统开发与应用	中牟河务局	高建伟　白明放　李　辉　闫留顺　崔秀娥
	自计式铅丝快速盘条机的研制与应用	中牟河务局	崔秀娥　李　辉　张书振　任春发　蔡媛媛
	FN－1 节能环保灌溉系统的研制与应用	中牟河务局	高建伟　白明放　李　辉　张　俊　闫留顺
2011	车辆电源智能化控制系统	中牟河务局	魏成云　齐洪海　张先山　郝水奇　王林川
	节能环保型电力割草机	中牟河务局	闫留顺　齐洪海　朱可俊　张先山　李明山
	移动式太阳能开水器研制与应用	中牟河务局	张先山　魏成云　齐洪海　朱可俊　李明山
	水利施工企业招投标档案管理系统	郑州工程公司	吕小娜　张宝华　郭金川　彭　红　赵子孺
	GDXL－1 型火险预警器的研制应用	郑州水电公司	楚景记　胡春环　张存银　王洪利　白领群
	黄河河防辞典研制	郑州河务局	余孝志　申智娟　张东风　孙玉庆　胡春环
	散抛石进占丁坝工程量计算软件	郑州河务局	余孝志　王以生　陈冬冬　海　涵　申智义
2012	HYK－1 型多功能景区道路清扫车	惠金河务局	贺纲领　李　胜　刘宝升　张　键　张江峰
	防汛物资储备中心智能化管理系统的开发与应用	惠金河务局	谢爱红　刘　冰　禹凯瑞　姜丽娜　崔　力
	黄河一线应急救援队专用背囊的研发与应用	惠金河务局	刘　冰　尚冠华　温素金　朱培戎　程好进
	人工充气式便携野外油漆喷涂器的研发与应用	惠金河务局	刘　冰　张建永　谢爱红　张　璞　尚冠华
	多功能日常养护清洁车的研制与应用	惠金河务局	刘　冰　张建永　李　鹏　张　帆　张福琴
	GA－X 割草巡查两用车	巩义河务局	王　斌　刘铁锤　王　辉　李剑锋　李文博
	DY－1 型电动圆盘匀速盘绳机的研制与应用	荥阳河务局	丁长栓　陆相荣　许家凤　韩双成　程好进
	FDJ－1 型连杆铜套拆装器的研制应用	郑州水电公司	楚景记　张存银　王洪利　白领群　张　伟
	FDJ－1 型过滤式空气滤芯快速清洁器	郑州水电公司	楚景记　李京晓　王洪利　孙艳茹　孟金玉
	涵闸监控现地站休眠及物理隔离系统	郑州天诚公司	赵　涛　丁　博　孙建云　杨　森　李　帅
	视频采集设备通用驱动中间件软件	郑州天诚公司	赵　涛　孙建云　丁　博　杨　森　刘创良

续表 4-22

年份	名称	完成单位	主要完成人
2013	电子红外鼢鼠捕鼠器	中牟河务局	孙天宝 李 辉 李志成 朱宏伟 李春燕
	防洪预案行政首长查询器的研制与应用	中牟河务局	李 辉 李志成 王 俊 朱兆立 李建勇
	润滑油电动注油机研制与应用	中牟河务局	张先山 朱可俊 杨 娟 孟 辉 吴国顺
	PA－1 型便携组装式挖坑松土机的研制与应用	荥阳河务局	史 杰 辛 红 孟 辉 杨 磊 张如冰
	“土压泥水平衡式”顶管施工技术的应用研究	郑州工程公司	邢志永 吕军奇 白建中 尚向阳 周 博
	机械滑模施工工艺的研发应用	郑州水电公司	张存银 柴 哲 白领群 李京晓 李 戈
	“泥浆船”旱地作业的实践应用	郑州水电公司	张存银 柴 哲 吴建国 白建中 魏双艳
2014	黄河河道管理与防汛预警发布系统研制与应用	郑州河务局	李 敏 高璐瑶 秦 挺 王 飞 邱俊霞
	集成式多功能后勤保障服务平台的研制与应用	惠金河务局	李 萍 秦书红 陈冬冬 禹凯瑞 王 佳
	水行政执法快速反应机具	中牟河务局	杜栓岭 张进福 李究平 杨 霖 张 俊
	防汛料物加压捆扎工具	中牟河务局	燕书立 孙晓新 张东风 闫继龙 庄晓瑞
	四旋翼无人机在黄河下游河道管理中的应用	荥阳河务局	史 杰 许家凤 罗 睿 杨 磊 丁长栓
	船抛铅丝笼编织袋在加固工程基础中的应用	巩义河务局	毛国庆 李剑锋 王子芸 马 珂 韩波涛
	新型空滤清洁器在机械保养中的应用	巩义河务局	毛国庆 李崇峰 王子芸 刘 晴 校二军
	大口径管道内置液压安装系统的研制与应用	郑州黄河工程有限公司	白建中 吕军奇 吕小娜 孙建云 常桂芹
	“移动不抢险潜坝”混凝土管桩吊装设备连接装置的研发应用	郑州黄河水电工程有限公司	张存银 白领群 周华钤 许永宽 刘志国
	水利工程三维地理信息展示制作系统的开发与应用	郑州天诚信息工程有限公司	赵 涛 张东风 范晓乐 陈 峰 武宏章
2015	基于 3G 技术应用的水文巡测系统的研发与应用	郑州天诚信息工程有限公司	赵 涛 李 森 王军霞 张付阳 胡小峰
	电子水尺系统的研发与应用	郑州天诚信息工程有限公司	赵 涛 苏 超 胡小峰 王军霞 张付阳
	“缓、速凝抢护修补剂”的研制与应用	中牟河务局	王国杰 王 俊 付丽娟 张 俊 韩建军
	ZL 电动式快速捆枕机	中牟河务局	于植广 李 辉 邱 辰 王 俊 鲁广涛
	多功能快捷式喷洒机在工程养护中的应用	巩义河务局	赵俊奇 李崇峰 李金鹏 白 璐 杨 岚
	MS－2 型可移式螺旋装袋机的研制与应用	巩义河务局	杨 岚 白 璐 阴魁元 关红兵 丁新军
	钢化玻璃模板在房屋建筑中的应用	惠金河务局	宋 峰 韩兆辉 刘兴璐 白 璐 王艳红

（二）科技工作

1. 科技论文

为了推动郑州治黄科技进步，促进治黄事业的蓬勃发展，加强对全局科技工作的管理，自2004年首届河南河务局科技论文评比开始至今，郑州河务局每年召开论文交流会。根据评选方案，评比出一等奖、二等奖，获奖人员奖颁发证书，从中选出优秀文章再推荐参加河南河务局科技论文评比。

2. 科技信息培训

水利信息运行维护实施方案是每年必做的一项预算工作，河南河务局每年组织参编人员进行培训，保证预算编制工作顺利进行；组织参加上级举办的河南局信息技术及应用培训班，较为系统地学习了水利信息系统运行维护任务与质量评定、计算机网络交换路由设备管理、Windows server7 方面的知识，极大地增强了信息管理人员的管理水平和实际业务水平。

2004年，郑州河务局开展“劳动竞赛促发展”活动，组织全局科技与计算机管理人员开展劳动竞赛活动，科技竞赛活动就以工作为起点，按照工作安排进行科技项目的申报和科技论文交流的情况来评比。网络管理以组织开展计算机网络管理竞赛活动，该活动以问卷问答形式顺利进行，通过赋分表对个局属单位的劳动竞赛进行评分，均获得较高的分数。

3. 科技推广

科技项目离不开科技的推广，有推广才会获得更大的效益、更大的发展空间，不做“独生子”是科技推广的目的，郑州河务局根据每年科技管理获奖项目，挑选发展空间大的项目进行推广利用。

2006年中牟河务局研制了铅丝笼快速盘条机，根据以往人工编织经验，采用人工盘条，每个人工8小时可盘条120个；如采用铅丝笼快速盘条机，8小时可盘条960个，盘条速度为人工的8倍。

“天诚移动水务通”是郑州天诚信息工程有限公司为水利巡检工作中面临的巡检点多、线长、规模大，观测和养护要求标准高、任务重等诸多因素及一线人员是否出勤、上班签到、在岗位置等信息难以及时掌握等问题，同时一线人员从现场发现问题到解决问题过程中手工纸质报表层层传递耗时长、耗费大、程序多、功效低等多重问题而研制的。2009年6月郑州河务局天诚信息工程有限公司“天诚移动水务通”系统研制试验成功，以GPS、GIS、GPRS为手段，构建一套以GPS手机和GIS系统为核心的综合应用及无线指挥平台。该系统在实际工作运用中实现了运行巡查及养护公司划分的责任段可以在电子地图上标出责任区，制定了上班签到定位、下班签退取消定位、在岗工作轨迹查询、问题汇报传送、报警指挥等功能，通过三维GIS系统和工管通有机结合，在指挥中心平台上实时了解在岗情况、问题报送（文字、图片）和河道实时状况及人力资源分布情况，最优地部署和分配资源，实现高效调度管理功能。

到2015年，该系统已分别推广到黄委及河南省局防办、河南省局建管处、郑州河务局、开封河务局、濮阳河务局、新乡河务局、焦作河务局、豫西河务局及山东河务局相关人员，推广数量达210余部，为产品开发企业创造产值97.5万元。同时也为推广单位创造了巨大的经济效益和社会效益。

4. 黄河论坛

黄河国际论坛是经水利部批准、黄委主办的国际水利界大型会议，首创于2003年，每两年举办一次，是以黄河为平台，增进国际水利特别是河流治理与管理学术交流与合作的大型国际研讨会，旨在促进不同国家和地区间的沟通，交流河流治理经验，共同研究解决黄河问题及世界流域管理所面临的共性问题，实现人水和谐。

郑州河务局自2003年，积极做好黄河论坛征文及会前有关准备工作，特别是黄河标准化堤防和花园口景区广场作为黄河论坛技术考察地点，担负着包括黄河流域图、河南防洪形势图、标准化堤防、花园口景区广场黄河下游河道特点及治理成就等相应的展板制作，讲解、翻译及整个论坛期间接待工作，并对参观路线范围内的设施和路况进行检查与修整，确保考察点整洁美观、设施整齐有序；并做好指示牌、警戒线、主要路口标示等标志摆放工作，确保参观安全。

5. 外事接待

2002年黄委制定《黄河水利委员会关于加强外事管理工作的若干规定》，自2007年开始，黄河标准化堤防作为展示黄河流域的窗口，也是考察团必看的地点之一，每年接待参观考察团十余次，考察团包括联合国教科文组织访问团、湄公河流域、欧盟成员国政府官员、巴西费尔南布罗代尔世界经济研究所、澳大利亚国际水资源管理中心等多个国家专家代表团，郑州河务局积极配合上级单位做好外事接待前的准备工作。

二、信息化建设

（一）通信

1. 建设与管理

1）建设与发展

郑州黄河河务局信息中心（以下简称信息中心）是郑州河务局通信管理责任部门，指导惠金、中牟、巩义、荥阳四个通信管理部门，担负着日常通信管理、运行、维护、协调等任务和汛期抢险、通信保障等职责。郑州河务局通信网（黄河专网的一部分）贯穿郑—济、万—新、郑—沁、郑—三、郑—小浪底微波，是黄委通信主干线，有微波中继站2座，程控交换机7台，开关电源4台及相关配套通信设备，VOIP软交换系统3套，无线接入基站1座，通信光纤50千米（其中惠金局至第二抢险队6.7千米为郑州河务局铺设，其余为租联通公司4芯光缆）；防办、涵闸和险工险点移动G3座机46部，信息采集车1台及相关配套通信设施等。

信息中心自成立到现在先后经历了多次变更，由最早的电话站到后来的通信管理科再到现在的信息中心，经过了以有线为主、无线为辅到有线、无线并举的重大变化。

20世纪80年代，郑州河务局已拥有了较为完备的有线通信网络。2002年黄委为加强通信网络建设，启动“数字黄河”工程。2003年在河南河务局信息中心的支持下，先后更换了程控交换机、无线接入、移动通信连接以及数字微波，建立了巡防、查险和报险的防汛网，成为上通河南河务局、黄委、水利部以及各流域机构，下接巩义、荥阳、惠金、中牟河务局的各个职能部门以及所属的各个公司的综合通信网络。网内有微波、无线接入、程控交换机、800兆移动通信、G3移动电话等。同时增加了通信光缆、通信电缆、通信转播车、单兵直播、摄像监控等多种通信手段，覆盖整个郑州辖段内的堤防险工、控导工程及涵闸。2010年为加快数字化黄河的发展，对局机关及所属的4个县局更换了程控交换机，更大限度地提升了黄河通信水平。

2）有线通信

1949年广郑修防段设有5门总机1部，机关挂单机2部，干线通至开封河南河务局，支线南通郑州材料厂（现变压器厂所在地）。

1951年，花园口通至开封的干线重新架设，单线改为双线。

1954年，黄委河南河务局随河南省政府搬至郑州，当年架设了郑州至花园口干线。

（1）花园口电话枢纽。

干线：郑州修防处至黄委总机线1条、河南河务局总机线3条、郑州市总机自动线1条、新乡修防处总机线1条、开封修防处线1条，共7条干线线路。

1963年，将干线木杆换成水泥杆。

支线：郑州修防处至西大王庙、古荥镇、古荥乡，线长7千米；东风渠，线长4.5千米；马渡、六堡工地，线长15千米；申庄、申庄虹吸、石桥提灌站，线长12千米；八卦亭、八卦亭船队、油库、航运大队造船厂，线长2千米；东赵、毛庄乡，线长4.5千米；花园口水文站、东大坝水位点，线长4.5千米；石料转运站、航运大队、花园口闸门、测量队、花园口乡总机等，共8条支线线路，电话分机54部，成为花园口治黄电话线的枢纽。

1980年，经郑州市公安局无线电管理委员会批准，每年汛期在花园口郑州郊区段设电台一部，与市防汛指挥部联系，并设有报话机两部，以保证防汛抢险的通信联络。设有“506”电台两部，报话机两部，6月开始工作，一部在修防处，一部在市防汛指挥部，报话机在大堤险工现场。

1984年，郑州郊区修防段内设100门磁石交换机1台，干线7条，支线8条。

（2）中牟电话枢纽。

中牟河务局通信管理站位于中牟河务局老办公基地院内（万滩镇北临大堤），建于1990年，建筑面积326平方米，设有微波机房、程控机房、配线室、话务室、配电室、蓄电池房、配电值班室等。主要通信设施有郑—济微波、郑—新微波、程控交换设备、800M基站及各类设备配套电源等。2012年中牟河务局通信系统共有在职职工10人，其中通信话务人员占40%，机务、线务人员占40%，领导及技术人员占20%，担负着日常通信管理、运行、维护、协调等任务和汛期抢险、通信保障等职责。

1951 年将中牟段原电话线路改为木杆四线担（两对线）通开封修防处，总机设于三刘寨（当时中牟段址）。

1965 年中牟黄河修防段搬迁到万滩村北废堤上，总机同时搬迁至万滩。又改用 20 线路（10 对线），现在通信线路及设施为：主干线共 39 千米，上界 705 号至下界 1485 号共 780 棵杆。

干线 3 条路径中牟，即郑济干线（郑州—济南）、郑开干线（郑州—开封）、郑中开干线（郑州—中牟—开封），1963 年将干线木杆换成水泥杆。

支线 9 条：中牟黄河修防段至中牟县总机 20 千米、杨桥闸门 6 千米、三刘寨闸门 4 千米、单位果园 1 千米、赵口闸门 4.5 千米、黄委干校 8 千米、辛寨泥浆泵 10 千米、九堡水文观测点 12 千米，东漳、狼城岗乡 30 千米，机关支线可接通各股队及办公室间的联系。

设三路载波机一台、总机一台（50 门）于万滩（中牟段址，各支线共挂单机 31 部。

1985 年由于郑汴公路加宽，中牟县邮电通信线路受到影响，将原架设于公路边的木杆更换水泥杆后移至新扩公路外侧。

1985 年郑济干线改造。

中牟黄河修防段通县邮电局的一段中继线租邮电局市话电缆进局（鱼场至配线室）长度 1546.5 米，租挂线条杆略长度 950 米（花桥至鱼场分线箱）。

20 世纪 80 年代，郑州黄河通信已经初具规模，但大多以明线为主，每年的线路巡查成了黄河上一道独特的“风景”，随着通信业务的加大，这种弊端也逐渐显示出来。

为改善通话质量，确保线路畅通，自 1986 年开始每年在黄河下游防洪基建投资内列专款对通信线路进行改造。当年完成了政七街 23 号院（51 号杆）至中牟下界、花园口上界的明线整改工程，沟通了河南河务局到花园口的通信，1994 年完成了巩义至康店、中牟万滩至赵口的电缆铺设工程，2000 年又再次对万滩至赵口进行了光纤铺设，2001 年沟通了万滩至杨桥的光缆连接工程，2010 年完成了花园口至抢险队的光缆铺设工程。这些工程的建设，沟通了各个险工点及涵闸与各个局机关的电话联系。

1993～1998 年，根据国家防总《关于拆除黄河通信网铜线的批复》，经黄委批准，1999 年铜线线条拆除，但保留铁线，以维护杆路资源。2000 年利用原杆路开通了河南河务局—郑州河务局通信光缆电路。2001 年在原杆路上开通了郑州河务局—花园口—中牟 4 芯光缆。

郑州河务局成立初期，为保证工作的日常进程，临时安装了磁石交换机，这种交换机电话振铃依靠摇动手柄完成，随着话务量的增大，造成线路紧张，经常出现无法接通现象，很快被供电交换机所取代。

20 世纪 90 年代初，河南黄河通信交换设备进行改造，1994 年郑州河务局开通了程控交换机，至 1997 年所辖县局全部完成了程控交换机及配套电源的改造工作，彻底摆脱了手摇时代，实现了省、市、县三级对接。

随着黄河通信业务的不断加大，现有设备已经无法满足当前的通信需要，2010 年郑州河务局程控交换机改造工程全面开启，先后完成了局机关、惠金河务局 、中牟河务局的交换机安装与改造及红专路家属院与惠金河务局第二机动抢险队的交换机远端模块工程。从此郑州黄河通信迈上了一个新的台阶。

3）无线通信

为了解决有线设备中断，影响郑州至濮阳、新乡、焦作、开封河务局的通信联络，1989 年郑州河务局参与了河南河务局建设的无线六路和八路接力通信网，郑州黄河通信实现了有线、无线并举的重大变化。

从 1987 年到 1998 年先后完成了单边电台、800 M 集群移动抢险通信网和无线接入固定台。这些设备的投入使用，为上级及时掌握水情、险情提供了通信保障。1993 年更新了 204 型郑州至焦作模拟微波，建成了郑州至济南 480 路数字微波电路，1997 年完成了河南河务局至惠金河务局“一点多址”微波通信工程建设，2005 年新增郑州至小浪底数字微波电路。2010 年开通了郑州至三门峡数字微波电路。2011 年把郑州至三门峡数字微波电路扩容，由原来的 AEC 34 MPS 更换成 AEC 115 MPS，使其性能更完善、功能更齐全、稳定性更好。2013 年完成了赵口闸的整体光缆迁移和通信设备搬迁。2013 年完成了巩义河务局新办公楼的交换机安装工程。无线通信成为黄河通信的重要手段。

随着城市的变迁和发展，无线通信设备也受到一定的制约，部分险工险点出现了无信号的问题。为了解决无线设备存在的不足，2011 年郑州河务局完成了 G3 移动座机电话工程，该工程的完成，使黄河查险、报险可以不受有线和无线设备的影响，第一时间将水情、险情上报给上级有关部门，节省了大量人力、物力、财力。

截至 2015 年，郑州黄河无线通信网已经具备一定规模，包括单边电台、800 M、一点多址基站、无线接入基站、固定台、G3 移动座机电话及视频转播车。

2. 运行与管理

作为郑州黄河通信业务的主管部门，信息中心担负着确保郑州黄河通信畅通的重任，负责制定全局通信系统发展建设规划、主要通信工程基建项目的施工及设备的管理维护与更新改造工作。业务范围涉及整个郑州黄河专网通信的维护与管理、通信发展建设规划拟定、信息网络建设及运行维护、通信技术开发与培训。

截至 2011 年，郑州河务局通信系统共有在职职工 27 人，其中通信话务人员占 39%，机务、线务人员占 41%，领导及技术人员占 20%。主要通信系统及设备见表 4-23。

（1）主要通信系统及设备。

①郑州至焦作 480 路数字微波中继站。花园口机务站安装 480 路微波设备，主要是解决黄委、河南河务局至焦作，以及焦作至武陟、温县、孟州、沁阳等县级河务局数字程控交换机 2 Mb 联网和向黄委、河南河务局宽带网与焦作市局局域网提供 8 Mb 带宽的连接通道。

表 4-23　信息中心通信设备一览表

序号	设备名称	规格型号	单位	数量
1	程控交换机	1200 门	台	7
2	配线架		套	7
3	交直流配电屏		台	7
4	相控电源		套	4
5	郑州至焦作微波设备	480 路	套	1
6	郑州至小浪底微波设备		套	1
7	郑州至三门峡大坝微波设备		套	2
8	郑州至花园口 SDH 光端设备	1920 路	套	1
9	郑州至中牟光端设备	480 路	套	2
10	郑州至花园口水文站光端设备		套	1
11	网络交换机		台	7
12	河南黄河河务局视频传输系统		套	2
13	微波通信铁塔	80 M	座	2

②郑州至小浪底数字微波中继站。花园口机务站安装小浪底数字微波设备，主要是解决小浪底与黄委、河南小浪底管理办公室、水利部局域网的连接通道。

③郑州至三门峡数字微波中继站。花园口机务站安装三门峡大坝数字微波设备，主要是解决三门峡与黄委局域网的连接通道。

④郑州至花园口至中牟光缆终端、中继站。花园口机务站安装 SDH155Mb 光端设备一套、PDH480 光端机两套。SDH 光端机解决黄委、河南河务局至花园口、花园口数字水文站、中牟涵闸图像监控、数字传输和惠金局程控交换机及网络交换机的联网问题。PDH480 光端机主要解决河南河务局至新乡市局、中牟县局程控交换机联网和提供网络交换机以及涵闸图像监控、数字信息传输通道。机务站作为光缆中继站，主要是解决郑州至济南 SDH155Mb 干线微波中牟站到省局的迂回路由。

（2）监控设备。监控设备主要是监控东大坝、黄河桥段黄河视频信号直接传入河南河务局的视频通道。

（3）数字交换机和网络交换设备。安装的中兴数字交换机，主要担负着局办公区电话交换的任务，网络交换机主要是解决局局域网及涵闸监控与黄委、河南河务局宽带网联网汇接。

（4）电源和配线设备。电源和配线设备是机务站不可缺少的配套设施，是支持通信设备正常运转工作的能源动力，机务站要求大部分设备支持直流电源，因此又要配备交直流转换设备和直流蓄能设备。配线设备是保证通话的基础。

作为河南黄河通信的枢纽，信息中心承担着主要通信中转任务，起到了通信“桥梁”的作用，地理位置和通信功能都十分重要。20世纪80年代，以有线通信为主，无线通信为辅，设备运行与管理比较单一。90年代落实了河南河务局《河南河务局通信工作标准与考核办法》《话务员应知应会、线务员应知应会、机务员应知应会实施细则》，为适应现代化通信发展和管理要求，2001年河南河务局对考核办法进行修订，修订后的《河南河务局通信工作标准与考核办法》对运行管理、设备状况、机房安全、技术资料等方面做了具体要求和规定。

目前，在每个机房都制定了管理办法，岗位人员每年都要签订全年岗位责任书、安全事故责任书，确保全年通信保障率100%，使通信工作有利于整个抗洪抢险工作。

（二）信息化局域网网络建设

郑州河务局计算机网络始建于2000年，在逻辑上是以郑州河务局为中心。2002年河南河务局制定《河南黄河信息化工作管理办法（试行）》的通知，2002年8月郑州河务局制定《郑州市黄河河务局计算机信息网络管理暂行规定》和《郑州市黄河河务局重要信息网上发布管理规定》（2009年又重新修订）。单位网络自组建以来，分步扩建，经2002年、2003年、2009年三次升级改造，划分VLAN分6个网段分别连接局属八个单位局域网组成的混合型结构局域计算机网络，其中局机关办公场所区域占10.104.11.X网段，主交换划分VLAN通过光纤连接惠金10.104.12.X网段、惠金连接中牟万滩10.104.13.X网段，此网段包含赵口闸、三刘寨闸；租用20M VPN光纤连接巩义局10.104.14.X网段，10M VPN光纤接入荥阳局10.104.15.X网段；20M VPN光纤接中牟局和水电公司10.104.16.X网段；其网络中心通过百兆光纤通信线路和河南河务局网管中心相连，成为黄河防汛减灾计算机网络的一个组成部分。为做好计算机网络管理工作，结合计算机网络管理实际情况，制定《郑州河务局计算机网络管理暂行办法》《郑州河务局计算机网络机房管理办法》《郑州河务局计算机网络用户管理规定》等管理条例，加强网络管理。

（三）九大系统建设

1. 电子政务系统

2002年河南河务局制定《河南黄河河务局办公自动化系统信息发布管理办法（暂行）》，郑州河务局遵照执行。

电子政务系统自建设以来，根据各科室工作需要，不断完善电子政务功能，为各部门开辟了信息专栏及业务模块，全局电子政务系统办公已经全面推行；2010年6月对电子公文数据库进行系统调整及进一步完善，同时电子印章服务进行数据库安装调试应用，保证了无纸化办公的顺利推广。

2. 视频会商系统的建设

郑州河务局视频会议系统是以降低会议成本、减少会议为目的建设的一套会议系统，可以实现远程会议、会商等功能，以及主、分会场的切换等作用（可连接省局收看视频会或连接局属各河务局召开视频会）。能真实、准确、全面地将现场的声音、图像传递到各个分会场。2005年郑州河务局投资建设视频会商系统，包含局机关和惠金、中牟、巩义河务局。随着各单位局域网的普及，该系统成为单位内部办公的良好助手，服务防汛例会、实时多媒体会商、学术交流、技术培训等专题会议的召开。2009年对视频会商设备升级，视频会商单位覆盖到局机关和惠金、中牟、巩义、荥阳河务局。目前视频会议的召开已经在数字黄河工程管理会议、局务会议中发挥了相当大的作用。同时视频会商系统的建设应用，为防汛抗旱工作期间迅速做出正确的指挥决策提供了有力保障，为单位节约了大量的资金，为防汛指挥决策节约了有效的时间。

结合日常工作的情况，每年组织有关人员对全局各单位的计算机网络应用和维护情况进行大普查，对在普查中发现的能够解决的问题进行了及时解决，不能解决的都进行了上报，保障了网络安全运行。

在调水调沙期间和迎战黄河特别洪水期间，严格公休日和夜间24小时网络运行维护值班制度，严格网管程序，增加网络运行巡查观测次数，严防网络遭受病毒攻击，确保了各职能组计算机网络信息的正常传输。

2012年圆满完成了向黄委和水利部现场实况转播黄河防汛工作演示和演练2次，总转播历时6天。

3. 远程涵闸监控系统

2001年随着黄委提出建设“三条黄河”（数字黄河、模型黄河、原形黄河）战略新举措，郑州天诚信息工程有限公司建成了河南中牟杨桥涵闸远程监控系统，也是黄委数字水量调度系统的第一面旗帜。2002年，黄委推进黄河下游引黄涵闸远程监控系统建设，郑州天诚信息工程有限公司共承担了下游11座引黄涵闸中的8座建设任务。

该系统充分结合水闸工程分布、电力、气候、通信等应用环境条件恶劣等特点，能够实现整个流域多级次水闸远程监控系统的长期稳定运行，真正做到“无人值守，少人值班”的应用需求。系统能根据水闸的不同孔数和监测、监视、监控需求及环境条件自由选择、自由配置，也就是我们俗话说的“搭积木式”。

该产品在原有的TCZK－200系列闸门远程监控产品的基础上，经过多次技术改进，已形成了集以下功能于一体的系列产品：①模块化结构，积木式搭建不同类型闸门的现代自动化系统；②一键式操作，简单实用，安全可靠；③具备自动休眠和物理线路隔离功能，可降低系统功耗、延长设备寿命、提高防雷性能；④集测控管理、视频管理、数据管理于一体的集散式软件体系，可实现单站到闸群分级的多种远程管理模式；⑤基于IE的远程访问功能，可随时随地掌控系统运行状况。并可与该公司自主开发的“引水计量计费管理系统”配套使用，从而使过去“涵闸远程监控系统”，从简单的采集、监控，可升级为集“采集、监控、计量计费”为一体的综合应用系统。

4. 黄河工程运行观测巡检系统

2009年1～7月，研制开发了“黄河工程运行观测巡检系统”，7月7日，该系统在黄委2009年工作会上进行了演示，得到了高度肯定，该项目10月在中牟河务局开始试运行，“数字工管”建设取得重大进展。该系统基于移动LCS和GPS、GPRS技术，通过移动通信网络的工管通终端实现对工程运行观测与养护文字图片图像等信息采集、问题处理进行跟踪、指挥、收集上报、处理与分析统计。

系统平台实现通过相关工作人员的工管通相互了解在岗情况、巡查情况、处理情况、核实验收情况，通过管理终端掌握在电子地图上划分的责任田方式进行检查、处理和监督，达到及时掌握发现问题的时间、地点、处理情况、责任段管护人、完成情况，对上报统计的情况一目了然。该系统主要实现了以下基本功能：①立即定位；②实时追踪；③最后位置；④巡查、养护轨迹；⑤最近工管通查找；⑥调度功能；⑦管理功能。该系统由工务处使用和负责。

5. 巡坝查险管理系统

传统的巡堤查险是由各防汛指挥机构汛前根据洪水预报情况，组织基干班对所辖河段内防洪工程进行全面检查，掌握工程情况，划分防守责任堤段，并实地标立界桩。巡查范围主要是临、背河堤坡，堤顶，距背河堤脚50～100米范围的地面、积水坑塘。2007年为加强工程管理，提高防洪工程的正规化、规范化管理水平，增强工程抗洪能力，河南河务局研制开发了“河南黄河防洪工程查险管理系统”，该系统由防办使用和负责。

6. 工情险情会商系统

工情险情会商系统是基于Intranet的面向工情险情会商的地理信息系统（Web GIS)，是黄委为实现从传统防汛向现代防汛的转变，以及适应防汛会商决策的需求，并且结合现代网络条件和现有技术开发力量而开发建设的面向委、省、市、县四级的应用系统。

2005年研制成功，该系统自投入生产运行以来，为防汛会商提供了大量及时、准确的工情险情信息，为黄河下游险情的及时有效抢护发挥了重要作用。特别是防御2003年的黄河罕见秋汛中，该系统在工情险情的监视、监测中发挥了巨大作用，为防洪抢险指挥提供了决策支持。该系统由防办使用和负责。

7. 行政事业单位资产管理信息系统

行政事业单位国有资产管理的主要目标是合理分配、有效使用国有资产，维护国有资产完整，为行政事业单位履行社会职能提供有力保障。其业务内容围绕资产全生命周期，覆盖资产的配置、使用、处置、评估和收益等管理环节，通过卡片管理和条码管理功能形成资产档案；通过系统各项业务登记功能实现日常业务管理，形成资产管理台账；通过数据交换中心功能实现资产业务的申报、审批和备案；通过资产报表、综合分析功能为财政及主管部门提供决策支持的依据。行政事业单位资产管理信息系统严格按照有关制度设计，科学管理单位内部国有资产，有利于维护和保障行政事业单位国有资产的安全与完整。2009年郑州河务局财务处开始使用，该系统由财务处使用和负责。

8. 黄委人力资源信息系统

为保证人员统计工作的真实性、准确性，2012 年黄委组织人事管理人员进行黄委人力资源信息系统的培训。要求负责人事信息的统计员，负责本单位人力资源信息系统信息维护、更新数据管理工作的相关人员都必须参加培训。该系统为 b/s 架构系统，系统应用工作包括及时维护、信息完整、信息准确、统计分析，员工管理的查询浏览、统计分析、花名册、登记表、信息维护，为实现职工个人信息数据化、办理流程网络化都有重要意义。该系统由人劳处使用和负责。

9. 综合档案管理系统

为保证郑州河务局资料保存的完整性和查找文件的及时性，2003 年初局机关及所属单位全部购买并安装了清华紫光档案管理软件，其中局机关安装了网络版，并于 2005 年 9 月开通了档案网上查询系统。2006 年 5 月，局机关购买并安装了档案专用服务器与 V5.0 版 OA 接口，实现了电子政务系统与档案数据的实时传输，加快了档案管理现代化进程，该系统由办公室使用和负责。

（四）一线班组信息化建设

把信息化建设推到基层，全面加快建设面向一线班组的信息化网络体系，是郑州河务局近年来信息化发展的方向和工作目标。为了实现这一目标，郑州河务局在上级业务部门的大力支持和基层单位共同努力下，一线班组信息化建设取得了显著的成绩。

郑州河务局从局领导到具体部门、基层单位都充分认识到了一线班组信息化建设的重要性和紧迫性。领导大力支持，具体经办部门及时督促，基层单位认真落实，克服了基础薄弱、资金不足、条件艰苦等诸多困难，因地制宜开展一线班组信息化建设工作，到目前为止，惠金河务局和中牟河务局利用惠金河务局到十八门闸光缆和花园口至杨桥省局光缆主干线的便利条件，在上级业务部门的支持下，通过自架光缆支线的方式，推进一线班组信息化建设工作，完成了沿途 18 个一线班组的信息化建设工作，实现一线班组通网、通内线电话的目标。

巩义河务局通过租赁当地移动专线，以县局为点，带动一线班组内网、内线电话的链接，完成了一线班组信息化网络建设工作。

荥阳河务局一线班组利用黄河北岸省局点对点微波系统，接入黄河内网，实现一线班组内网链接。

截至 2015 年 6 月 15 日，全局已有 26 个班组完成了通信网络建设。

（五）开展局机关机房标准化改造工作，并增加外网带宽

郑州河务局原机房设备陈旧，机房装修标准低，线路老化严重，外网带宽不足，这些问题已严重制约了郑州河务局信息化建设工作，为了适应一线网络向班组延伸带来的宽带需求，2015 年 6 月初，郑州河务局开展了机房标准化改造工作，经过 2 个月的施工，完成了包括对机房基础设施进行装修和布设；对机房相关设备进行规范和重新安装；安装门禁系统，配备排风设备，安装机房监控系统等；增加外网带宽至 200M。这些项目的实施，极大地提高了郑州河务局网络机房的标准化程度。目前，郑

州河务局作为第一家标准化网络机房建设单位通过了河南河务局标准化网络机房的验收，得到了省局的认可和肯定。网络机房标准化工作的开展，为一线班组信息化建设和“互联网＋”应用融合工作打下了良好的基础。

为适应信息化建设的发展需求，2015 年 12 月中旬郑州河务局信息中心对信息化网络带宽进行了升级改造工作，郑州河务局信息网络带宽出口原有 50M，担负着全局网络信息化办公业务的开展。由于信息化业务要求的提高，信息终端不断升级及增加，致使在业务工作开展中存在网速缓慢，易出现丢包、掉线等现象，严重影响到郑州河务局信息化治黄工作的有序开展。自 2015 年入汛以来，郑州河务局信息中心按照局党组及信息化发展要求，积极着手信息化网络升级改造工作。通过与网络运行商多次交流沟通，制订了多种改造实施方案。结合郑州河务局网络拓扑链接结构，信息中心经过多次论证分析，按照改造过程影响小、利于改造后期管理等原则，最终确立改造实施方案。

此次网络改造以新光纤的架接、带宽提升为主，工作人员利用节假日完成对网络线路的合并、网络参数的配置，并对联通调试进行有效测试，最大限度减小整体网络的影响。通过数据流分析，当前网络带宽利用率得到有效缓解。

三、档案管理

（一）发展过程

1983 年郑州市黄河修防处成立后，为了集中统一保管机关形成的文件材料，于 1984 年 3 月成立了机关综合档案室，配备专职档案管理人员 1 名。郑州河务局档案管理的职责是宣传、贯彻、执行上级有关档案工作的方针、政策、法律、法规，制定本单位档案管理的规章制度；指导本单位文件、资料的整理和归档，负责本单位档案、资料的接收、整理、鉴定、保管、提供利用，并按规定将永久、长期的档案定期向黄河档案馆移交；对所属单位档案工作进行监督、检查和指导；组织档案人员培训，做好档案基本情况的统计工作等。

档案管理工作是治黄事业的一个重要组成部分，为进一步提高档案管理整体水平，切实发挥其作用，成立了档案工作领导小组，完善了由主管局长、办公室主任分管、专兼职档案员具体管的档案管理网络，实现了各门类档案资料的集中统一管理。同时，在贯彻执行《档案法》《档案法实施办法》的基础上，郑州河务局档案管理制度化建设取得了新进展，建立了档案人员岗位责任制，实行了部门立卷制度，对各项规章制度进行了补充完善，使档案管理工作从接收、整理、保管到借阅各个环节都能做到有章可循。

至 2015 年，郑州黄河系统拥有 13 个档案全宗（新增 3 个单位无全宗号，6 个撤销单位），库存文书、科技、会计等档案 9050 卷，8075 件。其中，文书档案 2023 卷、科技档案 4662 卷、会计档案 2365 卷、实物档案 417 件、声像档案 17 张（盘）、底图 115

张、资料413册。

（二）档案升级达标活动

自1989年，档案管理工作升级达标活动全面开展。郑州河务局档案管理工作于1995年晋升为部级，1999年晋升为国家二级。2003年11月、2005年12月局机关分别通过了由水利部组织的国家二级复查。2012年7月18日，郑州河务局获黄委第二次档案进馆工作先进集体。2015年5月郑州河务局通过水利部水利档案规范化管理二级评估（见图4-13、图4-14）。

图4-13　郑州河务局档案业务培训（2008年）

图4-14　档案工作检查（2010年）

（三）档案分类

郑州黄河档案系统的分类按照黄河档案馆的分类办法进行，共分为文书、科技和会计，以及已故人员档案、实物档案、声像档案、印信档案等7类。其中，已故人员档案遵照《黄委已故人员档案管理办法》执行，实物档案遵照《黄委实物档案管理办法》执行，声像档案遵照《黄委声像档案管理办法（试行）》执行，印信档案遵照《黄委系统印信档案管理办法》执行。

郑州河务局档案的分类经历了几个阶段：根据黄委1985年印发的《黄河下游修防处、段档案工作管理办法、保管期限表》，文书档案分为5类，即N01党团类、N02秘书类、N03政工类、N04工会类、N05财务类。1986年，黄委印发《治黄文书档案分类及保管期限表》，将文书档案分为10类，分别为综合类、劳动人事类、计划统计类、财务物资类、审计类、党务类、团务类、工会类、多种经营类、会计类。其中，计划统计类按照黄河档案馆规定，河南、山东河务局及所属单位仍按原规定归科技档案不变。1992年4月23日，黄委印发《黄河水政水资源档案保管期限表》，将水政水资源档案列为第11类，即水政水资源类。1997年黄委印发了新的《治黄文书档案分类机保管期限表》，文书档案仍分为11类，用W代表。2007年，黄河档案馆印发了《黄河水利委员会归档文件整理办法（试行）》和《黄委系统机关文件材料归档范围和保管期限规定（试行）》的通知，要求2007年及以后形成的机关文件材料遵照执行。文件规定，立档单位对归档文件实行以“件”为单位进行整理。取消“卷”级整理，“卷”

不再作为文书档案的保管单位和统计单位。

1984年，按照黄委印发的《黄河下游科技档案分类办法及保管期限表》，科技档案共分为14类：G1综合类、G2堤防类、G3河道治理类、G4涵闸虹吸类、G5引黄淤灌类、G6防洪防凌类、G7枢纽工程类、G8水文水情类、G9科研技革类、G10机械仪器类、G11计划统计类、G12通讯类、G13房屋建设类、G14其他类。1997年按照黄委印发的《黄河河务科技档案分类办法及保管期限表》，科技档案仍分为14类，只是将G4改为“涵闸、虹吸、扬水站工程类”，G5改为“引黄开发利用类”，G6改为“防汛类”，G7改为“水利枢纽工程类”，G9改为“科学研究类”，G10改为“设备、仪器类”，G13改为“房建类”，其他类别不变。2008年，黄河档案馆制定了《黄河河务科技档案分类及归档办法（试行）》将科技档案分为4类：①日常维修养护类（代码为GR）；②专项维修养护类（代码为GZ）；③工程建设项目类（代码为GC）；④工程规划设计类（代码为GS）。同年，《黄委房地产档案管理办法》将房地产档案分成了3类：①房地产权属类（代码为FQ）；②房地产建设工程类（代码为FJ）；③房地产使用管理类（代码为FG）。

会计档案根据财政部、国家档案局1984年6月1日发布的《会计档案管理办法》规定，分为3类：会计账簿类、会计凭证类、会计报表类。1998年8月31日，财政部、国家档案局印发了新的《会计档案管理办法》，于1999年1月1日开始执行，将会计档案分为4类：会计凭证类、会计账簿类、财务报告类、其他类。黄委同时下发补充规定：会计档案以大写字母“K”为代号，排序为：K1报告类、K2账簿类、K3凭证类、K4其他类。

已故人员档案遵照《黄委已故人员档案管理办法》执行。

实物档案遵照《黄委实物档案管理办法》执行。

声像档案遵照《黄委声像档案管理办法（试行）》执行。

印信档案遵照《黄委系统印信档案管理办法》执行。

（四）档案检索

为提高档案检索利用工作，郑州河务局机关档案室编制了《案卷目录》《案卷文件目录》《文号与档号对照表》《专题目录》《著录卡片》等，用以满足日常工作需要。2003年初，局机关及所属单位全部购买并安装了清华紫光档案管理软件，其中局机关安装了网络版，并于2005年9月开通了档案网上查询系统。2006年5月，局机关购买并安装了档案专用服务器，与V5.0版OA接口，实现了电子政务系统与档案数据的实时传输，加快了郑州河务局档案管理现代化进程。截至2015年，郑州河务局录入档案案卷级条目0.47万条，文件级条目2.26万条，基本实现了计算机检索查询。

（五）档案进馆

根据黄委档案工作要求，按照《黄河档案馆关于接收档案的规定》《关于接收档案馆工作相关事项的通知》，黄委档案馆接收委属单位1967～1985年需要永久保存的档案。此次档案进馆工作共涉及郑州河务局及所属8个单位，含已撤销单位5个，其中惠金河务局3个，分别是花园口石料转运站、农副业基地和船舶修造厂。荥阳河务局、郑州供水局是新成立单位，黄河石料厂撤销后档案归荥阳河务局管理，赵口渠首闸管理处撤销后档案归郑州供水局管理。

郑州河务局档案进馆于2010年8月全面启动，2011年3月29~30日，顺利完成了所属单位（含撤销单位）1967~1985年档案进馆工作，合计组卷969卷，机读案卷目录969条、文件目录2626条。同时，编制完成了巩义河务局、中牟河务局、郑州黄河水电工程公司、花园口石料转运站、农副业基地、船舶修造厂、黄河石料厂、郑州供水局等单位全宗介绍，内容包括进馆单位的性质、职能、隶属关系、名称变更等历史演变，档案内容及数量。

第五章　经　济

郑州黄河经济工作主要开展的有经济管理、产业经济、企业队伍建设、依法经营等。1980 年以前，黄河河务部门的主要工作是“修、防、管”（修是修堤筑坝、建水闸，岁修；防是防汛、防洪；管是工程管理等）。1980 年以后，黄河河务部门的主要工作是“修、防、管、营”（营是综合经营，即经济工作）。此后，郑州河务局注重并不断加强综合经营工作（经济工作），经过 35 年的不断探索、努力和提高，郑州黄河经济已走过了自发型、福利型的小农经济阶段，开始转入规模化、集约型的综合开发经营阶段。1988 年开始，郑州河务局把淤背区土地的开发利用作为管理经营的一项重要目标加以落实。至 1990 年已开展了五大类数十项综合经营工作（五大类：黄河工程施工、土地开发、水费征收、对外承揽工程、工商业）。1995 年全河经济工作会议提出了“一手抓黄河治理，一手抓经济发展”的指导思想，强调要正确处理治黄与发展经济的关系，要在搞好各项治黄工作的同时，增强发展黄河产业经济的责任感和紧迫感，立足黄河，面向市场，发挥优势，大力发展黄河经济。2002 年 5 月成立了经济工作领导小组，加强对经济工作的领导，并将综合经营办公室更名为经济发展管理局，对其职能和机构设置进一步完善。

第一节　经济管理

1988 年后，郑州河务局经营管理逐步走向规范化，呈现出“一个单位，两个队伍，一个搞防洪、一个搞经营”的状态，初步形成了各司其职、各负其责的体制模式。市、县河务局均成立经济工作领导小组，设置经济管理机构，配备经营管理人员，基本形成了较系统的经济管理体系。

一、管理制度

（一）制度建设

1996 年以前，郑州河务局经营管理工作主要是单一的分散性管理，基本上是计划经济模式，1996 年开始步入规范化。如制定了《综合经营管理办法》《综合经营考评办法》《综合经营管理办法》，对组织领导与管理机构、项目管理、经营管理、财务物资管理、人事劳动管理、奖惩等方面做了详细的规定。《综合经营考评办法》明确对所属事业单位采取目标管理，对经济实体实行合同管理。事业单位的考核目标为经营创收、净收入；生产单位的考核为产值、利润。年终，管理单位人均净收入、生产单位人均考核利润分别达到当年受奖标准的，予以奖励；对完不成净收入和利润目标的单位领导班子，按缺额的1%给予处罚。

1997年，针对企业经营管理及土地开发出台了多项管理办法，包括《经营项目有偿资金管理办法》《公司（经济实体）管理办法》《土地开发管理办法》等，修订了《综合经营考评办法》。考核指标由过去的总收入、净收入两项，改为考核总收入、经营性净资产增值、人均工资收入等三项。

2002年，着重加强了行业管理和资本运营职能，并从经营观念、经营战略、管理体制、管理机制及项目管理等方面对管理制度进行了系统化。为进一步强化对经济工作的领导，2003年河南河务局在各市、地河务局明确了主抓经济发展的专职副局长，全面推行经营工作全员责任制。同时，对全年的经济指标逐项细化、量化，层层分解到责任单位、责任部门、责任领导和责任人，并建立了经济岗位责任体系和经济目标运行监控体系。先后出台了《郑州河务局经济管理督察办法》和《郑州河务局经济工作例会制度》，修订了《郑州河务局经济工作考核奖惩办法》及其实施细则，下发了《郑州河务局企业经营者年薪制试点工作的指导意见》《关于加强土地开发工作的若干意见》《郑州河务局绿化苗木、花卉种植指导意见》《郑州黄河河务局企业资质（资信）管理工作指导意见》《郑州河务局土地开发考核细则》《关于进一步加强水利经营统计工作的意见》等涉及经济工作各个层面的行业管理、指导办法和意见。

在经营项目管理制度方面，制定了《郑州河务局经营项目效益和经营性资产保值增值责任追究制》，规范了各级投资主体、经营主体、监管主体对经营项目在调研、咨询、立项、审批、筹资、经营、管理、监察等方面的权利和责任。

（二）重点推行奖励（匹配）机制

1．奖励机制

从20世纪80年代起，逐步实行和建立奖励机制。一是设立目标任务奖，对完成目标任务好的单位和个人给予物质奖励，从几百元到上万元，甚至几万元；二是设立突出贡献奖，数额不等；三是其他奖。2008年以后郑州河务局设立工程管理奖，对工程管理好的县区河务局给予奖励，全年额度从30万元增加到2014年以后的50万元。另外对部分施工企业试行年薪制。这些奖励机制有效调动了广大职工的工作积极性，促进了治黄事业的发展。

2．匹配机制

为促进单位干事创业和人员流动，1996年、1997年两年郑州河务局对局属单位实行匹配制度。一是各单位按照要求新增机械设备，完成指定工程项目的，郑州河务局给予50%资金匹配奖励；二是借用局属单位干部职工的，匹配拨付不少于1.5倍的人均工资；三是其他匹配措施等。这些匹配措施，对治黄事业的发展以及人员流动都起到了明显的积极作用。

二、企业管理

(一) 发展变化

在郑州黄河经济工作开展初期，主要是单一的分散性管理，在计划经济模式下运行，产权不清，责任不明，管理比较粗放，加之对企业管理缺乏综合性的行业指导，经济效益不高。

1998年后，随着国家基本建设“三项制度”的实施，企业管理也发生了较大变化。以适应国家三项制度改革为主，引入市场竞争机制，加快了企业改革步伐。以经济效益为中心的理念逐步树立，企业法人主体和市场竞争主体地位逐步确立，施工企业得到迅速发展。以郑州黄河工程有限公司为代表的企业，统一协调所属的建筑安装生产单位，强化内部管理，实行独立核算、自我发展、自负盈亏。目前，郑州黄河工程有限公司具有国家建设部审定的“水利水电工程施工总承包一级”资质，并拥有“市政工程施工总承包二级”“公路工程施工总承包三级”“工民建施工总承包三级”等资质，注册资本6005万元，拥有资产总值2.22亿元。公司通过了ISO9001、ISO14001、OHSMS18001三位一体管理体系认证。近年来先后荣获“全国优秀水利企业”、“全国工程建设质量管理优秀企业”以及中国水利系统“AAA”级信用企业、河南省“重合同、守信用”企业、河南省“信用示范企业”、河南省“信用建设示范单位”、郑州市“建筑企业50强”、郑州市“诚信示范企业”等称号。

根据2002年《河南河务局企业年薪制试点工作指导意见的通知》精神，2003年6月6日郑州河务局成立了年薪制试点工作领导小组，选择郑州黄河水电工程有限公司作为年薪制试点，并于12月3日下发了《关于郑州黄河水电工程局实施年薪制的通知》，收入分配制度改革进入实质性阶段。同时，要求公司建立施工项目管理档案，规范对外经济关系，公开竞聘项目经理，严格进行成本核算，项目部实行承包经营。

(二) 施工企业

郑州黄河水利施工企业是在黄河防汛工程建设的基础上建立发展起来的。与其他施工企业有所不同，担负着两种任务：其一，承担防汛抢险任务，这是黄河水利施工企业的基本任务，是区别其他施工企业的特殊职能；其二，与其他企业一样，要维持企业的生存和发展，在防汛任务之外进行社会工程的承揽和施工。

经过多年发展，郑州黄河施工企业一步步发展壮大，并向规模化方向发展，形成有一定特色的企业发展格局。截至2015年底，郑州河务局共有法人企业5个，拥有资产总额6.3亿元。在法人治理、资本运营等方面进一步规范，共有获得相应等级资质的企业3家，其中水利水电施工总承包一级资质1家，计算机信息系统集成三级资质1家，城市园林绿化二级资质1家。企业拥有各类技术人员475名，其中高级职称19

人、中级职称50人、一级建造师25人、二级建造师30人。郑州黄河工程有限公司等单位通过ISO9000认证，资质作为企业进入市场的准入证，成为企业展示自身实力和优势，参与市场竞争的重要条件。郑州河务局企业资质见表5-1。

表5-1　郑州河务局企业资质一览表

企业名称	主项资质名称与等级	资质批准时间（年-月-日）	资质证号
郑州黄河工程有限公司	水利水电施工总承包一级	2002-06-28	A1054541010001
郑州天诚信息工程有限公司	计算机信息系统集成三级	2006-01-06	Z3410020060046
郑州宏泰黄河水利工程维修养护有限公司	无	无	无
河南黄河环境艺术有限公司	城市园林绿化二级	2013-09-02	CYLZ.豫.0696.二
郑州市黄河花园口旅游管理处	无	无	无

第二节　产业经济

自20世纪80年代开展综合经营工作以来，郑州河务局一直着力于黄河产业经济和施工企业的发展与管理工作，始终把经济管理工作摆在治黄工作的突出位置。

一、黄河工程施工

黄河工程施工，主要是对黄河堤防、险工、控导、涵闸的兴建和改扩建及维修等，主要经历了三个不同阶段。

第一阶段：20世纪80年代以前，堤防建设主要施工力量是沿黄人民群众，由县、人民公社、生产大队组织实施，国家给予适当的治黄粮补助；技术骨干是黄河修防段的干部职工。险工、控导、涵闸的兴建和改扩建及维修等施工，主力军是修防段的施工队和淤灌股（船、泵队），采取的是事业管理，倡导的是“革命加拼命，拼命干革命，誓为治黄做贡献”的革命老黄牛精神，以小的经济代价建设宏大的黄河工程。

第二阶段：20世纪80年代至20世纪末，即工程建设“三项制度”改革以前，黄河工程施工的主力军依然是黄河修防段干部职工，采取的是事业单位企业管理模式，引进了计件工资制。随着国家改革步伐的加快，事业经费逐年减少，郑州黄河施工企业应运而生，并加入到黄河工程施工当中。这个时期，基层治黄单位的经费，从国家全供事业单位变为国家补差事业单位，国家对黄河的投入相对减少。由此，黄河河务部门提出了“自己活、自己干，肥水不流外人田”的竞争思想。黄河上的工程已不能满足施工企业的需求，迫使施工单位开始走向社会闯市场，承揽社会建筑工程、水利水电工程以及基础工程、土石方工程、道路工程，兼营水利、建筑工程的设计、预算等，使得经济收入不断增长。

第三阶段：1998年以后，国家加大了对黄河工程投资，实行了“三项制度”改革，县区河务局也相应成立自己的施工企业，此时郑州河务局有建筑施工企业4家，分别是郑州黄河工程有限公司、郑州黄河水电工程有限公司、郑州黄河工程建设有限公司、河南牟山黄河水电工程有限公司。其中，郑州黄河水电工程有限公司拥有水利水电施工总承包一级资质，其他3家企业为水利水电施工总承包二级资质。经2015年企业清理整合后，原有的3个水利水电施工总承包二级资质施工企业全部并入郑州黄河工程有限公司，分别成为郑州黄河工程公司水电分公司、郑州黄河工程公司惠金分公司、郑州黄河工程公司中牟分公司。2015年底郑州河务局企业资产状况见表5-2。

表5-2　2015年底郑州河务局企业资产状况　　（单位：万元）

企业名称	注册资本金	主项资质等级	资产总额	净资产额	资产保值增值率
合计	24738		66234.14	20355.91	104.90%
郑州黄河工程有限公司	19339	水利水电施工总承包一级	54783	12607	112.96%
郑州天诚信息工程有限公司	1000	计算机信息系统集成三级	1908	1348	102.64%
宏泰公司	716		1712.35	721	210.51%
郑州市黄河花园口旅游管理处	1103		1493	909	95.89%
河南黄河环境艺术有限公司	2580	城市园林绿化二级资质	3062	574.44	129.67%

注：宏泰公司为2004年成立的郑州宏泰黄河水利工程维修养护有限公司。

二、土地开发

土地资源主要集中在惠金、中牟、巩义、荥阳等河务局管辖的黄河堤防工程周围，包括护堤地、护坝地、淤背区、整治河道新出的滩地等。

工程管护地开发始于20世纪80年代初期，从庭院经济开始起步，经历了福利型开发、粗放型开发、规模效益型开发等阶段。在不同时期，分别起到了解决职工“菜篮子”、增加职工收入、稳定一线职工队伍、促进防洪工程管理、优化经济结构等作用。1980年以前，河务部门主要利用这些土地资源种植防汛用材林。1980年以后，进行有计划的土地开发，主要种植农作物及经济果林。

1990年把工程管护地开发利用作为综合经营的突破口，提出了“以种促养，以种养带加工”的指导方针，以种植粮食、蔬菜和经济作物为主（见图5-1）。此后，日光温室、杂果等高效种植逐步推广，养殖业也从无到有迅速发展起来。2000年确定了以三倍体毛白杨为主的经济林开发模式，此后郑州黄河的工程管护地开发工作重点开始向生态林和绿化苗木种植方面转移（见图5-2）。

随着工程管护地开发的逐步深入，经营方式由分散经营向“公司＋基地＋种植户”方向转化，而经营范围则由单一种养向农林牧渔及旅游服务业等多种经营方向发展，产业投资也由过去主要依靠国家拨款改为投资主体多元化，并积极探索了股份制和股份合作制产权制度改革。

图 5-1 郑州黄河淤背区韭菜丰收（1998 年）

图 5-2 郑州黄河苗圃一瞥（2010 年）

三、水费征收

黄河下游（郑州黄河）引黄供水事业始于 20 世纪 50 年代，经历了探索尝试、大引大蓄、恢复整顿、稳定发展、统一管理等过程。由最初的农业用水，发展成为工农业生产、城乡居民用水、城市生态用水等全方位供水，实现了由无偿供水，到按灌溉面积计收水费，再到按方计量供水计收收费的转变。供水体系不断完善，供水规模不断扩大。

根据 1958 年 1 月 25 日《国务院批转水利部关于灌区水费征收和使用的几点意见的报告的通知》要求，从 1958 年起开始征收水费，管理机构所需的岁修养护经费和人员供给等开支均从水费中解决，国家不再补助。

黄河下游引黄灌区的水费征收工作起步较晚，且水费征收标准低。1980 年以前大部分灌区基本上都未征收水费。1980 ~ 1982 年，河南颁布了征收水费的相关文件，水费征收工作逐渐起步。1985 年 7 月国务院发布《水利工程水费核订、计收和管理办法》以后，水费核订和计收工作全面展开。

社会水商品意识有一个漫长的认识发展过程，在地方党委、政府和上级领导及司法部门的支持下，经过郑州黄河人的不懈努力，曾四获水费官司胜诉案等。由此，提升了人们的水商品意识，使水费征收步入正常轨道。

水费收取标准：从零到接近成本价的过程。《国家发展改革委关于调整黄河下游引黄渠首工程供水价格的通知》规定水费征收标准为：国家建设管理的取水工程，非农业用水，2005 年 7 月 1 日至 2006 年 6 月 30 日，4 ~ 6 月每立方米 6.9 分，其他月份每立方米 6.2 分；2006 年 7 月 1 日以后，每年 4 ~ 6 月每立方米 9.2 分，其他月份每立方米 8.5 分。供农业用水价格暂不作调整；地方自建自管的取水工程，暂时仍按半价收费。如孤柏嘴提水站、邙山提灌站、东大坝提水站等。

水费收取方式：2000 年以前，由取水工程所在地的县区河务局等单位负责征收，征收后 30% 上缴，70% 留用；2000 年起，依放水量的结算凭证为据，由用水单位直接将水费汇至河南河务局供水局收缴水费专用账户，河南河务局供水局开具水费征收专用票据。水费实际征收情况见表5-3。

表5-3　2000～2015年水费征收情况一览表　（单位：万元）

年份	收入	年份	收入	年份	收入	年份	收入
合计	22129						
2000	106	2004	405	2008	1539	2012	1913
2001	318	2005	572	2009	1481	2013	2299
2002	321	2006	714	2010	1620	2014	3765
2003	373	2007	1008	2011	2310	2015	3385

注：2000年以前水费征收额偏少，且难以汇集，因此未统计录入。

四、对外承揽工程

1996年后，坚持“保内拓外”的主导思想，在抓好黄河内部工程施工的同时，不断壮大建筑施工队伍，加大工程承揽力度，把开拓外部工程市场作为经济工作的重点来抓好，不断开创社会工程承揽新局面。2006～2015年，郑州河务局10年间累计实现经济总收入48.14亿元，利润3684万元（见表5-4、表5-5）。

表5-4　经济总收入一览表

年份	总收入（万元）	增长率（%）	年份	总收入（万元）	增长率（%）
合计	481405				
2006	24085	30.10	2011	44778	0.24
2007	26977	12.01	2012	57176	27.69
2008	30759	14.02	2013	77872	36.20
2009	33137	7.73	2014	71812	-7.78
2010	44672	34.81	2015	70137	-2.33

表5-5　企业利润统计表

年份	企业利润（万元）	增长率（%）	年份	企业利润（万元）	增长率（%）
合 计	3684				
2006	315	-6.80	2011	447	-19.75
2007	341	8.25	2012	474	5.7
2008	448	31.38	2013	721	52
2009	-1101	-345.76	2014	736	2.08
2010	557	150.59	2015	746	1.35

五、工商业

（一）工业

1. 郑州黄河河务局船舶修造厂

主要经营范围是船舶制造、维修、五金加工，随着近年来造船任务的逐渐减少，靠造船很难维持生计。1996 年转移到以道路施工为主，并取得显著的经济效益。历年来，船舶修造厂先后承接并完成大小工程项目 23 个，其中完成船舶修造任务 9 项：水源厂挖泥船、水文站、中牟河务局、邙山电船的维修；豫西河务局采石船、温孟滩 9 条活动浮船、水文局双体式探测船、水源厂绞吸式挖泥船、金水河 5 条清淤船的建造；为长垣河务局建造活动泵站；完成河南河务局挖泥船、活动泵站配套项目。完成道路的维修、硬化任务 8 项。积极参加温孟滩移民工程建设，完成改造 10 个集装箱活动房，三门峡槐扒提水工程 4 号、5 号槽，河南河务局测量队机械手修理等。随着改革的深入，2000 年后，逐步退出市场，并入惠金河务局管理。

2. 郑州市黄河河务局太阳能设备厂

生产的主要产品有“黄河牌”系列太阳能热水器、PNIL250－265 型系列泥浆泵、NMB－250 新型耐磨泥浆泵、HJ20－120 系列搅拌球磨机、YZJ80 型潜水钻机、ZKC 型工程开槽机、SYJ 手压冲床、铝塑管、大型广告塔等。由于该厂始终坚持“质量第一、用户至上”的原则，因此连年被河南省科委、河南省计经委、河南省技术监督局、河南省质量检测中心等权威机构授予“质量信得过企业”，连年被郑州市工商行政管理局命名为“重合同守信用企业”。1995 年生产的 HJRT－Ⅱ型太阳能热水器，获河南河务局科技进步奖。2002 年太阳能热水器设备厂积极开拓工程施工市场，加强科技创新，进一步扩大了生产能力，完成年产值 200 万元。

3. 其他工业

20 世纪 80 年代，预制厂、木器加工厂、机械修理厂等曾经在郑州河务局局属单位遍地开花。高潮期，经济效益俱佳。20 世纪 90 年代末，随着改革的深入，逐步退出市场。

（二）商业

20 世纪 70 年代末，小卖铺、经销店、小饭店在局属单位普遍兴起，红红火火，一片生机，效益良好。20 世纪 90 年代，随着改革的深入，逐步退出市场。

第三节　企　业

随着治黄事业的发展与变革，郑州河务局局属企业也在不断发展变化，到 2015 年底，共有 4 个企业：1 个一级和 1 个二级资质企业及 2 个暂无资质的企业。其基本情况如下。

一、郑州黄河工程有限公司

郑州黄河工程有限公司是水利水电工程施工总承包一级施工企业单位，隶属郑州河务局。经过20年发展壮大，公司门类齐全，实力雄厚，管理规范，成就显著。

（一）公司规模

至2015年底，郑州黄河工程有限公司共有职工263人，其中：在职职工244人（干部96人，工人148人），退休职工25人；在编244人，不在编19人。机构设置和人员编制及实有人员情况见表5-6。

表5-6　郑州黄河工程有限公司机构设置和人员情况统计表

序号	机构名称	合计人数		领导人数		一般工作人员数	
		编制	实有	编制	实有	编制	实有
	合计		244		30		214
一	机关						
（一）	单位领导		6		6		
（二）	职能部门		238		24		214
1	综合部		14		3		11
2	财务部		2		1		1
3	工程技术与项目管理部		8		2		6
4	市场开发与合同管理部		17		3		14
5	质量安全部（实验中心）		5		2		3
6	巩义分公司		18				18
7	荥阳分公司		24				24
8	惠金分公司		45		2		43
9	中牟分公司		46		2		44
10	水电分公司		59		9		50

（二）公司建设

1992年，成立郑州河务局兴河公司，1996年1月撤销。

1995年12月，根据河南河务局《关于成立郑州黄河工程公司的批复》，郑州河务局成立了郑州黄河工程公司，为郑州河务局局属二级机构，公司人员从郑州河务局内部调剂解决。

1996年3月公司机构设置为5个职能部门，即办公室、财务处、信息公关处、合同预算处、施工管理处；6个施工处，即施工生产机构设置第一工程处（郑州工程处）、第二工程处（船舶修造厂）、第三工程处（巩义市黄河石料厂）、第四工程处

（邙山金水区黄河河务局组建）、第五工程处（中牟县黄河河务局组建）、第六工程处（巩义河务局组建）；3个分公司，即装饰工程公司、基础工程公司、房屋建筑公司。各处、室、分公司均为科级，其负责人由公司总经理提名，经市局考核后任命。

2003年3月公司机构设置为11个职能部门，即办公室、项目管理部、工程开发部、人事部、财务部、经营管理部、质量安全部、审计部、纪检监察部、党办、工会；13个二级机构，即第一工程公司、第二工程公司、第三工程公司、第四工程公司、第五工程公司、第六工程公司、第七工程公司、第八工程公司、装饰公司、房建公司、市政公司、房地产开发公司、实验中心。

2003年5月，为适应现代企业制度需要，规范公司的组织和行为，实现国有资产的安全运行和保值增值，对郑州黄河工程公司改制为有限责任公司，同时更名为郑州黄河工程有限公司。

2010年10月，郑州河务局党组研究制定了《郑州河务局局属施工企业机构设置和人员控制意见》，推进局属施工企业的规范化、科学化管理，保障企业生产经营良性运行。机构设置为综合部、财务部、工程技术与项目管理部（市政与房建工程管理部）、市场开发与合同管理部、质量安全部（实验中心）5个部门。综合部：人员控制在18人以下（含18人，下同），其中负责岗位1正2副；财务部：人员控制在7人以下，其中负责岗位1正1副；工程技术与项目管理部（市政与房建工程管理部）：人员控制在13人以下，其中负责岗位1正2副；市场开发与合同管理部：人员控制在13人以下，其中负责岗位1正2副；质量安全部（实验中心）：人员控制在10人以下，其中负责岗位1正2副。班子成员7人，其中总经理1人，副总经理4人；工会主席、总经济师、总工程师、总会计师中的两个职位原则上由副总经理兼任。

（三）职级待遇及部门主要职责控制意见

1. 职级待遇

各级负责人职级待遇：局属施工企业内设机构调整后，一级资质企业领导班子成员及内设机构部门正职均为正科级，部门副职为副科级；二级资质企业领导班子成员为正科级，内设机构部门正职为副科级。按照干部管理权限，正、副科级干部均由局党组负责管理。

2. 部门主要职责

（1）综合部：按部门责任目标任务，加强精细化管理，围绕责任目标任务开展工作；负责协助公司领导对各部门工作进行综合协调，组织公司日常工作和目标管理；负责公司办公会议、总经理办公会议的安排和决议事项的督办；负责组织公司重要会议及重大活动的组织，起草重要的综合性文件；负责制定、执行和修改公司的各项管理制度；承办公文运转、信息、保密、机要、印鉴管理等工作；负责信访、纪检和接待工作；负责公司的职能配置、机构编制和人力资源管理工作；负责公司后备干部培养、推荐的相关工作；负责各类专业技术人员岗位设置、考核等管理工作；负责高层次人才的培养和引进工作；负责公司劳动工资、安全生产管理、劳动保护的管理工作；

负责公司的精神文明建设和党群工作；负责公司的日常后勤保障和宣传工作；配合上级主管部门组织好政务公开、民主评议干部等；完成公司领导交办的其他工作。

（2）财务部：按部门责任目标任务，加强精细化管理，围绕责任目标任务开展工作；负责管理公司的财会工作并进行监督，维护财经纪律，杜绝国有资产的流失；负责编制并组织实施公司成本、利润、资金计划，考核财务计划的完成情况；负责组织公司经济核算和经济活动分析，落实经济责任制；组织编制公司年度预算、决算报告和季度、月度报表，负责固定资产和流动资金的管理和核算；按照上级经济考核有关规定，正确核算公司税金、利润、折旧及坏账准备金，组织完成利税任务；负责对各工程项目部经济活动的指导、监督、调查、落实、审核等工作；配合上级主管部门做好项目审计工作；负责各工程项目的成本核算及价款结算；负责施工期间进度款的催办和成本、费用票据的审核及支付工作；及时向领导提供经济活动信息，建立和完善内控制度，确保财务信息准确可靠；完成公司领导交办的其他工作。

（3）工程技术与项目管理部（市政与房建工程管理部）：按部门责任目标任务，加强精细化管理，围绕责任目标任务开展工作；负责工程项目的施工管理，设立工程项目经理部，负责工程项目的进度及统计；负责工程项目的技术指导工作，解决工程项目中的各种技术难题及工程技术的创新、设备的改造；组织工程技术人员进行技术培训，提高工程技术人员的业务素质；做好工程的变更、索赔和资金追加的核定工作，提供工程决算的文本资料；文明施工，确保安全，争创优质工程，杜绝不合格工程；配合开展工程信息收集，协助工程项目的投标工作；负责操作手培训和管理，做好机械设备的维护保养；负责机械设备出租业务和机械设备进、出场的管理工作；负责本部门相关制度建设、计划制订与落实；负责公司承建工程施工组织管理、检查工作；负责施工工程进度、质量检查和纠偏工作；负责各工程技术资料、工程竣工前的初验工作；负责生产施工经营计划的制订、下达、实施过程的监督检查；负责各生产项目的统计、汇总、工程动态信息汇编；负责劳务分包资格审查、劳务分包合同监督管理及审核；负责本部门相关制度建设、计划制订与落实；负责公司承建相关工程的施工组织管理；负责本部门承建工程的技术资料、工程竣工前的资料整理工作；完成公司领导交办的其他工作。

（4）市场开发与合同管理部：按部门责任目标任务，加强精细化管理，围绕责任目标任务开展工作；负责市场信息的收集和筛选；组织编写投标文件，处理招投标工作中的重大技术问题，提高投标文件的质量；按《合同法》的要求，制定中标工程的合同文本；负责工程项目价格的核定、合同的签订及相关文件和资料归档；做好科技创新的立项、研发方案和上报工作；负责市场开发，办理办事处成立的有关事宜，负责办事处的管理工作；完成公司领导交办的其他工作。

（5）质量安全部（实验中心）：负责本部门相关制度建设、计划制订和落实；负责公司质量、安全生产目标的拟定、落实、考核和检查；负责公司安全文明生产管理工作，制定安全生产事故应急救援预案，及时消除施工生产安全事故隐患，并对各生产单位的安全隐患、不文明施工等现象进行处罚；负责监督、检查施工生产重大安全隐患的整改工作；负责编制公司年度安全生产资金投入计划；完成公司领导交办的其他工作；在项目经理和总工程师领导下，根据施工组织设计和质量保证体系计划，编制项目试验工作计划；负责检查、鉴定和试验工程项目使用的材料是否符合规范和设计规定的要求，及时提出报告；负责做好各类原材料试验、过程试验、各种混合料配合比设计，及时提供试验报告；认真做好试验报告和检测记录，做到数据准确、字迹清晰、整齐规范、签证齐全；妥善保存试验各种原始资料，加强与监理工程师和中心实验室的沟通联系；爱护试验仪器及设备，确保试验仪器完好正常，并定期保养仪器设备；完成公司领导交办的其他工作。

（四）业绩成果

（1）温孟滩移民安置河道及放淤改土工程，荣获中国水利工程协会颁发的“2005年度中国水利工程优质奖”。

（2）郑州放淤固堤工程4标，被河南河务局评为优良工程，被黄委评为“2005年度黄河防洪工程文明建设工地”，被水利部评为“2006年度水利系统文明建设工地”。

（3）开封黄河标准化堤防工程，2007年荣获中国水利工程大禹奖。

（4）郑州黄河标准化堤防机淤固堤工程，2008年荣获中国水利工程大禹奖。

（5）郑州韦滩控导工程3标，总投资2012万元，验收合格。2007年被河南河务局评为“优良工程”“优秀项目部”，被黄委评为2007年度黄河防洪工程文明建设工地。

（6）河南赵沟裴峪控导工程，总投资1362.20万元，验收合格。被河南河务局评为“2007年度河南黄河施工企业优秀项目部”。

（7）郑州金沟控导工程，总投资3739.70万元，验收合格。被河南河务局评为2010年度施工文明工地；被中国建筑施工管理协会评为“全国优质工程”。

（8）郑州桃花峪控导工程5～14坝，总投资1400万元，验收合格。被黄委评为2010年度文明工地。

（9）河南黄河中牟赵口引黄闸除险加固工程，总投资1061.28万元，验收合格。荣获“2013年度全国优质工程奖”“河南河务局2012年度文明施工工地”。

（10）郑州金沟和桃花峪控导工程，总投资4501.189万元，验收合格。被中国建筑企业协会评为“2014年度全国优质工程奖”。

（11）福州市闽江北港驳岸整治一期工程苍霞及二桥—三桥北岸段，总投资3421.36万元，验收合格。被中国建筑企业协会评为“2014年度全国优质工程奖”。

（12）南水北调配套工程许昌市境17口门输水管道第一标段，总投资1618.7837万元，验收合格。被河南河务局评为“2012年度河南施工企业优秀项目部”“2012年度文明施工工地”。

（13）南水北调受水区平顶山供水配套工程13号分水口门第二标段，总投资2607.715万元。

（14）南水北调受水区鹤壁供水配套工程施工第十标段，总投资1976.53万元。

（15）南水北调受水区南阳供水配套工程第十三标段，总投资3566万元。

（16）南水北调受水区新乡供水配套工程31号输水线路施工，总投资1222万元。

（17）河南濮阳三合村、南小堤及杨楼控导工程，总投资2017.89万元，验收合格。

（18）山东菏泽鄄城堤防帮宽及道路工程，总投资2848万元，验收合格。

（19）安康市城区东坝防洪工程Ⅳ标段，总投资4064.27万元。

（20）濮阳堤防加固工程第七标段，总投资3605.82万元。

（21）兴安县五里峡水库除险加固工程，总投资2710.4763万元，验收合格。

（22）江西珠湖农场河东区土地整理项目，总投资1741.91万元，验收合格。

（23）江西省五河治理防洪工程上高县城应急实施段项目，总投资1726.08万元。

（24）江西省峡江水利枢纽砖门抬田工程1标段，总投资3071.6088万元。

（25）番禺区市桥河二桥以东段综合整治工程，总投资11187.82万元。

（26）郑州市东风渠治理工程8标段，总投资1744万元。

（27）原阳黄河提防加固工程，总投资2338.4万元。

（28）封丘县污水处理厂管网工程，总投资2587万元。

（29）中牟雁鸣湖景观大道，总投资2970万元。

（30）郑东新区魏河改线工程施工二标段，总投资2508.129万元。

（31）江西吉安市永丰县沿陂镇防洪工程，总投资2109.24万元。

二、郑州黄河水电工程有限公司

郑州黄河水电工程有限公司是水利水电工程施工总承包二级施工企业单位，隶属郑州河务局。

（一）公司规模

至2015年底，郑州黄河水电工程有限公司共有职工99人，其中：在职职工60人（干部16人，工人44人），退休职工20人；在编60人，不在编39人。机构设置和人员编制及实有人员情况见表5-7。

（二）公司建设

1974年4月，开封修防处为迎接黄河淤临淤背任务，成立了临时队伍，即开封黄河修防处机械修配厂（郑州黄河水电工程有限公司前身）。

1977年12月，经黄委批准，开封黄河修防处机械修配厂更名为开封修防处运输队。

1982年5月，开封修防处运输队更名为开封修防处施工大队。

1983年8月，因行政区域划分，开封修防处施工大队改属郑州市黄河修防处管理，更名为郑州市修防处施工大队。

表 5-7　郑州黄河水电工程有限公司机构设置和人员情况统计表

序号	机构名称	合计人数		领导人数		一般工作人员数	
		编制	实有	编制	实有	编制	实有
	合计		99		10		89
一	机关						
(一)	单位领导		5		5		0
(二)	职能部门		94		5		89
1	综合部		23		1		22
2	工程技术与项目管理部		23		1		22
3	市场开发与合同管理部		8		1		7
4	机械设备队		32		1		31
5	财务部		8		1		7

1991 年 4 月，经郑州市黄河河务局批准，郑州市黄河修防处施工大队更名为河南黄河工程局郑州工程处。

2002 年 11 月，郑州工程处成建制划归中牟河务局，仍为事业单位，实行内部企业管理，独立核算，自收自支，自负盈亏。

2003 年 8 月，河南黄河工程局郑州工程处更名为郑州黄河水电工程局。

2005 年 5 月，郑州黄河水电工程局在职职工 89 人归属郑州河务局管理，离退休人员 16 人划归中牟河务局管理。11 月，郑州黄河水电工程局改制为有限责任公司，并更名为郑州黄河水电工程有限公司。12 月，按照郑州河务局《关于郑州黄河水电工程有限公司职能配置、机构设置方案的批复》，郑州黄河水电工程有限公司进行了职能配置和机构设置。机构设置后，郑州黄河水电工程有限公司下设办公室、财务部、市场开发部、施工管理部、质量安全部、设备管理部、工会、综合经营办公室 8 个部门。

2010 年 10 月，郑州河务局党组研究制定了《郑州河务局局属施工企业机构设置和人员控制意见》，推进局属施工企业的规范化、科学化管理，保障企业生产经营良性运行。机构设置为综合部、工程技术与项目管理部、市场开发与合同管理部、机械设备队 4 个部门。综合部：人员控制在 18 人以下，其中负责岗位 1 正 2 副；工程技术与项目管理部：人员控制在 9 人以下，其中负责岗位 1 正 2 副；市场开发与合同管理部：人员控制在 9 人以下，其中负责岗位 1 正 2 副；机械设备队：人员控制在 38 人以下，其中负责岗位 1 正 2 副。班子成员 5 人，其中总经理 1 人，副总经理 4 人，工会主席、总经济师、总工程师、总会计师原则上由副总经理兼任。

各级负责人职级待遇：局属施工企业内设机构调整后，一级资质企业领导班子成员及内设机构部门正职均为正科级，部门副职为副科级；二级资质企业领导班子成员为正科级，内设机构部门正职为副科级。按照干部管理权限，正、副科级干部均由局党组负责管理。

（三）职级待遇及部门主要职责控制意见

1. 职级待遇

各级负责人职级待遇：局属施工企业内设机构调整后，二级资质企业领导班子成员为正科级，内设机构部门正职为副科级。按照干部管理权限，正、副科级干部均由局党组负责管理。

2. 部门主要职责

（1）综合部：按部门责任目标任务，加强精细化管理，协助公司领导对各部门工作进行综合协调，组织公司日常工作和目标管理；负责公司办公会议、总经理办公会议的安排和决议事项的督办及公司重要会议与重大活动的组织，起草重要的综合性文件；负责制定、执行和修改公司的各项管理制度，承办公文运转、信息、保密、机要、印鉴管理等工作；负责信访、纪检和外事接待工作；负责公司人力资源、劳动工资、绩效考核、养老保险、职业技能鉴定、职工教育培训及专业技术人员职称等人事劳动教育管理工作；负责公司安全生产及劳动保护的管理工作；负责公司的精神文明建设和党群工作；负责离退休职工的管理工作，督促落实离退休职工的政治、生活待遇，负责建立完善的内控制度和各类财务管理办法；负责各种资金的使用、管理和核算；负责各类预算的编制、计划的制订、指标的落实和实施情况的监督及考核；负责成本、费用及项目部的管理和核算、票据的审核及各种报表的编制和上报；贯彻落实《工会法》，组织职工参与本单位的民主管理和民主监督；配合上级主管部门组织好政务公开、民主评议干部等；组织开展群众性的文体活动；负责女职工工作和劳模管理工作；负责职工重大疾病医疗救助机制的管理；负责组织开展劳动竞赛、技术比武活动，提高职工的业务素质；负责组织实施对困难职工的帮扶、救助工作；完成公司领导交办的其他工作。

（2）工程技术与项目管理部：按部门责任目标任务，加强精细化管理，围绕责任目标任务开展工作；负责工程项目的施工管理，设立工程项目经理部，工程项目的进度及统计；负责工程项目的技术指导工作，解决工程项目中的各种技术难题及工程技术的创新、设备的改造；组织工程技术人员进行技术培训，提高工程技术人员的业务素质；做好工程的变更、索赔和资金追加的核定工作，提供工程决算的文本资料；文明施工，确保安全，争创优质工程，杜绝不合格工程；配合开展工程信息收集，协助工程项目的投标工作；负责操作手培训和管理，做好机械设备的维护保养；负责机械设备出租业务和机械设备进、出场的管理工作；负责本部门相关制度建设、计划制订与落实；负责公司承建工程施工组织管理、检查工作；负责施工工程进度、质量检查和纠偏工作；负责各工程技术资料、工程竣工前的初验工作；负责生产施工经营计划的制订、下达、实施过程的监督检查；负责各生产项目的统计、汇总，工程动态信息汇编；负责劳务分包资格审查、劳务分包合同监督管理及审核；完成公司领导交办的其他工作。

（3）市场开发与合同管理部：按部门责任目标任务，加强精细化管理，围绕责任目标任务开展工作；负责市场信息的收集和筛选；组织编写投标文件，处理招投标工作中的重大技术问题，提高投标文件的质量；按《合同法》的要求，制定中标工程的合同文本；负责工程项目价格的核定、合同的签订及相关文件和资料归档；做好科技创新的立项、研发方案和上报工作；负责市场开发，办理办事处成立的有关事宜，负责办事处的管理工作；完成公司领导交办的其他工作。

（4）机械设备队：负责公司机械设备管理工作，制定机械设备管、用、养、修等各种管理规则、规定、制度、办法和经济技术指标，并组织实施；协助制订公司年度机械购置、大修及调整计划，并按批准的预算组织实施；建立机械设备台账和设备档案，掌握机械分布状况，了解机械性能及技术状况，为公司领导和有关部门提供相关资料；参与公司投资的机械设备的选型、购置以及机械设备的报废、转让处理工作；负责收集工程机械科技资料，开展“三小发明”科技创新工作；负责操作手培训和管理，做好机械设备的维护保养；完成公司承建的工程项目施工任务，确保施工进度、安全、质量，争创文明工地、优质工程；完成公司领导交办的其他工作。

（四）业绩成果

2005 年实现经济收入 2008.1 万元。

2006 年实现经济收入 3574.8 万元。

2007 年实现经济收入 5772.2 万元。代表工程有：河南郑州韦滩控导第二工程、河南濮阳放淤固堤工程、郑州市桃花峪控导工程等。

2008 年实现经济收入 5046.79 万元。代表工程有：中牟县贾鲁河花桥闸拆除改建公路桥工程、郑州市杨桥引黄灌区节水改造续建配套工程、华阴市三门峡库区返迁移民防洪保安方山河应急工程 B 标段、渭河西安城市段南岸堤防加固工程 21 标段等。

2009 年实现经济收入 4746.3 万元。代表工程有：郑州神堤黄河控导工程、郑州金沟控导工程、防城港市沙谭江中心区防洪防潮（近期）一期工程Ⅰ标段等。

2010 年实现经济总收入 1.04 亿元。代表工程有：河南河洛水务引黄供水水源地围堤工程、新密市双洎河南环路—隆盛祥矿冶段河道治理工程二标段、渭河西安城市段南岸堤防加固灞河以西段堤顶道路工程Ⅶ标段。

2011 年实现经济总收入 1.24 亿元。代表工程有：郑州市金水河上游综合整治工程（南四环—航海路段河道部分）2 标、郑州引黄灌溉龙湖调蓄水源工程施工Ⅴ标段、陕县苍龙涧河芦村段河道治理工程第一标段。

2012 年实现经济总收入 1.4 亿元。代表工程有：黄河下游近期防洪工程（河南段）施工郑州裴峪和赵口控导工程、休宁横江海阳段水环境综合治理二期工程。

2013 年实现经济总收入 1.05 亿元。代表工程有：仁化县董塘河治理工程、河南省南水北调渠首及沿线土地整治重大项目（第一期）Ⅰ片区第三年度工程郑州项目区施工 11 标段、江西成新农场土地整治项目（一）等。

2014 年实现经济总收入 1.14 亿元。代表工程有：黄河禹门口至潼关河段近期治理工程榆林控导上下延及太里控导上延工程、洛河洛阳市区东西延伸治理工程、2012 年巩义市伊洛河治理工程（干沟河口—沙沟河口）施工二标段等。

截至 2015 年底，经施工企业清理整合，郑州黄河水电工程有限公司合并入郑州黄河工程有限公司，并更名为郑州黄河工程水电分公司。

三、郑州天诚信息工程有限公司

郑州天诚信息工程有限公司（以下简称天诚公司）成立于 2001 年 10 月 21 日，注册于郑州高新技术开发区瑞达路 96 号 A320。公司以黄河水利委员会及“数字黄河”建设为背景依托的高新技术企业，先后通过了国家科技部、工信部的“双高”（高新技术企业、高新技术产品）、“双软”（软件企业、软件产品）及 ISO9001 国际质量管理体系的严格认证，具备计算机系统集成三级资质，拥有多项自主知识产权的软硬件产品。公司职工是一支具备面向应用单位提供从底层数据采集与控制、中层数据传输与应用、高层信息化决策支持全程化服务能力的技术团队。

（一）公司规模

天诚公司下设行政、软件工程、系统工程、市场四个部。

截至 2015 年底有从业人员 26 人，其中自聘退休 1 人，退休金由郑州市社保局发放。借调企业管理人员 5 人，自聘人员 21 人；硕士学历 4 人，本科 15 人，大专 5 人，中专 2 人；年龄 20～29 岁 10 人，30～39 岁 13 人，40～49 岁 1 人，50 岁以上 2 人。有项目经理 6 人，其中高级项目经理 2 人。机构设置和人员编制及实有人员情况见表 5-8。

表 5-8　郑州天诚信息工程有限公司机构设置和人员情况统计表

序号	机构名称	合计人数		领导人数		一般工作人员数	
		编制	实有	编制	实有	编制	实有
	合计						
一	天诚公司		26		7		19
（一）	单位领导		1		1		0
（二）	职能部门		25		6		19
1	行政部		6		1		5
2	市场部		8		2		6
3	系统集成部		6		1		5
4	软件开发部		5		2		3

天诚公司以“优质服务水利行业信息化建设，相关产品和技术向全行业转化”为经营目标，开展以下工作：

（1）水文数据采集、遥测等相关设备的研发和应用；

（2）现地音、视频数据采集相关设备的研发和应用；

（3）安全监测相关设备的研发和应用；

（4）远程分级控制相关产品的研发和应用；

（5）无线数据传输相关设备的应用；

（6）遥感工程与GIS应用软件开发工程；

（7）MIS应用软件开发工程；

（8）电子政务软件开发工程；

（9）大中型灌区信息化综合平台的研究与应用；

（10）电子水尺研究与应用；

（11）水资源管理器的开发与应用。

多年来，天诚公司先后与郑州大学、解放军信息工程学院、华北水利水电学院、河海大学、南京自动化研究所、南瑞公司等10多家高校和研究所建立了良好的横向协作关系，组成了一个跨行业、跨区域的科技协作群体，为企业的技术进步和产品结构升级奠定了坚实的基础。

（二）公司建设

2001年9月成立郑州天诚信息工程有限公司，该公司为股份制企业，实行独立经营、自负盈亏。该公司由郑州河务局、中牟河务局、河南牟山黄河水电工程有限公司（隶属中牟河务局）三家单位共同出资组建。十多年来，公司稳定发展。

（三）业绩成果

2001年实施的项目主要有：黄河防汛通信集中监控系统、河南中牟杨桥涵闸远程监控系统等。

2002年实施的项目主要有：郑州河务局办公自动化系统，邙金局无线接入通信工程，小浪底实时图像远程传输系统，黄河下游杨桥、马渡、花园口、三刘寨、闫潭、新谢寨、南小堤、胜利闸引黄涵闸远程集中监控系统及高村、利津水文站远程图像传输系统建设，黄河下游洪水调度演示系统软件开发等。

2003年实施的项目主要有：河南黄河国有资产管理信息系统软件开发，邙金局工情信息采集系统、实时工情信息采集系统改造、数字移动型工情视频及数据综合业务系统建设，郑州市黄河河务局网络视频会商系统、黄河防汛物资信息管理系统、黄河防汛方案会商汇报系统、黄河下游洪水调度演示系统应急改造，开封黄河黑岗口、柳园口、三义寨闸技术改造，焦作黄河张菜园闸技术改造等。

2004年实施的项目主要有：焦作张菜园等5座涵闸防雷改造、塔里木河流域水闸远程监控系统规划设计合同、焦作共产主义闸技术改造等。

2005年实施的项目主要有：胜利等四闸两站远程监控监视系统维护服务、河南局涵闸监控系统维修、郑州局网络及计算机维护服务、阿其克河口分水枢纽远程监控系统、郑州惠金黄河水利工程维修养护有限责任公司办公网络工程、郑州市防汛指挥部与郑州黄河防汛指挥中心集成平台开发、郑州惠金黄河河务局水政科办公网络工程等。

2006 年实施的项目主要有：郑州保合寨控导工程 40 坝安全监测系统、河南黄河可视化防洪预案管理系统、堤防隐患探测工程等。

2007 年实施的项目主要有：河南黄河引黄水闸远程监控系统现地站设备维护、郑州黄河科技管理系统、河南黄河厂门口引黄闸工程安全监测系统、河南黄河远程监控系统（5 座典型闸）恢复、黄委电子政务系统黄河网（二期）建设软件二次开发、阿其克河口分水枢纽远程监控系统软件功能扩展技术服务、塔里木河流域水量调度远程监控系统总体设计和技术要求编制等。同年天诚公司注册资金由 200 万元增资到 500 万元。

2008 年实施的项目主要有：河南黄河引黄水闸远程监控系统现地站设备维护、郑州市尖岗水库与尖岗水文站并网建设工程、河南中牟险工安全监测项目、濮阳邢庙闸远程监控系统恢复服务、防汛决策指挥系统、河南黄河引黄涵闸远程监控系统现地站系统恢复（19 座闸）、濮阳市渠村引黄改建工程穿堤闸工程远程监控系统、水利国有资产管理信息系统（河南局、水资源局）等。

2009 年实施的项目主要有：安阳市小南海水库除险加固工程设备自动化系统、安阳市彰武水库除险加固工程设备自动化系统、河南黄河引黄水闸远程监控系统现地站系统维护管理、中牟险工安全监测系统数据传输及服务平台改造、河南黄河厂门口引黄闸工程安全监测系统技术服务、防汛指挥三维 GIS 应用平台、郑州黄河水利工程维修养护数字化工管系统、郑州河务局电子政务系统郑州黄河网升级改造、水利国有资产管理信息系统（山东局）等。同年天诚公司注册资金由 500 万元增资到 1000 万元。

2010 年实施的项目主要有：防汛决策指挥系统及配套设施的运行维护、河南黄河引黄水闸远程监控现地站系统维护管理、黄河防洪工程工情险情信息自动采集系统、郑州黄河防汛信息化平台、天诚移动水务通系统 V1.0、省级农业干旱监测预测与评估系统、塔河干流工程调度监控系统维系养护项目、中牟县杨桥灌区 2010 年度续建配套与节水改造工程等。

2011 年实施的项目主要有：河南黄河引黄水闸远程监控现地站系统维护管理、黑河东风场区水资源管理调度系统建设、中国水利工程协会数据集成、卫辉市石包头水库信息化管理系统、卫辉市塔岗水库信息化管理系统、中国水利工程优质（大禹）奖申报系统、中国水利工程协会培训管理系统、全国水利工程建设监理员管理系统、中国水利工程协会信息化应用系统维护服务、黄河水量调度管理系统运行管理方案研究等。

2012 年实现收入 719 万元。实施的项目有：中牟县 2011 年度农业水价综合改革示范项目——灌区信息化设备采购合同书，河南黄河中牟赵口引黄闸除险加固工程电气设备及安装、公用设备及安装，黄河下游引黄涵闸远程监控系统河南 5 闸现地站系统整改（三刘寨、柳园口、共产主义、张菜园、邢庙）技术服务合同补充合同，赵口 16 孔引黄涵闸远程监控现地站、安全监测及配电系统（编号 13 合同为主），东风油品物联网综合信息平台合作协议书——快销物联网综合信息系统 V1.0 合同等。

2013年实现收入855万元。实施的项目有：涵闸视频服务器及监控软件维护、苏泗庄闸除险加固工程远程监控系统、黄河水量调度管理系统引退水采集视频监视子系统视频管理软件建设项目、河南省中牟县2012年度农业水价综合改革示范项目、河南省2013年度中小河流水文监测系统第一批物资设备采购项目11标段。

2014年实现收入1237.02万元。主要实施项目有：河南省中小河流水文监测系统建设项目2012～2013年度信息化（二期）项目远程视频监控系统建设第3标段、郑州市农田水利现代化示范乡镇中牟县官渡镇建设项目、河南省中牟县2012年度农业水价综合改革示范项目——灌区信息化设备采购及安装工程、分包南京南瑞集团项目——南水北调中线干线工程自动化调度与运行管理决策支持系统闸站监控系统集成二标施工、郑州黄河滩区汛情发布及迁安撤退预警系统项目、安阳洹河防汛遥测信息系统更新改造项目。

2015年，天诚公司完成经济总收入1014.48万元。主要实施项目有：中牟官渡镇农田水利现代化示范乡镇建设项目，河南省中小河流水文监测远程视频监控系统建设项目，安阳市洹河防汛遥测信息系统更新改造项目，刘庄、苏阁水闸除险加固工程远程监控系统，陆浑灌区2015年度测水点节水改造工程，水利部建设管理与质量安全中心政务内网建设项目，郑州河务局网络机房改造项目等。

天诚公司从单一的系统集成业务，发展到软硬件产品开发与生产，拥有多项自主知识产权产品，领域涉及远程涵闸监控、三维GIS应用、行业应用软件开发、移动应用开发等。公司倾力打造的“引水闸远程监控系列产品”“基于网络的三维GIS共享平台系列产品”“天诚移动水务综合平台”“堤坝根石位移智能监测系统”“国有资产管理信息系统”“大中型灌区信息化综合平台的研究与应用”等已有了完整的产品系列，科技成果硕果累累，截至2015年底，共获得专利产品3项，科技进步奖14项，创新成果奖22项，高新技术产品3项（国家已停止认定），软件产品4项，著作权登记17项，河南省科技厅认定的科技成果6项。

四、郑州宏泰黄河水利工程维修养护有限公司

郑州宏泰黄河水利工程维修养护有限公司直属郑州河务局管理，是一个新兴的黄河工程维修养护企业单位，独立核算、自负盈亏。其主要职责是：按照合同要求，负责完成郑州辖区黄河堤防、险工、控导等工程和设施的维修养护任务，确保维修养护质量、工期和资金的规范运作与安全使用，负责记录、编报、管理工程维修养护资料等。

（一）公司规模

至2015年底，郑州宏泰黄河水利工程维修养护有限公司共有职工201人，其中：在职职工201人（干部38人，工人163人），离退休职工123人（退休职工123人）。机构设置和实有人员情况见表5-9。

表 5-9　郑州黄河宏泰养护公司机构设置和人员情况统计表

序号	机构名称	合计人数		领导人数		一般工作人员数	
		编制	实有	编制	实有	编制	实有
	合计	290	201		5		196
一	养护总公司	10	7		4		3
（一）	单位领导		2		2		
（二）	职能部门		5		2		3
1	综合部		3		1		2
2	工程部		2		1		1
（三）	养护第一分公司荥阳养护处	25	15				15
（四）	养护第一分公司巩义养护处	19	11				11
（五）	养护第二分公司	118	71				71
（六）	养护第三分公司	118	96		1		95

（二）公司建设

2005 年水利工程管理体制试点改革时成立的维修养护公司注销企业法人后，作为非独立法人的维修养护分公司，成建制划入郑州黄河水利工程维修养护有限公司。郑州黄河水利工程维修养护有限公司“人、财、物”由郑州河务局管理。

2006 年 5 月，成立了郑州宏泰黄河水利工程维修养护有限公司，该公司是由河南河务局和郑州河务局共同出资（河南河务局占总资本的 30%，郑州河务局占总资本的 70%），具有独立法人资格的企业，实行独立核算、自负盈亏。

机构设置及定员：郑州宏泰黄河水利工程维修养护有限公司设总经理 1 人，副总经理 3 人。管理人员定员为 10 人，内部设办公室、工程部、财务部三个部门，分别设经理 1 人。公司定员 290 人。下设郑州宏泰黄河水利工程维修养护有限公司第一分公司（含巩义、荥阳两个养护处）、郑州宏泰黄河水利工程维修养护有限公司第二分公司、郑州宏泰黄河水利工程维修养护有限公司第三分公司。分公司经理由郑州宏泰黄河水利工程维修养护有限公司副总经理兼任。养护分公司内部不再设置管理机构，管理人员定员 9 人，经理 1 人，副经理 2 人，工程技术主管岗位 2 人、财务主管岗位 2 人、业务主管岗位 2 人。

2012 年 7 月，河南黄河园林绿化工程有限公司（2012 年 10 月更名为黄河园林集团有限公司）对郑州宏泰黄河水利工程维修养护公司投资。投资后，河南河务局占总资本的 17.43%，郑州河务局占总资本的 40.67%，黄河园林集团有限公司占总资本的 41.9%。

（三）技能竞赛

2009 年 7 月 17 日，在全局范围内举办了第一届维修养护技能竞赛，局属各水管单位 60 多名参赛队员参加了巡坝查险、草皮树木修剪、编织铅丝网片、填垫水沟浪窝、码放备防石以及工程日常养护等项目技能竞赛，并进行了维修养护业务知识考试。评委现场评分，对在竞赛中获得优秀成绩的集体和个人进行了表彰，1.51 万元奖金全部发放给优胜者。

2010 年在全局范围内开展了“维修养护内业资料竞赛活动”。5 月 13 日，召开维修养护技术资料整理专题会议，对维修养护技术资料整理过程中存在的问题进行了归类，针对问题的解决方法进行了培训，并对维修养护内业资料竞赛活动进行动员，要求各水管单位前期自行开展竞赛活动。7 月 20、21 日，市局工务处对各水管单位自身竞赛情况进行了检查指导。

第四节　依法经营

1980 年以来，郑州河务局在抓经济工作当中，始终把依法经营放到经济工作的重要议事日程，重视职工学法、懂法，依法经营工作，较好地维护了国家和单位的经济利益。

一、企业实践

郑州黄河工程有限公司是郑州河务局的龙头企业，常年聘请有法律顾问，为公司依法经营、依法管理提供保障，极大地防范了公司的各项风险。

（一）聘请法律顾问

郑州黄河工程有限公司成立于 1993 年，主要承揽项目为黄河内部工程，从 1996 年开始接触承揽社会工程，先后承揽的有山东定陶市政公路工程、新安 310 国道工程及移民工程等。在做好这些外部工程项目合同管理、施工管理、工程款结算过程中遇到很多涉及法律法规的问题，特别是 2003 年公司改制后，资产规模变大，承揽工程越来越多，项目遗留问题也越来越多。2004 年在处理“尉氏项目”工程款纠纷时，公司聘请国银律师事务所律师王福立为委托代理人，出面与业主单位交涉工程款支付事宜，王福立凭借丰富的专业知识和实践经验，经过多次与对方交涉、沟通，最终圆满完成了公司委托，为公司挽回经济损失 100 余万元。2005 年 7 月，公司聘请王福立为常年法律顾问，协助处理公司涉法涉案工作，并负责公司有关的法律咨询、合同拟定审核、法律人才知识培养培训、制度制定审核等。2005～2015 年 10 年间，先后成功办理诸多案件，主要有如下几个：

（1）尉氏河道工程款要账工作，追回工程款 110 余万元。

（2）山东定陶市政道路工程款诉讼工作，追回工程款150余万元。

（3）济源大桥工程工程款要账工作，追回全部工程余款（含汽车两部）。

（4）济源大桥工程应诉省交三处工程款纠纷案件，原告诉请工程款120余万元，最终以70万元调解成功。

（5）青海隧洞工程农民工29人集体诉讼工程款应诉案件，最终驳回对方诉讼请求。

（6）金沟控导1～16坝游人溺水死亡4人应诉案件，最终驳回对方诉讼请求。

（7）2015年郑州黄河工程有限公司与被告民间借贷纠纷一案，判决被告于判决生效之日起10日内偿还原告郑州黄河工程有限公司借款50万元及利息（利息自2014年1月10日起至还款之日止按月息2分计算）。

（二）法律顾问的重要作用

（1）可以随时向顾问律师提出法律咨询，防范法律风险。

（2）享受更全面、高质量的法律服务。顾问律师熟悉聘用公司的基本情况，可以避免因对案件情况、背景等了解不全面而产生的疏漏，从而提高服务质量。以亚行三标为例，从项目开始合作，法律顾问即参与了合作协议的拟定。施工过程中，发生纠纷时公司领导及时咨询律师进行沟通，对双方达成的有关协议、会议纪要等进行把关，在河南河务局组织双方对质时全程参与，法律顾问对整个项目所有问题了解得非常透彻，所以在最终诉讼时，律师能很快掌握案件重点，抓住对方疏漏进行辩护，达到很好的效果。

（3）公司享受更忠诚的律师服务、降低用人风险。客观地讲，目前律师从业人员良莠不齐，若遇到个别品行不端的律师，将会带来不确定的风险。但是，公司却能大大降低这方面的风险，作为公司的法律顾问，其利益在某种程度上和公司的利益联系在一起，顾问律师会尽职尽责、全力以赴为公司提供法律服务。

（4）降低聘请律师的费用。顾问律师平时提供咨询服务不再收费，如果涉及仲裁、诉讼等需要律师出庭代理的案件，可以减少律师费用。

（5）由法律顾问出面处理公司对内、对外的一些涉及法律方面的问题，更有利于问题的解决。在经营中，公司经常会遇到一些敏感的问题（如可能会有客户、工商、公安、税务、环保等部门工作人员不请而至），此时作为公司法人代表不便于出面时，可请顾问律师出面周旋，为公司法人代表最终解决问题留有余地，避免陷入僵局。

（6）聘用一家优秀、知名律师所的律师作为法律顾问，能在一定程度上提升公司的知名度和美誉度。

（三）应注意的问题

（1）单位应高度重视，在日常工作中依法经营、依法管理，充分利用单位已聘请的法律顾问的专业能力，做好风险防范工作。

（2）对法律顾问的使用重点应在制度梳理、合同管理、施工管理等方面，应加强公司的制度建设，在内控制度的各个重要节点上多征求律师意见，加强公司合同管理，从重大合同的谈判、制定、执行要求法律顾问全程参与，加强施工管理，在物料采购、人工使用方面多咨询法律顾问意见，规避风险。

（3）应定期、不定期由法律顾问对公司干部职工进行法律知识培训，在公司内部推动知法、守法、用法活动，提高公司全体员工的法律意识，促进公司的依法合法经营。

二、典型案例

（一）1998 年郑州黄河工程公司追讨工程款胜诉案

1996～1998 年郑州黄河工程公司第五工程处（中牟河务局），承揽新乡小冀青龙路施工任务，因对方拖欠工程款且追讨无果，导致郑州黄河工程公司诉（政府）建设单位。起诉书直接送河南省高级人民法院，案件受理后，进入诉讼程序，后经过开庭审理，调解无果，于 1998 年 8 月 29 日做出〔1998〕豫经初字第 48 号判决：郑州黄河工程公司胜诉。被告方不主动履行判决，经申请法院执行，最终追回拖欠工程款 800 余万元。该案件是河南黄河首件经济胜诉案，胜诉的经验是：严格履行合同，保质保量保工期，加强施工管理，着重资料收集，依理依规依法开展经济工作。

（二）水费征收胜诉案

因征收水费对象的单位性质，在协调诉讼方面难度较大，胜诉难度更大。自 1994 年至 2010 年，涉及郑州河务局及所属单位的 4 个水费诉讼案，全部胜诉。即 1994 年邙金河务局水费胜诉案、郑州黄河供水分局 3 个胜诉案。这些胜诉案，极大地启发和教育了供用水单位，增强了社会水商品意识和法律意识。

（三）其他案例

20 世纪 80 年代，郑州河务局局属某单位在一次处理单位与个人经济纠纷案时败诉，并给单位造成了 5 万元的较大经济损失。后经了解，该单位聘请的常年法律顾问被对方高额敲定，单位却浑然不知。另外，由于种种原因，也曾出现一些不尽如人意的经济纠纷案例，教训深刻，发人深思。

三、经验总结

（一）增强责任意识

一是干部职工要学法、懂法，增强法律意识，尤其各级领导干部更要学习和掌握法律知识，要会运用法律武器维护单位利益，同时还要有高度的政治责任感，严守单位秘密。二是补短板，求发展。单位一定要把组织职工学习法律法规列入重要议事日程，要制度化、常态化，常抓不懈。即便见了成效，也没有休止符，只有这样，才能强化自己，增强大家的责任意识，提高单位和职工的管理水平。

（二）做好建章立制

好的规章制度能够规范人的行为，使大家步调一致，有章可循，办事有序，落实有力，奖罚分明，保障经济工作正常运行；在健全制度的前提下，还要健全应用模块，如各项工作办事程序、合同、协议以及应用文书等，可以有效避免临时抱佛脚；加强资料收集与管理。

（三）注重选人用人

在选用人时，以政治合格、纪律严明、专业过硬为条件，务必做好深入细致的基础工作，要全方位了解和把握，选好用好每一名法律顾问。

第六章　治黄技术

治黄技术,在整个治黄历程中,始终起着举足轻重的作用,体现着各个历史阶段治黄生产力发展的水平,它存在于治黄的方方面面、各个角落,充分体现了人民治黄的轨迹、悠久的历史和灿烂的文化,又展现了现代人民治黄长足的发展和社会的进步。

因此,在志书编写过程中,很多章节都会涉及治黄技术,为有效避免重复编写和内容交叉,针对郑州黄河人创造的和常用的治黄技术进行集中编写,以使相关章节在编写当中,凡涉及的相同内容,不再重复叙述。再者,治黄技术内容非常宽泛,本章仅介绍了土石方工程施工、工程查勘与探测、工程抢险三部分,其余相对必要的内容列入附录中。

第一节　土石方工程施工

一、土方工程施工

在郑州黄河通常使用的方法有土方压实(夯实)法、放淤固堤法和机械吹填固堤法三种。

(一)土方压实法施工

土方压实法施工必须严格按照设计图纸、文件及施工规范进行。一般程序包括施工准备、清基、取土、填筑、压实、质量检测六项。

1.施工准备

堤防施工以前,需要做好各项准备工作。实践证明,准备工作做得好,能够避免"开工三天乱"现象的发生,有利于保证施工质量和施工的顺利进行。施工前的准备工作主要有一般准备工作、测量放线、工段划分、土场确定(土塘划分)等内容。

1)一般准备工作

(1)安排任务。根据工程施工要求,编制施工计划,研究安排或发布施工任务,即把施工任务落实到施工单位。

(2)技术交底。组织施工单位到工地现场认工,交代工程量、土塘位置、运土道路、施工质量和标准以及各种施工技术规范、操作规程、施工安全规定等。

(3)后勤保障。根据上工人数和机械等情况,规划好生产生活后勤保障工作,组织好相应的服务和安全卫生等工作。

2)测量放线

另列一目单独编写施工测量放线。

3)工段划分

1998年以前的做法是:根据各施工单位的工程任务,按照土方表在实地定出各施工单位的起止桩号。由于起止桩号关系到施工及工程结算的问题,因此一定要计算和测量准确。工段长度不应过短,以免工程接头过多。两工程接头处是施工质量容易出问题的地方,应尽量减少。

1998年以后的工段划分,一是设计、招标时的项目或段落划分(如标段);二是同一施工范围分成几个施工工段,由不同的施工队伍或同一施工队伍的不同工种施工班组进行施工流水作业,以及便于施工与质量检查验收的循环作业。

4)土场确定(土塘划分)

1998年以前采取的土塘划分法大体是:工程划定后根据工段的位置,按照运距最近、"对塘取土"、土料适合、少挖农田的原则划分取土塘坑。土塘划定后,应将土塘编号、土塘计划挖深、土塘长宽、土质等资料填表登记,一式两份。一个施工单位的计划土塘土方量应略大于筑堤计划土方量,按《堤防工程技术规范》(SL 51—93)规定,"筑堤材料的规划储量,应考虑到料场调查的精度和土料损失等各种因素,不宜小于堤身填筑需要量的1.5倍"。这种做法大多是以收下方为主,即土塘方量;以收上方为辅,即上堤或坝土方方量。

1998年以后采取的是土场确定法。由于多元经济的发展,工程用土情况复杂,取土难度加大,但基本原则仍是:"就近取土,土料适合、少挖农田"。同时提出绿色环保、移民安置等,依此确定土场。只要求土场有足够的储量,即不小于填筑需要量的1.5倍。不再收下方,只收上方,即上堤或坝土方方量。具体收法是,以上堤或坝土方方量为主,以收车测方为辅。

2.清基

(1)工程基础如遇到大颗粒砂层、干裂淤土层或稀淤等不适宜于作为堤防基础的土质时,应经过上一级部门批准,采取挖除或截渗等措施进行处理。

(2)工程前,应组织人员将基础范围内和旧堤表层的草皮、树根、砖石、浮碱、腐殖土等杂质一律清除,对坎坷不平处、坟坑、树坑等应分层填土夯实。

(3)在铺第一坯土前,地基部分要普遍压实,拖拉机压三遍或者用硪排打三遍,压实面积应超过工程边界0.2米。

3.取土

(1)土方工程施工时应就地取土,并尽可能先在临河滩上取土。如果临河为险工或者有水不能取土者,可在背河面取土。所用土料尽量选用两合土或风化淤土。如用砂土筑堤,应用淤土或两合土包边、封顶。包淤厚度(水平)0.3~0.5米,以防止风雨侵蚀。背河堤坡浸润线以下不宜包淤，应使用透水性较强的土料，以利排除堤身渗水。

（2）土塘划定应以节约运距、土料适宜和少挖耕地为原则，并适当留些土标，以便于计算土方量。土塘深度一般以1米为宜。土塘近堤的边沿距新堤脚的距离，临河要在50米以外，背河在100米以外。土塘间每隔100米左右要留一条宽10米的路埂，并最好与大堤垂直，以避免土塘相连形成堤河。

（3）修堤土料应符合下列要求：土料内不得掺有草根、树叶等有机物及砖石杂质；不得使用腐殖土、冻土、大淤块、稀淤、飞砂等；土块直径不得大于5~8厘米。

4.填筑

（1）应按水利部发布的《堤防工程技术规范》（SL 51—93）中的有关规定，确定堤防工程的防洪标准。依照堤防设防水位设计断面，帮宽加高堤防。一期修够设计断面有困难者，要一次铺底，然后分期、分段施工。

（2）修堤时必须分层填筑，层土层实，保证其密实性。每层铺土厚度，应根据压实工具种类确定。用拖拉机压实时，虚坯厚30厘米；用履带式拖拉机压实时，虚坯厚25厘米；用硪夯实时，虚坯厚30厘米。铺土厚度要均匀平衡。

（3）施工时，应在施工段的范围内，自最低处开始分层向上填筑，铺一层、压实一层，不能延误。每天收工之前，必须将虚土全部压实。

（4）凡是老堤帮宽者，堤坡要逐坯开蹬，以利新旧土结合。地面坡度陡于1∶10时，应逐坯切成台阶形，各台阶的高度，应与压实后的土坯厚度相同。

（5）冻期施工影响工段质量，一般情况可不施工。如遇特殊情况需要施工时，可剥开冻土层以下取土或者在每日收工前将土塘表面挖松20~30厘米，以防止冻结，并在已压实的土层上盖一层20~30厘米厚的松土，作为防冻层。次日开工时，将压实土层上覆盖的防冻土酌情处理后，继续施工。

（6）相邻两工段应尽量掌握平衡上土，平茬起。如进度不一，可采取斜插肩的办法。斜插边坡做到1∶3坡度，包坦行硪。后进工段上土时，将斜插边坡开蹬处理，以便结合。

（7）堤身断面应坯坯做够，保持坡面平整，避免贴坡或切坡。堤顶自中线向西边倾斜，呈花鼓形。戗顶亦应向外斜，倾斜坡度为1∶20~1∶30。

（8）修堤遇雨时，应等土坯表面晒干后，再行翻松压实。如果想不等湿土晾干施工，可将表层湿土铲去，继续施工。因局部土料过湿、压实后形成“橡皮土”现象时，要对土料进行调配，以确保施工质量。

（9）大堤与道路交叉时，必须修筑坡道。临河坡道应斜向下游，避免阻水。坡道的坡度一般为1∶10左右，重要坡道可用1∶15。

5.压实

填土压实方法一般有机械碾压法、机械夯实法及人工夯实法三种。

（1）机械碾压法。

修堤筑坝时应尽量采用机械碾压，以保证工程质量。常用静压履带式拖拉机碾压，一般碾压遍数为5~8遍；较少使用静压气胎碾，轮胎式拖拉机碾压，一般碾压遍数为5~

6遍。碾压方法有连压法、排压法和套压法三种。在中牟九堡下延工程施工时,曾将两台履带式拖拉机连在一起进行碾压,效果均优于以上三种方法,这是中牟河务局的创造,将其命名为"双机碾压法"。

近几年部分工程开始使用静压碾压机械平碾和未开振动的振动碾等,这些机械的优点是碾压效果好;缺点是笨重,迁移难,不适宜中小工程或较小的工作面。

(2)机械夯实法。

机械夯实法一般有蛙式电夯和立式气夯两种。立式气夯是汽油机械,需人工抓扶,靠一个气缸,压缩爆发,将气夯弹起0.5米左右,落下冲击填土,使其夯实,夯实遍数视土质而定。在20世纪70~80年代有所应用,后被蛙式电夯取代。在没有机械或机械碾压不到的地方使用,节省人力,且效果较好。

(3)人工夯实法。

人工夯实法,按其材料分一般有木夯、石夯、铁夯三种。按其形状分有片状和柱状两种。木夯片状一般是拍打板,适用于小体积精细活,如拍打眉子土、小土埂等,一人操作即可;柱状木夯,一般由4人行夯,抬高2米以上,操作方便,效果较好。石夯有石磙、石门墩、片硪(人造片石)或块石等;铁夯一般有片硪、手硪、辫硪等,一般由6~8人行夯,抬高2米以上。以上三种夯在行夯时,均需1人喊号,群人应号,有节有奏,昂扬向上,步调一致,铿锵有力,效果甚佳。片硪一般在坡面或顶面行夯,柱状夯一般为层土层夯之用。人工夯实法的优点是,既适用大面积,又适用窄小范围,"没有机械它管用,有了机械它填空",方便易行;缺点是费人力。

人工夯实法,主要使用在20世纪70年代之前,机械化较低的年代。但是,尽管在机械化程度较高的今天,它依然可以完成机械化不能完成的窄小范围的任务。

注意以下几个关键环节,确保施工质量:土质类别、含水量、铺土厚度、碾压或夯实遍数和机具的重量、开行或冲击速度、碾压或夯实方法等因素。

6.质量检查

(1)"百年大计,质量第一"。各级施工指挥部必须认真抓好施工质量,建立专门组织负责工程质量检查。大堤帮宽加高土方工程,一定要按施工规定铺土和碾压,压实后的干密度保证在每立方米1.5吨以上。

(2)质量检查的主要项目有压实土方的干密度、铺土厚度、工段长度和两工接头、土料及其调配、开蹬、清基封底、工程尺度七项。

(3)修堤尺寸与设计尺寸之间的误差,规定如下:堤顶高程,由设计确定,并计入建筑物沉陷的高程,不允许有误差;堤顶宽度误差为±20厘米;坡度为±5%。

(4)在全部施工过程中,按堤防设计标准和对工程质量的要求,经常进行全面检查,逐坯验收。经检查不合乎要求的,坚决返工,以保证工程质量。

7.土的分类和现场鉴定

(1)土的分类、依土中含黏土颗粒成分多少为标准(见表6-1)。

表 6-1　土质分类表

序号	土的种类	黏土	砂质黏土	砂质壤土	砂土	粉土
1	黏土粒含量(重量百分数)	>30%	30%~10%	10%~3%	<3%	粉土粒多于沙土粒的土
2	搓滚界限时的土条直径(mm)	<1	1~3	>3	不能搓滚	

注:1.黏土粒直径 0.005 毫米,粉土粒直径 0.05~0.005 毫米。

2.粉土成分用搓条法测定,即用手搓滚相当土条断裂时的直径。

3.砂质黏土及砂质壤土即相当于黄河下游的两合土。

(3)现场鉴别土壤的方法简便易行,效果较好(见表 6-2)。

表 6-2　土壤现场鉴别法说明表

土壤类别	状态	特征
黏土	干燥	1.看不见砂粒。 2.大土块土样不易击碎,个别小块用手指难碾碎
	潮湿	1.手捏时感觉不出颗粒。 2.沾手,能搓成的细条直径小于 1 毫米。 3.土块用手猛力摆动仍保持原形,如分成两半摇动不再合并
	饱和	1.多次用力摇动后即变形,表面呈圆形,同时表面有水分分离出来;分成两半摇动,即合并在一起不便接缝。 2.土体饱和时不能排水
	其他	干土块浸在水中长期不崩溃
两合土 甲·砂质黏土	干燥	1.看到少数个别砂粒。 2.大土块样易击碎,个别小块用手较易捏碎
	潮湿	1.手捏时感到微小颗粒。 2.不甚沾手,能搓成 1~3 毫米细条。 3.土块用力摇动后,个别部分折裂或脱落,一般仍保持原型
	饱和	1.多次用力摇动后有多量水分,轻壤土中分离的水分尤多,切成两半摇动后即合成一体。 2.土体饱和时排水弱
	其他	干土块浸在水中软黏土的崩解既快又多,崩解时纷纷剥落,原形难辨,轻壤土的剥落尤多,试样完全变形
两合土 乙·砂质黏土	干燥	1.看到大量的砂粒。 2.大土块样甚易击碎,小块能用手指捏碎
	潮湿	1.手捏时感觉砂占多数。 2.不沾手,很难搓成细条,但能搓成大于 3 毫米的土条
	饱和	1.多次剧烈摇动后呈稀释状态。 2.土体饱和时排水强
	其他	干土块浸在水中后,立即全部解体,放出轻雾使水微浊
黄土和黄土质壤土	干燥	成块而易散
	潮湿	1.手捏时不觉有颗粒。 2.没有什么黏力,塑性弱
	其他	干土块浸在水中后崩解快,有管状孔隙

续表 6-2

土壤类别	状态	特征
砂 土	干燥	1.只看到砂粒。 2.不能成块
	潮湿	1.手捏时完全感觉不到有黏性。 2. 不能搓成条,完全无塑性
	饱和	土体饱和时易排水(透水)
	其他	干土块浸在水中后虽不常迅速崩解,但将全部崩解而沉淀于水底

注:甲・砂质黏土含砂粒相对少,乙・砂质黏土含砂粒相对多,这是二者的区别。杂质土,一般在种植层下,如建筑物垃圾及碎砖瓦等;有机土,深层的潮湿有机土,常有特殊臭气,色呈暗黑;盐渍土,有盐味。

(3)黄河下游土壤名称较多,外形特征突出(见表 6-3)。

表 6-3 黄河下游土壤名称说明表

土质名称	分类级别	外形特征说明	自然湿密度(千克每立方米)
砂土	Ⅰ	为黄河下游淤积之砂土,一般颗粒细而均匀,透水性大,手挖时感觉不到有黏性、无塑性,不能搓成土条,易挖,由于颗粒自然级配和外貌颜色的不同,砂土又有以下几种名称	
青砂	Ⅰ	为粉土或粉砂土组成,颗粒细致略带黏性,比白砂透水性小,潮湿时色青,干燥时灰白色	1700
白砂	Ⅰ	多属轻粉质砂壤土,颗粒比青砂稍细,无黏性,透水性大,潮湿时色黄,干燥时呈白黄色,遇风易飞扬	1700
飞砂	Ⅰ	颗粒更为细匀,组织结构松散,完全无塑性,透水性大,易干燥呈白色,遇风即飞扬	1700
马牙砂	Ⅰ	颗粒比以上几种砂为粗,能作拌和水泥细料用,透水性大,完全无黏性,潮湿时是黄色,易挖装,干燥时是黄白色,不好挖装	1700
两合土	Ⅰ	为黏土和砂土的混合土,有塑性,能搓成直径 1~3 毫米以上的土条,一般均经过自然风化及机械耕作,土质松软,易挖,色褐或黄	1750
风化淤土	Ⅰ、Ⅱ	系淤土经过自然风化或机械耕作使原有淤积层次破坏而成散碎团状土色红,分为以下两级:	
风化淤土一级	Ⅰ	为地面风化淤,一般是耕作土壤,土质松散,易挖,略带砂性,色红,群众叫面淤土及小红土	1700
风化淤土二级	Ⅱ	经过自然风化或机械耕作后的淤土,复被河滩淤积之土壤将其覆盖、压实,组织结构较为密实,一般呈片状结构,较风化淤一级难挖	1750
黏砂	Ⅱ	为重粉质砂壤土,颗粒很细致,手挖时感觉到砂占多数,稍有黏性,土块在手上抛掷几下,能见表面发油光,有水分渗出,能搓成 1~3 毫米土条,较砂土难挖	1850
花淤土	Ⅱ、Ⅲ	系层淤层沙的间隔土,层痕明显,俗称格淤。淤层经风干龟裂成网状后,空隙中复淤填泥沙,挖时成碎块状,叫花淤。层淤层沙很薄,一般在 1~2 厘米以下者叫油饼淤	

续表 6-3

土质名称	分类级别	外形特征说明	自然湿密度（千克每立方米）
花淤土一级	Ⅱ	花淤、油饼淤及格淤含水量较大者为花淤一级	1830
花淤土二级	Ⅲ	格淤含水量较小者为花淤二级	1860
牛头淤	Ⅱ～Ⅳ	未经自然风化之原状淤土，组织结构密实、色红、质坚，用指甲在土块表面摩擦见光润滑油，层厚1～3分米，层与层间有薄浮沙，挖起时为大小不同的硬块。分以下几级	
牛头淤一级	Ⅱ	厚度较薄，略有砂性，较湿软，易挖	1870
牛头淤二级	Ⅲ	层厚较薄，含水量略小，较难挖	1900
牛头淤三级	Ⅳ	层厚干硬，用铁锹开挖非常困难，一般用镐或撬棍撬开	1950
稀淤	Ⅳ	为新淤土，含水量大，成半流动状态，粘筐粘锹，难挖装，难卸车，塘内堤上陷车难行	1900
板砂（铁板砂）	Ⅳ、Ⅴ	土质坚硬，成板状，开挖困难费力，须用洋镐开挖，板砂级别分为一、二级，其级别根据厚度及难挖程度掌握	2050
流沙	Ⅴ～Ⅶ	地下水位以下之细沙，含水量超过饱和状态，成半流动形，挖而复涨，挖装极为困难，分为以下三级	
流沙一级	Ⅴ	一般不在地下水位深处，排水性较好，不太成流状，能用锹挖装	2000
流沙二级	Ⅵ	流动性大，挖而复涨，吸锹吸脚，用布兜装运	2000
流沙三级	Ⅶ	流动性较大，挖而复涨，挖不成形，须用布兜或桶装运	2000

注：开挖方法：牛头淤三级——用镐挖掘，撬棍撬开，手搬上车；稀淤——用锹开挖，自上而下一次挖到底；板砂（铁板砂）——用洋镐开挖；其他一律用锹挖装。

8.土料干密度测量方法

填筑土堤土坝时，必须对填土的含水量和压实后的干密度进行测定，以检验是否达到设计要求。在工地上测定含水量和干密度常用的方法有秤瓶比重法和烘干法两种。

1）秤瓶比重法

秤瓶比重法是根据物理学中的阿基米德原理，即一定容积的土样，溶于水后，土的颗粒减轻的重量等于排开同体积水的重量而研制出的方法，这种方法可以一次测得土的干密度、含水量、湿密度，其优点是操作简单、速度快、精确度较高，能够满足施工要求，其应用最为广泛。

（1）主要工具设备：①千克秤或天平一个（杆、台）。②大口瓶一个，通常使用标准罐头瓶（容积500毫升）和普通玻璃片一块，以用于覆盖秤瓶口，检验瓶内充满度。③取土环刀若干个，容积均为100毫升。④手铲和削土刀各一把。手铲用于刨取环刀之用。削土刀用于削切环刀上下口土块，使其土样体积和环刀容积相等。⑤工具包、手锤、水壶、搅棒、拭布各一个。

(2)操作方法:①用手铲铲除压实后的表土,将环刀加帽后用手锤打入土中。再用手铲刨出取土环刀,将两端削平称重,减去环刀重量即得土样重 W。②秤瓶装满清水,盖上玻璃片,以水与玻璃片完全接触不留气泡为准,称其重量,得 W_1(称为清水瓶重,即是清水、秤瓶及玻璃片三者总重),然后倒出清水。③将土样小心切入瓶内,加水 2/3,用搅棒搅拌均匀,再加清水,并将搅棒冲洗后取出。至瓶口快满时,盖上玻璃,并留一缺口,慢慢加水,勿使溢出,至瓶口气泡被水充满,迅速盖上玻璃片,如无气泡,称其重量为 W_2,称为混水瓶重。

(3)计算土样的湿密度、干密度和含水量。

湿密度计算式:$r=W/V$;干密度计算式:$r_d=(W_2-W_1)G/V(G-1)$(克每立方厘米)

当取土环刀体积 V 为 100 毫升,大口瓶的容积为 500 毫升,土的比重 G 为 2.65、两合土为 2.70、黏土为 2.75 时,由表 6-4、表 6-5 可查得干密度 r_d、湿密度 r、含水量 W_s。

表 6-4 湿密度与干密度、含水量的关系表 (单位:克每立方厘米)

干密度 / 湿密度 / 含水量(%)	1.45	1.46	1.47	1.48	1.49	1.50	1.51	1.52	1.53	1.54
5	1.523	1.533	1.544	1.554	1.565	1.575	1.586	1.596	1.607	1.617
6	1.537	1.548	1.558	1.569	1.579	1.590	1.601	1.611	1.622	1.632
7	1.552	1.562	1.573	1.584	1.594	1.605	1.616	1.626	1.637	1.648
8	1.566	1.577	1.588	1.598	1.609	1.620	1.631	1.642	1.652	1.663
9	1.581	1.591	1.602	1.613	1.624	1.635	1.646	1.657	1.668	1.679
10	1.595	1.606	1.617	1.628	1.639	1.650	1.661	1.672	1.683	1.694
11	1.610	1.621	1.632	1.643	1.654	1.665	1.676	1.687	1.698	1.709
12	1.624	1.635	1.646	1.658	1.669	1.680	1.691	1.702	1.714	1.725
13	1.639	1.650	1.661	1.672	1.684	1.695	1.706	1.718	1.729	1.740
14	1.653	1.664	1.676	1.687	1.699	1.710	1.721	1.733	1.744	1.756
15	1.668	1.679	1.691	1.702	1.714	1.725	1.737	1.748	1.760	1.771
16	1.682	1.694	1.705	1.717	1.728	1.740	1.752	1.763	1.775	1.786
17	1.697	1.708	1.720	1.732	1.743	1.755	1.767	1.778	1.790	1.802
18	1.711	1.723	1.735	1.746	1.758	1.770	1.782	1.794	1.805	1.817
19	1.726	1.737	1.749	1.761	1.773	1.785	1.797	1.809	1.821	1.833
20	1.740	1.752	1.764	1.776	1.788	1.800	1.812	1.824	1.836	1.848
21	1.755	1.767	1.779	1.791	1.803	1.815	1.827	1.839	1.851	1.863
22	1.769	1.781	1.793	1.806	1.818	1.830	1.842	1.854	1.867	1.879
23	1.784	1.796	1.808	1.820	1.833	1.845	1.857	1.870	1.882	1.894
24	1.798	1.810	1.823	1.835	1.848	1.860	1.872	1.885	1.897	1.910
25	1.813	1.825	1.838	1.850	1.863	1.875	1.888	1.900	1.913	1.925
26	1.827	1.840	1.852	1.865	1.877	1.890	1.903	1.915	1.928	1.940
27	1.842	1.854	1.867	1.880	1.892	1.905	1.918	1.930	1.943	1.956
28	1.856	1.869	1.882	1.894	1.907	1.920	1.933	1.946	1.958	1.971
29	1.871	1.883	1.896	1.909	1.922	1.935	1.948	1.961	1.974	1.987
30	1.885	1.898	1.911	1.924	1.937	1.950	1.963	1.976	1.989	2.000

表 6-5　干密度查对表　（单位：克每立方厘米）

W_2-W_1 (g)	砂土 (r_d)	两合土 (r_d)	黏土 (r_d)	W_2-W_1 (g)	砂土 (r_d)	两合土 (r_d)	黏土 (r_d)
85.0	1.365	1.350	1.336	94.5	1.518	1.501	1.485
85.5	1.373	1.358	1.344	95.0	1.526	1.509	1.493
86.0	1.381	1.366	1.351	95.5	1.534	1.517	1.501
86.5	1.389	1.374	1.395	96.0	1.542	1.525	1.509
87.0	1.397	1.382	1.367	96.5	1.550	1.533	1.516
87.5	1.405	1.390	1.375	97.0	1.558	1.541	1.524
88.0	1.413	1.398	1.383	97.5	1.566	1.549	1.532
88.5	1.421	1.406	1.391	98.0	1.574	1.557	1.540
89.0	1.429	1.414	1.399	98.5	1.582	1.565	1.584
89.5	1.437	1.422	1.407	99.0	1.590	1.573	1.556
90.0	1.445	1.429	1.414	99.5	1.598	1.581	1.564
90.5	1.454	1.437	1.422	100.0	1.606	1.589	1.571
91.0	1.462	1.445	1.430	100.5	1.611	1.596	1.579
91.5	1.470	1.453	1.438	101.0	1.622	1.604	1.587
92.0	1.478	1.461	1.446	101.5	1.630	1.612	1.515
92.5	1.486	1.469	1.454	102.0	1.638	1.620	1.603
93.0	1.494	1.477	1.461	102.5	1.646	1.628	1.611
93.5	1.502	1.425	1.469	103.0	1.654	1.636	1.619
94.0	1.510	1.493	1.477	103.5	1.662	1.644	1.626

（4）注意事项：①取土样的地点应选在土质过干或过湿部位，工段接头、堤的边缘处等特殊部位以及每层土的中下部、工段中含水量适中的部位不宜多取，不能在放线桩处取土样。②环刀切入土层取土时，应垂直缓慢切入土中。取出土环刀时，如发现环刀内土体低于环刀上口或顶挤环刀帽，需重取土样。③削土样时要细致小心，以提高成功率。④称重时应在避风的地方进行，秤盘、秤杆要擦拭干净。每次称重，秤杆高低准度要保持一致，以免影响称重精度。⑤秤瓶的口应平整光滑。加水时为使瓶内水能充满不外溢，可将瓶微倾，使气泡居边缘高处，再慢慢添水，同时推移玻璃片，即推盖严密，擦干瓶外水分才可称重。⑥黏土在水中不易分解。在向瓶内放土样时，可切削成薄片或细小土块放入，待充分浸透后再搅拌，直至土块完全分解后再称重。⑦每套设备可单独使用，这样清水加瓶重、环刀重各称一次即可。如用两个以上环刀取土，应将环刀进行编号，分别称重，为防止使用时混淆，每日使用前要进行校正。

2）烘干法

近几年在工地实验室常用电烤箱进行烘干，测得土样的湿密度、干密度和含水量。

(二)放淤固堤

放淤的原理是依据水位差,在高含沙水流时,利用引黄涵闸或虹吸将浑水从高处向低处自流放出,流入规划的区域内,即淤区,让其泥沙沉降、清水排出的土方淤筑过程,这种过程叫放淤。此过程,用于黄河堤防加固时,叫做放淤固堤;用于农田时,叫做放淤改土;用于低洼处,叫做放淤填土等。

(三)机械吹填固堤

机淤吹填固堤也称为吹填固堤或机淤固堤,是利用机械的力量将河内水沙送入堤的临河或背河淤区,以达到加大堤身断面、加固堤防的目的。淤入临河的叫淤临,淤入背河的叫淤背,其工程名称叫淤临工程或淤背工程。由于黄河下游河道堤防淤背工程多于淤临工程,故此常称之为淤背工程。再者,黄河淤背工程起初是采用的放淤固堤方式施工的,而后是机淤固堤,且机淤固堤后来居上,完成的土方工作量要比放淤固堤完成的多得多。由于放淤固堤先入为主,人们一直讲放淤固堤,却很少讲机淤固堤。郑州河务局机淤分提灌站、吸泥船、铰吸式挖泥船、泥浆泵等形式。站淤是在放淤之后,大堤临背落差缩小,无法进行放淤时所采用的一种方式。站淤是先将含有一定数量泥沙的河水通过涵闸或虹吸工程引至背河,然后用机泵扬高送至淤区落淤沉淀的施工方式。站淤流量大、扬程高,泥沙颗粒较细,土质较好,但因所扬水的含沙量小,成本较高,而且需在汛期河水含沙量大的时候进行,施工期限较短。挖泥船是将河床泥沙挖取通过管道送至背河或临河,吸泥船是将河床泥沙吸取通过管道送至背河或临河。泥浆泵淤,是先用清水泵水枪将滩岸泥土冲击成泥浆,再由泥浆泵吸取通过管道送至背河或临河。站淤、船淤、泵淤多为黄河采用。由于站淤相对简单,不再做详细介绍。

1.简易吸泥船

简易吸泥船为黄河河务部门自己制造。因无自航设备,远距离行航时由拖轮牵引,所以结构简单,操作方便,造价低廉。船体多为钢壳,每只长 15 米、宽 5 米、吃水深 0.6 米。

简易吸泥船的主要生产原理是:用高压水枪搅动河床泥沙,形成高浓度泥浆,用主泵抽吸泥浆,通过管道将泥浆送到淤区;泥沙沉淀,清水排走,经过土体排水固结,形成淤背或淤临体。经过大量输沙实践,输沙距离已从原来的 100 多米发展到数千米。

简易吸泥船的主要设备由抽排泥浆系统、造浆系统、附属设备三个部分组成。

在生产过程中,造浆系统由原来单一的高压水枪搅动河床泥沙,在吸水龙头处增加了铰刀,有效提高了造浆功能。

砂场选择和船位确定及管道铺设三部分,对简易吸泥船正常运行至关重要。

1)抽排泥浆系统

抽排泥浆系统包括主机、主泵、管道三部分。其作用是主机带动主泵,把泥浆通过管道送至淤区。

主机一般为 6160A 型柴油机,额定功率 135 马力,额定转速每分钟 750 转。主泵型号较多,主要为 10PNK-20 型泥浆泵,设计扬程 19.9~24.2 米,流量每小时 500~900 立方米,转速每分钟730转,配套功率95千瓦,与主机用联轴器直接配套。管道直径多为300毫米,分胶管、钢管、水泥管三种。胶管价格高,主要用于吸泥和水上及转弯变形部位;钢管比胶管坚固、价廉,比水泥管质量轻,主要用于岸上经常搬迁部位;水泥管造价最低,但很笨重,搬运不便,主要用于长期固定部位。水泥管在黄河上很少使用。

为使输沙距离更远些,在管道的适当位置直接连接增设加压泵,将抽排泥浆系统由原来的三部分,增加为主机、主泵、加压泵、管道四部分。加压泵又由主机和主泵两部分组成,并与其相匹配。通常称为二级加压。

2)造浆系统

造浆系统主要设备有副机、副泵、高压水枪三部分。其主要作用是副机带动副泵,通过高压水枪射出高速水流,冲搅河床泥沙,形成高浓度的泥浆,供主泵抽吸。

副机多为功率24马力的295型柴油机,副泵多为3B57型水泵,设计扬程45~62米,流量每小时30~70立方米,转速每分钟2900转,配套功率17千瓦。高压水枪喷嘴口径10~14毫米,固定在主泵进水管口吸头上,抽吸河床沙土时多用两个,抽吸河床两合土时可用5~10个。

3)附属设备

附属设备主要有主泵启动、吸头升降、船只定位、管道浮体定位、照明等设备。

4)砂场选择

砂场一般选择在靠水的嫩滩上。嫩滩是汛期河水回降过程中或主溜外移淤积的滩地。嫩滩砂量丰富,土质疏松,无黏土夹层,易于抽吸开挖。没有嫩滩时,应尽量选择在水浅溜缓部位,以使吸出的砂坑很快由河床推移的泥沙淤平。主溜深槽一般不作为砂场,因为深槽流速大,泥沙落淤少,补充慢,水中草木较多,易于堵塞进水管,影响吸泥。在急流中吸泥,船位不易稳定,运转不安全。

5)船位确定

确定船位,一般要靠岸近一些,以减少水上管道长度和浮筒数量,加强与岸上联系,便于用钢丝绳固定船位。但在险工坝岸附近吸泥时,应与坝岸保持15米以上的距离,以防止河床局部吸深,影响坝岸稳定。在确定船位时,还要考虑因河水涨落、河势变化对船造成的影响。例如,位于险工下首的吸泥船,涨水时险工主溜要下挫,吸泥船有可能受到大溜冲刷,失去稳定,造成沉船、断管和漂走浮筒等事故;落水时主溜上提,险工下首将落淤出滩,吸泥船可能被搁浅在滩地上,使吸泥船定位时要充分估计河势变化带来的影响。预估有困难时,要密切注视水情的发展,观察河势变化,及时采取方法措施,确保生产安全。

6)管道铺设

管道铺设时一般要求就地铺设,尽量做到短而顺直,避免障碍物和死弯,以减小阻力。管道接头处理要用螺丝拧紧,受力均匀,破漏的管道要及时更换和维修。

管线穿越堤顶及公路时,应用胶管埋设于路面以下,以免影响交通。但要防止管线被压坏,造成接头连接松动、漏水漏泥。

管线最高点最好布设在堤肩,并安装真空安全阀,以避免吸泥船停机时,管内产生真空压力,使管发生变形破坏。

管线在上下坡及转弯时,应用5°~15°的弯管或胶管连接,或者削坡使其圆顺;不能满足需要时,应用支架支撑。

管道架立方式由管道所处位置决定。水上胶管用浮筒架立,水陆交界处也应铺胶管以适应水位涨落变化,胶管由水上岸一般用斜坡架立。陆地管道穿越坑洼、陡坡时用支架架立,支架可以用木桩或土堤支撑。无论哪种支架都必须坚固,能承受管道及水砂重量,以免发生变形破坏。

管道穿过堤顶后,应顺坡缓慢下降。排泥管应距坡脚及淤区围堤有一定的安全距离,以防冲刷堤坡及围堤,排泥管口要尽量放低,以充分利用管道的虹吸作用,降低柴油机的推力负荷,但应高于排泥面0.3米以上,以防淤塞。

2.泥浆泵

泥浆泵源于污水泵,20世纪70年代,为加快黄河堤防加固建设步伐,在放淤固堤的基础上,起初从上海引进城市抽排污水用的污水泵,用于黄河淤临淤背抽沙之用,在黄河上称之为泥浆泵。泥浆泵经历了由小到大、由少到多的发展创新过程,与吸(挖)泥船一起,优势互补,完成了黄河淤临淤背的土方吹填任务,取得了良好效果。

1)规格与厂商

规格主要体现在管径的大小,起初使用的是75毫米的3吋(英寸)泵,中间是100毫米的4吋泵,而后是150毫米的6吋泵(机型是WL15015)。制造商是:上海混流泵厂生产的3吋泵,禹州混流泵厂生产的3~4吋泵,郑州黄河太阳能厂(厂长:田乐)生产的4~6吋泵。逐渐泵型由小到大,蜗壳和水轮叶由不耐磨到耐磨,效率由低到高等。

2)泥浆泵及其生产原理

在生产时,泥浆泵必须与清水泵配套使用,才能够进行生产。二者同属离心式水泵,不同的是泥浆泵没有吸程,只有扬程,是把蜗壳、水轮叶、转动轴头部分直接放入浑水中,转动轴高速转动,在离心力的作用下,液体从叶轮中心被抛向边缘并获得能量,以高速离开叶轮外缘进入蜗形泵壳。在蜗壳中,液体由于流道的逐渐扩大而减速,又将部分动能转变为静压能,而后以较高的压力流入排出管道送至所需区域。在生产实践中,泥沙与叶轮、蜗壳产生高速摩擦,大大缩短了其使用寿命,因而对叶轮和蜗壳内壁涂制抗磨材料,效果非常好。清水泵是离心式高速抽水泵,同时有吸程和扬程,并配有两支射水枪。生产时,通过水枪喷出一股密集的高速水柱,切割、粉碎土体,使之崩解、溶化,形成泥浆,被泥浆泵吸入送出。泥浆泵与清水泵配套使用,关键就在于清水泵制造的泥浆量应满足泥浆泵的排浆量,足而不余,最佳配套。

3)生产动力

泥浆泵与清水泵的生产动力,有自发电和电网电源作动力。在没有网电时,通常使用发电机组提供电源,一般1台发电机组与1~2套泥浆泵配套使用,有时也用2台发电机组并联与数台泥浆泵配套使用,但不宜多台发电机组并联使用。

4)二级接力泵

一般1台泥浆泵的输沙距离,平距在600米以内,遇越堤爬高时,在200米(含7米左右扬程)以内,不适宜更远距离的输沙。为提高和达到更远的输沙距离,一般在输沙管适当的位置,直接安装同规格的泥浆泵进行接力,即为二级接力,使其达到预定的要求。此做法是中牟河务局职工韩克顺首先提出并实施的,效果较好。

5)组合泵(泵群)生产

为使输沙距离更远些、输沙量更大些,通常做法是将泥浆泵安放在取土场,经过一级输沙后,将泥浆送同一地点“集沙池”中。所用主机一般为6160A型柴油机,额定功率135马力,额定转速每分钟750转。主泵型号较多,主要有10PNK-20型泥浆泵,设计扬程19.9~24.2米,流量每小时500~900立方米,转速每分钟730转,配套功率95千瓦。用联轴器将主机和主泵直接连接配套。经管道直径多为300毫米的胶管或钢管或水泥管送到淤区,应用效果良好。

6)人机组合

(1)人员组合:9人为1个班,设班长1人、副班长2人,成员6人。1个班分3个组,3人为1个组,设组长1人,由班长或副班长兼任,实行三班倒工作制,每组工作8小时。工作时段,0~8时、8~16时、16~24时3个工作时段。

(2)机械组合:1个班配泥浆泵1套(含电机)、备用泥浆泵1台(不含电机)、浮体承台1个、输沙管若干根(有输沙排距确定)、清水泵1台(套)、进水管1根、射水管若干根、水枪2支等。

(3)特殊情况。起初,12人为1个班,设班长1人、副班长2人,成员9人。1个班分3个组,4人为1个组,设组长1人,由班长或副班长兼任,实行三班倒工作制。后来一度减为6人1个班,个人收入高,但效率并不高,且设备管理欠妥。二级接力,一般不增加人。

(4)修理组。由单位(泵队)设立修理组,与班同级,专为泵淤工作服务,由技术精湛、服务热情的同志组成,一般为3~6人,运行效果良好。

3.淤区工程

淤区是指放淤的区域。淤区工程包括围堤和泄水建筑物等部分,落淤土方在围堤内,沉淀后清水由泄水建筑物排出。由于淤区紧连堤坡,落淤土方成了堤防断面的一部分,从而加大了堤防断面。

由于黄河堤线长,淤区工程需要分期安排。安排的原则是先险工后平工,先薄弱和重点堤段,后一般堤段。根据取土场、排水、购地及群众搬迁等做出具体安排。

一个淤区的长度应尽量长些,否则围堰加修频繁,防护任务重,降低年产量。为便于管理,实行单船核算,安排淤区时,宜尽量按一只船一个淤区布设。

淤区围堤标准根据水深、宽度、土质确定。淤区水深、宽度及土质沙性均较大时,标准应适当高一些。围堤一般高为2.0~3.0米,顶宽2~3米,边坡1∶2.0~1∶3.0。填筑围堤时,宜在淤区内取土,取土塘距围堤堤脚的距离应大于3米,以防止冲刷堤脚。

围堤可以人工填筑,也可以用推土机填筑。无论采用哪种填筑方式,在填筑围堤时,都必须选择适宜土料,最好选择黏土,分层填筑,分层夯实,保证质量。为减少围堤堤坡渗流,一般在临水坡铺设防渗布料,多采用塑料布。

淤区退水口口门的位置应与淤区工程统一考虑,尽量远离排泥管的出口。一般可用埋设管道的方式进行排水,其排水管道的过水断面面积应相当于排泥管道的4~6倍。采用溢流退水时,口门宽度应进行设计计算。溢流水面应能调节控制,尽量防止浑水下泄,退水含沙量一般不得大于4千克每立方米,最大不得超过10千克每立方米,同时要做好消能设施。

泄水出路要因地制宜,充分利用现有水利工程设施,不打乱原有排灌系统。排水渠道要平缓、顺直,防冲防淤。

二、石方工程施工

(一)石料

用于护坡的石料品种名称及规格不一,通常按石料表面形状分为料石、块石、卵石三类,每类又分为若干种,其规格及适用条件如下。

1.料石

料石是由人工开采、形状规则的石料。有条料石和一般料石两种。条料石多为人工开采,一般宽、高各为30~40厘米,长度为100厘米或150厘米。条料石以四棱上线、六面平整、八角齐全、不破不翘为合格。条料石有粗条料石和细条料石之分,规格尚不统一。一般料石有以下4种规格:

(1)细料石。细料石为规则的六面体,经精细加工而成,表面凹凸深度不大于0.2厘米,厚度和宽度均不小于20厘米,长度不大于厚度的3倍。

(2)半细料石。除对表面凹凸深度要求不大于1厘米外,其他规格与细料石相同。

(3)粗料石。除对表面凹凸深度要求不大于2厘米外,其他规格与细料石相同。

(4)毛料石。规则的六面体,一般表面不加工或仅稍加修整,厚度不小于20厘米,长度为厚度的1.5~3倍。

用于有腹石的护坡,其沿子石亦属于料石,通常为粗料石和毛料石。但对于和腹石相接触的部位可加工得粗糙些,甚至可以不加工。一般规格是表面凹凸度不大于1厘米,厚度18~35厘米,长度30~80厘米。

2.块石

用爆破方法,将岩石破碎成大小形状不一的石料。凡形状较方,具有三个平面,无尖角棱者称为方块石,其余形状不规则的称为乱石,又称为片石或毛石,有时也统称为块石。

(1)方块石。一般是从乱石中挑选出来的,用于砌坡工程时,再进一步进行粗略加工,使其大致方正。方块石常用于砌面,一般规格有:小方块石,厚度15~20厘米,最薄不得小于10厘米;大方块石,厚度25~40厘米,最薄不得小于20厘米,其宽度为厚度的1.5~2倍,其长度为厚度的1.7~3倍。

在护坡工程中,应用大方块石。在特殊情况下,如遇石料来源不足、大方块石不够时,方可使用一小部分小方块石。但施工时需要周密计划,小方块石必须使用在次要部位,或者用于主体工程受压较轻的上部,不得用于底层。

(2)乱石。由于形状不规则,其规格用质量表示。小块的称为小块石,每块质量为5~15千克。这种石料,可用在砌体内部填塞孔隙,或作石笼、柳石枕内的填料,不得散抛于坝面。石块稍大,称为一般块石或乱石,每块质量为15~75千克,常用在水上部分,质量不足30千克的不能用于水下工程。石块较大,每块质量为75~150千克,甚至更大的称为大石,可用在坝的上跨角及前头水深溜急的护根部位。黄河防汛备石多用一般块石,即按质量为15~75千克的要求备料。

3.卵石

卵石有河卵石和山卵石两种。河卵石比较坚硬,强度高;山卵石有的已经风化、变质,使用前应进行检查,如颜色发黄,用水锤敲击声音不脆,表明已风化变质,不能使用。

在黄河上卵石一般不做沿子石使用,可做填腹石和抛石使用。

(二)施工准备

石方工程施工前必须做好各项准备工作。准备工作充分,能保证工程质量,加快工程进度,降低石料及工具损耗,利于施工安全。

施工前的准备工作主要有以下几项。

1.组织施工队伍

以技术熟练的工人为骨干,组成施工队伍,分好工种,明确岗位责任制。建立质量检查组,班组设质量检查员。开工前普遍要对民工进行技术培训和质量标准交底,并对施工人员做好优质高效和安全生产的教育。

一处工程的施工最好由一个施工队进行,便于管理。当施工任务较大时,亦可由几个施工队分段进行,但要统一领导、统一规定,保证施工质量。

每个施工队宜分若干班,每班除有正、副班长外,还应有质量检查员及统计员,分别负责全班施工的质量检查及施工进度、效率、考勤等统计工作。每班一般为10~20人,班的人数较多时还应设安全卫生员,以保证施工安全。

每班内应划分为若干组,每班人员配备最好是以砌石工为基础。根据施工经验,每个砌石工以2.5米长的工作面为宜。工作面过小,修石相互干扰,影响进度;工作面过大,坡面难以掌握平顺。如果工段长、施工人员经验丰富,也可以适当放长工作面。根据砌石工的月进度,配备捡石工、运石工、填腹工。捡石是根据砌石工所需石料厚度、形状、大小等,在坝岸顶进行选择。为提高生产效率,捡石工常在砌石工上一块石未砌好之前,就将下一块或两块石料选好,待一块石料一经安砌就绪,马上能传递合格的石料,使之不加工或稍加工,即能将石料安砌好,且符合质量要求。所以,捡石工对砌石进度质量有很大影响,配备时一般是由有一定砌石经验的人担任。一个捡石工可负责1~3个砌石工的用石。运石工是根据砌石工的砌筑要求运送砌石,同时也担任腹石的运送,一般由普工担任,人数多少视每日需石量、石料运距、运输工具等确定。填腹工根据砌石日进度及腹石宽度确定,一般干砌石每人每天砌1.0立方米砌体,填腹工每人每天填腹石2.5~3.0立方米,由此根据工段长计算每日工程量及需要填腹工的人数。搞好劳动组合是提高质量和效率的重要措施。在施工中应根据实际工程进度情况,不断调整。例如,在砌梯形断面护坡时,一般下部工作量较大、上部工作量较小,下中部工程施工技术较生疏、上部工程施工较熟练,因此施工时应综合考虑、妥善安排。

2.技术交底

开工以前,应由技术人员向参加施工的全体人员介绍工程设计概况,了解工程的意义和作用,树立质量第一、安全第一的施工思想。同时,应重点介绍工程的标准和质量要求、操作方法和安全施工的注意事项,并说明施工中容易出现的问题及这些问题的危险性、预防措施、处理方法等。

施工人员技术水平较低时,应由技术人员结合技术交底进行培训。培训时,可吸收施工经验丰富的老工人参加,组织实际操作训练,待基本掌握操作要领后,方准进入工地施工。由于施工是由基础开始的,而基础对整体工程安全影响最大,施工应要求严格,这时除加强施工管理质量检查外,还应继续对施工人员进行培训,使技术交底落到实处。

3.施工场地与备料

按实际需求,搞好"三通一平"。即要架设符合标准要求的电源,充足使用方便的水源,顺畅通行的道路,平整密实的料场和施工现场。务必做到有布置、有检查、有记录。

按设计要求,备足石料、水泥、石子、砂等材料,备好机械设备和工器具等,尤其注意备足符合质量和尺寸要求的沿子石。

4.修坡挖基

修坡挖基是为了使石方工程施工能按照设计标准进行。

施工前应将原有土坡修削至护坡内坡要求的坡度。如原土坡与石内坡相等,应将土坡树草铲除,铲高垫洼,使其平整一致;如原土坡缓于石内坡,应依设计要求填补土坡上部或削切基脚下部,或者下挖上填;如原土坡陡于石内坡,则应全部或大部进行削坡处理,直至达到设计要求。

修坡时需要注意:削坡不能过高过陡,以防塌坡;有黏土或反滤层时,应将所需厚度考虑在内;补填土坡时,应按筑堤要求施工,黏土胎应按黏土斜墙要求施工,保证质量,严禁用虚土或含水量不适宜的土填筑;考虑到石工施工时对土坡的踏损,土坡上半部应留有一定的富余度;弃土应远运,防止堆积在坡顶上或其他有碍施工处;坡顶要搞好排水,以防降雨冲沟。

基槽开挖是为了使护坡基础有一定的深度和宽度。一般根据设计要求,在高程引测和平面丈量的基础上进行,多由技术人员负责此项工作。施工人员根据技术人员的要求,把护坡的基础按一定的形状和深度开挖出来。

基槽开挖的位置及平面形状要与砌筑后的护坡位置及大概的形状保持一致。深度一般按设计要求开挖并保持平整，当设计无具体规定时，需挖至当地设计枯水位以下0.5米。如挖基时，地下水位较高，困难较大，达不到上述要求，则应报请批准后抬高槽基，或采取排水等措施降低地下水位。基槽宽度，内坡起点应宽出0.5米，外坡起点应宽出0.5~1.0米，以便放样。

5.改建工程基础开挖

（1）坝岸拆改，一般拆到设计根石顶以下0.5~1.0米，或设计枯水位以下0.5~1.0米，根据坝岸的实际情况研究确定。挖槽戴帽加高的挖槽深度，应符合设计要求。

（2）为了确保施工安全，开挖边坡应留有足够的稳定边坡，一般压实土可取1∶0.5。挖槽戴帽加高的槽底宽度应不小于50厘米。

（3）坝岸加高改建时，应将旧坝岸拆成外高内低的花茬或阶梯形斜面，以保证新旧砌体结合牢固。

（4）拆改和挖槽戴帽加高的浆砌石坝，如有部分断面坐落在土基上，则需用碎石或灰土做垫层，其厚度不小于50厘米。

（5）拆改坝岸时应加强水情联系，并集中力量，确保汛前完工，如工段较长，可以拆一段，砌一段，随拆随砌。

（三）砌石护坡

砌石护坡有扣砌、平砌，砌料石、砌块石，干砌、浆砌等多种结构。扣砌中又分丁扣、平扣等多种形式。

1.丁扣平缝干砌施工

扣石是将沿子石的外露面与坡面一致的砌筑方式，分丁扣和平扣两种。丁扣是沿子石的长轴方向垂直于坡面，平扣是沿子石的短轴方向垂直于坡面。平缝是和花缝相对的。平缝是指沿子石分层砌筑时，上下两层之间的石缝呈水平状。花缝虽分层砌筑，但缝隙一般是由未经加工成直线边缘的石料依其自然边缘相接触形成的，这在平扣中较为多见。在丁扣中也有的将加工后的沿子石外露的四边斜放，使坡面的缝如席纹一样，称为席花子扣。干砌是指不适用砂浆砌筑，砌筑后，有的不进行勾缝，有的用水泥砂浆勾缝。

丁扣砌筑是从最底层开始逐层向上扣砌的。底层需建筑在铺底石上。基础开挖后，随用大块的乱石进行铺底，要求互相排紧，中间空隙用碎石砸填密实，周边用更大块石排填整齐。丁扣沿子石多用经过五面清凿的粗料石，由于要求长轴方向与砌体坡面垂直，且基脚受力最大，所以在起坡时要求用坚实的大块石进行起坡，禁止用小石垫子或乱石垫子垫大块石起坡。为了便于安放沿子石，需要在基础前部做成斜向沟槽，或者将特别厚大的沿子石底部打成适当的斜面作为起坡石，直接安放在基石上。起坡石对以后的坡度起很大的控制作用，所以在安放时要特别注意使外露面的坡度等于设计坡度，防止出现“仰脸，使坡度变缓”或“低头，使坡度变陡”现象。掌握的方法是结合以后施工必须达到平缝水平的要求，放样时在顺直段每10米左右挂一标准坡面线，每一层石挂一水平线，起坡石顶的水平线要尽量标准。待各起坡石顶边靠线后，方算合格，续扣第二层石。

沿子石的使用要求是每一次的厚度要相等,使平缝水平,砌体下部及拐角处受力较大,应尽量用厚度较大的石块。一般坡面长短应相间使用,长度在30厘米以下的石块,连续使用最多不得超过4块。一般长条形石块都应丁向扣砌,不能顺长使用,个别突出长、大的石块丁砌不便时,可以顺长使用,但两端需加丁子石,这样能加强沿子石与腹石的联系,避免施工后期或运用时产生“脱皮”“鼓肚”现象。石料清凿后要分类码墙,按厚薄、长短分别编号,以减少拣石、选石时间,扣砌时能按规定要求修作。扣砌分段宜根据工段长短、工作面、技术水平划分。一般宜采用一人一段的方法,不宜采用一个长工段由几个人扣砌。这样安排的好处是分工具体、责任明确,有利于保证质量和提高进度。但每人应分长度不一定相等,技术高的应安排在砌线部位,一般技术水平的应安排在平顺部位。扣砌速度快的工段应长一些,慢的宜短一些,以保持砌体进度平衡上升。如相邻两工段相差超过三层,必须调整工段长,使之趋于平衡。两人接砌处要加强接缝处理,一般都用较大的沿子石相接。扣砌施工的质量要求是:

(1)平缝和立缝缝宽一般为1厘米,最大不得超过2厘米。

(2)上下两层石料不允许有对缝和咬牙直缝。所谓对缝,就是上一层扣石的立缝和下一层扣石的立缝相对。所谓咬牙直缝,就是上下层立缝相错过小,不能使扣石衔接紧密。上下立缝相错的距离小于8厘米时称为咬牙缝,一般必须避免。如遇有特别难打的石料,在10米长扣砌段内允许有一个,但需注意不得连续三层以上。

(3)上下两层石料口面接触深度不得小于较大石块长度的1/3,否则称为虚石,应尽量避免。石块口面悬空高度大于2厘米、深度大于10厘米、累计宽度大于石料的1/2时称为悬石,每10个工段长度内不得多于一块。

(4)上下两层石之间立缝和平缝相交处的三角缝应平整。如果平均凹入深度大于5厘米、面积大于30平方厘米时,称为坝面洞,应坚决消除。另外,面积在15~30平方厘米的三角缝每10米长范围内一般不应超过3个。

(5)个别大头小尾的扣石与相邻石块侧面接触深度最短不得小于7厘米,且不得连续使用。其尾部两侧需填严密,不得留有直径大于5厘米的空隙,否则称为燕子窝,应尽量避免。

(6)扣石外露面不得使用垫子石。垫子石是指垫于扣石下面承重的小石,与塞子石仅起堵塞空隙的作用,有性质上的区别。扣石尾部不可以使用重垫子石(两块垫子石重叠),也不得使用碎石垫子或圆垫子石。

(7)为了避免对缝,应尽量选用适当的大块石。如系两段接头处或选适当石块确实困难时可用小石,但其厚度必须与本层相邻石块的厚度相等,最窄不得小于12厘米,最短不得小于20厘米。这种小石在10厘米长范围内不应多于两块,且不得重叠和连续使用。

(8)坡度应该平顺,石块无里入外拐情况。在10米长的范围内,中部凸肚、凹腰或一端起伏,不得高出或凹入10厘米。

(9)腹石必须严密平稳,大块石以脚踏不动为准。其间空隙最大不得超过10厘米,特别是与沿子石搭接处更应严格控制。

在扣砌施工中,要严格按照规定的质量标准修作,特别是扣砌沿子石时,对缝、咬牙缝、悬石、虚石、坝面洞、燕子窝等六种弊病应严加防止和控制。为此,需要按以下要求和操作方法进行施工。

起坡砌石经统一检查合格后,即开始扣砌第二层。首先确定石厚,并通知拣石人员运送该种厚度的石料。如确定使用30厘米厚的石料,即在立线上按斜度方向取30厘米长的距离,将水平线挂好系牢,在所分工段的一端开始起扣。一般是从人的左边向右扣砌。在每砌一块之前要审视下层石料立缝位置、相邻两块石料厚度、表现凹凸情况,然后确定选石长度,以不使产生上述六种弊病等为度。与此同时,拣石人员也应站在坡顶上审视,并确定所供石料先后顺序。一旦扣石工提出要求时,拣石工应根据自己的选石情况,如能基本满足要求,即由顺石沟放石。顺石沟是在土坡上于分工工段划分后开挖的宽深各0.5~0.8米的沟槽。扣石工按照所放石料并对个别不适宜的地方初步进行加工,减薄或者加厚,然后进行试扣,看上下左右面能否接合平衡,有没有对缝、咬牙缝等发生,石料厚度是否合格,与下层石及待砌的上一层石是否会构成坝面洞、燕子窝、悬石、虚石等,缝宽、坡度是否满足要求。如问题较大,应另选石料重新安砌;如问题不大,可用手锤将个别突出部位打掉再试砌,直至合格。

试砌时,用直径22毫米、长60厘米的铁撬棍使石料前后左右移动,这样速度快、准确度高。首先使石料的底边与底层的顶边相吻合,再使顶边靠线,左右均处于平行接近状态,再检查有无“仰脸”和“低头”现象,如没有即可以在石料的尾部用小石块(垫子石)垫稳固,并用脚踏踩四周检查,看有无活动的地方。最后,将尾部两侧的空隙,先用适当大小的石头塞紧,再用碎石塞严。

用水平线易控制水平缝,对坡度控制也起作用。但需注意的是,两立线之间的水平线在中部常有一定垂度,易使坡度变缓,在砌底坡时应不断用坡度尺检查,以防后期纠正困难。在砌中、上部时,水平线仅起初步控制作用。精确控制靠眼睛观察,方法是:“小面照大面,对角照基线”。就是从小的沿子面与已砌好的大面照看是否一致,如一致表示大致符合设计边坡要求。然后,从沿子石面两对角线与基脚线照看,如一致则表示符合要求,这时再用垫子石塞紧垫牢即可。

填腹石使用一般乱石,如果条件许可,最好掺用一部分小块石。要求逐层用大块石排紧、小石块塞严,并把大块石排放在前面,小块石排放在后面,靠坝基土胎处用碎石夯砸严密。具体操作要点是:填腹石和砌沿子石必须紧密配合,一般随砌随填,如土胎土质不好,经开挖后,需筑黏胎时也随之回填黏土,填土质量必须符合干密度在1.5吨每立方米以上的要求。这时的次序是先扣石,再填腹石,最后填黏土,以保证质量;不能先填土,后填腹,再扣石。

沿子石和腹石搭接处最为重要,必须视沿子石尾部实际情况,拣选适合于接茬的大石块,顶紧卡严。除用小块石补填其间不可避免的空隙处,禁止使用碎石,以增加受压程度。

腹石的高度要稍低于沿子石的尾部高度。在短的沿子石后面,可选择适当的三角石或楔形石顺沿子斜度铺收,以免影响上层沿子石的安放。

具体填腹时是将大块石料大面朝下放稳,相互按其自然形状排挤紧密,然后把小石块或薄石排放散开,用八磅锤打成适当的大小,根据空隙,用手按先大后小的原则逐一填塞,并用手锤砸填紧密,使空隙达到最小限度,即不大于拳头大小(约 10 厘米)的要求。为减少填腹、砸填工作量,填腹石要和运乱石紧密配合,运石大小、数量、倾倒位置需听从填腹工指挥和安排。

填腹石及运石等人员要尽量避免撞击已扣砌好的沿子石,如不慎碰撞动位,须由扣石工修正。修正时,防止邻近石料发生松动、移位现象。

锥形面的扣砌比较困难,除按上述要求外,还要使坡面不能发生扭曲现象,坡度控制也不能利用水平线。因此,在扣砌中要经常利用坡度线、坡度尺检查控制坡度。为避免扭曲变形现象,根据经验,一般是在扣砌前对放样进行宏观审势,使扣砌体的外形先在脑中建立一定的形象概念,在扣砌过程中随时体会新安砌的沿子石所处的位置和方向,最后上下左右审查排放位置是否适中。安砌完毕后,再从整体形象中检查有无扭曲的可能,必要时请坡顶拣石工,或者利用上班前、下班后或休息期间,站在坡顶进行查视,发现问题及时纠正。这样不断积累经验,形成习惯,熟能生巧,就能自然地掌握操作要领,扣砌好锥面。

砌体工程一般较长,为了防止基础沉陷不均匀,使砌体遭到破坏,需要设立沉陷缝。沉陷缝要垂直,以免两侧沉陷不均匀时,互相挂连,造成砌体破坏。为此,施工时应在沉陷缝处挂一立线,以便扣砌时掌握。

沉陷缝接头坡面部分应用大块方正的沿子石扣砌,以使接缝平直。坡内部分的沿子石(称为倒眉子石),不得使用填腹的乱石,可用较为方正的石料,最好是用存在表面缺陷,不适合扣砌坡面的沿子石扣砌,缝宽可按 2 厘米掌握。

扣砌至坡顶时要进行封顶。封顶需要一层较大的薄片石平放于顶坡上,外口需凿打整齐。铺砌后,使边缘成一条直线,锥体段成一条平顺的曲线,防止高低不平、外凸里凹现象发生。

封顶高度宜按设计要求修作。早期扣砌工程一般都低于坝岸顶,上用黏土或灰土加封,成为土眉子,雨水由坡前或坡后排出,实践证明,这样对管理不利。近期施工一般都使封顶高于土坡顶,土石结合部用黏土夯填结实,雨水由排水沟排出。为了使顶石不受破坏,常用水泥砂浆进行勾缝。

排水是砌筑工程一项很重要的内容。许多砌筑很好的工程因排水处理不好而遭到破坏。排水出路一是由坝后排水,二是由坝前排水。在有条件的情况下,应首先考虑坝后排水。坝前排水必须有足够的排水断面和坚固的排水工程,以利于干砌体安全。

排水沟用石料砌筑。排水沟的大小由积水面积而定,应按大暴雨设置。排水沟的进口高度要低,敞口要大,以利积水汇流。土石结合部要用黏土或灰土填实,沟的末端应通过坡脚以外,并有挑水消力设置。实践中,排水沟位置不当、汇水不多、进口出口被水冲坏等问题不断发生,应引起注意。

2.平扣花缝干砌施工

平扣花缝干砌多用于流速不大的地方。一般是将有较大平面的块石选出,打出飞棱虚角,依其自然形状互相扣砌,除每平方米需有长30~40厘米、端面大于400立方厘米的丁字石1~2块外,其余石料均大面朝外与砌体坡面大致平行。

沿子石的厚度以中心处为标准,一般为21~27厘米,或按设计要求规定掌握。为使砌体美观且保证质量,在同一砌体中,外露面形状应保持一致。如一律用凸面石或平面石,但不得用凹面石。

扣砌时,可分层砌垒,按石料的自然形状,逐层排列成大致相等的锯齿形式。腹石应随沿子石逐层填平,但不得高出锯齿形的凹腰部,以利于下一层扣砌。相邻两石块的受压面(上下层接头面),其接触部分应不少于接头面宽的2/3。石块的两侧面,接触部分应不小于相对面宽的1/2。

坡面应尽量平顺。石块表面如有突出的棱角要打去,一般呈弧形凸面,即所谓蘑菇顶,不可打砸,但与相邻的石块接口处必须打齐,其错口相差不得大于1.5厘米。

上下层石缝要互相错开,不得有对缝、斜对缝及交错小于8厘米的咬牙缝等。各石缝要求切实与坡面垂直,尤其受压面,禁止斜面相交,以免受力后被挤出。

3.平砌平缝干砌施工

平砌是指使沿子石为水平放置。沿子石一般为粗料石,砌筑时由下向上分层砌筑,横缝成一条水平线。为了形成坡度,每层沿子石必须逐层后退。由于石料长、宽、厚各项尺寸既要满足逐层错台成坡要求,又要满足接触缝及搭压要求,因此平砌护坡坡度一般较陡,在1∶0.3~1∶0.5。重力式砌石坡多采用平砌形式,直接称为砌石护坡或砌石工程。

砌石工与扣石工相比,在要求上的不同之处有以下几点:

(1)沿子石是按大面朝上或朝下顺长砌筑,所以要求纹理平顺。加工后的石块宽度和厚度应分别大于30厘米和15厘米。块石厚薄应均匀一致,相差不宜大于1厘米。

(2)每4~5块沿子石必须丁砌一块,即长轴方向与水平横缝垂直,其长度一般应大于40厘米,上中部受力较小的部位最短也不应小于35厘米,在拐角端头处更应加强。

(3)沿子石错台外露面应为水平面,其前沿虽不与上层石料相接触,亦应打齐成一条直线,两端接头缝需符合规定要求,外露面不得有垂向空洞。

(4)腹石和沿子石搭接处,要和沿子石成水平,应选与沿子石厚度大致相等的较大石块排填紧密,这种和沿子石搭接处的较大石块通常称为“二脖子石”。腹石平面每平方米应有一块突出的立石,以加强与上层的连接。

4.浆砌施工

浆砌丁扣、平砌和干砌施工的顺序一样,都是按照先下层、后上层,先角石、后中石,先沿子石、后腹石的顺序进行。

浆砌施工有两种方法:一是灌浆法,二是坐浆法。

灌浆法的操作方法是:当沿子石砌好,腹石用大石排紧,小石塞严后,用清稀粥状灰浆往石缝中浇灌,直至把石缝填满。这种方法的优点是:操作简单、方便,灌浆速度快,效率高。主要缺点是:下层石料不易灌满,质量不易控制,砂浆的水灰比常较大,用水量多,强度较低,难以达到设计要求;由于浆稀,砂浆常由沿子石缝隙外流,影响灌实效果,稀浆易于离析,水泥易顺水流走,砂子集中,不易凝结。所以灌浆法不能保证施工质量,目前已不采用。

坐浆法的主要优点是:既节约水泥,又保证质量,是目前最常用的方法。其操作方法是:在基础开砌前将基础表面泥土、石片及其他杂质清除干净,以免结合不牢。铺放第一层石块时,所有石块都必须大面朝下放稳,用脚踏踩不动为止。一般大石块下不应用小块石支垫,使石面能直接与土面接触。填放腹石时,应根据石块自然形状,交错放置,尽量使块石与石块间的空隙最小,然后将按规定拌好的砂浆填在空隙中,以填满空隙的1/3~1/2为度,再根据各个缝隙形状和大小,选用合适的重、小石块放入,用小锤轻轻敲击,使石块全部挤入缝隙内的砂浆中,填满整个缝隙。所有空隙原则上以一块挤入填满最好。如空隙过大,一块片石挤入未填满,可在未填满的空隙中,填入灰浆再用小石块填入,直到挤满,基本上做到大孔用大石块填,小孔用小石块填。在灰缝中尽量用小片石或碎石填塞,以节约灰浆,挤入的小块石不要高于砌的石面,也不必用灰浆找平。

在接砌第一层时,沿子石一定要先行试安,务使贴实平稳,缝口合宜,没有对缝、咬牙缝,缝宽保持2厘米左右,并不得小于1厘米,以便黏接。然后铺浆,浆液要离坡面外口4~5厘米宽,厚度4~5厘米,再行砌筑。在沿子石压力下,灰浆外挤,能刚好填满灰缝,灰缝厚度约为2厘米。这样不会形成缝宽小于1厘米的(无灰)瞎缝,也不会使灰浆饱满外溢,造成浪费。沿子石一经浆砌筑后,不得再行修打或更动,否则应重新铺浆另砌。如在已砌好的沿子石旁边接砌,应先在已砌好的沿子石侧面抹上灰浆,砌上后用手锤向已抹灰面处轻轻敲击,将侧缝灰浆挤实。

填腹石前也先要铺好浆液,每砌填一块铺一块,铺填时不宜铺满,这样结合好,易于保证质量,节约灰浆。

浆砌腹石的基本要求是:①要充分利用石块的自然形状,使之相互交错衔接在一起。除第一层石料大面朝下外,上面石料大面就不一定朝下,只要做到相互犬牙交错,搭接在一起即可。为此,在砌筑前就要想好这一层该用什么形状的石料,与上一次石料如何接砌,这样才能节省灰浆、提高质量。②供应石料要按填腹需要供应,特别是在供应大石块时,要有一定数量的小石块,以供塞空时使用;否则,临时在腹石面上敲打,既影响底层已填质量,又影响施工进度。③用石要有计划,大且方正的石料要用作眉子石或角石,防止占用过多的沿子石,致使施工后期无合格石料供使用,特别是在沿子石不用粗料石而直接在块石中选挑时,这点尤为重要。

5.单层平扣平缝干砌施工

在一般江河湖海护坡工程及引水建筑物上下游护坡工程中多用平行断面护坡形式。其砌石厚度较薄,常在0.3~0.4米,这时用单层石砌护;如流速、波浪较大,用双层石砌护,其中底层石多为较小块石,其砌护要求类似腹石,但必须摆正挤紧,防止形成活动层。

单层扣砌护坡,常用厚大的块石,这时石厚常能满足护坡厚度的要求,因此大面朝外。为了使砌筑紧密,常将石料加工成长方形或方形,这时砌石面要求与坡面平行一致。横缝可以成为一条水平的平缝,立缝和平缝相垂直。砌筑时由下到上分层砌筑,并需避免对缝、咬牙缝、坝面洞、燕子窝等现象发生。其质量要求和丁扣沿子石基本一样,要求做到砌紧、揳稳、错缝、铺平,严禁架空与叠砌。与前述砌体不同的是,这种砌体比较单薄,需要修做垫层,垫层的作用:一是使沿子石能有较大的接触面,通过垫层将压力均匀地传压在土层上,使表面保持平整和减少局部下沉;二是减少渗流流速,防止土坡因冲刷掏空,沿子石下沉,另外还有一定的反滤作用。

垫层的厚度用单层时,一般为 5~20 厘米,通常用不均匀性较好的碎石铺垫。双垫层厚度一般为 10~25 厘米,由碎石、粗砂组成,上层略厚、下层稍薄。

垫层施工是随砌体由下而上逐层铺填。与填腹相反,垫层应先在土坡上铺垫,高度与扣石高相适应,沿子石砌好后再铺以上部分的垫层,不能在坝坡上一次将垫层铺撒完毕再砌沿子石。

(四)抛石护坡

散抛块石是坝岸护坡的一种形式,更是护根工程的主要形式。施工方法有两种:一种是在坡岸顶上直接抛护,一种是水上工程由坡顶抛护、水下工程由船上抛护。前者常在水深较浅的黄河等河流上使用,后者则在水深较大的长江等江河上普遍采用。

1.水上护坡抛石

新修和翻修块石护坡前需要依照设计要求整修清理基岸土坡,对于已修土坡,有水沟浪窝时要填实。如土坡土质不好,应将表层挖除,并改填黏土胎,黏土胎宽度不得小于1 厘米,需分层填筑夯实,干密度在 1.5 吨每立方米以上。为防止施工时踏损,可预留一定的肥度,施工中间不应进行补贴或回填。

抛筑护坡应由施工时的水面起抛护,并一律进行排整。排整的质量要求是:大石在外层,小石在里层,内外咬茬,层层密实,坡面平顺,做到没有浮石、小石及凸凹不平等现象。其施工操作方法是:先将块石运至坡顶,在观察坡下无人时即可抛卸,依其自重滚落至坡下。翻修坝岸可按照“由下而上、随抛随排、逐层排整紧密”的原则进行,每抛 0.5~1.0 米厚时,即进行排整。新修坝岸可按抛 1~2 米排整一次,或一次基本抛够高度再进行坡面捡平工作。

排整的方法是先捡出长、大的石块丁向排在前面,再把一般石块大面向下排中间,把较小的石块排在最后边,务使石块内外互相衔接,上下层层压茬,并尽量避免对缝和直缝。

坝面大块石料排整有三种形式。如果石块形状比较规则,长轴方向有一平面,则可选择为沿子石和丁扣一样齐头朝外,层层排成平整的坡面。这时如石料较好,可用手锤略加捶打,则扣砌更为严密,这就是通常所称的粗排块石。粗排块石适用于有一定根基的散抛块石护坡。如果石块形状极不规则,则仍选用长、大的块石做沿子石,这时有两种排法:一种是大面向下,层层平排成鱼鳞形状的坡面,称为鱼鳞坡;另一种是石块不按平排放置,而按长轴方向垂直坡面,小头在外,大头在里,形如牛舌头状,称为牛舌坡。牛舌坡比较坚实,坡面控制严格时,常多采用,但不如粗排挡水面大、防冲厚度大。

坡面排整后应在坡面上下行走进行检查,如无松动、响声,质量即为合格。

护坡封顶排水也是一项重要的施工内容,对以后管理有较大影响。一般是将顶层用大块石大面朝上进行干砌找平,然后铺填眉子土。眉子土为黏土材料,高 0.3 米,并使雨水向排水沟排出。同时,可在土石结合部位每 10~20 米埋设一高 0.5 米、截面 15 厘米×15 厘米的混凝土标志桩,其作用有两点:一是作为根石探测断面,二是标明眉子土下面埋石宽度。实践中由于对埋石宽度没有很好掌握,抢险维修时常出现坝顶护坡石料厚度成倍加大的现象,造成浪费。

2.水下抛石

水下抛石是在根石探测后,掌握了确切情况而进行的。据探测结果、结合溜势缓急确定抛护方法。

由于水下抛石易被水流冲走,不能到达预定位置,所以小块石及一般块石只能抛在流速较小的迎水面的中后部。在不起挑溜作用的坝岸可用一般石块抛填,但应掌握大块在外、小块在里的原则。主要坝岸的迎水面前面半部至下跨角都是水流较急、冲刷严重的部位,坡面应加抛大块石,以减少冲失。大块石不足时可只在重点部位抛护,或改用抛石笼。

抛石开始部位应为下游处,然后逐渐抛向上游处,这样可以减少根石冲失。如水深流急,可先用大块石在下游抛一条石埂,然后用一般块石逐一抛向上游。

水下抛石主要是固定根基,根深才能基固,所以在抛水下根石时,应掌握在河床冲刷较深、水流流速较缓时进行,以使石料能抛到最深处,在主溜顶冲时避免发生猛墩、猛蛰的险情。抢险抛石溜势一般较急,这时可先备好大块石堆放在抛石地点,待出现急流间隙时,大量突击抛下,以减少损失。

根石抛完后要进行探测,以检查抛的位置是否满足计划要求,坡面有没有高低不平、过陡过缓的现象。如遇有过陡的地方应考虑重抛,或者加强观测,随时掌握变化情况,发现不安全时立即加抛。

3.船抛根石

船抛根石的一般要求是:抛石时必须在岸上指挥;要做到抛石船定位准确、抛投均匀,数量达到设计要求。在通常水流条件下,抛投顺序是:先上游,后下游;先深水,后浅水;先远区,后近区。对新修的护岸护脚工程(如丁坝护脚工程),特别是崩岸强度大的险段,其抛护顺序应改为从近到远,先坡后脚,并连续施工,突击完成,严防因溜势淘刷,抄工程后路。

(五)质量检查和竣工验收

(1)班组质量检查员要随时检查各工种的施工质量,并做好记录。质量检查组要组织定期检查和评比质量,不合乎要求的,要坚决要求返工。

(2)实修砌体尺寸与设计尺寸相比,允许偏差见表6-6。

表6-6　实修砌体尺寸允许偏差表　(单位:厘米)

序号	项目	允许偏差	铺底高程	砌体总高	砌体顶宽	砌体底宽	砌体坡度(%)
1	扣石工	+	10	10	5	10	4
2		-	5	10	5	10	3
3	砌石工	+	5	10	5	10	3
4		-	10	10	5	10	2

(3)质量检查的主要方面有坝胎土坡、坝顶和挖槽、砌石和扣石、回填、灰浆和水泥砂浆、勾缝、封顶和排水、工程尺度等。

(4)竣工验收。工程隐蔽部分应随时组织验收,并做好详细记录。整个工程竣工后,要组织有关方面共同进行验收,并写出工程验收和质量鉴定报告,作为技术档案备查。验收合格后,方可结算。

三、施工测量放线

在土石方工程施工中,施工测量放线是一项重要的技术工作,必须认真对待,熟练掌握,不同项目、不同位置、不同材料的测量的方法与要领,确保准确无误。不同项目是指堤防、险工和河道工程;不同位置是指旱地与水中;不同材料是指土方与石方。他们既有共同点也有不同点。共同点是布设水准基点的要求与做法是一样的;不同点则是铺工放样和布设图根控制网等的要求与做法不一样,对此予以分述如下。

(一)正确确定高程

由于黄河水位观测、工程测量等所采用的高程系不一致,因而在布设水准基点时,要确保被引测水准点的高程和设计图纸所采用的高程一致。

1987年5月26日,国家测绘总局正式批准"1985国家高程基准"新的工程系统,即1985年(青岛)黄海高程系作为大地水准面,测得原点高程为72.206米。

过去采用的(天津)大沽高程系,其原点高程为73.326米,比黄海高程高出1.12米。采用高程系不一致时,要注意换算,才能正确确定所测工程高程。

(二)布设水准基点

在开工前,应布设好水准基点,以作为铺工放样、工程标准和施工验收的高程控制依据。

(1)水准基点选定。位置应选在管理安全、靠近工程、方便观测、一点多用的地方;据情确定1~3个点位。基点材料,可用木桩或混凝土桩等,防护材料以安全为宜。所设水准基点,在施工过程中应妥善保护,如有损坏或触动,应及时补设并重新测定。

(2)等级要求。按四等水准的测量精度要求确定。

(3)采用水准路线。测量时,采用附合水准路线和支水准路线均可,一般不采用闭合水准路线。

(三)布设图根控制网

直接用于铺工放样的控制点为图根点,相互联系形成的图根网,即为图根控制网。图根控制网只在有水平角要求的工程上布设。

1.图根点选定

一般选3个点:第1个点位选在堤坝轴线生根点上;第2个点位选在轴线的反向延长线上,具体位置应选在管理安全、距离适中、方便观测处;第3个点位应与前1、2两个点构成三角形,具体位置应选在管理安全、距离适中、方便观测处。根点材料,可用木桩或混凝土桩等,防护材料以安全为宜。所有图根点,在施工过程中应妥善保护,如有损坏或触动,应及时补设并重新测定。

2.标准要求

1998年前对放线单位和人员没有资质要求,此后,测定图根控制网有明确的资质要求。但测绘单位仍是原测绘单位。

(四)断面桩点布设

(1)直线段,纵横断面必须是相互垂直的垂直断面。

(2)曲线(圆弧)段,纵断面是通过轴线和圆心的垂直断面,横断面是通过圆心和半径的垂直断面。

(3)坡度线。所有坡度线必须在该断面上,其投影是垂线和平线及斜线。

(五)土方工程铺工放样

1.堤防、淤临淤背、前后戗等工程施工

(1)根据施工图,确定堤顶轴线,选定横断面和测点。一般断面间距为50~100米,地形突变处应加测断面。断面测点一般为堤顶中心、堤肩、堤脚及距离堤脚15~20米处。属淤临淤背、前后戗工程的,应加淤区或戗肩和相应的坡脚点。利用水准基点,引测各点,然后根据所测断面,绘制横断面图,计算筑堤工程量,与计划工程量进行核对。

(2)打桩放样。打设中心桩(新做堤打木桩,其他打铁钉或钢筋并略低于堤面),在中心桩的一侧或两侧定出填土的边桩。中心桩和边桩均应用红漆注记桩号,并在工段两端或隔适当距离架设一个样架,即把大堤的实际堤顶宽度、堤高、边坡用竹竿和麻绳或铅丝显示出来。注意按设计规定预留一定的沉降高度,放样完成后,应整理保存好校测成果表等资料。

2.丁连坝工程施工

(1)确定坝轴线。依照施工图,利用图根网点确定丁连坝轴线,选定横断面和测点。一般断面间距为20米,地形突变处应加测断面。断面测点一般为坝顶中心、坝肩、土坝脚、裹护体外坡脚。利用水准基点,引测各点,然后根据所测断面,绘制横断面图,计算筑坝工程量,与计划工程量进行核对。如在水中放线,应确定工程轴线放线,在对岸或水中插旗标示,然后乘船探测水深,分析计算相应工程量。

(2)打桩放样。打设中心桩(新做坝打木桩,其他打铁钉或钢筋并略低于坝面),在中心桩的一侧或两侧定出填土的边桩。中心桩和边桩均应插不同的彩旗予以标示,中心桩只在丁连坝生根点插旗;边桩按断面插旗。可在丁连坝适当位置架设一个样架,即把坝的实际坝顶宽度、坝高、边坡用竹竿和麻绳或铅丝显示出来。注意按设计规定预留一定的沉降高度,放样完成后应整理保存好校测成果表等资料。

(3)施工案例。若施工经验丰富,可依照施工图利用图根网点确定丁连坝轴线,选定横断面和测点。依次放出中心桩和平行于中心桩的预放边桩,再利用水准基点依次测画出等高的中心桩和边桩的标高线。依此顺利确定实际边坡线。这种放线方法简捷易行、准确可靠。

(六)坝岸护坡工程施工放样

1.直线段护坡放样

(1)断面点的确定。在确定断面点之前,土坝顶及土护坡已经形成。这时就可以在坝顶面上确定坝轴线,在轴线上选取断面(断面距一般为 10 米左右,直线段的起始点必须确定断面和点)和轴线断面各点,打上小木桩;接着用勾股定理找出相应断面护坡外上口点(临水面坝肩或护岸肩等),这个点一般需插入长桩或高杆;然后通过以上 2 个点(2 点成一线),再找出外坡脚点,这个点距坝肩点的水平距离由设计边坡计算得出,插桩时一定要小于这个距离。待各断面的 3 个点桩全部完成后,断面点的确定即告完成。

(2)测画水平线。用水准仪测画出轴线桩和坝肩桩上的坝顶高程线,计算测画出坡脚桩上的相应高程线。

(3)打桩挂线。在各断面坝口点内坝面上打长斜桩,桩头向外;再在相应坝脚点打小木橛,对照测画水平线挂坡度线(18 号铅丝或强力细绳)。所有坡度线挂好后,在直线段一端,目测所有坡度线是否重合,如有差异,要进行个别断面坡度线调整,使其达到一致,而后即可砌石护坡施工。

2.圆弧段护坡放样

(1)断面点的确定。在确定断面点之前,土坝顶及土护坡已经形成。这时就可以在坝顶面上确定坝轴线和圆心,通过圆心和半径放射出 5 个断面,即坝的上跨角、前头迎水面中点、坝前头中点、前头背水面中点、下跨角 5 个断面。然后,通过圆心和相应的坝肩点,两点成一线,找出相应的坡脚点。打桩橛类同直线段。依次打出各断面的小木桩;长桩或高杆,木桩,断面点确定即告完成。

(2)测画水平线。同直线段。

(3)打桩挂线。挂线方法同直线段,目测坡度线,应站在圆头坝面上,目测所有坡度线是否顺畅美观,如有差异,要进行个别断面坡度线调整,使其达到要求,而后即可进行砌石护坡施工。

四、施工项目及工段划分

(一)施工项目划分

为加强工程建设施工的管理,统一质量检查及评定,需将工程项目划分为单位工程、分部工程、单元工程三级。

1.单位工程

单位工程是指具有独立发挥作用的建筑物,或具有独立施工条件的建筑物,如河道整治工程中的一个坝垛,堤防工程中的主体工程、附属工程(如排水沟等)。

2.分部工程

分部工程是指在一个建筑物内、能组合发挥一种功能的建筑安装工程,它是单位工程的组成部分。如坝垛中的沿子石砌筑、填腹石、坝胎土回填,堤防主体工程中的清基、土方填筑等。

3.单元工程

单元工程是指分部工程中,由几个工种施工完成的最小综合体。如沿子石砌筑中的一个砌坯、土方填筑中的一坯土等。

单元工程是日常质量检查、考核的基本单元,按照施工方法,便于质量控制和考核的原则划分。

(二)工段划分

工段划分既不同于设计、招标时的项目或段落划分(如标段),也不同于施工管理中的工程项目(单位工程、分部工程、单元工程)划分,而是仅就同一施工范围分成几个施工工段,由不同的施工队伍或同一施工队伍的不同工种施工班组进行施工流水作业,以及便于施工与质量检查验收的循环作业。

划分工段以便于调度管理,利于施工进度平衡,保证质量,能形成各工序施工以及施工与质量检查验收流水作业为原则。需考虑的因素主要有:地形、地质、施工条件的变化,工程任务、进度要求、施工能力(机械、人员数量),施工工序划分、各工序施工以及施工与质量检查的流水作业,工段长度、便于施工组织及调度管理等。

每个工段的长度应根据施工方法和施工能力确定,机械施工时,工段长不应小于100米,人工施工的工段长可适当短些。

工段划分时,一般应使各施工工序加质量检查验收环节所得的总程序数与工段数相等,如表6-7所示某合同段施工工段的划分:施工分成铺土、平土洒水、压实、刨毛四道工序,考虑到刨毛用时短,故将刨毛与质量检查验收合并为一道程序,所以总共有四道程序。为了形成流水作业,也将整个合同段分为了“Ⅰ、Ⅱ、Ⅲ、Ⅳ”四个施工段,这可在各工段上同时展开不同的作业,形成连续的循环,便于有序组织管理和提高工效。

表6-7 工段划分及施工程序明细表

四个施工段	Ⅰ	Ⅱ	Ⅲ	Ⅳ
施工程序及方法	铺土	平土、洒水	压实	质检、刨毛
	平土、洒水	压实	质检、刨毛	铺土
	压实	质检、刨毛	铺土	平土、洒水
	质检、刨毛	铺土	平土、洒水	压实

第二节　工程查勘与探测

一、河势查勘

河势查勘也叫河道查勘，是指对河势进行现场勘察的工作。

根据河势查勘范围，可分为大、中、小查勘。大查勘是突破管辖范围，查勘上下游、左右岸；中查勘是不突破管辖范围，查勘全辖区及对岸；小查勘是仅查勘单处工程河势情况。

(一)查勘的主要内容和目的

(1)查勘的主要内容包括观测河床平面形态、水流状态，分析河势演变情况，掌握观测出险情况，了解管理现状等。

(2)查勘的主要目的是预估河势发展趋势，为防汛抢险、河道整治、工程建设等提供决策依据。

(二)查勘时间和方法

(1)查勘时间。黄委和河南河务局一般是每年汛前、汛后各进行一次，特殊情况开展特别查勘。市、县局一是随同；二是随即查勘，特殊河势、特殊险情时均要查勘。

(2)查勘方法。大查勘乘船或冲锋舟顺流而下，在靠流险工、控导、塌岸、河湾等重点地方，上岸徒步查勘，利用望远镜、激光测距仪、GPS 定位仪，观察河道平面情况，套绘河势图；中查勘乘冲锋舟或车辆，顺逆水流均可，在险工险点处，进行徒步查勘，并做好必要的记录；小查勘多为徒步查勘，重点查勘险点，并做好必要的记录。

(三)查勘人员基本要求和注意事项

(1)对查勘人员的一般要求是，了解河流地貌、黄河水势、河床演变、河道整治、坝岸工程、险象险情等基本知识；熟悉工程、水流、滩涂等名称；掌握套绘河势图及编写河势查勘报告的基本技能。

(2)注意事项：佩戴必要的安全防护用具，确保水上安全、上下岸安全、浅水低滩行走安全、攀爬工程安全等。

(四)河势图和河势查勘报告

1.绘制河势图

河势图是反映河道在某观测时段内水流、岸线、沙滩分布形态的河道地图。其主要标注内容有：堤防、坝岸靠溜情况，主流线、串沟叉河、水边线，心滩、浅滩等位置形态，主流叉河分流比，塌滩、生险情况，局部水流现象(大溜顶冲、靠大溜、大边溜、边溜、慢水、倒仰水、回流等)，观测时段流量变幅、水位升降等。套绘河势图时，要把握以下要点：读懂底图，熟悉图例，掌握比例，选好参照物，计算相关参数，选定线条与颜色；依次绘出轮廓线(最外水边线)、主流线、叉河线、浅滩、心滩、陡滩沿、塌滩、生险部位,标注分流比及相关参数等。

2.编写河势查勘报告

(1)概况:一般要求是,具体人、具体事、时间、地点、数目字。

(2)观测方法:是乘船或乘车或徒步,是借助仪器或丈量或目测等。

(3)观测结果:河势情况、工程靠河情况、工程险情等。

(4)成果分析:预估河势发展趋势,可能出现的情况等。

(5)建议:下一步如何观测、如何防范、采取什么应对措施等。

(6)落款:报告编写单位、负责人、编写人,时间。

3.模拟报告

郑州黄河花园口险工118~127坝河势查勘报告

2010年6月1日,黄河花园口流量450立方米每秒。当日上午9时,惠金河务局运行科科长张三等一行5人,对郑州黄河花园口险工118~127坝河段进行河势查勘。

观测方法:徒步目测河势。5人站在125坝坝前头目视该河段。

观测结果:A.河势情况:水流经马庄工程东去,在距右岸2300~2800米处,穿过郑州黄河大桥,靠桥东侧顺势南下,形成横河主流,没有叉河。水面宽约有500米,逐渐展宽至1000米,在119坝入流坐湾,沿工程东去。对岸形成1浅滩尖,在125坝前形成150~200米窄河,而后逐渐展宽,经127坝平稳送出。B.工程靠河情况:119坝静水(偎水)或慢水,120坝小边溜,121坝大边溜,122~125坝靠主溜,并形成较大翻花溜。C.工程险情:124坝下跨脚和背水面及下护岸根石走失,形成水上陡坡。

成果分析:若流量不再加大,近期河势不会有大的变化。若流量加大,将有两种可能出现:一是对岸滩尖不被冲刷,河势有可能上提,工程受冲情况不会减弱;二是对岸滩尖被冲刷,河势有可能下挫,工程受冲情况将会减弱。

建议:A.应加强对该河段的河势观测,若发现异常情况,及时上报。B.对124坝实施根石加固。C.其余部位,由于是预加固根石,对此应实施顺坡处理。

二、根石探测

根石探测又叫"根石探摸"。即在坝岸裹护段,确定若干探测断面,探测各点的深度和位置,计算平均坡度,分析稳定状况,作为根石加固和防汛防守的依据。

根石探测是一项技术性较强的工作,要求严格掌握技术标准和探测精度,保证测量数据真实可靠,严禁肆意编造。

(一)断面设置标准

(1)断面布设。断面布设原则是:坝轴的转折处必须设断面,如坝的起护点、拐点、上跨角、坝前头、下跨角等。直线段断面距一般为10~30米,曲线段断面距一般为10~15

米。断面一旦确定，没有特殊情况，多年不予变动，便于不同时期时段探测情况比对分析。

(2)断面符号表示。迎水面—YS，拐点—GD，上跨角—SK，坝前头—BT，下跨角—XK，护岸—HA。

(3)断面桩标准。材质为石材或混凝土，断面尺寸0.1米×0.1米×0.4米。

(二)探测方法

一般有两种：一是人工探测，二是仪器探测。

以下介绍人工探测方法。

(1)探测断面布点。探测起点一般从坦石顶部外沿开始。当无根石台时，以坦口为起点，有根石台时，应将根石以上部位清晰、准确记录，以根石外口为量距起点，每2米布设1个探测点位。

(2)探测锥。材料：圆钢，直径16毫米，长度3~9米；组成：一般由锥头，锥杆，丝扣三部分组成。根石探测对锥头要求较高，要锥尖锋利，不断尖、不弯尖、不钝尖、不带泥土，坚固耐用，一般铁匠是干不了的，在中牟黄河辖区有一位专打锥尖的艺人，当年常为中牟黄河锥探施工服务。

(3)探测船。为便于探测，一般多采用机动船只，以利在水中定位。船只定位采用三点定位法，即上下方向定位，船前头定位，船只长度方向垂直坝轴线，船头锚固于坝上，船尾用缆绳进行人工双向定位。

(4)探测要求：①探摸时，按照从上游到下游、从迎水面到下跨角的顺序进行。②探摸时，必须认真测出坦顶高程、水面高程(在水面平稳处取值)、滩面高程、根石边坡、坡度转折点、根石末端等6个相关要素值。③探摸时，锥点要在所测的断面上，保持锥杆垂直，量距水平。平距与高程(或高差)测量精度精确到厘米。④探测从坝顶口石开始，每隔2米测量一次，水面以上采用塔尺配合皮尺测量，水面以上采用探锥配合皮卷尺测量，当探摸不到根石时，应向外2米向里1米时各锥一点，以确定根石外边沿。⑤探测人员组合。一般一组由4名探工组成，均戴帆布手套，错落握锥，扎马步喊号，下冲上提，重复节奏，凭借操作人员的感觉、进锥和回锥的响声，判断有无石块，丈量其深度。

(5)人工探测根石的优点是能够较准确地判断根石所在位置，缺点是费力、费工、费时。

(三)绘制根石断面图

根石断面图是坝顶(坦石口)至河底间的坦石、根石断面外轮廓线图。依据探测资料绘制，其主要内容包括工程名称、坝号、断面编号、各测点高程、比例尺、平均坡度、探摸时间、大河流量等。用以作为根石变化和计算加固根石用量及防汛防守的依据。

(四)编写根石探测报告

主要内容包括工程概况、探测目的、探测组织、探测方法、探测成果、成果分析、措施建议等。

三、水深探测

一般是守险时坝岸水流观测、工程施工时观测、抢险时观测。其探测方法分为人工探测和仪器探测两种。人工探测又分为岸边探测和船上探摸。

(一)人工岸边探测

1人1杆站在岸边探摸水深。

(1)摸水杆:材料一般为木杆或竹竿或其他;杆粗5厘米左右、长6米左右并标有刻度。

(2)探测:一般1人身穿救生衣,手握摸水杆,站在水边,自上而下,顺势探摸,压杆探底。若水深流急,为确保安全,摸水人应系好安全绳,另1人站在坝面上,拉绳保护。一般探摸深度5米左右。

(二)人工船上探摸

若用摸水杆,方法同上;当水深时,应用油丝铅鱼探摸水深,探摸一般2~3人一组为宜。

(三)确保安全,注意两点

(1)使用摸水杆,要注意顺势而行,避免用力过猛或逆势,杆把人带入水中;特殊情况下,可弃杆保安全。

(2)使用油丝铅鱼,操作人员要齐心协力,抬起铅鱼,拉好油丝,让其缓缓入水,避免铅鱼砸人或油丝勒手或将人拖入水中。

四、堤身隐患探测及处理

堤身隐患探测,有人工(解刨、锥探、窖堤)和超导遥感仪器探测两类。人工解刨探测是最早的一种方法,已不再采用;20世纪90年代之前,郑州使用的人工锥探灌浆被广泛应用。

堤身灌浆适用于处理堤身内部裂缝、洞穴、腐朽的秸料、桩木、树根等隐患。凡是锥孔穿过这些部位一般都能灌实。空洞灌浆后的干密度一般在1.5吨每立方米以上。堤身土质疏松,存在虚土层时,压力灌浆不起作用,这时应先进行抽水洇堤,使堤身内部虚土蛰实,形成沉陷缝隙,然后用压力灌浆处理,方能取得较好效果。

(一)造孔

1.孔位布置与孔深确定

首先根据堤防存在问题的性质及严重程度、机具及人员情况、施工工期等因素,确定灌浆堤段的长度和范围,然后在顺堤方向布置若干排灌浆孔。

灌浆的排距和间距取决于堤段重要程度、隐患性质、灌浆压力等因素。一般都采用密锥灌浆的形式,沿堤纵向布排,其排距为1.5~2.0米(堤坡斜距取2.0米),孔距为1.0~1.5米,使用压力灌浆时,孔的布局多为2米×2米。相邻两排锥孔呈梅花形排列。

锥孔的深度按实际需要确定。初次灌浆及属于普通加固性质的堤防,锥孔宜打入堤基以下0.5~1.0米。旧堤已经锥探加固,仅为处理加培以后的新堤中的隐患时,锥孔可以适当浅一些,一般应打入旧堤以下0.5米。

2.造孔

造孔方法有人工打锥造孔和机械打锥造孔两种。

1)人工打锥造孔

(1)造孔。操作方法:以4人戴帆布手套,错落握锥,扎马步喊号,下冲上提,重复节奏,凭借操作人员的感觉和锥杆的响声,判断隐患、土质、杂物等情况,直至打到预定深度。

(2)使用范围。使用于堤顶、堤坡及各个角落。堤顶锥探逐步被打锥机所替代,但堤坡机械不好使,尚未见突破人工。人工打锥造孔的优点是能够较准确地判断隐患、土质、杂物等情况,适应复杂的场地;缺点是费力、费工、费时。

2)机械打锥造孔

打锥机械种类较多,仅以郑州河务局研制的ZK24型锥孔机为例。该机具所使用的锥杆为碳素工具钢六方24、22、23或六方25螺杆,锥孔深度一般为10米。锥孔速度快时为每小时75~90个孔,慢时为55~70个孔。该机使用的动力设备为15马力柴油机,设计进锥力为23千牛顿,实际超过23千牛顿。

造孔方法:将锥孔机定位后,锥杆由挤压轮夹紧,转动挤压轮便将锥杆压入堤内。当土质松软时,可快速进锥;当土质坚硬、挤压轮打滑时,可通过调整弹簧组增加挤压力,改为慢速进锥。如锥头遇到石块等硬物,安全离合器便发出"咔咔"响声,操作人员便停止进锥。锥杆进深由指针显示,达计划深度后,便改换挤压轮转动方向,将锥杆提出,移至下一孔位连续进行。

机械打锥的优点是速度快、效率高;缺点是不易发现隐患,更不能判断土质与杂物,机具比较笨重,适应场地条件要求高,在堤坡上打孔难度大。

(二)灌浆

1.人工灌沙或灌浆

人工灌沙或灌浆是无压力的灌注。最初人们是向锥孔中倒灌晒干的细沙,以填充堤身内部的缝穴隐患;稍后采用水壶灌人工拌制的泥浆,经过解刨发现,灌沙不如灌浆,随之取消了灌沙的做法,全部改为泥浆灌孔。

2.机械灌浆

机械灌浆是有压力的灌浆,即压力灌浆。随着机械化的发展,机械灌浆逐步取代了人工灌浆。机械灌浆是将土料加水后用机械搅拌成泥浆,通过压力灌浆机加压灌入锥孔,压进缝穴,析出水分,从而使堤身内部的缝穴隐患为泥土充填,达到处理隐患的目的。为了使泥浆更快更多地进入隐患缝穴,满足灌浆要求,需要对所用泥浆规定标准,然后按照标准进行拌浆。

第三节　工程抢险

河道工程出险后,要立即查看出险情况,分析出险原因,有针对性地采取有效措施,及时进行抢护,以防止险情扩大,保证安全。

一、制作备料

郑州黄河制作的常备的主要的抢险料物有麻绳、木桩、铅丝网片及埽由(20 世纪 90 年代以前)。

(一)编制铅丝笼网片

铅丝笼网片一般有 3 种规格:1 立方米、2 立方米、3 立方米。郑州黄河多年坚持制作 3 立方米规格的,有别于其他单位。

单个网片 3 米×4 米两端带耳的 14 平方米,用 8 号铅丝做网纲,12 号铅丝编网,网眼 0.2 米。网片多以成批编制,集中储备,使用效果良好。

编制方法步骤如下:

(1)打小木橛。选择宽敞平整的土场地,按网片规格尺度要求,在网片的周边,打 6~18 个小木橛,橛高出地面 0.2 米,埋深以使小木橛稳固为准。这种做法适合人海战术。另一种是在室内或室外摆放编网片架子,架子有固定架、组合架等。

(2)截网纲。用 8 号铅丝做网纲,截一根 29.5~30.0 米长筋进行绕栓网纲,另加两根 4.5 米短筋,即为一个网片网纲用筋。多余部分做接头用。

(3)截网条。网条长度按所编网片宽度计算。即单根条长=2×1.6×网片宽(2 是起头单根折起为双根,1.6 是铅丝弯曲长与直长的比值)。例:网片宽 3 米,单根条长为=2×1.6×3 米=9.6 米。

(4)盘网条。把网条中间折印,从两端向中间盘起,盘成两个相连接的手握的扁圈盘,以便编拧。

(5)编网片。分三片进行编拧,中间 3 米×4 米=12 平方米为一片,两个耳朵为两片。中间片编拧方法:网纲拧好后,在其长边上布盘,盘与盘间距 0.2 米,边盘距边 0.1 米,将折印处套在网纲上,互拧 360 度的死扣,拧时双手交叉,一次拧成,不要换手,否则就拧不紧。将全部网条一一拧上后,再把已拧网纲(边条)上各相邻的网条从一边依次相互拧起来,全部拧成菱形孔,每拧到边上,用网条在网纲上绕一下。两耳编拧:从中间片一边布网条,编法同上。

(6)网片存放。先将两耳折到中间片上,再将 3 米×1 米侧边折上,然后再将 3 米×2 米侧边分两次折起,最后形成 3 米×1 米的折叠片,一般 5 个叠好的网片捆为一捆,进行存放为宜。

(二)柳把制作

柳把是一种传统的埽工(制作工艺)备料物体。为避免这一传统工艺失传,1986 年赵春合在中牟九堡下延工程施工时,亲手传授制作柳把技术,效果良好。

柳把的一般用途:(制作成柳箔)护坡防浪和消浪、反滤导渗、捆柳石枕、柳石楼厢及备料等。

制作方法步骤如下。

1.准备工作

(1)制作场地选择。单组制作场地,要有一块平坦的,长度大于 20 米、宽度大于 5 米的与料场相连接的开阔场地。

(2)工具准备。木工锯 1 把、手钳 1 把、月牙斧两 2 把、绞棍 1 组(2 根短棍 1 根绳)、枕木 10 根(长 2 米、直径 0.15 米左右)、麻绳 10 根(长 2 米、直径 1 厘米)。

(3)材料准备。18 号铅丝根据需要准备。柳秸料:柳枝直径小于厘米为宜,粗一些的可劈开使用;长度可不受限制。其他秸料如荆条、芦苇、高粱秆、玉米秆、棉花秆、稻草、麦秸秆等均可,但应注意长短搭配、软硬搭配等。

(4)人力组合。10 人 1 组,即整料 2 人、粗捆 2 人、绞紧 2 人、扎丝 1 人、截捆 1 人、运柳把 2 人。

2.布桩绳

将 5~10 根桩绳依次排开(1 桩 1 绳在一起),1 米 1 根。

3.整料铺柳

首先确定截把端(出柳把一端)和续料端(不停地进行铺料和续料)。截把端要齐,续料端要便于搭接。秸料要首尾交叉均匀地错茬续加(不要几根一齐续进去),铺放在木桩上,外细内粗,根据柳把直径大小确定铺放秸料多少。柳把直径一般为 0.15~0.20 米,为拓展其用途,直径亦可为 0.10~0.30 米。

4.捆扎

粗扎:用麻绳进行束扎,每米 1 根,将所有麻绳扎起。细扎:用绞棍将粗轧的柳捆绞紧后,随即用 18 号铅丝进行捆扎,每 0.25~0.50 米捆扎 1 道,连续捆扎长度无限,休息时留活茬,上班时接着干,直至将柳捆扎完毕。

5.截把存放

根据需要进行截取。如需要 10 米长,续扎好的柳把长度应超出截把端 10 米。然后,用木工锯在截把端枕木外 0.1 米处,截断柳把。根据需要,边续边扎边截,依次循环进行。截好的柳把最好呈正方形摆放,即一层横的、一层纵的,高度根据需要确定。这样有利通风、管理及搬运。

二、郑州黄河险情常用的抢护方法

(一)捆抛铅丝笼

1.标准要求

(1)质量标准:封笼每米长不少于 4 道;装石量不小于笼体体积的 110%~120%(自

然方)。

(2)劳力组合:每个班12人,分为两个小组,实行轮战或各自为战作业。1个小组6人,其中4人运石、摆石、封笼,其余2人截丝、递网等,然后6人一起推笼。统计数据显示,20世纪90年代以前,河南黄河第一机动抢险队(中牟),在多次施工、抢险当中,连续作业2小时,完成捆抛铅丝笼20个,即为每6分钟完成1个。

2.适用范围

防止根石走失,镇脚固基。即一般在水深流急,块石抗不住的水流,或块石有可能被水冲走时,采取推铅丝笼的方法进行抢护。其缺点是施工慢、空隙大、透水性大等。

3.操作方法

(1)整理抛笼台。首先选定抛笼点,一般在主坝的上跨角和坝头局部淘刷严重处,或坍塌严重部位等;而后,整理抛笼台,有根石台的,抛笼台即在根石台上;没有根石台的,抛笼台在坝口上边。抛石台一定要稳定、平整,方便施工。

(2)铺设木桩。根据笼的大小,铺垫枕桩和垫桩。一般桩长1.5米,铺枕桩2根,垫桩4根。垫桩枕在枕桩上,以便推笼时掀起垫桩,推动石笼。

(3)铺设网片。网片铺在垫桩上,片底放正,笼顶和一个侧面放在临河一侧,另一侧面留在背河一侧。

(4)装石封笼。网片铺好后,即可装石。装石时不要用力太猛,以免砸断铅丝。装石要满,四周要装实放稳。然后用网片预留铅丝封笼口即可。

(5)推笼。可先推笼的上部,使石笼重心外移,再喊号一齐掀垫桩,使笼外移,一鼓作气把笼抛下水去。

4.注意事项

(1)使用石料以一般石块或小石块为主,在装笼时,应把小石块放在里面,以免漏掉。

(2)抛笼之前,应摸清根石坡度情况。如果拟抛地点凸凹不平或下部坡度过陡,应先抛一部分散石,然后进行抛笼。

(3)装排石块要轻放,不得猛力下砸,用大石排紧、小石填严空隙。

(4)抛笼应自下而上层层加抛,尽量避免笼与笼接头不严的现象。如条件许可,还要自下游而上游抛完第一层再抛第二层,使上下笼头互相间错紧密压茬。

(5)笼抛完后,应再探摸一次,将笼顶部分和笼与笼接头不严之处,用大块石抛填整齐。

(6)推笼时,推笼人要精力集中,切记不要骑桩,以免将人带入水中,发生安全事故。

(7)若工程基础浅,不宜抛铅丝笼,以免造成猛墩猛蛰,引发次生灾害,酿成大祸。

(二)捆抛柳石(袋)枕

柳石枕从捆推做法上分,有捆抛柳石枕和只捆不抛柳石枕两种。捆抛柳石枕,即将捆好的柳石枕推入水中;只捆不推柳石枕(懒枕),即在需要的地方就地捆就地放,不再挪动。

1.标准要求

1)规格要求

(1)推枕:1个标准柳石枕长10米、直径1米,单枕体积7.85立方米。允许调整幅度:长度3~15米、直径0.7~1米。

(2)懒枕:相对推枕,懒枕可据实调整。直径大的可达2米,长度可达百米以上。

2)劳力组合

一个班12人,其中10人运、铺、捆、推,2人截绳、控制留绳等。统计数据显示,20世纪90年代以前,河南黄河第一机动抢险队(中牟),在多次施工、抢险当中,连续作业2小时,完成捆抛柳石枕12个,即为每10分钟完成1个。

2.适用范围

溜势顶冲,坝、垛土胎坍塌严重,可用柳石捆枕抛护。若柳料不足,可掺杂其他梢料或苇料代替。石料缺乏时,可用碎砖或淤泥代替。

推抛柳石枕,是一种较好的水下护根工程,它能适应一切河底的情况,对于新修和抢险以及堵口合龙等工程均能适用,使用范围较广。

3.操作步骤

1)选料

(1)柳枝(包含杨树枝)。以柳条直长柔韧的低柳和生长旺盛的树头柳为好,一般干枝直径3厘米左右,长2米以上。老的树头柳多曲多岔、柔韧性差,可去掉其中的粗枝硬股,掺杂一部分使用。如果使用这种柳条,则应适当增加束腰绳;捆枕绳一般每0.5~0.8米捆扎一道,老树头柳等可0.4~0.5米捆扎一道。柳枝应随砍随用,在砍下后3天之内用完。

(2)块石。枕头用石,要大小搭配,使之排填密实。

(3)土袋。大小适中,口扎实即可。

(4)绳缆或铅丝。捆枕绳,一般有三种捆法:一是全用核桃缆捆扎;二是一根核桃缆一根10号铅丝,隔一根扎一根;三是没有麻绳,则全用10号铅丝捆扎。龙筋绳一般用8丈(27米)绳穿心,其作用一是防止或减少断枕;二是做留绳使用。束腰绳,为将枕体捆得更好些,有时在捆扎之前,先在毛枕上系2~3根束腰绳,把枕捆得牢固美观,以利推抛滚动。

2)选点整场

捆枕之前,应先探摸水深、河底土质、流速和溜势等情况,选定抛枕位置,平整工作场地和推枕坡面。

3)铺设木桩和捆枕绳(或铅丝)

一般选取2米木桩为宜。铺设枕木应视枕长而定。垫桩间距和捆枕绳间距相一致。

4)铺放柳石

(1)石、柳体积比。柳石枕按捆成体积来说,一般石、柳体积比应为1∶2.0~1∶2.5。在急溜中抛枕及护根石的外围枕,要多用石,如果石、柳体积比至1∶2.5以下,则浮力大,下沉慢,急溜中不易抛至预定位置,甚至向外游动不起作用。

(2)铺放柳枝。应在垫桩中部。直径1米的枕,铺底柳枝宽约1米,压实厚度15~20厘米,应分作两层铺放平均。第一层(外层)由上游开始,根部向上游、梢部向下,一搭一搭地均匀铺放,次一搭的根端放在前一搭的1/2~3/5处,使吞压1/2以上,依次铺至下游头;第二层由下游开始,根部向下游,梢部向上游,同第一层吞压方法,依次铺至上头。铺好后,两端以根部向外再铺柳一搭,以加厚枕的两头,便于封口。

(3)排石。石要排成中间宽、上下窄,直径约0.6米的圆柱体。排石时要分层,大石块小头向里、大头向外排紧,用小石填严空隙和缺口。排石至两端可稍细点,并留长0.4~0.5米不排石,以便盘扎枕头。

排石至半高,可加铺较为柔韧的柳枝一层,其压实厚5~7厘米,用以加强石与石之间的联系和弹性,以利捆扎结实。如果使用龙筋绳,则把绳放在这层柳的中间(不铺柳时,绳可放在石的中间),并在距枕两头各1米处及中间,绳上拴十字木棍或长形石块一个,以免龙筋绳滑动。石的顶部盖柳枝仍分两层,其铺盖方法与前铺法相同。

5)捆枕

捆枕必须注意质量,最好用绞棍或其他方法绞紧,然后用捆枕绳捆扎结实,要保证滚入水下不断腰、不漏石。或以五子扣扎紧,再将捆枕绳的余头互相连结。必要时,可在枕的两旁各用核桃绳一条,将枕绳再顺枕予以连系。紧绳时,临河2人、背河3人(临河2人往下压,防止绳断后仰掉河里),一人喊号,用力拉紧,捆时要注意不得把垫桩捆在枕上,以免发生危险。

如果用柳把捆枕,方法简便易行,效果极佳。

6)推枕

推抛柳枕之前,必须根据工程要求、水下情况和溜势缓急,做好一切抛枕措施。先将留绳以背扣挽于枕的两头(也就是戴笼头),一条绳不足时可再接长,按水深留放,上系在留绳桩上,并有一技工掌握松绳。要做到不扭折、不下败,沉放位置适宜,避免枕与枕交叉裂挡、搁浅、悬空和坡度不顺等现象。推枕应注意以下几点:

(1)推枕人力要分配均匀,由指挥人喊口号,同时动作,使枕体平衡滚落入水。

(2)若在大水急溜中推枕,要等待时机,趁激流间隙下推,并拉紧留绳和龙筋绳。

(3)水深溜急,枕体顺溜方向推抛时,要在沉放地点稍靠上游一点推枕,入水后应有藏头的地方(上游枕头放在有掩护体的下边或回溜区),或加重枕头,使上游一头先沉入水中,以免枕头倒转或冲走过远。

(4)如需要使用留绳,推枕之前要伸入水下,看管的人不得在桩上打死结,随枕下沉迅速松放,以免断绳甚至发生事故。

(5)条件许可时,应尽量使用长枕,如分段抛枕,最好数段同时进行,以免枕与枕之间接头不严。

(6)如果大溜顶冲,河底继续淘刷,应在枕的前面再加抛几个枕,一般可高达原抛枕高的一半,使其随河底淘深自然下沉,起偎护堤脚作用。

(7)在非大溜顶冲的工段抛枕,可多用柳、少用石或用柳袋枕代替。

4.注意事项

(1)如坦坡凸凹不平,加之水深溜急、大溜顶冲,枕入水后难以平稳下沉,应加密加点摸水,多用留绳,切实掌握枕体入水情况。

(2)如底部凸凹不平,在加密加点摸水把握情况的前提下,要适时调整枕的长短、粗细和抛投位置,以减少枕体受力不均,产生开裂、松动等现象。同时,要注意枕头衔接,避免孔隙产生。

(3)推抛枕时,推枕人精力要高度集中,切记不要骑桩和不被枕体挂着,以免将人带入水中,发生安全事故。

(三)柳石(淤或袋)搂厢

1.标准要求

(1)尺度要求:水深与占体宽度之比为1∶0.8~1∶1.0,但占体最窄不小于3米。

(2)配料要求:石柳体积比为1∶2.5;土为铺路、填缝之用,不计算体积。

(3)劳力组合:视埽面宽窄、长短、料材等多种情况而定。

2.适用范围

适用性较广,是传统抢险方法中最快的一种抢护方法。具有就地取材、节约石料、体积大、抢护快、适用于人力和机械抢护等优点。其缺点是:技术要求较高,对植被存在一定的破坏性,且秸料压缩后造成工程沉陷、秸料腐烂后留有隐患等。

3.柳石搂厢操作步骤(水中进占)

柳石搂厢采用传统的捆厢船搂厢,人工打桩布绳,铺填柳料、石料,人工紧绳,并辅以机械培土、抛石等。其进占程序为:准备工作→捆船→整修坦坡→打桩布绳→搂厢→土坝基加固→抛柳石枕→抛块石或铅丝笼。

1)准备工作

进占前要备有足够的料物、设备和人力资源等;要对河势、工情和险情进行认真分析,确定进占宽度和与之相应的埽工;要进行细致的技术交底,并确保进占安全。

2)捆船(或制作浮体)

一般有两种情况,过去曾采用浮枕搂厢,后来多采用船只或浮桶。其具体操作方法如下:

(1)采用浮枕搂厢时,首要是捆浮枕。用柳枝等软料,捆成长大于计划搂厢宽度、直径1米的浮枕,漂浮于水面,用以拴扣绳缆及挡护料物。捆枕时先以2米长垫桩,间距约0.5米,平放在堤顶捆、抛枕处。桩间放捆枕绳(核桃绳或12号铅丝,绳的长度为枕周长的2.5倍),然后将散柳铺在桩上,中间顺枕放“龙筋绳”(八丈一条,绳中间扣挽几根短木棍,防止绳在枕中左右滑动)再压足散柳,捆成浮枕。

(2)捆厢船。一般是租用民船,过去多为木船,现已改为铁船。对船只的要求,船上操作平台长度,要满足进占占体的宽度的需求。首先要对船只进行检修,拆除船舵,加固船身,架拉舱板,钉拦河跳板,捆横梁,捆龙枕,安龙骨等。其次捆厢船要靠锚固拉绳定位。

3)整坦

整理坍塌的坝(堤)坡,铲削平整,使成1∶0.5~1∶1.0的坡度,使埽体紧贴堤岸,不致悬空。埽的上游一头要藏入堤岸,埽体迎溜部分成直线或平滑的弧线,不得部分突出,以免产生紊流。

4)打桩布绳

(1)打桩:在坝(堤)顶距整理好的坡肩2~3米的后边,根据底钩绳和坯数的需要,打顶桩(桩长1.5米左右)单排或数排。桩距0.8~1.0米,如为数排,排距0.3~0.5米,前后排向下游错开0.15米,以免将坝(堤)顶拉裂。在顶桩和埽面之间打腰桩。

(2)铺设过肚绳和底钩绳:在顶桩上死拴过肚绳,活拴底钩绳,8~10丈绳(27~30米)间距均为1米左右,不宜过大过小,将过肚绳的另一端穿过船底活拴在龙骨上;再将底钩绳的另一端活拴在龙骨上。然后用核桃绳将底钩绳横连数道(练子绳),间距约0.5米,做成均匀的格子"底网",这叫做编底,其宽度与底坯宽度一致。

5)搂厢

(1)底坯搂厢:移船离岸边1~2米。在"底网"上顺铺散柳一层,厚1.5米左右,边铺边缓缓移船,达4~8米长时打紧底钩绳,在其柳上从距边缘0.3米处开始铺压块石一层,厚0.2~0.3米,要前重后轻,可按前六后四或前七后三的比数排压,以勿使入水为度,再盖柳一层,厚0.3~0.4米(总厚度控制在1.5米左右),然后,根据需要拴打家伙桩。搂底钩绳,隔一根搂一根,拴在顶桩上。

(2)逐坯加厢:在底坯上继续加厢,每坯厚1.5米左右。程序与底坯相同。如此逐坯进行,适当松底钩绳,使一直追压到河底(到家)抓泥为止(当压到底时,埽体下首有小翻花水泡泛起时,一般可说明已经"到家")。这时,要将底钩绳全部搂回,通过腰桩拴在顶桩上。同时紧跟在埽前加抛柳石枕或铅丝笼偎根,再在埽顶压大土或大石,稳住埽体。

(3)封顶:压土或压石之后,再用柳枝周围缕口,务求土、石为柳料包裹严密,不使露面,然后上薄料厚土并注意调整底钩绳及过肚绳,直到埽体不再下蛰,与河底结合严密,偎护稳固。压顶土或排石应注意掌握坡度比埽体坡度陡,以防重心偏后,推埽前爬。

(4)进占与盘头:完成一次封顶为一占,然后紧接着就是第二占、第三占……直到进占结束,最后盘头。

(5)活占:每坯料铺至水面1~1.5米后,把守头缆与过度绳、占绳等人员应松缆,使占前滚,同时在占面工作的全部人员除有计划地在占上压住眉头外,其余均立于新料的前部,站在占面上的人应一齐跳跃,占面的松料,经过跳踩,柳料前眉一方面下蛰入水,一方面前滚。活占时,看过肚绳、占绳和把头缆的工人应注意配合,缓缓松放绳缆,使捆厢船移位,占体下沉。

6)抛枕护埽

一般以抛标准枕为宜,当进占长度超过10米后,就要紧跟着抛柳石枕,以大缓流、闭气、稳埽的作用,从而使占体由透水占变成渗水占。

7)土坝基加固

一批抛柳石枕完成后,占后坝体土胎,以不被水冲走为原则,尽可能紧跟其后,以达进一步闭气,稳定占体和创造施工场地为要。

8)抛块石或铅丝笼

在完成一定进占长度,不影响其施工时,应及时抛块石,起到护枕、护脚、抗冲、挑流作用。如需抛铅丝笼,要适时抛投铅丝笼,以起镇脚、固根之作用。

4.注意事项

(1)每加厢一坯,应适当后退,做成1∶0.3左右的埽坡,坡度宜陡不宜缓,不应超过1∶0.5,防止埽体仰脸或前爬。

(2)在搂厢之前及搂厢(尤其底坯)过程中,应注意随时探摸水深,探明河底坡度、土质与淘刷情况,以便适当选用"家伙"和上料压土的尺度等。要根据具体情况采取相应措施,因地因时制宜。

(3)柳石搂厢,压土量应少于用秸料软搂。对于压埽土,不论是用石、用土袋、用淤土或用土,均需按操作步骤进行,即自两边上口、下口垫路到埽前面眉(埽眉)逐渐往后退压。并结合河底土质、坡度与软料容重做全面考虑。压料不可过多或过少,过少容易走失,过多容易前爬。

(4)关于压土、压石的厚度,开始要薄,愈向上加厢,则逐坯稍加厚,总的原则是:在未抓泥前不能把埽压沉入水,抓泥后才能加大压土、压石。

(5)为最大限度地提供施工工作面,在进占过程中,除进占、抛枕一次达到设计高度外,进土、抛石、抛笼高度要尽可能压低,但必须保证有一定的水上安全超高高度。

(6)若活占无效,捆厢船严重倾斜,即将翻船时,可将占绳斩断,再做处理。但是,不可误判,盲目斩断占绳。

(四)机械化抛石进占

1.操作步骤

(1)确定进占轴线和位置。根据坝轴线的位置,确定进占的轴线和位置。

(2)打(修)坡。坡度能满足自卸车倒石要求,重车能下得去,空车能上得来。宽度能满足相互错车和推土机平石的要求。

(3)自卸车倒石。高度应高于水面0.5~1.0米,顶宽3.0~5.0米,迎水面应超出占体0.5~1.0米。

(4)自卸车倒土。倒土位置在占体下游。时间与速度应跟随进占石体前进,占头石体应超土体3.0~5.0米。高度与石体同高或稍高,宽度根据设计宽度确定。

(5)挖掘机钩石护坡。待进占完成后,随即进行坝体土方施工,当土方施工和修坡(土石结合的内坡)完成后,把挖掘机站在临水面占顶(水上护坡底)上,将超抛的块石钩到护坡位置,即为钩石护坡。

(6)人机配合加高完成施工。机械土方施工,抛石护坡,抓石、抓土粗整护坡和土坡。人工捡坦、细修土坡和坝面,即告完成。

2.注意事项

(1)在抛石之前,应首先用探水杆探摸坍塌坡度、土质、水深、流速等,然后确定其抛投块体大小、抛投速度、抛投方法等。

(2)抛投观察。无论选用人工、机械方式,抛投块石、大块石等,在初抛、抛投过程中、抛投后,都要密切注视河势、工情等情况的发展变化。尤其对滑动面的观察更要高度重视,确保抛投安全。

(3)抛石护坡时,为避免砸坏护坡,应采用滑石板、抛石架等办法,以保持块石平稳下落,减少冲击滚动,以免砸碎损坏护坡。

(4)抛石进占。一是要制订好施工方案;二是落实好施工方案和应急对策;三是搞好人机调配;四是留足场地,充分发挥机械效率;五是集中精力抓好进占主工期。

三、郑州黄河常见险情的抢护

(一)陷坑抢险

1.险情简述

陷坑又称跌窝,一般是在大雨、洪峰前后或高水位情况下,经水浸泡,在堤顶、堤坡、戗台及坡脚附近,突然发生局部凹陷而形成的一种严重险情。这种险情既破坏堤防的完整性,又常缩短渗径,有时还伴随渗水、漏洞等险情同时发生,严重时有导致堤防突然失事的危险。

2.原因分析

陷坑险情的发生,主要原因是:

(1)施工质量差。主要表现在:堤防分段施工,两工接头处理不好;冻土块或土块棚架;水沟浪窝回填不实;堤身、堤基局部不密实;堤内埋设涵管漏水;土石、混凝土结合部夯实质量差等。由于堤身内渗水作用或暴雨冲蚀,形成陷坑。

(2)堤防本身存在隐患。堤身、堤基内有獾、狐、鼠、蚁等动物洞穴,坟墓、地窖、刨树坑夯填不实等人为洞穴,以及过去做工程或抢险抛投的土袋、木材、梢杂料等日久腐烂形成的空洞等。这些洞穴遇高水时浸透或暴雨冲蚀,周围土体湿软下陷而形成跌窝。

(3)伴随渗水、管涌或漏洞形成。由于堤防渗水、管涌、漏洞等险情未能及时发现和处理,使堤身或堤基局部范围内的细土料被渗透水流带走、棚架,最后土体支撑不住,发生塌陷而形成陷坑。

3.一般要求

陷坑抢险以"查明原因、适时抢护"为原则。一般要求是,根据险情出现的部位及原因,采取不同的措施,在条件允许的情况下,可采用翻挖分层填土夯实的方法予以彻底处理。当条件不允许时,如大雨不停,可在陷坑周围临时抢修小围堰予以防护。如水位很高、陷坑较深,可进行临时性的填土处理。如陷坑处伴有渗水、管涌或漏洞等险情,也可采用填筑反滤、导渗材料的方法处理。

4.抢护方法

雨天和正常天气情况下，抢护方法明显不同。雨天要以观察和抢护为主，防止险情扩大；正常天气情况下，就是突出一个抢字，及时翻筑，恢复工程原貌。

1）雨天抢护

雨天出现陷坑，且降雨不停，尤其出现大雨或暴雨。为防止陷坑继续扩大，应冒雨在陷坑周围0.3米外抢筑防雨小围堰，所用材料视情况确定，黏土、防雨布、土袋均可，以阻止周边雨水流入陷坑，不使陷坑再发展。同时要加强观察，警惕防护小围堰失效。待雨停后，及时翻筑回填。若条件允许，用防水布加盖防雨，效果更好。

2）开挖回填

凡是在条件许可，而又未伴随渗水、管涌或漏洞等险情的情况下，均可采用开挖回填的方法进行抢护。如陷坑出现在水下，且水不太深时，可修土袋围堰，将水抽干后，再行翻筑。如陷坑位于堤顶或临水坡，宜用防渗性能不小于原堤土的土料，以利防渗；如陷坑位于背水坡，宜用透水性能不小于原堤土的土料，以利排水。

（1）开挖标准要求。

①清除杂物。将松土、杂物、草皮块清除干净，清除物应弃掉，不得用作回填土料。

②清理坑口。将坑上口边外延0.2米内的草皮、浮土、杂物清除干净。清除物应弃掉，不得用作回填土料。

③开蹬。根据坑的深度，每1米坑深开一级蹬，蹬宽0.3米，边坡1∶0.5~1∶1.0（硬土陡些，松土缓些），深挖到底。挖出的土可做回填土料。

（2）回填标准要求。

①为确保填土层厚不超厚，严禁把土料直接倒入坑中，影响抢护（施工）质量。

②分层回填夯实。分层回填层层夯实，虚土层厚0.2~0.3米，夯实机具用电夯、气夯、手硪等为好。

③回填超高。顶部中心点要高出周边原地面h米（h等于坑深的1/10），范围要大于开挖坑周边0.2米；周边应高出原地面0.02米，从而使回填土形成中间鼓的“饱盖丁”形状，该做法可有效避免此处再次积水产生陷坑。

3）填塞封堵

当陷坑发生在堤身单薄、堤顶较窄堤防的临水坡时，应沿陷坑周围开挖翻筑，加宽堤身断面，彻底清除堤身的隐患。如发现漏洞应立即堵住，以防止水注入，同时可用土工编织袋装黏性土或其他防水材料直接在水下填实陷坑，待全部填满后再抛黏性土，加以封堵和帮宽。要封堵严密，不使水在陷坑处形成渗水通道。

4）填筑滤料

陷坑发生在堤防背水坡，伴随发生渗水或漏洞险情时，应尽快对堤防迎水坡渗漏通道进行截堵，对不宜开挖的背水陷坑，可采用此法抢护。具体做法是：先清除陷坑内松土或湿软土，然后用粗砂填实，如涌水水势严重，按背水导渗要求，加填砂石、石子、块石、砖块、梢料等透水材料，以消杀水势，再予填实。待陷坑填满后，可按砂石反滤层铺设方法抢护。

5.注意事项

(1)雨天陷坑抢护,要细查、快查、迅速抢护,不可懈怠。

(2)抢护陷坑险情,应先查明原因,针对不同情况,选用不同方法,备足料物,迅速抢护。

(3)在抢护过程中,必须密切注意上游水位涨落变化,以免发生安全事故。

(二)漫溢抢险

1.险情简述

漫溢是洪水漫过堤、坝顶的现象。堤防、土坝为土体结构,抗冲刷能力极差,一旦溢流,冲塌速度很快,如果抢护不及时,会造成决口。

当江、河、湖堤(坝)遭遇超标准洪水,根据洪水预报,洪水位(含风浪高)有可能超越堤顶时,为防止漫溢溃决,应迅速进行加高抢护。

2.原因分析

一般造成堤防漫溢的原因有:

(1)由于发生大暴雨,降雨集中,强度大,历时长,河道宣泄不及,洪水超过设计标准,洪水位高于堤顶。

(2)设计时,对波浪的计算与实际不符,致使在最高水位时浪高超过堤顶。

(3)施工中堤防未达设计高度,或因地基有软弱层,填土碾压不实,产生过大的沉陷量,使堤顶高低于设计值。

(4)河道因存在阻水障碍物,如未按规定在河道内修建闸坝、桥涵、渡槽以及盲目围垦、种植片林和高秆作物等,降低了河道的泄洪能力,使水位壅高而超过堤顶。

(5)河道发生严重淤积,过水断面缩小,抬高了水位。

(6)主流坐弯,风浪过大,以及风暴潮、地震等壅高水位。

3.一般要求

漫溢险情的抢护原则主要是"预防为主、水涨堤高"。一般要求是,当洪水位有可能超过堤(坝)顶时,为了防止洪水漫溢,应充分利用机械和人力,因地制宜,就地取材,迅速果断地抓紧在堤坝顶部抢筑子堤,力争在洪水到来之前完成。

4.抢护方法

防漫溢抢护,常采用的方法是:运用上游水库进行调蓄,削减洪峰,加高加固堤防,加强防守,增大河道宣泄能力,或利用分、滞洪和行洪措施,减轻堤防压力;对河道内的阻水建筑物或急弯壅水处,如黄河下游滩区的生产堤和长江中下游的围堤,以及河道内的违章建筑物、违章片林等,应采取果断措施进行裁弯、拆除、清障,以保证河道畅通,扩大排洪能力。本节对于堤(坝)顶部一般性抢护方法介绍如下。

1)土子堤

土子堤应修在堤顶靠临水堤肩一边,其临水坡脚一般距堤肩0.5~1.0米,顶宽0.5~1.0米,边坡不陡于1∶1,子堤顶应超出推算最高水位0.5~1.0米。在抢筑前,沿子堤轴线先开挖一条结合槽，槽深 0.2 米，底宽约 0.3 米，边坡 1∶1。清除子堤底宽范围内原堤顶面的草皮、杂物，并把表层刨松或犁成小沟，以利新老土结合。在条件允许时，应在背河护堤地以外取土，以维护堤坝的安全；如遇紧急情况可用汛前堤上储备的土料；在万不得已时也可临时借用背河护堤地或堤肩浸润线以上部分土料修筑。土料选用黏性土，不要用砂土或有植物根叶的腐殖土及含有盐碱等易溶于水的物质的生料。填筑时要分层填土夯实，确保质量。此法能就地取材，修筑快，费用低，汛后可加高培厚成正式堤防，适用于堤顶宽阔、取土容易、风浪不大、洪峰历时不长的堤段。

2）防水布土子堤

防水布土子堤，抢护方法基本与土子堤相同，不同的是：土子堤可以稍小些和增加防水布铺设工作，即防水布从子堤临水脚下 0.5 米起，铺至子堤背水堤肩止，同时在防水布下边沿处排压土袋，在防水布上边沿压土即告完成。使堤坡防风浪淘刷和堤顶防漫溢构成一个整体。从而不使子堤土体受浸，确保子堤稳定。这种做法已广泛应用，效果很好。例：1992 年 8 月 7 日，黄河发生 7600 立方米每秒洪水。河南中牟九堡下延工程 1800 米长连坝即将漫顶，中牟河务局提前 4 个小时采取措施，抢修子堤 1800 米，完成土方 1800 立方米，用塑料布 6000 平方米、编织袋 5000 条等。挡住了超高坝顶 0.3 米的洪水位，使工程转危为安，避免了工程失事顺堤行洪的严重后果。

3）土袋子堤（也称子埝）

土袋子堤适用于堤顶较窄、风浪较大、取土较困难、土袋供应充足的堤段。一般用草袋、麻袋或土工编织袋，装土七八成满后，将袋口缝严。一般用黏性土，颗粒较粗或掺有砾石的土料也可以使用。土袋主要起防冲作用，要避免使用稀软、易溶和易于被风浪冲刷吸出的土料。土袋子堤距临水堤肩 0.5～1.0 米。袋口朝向背水，排砌紧密，袋缝上下层错开，上层和下层要交错掩压，并向后退一些，使土袋临水形成 1∶0.5、最陡 1∶0.3 的边坡。不足 1.0 米高的子堤，临水叠砌一排土袋，或一丁一顺。对较高的子堤，底层可酌情加宽为两排或更宽些。土袋后面修土戗，随砌土袋，随分层铺土夯实，土袋内侧缝隙可在铺砌时分层用砂土填垫密实，外露缝隙用麦秸、稻草塞严，以免土料被风浪抽吸出来，背水坡以不陡于 1∶1 为宜。子堤顶高程应超过推算的最高水位，并保持一定超高。

在个别堤段，如即将漫溢，来不及从远处取土时，在堤顶较宽的情况下，可临时在背水堤肩取土筑子堤。这是一种不得已抢堵漫溢的措施，不可轻易采用。待险情缓和后，即抓紧时间，将所挖堤肩土加以修复。

土袋子堤适用于常遇风浪袭击、缺乏土料或土质较差、土袋供应充足的堤段，它的优点是用土少而坚实，耐水流风浪冲刷。

4）桩柳子堤

当土质较差，取土困难，又缺乏土袋时，可就地取材，采用桩柳（木板）子堤。其具体做法是：在临水堤肩 0.5～1.0 米处先打木桩一排，桩长可根据子堤高而定，梢径 5～10 厘米，木桩入土深度为桩长的 1/3～1/2，桩距 0.5～1.0 米。将柳枝、秸料或芦苇等捆成长 2～3米、直径约 20 厘米的柳把，用铅丝或麻绳绑扎于木桩后（亦可用散柳厢修），自下而上紧靠木桩逐层叠放。在放置第一层柳把时,先在堤面上挖深约0.1米的沟槽,将柳把放置子沟内。在柳把后面散放秸料一层,厚约20厘米,然后再分层铺土夯实,做成土戗。土戗顶宽1.0米,边坡不陡于1:1,具体做法与土子堤相同。此外,若堤顶较窄时,也可用双排桩柳子堤。排桩的净排距1.0~1.5米,相对绑上柳把、散柳,然后在两排柳把间填土夯实。两排桩的桩顶可用16~20号铅丝对拉或用木杆连接牢固。在水情紧急缺乏柳料时,也可用木板、门板、秸箔等代替柳把,后筑土戗。

5)柳石(土)枕子堤

当取土困难,土袋缺乏而柳源又比较丰富时,适用此法。具体做法是:一般在堤顶临水一边距堤肩0.5~1.0米处,根据子堤高度,确定使用柳石枕的数量。如高度为0.5米、1.0米、1.5米的子堤,分别用1个、3个、6个枕,按品字形堆放。第一个枕距临水堤肩0.5~1.0米,最好在其两端打木桩1根,以固定柳石(土)枕,防止滚动,或在枕下挖深0.1米的沟槽,以免枕滑动和防止顺堤面渗水。枕后用土做戗,戗下开挖结合槽,刨松表层土,并清除草皮杂物,以利接触面结合。然后在枕后分层铺土夯实,直至戗顶。戗顶宽一般不小于1.0米,边坡不陡于1:1,如土质较差,应适当放缓坡度。

6)防洪(浪)墙防漫溢子堤

当城市人口稠密缺乏修筑土堤的条件时,常沿江河岸修筑防洪墙;当有涵闸等水工建筑物时,一般都设置浆砌石或钢筋混凝土防洪(浪)墙。遭遇超标准洪水时,可利用防洪(浪)墙作为子堤的迎水面,在墙后利用土袋加固加高挡水。土袋应紧靠防洪(浪)墙背后叠砌,宽度、高度均应满足防洪和稳定的要求,其做法与土袋子堤相同。但要注意防止原防洪(浪)墙倾倒,可在防浪墙前抛投土袋或块石。

7)综合机械化做子堤

综合机械化做子堤,其强度、速度靠机械,调度、整理靠人力,人机结合出效率。一般综合机械化适宜做土子堤、防水布土子堤、土袋子堤等。现仅介绍综合机械化做子堤的方法步骤:

(1)清基刨毛。人与推土机或装载机配合铲除子堤基础结合面杂物。如遇纯土且不太坚硬基面,用悬空耙将其刨毛;如遇坚硬基面,可用挖掘机将其刨毛。

(2)防水布料缝制或黏合。根据工程险情长度、宽度等需要,用缝合机缝制或黏合一定规格的布块。

(3)做土子堤。挖掘机或装载机装土,自卸车运土,装载机粗铺粗修子堤,装载机或推土机碾压,人工边锹修整拍打完成子堤。

(4)铺防水布块。在临河子堤脚下0.5米处,人工挖沟槽0.2米×0.2米,将布边压埋牢固,再将布向上折起覆盖临河坡面和子堤顶,布的上边沿压埋于背河堤肩。

(5)花压土袋。首先根据需要计划压袋多少,然后将土袋均匀地压在防水布上,就是花压土袋,以起到防风、防护防水布的作用等。

5.注意事项

防漫溢抢险应注意的事项是:

(1)根据洪水预报估算洪水到来的时间和最高水位,做好抢修子堤的料物、机具、劳力、进度和取土地点、施工路线等安排。在实施抢护之前,要制订抢护方案,并草绘抢险道路及抢险布置图,路线能环行不支线,即便是支线,最好是双车道。如单车道,要留出适当的错车平台。料场、停车场、后勤保障场所等要尽可能充足。也就是说,施工场面宁大不小,以利大型机械的展开,使其充分发挥机械效率。在抢护中要有周密的计划和统一的指挥,抓紧时间,务必抢在洪水到来之前完成子堤。

(2)在抢护方法上,应当首选综合机械化做子堤,只有条件不允许或工程量很小时,才考虑采用其他方法,使其达到安全、快速、经济。

(3)抢筑子堤要保证质量,派专人监理,要经得起洪水期考验,绝不允许子堤溃决,造成更大的溃决灾害。

(4)临时抢筑的子堤一般质量较差,要派专人严密巡视检查,加强质量监督,加强防守,发现问题,及时抢护。

(5)随机应变,综合施法,恰当用料,尽最大可能充分利用机具,使其达到最佳效果。

(三)渗水抢险

1.险情简述

渗水多发生在堤脚上下软湿的地方,用眼看和手摸即可发现。晴天一般堤背坡都被晒干,如遇某处潮湿或积水,即应详细检查,先将潮湿处做成小土槽,待巡堤返回时,再察看槽内是否有积水,如有积水即可确定为渗水;雨天着重察看可疑的地区。

2.原因分析

堤防发生渗水的主要原因如下:

(1)水位超过堤防设计标准,持续时间较长。

(2)堤防断面不足,背水坡偏陡,浸润线抬高,在背水坡上出逸。

(3)堤身土质多沙,尤其是成层填筑的砂石或粉砂土,渗水性强,又无防渗斜墙或其他有效控制渗流的工程设施。

(4)堤防修筑时,土料多杂质,有干土块或冻土块,碾压不实,施工分段接头处理不密实。

(5)堤身、堤基有隐患,如蚁穴、树根、鼠洞、暗沟腐烂埽体等。

(6)堤防与涵闸等水工建筑物结合部填筑不密实。

(7)堤基土壤渗水性强,堤背排水反滤设施失效,浸润线抬高,渗水从坡面逸出等。

3.一般要求

渗水抢险以“临水截渗,背水导渗”,减小渗压和出逸流速,阻止土粒被带走,稳定堤身为原则。一般要求是,在临水坡用黏性土壤修筑前戗,也可用防水布类隔渗,以减少渗水入堤;在背水坡用透水性较强的砂石、土工织物或柴草反滤,通过反滤,将已入渗的水,有控制地只让清水流走,不让土粒流失,从而降低浸润线,保持堤身稳定。切忌在背水坡面用黏性土压渗,这样会阻碍堤身内的渗流逸出,势必抬高浸润线,导致渗水范围扩大和险情加剧。

在抢护渗水险情之前,还应首先查明发生渗水的原因和险情的程度,结合险情和水情,进行综合分析后,再决定是否采取措施及时抢护。如堤身因浸水时间较长,在背水坡出现散浸,但坡面仅呈现湿润发软状态,或渗出少量清水,经观察并无发展,同时水情预报水位不再上涨,或上涨不大时,可加强观察,注意险情变化,暂不做处理。若遇背水坡渗水很严重或已开始出现浑水,有发生流土的可能,则证明险情在恶化,应采取临河防渗、背河导渗的方法,及时进行处理,防止险情扩大。

4.抢护方法

1)临水面截渗

为增加阻水层,以减少向堤身的渗水量,降低浸润线,达到控制渗水险情发展和稳定堤身堤基的目的,可在临水面截渗。一般根据临水的深度、流速,对风浪不大、取土较易的堤段,堤背抢护有困难时,必须在临水面进行抢护;对堤段重要,有必要在临背同时抢护的堤段,均可采用临水面截渗法进行抢护。其方法有以下几种:

(1)防水布截渗。当水深较浅、堤防不高时,可直接采用防水布抢护的方法,达到截渗的目的。利用防水布防渗,在吹填固堤当中已被广泛应用,效果极佳。

(2)黏土前戗截渗。当堤前水不太深、风浪不大、水流较缓,且有条件使用抢险机械运送黏性土料时,可采用此法。具体做法如下:

根据渗水堤段的水深、渗水范围和渗水严重程度确定修筑尺寸。一般戗顶宽5米左右,长度至少超过渗水段两端各5米,前戗顶可视背水坡渗水最高出逸点的高度决定,高出水面约1米。边坡:水上同堤坡,水下不小于1∶4.0为宜。

填筑前应将边坡上的杂草、树木等杂物尽量清除,以免填筑不实,影响戗体截渗效果。

用自卸车在临水堤肩将黏性土料,沿临水坡由上而下、由里向外,向水中缓慢倒下,由于土料入水后的崩解、沉积和固结作用,即成截渗戗体。填土时切勿向水中猛倒,以免沉积不实,失去截渗作用。

若渗流严重,可采用防水布加保护层的办法,达到截渗的目的。具体做法如下:

在铺设前,应清理铺设范围内边坡和坡脚附近地面,以免造成防水布的损坏和压盖不实。

防水布的宽度和沿边坡的长度可根据具体尺寸预先黏结或缝合好,以铺满渗水段边坡并深入临水坡脚以外1米以上为宜。顺边坡宽度不足可以搭接,但搭接长应大于0.5米。铺设前,一般在临水堤肩上将长8~10米的防水布卷在滚筒上,在滚铺前,防水布的下边折叠粘牢形成卷筒,并插入直径4~5厘米的钢管加重(如无钢管可填充土料、砂石等),以使防水布能沿边坡紧贴展铺。防水布铺好后,再行实施黏土前戗抢护。

(3)其他方法,如桩柳(土袋)前戗截渗等。

2)背水面导渗

背水面导渗常用的有反滤层、透水后戗、反滤沟三种方法。在黄河常做的是反滤层导渗。

当堤身透水性较强,背水坡土体过于稀软;或者堤身断面小,经开挖试验,采用导渗沟确有困难,且反滤料又比较丰富时,可采用反滤层导渗法抢护。此法主要是在渗水堤坡上满铺反滤层,使渗水排出,以阻止险情的发展。根据使用反滤材料不同,抢护方法有以下几种:

(1)做砂石反滤层。在抢护前,先将渗水边坡的软泥、草皮及杂物等清除,清除厚度视情况而定,一般为10~20厘米。然后按反滤的要求均匀铺设一层厚15~20厘米的粗砂,上盖一层厚15~20厘米细石,再盖一层厚15~20厘米、粒径2厘米的碎石,最后压上厚大于30厘米的块石,使渗水从块石缝隙中流出,排入堤脚下导渗沟。按反滤料的质量要求,砂石料可用天然料或人工料,但务必洁净,否则会影响反滤效果。反滤料铺筑时,要严格掌握下细上粗,粗细不能掺合。

(2)做梢料反滤层(又称柴草反滤层)。按砂石反滤层的做法,将渗水堤坡清理好后,铺设一层稻糠、麦秸、稻草等细料,其厚度不小于10厘米,再铺一层秫秸、芦苇、柳枝等粗梢料,其厚度不小于30厘米。所铺各层梢料都应粗枝朝上、细枝朝下,从下往上铺设,在枝梢接头处,应搭接一部分。梢料反滤层做好后,所铺的芦苇、稻草一定露出堤脚外面,以便排水;上面再盖一层草袋或稻草,然后压块石或土袋保护。

(3)土工织物反滤导渗。当背水堤坡渗水比较严重,堤坡土质松软时,采用此法。具体做法是:按砂石反滤层的要求,清理好渗水堤坡坡面后,先满铺一层符合反滤层要求的土工织物。铺设时最好用缝合机缝合,如搭接,其搭接宽度不小于50厘米,其下面是否还需铺设透水料,可视情况而定。但如条件满足,最好铺设一层厚15~20厘米的中粗砂,再铺设土工织物,最后压块石、碎石或土袋进行压载。

当下游堤坡出现渗水时,可覆盖土工织物、压重导渗或做导渗沟。

在选用土工织物作滤层时,除要考虑土工织物本身的特性外,还要考虑被保护土壤及水流的特性。根据土工织物特性和大堤的土壤情况,常采用机织型和热粘非机织型透水土工织物,其厚度、孔隙率、孔眼大小及透水性不随压应力增减而改变。目前生产的土工织物有效孔眼通常为0.03~0.6毫米。针刺型土工织物,随压力的增加有效孔眼逐渐减小,为0.05~0.15毫米。

5.注意事项

(1)对渗水险情的抢护,应遵守"临水截渗,背水导渗"的原则。但临水截渗,需在水下摸索进行,施工较难。为了避免贻误战机,应在临水截渗实施的同时,更加注意在背水面做反滤导渗。这也就是通常说的"双管齐下,两手齐拿"。

(2)尽可能发挥机械抢护的作用,有条件做砂石反滤层的就要做。因为机械化做砂石反滤层高速、方便、安全、可靠。

(3)在渗水堤段坡脚附近,如有深潭、池塘,在抢护渗水险情的同时,应在堤背坡脚处抛填块石或土袋固基,以免因堤基变形而引起险情扩大。

(4)要着重土工织物选料。认真把握其孔眼大小密度、厚度、强度、受力变形等情况。更不能误选不透水的土工织物。同时在运输、存放和施工过程中,应尽量避免或缩短其直接受阳光暴晒的时间,完工后,其表面应覆盖一定厚度的保护层。

(5)采用砂石料导渗,应严格按照反滤质量要求分层铺设,并尽量减少在已铺好的面上践踏,以免造成反滤层的人为破坏。

(6)导渗沟开挖形式,从导渗效果看,斜沟("Y"形与"人"形)比竖沟好,因为斜沟导渗面积比竖沟大。可结合实际,因地制宜选定沟的开挖形式,但背水坡面上一般不要开挖纵沟。

(7)在抢护渗水险情中,应尽量避免在渗水范围内来往践踏,以免加大加深稀软范围,造成施工困难和险情扩大。

(8)切忌在背河用黏性土做压渗台,因为这样会阻碍堤内渗流逸出,势必抬高浸润线,导致渗水范围扩大和险情恶化。

(四)防风浪抢险

1.险情简述

江河涨水时,堤防临水坡在风浪一涌一退的连续冲击下,伴随着波浪往返爬坡运动,使堤防土料或护坡被水流冲击淘刷,遭受破坏。

2.原因分析

(1)堤坝抗冲能力差。如土质不合要求、碾压不密实、护坡质量差、断面单薄、高度不足等,造成抗冲能力差。

(2)风大浪高,堤防临河水深、面宽,风速大、风向和吹程一致,则形成高浪及强大的冲击力,直接冲击堤坡,形成陡坎,侵蚀堤身。

(3)风浪爬高大。由于风浪爬高大,增加水面以上堤身的饱和范围,降低土壤的抗剪强度,造成崩塌破坏。

(4)堤坝顶高程不足,低于浪高时,波浪越顶冲刷,造成决口。

3.一般要求

防风浪抢护是以"削减风浪,护坡抗冲"为原则。一般要求是采用增强临水坡抗冲能力和漂浮物防浪两种方法。增强临水坡抗冲能力,利用防水布、土袋等防汛料物,铺设或排放在临水坡,以加强临水坡抗冲能力,保护临水坡免遭冲蚀,是当今应用最多的一种方法。另一种方法是,利用漂浮物防浪,拒波浪于堤防临水坡以外的水面上,可削减波浪的高度和冲击力,这是一种行之有效的传统的方法。

4.抢护方法

防风浪抢护方法很多,仅介绍几种常用的方法。

1)临水坡抗冲抢护

(1)防水布防浪。用防水布铺设在堤坡上,以抵抗波浪对堤防的破坏作用。使用这种材料,造价低,施工容易,便于推广。具体做法如下:在制作时,防水布的宽度应按堤坡受风浪冲击的范围决定,一般不小于4米,较高的堤防可宽达8~9米。宽度、长度不够时,应按需要预先缝制或黏结牢固。布的长度短于保护堤段的长度时,允许搭接,顺堤搭接长度不小于1.0米,并应在铺设中钉压牢固,以免被风浪揭开。在铺设前,应清除铺设范围内堤坡上的砖、块石、树枝、杂草、土块、杂物等，以免造成防水布的损伤。有条件的情况下，可简单铲除平整凸凹不平坡面，使防水布与坡面接触得更为严密，减少棚空，确保防水布受力均匀，增强抗冲能力。铺设时，防水布的上沿一般应高出洪水位1.5～2.0米，其四周用土袋或土排压牢固，对范围大的要在中间适当压花袋，冲刷较强的应用绳索将土袋连接，同时要加强观察，随时采取补救措施，以保证防浪效果。

(2)土袋防浪。土袋防浪适用于土坡抗冲性能差，受水浸易塌陷，风浪冲击又较严重的堤段。具体做法如下：

用袋装土、砂、碎石等，每袋装至七八成后，用细绳捆扎或缝合袋口，有利于搭接密实。一般情况下，只铺设一层土袋即可，如遇冲刷严重且水上部分或水深较浅，在土袋放置前，将堤坡适当削平，然后铺放防水布类物，防止风浪将土淘出。

根据风浪冲击的范围摆放土袋，袋口向里，袋底向外，依次排列，互相叠压，袋间排挤严密，上下错缝，以保证防浪效果。一般土袋以高出水面1.0米或高出浪高0.5米为宜。

堤坡较陡时，则需在最下一层土袋前面打木桩一排，长度约1.0米，间距0.3～0.4米，以防止土袋向下滑动。

(3)土工织物软体排防浪。应用土工织物防浪的又一种方法，是将聚丙烯编织布或无纺布缝制成简单排体，宽度按5～10米，长度根据风浪高和超高确定，一般5～8米，在编织布下端横向缝上直径0.3～0.5米的横枕袋子。投放时，将排体置于堤顶，对横枕装土(装土要均匀)，并封好口，滚成捆，用人力推滚排体沿堤坡滚动，下沉至浪谷以下1米左右，并在上面抛投压载土袋或土枕，防止土工织物排体被卷起或冲走。当洪水位下降时，仍存在风浪淘刷堤坡的危害，应及时放松排体挂绳下滑。

(4)桩柳防浪(柴草防浪)。桩柳防浪是一种古老而现今很实用的方法。使用的前提是，没有或缺少布、袋类物资时，采用此法。其做法是在堤坡受风浪冲击范围的下沿先顺堤坡打签桩一排，再将柳枝、芦苇、秫秸等梢料分层顺铺在堤坡与签桩之间，直到高出水面1.0米，再压以块石或土袋，以防梢料漂浮。

2)削减风浪抢护

(1)挂柳防浪。挂柳防浪具有时代特色，过去河岸种植柳树很多，是防浪及抢险的好材料，相继产生挂柳防浪一词。进入20世纪70年代，随着气候环境的变化，河岸树木种植也随之发生了变化，杨树种植面积迅速扩大，成为更好的防浪及抢险材料。由此，我们把挂柳枝防浪、挂杨枝防浪等统称为挂柳防浪。本书中所讲的桩柳防浪、柳石枕、柳石搂厢等均是如此。当水流冲击或风浪拍打，堤岸坡脚已出现坍塌或将要坍塌时，采用挂柳防浪的方法，可缓和溜势，减缓流速，促淤防塌。具体做法如下：①选柳。应选用枝叶茂密的柳树头，一般要求干枝长1.0米以上，直径0.1米左右。如柳树头较小，可将数棵捆在一起使用。②挂柳。用8号铅丝或绳缆将柳树头根部拴在堤顶预先打好的木桩上，然后树梢向下，推柳入水。应从坍塌堤段下游开始，顺序压茬，逐棵挂向上游，棵间距离和悬挂深度，应根据溜势和坍塌情况而定。如靠近边溜，可挂得稀一些，靠近主溜，应挂得密一些；如堤岸淘刷严重，可以密排挂柳。③坠压。柳枝在水中轻浮，若连接或坠压不牢,不但容易走失,而且不能紧贴堤坡,将影响缓溜落淤效果。因此,在推柳入水时,要用铅丝或麻绳将大块石或装砂石袋捆扎在树杈上。坠压数量以使其紧贴堤坡不再漂浮为度。④防风效果。一般在4~5级风浪以下,效果比较显著。其优点是:由于柳的枝梢面大,消浪的作用较好,可以防止堤岸的淘刷,并能就地取材。其缺点是:时间稍长,柳叶容易腐烂脱落,防浪效能减低。同时,由于枝杈摇动,也会损坏堤防。

(2)竹排防浪。在竹源丰富的地区,常采用竹排防浪,其效果亦佳。在编竹排时,竹之间可夹以芦柴捆、柳枝捆等,以节省竹用量,降低造价,增加坠压防浪效果更好。

(3)其他防浪措施。一般有挂枕(单枕或连环枕)防浪、湖草排防浪、柳箔防浪、木排防浪等。

5.注意事项

(1)抢护风浪险情,尽量不要在堤坡上打桩,必须打桩时,桩距要大或在背河打桩,以免破坏土体结构,影响堤防抗洪能力。确实不具备打桩时,应改变其抢护方法。

(2)防风浪一定要坚持"预防为主,防重于抢"的原则,平时要加强管理养护,备足防汛料物,避免或减少出现抢险被动局面。

(3)应大力推广用布、袋防浪的措施,它具有铺设速度快、灵活、效果好等特点,但在铺设中一定要压牢,以防被风浪揭起漂浮。

(4)采用布、袋防浪时,要谨防锐物扎破。搭接要严紧合格。袋内不要有气体存在,以免造成压不实、放不牢等。

(五)滑坡抢险

1.险情简述

堤坡(包括堤基)部分土体失稳滑落,同时出现趾部隆起外移的现象,称为滑坡。滑坡有背河滑坡和临河滑坡两种,从性质上又分为剪切破坏、塑性破坏和液化破坏,其中剪切破坏最为常见。

2.原因分析

(1)高水位时,临水坡土体处于大部分饱和、抗剪强度低的状态下。当水位骤降时,临水坡失去外水压力支持,加之坡身的反向渗压力和土体自重大的作用,可能引起失稳滑动。

(2)高水位持续时间长,在渗透水压力的作用下,浸润线升高,土体抗剪强度降低;在渗水压力和土重增大的情况下,可能导致背水坡失稳,特别是边坡过陡时,极易引起滑坡。

(3)堤身加高培厚时,新旧土体之间结合不好,在渗水饱和后,形成软弱层。

(4)堤身背水坡排水设施堵塞,浸润线抬高,土体抗剪强度降低。

(5)堤基处理不彻底,有松软夹层、淤泥层和液化土层,坡脚附近有渊潭和水塘等。有时虽已填塘,但施工时未处理,或处理不彻底,或处理质量不符合要求,抗剪强度低。

(6)堤防本身稳定安全系数不足,加上持续大暴雨或地震、堤顶堤坡上堆放重物等外力的作用,易引起土体失稳而造成滑坡。

（7）在堤防施工中，由于铺土太厚、碾压不实，或含水量不符合要求，干容重没有达到设计标准等，致使填筑土体的抗剪强度不能满足稳定要求。冬季施工时，土料中含有冻土块，形成冻土层，解冻后水浸入软弱夹层。

（8）滑动力超过抗滑力。上重下轻，滑动面光滑。

3.检查观测

滑坡对堤防安全威胁很大，除经常进行检查外，当存在以下情况时，更应严密监视：①高水位时期；②水位骤降时期；③持续特大暴雨时；④春季解冻时期；⑤发生较强地震后。

4.分析判断

发生堤防滑坡征兆后，应根据经常性的检查资料并结合观测资料，及时进行分析判断，做到心中有数，采取得力措施，一般应从以下四个方面进行分析：

（1）从裂缝的形状判断。滑动性裂缝主要特征是，主裂缝两端有向边坡下部逐渐弯曲的趋势，两侧往往分布有与其平行的众多小缝或主缝上下错动。

（2）从裂缝的发展规律判断。滑动性裂缝初期发展缓慢，后期逐渐加快，而非滑动性裂缝的发展则随时间逐渐减慢。

（3）从移位观测的规律判断。堤身在短时间内出现持续而显著的位移，特别是伴随着裂缝出现连续性的位移，而位移量又逐渐加大，边坡下部的水平位移量大于边坡上部的水平位移量；边坡上部垂直位移向下，边坡下部垂直位移向上。

（4）从浸润线观测资料分析判断。根据孔隙水压力观测成果判断，有孔隙水压力观测资料的堤防，当实测孔隙压力系数高于设计值时，可能是滑坡前兆，应及时进行堤坡稳定校核。根据校核结果，判断是否滑坡。

5.一般要求

滑坡抢护的原则是"固脚阻滑、削坡减载"。即上部削坡与下部固脚压重。一般要求是，对因渗流作用引起的滑动，必须采取"前截后导"，即临水帮戗，以减少堤身渗流的措施，上部减载是在滑坡体上部削缓边坡，下部压重是抛石（或沙袋）固脚。如堤身单薄、质量差，为补救削坡后造成的堤身削弱，应采取加筑后戗的措施予以加固。如基础不好，或靠近背水坡脚有水塘，在采取固基或填塘措施后，再行还坡。必须指出的是，在抢护滑坡险情时，如果江河水位很高，则抢护临河坡的滑坡要比背水坡困难得多，为避免贻误时机，造成灾害，应临、背坡同时进行抢护。

6.抢护方法

1）滤水后戗

当背水坡滑坡严重时，如有充足的料源、适宜的场地、足够的机械和必要的人力，可在其范围内全面抢护导渗后戗。此法既能导出渗水，降低浸润线，又能加大堤身断面，可使险情趋于稳定。具体做法是：先将滑坡体松土清除，再按反滤要求，先细后粗铺设反滤材料，或直接铺设砂石料。铺设高度压浸润线溢出点0.5~1.0米，长度应超过滑坡堤段两端各5~10米。通常可用土工织物、砂石料或梢料做反滤材料，具体做法详见抢护渗水的反滤层法。

2)滤水还坡

凡采用反滤结构恢复堤防断面、抢护滑坡的措施,均称为滤水还坡。方法如下:

(1)护脚阻滑。此法在于增加抗滑力,减小滑动力,制止滑坡发展,以稳定险情。具体做法是:查清滑坡范围,将块石、土袋(或土工编织土袋)、铅丝石笼等重物抛投在滑坡体下部堤脚附近,使其能起到阻止继续下滑和固基的双重作用。护脚加重数量可由堤坡稳定计算确定。滑动面上部和堤顶,除有重物时要移走外,还要视情况削缓边坡,以减小滑动力。

(2)其他方法:导渗沟滤水还坡,反滤层滤水还坡,透水体(砂土或稍土)滤水还坡,前戗截渗、土工织物反滤土袋还坡等。

7.注意事项

在滑坡抢护中,应注意以下事项:

(1)滑坡是堤防重大险情之一,一般发展较快,一旦出险,就要立即采取措施。在抢护时要抓紧时机,事前要制订好方案,备好机械、料物和人力,采取得力措施和有效方法,一气呵成。在滑坡险情出现或抢护时,还可能伴随浑水漏洞、严重渗水以及再次滑坡等险情,在这种复杂紧急情况下,不要只采取单一措施,应研究选定多种适合险情的抢护方法,如抛石固脚、填塘固基、开沟导渗、透水土撑、滤水还坡、围井反滤等,在临、背水坡同时进行或采用多种方法抢护,以确保堤防安全。

(2)在渗水严重的滑坡体上,要尽量避免大量抢护人员践踏,造成险情扩大。如坡脚泥泞,人上不去,可铺些芦苇、秸料、草袋等,先上少数人工作。

(3)抛石固脚阻滑是抢护临水坡行之有效的方法,但一定要探清水下滑坡的位置,然后在滑坡体外缘进行抛石固脚,才能制止滑坡土体继续滑动。严禁在滑动土体的中上部抛石,这不但不能起到阻滑作用,反而加大了滑动力,会进一步促使土体滑动。

(4)在滑坡抢护中,也不能采用打桩的方法。因为桩的阻滑作用小,不能抵挡滑坡体的推动,而且打桩会使土体震动,抗剪强度进一步降低,特别是滑坡土体饱和或堤坡陡时,打桩不但不能阻挡滑脱土体,还会促使滑坡险情进一步恶化。只有当大堤有较坚实的基础,土压力不太大,桩能站稳时才可打桩阻滑,桩要有足够的直径和长度。

(5)开挖导渗沟,应尽可能挖至滑裂面。如情况严重、时间紧迫,不能全部挖至滑裂面时,可将沟的上下两端挖至滑裂面,尽可能下端多挖,也能起到部分作用。导渗材料的顶部必须做好覆盖防护,防止滤层被堵塞,以利排水畅通。

(6)导渗沟开挖填料工作应从上到下分段进行,切勿全面同时开挖,并保护好开挖边坡,以免引起坍塌。在开挖中,对于松土和稀泥土都应予以清除。

(7)在出现滑坡性裂缝时,不应采取灌浆方法处理。因为浆液中的水分降低滑坡体与堤身之间的抗滑力,对边坡稳定不利,而且灌浆压力也会加速滑坡体下滑。

(8)对由于水流冲刷引起的临水堤坡滑坡,其抢护方法可参照“坍塌抢险”一节方法进行。在滑坡抢险过程中,一定要做到在确保人身安全的情况下进行工作。

(9)背水滑坡部分,土壤湿软,承载力不足,在填土还坡时,必须注意观察,上土不宜过急、过量,以免超载影响土坡稳定。

(六)坍塌抢险

1. 险情简述

坍塌是堤防临水面石护体和土体崩落的重要险情。护坡坍塌险情可分为塌陷、滑塌、骤塌3种。塌陷是护坡面局部发生轻微下沉的现象。滑塌是护坡在一定长度范围内局部或全部失稳发生坍塌下落的现象。骤塌是护坡连同部分土体突然塌入水中,是最为严重的一种险情。发生坍塌的主要条件,一是有环流强度和水流挟沙能力大的洪水;二是坍塌部位靠近主流;三是堤岸抗冲能力弱。坍塌险情如不及时抢护,将会造成重大险情或溃堤灾害。

2.原因分析

堤防出现坍塌险情的原因是多方面的,它是堤根水流、河床土质、堤防结构等多种原因相互作用的结果。对无护坡的堤防而言,其主要原因是,因水流冲刷堤身,土体内部的摩擦力和黏结力抵抗不住土体的自重和其他外力,使土体失去平衡而坍塌。堤防发生坍塌有以下几种情况:

(1)横河、斜河,水流直冲堤防、岸坡,加之溜靠堤脚,且水位时涨时落,溜势上提下挫,在土质不佳时,常易引起堤防坍塌险情。

(2)水位陡涨骤降,变幅大,堤坡、坝岸失去稳定性。在高水位时,堤岸浸泡饱和,土体含水量增大,抗剪强度降低;当水位骤降时,土体失去了水的顶托力,高水位时渗入土内的水又反向河内渗出,促使堤岸滑脱崩塌。

(3)堤岸土体长期经受风雨的剥蚀、冻融,黏性土壤干缩或筑堤时碾压质量不好,堤身内有隐患等,常使堤岸发生裂缝,破坏了土体整体性,加上雨水渗入、水流冲刷和风浪震荡的作用,促使堤岸发生坍塌。

(4)堤基为粉细砂土,不耐冲刷,常受溜势顶冲而被淘空,或因地震使砂土堤基液化,也将造成堤身坍塌。

(5)护坡裂缝、膨松脱落、石材风化、年久失修等,经不起水流冲刷,造成坍塌险情发生。

3.一般要求

坍塌险情抢护的原则是“护滩固基,减载加帮”。一般要求是因地制宜、就地取材、适时抢护、恰当使法。及时抢护岸滩,缓流挑溜,削坡或捡坦(即将上部坦石拆除,抛于根部)、护脚、护坡,增强堤岸的抗冲能力,保持和恢复坍塌堤岸的稳定性,制止险情继续扩大。

4.抢护方法

1)堤岸坡脚坍塌抢护

当堤岸、坡脚受水流、风浪作用,发生险情时,应采取以下方法进行抢护:

(1)沉柳缓溜防冲。此法适用于堤防临水坡被淘刷范围较大的险情,对减缓近岸流

速、抗御水流比较有效,对含沙量大的河流,效果更为显著。具体做法如下:

先摸清堤坡被淘刷的下沿位置、水深和范围,以确定沉柳的底部位置和数量。

采用枝多叶茂的柳树头,用麻绳或铅丝将大块石或土(沙)袋捆扎在柳树头的树杈上。

用船抛投,待船定位后,将柳树头推入水中。从下游向上游、由低处到高处,依次抛投,务使柳树头依次排列,紧密捆连。

如一排沉柳不能掩护淘刷范围,可增加沉柳排数,并使后一排的树梢重叠于前一排树杈之上,以防沉柳之间土体被淘刷。

(2)捆(抛)柳石枕。根据水的深浅,在坍塌处实施抢护。如水浅,可直接就地捆懒枕,枕长根据险情确定,可一枕到头到顶,也可多枕。如水深,可捆推柳石枕。根据险情情况,在捆枕时,可适时调整柳石比例。

(3)其他方法:土袋排垒防冲、挂柳缓溜防冲、桩柴护岸(含桩柳编篱抗冲)等。

2)坝(堤)岸护坡坍塌抢护

(1)抛投块石、大块石、铅丝笼。当块石、大块石、铅丝笼满足时,且坍塌宽度小于3米,其抢护方法同根石坍塌抢护方法。若坍塌宽度大于3米,可在块石或大块石或铅丝笼与堤坡之间加抛黏土。待抛石体高出水面0.5~1.0米时停止。然后对上部堤坡坍塌面进行打坡修整,坡度为1∶1.0~1∶1.5,接着用同堤身一样的土质进行还坡。还坡要求:分批分层回填,层厚0.2~0.3米,用机械碾压(夯实)或人工夯实。超高坝(堤)顶5厘米为止。

(2)捆抛柳石枕。根据实际需要确定是捆推柳石枕还是就地捆懒枕。一般做法是,先推柳石枕,待出水后,再就地捆懒枕封顶,即告完成捆抛柳石枕单项工程。

(3)柳石搂厢。根据实际需要确定,使用丁厢或顺厢或柳石土混杂滚厢(也可叫风搅雪),然后再行确定其备料和操作步骤等工作。

5.注意事项

(1)要从河势、水流势态及河床演变等方面分析坍塌发生原因、严重程度及可能发展趋势。堤防坍塌一般随流量的大小而发生变化,特别是弯道顶点上下,主流上提下挫,坍塌位置也随之移动。汛期流量增大,水位升高,水面比降加大,主流沿河道中心曲率逐渐减小,主流靠岸位置移向下游;流量减小,水位降低,水面比降较小,主流沿弯曲河槽下泄,曲率逐渐加大,主流靠岸位置移向上游。凡属主流靠岸的部位,都可能发生堤岸坍塌,所以原来未发生坍塌的堤段,也可能出现坍塌。因此,在对原出险处进行抢护的同时,也应加强对未发生坍塌堤段的巡查,发现险情,及时采取合理抢护措施。

(2)在涨水的同时,不可忽视落水出险的可能。在大洪水、洪峰过后的落水期,特别是水位骤降时,堤岸失去高水时的平衡,有些堤段也很容易出现坍塌,切勿忽视。

(3)在涨水期,应特别注意迎溜顶冲造成坍塌的险情,稍有疏忽,会有溃堤之患。

(4)坍塌的前兆是裂缝,因此要细致检查堤、坝岸顶部和边坡裂缝的发生与发展情况,要根据裂缝分布、部位、形状以及土壤条件,分析是否会发生坍塌,可能发生哪种类型的坍塌。

(5)对于发生裂缝的堤段,特别是产生弧形裂缝的堤段,切不可堆放抢险料物或其他荷载。对裂缝要加强观测和保护,防止雨水灌入。

(6)圆弧形滑塌最为危险,应采取护岸、削坡减载、护坡固脚等措施抢护,尽量避免在堤、坝岸上打桩,因为打桩对堤、坝岸震动很大,做得不好,会加剧险情。

第七章　党群组织

在郑州市委、市直机关工委和河南河务局的领导下,郑州河务局始终把党的思想、组织、作风、制度和党风廉政建设工作摆在突出位置,不断加强党的组织建设,积极发挥战斗堡垒作用,提高党员素质,规范党员行为,提高党组织服务治黄、服务群众的能力和水平。在不同时期,实时引领强化工会、青年团、女工委建设,并支持其工作。在积极践行治水新思路的基础上,认真贯彻河南黄河"四位一体"协调发展和"基层为本,民生为重"的工作理念,深入落实郑州治黄"强化制度建设,夯实队伍基础,打造窗口形象"为主要内容的各项措施,为推进郑州治黄事业和谐稳定快速发展和郑州市跨越式发展提供坚强的组织保证。

第一节　中共郑州河务局党建

中共郑州河务局党组织是郑州黄河水行政主管部门的领导核心,自郑州人民治黄以来,组织是健全的,保障是有力的。随着治黄事业的发展而发展,至2014年底,郑州河务局及局属单位建立的党组织有:中共郑州黄河河务局党组、中共郑州黄河河务局机关委员会、中共巩义河务局党组(党总支)、中共荥阳河务局党组(党总支)、中共惠金河务局党组(中共惠金河务局委员会)、中共中牟河务局党组(中共中牟河务局委员会)等。

2015年,郑州河务局职工总数1879人,中共党员588人(含预备党员),占职工总数的31.3%。其中,在职职工党员470人,离退休职工党员118人。共设党组织27个,其中党组5个、党委3个、党总支2个、党支部19个。各级党组织隶属地方组织部门和中共郑州黄河河务局党组双重领导。

一、组织建设

2015年底郑州河务局党组织建设基本情况统计见表7-1。

(一)中共郑州黄河河务局党组建设

中共郑州黄河河务局党组的主要任务是:负责贯彻执行党的路线、方针、政策;讨论和决定本单位的重大问题;做好干部管理工作;团结非党干部群众完成党和国家交给的

表 7-1　2015 年底郑州河务局党组织基本情况统计表

单位	党组织			党员		
	党组	党委	支部	总数	其中	
					在职党员	离退休党员
合计	5	3	19	588	470	118
郑州河务局	1					
郑州河务局机关		1	6	185	133	52
巩义河务局	1		1	27	22	5
荥阳河务局	1		1	34	24	10
惠金河务局	1	1	4	140	115	25
中牟河务局	1	1	7	202	176	26

任务;指导机关和直属单位党组织的工作。

1949 年 3 月 23 日,成立广郑黄河修防段(郑州河务局前身),建立中共广郑黄河修防段支部委员会。

1956 年 12 月 12 日,撤销广郑黄河修防段,成立郑州黄河修防处,建立中共郑州黄河修防处党组。

1968 年 4 月 12 日,成立郑州黄河修防处革命委员会,到 1979 年 6 月撤销。在此期间革委会成为单位的领导核心,党组织未能发挥作用。

1990 年 11 月,郑州黄河修防处更名为郑州黄河河务局,2004 年 5 月,中共郑州黄河修防处党组更名为中共郑州黄河河务局党组。

(二)机关党组织建设

中共郑州河务局机关委员会,主要负责机关及直属单位党的建设、理论学习等方面的工作。

1995 年 8 月,按照河南黄河河务局文件精神和郑州市政府关于一级局委的科改称处的会议要求,成立机关党总支思想政治工作办公室。在此之前,机关党务工作先后归政工科、人事劳动科负责管理。

1997 年 8 月 20 日,中共郑州市农村经济委员会《关于对市河务局机关党支部等四个支部换届选举及建立请示的批复》,同意建立"中共郑州黄河工程公司支部委员会",隶属郑州河务局党总支管理。郑州河务局机关党总支下设机关党支部、老干部党支部、船厂党支部、工程公司党支部等四个党支部。

1999 年 4 月,撤销思政办,成立党办。

2002 年 11 月,机关机构改革,机关成立离退休职工管理处,撤销党办,其职能转入原劳动人事处,更名为劳动人事教育处。

2010 年 3 月 30 日,中共郑州市委市直机关工作委员会批复,成立中共郑州黄河河务局机关委员会,党组织关系隶属中共郑州市委市直机关工作委员会,同时撤销中共郑州黄河河务局总支部委员会。机关党委首届委员会,赵书成任书记,万勇任专职副书记。根据工作需要,成立了中共郑州黄河河务局机关委员会(精神文明建设指导委员会办公室),与机关委员会合署办公。

2010年5月13日,中共郑州黄河河务局机关委员会批复成立中共郑州黄河河务局机关第一支部委员会、中共郑州黄河河务局机关第二支部委员会、中共郑州黄河河务局机关第三支部委员会,党员组织关系一并转入相应支部,同时撤销中共郑州黄河河务局机关支部委员会。

为适应治黄事业的需要,进一步加强党组织建设,理顺业务和组织关系,更好地发挥党组织在治黄工作中的重要作用,2010年10月25日,中共郑州黄河河务局机关委员会批准成立中共郑州黄河河务局供水分局支部委员会,郑州供水分局下属中牟、惠金、荥阳、巩义四个供水处党员党组织关系一并转入,隶属中共郑州黄河河务局机关委员会。

2015年底郑州河务局机关共有中共党员185人(含预备党员1人),其中党员干部57人,工人党员76人,离退休党员52人。设立中共郑州黄河河务局党组1个,中共郑州黄河河务局机关委员会1个,党支部6个(机关第一党支部、机关第二党支部、机关第三党支部、供水分局党支部、离退休党支部、工程公司党支部)。

(三)基层党组织建设

1.巩义河务局

1975年1月,建立中共巩县黄河修防段支部委员会。1975年1月22日,中共巩县县委任命姚德茂为中共巩县黄河修防段支部委员会书记,负责党政全面工作。

1991年机构改革,中共巩县黄河修防段支部委员会更名为中共巩义市黄河河务局党组。

1992年、1999年、2010年,巩义河务局党支部被中共巩义市直属机关工作委员会评为"先进基层党组织"。

2012年8月,巩义河务局党支部被郑州河务局评为2011~2012年创先争优"先进基层党组织"荣誉称号,并颁发了奖牌和证书。

2015年底巩义河务局共有中共党员27人,其中在职职工党员22人,退休职工党员5人。设立中共巩义黄河河务局党组1个,中共河南省巩义市黄河河务局机关支部委员会1个。

2.荥阳河务局

2005年,建立中共荥阳黄河河务局党组。

2011年,荥阳河务局党支部被荥阳市委授予"先进基层党组织"荣誉称号。

2015年底荥阳河务局共有党员34人(包含预备党员1人),其中在职职工党员24人,离退休职工党员10人。设立中共荥阳黄河河务局党组1个,中共荥阳黄河河务局机关支部委员会1个。

3.惠金河务局

1984年,建立中共郑州市郊区黄河修防段支部委员会。

1992 年 6 月,中共郑州市郊区黄河修防段支部委员会更名为中共邙山金水区黄河河务局总支委员会。

1992 年 10 月,建立郑州市邙山金水区黄河河务局党组。

1998 年 5 月,建立中共邙山金水区黄河河务局委员会。

2015 年底惠金河务局共有中共党员 140 人(含预备党员 3 人),其中在职职工党员 115 人,离退休职工党员 25 人。设立中共惠金黄河河务局党组 1 个,中共郑州惠金黄河河务局直属机关党委 1 个,党支部 4 个(机关支部、运行支部、工程支部、离退休支部)。

4.中牟河务局

1949 年 2 月,建立中共中牟黄河修防段支部委员会。

1991 年,建立中共中牟河务局党组。

1996 年,经中牟县委批准建立中共中牟县黄河河务局党委。

1997 年,建立中共中牟县黄河河务局党委办公室、中共中牟县黄河河务局机关党支部、中共中牟县黄河河务局第五工程处党支部、中共中牟县黄河河务局工程党支部。

2015 年底中牟河务局共有党员 202 人(含预备党员 2 人),其中在职职工党员 176 人,离退休职工党员 26 人。设立中共中牟县黄河河务局党委 1 个,党组 1 个,党支部 7 个(机关党支部、牟山公司党支部、运行科党支部、养护处党支部、机动抢险队党支部、离退休党支部、郑州黄河水电工程有限公司支部委员会)。

二、党务

(一)一般党务工作

1995 年 8 月,郑州河务局成立机关党总支・思想政治工作办公室。机关总支委员会坚持“三会一课”制度,持续不断地对党员进行党性、党风、党纪和理想信念教育,遵循党章,坚持有利于社会主义市场经济发展、有利于开展党内监督、有利于开展组织活动、有利于发挥党组织和党员作用的原则,及时调整健全组织,理顺各种关系,做到生产经营组织发展到哪里,党组织就建到哪里;机构改革在哪里开展,党组织就随机构建立健全。

2009 年,成立中共郑州黄河河务局机关委员会。其主要职责是宣传贯彻党的路线、方针、政策和上级党组织的决议和指示,负责局机关及驻郑直属单位党的工作,制定局机关和驻郑直属单位党的建设规划,负责局机关、指导局直单位党的思想建设、组织建设和作风建设。组织局机关及驻郑直属单位党员和干部进行马克思列宁主义理论,党的路线、方针、政策和党的基础知识学习。负责组织局中心组学习,负责局机关干部职工集中学习。负责全局精神文明建设、思想政治工作研究,并进行行业指导。负责直属单位共青团工作和青年联合会工作。负责直属单位统一战线工作。承办局领导交办的其他工作。郑州河务局机关党委归属郑州市直属机关工作委员会领导。

2009~2012 年积极探索党建工作科学化、规范化的新路子,深入开展“创先争优”和争创“五好”基层党组织活动。2012 年局机关党委被黄委评为“2010~2012 年创先争优先进基层党组织”,被市委市直工委评为“郑州市直机关创先争优先进基层党组织”。

2013年6月26日,郑州河务局机关党委获得市委市直工委2012年度“先进基层党组织”荣誉称号。2013年,郑州河务局牢牢把握服务中心、建设队伍两大核心任务,以“闯新路、走前头、树形象”开局,扎实开展党的群众路线教育实践活动,着力以服务求作为,以实干求实效,圆满完成了各项目标任务,并取得新成效,再次被郑州市委市直机关工委授予“先进基层党组织”荣誉称号。

郑州河务局紧紧围治黄中心工作,扎实推进机关党建示范点创建工作,以创建促规范,以示范带全盘,扎扎实实地开展了创先争优活动和一系列的学习教育活动,全面提高机关党建工作整体水平,增强基层党组织的创造力、凝聚力和战斗力,充分发挥了基层党组织推动发展、服务群众、凝聚人心、促进和谐的作用,有力地促进了郑州治黄各项任务的完成,为推进郑州治黄事业和区域经济社会的协调发展提供了坚强的组织保证。2013年3月12日,郑州河务局机关党委被市委市直工委正式命名为“机关党建工作示范单位”。

2015年9月24日召开了局机关全体党员大会,按要求完成了中共郑州黄河河务局机关委员会的换届工作,产生了新一届机关党委会,并安排部署、合理调整了直属机关党支部,直属机关党支部按要求进行了换届。2015年10月14日,郑州市委市直机关工委《关于中共郑州黄河河务局机关委员会换届选举结果的批复》批复蔡长治任新一届机关党委书记,万勇任专职副书记。

(二)宣传教育(创先争优活动等)

广泛开展爱国主义、革命传统、法制、公民权利、公民道德、职业道德和职业纪律教育,开展共产主义理想、全心全意为人民服务、形势教育等。

保持共产党员先进性教育活动。从2005年7月1日开始到12月结束,用半年时间(集中学习教育的时间一般不少于3个月),在全局集中开展以实践“三个代表”重要思想为主要内容的保持共产党员先进性教育活动,分三个阶段进行。第一阶段:学习动员(7月1~30日30天),主要任务是学习文件、统一思想、提高认识、增强素质。第二阶段:分析评议(7月31日至8月29日30天),主要任务是党性分析、民主评议、查摆问题、对照检查。第三阶段:整改提高(8月30日至9月28日30天),主要任务是梳理问题、抓好整改、制定措施、见诸行动。通过活动开展,引导全体党员学习贯彻党章,坚定理想信念,坚持党的宗旨,增强党的观念,发扬优良传统,认真解决党员和党组织在思想、组织、作风以及工作方面存在的突出问题,促进影响全局改革发展稳定、涉及群众切身利益的实际问题的解决,不断增强全局党员队伍和党组织的创造力、凝聚力、战斗力,为郑州治黄事业的发展提供坚强的政治保证和组织保证。

“热爱黄河、珍惜岗位、敬业奉献”活动。从2006年2月开始到6月结束,分四个阶段进行。第一阶段:宣传发动阶段。采取多种形式深入宣传、全面动员,使每个职工都能深入了解开展此项活动的意义,积极参与到活动中来。第二阶段:学习交流阶段。开办领导干部和专家讲坛、参观郑州市工农业用水单位、参观郑州市效益好的单位或黄河修防一线管理单位、机关干部深入一线体验生活、组织劳模先进事迹报告会或参观劳模先进事迹展览、写学习心得。第三阶段：提高促进阶段。开展演讲比赛、知识竞赛、歌咏比赛，组织技术、管理工作交流活动，召开职工座谈会、民主参政议政、政务公开，汇编职工学习心得。第四阶段：总结表彰和巩固阶段。收集资料、总结、表彰，巩固活动成果。通过活动开展，最大限度地调动起治黄职工的工作热情，激发广大职工的工作潜力和创造力，使郑州治黄队伍生机勃勃，为郑州治黄事业的发展提供源源不竭的动力。

加强思想作风建设活动。从 2006 年 5 月 19 日至 6 月底结束，活动分三个阶段进行。第一阶段：发动和学习阶段(5 月 19～31 日)，主要内容是召开动员大会，学习文件，宣传教育。第二阶段：剖析和整改阶段(6 月 1～15 日)，主要内容是认真自查，撰写剖析材料，讨论交流，针对问题制定整改措施，见诸行动。第三阶段：总结和评价阶段(6 月 15～30 日)，主要内容是单位(部门)总结，回头看活动，考核评价。通过开展活动，着力解决干部职工在思想作风和工作作风上存在的突出问题，不断增强干部职工的战斗力，特别是各级领导班子和领导干部的执行力，为推动郑州治黄事业健康快速发展提供思想、组织和作风保障。

“讲正气、树新风”主题教育活动。从 2007 年 4 月上旬起，集中两个月左右的时间，在全局各级党组织和全体党员干部中深入开展以加强党员干部五个方面的作风建设、树立八个方面的良好风气为主要内容的“讲正气、树新风”主题教育活动。分三个阶段进行。第一阶段：学习动员阶段，主要是进行思想发动、组织学习培训、开展专题讨论三方面工作。第二阶段：查摆问题阶段，主要是广泛征求意见、查摆问题、开展民主评议工作。第三阶段：整改提高阶段，主要抓制度整改方案、落实整改措施、公布整改情况。通过活动开展，加强党员干部五个方面的作风建设，树立八个方面的良好风气，切实解决党员干部作风方面存在的突出问题，优化经济发展环境为重点，弘扬新风正气，抵制歪风邪气，为郑州治黄工作发展，构建和谐治黄新局面提供坚强的政治保证。

深入学习实践科学发展观活动。自 2008 年 9 月至 2009 年 2 月，共分三个阶段进行。第一阶段：学习调研。重点抓了学习培训、深入调研、围绕科学发展进行解放思想讨论三个环节。第二阶段：分析检查。从 2008 年 11 月下旬至 12 月底，重点抓召开领导班子专题民主生活会、形成领导班子分析检查报告、组织群众评议三个环节。第三阶段：整改落实。从 2009 年 1 月初至 2 月，重点抓制订整改落实方案、集中解决突出问题、完善体制机制三个环节。通过活动开展，达到提高思想认识、解决突出问题、改革体制机制、保持和谐稳定、促进科学发展的目的。

“讲党性修养，树良好作风，促科学发展”教育活动。从 2009 年 4 月开始，集中 3 个月时间，分学习提高阶段、检查评议阶段、整改建制阶段三个阶段进行，确实增强宗旨观念、提高实践能力、强化责任意识、树立正确的政绩观和利益观、增强党的纪律观念的目标。通过活动开展，提高全局各级党组织和党员领导干部应对金融危机的能力，把握发展机遇，确保郑州河务局治黄工作目标实现。

学习贯彻党的十七届四中全会精神。2009 年 11 月，郑州河务局采取多种形式，组织全局干部职工认真学习贯彻党的十七届四中全会精神，引导广大党员干部全面掌握全会的基本精神,自觉用全会精神武装头脑、指导实践,努力使学习贯彻全会精神的过程成为增强党的意识、忧患意识、责任意识的过程,成为以改革创新精神进一步加强和改进党的建设的过程,成为继续解放思想、坚持改革开放、推动科学发展、促进社会和谐的过程,以学习贯彻四中全会精神为动力,全面完成各项目标任务。

"劳动竞赛促发展"活动。自2010年5月1日起,郑州河务局在全局开展了"劳动竞赛促发展"活动。先后召开多次党组会议强调并及时成立了以局长为组长的活动领导小组,召开专题动员部署会议,层层发动部署,制订详细方案,明确竞赛内容。各竞赛单位、处室认真落实郑州河务局劳动竞赛精神,明确竞赛目标,强化组织领导,采取有效措施,有计划、有步骤地组织开展劳动竞赛,全局共组织竞赛项目98项。通过活动开展,推动全局各项工作的全面发展,转变工作作风,调动了广大干部职工的工作积极性和创造性,全面提高了职工的工作效率和业务水平。

创先争优活动。从2010年5月开始,深入开展了以"创先争优创佳绩,劳动竞赛促发展"为主题的创先争优活动。分动员部署、组织实施、系统总结、评选表彰四个阶段。郑州河务局按照上级要求召开动员会,成立领导小组,结合实际,制定了郑州河务局《中共郑州黄河河务局党组关于在基层党组织和共产党员中深入开展创先争优活动的实施意见》《中共郑州黄河河务局党组关于成立郑州河务局创先争优活动领导小组的通知》《深入开展创先争优活动2011年工作要点》《关于印发郑州河务局2011年下半年至2012年上半年创先争优活动工作计划的通知》《关于开展"争创创先争优活动示范点"活动的通知》《关于在创先争优活动中开展党员干部"下基层大走访"活动的通知》等,深入开展公开承诺、群众评议和领导点评工作、创建"党员志愿者服务""党员示范岗"创先争优结对共建活动等。

2011年郑州河务局机关第三党支部荣获黄委先进基层党组织荣誉称号,张治安、马刘强、罗振宇三名同志获得黄委优秀共产党员荣誉称号,刘培中同志获得黄委优秀党务工作者荣誉称号。万勇同志获得郑州市委优秀党务工作者荣誉称号。郑州黄河河务局工程公司支部获得郑州市委市直机关工委先进基层党组织荣誉称号,杨玲、焦海波同志获得郑州市委市直机关工委优秀共产党员称号。水政处、供水分局获得市直机关"共产党员示范岗"称号。

2011年是中国共产党成立90周年。90年来,中国共产党人和全国各族人民前赴后继、顽强奋斗,不断夺取革命、建设、改革的重大胜利。按照上级要求,结合实际,制定了郑州河务局《关于开展庆祝建党90周年系列活动的通知》,组织开展了以"学史铭志、创先争优"为主题的党史知识学习竞赛活动、"编发红色短信、传扬先进文化"活动、郑州河务局"颂歌献给党"文艺汇演活动,组织参加河南河务局和金水区举办的"颂歌献给党"歌颂比赛,组织全体党员干部职工观看红色影视剧《建党伟业》《红色摇篮》等,"七一"前夕走访慰问了建国前入党、60年党龄与80岁高寿的老党员,组织开展"党在我心中"征文活动等建党90周年系列活动。

"抓学习、促转变,抓机遇、促发展"("两抓两促")活动。从2011年8月1日开始,共安排3个月时间,分三个阶段进行。第一阶段:学习阶段(8月1~31日),主要任务是搞好动员发动,加强学习。以自学、集中学习、座谈讨论、专题培训为主要形式,对明确的学习内容进行系统学习,深入领会。第二阶段:调研阶段(9月1~30日),主要任务是将学习与郑州黄河实际相结合,与各自的工作实际相结合,通过调研,找问题、寻机遇、谋思路、促发展。第三阶段:总结阶段(10月1~31日),主要任务是通过学习总结和问题梳理,对活动进行全面总结,转变观念,理清思路,制定措施,形成长效机制。通过活动开展,着力解决影响郑州治黄事业可持续发展的突出问题,增强广大干部职工贯彻落实党和国家关于水利工作决策部署的自觉性、坚定性,提高各级领导干部在水利改革发展这一新机遇下的工作能力和本领,促进全局上下进一步转变思想观念,转变领导方式,转变工作作风,转变发展方式,努力实现郑州黄河事业又好又快发展。

"讲责任、讲作为、讲正气,提升素质、提升水平、提升形象"活动。自2012年1月下旬开始,至2012年10月基本结束。在全局开展"三讲三提升"活动,旨在建设模范部门、打造过硬队伍上实现新的突破。活动分抓好动员部署、加强学习教育、深入调查研究、积极查摆问题、认真承诺整改、认真进行总结表彰六个阶段。郑州河务局按照上级要求召开动员会,成立领导小组,结合实际,制定了郑州河务局《关于印发〈郑州河务局开展"讲责任、讲作为、讲正气,提升素质、提升水平、提升形象"活动的实施方案〉的通知》,通过活动开展,达到党性修养进一步加强、能力素质进一步提高、工作作风进一步转变、廉洁守纪进一步严格、制度机制进一步完善、干部形象进一步提升的目的。同时开展了"三讲三提升"征文活动,共征集论文10余篇。

"学习雷锋见行动'三平'之中做贡献"教育实践活动。为深入开展学雷锋活动,推动学雷锋活动常态化,大力弘扬雷锋精神、"三平"精神,按照市委市直机关工委《市委市直工委关于全市机关带头开展好学习雷锋见行动"三平"之中做贡献教育实践活动的通知》(郑直〔2012〕36号)的要求和局党组部署,自2012年3月开始,在全局开展"学习雷锋见行动'三平'之中做贡献"教育实践活动。成立郑州河务局学习雷锋见行动"三平"之中做贡献教育实践活动领导小组,通过抓学习宣传,提高认识,营造氛围;抓典型宣传,树立榜样,示范引路;抓活动创新,丰富形式,务求实效;抓理论研讨,提升层次,持续践行等措施,大力宣传雷锋及"三平"精神典型事迹、大力弘扬雷锋精神、大力弘扬"三平"精神、大力加强思想道德建设、大力推动实践转化,引导广大党员干部努力成为新时代雷锋精神和"三平"精神的传播者、弘扬者和践行者,使雷锋精神、"三平"精神深入人心,成为加快推进郑州治黄、中原经济区郑州都市区建设的强大精神力量。杨玲同志荣获市直机关"学习雷锋见行动'三平'之中做贡献"教育实践活动先进个人荣誉称号。

机关文化建设。自2010年开始,郑州河务局着力加强黄河文化建设,开展以"倡导和谐理念,培育和谐精神,建设和谐文化,建立和谐人际关系"为主题的机关文化建设活动,进一步激发机关干部职工的工作激情和创造活力,提高机关的运作力、执行力和工作效率,为推进郑州治黄事业的发展做出了积极努力。结合实际,成立了以局长任组长、副局长任副组长、部门负责人为成员的领导小组,先后制定并下发了《郑州河务局关于加强机关文化建设意见的通知》《郑州河务局关于进一步加强机关文化建设 促进工作效率提高的意见》,并对加强郑州河务局机关文化建设提出具体要求。按照郑州市委、市直工委要求,结合实际,围绕建设“负责、主动、敬业”“务实、求效、廉洁”“重学、依法、文明”的机关文化,在紧密结合本机关、本单位、本系统的工作性质和职能特点,发动群众广泛参与、集思广益,提炼出本机关的精神、使命、价值理念、工作目标、服务承诺、廉洁要求、宣传口号等关键词和代表性语言,作为机关文化建设的核心和灵魂,并进行大力宣传和深入教育。2011 年,进一步紧密结合本机关、本单位、本部门的工作性质和职能特点,认真补充完善 2010 年底已初步总结提炼的本机关的机关文化关键词和代表性语言,形成了《郑州黄河河务局关于机关文化关键词、代表性语言及其阐释的报告》。开展机关文化和企业文化建设的探索与实践,并整理完成了《机关文化和企业文化建设探索与实践》创新研究成果。

“闯新路、走前头、树形象”大讨论活动。为进一步深入贯彻陈小江主任调研讲话精神,促使全局职工认清形势,勇于担当起塑造全河“窗口”单位的重任,局党组研究决定,自 2013 年 2 月 22 日起在全局开展为期一个月的“闯新路、走前头、树形象”大讨论活动。活动分动员发动、学习讨论、制订方案完善措施、总结提高等四个阶段进行。局领导高度重视,通过认真学习、深入讨论,充分认识“闯新路、走前头、树形象”的深刻内涵,充分认识当前面临的形势和任务。通过活动开展,使全局广大干部职工进一步转变观念,明确目标,形成共识,凝心聚力,闯出一条促进治黄与区域经济协调发展的新路,走在黄河治理开发与管理事业的前头,树立治黄“窗口”单位的良好形象。

2012 年 6 月郑州河务局获得“郑州市直机关创先争优先进基层党组织”荣誉称号。3 名同志分别被授予创先争优优秀共产党员、2011 年度优秀党务工作者和优秀共产党员。同年 8 月郑州河务局获得黄委“2010~2012 年创先争优活动先进基层党组织”荣誉称号。

2013 年郑州河务局党组对在 2012 年度党建工作中创先争优积极奉献的 3 个先进基层党组织、21 名“优秀共产党员”进行了表彰。

2013 年召开了全局精神文明建设工作会议,制定印发了《郑州河务局 2013 年精神文明建设工作要点》等。郑州河务局机关、惠金局、中牟局、荥阳局、水电公司省级文明单位年度复验顺利通过,巩义河务局顺利通过市级文明单位验收。

2013 年 3 月为进一步认真学习宣传贯彻党的十八大精神,进一步推进“闯新路、走前头、树形象”大讨论活动。郑州河务局组织 100 余名党员干部职工参加学习党的十八大知识竞赛活动,积极组织党员干部职工查找资料、学习讨论,认真答题,迅速掀起新一轮学习宣传贯彻党的十八大精神的热潮。

2013 年 6 月为深入学习贯彻十八大精神,检验“学党章、强党性”活动开展的成果,引导广大党员自觉学习党章、遵守党章、贯彻党章、维护党章,根据郑州市委市直机关工委的通知精神,郑州河务局组织 80 余名在职党员开展了党员“党章知识大会考”答题活动。

2013 年 10 月为深入学习贯彻党的十八大精神,深入开展党的群众路线教育实践活动，推进社会主义核心价值体系建设，郑州河务局举行“学习践行社会主义核心价值观”演讲比赛，进一步推动机关党员干部对社会主义核心价值观的学习、宣传和践行。8人参加了演讲比赛，推荐2名优秀作品参加市委市直机关工委评选，郑州河务局荣获优秀组织奖，朱玉冰同志荣获个人二等奖。

2013年组织开展了“十八大·郑州和我”“坚持党的群众路线，加强服务型机关党组织建设”征文活动，共征集征文19篇，1篇获郑州市委宣传部优秀奖。

2013年度1人获得郑州市直单位机关文化建设先进个人荣誉称号。

党的群众路线教育实践活动。按照中央和省局、市局党组要求，自2013年8月初开始，在全局深入开展党的群众路线教育实践活动。活动分学习教育听取意见、查摆问题开展批评、整改落实建章立制三个阶段。郑州河务局按照上级要求召开动员会，成立领导小组，结合实际，制定了《中共郑州黄河河务局党组深入开展党的群众路线教育实践活动实施方案》。通过全局上下扎实深入开展党的群众路线教育实践活动，积极贯彻治河为民、人水和谐理念，以基层为本、民生为重，有力地促进了郑州治黄事业的健康稳定快速发展，初步取得了阶段性成果，达到了预期效果。一是郑州治黄事业取得新成效，二是取得了一批专项整治成果，三是完善了一批长效规章制度，四是解决了一批职工关注的热点、难点问题。2013年郑州河务局第一批教育实践活动单位整改落实情况统计见表7-2。

表7-2　2013年郑州河务局第一批教育实践活动单位整改落实情况统计表

1.专项整治情况		数量	2.正风肃纪情况	数量
调整清理办公用房（平方米）	应改	335	查处“四风”方面问题案件（件）	0
	已改	335	收缴违纪违规资金（万元）	0
	未改	0	党纪政纪处分（人）	0
清理清退公务用车（辆）	应改	0	移送司法机关（人）	0
	已改	0		
	未改	0	3.建章立制情况	数量
召开会议次数（次）	2012年	394	废止（项）	7
	2013年	333	修改（项）	20
文件数量（个）	2012年	836	新建（项）	20
	2013年	721		
评比达标表彰项目数（个）	2012年	22		
	2013年	11		
三公经费数（万元）	2012年	318.81		
	2013年	294.13		
活动以来，停建楼堂馆所（平方米）		0		

2014年郑州河务局按照局党组提出的以"学、讲、论、谈"为主要举措的新方法、新模式,采取党组中心组(扩大)学习、周五干部职工集中学习、实地参观、专题辅导、读书活动、道德讲堂活动等多种形式,强化理论武装。全年开展中心组学习17次、职工集中学习42次、领导干部专题讲座27次。全局职工积极参与,在各类知识技能竞赛中取得了优异成绩,荣获郑州市直机关学习型党组织建设"先进集体"荣誉称号;学习型党组织建设工作以"真实性、创新性、实效性、典型性"的特点入选河南省直工委"建设学习型党组织典型案例";"六化三型一核心"党建工作法曾被河南河务局作为黄委向水利部党建工作案例典型推荐,并刊登在2014年第4期《黄河文化研究》上在全河进行交流。

2014年5月郑州河务局与河南省文明办、郑州市文明办联合举办了"关爱黄河母亲,建设美丽河南"公益活动启动仪式。

2014年8月郑州河务局与东方今报社、惠济区政府联合主办,在花园口景区举行了"美丽母亲河"大型公益活动。

2014年组织开展全局"文明河南·与爱同行"志愿服务演讲比赛,并选送2名优秀选手参加了"郑州市'文明河南·与爱同行'志愿服务演讲比赛复赛",其中,参赛选手朱玉冰成功晋级,参加郑州市志愿服务演讲决赛,获得优秀奖。郑州河务局获得优秀组织奖。收集、整理了全局"文明河南·与爱同行"演讲稿,完成优秀作品汇编、印刷、发放工作。

2014年全局5个省级文明单位顺利通过年度复验,巩义河务局通过了省级卫生先进单位创建验收,花园口景区顺利通过AAA级复验。郑州河务局被评为郑州市公民道德建设优秀单位、郑州市精神文明建设结对帮扶先进单位、文明交通工作先进集体、网络文明信息工作先进集体,荣获"文明河南·与爱同行"志愿者服务演讲比赛组织奖、优秀奖,市直工委"学习践行社会主义核心价值观演讲比赛"优秀组织奖和个人二等奖的好成绩。

2015年4月制订印发了《郑州黄河文化建设2014~2016年行动计划》,从指导思想、基本原则与发展目标、郑州黄河文化建设的重点任务、保障措施等方面明确了具体工作目标。同月郑州河务局所属巩义河务局职工刘铁锤和水电公司职工张银芝获得河南黄河河务局"2014年度道德模范暨身边好人"之"爱岗敬业模范"荣誉称号。

2015年制定印发了郑州河务局党组《2015年党的建设工作要点》,并进行了责任分解,狠抓落实。制定印发实施了《2015年机关党员学习教育的意见》。开展了基层党组织"分类定级、晋位升级"活动,组织开展2015年度党支部书记述职考评工作等,郑州河务局荣获"郑州市2015年度党员教育系列活动组织工作先进单位""2015年度市直机关党建工作先进单位"等荣誉称号。

郑州河务局认真贯彻落实《河南省基层党校工作条例》,高度重视基层党校工作,建立规章制度,不断完善基层党校基础设施,明确教学计划,丰富教学内容,创新教学形式,先后组织开展了系列教育活动,有力推进了郑州都市区建设和郑州治黄事业健康发展,被郑州市委宣传部授予"郑州市先进基层党校"荣誉称号。

2015年5月郑州河务局举办了"共筑中国梦,岗位做贡献"演讲比赛,进一步深化中国特色社会主义和“中国梦”的学习教育，培育和践行社会主义核心价值观。来自局属各单位、机关各支部的17名选手突出主题、声情并茂，从不同角度表达对“中国梦”的深刻理解和美好愿望。

郑州河务局选手朱玉冰于2015年6月11日成功进入由中共郑州市委市直机关工作委员会主办的“共筑中国梦，岗位做贡献”演讲比赛决赛，并在同年6月24日的决赛中获得优异成绩。

2015年8月郑州河务局职工刘园园在郑州市委宣传部、市总工会联合举办的郑州市“缅怀先烈，圆梦中华”演讲比赛中荣获三等奖。

（三）评议党员

按照上级要求，郑州河务局每年进行一次民主评议党员活动，党支部对党员的思想、工作、学习、组织观念、党纪等方面进行的全面评价和考核，对照优秀党员条件和不合格党员标准，评出优秀党员和不合格党员。2011年按照郑州市委市直工委要求和规定完成了全局161名党员的信息录入工作。

2011年1月根据郑州市创先争优活动领导小组办公室《关于在创先争优活动中进一步做好领导干部点评工作的通知》的要求，郑州河务局机关党委紧紧围绕推动科学发展、促进社会和谐、服务人民群众、加强基层组织的总体要求，结合学习贯彻党的十七届五中全会、省委八届十一次全会、市委九届二十次全会和市委工作会议精神，结合年度工作总结和公开承诺完成情况，紧紧围绕市委中心工作，进行了领导点评工作。整个点评活动共完成了对121名党员的点评，做到了领导点评全覆盖。

2011年结合创先争优活动，认真开展创先争优活动群众评议工作，重点围绕五个方面对5个党支部进行评议：一是以正在干的事情为中心，推动中心工作和重点任务完成情况；二是认真开展公开承诺，切实兑现公开承诺的情况；三是促进社会和谐，服务职工和群众，为群众办实事、做好事、解难事情况；四是履行职责，发挥党组织战斗堡垒作用，党支部开展创先争优活动情况；五是加强党组织和党员队伍建设情况。对党员的评议主要包括：一是参加创先争优活动情况；二是立足岗位履行职责情况；三是认真开展公开承诺，切实践行承诺的情况；四是履行党章规定的义务，在工作中发挥模范带头作用的情况；五是以服务对象为中心，为群众办实事做好事、为民服务的情况。此次共评议5个党支部127名党员。

（四）发展党员

发展党员工作是加强党的建设的一项经常性、基础性工作。郑州河务局高度重视发展党员工作，把发展党员工作作为加强基层组织建设的重要措施，按照“坚持标准、保证质量、改善结构、慎重发展”的方针，严格落实发展党员工作公示制、发展党员责任追究制等制度，并根据不同时期不同单位党员队伍结构状况，择优发展，郑州河务局直属单位党员队伍不断壮大。2010年党员总数为155人，2011～2012年新发展党员9名。至2012年底，郑州河务局及直属单位党员总数为170人，其中预备党员5人，党员队伍的文化、年龄和分布结构比较合理。

郑州河务局认真落实党员发展各项制度,严把“入口”关,加强入党积极分子培养,2011~2015年发展党员16名,选送18人参加市直机关工委举办的入党积极分子培训班学习。

三、纪检监察

根据中共中央十二大提出的“争取5年内实现党风根本好转的”的精神,纪律检查工作重心转向抓党风建设。郑州河务局通过上廉政党课、办廉政讲座培训班、参观警示教育基地、观看警示教育片、剖析典型案例、举办廉政演讲比赛和廉政小品汇演等形式,先后在党员干部中深入进行了党性、党风、党纪教育,党纪政纪条规教育和反腐倡廉教育。

中共中央十二届三中全会通过《关于经济体制改革的决定》后,郑州河务局纪检组先后检查纠正了超标准建房分房、领导干部多占住房,拖欠公款、农民工工资,滥发钱物,公款吃喝、公款旅游,违规违控配备通信交通工具,领导干部亲属违规经商办企业等不正之风。1991~2015年,按照中央“八项规定”精神、上级纪检监察机关《关于加强党风廉政建设意见》及《中国共产党廉洁自律准则》要求,郑州河务局先后对严禁用公款吃喝送礼等有关规定执行情况进行了认真的检查,对违规违控配备和购买小汽车、个人借用公款进行清理,对领导干部超标准办公用房、超标准住房及多占住房进行纠正,对改进调查研究、改进文风会风、“三公经费”以及会议费使用、滥发津补贴、公务接待、公务用车、干部选拔任用和人事管理工作进行了专项检查。在党风廉政建设和反腐败工作中,逐步形成了反腐倡廉“三项工作”的格局,即严格落实领导干部廉洁自律有关规定、严肃查办违纪违法案件、坚决纠正不正之风。

2003年,水管体制改革后,原监察审计处撤销,成立郑州河务局监察处。

2004年,国家加大了治黄投资力度,郑州河务局进行标准化堤防建设,由于工程紧、任务重、投资大,为防止工程领域腐败案件的发生,纪检监察部门加强在工程招标投标、水利资金的使用和管理、政府采购、民主理财等方面的监督检查。

2006~2013年,每年都根据工作实际制定印发了《中共郑州黄河河务局党组反腐倡廉工作任务责任分工》。

2014年,制定印发了《党风廉政建设责任目标》。2015年,制定印发了《贯彻落实惩治和预防腐败体系重点工作任务》。进一步细化明确了郑州河务局党风廉政建设工作,与业务工作同步落实到有关领导干部和责任部门,纳入领导班子、领导干部目标管理,做到一同研究、一同部署、一同检查、一同落实、一同考核。

根据十八届中央纪委三次全会提出的“落实党风廉政建设责任制,党委(党组)负主体责任,纪委(纪检组)负监督责任,制定实施切实可行的责任追究制度。纪检监察机关要根据党章和党内法规要求,从党中央对党风廉政建设和反腐败的形势判断、提出的工作要求出发,转职能、转方式、转作风”相关要求,郑州河务局采取一系列举措保障“两个责任”落实,紧紧围绕监督执纪问责,深化“三转”。2014年,制定《中共郑州黄河河务局党组关于进一步落实党风廉政建设主体责任的实施意见》，进一步加强主体责任落实。2015年，制定《中共郑州黄河河务局党组党风廉政建设主体责任清单(试行)》。

获奖情况：2011年，郑州河务局纪检组监察处被黄河水利委员会评为2006～2011年度黄河系统纪检监察工作先进集体，被河南河务局评为2006～2011年度纪检监察工作先进集体。2007年，获河南河务局党风廉政建设征文活动优秀组织奖。2008年，获河南河务局廉政建设征文活动优秀组织奖、廉政书画作品展评选活动优秀组织奖。2012年，获河南河务局廉政格言警句征集活动优秀组织奖。2013年，获河南河务局廉政书画作品征集活动优秀组织奖。2015年，获河南河务局纪检监察调研论文评比优秀组织单位奖。

(一)党风廉政建设责任制

1998年中共中央、国务院印发《关于实行党风廉政责任制的规定》。郑州河务局党组始终把党风廉政建设责任制的贯彻落实作为反腐倡廉的重要工作来抓。1999年，郑州河务局开始成立党风廉政建设责任制领导小组，每年根据人事变动及时调整领导小组成员。2005年开始，每年初都逐项分解党风廉政建设和反腐败各项工作任务，与业务工作同步落实到有关领导干部和责任部门，做到领导班子成员与责任部门分工明确，责任到人。各部门还根据自身工作的特点，制定了相应的措施和配套制度，保证了党风廉政建设责任制的贯彻落实。自2005年始，每年制定《郑州河务局党风廉政建设责任制考核指标》，为党风廉政建设责任制的监督考核提供了依据，把党风廉政建设责任制贯穿于治黄工作的始终。

自2006年始，郑州河务局每年初逐级签订《党风廉政建设责任书》和《党风廉政建设承诺书》，完善了党风廉政建设责任制度(见图7-1)。局属各单位坚持“一把手负总责”和“谁主管谁负责”的原则，把严格责任追究作为贯彻落实党风廉政建设责任制工作的核心工作来抓。

图7-1　签订廉政责任书(2008年)

2005～2015年，共对5名领导干部进行了责任追究，开除公职1人，开除党籍1人，撤销原职务2人，通报批评1人。

(二)惩防体系建设

为认真落实中共中央《建立健全教育、制度、监督并重的惩治和预防腐败体系实施纲要》和黄河水利委员会《建立健全惩治和预防腐败体系2008~2012年工作规划》,扎实推进郑州河务局惩治和预防腐败体系建设,2006年初印发了《关于构建郑州黄河特色惩治和预防腐败体系的实施意见》。2014年,根据中共中央《建立健全惩治和预防腐败体系2013~2017年工作规划》及上级具体实施意见,印发《郑州河务局贯彻落实〈建立健全惩治和预防腐败体系2013~2017年工作规划〉实施意见》。2015年,印发《中共郑州黄河河务局党组2015年贯彻落实惩治和预防腐败体系重点工作任务》。

1.廉政制度建设

2004年制定了《郑州市黄河河务局推行领导干部廉政"六卡"制(试行)》。推行领导干部廉政"六卡"制的主体是副科级以上领导干部,即对领导干部实行领导干部廉政谈话卡、领导干部廉政承诺卡、领导干部廉政自我评价卡、领导干部廉政民主评议卡、领导干部接受廉政教育统计卡、领导干部廉政警示卡管理。要求全局副科级以上干部严格填写廉政"六卡"装入个人廉政档案,并张贴公示,主动接受群众监督。2006年,制定了《郑州河务局党政领导干部廉政沟通办法》,"六卡"制正式废止。按照该办法的要求,建立了廉政沟通联络员队伍和廉政信息沟通月报制度。该项工作获河南河务局2007年度创新工作二等奖。2007年,制定《郑州河务局廉政鉴定实施意见》,实施意见要求在提拔任用干部时,由纪检监察部门按照干部管理权限分级鉴定,就其个人是否廉洁、履行职责范围内的党风廉政建设是否得力、是否有违纪违法问题,提出鉴定意见,作为提拔任用干部的一个必要程序。要求对提拔任用的干部必须进行廉政鉴定,没有廉政鉴定的,不得提交党组(党委)会讨论决定。2009年,制定了《各单位主要负责人带头以党风廉政建设为主题讲党课制度》,同年,郑州河务局将这项制度纳入党风廉政建设责任制的考核范围。2011年,制定《郑州河务局党风廉政建设联席会议制度》,该制度充分发挥郑州河务局局属各单位、机关各部门在党风廉政建设和反腐败工作中的职能作用,通过及时沟通情况,进一步推动郑州河务局党风廉政建设和反腐败工作。2014年,制定《监督检查工作责任追究办法(试行)》《市局机关工作人员在国内交往中收受礼品、礼金、有价证券和支付凭证的登记和处置办法》《党风廉政建设承诺制度、报告制度、约谈制度》。2015年,制定《中共郑州黄河河务局党组党风廉政建设主体责任清单(试行)》。

2009年底,黄委印发《黄河水利委员会干部廉政阀门机制暂行规定》,郑州河务局向全局转发,要求各单位(部门)严格遵照执行。2015年底,黄委印发《关于防止干部"带病提拔"的实施意见》,《黄河水利委员会干部廉政阀门机制暂行规定》同时废止。

2.党风廉政宣传教育

20世纪80年代中后期,党风廉政建设宣传教育着重围绕整顿党的作风来开展。1985年开展"党性党风党纪教育活动"和党风大检查。1986年在党员中进行以端正党风、彻底纠正新的不正之风为主要内容的党风党纪教育。1987年开展党风现状调查。1988年组织开展"争做合格党员"大讨论教育。1989年组织开展加强党的政治纪律、组织纪律教育。

1990年开展坚持四项基本原则、反对资产阶级自由化、反对腐败的教育。1991年开展党纪条规教育。1992年开展法规和纪律、党建理论学习教育。以中央宣传部编写的《马克思主义党的建设理论纲要》为基本教材，同时以"二五"普法教育教材为主，进行党纪基本知识学习。1993~1994年开展了邓小平建设有中国特色社会主义理论和党的基本路线教育活动。

1995年以后，大力拓展宣传教育阵地，充分发挥"大宣教"格局的综合效应。针对不同阶段、不同单位、不同人员、不同层次、不同问题，综合应用录音、录像、电视等形式，采取"送书""送资料"和论文评选、自创廉政警句格言评比等方法扎实开展党风廉政宣传教育活动。2007年后，把反腐倡廉宣传教育纳入各级党组宣传教育工作的总体部署，建立健全党风廉政建设宣传教育工作联席会议制度，明确责任分工，形成整体合力，构建各司其职、各负其责的"大宣教"格局。

1998~2015年，每年都要根据反腐倡廉形势和单位实际确立一个学习活动主题，用一个月的时间在全体党员干部中认真开展"党风廉政宣传月活动"。

2009~2015年，每年都要由单位主要负责人结合郑州治黄工作实际，为全体干部职工上廉政党课。

此外，结合上级安排，1998年，开展了以胡长清、成克杰等重大典型案例为反面教材的警示教育活动。2006年，开展了党章学习教育活动、保持共产党员先进性教育活动与加强思想作风建设和牢固树立社会主义荣辱观教育活动。同时，结合全局开展的"热爱黄河，珍惜岗位，敬业奉献"活动，把党章学习贯彻到活动之中，继续弘扬"团结、务实、开拓、拼搏、奉献"的黄河精神。2007年，根据中共河南省委的安排部署，在全体党员干部中组织开展了"讲正气、树新风"主题教育活动；为进一步加强纪检监察干部作风建设，切实提高纪检监察队伍的整体能力和水平，树立纪检监察干部可亲、可信、可敬的形象，在全局纪检监察干部中开展了"做党的忠诚卫士、当群众的贴心人"主题实践活动。2009年，在全局纪检监察干部中深入开展向全国纪检监察系统先进工作者标兵、四川省南江县原纪委书记王瑛同志学习活动。2012年，在全局范围内开展了"清风中原，廉洁节日"集中教育活动，在全局纪检监察干部中开展了"提升素质、规范执纪、端正作风、树立形象"专题教育活动。2013年，在全局范围内开展了"中国共产党党员领导干部廉洁从政若干准则"专题教育活动。2015年，结合党风廉政宣传月，成功举办了郑州河务局首届廉政小品汇演。

3.廉政风险防控

为深入贯彻落实十七届中央纪委六次全会精神，进一步加强对权力运行的监督管理，不断提高防控廉政风险的能力、水平和工作效能，扎实推进具有郑州黄河特色的惩治和预防腐败体系建设，有效化解和防控廉政风险，最大限度地降低腐败行为的发生，于2011年，在全局推行廉政风险防控管理工作。廉政风险防控管理工作是黄委2011年在全河开展的重点工作。郑州河务局严格按照黄委及河南河务局要求，结合工作实际，制定印发《郑州河务局关于推行廉政风险防控管理工作实施意见》和《郑州河务局廉政风险防控管理工作实施方案》，成立相应的领导小组和工作办公室。廉政风险防控工作分为六个阶段:宣传发动阶段、排查廉政风险阶段、确定廉政风险等级、制定廉政风险防控措施、监督管理阶段、检查考核阶段。实施范围为:全局干部职工。重点是拥有管理人、财、物、工程建设管理、行政许可、水政执法等重要领域、重点部门、重点岗位、重点环节的领导干部及其工作人员,关键是各单位、各部门的主要负责人。

2012 年,在全局开展了廉政风险防控管理工作"回头看"活动。

4.监督检查

监督检查是纪检监察工作的职能之一。纪检监察部门围绕各个时期的治黄中心任务,对局属各单位及机关各部门正确履行职责进行监督检查。重点监督人、财、物权力职能部门。同时,对郑州治黄工作中的重大问题,有重点、有计划地进行监督检查。

1991~1992 年重点对防汛专项经费的管理使用情况进行了监督检查。1995 年,开展专业技术职务评聘工作的监督检查。1997 年,开展防汛执法监察及干部选拔任用和人事管理工作专项检查。1998 年,就贯彻落实中共中央、国务院关于党政机关厉行节约制止奢侈浪费八条规定进行专项监督检查。1999 年,开展防洪基金专项执法监察。2002 年,对防洪基建工程土地赔偿资金使用情况开展监督检查,开展郑州黄河首次调水调沙试验的效能监察。2004 年,成立了财务监管组,对基层单位财务收支情况进行监督检查。制定了《郑州市黄河河务局财务监控管理办法》,对下属单位的各项开支进行全面监管。2005 年,对局属单位体制改革进行全过程监督检查。2007 年,开展民主理财效能监察。2008 年,对领导干部特别是各级领导班子主要负责人以及权力运行的重点部位和环节的监督检查,重点对《党政领导干部选拔任用工作条例》各个环节执行情况进行监督检查,对选人用人失察失误,水利资金、工程养护经费使用管理情况,发现截流、挤占、挪用、转移专项资金,私设"小金库"、公款私存、私分公款和隐匿或者故意销毁应依法保存的会计凭证、账簿等违纪违法行为进行了监督检查。2010 年,对局属河务局开展厉行节约专项治理工作进行了监督检查。2011 年,对辖区工程管理综合治理工作进行效能监察;对以贯彻落实中央一号文件为重点,切实加强河南河务局和郑州河务局党组重大决策部署落实进行重点监督检查;对规范党组会议、行政领导班子会议记录进行监督检查;对政治纪律执行情况及作风建设情况进行监督检查。2015 年,对中央"八项规定"精神执行情况进行了专项监督检查,对全局党风廉政建设工作情况进行了季度检查。

另外,结合工程招标投标、水利资金的使用和管理、政府采购、民主理财、干部选拔任用、政务公开、民主评议干部等开展了大量的监督检查工作。

四、精神文明建设

(一)文明单位创建

在郑州市、金水区文明办的精心指导和局党组的正确领导下,郑州河务局坚持以党的十七大精神为指导,全面贯彻落实科学发展观,通过扎实有效的文明单位创建活动,全面提升了职工队伍的整体素质和文明形象,有力促进了单位各项治黄工作的健康和谐发展。2002年、2007年两次被郑州市委命名为市级文明单位。2012年12月被授予省级文明单位。

郑州河务局每年组织召开文明建设会至少两次,研究制订机关文明单位创建实施方案,细化创建责任分工。同时,针对创建过程中出现的新情况、新问题,及时召开专题会,全力确保创建工作顺利进行。为确保文明单位创建工作卓有成效,成立了文明单位创建领导小组,任命了精神文明创建工作专干,并随人员变动及时调整,形成了逐级落实的组织领导网络。领导小组下设创建办公室,具体负责制订全局精神文明建设计划以及相关制度,督促落实创建责任。根据年度工作实际,于每年年初制订并印发创建工作实施方案及具体创建工作安排,逐级落实创建责任。每月安排专人负责收集整理创建工作动态,组织编制并上报创建简报。认真总结,及时对年度及近年来创建工作进行汇总通报。

根据河南局有关文件精神,2004年郑州河务局印发了《郑州市黄河河务局文明施工工地创建规划》,提高各施工单位的管理水平,树立良好的企业形象和工地新貌,搞好文明施工工地的创建活动,丰富精神文明创建内容,保质保量完成施工任务。各施工单位严格按照创建标准执行,努力创造条件创建文明施工工地。

郑州河务局根据工作需要、人员变动情况,适时调整精神文明建设指导委员会、领导小组,并指定专人负责精神文明建设工作,先后制定了《郑州市黄河河务局开展"三讲一树"、争创"文明班组"、"文明科室"活动实施方案》《郑州市黄河河务局文明施工工地创建规划》《郑州市黄河河务局创建"学习型组织、知识型职工"标准和考核办法》等,明确精神文明建设工作职责,逐步形成精神文明建设工作机制。

2002年郑州河务局机关被评为郑州市文明单位。2001年惠金河务局、黄河水电公司被评为河南省文明单位,2007年惠金河务局和水电公司届满重新申报,再次被命名为省级文明单位。2007年荥阳河务局被评为河南省文明单位,2010年中牟河务局也被命名为河南省文明单位。惠金河务局和水电公司被黄委命名为黄委文明单位。2009年工程公司荣获黄河青年联合会"青年文明号"称号。

根据郑州市委、市政府统一部署,郑州河务局积极组织开展"第二批城区社区联系帮扶工作",通过深入社区群众,用真心听民意,用热心聚民心,用诚心解民忧,帮助有关社区解决实际问题,改善社区环境,受到社区和群众的好评。2011年郑州河务局被评为"市城区社区联系帮扶工作先进单位"。

2012年,在局党组构建的党建、集中学习、队伍建设"三驾马车"并驾齐驱的文明创建格局下,郑州河务局各级狠抓工作落实,以特色活动为载体营造了浓厚的创建氛围。开辟了"道德讲堂",诵经典篇章,学道德模范,在职工中产生了强烈反响。各单位积极开展"学习雷锋见行动'三平'之中做贡献"教育实践活动,组织志愿者服务队开展了文明交通协勤、义务植树等"学雷锋"系列活动,营造了"关爱社会、奉献社会"的浓厚氛围。局机关全体职工工作日做早操成为制度固定下来,组队参加了市直机关第五届运动会,并获得优秀组织奖。组织参加郑州市"全民健康日"活动,宣传健康生活理念,倡导运动生活。积极开展了重大节假日群众性文体活动,活跃机关文化氛围,营造团结协作、健康向上的精神风貌。积极投身社会公益事业,以开展结对帮扶、"三下乡"和"四进社区"等活动为重点,深入贫困乡村、社区开展帮扶工作,慰问救助南阳新村社区困难群众52户,被评为郑州市城区社区联系帮扶工作先进单位。组织机关职工积极参与了"善行郑州,情暖绿城"爱心募捐活动,共募集善款10620元,受到郑州市慈善总会、红十字会的通报表扬。

为确保省级文明单位创建达标,郑州河务局克服机关占地面积小、基础设施落后的实际困难,通过规范机关车辆停放,强化日常保洁、绿化美化、秩序维护等具体措施,进一步改善了机关基础面貌;在办公用房紧张的情况下,优先解决了职工学习室、活动室、图书阅览室、荣誉室等场地,更新了相关配套设施。

2012年,通过全面深化精神文明建设工作,郑州河务局文明单位创建取得新的突破。11月,郑州河务局机关创建省级文明单位,惠金河务局、荥阳河务局、水电公司省级文明单位届满重新申报均通过检查验收。中牟河务局省级文明单位顺利通过复验。

2012年12月31日,中共河南省委、省政府联合下发了《关于命名2012年度文明单位和警告、撤销、恢复部分省级文明单位称号的决定》,郑州河务局省级文明单位创建一次申报成功,正式被授予省级文明单位荣誉称号。

2013年,郑州河务局召开了全局精神文明建设工作会议,制定印发了《2013年精神文明建设工作要点》等。继续保持了创建意识强、创建载体丰富的优势,有力促进了创建工作的持续、深入开展。领导班子建设成绩突出,成效显著;队伍整体形象和精神面貌俱佳;文明创建工作特色突出,创建资料完备规范,顺利通过省级文明单位复查,再次被授予"精神文明建设信息工作先进集体"。惠金局、中牟局、荥阳局、水电公司省级文明单位年度复验顺利通过,巩义河务局顺利通过市级文明单位验收。

(二)道德规范建设

在思想道德教育方面,郑州河务局以"社会主义公民道德实施纲要"、"三管六不"、省会公民"十不"行为规范、社会主义荣辱观教育等为重点,紧密结合本行业工作特性,开展了广泛的群众性自我教育活动。郑州河务局组织开展文明班组、文明处室、文明家庭、文明施工工地创建等活动,截至2010年底,共创建水利部文明施工工地1处,黄委、河南河务局文明施工工地5处。2009年10位离退休职工获得"长期奉献水利优秀人员荣誉称号",4人被黄委授予"健康文明老人"称号,4位90岁以上老人被授予"黄河寿星"称号。2010年2月,局机关对文明处长7人、文明职工15人、文明家庭5户进行了表彰。2011年评选产生文明处室8个、文明处长8人、文明职工13人、文明家庭11户、文明一线班组4个。

公民道德建设。多年以来,郑州河务局高度重视公民道德建设,不断丰富活动载体,拓宽活动领域,突出活动特色,扎实开展了学雷锋志愿服务活动、义务劳动、读书学习活动、"文明有礼河南人"活动、文明评选活动、"我们的节日"活动、结对帮扶活动、文明餐桌活动、文明中原大讲堂活动、道德讲堂活动、学习道德模范和身边好人等一系列规定活动,全面提升了职工队伍的整体素质和文明形象,有力促进了单位各项治黄工作的健康和谐发展。被命名为“2013 年度郑州市公民道德建设优秀单位”。

2004 年郑州市黄河河务局思想政治工作领导小组,王金虎任组长,刘天才任副组长。

2004 年 5 月 18 日调整了郑州市黄河河务局职工思想政治工作研究会第五届理事会成员。调整后的郑州市黄河河务局职工思想政治工作研究会第五届理事会由边鹏任会长,刘天才、马水庆任副会长,杨建增任秘书长。

2010 年 11 月,为切实加强新形势下思想政治暨干部职工理论学习的组织领导,进一步提高干部职工的政治、业务素质及领导能力和工作水平,转变工作作风,提高工作效率,成立郑州河务局思想政治暨干部职工理论学习领导小组,刘培中任组长,赵书成任常务副组长。自 2010 年 11 月 5 日至今,坚持周五干部职工集中学习制度。集中学习有关法律法规、形势政策、党史教育、文化业务知识和现代管理知识等内容,有针对性地加强机关干部的岗位技能培训;同时根据实际情况与不同时期的要求确定学习内容,定期进行专项知识集中培训。郑州河务局荣获郑州市直机关争创“学习型党组织”活动先进单位荣誉称号。上报黄委学习型党组织先进典型案例。郑州河务局 2010 年征集政研论文 17 篇,2011 年征集政研论文 28 篇,其中 28 篇被黄委、河南河务局评为优秀论文。

2012 年 6 月 21 日上午,郑州河务局召开 2012 年度思想政治研究暨精神文明建设工作会。会议通报表彰了 2010~2011 年度优秀政研成果,安排部署了 2012 年思想政治工作重点研究课题、水文化遗产调查工作,传达学习了河南黄河职工政研会精神,局属各单位对近期精神文明创建工作开展情况及其确保创建成功采取的措施进行汇报交流。按照 2012 年思想政治工作暨黄河文化课题研究要求,局属各单位、机关各部门认真开展研究工作,组织人员积极撰写,共征集论文 26 篇。

第二节　群团组织

郑州河务局的群团组织主要是工会(女工)及共青团组织。这些组织在不同的历史时期,均为促进郑州治黄事业的发展做出了显著的贡献。

一、工会(女工)

各级工会紧紧围绕郑州治黄中心工作,坚持以《中华人民共和国工会法》(简称《工会法》)、《中华人民共和国劳动法》(简称《劳动法》)等法律为依据,深化民主管理,切实保障职工合法权益,为促进治黄事业的发展做出了积极贡献。

(一)主要职责

(1)贯彻落实《工会法》,对系统内的工会工作进行行业指导,发挥桥梁纽带作用。

(2)组织职工参政议政,推行职代会等多种形式的民主管理、民主参与、民主监督制度,保障职工行使民主权利。

(3)维护职工的合法权益,代表职工组织参与劳动保护、安全生产的监督检查。

(4)维护女职工的特殊权益。

(5)组织劳动模范的评选、表彰和管理工作。

(6)协同有关部门对职工进行思想政治教育和文化技术培训;开展群众性的文体活动,丰富职工的业余文化生活。

(7)负责各项工会经费的管理。

(二)组织建设

1.郑州河务局联合工会委员会

1983年成立郑州黄河修防处联合工会。6月张西亭任工会主席、处党组成员。此后工会组织逐步健全,规格为副处级。

1996年2月成立郑州市黄河河务局联合工会女工委员会和郑州河务局机关工会委员会。刘丰为第一任女工主任(正科级)。

2.基层工会委员会

由于郑州河务局局属单位成立时间不一和单位规模差异较大,随之基层工会委员会的建立时间和形式也有所不同。

中牟河务局是最早建立工会委员会的,且组织健全。中牟河务局工会委员会成立于1950年,下设劳保、财务经费管理与审查、宣传教育、安全生产4个委员会及6个工会小组。1967~1979年"文化大革命"期间,组织调整,没有独立的工会组织。1980年恢复中牟黄河修防段工会组织,工会主席为段班子成员。1983年成立中牟黄河修防段工会女工委员会;1996年随着机构升格,工会主席为正科级,副主席和女工主任为副科级。而后,副主席也为正科级(同部门负责人一同升级)。

在中牟之后,1983年起,邙金、巩义、荥阳河务局和赵口闸管理段、施工大队、巩县石料厂、花园口石料转运站、农副业基地、花园口造船厂、郑州黄河工程公司等单位相继成立了工会组织或开展工会工作。

1984年4月,在全局范围推行了职工代表大会制度,至1984年7月18日在郑州市黄河修防处所属八个应建单位中成立"职代会"3个(巩县石厂、施工大队、中牟修防段)、职工大会4个(农副业基地、巩县修防段、赵口闸管理段、石料转运站)。

2005年机构改革,工会并入新成立的党群科,设有工会主席,没有独立的工会组织。

(三)工会活动

1.民主管理

郑州市黄河修防处于1984年10月开始对所属五个基层单位的32名中层以上领导干部进行了民主评议。此后,每年召开一次职工代表大会对郑州河务局机关及局属各单位副科级以上领导干部进行民主评议,市局职代会评议县局干部。

2006年3月,为提高依法行政水平,尽快建成行为规范、运转协调、公正透明、廉洁高效的行政管理体制,更好地为改革发展稳定的大局服务,根据中共中央办公厅、国务院办公厅以及水利部《关于进一步推行政务公开的有关意见》,以及此后黄委《关于进一步推行政务公开若干意见的通知》、河南河务局《关于进一步加强对社会政务公开工作实施的意见》等要求，把政务公开工作纳入到目标管理中(见图 7-2)。

图 7-2　民主恳谈会(2009 年)

2.职工之家和职工小家建设

郑州河务局积极响应上级工会组织要求，主动开展单位职工之家建设和班组职工小家建设。建设成果很好，有效地改善了职工工作环境，提高了职工干事创业的积极性。

1984 年 11 月 6 日，根据全总“建家”决定精神，在中牟段开展了整顿基层工会组织，创建“职工之家”的试点工作。当年 11 月 17 日试点工作第一阶段圆满结束。

1999 年，中牟河务局九堡工程班被全国职工职业道德建设指导协调小组授予全国“职工职业道德百佳班组”称号。

2000 年，按照河南黄河工会修订的建设“职工之家”的实施细则，郑州河务局开展了验收“职工之家”活动，职工之家建设得到进一步加强。

2011~2015 年，按照河南河务局关于创新开展一线班组建设活动要求，计划用 5 年时间创新开展一线班组建设活动，到 2015 年，郑州河务局共创建班组 5 个、涵闸班组 2 个。2015 年，郑州河务局被河南省总工会评为“模范职工之家”称号。

据不完全统计，郑州河务局职工之家和职工小家建设获奖情况如图 7-3~图 7-6、表 7-3 所示。

图 7-3　郑州中牟九堡守险班驻地(1999 年)

图 7-4　郑州中牟九堡守险班庭院一景(1999 年)

图 7-5 郑州巩义神堤工程班驻地(2007 年)

图 7-6 河南黄河工会检查一线班组(2011 年)

表 7-3 郑州河务局职工之家和班组建设获奖情况统计表

序号	获奖单位	获奖名称	颁奖单位	颁奖时间
一	郑州河务局	模范职工之家	河南省总工会	2015
二	基层单位			
(一)	中牟河务局	职工之家	黄河工会	1984
1	九堡工程班	职工职业道德百佳班组	全国职工职业道德建设指导协调小组	1999
(二)	郑州水电公司	职工之家	黄河工会	1985
(三)	惠金河务局	职工之家	郑州市总工会	1994
1	太阳能设备厂	职工之家	河南省总工会	1997
2	保合寨工程班	职工小家	郑州市总工会	1997
3	马渡闸管理班	职工小家	郑州市总工会	1997
4	花园口闸管理班	职工小家	黄河工会	1999
5	花园口养护班	职工小家	河南省总工会	2013
(四)	巩义河务局			
1	枣树沟守险班	职工小家	黄河工会	2003
2	神堤工程班	职工小家	水利部	2007
3	裴峪工程班	职工小家	黄河工会	2007

注:一个单位一个班组,仅统计一次最高和最早获得的荣誉。

3.劳动竞赛

1950 年,老一辈郑州治黄人为整治千疮百孔的黄河堤防,付出了艰苦卓绝的努力,开展了革命加拼命的劳动竞赛活动,用独轮车 1 天百米内,1 人运抛石料 10 多立方米,就地抛石 40 余立方米,这是后辈们难以想象的,这是什么精神?这就是黄河精神!

1980 年黄河大招工之后,广泛开展"学两大"(学大庆、学大寨)树新风,"比、学、赶、帮、超"活动,活动开展得有声有色,气势宏大,催人奋进,效果极佳,且持续时间长,郑州黄河堤防沿线,红旗招展,机器轰鸣,放淤固堤工程开展得如火如荼,为黄河的长治久安打下了坚实的物质基础,进一步丰富了"团结、务实、拼搏、开拓、奉献"黄河精神的内涵。

2002~2004年,河南河务局开展"师徒金搭档"活动。该项活动主要是高级技师、技师和青年技工以自愿结对方式结成"师徒金搭档",并签订"师徒金搭档"协议,通过师傅献绝招、传绝技,徒弟学一招、长一技,携手共勉钻研技术方式而开展的活动。郑州河务局积极开展此项活动,每年4~5月中旬,组织安排拜师结对子,签订师徒协议书。5月中旬至9月中旬,拜师学艺,师傅带徒弟培训阶段,10月上旬进行总结评选表彰。2003年,郑州河务局船舶修造厂李聚有、徐桂花组成的"师徒金搭档"荣获郑州河务局"师徒金搭档"一等奖,惠金河务局冯兰群、马守田,顾双囤、靳润波组合分获郑州河务局"师徒金搭档"二、三等奖。

技术革新活动。根据上级《关于积极开展群众性小发明、小创造、小革新等创新工作的通知》要求,郑州河务局积极组织该活动的开展。2003年8~9月,由惠金河务局承办郑州河务局当年的"五小"技术革新成果演示、评比活动。其中,惠金河务局的"险工、控导工程出险无线自动报警系统"、船舶修造厂的"牵引式液压升降圆盘开槽机"获得了郑州河务局一等奖,且"牵引式液压升降圆盘开槽机"还获得了河南河务局二等奖。"加压泵冷却系统改造"项目、"防汛信息管理系统"获得了二等奖;"电源自动切换装置""压力灌在泥浆泵中的运用"获得了三等奖。

此外,中牟河务局在1991年开展了双增双节、达标夺魁、技术知识、后勤管理、班组建设等"五项劳动竞赛"活动以及财务、司机、修理、炊事"四项技术大比武"活动。2002年举办了包括修防工高级、修防工中级、汽车驾驶与维修、泥浆泵、电工、计算机等6个项目的职工技术比武。2003年开展了"爱岗位 练技能 革新创造争文明"竞赛活动,包括泥浆泵施工操作技能竞赛、现代信息通信技能竞赛、机电工技能竞赛、汽车驾驶员技能竞赛、防汛抢险技能竞赛、水法规知识竞赛、办公自动化计算机应用技能竞赛、文秘工作基础知识竞赛、财经法规及财会基础知识竞赛等。

4.文体活动

郑州河务局2011年9月、2012年9月分别举办了两届全局"健康杯"羽毛球比赛。2012年4月在花园口记事广场举办全局运动会,全局83名运动员及裁判员参加。2012年5月组织参加了郑州市第五届直属机关运动会的象棋、乒乓球、登山及广播体操比赛项目,在广播体操比赛项目荣获优秀比赛奖,荣获优秀组织奖。8月组织职工参加了郑州市农林水利工会"健康杯"羽毛球比赛,荣获混双二等奖、女子单打三等奖。2015年组织职工参加郑州市第十一届运动会暨首届全民健身大会登山、乒乓球、广播体操项目,乒乓球荣获个人二等奖,广播体操荣获乙组优秀奖,单位同时获得组委会颁发的大会优秀组织奖和体育道德风尚奖。2012年5月被郑州市总工会授予2012年度工会工作先进工会。文体活动现场如图7-7~图7-13所示。

5.表彰先进

据不完全统计,1984~2015年共表彰劳动模范67人。其中,6名职工获得河南省劳动模范和"五一"劳动奖章,1名女职工被授予"河南省五一巾帼奖"荣誉称号。1个单位被河南省总工会评为先进集体。

图 7-7　郑州黄河职工篮球赛(1988 年)

图 7-8　郑州黄河第二届职工乒乓球赛(2008 年)

图 7-9　机关职工春节文体活动(一)(2009 年)

图 7-10　机关职工春节文体活动(二)(2009 年)

图 7-11　郑州黄河职工国庆书画展(2009 年)

图 7-12　郑州黄河职工国庆汇演(2009 年)

图 7-13　郑州黄河职工长跑运动会(2010 年)

2013年8月开始,在全局范围内组织开展了劳动模范和先进集体的评选工作,对2009年以来在防汛抗旱、水资源管理与保护、工程建设与管理、勘测设计、科学研究、经济发展等方面涌现出的先进集体和个人进行了评选表彰。其间,共评选出省局劳模14人、先进单位4个,其中荣获黄委劳模5人、先进集体1个。

中牟河务局职工刘少才(1926年10月至2014年1月),1951年2月参加工作,当年获得黄委劳动模范。1953～1970年以专家身份代表黄委支援江西省堤防除险加固灌浆工程,由于他技术精湛、表现突出,1960年被江西省水利电力厅评为劳动模范。由此说明,中牟河务局在黄河开展堤防灌浆工程是最早的。

二、共青团

郑州河务局及局属单位,自成立之日起都有团的活动,正式建立团的组织是在1980年2月黄河大招工之后。1980年7月团的组织开始建立。

中牟河务局共青团工作开展得比较好。1980年7月率先成立中牟黄河修防段团支部;1990年改为中牟黄河修防段团总支;1996年12月26日中牟河务局团总支升格为团委,根据工作需要,1997年1月22日选举产生了共青团中牟县黄河河务局委员会。2005年黄委机构改革,团的工作并入新成立的党群科,从此没有独立的团的组织。

中国共产主义青年团是中国共产党的后备军,在治黄战线上是一支最有活力和战斗力的生力军,团的组织作用是无可替代的,是中国共产党领导的强大的组织优势之一。郑州河务局各级团的组织,在治黄各个历史时期发挥的作用是巨大的,是激励人心、催人奋进的青年先进组织。

第八章　人　物

人物分人物传、人物简介、人物名录三部分,按其相应范围进行录入。

第一节　人物传

人物传录入范围:以生不立传为原则,将已故郑州河务局领导人、教授级高级职称人员、对郑州治黄有重大影响者录入人物传。

符合录入人物传的,收集到的17位同志,录入15位,其中,徐福民、朱占喜二同志因个人信息偏少,仅在名录中录入,敬请谅解。

排序:依据参加工作时间先后进行排序;参加工作时间相同时,按生年先后依次排序。

【孟洪九】(1911~1979),男,汉族,山东潍县人,1932年毕业于山东师范学校,中共党员。

1935年8月参加革命,同年12月加入中国共产党,曾任胶东抗敌委员会委员。1939年任山东莱芜县抗日政府征粮科长、财政秘书。1942年任中共沂水县抗敌支队书记。1946年2月任单县独立团政委,同年8月任冀鲁豫黄河水利委员会书记员。1947年2月任中共郑州黄河特委支委,组织沿黄民众及黄河船民,通过陆地和水上向孙口运送船只和板材,支援刘邓大军强渡黄河,动员组织民兵、民工、水手、造船工匠到山东进行造船和渡河训练。1948年10月郑州解放,任郑州市军管会黄河军管会委员。1949年3月任广郑黄河修防段段长。1952年12月调河南河务局,1954年5月调河南省水利厅。1979年2月去世,享年69岁。

【武桐生】(1916~1993),男,汉族,河南修武人,中共党员。

1938年3月在华北军干所参加工作,1944年加入中国共产党,解放前先后在太行南司令部、修武县政府工作。其间,1938年9月被选为代表赴延安参加首届青代会。1940年3月至1941年在第二期抗日军政大学学习。1949年4月后,先后在沁阳、原阳、新乡从事治黄管理工作。1949~1950年任沁阳沁河修防段段长,组织指挥建段后首次辖区北岸范村堤段抗洪抢险。1951~1953年任原阳修防段段长,领导创造改进了锥探技术,受到了上级通报表扬。1953~1963年任新乡修防处副主任，1963年12月至1988年2月任郑州黄河修防段副主任。1988年2月离职休养，享受司局级待遇。1993年3月25日因病在郑州去世，享年77岁。

【刘清云】(1924~1998)，男，汉族，河南濮阳县人，中共党员。

1941年6月参加工作，1945年8月加入中国共产党，历任昆吾县政府通讯员、警卫员、粮秣员，曲河县一区工作组组长、副区长，封丘县四区区长、五区书记，封丘县黄河修防段段长等职。1954年6月至1978年10月任郑州黄河修防段段长，郑州黄河修防处副主任、主任等职，1978年10月调入河南河务局工作。1983年6月离休，享司局级待遇。1998年2月在郑州病逝，享年75岁。

【许兆瞻】(1924~2005)，男，汉族，山东郓城县人。

1942年7月参加革命工作，历任郓西抗日政府办事处粮秣员、冀鲁豫黄委会工务处测量员、平原河务局测量队副队长、河南河务局工务科副科长、黄委会工程局技术室主任等职。1964年10月至1979年6月任郑州黄河修防处副主任，1979年6月调河南河务局工作。1983年6月离休，享司局级待遇。2005年7月22日因病在郑州去世，享年82岁。

【伍俊华】(1914~1968)，男，汉族，河南省范县人，高小文化，中共党员。

1944年1月参加革命工作，1948年加入中国共产党，历任张秋县三区财经助理员、区长。1946年6月从事治黄工作，先后任张秋黄河修防段副段长，寿张、兰考黄河修防段段长；1952年12月至1954年10月任郑州黄河修防段段长；1954年10月后历任新乡黄河修防处副主任(主持工作)，河南河务局工务处副处长等职。1968年因病去世，年仅55岁。

【牛丕承】(1914~1994)，男，汉族，河北涉县人，中共党员。

1944年2月入伍参加革命工作，1945年2月加入中国共产党，在部队历任排长、指导员、教导员等职。1952年转业，历任河南省卫生厅基建处办公室副主任、河南省引黄指挥部办公室副主任、兰考三义寨人民跃进渠管理局副局长、郑州岗李东风渠管理局副局长等职。1959年5月至1965年10月任郑州黄河修防处副主任。1982年2月离休，享司局级待遇。1994年8月在郑州病逝，享年81岁。

【陈新之】(1923~1997)，男，汉族，山东郓城县人，初中文化，中共党员。

1944年在郓城县户官屯小学任教，1945年6月在晋鲁豫边区参加革命工作，1949年到原平原省黄河河务局潞王坟石料厂担任会计；1950年在新乡黄沁河修防处任财务科会计；1951年加入中国共产党；1953~1955年在武陟黄沁河修防段任财务股副股长；1955~1956年在新乡黄沁河修防处任财务科科长；1956~1958年在武陟黄沁河修防段任段长；1958~1961年在原阳黄河修防段任段长；1961~1962年在武陟黄沁河修防段任段长；1962~1968年在新乡黄沁河修防处先后担任秘书科长、人事科长、政治处主任；1968~1979年任新乡黄沁河修防处革委会副主任；1979~1983年任郑州黄河修防处党组书记、主任。1983年12月离休，享受副司局级待遇。1997年8月13日因病去世，享年75岁。

【张克合】(1931~2007)，男，汉族，河南濮阳人，初中文化，中共产党。

1947年3月入伍参加革命工作,历任长垣溢洪埝管理处财务股副股长,安阳黄河修防处财务科科员,黄河钢铁厂秘书股股长,安阳修防处秘书科秘书,黄河石料厂秘书股股长,博爱黄河修防段秘书股、财务股股长,新乡黄河修防处政工科副科长、科长,河南黄河河务局机械化施工总队宣教科科长,河南黄河河务局机械化施工总队安装二大队大队长,在郑州黄河修防处历任办公室主任、党组成员、机关党支部书记、协理员。先后荣立二等功两次、三等功两次,1982年在沁河杨庄改道施工中又荣立三等功。1992年3月离休,享受处级待遇。2007年因病去世,享年77岁。

【赵春合】(1915~1997),男,汉族,山东菏泽人,工程师。

1948年10月参加工作,历任中牟黄河修防段工程队队长,郑州河务局防汛抢险顾问(行政十七级)。1988年1月离休(享受处级待遇)。是全河公认的抢险专家,是黄河系统乃至全国水利系统屈指可数的具有一身绝技的抢险专家。1997年去世,享年83岁。

1934年参加治黄工作;1935年参加山东苏庄黄河堵口;1936年到湖北省钟祥县罗汉寺参加过长江堵口;1938年参加花园口盘坝头裹护施工(扒口处);1939年参加扶河朝士营堵口,任工程队一班班长;1940~1942年参加周口八里棚、夏芦、沙河北堤、黄河南堤、白马沟、牛口沟,西华县魏庄、道灵庄,扶沟等地堵口;1945年参加花园口堵复施工。

1947年参加花园口堵复时,当时民国政府派员朱光彩负责成立花园口堵复局,十个工程队参加工程施工,堵口到了口门处流水旋急,堵口工作遇到较大困难,山东局处长潘秀玉召开工程队队长开会研究解决办法,集思广益,赵春合提议用打桩进占,采用立堵方法,用推柳石枕合龙,前面做门埽体,后面做扬水盆的方法,非常奏效,他个人也因此一举成名。

1948年花园口堵复完后调到山东省济南泺口工程局工作,1955年调中牟黄河修防段任工程队队长,多次受命参加几大江河抢险。

1977年,黄河流量达一万多立方米每秒,中牟黄河修防段辖区赵口41坝前垮角全部入水,赵口闸非常危急,万滩险工50~55坝、杨桥险工20坝均发生重大险情。当时全县动员,县防指亲临大堤指挥,赵春合作为技术权威,深受各级领导和同志们的信任和爱戴,现场指挥(全体主动、自愿听从指挥),昼夜奋战,确保了黄河安全,受到了各级领导的高度赞扬。(绝妙之处是:懂河势,知备料)

1986年7月,焦作孟县逯村控导工程引坝续建工程发生重大险情。河南河务局急命赵春合赶赴抢险现场,在现场,市县领导围拢着他,一切听从他的指挥:一天扎住根,三天稳住险,七天恢复工程。这次抢险更使赵春合名震大河上下、黄河两岸。(绝妙之处是:巧生根,知结果)

1988年,中牟九堡下延工程新修119~126坝,受大溜冲刷,七道坝裹护体全部滑塌入水,县领导坐镇指挥,大量抢险柳秸料源源不断地运往现场,中牟修防段全体职工和亦工亦农抢险队员及沿黄群众等1000多人参加了抢险战斗。上午10时,水流有些平缓,险情基本稳定,大家将要松口气的时候,赵春合告诉现场指挥张治安:“从河势发展变化情况看,估计下午2点钟前后,主流有可能顶冲120坝,请你安排,用柳石枕加固。”下午2

时,果真大河主流顶冲 120 坝,被提前加固好的 120 坝,有幸躲过一劫。(绝妙之处是:知河势,措施精)

1989 年,郑焦超高压过河塔基围堰告急,河南河务局急命赵春合和河南第一机动抢险队赶赴现场,中牟迅速从已在中牟奋战数日的专业机动抢险队员和亦工亦农抢险队员中,各挤出 10 人,共 20 人,在张治安的带领和赵队长的指导下,一天一个好结果,经过七天的奋战,队员们胜利而归。(绝妙之处是:知险情,办法多)

【张西亭】(1928~2009),男,汉族,河北蓟县人,中共党员。

1949 年 2 月在第六十五军一九三师五七八团参加革命工作,1949 年 8 月加入中国共产党,革命军旅生涯期间历任副班长、班长、排长、连长、营参谋长等职务。曾于 1951~1953 年参加抗美援朝战争,其间因工作积极、吃苦耐劳、作战勇敢、指挥果断荣立三等功三次,受团通令表扬一次,受师党委通报表扬一次。1964 年 3 月转业后一直从事治黄工作。先后于 1964 年 3 月至 1970 年 7 月,在新乡黄河修防处封丘修防段工作,任第一副段长;1970 年 7 月至 1977 年 6 月,在新乡黄河修防处原阳修防段工作,任副主任;1977 年 6 月至 1978 年 5 月,在河南河务局新乡黄河修防处工作,任淤灌科科长;1978 年 5 月至 1979 年 5 月,在河南河务局测量队工作,任党支部书记、队长;1979 年 5 月至 1983 年 7 月,在河南河务局郑州黄河修防处工作,任副主任、党组成员;1983 年 7 月至 1984 年 7 月,任河南河务局郑州黄河修防处工会主席、党组成员。1984 年 8 月光荣离休。2009 年 12 月 23 日逝世,享年 82 岁。

【李元杰】(1934~2003),男,河南杞县人,初中文化,中共党员,政工师。

1949 年 6 月在河南杞县公安队参加工作,1951 年加入中国共产党。1956 年 6 月被河南省监察厅任命为县级监察员,享受副处级待遇。1979 年 5 月任中牟黄河修防段党支部书记、段长;1986 年 5 月至 1987 年 3 月主持郑州黄河郊区段工作;1987 年 3 月至 1988 年 8 月任郑州黄河修防处综合经营办公室主任等职。具有较高的政治素养和政策理论水平,坚持党管干部,用人就用党的人,欲提拔干部,首先培养其入党,然后再委以重任。先后培养了一大批,忠于党、热爱治黄事业、踏实能干、具有较强组织工作能力的党员领导干部。1992 年 4 月光荣离休。2003 年因病去世,享年 70 岁。

【尚 纲】(1935~2001),男,汉族,河南濮阳县人,高中学历,中共党员,政工师。

1952 年参加治黄工作,历任河南河务局行政科文员、花园口航运队队长、河南省博爱县团委书记、人民公社党委书记、黄委会组织处科长、黄委会移民局副处长等职务。1983~1987 年任郑州黄河修防处党组书记、主任。具有丰富的治河和行政管理经验,曾强力协调水务工作,获得地方领导的理解,得到黄委、河南河务局的充分肯定及支持,有效地维护了国家、地方和黄河的利益。1983 年任郑州黄河修防处党组书记、主任伊始,按照上级机构调整,郑州黄河修防处顺利接管开封黄河修防处移交的巩县黄河修防段、中牟黄河修防段、赵口闸管理段、施工大队、巩县石料厂、花园口石料转运站、东风渠农场七个单位,新组建郑州郊区黄河修防段。队伍扩大,人员骤增,任务繁重,职工士气高、干劲大,面貌一新;同年在郑州市区关虎屯征地 8.3 亩,将郑州黄河修防处办公地点从花园口黄河岸边迁至关虎屯,建设政七街23号院,北办公楼1栋,西家属区职工住宅楼2栋。并多次徒步考查、调研郑州黄河,各项工作产生了一个新的飞跃。

1987年调任黄委会机关服务局任副局长等。2001年因病去世,享年67岁。

【范力行】(1934~1994),男,汉族,山西祁县人,中专学历,中共党员,高级工程师。

1954年参加工作,历任河南河务局工务科助理技术员,郑州黄河修防处技术员、副科长、科长、副主任、党组成员、机械化施工总队第一副总队长,郑州市黄河修防处第一副主任,郑州河务局副局长,河南河务局综合经营办公室主任等职。工作中曾多次被评为先进工作者和劳动模范,1982年被评为河南省抗洪抢险模范。1994年4月,在河南河务局开会期间突发脑溢血,抢救无效,因公殉职,年仅60岁。

【许来进】(1937~2012),男,汉族,河南伊川县人,中共党员。

1955年8月在西安炮兵学校学习,1958年2月在西藏军区边防三团服役,先后任排长、组织干事、指导员;1968年8月在陆军53师服役,先后任195团政治处组织股长,教导队指导员、副政委,秘书科副科长等职务;1978年9月转业到郑州黄河修防处,先后任淤灌组组长,政工科副科长、科长,联合工会主席,调研员等职。具有良好的军人素养,公平正义,勤奋工作,多次被上级评为先进工作者。2012年7月13日因病去世,享年76岁。

【刘广云】(1953~2004),男,汉族,河南开封县人,大专学历,中共党员,高级工程师。

1974年9月在开封县水利局参加工作,1983年9月入党,郑州工学院毕业,大专学历。1979年9月任中牟黄河修防段工程队副队长、队长,修防段段长;1986年6月任开封修防处郊区段段长、修防处副主任;1998年2月任郑州河务局党组书记、局长;2001年2月任河南河务局工会副主席等。具有较强的事业心,为人耿直,工作积极,先后被评为省局、黄委优秀共产党员、河南省抗洪救灾劳动模范、河南河务局治黄劳动模范等荣誉称号。2000年汛情紧张,他带病工作,在办公室一边打针,一边工作,积劳成疾,2004年因病去世,年仅52岁。

第二节 人物简介

人物简介录入范围:郑州河务局领导人、教授级高级职称人员、对郑州治黄有重大影响者。

符合录入人物简介的42位同志,录入40位,其中,挂职干部孙艾芳、贾志成二同志因个人信息偏少,仅在名录中录入。

排序:依据参加工作时间先后进行排序;参加工作时间相同时,按生年先后依次排序。

【苏其政】男,汉族,生于1935年,河南荥阳市人,中专学历,中共党员。

1949年1月参加中国人民解放军,1951年5月参加共青团,1954年3月加入中国共产党；1980 年 1 月转业到郑州市黄河修防处，任副主任、党组成员；1984 年 2 月在郑州黄河修防处任巡视员（调研员）。

【**袁高珍**】男，汉族，生于 1935 年，河南开封市人，高中文化，中共党员，政工师。

1950 年 12 月参加工作，1956 年 7 月入党。1950 年 12 月入伍参军；1978 年转业，同年 12 月任开封市黄河修防处淤灌科党支部书记、科长；1983 年 6 月任郑州市郊区黄河段党支部书记、段长；1984 年 1 月至 1987 年 12 月任郑州市黄河修防处副主任、党组成员兼任郑州市郊区黄河段党支部书记、段长（其间，1987 年担任郑州市黄河修防处招工办副主任，实际负责招工工作）；1987 年 12 月任河南河务局干部学校党支部书记、副校长（主持工作）；1994 年 7 月任郑州市黄河河务局调研员（副处级）。

【**李华堂**】男，汉族，生于 1936 年，河南开封人，中专学历，中共党员，政工师。

1956 年 3 月参加工作，1959 年 12 月入党，1956 年 3 月参军入伍；1976 年 4 月在开封县八里湾公社任副书记；1977 年 5 月任河南河务局政治处干部科负责人、保卫科科长；1987 年 10 月至 1997 年 4 月任郑州河务局纪检组组长、工会主席。获得郑州市农委“优秀党务工作者”；撰写工作论文获得黄委会监察局优秀论文二等奖。

入伍在中国人民解放军 114 师坦克团，历任战士、班长、排长，获“五好战士”“无线电技术能手”“优秀手枪射击手”等荣誉称号，获团三等功两次。在北京坦克军事指挥学校学习，获“五好学员”，三级驾驶技术。毕业后回团，任连政治指挥员、团司令部政治协理员、政治处组织股股长。1976 年 4 月转业到开封市八里湾公社任副书记。1977 年 5 月调省黄河河务局任政治处干部科负责人、保卫科科长。黄委会哲学培训班获“优秀学员”。1987 年 10 月任郑州黄河纪检监察组组长、党组成员兼工会主席、机关党支部书记。获“优秀党员”“先进党务工作者”等荣誉称号。在黄委会纪检监安工作论文评选中获二等奖。2007 年退休，任老干部党支部书记，其间单位被省局评为老干部工作先进单位。

【**段　纯**】男，汉族，生于 1935 年，河南开封人，大专学历，中共党员，高级工程师。

1956 年 8 月参加治黄工作，历任河南河务局办事员、工程管理处（工务处）副处长。1987~1992 年任郑州黄河修防处党组书记、主任，后改为郑州黄河河务局党组书记、局长。而后，调任河南河务局防汛办公室副主任、主任、调研员。

具有丰富的治河、抢险实践经验，多次参加河南黄河自孟津到濮阳河道整治工程规划、设计、施工、抢险等工作。在任郑州黄河修防处党组书记、主任（郑州黄河河务局党组书记、局长）期间，重视黄河防汛工作，强力推进防汛抢险演练，每年一至数次，极大地提升了郑州黄河防汛队伍的应急能力；同时进一步加大了花园口景区绿化工程建设和郑州黄河工程管理工作，有效地提升了郑州黄河的管理水平。1991 年 2 月 10 日，代表郑州黄河河务局，在黄河花园口将军坝接受时任中共中央总书记江泽民同志的亲切接见。

1987 年任郑州黄河修防处党组书记、主任伊始，承接郑州市第二水源地沉沙池工程建设，取得了良好的社会效益和经济效益，为郑州黄河对外综合经营工作积累了经验，打下了良好的经济基础，在此之后职工福利明显提高。而后，在政七街 23 号院，办公和家属区中间加盖 1 栋家属楼，进一步改善了职工的居住条件。

【单恩生】男,汉族,生于1944年,河南扶沟县人,大专学历,中共党员,政工师。

1960年5月参加工作,1968年5月入党,1960年5月起在宁夏青铜峡水电学校水轮发电机安装专业学习;1964年12月起在总后勤部满洲里兵站历任战士、班长、干事、指导员;1978年8月起在沈阳军区守备七师历任独立工程营副教导员、师政治部宣传科副科长、师农场政治处主任;1969年9月在北京人民大会堂会议厅受到了毛泽东主席的集体接见,并参加了10月1日天安门广场建国二十周年国庆观礼、烟火晚会;1985年转业,同年12月任开封市修防处航运队队长;1990年11月任开封市郊区黄河河务局党组书记、局长(其间,1992年,在开封郊区局工程队推行绩效工资制,被河南河务局推广);1993年3月任开封河务局副局长、党组成员;1999年2月任濮阳河务局副局长、党组成员;2002年11月任郑州河务局调研员(正处级)。

【杨家训】男,汉族,生于1938年,河南项城县人,本科学历,中共党员,教授级高级工程师。

1962年毕业于武汉水利电力学院。同年,分配到黄委勘测规划设计研究院工作。1969年调河南河务局工作,先后在开封修防处、郑州修防处任副主任。1987年加入中国共产党。1998年退休。曾任河南河务局副总工程师。1993年被国务院批准享受政府特殊津贴。长期从事工程设计、施工和管理工作。作为技术骨干,曾参加陆浑水库、赵口灌区等部分工程项目的设计,是开封黑岗口、柳园口引黄闸改建工程,洛阳石化总厂供水工程大型沉井式提灌站的设计项目负责人。作为课题负责人,承接的国家"八五"科技攻关项目"混凝土模袋沉排在筑坝工程中的应用",获水利部科技进步二等奖。

【陈敬波】男,汉族,生于1946年11月,山东省郓城县人,本科学历,中共党员,高级政工师。

1962年参加工作,历任武陟县小拖拉机厂金工车间副主任,厂团委副书记;新乡黄沁河修防处黄河施工大队运输队中共党支部副书记、副股长、股长、副队长、工会主席;郑州河务局党组纪检组副组长,中共局机关党支部副书记、书记,局防办主任,局工会副主席、主席,调研员等。

具有较为丰富的机械化土方施工组织工作管理经验、政治工作经验及组织管理能力。曾直接参与和主持险工、堤防河道控导工程施工组织管理。1994年任郑州河务局职工思想政治工作研究会常务副会长;1996年任河南河务局职工思想政治工作研究会理事,先后组织指导郑州河务局完成了职工代表大会筹备组建工作和模范职工之家建设工作。尤其中牟九堡一线班组模范小家建设首创黄河一线班组建设典范在全河推广。著有《党性共产党员的灵魂》《工会要为确保完成治黄任务做出贡献》《九堡守险班记事》《反腐倡廉贵在办事公开》《说"老实"》等文发表在《黄河政工》和《黄河报》上;1987年被评为郑州市先进纪检干部,1989年被评为郑州市纪检先进工作者;1993年被河南河务局评为思想政治工作先进工作者;1998年被评为郑州市农委优秀共产党员。

【尚建京】男,汉族,生于1938年,河南开封县人,本科学历,中共党员,高级工程师。

1964年9月参加工作,1959年9月至1964年8月在武汉水利电力学院治河专业学习，1985年2月入党。1964年9月在开封修防段参加工作。1974～1979年间先后参加中牟、开封大堤加培工程施工，并任技术负责人；1978年通过实地查勘提出切实可行的开封县滩区治理规划；1979年参加了欧坦控导工程续建的设计和施工。1979年2月任开封修防段工务股副股长；1982年5月任开封修防段副段长；1984年3月在黄河水利技工学校任教师；1985年9月任郑州修防处工务科科长；1988年10月任郑州修防处高级工程师（总工程师、副处级）。1985年在黄河技校任教期间，主编了30万字的中级技工培训教材《河道整治》一书。1988年1月获得郑州处主任奖基金二等奖。

【曾日新】男，汉族，生于1938年，广东兴宁县人，本科学历，中共党员，高级工程师。

1964年9月参加工作。1959～1961年在武汉水利电力学院学习，大学学历；1985年9月加入中国共产党；1964年9月至1984年4月在开封黄河修防处历任技术员、助工、工程师；1984年4月至1998年12月任郑州修防处总工程师、高级工程师。1993年被评为省局劳动模范。

【王庆宇】男，汉族，生于1945年，河南滑县人，大专学历，中共党员，政工师。

1964年9月参加工作，1965年8月加入中国共产党，1964年9月至1974年10月在新疆骑一师二团服役，历任班长、排长、政治指导员、司令部参谋。1979年12月至1984年1月在郑州市黄河修防处秘书科任行政秘书，历任办事员、办公室主任。1985年10月至2005年1月，先后在郑州河务局任生产经营办公室主任、纪检副组长、纪检组长、党组成员、调研员。在郑州河务局工作期间，1986年综合经营获河南省黄河河务局先进奖。并连续4年被郑州市委、市农经委、河南省河务局评为先进工作者。1998年被评为河南省纪律检查委员会先进个人，并获荣誉称号。在郑州河务局任纪检组副组长期间，连续三年被郑州市纪委、省河务局评为先进个人。主持制定了“廉洁自律”规定，编写了《党风廉政建设文件资料》汇编。

【郝正民】男，汉族，生于1952年，河南杞县人，专科学历，中共党员，政工师。

1969年1月在河南息县下乡劳动，曾在航空兵45师任职，历任河南河务局老干部处副处长，开封河务局副局长，郑州河务局副局长、党组成员，通信管理处主任，黄河防办副主任，行政处处长，办公室副主任，服务中心主任等职。工作积极负责，多次被河南河务局评为优秀共产党员。

【翟冬英】女，汉族，生于1949年，河南开封人，大专学历，中共党员，高级政工师。

1969年7月在方城县杨集乡参加工作；1979年8月调入郑州修防处工作，历任办事员、副科长、联合工会副主席、科长等职；1989年2月任郑州修防处副主任、党组成员；1990年11月任郑州河务局副局长、党组成员，河南河务局工会副主席兼女工主任、纪检副组长、监察处处长等职。

【边　鹏】男，汉族，生于1955年，河南封丘县人，本科学历，中共党员，高级工程师。

1969年11月在罗山五七干校参加工作。先后在河南省水利厅机械厂、河南河务局施工总队、河南河务局工务处、防汛办公室工作，1992年调郑州河务局工作，历任邙山金水区河务局副局长、局长，2004年4月至2009年8月任郑州河务局党组书记、局长。先后被黄委评为水利建设管理先进工作者、首次调水调沙试验先进个人、河南黄河第一期标准化堤防建设先进个人,多次荣获单位“先进工作者”“优秀共产党员”称号。2009年8月调濮阳河务局工作。

【刘天才】男,汉族,生于1952年,河南郑州人,中专学历,中共党员,高级工程师。

1971年7月参加工作,1973年9月至1976年7月在黄河水利学校学习;1976年7月从事治黄事业,1979年历任中牟黄河修防段工务股副股长、股长;1984年1月任中牟黄河修防段副段长,1986年5月任中牟黄河修防段党支部书记、段长;1989年6月任郑州黄河修防处副主任、党组成员;1990年2月至1992年5月任开封黄河修防处副主任、党组成员;1992年5月至2002年11月任郑州河务局副局长、党组成员;1993年5月任郑州河务局副主任、水政监察员,1998年11月兼任郑州河务局水政监察支队支队长;2002年11月至2006年3月任郑州河务局纪检组长、党组成员;2001年10月至2003年4月兼任郑州天诚信息工程有限公司董事长;2006年3月至2012年9月任郑州河务局调研员。

在长期从事工程建设、工程管理、水政监察、纪检监察、人事劳动管理工作的同时,主持和参与的“中牟黄河信息管理系统”2003年4月获河南河务局科技进步二等奖;“引黄涵闸远程监控系统技术规范”2002年获河南河务局科技进步一等奖,2003年获河南省科学技术成果奖;“引黄涵闸远程监控系统开发及应用研究”2003年获黄委会科技进步二等奖,2004年获河南省科技进步三等奖。“郑州黄河防汛实时图像传输系统”1998年9月获河南省科技委科技情报成果二等奖;“郑州黄河防汛指挥决策支持系统”1998年8月获黄委会科技情报成果三等奖,该项目1999年9月又获河南省教委科技进步二等奖。“防汛通信无线路集中监测告警系统研制”2000年5月获河南河务局颁发的河南治黄科技进步三等奖;“引黄涵闸远程集中监控调度系统”2003年9月获郑州市科技进步三等奖。1997年9月被河南省人民政府授予“1996年黄河抗洪抢险劳动模范”称号,1998年1月被河南河务局评为“1997年应急度汛工程建设先进个人”,2001年4月被河南河务局评为“1999~2000年度河南黄河基本计划暨建设管理先进个人”,2002年3月被黄委评为“2000~2001年度黄河水政水资源管理工作先进个人”,2003年12月被河南河务局评为“文明单位创建工作先进个人”,2005年1月被黄委评为“第一期黄河标准化堤防建设先进个人”。

【赵应福】男,汉族,生于1947年,河南巩义人,高中学历,中共党员。

1973年7月在巩县石料厂参加工作,历任郑州黄河修防处办公室副主任、主任,防汛办主任,河南河务局干部学校副校长(主持工作),郑州河务局副处级干部等职。

【马水庆】男,汉族,生于1955年,河南许昌人,大专学历,中共党员,高级工程师。

1973年11月至1975年8月在青海省乌兰县塞什克乡插队;1975年8月至1978年8月在云南林学院学习;1978年8月分配至黄委会水保处工作,历任黄委会办公室秘书、水资源局水政处副处长等职;2002年8月至2012年2月任郑州河务局副局长(其间兼任工会主席)等职。2012年2月调河南河务局工作。

【李老虎】男,汉族,生于1955年,河南郑州人,本科学历,中共党员,高级工程师。

1974年9月在郑州修防处参加工作，历任邙金河务局科长、副局长，郑州河务局副局长、调研员，河南黄河工程局副局长、纪委书记等职，先后获得“郑州市劳动模范”“河南省劳动模范”等荣誉称号。

【赵书成】男，汉族，生于1956年，河南巩义人，中专学历，中共党员，政工师。

1975年8月在巩县大山怀学校参加工作，1976年12月应征入伍，任班长。1982年11月转业至黄河系统工作，历任巩县黄河石料厂副股长，郑州黄河修防处政工科办事员、副科长、科长，巩县（巩义市）黄河河务局党组书记、局长，豫西河务局纪检组长。2006年3月起任郑州河务局纪检组长、党组成员、机关党委书记等职。2015年1月任郑州河务局调研员。

具有较高的机关管理工作经验，分管的纪检监察、人事劳动教育、离退休职工管理和机关党委等工作多次为单位争得荣誉，共获得“省级文明单位”4家、“市级文明单位”1家、黄委“青年文明号”1家、“黄委文明单位”2家、黄河爱国主义教育基地1处。其本人2006年被评为“黄委纪检监察先进个人”，2011年被评为“黄委纪检监察先进个人”“河南河务局纪检监察先进个人”“河南河务局‘十一五’人才工作先进个人”，荣获“黄委劳模”称号。

【赵民众】男，汉族，生于1953年，河南渑池人，中共党员，大学本科，主任编辑。

1976年7月参加工作。历任黄委办公室副主任（挂职郑州修防处主任助理），河南河务局党组成员、副局长、巡视员等职。2003年被评为“水利部水量调度先进工作者”。

长期从事治河业务管理工作。任河南河务局副局长期间，狠抓制度建设，注重科学管理，分管工作成效显著，促进了河南治黄事业的发展。主抓的文明单位创建工作，在连续多次通过省级文明单位复查验收的基础上，河南河务局于2002年被河南省委、省政府命名为“河南省创建文明单位工作先进系统”。重视干部队伍的建设和技能人才的培养，2002年河南河务局获国家技能人才培育突出贡献奖。分管的办公室、水政水资源和离退休职工管理工作也取得了可喜的成绩。中牟河务局离退休职工党支部被中组部命名为“全国离退休职工先进党支部”。河南河务局被水利部评为“三五”普法先进单位。办公室工作及水量调度工作也多次被水利部和黄委评为先进。

【王广峰】男，汉族，生于1958年，河南台前人，大专学历，中共党员，工程师。

1976年7月在范县张庄乡下乡知青，1980年4月在范县黄河修防段工作，历任教育股职工教师、段鼓楼分段副段长、范县黄河修防段副段长、台前县修防段副段长、范县滞洪办公室主任等职。1997年6月调郑州黄河工程公司任副总经理，2002年1月任郑州河务局监察处处长，2002年12月任经济发展管理处处长，2005年1月任荥阳河务局副局长（主持工作），2005年5月任中牟河务局副局长、局长，2008年4月至2015年11月任郑州河务局副调研员，2015年11月退休。

【王德智】男，汉族，生于1955年，河南范县人，中专学历，中国共产党，工程师。

1977年参加治黄工作，历任濮阳县河务局局长，濮阳市河务局副局长，郑州河务局第一副局长、党组副书记、党组书记、局长，1998年任黄委水利水电局局长，1999年任河南河务局副局长、党组成员。1996 年获得“河南省抗洪抢险模范”称号。

长期从事治黄工程管理、防汛抢险及经济工作。在郑州河务局任职期间,加强制度建设,组织实施的黄河防汛“三位一体”军民联防体系、《全员岗位责任制》等,进一步规范了防汛抢险工作。同时,强化管理,狠抓经济,重视抢险新技术的研究与应用,组织领导了多次重大险情的抢护工作,确保了郑州防洪安全。

任郑州河务局党组书记、局长期间,成立郑州黄河工程有限公司和五个工程处,大力承揽外部工程,购置大型机械设备,创造了良好的经济效益。职工收入逐年提高,在政七街 23 号院新建东、南两座办公楼和红专路 102 号院多层家属楼一栋。另外,投资黄河干部学校建楼一栋等,单位经济实力明显加强。离退工作获得国家、水利部及各级的表彰,防汛抢险、工程管理稳居先进行列。

【王金虎】男,汉族,生于 1953 年,山东菏泽人,本科学历,中共党员,高级经济师。

1977 年 7 月在河南河务局测量队参加工作,历任河南河务局劳资科副科长、科长,郑州修防处副主任,河南河务局副处长、主任等职,2001 年 2 月至 2004 年 4 月任郑州河务局党组书记、局长。先后被评为“郑州市劳动模范”“全国水利经济工作先进个人”“河南河务局先进工作者”等称号。2004 年 4 月调河南河务局工作。

【炊廷柱】男,汉族,生于 1954 年,河南宜阳人,中专学历,中共党员,教授级高级工程师。

1978 年 8 月洛阳农机学院内燃机专业毕业并参加工作,历任河南黄河工程局副局长,郑州黄河工程有限公司总工程师、副总经理等职。

主要参与建设项目有:1995 年 9 月负责完成了小浪底工程黄河公路桥,完成投资 3300 万元,本工程被评为优良工程,作为新中国百项经典工程——黄河小浪底水利枢纽工程的一部分,确保了黄河安澜、开创了黄河治理的新篇章。2001 年 9 月负责完成了小浪底移民配套专项工程——济源大峪河大桥,完成投资 2090 万元,采用高墩、大跨挂篮施工技术,解决了 86 米桥高、90 米跨度现浇空心梁的施工难题,本工程被评为优良工程。2002 年 11 月负责完成了黄河标准化堤防工程——堤防道路改建工程(13+000~27+900),完成投资 745 万元,作为黄河标准化堤防建设的组成部分,高标准、严要求进行施工建设,本工程被评为优良工程。2007 年 6 月负责完成了亚行贷款项目郑州韦滩控导工程(43~52 号坝),完成投资 2011 万元,本工程被评为优良工程、河南局优秀项目部及黄委“文明工地”。作为主要技术负责人负责完成的“灌注桩扩孔率控制技术” 获黄委 2009 年特等奖,在亚行贷款项目韦滩控导工程中得到应用,产生了很好的经济效益和社会效益。主持完成的“液压悬臂滑模新技术设计与应用” 通过黄委 2009 年度“三新认定”,并荣获黄委 2009 年度科技创新一等奖、河南黄河河务局科技进步二等奖。主持完成的“探地雷达堤防隐患及路面结构的应用研究” 通过黄委 2009 年度“三新认定”,并荣获黄委 2009 年度科技创新一等奖、河南黄河河务局科技创新特等奖,在黄河大堤堤防养护中得到应用,产生了很好的经济效益和社会效益。主持完成的“水利水电工程施工投标管理软件” 获水利先进实用技术推广证书,被列入《2008 年度水利先进实用技术重点推广指导目录》。同时发表科技论文多篇。

【刘培中】男,汉族,生于1960年,河南开封人,本科学历,中共党员,高级政工师。

1978年8月在开封县刘店乡参加工作;1980年5月调开封黄河修防段任政工股股长;1988年6月任开封黄河修防段工会主席;1990年1月至2002年11月先后任开封县黄河河务局副局长、局长;2002年11月至2009年8月调任新乡河务局,先后任副局长、局长、党组书记;2009年8月至2013年5月任郑州河务局党组书记、局长。2004年当选新乡市第十届人大代表。2011年当选中共郑州市第十届党代表。2012年当选郑州市金水区第十二届人大代表。

在新乡河务局主持工作期间,被省、市评为"五好"基层党组织、"思想政治工作先进单位",被市委、市政府评为"党风廉政建设责任制工作优秀单位";被新乡市总工会评为"模范职工之家"和"道德建设十佳单位",并获"五一"劳动奖状;被黄委、河南河务局评为防汛、工程建设、工程管理、一线班组建设、科技创新、财务、审计、水政、水量调度和水资源管理、调水调沙等先进单位(集体)。连年获得河南河务局目标管理先进单位、经济工作先进单位一等奖,新乡市目标管理先进单位。

2009年调任郑州河务局后,领导完成了历年来防汛及调水调沙工作。其间,郑州河务局先后获得黄委"五五"普法先进集体、黄河抗洪抢险先进集体、河南省科技事业单位档案管理国家二级先进、黄委规划计划工作先进集体、2011年度黄河防洪工程文明建设工地、黄委技能竞赛活动优秀组织单位和河南黄河防汛抢险演练组织单位、黄河防洪工程优秀项目法人、郑州市法制宣传教育和依法治理工作先进单位、河南河务局工程管理先进单位、黄委"十一五"人才工作先进集体、黄委2006~2011年纪检监察先进集体、河南河务局创新工作组织奖、郑州市直机关学习型党组织先进单位、郑州市直机关创先争优先进基层党组织、黄委"2010~2012创先争优先进基层党组织"等;被黄委、河南河务局评为防汛、工程建设、工程管理、一线班组建设、科技创新、财务、审计、水政、水量调度和水资源管理、调水调沙等先进单位(集体)。连年获得河南河务局目标管理先进单位、经济工作先进单位一等奖。其本人先后荣获黄委、河南河务局劳动模范,黄委精神文明创建工作先进个人,黄委重视离退休工作的领导干部,黄委、河南河务局"抗洪抢险先进个人",黄河防汛工作先进个人,河南防洪工程建设管理先进个人,黄委2005年度人才工作先进个人,河南省2001~2005年全省法制宣传教育和依法治理工作先进个人,河南省全省"五五"普法依法治理工作中期先进个人,新乡市委、市政府2005~2008年度社会治安综合治理嘉奖,新乡市委市直工委支持指导机关党建工作先进个人,河南省劳动模范,黄委优秀党务工作者,河南河务局2010~2012年创先争优先进个人等荣誉称号。多项科学技术成果获河南河务局创新成果奖特等奖、科学技术进步奖一等奖等。

【杨　玲】女,汉族,生于1960年,山东汶上人,中共党员,本科学历,高级工程师。

1979年7月至1989年1月在黄河水利学校任教。1989年2月至2014年4月在郑州河务局工务科、防汛办公室和办公室工作。自1996年5月起先后任防汛办公室副主任、主任和办公室主任职务,2010年4月至2015年9月兼机关党委委员和机关第一党支部书记,2014 年 3 月任郑州河务局副调研员。

在防汛办公室和办公室工作期间,主持完成了国家防总重点项目“国家防汛指挥系统工程实时工情信息采集系统郑州市黄河河务局试点建设项目”的设计、施工及竣工验收。作为主要技术骨干,参加了黄河防总举办的第 1~4 届“黄河堤防堵漏演习”的试验,并参加编写了《黄河堤防堵漏技术及漏洞发展机理研究》。主笔编写《郑州市黄河防汛抢险技术培训教材》,获河南黄河河务局火花奖一等奖;参加编写《郑州黄河防汛指南》,获黄委科技情报成果二等奖。强力推进全局应用技术类创新工作,郑州河务局上报河南河务局创新项目数量多、质量高,获奖项目也最多。2012 年负责郑州河务局机关首次创建省级文明单位工作,并顺利通过验收。其本人主要奖项有:1996 年被评为“郑州市抗洪先进个人”;1998 年被评为“黄河防总防汛先进个人”;2002 年被评为“黄委调水调沙先进工作者”;2005 年被评为“黄委‘十五’期间防汛工作先进个人”;2003 年被评为“河南河务局清障先进个人”;2009 年、2013 年两次被评为“河南河务局劳动模范”;2010 年被评为“河南河务局‘十一五’期间办公室系统先进个人”;2013 年荣获“郑州市三八红旗手”,同年荣获“黄委劳动模范”称号。

【张治安】男,汉族,生于 1955 年 12 月,河南郸城人,本科学历,中共党员,高级工程师。

1979 年 9 月参加治黄工作,历任中牟黄河修防段副段长,中牟河务局副局长,兼任河南第一抢险队队长;1993 年任邙金河务局副局长、党组成员;1996 年任中牟河务局党委书记、局长;2000 年任孟津河务局党委书记、局长;2004 年任黄河机械厂党委书记、厂长;2006 年任郑州河务局调研员。

在治黄工作实践中,多次参加和主持黄河堤防、险工、控导工程施工和抢险及跨区域抢险等,积累了丰富的施工经验、抢险经验和组织指挥能力;同时具有扎实的业务理论功底,参加编写全国水利行业培训教材《河道修防工》一书(黄河水利出版社 2012 年 9 月第 1 版)和黄委培训教材《河道修防工讲义》(黄河水利委员会职业技能鉴定中心 2006 年 9 月);连续多年兼任河南河务局修防工培训教师等,黄委特聘“黄河水利工程建设项目稽查专家”。1991 年 2 月 10 日,代表河南第一抢险队,在黄河花园口将军坝接受时任中共中央总书记江泽民同志的亲切接见。

1993 年 8 月,郑州黄河保合寨控导工程出现重大险情,担任抢险现场指挥长,指挥数百名职工干部和群众,奋战三天三夜,完成了抢险任务,使工程转危为安。由于环境恶劣,抢险劳累,造成张治安同志颈椎椎间盘脱出,股骨头损伤,致四级伤残。1996~2000 年,任中牟河务局党委书记、局长期间,建设职工住宅万余平方米,防汛中心仓库 1800 平方米,矿泉水井一眼,划拨滩地 480 亩,职工人均年收入从 1995 年的 6760 元增加到 1999 年的 18300 元,单位积累资金 1300 余万元(职工人均 3 万余元),在河南河务局名列前茅。其间,中牟河务局荣获“黄委治黄先进集体”“黄委‘九五’工管先进集体”“河南省抗洪抢险先进集体”,受到离退党支部受中组部表彰,九堡守险班受中华总工会表彰等诸多荣誉。2000~2004 年,任孟津局长期间,建设职工住宅二万余平方米,自筹资金整合土地

500余亩,职工人均年收入从2000年的11800元增加到2003年的19500元,单位积累资金300余万元(职工人均3万余元),均实现固定资产增值保值。依法治河,依法经营,很好地维护国家和单位利益,先后胜诉邙金黄河水费征收和中牟"新乡城区道路建设"及孟津两中学生溺水身亡三个重要案件,该案件被河南局列为典型案例,取得了良好的社会效益和丰硕的经济效益。张治安同志荣获"河南省抗洪劳模""黄委'九五'工管先进个人"等荣誉,被选为郑州市第七次党代会代表等。

【秦金虎】男,汉族,生于1963年,河南偃师人,本科学历,中共党员,高级工程师。

1980年7月参加工作,1994年8月加入中国共产党。1980年7月在辉县黄河石料厂参加工作,先后在新乡黄沁河修防处施工大队、孟津县黄河修防段工作;1997年7月任孟津县黄河河务局水政科科长;1998年7月任孟津县黄河河务局副局长;2000年3月任孟津县黄河河务局副局长兼豫西局机动抢险队队长;2002年11月任巩义黄河河务局局长、党组书记;2012年7月任郑州河务局副局长、党组成员。具有丰富的基层管理、经济、工程工作经验,在郑州河务局主管水政、离退、供水工作。先后获得"河南省抗洪抢险劳动模范""黄委十大杰出青年""黄委抗洪抢险先进个人""标准化堤防建设先进个人""抗震救灾先进个人""黄委劳模"等荣誉。

【朱成群】男,汉族,生于1961年,河南郑州人,本科学历,中共党员,教授级高级工程师。

1981年1月在郑州修防处子弟学校参加工作,1987年12月起在郑州修防处历任副科长、副主任、科长、局长助理、副局长,豫西河务局党组书记、局长,焦作河务局党组书记、局长,河南黄河工程局党委书记、局长,河南黄河水务集团总经理等职。

【张献春】男,汉族,生于1962年,河南浚县人,研究生学历,中共党员,高级经济师。

1981年7月参加治黄工作,先后在安阳修防处、濮阳修防处、河南黄河旅游开发公司工作;2002年4月至2006年6月任郑州河务局副局长、党组成员兼惠金河务局党组书记、局长。被评为"全国水利系统财会工作先进个人",获得"河南省黄河防汛抢险劳动模范"称号。2006年6月调濮阳河务局工作。

【董小五】男,汉族,生于1958年,河南郑州人,研究生学历,中共党员,高级工程师。

1981年11月在原阳黄河修防段参加工作,1984年3月调郑州市郊区黄河修防段,历任邙金黄河修防段工务股副股长、股长、副段长,邙金河务局副局长,郑州河务局工务科科长,中牟县黄河河务局局长;1996年2月至1997年3月任郑州河务局局长助理;1997年3月至2010年3月任郑州河务局副局长、党组成员;2010年3月任河南河务局审计处处长等职。

【蔡长治】男,汉族,生于1962年,河南荥阳人,本科学历,中共党员,高级工程师。

1981年11月在新乡修防处灌注桩队参加工作,任副股长、施工总队基础队副队长,工程局基础工程处、经济开发处副处长(副科),招标投标处处长(科级),局长助理,副局长(副处),总经济师,豫西河务局副局长等职。2010年2月任郑州河务局副局长、党组成员。

具有很强的工程管理和经济管理经验,在郑州河务局分管全局的财务和经济工作。能够强化财务资金管理,加快国库支付进度,各节点序时进度在河南河务局的排名均名列前茅;能够规范养护经费管理,细化部门预算编制和执行,扩大政府采购范围,深入推进民主理财,职工收入有所增长;养护公司经营管理水平不断提高,荣获2010年度河南河务局经济工作一等奖。顺利通过了2011年度国家级3A旅游景区资格的复验,所管水电公司被授予“AAA级信用企业”“五一劳动奖状”“河南之星最佳(先进)企业”。其本人获“河南河务局优秀共产党员”称号,2011年被评为“黄委‘十一五’经济工作先进个人”。

【苏茂林】男,汉族,生于1962年,河南濮阳人,博士研究生毕业,工学博士,中共党员,教授级高级工程师。

1982年8月参加工作。河海大学水利水电工程专业博士研究生毕业。1978年9月至1982年8月在郑州工学院水利系水利工程专业学习,1982年8月在安阳黄河修防处工作。1983年12月至1989年1月历任台前县黄河修防段副段长、段长,濮阳市黄河修防处副主任。1989年1月任河南河务局综经办副主任。1991年3月至1995年9月历任郑州河务局党组副书记、副局长,党组书记、局长。其间,在职攻读天津大学管理工程专业研究生,获工学硕士学位。1995年9月任河南河务局局长助理。1996年5月任河南河务局副局长、党组成员,1998年7月兼任河南河务局纪检组组长。1999年11月任黄河防汛办公室副主任、黄委河务局局长,2000年8月兼任黄委水调局(筹)局长。2001年2月任黄委副主任、党组成员。

【张汝印】男,汉族,生于1964年,河南濮阳市人,研究生学历,硕士学位,中共党员,高级工程师。

1982年12月在范县造船厂参加工作,历任范县河务局施工队副处长,郑州黄河工程公司预算处副处长,郑州工程处处长,郑州黄河水电公司总经理,荥阳河务局副局长、局长、党组书记,中牟河务局党组书记、局长等职。2011年4月任郑州河务局工会主席。先后完善出台了《工程项目施工管理办法》《民主理财实施方案》等内部管理制度,为规范工程财务和施工管理发挥了积极作用。在标准化堤防建设施工中,他克服迁占受阻、协调难等困难,创造性地提前完成了任务,单位被河南河务局授予“标准化堤防建设先进集体”,个人荣获“全国水利行业优秀项目经理”殊荣。在管理单位,他认真贯彻落实“维持黄河健康生命”治河新理念,以改革创新为动力,以加强“两个文明”建设为保障,在工程管理、改革创新等领域实现了新突破。先后把荥阳河务局、中牟河务局打造成省级文明单位。个人先后荣获“郑州市精神文明先进个人”“河南河务局劳动模范”“郑州市五一劳动奖章”“黄委劳动模范”“全国水利行业优秀项目经理”等荣誉。

在科技创新领域,参与研发了“移动不抢险潜坝施工工艺的研究”“自动跟踪太阳能开水器的研制与应用”等项目,相继获得河南黄河河务局科技进步奖、科技创新奖、科技火花奖和黄委“三新”认定。其中“自动跟踪太阳能开水器的研制与应用”项目获得黄委科技创新一等奖。

【朱松立】男,汉族,生于1962年,河南开封人,本科学历,中共党员,工程师。

1983年2月在中牟黄河修防段参加工作,1988年4月调入开封河务局工作,历任副科长、科长，开封郊区河务局副局长，兰考河务局党组书记，开封河务局副局长、党组成员等职。2011 年 4 月至 2014 年 3 月任郑州河务局副局长，2013 年 5 月任郑州河务局党组副书记，2014 年 3 月任郑州河务局党组书记、局长。

长期在市、县局从事防汛抢险、工程建设与管理、水行政管理、引黄供水等工作，具有丰富的施工和抢险经验及组织指挥能力。参加了 2003 年兰考蔡集抢险，2004 年开封标准化堤防建设，负责开封段内 70 多个项目竣工验收等工作。曾多次被评为黄委、河南河务局“工程建设与管理先进个人”“抗洪抢险先进个人”“标准化堤防建设先进个人”。2009 年被评为“黄委劳动模范”。在郑州河务局主抓防汛、水政工作期间，创新工作思路，与驻地政府、军队积极沟通，开展军民联防体系，顺利完成国家防总黄河防汛综合演练任务，受到河南河务局嘉奖。水政工作按照要求加大河道巡查和执法力度，规范河道采砂行为，积极宣传涉河安全，争得政府的大力支持，以市防指名义出台了《郑州黄河河道内开发建设与管理工作意见》，规范了河道内建设项目的日常管理和监督，落实了涉水项目监管责任，为稳定涉河安全管理和防汛形势提供了强有力的保障。得到了河南省副省长刘满仓，黄委副主任苏茂林、总工薛松贵等上级领导的充分肯定和表扬。其本人 1997 年获得“河南省‘96 · 8’抗洪抢险劳动模范”，1998 年获黄委“第二届十大杰出青年”称号，2003 年获“黄委抗洪抢险先进个人”，2004 年获“黄委标准化堤防先进个人”，2008 年获“水利部抗震救灾先进个人”，2009 年获“黄委劳动模范”荣誉称号。

【耿明全】男，汉族，生于 1964 年，山东莘县人，硕士研究生学历，1995 年 4 月加入中国民主同盟，教授级高工。

1985 年 2 月在河南黄河勘测设计院参加工作；2001 年至 2003 年 4 月任郑州河务局副总工程师、总工程师。任职期间，大力推动科技创新工作，并取得较好成绩，多次获得上级表彰，被黄委评为“治黄科技拔尖人才”。2003 年 4 月任河南河务局副总工程师。

【崔景霞】女，汉族，生于 1963 年，河南襄城人，本科学历，工程硕士，中共党员，高级工程师。

1985 年 7 月在河南河务局参加工作。历任河南河务局防汛办公室防汛科副科长、科长；2002 年 11 月至 2012 年 7 月任郑州河务局副局长、党组成员；2012 年 7 月任河南河务局防汛办公室副主任等职。

【申家全】男，汉族，生于 1963 年，河南安阳人，本科学历，工程硕士，中共党员，高级工程师。

1986 年 7 月参加治黄工作，历任河南河务局水政处水资源科副科长、水政科科长，温县河务局党组书记、局长，河南河务局水政处副处长；2009 年 10 月至 2011 年 3 月任郑州河务局副局长、党组成员兼惠金河务局党组书记、局长；2011 年 3 月至 2016 年 9 月任郑州河务局副局长、党组成员。任职期间先后完成郑州河务局办公楼七楼危房改建工程，积极支持、推荐郑州河务局创新工作，获奖总量和等级均位居河南局前列，郑州河务局荣获“河南河务局 2009~2011 年度创新组织奖”。2016 年 9 月任河南河务局水政处副处长等职。

【刘　巍】男，汉族，生于 1965 年，河南获嘉人，本科学历，中共党员，高级政工师。

1985年12月在河南河务局政治处参加工作,1996年4月任河南河务局人劳处干部科副科长,2002年6月任河南河务局人劳处干部科正科级组织员,2005年3月任河南河务局人劳处劳资科科长,2009年10月任焦作河务局党组成员、纪检组组长,2015年4月兼任焦作河务局监察室主任,2016年7月任郑州河务局党组成员、纪检组组长兼监察室主任。长期从事干部人事劳动管理和纪检监察工作,先后被黄委评为“人才工作先进工作者”“纪检监察先进工作者”。

【王庆伟】男,汉族,生于1966年,河南扶沟人,本科学历,工程学士,中共党员,高级工程师。

1988年7月在河南黄河工程局参加工作,1990年4月至2004年2月在河南河务局历任工务处计划科副科长、建设与管理处基建科科长等职,其中1995年9月至1997年8月下派到滑县滞洪管理局锻炼任副局长,2003年3月援藏任日喀则地区水利局副局长,2004年2月至2011年4月任郑州河务局副局长、党组成员;2011年4月任河南河务局水政处副处长。

【余孝志】男,汉族,生于1969年,河南新县人,本科学历,工程学士,中共党员,高级工程师。

1991年7月在中牟河务局参加工作,历任郑州河务局工务处副处长、郑州河务局副总工程师等职,2010年4月至2017年4月任郑州河务局总工程师、党组成员,2017年4月任副局长、总工程师、党组成员。先后主持完成了中牟局赵口控导工程设计,提出了一种新的河道工程丁坝群平面布置方案;主持完成了河南黄河最难治理的河段“神堤至驾部河段治导线研究”,获黄委批复;论文《根据九堡下延工程险情对游荡性河段整治工程丁坝群平面布置方案的探讨》获河南省水利系统第二届青年学术研讨会优秀论文奖;论文《游荡性河段河道整治的基本思路与整治方案》获省局解放思想大讨论优秀成果奖;2005年获黄委标准化堤防建设先进个人,先后获得河南河务局科技进步奖7项、创新奖7项。

【仵海英】男,汉族,生于1971年,河南桐柏县人,本科学历,工程学士,中共党员,高级工程师。

1994年7月参加治黄工作,历任郑州黄河工程公司秘书(副科级),郑州河务局工程处副处长,中牟河务局副局长、党组成员,郑州河务局工务处处长,郑州河务局副处级干部,西藏日喀则地区水利局副局长、党组成员。2005年11月任郑州河务局总工程师、党组成员,2006年2月任郑州河务局副局长、党组成员兼惠金河务局党组书记、局长。2009年10月任河南河务局规划计划处副处长等职。

主持惠金河务局工作期间,惠金河务局在2007年被河南省委、省政府授予省级文明单位,黄委文明单位;荣获黄委工程管理检查第一名;2008年被中国水利工程协会授予国家一级水管单位;2009年被河南河务局评为河南河务局、黄河工会先进集体。2008年,在做好辖区内工程抢险任务的同时,根据上级防汛调度指令,先后调动设备、物资赴黄河内蒙古河段、四川灾区、南水北调工地,支援完成了异地险情抢护任务。连年荣获河南河务局防汛工作先进单位;组织单位获黄委、河南河务局科技火花和科技进步奖,申报“三新”认定多项;获郑州河务局2006~2009年度创新工作组织奖。其本人2009年被评为黄委和河南河务局劳模,2008年被河南河务局授予四川抗震救灾先进个人荣誉称号。

【司　权】男,汉族,生于1973年2月,河南封丘县人,本科双学位,中共党员,高级工程师。

1994年参加治黄工作,历任黄委通信管理局团委书记,黄委办公室宣传信息处副处长,挂职锻炼郑州河务局副局长,黄委办公室调研员等职。

具有现代知识文化信息和能力及敢于担当的精神。先后参加黄委通信交换机集群系统建设;组织编制黄委2001~2005年信息化规划,主持建设黄委电子政务设计和施工,策划组织防汛等重大宣传活动;2008年作为抢险队长带领郑州黄河抢险队,圆满完成汶川抗震救灾急、难、险、重工作任务,载誉而归。

第三节　人物名录

录入分类与排序分类依次为郑州治黄历任领导人,郑州河务局历任领导人(正职在前,成员在后),局属(直)单位历任领导人(正职在前,成员在后),机关部门正副科级干部,技术干部,技术工人,劳动模范、先进人物;排序:按类分层次依时为序。

一、郑州治黄历任领导人

郑州市防汛抗旱指挥部领导名录如表8-1所示。

表8-1　郑州市防汛抗旱指挥部领导名录

年份	指挥长	副指挥长	办公室主任
1990	胡树俭	王治业　李生盛　张立阁	康定军
1991	张世英	王治业　李生盛　张立阁	康定军
1992	张世英	王治业　李生盛　张立阁	康定军
1993	张世英	王治业　李生盛　张立阁	王发智
1994	朱天宝	王治业　周建秋　张立阁	王发智
1995	朱天宝	王治业　周建秋　朱振华	王发智
1996	朱天宝	王治业　周建秋　段京进　刘本昕　冯万福　曹江淮　王发智　王德智	王发智

续表 8-1

年份	指挥长	副指挥长	办公室主任
1997	陈义初	王治业　周建秋　段京进　李宗保　冯万福　孙景国　王发智　王德智　刘克顺	王发智
1998	陈义初	王治业　周建秋　张明申　李宗保　冯万福　孙景国　冯刘成　刘广云　刘克顺	王发智
1999	陈义初	周建秋　李柳身　李建华　冯万福　孙景国　冯刘成　刘广云　刘克顺	王发智
2000	陈义初	周建秋　李柳身　李建华　冯万福　孙景国　王怀韧　刘广云　刘克顺	王怀韧
2001	陈义初	周建秋　李柳身　李建华　冯万福　孙景国　王怀韧　刘克顺　王金虎	王怀韧
2002	陈义初	康定军　王　璋　李建华　冯万福　孙景国　王怀韧　刘克顺　王金虎	王怀韧
2003	王文超	康定军　丁世显　王林贺　李建华　冯万福　吴福民　王怀韧　刘克顺　王金虎	王怀韧
2004	王文超	李柳身　丁世显　王林贺　李建华　刘本昕　冯万福　吴福民　王怀韧　边　鹏　吴文法	王怀韧
2005	王文超	李柳身　丁世显　王林贺　李建华　刘本昕　陈西川　冯万福　吴福民　王怀韧　边　鹏　吴文法	王怀韧
2006	赵建才	丁世显　王林贺　姚　建　刘本昕　姜现钊　陈松林　边　鹏	陈松林
2007	赵建才	穆为民　王林贺　姚　建　姜现钊　陈松林　朱建国　边　鹏	陈松林
2008	赵建才	穆为民　王林贺　姚　建　姜现钊　陈松林　朱建国　边　鹏	陈松林
2009	赵建才	王跃华　张建慧　姚　建　姜现钊　陈松林　朱建国　边　鹏	陈松林
2010	赵建才	王跃华　张建慧　姚　建　姜现钊　陈松林　刘培中	陈松林
2011	吴天君	王　哲　张建慧　李国记　杨东方　王鸿勋　陈松林　关灏东　刘培中	陈松林
2012	马　懿	张建慧　朱是西　李国记　杨东方　王鸿勋　陈松林　刘培中　葛震远	陈松林
2013	马　懿	王　璋　张建慧　张俊峰　杨福平　董继峰　周　铭　潘　冰　史传春　朱松立　赵新民	史传春
2014	马　懿	张建慧　张俊峰　杨福平　董继峰　周　铭　潘　冰　史传春　朱松立　赵新民	史传春
2015	马　懿	张俊峰　杨福平　董继锋　冯卫平　薛永卿　史传春　朱松立　赵新民	史传春

注:指挥长由郑州市市长担任,办公室主任由郑州市水务局局长担任。

二、郑州河务局历任领导人

郑州河务局领导人名录，如表 8-2 所示。

表 8-2　郑州河务局领导人名录

姓　名	籍　贯	生卒年(年-月)	职　务	任职时间(年-月)
孟洪九	山东潍县	1911～1979	党支部书记、段长	1949-03～1952-12
伍俊华	河南范县	1914～1968	党支部书记、段长	1952-12～1954-10
刘清云	河南濮阳	1924-03～1998-02	党(支部)组书记、段长、主任	1954-06～1978-10
陈新之	山东郓城	1923-01～1997-08	党组书记、主任	1979～1983
尚　纲	河南濮阳	1936～2001	党组书记、主任	1983～1987-07
段　纯	河南开封	1936～	党组书记、主任、局长	1987-07～1992-11
苏茂林	河南濮阳	1962-09～	党组书记、副局长(主持)、局长	1993-03～1995-09
王德智	河南范县	1955-03～	党组书记、局长	1995-09～1998-02
刘广云	河南开封	1953-01～2004	党组书记、局长	1998-02～2001-02
王金虎	山东菏泽	1953～	党组书记、局长	2001-02～2004-04
边　鹏	河南封丘	1955-12～	党组书记、局长	2004-04～2009-08
刘培中	河南开封	1960-12～	党组书记、局长	2009-08～2013-05
朱松立	山东东明	1962-12～	党组书记、副局长(主持)、局长	2013-05～
武桐生	河南修武	1916-05～1993	副主任、党组成员	1963-12～1988-02
牛丕承	河北陟县	1914-05～1994-08	副主任、党组成员	1964-10～1979-06
许兆瞻	山东郓城	1924-10～2005-07	副主任、党组成员	1964-10～1979-06
张西亭	河北蓟县	1928-01～2009-12	副主任、工会主席、党组成员	1979-05～1984-07
苏其政	河南荥阳	1935-02～	副主任、党组成员、副处级巡视员	1980-01～1995-06
袁高珍	河南开封	1935-11～	副主任、党组成员	1984-10～1987-10
曾日新	广东兴宁	1938-12～	主任(总)工程师	1984-11～1999-01
许来进	河南伊川	1937-02～2012-07	工会主席、调研员(副)党组成员	1986-04～1997-03
杨家训	河南项城	1938～	副主任	1987-07～1989-02
李华堂	河南开封	1936-04～	纪检组长、工会主席、党组成员	1987-10～1997-05
赵民众	河南渑池	1953-11～	主任助理	1987-12～1988-12
范力行	山西祁县	1934-11～1994-04	副主任、党组成员	1989-11～1991-03
李元杰	河南杞县	1934-12～2003	调研员(副处级)	1989-10～1994-12
尚建京	河南开封	1938-06～	主任(总)工程师	1988-10～1998-03
翟冬英	河南开封	1949-12～	副主任、副局长、党组成员	1989-02～1993-03

续表 8-2

姓　名	籍　贯	生卒年(年-月)	职　务	任职时间(年-月)
刘天才	河南郑州	1952-09～	副主任、党组成员	1989-06～1990-02
			副局长、纪检组长、党组成员	1992-05～2006-03
			调研员	2006-03～2012-09
郝正民	河南杞县	1952-02～	副局长、党组成员	1993-03～1994-03
陈敬波	山东鄄城	1946-09～	工会主席、调研员(副处级)	1993-03～2006-10
朱成群	河南郑州	1961-06～	局长助理、副局长、党组成员	1996-02～2000-01
董小五	河南郑州	1958-08～	局长助理、副局长、党组成员	1996-02～2010-04
孙艾芳	河南巩义	1965～	副局长、党组成员	1996-04～1998-04
王庆玉	河南滑县	1947-01～	纪检组长、党组成员	1999-09～2002-11
			调研员(副处级)	2002-11～2005-02
耿明全	山东莘县	1964-09～	总工程师	2001-05～2003-05
马水庆	河南许昌	1955-04～	副局长、党组成员	2002-08～2012-02
赵应福	河南巩义	1947-07～	调研员(副处级)	2002-10～2007-07
单恩生	河南扶沟	1944-04～	调研员(正处级)	2002-11～2003-01
李老虎	河南郑州	1955-10～	副局长、党组成员	2002-11～2005-04
崔景霞	河南襄城	1963-11～	副局长、党组成员	2002-11～2012-07
王庆伟	河南扶沟	1966-01～	副局长、党组成员	2004-02～2011-04
司　权	河南封丘	1973-02～	副局长、党组成员	2005-06～2008-07
张献春	河南浚县	1962-03～	副局长、党组成员	2004-04～2006-03
仵海英	河南桐柏	1971-03～	总工程师、党组成员、副局长	2005-11～2009-10
张治安	河南郸城	1955-12～	调研员(正处级)	2006-02～2015-12
赵书成	河南巩义	1956-02～	纪检组长、党组成员	2006-03～2015-01
			调研员(正处级)	2015-01～
王广峰	河南台前	1958-10～	副调研员	2008-04～2015-10
申家全	河南安阳	1963-05～	副局长、党组成员	2009-10～
蔡长治	河南荥阳	1962-09～	副局长、党组成员	2010-02～
余孝志	河南新县	1969-01～	总工程师、党组成员	2010-04～
贾志成	江苏涟水	1974-09～	副局长、党组成员	2012-11～2014-10
张汝印	河南濮阳	1964-03～	工会主席	2011-03～
秦金虎	河南偃师	1963-08～	副局长、党组成员	2012-07～
杨　玲	山东汶上	1960-08～	副调研员	2014-03～
刘　巍	河南获嘉	1965-05～	纪检组长、党组成员	2016-07～

三、郑州河务局局属(直)单位历任领导人

巩义河务局领导人名录如表8-3所示。

表8-3　巩义河务局领导人名录

姓　名	籍　贯	生卒年(年-月)	职　务	任职时间(年-月)
李辉聪	河南巩义		负责人	1973-09～1975-01
刘崇林	河南巩义	1928-04～	负责人	1973-09～1978
姚德茂	河南巩义		党支部书记、段长	1975-01～1978-06
翟光兴	河南巩义	1930-02～1993-12	党支部书记、段长	1979-01～1984-05
赵焕章	河南巩义	1937～	党支部书记、段长	1984-05～1989-08
关治轩	河南偃师	1940-09～	党支部书记、段长	1989-08～1990-06
王景川	河南原阳	1949-08～	副段长(主持)、副局长	1990-06～1995-09
赵书成	河南巩义	1956-02～	党组书记、局长	1990-11～2002-11
秦金虎	河南偃师	1963-08～	党组书记、局长	2002-11～2012-07
楚景记	山东嘉祥	1976-09～	党组书记、副局长(主持)、局长	2012-07～
刘进业	河南巩义	1934-02　～	副段长、党支部委员	1978-05～1984-05
庞　刚	河南孟津	1943-12～	副段长、党支部委员	1984-07～1987-12
贺顺卿	河南巩义	1956-07～	副段长、党支部委员	1989-08～1990-12
朱福庆	河南中牟	1956-03～	副局长、党组成员	1995-09～1997-02
王中奎	河南郑州	1956-07～	副局长、党组成员	1997-02～2004-02
万　勇	河南台前	1966-02～	工会主席、党组成员	2000-04～ 2002-12
丁学奇	河南杞县	1957-12～	副局长、党组成员	2000-09～2002-12
吴国强	河南荥阳	1955-06～	副局长兼工会主席、党组成员	2002-12～2004-02
焦海波	河南巩义	1973-01～	副局长、党组成员	2003-06～2004-03
王实诚	河南郑州	1956-11～	副局长、党组副书记	2004-05～2005-01
王巧兰	河南巩义	1965-06～	局长助理、副局长	2004-05～2006-05
艾志峰	河南确山	1958-05～	工会副主席、工会主席	2005-01～2010-04
张治安	陕西蒲城	1963-08～	副局长	2006-05～2012-01
雷　宇	河南巩义	1963-02～	纪检组长、党组副书记	2006-05～2009-05
王　斌	河南范县	1974-04～	纪检组长、工会主席、副局长	2010-04～
范晓乐	山西祁县	1978-06～	纪检组长、副局长	2010-12～2014-05
耿玉国	河南浚县	1980-10～	局长助理	2010-08～2014-02
赵俊奇	河南巩义	1969-05～	副局长	2011-05～

荥阳河务局领导人名录如表 8-4 所示。

表 8-4 荥阳河务局领导人名录

姓 名	籍 贯	生卒年(年-月)	职 务	任职时间(年-月)
王广峰	河南台前	1958-09~	副局长(临时负责)	2005-01~2005-05
万 勇	河南台前	1966-02~	局长	2005-05~2006-08
赵书成	河南巩义	1956-02~	郑州河务局纪检组长临时负责	2006-08~2006-11
张汝印	河南濮阳	1973-09~	党组书记、副局长(主持)、局长	2006-11~2008-04
李长群	河南原阳	1961-04~	党组书记、副局长(主持)、局长	2008-04~2011-03
杨建增	河南林县	1960-10~	党组书记、副局长(主持)、局长	2011-03~
秦新国	河南南阳	1955-12~	副局长、纪检组长、党组成员	2005-01~2005-11
张治安	山西蒲城	1963-08~	局长助理、副局长	2005-01~2006-05
雷 宇	河南巩义	1963-02~	局长助理	2005-01~2005-05
周君林	陕西西乡	1953-11~	工会副主席、工会主席	2005-01~2006-10
吴国强	河南荥阳	1955-06~	局长助理、党组成员	2005-05~2006-03
刘明川	河南中牟	1974-08~	局长助理、党组成员	2006-03~2006-05
王巧兰	河南巩义	1965-06~	副局长、党组成员	2006-05~2007-02
朱富仁	河南中牟	1954-04~	副局长、纪检组长、工会主席党组成员	2006-10~2011-05
石红波	河南中牟	1976-12~	局长助理、副局长、党组成员	2007-02~2008-08
张建永	河北蓟县	1966-09~	局长助理、副局长、党组成员	2008-08~2011-05
王春雷	河南封丘	1973-10~	工会副主席、工会主席	2010-05~2012-02
史 杰	河南中牟	1980-05~	局长助理	2010-08~2014-02
任爱菊	河南荥阳	1968-08~	副局长兼纪检组长、党组成员	2011-05~
丁长栓	河南中牟	1966-05~	局长助理、党组成员	2011-05~2014-04
陆相荣	山东阳谷	1977-10~	副局长兼工会主席、党组成员	2012-03~

惠金河务局领导人名录如表8-5所示。

表8-5　惠金河务局领导人名录

姓　名	籍　贯	生卒年(年-月)	职　务	任职时间(年-月)
袁高珍	河南开封	1935-11～	段长	1983-06～1984-10
吴东升	河南方城	1941-11～	副段长(主持)、段长	1984-07～1985-10 1989-03～1990-11
申建华	河南杞县	1936-10～	副段长、副段长(主持)	1983-6～1986-05
李元杰	河南杞县	1934-12～	主持工作	1986-05～1987-03
贺耀海	河南博爱	1930-02～	代理段长(主持)	1987-03～1987-12
鲁小新	河南郑州	1960-05～	副段长(主持)	1987-12～1989-06
边　鹏	河南封丘	1955-12～	党组书记、副局长(主持)、局长	1992-02～1995-10
张治安	河南郸城	1955-12～	副局长、党组成员(主持) (副局长、党组成员)	1995-10～1996-02 (1993-02～1995-10)
朱太顺	河南封丘	1957-12～	党组书记、副局长(主持)、局长 (副段长)	1996-02～1998-04 (1985-05～1989-05)
李老虎	河南郑州	1955-10～	党组书记、局长 (副局长、党组成员)	1998-04～2002-11 (1994-04～1998-04)
郭全明	河南新郑	1965-04～	党组书记、局长	2002-11～2004-04
张献春	河南浚县	1962-04～	党组书记、局长	2004-04～2006-02
仵海英	河南桐柏	1971-03～	党组书记、局长	2006-02～2009-10
申家全	河南安阳	1963-05～	党组书记、局长	2009-10～2011-03
李长群	河南原阳	1961-04～	党组书记、局长	2011-03～
白中文	河南郑州	1949-05～	副段长、党支部委员	1983-06～1984-08
顾孝同	河南郸城	1954-09～	副段长、党支部委员	1984-04～1985-05
李学敏	河南濮阳	1928-12～	工会主席	1983-06～1984-07
崔广生	山东鄄城	1935-11～	工会主席	1984-07～1986-05
董满场	河南郑州	1937-10～	副段长、党支部委员	1984-08～1989-06
崔润田	河南长垣	1937-06～	工会主席、副局长、党组成员	1986-05～1997-06
庞　刚	河南孟津	1942～	副段长、党支部委员	1987-12～1992-02
朱礼谦	河南封丘	1956-07～	副段长、副局长、党组成员	1989-06～1993-03
董小五	河南郑州	1958-08～	副段长、副局长、党组成员	1989-06～1992-02

续表 8-5

姓　名	籍　贯	生卒年(年-月)	职　务	任职时间(年-月)
吴东升	河南方城	1941-11~	副局长、党组成员	1990-11~1992-03
王东岳	河南巩义	1955-09~	工会主席、副局长、党组成员	1996-02~2005-01
郭建军	河南获嘉	1957-11~	副局长(副处级)、党组成员	1996-04~1997-04
刘怀江	河南永城	1938-10~	副局长、党组成员	1996-11~1998-10
余汉清	河南永城	1953-04~	副局长、党组成员	1996-11~2004-12
陈雪山	河南郑州	1951-10~	副局长、党组成员	1997-04~2002-12
朱福庆	河南中牟	1956-03~	副局长、党组成员	1997-04~2003-12
冯　波	河南罗山	1971-09~	局长助理、副局长	2001-06~2003-08
冉占国	河南尉氏	1956-01~	副局长、党组成员	2002-12~2004-04
王中奎	河南郑州	1956-07~	副局长、党组成员	2004-02~2005-01
杨根友	河南长垣	1957-09~	副局长、党组成员	2005-01~2008-04
刘遂林	河南中牟	1966-02~	副局长、纪检组长、党组成员	2005-01~
顾小天	河南郑州	1954-12~	纪检组长、工会主席、党组成员	2005-05~2007-02
陈雪山	河南郑州	1951-10~	党组成员	2005-09~2008-01
王巧兰	河南巩义	1965-06~	工会主席、党组成员	2007-02~2008-04
孙石头	河南郑州	1959-09~	副局长、工会主席、党组成员	2008-04~2012-02
孙玉庆	河南中牟	1963-11~	纪检组长、党组成员	2008-04~2010-11
侯德山	河南浚县	1980-10~	局长助理	2010-08~2011-08
苏爱香	山东东阿	1970-07~	工会主席	2010-05~2011-05
张建永	河北蓟县	1966-09~	副局长	2011-05~
武青章	河南修武	1963-06~	副局长、纪检组长、党组成员	2011-05~2012-02
谢爱红	河南孟津	1977-06~	局长助理	2011-08~2015-09
张治安	陕西蒲城	1963-08~	副局长、纪检组长、党组成员	2012-02~
王春雷	河南封丘	1973-10~	副局长、工会主席、党组成员	2012-02~2014-05
邢永志	河南沈丘	1972-10~	副局长、工会主席、党组成员	2014-05~2015-12

中牟河务局领导人名录如表 8-6 所示。

表 8-6　中牟河务局领导人名录

姓　名	籍　贯	生卒年(年-月)	职　务	任职时间(年-月)
李延安	河南濮阳	1921-08～1999-11	党支部书记、段长	1949～1950
井传生	山东梁山	1920-09～1988-10	党支部书记、段长	1951-02～1953
李安民	河南濮阳	1917～不详	党支部书记、段长	1954～1955
戴鸿儒	山东梁山	1928～不详	党支部书记、段长	1956～1957
甘瑞泉	安徽萧县	1926-02～1998-09	党支部书记、段长	1958～1959
孙时中	河南长垣	1918-10～1980-10	党支部书记、段长	1959～1967
刘绪成	河南中牟	1928-12～	革委会主任	1967-12～1978-06
王殿富	河北乐亭	1923-08～2001-10	党支部副书记、段长	1975～1979-03
李元杰	河南杞县	1934-12～2003-08	党支部书记、段长	1979-04～1984-01
刘广云	河南开封	1953-01～2004-02	段长	1984-02～1986-05
刘天才	河南郑州	1952-09～	党支部书记、段长	1986-05～1989-07
吴立信	河南中牟	1933-11～2010-07	段长	1989-07～1990-10
高新科	河南太康	1936-08～2006-09	党组书记、局长	1991-01～1994-03
董小五	河南郑州	1958-08～	党组书记、局长	1994-04～1996-02
张治安	河南郸城	1955-12～	党委书记、局长	1996-02～2000-04
郭全明	河南新郑	1965-04～	副局长(主持)、局长	2000-04～2002-11
苏茂荣	河南濮阳	1970-07～	局长	2002-11～2006-03
王广峰	河南台前	1958-10～	局长	2006-03～2008-04
张汝印	河南濮阳	1964-03～	党组书记、局长	2008-04～2011-03
张福明	河南中牟	1956-01～	党组书记主持工作	2011-03～2015-01
石红波	河南中牟	1976-12～	党组书记、局长	2015-01～
李兰亭	山东东明	1915-03～2015-06	副段长	1956-09～1966-12 1978-02～1984-01
刘振歧	河南中牟	1932-05～2000-11	革委会副主任	1968-10～1970
张玉山	河南中牟	1940-8～	党支部副书记	1970-02～1977
刘保欣	河南鄢陵	1938-02～	党支部副书记	1978-02～1979-10
马宗文	河南内乡	1935-11～	党支部副书记	1978-02～1988-02
郑卯辰	河南中牟	1932-12～2009-10	党支部委员	1978-02～1991-11
吕重义	河南中牟	1937-11～	党支部委员	1978～1988
娄伯谦	河南中牟	1932-01～2007-02	党支部副书记、副段长，党支部书记	1979-03～1992-03
李彦珍	河南夏邑	1932-02～	副段长、党支部成员	1982-05～1984-01
兰正行	河南通许	1938-01～	副段长、党支部成员	1982-06～1984-01
鲁小新	河南郑州	1960-05～	副段长、党支部成员	1986-06～1987-12
苗　娥	陕西渭南	1959-10～	段长助理	1987-12～1988-12

续表 8-6

姓 名	籍 贯	生卒年(年-月)	职 务	任职时间(年-月)
朱福庆	河南中牟	1956-03～	副段长、副局长、党组成员	1988-01～1995-10
			副局长、党组成员	2004-06～2004-12
朱兆福	河南中牟	1956～1996-09	副段长、工会主席、党组成员	1989-08～1994-04
			副局长、党委委员	1996-02～1996-10
刘 丰	河南荥阳	1957-01～	副段长	1989-08～1990-03
黄海江	河南新郑	1955-09～	副段长、副局长	1990-02～1991-03
朱礼谦	河南封丘	1956-07～	副局长、党组成员	1992～1996
朱富仁	河南中牟	1954-04～	工会主席、副局长、党委委员	1994-03～2006-10
王景川	河南原阳	1949-08～	副局长、党组成员	1995-10～1996-02
冉占国	河南尉氏	1956-02～	副局长、党委委员	1996～2000
王敬东	河南开封	1951-01～	副局长、党委委员	1996-02～2002-12
杨世斌	河南偃师	1940-12～	党委副书记	1996-02～2000-12
王实诚	河南郑州	1956-11～	副局长、党委委员	1997-04～2004-05
蒋克发	河南中牟	1942-01～	纪委书记、党委委员	1998～2002-02
闫少义	河南中牟	1955-05～	副局长、党组成员	2000-02～2005-01
仵海英	河南桐柏	1971-03～	副局长、党组成员	2000-04～
丁学奇	河南杞县	1957-12～	党组副书记、副局长 纪检组长、工会主席	2002-12～2014-04
焦海波	河南巩义	1973-01～	党组成员	2004-03～2015
万 勇	河南台前	1966-02～	副局长、党组成员	2005-01～2005-05
张保民	山东东阿	1958-04～	纪检书记、党组成员	2005-01～2006-05
秦新国	河南南阳	1955-12～	党委副书记、副局长	2005-11～2008-01
吴国强	河南荥阳	1955-06～	党组成员	2006-04～2010-05
孙玉庆	河南中牟	1963-11～	纪检组长、副局长、党组成员	2006-10～2008-04
周君林	陕西汉中	1953-11～	工会主席	2006-10～2008-01
高建伟	陕西山阳	1963-07～	副局长、党组成员	2008-01～2012-02
齐洪海	河南封丘	1976-12～	副局长、党组成员	2008-04～2008-07
张先山	河南通许	1970-12～	工会主席、副局长、党组成员	2010-05～
杨 雪	河南内黄	1983-04～	局长助理	2010-08～2012-03
曾 嵘	广东兴宁	1972-09～	副局长	2011-05～2012-11
闫留顺	河南中牟	1964-02～	纪检组长、副局长、党组成员	2011-05～
吕建新	河南中牟	1974-08～	局长助理	2012-09～
丁长栓	河南中牟	1967-05～	副局长、党组成员	2014-04～
于植广	河南新乡	1977-05～	副局长、党组成员	2014-11～2015-11
谢爱红	河南孟津	1977-06～	副局长、党组成员	2015-09～

郑州黄河工程有限公司领导人名录如表8-7所示。

表8-7　郑州黄河工程有限公司领导人名录

姓　名	籍　贯	生卒年(年-月)	职　务	任职时间(年-月)
苏茂林	河南濮阳	1962-09～	总经理	1993-02～1996
朱成群	河南郑州	1961-06～	总经理	1996～1997-04
韩景彦	河南濮阳	1957-02～	总经理	1997-04～2001-07
张福明	河南中牟	1956-01～	总经理	2002-01～2011-03
董小五	河南郑州	1958-08～	董事长	2003-06～2004-04
张宝华	河南新郑	1963-05～	副总经理(主持)、总经理 董事长	2011-03～2012-07
邢志永	河南沈丘	1972-10～	总经理	2012-07～2014-02
孙玉庆	河南中牟	1963-11～	总经理	2014-02～
王德智	河南范县	1955-03～	副经理	1993-02～1996
曾日新	广东兴宁	1938-12～	副经理、总工程师	1993-02～1996
朱太顺	河南封丘	1957-12～	副经理	1993-02～1996
何金秀	河南开封	1957-10～	副总经理	1996-03～2001-07
王广峰	河南濮阳	1959-11～	副总经理	1997-06～2002-01
吴　杰	河南范县	1963-10～	工会主席	1997-12～2015-07
刘　丰	河南荥阳	1957-01～	副总经理	1998-02～2011-05
炊廷柱	河南宜阳	1954-01～	副总经理兼总工程师	2001-07～2011-05
申智捷	河南杞县	1963-10～	副总经理	2002-01～2005-11
楚景记	山东嘉祥	1976-09～	副总经理	2002-04～2010-01
吴国强	河南荥阳	1955-06～	副总经理	2004-03～2005-11
刘书昌	河南郑州	1964-03～	副总经理	2005-04～
徐　广	浙江永康	1962-09～	副总经理	2006～2015-07
孙国勋	河南尉氏	1963-06～	副总经理	2010-05～2011-08
吕军奇	河南中牟	1973-02～	总工程师	2010-05～
宋　凯	江苏赣榆	1967-11～	副总经理	2011-05～
李武安	河南偃师	1974-04～	副总经理	2015-09～

郑州黄河水电工程有限公司领导人名录如表 8-8 所示。

表 8-8　郑州黄河水电工程有限公司领导人名录

姓　名	籍　贯	生卒年(年-月)	职　务	任职时间(年-月)
刘崇林	河南巩义	1928-04~	党支部书记、队长	1979-01~1983-12
吴立峥	河南中牟	1944-07~	党支部书记、队长	1983-12~1985-05
顾孝同	河南淮阳	1955~	党支部书记、队长	1985-05~1986-12
高新科	河南太康	1936-8~2006-9	党支部书记、队长	1987-12~1991-01
王敬东	河南开封	1951-07~	处长	1991-04~1996-02
王景川	河南原阳	1949-08~	处长	1996-02~1997-10
张福明	河南中牟	1956-01~	处长	1997-10~2002-01
苏茂荣	河南濮阳	1970-07~	处长	2002-01~2003-01
张汝印	河南濮阳	1964-03~	党支部书记、总经理	2003-03~2006-11
刘培勋	河南开封	1972-10~	党支部书记、总经理	2007-09~2010-01
楚景记	山东嘉祥	1976-09~	党支部书记、总经理	2010-01~2012-07
张存银	山东鄄城	1962-05~	党支部书记、总经理	2012-07~
李海滨	河南开封	1926-01~1990-09	副书记	1979-01~1980-07
苏保中	山东阳谷		副队长	1979-01~1984-01
郭福祥	河南唐河	1941~	副队长	1983-12~1987-12
黄文升	河南尉氏	1957~	副队长	1983-12~1986-04
杨世斌	河南偃师	1940-12~	副队长	1986-06~1996-03
蒋忠文	河南中牟	1945-01~	副队长、支部书记、工会主席	1987-12~2002-12
史中选	河南中牟	1952-05~	副处长、副总经理	1991-04~2011-05
吕建中	河南中牟	1949-06~	副处长	1996-02~1997-10
仵海英	河南桐柏	1971-03~	副处长	1997-10~2000-04
孙林山	河南长垣	1955-05~	副处长、副总经理	2000-04~2011-05
邢志永	河南沈丘	1972-10~	总经理助理、副总经理	2006-05~2011-05
李武安	河南偃师	1974-04~	副总经理	2007-09~2010-04
王洪利	河南濮阳	1976-08~	副总经理	2010-05~2012-07
吴建国	河南中牟	1957-03~	总经理助理	2011-05~
孙艳茹	河南长垣	1979-01~	总经理助理	2011-05~
白领群	河南中牟	1972-06~	总经理助理	2011-05~
柴　哲	河南滑县	1974-01~	副总经理	2012-07~

郑州天诚信息工程有限公司领导人名录如表 8-9 所示。

表 8-9 郑州天诚信息工程有限公司领导人名录

姓 名	籍 贯	生卒年(年-月)	职 务	任职时间(年-月)
朱艾钦	河南中牟	1968-07~	总经理	2001-10~
赵 涛	河南漯河	1960-03~	副总经理	2006-01~2015-07

郑州黄河供水分局领导人名录如表 8-10 所示。

表 8-10 郑州黄河供水分局领导人名录

姓 名	籍 贯	生卒年(年-月)	职 务	任职时间(年-月)
马水庆	河南许昌	1955-04~	局长(兼)	2002-12~2012-02
秦金虎	河南偃师	1963-08~	局长(兼)	2012-07~2014-04
蔡长治	河南荥阳	1962-09~	局长(兼)	2014-04~
焦海波	河南巩义	1973-01~	常务副局长	2006-05~2012-5
薛西平	山东东明	1962-05~	常务副局长	2012-05~
朱福庆	河南中牟	1956-03~	副局长	2006-05~2012-02
刘明川	河南中牟	1974-08~	副局长	2012-02~

郑州黄河宏泰养护公司领导人名录如表 8-11 所示。

表 8-11 郑州黄河宏泰养护公司领导人名录

姓 名	籍 贯	生卒年(年-月)	职 务	任职时间(年-月)
王景川	河南原阳	1949-08~	总经理	2006-05~2009-08
孙玉庆	河南中牟	1963-11~	总经理	2010-06~2015-09
张存银	山东鄄城	1962-05~	总经理	2015-09~
张先山	河南通许	1970-12~	副总经理	2006-05~2010-05
孙金萍	焦作武陟	1969-10~	副总经理	2011-08~

四、郑州河务局机关部门科级干部名录

郑州河务局机关部门正科级干部名录如表8-12所示。

表8-12 郑州河务局机关部门正科级干部名录

序号	姓名	任职	任职时间(年-月)
1	刘崇林	工务科科长	不详~1985-09
2	贺耀海	工会副主席、安保科科长	1986-09~1987-11
3	许合义	审计科科长、财务科科长	1987-08~1993-07
		纪检组副组长兼监察科科长	1993-07~不详
4	张克合	办公室协理员(正科级)	1987-12~不详
5	刘天顺	办公室主任、安保科科长、思政办主任	1987-12~2001-06
		正科级协理员	2001-06~2003-01
6	余汉清	财务科科长	1987-12~1988-09
		综合经营处副处长(正科级)	1996-04~1996-11
7	万崇元	老干部科科长	1989-04~不详
8	申建华	工务科科长	1989-06~1993-02
9	白中文	工会副主席、水政水资源处处长	1990-03~2001-05
10	郑家安	办公室主任、正科级协理员	1992-06~2003-01
11	朱太顺	综合经营科科长	1993-02~1994-05
12	陈军	人劳科科长、纪检组副组长、监察处监察员	1993-02~2010-05
13	吴东升	水政科科长、工会副主席、正科级协理员	1993-02~2001-12
14	周东春	老干部科科长	1993-02~1995-03
15	朱兆福	财务科科长	1994-04~1996-02
16	庞刚	综合经营科科长	1994-05~1999-04
17	张玉敏	老干部科科长、工会副主席、主任科员	1995-05~2014-09
18	朱礼谦	防汛办公室副主任(正科级)	1996-02~不详
19	刘丰	工会女工主任	1996-02~1998-02
		经济发展管理局局长助理(正科级)	2007-09~2012-02
20	张东风	防汛办公室副主任(正科级), 副总工程师、工务处处长、科技处处长	1996-05~
21	沈淑萍	机关工会女工主任	1996-10~1997-06
		人事劳动处处长	2000-06~2002-12
		办公室主任	2002-12~不详
22	郭全明	工务处处长	1996-11~2000-04

续表 8-12

序 号	姓 名	任 职	任职时间(年-月)
23	王玉华	财务处处长、监察审计处处长、审计处处长,离退休职工管理处主任科员	1997-02
24	康然芝	审计处处长	1997-02~1999-04
25	杨建增	工会副主席、服务公司经理、人劳处处长	1997-06~2011-03
26	李予生	通信管理处处长、信息中心主任	1997-06~
27	王景川	综合经营处副处长(正科级)、处长	1997-10~2009-08
		经济发展管理处(局)副处(局)长(正科级)	
28	张保民	工会副主席	1999-04~2002-12
		经济发展管理局副局长(正科级)	2006-05~2014-05
29	苏茂荣	工务处处长	2000-04~2002-01
30	常桂莲	办公室主任、主任科员	2000-06~2007-11
31	王香兰	审计处处长	2000-06~2009-07
32	何金秀	水政水资源处处长	2001-05~2003-06
33	秦新国	党办主任	2001-06~2002-12
		机关服务中心主任	2002-12~2005-01
34	高建伟	副总工程师、科技与信息处处长	2001-09~2008-01
		防汛办公室主任、水政水资源处处长	2012-02~
35	范朋西	财务处处长	2002-12~
		会计核算中心主任	2010-02~
36	徐 广	经济发展管理处副处长(正科级)	2002-12~2005-05
37	孙石头	水政水资源处处长	2003-01~2008-04
		工会副主席	2012-02~
38	万 勇	监察处处长	2003-06~2005-01
		人劳处主任科员、机关党委副书记	2007-04~
39	贾 亲	工会主任科员	2004-08~2010-11
40	毛彦宇	办公室主任科员、水政水资源处主任科员	2004-08~2014-08
41	王实诚	监察处处长、主任科员	2005-01~
42	王东岳	机关服务中心主任、离退处主任科员	2005-01~2015-09
43	闫少义	经济发展管理(处)局(处)局长	2005-01~2012-02
44	赵志明	离退处处长、主任科员	2005-05~2015-03
45	刘 平	工务处处长	2005-12~
46	苏爱香	经济发展管理局副局长(正科级)	2007-09~2010-05
		经济发展管理局副局长(正科级)	2011-05~

续表 8-12

序　号	姓　名	任　职	任职时间(年-月)
47	蒋胜军	办公室主任科员、 办公室主任	2008-01~2012-02 2015-08~
48	周君林	工务处主任科员	2008-01~2013-11
49	王中奎	防汛办公室主任、主任科员	2008-03~
50	薛西平	机关服务中心主任	2008-03~2013-07
51	吴艳秋	工会副主席、主任科员	2008-03~2012-09
52	李　瑞	工会主任科员	2008-10~2012-05
53	吴国强	水政水资源处主任科员	2010-04~2015-06
54	朱富仁	防汛办公室主任科员	2011-05~2014-05
55	艾志峰	正科级干部	2010-04~
56	陈　浩	正科级干部	2010-04~
57	杨秀丽	人事劳动教育处处长	2011-08~
58	王巧兰	水政水资源处处长、防汛办公室主任	2011-08~
59	黄晓霞	监察处主任科员、副处长, 监察处处长	2011-12~
60	王庆强	水政水资源处副处长(正科级)	2011-12~
61	王育红	工务处主任科员	2011-12~
62	牛鲁萍	财务处主任科员	2011-12~2015-03
63	武青章	离退处处长	2012-02~
64	闫红梅	财务处副处长(正科级)、审计处副处长	2012-02~
65	孙玉庆	经济发展管理局局长	2012-02~2012-11
66	尚青松	水政水资源处副处长(正科级)	2012-02~
67	张宝华	经济发展管理局局长	2012-11~
68	曾　嵘	会计核算中心副主任(正科级), 机关服务中心副主任	2012-11~2015-03 2015-03~
69	丁学奇	防汛办公室主任科员	2014-04~
70	王春雷	经济发展管理局副局长(正科级)	2014-05~
71	范晓乐	信息中心副主任(正科级)	2014-05~
72	李百军	机关服务中心主任	2015-08~
73	王玉华	离退处主任科员	2015-12~
74	罗正宇	财务处副处长(正科级)	2015-12~

郑州河务局机关部门副科级干部名录如表8-13所示。

表8-13　郑州河务局机关部门副科级干部名录

序　号	姓　名	任　职	任职时间(年-月)
1	商清海	工务科副科长	不详~1987-12
2	鲁小新	工务科副科长	1984-11~1986-05
		办公室副主任	1989-11~不详
3	杜建平	修防处财务科副科长	1987-12~1991-05
4	马奉昌	审计科副科长	1990-03~不详
5	马　金	安全保卫科副科长	1990-03~1990-05
6	张建华	安监员、服务中心副主任、副科级干部	1996-10~
7	崔发润	通信处副处长、副主任、副科级干部	1997-06~
8	许新菊	监察副处长、经管局副局长、副科级干部	1997-10~2013-11
9	刘红卫	工务处副处长	1999-04~2003-02
10	李晓学	人事劳动处副处长	1999-04~2002-11
11	宋海燕	办公室秘书、副主任	2000-06~不详
12	李军玲	安全专干、(人劳、离退处)副主任科员	2002-12~不详
13	冯瑞斌	财务处副处长	2003-01~2004-07
14	张治安	防汛办公室副主任	2003-07~2005-01
15	史宗伟	工务处副处长	2005-08~2013-06
16	李春燕	工务处副处长	2005-08~
17	赵大闯	机关服务中心副主任	2005-10~不详
18	张丽彬	办公室副主任	2006-01~2012-01
19	谢爱红	防汛办公室主任副主任	2006-05~2008-04
20	李恩珍	人事劳动教育处副主任科员	2006-08~
21	陈　明	水政水资源处副处长	2007-02~不详
22	郝淑敏	人事劳动教育处副主任科员	2007-05~2009-10
23	程　鹏	信息中心副主任、防汛办公室副主任	2010-05~
24	吕志华	办公室副主任	2011-08~
25	黄献忠	信息中心副主任	2011-08~
26	马刘强	人事劳动处副主任科员、副处长	2011-10~
27	蔡晓宁	办公室副主任科员	2011-12~
28	黄永荣	防汛办公室副主任科员	2011-12~
29	苏秋捧	工务处副主任科员	2011-12~
30	王庆强	水政水资源处副处长(正科级)	2011-12~
31	张宝珍	办公室副主任科员	2011-12~
32	刘　晖	机关党委副主任科员	2012-02~
33	陈冬冬	工务处副处长	2012-02~
34	马永利	机关服务中心副主任	2012-03~
35	张义超	机关服务中心副主任、工务处副处长	2013-01~
36	刘贵民	工务处(安全监督处)副主任科员	2015-07~

五、技术干部名录

郑州河务局(高级)专业技术人员名录如表8-14所示。

表8-14 郑州河务局(高级)专业技术人员名录

任职年	专业技术职务	获得资格人员
1988	高级工程师	曾日新 杨家训
1990	高级工程师	尚建京
1993	高级工程师	王有华
1994	高级工程师	申建华
1995	高级统计师	武芝梅
1997	高级工程师	马水庆 刘怀江 苏茂林 崔景霞 魏云一
1999	高级政工师	陈敬波
2000	高级工程师	王庆伟 申家全 边 鹏 刘天才 耿明全
	高级经济师	王金虎
2001	高级政工师	刘 巍
2002	高级工程师	孙国勋 余孝志
	高级政工师	万 勇
2003	高级工程师	杨 玲 黄晓霞
	高级会计师	申智娟(2013年又获得高级经济师资格)
	高级政工师	贾 亲
2004	高级工程师	吴艳秋 李老虎 辛 红
	高级政工师	常桂莲
2005	高级政工师	沈淑萍 郭兴文
2006	高级工程师	司 权 高建伟
	高级政工师	陈 浩
2007	高级工程师	孙金萍 吴香菊 董小五
	高级政工师	宋海燕 杨建增
2008	高级工程师	张治安(河南) 李春燕 杨 丽(莉) 蔡长治
	高级会计师	范朋西
	高级政工师	侯玉玲
	副研究馆员	张丽彬
	主任记者	张建宗

续表 8-14

任职年	专业技术职务	获得资格人员
2009	高级工程师	王新喜(武阳)　吕军奇　苏秋捧　程　鹏　孟　冰
	高级会计师	牛鲁萍
2010	高级工程师	王纳新　孙广伟　朱艾钦　邢志永　柴　哲　常桂芹
	高级经济师	马艳华
	高级政工师	朱富仁　武青章
	教高级工程师	炊廷柱
2011	高级工程师	刘　丰　张玉山　张海勋　侯晓婷　秦金虎
2012	副主任医师	王晓霞
	高级工程师	王中奎　石红波　孙玉庆　张先山　张汝印　崔秀娥　楚景记　魏成云
	高级会计师	曾　嵘
	高级政工师	刘培中　吕晓莉　秦新国
	副研究馆员	彭红
2013	高级工程师	白领群　闫留顺　李武安　杨玲丁　杨根友　郭金川
2014	高级工程师	白建中　袁　梅　刘　冰
2015	高级工程师	李长群　范晓乐　李留彦　尚向阳　张存银　张治安
	高级政工师	任爱菊　娄清廉

郑州河务局(中级)专业技术人员名录如表 8-15 所示。

表 8-15　郑州河务局(中级)专业技术人员名录

任职年	专业技术职务	获得资格人员
1988	工程师	王自立　王金星　王谦敬　刘庆山　刘崇林　何振龙　吴春光　李振鼎　周志斌　庞　刚　段　纯　胥金城　赵明华　赵春合　赵焕章　顾敏恩　商清海
	会计师	阮昭祥　李(炜)纬英　杨世斌　费泽田　董满场
	馆员	张水莲
	编辑	王法星
	中教一级	钦宝平
	主治医师	仝粉梅　侯春义
	主管护师	严青娥
	药剂师	张佩珍
	小教高级	王　佩　夏云凤
1990	工程师	吴东升　魏俊英
	会计师	马定乾　张国兴
	中教一级	王秀兰　商东强
1992	工程师	王广峰　何金秀　郑家安

续表 8-15

任职年	专业技术职务	获得资格人员
1993	工程师	毛国全　兰新世　孙艾芳　朱太顺　张德旺　杨陈喜　邵遂山　段瑞光　梁玉霞
	经济师	余汉清
	政工师	王桂兰　王景川　许来进　李华堂　陈　军　周东春　娄伯谦　郝正民　袁高珍　崔润田　端木淑盈
1994	工程师	张景魁　周君林
	预算会计师	申智捷
	企业会计师	宋花君
	政工师	王实诚
1995	工程师	王德智　刘　平　刘书昌　张治安　张遂芹
	统计师	许新菊
1996	工程师	姜丽娜
	会计师	陈　静
	政工师	王庆玉
1997	工程师	王巧兰　王　昕　王　原　刘红卫　孙石头　朱成群　张东风　张存银　杨晓玲　辛　虹　陈雪山　徐　广　黄　雷　韩景彦
	农艺师	白秋芬
1998	中教一级	毛彦宇
1999	工程师	朱松立
2000	工程师	王育红　史宗伟　朱福庆　张宝华　贺顺卿　郭全明
	会计师	闫红梅
	经济师	何柏林　雷　宇
	政工师	张保民　郝淑敏　翟淑红
2001	工程师	马荣华　冯　波　张先山　李予生　李国力
	经济师	王　斌　陈群珠　贺新霞　海凌霞　蒋克法
	政工师	马文章　赵书成
	主治医师	朱玉琴
2002	工程师	王亚飞(伟)　仵海英　张　宇　李金富　苏茂荣　陈群珠　赵建鹏　贾美芹　黄献忠
	会计师	冯瑞斌　罗正宇
	经济师	王广花　王芬荣　王维众　刘　洲　张利平　李军玲　沈　红　荆　琳　席晓红　黄永荣　蒋胜军
	政工师	王东岳
	主治医师	申　惠

续表 8-15

任职年	专业技术职务	获得资格人员
2003	工程师	万宝全　卞世忠　朱志方　宋　凯　杨　帆　杨志超　郭　芳
	会计师	张利平　谢百选
	经济师	沈凤仙
	政工师	兰永杰　吴国强　李恩珍
2004	工程师	弓广建　张　玥　张海鹰　李　戈　李留彦　李锡川　陈　明　袁　梅　顾志方　焦海波
	会计师	王　斌　席晓红
	经济师	李晓光　杨秀丽　秦书红　崔怀宇
	政工师	祖士保
2005	工程师	刘明川　刘洪彬　李国清　陆文俊　商红星　薛西平
	会计师	黄　静
	政工师	吕建新　张素清
	馆员	赵桂玲
2006	工程师	韦佑科　白　璐　白全恒　刘冰(男)　刘培勋　刘遂林　庞约瑟　崔怀宇　黄　维
	经济师	冯　超　陈永涛　段俊娥　葛小华
	统计师	周　瑜
2007	工程师	王洪利　刘礼豹　刘冰(女)　孙晓新　安永芳　张建永　张艳军　时智广　李永杰　李究平　李　萍　陈冬冬　尚贯华　范晓乐　韩兆辉
	会计师	牛保真　李建丽　娄慧敏
	经济师	王艳红　叶长银　刘　敏　许玉虎　徐卫华　黄　磊
	统计师	王雅娴　李　艳
	政工师	白建中　娄清莲　耿新科
2008	工程师	王红黎　王艳红　陆相荣　陈　栋　燕书立
	会计师	冯恩科　周　鑫
	经济师	马　雯　任爱菊　杨素平　侯德山
	统计师	白新莉
	政工师	吴立强
	软件工程师	张义超

续表 8-15

任职年	专业技术职务	获得资格人员
2009	工程师	叶长银　张义超　李　艳　尚向阳　郭小红　谢爱红
	会计师	任　薇
	经济师	张俊飞　远　娟
	审计师	赵子平
	政工师	王新喜
	软件设计师	秦　璐
2010	工程师	丁长栓　马平召　王　彬　王新建　张付阳　张进福　张福明　李长群　李宁华　苏本超　邱　成　孟红云　耿玉国　高彩霞　温素金　蒋文军
	会计师	杨　雪　尚雅静
	经济师	王　萌　张福芹　郭　曼　程韶枫
	统计师	蒋小莉
	政工师	万春林　石金花　蔡晓宁
2011	工程师	弓小翠　马广慧　冯　娜　史　杰　白海涛　艾志锋　刘铁锤　孙艳茹　李　杨　李效利　邱海军　姚　琨　祝文静　禹凯瑞　郭淑君
	经济师	王淑娟
2012	工程师	马晓辉　刘丽霞　朱蓓蓓　吴媛媛　张双双　张娇娇　张　艳　李铄颖　李　辉　杨　岚　罗　池　赵　涛
	经济师	王芳君　吕小娜　朱玉琴　张兴波
2013	工程师	马照良　王小强　王政文　王洪玉　王　辉　孙丽娟　朱宏敏　朱培戎　汤开军　张　峰　李　敏　杜栓岭　周　博　炊林源　徐子翔　耿　倩　梁玉芳　程好进　韩　凯
	政工师	吕玉霞　娄保红
2014	工程师	许家凤　时　代　孟　辉　李彦波　王战伟　弓志萍　郭　江　和彦翠　程鸿波　饶志国
2015	工程师	朱可俊　曹　然　王陶新　付丽娟　王　俊
	政工师	温　婧　王育艳
	经济师	杨婕菲

六、技术工人名录

技术工人(高级技师)名录如表 8-16 所示。

表 8-16　技术工人(高级技师)名录

任职年	工种名称	获得资格人员
2000	河道修防工	王凤玲
	汽车驾驶员	李长福
2001	中式烹调师	周新明
2005	河道修防工	孙天宝　林全山　赫小增
	汽车驾驶员	李百军
2006	河道修防工(汽车维修工)	顾双囤
2007	推土铲运机驾驶员	杨小六
	汽车维修工	杨德杰
2009	河道修防工	史广文　刘铁锤　杨福全　郭老根　程相生
	汽车维修工	孙文秀
	内燃装卸机械修理工	田明松
2010	河道修防工	马彦增　吴中兴　宋录成　张天旺　李学刚　孟平俊
2011	河道修防工(汽车维修工)	姚景安
	汽车维修工	白明放　苏清华
2012	河道修防工	王国有　张志强　蒋忠强　靳润波
2013	河道修防工	王红军　王林川
	维修电工	巴　伟
2014	河道修防工	张艳军　吕小娜　孙晓新　马保国　李根柱　李义军　张书振
	闸门运行工	候绪欣
	维修电工	李灿江
	汽车维修工	校文庆
	挖掘机驾驶员	郭留霞
2015	河道修防工	冯　娜　韩建军　郝水奇　李建伟　李文英　邱俊霞　武宏章　禹凯瑞　吴国顺
	推土铲运机驾驶员	朱兆立

技术工人(技师)名录如表 8-17 所示。

表 8-17　技术工人(技师)名录

任职年	工种名称	获得资格人员
1993	河道修防工	马新川　朱合顺　韩松林
	维修电工	曹中岭
2000	维修电工	蔺春如

续表 8-17

任职年	工种名称	获得资格人员
2001	河道修防工	田秋霜　宋金泉
	汽车驾驶员	丁建芳　徐振航　管水利
	汽车维修工	刘志国　程顺林
	钳工	朱建民
2002	河道修防工	马恩贵　黄彦涛
	汽车驾驶员	孔达新　王相武　张文忠　张发亮　陈海停
	汽车维修工	赵新国
	推土铲运机驾驶员	弓胜彬
2003	河道修防工	王合岭　史广文　刘保贵　刘喜臣
	汽车驾驶员	王中良　冯兰群　孙天福　邢福林　杜西贤
	维修电工	苏卫兵
2004	河道修防工	化天玉
	汽车驾驶员	马守田　王道同　李京晓　胡国顺
	维修电工	王新河　杨青梅　廖海洲
2005	河道修防工	付进兴
	汽车驾驶员	赵德明
2006	河道修防工	牛学义　王国有　田书义　高兴广
	中式烹调师	崔宏勋
2007	河道修防工	刘文栓　孙文祥　张国安　苏长海　辛书强　韩铁林
	汽车驾驶员	宋宝玉　李彦波
	汽车维修工	刘小三　闫永杰　李富昌
	维修电工	李灿江
2008	河道修防工	马龙秀　马关培　尹少波　王　萍　王玉昌　白云高　吕小娜　吴运兴　张书振　张新建　李文英　李建伟　李根柱　辛广银　辛路妮　贺纲领　郝水奇　夏艳青　徐孔伦　黄森林　彭文彬
	汽车驾驶员	王建华　王建国　刘全国　刘宝生　朱喜安　李效利　杨顺武　赵云才　姬国强　顾孝奇　鲁广伍
	汽车维修工	校文庆
	挖掘机驾驶员	郭留霞
	推土铲运机驾驶员	李虎狼
	内燃装卸机械修理工	张庆华
	闸门运行工	许守伦　候绪欣
	电缆线务员	白红跃

续表 8-17

任职年	工种名称	获得资格人员
2009	河道修防工	丁凤英　万　华　马玉景　马爱卿　马新爱　方广才　毛颖强　王小强　王砖群　兰遂喜　冯　娜　白新文　乔慧珍　关红兵　刘进亮　朱卫红　许忠莲　吴国顺　张玉祥　张艳军　李义军　李永福　李志武　李建江　李建忠　杨爱萍　杨增强　陈合兴　周建波　郑兴旺　郑德香　禹凯瑞　赵子平　赵志勇　徐小豹　高晓玲　崔献民　彭庆振　韩大宏　韩建军　韩铁成　鲁玉付　薛中华　薛国庆　魏永信　魏海涛　魏喜成
	汽车驾驶员	毛桂林　王金方　田安民　刘玉合　张　伟　张永康　张兴旺　张国旺　张新亮　郭国洲　梁海章　蔡会现　蔡运动　薛志强
	汽车维修工	张同旺　时永建　李勤学　高建营
	推土铲运机驾驶员	安胜利　娄上游
	维修电工	刘书亮　杜栓岭
	短波机务员	马国君
	仓库保管工	张银芝
2010	河道修防工	丁云霞　弓会峰　王长军　王百山　王秋林　王贵全　任松章　刘世杰　刘世勇　刘宏江　刘秋艳　吕玉霞　朱金伟　许东宝　许宝玉　闫文奇　吴天才　宋俭省　宋喜昌　张云俊　张东平　张玉彬　张秀亭　张运平　张国军　张治营　张清莲　李宁华　周　海　孟春丽　郑庆安　徐全意　梁胜杰　谢彩霞　韩铁英　鲁玉明　魏国兴
	汽车驾驶员	刘广生　刘新河　闫恒保　吴立志　赵坤奇
	推土铲运机驾驶员	吴建国
	汽车维修工	刘全富　吴建忠
	电焊工	娄保红
	维修电工	李书新　李明山　杨增妮
	坝工混凝土工	吕新捷
2011	河道修防工	万传明　王成林　王红英　王保英　卢云峰　刘拥军　许川雅　邢建华　张敏霞　李凤霞　李文桩　李呈祥　李均生　李建军　杨俊义　娄　霞　赵丰周　赵书寅　赵俊杰　彭　红　董书爱　韩海涛
	汽车驾驶员	王志平　吕军山　李功领　李彦选　鲁广争
	汽车维修工	马和平
	推土铲运机驾驶员	毛刘枪　雷　刚
	挖掘机驾驶员	刘小园　蒋志军
	内燃装卸机械修理工	马元恒　鲁照民
	维修电工	张海军
	闸门运行工	马彦涛　许　杰

续表 8-17

任职年	工种名称	获得资格人员
2012	河道修防工	叶长银　刘　冰　刘进成　许丽雪　李书庆　赵广合　顾　凯　董素杰　靳志强
	汽车驾驶员	闫俊卿　张小明
	内燃装卸机械修理工	王思平　张树森　高民生
	维修电工	马彦明　杨小平
2013	河道修防工	任丽娜　安永芳　侯源清　赵桂玲
	汽车驾驶员	卢林杰　董　磊　蒋三中
	管道工	王小刚
2014	河道修防工	王红黎　刘向中　张中山　刘礼豹
	汽车驾驶员	郭宏利
	推土铲运机驾驶员	刘立明
2015	河道修防工	郭宪社　王国省　杨　娟　王国杰
	汽车驾驶员	蒋忠胜　刘　煜
	汽车修理工	历光辉

七、劳动模范、先进人物名录

获得省部级劳动模范、先进生产(工作)者名录如表 8-18 所示。

表 8-18　获得省部级劳动模范、先进生产(工作)者名录

姓　名	籍　贯	生卒年(年-月)	工作单位	表彰时间及荣誉称号
张松山	河南长垣	1915-05~	郑州河务局	1950 年河南省劳模
冯长明	河南郑州	1922-04~2011-11	惠金河务局	1950 年河南省劳模
贺耀海	河南博爱	1930-01~	郑州河务局	1950 年河南省劳模
黄学中	河南舞阳	1923-11~2014-02	惠金河务局	1950 年河南省劳模
辛梦屏	河南中牟	1918-06~	中牟河务局	1951 年平原省第二届治黄劳动模范
朱心魁	山东东明	1912-01~	中牟河务局	1982 年河南省抗洪模范
秦新国	河南南阳	1955-12~	郑州河务局	1983 年年河南省教育先进工作者
王孝堂	河南中牟	1924-04~	中牟河务局	1986 年水利电力部先进生产者
王德智	河南范县	1955-03~	郑州河务局	1996 年河南省抗洪劳动模范
刘天才	河南郑州	1952-09~	郑州河务局	1996 年河南省抗洪劳动模范
张治安	河南郸城	1955-12~	郑州河务局	1996 年河南省抗洪劳动模范
朱松立	河南开封	1962-12~	郑州河务局	1996 年河南省抗洪劳动模范
刘　丰	河南荥阳	1957-01~	郑州河务局	2006 年河南省“五一巾帼奖”和“五一劳动奖章”
楚景记	山东嘉祥	1976-09~	巩义河务局	2012 年河南省“五一劳动奖章”

获得黄委劳动模范、先进生产(工作)者名录如表8-19所示。

表8-19　获得黄委劳动模范、先进生产(工作)者名录

姓　名	籍　贯	生卒年(年-月)	工作单位	表彰时间及荣誉称号
刘少才	河南中牟	1930-02～	中牟河务局	1951年劳模
石来庭	河南偃师	1933-02～2014-03	荥阳河务局	1985年劳模
关治轩	河南偃师	1940-09～	巩义河务局	1960年先进生产者
刘绪成	河南中牟	1928-12～	中牟河务局	1960年先进生产者
崔广生	山东鄄城	1935-11～	惠金河务局	1960年先进生产者
李兰亭	山东东明	1915-03～	郑州河务局	1964年先进生产者
李怀松	河南偃师	1937-11～	荥阳河务局	1964年、1983年先进生产者
姜嘉栋	山东平阴	1954-05～	郑州黄河养护公司	1979年、1982年劳模
吴东升	河南南阳	1941-10～	郑州河务局	1980年先进生产者
韩宗会	河南中牟	1930-09～	中牟河务局	1980年劳模
马化捷	河南巩义	1957-04～	郑州黄河养护公司	1982年先进生产者
田　乐	河南郑州	1953-01～	惠金河务局	1982年劳模
刘新河	河南中牟	1956-01～	郑州黄河水电工程有限公司	1982年、1983年先进生产者
张水莲	河南新密	1930-08～	郑州河务局	1982年先进生产者
杨子明	河南郑州	1936-04～2009-08	惠金河务局	1982年先进生产者
赵书寅	河南巩义	1959-02～	郑州供水分局	1982年、1983年劳模
郭福水	河南郑州	1936-01～	惠金河务局	1982年先进生产者
王振法	河南偃师	1939-04～	荥阳河务局	1983年先进生产者
孙有奇	河南巩义	1954-02～	巩义河务局	1983年先进生产者
吕来农	河南孟州	1921-04～2011-02	惠金河务局	1983年先进生产者
吴国强	河南荥阳	1955-06～	郑州河务局	1983年先进生产者、1996年劳模
张罗旗	河南中牟	1956-01～	中牟河务局	1983年先进生产者
赵焕章	河南巩义	1937～	巩义河务局	1983年先进生产者
穆远超	山东菏泽	1956-11～	惠金河务局	1983年劳模
石来庭	河南偃师	1933-02～2014-03	荥阳河务局	1985年劳模
王孝堂	河南中牟	1924-04～	中牟河务局	1986年先进生产者
杨世斌	河南偃师	1940-12～	中牟河务局	1986年先进生产者
李保卷	河南郑州	1958-08～2015-06	惠金河务局	1986年劳模
陈长升	河南巩义	1950-04～	郑州黄河养护公司	1986年、1990年劳模
蒋克有	河南中牟	1935-02～	中牟河务局	1989年劳模
张德旺	河南通许	1951-01～	郑州供水分局	1990年、1994年劳模
费泽田	河南巩义	1934-05～	巩义河务局	1994年劳模

续表 8-19

姓　名	籍　贯	生卒年(年-月)	工作单位	表彰时间及荣誉称号
赵小成	河南郑州	1941-01~	惠金河务局	1994 年劳模
常桂莲	河南开封	1952-11~	郑州河务局	1996 年劳模
朱兆立	河南中牟	1973-12~	中牟河务局	2000 年劳模
赵书成	河南巩义	1956-02~	郑州河务局	2000 年劳模
朱兆立	河南中牟	1973-12~	中牟河务局	2000 年劳模
张福明	河南中牟	1956-01~	中牟河务局	2000 年、2001 年劳模
刘　丰	河南荥阳	1957-01~	郑州河务局	2005 年劳模
秦金虎	河南偃师	1963-08~	郑州河务局	2005 年劳模
史中选	河南中牟	1953-11~	中牟河务局	2009 年劳模
刘培中	河南开封	1960-12~	郑州河务局	2009 年劳模
朱松立	河南开封	1962-12~	郑州河务局	2009 年劳模
仵海英	河南桐柏	1971-03~	惠金河务局	2009 年劳模
张汝印	河南濮阳	1964-03~	郑州河务局	2009 年劳模
李长群	河南原阳	1961-04~	惠金河务局	2009 年劳模
丁学奇	河南杞县	1957-12~	中牟河务局	2013 年劳模
王春雷	河南封丘	1973-10~	惠金河务局	2013 年劳模
杨　玲	山东汶上	1960-08~	郑州河务局	2013 年劳模
赵俊奇	河南巩义	1969-05~	巩义河务局	2013 年劳模
杨建增	河南林县	1960-10~	荥阳河务局	2013 年模范

获得河南河务局劳动模范名录如表 8-20 所示。

表 8-20　获得河南河务局劳动模范名录

姓　名	籍　贯	生卒年(年-月)	工作单位	表彰时间及荣誉称号
吴建国	河南中牟	1957-03~	郑州黄河水电工程有限公司	1981 年先进生产者
陈海停	河南中牟	1958-11~	郑州黄河水电工程有限公司	1986 年劳模
刘全富	河南中牟	1958-04~	郑州黄河水电工程有限公司	1993 年、2000 年劳模
马四元	河南郑州	1956-01~	惠金河务局	1996 年劳模
苏清华	山东阳谷	1960-03~	郑州黄河水电工程有限公司	1996 年劳模
方广才	河南荥阳	1955-03~	郑州荥阳养护公司	2000 年劳模
马彦明	河南郑州	1966-01~	郑州惠金养护公司	2000 年劳模
彭文彬	河南中牟	1959-08~	郑州供水分局	2000 年劳模
王巧兰	河南巩义	1965-06~	郑州河务局	2005 年劳模
朱富仁	河南中牟	1954-05~	郑州河务局	2005 年劳模

续表 8-20

姓　名	籍　贯	生卒年(年-月)	工作单位	表彰时间及荣誉称号
任爱菊	河南荥阳	1965-08～	荥阳河务局	2005 年劳模
顾小天	河南郑州	1954-12～2014-12	惠金河务局	2005 年劳模
丁长栓	河南中牟	1966-04～	荥阳河务局	2009 年劳模
丁学奇	河南杞县	1957-12～	中牟河务局	2009 年劳模
马元奎	河南巩义	1955-02～	荥阳河务局	2009 年劳模
冯建民	河南郑州	1961-09～	惠金河务局	2009 年劳模
白领群	河南中牟	1972-06～	郑州黄河水电工程有限公司	2009 年劳模
邢志永	河南沈丘	1973-01～	郑州黄河水电工程有限公司	2009 年劳模
张中山	河南通许	1967-04～	中牟河务局	2009 年劳模
张存银	山东鄄城	1961-12～	郑州黄河工程有限公司	2009 年劳模
张治安	陕西蒲城	1963-08～	惠金河务局	2009 年劳模
李　强	河南新郑	1978-01～	荥阳河务局	2009 年劳模
杨　玲	山东汶上	1960-08～	郑州河务局	2009 年、2013 年劳模
赵喜堂	河南长垣	1965-02～	惠金河务局	2009 年劳模
楚景记	山东嘉祥	1976-09～	巩义河务局	2009 年劳模
雷　宇	河南巩义	1963-02～	巩义河务局	2009 年劳模
蔡长治	河南荥阳	1962-09～	郑州河务局	2013 年劳模
蒋忠强	河南中牟	1973-12～	郑州河务局	2013 年劳模
赵俊奇	河南巩义	1969-05～	巩义河务局	2013 年劳模
闫社会	河南伊川	1957-12～	中牟河务局	2013 年劳模
崔秀娥	河南临颍	1964-07～	中牟河务局	2013 年劳模
张海鹰	河南杞县	1973-10～	惠金河务局	2013 年劳模
王春雷	河南封丘	1973-10～	惠金河务局	2013 年劳模
李孝利	河南杞县	1971-06～	惠金河务局	2013 年劳模
马龙秀	河南郑州	1972-10～	惠金河务局	2013 年劳模
杨建增	河南林县	1960-10～	荥阳河务局	2013 年劳模
柴　哲	河南滑县	1974-01～	郑州黄河水电工程有限公司	2013 年劳模
丁学奇	河南杞县	1957-12～	中牟河务局	2013 年劳模
杜栓岭	河南中牟	1978-10～	中牟河务局	2013 年劳模
白建中	河南中牟	1973-03～	郑州黄河工程有限公司	2013 年劳模

第九章　文化名胜

郑州是全国文明古都之一,拥有黄河沿岸诸多风景名胜区和深厚的文化底蕴;郑州文化名胜极具民族历史和黄河特色,成为海内外炎黄子孙前来寻根拜祖的圣地,对实现中原崛起、增强民族凝聚力、发展对外开放,产生了巨大的影响。

第一节　郑州黄河历史文化

一、郑州市区

(一)大河村遗址

大河村遗址属全国重点文物保护单位,位于河南省郑州市的东北部12千米、中州大道和连霍高速交会处东南隅,面积约40万平方米。它是一处新石器时代的大型聚落遗址,包含有仰韶文化、龙山文化、夏文化、商代文化四个不同历史时期的内容,年代为距今6800~3500年。从历次发掘的大量墓葬、房基等遗迹看来,文化层深达4~7米。1972~1987年遗址曾先后发掘21次,出土大量房基、窖穴和墓葬,出土各类珍贵文物3500多件。其中,一号房基的墙壁高达1米,距今约有5000年,属新石器时期仰韶文化晚期建筑,为目前国内该时期仅存的房基。出土的文物主要有红陶黑彩、白衣彩陶。彩陶片上绘有各种天文图像,如太阳纹、月亮纹、星座纹、日珥纹等。这一发现,对研究仰韶文化的农业和古代天文学的关系具有重要意义。发掘表明,先民们曾经在此延续居住长达3300多年。2001年被国务院公布为第五批全国重点文物保护单位。

(二)商城遗址

商城遗址位于郑州市区内,1950年秋发现。经多年的调查和发掘,商代文化遗存遍及东起凤凰台,西至西沙口,北自金水路,南到二里岗,总面积达25平方千米。城墙夯土内发现许多商代中期的陶片,经碳14测定,证明城址距今约有3500年,早于安阳殷墟,是商代中期城址。在城垣内、外出土的遗物中以生产工具范模为最多,说明青铜生产工具当时已广泛应用。1974年在一条沟内还发现了许多带有明显锯痕的奴隶的遗骨。在有的奴隶主墓内时见有殉葬的奴隶,以及用被杀的奴隶的头骨制作的器皿。现已设置了陈列室。

1961年3月4日国务院公布郑州商代遗址为全国重点文物保护单位。

(三)二七纪念塔

二七纪念塔全称郑州二七大罢工纪念塔,位于郑州市二七广场,建于1971年,钢筋混凝土结构,是中国建筑独特的仿古联体双塔,它是为纪念1923年2月7日京汉铁路工人大罢工而修建的纪念性建筑物。2006年被列为全国重点文物保护单位。

1923年2月1日中国共产党领导的京汉铁路总工会筹备会决定在郑州召开成立大会,当天上午军阀吴佩孚派出大批荷枪实弹的军警在郑州全城戒严,下令禁止召开京汉铁路总工会成立大会。2月4日全路两万多工人举行大罢工,1200千米铁路顿时瘫痪。京汉铁路工人大罢工引起了帝国主义和反动军阀的恐慌。在帝国主义支持下,吴佩孚调动两万多军警在京汉铁路沿线镇压罢工工人,制造了震惊中外的二七惨案。

(四)黄河博物馆

黄河博物馆成立于1955年,新馆位于郑州市花园路与迎宾路交叉口,迎宾路402号。黄河博物馆占地7000平方米,建筑约2900平方米,其中陈列面积1200平方米。旧馆位于郑州市紫荆山路4号。黄河博物馆作为世界上最早成立的江河博物馆之一,是中国唯一一座以黄河为专题内容的自然科技类博物馆,隶属水利部黄河水利委员会。其前身是成立于1955年的“治黄展览会”;1957年7月改名为“治黄陈列馆”;1960年初,因国家经济困难而闭馆;1972年,为纪念毛泽东同志视察黄河二十周年重新开馆,又改馆名为“黄河展览馆”,由郭沫若先生题写馆名;随着治黄事业的发展、藏品的日渐丰富和面向社会服务的需要,1987年6月更名为黄河博物馆,由舒同先生题写馆名。

(五)郑工合龙处

清光绪十三年(1887年)八月,河漫决郑州下汛十堡东,夺溜由贾鲁河入淮,十五个州县受灾,灾民约180余万人。河道总督觉罗成孚等分别受惩,新任河道总督李鹤年总理堵口事宜,历时半年工未成,被革职。清廷又令吴大澂署理河东河道总督,接办堵口工程。吴到任后查勘工程,日夜督工,引进技术,运筹帷幄,终于在十二月十九日合龙。郑州黄河堵口工程宏大,史称“郑州大工”。

合龙后,吴大澂等于次年(1888年)立石于河南郑州下汛十堡东(今郑州市花园口乡石桥村西)。碑阴篆书碑记铭文。此碑位于21+780的背河堤上,面向黄河,碑距大堤中心22.5米,碑顶低于堤顶2.1米,高于戗顶2.5米。碑高2.86米(包括碑头高度),碑宽0.76米,碑厚0.15米。碑正面隶书“郑工合龙处”,碑头有楷书“皇清”并有二龙戏珠浮雕,侧面有云水纹。碑背面篆书如上,四角碑亭已圮,石柱尚存。

二、郑州沿黄县(市)

(一)巩义市

1.黑石关

黑石关位于河南省巩义市西南4千米,古称黑石渡,是洛水渡口之一。因洛水东有黑石山,故名。黑石壁上刻"黑石关"三个行书大字,字大30厘米。此关西与邙岭夹岸相对如门,是古代交通的咽喉,扼控巩洛之中;隋末王世充与李密相持,世充夜渡洛水营于黑石;元至和初,陕西诸王阔不花讨燕贴木儿,至巩县黑石渡,大败河南兵,皆即此;明代曾在此设巡司。

2.杜甫故里

杜甫故里位于巩义市区东10千米站街镇南瑶湾村,背靠笔架山,前临东泗河,是唐代伟大诗人杜甫的诞生地。杜甫的曾祖杜依艺曾任巩县县令,举家由襄阳迁居巩县,杜甫生于此,并在此度过少年时代。故里原有杜甫祠堂,始建年代不详,清雍正五年,河南府尹张汉重修并立"诗圣故里碑"一通,乾隆、同治及民国年间又多次立碑。

杜甫故居坐东向西,原宅院长20米、宽10米,小青瓦门楼,院内有东西向瓦房3间,硬山式灰瓦顶,门上悬郭沫若书"杜甫故里纪念馆"匾。室内陈列杜甫诗集珍本及后人诗配画等,东侧有房2间,北侧有一窑洞,门额悬郭沫若书"杜甫诞生窑"匾额,洞口为砖砌墙壁。洞高3米、宽2米、深20米,前7米为明代砖券,后13米系1955年仿明代砖券重修。院内西墙上嵌清代张汉草书"诗圣故里"碑一通。故居路口有碑楼一座,内立清代碑刻,正面楷书"唐工部杜甫故里",碑楼北侧嵌清代石刻一通,为"唐工部杜文贞公碑记"。现在的杜甫故里经过了重修。

3.康百万庄园

康百万庄园位于距巩义市西北4千米的康店镇康店村。建于明末清初,因园主康应魁两次悬挂千顷牌,曾向清廷捐助饷银,故被称为"康百万""康半县"。该庄园占地面积达64300平方米,由住宅区、作坊区、栈房区、饲养区、金谷寨和祠堂等6部分33个庭院组成。其中有楼房53座、平房97间、券窑73孔。这座地主庄园对研究和认识中国封建社会晚期明、清两代的政治经济情况及建筑雕刻艺术,都具有重要意义。

(二)荥阳市

1.虎牢关

虎牢关位于汜水镇虎牢关村,东临汜水河,北通黄河,西依大伾山和皋城,南对张飞寨(城),是中原地区历史上扼守东达开封,西通洛阳、西安东西交通咽喉的一处著名险关。

虎牢,本是地名,虎牢之地设关由来已久,因关的设废同道路的变迁密切相关,所以虎牢关之名称、位置历史上多有变化。秦置虎牢关,汉称旋门关,宋称行庆关、汜水关,明称古崤关,又名车从关,清代复名虎牢关。此外,还有称成皋关的等。

虎牢关由于地扼东西孔道,地形险要,历史上每逢战端开启,便会烽烟骤起。秦末汉初的成皋之战、隋末唐初的武牢之战等著名战役以及宋、金竹芒渡之战和清代太平天国的北伐军渡河北伐行动等均在虎牢关前上演。抗日战争时期,中国军民也凭借虎牢关一带的有利地形,打退日寇的多次进攻,有力抗击了日寇西进洛阳的军事行动。

虎牢关,明清曾修有关城。1861~1863年,为防堵太平天国北伐军,汜水县武状元牛凤山监修新关,并在关上修寨,寨与新关相互成犄角。可惜这些关、寨均已不存。关北建有三义庙(亦称关帝庙),清雍正年间所立之“虎牢关”石碑仍赫然树在虎牢关前。

1987年5月6日,公布虎牢关为荥阳县文物保护单位。

2.汉王城、霸王城址

汉王城、霸王城址,位于荥阳市最北部的广武镇的霸王城、汉王城两村北部,现存总面积约8万平方米。广武涧(古鸿沟)现宽800米、深200米,涧内有鸿沟村,西边是汉王城,东边为霸王城。刘邦和项羽曾以此为界,形成中分天下的局面,象棋棋盘中的“楚河汉界”一说就由此而来。

两城址地处广武山顶北侧的浅山丘陵地带,北濒黄河,周围群山起伏,沟壑纵横,其中汉王城址,西临东张沟,居于鸿沟之西。霸王城址位于霸王城村北,东临薛沟,居于鸿沟之东;它们隔沟(涧)相对峙,耸立于两山头上,形势相当险要。

3.鸿沟遗址

鸿沟遗址位于河南省荥阳市黄河南岸广武山上。沟口宽约800米,深达200米,是古代的一处军事要地。它是中国古代最早沟通黄河和淮河的人工运河。战国魏惠王十年(公元前360年)开始兴建。修成后,经过秦代、汉代、魏晋南北朝,一直是黄淮间主要水运交通线路之一。西汉时期又称狼汤渠。西汉初年楚汉相争时,汉高祖刘邦和西楚霸王项羽仅在荥阳一带就爆发了“大战七十,小战四十”,并由此形成了象棋棋盘上“楚河汉界”中间的划分。

它西自荥阳以下引黄河水为源,向东流经中牟、开封,折而南下,入颍河通淮河,把黄河与淮河之间的济、濮、汴、睢、颍、涡、汝、泗、菏等主要河道连接起来,构成鸿沟水系。

4.黄河分界碑

黄河分界碑即黄河中下游分界线标志,坐落于广武镇桃花峪村北广武山上。通高21米,内空,有旋梯可登达碑顶。中部有一纵向缝隙南北贯通,为黄河中下游分界线。界标底筑高台基,台基周围玉栏。桃花峪居黄河干流中下游的交接点上,黄河中下游分界线以上至内蒙古托克托县河口镇为中游,以下至入海口为下游。该碑1999年动工,2001年竣工。

(三)中牟县

1.赵口渡口

赵口渡口位于河南黄河右岸约43千米处,万滩镇三刘寨村东2千米处。古为黄河两岸通航的渡口,原被称为“赵家渡口”。20世纪50年代逐渐失去渡口功能,后来这里简称为“赵口”,摆渡范围由万滩至辛寨;赵口渡口历史上是中牟县黄河南北岸交通运输的主要渡口。据了解,中牟县城到赵口有一条大路(民间叫官道),民国年间被废除。由于来往渡河的人员、物资很多,当时兴盛时期南岸有民船五六只,北岸有三四只(均为人动力船,载重约为20吨),每日摆渡颇为繁忙。郑州铁路桥、公路桥启用后,人们由挑担推车改为汽车、火车交通为主,大多走郑州过河,因此该渡口摆渡骤减。

20世纪90年代后期对古渡口进行了旅游开发,有游船、摩托艇等设施。

2.官渡古战场

官渡古战场旅游区位于中牟县城东北3千米处、310国道北侧,以官渡桥村为中心,面积16.12平方千米。第一期工程景区面积192亩,建筑面积7810平方米,投资1680万元,建有南大门、汉风街、官渡之战纪念坛、官渡书画院、关帝庙、拴马槐、模拟古战场艺术宫、曹公台、汉井等景点。官渡之战艺术宫为主景,建筑面积5400平方米。

南大门外东侧设置古兵器架,由刀、矛、斧、戈组成,兵器架上横担牌匾,上铸张爱萍将军手写“官渡古战场”五个鎏金大字;西侧为古盾牌造型的建筑;大门两侧各置一排各色古战旗,上写“袁”“曹”字样。大门内是汉风街,两厢为二层或三层、飞檐斗拱的仿古楼房。纪念坛建有碑形照壁,大理石碑体正面为袁曹对阵浮雕,背面为战争阵势图和毛泽东对官渡之战的评价。官渡书画院为仿古阁楼式四合院。关帝庙狻猊把门,雕梁画栋,由大门、正殿、后殿三进院落组成,有记述冉觐祖、仓圣脉等中国历史名人的石碑数通;关帝庙重建后,成了县内重要的佛道两教活动点,每年节至、庙会,前来参拜、祭祀者络绎不绝,香火越来越旺。拴马槐为多年的原始古槐,相传已有上千年历史;古槐从基部分做两枝,主干被蚀空,显得老态龙钟,树冠枯死,虬枝铁干,古风犹存,每年春节从不同方向发出一枝新枝重现生机;古槐旁立怪石,上刻“曹操拴马槐”。

模拟古战场艺术宫由一大二中七小共十个古军帐组成,拱形圆顶,桶形建筑,内部相连相通,两侧的中军帐直径25米、高12.25米,后围的七个小军帐直径20米、高12米,中间大军帐直径46米、高22.5米。进门正面墙上有官渡之战文字介绍,由东侧入宫,依次为再现官渡之战始末的38幅场景,人、马、器物为1∶1三维雕塑。各场景均以电脑遥控操作,声、光、电、机械等现代化手段再现当年战事的情景,人有语音,马有动作,活灵活现、形象逼真,使游客如见古代战斗实景。艺术宫外设有射箭场,弩弓、弹弓射击场,跑马场,院内有仿古战车,可供游客消遣、娱乐。艺术宫主景区院墙为古城墙,三座城楼相连组成“辕门”,城楼上,两侧为六方圆顶单檐凉亭,中间为上圆下方的垂檐凉亭,均为青灰色建筑,给人以清爽的感觉,可以稍抑在艺术宫中亲临两军对阵时的紧张和激动。

出辕门向西是曹公台,为官渡之战时曹操点将出征的点将台,曹公台西南侧有一口六角古井,名为“汉井”,曹公台上是曹操的金色塑像,曹操胯下的骏马前蹄凌空、后腿犬立,神态矫健。马上的曹操长须飘拂,战袍齐整,一手执缰,一手挥剑,目视远方、咄咄逼人,大有气吞山河之势。

3.潘安故里

潘安故里位于中牟县城建设南路的大潘庄村,为纪念潘岳而建。潘岳(247—300年),字安仁,俗称潘安,城关镇大潘庄人,西晋时期著名的文学家,家喻户晓、妇孺皆知的美男子。2000年,“潘安轶事”被评为“郑州十大历史故事”之一。游乐园占地120余亩,1996年6月破土动工,10月1日开放。大门内矗立着汉白玉的潘安塑像;塑像北侧为潘安墓,墓旁土山为潘家坟,土山上建有纪念碑亭;塑像南侧为旱冰馆等娱乐设施,进门后自西向东而行,依次为花圃、人工湖、玉带桥、游乐池、文艺演出场地及其他游乐设施。2000年,园内设有30多个儿童游乐项目,游乐园开业前三天,潘家坟上四株棠梨反季节开花,盛开本应春季绽放的满树白花,一时成为奇观。游乐园建成后,成为市民晨练、休闲、娱乐的理想场所,每年的农历正月十六和三月二十八,园内更是游人如织。全国各地的潘氏宗亲不断来此寻根问祖,至今已接待数万人。

2013 年 5 月游乐园改建为以潘安文化为主体的文化公园,占地面积 6.7 万平方米。其中,景观绿化面积 5 万平方米,人工湖面积 8000 平方米,道路广场铺装面积 9000 平方米。3000 平方米建筑物均为魏晋风格。整个公园分为入口广场区、主题文化区、娱乐休闲区、健身活动区和园务管理区 5 个分区,是娱乐休闲、运动健身、陶冶情操的上佳去处。

第二节　文化景观

一、黄河风景名胜区

黄河风景名胜区位于河南省会郑州市西北 20 千米处黄河之滨,南依岳山,北临黄河,是国家级风景名胜区、国家 AAAA 级旅游景区、国家水利风景区。这里是黄河中下游分界点,是黄河地上"悬河"的起点,是黄土高原的终点。独特的地理特征形成了博大、宏伟、壮丽、优美的自然景观。

黄河风景名胜区现已开放面积 20 多平方千米,已经建成并对外开放的五龙峰、岳山寺、大禹山、炎黄二帝、星海湖等五大景区,分布着"炎黄二帝巨塑""哺育像""大禹""黄河碑林""万里黄河第一桥""毛主席视察黄河处""浮天阁""极目阁""孔雀园"等 40 余处景点。其中炎黄二帝巨型塑像采用中国传统雕塑艺术和中国建筑艺术相结合的手法进行建造,高 106 米,是世界最高的雕塑之一(见图 9-1)。

图 9-1　黄河风景名胜区炎黄二帝广场(2008 年)

2007 年成功举办落成大典后又连续三年举办了"中国·郑州炎黄文化周"活动,在海内外产生了强烈反响,许多海内外游客慕名前来瞻仰炎黄二帝巨型塑像,这里已成为全球华人和国际友人寻根祭祖、观光旅游的圣地。景区每年接待上百万中外游客,被誉为万里黄河上的一颗璀璨的明珠。

二、花园口景区

花园口景区位于郑州市区北郊18千米处的黄河南岸。民间传说,明朝时期,黄河岸边许家堂村出了个名叫许赞(俗称许天官)的吏部尚书,在这里修建了一座花园,方圆540余亩,种植四季花木,终年盛开不谢,远近男女争往游览观赏。后来黄河南滚改道,滔滔洪水把这座美丽的花园吞没后,仅留下一个渡口,群众便称之为花园口。

花园口景区,1997年经郑州市旅游局批准成立;1999年被评为“爱国主义教育基地”和“对外宣传的窗口”;2002年经水利部水利风景区评审委员会批准为国家第二批“水利风景区”;2006年被评审为“国家AAA级旅游风景区”。

至2015年底,景区东西全长10余千米,占地面积600余公顷,主要景观和游乐项目有将军坝、镇河铁犀、扒口处遗址、南(北)纪事广场、四季植物景观园、黄河公路大桥、花园口水位站、花园口水利枢纽遗址、渔家乐、黄河漂流、沙滩泳场,以及骑马、狩猎、快艇、电子激光游乐等12大类50多种娱乐项目。

在水利部、黄委和当地各级政府的关怀下,花园口景区主管部门于2002年邀请了北京、武汉、广州和深圳等地的知名大学、园林策划、规划设计研究机构做了总体策划、规划和个体景观设计,并不断加大投资力度,使花园口在新时代焕发了青春,以一个崭新的黄河面貌呈现在世人面前(见图9-2)。目前黄河碑林等景点已经建成,并规划将花园口水利风景区建设成集观光、旅游、度假、娱乐及文化教育等功能于一体的大型综合性旅游胜地。

图9-2　黄委老干部考察黄河花园口(2009年)

(一)将军坝

将军坝正对景区主大门,位于花园口景区的中部(见图9-3),是花园口险工90号坝。该坝始建于清乾隆十九年(公元1754年),后经不断加固,距今已有250多年的历史。将军坝上的大将军雕像取自明朝治水名将伏波的造型。清嘉庆十三年(1808年)在此修建了一座将军庙,为百姓祈祷黄河安澜之地。

将军坝是花园口险工的主坝,当时的坝旁有一座将军庙,所以取名“将军坝”。坝长

图 9-3　黄河花园口将军坝(2002 年)

120 多米,根石深达 23 米,是黄河根石基础最深、最牢的一道坝。1991 年 2 月 11 日,江泽民总书记曾来此视察黄河,并在这个坝头留影。2007 年 5 月,胡锦涛总书记视察黄河时,也在此观看 91 号坝上的历史洪水位标尺,同时提出治理黄河更高的期望。2009 年 4 月,时任国家副主席的习近平到此视察。

(二)镇河铁犀

镇河铁犀又叫镇河铁牛、独角兽,是一座铁犀,位于将军坝西侧,是明代兵部尚书于谦主持修铸的。古代,人们认为河患是水怪蛟龙在作祟,而水怪蛟龙又害怕犀牛,于是就在黄河边修建了一座铁犀牛的雕塑,以镇河患。

明洪武二十年(公元 1387 年)和永乐八年(公元 1410 年),黄河在开封两次决口。危难之际,于谦受命任河南巡抚,只身到开封上任。于谦履任后,体察民情,重视河防,在修葺黄河大堤与开封护城堤的同时,亲自撰写了《镇河铁犀铭》刻在犀背,将其安放在黄河岸边新建成的回龙庙中。安放铁犀的铁牛村后来又经历了两次洪水,回龙庙被大水夷为平地,但铁犀始终没有被冲走。1940 年,侵华日军将铁犀掠至开封城,想把铁犀熔化后制造军火,在铁牛村村民奋力抗争下,最终设法把铁犀保护了起来。20 世纪 90 年代初,河务部门为展示地方文物,发展黄河旅游事业,又复制了一尊铁犀安置在花园口。

(三)花园口记事广场

花园口记事广场,位于右岸黄河大堤 12+000 处,西距郑州黄河公路大桥 300 米。此处是 1938 年国民党政府扒开黄河开口的遗址,原来叫扒花亭,又叫八卦亭,有两座亭子作为标志物,其中一座亭子中的石碑上镌刻着花园口堵复经过。为铭记历史,2004 年,在国家和地方政府的支持下,郑州河务局在此处建成一个近 30000 平方米的广场,即花园口记事广场。广场被黄河大堤一分为二,形成南北两个广场。

北广场矗立着花园口记事广场纪念碑、大象雕塑、抗日纪念碑、中日青年林纪念碑和巨幅黄河花园口决堤之后黄泛区平面图。

南广场巨大横卧石刻镌刻鎏金大字“花园口事件广场”,中间的圆形高台成为广场的中心地带,站在台上,不仅可以浏览广场周围的景色,也可以欣赏到百米以外的风景。与北广场交相辉映、浑然一体。

南广场赭红色的浮雕墙是广场的主题内容,也是花园口从扒堤到合龙的历史记录。广场的浮雕,分别为“日寇侵华”“决堤扒口”“洪水泛滥”“灾民流离”“生态灾害”“堵口会谈”“复堤斗争”“黄河归故”八部分内容。从日本侵略中国开始,花园口决堤形成的重大灾难与危害,人民饱受的涂炭,通过浮雕一一表述。

浮雕东侧,矗立着人民治黄纪念碑(亭),1997 年 8 月 28 日,由黄委和河南省人民政府立。记载着黄河回到人民的手中之后,才出现了前所未有的巨大的变化。黄河造福于民,黄河服务于社会,在社会主义中国,终究成为现实。

浮雕西侧,矗立着黄河扒堵口纪念碑(亭),1947 年由国民政府行政院立,由水利部承办。这座亭子也叫八卦亭,“八卦”是我国《易经》的精髓,取此名是顺应人们企盼无灾无难风调雨顺的心理,也有寄托黄河安澜之意。

八卦亭中心是合围在一起的六面石碑。第一面石碑上“济国安澜”四字,是蒋介石先生的亲笔题词;第二面石碑上是当时国民政府行政院的题词“安澜有庆”;第三、第四面石碑上是堵复工程局局长朱光彩写的花园口工程纪实;第五面石碑是水利部部长薛笃弼撰写的合龙纪念碑文;第六面石碑上则是协助机关的首长名单。碑文详细记载了黄河花园口从扒口到堵复的史实,述说了国民党政府扒口的历史真相以及由此所造成的人间浩劫。

(四)决口口门界碑

为使游人对 1938 年决河有更直观、形象的了解,特在东西口门边界处树通体白色玻璃钢界碑,以醒游人。界碑采用倒三角金字塔结构构图,给人一种奇峰般的震撼。中间利用人物思索之精处,在视觉上给观者以气势宏伟之感。水浪造型与岩石相拥,象征人与自然;水与堤岸相对的惊险,力透黄河决口之险,又示决口之边界。界碑简单形象的艺术造型手法不乏活文化之精妙,隽永、深刻的构思又留给游人许多的遐想和思索。

(五)岗李水库

原为 1961 年建成的花园口枢纽工程消力池,占地 23.33 平方千米,1978 年停止使用后,十八孔泄洪闸封死。消力池经多年泥沙沉降,形成郑州市近郊不作为备用引水源,供旅游开发的最大一座湖泊,水质清澈,水位稳定。水库周围林木成荫,环境十分优美。经初步开发,该水库可供游客荡舟,满足市民游玩需求。

(六)黄河沙滩浴场

黄河大桥东侧的黄河沙滩浴场,水域面积达 2 万平方米,沙滩面积 1 万余平方米,为河南省浴场之最。是广大游客休闲健身、避热消暑的优美胜地,浴场大酒店则成为游客餐饮、娱乐、休憩的好场所。该景区年均接待游客达 15 万人次,2004 年因黄河标准化施工拆除。

三、雁鸣湖风景区

雁鸣湖风景区位于中牟县城北 15 千米处,雁鸣湖镇(过去为东漳乡)南侧、连霍高速公路北侧。景区有水面4000余亩,黄河水可以随时补充,为河南境内、郑州以东最大的湖面;湖水碧波荡漾,清澈见底,湖内盛产多种名贵水产品,雁鸣湖大闸蟹最为驰名。600余亩蒲花荡保持着原始的自然风貌,荡中蒲苇全部自然生成。由于长年积水,天鹅、白鹭、苍鹭、野鸭等多种珍奇野生水鸟和其他水族动物在此繁衍栖息,形成完整的天然生物链。

第三节　文化歌谣

黄河文化,除风景名胜积淀之外,还有历史悠久的黄河号子和诗歌、警句、谚语、歌谣等。在不同的历史时期,为黄河的建设起到了很好的作用,为我们留下了深深的辙印和精神食粮。

一、黄河号子

黄河号子是古代黄河人的呼声和劳动号子,是华夏劳动号子的雏型。号子产生于劳动又服务于劳动,既是劳动的工具,又是劳动的颂歌,其文化内涵和社会功能明显。黄河号子的形成与黄河流域的发展变化关系密切,既是治黄人能力的表现,也是黄河悠久历史文化的深厚积淀(见图9-4)。

图9-4　郑州黄河职工人工打桩训练(2015年)

黄河号子是黄河文化中的一支奇葩,是历代黄河河工在治黄实践中用汗水哺育的一项黄河文化,它不仅是治黄实践的浓缩,更是推动抗洪抢险施工的力量。根据施工场面的情况,选用不同的号子,可给施工抢护人员以速度和力量,达到同心协力抗洪抢险的目的。

黄河号子是黄河文化的重要组成部分,是标志性的非物质文化遗产,保护黄河号子是保护黄河文化的重要措施之一。2007年3月5日,“黄河号子”入选河南省第一批省级非物质文化遗产名录。2008 年 6 月 7 日,“黄河号子”入选第二批国家级非物质文化遗产名录。

(一)历史渊源

黄河号子属于劳动号子的一种,是先辈们在与洪水的抗争中,共同协作,砥砺奋进,逐渐形成有节奏、有规律、有起伏的歌声。

黄河治理过程中出现了不同的工种,黄河号子也相应分成许多类别,主要有抢险号子、土硪号子、船工号子等,区域不同,流派诸多,各种号子异彩纷呈,争奇斗艳。

(二)艺术特点

黄河号子属汉族民歌的一个主要载体,具有协调与指挥劳动的实际功用,是人们参与集体协作性较强的劳动时,为了统一劳动节奏、协调劳动动作、调节劳动情绪而唱。

黄河号子的双重功用,即实际功用和艺术表现功用。劳动号子的双重功用表现在:一方面,它可以鼓舞精神,调节情绪,消除疲劳,组织和指挥集体劳动;另一方面,它具有一定的艺术表现价值。这二者的关系是相互制约、相互排斥的,劳动的强度越大,对黄河号子音乐表现的制约也就越大;反之,劳动强度较小,黄河号子的歌唱者就可以有较大的余力去斟酌和发挥其音乐的艺术表现。

律动性是黄河号子的主要特点之一。劳动动作的不断重复及其节奏感,赋予黄河号子节奏的律动性。一领众和是劳动号子音乐的另一主要特点。黄河号子最常见、最典型的歌唱方式是一领众和,领唱者往往就是集体劳动的指挥者。领唱部分常常是唱词的主要陈述部分,音乐形式灵活、自由,曲调和唱词常有即兴变化,旋律常上扬,高亢嘹亮,有呼唤、号召的特点。和唱的部分大多是衬词或重复领唱中的片段唱词,音乐较固定,变化少,节奏感强,常使用同一乐汇或同一节奏重复进行。

(三)号子种类

黄河号子主要包括黄河抢险号子、土硪号子和船工号子。

1.黄河抢险号子

黄河抢险号子分为骑马号(快号)、绵羊号(慢号)、小官号(慢号头、快号)和花号四种(各附一曲黄河号子,由国家级非物质文化遗产黄河号子第三代传承人、原河南黄河旅游开发公司总经理李富中提供)。主要用于打桩、拉骑马、拉捆枕绳、推枕推笼、搂厢等。

(1)骑马号:节奏明快,声调高亢激昂,催人上进。在语调拉长后可变换成多个、多用途的号种。(见 9 曲谱 1)

(2)绵羊号:节奏缓慢,可使人们的紧张情绪得到调整,常在人们疲倦困乏时使用。(见 9 曲谱 2)

(3)小官号:节奏先慢后快,柔中有刚,融紧张气氛于娱乐之中。(见 9 曲谱 3)

(4)花号:是历代河工为迎接河官作汇报表演的一个号种。其曲调优美,鼓舞斗志,但下桩速度慢,不实用,为纠正其缺点,常与骑马号配合使用,使人们的疲倦之意顿时消失。其内容大多取自于历史故事,还有一些佳词名句。还有一些题材是“触景生情”之作,随编随喊。(见 9 曲谱 4)

骑马号

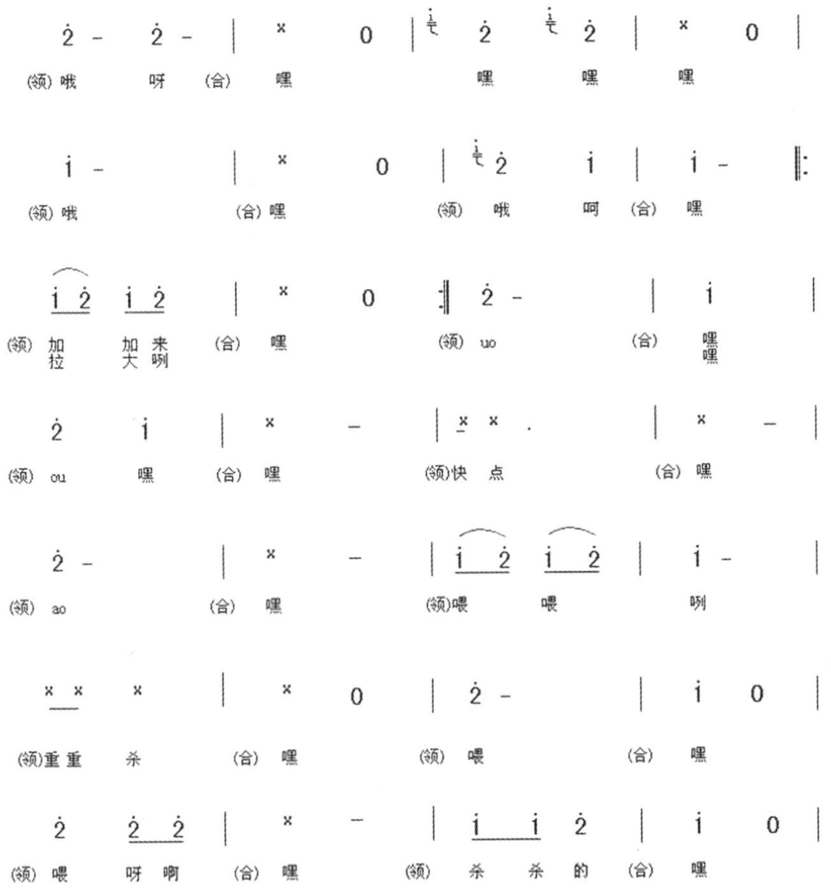

(领)哦 呀 (合)嘿 嘿 嘿 嘿

(领)哦 (合)嘿 (领) 哦 呵 (合) 嘿

(领) 加拉 加来大咧 (合) 嘿 (领) uo (合) 嘿嘿

(领) ou 嘿 (合) 嘿 (领)快 点 (合) 嘿

(领) ao (合) 嘿 (领)喂 喂 咧

(领)重重 杀 (合) 嘿 (领) 喂 (合) 嘿

(领) 喂 呀 啊 (合) 嘿 (领) 杀 杀 的 (合) 嘿

9 曲谱 1　骑马号曲谱

绵羊号子

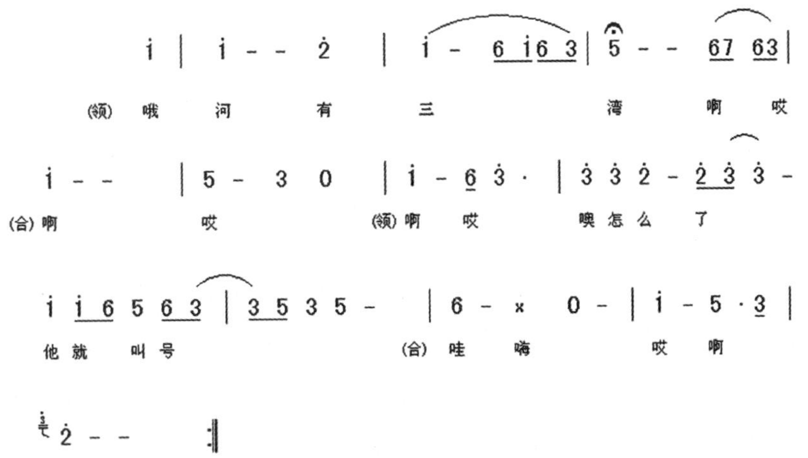

(领) 哦 河 有 三 湾 啊 哎

(合) 啊 哎 (领) 啊 哎 噢 怎 么 了

他 就 叫 号 (合) 哇 嗨 哎 啊

9 曲谱 2　绵羊号曲谱

小 官 号

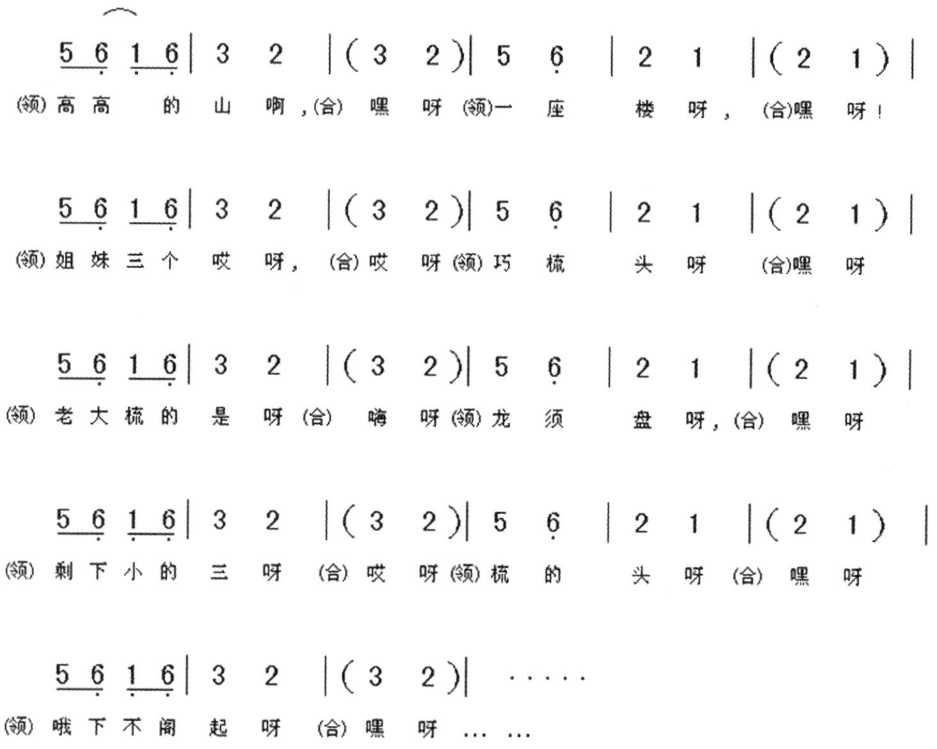

5 6 1 6 | 3 2 | (3 2) | 5 6 | 2 1 | (2 1) |

(领)高高 的 山 啊,(合)嘿 呀 (领)一 座 楼 呀,(合)嘿 呀!

5 6 1 6 | 3 2 | (3 2) | 5 6 | 2 1 | (2 1) |

(领)姐 妹 三 个 哎 呀,(合)哎 呀 (领)巧 梳 头 呀 (合)嘿 呀

5 6 1 6 | 3 2 | (3 2) | 5 6 | 2 1 | (2 1) |

(领)老 大 梳 的 是 呀 (合) 嗨 呀 (领)龙 须 盘 呀,(合) 嘿 呀

5 6 1 6 | 3 2 | (3 2) | 5 6 | 2 1 | (2 1) |

(领)剩 下 小 的 三 呀 (合)哎 呀 (领)梳 的 头 呀 (合) 嘿 呀

5 6 1 6 | 3 2 | (3 2) | ·····

(领)哦 下 不 阁 起 呀 (合)嘿 呀 ……

9 曲谱3 小官号曲谱

2.土硪号子

土硪号子是人们参与集体劳动时,为了统一劳动节奏、协调劳动动作、调整劳动情绪而唱的一种民歌。建筑工地打工、打硪等劳动几乎都有不同的劳动号子相伴,黄河中下游每年春秋两季筑堤劳动中流传的"工号"最为壮观。

土硪号子主要有以下几种:①老号,也叫慢号,其特点为"一掂一打"。即众人随着节奏用少许力气将硪提(掂)离地面一尺余,然后落下,打第二硪时将硪拉离地面2.5米以上后落下,交替进行。②新号预备号,也叫新号过门或三声冲,无号词,一般四句,用于号头,亦称四句号头。新号开始时的动作与老号基本相同,也是"一掂一打",但节奏有所区别。③缺把号,也叫裁尾巴或挡山号,分慢缺把和快缺把两种。④紧急风,比缺把号更快的一种号,也叫快二八。硪头(领号之人)喊号口述硪词,每句最后以"呀"结束,应号者则以"嗨呀"相对。⑤板号,也叫沾地起。顾名思义,石硪沾地后随即拉起,是速度最快的号。硪头喊号仅叫硪词,应号者快速接号。⑥大定刚号,节奏缓慢,常在硪工疲乏时使用,用于调节紧张的情绪。⑦打丁号,也叫扒坑号,打地基时,在墙柱等部位或需加强强度的部位,连打多硪,用于增强压实度。⑧重叠号,号子喊到高兴时,硪头将号词两句并一句,应号者根据硪头意思连打两硪或多硪。⑨二人对号,为调节现场气氛,喊号时常以两硪头互相提问、交替应答的形式,以减轻硪头喊号强度。⑩综合号,实际使用时,常将

花号

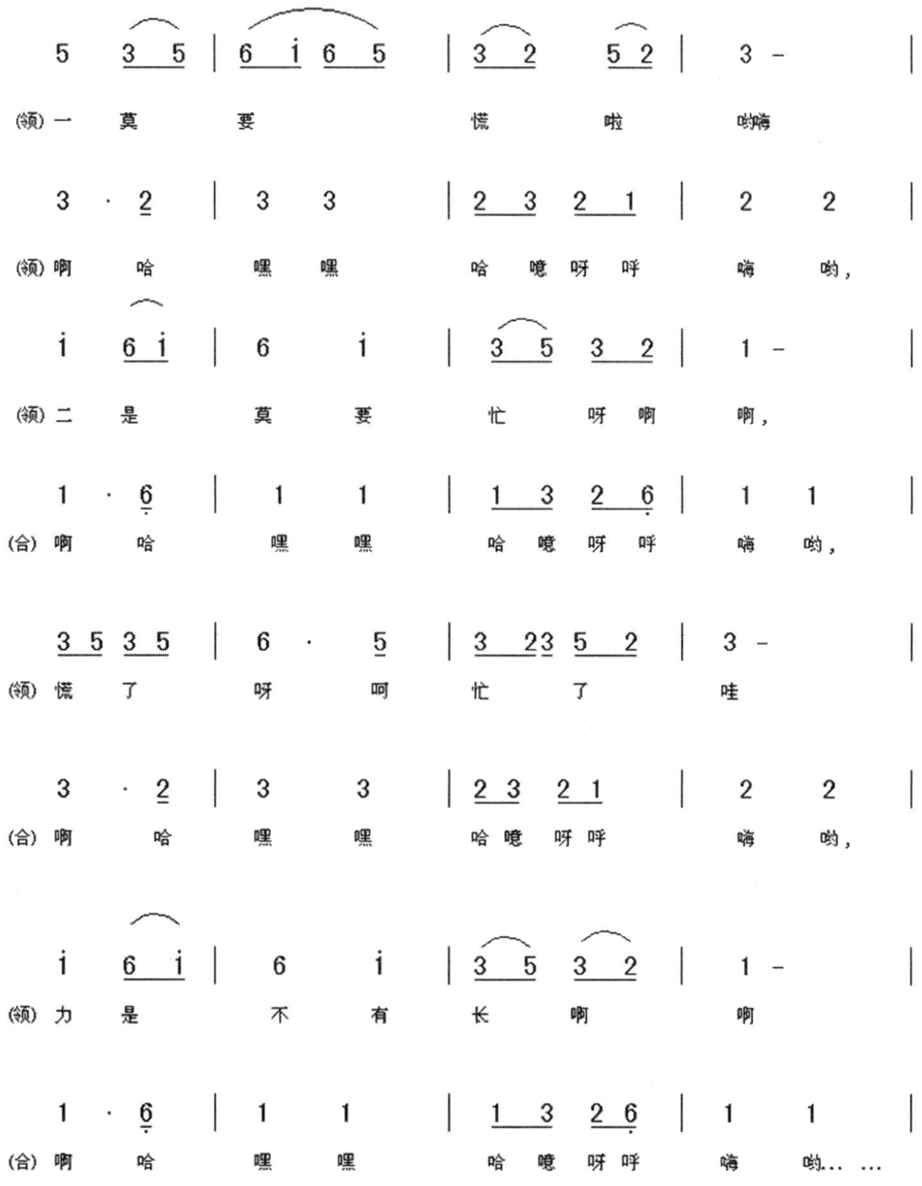

5 3 5 | 6 i 6 5 | 3 2 5 2 | 3 - |

(领)一 莫 要 慌 啦 哟嗨

3 · 2 | 3 3 | 2 3 2 1 | 2 2 |

(领)啊 哈 嘿 嘿 哈 嚏 呀 呼 嗨 哟，

i 6 i | 6 i | 3 5 3 2 | 1 - |

(领)二 是 莫 要 忙 呀 啊 啊，

1 · 6 | 1 1 | 1 3 2 6 | 1 1 |

(合)啊 哈 嘿 嘿 哈 嚏 呀 呼 嗨 哟，

3 5 3 5 | 6 · 5 | 3 23 5 2 | 3 - |

(领)慌 了 呀 呵 忙 了 哇

3 · 2 | 3 3 | 2 3 2 1 | 2 2 |

(合)啊 哈 嘿 嘿 哈 嚏 呀 呼 嗨 哟，

i 6 i | 6 i | 3 5 3 2 | 1 - |

(领)力 是 不 有 长 啊 啊

1 · 6 | 1 1 | 1 3 2 6 | 1 1 |

(合)啊 哈 嘿 嘿 哈 嚏 呀 呼 嗨 哟……

9 曲谱 4　花号曲谱

前述多种号子串在一起，使其有张有弛，快慢相间。打硪者表情随之变化，将紧张的劳动气氛融于娱乐之中，神清气爽，斗志昂扬。唱到高兴时，常以二人交替对唱，使气氛达到高潮，在激励自身的同时，给旁观者以美的享受。土硪号子号词根据生活中的一些笑料及历史故事或经典经验等编排而成，熟练时可即兴创作。

3.黄河船工号子

有“拨船号子”“行船号子”“拉篷号子”“爬山虎号子”“推船号子”等。船工们祖祖辈辈生活在黄河上，漂泊在木船上，他们对黄河了如指掌，视船如命，在与黄河风浪搏斗的实践中,创作出了丰富多彩、独具特色的船工号子。声声号子,抒发了船工们复杂的感情,反映了他们的喜、怒、哀、乐、忧、怨、悲、欢。如"艄公号子声声雷,船工拉纤步步沉。运载好布千万匹,船工破衣不遮身。运载粮食千万担,船工只把糠馍啃。军阀老板发大财,黄河船工辈辈穷",深刻反映了黑暗岁月中船工的悲惨生活;而"一条飞龙出昆仑,摇头摆尾过三门。吼声震裂邙山头,惊涛骇浪把船行",则体现了船工们对大自然以及美好生活的向往和热爱。

(四)独特作用

黄河号子在黄河治理与开发的实践中,发挥着独特的、不可替代的作用。

1.保护劳动者

在繁重的体力劳动中,劳动者运用全身力气挥舞劳动工具,劳动工具作用于受力点上的刹那间,劳动者腹内憋足的气必须随着喊号声释放出来,才不致损伤内脏。这种"嗨!""哈!"的简单号子,是劳动者自我保护的一种本能现象,所以经久不衰。在集体劳动中,靠号子传递信息,规范动作,行止一致,有利于安全生产。

2.协调动作

治理黄河是造福自然的伟大事业,需要很多人集体劳动,必须统一行动,这就要靠号子指挥。如北宋时做埽,数百人"杂唱",其目的在于"齐挽",步调一致才能胜利。现在搂厢时,领号人指挥拉绳,常常喊:"丢这根、拉那根、拿凿子、拴绳……"众人接喊:"嗨!嗨!"动作整齐协调,劳动效果非常好。推枕或推笼时,在"嗨来来"的虚词号子声中,领号人眼观六路,耳听八方,不失时机地插入实词。如:"南头,用劲!北头,慢点!"这样协调运作,就能使枕或笼平衡入水,达到预期目的。抬重物时,也靠号子统一步调,使艰巨的任务顺利完成。硪工号子随时指导硪工掌握起落"火候",行动一致,用力均衡,保持石硪拉得高、落得平、打得狠,确保工程质量。

3.鼓舞士气

治黄施工多属重体力劳动,极易疲劳。号子就像戏剧中的锣鼓,催人奋进,甚至乐此不疲。如硪工号子《十道黑》,节奏明快,朗朗上口,适宜轻型硪。领号人喊完一句,众人齐接:"嗨呀!嗨呀嗨!"此起彼伏,工地一片歌声,用音乐统率行动,人人心情振奋,个个干劲倍增。重型硪用慢调号子,领号人喊:"同志们齐努力啊!"众接:"嗨呀嗨呀嗨!"领:"拉起咱们的夯哟!"众:"嗨呀嗨呀嗨!"夯硪有节奏地进行,有劳有逸,有张有弛,干劲自然就能持久。用手硪打桩遇到硬土层,桩打不下去,领号人马上大声喊号,众人一齐加大力度,很快就可攻难克艰,鼓舞士气的作用十分显著。

(五)文化内涵

一首好的黄河号子,内容健康,格调清新,词句优雅,代代相传,深受群众喜爱。特别是中华人民共和国成立以来,黄河号子的内容更加丰富、健康。它不仅仅是唱歌、顺口溜,也颇富文学色彩。它更可贵的是把治黄工作意义,如何保证工程质量、标准,主人翁应抱的态度,以及施工状况,都融合于黄河号子之中,成为群众自编、自喊、自乐、自我教育的良好教材和施工的真实记录。如一首硪工号子中有这样的句子:"太阳滚滚落西山,鸟投树林虎归山。行路客人都住店,千家万户把门关。”在日出而作、日落而息的时代,千家万户都关门休息,只有治黄工地上万马犹酣,客观上反映了治黄工作的无比艰苦。黄河号子音韵优美,工地上热火朝天,歌声震天,局外人也乐于欣赏。工地附近的村头路上,不时传来孩子们奶声奶气的歌声:“嗨呀嗨呀”,可见其感染力之强。

二、文化辙印

(一)宣传口号

一定要把黄河的事情办好!

黄河安危,事关大局!

发扬革命传统,争取更大光荣。

发扬革命老黄牛精神,献身伟大的治黄事业。

防汛工作,人人有责。

抓革命、促治黄、保安澜。

谁英雄,谁好汉,治黄一线比比看。

人在,堤在,水涨,堤高。

只准水不来,不准我不备。

宁可信其有,不可信其无。

常备不懈,有备无患。

汛情就是命令,抢险就是战斗。

危险处处在,安全人人抓。

没有可怕的洪水,只有可怕的疏忽。

团结治黄,确保安澜。

黄河精神:团结、务实、开拓、拼搏、奉献。

防汛工作无小事,准备工作无止境。

众志成城,确保安澜。

进一步把黄河的事情办好。

学习水法规,贯彻水法规。

安全来自长期警惕,事故源于瞬间麻痹。

远离河道,珍爱生命,关注安全。

坚持人水和谐,构建平安郑州。

珍惜水资源,保护水环境,防治水污染。

加强黄河河道管理,维持黄河健康生命。

防汛责任重于泰山,群众利益高于一切。

努力搞好黄河工程、黄河经济、黄河生态、黄河文化建设。

防汛责任重于泰山,敢于担当高于一切。

(二)流行语

1.治理黄河

“推小车,不用学,只要屁股调的活”。20世纪50~60年代,治黄条件艰苦,工具简陋,尽管如此,一个修防工,用木独轮车,1天推、抛块石10多立方米,是不可想象的,但这是事实。进入20世纪80年代,有了黄河施工定额,每人一个工作日任务为3立方米。由此看,治黄的老前辈们辛苦了,不得不令后人肃然起敬。

“东流流,西流流,一片乱流”。20世纪70年代,河势查勘,一位技术人员形象描述紊乱的黄河水流,充分诠释了黄河宽、浅、散、乱的特点。

“天当房,地当床,胶泥胜过好蚊帐”。20世纪70~80年代,修防工机淤固堤时,吃住在工地,用胶泥涂身防蚊虫叮咬,却精神快乐,干劲十足。

“童叟无欺,一心为公”。20世纪70年代,郑州堤防花果飘香,中牟黄河万滩险工坝弯儿内,花红梨果更是喜人,管理人员稍不小心,花红梨果落头来。丰硕时节,除给职工分发之余,还要对社会出售。1977年10月的一天,一个小女孩喊卖苹果的老职工郝永强,“爷爷,买点苹果”。老职工郝永强称的很准,不高不低,不多不少,正好!把苹果交给小女孩,随即收了钱。老职工郝永强就是这样的人,也是一个时代的代表,公私分明,大爱胜过亲情。再者,青年职工张治安负责收钱,从未有人监督;当天收的钱当天交给财务股,交多交少,依然没人监督;爱国、诚信、为集体,人人都是这样,童叟无欺,一心为公。

“朴实的民风,防汛的尖兵”。1977年,中牟一村民拉一车大豆准备榨油,路过大堤,听说黄河抢险,放下车,参加到抢险大军当中,两个小时过后,抢险完毕,一车大豆安然无恙,村民这才拉着豆子去榨油。

“大雪闷人,人不休”。20世纪70年代,严冬大雪铺天盖地,厚厚地压在黄河大堤上。一位老人扒开积雪,把散乱的块石搬到备防石垛上,码得整整齐齐。行人好奇地走近一看,“这闷人的大雪,出来干点活,舒服!”中牟工程队老队长朱新魁高兴地说。真不愧为一个时代黄河人、黄河劳模的代表。

“早起一碗水,半天不补水”。20世纪70~80年代,黄河职工仍然是重体力劳动,尤其工程队队员,土石方施工,人搬、肩扛、架子车拉,战酷暑、斗严寒,毫不畏惧。尤其三伏天,人不劳动一身汗,搬起石头拉起土,那真叫热!队员们大汗淋漓,及时补水是必需的,缺少不得。老队长赵春合教队员们止渴补水小窍门:“早起一碗水(1000克),半天不补水。”效果非常好。

“魔高一尺,道高一丈”。20世纪80年代以前,黄河土方施工,收方主要以收土塘为据,在取土挖塘时常有民工取巧,土塘中间挖浅,四边挖深,若留土墩时,则在土墩周边挖深。收土方时,一根拉紧的细绳几次横跨对应土塘边,用钢卷尺测其不同点的深度。赵春合老队长一招奏效,取巧的民工茫然,凡遇见赵春和,便退避三舍。

“实干是一个时代的符号”。20世纪70~80年代,治黄职工干工作的激情振奋人心,团结协作让人幸福。工作之余,生活上同志们相互关心、关爱和帮助,早餐一块腐乳三人吃,推让不止,笑声不止,那叫快乐;改善生活包饺子,食堂供饺子馅,三五成群包饺子,工作的水桶当锅用,水桶下饺子,其乐融融;基层单位修防段职工食堂无限好!炊事员想着法子为职工做好饭,职工抽空帮炊事员包包子等,工作三班倒,饭菜送到工地,前线后方融为一体。冬天,大家早起,齐刷刷地在河边洗漱,速度稍慢,满头冰凌,落到盆里叮当作响,被不惧严寒的笑声所吞没。那些年代,激情、振奋、团结、实干是一个时代的符号。

"时代不同了,男女都一样"。20世纪70~80年代,黄河开展大规模放淤机淤固堤工作,成立有"三八女子船""三八女子(泵)班",开展比、学、赶、帮、超活动,人人工作积极主动,不怕困难,勇往直前。女职工例假期间,跳入或潜入水中作业,是常有的事,真是"时代不同了,男女都一样",这是什么精神,这就是黄河精神!这就是"一不怕苦,二不怕死"的革命精神!

"大堤是我家,我爱我的家",这是劳动模范韩宗会的名言。20世纪70~80年代,人人传颂,激励着一大批人,为黄河建设,舍小家,顾大家,三过家门而不入。

"睡帐篷,铺稻草,其乐融融"。20世纪70~80年代,黄河大招工前后,民季工吃住在工地,虽说工作生活环境极其艰苦,但同志们干劲十足,生活快乐。

"远看是烧炭的,近看是要饭的,走到跟前一看是黄河段的"。这是20世纪80年代以前的顺口溜。的确如此,那时治黄条件非常艰苦,治黄人一身泥一身水,远看黑黑的,像烧炭一样;近看衣服灰灰的,烂烂的,真像要饭的;走到跟前一看是黄河段职工。尽管如此,他们有理想、有抱负,敢于担当,为黄河事业做出了重大历史贡献,为黄河的发展奠定了坚实的物质基础和丰富的精神食粮。

"洪水滚滚来,黄河鲤鱼多"。20世纪80年代以前,黄河丰水年居多,洪峰东去,泥沙翻滚,鲤鱼漂浮万千条,沿岸民众真如潮,鲤鱼金黄农家笑,熙熙攘攘来回跑,肩扛人抬两边挑,丰收"十月"我骄傲。

"黄河岸边甲鱼多,人水和谐生态好"。20世纪80年代以前,黄河岸边、堤防、护堤地、护坝地,不时出现甲鱼的身影。1977年,大批民季工投入治黄事业,搭帐篷,睡草铺,一片生机。一天早起打扫卫生时,同事发现某某单子下边圆圆的、鼓鼓的,撩开一看,是一个大甲鱼,便取笑某某和甲鱼睡一夜,好不热闹。那时,的确黄河岸边甲鱼多,人水和谐生态好。

"一没钱,二没权,第三没有技术员"。20世纪80年代,改革开放初期,治黄资金困难,管理要求高。郑州黄河修防处主任尚纲徒步检查杨桥引黄闸时,老职工孙广亮有感而发:"一没钱,二没权,第三没有技术员"。其含义是:"一没钱"——经济困难,"二没权"——想让上级倾斜点,"第三没有技术员"——技术人才的确缺乏,是客观问题的反映。尚纲说,这是客观问题,主观呢?"有条件要上,没有条件,创造条件也要上!"孙广亮同志脱口而出。尚纲同志说,那好,咱们共同努力,把人的主观能动性发挥到极致,不畏艰难,要敢于胜利,把工作做好。

"一年平,二年坑,三年无处扔"。1986年,郑州黄河部分堤顶硬化,采用六边形预制块铺设,是堤顶硬化迈出的第一步,人们经验不足,存在一些问题。老职工孙广亮编出这么一句顺口溜。结果正是如此,第三年全部除去改建。警示人们,智慧蕴藏在人民群众之中,人民才是创造历史的动力。

“看河势,知河情,西三孔不能用”。这是1981年,赵口引黄涵闸改建时,中牟修防段副段长吴立信提出的。1982年,赵口引黄涵闸改建后,根据豫黄基字〔1982〕23号文,于1982年11月将三刘寨引黄涵闸堵复。在背河筑戗堤,顶宽10米,边坡1∶5,高程89米(高出83洪水位浸润线0.5米)。以西三孔代替三刘寨引黄涵闸引水,后因引水不畅,于1989年12月至1990年11月进行改建并拆除戗堤,恢复原有功能。这次改建、堵复又恢复,说明理论与实践脱节,基层蕴藏着不可忽视的智慧和丰富的精神食粮。

“黄河发大水,大员上前线”。1988年7月,郑州市副市长彭甲戌亲临黄河一线,夜宿中牟黄河岸边,和中牟县委书记王发志、县长王锦屏,段长刘天才、副段长张治安等一起注视、观察、研判着洪水的演进情况时,风趣幽默地说:“黄河发大水,大员上前线”。为行政首长负责制的责任落实,砸下了重重的一锤,提醒各级行政首长务必重视防汛工作。

“往年像雪片一样,今年鸦雀无声,此处无声胜有声”。这是20世纪90年代,一位防汛首长(河南省委副书记宋照肃)告诫大家的话。警示大家,无论在什么情况下,都必须扎扎实实做好防汛准备工作。

“只有落后的干部,没有落后的群众”。1997年,中牟九堡下延工程加高帮宽,在丁连坝土方淤筑用工问题上,领导展开了一场激烈的讨论:“职工,尤其机关职工这么多年没有从事机淤工作了,让职工干,肯定不行……”最后确定就让职工干,试试看,结果全体职工干部积极响应,热情高,干劲大,技术娴熟,很快高标准、高质量地提前完成了任务。持不同意见的领导由衷地说:“真没想到,咱们的职工真中!只有落后的干部,没有落后的群众。”

2.时代发展

1948年以前,黄河“三年两决口,百年一改道”“荒尸遍野,背井离乡”,景象悲惨。1960年以前,“晴天白茫茫,雨天水汪汪,种一葫芦打两瓢”,郑州沿黄土地极度盐碱化。1960年以后,“引黄淤灌,放淤改土,初见曙光”,郑州大地生机盎然。1970年以后,“引黄稻改,稻花飘香,黄河郑州赛江南”。1980年以后,郑州“市郊菜篮子,郊县瓜果香”。2000年以后,郑州“高楼林立,道路宽广,辐射全国”。

大事记

录入范围：时间，1948～2015年（特殊情况顺延）；重大事项，如：

组织变化——郑州河务局或局属单位设立或撤销，郑州河务局负责人调整。

工程建设——郑州黄河重要的工程建设，开竣工，河南河务局及其以上组织的检查验收等。

工程管理——河南河务局及其以上组织的工程运行管理检查等。

抗洪抢险——大的防汛、抗洪、抢险斗争。

会议活动——郑州河务局重要工作会议和由郑州河务局等承办的地市级及其以上的会议活动。

考察视察——省部级及其以上领导考察、视察工作，省级及其以上组织的考察等。

奖励荣誉——单位获得省级及其以上奖励或荣誉，个人获得国家级奖励或荣誉，以及其他特殊荣誉等。

1948年

【郑州解放】 10月25日，郑州解放，治黄机构维持原状。

1949年

【中牟修防段成立】 2月，中牟黄河修防段成立，管辖中牟境内河段，段部临时驻在三刘寨废堤上。

【广郑修防段成立】 3月23日，广郑黄河修防段成立，管辖广武县和郑县的黄河南岸大堤，全长30.125千米。原南一总段及一、二分段建制撤销。孟洪九任广郑黄河修防段段长，段部驻在郑县核桃园村（现花园口村）。

【黄委改属水利部领导】 10月30日，华北人民政府主席董必武给黄委主任王化云、副主任赵明甫的指示电称：中央人民政府业已成立，决定自11月1日起黄委改属政务院水利部领导。

【恢复郑汴黄河电话线路】 本年，恢复郑汴黄河电话线路，架设开封至东明高村电话线。

【花园口水文站维持观测】 本年，基本维持观测的有黄河花园口水文站。

1950年

【开展大堤锥探】 1月，开始对大堤进行锥探。

【春修工程开工】 3月1日，春修工程相继开工，工程修整以陕县流量20000立方米每秒为标准。

【下游设置公里桩】 4月20日，黄委通令豫、平、鲁三省河务局，在南北岸堤线上统一设置石质公里桩，以显示堤线长度。对此，河南黄河河务局于4月28日下达通知至修防处、段。河南、平原两省河务局组成专门小组进行了堤线丈量和埋设石质公里桩的工作。

【黄委制定防汛办法】 6月，黄委制定《1950年防汛办法》。内容包括防汛的组织领导、防汛的规定（防汛员上堤时间及人数、防汛工具、信号、堤庵等）和报汛制度、通信及供给制度等。

【支援“抗美援朝”】 6月25日，美国发动对朝鲜的侵略战争，全体职工积极响应党中央“抗美援朝、保家卫国”的号召，纷纷写保证书，制定爱国公约，超额完成复堤和各项治黄任务，并踊跃购置“人民胜利公债”，积极捐款为中国人民志愿军购买飞机。

【黄河防总发布防汛工作决定】 7月4日，黄河防总发布《关于防汛工作的决定》，指出：防汛工作应依靠群众，加强领导，建立统一的强有力的各级防汛指挥部，逐级分段负责，互相支援，全线防守，重点加强，掌握工情水情变化，经常反对麻痹思想，是战胜洪水的保证，对下游堤防政策，应当维持堤距现状，不许缩窄，并尽量利用可以蓄洪的地方，必要时实行蓄洪，以济堤防不足。废除民埝，应确定为下游治河政策之一。

【修坝3道】 10月，在东大坝下首修坝3道。

【王化云考察桃花峪等坝址】 本年，黄委主任王化云为选定拦洪库坝址，对郑州桃花峪和陕西韩城芝川等坝址进行了考察。经考察分析认为：桃花峪坝址以上，需在温孟滩上修筑围堰长约60千米，淹没损失与涌漏也不易解决；芝川坝址，河面宽大，筑坝困难，且与邙山桃花峪水库相距太远，不易配合运用。

【修建广花铁路专线】 11月，开始修建广武火车站至花园口东大坝的广花黄河专用铁路线，总计长15千米（1951年建成，1957年11月移交河南河务局管理）。

【中牟修防段驻地迁址】 11月，中牟黄河修防段驻地从三刘寨废堤搬迁到辛寨。

【考古发现郑州商城遗址】 12月，考古发现郑州商城遗址。该遗址位于郑州市老城区周围，面积约25平方千米，城址周长近7千米，为中华人民共和国成立初期重大考古发现之一。遗址始建于公元前1610年至公元前1560年，距今已有3600余年的历史。1961年3月4日，国务院公布郑州商代遗址为全国第一批重点文物保护单位。

1973～1976年发掘出3座保存较好的大型宫殿遗址。1982年在郑州商城东南城角外发现青铜器窖藏，出土铜方鼎、铜圆鼎等12件青铜器。遗址内涵丰富，为研究早期商文化、先商文化以及为夏商周断代工程打下坚实的基础。2003年11月30日，中国殷商学会专家认为，郑州是中国现存商代最早和最大的都城，即商汤所建的亳都，并倡议郑州列为中国8大古都之一。

1951年

【黄委成立大会在开封举行】 1月7～9日，黄委成立大会在开封举行，并召开第一次委员会议。会上讨论通过《1951年治黄工作的方针与任务》《1951年水利事业计划方案》《黄河水利委员会暂行组织条例方案》。1951年的治黄方针是：在下游继续加强堤防、巩固坝埽，大力组织防汛，在一般情况下，保证发生比1949年更大洪水时不溃决。在中上游大力筹建水库，试办水土保持，加强测验查勘工作，为根治黄河创造足够条件。继续进行引黄灌溉济卫工程，规划宁绥灌溉事业，配合防旱发展农业生产，逐步实现变害河为利河的总方针。

【开展大复堤】 3月，进行中华人民共和国成立后第一次大复堤。

【修坝1道】 6月，在保合寨险工上首修坝1道。

【郑州市防洪委员会成立】 7月12日，郑州市防洪委员会成立，河南河务局副局长刘希骞赴郑州市政府商谈关于成立郑州市防洪委员会事宜。

【花园口出现9220立方米每秒洪水】 8月17日，花园口水文站出现9220立方米每秒洪水，相应水位92.52米（大沽基面）。郑州段因出现横河、斜河、大溜顶冲，险情严重，由于工料充足，抢险及时，均化险为夷。

【加高大堤两段】 本年春，加高花园口口门和南月堤至来童寨两段大堤，共计14千米。

1952年

【开展“三反”运动】 1月，组织开展以“反贪污、反浪费、反官僚主义”为主要内容的“三反”运动。运动分3个阶段进行，6月结束。

【三角架扶锥法在春修工作中应用】 5月10日，河南黄河春修全面开工。广郑修防段创造的三角架扶锥法在大堤锥探工作中应用，为使用大锥、灌沙发现隐患创造了条件。

【保合寨抢大险】 9月28日至10月6日，保合寨险工抢大险，历时10天，工程转危为安。

【毛主席视察黄河】 10月29～31日，中共中央主席、中央人民政府主席毛泽东，在公安部部长罗瑞卿、铁道部部长滕代远、第一机械工业部部长黄敬、中共中央办公厅主任杨尚昆等陪同下，乘火车出京，先在济南看了黄河，在徐州看了明清故道，10月29日下午抵达河南兰封（今兰考）车站。30日，在河南省委书记张玺、省政府主席吴芝圃、省军区司令员陈再道、黄委主任王化云等陪同下，视察兰封县1855年黄河决口改道处东坝头和杨庄，同当地农民交谈，询问土改以后的生产、负担情况，向河南河务局局长袁隆、陈兰修防段段长伍俊华了解治黄情况。在火车上听取了王化云关于治黄工作情况与治理规划的汇报，而后到开封柳园口视察黄河。31日晨，乘专列由开封前往郑州，行前嘱咐“要把黄河的事情办好”。毛泽东抵达郑州京汉铁路桥南端时，下车登上邙山，察看拟建的邙山水库坝址和黄河形势。然后乘专列到达黄河北岸，由平原省委书记潘复生、省政府主席晁哲甫、黄委副主任赵明甫等陪同，视察新建的人民胜利渠渠首闸、总干渠、灌区和引黄入卫处。

【河南河务局石料转运站成立】 11月，河南河务局转运站成立，专门负责办理石料运输工作，编制7人，隶属偃师石料厂。1957年8月，偃师石料场撤销，治黄所需石料改由巩县陉山石场供给。

【吴俊华任段长】 12月2日，孟洪九调河南河务局，吴俊华接任段长，朱占喜任副段长。

1953年

【毛主席接见王化云，询问治黄情况】 2月16日，中共中央主席毛泽东乘火车南下路经郑州，在站台与火车上接见黄委主任王化云，询问不修邙山水库的原因，修建三门峡水库能使用多长时间，移民到什么地方？并询问从通天河调水怎么样？当听到可能调水100亿立方米时，毛主席说，引100亿立方米太少了，能从长江引1000亿立方米就好了。此外，还谈了西北地区的水土保持问题。在座的有中共河南省委书记潘复生。

【广郑修防段更名为郑州修防段】 3月27日，因广武、郑县撤销，所辖堤段划归郑州市，广郑修防段遂改名郑州修防段。

【中牟九堡抢险】 8月10日，中牟九堡险工第114、115、116号坝由于受大流淘刷，3道坝根石蜇入水中长20～40米，坝前水深5～6米。险情发生后，中牟县防汛指挥部立即采取紧急措施，动员民工、长期防汛员、工程队员300余人紧急抢护，动员群众为抢险运柳。河南省防指领导、中牟县县长等到现场指挥。经过7天的连续抢护，至8月16日险情得到控制。

【建立花园口石料转运站】 9月21日，经黄委同意，在原编制内增设陈兰、花园口石料转运站。

【郑州黄河修防处成立】 12月16日，郑州黄河修防处成立，下设工务、财务、秘书3个科，辖郑州、中牟、开封、陈兰、东明5个修防段。办公地址在开封市火神庙后街9号。

【黄委、河南河务局迁至郑州】 12月，河南省省会由开封迁至郑州，黄委、河南河务局随即由开封市迁至郑州市金水路办公。

1954年

【所辖河段改为河南河务局直属单位】 2月，郑州修防段改为河南河务局直属单位，并受其直接领导。

【陈东明任河南河务局局长】 6月29日，河南河务局局长张方调离，陈东明接任。

【中牟九堡抢险】 8月5日，中牟九堡险工出险，动员300余人连续抢护7天6夜，险情转危为安。其间，抢险用石2028立方米、柳50余万千克，抛枕573个。

【刘清云任郑州修防段段长】 9月25日，刘清云任郑州修防段段长，吴俊华调出。

1955年

【黄河干流封冻至荥阳汜水口】 1月15日，黄河干流封冻到荥阳汜水口。

【郑州黄河修防处改为开封修防处】 3月10日，郑州专署由荥阳县迁至开封市，并改为开封专属，郑州黄河修防处改为开封黄河修防处。

【黄委制定修堤土方工程技术规范】 3月，黄委制定出《黄河下游修堤土方工程施工技术规范（草案）》，并印发河南、山东两省试行。

【河南河务局开展修堤土壤压实试验】 4月1日，河南河务局组织测验小组赴春修工地进行修堤土壤压实试验。至5月6日，共取土样518个，做了验硪锤配硪、上下方折比率、坯头压实、含水量简易鉴别、坯头接头质量、适宜筑堤土壤与含水量，以及新堤、老堤、裂缝灌浆质量对比等项目的试验。获取的试验结果为：0.3米坯头硪实为0.2米，可以保证达到大堤质量；灌浆质量略高于新堤，采用灌浆消除裂缝是一种有效的办法；适用于筑堤土壤含水量范围为：沙土16%～23.5%，两合土15%～24%，淤土17%～25%，黏土32.1%～38%。

【加固堤防老口门】 6月20日，河南河务局选择花园口、赵口等7处老口门进行加固。加固前，先用洛阳铲或土钻取出土样，摸清堤身基础，而后采用钻探灌浆办法填实隐患。采用铺盖层截渗或修筑围堤加固老口门，共计用土方39.39万立方米，锥探8.68万眼，8月竣工。

【开展堤防土质普查】 7月中旬，采用洛阳铲打孔，对全线大堤土质进行普查。其间，在花园口口门81坝至187坝3个坝裆临河做黏土斜墙485米。

【花园口引黄闸开工】 12月2日，黄河花园口引黄闸开工建设，于次年6月竣工。该闸位于大堤桩号10+915处，设3孔，为钢筋混凝土结构，涵洞式，设计引水流量20.31立方米每秒，设计放淤面积41391亩，并可灌溉中牟县30万亩，投资36万元。1980年改建。

【王化云提出“宽河固堤”治河方略】 本年，黄委主任王化云在《九年的治黄工作总结》中强调指出：“总结治河历史经验，我们认为在治本前对下游治理方策，不应沿用‘束水攻沙’，而应采取‘宽河固堤防’的方策，九年的治河实践证明这个方策是正确的。”“宽河固堤，就是黄河要宽，堤防要巩固，即在干流没有有效的控制性工程之前，仍有可靠的排洪排沙手段。”他还进一步提出：“即使上、中游有了控制性工程，宽河固堤仍然是今后黄河下流防洪长期的指导思想。”

【加高大堤3段】 本年，大堤加高（0.3米）3段，即保合寨至李西河、铁牛大王庙至东大坝、东六堡至来童寨，全长21.35千米；同时翻修全线铁路，并将南岸大堤西端由苦河桥向西延长650米。

1956年

【河南黄河堤防绿化初步规划完成】 1月22日，河南河务局编制完成了《关于绿化堤防的初步规划》。该规划主要是为了解决种植数量分布不平衡，种植不规格、不系统而提出的。

【黄河淤灌工程办公室成立】 3月，经河南省委研究决定，由水利厅、黄委、河南河务局抽调技术干部组成淤灌工程办公室，隶属河南河务局，技术审批由黄委负责。

【花园口潭坑引黄放淤】 8月20日至9月3日，花园口引黄灌溉工程利用潭坑作沉沙池引黄入潭，14天时间落淤100万立方米，大潭坑淤了11米深，阻止了潭坑堤段渗水，减小了堤防临背悬差，为灌溉处理了泥沙，对治黄工作很有启发，为以后放淤固堤做出了示范。花园口潭坑，系1947年花园口口门堵复时遗留的潭坑，面积2500亩，最大水深13米，郑州修防处为解决该潭坑堤段渗水问题，汛前修筑花园口大堤后戗550米，做土方19万立方米，不到一个月全部滑入潭内。

【郑州黄河修防段改名为郑州黄河修防处】 12月12日，郑州黄河修防段改名为郑州黄河修防处。刘清云任主任，由3股1队改为3科1队，职工83人（技干5人、干杂16人、工人62人）。

【做石桥口门后戗400米】 本年，在做花园口口门后戗的同时，做石桥口门后戗400米。

【首次开展根石探摸】 本年，黄河花园口险工首次进行根石探摸，为险工整险加固提供了科学依据，此后全河逐渐推广探摸办法。

【实行“工资制”】 本年，职工薪金由“工分制”改为“工资制”。

1957 年

【组织开展坝埽鉴定】 3 月，郑州修防处对所属险工逐坝进行了调查、访问、统计、分析研究和考证。具体做法是：

（1）澄清工程现状（包括编号、名称、位置、分类、尺寸、结构、坝裆隔距等），填写工程情况表，绘制平面图。

（2）调查历史修建和抢修情况，了解修筑的年限、缘由、当时河势情况、修筑方法和堤身基础情况，了解出险的时间、原因、河势、抢护方法、用料等。

（3）统计 1949 年以来整修加固资料数字。

（4）锥探根石基础，绘制根石断面图。

（5）拟定鉴定意见（坝基好坏、抗洪能力强弱等）。

（6）设立资料袋，建立档案。

此鉴定方法经河南河务局修订后于 1964 年推广至全河。

【手推独轮车应用于复堤】 5 月，春季复堤过程中，积极改进运土工具，淘汰挑篮、抬筐运土方式，推行手推独轮车运土。

【变更黄河防汛开始日期】 6 月 15 日，黄委变更黄河防汛开始日期。自从民国 25 年（1936 年）执行每年 7 月 1 日为黄河汛期开始日以来，20 年未变。1956 年 6 月下旬黄河涨水，下游河道漫滩。根据水文史料，6 月下旬黄河涨水屡见不鲜，故从 1957 年开始，黄委将黄河汛期开始日期改为 6 月 15 日。以后还有部分年份实行 6 月 1 日开始防汛，1985 年以后仍执行 6 月 15 日为黄河汛期的开始日。

【第一次大复堤结束】 本年，黄河第一次大复堤结束。从 1950 年开始，经过 8 年时间，完成复堤土方 3868 万立方米。复堤标准：南岸临黄大堤郑州上界至兰考东坝头，超出秦厂 25000 立方米每秒洪水位 2.5 米；北临黄大堤长垣大车集至前桑园 30 千米一段超出洪水位 3 米，其余堤段均超洪水位 2.3 米。堤顶宽：濮阳孟居至濮阳下界为 9 米，其余堤段为 10 米。临背河坡度均为 1∶3。

1958 年

【东风渠渠首引黄闸开工】 5 月 5 日，东风渠渠首引黄闸开工。该闸位于郑州市北郊岗李村黄河大堤上（大堤桩号 5 +704），由河南省水利厅勘测设计院设计，河南省岗李引黄灌溉工程指挥部施工，闸和混凝土由中南第四建筑公司承包。该闸为混凝土结构，开敞式，共 5 孔，每孔高 5 米、宽 10 米，钢质弧形闸门，设计流量 300 立方米每秒，设计灌溉郑州市、开封、许昌、周口地区等 15 个县的 806 万亩土地，并可供应郑州市工业用水。9 月 11 日建成放水，共完成土方 22 万立方米、石方 3 万立方米、混凝土 12000 立方米，工程竣工后由东风渠引黄管理局管理，隶属河南河务局。1963

年花园口枢纽破坝废除后，该闸随之停灌。2004年黄河南岸标准化堤防建设时拆除。

【花园口站出现22300立方米每秒大洪水】 7月17日24时，黄河花园口站出现22300立方米每秒大洪水，为有水文记载以来的最大洪水，水位94.42米。此次洪水冲断黄河铁桥两孔。当年花园口潭坑基本淤平。7月洪水后，马渡险工靠河。

【周恩来亲临黄河指挥抗洪斗争】 7月18日，国务院总理周恩来亲临黄河指挥抗洪斗争。当时周总理在上海开会接到报告后立即乘专机飞临黄河，从空中视察了洪水情况，16时飞抵郑州，吴芝圃到机场迎接。周总理到省委后立即召开会议，参加会议的有省委第一书记吴芝圃、省委书记处书记杨蔚屏、赵文普、史向生和水电部副部长李葆华、黄委主任王化云等，王化云汇报了汛情和不分洪加强防守战胜洪水的方案，听过汇报后，周总理批准了黄河防总不分洪的防洪方案，要求河南、山东两省全力以赴，保证这次防洪斗争的胜利。当晚，周总理来到京广黄河铁桥抢险工地了解情况。冒雨会见了修桥职工，并勉励修桥职工与暴雨和洪水做斗争，尽快修复黄河铁桥。

【郑花公路动工铺筑】 7月20日，郑花公路动工铺筑路面。该公路是郑州通往黄河大桥、花园口的主要公路干道，全长20千米，其中10千米多为土路，为支援防汛和黄河铁桥抢险，河南省、郑州市决定从速铺修该段公路。郑州市建设局组织1万多名职工群众，在其他单位的支援下，冒雨日夜苦战，10天铺成10多千米的石子公路。后改建成柏油公路。

【京广黄河铁桥修复通车】 8月2日，抢修黄河大桥胜利通车庆祝大会在黄河南桥头召开。京广修复通车，自7月17日黄河铁桥被特大洪水冲坏两孔，南北交通中断后，广大修桥职工日夜奋战，仅用17天时间就修复了被冲毁的两孔铁桥。

【周恩来视察黄河】 8月5日下午，周恩来总理来郑州视察黄河和修复后的黄河铁桥，并在黄河大堤上步行10多里。6日，周总理在济南视察了黄河泺口铁桥。

【朱德视察花园口】 12月16日，中华人民共和国副主席朱德视察黄河花园口，陪同视察的有中共河南省委第一书记吴芝圃、黄委主任王化云等。

1959年

【牛丕承任郑州黄河修防处副主任】 5月3日，经河南省委、黄委批准：牛丕承任郑州黄河修防处副主任兼岗李东风渠管理局副局长。

【花园口至郑州电话线改架完成】 6月1日，花园口至郑州等电话线改架完成。自3月1日起开始，有50多名职工参加施工，经过3个月的工作，共完成改建原阳至封丘大功、花园口至郑州共78千米的黄河电话专线。

【河南省人委批复治黄民工工资办法】 6月20日，河南河务局转发河南省人民政府《关于1959年治黄民工工资办法的批复》，批复意见为：民工工资按每人每日0.80元的标准执行；施工期间的劳保、福利待遇，可按照劳动保险条例中有关临时工的规定执行；凡由农村人民公社调出的公民工，应按个人每月工资的10%向原生产大队缴纳，作为家属生活费用公积金公益金；船工、医生等人员均应分别按照交通、卫生部门的规定执行。在汛期大规模地动员群众上堤防守时，可不按上述意见处理。

【郭沫若视察花园口】 7月2日，全国人大常委会副委员长、中国科学院院长郭沫若在郑州参观了黄河陈列馆，随后视察了黄河花园口和东风渠。

【郑州至关山通信干线修复】 7月，因遭遇8～10级狂风和大暴雨，郑州至山东东阿关山通信干线被摧垮5处，断杆25根，经奋力抢修，及时排除了障碍。

【花园口站发生9480立方米每秒洪峰】 8月22日，黄河花园口站发生9480立方米每秒洪水，相应水位93.42米。

【东风渠灌溉管理局成立】 11月14日，东风渠灌溉管理局成立，下设花园口、中牟、扶沟3个灌溉管理分局和一个渠首管理段，隶属河南省水利厅。

【花园口水利枢纽开工】 11月29日，花园口水利枢纽（又名岗李枢纽）开工。花园口水利枢纽工程位于郑州市北郊花园口上游4千米岗李村北，工程担负的任务是：抬高黄河水位，河床下切，保证北岸的共产主义渠、人民胜利渠和南岸的东风渠3个灌区2500万亩农田的灌溉引水，并可供给天津工业用水；保证京汉铁路黄河大桥的安全，联系南北水陆交通，促进物资交流，还可装机10万千瓦。

1960年

【邓小平视察花园口枢纽工程】 2月17～18日，中共中央书记处总书记邓小平，书记处书记彭真，候补书记刘澜涛、杨尚昆，在河南省委书记处书记杨蔚屏、史向生陪同下，视察了花园口水利枢纽工程。

【京广铁路黄河新桥建成通车】 4月21日，京广铁路黄河新桥建成通车。该桥位于郑州原京广铁桥以东500米处，于1958年5月14日动工兴建。全桥共有71孔，每孔跨度40.7米，全长2889.98米。桥面宽5.5米，桥墩基础深30米，设计过水流量25000立方米每秒，是当时黄河上最大的铁路复线桥。此桥建成后，老桥改为单线公路桥。

【花园口枢纽工程截流成功】 5月31日，花园口水利枢纽工程截流成功。

【花园口站出现断流】 6月2～8日，因5月31日花园口枢纽成功截流，花园口站断流7天。12月3～20日，因三门峡关闸及渠道引水，花园口站又断流18天。

【花园口枢纽工程竣工】 6月8日，花园口水利枢纽工程竣工。主要建筑物有：拦河土坝，全长4822米，坝顶高程99米，顶宽20米；溢洪堰，全长1404米，最大泄量10000立方米每秒；泄洪闸，全长209米，18孔，泄水量4500立方米每秒；北岸防护堤8.6千米。共计完成土方855.54万立方米、石方39.87万立方米、混凝土11.78万立方米，工日1400.54万个，投资5080.9万元，有14万人参加了工程建设。1961

年1月由黄委组织验收，12月交付使用。1962年12月，花园口枢纽停用泄洪闸。

【河南河务局并入省水利厅】 9月24日，河南省人委第三次会议决定，经国务院批复同意，河南河务局并入河南省水利厅，机关名为“河南省水利厅黄河河务局”。10月30日，河南河务局迁至郑州市纬五路河南省水利厅办公。1961年12月26日又与水利厅分开，重归黄委。

【东大坝接长550米】 本年春，东大坝接长550米。

1961年

【花园口枢纽工程灌溉管理分局成立】 3月27日，根据河南省人民委员会指示，水利厅撤销花园口淤灌管理局，成立“河南省东风渠灌溉管理局花园口枢纽工程灌溉管理分局”，与郑州黄河修防处合并办公，负责黄河防洪和花园口枢纽工程、郑州境内东风渠输水总干渠、淤灌总灌区的管理养护工作，以及郑州、中牟地区的灌溉管理指导工作。刘清云兼任管理分局局长，牛丕承、郭秀生任分局副局长。12月花园口枢纽分局与郑州黄河修防处分开办公，修防处负责黄河堤防、枢纽、东风渠渠首闸及闸下200米以内总干渠的检查维修、管理养护和防汛工作；东风渠灌溉管理局负责索须河、贾鲁河的管理养护。

【花园口枢纽库区南岸大堤培修工程开工】 4月27日，花园口枢纽库区南岸大堤培修工程开工，全长5800米，培修标准为：堤顶超高千年一遇洪水位以上3米，一般加高1米左右，堤顶宽9～10米，临背边坡均为1∶3。7月26日竣工，共计完成土方9.3万立方米，7月28日进行了竣工验收。

【郑州东大坝工程出险】 7月初开始，因三门峡水库下泄清水，冲刷力强，郑州东大坝、开封府君寺等8处工程32道坝相继出险。

【河南河务局恢复建制】 12月26日，经水电部和河南省委批准，恢复河南黄河河务局原建制，受河南省人委与黄委双重领导，并建立党分组。河南河务局于12月22日迁回郑州市金水路原办公楼办公。

【保合寨东修后戗730米】 本年，在保合寨东（大堤桩号1+870～2+600）修成后戗730米。另复堤两段（大堤桩号0+089～0+800、2+200～5+600），长4110米，加高0.5～1.00米。复堤同时拆除东风渠以西至西牛庄专用铁路。

1962年

【中牟万滩工程出险】 3月中旬，花园口站流量达到2500～3000立方米每秒，两岸滩地坍塌加剧。到3月底，花园口枢纽拦河坝、申庄、中牟万滩、开封韦滩等9处工程19道坝垛，出险22次。各地均积极抢护，保证了工程安全。

【东风渠渠首管理段更名】 5月10日，由于花园口枢纽工程管理机构领导关系的改变和业务范围的扩大，决定将“花园口枢纽工程分局东风渠渠首管理段”改名为“河南黄河河务局郑州花园口枢纽工程管理段”，负责花园口枢纽工程和东风渠渠首工程的管理养护及防洪工作，隶属郑州黄河修防处。

【广花铁路支线修复通车】 6月14日，广花、兰坝两铁路支线同时举行通车仪式。广花铁路支线于5月1日开工，6月3日修复。修复后的广花支线自京广铁路广武车站北端出岔，终点为花园口车站，全长14.3千米。

【中牟滩地坍塌严重】 7~8月，黄河主流在中牟太平庄以北（54+500~55+500），该处滩地坍塌严重。

【花园口枢纽泄洪闸停用】 12月19日，花园口枢纽停用泄洪闸。

【增设公安特派员】 本年，河南河务局各修防段增设公安特派员1名，受修防段和当地公安部门双重领导。

【东风渠铁路大桥建成】 本年，由铁道建设兵团建成东风渠铁路大桥，并修复铁路9千米，广花专用线全线通车。

1963年

【中牟韦滩护滩工程抢险】 3月5日，受大溜顶冲，中牟韦滩护滩工程2坝开始生险。因河势上提，1坝也相继出险，先后坍塌掉蛰51次，经日夜抢险94次，抢险中采用抛石、抛枕、抛石笼、搂厢等方法，共抢护长度667米，用石9053立方米，柳秸料108万千克，铅丝30吨。韦滩工程系1960年修建，工程基础较差。

【东风渠枢纽工程管理处成立】 4月13日，成立东风渠枢纽工程管理处。

【郑—济通信干线更换水泥电杆】 4月，郑州至济南黄河通信线路原为木杆支撑，经10余年使用，已多半腐朽，倒杆断线的现象时有发生。为保证通信畅通，决定将木杆全部更换为水泥电杆。河南河务局负责郑州至兰考路段的改建任务，4月18日开工，年底完成，计167千米。

【试行推广班坝责任制】 7月，新乡修防处在总结以往工程管理经验的基础上提出了班坝责任制。8月底，河南河务局要求所属各管理单位试行推广。

【花园口枢纽废除】 7月17日，三门峡水库改为滞洪排沙运用后，黄河下游河道恢复淤积，花园口枢纽系低水头壅水工程，工程效益不仅未能全面发挥，河道排洪能力反而受到严重影响，淤积日渐加重。加之工程建成后，管理单位几易隶属，管理运用不善，致使泄洪闸下游的斜坡段、消力池、混凝土沉排及防冲槽均出现严重损毁，不得不停止使用。本年5月提出破除拦河大坝的工程计划，经水电部和中共河南省委批准，7月17日6时将拦河坝爆破废除，大河逐渐恢复了自然流路。

【花园口枢纽工程管理处成立】 11月30日，郑州花园口枢纽工程管理处成立，隶属河南河务局，负责花园口水利枢纽和东风渠渠首闸管理工作。

【拖拉机碾压应用于复堤】 11月，复堤工作中推广使用拖拉机碾压，但没有完全代替硪实。

1964年

【全面开展植树造林】 2月下旬，河南黄河全面开展植树造林活动。河南省把黄河的植树造林纳入到全省规划，列为河南的一条基本防护林带，规划3年植满黄（沁）河宜林地。

【河南河务局拟订生产堤运用方案】 6月30日，河南河务局拟订《1964年黄河滩区生产堤运用方案》。要点如下：

（1）生产堤以防御花园口站10000立方米每秒洪水为标准。当花园口站流量在10000立方米每秒以下时，应组织群众进行防守，保护滩区农业生产；当花园口站流量超过10000立方米每秒时，必须坚决破除生产堤，以利排洪。

（2）按黄委生产堤预留口门计划，东坝头以下河南段需预留口门24处，各生产堤口门，除临河留一子埝（顶宽不大于2米，顶部高程超出设计水位0.3米）外，多余部分按设计要求全部削除。

（3）一旦需要开放生产堤，必须在接到通知8小时内破堤过水，同时应做好滩区群众的迁安工作，保证人畜安全，财产少受损失。

【广花铁路移交郑州铁路局管理】 7月18日，河南河务局将所辖的广花铁路专用线无偿移交给郑州铁路局管理。移交后，郑州铁路局仍须保证黄河防汛用料运输，原河南河务局车站人员改为花园口石料转运站，隶属河南河务局。

【花园口站出现9340立方米每秒洪峰】 7月28日，花园口站出现9430立方米每秒洪峰，同日伊洛河黑石关站和沁河小董站分别出现2900立方米每秒和1600立方米每秒洪峰。由于河道冲刷，引起剧烈塌滩，两岸工程出险多而危急，共有22处工程、126个坝垛出险552次，其中以花园口枢纽溢洪堰及大坝口门南裹头、花园口、青庄险工等出险较为严重。汛期，三门峡水库库区淤积泥沙19.5亿吨，出现“翘尾巴”现象。花园口站输沙量虽较常年偏多，但水量较大，下游河道处于冲刷状态，花园口至孙口河道冲刷3.3亿吨。

【花园口枢纽溢洪堰被冲坏】 8月7日，花园口枢纽溢洪堰部分被冲坏。黄委报请水电部及河南省人委同意，对溢洪堰破坏部分不予抢护，对溢洪堰北裹头及大坝口门南裹头加强守护。10月，大坝口门南裹头受大河顶冲，连出大险，经奋力抢护，转危为安。

【黄河号首批机动拖轮在花园口开航】 9月1日，由交通部船舶工业设计院设计，哈尔滨江北船舶修造厂制造的黄河号首批机动拖轮在郑州花园口开航。这批机动拖轮包括270马力的钢质机动拖轮2艘和载重80吨的甲板铁驳船10只。

【引黄放淤稻改在花园口试验成功】 10月，河南省农委组织科研部门，在郑州北郊花园口沙碱地上试验引黄种稻1041亩，其中插秧360亩、旱播681亩。秋季试验田获得丰收，平均每亩单产257.5千克。

【巩县石料采购站建立】 12月，河南河务局在偃师、巩县建立石料采购站，编制分别为7人与10人。负责组织民工利用农闲时间，开采运输石料，以供黄河修防使用。

【水电部出台亦工亦农方针初步意见】 11月10日，水电部出台《关于水利管理部门贯彻亦工亦农方针的初步意见》，以及根据省委、省人委指示，为修防段使用“民技工”提供了政策依据。

【黄河桥墩抛石护基出台意见】 本年，铁道部、水电部同意黄委与郑州铁路局关于黄河桥墩抛石护基的意见，抛石高度保持在90~91米（大沽基面）。

1965年

【中共河南河务局政治部建立】 1月15日，“中共黄河水利委员会河南河务局政治处”成立。安阳、新乡、开封黄河修防处和局直机关建立政治处，郑州黄河修防处设政治教导员，各修防段设政治指导员。

【对花园口、马渡险工根石探摸】 5~8月，对花园口、马渡险工探摸根石。

【狼城岗堤段交由中牟段管理】 5月12日，经河南省人委批准，决定将开封狼城岗公社划归中牟县领导，河南河务局同意将开封段所辖狼城岗公社一段大堤和险工交由中牟修防段管理。5月21日，开封原管朱固至狼城岗大堤（大堤桩号62+579~75+840）正式划归中牟段管理。

【抽水洇堤试验】 上半年，河南河务局在中牟赵口、兰考四明堂、原阳篦张进行抽水洇堤试验。8月3日，河南河务局在郑州召开了抽水洇堤试验座谈会。

【引黄涵闸供水水费征收办法印发】 6月3日，河南河务局印发《河南省引黄河涵闸水费征收试行办法》。消费征收标准：工业用水2~2.5厘[1]每立方米，城市生活用水1.5厘每立方米，水产和城市洗冲1厘每立方米，农业用水暂不征收。水费收入全部上缴国家。

【黄河修防工人列为特别繁重体力劳动工种】 8月21日，劳动部以〔1965〕中劳动护字第62号文批复同意黄河修防工人列为特别繁重体力劳动工种。

【黄委颁发职工劳保用品发放使用管理办法】 10月26日，黄委颁发《所属单位职工劳动保护用品发放使用管理试行办法》，对黄河地质勘探、地形测量、水文测验、黄河修防及闸坝等单位计61个不同工种制定了所需配备的劳动保护用品和使用管理办

[1] 1厘=0.001元。

法。

【河南河务局派工作组指导“四清”运动】 11月，河南河务局派出“四清”工作队进驻郑州修防处，指导“四清”运动。

1966年

【三刘寨引黄涵闸兴建】 2月25日，开工修建中牟三刘寨引黄涵闸，5月1日基本完成，5月5日竣工放水。为改造中牟北部沿黄盐碱沙涝地区，河南省人委决定引黄种稻，修建三刘寨引黄工程。该工程主要建筑物230座，干支渠总长120余千米，计划种稻12万亩。三刘寨引黄渠首闸，系3孔钢筋混凝土箱式压力涵洞，设计引水25立方米每秒。放水前，在工地召开了庆祝大会，河南省副省长彭笑千到会并讲话，黄委、长江流域规划办公室等派人出席庆祝大会。1989年改建。

【花园口枢纽工程管理处改为花园口枢纽管理段】 7月21日，花园口枢纽工程管理处改为花园口枢纽管理段，并缩减编制，划归郑州修防处领导。

【郑州岗李电灌站兴建】 本年，为解决郑州市供水问题，在东风渠渠首闸下游600米处，兴建电灌站1座，装机11组，提水能力6.5立方米每秒，通过4级提水泵站，送水到柿园水厂。投资31万元。

1967年

【黄河封冻至郑州铁桥以上】 自1966年12月24日封冻以来，至1967年1月20日，黄河由下而上封冻至荥阳孤柏嘴，全长约610千米，大部分河段水面全部封冻，最大冰厚达0.35米以上，夹河滩河段冰上行人11天。

【赵兰庄出险】 10月27日，花园口险工赵兰庄一带出险，11月18日脱险。

【修建杨桥引黄虹吸工程】 10月至1968年5月，建成杨桥引黄虹吸。

【黄河下游第二次大复堤完成】 本年，黄河下游第二次大复堤完成。从1960年冬至本年年底，进行了第二次大复堤。主要防御标准是：花园口站22000立方米每秒洪水，两岸大堤均超高2.5米，险工段顶宽11米，平工段顶宽9米，边坡均为1:3。

1968年

【河南省电示切实做好黄河防凌工作】 1月9日，河南省抓革命促生产第一线指挥部电示：切实做好黄河防凌工作。

【《河南黄河资料手册》编纂完成】 2月，《河南黄河资料手册》编纂完成。主要内容包括河南黄河概况、花园口简介、河道、堤防、险工、涵闸、水文、防汛、滞洪区等9部分。它是河南黄河第一部比较全面的资料手册。

【郑州黄河修防处革委会成立】 4月12日，郑州黄河修防处成立革命委员会，刘清云任主任。

【黄河下游涵闸基本恢复引水】 4月24日，黄河下游涵闸基本恢复引水。

【中共中央、国务院等联合发出防汛工作紧急指示】 5月3日，中共中央、国务院、中央军委、中央文革小组联合发出《关于1968年防汛工作的紧急指示》，要求立即成立各级防汛指挥机构。各级防汛领导机构及有关部门要立即组织力量，对有关防汛工程进行逐项检查，抓紧完成岁修工程，落实防汛措施。任何团体和个人对堤防、水闸、水库等一切水利工程设施都有责任保护，不得以任何借口进行破坏。对水情、雨情要按时上报，不得以任何借口延误。

【河南河务局提出黄（沁）河防汛工作意见】 5月24日，河南河务局制定出《1968年黄（沁）河防汛工作意见》，对防御各级各类洪水做出具体安排。

【各级防汛指挥部停止办公】 10月25日，各级防汛指挥部停止办公，防汛工作交由各修防部门负责。

【黄委普查下游堤防、涵闸】 11~12月，黄委派人协同河南、山东两河务局及各修防处、段对黄河下游堤防、涵闸进行普查。

1969年

【黄委检查汛前工作】 4月24日至5月20日，河南河务局会同黄委检查汛前工作。

【黄河防总发出防汛工作意见】 6月13日，黄河防汛总指挥部发出《关于1969年黄河防汛工作意见》，提出黄河防洪任务仍以防御花园口站1958年型洪峰流量22000立方米每秒，保证黄河不决口，对超过上述任务的各级洪水也要做到有准备、有对策。沁河以防御小董站洪峰流量4000立方米每秒为标准。

【在申庄建虹吸管两条】 6月，在申庄东北（大堤桩号21+000处）建虹吸管两条，直径0.96米，抽水能力4立方米每秒，投资72450元。建成后，当年淤平石桥口门。

【黄河防总传达李先念副总理对防汛工作的指示】 7月21日，黄河防汛总指挥部电话传达李先念副总理对防汛工作的指示。河南省黄河防汛办公室当晚向沿黄地、市黄河防汛指挥部发出《关于进一步加强黄河防汛准备工作的紧急电话通知》，要求各地（市）、县迅速深入布置防汛工作，组织检查组对堤防、险工等进行检查和解决处理存在问题。

【黄河防总传达《河北省革命委员会布告》】 7月28日，中共中央以中发〔1969〕44号文件颁发由毛泽东主席批准的《河北省革命委员会布告》。布告共9条，主要是针对两派群众武斗地区如何加强堤防、水库的安全问题。如“各派武斗人员后撤二十华里”“对破坏防汛的坏人，严加惩处”等。

黄河防总下发紧急通知向沿黄各级防汛指挥机构进行了传达，要求依布告为武器，联系当地实际，采取有效措施，切实做好黄河防汛工作。

【巩县米河石料厂建立】 根据河南省革委会决定，原供黄河修防用石料的巩县米河公社草店石料场，划归国防建设开采使用。为解决黄河料源问题，经河南省革委会与黄委同意，10月在巩县米河公社水头山建立石料厂，同时修建了铁路专用线7.9千米。次年8月，经河南省革委会和黄委同意，巩县石料厂（包括职工）移交开封地区，铁路专线仍归河南河务局，由开封地区统一管理使用，铁路费用及职工工资仍由黄河经费列报。该厂移交后，仍为黄河治理服务，保证黄河防汛用石。1979年1月19日巩县石料厂收回，由河南河务局直接经营管理，同时将水头火车站列入石料厂建制，归属石料厂领导。1983年9月25日巩县米河石料厂移交郑州修防处管理。2005年1月，建制撤销，整体划归新成立的荥阳黄河河务局。

【花园口东大坝电力提灌站建成】 本年，花园口东大坝电力提灌站建成。经河南省革命委员会批准，黄委同意，由郑州市郊区政府筹资兴建。装机14组，提水10.5立方米每秒，投资50万元，用于农田灌溉。

1970年

【河南河务局大批机关干部下放】 1月，根据中央干部下放的精神和河南省革委会的安排，河南河务局大批机关干部下放到各修防处、段。黄委亦有部分干部下放到河南沿黄修防处、段。大部分下放干部于1978年后陆续调回。

【赵口引黄闸开工建设】 4月，赵口引黄闸破堤动工，10月30日建成。该闸为三门峡4省治黄会议确定的黄河下游大型放淤试点工程，赵口引黄淤灌工程的渠首闸。该闸为一级建筑物，设有16孔钢筋混凝土箱式压力涵洞，设计流量200立方米每秒，设计放淤面积88万亩。

【杨桥引黄闸竣工】 5月，中牟杨桥引黄闸竣工。该闸于本年1月开工兴建，为3孔压力式钢筋涵洞，设计流量32.4立方米每秒，设计灌溉面积30万亩。

【黄委通报郑州修防处在临黄大堤开挖防空洞】 6月18日，黄委就郑州修防处擅自决定在临黄大堤上开挖防空洞问题发出通报。郑州修防处在所辖黄河堤坝上开挖防空洞5处。其中，在花园口将军坝和116号坝坝头上挖地下防空洞两个，各长10余米、深3~4米、宽1~3米；花园口航运队在郑州黄河圈堤上挖防空洞1处，长30余米、宽1.5~3.0米、深3~4米；郑州西牛庄邮电所在背河堤坦上挖防空洞1处，长约7米、宽0.8米、深2.5米；郑州铁路局某基层单位在西大王庙附近的堤后挖长10米、宽1米、深3米的防空洞1处。黄委会革委会为此印发通报，责成河南河务局认真处理，限期回填夯实。

【花园口引水闸出水口建电力提灌站1座】 7月，在花园口引水闸出水口消力池南边建电力提灌站1座，装机两组，提水能力2.7立方米每秒。

【郑州邙山提灌站开工】 7月1日，郑州邙山提灌站开工，10月1日竣工。该提灌站为二级提灌，渠首位于郑州文武岭东端枣榆沟，一级扬程33米，提水能力10立方米每秒；二级扬程53米，提水能力1立方米每秒。该提灌站是郑州市水源开发“引黄入郑”的一项重要工程，总投资728万元。提灌站建成后，提水能力由小到大，逐年增长，1982~1985年，平均每年提水达1.5亿立方米。其中每年为郑州市供水1亿立方米。20世纪70年代末，以提灌站为基础，建设成邙山黄河游览区。

【花园口站出现405千克每立方米高含沙水流】 8月9日，黄河花园口站在4950立方米每秒的洪峰过后，高含沙量的沙峰接踵而来，断面平均含沙量达405千克每立方米，泥沙主要来自三门峡以上的中游地区。高含沙水流过后，下游河道淤积严重，8月上旬自小浪底至孙口共淤积泥沙5.403亿吨，大部淤积在河槽内。

【巩县石料厂移交开封地区管理】 8月，河南河务局巩县石料厂移交开封地区管理，铁路专用线仍归河南河务局管理。

【建石桥电灌站1座】 9月，在大堤桩号23+200处建石桥电灌站。1971年7月竣工。装机组3台，提水能力3.3立方米每秒，投资19万元。

1971年

【赵口渠首管理段建立】 3月20日，赵口渠首管理段建立。

【郑州修防处划归郑州市革委会直接领导】 5月21日，中共郑州市委通知郑州黄河修防处隶属郑州市革命委员会直接领导（原归郑州郊区委员会领导）。

【《人民日报》报道河南引黄灌溉典型】 5月28日，《人民日报》用一个整版的篇幅，在毛泽东主席语录“要把黄河的事情办好”的通栏标题下，报道了河南人民胜利渠、郑州市北郊花园口公社、孟津县宋庄公社等地利用黄河水沙资源引黄灌溉发展农业生产的经验。

【黄河防汛会议召开】 经国务院批准，1971年黄河防汛会议于6月10~30日在郑州召开。会议由黄河防总总指挥刘建勋主持。参加会议的有水电部，晋、陕、豫、鲁4省负责人，黄河下游沿河地、市、县革委负责人，还有河南、山东河务局和修防处、段、水文站的负责人等212人。这次会议是新中国建立以来规模最大的一次防汛会议。

会议分两个阶段进行，6月10~18日召开预备会议，研究制定《1971年防汛工作意见（草案）》和《黄河下游修防工作试行办法（草案）》。6月20~30日为正式会议，讨论处理各类洪水的措施，安排防汛工作。

《黄河下游修防工作试行办法（草案）》中，对黄河下游修防工作体制做了重大变动，即原属黄委建制的山东、河南两个河务局和修防处、段改归地方建制，是所在省、地、市、县革委主管黄河修防工作的专职机构，实行以地方为主的双重领导。

【提出修复改建花园口枢纽工程泄洪闸设想】 9月23日，河南河务局向黄委报送《关于修复改建花园口枢纽工程方案设想的报告》，对修复改建花园口枢纽工程提出3个方案：一是建新桥方案；二是建新闸方案；三是只修复，不新建工程。3个方案的共同特点是修复泄洪闸和堵临时溢洪堰。由于多种原因，3个方案都未能落实。

【河南黄河进行大规模引黄淤背固堤】 本年，河南河务局开始大规模的引黄淤背固堤。郑州修防处有两处电灌站投入使用，开封修防处利用吸泥船淤背185万立方米（重点在中牟堤段）。

1972年

【治黄民工工资试行办法印发执行】 5月16日，河南河务局下发执行《河南省治黄民工工资试行办法》。调整后的工资标准是：非定额工（包括普通工、技工、船工、锥探工、防汛员等）每工日工资1.00～1.60元；土方每标准立方米（包括挖、装、起卸、平距运输100米）单价为0.22元；硪实每平方米单价0.045～0.05元；拖拉机碾压每平方米0.03元；边锨每平方米0.0045～0.005元。

【河南河务局制定险工、护滩工程设计标准】 5月31日，河南河务局印发《险工、护滩工程标准》。险工设计标准：坝基顶部一律高出保证水位1.5米，孟津至濮阳青庄河段坝垛根石头顶部高出当地流量8000立方米每秒水位0.5米，青庄至下界河段与当地8000立方米每秒水位平，根石顶宽1～1.5米，根石坡度主坝1:（1.2～1.5），一般坝1:（1～1.3）。护滩控导工程设计标准：坝基顶部高出当地流量8000立方米每秒水位1米，根石顶部与当地流量8000立方米每秒水位平。根石顶宽、坡度与险工标准同。

【郑州邙山提灌站竣工】 10月1日，郑州邙山提灌站竣工。

【黄河系统隆重纪念毛主席视察黄河20周年】 为纪念毛泽东主席1952年视察黄河20周年，黄河系统各单位举行隆重的纪念活动。10月30日至11月1日在郑州召开了由全河各单位代表参加的落实毛主席“要把黄河的事情办好”指示的经验交流会，同时还举办了治理黄河展览。沿黄各基层单位，结合各地情况，就地展开纪念活动，包括召开纪念会、座谈会、经验交流会，举办了小型文艺演出或举办图展等。此外，流域各省新闻单位还开展了较大规模的有关治黄成就的宣传报道。

【修建三刘寨提灌站】 本年，修建三刘寨提灌站。

1973年

【巩县修防段建立】 2月1日，巩县黄河修防段建立，隶属开封地区修防处（当时有开封县、开封地区）。

【中牟修防段划归中牟县管理】 3月24日，中牟黄河修防段划归中牟县地方管理。

【花园口站出现特大沙峰】 8月29日，花园口站出现特大沙峰。8月28日11时花园口站出现4710立方米每秒洪峰，水位93.41米，含沙量为118千克每立方米。洪峰过后31个小时，出现特大沙峰，最大含沙量449千克每立方米，相应流量为2990立方米每秒。8月30日22时，花园口站出现洪峰流量5020立方米每秒时，含沙量为181千克每立方米，洪峰相应水位达94.63米，比1958年22300立方米每秒特大洪水水位高出0.21米。沙峰过后，河道严重淤积。

【黄河下游治理工作会议召开】 11月22日，黄河治理领导小组在郑州召开黄河下游治理工作会议。参加会议的有水电部，河南、山东沿黄13个地、市及所属有关部门负责人和工程技术人员100余人。会议总结了治黄工作的主要成就和经验教训，针对下游出现的新情况和新问题，提出下游治理的措施意见：

（1）确保下游安全措施。首先，大力加高加固堤防，5年内完成加高大堤土方1亿立方米，10年内把险工及薄弱堤段淤宽50米，淤高5米以上，放淤土方3.2亿立方米；并抓紧完成齐河、垦利展宽工程，确保凌汛安全；其次，废除滩区生产堤防，修筑避水台，实行“一水一麦，一季留足全年口粮”的政策。

（2）发展引黄灌溉，今后3~5年内建设高产稳产田达1200万亩。

（3）做好1974年防汛工作。

（4）加速中游治理。

【河南黄河开展复堤工程】 12月9日，郑州市委和北郊区委组织郊区10个公社24500余人参加复堤工程。至1974年1月5日结束，历时28天，共做土方216600万立方米，加高东大坝至石桥之间大堤8028米。废除生产堤。

【中牟黄河大堤划归开封修防处管理】 本年，中牟境黄河大堤（桩号70+250~75+840）重又划归开封黄河修防处管理。

1974年

【国务院批转黄河下游治理工作会议报告】 3月22日，国务院批转黄河治理领导小组《关于黄河下游治理工作会议报告》，同意报告中对1974年黄河下游防洪工程计划的安排。指出从全局和长远考虑，黄河滩区应迅速废除生产堤，修筑避水台，实行“一水一麦，一季留足全年口粮”的政策，对薄弱的堤段、险工和涵闸要加紧进行加固整修。

【巩县黄河河道整治工程全面启动】 11月9日，赵沟、裴峪、神堤控导工程施工放线，标志着巩县黄河河道整治工程全面启动。

【水电部批准黄河下游进行第三次大复堤】 11月25日，黄委完成《黄河下游近期（1974～1984年）加高加固工程初步设计》，报经水利部批准，自本年度开始进行黄河下游第三次大复堤。黄河下游近期加高加固工程确定以防御花园口站1958年型22000立方米每秒洪水为目标，大堤埽坝等防洪工程的修筑均以预测的1983年设计洪水位为标准。加高加固工程设计包括人工加高帮宽大堤、引黄放淤固堤、险工埽坝改建加高和涵闸改建加固等。总计土方4.8亿立方米、石方175万立方米、混凝土15.7万立方米，总投资4.5亿元。分10年完成。

【中牟段进行第二次大复堤】 1974～1976年，中牟黄河修防段进行第二次大复堤，总计长35.35千米，并将杨桥原大堤北临河堰改为临河大堤。

【修建中牟杨桥提灌站】 本年，修建中牟杨桥提灌站。郑州治黄工程大规模展开。

1975年

【马渡引黄闸开工】 2月27日，马渡引黄闸动工兴建，5月30日建成。该闸位于郑州市北郊花园口马渡村北，为两孔钢筋混凝土涵洞，设计流量20立方米每秒，设计灌溉面积9.8万亩。

【荥阳修防段建立】 5月，建立荥阳修防段。经河南省革命委员会生产指挥部批准，建立河南省革委会黄河河务局荥阳修防段，隶属郑州修防处领导。1977年12月7日，经河南省革命委员会农业组批示撤销。

【修建赵沟等控导工程】 7月3日，修建赵沟控导工程1～4坝、裴峪控导工程7～11坝、神堤控导工程10～13坝，坝顶及联坝高程标准为当地5000立米每秒超高1米（护山部分、赵沟七坝以上、裴峪11坝以上允许再超高1.5米）。

【花园口站出现7580立方米每秒洪峰】 10月2日，花园口站出现7580立方米每秒洪峰。4日花园口站再发生7420立方米每秒洪峰。这次洪水持续时间长，花园口站7000立方米每秒以上流量延续70多个小时，大部分水位表现较高。两次洪峰在夹河滩重叠后，夹河滩站最大洪峰流量为7700立方米每秒，水位高于1958年大洪水水位0.81米。

【赵口闸开展泥浆泵清淤试验】 10月19日，赵口闸利用泥浆泵进行清淤试验成功（过去为人力清淤）。两台泥浆泵（动力为13千瓦的小型泥浆泵）在20天中运转309台时，抽出混水6041立方米，泥沙236立方米，最高含沙量为62%，最低为10%。

【中牟修防段机关迁至万滩北】 本年，中牟黄河修防段机关由辛寨迁至万滩北。

【申庄险工等工程改建】 本年，申庄险工加高改建坝垛工程5个，马渡险工加高改建12个。吸泥船、泥浆泵投入机淤固堤工程吹填施工。拆除九堡虹吸。

1976 年

【黄委出台改建和新建引黄涵闸设计标准】 1 月 19 日，黄委印发《黄河下游引黄涵闸改建和新建几项设计标准暂行规定》。由于河道淤积抬高，在加高大堤的同时，要有计划、有步骤地对引黄涵闸逐个进行改建加固。为此，黄委制定了统一的设计标准：

（1）下游两岸引黄涵闸的防洪标准应以花园口站 22000 立方米每秒洪水作设计，以可能最大洪水 46000 立方米每秒作校核。

（2）小改建涵闸均采用 1985 年为设计水平年，大改建和重（新）建涵闸均采用 1995 年为设计水平年。

（3）艾山以上改建和新建涵闸的校核防洪水位采用设计防洪水位加 1 米；艾山以下改建和新建涵闸的校核防洪水位采用设计防洪水位加 0.5 米。

规定要求：凡属大改建和新建工程的设计任务书及初步设计需报送黄委审批，其他技术、施工详图和竣工验收文件等分别由河南、山东河务局审批，并报黄委备查；小改建的设计任务书需报黄委审批，其他设计文件书、竣工验收文件等分别由两局审批，并报黄委备查。

【花园口站发生 9210 立方米每秒洪峰】 8 月 27 日，花园口发生 9210 立方米每秒洪峰，9 月 1 日花园口再次发生 9100 立方米每秒洪峰。这两次洪峰具有水位高、水量大、持续时间长的特点。开封柳园口以下洪水位超过 1958 年洪水位 0.5～1 米，花园口站 15 天洪水量达 89 亿立方米，8000 立方米每秒以上流量历时 7 天。洪水通过时，河南段有 400 多千米大堤偎水，堤根水深一般 1～3 米，封丘倒灌区倒灌，险工与河道整治工程有 157 个坝垛出险。洪水期间，黄河滩区有 595 个村庄进水，河南 31 人死亡，54 万人受灾，淹没耕地 107 万亩。郑州地段工程完好，没有受灾。

洪水发生后，河南省委、省革委会、省军区向沿黄人民发出慰问电，并向灾区派出慰问团和医疗队。在抗洪抢险的紧张时刻，全省有 3 万多军民守护黄河大堤，2 万多军民进行抢险，10 多万军民运送防汛料物，20 多万军民投入滩区迁安救护。

整个汛期，黄、沁河共有 49 处工程 415 个坝垛出险，大部分发生在控导及护滩工程，垮坝 6 道，冲断坝 12 道，漫顶 11 道坝，共抢险 766 坝次，抢险用石 12 万立方米，柳 1468 万千克。

【黄委加强无线电通信网络建设】 截至 10 月，全河共架设各种类型电台 42 部。

【大规模复堤继续进行】 本年，继续开展大规模复堤，花园口险工加高改建 19 个单位工程。自 3 月 22 日至 5 月底，由郑州市郊委组织郊区 14 个公社 25300 人上堤，在大堤桩号 3＋700～13＋372 和 21＋400～30＋968 两段，共完成土方 112.4 万立方米，大堤加高 1.2～2.0 米。自 5 月 20 日至 10 月 10 日，由荥阳县组织民工 22000 余人，完成大堤桩号1+372～3+370长4542米的大堤加高任务，完成土方33.3万立方米，将大堤向西延长10米。共投资238.84万元。

1977年

【春季复堤开工】 3月25日，春修复堤开工。

【河南省委批转加强黄河修防处、段领导的请示】 6月9日，河南省委批转河南河务局《关于加强黄河修防处、段领导的请示报告》，并转发沿黄各地、市、县委，省直有关单位。报告提出：各修防处、段实行地方党委与河南河务局双重领导，业务工作以河南河务局领导为主，党的工作、干部配备等以地方党委负责为主；对主要领导干部的任免调动，修防处一级由地、市委与河南河务局协商后办理，修段一级由县委与修防处协商后负责办理；建议恢复安阳滞洪处。

【李先念称赞用吸泥船加固黄河大堤】 7月4日，水电部第606期《值班简报》上报道了《用简易吸泥船加固黄河大堤效果好》一文，指出"黄河下游自1970年开始用简易吸泥船加固黄河大堤以来，到现在黄河下游已有吸泥船166只（山东142只、河南24只），累计放淤固堤已达3700多万立方米。船淤比人工筑堤节省劳力80%，投资少50%。7日，国务院副总理李先念阅后批示：很好，继续总结提高。

【花园口站出现高含沙水流】 7月9日，花园口站出现8100立方米每秒洪峰。10日6时花园口站最高含沙量达546千克每立方米，为该站有记载以来的最大含沙量。

洪峰过后，由于河势变化及"揭底"冲刷，河床下切，引起多处工程发生严重险情。7月9日，中牟杨桥险工17～21坝及护岸坝基底淘空，坍塌200余米，其中数处塌陷距堤根仅有二三米。此前，该工程已80年没靠过大溜。7月19日，开封柳园口险工19～21坝土胎出现裂缝80多米，20坝护岸50浆砌护坡全部塌入水中，经数千人奋力抢护，化险为夷。

【花园口站发生10800立方米每秒洪峰】 8月8日，黄河花园口站发生10800立方米每秒洪峰。这次洪水不仅峰高，且含沙量大。8月7日21时，小浪底站出现最大流量10100立方米每秒，在此之前1小时出现941千克每立方米含沙量，为该站记载的最大含沙值。高含沙量自小浪底站以下沿程递减，8月8日到花园口站为437千克每立方米。花园口站洪峰出现时间较正常传播时间晚5～6小时，洪峰流量比正常洪水推演值大2400立方米每秒。

在这次洪水过程中，河南黄河滩区456个村庄、37万人受灾，72万亩耕地被淹，12处工程42道坝出险，抢险46次。中牟赵口险工45～47坝坝基被冲塌200余米，根石下陷3米。地、县领导迅速采取措施，组织群众防汛队伍1000多人，并出动人民解放军一个连投入紧急抢护，经过6个多小时的紧张抢护，控制住了险情。

继赵口闸出险后，万滩、杨桥险工相继出险。万滩险工35～58坝共17道坝及3

段护岸相继坍塌下蛰。

【与河南河务局合办东风渠农场】 8 月 27 日，郑州修防处与河南河务局合办东风渠农场。

【隆重纪念毛主席视察黄河 25 周年】 10 月 30 日，在毛泽东主席视察黄河 25 周年之际，沿黄各地及治黄单位纷纷举行隆重纪念集会，并广泛开展纪念活动。

【荥阳修防段撤销】 12 月 7 日，经河南省革命委员会农业组批示撤销荥阳县黄河修防段。

【花园口险工改建】 本年，花园口险工改建 17 个单位工程。

1978 年

【黄河下游修防单位归属黄委建设】 1 月 5 日，经国务院批准，将山东、河南两省河务局及所属修防处、段仍改属黄委建制，实行以黄委为主的双重领导。业务领导、干部调配由黄委负责，党的关系仍由地方党委负责。

【黄委更名及新任领导成员】 1 月，经水电部同意，将“文化大革命”中改为“水利电力部黄河水利委员会革命委员会”的名称，更名为“水利电力部黄河水利委员会”。同时任命了新的领导班子成员：主任王化云，副主任杨宏猷、杨庆安、辛良、李玉峰、李延安。3 月，取消修防处、段“革命委员会”，各修防处、段恢复原名。

【花园口水文站建造施测大洪水机船】 为吸取 1975 年 8 月淮河大洪水的严重教训，适应黄河下游防御特大洪水的需要，3 月，花园口水文站开始建造施测大洪水的水文测船。1981 年 10 月建成，船长 38 米、宽 6 米，造价 81.3 万元。这是黄河河道水文测验中最大的机船。

【开封修防处运输队成立】 4 月，开封地区修防处运输队在中牟万滩成立。为郑州黄河水电工程有限公司前身，2015 年企业合并期间，郑州黄河水电工程有限公司撤销。

【翟兰田任修防处负责人】 8 月 16 日，翟兰田等五位同志任郑州修防处负责人。翟兰田任主任（未到职），许兆瞻任副主任。

【黄委印发《放淤固堤工作几项规定》】 8 月 27 日，黄委印发《放淤固堤工作几项规定》。规定近期放淤固堤的标准为：淤宽 50 米，淤高到设计 1983 年水平防洪水位。布局要本着先险工、后平工，先重点、后一般，先自流、后机淤的原则。

【武桐生等人平反】 10 月，郑州修防处副主任许兆瞻奉郑州市委指示，在会议室召开全处职工大会，宣布：一、被关入“牛棚”的武桐生等 22 人彻底平反；二、一定要全部补发他们在被压期间被扣发的施工补助费。

【日本访华代表团参观黄河】 10 月 12 日，应中国水利学会邀请，以日本香山县土木部部长三野田照男为团长的“日中友好治水利水事业访华代表团”一行 16 人来黄河参观访问。代表团先后参观黄河展览馆、花园口堤防及邙山提灌站。

【花园口险工改建55个单位工程】 本年，花园口险工改建55个单位工程。另外，中牟黄河第二次大复堤继续进行工程施工。

1979年

【巩县修防段迁至县城】 1月18日，巩县黄河修防段由旧县城的东站镇搬迁至巩县县城（孝义镇）文化街。2013年10月迁至新兴路与货场路交叉口北100米处。

【招收最后一批民技工】 2月，黄河招收最后一批民技工。

【《黄河下游工程管理条例》印发试行】 4月29日，黄委颁发《黄河下游工程管理条例》。内容包括：总则，堤防工程管理，险工、控导护滩工程管理，涵闸、虹吸工程管理，滩区、水库分（滞）洪工程管理与安全保卫，共6项36条款。

【撤销革命委员会】 6月，郑州黄河修防处撤销革命委员会，所设各组改为科，分设工程科、淤灌科、财务科、秘书科、政工科。

【郑州市召开处理堤防案件大会】 8月7日，郑州市在花园口召开处理堤防案件大会。公开处理偷盗乱砍滥伐黄河堤防树木案件8起，追退、赔偿、罚款1495起，依法拘留2人；处理挖取堤坡和堰身土案件3起，赔还土方134立方米，并限期将堤、堰残缺垫平；花园口公社南月堤大队、生产队和部分群众，乱拉乱用防汛石料550立方米，责成该大队负责全部退还。

会后，郑州修防处与郑州市公安局郊区分局于8月20日共同发布了有关堤防管理规则的通告，沿堤张贴宣传。

【陈新之任修防处主任】 8月，陈新之任郑州修防处主任，张西亭任副主任。

【民技工转正】 10月开始，到1980年3月完成招收新工人400多名（民技工转正）。

【河南河务局收回巩县石料厂】 本年，巩县石料厂收回河南河务局经营管理。该厂1970年划归开封地区后，交由省劳改局经营。根据治黄需要，经省革委会同意，由河南河务局收回直接经营管理，同时将水头火车站列入石料厂建制，归属石料厂领导。

【修柏油路1条】 本年，自来童寨大堤向黄庄修柏油路1条，长4千米，接于郑黄公路，投资4万元。

1980年

【施工大队成立】 1月30日，郑州修防处成立施工大队，下设工程队、船队。

【11个国家的学者参观花园口大堤】 出席河流泥沙国际学术讨论会的11个国家的学者，从4月1日起，先后参观了黄河展览馆、水科所、邙山提灌站、花园口大堤等。

【巩县赵沟等三处地方修建丁坝纳入控导护滩工程】 5月22日，将地方1974年修建的赵沟、裴峪、神堤10道丁坝和连坝纳入控导护滩工程。从此，计划外工程得到了解决并交付黄河修防段统一管理和防守。

【联合国防洪考察团参观黄河】 8月5~6日，联合国防洪考察团先后参观了黄河展览馆、水科所及花园口大堤险工等。

【中牟修防段出席全国水利管理经验交流会议】 9月4日，中牟黄河修防段等3个修防段出席全国水利管理经验交流会议。

【加高改建拦河坝南裹头等工程】 本年，加高改建拦河坝南裹头工程和申庄险工（7个单位）、3坝险工（25个单位），并在3坝险工上首新建坝1道等。

1981年

【河南河务局职工学校成立】 经黄委批准，3月，河南河务局在广武（原修配厂）建立职工学校。1986年学校搬迁到郑花路，1991年2月更名为“河南黄河河务局干部学校”。

【花园口引黄闸工程改建完成】 4月4日，花园口引黄闸工程改建完成。

【杨桥虹吸拆除】 5月，拆除杨桥虹吸。

【黄委颁发《黄河下游防洪工程标准（试行）》】 6月20日，黄委颁发《黄河下游防洪工程标准（试行）》，要求以往有关规定与本标准有矛盾的一律按本标准执行。该标准包括大堤、险工改建、控导工程及其他工程标准。其中，大堤培修标准为：临黄堤以防御花园口站22000立方米每秒洪水为目标，艾山以下按10000立方米每秒控制，堤防按11000立方米每秒考虑设防，设防水位按1983年水平。北金堤按渠村分洪10000立方米每秒滞洪运用设防。沁河防御小董站4000立方米每秒。黄河临黄堤超高3米，堤顶宽平工段10米，险工段12米；临背河堤坡1:3。放淤固堤标准为：淤宽，险工段50米、平工段可因地制宜；淤宽30~50米（先按购地宽度放淤，完成第一段放淤后再行缩窄）；淤背高度，淤面高出1983年水位的浸润线出逸点1米，淤临高于1983年水位0.5米。

【“吉林号”发生沉船事故】 6月25日，郑州修防处“吉林号”挖泥船在花园口转移挖泥工地时，因搁浅引起拖船断缆。该船失去控制后打横，受水流淘刷冲压发生倾斜，船舱进水，致使沉船，直接经济损失50万元。事故发生后，因时值汛期，缺乏打捞机具、浑水中潜水员作业困难，未进行打捞工作。黄委、河南河务局组成联合调查组进行了调查，认为事故发生的主要原因是思想麻痹、管理不周、措施不当，对主要责任者给予严肃处理，并发出通报。

【成立职工子弟学校】 9月1日，郑州修防处成立黄河职工子弟学校，招收附近黄河职工子弟入学，有学生96人、教师21名，设初中、小学共八个班级。同年，修防处成立托儿所。

【花园口出现8060立方米每秒洪水】 9月10日，花园口站出现8060立方米每秒洪水。洪水特点是峰型较胖，含沙量较低。花园口站7000立方米每秒流量持续两天多，5000立方米每秒流量持续5天，洪水后沿河同流量水位略有下降。中牟黄河滩区漫滩受灾。

【河南引黄灌区试行用水签票制】 为控制引水量、节约用水，水利部下发《关于加强黄河下游引黄灌溉管理工作的通知》，要求“两省引黄灌区从今年开始试行按已定的用水计划由灌区负责人签票开闸放水责任制”。河南引黄灌区从10月1日起，开始试行用水签票制。用水签票由黄委统一印制，各修防处（段）管理。

【黄河下游工程“三查三定”】 10月13日，黄委转发水利部《对水利工程进行“三查三定”的通知》，要求河南、山东黄河河务局和张庄闸，按黄河下游工程管理实际情况，到1982年汛前，从“三查三定”（查安全定标准，查效益定措施，查综合经营业定发展计划）入手，进一步摸清每项工程管理状况，然后逐项制订加强管理的计划和措施。同时下发了水利工程现状登记表。1983年6月，“三查三定”工作结束。

【河南河务局开展职工代表大会试点工作】 10月，河南河务局开展职工代表大会试点工作。至此，全河基层职工代表大会形成制度化。

【青年职工文化补习教育开始办班】 12月，召开职工教育会议，青年职工文化补习教育开始办班。

1982年

【黄委颁发《黄河下游十条考核标准》】 1月22日，黄委颁发《黄河下游十条考核标准》。考核标准内容包括施工、防洪、工程管理、引黄淤灌、综合经营、科学技术、职工队伍建设、领导班子、安全生产、增产节约等10条。考核办法：上级考核下级，逐级考核，每年考核1～2次，考核结果逐级上报。河南河务局每年汛前、年终对基层修防单位各考核一次。考核结果作为干部考核和评选先进单位的主要依据。

【袁隆任黄委主任】 5月20日，中共中央组织部通知：中央同意袁隆任黄委主任。

【《黄河防汛管理工作若干规定》颁发】 6月1日，黄河防总颁发《黄河防汛管理工作若干规定》。内容包括防汛指挥机构、组织防汛队伍、巡堤查险与抢险、水情与工情观测、防汛物资储备管理、财务管理、通信交通、施工工程的管理、分洪与滞洪工程、汛情联系等。

【河南省人大常委会批准《河南省黄河工程管理条例》】 6月26日，河南省第五届人民代表大会常务委员会第16次会议批准《河南省黄河工程管理条例》。该条例分总则、组织管理、堤防管理、河道工程管理、涵闸管理、防汛管理、绿化与经营管理、奖励与惩罚、附则，共9章41条。

【水电部颁发《黄河下游引黄渠首工程水费收缴和管理暂行办法》】 6月26日，水电部颁布《黄河下游引黄渠首工程水费收缴和管理暂行办法》，自即日起施行。规定水费标准为：灌溉用水在4~6月枯水季节每立方米1.0厘，其余时间每立方米0.3厘；工业及城市用水在4~6月枯水季节每立方米4.0厘，其余时间每立方米2.5厘。通过灌区供水的，由灌区加收水费超计划用水的加价收费，用水单位应向黄河河务局按期缴纳水费。

【花园口站出现15300立方米每秒的洪峰】 8月2日19时，花园口站出现流量15300立方米每秒洪峰，相应水位为94.64米（大沽），为1958年以来的最大洪水。7月29日至8月3日三花间（三门峡至花园口区间）连降暴雨和大暴雨，局部特大暴雨。伊河中游三锅镇站12小时最大暴雨量为652毫米，最大5日雨量904毫米。整个三花间降雨量均大于100毫米，300毫米以上的面积占四分之一，干支流相继涨水。

这次洪水，花园口站10000立方米每秒以上流量持续52小时，7日洪水量49.7亿立方米。洪水进入下游河道，河南段临黄堤有310千米长堤线偎水，郑州京广铁桥以下各站最高水位高于1958年最高水位0.17~2.11米。在这次洪水中，第三次大复堤工程为战胜洪水奠定了物质基础，堤防险情较1958年为轻。

【河南省政府要求不准在黄河滩区重修生产堤】 11月5日，河南省政府发出《关于不准在黄河滩区重修生产堤的通知》。汛期，黄河滩区认真贯彻执行国务院和中央防总关于彻底废除生产堤的指示，花园口以下的生产堤基本破除，这对淤滩削减洪峰、保障全局安全起到了重要作用。为了巩固成果，河南省政府要求各地继续贯彻废除生产堤，滩区实行“一水一麦，一季留足群众全年口粮”的政策，加强避水台建设，严禁以堵串沟为名堵复生产堤。

【花园口车站迁建】 本年，花园口车站由于黄河大堤加高加宽，由郑州市修防处投资进行迁建，经过两年施工于1984年建成，并经单机压道，4月19日郑州铁路分局组织有关单位进行了全面检查，符合开通标准。1984年5月5日，花园口新建车站正式开通使用。

1983年

【春修工程全面动工】 4月，黄河春修工程全面动工，中牟三刘寨闸门堵复。

【黄河防总颁发《黄河防汛管理工作暂行规定》】 5月8日，黄河防总颁发《黄河防汛管理工作暂行规定》。内容包括防汛指挥机构，组织防汛队伍，巡堤查险与抢险，水情工情观测，施工工程管理，水库、分洪、滞洪和行洪，防汛物资储备管理，财务管理，通信、交通，汛情联系共10项。

【郑州市黄河修防处组建完成】 由于行政区划调整，实行市带县的领导体制，经上级批准，6月16日河南河务局决定将原开封地区修防处与开封市修防处合并，组建新的开封市黄河修防处，并建立开封市郊区黄河修防段。郑州黄河修防处重新组建为郑州市黄河修防处，辖原开封地区修防处所属的巩县、中牟县修防段，赵口闸管理段、施工大队、石料转运站、巩县石料厂、东风渠农场及新成立的郑州郊区黄河修防段。

【尚纲任郑州市黄河修防处主任】 6月16日，尚纲任郑州市黄河修防处主任。

【郑州市郊区黄河修防段成立】 6月，实行市管县及机构改革，成立郑州市郊区黄河修防段。

【召开开封市、郑州市所属有关单位移交工作会议】 7月27日，召开开封市、郑州市所属有关黄河单位移交工作会议。参加会议的有河南河务局副局长岳崇成，开封地区行署副专员刘裕民、农委副主任杨宾、行署办公室副主任宋高久，郑州市政府副市长王树阁、农委副主任何观仁，开封市黄河修防处主任江景堂、郑州市黄河修防处主任尚纲，郑州市防汛指挥部成员、黄河防汛办公室主任陈新之，被移交单位中牟黄河修防段段长李元杰、巩县黄河修防段段长翟广兴、赵口闸管理段段长刘绪成、施工大队长刘崇林等以及随同工作人员共20余人。会议由河南河务局岳崇成副局长主持。

【中牟黄河防洪工程受暴雨袭击】 9月7日，中牟沿黄地区普降暴雨和特大暴雨，暴雨中心在中牟万滩附近。19～24时5个小时降雨量达387毫米，最大降雨强度100毫米每小时。造成中牟黄河大堤出现大小水沟浪窝1822个，在227道坝垛护岸中坦石塌陷、严重塌陷的有191道，为工程总数的84.1%，淤背的戗堤共冲失土方约4.5万立方米。1985年初黄委在中牟段实施大堤防暴雨冲刷试验工程：混凝土排水槽16道、三七灰土排水槽14道、大堤草皮护坡102米，控制堤线总长2102米。8月竣工后，在9月、10月连续降雨期间，防冲刷性能良好。

【河南黄河修防机构调整】 9月19日，河南黄河修防机构调整，河南省委、省政府同意黄委《关于调整驻豫修防机构的报告》，并转发沿黄各地市、县级省直有关单位执行。为适应地方行政区划的变更，河南黄河修防机构调整如下：

河南河务局为省直厅（局）级单位，驻郑州市，在黄委和河南省委、省政府领导下，负责河南黄河修防和治理工作。

沿黄地市和北金堤滞洪区设修防处或滞洪处，均为地（市）属局（处）级单位，在河南河务局和所在地（市）党政领导下，负责本地区黄河的修防和治理工作。这些单位是：郑州市黄河修防处（驻郑州市）、开封市黄河修防处（驻开封市）、新乡市黄河修防处（驻新乡市）、濮阳市黄河修防处（驻濮阳市）、濮阳黄河滞洪处（驻濮阳市）、渠村分洪闸管理处（驻濮阳县渠村闸）。

修防处沿黄县、滞洪区各县和重要闸门设修防段（或管理段）、滞洪办公室，均为县属科（局）级单位，在上级治黄部门和所在县党政的领导下，负责所辖堤段的黄河修防管理工作。这些单位是：博爱、济源、沁阳沁河修防段，孟津、封丘、原阳、长垣、濮阳、范县、台前、巩县、中牟、郑州郊区、开封、兰考、开封郊区黄河修防段，温县、武陟第一、武陟第二黄沁河修防段，张菜园引黄闸管理段，濮阳、长垣、台前、范县滞洪办公室，滑县滞洪管理段，濮阳金堤管理段，赵口、黑岗口、三义寨闸门管理段，孟津黄河管理段共30个。

【召开巩县石料厂移交会议】 9月25日，根据河南河务局决定，召开原由河南河务局直接管理的巩县米河黄河石料厂移交郑州市黄河修防处管理的会议。参加移交的人员有河南河务局副局长刘华洲、财务器材处副处长孙子英、政治处副处长范忠勇、石料科科长李大河，郑州市修防处主任尚纲，巩县石料厂书记张茂修、厂长孙英民，副厂长石来亭、赵焕章等。刘华洲副局长主持了移交会议。

【明确赵口涵闸管理段管理工段】 9月，明确赵口涵闸管理段管理1千米险工段。

【三刘寨提灌站拆除】 9月，三刘寨提灌站拆除。

【张吉海舍己救人】 11月11日，郑州市黄河修防处郊区段青年工人张吉海，在花园口险工黄河急流中为抢救一名落水的女青年英勇献身，年仅18岁（女青年后被机船救出）。为表彰张吉海同志的英雄事迹，河南河务局、黄河河南区工会决定给予张吉海同志追记大功，黄委召全河职工向“舍己救人的优秀青年张吉海同志学习”，共青团郑州市委授予他“舍己救人好青年”荣誉称号，共青团河南省委追认张吉海同志为中国共产主义青年团团员。1985年10月河南省人民政府授予其烈士称号。

【苏其政任巡视员】 12月7日，苏其政任郑州市黄河修防处巡视员。

【赵口引黄闸改建工程竣工】 12月，赵口引黄闸改建工程竣工验收。

1984年

【修防处、段设公安特派员】 2月27日，经河南省人民政府批准，河南省公安厅和河南河务局联合发出通知，要求从沿黄修防处、段及渠村闸管理段（处）抽人作为市、县公安局特派员，并设立郑州市公安局黄河桥分局黄河派出所（由中牟县、巩县、郑州郊区修防段和郑州市黄河修防处派人组成）和开封市公安局郊区分局黄河派出所（由兰考县、开封县、开封市郊区修防段和开封市黄河修防处派人组成），定编分别为6人和7人，担负各段黄河防洪工程治安保卫任务。

【农副业基地移交郑州市黄河修防处管理】 3月5日，河南河务局农副业基地移交郑州市黄河修防处管理，名称为“河南河务局郑州市修防处农副业基地”。

【花园口石料转运站移交郑州市黄河修防处管理】 4月12日，原河南河务局属花园口石料转运站移交郑州市黄河修防处管理。

【花园口新建车站正式开通使用】 5月5日，花园口新建车站正式开通使用。

【郑州黄河公路大桥动工兴建】 7月5日，郑州黄河公路大桥动工兴建。该桥南起郑州市花园口、北抵原阳县刘奄村，全长5549.86米，桥面总宽18.5米，设计洪水为300年一遇流量36000立方米每秒，并预留50年淤积。1986年9月30日建成通车。邓小平为该桥题写了桥名。

【龚时旸任黄委主任】 11月8日，中共水电部党组水电党字〔1984〕第195号文通知：经党组讨论并商得河南省委同意，黄委党委改为党组，龚时旸任黄委主任、党组书记。

【机关新址动工兴建】 12月11日，郑州市黄河修防处在郑州市关虎屯购地手续全部办理完毕，12月下旬破土动工，至1986年12月中旬，整个机关新址基建工程用2年时间建成，包括2幢5层家属楼、1幢5层办公楼以及食堂、车库、配电房、仓库、传达室等附属建筑，建筑面积6903平方米及水、电、路、通信等设备179.70万元。1987年整个办公楼、家属楼搬迁完毕。

1985年

【李鹏视察花园口防洪工程】 3月5日，国务院副总理李鹏在水利部副部长杨振怀、顾问李佰宁、河南省省长何竹康，在黄委副主任陈先德、副总工程师杨庆安的陪同下，视察黄河花园口防洪工程，重点检查了黄河防汛工作。

【济南军区首长视察花园口汛情】 8月7日，济南军区司令部参谋长郭辅助、副参谋长陆俊义在河南省军区副参谋长林长群的陪同下视察河南黄河，重点视察了黄河花园口的汛情。这是河南省军区归属济南军区后，济南军区首次对河南黄河进行视察。

【花园口站出现8260立方米每秒洪峰】 9月17日，花园口站出现流量为8260立方米每秒洪峰。这次洪峰通过花园口时，黄河大堤偎水长120千米，淹没滩区耕地58万亩，受灾人口17.7万人（其中有212个村庄，16.5万人受洪水包围），倒塌房屋3395间，出现危房13700间，由于洪水流量持续时间长，含沙量小（最大含沙量53.3千克每立方米），冲刷力强，河势变化剧烈，出现多处横河、斜河、大溜顶冲工程现象。16时，郑州辖境河段低漫水，中牟狼城岗乡淹地15000余亩，沿河堤偎水长度35千米，有6处险工段部分堤、垛工程着大溜，花园口东大坝新修3、4坝因大溜淘刷下蛰生险。洪水期间，中央防总办公室主任、水电部副部长杨振怀到花园口视察水情，指导防洪，河南省委、省政府及沿黄各地、县和黄河部门负责同志都深入一线布置组织防守及抗洪救灾。

【花园口东大坝抢险】 郑州花园口东大坝下延新修5道坝工程基础由于大溜顶冲工程，自9月5日开始险情连续不断，9月17日花园口站8260立方米每秒洪峰过后，险情加剧，至19日新修的3、4、5坝分别被冲去37米、40米和60米长。险情发生后，河南省副省长胡廷积、副秘书长张永昌，省军区参谋长李学思、副参谋长孟庆福，黄委副主任刘连铭、庄景林，以及郑州市副市长彭甲戌、郑州军区副司令员张立阁等先后到工地察看险情，研究抢护方案。险情严重时，河南河务局副局长王渭泾、赵献允及副总工程师刘于礼和当地防汛指挥部领导坐镇指挥。参加抢险人数多达1200多人，解放军34466、34464部队和总参电子学院600多人，郑州市政府、河南河务局、郑州修防处职工参加抢险。经过45天的艰苦奋战，用柳厢进占，抛枕护根，并首次使用装载机抛石等方法控制了险情。抢险共用石料13159立方米，柳料263万千克。

【恢复中牟黄河派出所】 9月29日，恢复中牟黄河派出所。为确保中牟县境内治黄建设及抗洪抢险工作的安全，河南河务局与省公安厅协商，恢复中牟黄河派出所。编制3人，其中修防段选特派员2人、公安部门配备所长1人。

【印度防洪考察组参观花园口】 11月6日，印度防洪考察组到河南黄河参观考察。印度布拉马普特拉河委员会主席马尼带领印度防洪考察组一行4人，在黄委科技办公室副主任胡一三、河南河务局副总工程师刘于礼、郑州市黄河修防处主任尚纲的陪同下参观考察了黄河花园口的堤防、险工及引黄工程。

【黄河下游第三次大复堤竣工】 12月，黄河下游第三次大复堤竣工。

1986年

【召开治黄工作会议】 1月8日，郑州市黄河修防处召开治黄工作会议。

【召开邙山引水减沙工程誓师大会】 3月1日，由郑州市黄河修防处承建的邙山引水减沙工程，召开誓师大会。河南河务局副局长李青山到会讲话。

【九堡下延119～123坝动工兴建】 4月5日，九堡险工118坝下延（后更名为九堡下延）控导工程（119～123坝）动工兴建，6月12日竣工，完成投资173.53万元。

【郑州市政府批转修防处为市直属局级单位】 4月24日，郑州市政府批转郑州市农委《关于调整郑州市黄河修防机构的报告》，郑州市委、市政府同意郑州市黄河修防处是治理黄河的专管机构，又是市政府的职能部门，在郑州市委、市政府领导下，负责郑州市黄河修防和治理工作，郑州市黄河修防处为市直属局级单位。郑州市黄河修防处在巩县、中牟、邙山区设黄河修防段，在郑州市黄河修防处和所在县（区）委、政府的领导下，负责所辖地段的黄河修防管理工作。各修防段及郑州修防处巩县黄河石料厂为县区直属局级单位。郑州市黄河修防处所属的农副业基地、运输大队和石料转运站，为直属科级单位。

【刘玉洁检查黄河防汛工作】 4月30日至5月3日，河南省政府副省长刘玉洁在河南河务局副局长王渭泾的陪同下，视察黄河堤防、险工等防洪工程，听取各县修防段防汛准备工作的汇报。

【中牟修防段组建全河首支“亦工亦农”抢险队】 6月，中牟黄河修防段在全河组建了首支“亦工亦农”抢险队，队员全部来源于沿黄村民（农民副业队）。

【曹磊检查郑州黄河防汛工作】 6月17日，郑州市委书记曹磊等检查郑州黄河防汛工作。

【余鲁生检查郑州黄河防汛工作】 7月25日，54774部队副军长余鲁生等检查郑州黄河防汛工作。

【龚时旸检查郑州黄河防汛工作】 8月16日，黄河防总副指挥、黄委主任龚时旸等检查郑州黄河防汛工作。

【河南人民治黄40周年纪念暨表模会在郑州召开】 8月28～29日，河南人民治黄40周年纪念暨表模会在郑州召开。河南省副省长胡廷积，原黄委主任王化云、袁隆，黄委副主任杨庆安，河南省军区等有关党政领导应邀出席会议，并讲话。河南河务局副局长王渭泾作《继往开来、开拓前进》的报告。会上，对69名治黄模范和21个先进集体进行了表彰。

【郑州黄河公路大桥建成通车】 9月30日，郑州黄河公路大桥建成通车，历时两年三个月。

【参与完成郑济干线通信线路中修任务】 10月17日，郑州市黄河修防处组建的处属5个单位参加“郑济干线郑州辖区通信线路中修施工队”。郑济干线郑州辖区通信线路中修任务是从河南省农科院51号杆起到中牟和开封交界处1487号杆共72千米。

【郑州至三门峡区间黄河数字微波通信电路开通】 12月25日，郑州至三门峡区间黄河数字微波通信电路正式开通试用。该工程技术合同由水电部与日本电气公司签订，1985年8月兴建，10月25日全线贯通。经过两个月的试运行，各项技术指标均达到设计要求，为全面建成水电系统综合数字通信网络和实现三门峡至郑州花园口区间防洪自动化奠定了基础。

1987年

【进行花园口透水桩试验】 4月13日，进行花园口透水桩试验项目。河道整治工程透水桩坝试验项目，经黄委、河南河务局研究选定在花园口东大坝试验。郊区修防段承担修筑工作任务，工作台结构是采用土方柳石枕等方法修筑埽体，打桩工程由河南河务局施工总队承担。工程长度104米，布桩100根，桩径0.55米，桩深24米。桩顶高程与当地当年5000立方米每秒水位持平（93.62米），桩上部设计有工作桥，其顶部高程为95.40米。

【召开河南河务局职工学校广武校址管理使用问题会议】 6月22日，在郑州市修防处召开关于河南河务局职工学校广武校址管理使用问题会议。河南河务局政治处、财务器材处、职工学校及郑州市修防处的有关同志参加了会议。

【修建中牟孙庄后戗工程】 7月2日至9月10日，修建中牟黄河孙庄后戗工程，完成投资 31.06 万元。

【杨析综检查黄河防汛工作】 7 月 13～14 日，河南省委书记杨析综等检查郑州、开封黄河防汛工作。

【段纯任修防处党组书记】 7 月 29 日，经中共河南河务局党组研究，征得郑州市委同意，段纯同志任中共郑州市黄河修防处党组书记；免去尚纲中共郑州市黄河修防处党组书记职务。

【基建和引水情况】 本年度郑州市黄河修防处治黄总投资为 463.7 万元，完成 14 处险工（包括控导工程），748 道南坝垛护岸的全面检查、整修工作。实际修建 21 道坝、垛护岸。完成土方 152 万立方米、石方 2.6 万立方米，引黄河水服务于工农业的总水量是 678877 万立方米，其中市区工业和生活用水 20379 万立方米，农业用水 39067 万立方米，另外供应开封市辖区用水 8431 万立方米。

1988 年

【召开治黄工作会议】 1 月 16 日，郑州市黄河修防处召开 1988 年治黄工作会议。

【郊区修防段更名为郑州市邙金黄河修防段】 2 月 29 日，鉴于郑州市行政区划调整中已将郊区撤销，经研究，将原郑州市郊区修防段更名为“郑州市邙金黄河修防段”。

【引种“龙须草”】 4 月，根据护堤和扩大经济收入的需要，开始自南阳西峡县引进发展种植“龙须草”，首先在青谷堆（65+000）背河堤坡试种 2000 亩，1988 年、1990 年、1991 年、1995 年继植一万多亩，该草除护坡外，收后可用于造纸，由群众护堤人员管理和经济分成。

【续建九堡下延控导工程】 4 月 13 日至 6 月 28 日，续建九堡 118 坝下延控导工程 124～125 坝，完成投资 51.46 万元。

【武桐生离休】 4 月 20 日，武桐生离休，享受司局级待遇。

【拆除石桥提灌站工程】 5 月 16 日，经河南河务局批复，拆除石桥提灌站工程。

【杨振怀检查治黄工作】 5 月 20～21 日，水利部部长杨振怀等检查郑州、新乡等治黄工作。

【组建河南河务局郑州机动抢险队】 6 月 20 日，根据黄委指示，经河南河务局研究，组建河南河务局郑州机动抢险队，为常设建制，由郑州市修防处管理，编制 40 人。机动抢险队主要担负河南黄河堤防、险工、控导工程、涵闸虹吸紧急险情的抢护任务。

【钮茂生检查黄河防汛工作】 7 月 20 日，水利部副部长、黄委主任钮茂生在河南河务局刘华洲陪同下，察看了郑州黄河河势、防洪工程、涵闸引水和机动抢险队等。

钮茂生要求沿黄各级政府及河务部门要严密注视水、雨、工情变化，全力以赴，确保黄河安全度汛。

【船舶修造厂更名为郑州市黄河修防处船舶修造厂】 10月6日，原开封市修防处所属船舶修造厂更名为郑州市黄河修防处船舶修造厂。

【中牟赵口引黄灌区续建配套工程动工】 11月，经河南省人民政府批准，中牟赵口引黄灌区续建配套工程动工。1990年完成，总投资2650万元，发展灌溉面积70万亩。

【郑州机动抢险队荣获国家防汛总指挥部“抗洪先进集体”】 本年，郑州机动抢险队荣获国家防汛总指挥部“抗洪先进集体”。中牟黄河修防段荣获全国水利系统“经营先进单位”。

【引水情况】 引黄供水69761万立方米，其中城市工业和居民生活用水20554万立方米，农业用水40476万立方米，另外还供应开封市辖区用水8731万立方米。中华人民共和国成立40年来，共引黄河水126.5亿立方米，其中工业及城市居民用水23亿立方米，农业灌溉103.5亿立方米，年灌溉放淤改造盐碱沙荒及低产田计66万亩，另外还保证了5万亩鱼塘、莲池、芦坑用水。

【经济工作】 事业收入达到95万元，建安生产单位创利润28万元。中牟施工大队除完成防汛抢险任务外，积极走向社会承包土、石方工程，经济效益显著。1988年全队实现了“双突破”，即人均产值突破10000元，人均利润突破2000元（实际已达到2500元）。

1989年

【政工科更名为劳动人事科】 1月14日，“郑州市黄河修防处政工科”更名为“郑州市黄河修防处劳动人事科”，其工作职责范围不变。

【召开治黄工作会议】 2月16日，郑州市黄河修防处召开治黄工作会议。

【中牟县黄河修防段兴建综合楼】 3月11日，中牟县黄河修防段在中牟县城兴建综合楼一栋，1990年12月完工，建筑面积1802平方米，投资67.60万元。

【老干部科成立】 4月4日，成立“郑州市黄河修防处老干部科”。

【签订郑州市黄河滩区建设协议书】 4月8日，郑州市黄河滩区建设协议书在郑州市黄河修防处签订。

【续建九堡下延控导工程】 4月17日至7月8日，续建九堡118坝下延控导工程126 ~127坝。本次施工试行了工程结构创新，首次使用了土工布和铅丝笼沉排试验，完成投资55.52万元。

【宋照肃检查郑州黄河防汛工作】 5月29日至6月7日，河南省副省长宋照肃、省军区副司令员王英洲等检查郑州黄河防汛工作。

【修建中牟太平庄防洪坝】 6月26日至7月24日，修建中牟太平庄防洪坝（6～9号坝），完成投资73.36万元。

【钮茂生检查黄河防汛工作】 7月3～4日，国家防总秘书长、水利部副部长钮茂生等检查郑州黄河防汛工作，重点抽查了机动抢险队和群众防汛队伍，对防汛队伍的实战应变能力表示满意。

【花园口站出现6000立方米每秒的洪峰】 7月21日，黄河干支流出现了11900立方米每秒和11000立方米每秒的洪水，为本年度首次洪峰。7月25日，由于黄河中游普降大暴雨，当日10时30分，郑州花园口站出现入汛以来首次6000立方米每秒的洪峰流量，含沙量为99.5千克每立方米（去年同级流量含沙量为59.51千克每立方米）。河南省省长程维高等亲临黄河查看了首次洪峰通过的情况。

【改建三刘寨闸】 10月至1990年底，改建三刘寨闸工程，完成投资153.91万元。12月12日，成立了三刘寨闸施工指挥部。

【行政监察科成立】 11月3日，成立郑州市黄河修防处行政监察科。

【基建完成情况】 本年，岁修防汛基建完成情况：河南河务局共分4批下达郑州市黄河防洪基建投资计划442.81万元，防汛岁修计划164.79万元，合计607.6万元。各修防管理单位加强工程进度，均于12月20日前全部完成任务，共完成各项土方102.7万立方米（超计划1.78万立方米）、石方2.33万立方米（超计划0.22立方米），完成放淤固堤土方873万立方米。主要工程有：邙金段马渡险工3道坝和中牟杨桥险工3道坝的加高改建；中牟九堡下延工程新修2道坝，郑关通信干线郑州段的改建和中牟通信塔机房改建、中牟段三刘寨闸门的改建工程等。

1990年

【中牟通信楼开工】 3月17日，中牟通信楼开工。10月完工，完成投资12.80万元。

【续建九堡下延控导工程】 4月10日至10月10日，续建九堡险工118坝下延控导工程128～138坝。

【黄河防汛会议代表查看郑州防洪工程】 4月15日，国家防总秘书长、水利部部长钮茂生及黄河防汛会议的代表查看花园口、中牟防洪工程情况。

【田纪云检查郑州黄河防汛工作】 5月25日，国务院副总理、国家防汛总指挥部总指挥田纪云率国家防总部分成员，在河南省委书记侯宗宾等的陪同下，检查河南黄河防汛工作。先后察看了堤防、花园口东大坝、赵口闸、三刘寨闸改建等工程，听取黄河防总总指挥关于1990年黄河防汛部署和存在问题的情况汇报，对各级政府和防汛部门所做的准备工作给予充分肯定，并对下步黄河防汛工作提出了要求。

【郑州市召开防汛工作会议】 5月26日，郑州市政府在郑州嵩山饭店召开了黄河内河、城市防汛工作会议。

【李鹏视察河南黄河】 6月10~15日，中共中央政治局常委、国务院总理李鹏，在国务委员兼中国人民银行行长李贵鲜、水利部部长杨振怀、商业部部长胡平、机械电子工业部部长何光远、农业部副部长王连铮、国务院研究室副主任杨雍哲和河南省委书记侯宗宾，黄委第一副主任亢崇仁，河南河务局副局长叶宗笠等陪同下，视察黄河赵口、花园口等堤防险工、引黄灌溉和防汛情况。李鹏就黄河治理工作做了重要讲话，并为黄委题词："根治黄河水害，开发黄河水利水电资源，为中国人民造福"。

【宋照肃检查黄河防汛工作】 7月6日，河南省委常委、副省长宋照肃检查黄河防汛工作。

【李长春检查黄河防汛工作】 7月15日，河南省代省长李长春、副省长宋照肃检查黄河防汛工作。

【黄委在中牟召开"开发种植龙须草"现场会】 8月9日，黄委在中牟黄河修防段召开"开发种植龙须草"现场会，中牟黄河修防段发言。水利部（水利部钮茂生副部长参加）、黄委对中牟发展龙须草种植成绩给予肯定和表彰，并对全河引进发展龙须草工作做了指导性安排。

【三刘寨闸划归赵口管理段管理】 8月15日，三刘寨闸划归赵口管理段管理。由中牟段调入赵口管理段15人，划出中牟段41+000~42+000堤段，淤背区和险工自三刘寨闸上裹头至赵口闸下裹头划归赵口管理段管理。

【乔石视察黄河防汛工作】 8月28日，中共中央政治局常委、中央纪律检查委员会书记乔石等视察黄河防汛工作，并指示："黄河防洪是国家的大事，党中央、国务院和各级党委、政府都非常重视，黄河防洪工程要加固，人防更需加强，要稳定治黄专业队伍，做好各项准备，保证黄河防洪安全"。

【花园口堤段美化绿化规划批复】 9月25日，黄委印发《关于修改花园口、柳园口、泺口险工堤段美化绿化规划的通知》，明确要求在保证防洪安全、发挥工程效益的前提下，把花园口、柳园口、泺口建设成为介绍黄河历史与发展，宣传人民治黄伟大成就，弘扬黄河精神，展示黄河防洪兴利工程建设和管理基本模式的窗口，因地制宜地搞好绿化、美化，为三市当地人民增添一处观光游览场所。

【黄河修防处、段更名升格】 11月2日，经水利部批准，河南河务局所属黄河修防处、段均更名为河务局，地（市）级河务局仍为县（处）级，县（市）级河务局为副县级。郑州市黄河修防处更名为郑州市黄河河务局。巩县黄河修防段更名为巩县黄河河务局；郑州邙金黄河修防段更名为郑州市邙山金水区黄河河务局；中牟黄河修防段更名为中牟县黄河河务局。

【市、县级河务局机关职能机构调整】 12月25日，根据市、县级河务局更名及升格情况，经河南河务局研究决定，市、县级河务局机关职能机构变动，市级河务局机关职能机构设置为：办公室、工务科、财务科、劳动人事科、防汛办公室、水政科、综合经营科、审计科、监察科、通信管理科、纪检组、工会（市局科、室级别不变）；县级河务局机关职能机构设置为：办公室、工务科、财务科、水政科、综合经营科、劳动人事科、工会（县局科、室为副科级）。

1991 年

【局机关职能机构增设更名】 1 月 6 日，郑州河务局机关职能机构增设更名。根据河南河务局《关于市、县河务局机关职能机构设置的通知精神》，郑州河务局原“生产经营办公室”更名为“综合经营科”；“通信分站”更名为“通信科”（副科级）；增设郑州河务局防汛办公室（科级）；增设郑州河务局水政科，对外称“河南黄河河务局郑州水政监察处”（科级），其余科室名称和级别不变。1 月 20 日，郑州市黄河修防处巩县黄河石料厂更名为郑州市黄河河务局巩县黄河石料厂；郑州市黄河修防处船舶修造厂更名为郑州市黄河河务局船舶修造厂；郑州市黄河修防处石料转运站更名为郑州市石料转运站；郑州市黄河修防处农副业基地更名为郑州市黄河河务局农副业基地。4 月 2 日，原郑州市黄河修防处施工大队更名为“河南黄河工程局郑州工程处”。

【江泽民考察河南黄河】 2 月 7 ~ 10 日，中共中央总书记江泽民考察河南黄河。7 日视察黄河小浪底坝址，10 日上午视察黄河柳园口、赵口、花园口险工，检阅郑州机动抢险队，察看了河势情况，接见郑州河务局局长、党组书记段纯和河南黄河第一机动抢险队队长、中牟河务局副局长张治安。陪同考察的有水利部部长杨振怀、农业部部长刘中一、总参副总参谋长韩怀智、国家计委副主任刘江、中央办公厅副主任徐瑞新、中央研究室副主任回良玉、济南军区司令员张万年，河南省委书记侯宗宾，副书记、代省长李长春，省军区司令员朱超，黄委主任亢崇仁、陈先德，河南河务局副局长叶宗笠等。

【驻郑单位通信系统数字程控交换机开通】 5 月，驻郑单位通信系统数字程控交换机开通。

【郑州市召开黄河防汛工作会议】 5 月 20 ~ 21 日，郑州市在嵩山饭店召开黄河防汛工作会议。

【续建九堡下延控导工程】 5 月，续建九堡下延控导工程 139、140 两道坝。

【周文智检查郑州市黄河防汛工作】 5 月 31 日，水利部副部长周文智等领导检查郑州市黄河防汛工作，在赵口检阅河南黄河第一机动抢险队。

【田纪云视察中牟防汛工作】 6 月 1 日，国务院副总理、国家防汛总指挥长田纪云到中牟赵口险工视察防汛工作。

【设置通信管理科】 6 月 13 日，设置通信管理科（正科级），邙金、中牟等县河务局设置通信科（副科级）。

【省军区首长检查郑州防汛工作】 6月26日，省军区司令员朱超少将、政委吴光贤少将等领导检查郑州、开封堤防工程，落实军民联防措施。

【李长春检查郑州黄河防汛工作】 7月1日，黄河防汛总指挥、河南省省长李长春，副省长宋照肃等检查郑州黄河防汛工作，在赵口闸管理段堤段上接见了河南黄河第一机动抢险队全体队员。

【花园口站水位遥测系统建成并投入运用】 7月24日，黄河花园口水文站水位遥测系统建成并投入运用。该系统可测出中常洪水及洪水期间主河道和滩区水位，尤其在特大洪水时，也可推算花园口断面的流量。

【巩县黄河河务局更名为巩义市黄河河务局】 8月5日，巩县黄河河务局更名为"巩义市黄河河务局"，其机构编制不变。9月14日，巩县黄河石料厂更名为"巩义市黄河石料厂"，其机构编制不变。

【设立审计科】 9月25日，郑州河务局设立审计科，黄河工程局设审计处，各定员4人。

【中牟河务局荣获水利部"会计工作达标单位"】 本年，中牟河务局荣获水利部"会计工作达标单位"称号。

1992年

【黄河滩区水利建设工程验收】 2月22日，由国家农业开发办、水利部组成的验收组，对河南省黄河滩区第一期水利建设工程进行了验收。黄委副主任庄景林、河南河务局副局长赵天义陪同国家验收组进行验收。

【郑州市召开防汛工作会议】 5月12日，郑州市在嵩山饭店召开黄河内河防汛会议。

【兴河公司成立】 5月15日，郑州市黄河河务局兴河公司成立。

【中国科协黄河考察团考察河南黄河防洪减灾情况】 5月21～29日，中国科协黄河考察团一行22人考察河南黄河防洪减灾情况。其中重点查勘了新乡、郑州、开封等所属县（区）的黄河工程，了解河道整治、放淤固堤等情况，并于29日在郑州召开研讨会。

【孟加拉国防洪项目代表团考察黄河防洪工程】 5月25～27日，世界银行孟加拉国防洪项目高级代表团一行9人考察黄河。其间，对郑州花园口、南裹头、东大坝等险工和重要堤段进行了考察。

【张志坚视察黄河】 5月29～30日，济南军区副司令员张志坚率河南、山东两省军区及所属集团军、部分师、旅、团首长视察黄河。31日在郑州召开黄河防汛会议，全面部署部队防汛任务和军民联防工作。

【中牟河务局家属楼竣工验收】 6月，中牟河务局县城生活基地第一批3栋家属楼（每栋五层）建成，竣工验收合格，总面积为4168平方米，7月下旬，首批70户职工生活迁至县城。

【李长春检查黄河防汛工作】 6月17～22日，黄河防汛总指挥、省长李长春，省委常委、副省长宋照肃，省军区司令员朱超等检查黄河防汛工作。

【张根石、王润生等了解黄河治理情况】 6月18日，全国人大财经委副主任张根石、王润生，水利部水政司司长张以祥视察将军坝、八卦亭堵口纪念碑，并了解黄河治理情况和水政水法宣传等情况。

【陈新之享受副司局级干部待遇】 7月18日，经水利部批复，同意陈新之同志享受副司局级干部的有关待遇，从1992年4月执行。

【中牟九堡下延工程出险】 8月15日，中牟九堡下延工程出险告急，南仁村北被洪水包围，情况严重。5000人的抢护大军，经奋战48小时，化险为夷。

【花园口站出现6260立方米每秒洪峰】 8月16日19时，花园口站出现流量6260立方米每秒洪峰（6260立方米每秒为黄河防总办公室公布的洪峰流量值，整编后的流量值为6430立方米每秒），相应水位94.33米，峰前最大含沙量535千克每立方米。由于含沙量大，局部河段水位表现较高，花园口站高出0.34米，为有实测记录以来的最高洪水位。

【李长春察看中牟河段出险情况】 8月16～18日，河南省省长李长春、副省长宋照肃等领导沿河察看中牟河段洪水漫滩、偎堤和工程出险情况。

【王守强察看郑州黄河河势、工情等情况】 8月19日，国家防总秘书长、水利部副部长王守强率检查组察看郑州黄河河势、工情及洪水漫滩情况。王守强一行从黄河南岸下游开封方向来到中牟县九堡下延控导工程工地上，听取了郑州河务局局长段纯对工程漫水和组织抢险护岸以及洪水过后对该工程加高加固工作安排的汇报。

【李铁映察看黄河花园口至赵口段的河势】 9月4日，中共中央政治局常委、国务委员兼国家教委主任李铁映等察看黄河花园口至赵口段的河势、工情，听取黄委、河南河务局对黄河下游防洪工程建设情况和战胜“92·8”洪水的简要汇报。

【《黄河魂》在中牟九堡险工拍摄】 9月30日，八一电影制片厂和黄委在中牟黄河九堡险工联合拍摄十集电视剧《黄河魂》。

【《黄河行》专题片在郑州黄河堤段拍摄】 10月6日，中央电视台在郑州拍摄四集专题系列片《黄河行》，黄委总工徐福龄任技术总顾问，除接受采访外，还具体修改秦新国撰写的解说词《花园口今昔变迁》及主题歌《黄河之歌》歌词，11月，到中牟黄河堤段拍摄部分镜头，反映人民治黄40年来所取得的巨大成就。

【保合寨控导31～35坝主体工程开工】 12月4日，保合寨控导31～35坝主体工程正式开工。

1993 年

【苏茂林任郑州河务局局长、党组书记】 3 月 10 日，苏茂林任郑州河务局局长、党组书记。

【杨尚昆视察花园口】 4 月 29 日，原国家主席杨尚昆视察花园口。

【马忠臣检查黄河防汛准备工作】 5 月 14～15 日，黄河防汛总指挥、省长马忠臣，河南省军区副司令员王英洲等检查黄河防汛准备工作。

【郑州市召开防汛工作会议】 5 月 20 日，郑州市政府在嵩山饭店召开了郑州市防汛工作会议，动员部署黄河防汛工作。

【陈跃邦检查郑州黄河防汛工作】 6 月 9 日，国家防总副总指挥、国家计委副主任陈跃邦等检查郑州黄河防汛工作。

【质量监督站发证】 6 月 25 日，河南河务局质量监督中心站组织对郑州河务局质量监督站的机构设置、人员配备、管理制度、工作实绩等方面进行了考核，认为郑州河务局质量监督站合格，同意发证。

【陈俊生检查郑州黄河防汛工作】 7 月 17 日，国家防总总指挥、国务委员陈俊生，水利部副部长周文智等检查郑州黄河防汛工作，查看中牟县黄河九堡下延工程。

【亢崇仁检查花园口工程】 7 月 25 日，黄委主任亢崇仁等一行 40 余人检查花园口险工和马渡闸门等情况。

【澳大利亚教授考察郑州黄河情况】 7 月 29 日，联合国教科文组织澳大利亚教授考察郑州黄河情况，工程师申建华陪同并介绍情况。

【马忠臣查看郑州黄河】 8 月 7 日，河南省省长马忠臣、副省长李成玉等查看郑州黄河。

【花园口站出现 4360 立方米每秒洪水】 8 月 7 日，花园口站出现流量为 4360 立方米每秒洪峰，水位 93.84 米。

【中牟黄河完成确权划界工作】 12 月，中牟黄河确权划界工作完成，中牟县人民政府颁发国有土地证书。

【郑济微波干线建设开通】 本年，郑济微波干线建设开通，为黄河防汛指挥调度带来了极大的便利。

1994 年

【召开工作会议】 1 月 31 日，郑州河务局召开 1994 年工作会议。

【《河南省黄河工程管理条例》修改后施行】 4 月 28 日，修改后的《河南省黄河工程管理条例》，经河南省人民代表大会常务委员会第七次会议审议通过，自公布之日起施行。

【陈德坤视察河南黄河第一机动抢险队】 5月11日，国家防办副主任陈德坤到中牟河务局视察河南黄河第一机动抢险队。

【郑州召开防汛工作会议】 5月18日，郑州市在密县召开郑州市防汛工作会，部署郑州防汛工作，签订了黄河防汛责任书。

【马忠臣察看九堡控导工程】 6月2日，河南省省长马忠臣在黄委主任綦连安、河南省军区司令王英洲、郑州市市长朱天宝、中牟县县长韩绍林陪同下察看中牟黄河九堡控导工程。

【钮茂生察看黄河防汛准备情况】 6月17~20日，国家防总副总指挥、水利部部长钮茂生率领国家防总等察看黄河防汛准备情况。

【河南省军区进行黄河防汛指挥调度演习】 6月20~22日，河南省军区进行黄河防汛指挥调度演习，沿黄郑州军分区参加。

【黄河防汛模拟指挥调度演习举行】 7月8日，河南河务局组织黄河防汛模拟指挥调度演习。这次演习以1982年大洪水为依据进行设计，最大洪峰流量为22000立方米每秒，洪水过程分6个阶段，历时10个小时。演习办法由河南省黄河防汛办公室按各类洪水阶段发布水情、险情公报，下达各市、县防办，要求在最短时间内对汛水情、工情、险情及抢护方案做出实施部署。演习由河南省防指副指挥长、河南河务局局长叶宗笠指挥，副局长王渭泾、李青山、李德超及沿黄各市、县专业技术人员共计960多人参加。

【花园口站出现4650立方米每秒洪峰】 7月10日，本年度首次洪峰4650立方米每秒于18时24分通过花园口站，相应水位93.71米，含沙量24.4千克每立方米。此次洪峰期间（至7月12日）郑州辖区共出险11坝14次，抢险用石2861立方米、土方220立方米，推笼140个、用工771个，投资14.69万元。

【陈德坤检查黄河防汛准备工作】 7月15日，国家防总办公室副主任陈德坤等检查指导黄河防汛准备工作。

【成立黄河防洪材料试验中心】 7月25日，根据河南河务局《关于成立黄河防洪材料试验中心的通知》，从7月26日起成立黄河防洪材料试验中心（正科级单位），负责防洪新型材料的研制与开发，其挂靠单位为郑州河务局。

【花园口站出现第二次洪峰】 8月8日，花园口站出现入汛以来第二次洪峰，流量6260立方米每秒，相应水位94.14米，最大含沙量225千克每立方米。

【九堡控导工程出险】 8月17日，九堡控导工程136~141坝回溜淘刷严重，17日晚21时至19日下午3时，141坝连续出险6次。20日24时，138坝迎水面坍塌入水长达60余米，最宽处达8.6米。21日上午9时30分，137坝整个圆头沿坝轴线8米全部入水，139坝迎水面也出现蛰陷险情。中牟河务局全体职工、亦工亦农抢险队400余人参加抢险，河南河务局、郑州河务局领导相继到抢险工地现场指挥，至22日凌晨

3 时险情得到控制。

【马忠臣查看黄河工情险情】 8 月 17 日，黄河防总总指挥、省长马忠臣，副省长李成玉等领导到花园口将军坝、东大坝等险工、险段查看河势、工情。

【《黄河取水许可实施细则》颁发】 10 月 21 日，黄委颁发《黄河取水许可实施细则》。该细则共 8 章 38 条，自颁发之日起施行。

【获水利系统纪检监察先进集体】 本年，郑州河务局纪检监察工作获 1994 年度水利系统纪检监察先进集体。

【邙金河务局打赢水费征收官司】 本年，邙金河务局打赢水费征收官司一案，是首例河南黄河水费官司胜诉案。

1995 年

【钮茂生慰问基层离退休职工】 1 月 11 ~12 日，水利部部长钮茂生率水利部计划司司长郭学恩、人事司司长朱登铨、财务司司长魏炳才在黄委主任綦连安、副主任庄景林，河南河务局局长叶宗笠、副局长王渭泾的陪同下，到河南河务局慰问。12 日，到邙山金水区河务局张同堂、张保温等离退休职工家中看望。

【黄河出现最严重断流】 3 月 4 日，由于整个黄河流域降水严重偏少，河口出现断流现象，一直到 7 月 14 日，断流河段到河南封丘夹河滩，断流 135 天，断流总长度 622 千米，为黄河断流长度和断流时间有史记载最长的年份。

【水利部对口联系基层单位】 4 月 7 日，水利部对口联系河南河务局基层单位会议在黄委驻北京联络处举行。会议确定：国家防总办公室、国际合作司、水文司为邙山金水区河务局对口联系单位。

【朱尔明考察花园口】 4 月 21 ~24 日，水利部总工程师朱尔明、副总工程师李国英等领导考察花园口。

【邢世忠察看防洪工程】 4 月 27 ~31 日，济南军区副司令员邢世忠到河南黄河勘查部署防洪抢险兵力，察看了花园口、万滩、九堡等黄河防洪工程。

【郑州市召开防汛工作会议】 5 月 25 日，郑州市防汛工作会在嵩山饭店召开，市五大班子主要领导参加了会议，市委书记张德广、市长朱天宝做重要讲话。

【军区首长考察黄河】 5 月 29 日，济南军区副司令、20 军军长、54 军副军长在黄委副主任黄自强等人陪同下考察黄河。

【姜春云检查黄河防汛工作】 6 月 3 ~4 日，中共中央政治局委员、书记处书记、国务院副总理、国家防汛抗洪总指挥姜春云率财政部副部长李延龄、水利部副部长周文智等领导，检查黄河防汛工作，并就黄河防洪安全做了重要指示。

【黄委调拨给四辆全地形防汛特种车】 7 月 14 日，黄委调拨给河南河务局四辆全地形防汛特种车（芬兰产，水陆两用车），转交邙金河务局代管。8 月 20 日，由省、市、区三级防办等人员对四辆全地形防汛特种车进行验收和观摩演示，地点在邙金局的岗里水库。

【郑州治黄工作机构调整】 8月4日，郑州河务局局机关设办公室、工务处、防汛办公室、水政水资源处、人事劳动处、财务处、综合经营处、离退休职工管理处、审计处、监察处、通信管理处、纪律检查组、工会、机关党总支（思想政治工作办公室）14个职能部门，设邙山金水区黄河河务局、中牟县黄河河务局、巩义市黄河河务局、赵口渠首闸管理处、农副业基地5个事业单位，设郑州工程处、船舶修造厂、巩义市黄河石料厂、花园口石料转运站4个内部企业管理单位。

【完成通信设备更新换代工作】 8月12日8时，全部完成通信设备更新换代工作。黄河通信全线开通H2020机型，换掉了使用多年的老式磁振电话，此机型使用数字拨号，保密性好，准确率高，传接速度快，容易和其他通信设备并网连接，保障了黄河防汛通信线路的畅通。

【王德智任郑州河务局局长、党组书记】 9月7日，王德智任郑州河务局局长、党组书记。

【举行全地形防洪特种车观摩演示会】 9月20日，河南河务局在郑州花园口举行芬兰产SISU. NA－140GT全地形防洪特种车观摩演示会。黄委副主任黄自强，河南河务局党组书记叶宗笠、局长王渭泾、副局长赵天义、赵民众等近百人出席了观摩演示会。

【档案目标管理晋升为部级标准】 11月8日，受水利部委托，黄委会同河南河务局、郑州市档案局组成联合考评组分别对郑州河务局档案目标管理进行了考评，确认晋升为部级标准，并颁发了证书。12月31日由水利部人组成的专家小组对邙金河务局档案工作晋升“部级”管理标准进行验收，并颁发证书。

【郑州黄河工程公司成立】 12月22日，成立郑州黄河工程公司，为郑州河务局属二级机构，公司人员从市局内部调剂解决。同日撤销农副业基地，该单位现有人员及一切财产、设施等，并入邙金河务局。邙金河务局增设黄河花园口旅游区管理处，为正科级机构。

【全面推进取水许可工作】 1995年，河南河务局根据国务院《取水许可实施办法》和水利部《关于授予黄河水利委员会取水许可管理权限的通知》及黄委《黄河取水许可制度实施细则》等规定，在所辖区域内，全面推进取水许可制度及登记、发证工作，共发“取水许可证”1093本，许可年取水总量509315万立方米，其中地表水发证89本，年取水量488028万立方米；地下水发证1004本（机井12581眼，农用机井以行政村为单位领证），年取水量21287万立方米。

1996年

【召开治黄工作会议】 2月23日，郑州河务局组织全局班组长和中级职称以上干部职工200余人，在邙金河务局召开了1996年度工作会，总结了1995年度工作，安排部署1996年工作任务。局长王德智做了《认清形势 加快发展 夺取治黄经济工作新的胜利》工作报告。

【陈德坤视察河南黄河第一机动抢险队】 3月24日，国家防办副主任陈德坤视察河南黄河第一机动抢险队。

【成立中牟、邙金河务局防办】 4月2日，成立中牟河务局、邙金河务局防汛办公室。

【周文智检查黄河防汛准备工作】 4月24~28日，国家防总秘书长、水利部副部长周文智带领国家防总成员检查黄河防汛准备工作，查看花园口工程。

【蒋少华视察黄河防汛工作】 6月17日，54军副军长蒋少华视察中牟黄河防汛工作。

【工会女职工委员会建立】 7月5日，工会女职工委员会建立。

【黄委批复建立黄河防汛抢险训练基地】 7月19日，黄委下发《关于在郑州花园口建立黄河防汛抢险训练基地的批复》，同意在郑州花园口建立黄河防汛抢险训练基地，征地188亩，原则同意训练基地集理论教学、模型试验、实际训练于一体的训练方式。

【马忠臣检查黄河防汛准备工作】 8月1日，河南黄河防汛总指挥、河南省省长马忠臣等领导，到花园口和东大坝察看水情、工情，听取河南黄河水情和防洪准备情况的汇报。

【马忠臣查看河势工情】 8月4日，河南省省长马忠臣、副省长张以祥等领导，到花园口将军坝查看河势工情和洪水演进过程。

【花园口站出现7600立方米每秒洪峰】 8月5日14时，花园口站出现7600立方米每秒洪峰。这次洪峰在河南省境内水位表现异常偏高，花园口站最高水位达94.73米，比1958年22300立方米每秒洪峰水位高0.91米，为有水文记载以来的最高水位。

【李延龄查看险情、河道情况】 8月12日，国家防总成员、财政部副部长李延龄和黄河防总指挥长、河南省省长马忠臣等领导，到南裹头险工、花园口险工、原阳双井工程实地查看雨毁、水毁、险情、河道情况，8月13日上午又到马渡险工察看了根石加固情况。

【钮茂生检查指导黄河抗洪抢险】 8月14~16日，受国家防洪抗旱总指挥部总指挥、国务院副总理姜春云的委托，国家防总副总指挥、水利部部长钮茂生到河南检查指导黄河抗洪抢险救灾工作，考察花园口险工险段，现场指导黄河抗洪抢险和救灾工作。

【邙金河务局被定为“水资源微机管理试点单位”】 9月，邙金河务局被水利部定为“水资源微机管理试点单位”。

【赵沟控导上延12～16坝开工】 10月5日，赵沟控导工程上延12～16坝开工建设。

【纪念河南人民治黄50周年暨表模大会召开】 10月23～24日，纪念河南人民治黄50周年暨表模大会在郑州召开。河南省副省长张以祥主持大会并讲话。河南河务局党组书记叶宗笠做了《继往开来、再创辉煌，努力把河南治黄事业推向新阶段》的报告，副局长李青山总结讲话。会上还表彰了来自治黄战线的32个先进集体和89位劳动模范。

【裴峪控导下延24～26坝开工】 10月25日，裴峪控导工程下延24～26坝开工建设。

【水利部验收邙金河务局国家一级河道目标管理单位】 12月9日，由水利部组成的考评组对邙金河务局国家一级河道目标管理单位进行了考评验收。

【出险抢险情况】 本年，整个汛期黄河流域降雨量较往年偏丰且相对集中。特别是三门峡至花园口区间伊洛河、沁河一带普降中到大雨，局部暴雨。8月中上旬黄河先后出现近10年来两次较大洪峰。郑州辖区大水期间16处险工控导工程全部靠河偎水，10处工程、60道坝，先后生险122次，由于组织得力，措施得当，各种险情得到及时抢护。抢险共用石料4.57万立方米、铅丝44.1吨、麻料6.18吨、木桩837根、柳料45.89万千克，用工18031个，投资1620.95万元，取得“96·8”洪水的全面胜利。

1997年

【国务院五部联合检查组检查河南省黄河汛后工作】 1月3～5日，国务院财政、水利、公安等五部组成检查组检查河南省黄河汛后工作。财政部副部长李延龄、水利部副部长周文智受国务院副总理姜春云委托，率由财政、水利、公安、邮电、林业5部有关人员组成的检查组，到河南检查黄河汛后工作。检查组听取了副省长张以祥和河南河务局、水利厅的汇报，察看了花园口险工、长垣薄弱堤段。检查组充分肯定了河南省1996年抗洪抢险后及汛后水毁工程恢复取得的成绩，对今后防汛工作提出了具体意见和要求。陪同检查的有省长马忠臣、副省长张以祥，黄委副主任庄景林，省政府办公厅副主任王春生，河南河务局局长王渭泾、副局长苏茂林，省水利厅厅长马德全，省财政厅副厅长赵江涛等。

【巩义、中牟河务局被确认为部级标准档案管理单位】 1月8～13日，受水利部委托，黄委会同有关地市档案局和河南河务局组成联合考评组，对巩义、中牟河务局的档案管理进行了现场考评，巩义、中牟河务局被确认为部级标准档案管理单位并颁发证书。

【召开治黄工作会议】 2月14日，郑州河务局召开2007年全局工作会议，局长王德智做了《统一思想 明确任务 推动全局治黄经济快速发展》的工作报告。会上成立水政监察支队，下属三个大队，分别是邙金河务局水政监察大队、中牟河务局水政监察大队和巩义河务局水政监察大队。

【水利部专家组调查黄河防洪工程存在的问题】 3月20~24日，水利部专家组一行8人深入郑州堤段，调查、落实黄河防洪工程存在的主要问题及度汛采取的应急措施。

【鄂竟平检查防汛准备工作】 4月5~6日，黄委党组书记、主任鄂竟平等在河南河务局局长王渭泾、副局长赵天义陪同下，检查河南黄河防汛准备工作，对各市、县河务局的防汛准备情况进行了检查。鄂竟平指出，汛前各项准备工作一定要落到实处，确保度汛安全。

【鄂竟平检查中牟防汛准备工作】 4月26日，黄委党组书记、主任鄂竟平等到中牟县黄河险工视察，主要看了防汛物资储备、机动抢险队、九堡控导工程。

【周文智考察中牟九堡控导工程】 5月25日，水利部副部长周文智等领导到中牟九堡控导工程考察工作。

【姜春云视察郑州黄河】 5月25日，在中牟九堡下延组织黄淮海三流域防汛现场会议的抢险演练。国务院副总理姜春云及参加黄淮海防汛工作现场会议的国家有关部委、黄河流域机构、省军区及全国各大防洪城市领导150余人到中牟九堡控导工程观摩防汛抢险实战演习，黄委副主任庄景林、郑州河务局局长王德智进行现场汇报。

【马忠臣查看花园口水情、工情】 8月3日，河南省省长马忠臣、副省长张以祥等领导，查看花园口水情、工情，部署防洪工作。

【花园口站出现4020立方米每秒洪峰】 8月4日2时36分，黄河花园口站出现了入汛以来的首次洪峰，流量为4020立方米每秒，相应水位93.93米。洪水期间共加固根石7002立方米，用工3216个，完成投资130.64万元。

【河南河务局计算机网络开通】 8月，河南河务局至各市河务局的计算机网络开通，实现了水、雨情的实时传递。

【荣获抗洪抢险先进集体】 9月9日，河南省人民政府下发《河南省人民政府关于表彰1996年黄河抗洪抢险先进集体和模范的决定》，郑州河务局防办、郑州黄河机动抢险队获抗洪抢险先进集体，王德智等为模范。

【张志彤考察九堡控导工程】 10月15日，国家防汛抗旱指挥部防汛办公室副主任张志彤等到九堡控导工程考察工作。

【全国人大执法检查组检查工作】 10月18~19日，全国人大常委、环资委副主任委员秦仲达带领全国人大《水法》执法检查组，对河南河务局贯彻实施水法情况进行检查和指导，并考察了郑州花园口堤防工程。

【中牟河务局家属院开工】 10月，中牟河务局县城基地新建家属院开工建设。

新院位于陇海路南侧、府前街南段，占地面积 17.46 亩，东西长 97 米、南北长 120 米。两栋家属楼于 1997 年 10 月 30 日开工，1997 年 11 月 20 日竣工，共 70 户（套），建筑总面积 9693.7 平方米，工程造价 420 万元，属职工个人集资生活用房。

【巩义河务局防汛调度楼开工】 11 月 4 日，巩义河务局防汛调度楼开工建设。

【荣获全国水利系统水政水资源管理先进单位】 11 月，郑州河务局获 1997 年度全国水利系统水政水资源管理先进单位。

【国家计委专家组检查裴峪工地】 12 月 15 日，河南河务局赵天义、苏茂林副局长陪同国家计委河道工程专家组到裴峪工地检查工程。

【中牟河务局成立武装部】 经中牟县人民武装部批准，成立中牟河务局武装部。

1998 年

【刘广云任郑州河务局局长】 2 月 19 日，刘广云任郑州河务局局长、党组书记。

【符传荣检查郑州黄河防汛工作】 2 月 22 日，解放军总参作战部部长符传荣与国家防办副主任张志彤等 6 人，检查郑州黄河防汛工作，查看九堡控导工程。

【黄河下游防浪林建设工程启动仪式在九堡黄河滩区举行】 3 月 11 日，黄河下游防浪林建设工程启动仪式在九堡黄河滩区举行。黄委主任鄂竟平、河南河务局局长王渭泾、河南省林业厅副厅长李德臣出席动员会。

【石料转运站撤销】 4 月，石料转运站撤销，划归邙金河务局管理。

【赵口险工 43、45 坝接长工程开工】 4 月 6 日，赵口险工 43、45 坝接长工程开工。

【成立邙金河务局民兵营】 4 月 14 日，根据郑州军分区司令部《关于组建邙山金水区黄河河务局民兵营的批复》，成立邙金河务局民兵营。

【周文智察看郑州防洪工程】 4 月 22 ~ 24 日，国家防总秘书长、水利部副部长周文智率财政部、公安部、国家防办等有关部委负责人组成国家防总黄河检查组，察看郑州防洪工程。

【郑州召开防汛工作会议】 5 月 14 日，郑州市政府在嵩山饭店召开防汛工作会。

【中牟县黄河防汛民兵营成立授旗仪式举行】 5 月 20 日，中牟县黄河防汛民兵营成立授旗大会在赵口险工召开，参加授旗仪式的有省军分区参谋长杨迪先少将，河南河务局局长叶宗笠，郑州河务局局长刘广云、副局长刘天才，县委书记王怀韧、县人武部政委穆瑞卿、万滩镇连、东漳乡连、狼城岗镇连、河务局连及乡镇主要负责人，穆瑞卿政委宣读了县人武部关于建立沿黄黄河防汛民兵营的决定文件。

【王明义检查郑州黄河防汛工作】 5 月 27 日，河南省副省长王明义等检查郑州黄河防汛工作。

【鄂竟平考察中牟黄河防汛工作】 5 月 30 日，黄委主任鄂竟平考察中牟河务局防汛工作。

【陈义初检查郑州黄河防汛工作】 6月1日，郑州市市长陈义初等检查郑州黄河防汛工作。

【鄂竞平检查郑州黄河防汛工作】 6月9日，黄委主任鄂竞平等检查郑州黄河防汛工作。

【赵口43坝、45坝工程验收】 6月25日，黄委、河南河务局和郑州河务局验收赵口43坝、45坝工程。

【参加黄河防总第二届黄河防汛抢险演习暨新技术演示会】 7月8日，河南黄河第一机动抢险队参加黄河防总在山东东阿县井圈险工举行的第二届黄河防汛抢险演习暨新技术演示会。中牟辖区参加108人，其中：河南黄河第一机动抢险队30人，亦工亦农抢险队30人，驻中牟武警三支队30人，领队及后勤保障18人。

【花园口站出现4700立方米每秒洪峰】 7月16日13时，花园口站第一号洪峰顺利通过花园口站，其流量4700立方米每秒，相应水位94.24米。

【马忠臣察看花园口河势、险情】 7月16日，黄河防总总指挥、省委书记马忠臣等考察花园口，察看河势、工情、险情、灾情，部署抗洪抢险救灾工作。

【刘伦贤考察郑州抗洪抢险工作】 7月19日，济南军区副司令员刘伦贤等考察郑州抗洪抢险工作。

【马忠臣、李克强检查防汛工作】 8月3日，黄河防总总指挥、省委书记马忠臣，省长李克强等到东大坝检查防汛工作。

【黄河下游防汛专项工程资金启动大会在中牟赵口举行】 9月21日，1998～1999年黄河下游防汛专项工程资金启动大会在中牟黄河赵口险工47坝举行（赵口控导工程1～4坝开工典礼），参加大会的有：黄委主任鄂竞平、副主任陈效国、副总工胡一三，河南河务局局长王渭泾，郑州河务局局长刘广云等，参加的单位有黄委、河南河务局、郑州河务局及地方有关部门领导。河南黄河第一机动抢险队和中牟河务局全体职工及亦工亦农抢险队参加了大会。

【赵口控导1～4坝主体工程完工】 11月5日，赵口河道整治1～4坝主体工程完工。

【温家宝视察中牟赵口防洪工程】 11月25～26日，中共中央政治局常委、书记处书记、国务院副总理温家宝视察黄河中牟赵口防洪工程，并询问工程建设和管理情况。他强调，防洪工程建设一定要严把质量关，百年大计，质量第一。

【中牟河务局打赢“新乡市新乡县新区市政道路”拖欠工程款一案】 本年，中牟河务局打赢了新乡市政道路拖欠工程款一案，收回资金800余万元。开启了河南黄河首个经济胜诉案，维护了单位利益。

1999 年

【汪恕诚考察郑州黄河工程】 1 月 25 ~ 27 日，水利部部长汪恕诚、副部长张基尧等考察郑州黄河堤防、险工、涵闸工程。

【召开治黄工作会议】 2 月 3 日，郑州河务局召开 1999 年工作会议。

【郑州河务局晋升为国家二级标准档案管理单位】 3 月 1 日，水利部、河南省档案局、黄委组成的联合考评组对郑州河务局档案目标管理进行国家二级标准考评。经过考评验收，确定晋升为国家二级标准档案管理单位。

【“青年黄河防护林”揭牌仪式在中牟黄河大堤举行】 3 月 12 日，为响应团中央、水利部发出的“保护母亲河行动”的号召，团省委、黄委和河南河务局共同组织的“青年黄河防护林”揭牌仪式在中牟黄河大堤举行。团省委副书记李亚，黄委副主任黄自强、纪检书记冯国斌，河南河务局副局长赵民众参加了揭牌仪式。

【胡锦涛到黄河花园口险工视察】 3 月 29 日，中共中央政治局常委、国家副主席胡锦涛在郑州等地考察工作期间，29 日到黄河花园口险工视察，听取河南黄河防洪情况汇报。他指出：河南黄河防洪保安全的任务很重要，各级要切实克服麻痹思想，做好各项防汛准备工作。

【《河南省黄河巡堤查险办法》印发】 4 月 13 日，河南省防汛指挥部下发《河南省黄河巡堤查险办法》。

【王英洲查看郑州黄河险工、险段、险点】 4 月 14 日，河南省军区司令员王英洲在河南河务局局长王渭泾、副局长王德智，郑州河务局局长刘广云等陪同下查看了郑州黄河险工、险段、险点，并在中牟河务局召开会议。

【局机关机构调整】 4 月 18 日，郑州河务局机关设 11 个职能部门，原离退休干部管理处撤销，工作合并到劳动人事处；撤销思政办，成立党办；将纪检、监察合署办公，合称纪检组；分离通信管理处；新组建机关劳动服务公司，后称机关服务部。

【鄂竟平检查黄河防汛准备工作】 4 月 27 ~ 29 日，黄委主任鄂竟平率黄河防汛检查组检查黄河防汛准备工作。

【李克强检查黄河防汛工作】 5 月 5 日，河南省省长李克强、副省长王明义等检查黄河防汛工作。

【温家宝视察郑州防汛工作】 5 月 8 日，国务院副总理、国家防汛抗旱指挥部总指挥温家宝等视察郑州防汛工作并查看九堡控导工程。

【郑州市召开防汛工作会议】 5 月 14 日，郑州市在嵩山饭店召开防汛会议。

【抢险堵漏新技术演示会在中牟杨桥举行】 5 月 25 日，河南河务局在中牟杨桥险工举行抢险堵漏新技术演示会，郑州河务局演示了水充袋堵漏导杆软帘覆盖等抢险堵漏新技术、新器具和新方法。

【河南省防汛指挥部检查巩义黄河防汛工作】 5月26日，河南省防汛指挥部领导到巩义市检查黄河防汛工作。

【钱国梁视察郑州黄河防汛工作】 5月30日，济南军区司令员钱国梁、参谋长沈兆吉等视察郑州黄河防汛工作，并查看了中牟黄河万滩险工、九堡控导工程。

【河南河务局新增5支机动抢险队】 6月11日，经黄河防总批准，河南河务局新增5支机动抢险队，其中一支设在邙山金水区河务局，暂按50人配备。

【赵立德察看中牟黄河防洪工程】 6月14日，54军副军长赵立德、副参谋长杨斌等一行察看赵口、九堡险工及控导工程。

【江泽民视察郑州黄河】 6月20日，江泽民总书记亲临郑州黄河视察，河南河务局、郑州河务局主要领导陪同。

【黄河防汛抢险堵漏实战演习在中牟赵口险工举行】 7月11~12日，黄河防总在中牟赵口险工举行了大规模黄河防汛抢险堵漏实战演习及抢险新技术、新机具演示。河南河务局4支机动抢险队参加了抢险堵漏演习，郑州河务局所属机动抢险队演示了新机具。河南河务局局长王渭泾和副局长赵民众、王德智观摩了演习。

【《河南省黄河防汛督察办法》等印发】 7月14日，河南省防汛指挥部下发《河南省黄河防汛督察办法》，河南省防汛指挥部黄河防汛办公室下发《黄河防洪工程班坝责任制》。

【河南河务局举行防汛拉练演习】 7月24日，河南河务局举行防汛拉练演习。晚10时，河南河务局副局长王德智检阅河南黄河第一机动抢险队实战拉练演习。

【“三位一体”调度演习在郑州黄河辖区举行】 7月27日，54军高炮旅在郑州黄河辖区71+422堤防进行“三位一体”调度演习。

【裴怀亮查看花园口控导工程】 8月27~28日，济南军区副司令员裴怀亮在省军区副司令员杨迪铣等陪同下，实地查看花园口控导工程，了解河南黄河的基本情况和防洪部署。

【举行建国五十周年文艺汇演】 9月25日，为庆祝中华人民共和国成立五十周年，郑州河务局在邙金河务局举行文艺汇演。

【河南河务局第六届职工篮球运动会在中牟举行】 10月16~21日，河南河务局第六届职工篮球运动会在中牟河务局家属院篮球场举行。

【中牟河务局离退休党支部荣获“全国先进离退休干部党支部”称号】 11月1日，中牟河务局离退休党支部被中组部授予“全国先进离退休干部党支部”称号。

【中牟韦滩灌注桩护岸工程开工】 11月5日，中牟韦滩灌注桩护岸工程施工开工。

【中牟九堡控导工程班荣获“全国职工职业道德百佳班组”称号】 12月16日，全国总工会和全国职工职业道德建设指导协调小组授予九堡控导工程险工班“全国职工职业道德百佳班组”荣誉称号，挂牌仪式在中牟县河务局举行。这是全国水利系统唯一的一个班组。

【邙金河务局水政监察大队荣获“全国水政监察规范化建设先进单位”称号】 12 月 29 日，水利部授予郑州市邙金河务局水政监察大队“全国水政监察规范化建设先进单位”荣誉称号。

2000 年

【召开治黄工作会议】 2 月 16～17 日，郑州河务局召开 2000 年全局工作会议。

【张基尧考察赵口闸管理处】 3 月 31 日，水利部副部长张基尧等考察赵口闸管理处，了解工程情况，要求黄河管理单位要加强管理，结合地方政府做好防汛工作。

【陈炳德考察花园口险工】 3 月 31 日，济南军区司令员陈炳德等考察花园口险工。

【汪恕诚考察中牟韦滩护岸工程施工工地】 4 月 26 日，水利部部长汪恕诚等考察中牟韦滩护岸工程施工工地。

【周文智考察中牟黄河防汛工作】 4 月 28 日，水利部副部长周文智等考察中牟黄河韦滩护岸工程和防汛物资仓库。

【郑州市召开防汛工作会议】 5 月 15 日，郑州市防汛工作会议在黄河饭店召开。

【陈义初检查郑州黄河防汛准备工作】 6 月 1 日，郑州市防汛指挥长、市长陈义初等检查郑州黄河防汛准备工作。

【邙金河务局档案管理达到国家二级标准】 6 月 5 日，由黄委、河南省档案局、河南河务局、郑州市档案局组成的联合考评组对邙金河务局档案管理进行考评，考评结果达到档案管理国家二级标准并颁发证书。

【全河防汛抢险堵漏演习在中牟杨桥险工举行】 6 月 23 日，黄河防总在中牟杨桥险工举行全河防汛抢险堵漏演习。

【沿黄地区普降暴雨】 7 月 5 日 21 时至 7 月 6 日上午 6 时，沿黄地区普降暴雨。此降雨过程共降雨 336 毫米，中牟沿黄东漳乡、狼城岗镇、大孟乡、万滩镇受灾严重，韦滩护滩建设工地被水围困，人员撤离，堤防淤背区严重受损。雨后，中牟河务局组织沿黄乡镇群众和职工及时对受损工程设施进行了整修回填，动用土方 16 万立方米。淤背区出现罕见的 1 万立方米以上浪窝 4 处。

【张仕波勘察黄河防汛工作】 7 月 12～13 日，54 集团军副军长张仕波等实地勘察黄河防汛工作，并对部队防洪做了安排。

【敬正书考察郑州黄河防洪工程】 7 月 17～23 日，水利部副部长敬正书等先后考察了花园口险工、赵口控导工程等防洪工程，观看了河南河务局机动抢险队抢险机具演示。

【河南黄河堤防养护补偿征收管理工作通知印发】 11月23日，河南省计划委员会、河南省财政厅、河南河务局联合颁发了《关于规范我省黄河堤防养护补偿征收管理工作的通知》。通知要求自2000年1月1日起执行新的黄河堤防养护补偿费征收管理办法，原来执行的《河南黄沁河大堤行驶车辆收取堤防养护补偿费的办法（试行）》同时作废。

2001年

【邙金河务局获“省级文明单位”称号】 1月，邙金河务局获河南省“省级文明单位”称号。

【召开治黄工作会议】 2月4日，召开全局2001年度工作会。

【王金虎任郑州河务局局长】 2月28日，王金虎任郑州河务局局长、党组书记。

【郑州天诚信息工程有限公司成立】 3月20日，成立郑州天诚信息工程有限公司。该公司为股份制企业，实行独立核算，自负盈亏。由郑州河务局、中牟河务局、河南牟山黄河水电工程有限公司等三家单位共同出资组建。

【中牟河务局晋升国家档案管理标准】 3月25日，中牟河务局档案管理通过验收，晋升国家档案管理标准。

【郑州市召开防汛工作会议】 5月15日，郑州市召开防汛工作会。

【供水公司、监理公司筹备处成立】 5月29日，成立郑州市黄河河务局供水公司筹备处，成立郑州市黄河河务局监理公司筹备处，成立郑州市黄河河务局花园口旅游区筹备处。

【李国英查看黄河防汛准备情况】 6月28日，黄委主任李国英等到花园口将军坝，查看黄河防汛准备情况。

【王明义检查中牟黄河防汛工作】 7月5日，河南省副省长王明义等检查中牟黄河防汛工作。

【李国英查看中牟堤防防浪林建设】 11月29日，黄委主任李国英查看中牟河务局堤防防浪林建设。

2002年

【全河河道修防工技能竞赛在郑州举行】 1月24～26日，全河河道修防工技术大比武在花园口举行。来自山西、陕西、河南、山东四省的70名黄河修防工参加了比赛。

【召开治黄工作会议】 1月29～30日，郑州河务局工作会议在战友宾馆召开。

【中牟河务局举行“省级文明单位”挂牌仪式】 3月29日，中牟河务局举行“省级文明单位”挂牌仪式，郑州河务局为中牟县河务局颁发奖金15万元。

【组织黄河防汛指挥调度培训】 4月18~24日，由郑州市防汛指挥部副指挥长、副市长王璋带队，沿黄各县（市）区主管防汛的副指挥长、郑州河务局局长王金虎及局属各防洪管理单位的主要负责人参加，赴广西南宁市防汛指挥中心进行了黄河防汛指挥调度培训，并参观了邕江防洪工程。

【李国英调研“数字黄河”建设情况】 4月19日，黄委主任李国英对郑州河务局“数字黄河”工程建设情况进行了调研。

【黄河防总组织媒体访谈防汛工作】 4月22~25日，黄河防总组织《中国水利报》《黄河报》及黄河电视台、中国水利网站、黄河网站等新闻媒体访谈市、县长黄河防汛工作。

【郑州市召开防汛工作会议】 5月8日，郑州市2002年防汛工作会议在嵩山饭店召开。

【刘江检查郑州黄河防汛安全工作】 5月14日，以国家计委副主任刘江为组长的国家防总防汛安全检查组对郑州黄河防汛安全进行了检查。冒雨查看了花园口险工将军坝、全地形抢险车、黄河防汛实时工情信息采集车、花园口堵口纪念碑和邙金局防汛仓库。

【通信网络进一步完善】 5月18日，郑州河务局机关、邙金河务局、中牟河务局、郑州黄河工程公司、郑州天诚信息工程有限公司分别建设和完善了局域网络，设计信息点348个。2002年7月在黄河首次调水调沙试验中，所有信息都通过网络传输。5月20日，建设完成郑州河务局机关到邙金河务局、中牟河务局、郑州黄河工程公司100兆光纤通道。在河南河务局范围内第一个实现县局、市局、省局宽带传输。9月5日，郑州黄河、郑州花园口、中牟黄河实现因特网网站互联。10月20日，郑州黄河“因特网”“政府网”“黄河网”“河南黄河网”“防汛信息系统”“办公自动化系统”“实时水情查询系统”平台的整合工作顺利完成。

【魏国庭察看郑州黄河防洪工程】 6月7日，54集团军副参谋长魏国庭一行20余人察看郑州黄河大堤及马渡险工、赵口控导工程。

【李文忠查看郑州黄河防洪工程】 6月14日，郑州军分区司令员李文忠等实地查看黄河大堤、花园口险工、八卦亭、马渡险工、杨桥险工、赵口控导、九堡下延等工程及各县（区）的结合部。

【曾庆祝察看郑州黄河防洪工程】 6月24日，河南省军区副司令员曾庆祝率河南省军区官兵一行20余人，察看了郑州花园口险工、万滩险工、九堡险工。

【马炳泰察看郑州黄河防洪工程】 6月25日，河南省武警总队政委马炳泰等察看将军坝、南裹头等工程。

【郑州黄河标准化堤防工程建设开工】 6月29日，郑州黄河标准化堤防工程建设正式开工，初设批复投资2.5亿元。

【首次调水调沙试验开始】 7月4日上午9时，黄河小浪底水库首次调水调沙试验正式开始。

【李国英到花园口察看调水调沙试验情况】 7月5日，黄委主任李国英等一行到花园口险工关注小浪底调水调沙试验在郑州河段的水位、河势、工程等情况。

【河南省军区检查黄河防汛工作】 7月5日，河南省军区司令员在花园口险工检查黄河防汛工作。

【王明义检查郑州黄河防汛工作】 7月5日，河南省副省长王明义查看黄河花园口险工。

【国家防办考察郑州黄河防洪工程】 7月5日，国家防办负责同志等实地考察花园口险工、将军坝和东大坝下延，了解郑州河段堤防险工在这次调水调沙中的具体情况。

【李国英察看调水调沙试验情况】 7月7日，黄委李国英主任到花园口视察调水调沙期间河势基本情况。

【王明义检查指导巩义黄河防汛工作】 7月7日，河南省常务副省长王明义等在神堤控导工程查看险情并指导工作。

【李克调研黄河滩区开发情况】 7月9日，河南省委常委、郑州市委书记李克调研黄河滩区开发情况。

【陈雷考察黄河堤防标准化工程建设情况】 7月9日，水利部部长陈雷考察黄河堤防标准化工程建设情况。

【曹云忠查看郑州黄河防洪工程】 7月12日，河南省武警总队队长曹云忠一行30余人查看花园口险工和马渡下延工程。

【李克视察防汛工作】 7月13日，河南省委常委、市委书记李克一行40人来到邙金河务局视察防汛工作。

【朱镕基等考察郑州黄河】 7月17日，国务院总理朱镕基等考察花园口黄河大堤、花园口“数字化”水文站。朱镕基询问了花园口水流变化和堤防建设情况。

【第二批防洪工程招标项目开标】 9月4日，2002年第二批防洪工程招标项目开标会在黄委设计院办公大楼举行。郑州辖区共有堤防道路、放淤固堤等7个项目通过公开招标选定了具备资质的施工单位。

【黄河花园口风景区被命名为国家级水利风景区】 9月15日，黄河花园口风景区被水利部命名为国家级水利风景区。

【召开首届职工代表大会】 9月28日，郑州河务局召开首届职工代表大会。

【船舶修造厂、郑州工程处成建制隶属关系调整】 11月1日，船舶修造厂成建制划归邙金河务局管理，事业性质，独立核算，自负盈亏；郑州工程处成建制划归中牟河务局管理。性质不变，仍为企业，独立核算，自负盈亏。

【召开机构改革动员大会】 11月29日，郑州河务局召开机构改革动员大会，全面部署局机关及所属事业单位机构改革工作。

2003年

【郑州市黄河防洪工程项目法人组建】 4月18日，河南河务局《关于郑州市黄河防洪工程项目法人组建方案的批复》，同意组建郑州市黄河防洪工程项目法人，并要求于5月20日前完成组建工作。

【郑州市召开防汛工作会议】 5月9日，郑州市召开防汛工作会，安排部署防汛工作。

【郑州黄河工程公司更名为郑州黄河工程有限公司】 5月21日，“郑州黄河工程公司”更名为“郑州黄河工程有限公司”。

【局机关机构调整】 6月5日，根据河南河务局《关于监察、审计机构设置的通知》，郑州河务局机关监察审计处撤销，分别设立监察处、审计处，人员配备按规定在机关编制中调剂解决。

【李克督查郑州黄河防汛工作】 6月9日，河南省委常委、郑州市委书记李克督查黄河防汛，责令邙山黄河滩区阻水混凝土长廊限期拆除。

【黄河防总督查中牟防汛合成演练】 6月25日，黄河防总督查组对中牟河务局防汛合成演练工作情况进行现场督查。

【荣获全国水利管理先进集体】 8月1日，郑州河务局荣获全国水利管理先进集体。

【赴陕西华阴县抢险救灾】 9月2日，接黄河防总调令，邙金河务局组织车辆和专业人员奔赴陕西华阴县抢险救灾。

【神堤控导27~28坝发生较大险情】 9月3日，神堤控导27~28坝发生较大险情。武警8680部队300名官兵投入抗洪抢险。

【支援山西芮城三门峡库区抢险】 9月6日，郑州黄河第二机动抢险队接防总调令，前往支援山西芮城三门峡库区抢险。

【周铁农检查黄河防汛工作】 9月8日，全国政协副主席周铁农等到黄河花园口将军坝检查黄河防汛工作。

2004年

【召开治黄工作会议】 1月，郑州河务局召开了2004年全局工作会。

【赵口渠首闸管理处划归中牟河务局管理】 4月8日，赵口渠首闸管理处成建制划转中牟县黄河河务局管理。5月31日，赵口渠首闸管理处完成划转中牟县黄河河务局管理工作，经济仍独立。

【标准化堤防建设邙金段全面完工】 4 月 28 日，标准化堤防建设邙金段全面完工。

【郑州市召开防汛工作会议】 5 月 19 日，郑州市召开防汛工作会议。

【河南黄河大型机械抢险技能竞赛在中牟赵口举行】 6 月 9 日，河南河务局 2004 年大型机械抢险技能竞赛在中牟赵口控导工程举行。

【索丽生检查标准化堤防建设情况】 6 月 19 月，水利部副部长索丽生等检查邙金河务局的标准化堤防建设情况及调水调沙防汛准备情况。

【李国英检查调水调沙工作】 6 月 21 日，黄委主任李国英等到邙金河务局检查调水调沙工作。

【54 集团军领导察看了郑州黄河防洪工程】 7 月 1 日，54 集团军领导一行先后察看了郑州黄河防洪工程、险点、防汛工作准备情况。

【河南陆军高炮兵师察看责任段】 7 月 20 日，河南陆军高炮兵师二团团长赵修明、政委杨恩一行 12 人，对其责任段实地察看。

【河南陆军预备役高射炮兵师察看责任段】 7 月 21 日，河南陆军预备役高射炮兵师参谋长郑党宽一行 20 人，对其责任段实地察看。

【组织机构更名】 8 月 25 日，郑州市黄河河务局更名为河南黄河河务局郑州黄河河务局，巩义市黄河河务局更名为郑州黄河河务局巩义黄河河务局，邙山金水区黄河河务局更名为郑州黄河河务局惠金黄河河务局，中牟县黄河河务局更名为郑州黄河河务局中牟黄河河务局。

【中牟黄河标准化堤防建设完工】 12 月 15 日，中牟黄河标准化堤防建设提前完工，至此，郑州黄河标准化堤防建设全线完工，共完成土方 2210.15 万立方米、石方 19.98 万立方米，投资 5.07 亿元。

2005 年

【郑州黄河经济发展管理处更名为郑州黄河河务局经济发展管理处】 1 月 7 日，“郑州黄河经济发展管理处”更名为“郑州黄河河务局经济发展管理处”。

【荥阳河务局成立】 1 月 25 日，成立郑州黄河河务局荥阳黄河河务局（副处级），人员编制在郑州河务局人员编制总数中调剂解决，内设机构、领导职数和人员编制根据水利部、财政部《水利工程管理单位定岗标准（试点）》核定。荥阳河务局的开办费、基地建设费、相应的运转经费由郑州河务局内部调剂解决。撤销巩义黄河石料厂，在巩义市辖区内的资产划归巩义河务局，荥阳市辖区内的资产划归荥阳河务局，人员原则上划归荥阳河务局。3 月 25 日，惠金河务局移交荥阳辖区所有黄河工程等。

【召开全局工作会议】 1 月 31 日，郑州河务局召开全局工作会议。提出 2005 年工作思路是：深入贯彻落实科学发展观和治河新思路，以“维持黄河健康生命”治河新理念为指导，坚持治河第一要务，强化水资源管理，全面完成“管养分离”试点工作，进一步完善郑州黄河防洪体系，确保黄河防洪安全；加快信息化建设步伐，构筑郑州“数字黄河”建设框架，促进治黄科技进步；以发展壮大经济实力为目标，深化产权制度和分配制度改革，加快经营机制和增长方式转变，强化管理，巩固发展支柱产业，培植新的经济增长点，努力拓展多元经济；树立以人为本的思想，加强队伍建设和领导班子的能力建设，关心职工生活，保持队伍稳定，充分调动干部职工的积极性，求真务实，开拓创新，不断开创郑州治黄事业新局面。

【韩国青年代表团参观郑州黄河花园口】 4月1日，韩国青年代表团一行40人参观郑州黄河花园口。

【韩国新闻代表团参观考察花园口】 4月11日，韩国新闻代表团参观考察花园口。

【郑州市召开防汛工作会议】 5月16日，郑州市政府在黄河饭店召开2005年防汛工作会议。

【孟建柱参观考察郑州黄河花园口】 5月17日，江西省委书记孟建柱等参观考察郑州黄河花园口。

【刘江检查黄河下游河南段的标准化堤防等情况】 5月21日，由国家发改委副主任刘江率队的国家防总防汛抗旱检查组一行，检查了黄河下游河南段的标准化堤防、应急度汛工程、防汛物资、移民建镇情况。

【敬正书考察郑州黄河花园口】 5月27日，水利部副部长敬正书等考察郑州黄河花园口。

【中共荥阳黄河河务局党组成立】 5月28日，中共荥阳黄河河务局党组成立。

【河南河务局成立直属第一、第二机动抢险队】 6月9日，河南河务局成立直属第一、第二机动抢险队。第一机动抢险队（河南第一机动抢险队），地点在中牟，第二机动抢险队（原惠金河务局机动抢险队），地点在惠金。

【徐光春等检查郑州黄河防汛工作】 6月14日，河南省委书记徐光春等到郑州花园口检查河南黄河防汛工作。

【李文忠勘查中牟黄河防汛】 6月16日，郑州警备区司令员李文忠等现场勘查中牟黄河防汛。

【李克督察郑州黄河防汛工作】 6月17日，河南省委常委、郑州市委书记李克带领黄河防汛督察组成员，对郑州黄河防汛工作进行了督察。督察中发现黄河郑州段的险工改建工程时间紧（务必在6月30日前完工）、任务重，加之正值农忙季节，急需大量施工人员时，李克书记当即与新密、登封、巩义、荥阳四市的市委书记通电话，要求落实400名石匠队伍支援郑州黄河险工改建工程。

【桃花峪控导发生较大险情】 6月22日，桃花峪－2坝非裹护段、桃花峪－3坝背水面非裹护段发生较大险情。6月23日，河南河务局调豫西、焦作、濮阳机动抢险队的8辆自卸车、1部装载机及18名操作手，支援桃花峪控导工程抢险。郑州市防指黄河防办调郑州黄河第一、第二机动抢险队共40人、6辆自卸车、2台装载机，调拨巩义洒水车1辆、操作手2名，调拨惠金8丈绳100根、5丈绳800根、木桩100根、手硪2把、油锤2个支援桃花峪控导工程抢险。郑州市防指黄河防办向荥阳市防指发出通知，要求荥阳市防指组织当地群众往桃花峪控导工程出险工地运送柳料20万千克。

6月23日12时至24日12时，桃花峪控导工程－6～4坝共出险9次，抛散石1473.2立方米，调用机动抢险队5支、抢险人员117人。投入机械：自卸汽车16部、装载机4部、挖掘机1部、洒水车2部、油罐车1部、生活用车8部。重大险情抢险指挥部副指挥长、荥阳市副市长李文岭及指挥部成员郭子明（荥阳市水利局局长）到桃花峪控导工程指挥抢险。

6月24日，河南河务局工会主席商家文一行到桃花峪工程抢险现场慰问全体抢险人员；15时30分，枣树沟控导17坝裹护段70米至上跨角发生坦石、土胎滑塌入水较大险情，出险体积700（35×4×5）立方米，郑州市防指黄河防办紧急调动第一机动抢险队自卸汽车3部、10千瓦发电机1台、探照灯2盏赶往枣树沟控导工程17坝抢险。经过抢护，险情得到控制，出险部位基本恢复。30日6时，河势突然发生变化，大溜顶冲17坝迎水面，8时30分，在原出险部位发生猛墩猛蛰，再次发生较大险情，出险体积3240（45×8×9）立方米，荥阳河务局组织自卸汽车12台、装载机2台、挖掘机1台对险情进行抢护，用石550立方米、柳石枕546立方米、土方2144立方米，抢护方法采取抛柳石枕护胎，上部还土，再抛散石护根，险情得到控制。

【李国英查看赵口控导河势工情】 6月29日，黄委主任李国英等到赵口控导8坝查看河势工情。

【亚行贷款项目中牟险工加高改建主体工程完工】 6月30日，亚行贷款项目中牟险工加高改建主体工程已全线完工。

【花园口景区移交给河南河务局旅游公司】 10月25日，惠金河务局管辖的花园口景区整体移交给旅游公司（直属河南河务局）。

【荷兰王储威廉·亚历山大参观花园口】 10月17日，荷兰王储威廉·亚历山大参观花园口。

【张印忠考察郑州标准化堤防】 12月7日，水利部纪检组长张印忠等参观考察将军坝和15+800标准化堤防。

【档案管理工作通过水利部复查考核】 12月15日，由水利部办公厅、河南河务局等单位的8名专家组成联合复查组对档案管理工作进行了复查考核。

2006年

【荥阳河务局局域网建成】 1月16日，荥阳河务局局域网建成并试运行成功。至此，郑州河务局所属各单位全部实现了网络办公自动化。

【召开治黄工作会议】 1月19日，郑州河务局召开2006年全局工作会议，并提出了“十一五”工作总体思路是：以邓小平理论和“三个代表”重要思想为指导，全面落实科学发展观和治水新思路，坚持治河第一要务，完善防洪工程体系，强化水资源管理，确保防洪安全和供水安全；加大改革创新力度，全面提升治黄与管理现代化水平；拓展多元化经济，不断增强综合经济实力，彻底扭转经济落后局面，努力提高职工生活质量；坚持以人为本，提高队伍素质，为治黄事业发展提供人才和智力支撑；加强政治文明和精神文明建设，着力构建和谐郑州治黄新局面，为实现“维持黄河健康生命”终极目标做出新贡献。

【北环路家属楼竣工】 1月25日，郑州河务局北环路家属楼竣工，156户职工领新房钥匙。5月18日，完成了北环路家属楼天然气点火工作，为广大职工早日搬入新居提供了保障。

【黄河防总召开电视电话会议】 5月11日，黄河防总召开电视电话会议，郑州市防指指挥长、市长赵建才等在郑州河务局机关三楼会议室分会场参加会议。

【郑州市召开防汛工作会议】 5月12日，郑州市在黄河饭店召开2006年全市防汛工作会议。

【回良玉等视察花园口】 5月18日，中共中央政治局委员、国务院副总理、国家防汛抗旱总指挥部总指挥回良玉等视察黄河花园口和标准化堤防建设。

【大型机械防汛抢险技能竞赛在保合寨控导举办】 5月30日，河南河务局在保合寨控导举办大型机械防汛抢险技能竞赛。竞赛由惠金河务局承办。

【河南河务局举行土工大布护底和长管袋充填抢险培训】 6月3～4日，河南河务局土工大布护底和长管袋充填抢险培训在荥阳孤柏嘴南水北调穿黄工地举行。培训由郑州河务局承办。

【河南省防指召开调水调沙视频会议】 6月8日，河南省防指召开调水调沙视频会议，部署河南省黄河调水调沙工作。

【54军防空旅认领防汛责任段】 6月21日，54军防空旅旅长陈志伟一行30余人，实地勘查郑州黄河防洪工程，认领防汛责任段。

【钱正英专程考察黄河下游游荡性河道治理情况】 6月25日，中国工程院院士、全国政协原副主席钱正英专程考察黄河下游游荡性河道治理情况，在郑州考察了黄河模型试验基地、黄委水土保持监控中心、黄河水量总调度中心、黄河花园口将军坝等。

【《郑州日报》首次公示辖区黄河防汛责任人】 7月6日，《郑州日报》专版首次公示郑州市、县（市、区）防汛责任人。

【李国英检查郑州黄河工程管理工作】 7月23日，黄委主任李国英检查惠金河务局工程管理情况。

【中牟河务局通过国家二级水管单位考核验收】 8月2日，中牟河务局顺利通过国家二级水管单位考核验收。

【曹建新勘查郑州黄河工程】 8月2日，河南省军区副司令员曹建新及副参谋长段京进一行10余人实地勘查郑州黄河工程。

【启动职工重大疾病医疗救助机制】 8月6日，郑州河务局全面启动职工重大疾病医疗救助机制，各级相继成立了职工重大疾病医疗救助组织，对全局符合条件的1539名职工（包括退休职工）建立了重大疾病医疗救助档案，并按要求分别将全局职工名单和职工个人缴纳救助资金上报和上缴“河南河务局职工重大疾病医疗救助办公室”和“河南河务局职工重大疾病医疗救助资金专项账户”。

【“防洪工程查险管理系统”在赵口控导应用】 8月10日，河南河务局和河南瑞达信息技术有限公司在赵口控导安装了“防洪工程查险管理系统”。

【李昌凡查看郑州黄河标准化堤防】 9月23日，水利部党组巡视组组长、水利部原党组成员、中纪委驻水利部纪检组原组长李昌凡一行，查看郑州黄河标准化堤防。

【中牟辖区第三批亚行贷款项目初验】 10月24日，中牟辖区第三批亚行贷款项目杨桥险工改建加固工程、赵口险工改建加固工程、九堡险工改建加固工程、料物仓库、管护基地建设5个标段竣工初步验收。

【水利部对国家防汛指挥系统一期工程进行执法检查】 10月30日，水利部执法检查组一行6人，对国家防汛指挥系统一期工程郑州河务局实时工情信息采集系统进行了执法检查。

【矫勇考察郑州黄河标准化堤防】 11月2日，水利部副部长矫勇一行考察郑州黄河标准化堤防。

【黄委在马渡下延举行河道整治工程开工仪式】 12月31日，黄委在马渡下延举行河道整治工程开工仪式。

【引黄供水情况】 本年，郑州河务局水费征收额创历史新高。2006年全局共引水1.83亿立方米，其中工业及城市生活用水1.27亿立方米，农业用水0.56亿立方米，实收水费702万元。

2007年

【《黄河堤防工程管理标准（试行）》出台】 1月9日，黄委制定出台《黄河堤防工程管理标准（试行）》，共7章36条，对堤防工程的管理、保护、监测和现代化建设赋予了新的详细的规范。

【拆除黄河滩区砖窑场】 1月10～11日，中牟县政府组织公安、土地、河务等部门及沿黄乡镇政府有关人员成立联合工作组，对黄河滩区非法砖窑场进行强行拆除。河南河务局水政处和郑州河务局组织人员对拆除工作进行现场督查。

【召开治黄工作会议】 2月5日，郑州河务局召开2007年治黄工作会议，提出的总体工作思路是：以“维持黄河健康生命”治河新理念为指导，以构建“首善之局”为目标，求真务实、精细管理，坚持治河第一要务，强化水资源管理，全面完善水管体制改革后新的管理机制，进一步完善郑州黄河防洪体系，确保黄河防洪安全；加大创新力度，促进治黄科技进步；以发展壮大经济实力为目标，努力开拓社会市场，巩固发展支柱产业，培植新的经济增长点，构筑多元化经济格局；树立以人为本的思想，加快队伍建设和领导干部执政能力建设，加快人才培养引进的步伐，切实关心职工生活，充分调动干部职工的工作积极性，努力构建郑州和谐治黄新局面。

【首次开展大病救助】 2月14日，郑州河务局对3名患病职工进行救助，共计救助13.4万余元，这是自2006年1月1日在全局范围内正式启动职工重大疾病医疗救助制度后的首次救助。

【国家审计署到中牟河务局调研水管体制改革情况】 3月23日，国家审计署驻河南办事处副特派员张军、财政处处长张家珍等，到中牟河务局就水管体制改革后基层单位机构设置运转情况、职工队伍素质、事业管理、养护经费使用情况、离退人员待遇及基层企业经营状况等问题进行调研。

【河南河务局汽车驾驶技能竞赛在中牟举行】 4月28～29日，河南河务局汽车驾驶技能竞赛在中牟隆重举行。

【胡锦涛考察郑州黄河防洪工程建设情况】 5月1日，胡锦涛总书记在花园口实地考察黄河郑州段防洪工程建设及综合治理情况。

【“防汛江河行”活动黄河采访组参观黄河花园口】 5月24日，“防汛江河行”活动黄河采访组参观黄河花园口。

【国家防总察看郑州黄河标准化堤防】 5月28日，国家防总黄河防汛抗旱检查组抵达郑州，先后察看了郑州黄河标准化堤防、花园口水文站和花园口险工。

【张思卿查看郑州黄河标准化堤防】 5月29日，全国政协副主席张思卿率考察团在花园口查看郑州黄河标准化堤防，了解河南黄河治理开发情况。

【郑州市召开防汛工作会议】 6月5日，郑州市在黄河饭店召开2007年全市防汛工作会议。

【惠金河务局在全河工管检查中取得第一名】 6月17日，惠金河务局在黄委组织的全河工管大检查中取得全河第一名的成绩，这是该局继荣获2005年黄委“十五”工程管理先进单位、2006年度河南河务局工管检查第三名后取得的又一次进步，标志着该局工程管理工作又迈上了新的台阶。

【李国英察看调水调沙工作运行情况】 6月21日，黄委主任李国英等到惠金河务局察看调水调沙工作运行情况。

【李国英勘察黄河南岸大堤零公里标志性建筑选址】 6月23日，黄委主任李国英等实地勘察黄河南岸大堤零公里标志性建筑选址，并到惠金河务局会议室详细听取了有关设计单位就南岸大堤零公里标志性建筑及花园口景区规划的设计方案。

【河南陆军预备役高炮师勘查郑州黄河防洪工程】 7月11日，河南陆军预备役高炮师师长郑党宽、副师长赵奇、参谋长赵修明率官兵一行20余人，实地勘查郑州黄河防洪工程，认领黄河防汛责任段。

【王文超检查郑州黄河防汛工作】 7月16日，河南省委常委、郑州市委书记王文超等到花园口险工和南裹头控导工程检查了郑州黄河防汛工作。

【惠金河务局被确认为黄河水利委员会文明单位】 9月，惠金河务局被确认为黄委文明单位。

【神堤工程班被授予水利系统模范职工小家】 9月30日，巩义河务局神堤工程班被中国农林水利工会授予水利系统模范职工小家。

【荥阳河务局被命名为“省级文明单位”】 10月23日，荥阳河务局被河南省委、省政府命名为2007年度省级文明单位。

【郑州放淤固堤工程通过黄委验收】 11月16日，郑州放淤固堤工程－1＋172～4＋800通过了黄委组织的竣工验收。至此，郑州标准化堤防工程竣工验收接近尾声。

【赵沟控导工程被评为“示范工程”】 12月4日，赵沟控导工程被评为2007年度黄委工程管理“示范工程”。

【黄河防洪工程竣工验收全面完成】 12月18日，郑州黄河工程有限公司承揽的开封标准化堤防工程被中国水利工程协会授予水利工程优质（大禹）奖。

【水费收入实现新突破】 12月25日，郑州河务局2007年水费收入累计超1000万元，实现了历史新突破，受到河南河务局通令嘉奖。

2008年

【《黄河郑州河段“三点一线”风景建设实施方案》制定】 2月1日，郑州河务局完成《黄河郑州河段“三点一线”风景建设实施方案》，该方案分项目缘由、工程简介、选址、建设内容四大部分，核心是“三点一线”建设内容。

【召开工作会议】 2月22日，郑州河务局召开2008年工作会议，提出治黄思路为：以党的十七大精神为统领，认真落实科学发展观，积极践行可持续发展治水思路，以维持黄河健康生命为己任，以确保防洪安全为中心，以促进经济又好又快发展为保障，稳步推进黄河工程、黄河经济、黄河文化、黄河生态四位一体协调发展，以基层为本，民生为重，突出重点，统筹兼顾，全力推进郑州治黄事业和谐、快速发展。同时，郑州河务局召开第二届第四次职工代表大会，53 名职工代表出席会议。

【丁学东查看郑州黄河标准化堤防】 5 月 7 日，财政部副部长丁学东等查看了郑州黄河标准化堤防，并了解郑州黄河防汛准备情况。

【郭庚茂检查郑州黄河防洪工程和备汛情况】 5 月 13 日，黄河防总总指挥、河南省代省长郭庚茂等检查郑州黄河防洪工程和备汛情况。郭庚茂强调："实现黄河的'除害指日可待，兴利千秋万代'"。省发改委、省财政厅、国土资源厅、省水利厅、省政府办公厅以及郑州市政府的有关领导陪同进行了检查。

【支援四川"抗震救灾"】 5 月 14 日，郑州河务局党组向全体职工发起向四川省汶川县地震灾区献爱心募捐活动。据统计，全局各级累计募集的第一批近 5 万元救灾款，已经陆续通过各种途径发往中国红十字会。5 月 28 日，郑州河务局各级在原来捐款的基础上，积极组织全体党员以交纳"特殊党费"的形式，再次向灾区人民捐款 129770 元，累计捐款达 241540 元。

【尉健行考察花园口】 5 月 27 日，原中共中央政治局常委、中纪委书记尉健行等考察 1938 年花园口扒口处、花园口记事广场、黄河标准化堤防、花园口将军坝以及黄河防洪工程建设情况。

【王文超一行检查郑州黄河防汛准备情况】 6 月 5 日，河南省委常委、郑州市委书记王文超一行，从中牟九堡控导工程出发至花园口将军坝实地检查郑州黄河防汛准备情况。

【李国英检查机动抢险队应急反应能力】 6 月 20 日凌晨，调水调沙洪水下泄当天，黄委主任李国英前往马渡下延控导工程查看水头，临时抽查惠金河务局机动抢险队队员、车辆、照明设备的集结速度，现场考问一线人员查险报险知识和上报程序，并对抽查结果表示满意。

【张印忠检查惠金河务局防汛和工程管理工作】 6 月 23 日，水利部纪检组长张印忠等检查惠金河务局防汛和工程管理工作。

【李国英检查黄河调水调沙生产运行情况】 6 月 23 日，黄河防总副总指挥、黄委主任李国英一行到花园口、马渡控导工程检查黄河调水调沙生产运行及"三点一线"工程进展情况。

【王文超检查黄河防汛工作】 8 月 1 日，河南省委常委、郑州市委书记王文超对黄河防汛工作进行再检查再落实。

【郑州黄河标准化堤防工程获中国水利工程优质（大禹）奖】 8 月 27 日，郑州黄河标准化堤防工程经过中国水利工程协会组织专家进行初审、现场考查和评审委员会评选等严格程序筛选，以排名第一的成绩获 2008 年中国水利工程优质（大禹）奖。

【惠金河务局国家一级水利工程管理单位通过复核验收】 10 月 14 ~ 15 日，由中国水利工程协会、小浪底建管局等 6 家单位有关专家组成的复核组对惠金河务局国家一级水利工程管理单位进行复核验收。通过专家组内、外业的综合检查，惠金河务局以综合考评955分的成绩顺利通过验收。

【李国英调研惠金河务局黄河水利公安机构建设情况】 10月28日，黄委主任李国英等到惠金河务局调研黄河水利公安机构建设情况。

【蒋树声调研郑州黄河滩区治理情况】 11月5日，全国人大副委员长、民盟中央主席蒋树声率专题调研组一行，专题调研黄河下游滩区，并实地了解郑州黄河滩区治理情况。

【陈雷一行考察郑州黄河“三点一线”工程建设】 12月13日，水利部党组书记、部长陈雷一行到郑州河务局考察郑州黄河“三点一线”工程建设。

【董力察看黄河花园口】 12月25日，水利部党组成员、中纪委驻部纪检组长董力察看黄河花园口。

【水费收入创历史新高】 12月31日，郑州河务局2008年全年引水4.51亿立方米，水费收入超过1500万元，创历史新高。

2009年

【李国英慰问基层困难职工】 1月17日，黄委主任李国英深入基层到郑州河务局特困职工家中看望慰问。

【刘丰获得“全国女职工建功立业标兵”称号】 3月17日 郑州黄河工程有限公司副总经理刘丰被中华全国总工会授予“全国女职工建功立业标兵”称号。

【习近平视察黄河花园口】 4月2日，中共中央政治局常委、中央书记处书记、国家副主席习近平在河南调研期间，视察黄河花园口，并到郑新黄河大桥看望正在建设工地施工的广大职工。

【曹刚川视察黄河花园口】 4月3日，中央军委原副主席、国防部长曹刚川等视察黄河花园口。

【省政府下发通知拆除黄河滩区黏土砖瓦窑厂】 4月，河南省人民政府办公厅下发《关于进一步做好黄河滩区黏土砖瓦窑厂整顿规范工作的通知》，截至8月25日黄河滩区共拆除砖瓦窑厂150座。

【刘光和参观花园口景区】 5月2日，水利部原纪检组长刘光和参观花园口景区和黄河游览区。

【胡四一检查郑州黄河防汛备汛工作】 5月18日，水利部副部长胡四一带领国家防总检查组检查郑州黄河防汛备汛工作。

【郑州市召开防汛工作会议】 5月19日，郑州市召开全市防汛抗旱工作会议。

【河南黄河防汛实战演练在赵口举行】 5月27日，河南黄河防汛实战演练在赵口控导工程举行。

【郑州警备区官兵勘察黄河防汛任务区】 6月5日，郑州警备区政委高方斌带领驻郑部队及人武部官兵40余人现场勘察黄河防汛任务区，重点查看了花园口将军坝和马渡下延工程。

【孙家正考察黄河花园口】 6月7日，全国政协副主席孙家正等考察将军坝险工、花园口记事广场、郑州标准化堤防等地。

【水利部参观考察花园口】 6月17日，由水利部党组成员、办公厅主任一行30人参观考察花园口将军坝、标准化堤防、马渡控导等工程。

【桃花峪控导发生较大险情】 6月19日9时10分，桃花峪20坝迎水面距坝根30~60米处受回溜淘刷，发生根石走失、坦石坍塌、土胎坍塌的较大险情，出险尺寸为30米×6米×6米，体积为1080立方米。

【吴仪考察黄河花园口】 6月22日，中共中央政治局原委员、国务院原副总理吴仪，水利部原部长钮茂生等一行考察花园口将军坝、纪事广场以及黄河标准化堤防的建设成果。

【李国英督察郑州黄河调水调沙进展情况】 6月23日，黄河防总常务副总指挥、黄委主任李国英带队现场督察郑州黄河调水调沙进展情况及部分防洪工程巡堤查险、班坝责任制落实状况。

【河南陆军预备役高炮师认领黄河防汛责任段】 6月23日，河南陆军预备役高炮师师长郑党宽率官兵一行60余人实地勘察郑州黄河防洪工程，并认领黄河防汛责任段。

【台湾考察团参观标准化堤防】 6月25日，台湾调水调沙考察团一行17人参观花园口将军坝、标准化堤防。

【王文超检查郑州黄河防汛工作】 7月2日，黄河第九次调水调沙第14天，河南省委常委、郑州市委书记王文超对黄河防汛工作进行再检查再落实。

【中国水利工程优质（大禹）奖研讨班参观郑州黄河标准化堤防工程】 7月26日，中国水利工程优质（大禹）奖研讨班一行40余人参观郑州黄河标准化堤防工程、“三点一线”工程及花园口将军坝、记事广场等。

【刘培中任郑州河务局局长、党组书记】 8月20日，刘培中任郑州河务局局长、党组书记。

【胡四一考察黄河花园口】 9月1日，水利部副部长胡四一一行7人考察黄河花园口。

【花园口旅游管理处划归惠金河务局管理】 10月，花园口旅游管理处重新划归惠金河务局管理。

【李兆焯考察黄河花园口】 10月13日，全国政协副主席李兆焯等考察黄河花园口。

【天津市副市长参观黄河花园口】 10月16日，天津市副市长一行参观黄河花园口。

【陈雷考察黄河郑州段标准化堤防】 11月9日，水利部部长陈雷等考察黄河郑州段标准化堤防。

【河南黄河巩义供水工程奠基仪式举行】 12月9日，巩义市人民政府在巩义市河洛镇金沟村黄河滩区举行河南黄河巩义供水工程奠基仪式。

【越南自然资源和环境部环境署代表团参观考察治黄工作】 12月10日，越南自然资源和环境部环境署副署长阮赛冬带领水利代表团一行20人，到郑州参观考察治黄工作，参观了模型黄河和花园口标准化堤防。

【全国堤防管理工作现场会代表参观考察黄河标准化堤防工程】 12月26日，参加全国堤防管理工作现场会的代表一行40人参观考察黄河标准化堤防工程的建设与管理情况。

【矫勇慰问一线职工】 12月26日，水利部副部长矫勇到黄委调研水行政执法和基层民生水利建设，先后到黄河中学、黄河水利科学研究院、水文局、黄河防汛抗旱会商中心、惠金河务局黄河派出所、原阳黄河堤防郭庄养护班等，进行实地调研了解、慰问一线职工。

2010年

【花园口被命名为黄河爱国主义教育基地】 1月19日，黄委命名郑州黄河花园口为黄河爱国主义教育基地。

【机关党委成立】 3月30日，中共郑州黄河河务局机关委员会成立，并选举产生了机关党委首届委员。

【水电公司获河南省“五一”劳动奖状】 4月9日，郑州黄河水电工程有限公司被河南省总工会授予河南省“五一”劳动奖状。

【中央党校地厅级干部培训班调研组参观黄河花园口】 4月9日，中央党校地厅级干部培训班调研组一行10人，参观花园口和标准化堤防并了解河南防洪形势。

【新加坡新闻媒体代表团参观黄河标准化堤防】 4月14日，新加坡新闻媒体代表团一行12人到黄河花园口，参观黄河标准化堤防及地上悬河。

【郑州市召开防汛工作会议】 5月21日，郑州市召开2010年防汛抗旱工作会议。

【王文超检查郑州黄河备汛情况】 6月9日，河南省委常委、郑州市委书记王文超等到惠金河务局南裹头险工，现场检查郑州黄河备汛情况，并对做好今年黄河防汛工作提出具体要求。

【河南黄河防汛抢险演练在马渡举行】 6月10日8时，由河南河务局、河南省人力资源和社会保障厅联合举办的河南黄河防汛抢险演练暨技能竞赛在郑州马渡控导下延工程隆重开幕。郑州河务局参赛队员在装载机装抛铅丝笼、挖掘机抓抛铅丝笼等项目上取得第一、第二名。

【朱登铨参观考察郑州黄河花园口】 6月24日，水利部原副部长朱登铨一行先后对将军坝、纪事广场、标准化堤防“三点一线”进行了实地参观考察。

【湄公河水利代表团参观考察郑州黄河花园口】 湄公河水利代表团一行17人考察了花园口数字化水文站、黄河标准化堤防。

【水利部、中央国家机关工委考察黄河花园口】 7月2日，水利部、中央国家机关工委一行到花园口考察黄河。

【綦连安参观黄河花园口】 7月2日，黄委原主任綦连安先后到将军坝、花园口事件记事广场、黄河标准化堤防，现场了解近年来治黄事业所取得的新发展、新成就。

【连维良检查郑州黄河防汛工作】 7月28日，河南省委常委、郑州市委书记连维良等检查郑州市黄河防汛工作。查看南裹头险工段、花园口将军坝，听取郑州市黄河防汛工作汇报。

【李国英检查郑州黄河防汛工作】 7月28日，黄委主任李国英到惠金河务局检查郑州黄河防汛工作。

【黄河花园口旅游区免费开放形成会议纪要】 10月22日，郑州市政府召开黄河花园口旅游区免费开放后有关问题会议，并形成有关会议纪要。

【欧盟项目评估团参观考察黄河花园口】 10月27日，欧盟项目评估团一行3人参观考察黄河花园口。

【中牟河务局获得“省级文明单位”】 11月29日，中牟河务局荣获“省级文明单位”。

2011年

【召开工作会议】 1月25日，郑州河务局召开2011年工作会议，提出“十二五”期间的总体工作思路是：坚持以科学发展观为指导，以促进“民生水利”和“维持黄河健康生命”的实践为主线，以抓好防汛抗旱、水行政监督管理、水资源管理与调度、工程建设与管理和发展自身经济为重点，全面推进“四位一体”协调发展。继续加强党的建设、精神文明建设和职工队伍建设，始终坚持“基层为本、民生为重”的管理理念，为全局各项事业营造和谐、稳定的发展环境，在服务治黄事业和服务区域经济社会发展中做出新的贡献。按照这一总体思路，“十二五”期间紧紧围绕“一个中心”，切实搞好“两大服务”，牢牢把握“三大目标”，认真落实“六项重点”。一个中心，即继续坚持以防汛为中心，确保黄河防洪安全。两大服务：即切实做好供水服务，全力支持区域经济社会可持续发展；切实提高为基层服务的意识，使“基层为本，民生为重”的理念真正落到实处。三大目标，即把水利部“加快民生水利建设”、黄委“维持黄河健康生命”和省局“四位一体”协调发展的治黄理念，作为“十二五”时期的三大目标，认真贯彻落实。六项重点，即防汛抗旱、水行政监督管理、水资源管理与调度、工程建设与管理、经济发展、职工队伍和精神文明建设。

【花园口石料转运站等三个已撤销单位档案移交档案馆】 3月29日，由黄委档案馆、河南河务局档案科及郑州河务局档案室共同组成的档案接收小组对惠金河务局档案室管理的花园口石料转运站、农副业基地和船舶修造厂三个已撤销单位的档案进行了验收移交。本次共移交档案303卷（其中船舶修造厂92卷、农副业基地92卷、花园口石料转运站119卷）。

【欧盟水利代表团考察黄河花园口】 4月7日，欧盟水利代表团一行10人考察花园口及15+800标准化堤防。

【台湾水利署和逢甲大学考察黄河花园口】 4月8日，台湾水利署署长杨伟甫、台湾逢甲大学许盈松教授等一行10人考察花园口及15+800标准化堤防。4月23日，台湾水利署副署长吴约西考察花园口。

【中国作协黄河采风团参观黄河花园口】 5月10日，中国作家协会副主席高洪波带领中国作协黄河采风团参观黄河花园口和郑州黄河标准化堤防。

【国家防总黄河防汛指挥调度演习在马渡举行】 5月12日15时50分，国家防总黄河防汛指挥调度演习在郑州马渡举行。郑州河务局共组织自卸车、挖掘机等大型机械设备10余台（套）、移动转播车1台及多台后勤保障车辆，组织抢险队员及现场保障人员近50人投入抢险演练，确保了此次演练任务顺利圆满完成。

【郑州市召开防汛工作会议】 6月9日，郑州市召开2011年全市防汛抗旱工作会议。

【陈小江夜查防汛准备工作】 6月23日夜，黄河防总常务副总指挥、黄委主任陈小江对郑州黄河花园口段部分防洪工程巡坝查险及防汛责任制落实、防汛应急抢险队抢险准备、防汛物资调运等情况进行了突击检查，并代表黄委党组向坚守在黄河防汛一线的干部职工表示慰问。

【孙天宝荣获“第七届全国水利技术能手”称号】 6月30日，中牟河务局高级技师孙天宝同志荣获“第七届全国水利技术能手”荣誉称号。

【荥阳河务局勇救落水群众】 7月5日早上，武陟县北郭乡解封村村民丁永安等人乘船游览黄河，上游突发大水，又巧遇船只故障，大水把船冲向了下游，船上2人被卷入水中。紧要关头，荥阳河务局迅速组织抢险队员施救，将其安全救上河岸。7月19日，丁永安等为荥阳河务局送来锦旗和感谢信。

【中牟韦滩发生畸形河势】 7月5～6日，中牟韦滩发生畸形河势，在河南黄河防办、郑州河务局指导下，中牟河务局迅速组织抢护，有效控制了不利河势的发展。7

月7日，黄委防办主任毕东升、防汛调度处处长陈银太等到中牟韦滩检查畸形河势应急抢护情况。

【郭庚茂检查郑州黄河防汛工作】 7月26日，河南省省长郭庚茂、副省长刘满仓等，在马渡下延102坝听取郑州黄河河道防洪特点及汛期防汛准备工作情况汇报，并实地查看黄河水情了解防汛组织机构成立、责任分工、责任落实、巡坝查险以及安全宣传等工作。

【阿富汗水利部参观考察黄河花园口】 8月13日，阿富汗水利部一行10人参观考察黄河花园口和“三点一线”标准化建设。

【台湾金门爱护水资源代表团参观考察黄河花园口】 9月20日，台湾金门爱护水资源代表团一行参观考察黄河花园口。

【陈小江慰问一线职工】 9月6日，中秋节前夕，黄委主任陈小江慰问郑州治黄一线工作人员。

【新加坡环境水资源部代表团参观黄河花园口】 9月19日，新加坡环境水资源部代表团一行先后到黄河花园口将军坝、记事广场等处进行参观考察。

【东大坝工程发生重大险情】 9月30日至10月3日，东大坝工程发生重大险情。黄委副主任廖义伟现场查看险情抢护情况，针对后期抢险提出，在确保黄委重点项目黄河水质检测站安全的前提下，要加大根石加固力度。

2012年

【召开工作会议】 2月23日，郑州河务局召开2012年工作会。确定2012年郑州治黄工作总体思路是：以科学发展观为指导，深入贯彻落实中央水利改革发展精神，积极践行可持续发展治水思路和民生水利新要求，牢牢把握中原经济区和郑州市打造核心增长区的发展机遇，深刻领会六个“准确把握”和“狠下功夫”，加快推进黄河工程、黄河经济、黄河文化、黄河生态“四位一体”协调发展；发挥优势，统筹兼顾，全面提高服务社会与发展自身的意识和能力，强化“基层为本、民生为重”，为实现郑州治黄事业和区域经济社会协调发展做出新的贡献。

【省直机关干部在马渡险工开展植树活动】 2月27日，河南省委书记、省人大常委会主任卢展工，省委副书记、省长郭庚茂等及省市直属机关干部职工300余人，在马渡险工开展义务植树活动。本次义务植树3500余棵。

【河韵碑廊施工方案确定】 3月12日，河韵碑廊施工方案确定，由郑州河务局组织承建的“河韵碑廊”建设项目在花园口景区开始施工。碑廊的设计以时间序列为轴线，以连续的文化脉络为骨架，由9名工匠担纲刻字任务并在碑体上进行二次创作，实现书法艺术与石刻艺术的融合。

【王云龙参观考察黄河花园口】 4月22日，全国人大常委、农业与农村委员会主任委员王云龙一行参观考察黄河花园口。

【于幼军考察黄河花园口】 5月13日，国务院南水北调办副主任于幼军一行考察黄河花园口。

【矫勇考察河南黄河防汛应急抢险队建设工作】 5月15日，水利部党组副书记、副部长矫勇率领国家防总黄河流域防汛抗旱检查组，考察河南黄河防汛应急抢险队建设工作。

【邓本太考察黄河花园口】 5月15日，黄河防总副总指挥、青海省副省长邓本太考察黄河花园口。

【陈小江检查伊洛河防汛工作】 6月19日，黄河防总常务副总指挥、黄委主任陈小江带领黄河防总检查组，对伊洛河防汛工作进行了检查。

【抢护韦滩畸形河段坍塌滩岸】 6月28日至7月1日，郑州河务局组织专业抢险队伍、机关干部、当地群众等共计260余人以及多台大型机械设备、抢险料物对韦滩畸形河段坍塌滩岸进行了应急抢护。

【孙东坡考察花园口河段河势和水沙情况】 7月4日，中国水利学会泥沙专业委员会委员、华北水利水电学院水力学及河流研究所所长孙东坡教授带领有关专家及研究生考察了黄河花园口河段河势和水沙情况。

【中牟河务局租用飞机喷洒农药】 7月15日，中牟河务局租用飞机喷洒农药防治适生林、防浪林绿化苗木病虫害。

【宋中贵检查黄河防汛工作】 7月17日，河南省军区副司令员兼参谋长宋中贵率队赴花园口检查黄河防汛工作，并现场勘查防汛责任段。

【黄河防洪调增补偿投资惠民工程项目通过验收】 8月6日，由河南牟山黄河水电工程有限公司承修的中牟县1999～2006年度黄河防洪调增补偿投资惠民工程项目顺利通过中牟县验收委员会的初步验收。该工程涉及中牟县沿黄3镇（万滩镇、雁鸣湖镇、狼城岗镇）34个村，总计改建道路34条，长31.95千米。

【支援内蒙古抗洪抢险】 8月24日，河南黄河防汛应急抢险队39名队员在惠金河务局机关院内紧急集结，并携带防汛抢险物资、生活用品后，奔赴内蒙古鄂尔多斯市执行抗洪抢险任务。9月5日，抢险队圆满完成了抢险任务，胜利返回郑州。河南河务局副局长李建培以及郑州、濮阳、新乡河务局有关领导在惠金河务局机关迎接。此次赴内蒙古支援抢险，是河南黄河应急抢险队组建以来的首次跨区域应急抢险行动，也是对2012年入汛以来集结培训成果的一次实战检验。

【“美丽母亲河”公益活动在花园口记事广场举行】 8月31日，由东方今报、惠济区人民政府、郑州河务局联合举办的“美丽母亲河”大型公益活动启动仪式在花园口记事广场举行，近千名政府部门代表、企事业单位代表、媒体代表、环保志愿者出席了启动仪式，并在郑州黄河标准化堤防沿线开展拣拾垃圾志愿者服务活动。

【首届湿地文化节在黄河湿地公园举行】 9月1日，河南·郑州首届湿地文化节在黄河湿地公园举行。

【张春园参观考察黄河花园口】 9月5日，水利部原副部长张春园一行到纪事广场、标准化堤防进行了实地参观考察。

【华建敏考察黄河花园口】 9月13日，全国人大常委会副委员长华建敏一行到黄河花园口考察，探访“花园口事件”始末，了解人民治黄成就。

【黄河国际论坛代表团参观考察花园口】 9月25～28日，第五届黄河国际论坛代表团参观考察惠金辖区黄河堤防建设及防洪形势。在第五届黄河国际论坛隆重召开之际，惠金黄河辖区先后迎来了来自瑞典、澳大利亚、美国等多个国家和台湾地区的水利代表团。

【翟隽考察黄河花园口】 10月6日，外交部副部长翟隽到黄河花园口，实地考察将军坝、花园口记事广场和黄河标准化堤防，了解河南黄河防洪形势和人民治黄新成就。

【水利部干部到基层挂职】 10月24日，贾志成任郑州河务局副局长、党组成员。贾志成为水利部水利报社挂职干部。

【南非林波波省代表团参观考察黄河花园口】 12月7日，南非林波波省代表团一行参观考察黄河花园口。

【局机关成功创建“省级文明单位”】 12月31日，郑州河务局（机关）被授予“省级文明单位”荣誉称号。

2013年

【王玉明参观考察花园口】 1月8日，内蒙古自治区副主席王玉明一行参观河韵碑林及花园口记事广场。

【召开工作会议】 1月22日，郑州河务局召开2013年工作会议，提出2013年工作思路是：以十八大精神为指导，坚持科学发展，践行“四位一体”。保安澜，增强防汛应急反应能力；强基础，狠抓防洪工程建设；创精品，提升工程生态和文化品位；严管理，稳定河道管理秩序；增效益，提高经济发展质量；练精兵，强化职工队伍素质建设；促和谐，巩固精神文明建设成果；惠民生，全力支持基层发展；务实重干，稳中求进，全面推动郑州治黄事业可持续发展。

【陈小江调研郑州治黄工作】 2月5日，黄委主任陈小江调研郑州治黄工作，并提出“闯新路、走前头、树形象”的期望，要求郑州河务局要勇于担当起塑造全河“窗口”单位的重任。

【谢伏瞻检查指导防汛工作】 5月10日，黄河防总总指挥、河南省省长谢伏瞻到郑州黄河段检查指导防汛工作。

【中央媒体“防汛备汛行”采访报道组参观黄河花园口】 5月23日，中央媒体“防汛备汛行”采访报道组一行9人参观了惠金河务局防汛物资仓库、花园口记事广场、标准化堤防和河南黄河防汛应急抢险队。

【卢长健查看惠金黄河防汛工作】 6月17日，河南省军区司令员卢长健等实地查看惠金黄河防汛工作。

【支援山西三门峡库区抢险】 7月26日，接上级防汛物资调拨指令，惠金河务局紧急装运国家储备土工布5100平方米支援山西三门峡库区平陆四滩工程抢险应急。

【黄河防汛物资仓库建设用地批复】 8月29日，河南河务局批复，同意将位于郑州黄河公路大桥以东、水源厂沉砂池以西、黄河大堤花园口景区防汛专用道路以南、花溪路以北的防洪用地作为黄河防汛物资仓库建设用地。

【“美丽母亲河”公益活动在花园口记事广场举行】 9月1日，由东方今报、惠济区人民政府、郑州河务局主办，惠金河务局等单位承办的“美丽母亲河”大型公益活动在花园口记事广场隆重举行，来自省直机关各单位及600多名热心市民和志愿者参与了此次活动，用自己的力量和态度号召全社会共同关爱母亲河。

【申庄险工等被确认为“示范工程”】 12月31日，黄委对申报的超过5年认定期的“示范工程”进行了考核，惠金黄河辖区临黄0+000～10+000、13+000～26+000、申庄险工、马渡险工被确认为2013年度工程管理“示范工程”。

2014年

【与市政府电子政务内网专线开通】 1月15日，郑州河务局与郑州市人民政府电子政务内网专线经过多次调试正式开通并投入运行。

【荣获“河南省国土绿化模范单位”称号】 1月26日，郑州河务局被评为郑州市2013年度林业生态建设工作先进单位，同年被河南省绿化委员会授予“河南省国土绿化模范单位”荣誉称号。

【召开工作会议】 1月27日，郑州河务局召开2014年工作会议，提出的工作总体思路是：以党的十八届三中全会精神为指导，坚持科学发展，认真落实“治河为民、人水和谐”的治黄理念，深化落实治黄改革精神，创新完善体制机制，坚持防汛抗旱并重、治理开发并举、服务社会与自身发展同步的方针，推进黄河工程、黄河经济、黄河文化、黄河生态“四位一体”协调发展，以“基层为本、民生为重”，深化改革，稳中求进，全面推进郑州治黄事业健康快速发展。

【召开党的群众路线教育实践活动总结会议】 1月27日，郑州河务局召开党的群众路线教育实践活动总结会议。河南河务局第一督导组副组长王应三出席会议并讲话。会议从活动开展的基本情况、主要做法、初步成效与主要经验、存在问题及下步推进活动常态化长效化措施等四个方面全面总结回顾了全局党的群众路线教育实践活动开展以来各个阶段的工作和成效。

【河南省党政军领导在马渡险工开展义务植树活动】 3月10日，河南省党政军领导尹晋华、卢长健、蒋笃运、张广智、李亚、王艳玲、张维宁等与近400名省、市、区机关干部一起在黄河大堤马渡险工处开展义务植树活动。

【朱松立任郑州河务局局长、党组书记】 3月18日，河南河务局以豫黄党〔2014〕4号任命朱松立同志为郑州河务局局长、党组书记。

【“关爱黄河母亲，建设美丽河南”活动在花园口景区启动】 5月24日，由河南省文明办、郑州市文明办和郑州河务局联合举办的“关爱黄河母亲，建设美丽河南”公益活动在郑州黄河花园口景区正式启动。河南省文明办、郑州市文明办和郑州河务局等有关领导以及近300名文明志愿者参加了活动启动仪式。

【举行防汛抢险技能演练】 6月18日，郑州河务局在惠金辖区马渡下延控导工程102~106坝举行2014年防汛抢险技能演练。演练项目共有基本技能操作、土工包、筑埽进占、装抛石笼、坝岸土坝基防护、机械装抛吨袋、人工装抛柳石枕。其间，黄河防总检查组薛松贵一行观看了演练。

【严金海参观考察河南黄河防汛工作】 7月16日，青海省副省长严金海一行到惠金黄河辖区参观考察河南黄河防汛工作。河南省政府、黄委和河南河务局有关领导陪同。

【抗战老兵在花园口事件记事广场举行中国人民抗日战争胜利69周年纪念活动】 9月3日，中国人民抗日战争和世界反法西斯战争胜利69周年纪念日，也是全国人大常委会以立法形式确立中国人民抗日战争胜利纪念日后的第一个纪念日。30位抗战老兵齐聚花园口记事广场，举行中国人民抗日战争胜利69周年纪念活动。

【顺利申请花园口引黄闸除险加固项目市财政配套资金】 12月18日，花园口引黄闸除险加固项目1879万元的郑州市财政配套资金划入河南河务局建设中心账户。

2015年

【召开工作会议】 1月30日，郑州河务局召开2015年工作会议，总结2014年工作，分析当前面临的形势任务，安排部署2015年重点工作。会议明确了2015年郑州治黄工作的总体思路：以党的十八大和十八届三中、四中全会精神为指导，认真落实“治河为民、人水和谐”的治黄理念，贯彻落实“三个全面”，主动适应经济发展和作风建设新常态，促进黄河工程、黄河经济、黄河文化、黄河生态“四位一体”协调发展，积极践行“基层为本、民生为重”管理理念，全面提升郑州黄河治理体系与管理能力现代化水平，努力开创郑州黄河“河流健康、民生发展、生态文明”的新局面。

【省直机关领导干部在申庄险工参加义务植树活动】 3月4日，河南省委副书记邓凯率领省委、人大、政府、政协、军区和郑州市四大班子领导及干部，到惠金黄河辖区申庄险工参加义务植树活动，累计植树达4000棵。

【黄委离退局党支部与巩义河务局结成党建服务工作对子】 4月21日，黄委离退局调研郑州河务局离退休管理工作，并与巩义河务局结成对子，开展党建服务工作。

【郑州市召开防汛工作会议】 5月22日，郑州市召开2015年防汛抗旱工作会议，通报全市当前面临的防汛抗旱形势，全面部署2015年防汛抗旱工作。

【田野视察河南黄河防汛工作】 6月9日，中纪委驻水利部纪检组组长田野到花园口视察河南黄河防汛工作。

【举办沿黄县（市）区黄河防汛行政首长培训班】 6月12日，郑州河务局举办沿黄县（市）区黄河防汛行政首长培训班。郑州市副市长杨福平出席培训班并讲话，培训由郑州河务局局长朱松立主持。

【省人大常委会立法调研组在郑州黄河河段开展调研】 6月15～16日，河南省人大常委会立法调研组农工委副主任邢利民一行就《河南省黄河防汛条例》立法工作，现场调研郑州黄河河段。

【宋存杰查看郑州黄河防洪工程】 7月1日，河南省防指副指挥长、省军区副司令员宋存杰一行实地勘察郑州黄河工程。河南河务局局长牛玉国，郑州市副市长杨福平以及郑州警备区司令员尚守道和郑州市水务局、郑州河务局负责人等陪同检查。

【郑州河务局机关和中牟河务局档案管理工作通过评估】 8月20日，受水利部委托，黄委组成水利档案规范化管理综合评估专家小组，对郑州河务局机关和中牟河务局水利档案规范化管理工作进行了综合评估，并认定郑州河务局机关和中牟河务局档案管理工作达到水利部二级标准。

【机关委员会换届】 9月24日，郑州河务局在豫棉宾馆隆重召开机关委员会换届选举全体党员大会。郑州市委市直机关工委派人参加。新一届中共郑州黄河河务局机关委员会由9人组成，分别为：蔡长治、万勇、蒋胜军、范朋西、杨秀丽、黄晓霞、刘明川、孙玉庆、单恩生，书记为蔡长治，专职副书记为万勇。

【“六五”普法顺利通过水利部、司法部验收】 10月13日，郑州河务局“六五”普法工作成果顺利通过了由水利部、司法部组成的“六五”普法验收组验收。曾于7月13～14日，通过了黄委组织的验收。

附　录

清代、民国郑州治黄机构

清初，河南黄河河道管理机构驻扎开封，南岸堤工由开封陈许兵管理，其豫河营设都司、守备各1人，协办守备4人，千总5人，把总4人，分防外委5人，步战兵109人，守兵1009人。

兵备道下辖河厅，康熙时有南河厅，乾嘉以后又将其中一部改设上南厅，此时河南省黄河南岸设上南、中河、下南、兰仪、仪睢、睢宁、南虞、归河八厅，豫河营也分厅设营。

上南厅设同知1人，守备1人，管理荥泽、郑州、阳武、中牟四县黄河南岸堤工。

荥泽县堤工长12里53丈，即今郑州郊区古荥乡、老鸦陈乡所辖堤段及花园口乡所辖堤段之一部。设管河县丞1人，乡夫23人，夫堡12座。荥泽汛设分防1人，汛兵15人，兵堡3座，丁7人。同治八年（公元1869年）目、兵添至30人，堡夫24人。

郑州堤工长36里12.9丈，即今郑州郊区花园口乡所辖堤段之大部和姚桥乡所辖堤段。设管河州判1人，乡夫6人。嘉靖十四年（公元1809年），郑州汛一分为二，郑上汛管堤工18里164.9丈，有乡夫25人，夫堡8座。郑上汛设分防1人，汛兵70余人，兵堡4座，丁8人。

荥泽、郑上两汛共设协防1人，乾隆四十七年（公元1782年）改为把总。

郑下汛管堤16里178丈，有乡夫25人，夫堡10座。

光绪三十年（公元1904年）郑州改为直隶州，改开归陈许道分为陈许郑道。

民国二年（公元1913年）3月，河南省政府设河防局。5月，郑中厅上南厅及荥泽工局改为河防支局。郑中营改为南岸第三营；上南营改为南岸第四营。都司、守备、协备改为营长，后又改为汛长。兵丁为汛兵。

民国三年（公元1914年），上南、荥泽二支局合并为上南河防分局。营汛亦合并为上南工程队，均驻郑县五堡（今赵蓝庄），管理广武坝到于庄堤工（长8364.5丈）。郑中河防营改为郑中工程队，与郑中河防支局均驻来童寨，管理于庄到中牟三刘寨村堤工（长6630.36丈）。

民国八年（公元1919年）1月，河防局改为河务局。河防分局、河防支局均改为河务分局。工程队、工程支队均改为工巡队。

民国十七年（公元1928年）9月，河南河务局改为河南治理黄河委员会。民国十八年1月，所属11个分局均撤销。11个工巡队改为11个工务队，由河南治理黄河委员会领导。原郑中工巡队改为第四工务队，驻来童寨。原上南工巡队改为第五工巡队，驻京水。

民国十九年（1930年）四月，河南整理黄河委员会改为河南河务局。六月，南岸改设上南、下南两个分局。撤销工巡队长一职，改为督工员。上南分局驻来童寨，管理荥泽汛、郑上汛、郑下汛、中牟上汛、中牟下汛。

荥泽汛汛长驻荥泽坝大王庙管理广武坝到核桃园堤工5309.6丈。有正副汛目8人，汛兵10人。

郑上汛汛长驻头堡大王庙（今花园口险工127坝后），管理核桃园至于庄堤工3054.9丈。有正副汛目8人，汛兵40人。

郑下汛汛长驻郑县申庄黄大王庙，管理于庄到杨桥堤工3417丈，有正副汛目8人，汛兵40人。

民国十九年（1930年）5月，河南河务局调整目兵人数。民国二十二年（公元1933年）1月1日成立了全流域机构黄河水利委员会，领导各省的河务局。

民国二十六年（公元1937年）河南省河务局改为河南修防处，下设六个总段：南一、南二，北一、北二，沁东、沁西。南一总段由苏冠军、王俊峰、徐福龄等先后担任总段长。下设五个分段：一分段设在后刘，二分段设在花园口，三分段设在杨桥，四分段设在三刘寨，五分段设在东漳。

1948年12月，成立了华北人民民主政府黄河水利委员会并接收国民党河南修防处（主任邢瑄理），修防处下设南一总段、南二总段、北一总段。广郑分段，属南一总段管辖。管理广武（后改为成皋）、郑县黄河南岸的工程。1949年2月，河南修防处改名为第一修防处（主任邢瑄理），辖广郑段、中牟段、开封段、陈兰段、石料厂、砖料厂。

清代、民国郑州黄河堤防

“官堤民埝”，即官修堤，民修堰（圈堤、顺河埝）。无堤防之前，沿黄百姓为抵御洪水灾害，自发修筑圈堤、顺河埝。随着时间的推移，民堰越修越多，在保护百姓利益的同时，又产生了新的问题，即洪水威胁随之加大，导致官方投资保护百姓利益，连接加修民堰，使之成为堤防，这就是堤防的由来。历史上洪水泛滥，堤防频繁决溢，来不及修堤时，也要修圈堤或顺河埝，而后择机加复，恢复堤防，多为官修或民修。郑州黄河堤防形成于康熙年间，距今已近500年。

【堤防修筑】

引黄河水的泥沙淤淀大堤临背之脚，抬高加宽大堤，减少临背高差，增加渗径，以提高大堤的防洪效能。在清朝乾隆五十二年（公元1787年），郑下汛西小庄（三坝险工）即有引黄淤坝垱的尝试，当时沿堤背河西有荥工口门的铁牛大王庙潭坑，东有郑工口门的石桥潭坑，中间有花园口潭坑，造成背河沿堤地势低洼，常年积水，沼泽一片，农田碱化，五谷不成。再加沿堤之渗水和管涌，遂使得淤背固堤成为当务之急。

——惠济、金水堤防

惠济金水辖段堤防位于黄河下游南岸之首，坐落在河出峡谷后久经淤积所形成的堆积扇顶部，河身高悬，河滩一般比堤外地面高出2~4米，在堤南1千米，有索须河和贾鲁河与之并行（属淮河支流），黄河居高临下，一旦决溢，势必夺淮，直接殃及华东、江淮广大地区。仅1866~1887年的21年间，就先后发生了冯庄决口和石桥决口，1938年又有花园口决口。每次决口都给黄河下游的豫东和安徽、江苏等省的广大地区造成极其严重的洪水灾害，所以这段堤防实属紧要。

据旧志记载，“黄河三代以前，河自孟津过洛汭至大伾东北入海，未经荥地，及宋时由孟津、巩温、汜水、河阴，以至于荥泽，而故道遂淤”。可见宋朝以前黄河不经本地。据《宋史》记载，宋时荥阳有堤，“神宗熙宁十年（公元1077年）五月，荥泽河堤急，诏判都水监俞况往治之”。《金史》记载，“金史宋大定十三年二月（公元1173年）以尚书省，请修孟津、荥泽崇福堤埽，以备水患，上乃命雄武以下八埽以类从事”。《河防一览》记载，“洪治十年，自武陟县詹家店起，直抵砀沛一千余里，名曰太行堤，盖取耸崎蜿蜒为山之状，南岸也旧有长堤一道，起自虞城至荥泽止，两堤延亘一千五百余里，实为该省屏翰”。当时大河尚在荥泽县的北部，这时已有比较完整的堤防工程。随着大河的不断南徙，大堤也不断南移，公元1375年（明洪武八年）至1698年（清康熙三十七年）的323年间，大河迫使荥泽县治3次南迁，大堤也相继南移。现在的南岸大堤为康熙年间所筑，历经清朝、民国，至今300多年，中间虽有移动延长，但其走向位置无大变化。上起邙山（旧志多称广武山）东侧山脚下（东经113°32′，北纬34°54.5′），经过保合寨、牛庄、李西河、花园口、赵兰庄、申庄、马渡、来童寨、三坝到杨桥（与中牟交界处）村西（东经113°51.5′，北纬34°52.1′）。全长32千米的临河堤坡上，石砌的坝、垛、护岸工程，接连不断。

该段堤防原属前荥泽县和前郑县所管。据历代史志资料考证，河走荥泽始于宋朝。

至金、明，河经荥、郑而东，直至现在。随着大河的不断南徙，不断修筑新堤，现在的堤始建于清朝康熙年间。自康熙二十一年至康熙三十八年，创筑了从旧荥泽县治（现今的单东村北一带）至中牟交界，全长28.5千米的临黄大堤。据雍正三年张鹏编著《河防志》载，“堤自荥泽始，在县南岸，河堤在旧城北者，自老护城堤起迄小格堤，三百八十丈，康熙三十六年筑。在城东者起护城堤迄沈家庄，三百六十八丈，康熙二十四年筑。在魏家庄者起沈家庄迄郑州堤界一千三百九十九丈，康熙二十二年筑。郑州南岸河堤在永兴镇者起荥泽县堤界迄兰家屯东，一千七百九十五丈，康熙二十二年创筑。在兰家屯南者起范四家埠口迄兰家屯南一千六百七十五丈，康熙三十八年创筑。在关家桥南者起兰家屯东迄老君堂西一千三百七十一丈，康熙三十七年创筑。在老君堂者起任八家庄北迄石家桥堤首八十丈，康熙三十二年增筑。在马家渡者，起石家桥迄原武县堤界一千三百三十丈，康熙二十一年创筑。在裴昌庙南者，起来童寨月堤迄中牟县堤界止一千一百六十丈，康熙二十六年创筑”。雍正四年（公元1726年）又经加固使之完整，并向西接筑到西牛庄，即现在所说的断堤头处。断堤头，原称官堤头，即形成清朝“官堤”的起点，当时大堤西端距山根尚远，后因河床不断抬高，为防止河水漫溢，自康熙四十九年由官堤头，开始修筑民埝，至光绪四年（公元1878年）经不断加修，接长3300米，到保合寨村的西北角。开始时这些工程皆为民筑民守，后因工程浩大，民办不及，于光绪七年（1881年）成立民埝支局，归荥泽县接管。光绪二十六年进行一次加高培厚，顶宽5尺，高3尺。光绪三十二年，又进行两次加复，顶宽8尺，高5尺。宣统三年，归上南厅接管。1947年，堵复花园口时，本段大堤由堵复工程局经管，进行了全面加修，并从保合寨西北角向西延长800米，至枯河桥东侧。1955年春，由广郑修防段经管，越过公路向西修筑新堤650米。1976年郑州修防处全面加高大堤时又向西延长10米。使现在大堤西起山根（大堤桩号-1-172），经郑州郊区与中牟县交界（大堤桩号30+968），全长32.14千米。

——中牟堤防

金明昌五年间（宋绍熙五年，公元1194年），“黄河自阳武决口北方汲县，胙诚河道淤塞，黄河南徙，河道始入中牟境”（《中牟县志》）。此决口之河道称为黄河第四大变迁，历三百年有无堤防，记载不详。

元至元二十三年（公元1286年）冬十月，“辛亥、河决开封、祥符、陈留、杞县、太康、通许、鄢陵、扶沟、洧川、尉氏、阳武延津、中牟、原武、睢州十五处，调南京民夫二十四万四千三百二十三人分筑堤防”（《元史·世祖本记》）。

当时河分三股，其中有一支出原武经中牟、尉氏、洧川、鄢陵、扶沟等地向东南由颍河入淮。元统治者认为对己有利，遂征集民夫20万分筑堤防（可见中牟境之堤，系此时修筑），使黄河不再重返故道，造成黄河第十五次较大的改道。

“黄河北岸邻漕河，关系甚重”，弘治年间（公元1488年至1505年）“先臣刘大夏筑有长堤一道……南岸逼近省会，藩封重地最为要害，亦有长堤一道”（《河防一览》）。中牟境堤防已经形成。

花园口扒口后，黄河原河道断流，主流顺贾鲁河直趋东南，为防御黄水西泛，中华民国二十八年（公元1939年）由沿河各县乡组织大批民工新修防泛西堤，该堤于当年5月动工，7月完成。中牟境防泛西堤起自郑中交界（39公里桩）处，经蒋冲、冉庄、小张庄、毕虎、七里岗、校庄、古城、胡新庄，到中开交界（74公里桩）处，共长35千米。该堤一般顶宽4～5米，高2～3米，临河边坡1∶1.5，背河边坡1∶1.5。此堤于1947年花园口堵口合龙后撤防废止。

1938年赵口大堤被掘开后，黄水自口门东流而下，经东漳镇南沙丘地带迫近开封护城堤，为避免该城遭水患，日本侵略军于同年8～12月在开封之瓦坡村（现属中牟管）北的沙丘间，沿南北方向修筑了一道4千米的堤防。次年2～5月赵口口门堵复后即废。

1939年日本侵略军占领中牟新黄河（赵口、花园口决口的黄河）北岸时，组织修筑了自郑州小金庄经中牟大吴、茶庵至郭厂村长约30千米的防泛东堤，该堤顶宽4米，临、背河边坡均为1∶2，高2～3米。

1945年日本投降后，国民党黄河水利委员会河南修防处于1946年在黄泛区东岸修守了来同寨至郭厂村长约40千米的防泛东堤（郭厂至大吴之堤属旧堤邦复，其余为新建之堤）。1947年花园口堵合后，该堤即撤防废止。

【堤防加固施工要求】

据《豫河志卷》廿六记载，“黄河之堤必远筑。大约离岸须三二里，容蓄宽广，可免决啮，切勿逼水，以致易决。堤之高卑因地势而低昂之，先用水平大量，毋一概以若干丈尺为准。务取正真老土，每高一寸即夯杵。取土宜远，切忌傍堤挖取以防积水损堤。”

【隐患处理】

消灭堤身隐患。黄河大堤自始筑以来，虽历经岁修，但因屡经决溢和人为的毁坏（如战火的摧毁，军需民用的挖掘等）。按照“千里之堤，溃于蚁穴”的古训，历年治黄就对清除隐患极为重视。《河南新志》卷之十河务之十一：“草长至一二尺许，则急须去之，以防藏匿蛇鼠獾兔等动物，穿堤为穴，堪滋隐患”。

捕捉害堤动物。为根除堤身隐患，历代治河都极为重视消灭害堤动物。据清朝“河政规章制度”记载，直隶河道总督朱藻在乾隆三年二月十八日奏折中说：“每汛责令招募獾户一二名，拨给战粮一份，令其教习兵夫，如勤力有功，给以外委”等语。河东河道总督白仲山奏称：“獾洞鼠穴，原为堤上之患，招募獾户加以鼓励，亦为防患除害之意”。清宫档案中亦有“治河汛堡专设兵夫，捕捉害物”的记载。

【堤防绿化】

清顺治河道总督朱云锡在《为特议建设柳园事揭帖》中载：“黄河悍激湍流，势若奔马，御险塞决，非埽罔功。每卷一埽用柳动以千百束计，千里长堤岁用柳料树木不赀，况伏河势陡变，埽料在手，咄嗟之间，转危为安，可以免塞之费”，“故从使生植之数常有余于林办之数，然后可源源相继。不然林艺不广，猝然有急，无术点金，纵有不竭之金钱，无穷之人力，亦不免束手坐困耳”且“种柳能变土质、杀风势、减沙害、挑雨量、固堤土、储材用，为利大矣!”《豫河续志》中载：“草之为物，贴地而生，叶细根密，其悍御大溜，固不如柳，而以防滩边之漫水，护堤顶，堤坦之浮土，且有非柳之所及者。盖其绿延堤面，蔓引株连，即划除其根，犹能带土粘泥，结成大片，不易解散”。早在明世宗时，陶褶为河南副使，管理河道就有“立法沿河植柳固堤”的记载。

民国初期，又有“各汛队兵，每年冬至后，每名责令种柳三十株”和“责令各分局年须种柳一万株至一万五千株”的记载。民国十三年时，“河务召设总管理员一人，总司十一分局汛地内，沿堤种柳事宜”，“分为高柳、低柳、卧柳、栅柳四种，其株树按分局所辖堤段长短支配之。计下南六万六千株。郑中二万六千株”。黄河堤上种柳，虽已由来已久，但因管理不善和人畜作践，盗贼偷伐，复堤拔出等原由，致使古来就有“成活不及半”的记载（以上摘自《河南新志》卷之十河务之十一）。

清代、民国郑州黄河防汛

【康熙至乾隆年间的防汛】

清初，郑州地区的黄河大堤由豫河营防守，该营属开归陈许兵备道辖管。豫河营以下设都司、守备、千总、把总、分防外委之职，有步战兵 109 人、守兵 1009 人。治黄行政机构为南河厅。乾隆、嘉庆以后，全省黄河南岸增至 8 厅，荥泽、郑州、阳武、中牟四县黄河南岸的防汛由上南厅和上南营负责。

荥泽县堤工长 12 里 53 丈，设管河县丞 1 人，夫堡 12 座，乡夫 23 人；荥泽汛设分防 1 人，兵堡 3 座，汛兵 15 人，丁 7 人。

郑州堤工长 36 里 12 丈 9 尺，设管河州判 1 人，乡夫 6 人；郑州汛设分防 1 人，有夫堡 18 座，乡夫 50 人、汛兵 130 人。

【嘉庆至光绪年间的防汛】

嘉庆十四年（公元 1809 年），郑州汛分为郑上汛和郑下汛，郑上汛堤工长 18 里 164 丈 9 尺，设分防 1 人，有夫堡 8 座，乡夫 25 人，兵堡 4 座，汛兵 70 余人，丁 8 人；郑下汛堤工长 16 里 178 丈，有夫堡 10 座，乡夫 25 人。

荥泽、郑上两汛共设协防 1 人，后改为把总。

郑下汛与中牟汛合并为郑中汛，设千总 1 人，有乡夫 30 人，汛兵 115 人。

同治八年（公元1869年），荥泽汛汛目、汛兵增至30人，乡夫增至24人。

【清末防汛】

光绪二十二年（公元1896年），增设郑中厅，原郑中汛分为郑州下汛、中牟上汛和中牟下汛。光绪三十年（公元1904年），郑州升为直隶州，改开归陈许道为开归陈许郑道，负责河南省黄河南岸的防汛。

光绪年间，本段河势变化无常，斜河、横河均有发生。平工段的保合寨和杨桥河埝上首（今为三坝险工）相继发生巨险，终成险工段。

保合寨三次抢险

光绪八年（公元1882年），保合寨村北鸡心滩淤高，大河滚向高滩以南，使民埝690余米全部塌入河中，抢修之土坝及护坝砖篓也被淘刷陷落，形势险要。经在民埝内赶筑700米圈堤一道，抛石筑坝8道、石垛58个，终未成灾。

光绪二十年（公元1894年）8月，又出现12年前的形势。大溜淘刷数昼夜，在上次坍塌处的下首，圮民埝60余米，幸有圈堤，未致出水。在搂厢时，把附近数里的高粱和树枝全部砍伐，抢修4日，始告平稳。

宣统三年（公元1911年），河势突变，大溜顶冲68号坝，冲刷日久，根石掉蛰入河。抢修时，又发生后汇，土坝基陷入河中5米多。当即以柳石搂厢抢护，历时月余，方得恢复。

马渡与三坝的大堤塌陷

光绪十六年（公元1890年）9月，来童寨附近河势陡变，大河由西北折向东南，直趋杨桥顺河埝上首（今三坝险工处）因无坝埽工程，大堤蛰塌长80米、宽5米。光绪二十九年（公元1903年）河势变化，马渡村以西，大溜从西北直射东南，当即顺堤预先厢埽，河到之后，埽蛰堤陷长70米、宽4米，随即在今70坝下首用秸料搂厢，抢护5昼夜，河势外移，转危为安。

【民国防汛抢险】

民国二年（公元1913年）5月，荥泽工局及上南、郑二中厅，改为河防支局，受省河防局领导。

民国三年，荥泽、上南、郑中二支局合并为上南河防，分局营汛合并为上南工程队，均驻郑县五堡（今赵兰庄东），负责广武坝至于庄的河防。该段堤工长8364.5丈（约合46.5里）。

民国八年（公元1919年）1月，分局与支局改为河务分局，受河南整理黄河委员会领导。

民国十九年（公元1930年）4月，委员会又改为河务局，6月，全省黄河南岸改设上南、下南两个分局，负责河防。

民国二十六年，河务局改称修防处，下设6个总段，郑州河防由南一总段领导。

民国三十六年，南一总段下辖5个分段，分别驻守后刘、花园口、杨桥、三刘寨、东漳防汛。

民国二十一年（公元1932年）汛期，河势变化，大溜顶冲保合寨险工66坝过久，坝根下蛰，土坝基塌陷5米。

民国三十年（公元1941年）6月，保合寨险工38坝遭大溜顶冲，水深溜急，时日过久，先陷根石，又塌坝基，计长6米、宽8米，形势危险。因当时正值抗日战争时期，河务机构已撤往后方，由当地群众自发组织抢险防汛。

【河患】

古来黄河以害著称，宋以前其从荥阳一带转而北去，所以在宋以前今之郑郊堤段尚无河患。及宋以后，由于河道南徙，河阴、荥泽才河患不断，并三迁县治，三迄于河。据现有史志记载，发生于今荥阳县及郑州郊区的决溢之患，在清顺治十年（公元1653年）以前的700年间为30次；从顺治到雍正元年（公元1723年）的70年间为5次。从雍正元年起，才有了河决于今郑州郊区的记载。再到民国二十七年（公元1938年）的215年中为17次，其中决于今之郑郊地段者为10次。在公元1938年以前的900年间共计决溢52次。中牟黄河水患，据概略统计，自元至元二十三年（公元1286年）到1938年的653年中，在中牟就有20个年份发生过较大的决溢，决溢地点竟达25处。尤其是雍正元年（公元1723年）1年之内两次决口3处口门。1938年，蒋介石扒开赵口及花园口大堤，使豫、皖、苏三省四十四县、五万四千多平方公里土地沦为泽国，人、物遭受的损失难以统计，千里沃野荡然无存。郑州黄河近代决口与堵口统计见附表1。

附表1　郑州黄河近代决口与堵口统计表

序号	名称	地点	年号	决口时间	堵复历时
合计	11处				
（一）	娄庄漫决	娄庄	雍正元年	1723年6月8日	1个月
	十里店漫决	十里店			5个月
（二）	杨桥漫决	杨桥后官堤	雍正元年	1723年9月21日	3个月
		31+103～32+057	乾隆二十六年	1761年7月19日	4个月
（三）	青谷堆决口	青谷堆	嘉庆二十四年	1819年7月23日	随堵
	1819年7月26日	十里店决口	十里店		
（四）	辛寨漫决	47+412～48+850	道光二十三年	1843年6月27日	1年6个月
（五）	冯庄漫决	7+220～9+810	同治七年	1868年6月28日	6个月
（六）	石桥冲决	十堡堤拐弯处	光绪十三年	1887年8月14日	1年4个月
（七）	赵口扒决	41+230～41+550	民国27年	1938年6月4日	6个月
（八）	花园口扒决			1838年6月7日	9年

史料记载如下：

——娄庄、十里店漫决与堵复

据史籍记载，清雍正元年（公元1723年）旧历五月底至六月初，大雨连绵，黄沁河水骤涨，初八日酉时，溢决我县十里店、娄庄大堤二处，“其上游娄家庄漫口七八丈；下游十里店漫口十六七丈，水向南行”（《行水金鉴》卷五引《硃批谕旨》）。滔滔洪水由刘集南入贾鲁河，而汇于淮流入洪泽湖。“惟朱仙镇人烟凑集，河身浅窄，遂致出槽泛溢，镇上房屋，间被水淹，晚种禾豆，不免少损”（《硃批谕旨》）。祥符、尉氏、扶沟、通许等县村庄，田禾淹没甚重。中牟首当其冲，大水弥漫。“牟邑四境，东至韩庄，西抵白沙，南经水沱，北至万胜，数百村庄，尽在淹沉之内，几万户口，采属飘渺之中”（《中牟县志·卷十·艺文中》）。至于城内，也是洪水滔天，房屋倒塌，尸体家俱四处漂流，哭声震天。

这次河决，给中牟县带来了极大灾难。当时的“开归道陈时夏，督同开封府知府王喜，星夜前往查勘，并于司库动发银三千两……相机堵塞”（《硃批谕旨》）。皇帝传旨“河南赤子，黄水为灾，朕心深为恻然，其应用之项，不限多寡，尔即一面动用，作速堵筑，……朕念予省堵务纷坛，特命嵇曾均率领拣选人员等前往协助尔等与齐苏勒料理河务，并擦赈灾民，均宜尽力筹划允妥，毋得少忽”（《硃批谕旨》）。并派兵部侍郎嵇曾均，会同河总齐苏勒、巡抚石文焯驻工修筑。其娄家庄漫口于“同年七月十四日卯时合龙，十里店漫口于同年十一月合龙”断流（《清宫资料档案》），都在背后修筑了月堤靠堤，以资巩固。

——杨桥漫决与堵复

清雍正元年（公元1723年）9月20日起，大雨连绵，狂风水涌，漫溢郑州来童寨民堤二处，直射中牟杨桥官堤。据阳武县丞谢球报：“郑知州张宏误听来童寨居民，于二十一日晚，挖阳武民堤放水，致漫溢杨桥后官堤，决口宽约十余丈”《硃批谕旨》。

由于来童寨民堤决口之水，80%～90%自西北顺流而下，阳武民堤挖口之水，10%～20%从东南倒流而入，致大溜顶冲，直射杨桥，漫溢后官堤。“其漫水具从贾鲁河南下，现今秋禾已收获，不致为患”《硃批谕旨》。堵塞工程有“郎中祝兆鹏、管河同知刘永锡等率领南工千把总河兵相机堵筑”（《硃批谕旨》）。此口于当年“十二月二十四日合龙，并建筑月堤靠堤，以资捍卫”（《河南通志》）。

清乾隆二十六年（公元1761年）旧历7月17日至19日，伊洛河和黄河潼关至孟津干流区间有大雨，暴雨中心在河南新安县。水势异常，黄、沁河水并涨，“中牟杨桥大坝，接连大堤之迴龙潭月堤原漫口六十余丈，昼夜冲刷已宽二百余丈，水深一、二、三丈不等。杨桥西裴昌庙坝台水势汹涌，日刷堤根极为险要，已雇夫一千余名，在彼抢中”（《清宫资料档案》）。杨桥漫口夺溜，决口宽270丈（口门位置在现在的公里桩号31+103至32+057之间)。

这次河决，夺溜成河，弥漫无际，见者色沮。决口之水直趋贾鲁河，经尉氏流入安徽之涡河、肥河，后流入淮河汇于洪泽湖。开封、陈州、商邱、安徽之颍、泗等州县具被水淹，灾害甚重。“朱仙镇首当其冲，较他处为尤重，当即派员前往抚恤，并先给一月赈银，用渡船至高岗，分布安插，以免移难生病”（《清宫资料档案》)。当时钦差大学士刘统勋，协办大学士公兆惠、裘日修等参与了这次口门的堵复工程。“令决口上游，先分急溜，令其径注旧日原河，则大工即已合龙，而河身逢湾取直，又可免两岸数出险工，岂不一举两得”（《纯皇帝训》)。河南河道总督张师载、河南巡抚胡宝瑔、江南河道总督高晋等也奉命到工，率领南工将弁，各员募夫，一体赞助助筑。“令附近被水各州县，传集人夫，计工给值，灾民即得食糊口，工务亦可速竣”（《纯皇帝训》)，并在施工当中明确指出：不得令吏胥人等从中滋弊。致闾阎被水之余，以可派贻累，此事专交与常筠（即胡宝瑔）妥办，将来如有未协，惟该抚是问。且将河溜各情形，详悉绘图贴说，奏明皇帝。

杨桥决口宽达277丈，用料过多，秫秸草柳需2000万～3000万斤，买办不易，给施工带来很大困难。故责成未被水淹各州县及被水淹较轻之处，多方购买，较为近便。“但河工买料，定料每市价价银九分，仍系自行运送到工，此在寻常无事，以容购买，尚属可行，兹当此灾余，势难强勒，绳之以官，较恐滋扰。此际决口大工，物料务须云集，必以大为增加价值，呈准每市价价银一钱八分，如此则附近料物，源源而来，远者闻风，亦不致退阻，民情踊跃，庶几大工可以速就”（《水利月刊》)。堵筑措施于“上游原河身内，先挖引河一道，长九百三十六丈，深一丈，计土一十三万一千二百五十方，以图撤回大溜，分减水势。缺口裹头两边已经严密，大堤东裹头与月堤相距约二百余丈，大坝东西两裹头相距约五百余丈，拟先堵筑月堤，再接筑大堤（《清宫资料档案》)。施工开始，法令严明，人不敢逾其期，将开战兢兢从事，料物源源毕集，钦差尚书刘统勋负责工程大小事务，“每下一埽亲立埽头，旁观莫不震动，而公处之夷然。是以万夫勤力，兵将用命，趋事如将不及，进埽漂朦畏惧，惟恐或失，自开工至竣，未走一埽，费省而工巩，不数月功成”（《河渠记闻》)。

此口于当年9月1日动工堵筑，19日两坝进埽将及百丈，河底已渐刷深，东西两坝头具深2丈有余，24日开放引河，引溜刷沙。10月20日，河中大溜渐次顺轨东注。11月初一巳时，夫料齐集坝上，并力赶合龙口，施工顺利，终合龙断流。历时三个月河流顺轨。“共用秸料八千九百九十万灵四千二百九十斤”。又于口门处修筑一大坝，长270余丈。“坝外边埽工长二百七十七丈。坝后夹土里戗工长二百二十七丈，堵口共计用银四十三万八千零四十三两”（《清宫资料档案》)。

——青谷堆、十里店决口与堵复

“嘉庆二十四年（公元1819年）七月二十三日，祥符上汛青谷堆决口七十余丈，随即堵复后在临河滩面上筑长月堤一道，长一千七百三十丈。同年七月二十六日，十里店（中汛上汛八堡）决口五十五丈，堵复后在堤北创筑孙庄东至三刘寨西临河堤一道，自上汛六堡至十一堡东止（即上下汛交界处），长一千五百丈”（《续行水金鉴》）。

——辛寨漫决与堵复

清道光二十三年（公元1843年）旧历6月，黄河中、上游连降暴雨。据当时官方的陕县万锦滩水情记载：“……前水尚未见消，后水踵至，计一日十时之间，涨水二丈八寸之多，浪若排山，历考成案未有涨水如此猛骤者”（续行水金鉴》引《中牟大工奏稿》），在陕县出现了3.6万立方米每秒的洪水流量。6月21日黄、沁河水并涨，中牟县26日大雨一昼夜，27日黎明，继以东北风大作，鼓溜南击，在九堡险工处浪漫堤顶数尺，冲刷口门9丈，深12丈，夺溜成河后，口门当即塌宽100余丈，到闰7月15日将及两月，口门被冲开360余丈，中泓水深3丈，大溜直趋东南。黄河在九堡夺溜之后，河由贾鲁河故道，经中牟、祥符、朱仙镇、尉氏、扶沟、西华等县，从周口大沙河，东汇于淮河，此为河的正流。河之旁溜，由祥符、通许、太康、鹿邑和安徽省之阜阳、颍上、亳州、凤阳历五河州，汇淮河流入洪泽湖。旁溜有一分支，由祥符境太山庙，东经开封城西南，又东至陈留、杞县，南入惠济河，尾归涡河。

此次河决，溃长堤，入我平原，淹没村庄、田畴，豫省之中牟、祥符、尉氏、通许、陈留、淮宁、扶沟、西华、太康及安徽之太和等县受灾最重。杞县、鹿邑、沈邱及安徽之阜阳、凤台等许多州县均受不同程度的灾害。安徽省凤阳一带，一片汪洋，中牟至开封，宽六十余里、长逾数倍之膏腴之地均被沙压，村庄庐舍荡然无存。中牟首当其冲，大溜所至，深沙盈丈，县境大部分膏腴之田尽成不毛之地，死人无数，数百村庄，同时淹没”（《中牟县志》）。

此口位于现在公里桩号47+412至48+850之间，曾于当年10月兴工堵筑，经敬征等人查勘核实，所有筑坝、挑挖河沟购买正杂料物及匠夫等工，通共实估需银518.2412万两。由于当时的河政十分腐败，河官的舞弊、贪污之风甚重，加之风、凌关系和其他原因，至1844年2月而告失败。以上各工用例加价银707.7807万两。清政府传内阁：此次麟魁（清政府礼部尚书）等督办中牟大工，未能堵合，其应行罚银两者麟魁、廖鸿荃（清政府工部尚书）各赔一成，钟祥（东河河道总督）分赔二成，鄂顺安（河南巡抚）分赔一成，承办坝埽之厅营等分赔五成。第二次堵口于1844年旧历9月间兴工，于口门处修筑两个大裹头，其西裹头位于现在公里桩号47公里处，其东裹头49公里处，堵口时系用秸埽进占法合龙的。此口于当年12月24日合龙，1845年1月全部堵复，日后背河渗水严重，几乎不能行走。

这次河决，在陕县共行流了1年6个月的时间，据《清宫资料档案》记载：“当时堵口所用的石料四万三千一百九十三方，秸料二千四百八十四万七千五百五十五束，善后工程大堤加倍长三千七百一十二丈，用银五万三千八百九十四两。堵口总共用银一千二百六十五万一千六百八十一两”。至今沿河流域还流传着这样一首带有恐怖色彩的民谣：“道光二十三，洪水涨上天，冲走太阳渡，捎走万锦滩”（陕县一带地名），而九堡河决和堵复将成为清代黄河的“大工”工程而载入史册。

——冯庄漫决与堵复

漫决经过

清同治七年（公元1868年）6月，黄河大溜由胡家屯（今花园口东隅）提至荥泽汛十堡（在冯庄村东）。此处大堤久不着河，因旧工淤闭，多年失修，骤然着溜，无工可守，坐湾淘刷，停积不消，堤根水位抬高数尺，几与堤平。虽经河工集料下埽，抛石帮戗，但因料物不济，抢险无力，终于漫溢成口（时在6月28日，现今大堤桩号7+220至9+810之间）。漫溢之水，由李西河、常庄、东赵、青寨、大庙、京水而东。水出郑州后，又经中牟、祥符、陈留、杞县、尉氏、扶沟泻注入淮，灾及安徽。

对治河官员的惩处

河自冯庄漫决后，荥泽县的管河同知邹梁畏罪投河。河道总督苏廷魁一面饬司筹款，一面飞调州县工料。督率道厅赶做裹头，抢下埽占。然险情不减，7月12日口门仍刷宽至90余丈。到28日，口门已达200丈。同治皇帝再下谕旨，命令河督苏廷魁、河南巡抚李鹤年严饬道厅赶筑裹头，严防险情扩展，以俟霜降以后设法堵复，并准在司库支用银两。

这次决口是责任事故，所以苏廷魁将文武惩处，并向朝廷请罪。丁亥上谕称：“在工各员疏于防护，实属咎无可辞。除上南同知邹梁办理不善，业已随堤落水身故外，该署河督请将厅员等分别革职议处，尚觉过轻。署上南守备王麟、荥泽汛县丞龚国琨、署荥汛把总朱永和均即行革职，枷号河干，以示惩儆。开归道绍诚著摘去顶戴交部议处。苏廷魁督办河防是其专责，未事先预防，亦难辞咎，著摘去顶戴革职留任，仍责成戴罪自效，督率在工各员赶紧堵筑，毋稍延误”（《续行水金鉴》卷九十八）。

堵口工程

为堵决口，荥泽设堵口工程局（该工简称为“荥工”），计划用银90万两，8月上旬户部拨发库银40万两，其余御准由两淮盐厘银、闽海关洋税及河南本年漕银委解。

是时，两坝裹头已竣，正修埽段，各方要求堵塞甚切。10月21日西坝工、11月4日东坝开工，旧河北滩挑挖导水沟长300丈，李鹤年派崔廷桂带兵驻工弹压。原期年内合龙，后因口门收窄水位抬高，施工不利，再加春气发动又生蛰塌，直到次年正月，上述各工始成。待金门水深仅剩2丈时，挂缆合龙，赶进料土，至18日闭气。此处临背商悬差1.2米，背河潭坑水深1米，堵后3年还常出险。

这次堵口历时半年，堵口用料4900垛，每垛价款160两，善后用料500垛，每垛价款130两，修筑工程共计耗银131万多两，连同善后共计用银150多万两。与其他堵口工程相比，可说耗资甚微，工效甚佳。

——石桥冲决与堵复

冲决经过

光绪十三年（公元1887年）7月底至8月初，黄河三次涨水，8月主流下挫，郑州下汛八至十一堡着溜生险，掣动埽根。初九、初十脱胎陡蛰，入水之埽多达40余段，险情紧急。河东河道总督罗成孚驰赴工地，并派兵勇千员，由副将裴政、李家昌带领抢险，帮修后戗。此处坝埽林立，向为险工，工段长，多沙土，前临大河，后有积水，实难修守。幸赖兵夫奋勇，日夜抢护，始使险工情势稍稳。

14日黎明，十堡迤下大堤拐弯处发现漏洞。溺洞初显时朋铁锅、毡絮堵抢获胜。但在堤身淘空再次漏水时，堤顶陡陷，水自塌处汹涌而过，埽蛰石陷，风浪冲击，抢堵无效，口门宽近40丈。两日后，北风大作，昼夜不息，大溜冲堤如汤浇雪。到2月14日口门刷宽至300余丈，中泓水深17丈，全河之水集泻于此。到九月初，口门刷宽已达550丈。决堤之水，首冲石桥，经郭当口、马渡、来童寨、黄岗庙，泻中牟、祥符、尉氏、扶沟、鄢陵等15个州县，灾民达180多万。

对治河官员的惩处

石桥决口后，河东河道总督觉罗成孚、河南巡抚倪文蔚均请旨交部予以惩处，成孚责成兼理河务之开归陈许道李正荣也请旨交部议处。对所有疏防之士南厅同知余潢、上南营守备王忻、郑州州判余嘉兰、郑州下汛千总陈景山、郑州下汛额外外委郭俊儒均请旨革职，俟堵筑量再照例办理。至8月，皇上准旨，开归陈许道李正荣摘去顶戴，交部议处；成孚摘去顶戴革职留任，仍率员工进行抢堵；河南巡抚倪文蔚因到职不久不予处分；其他各员均予革职，并枷号河干示儆。

堵口工程

郑州石桥堵口工程简称为“郑工”。它于光绪十三年（公元1887年）12月20日开工，于光绪十四年12月19日告成，历时1年。

为有利于堵口，自光绪十三年11月22日至次年5月，首先开挖了两千多丈的引水河。在堵口工程上，以挑水坝为西坝，另筑东坝。东西两坝正在抢做时，因西坝受到急溜淘刷，徒然蛰陷，捆厢船也被占土压沉，抢此失彼难以进占，再加工料不及，7月停工，堵口工程归于失败。

堵口失败后，李鹤年被革去顶戴，与觉罗成孚发往军台效力赎罪，李鸿藻、倪文蔚革职留任，降为三品顶戴。即委吴大澂署理河督，汛后开始第二次堵口。

8月10日，吴大澂到工。除首先堵复了被水冲开的拦河坝，又挖宽挖深原开的引河，并增挖了一道龙须沟。九月底完成引河工程，10月13日西坝开工，10月24日东坝开工。两坝进占昼夜不停，12月14日，完成了合龙前的各项准备。12月18日合龙，19日闭气，大功告成。

在石桥堵口中，挖引河用银145000余两，下埽进占用银950万两，总计耗银1096

万余两，堵口用秸料28000余垛，善后工程用秸料1500余垛，平均每垛用银264.4两。

【大洪水】

1919～1949年，黄河花园口水文站历年最大洪峰流量见附表2。

附表2　花园口水文站历年最大洪峰流量统计表

年份	流量（立方米每秒）	年份	流量（立方米每秒）	年份	流量（立方米每秒）	相应水位
1919	8900	1929	54	1938	11000	92.60
1920	7700	1930	5600	1939	8700	91.76
1921	12900	1931	16900	1940	9300	91.48
1922	9700	1932	7500	1941	5500	90.40
1923	7700	1933	20400	1942	14200	91.61
1924	4000	1934	8540	1943	12400	91.41
1925	9400	1935	14900	1946	8440	91.13
1926	6100	1936	9120	1947	7100	92.72
1927	5000	1937	12600	1948	9700	92.52
1928	4400			1949	12300	92.84

【沿黄大旱】

郑州境属温带大陆性季风气候，降水过于集中，加上境内地形比较复杂，岗洼多，土性杂，形成“沙岗群，锅底坑，怕旱怕涝又怕风”的特点。历年降水分布不均，易形成旱涝灾害，几乎年年非涝即旱，给人民带来无尽的灾难。

在温带大陆性季风气候影响下，降雨过于集中，加上岗垄多、沙地多，旱灾几乎年年都有，较重旱灾大约十年一遇，特大旱灾自明代至中华人民共和国成立前，大约60年一遇。旱灾严重的地区是县南地势较高区和沙岗带。旱灾最严重时往往“井干河涸，赤地千里，颗粒无收”。如光绪三年（1877年）、民国31年（1942年），两次特大旱灾，饥荒严重，达于极点。

清代、民国郑州治黄财务

古来治黄，都很注重财务管理。清朝道光十二年春，林则徐曾亲查料垛。还曾严肃处理了商虞、兰仪二厅的失火和弄虚作假情况，并表彰上南厅秸料管理“簇簇生新”（《查验豫、东各厅料垛完竣折》，见《林则徐集·奏稿》）。

【事业费年定额】

清朝时，河南省黄河经费土方价一项，额定每年九四库平银 20200 两，向提 30% 津贴各营汛。民国二年（公元 1913 年）河防局成立，营汛改定公费，除原津贴比例不变外，又规定再发土方价九四库平银 14140 两，折合实库银 13291.6 两，民国二年河防局成立之初，就旧日河防公所原有经费支配规定预算为：总局支洋 61629 元，购石处支洋 4791 元，南北岸两分局各支洋 9064 元，郑州、中牟两个一等局各支洋 7522 元，上南、孟县两个二等支局各支洋 6364 元，上北、中北、下北、兰封、荥泽、武陟、沁阳七个三等支局各支洋 4198 元。又南岸管汛共支洋 23155 元，北岸营汛共支洋 26025 元，以上总共支洋 190886 元（《豫河续志》卷十六）。

【大抢险专款】

清朝时，除上节所述每年额定经费外，遇有较大抢险工程，则另外请拨。如咸丰十年（公元 1860 年）上谕疏“张之万奏‘筹备上南祥河两厅险要工程。请酌拨节省防险银两’一折：河南上南厅郑州下讯等处，本年叠出险工，均经抢护平稳，惟转瞬春融水涨，堤扫塌蛰堪虞，亟应预筹物料，以济要需。现经张之万于郑州下讯十堡、十一堡估需银五万余两”。

光绪十五年（公元 1889 年）河道总督吴大澂奏，光绪十四年 8 月中旬，黄河南岸上南厅属荥泽汛九、十两堡塌滩坐湾，大河全行南卧，迅利非常，以致猝生险要屡频于危。臣查补厢埽工 29 段，计用工料银 100300 两。抛筑坝垛五道，计用砖石银 28400 余两。加帮土工 80 余丈，计从银 2600 余两，以上三项共抢办荥泽险动用善后工款银 135000 余两（《豫河续志》卷八）。

【器材收支程序】

器材购进须经保管人员按照商单验收，入库开给仓库验收单，凭单登账，凡商单未有验收人员戳记，不予开支。

器材之发出，保管人员必须根据发料通知单发料，如因情况特殊，亦须事后补办手续。如有临时借用，须经股长批准方可动用。

工程用料应由工程股于工程开始前开具请料单，以便根据需料数目，分别调运，拨交使用。工程结束，如有剩料，按上级规定办退料手续。

关于集料期间火车运来石料，应按每次列车数目，由接车负责人员登入石料车辆分配表，于每日统计数目连同收方员所填收方表填报登入石料收支日记账。船只转运石料数目应由发方负责人统计每日发方数目，连同装走垛号填报登账，注销原号。

调集石料应由负责调集人开给运石人方单，交给负责石料登记人员登记石料动态（如甲地石料调运乙地，甲地开除注销原垛号，乙地收入登记新收垛号方数）。

【检查制度】

每一工程结束后。进行一次盘点，每届年终清仓。

雨后普遍检查仓库有无漏雨情况。

对不易保管器材进行不定期检查（如蒲料等）。

会计账薄须每月与保管账或仓库活页账核对一次。

【房地产情况】

据《豫河续志》卷十六载，民国十五年（1926年）十月以前，郑中分局有房地产如下：

所属各队、汛经营滩地情况：工巡队，104.492亩；郑下汛，192.71亩；中单上汛，523.59 6亩；共计816.436亩。

办公处有房屋140间，在郑下汛六堡、来童寨，清光绪十四年（1888年）建。

赵口扒决纪实

【扒决】

1938年（民国二十七年）5月下旬，河南重镇——开封危在旦夕。蒋介石为掩护其败退，妄图“以水代兵”来阻止日本侵略军大举西犯，电令“在中牟以北的大堤上选三个点，掘开堤防，让河水在中牟、郑州间向东南泛滥，以阻日军西犯”（朱振民《爆破黄河铁桥及花园口掘堤执行记》），密令在杨桥的三赶不上 九军军长刘和鼎，派五十六师的一个步兵团，在赵口险工处掘堤，又派原郑州专员罗震到工地督工，并限6月5日夜12点放水。经三昼夜挑挖，于6月2日炸毁了该处的护岸根石，大堤被掘开，水向外流，由于冲刷力不大，堤岸坍塌，因之堤土下坐壅塞断流。又经强迫兵士在两端挑挖松土一昼夜，迄无效果。随又在赵口以下的一千米堤上意图挑挖隧洞，然而随挖随塌，也没有成功。改由扒决花园口。

【堵复】

1939年2月7日至5月31日，日军对赵口口门（口门位置相应大堤桩号41+230～41+550处）进行堵复。当时水已经断流，口门宽320米，水面宽20～30米，水深3米，水下部分系用柳枝等号料散厚3～4米，出水以后，用麻袋装土填压临背两边，中心填土，并在口门前打一排木桩，中间填石料0.6米，桩与桩用铅丝连接，在临河堤角，挖槽1米深，抛石0.5米厚，做成护岸，以资巩固大堤。共用秸料20万千克，用款46.6万元。

花园口扒决纪实

一、扒决

抗日战争开始后的第二年（1938 年），国民党军在花园口扒开了黄河大堤，使黄河之水倾泻东南，造成黄河改道八年之久。

当时，日军已占领南京和徐州，重兵西犯。为阻日军前进，六月初，蒋介石密电三十九军军长刘和鼎："为了阻敌西犯，确保武汉，依据冯副委员长建议，决于赵口和花园口两处施行黄河决口，构成平汉铁路东侧地区对东泛滥"。从而，在平坦、广阔的中原地区，造成了黄河横淹豫、皖、苏的浩劫。

赵口决堤失败，改由花园口决堤。

1938 年 6 月 5 日，蒋介石严令督促："这次河决，有关国家命运，没有小的牺牲，哪有大的成就，在这紧要关头，切戒妇人之仁，必须打破一切顾虑，坚决干下去，克竟全功。"当时负责督工的国民党第二十集团军总司令商震派参谋曹汝霖前去视察，第三十九军新编第八师师长蒋在珍自告奋勇，另选口门位置，负责掘堤。立即把国民党新编第八师调驻花园口附近的京水镇。

6 月 6 日，开封失陷，一四一师退守中牟一线，这时敌人炮弹已射过赵口以西。夜里 10 时，商震派其参谋处长曹汝霖到新八师，十二师参谋熊元煜、工兵连长马应援、营长黄映清及黄河修防段的人一起上堤选定口门位置，至 7 日黎明，始会同第二团副唐嘉蔚等选定在胡家屯村后关帝庙以西的弯曲部掘堤 50 米，底宽 10 米。命工兵连及三团九连立即开挖，第二团（团长王松梅）、第三团（团长彭镇璞）全部到达后，就从南北两面同时掘堤，中间仅留 3 米宽的交通路，第一团则在口门及其以东负责掩护。当日中牟失守，郑州已经开始破坏车站设备，隆隆爆炸声彻夜不停，师长蒋在珍移驻胡家屯，监督施工。

在掘堤紧张时，蒋在珍选 800 名精兵，编 5 个组 10 个班，用卡车的电灯照明，每两小时轮换一次，昼夜不停。至 9 日晨决口宽约 4 米，水流甚小，蒋在珍以电话向薛岳告捷时建议运两门平射炮轰宽口门，薛岳立即派平射炮及炮兵一排赶到工地，发炮六七十响，缺口扩宽两丈许。主流旁趋，河水冲刷，堤岸坍塌，缺口又日益扩宽，终于夺流改道。

另据新八师师长蒋在珍的师作战参谋熊先煜（抗日名将佟麟阁将军的三女婿，生前系重庆市文史馆员、政协委员。1938 年他在国民党新八师服役，亲自勘察、指挥了炸黄河大铁桥、花园口决堤等影响抗日战争局势的重要战事）在《亲历者忆：抗战中我如何炸掉黄河铁桥　扒开花园口》一书中记载："花园口河堤系小石子与黏土结成，非常坚硬，挖掘相当吃力。而且，河堤完全靠人工挖掘，未用一两炸药。经新八师官兵与前来协助的民工苦战两昼夜后，终于在6月9日上午八时开始放水"。

6月11日，黄河涨，花园口与赵口畅顺，"两决口之水于元（6月13日）晚汇合于前后段庄，流速湍急，越陇海路，仍沿贾鲁河两岸经中牟、朱仙镇、尉氏向东南泛滥，且支流已及开封西、北两门"。

6月下旬，花园口口门扩至100米，赵口口门扩至二三百米，经过月余冲刷，花园口口门仍然没有赵口口门宽。

8月，花园口口门扩至400余米，汛后赵口淤塞。11月花园口夺溜，形成改道。河南修防处就在口门两侧，镶砌裹头控制口门。

1939年春天，日本侵略军沿堤西犯，并征用数县民工，在口门东大堤上挖沟十道，涨水时有7道大沟过水成溜，故道始干，日汴新铁路得以修筑。

这样，几经人掘水冲，口门逐年扩大，最宽时达1460余米。扒堵口位置：经考证确定，于20世纪90年代，分别在扒口、堵口处立有标志，以示纪念。

黄河泛滥的范围：其两界自郑州北郊的李西河起，直泻东南，经祭城，淹中牟，波及鄢陵、扶沟，至张店始折西南，经张桥漫西华，然后沿沙河北岸奔向周口，再经商水至水寨，沿沙河北岸流向界首、太和，沿颍河西岸从阜阳城西的襄家埠、城南的李集，再经颍上西北的四十里铺和六十里铺，直到正阳关。其东界自花园口东的来童寨起，经朱仙镇和通许南边的底阁、太康城北的杨庙、城东的朱口至鹿邑城南，再沿十字河至涡河边的涡阳，然后西折，沿泯河南岸至肥河口，再沿西肥河向东南流，至王市集西折，经颍河西岸的正武集，再东经板桥集、张沟集，沿肥河东岸直奔凤台城。整个泛区长约400千米，宽度为30～80千米。受灾面积约达13000平方千米，淹死89万人，逃亡390多万人，造成财产损失9.5亿多元（银币）。淹及豫东、皖北和苏北44个县市。计有：河南省的广武、郑县、中牟、尉氏、通许、扶沟、西华、鄢陵、洧川、商水、淮阳、沈丘、项城、开封、陈留、杞县、睢县、柘城、鹿邑、太康；安徽省的太和、阜阳、颍上、临泉、亳县、涡阳、蒙城、怀远、凤台、寿县、霍邱、凤阳、灵璧、泗县、五阳、盱眙、天长、蚌埠；江苏省的高邮、宝应、淮安、淮阴、泗阳、涟水。豫、皖、苏三省黄泛区淹没耕地情况见附表3。

花园口决口后，黄泛区沉沦8年零9个月，加上蝗旱和战争，人民受灾极为深重。黄泛区腹地鄢陵、扶沟、西华、太康等县受灾尤其严重。鄢陵县房屋半数倒塌，人口死绝1450多户；扶沟县被淹村庄896个，因遭灾死亡达25万人；西华县几乎全部被淹，700多个村庄房屋倒塌殆尽，大批泛区灾民逃往西北等地。

附表3 豫、皖、苏三省黄泛区淹没耕地表

省别	县数	耕地（万公顷）	淹没耕地		占总耕地（%）
			公顷数	折合亩数	
合计	44	349	844259	12663885	24
河南	20	141	450553	6758295	32
安徽	18	130	284598	4268970	22
江苏	6	78	109108	1636620	14

处在口门附近的郑州郊区（当时为广武和郑县）则首当其冲，洪水冲走大小村庄23个，现今地图上已无标迹。它们是：花园口乡的史家堤（也称徐家堤或南堤）、汪家堤、邵桥、老崔庄、小王庄、周庄、刘庄、姚寨、大王楼、小王楼、八里庄、胡家屯、许堂，柳林乡的大新庄，姚桥乡的老马头、琵琶陈、乔口、龙王庙、吉庄、于庄、左坡庙、赫庄，祭城乡的小花庄。

花园口决口后，泡冲毁坏郑州郊区的大小村庄72个。这些村庄现已恢复（有些村庄已经迁移新址），它们是：花园口乡的邵庄（迁老坟）、赵兰庄、杨海邵、京水、王庄、蔡家庄、兰坟、东皋、祥云寺、田河、刘庄（原分大小两村，恢复后连为一村）、八堡、龙皇庙、东小庄、赵桥，柳林乡的大贺庄、小贺庄、王楼（迁新址）、东马林、西马林、王庄、宋庄、祁疙瘩、周庄、东弓庄、新庄、徐庄、马头岗，姚桥乡的夏庄、薛岗、小孟庄、姚桥、前娥岗（南迁1里）、高庄、时埂、河口、阎陵高、杨北桥、马楼、鸡娃徐庄、柳园口、水寨、老薛苍、桑林、小尹庄、三坝、来童寨、黄庄、任庄、小金庄、郭当庄、孙岗、黄岗庙、后牛岗（北迁2里）、刘江，祭城乡的后禄庄、南禄庄、西禄庄、北宋安、南宋安、小柳林、小李庄、北李庄、庙东庄、王家庄（以上10村均迁移）、姚店堤、大郭村、大花庄，圃田乡的穆庄、河沟王、吴庄、石王。

花园口决口后，郑州北郊和东郊均受灾害，其中较重者，除以上95个村庄外，还有大小村庄45个，它们是：花园口乡的花园口（包括核桃园、刘家堤、靳家堤、郭庄、化庄）、李西河和冯庄（两村现已南迁1千米）、常庄、马庄、范庄、西黄刘、前金洼、后金洼、王岗、东老弓庄、老弓庄、弓庄、大庙、小靳庄、小薛庄、前薛庄、后薛庄、大张庄、小张庄、李拐，姚桥乡的陈三桥、马渡、屯寨，祭城乡的李庄、花庄、马庄、小郭村、马皮靴、牡牛赵、北花沟王、南花沟王、弓庄、魏庄、东花胡庄、西花胡庄、沙庄，圃田乡的白佛、后屯、唐庄、小孙庄。

二、堵复

花园口的黄河堵复工程1946年3月1日破土动工，1947年3月15日合龙，4月20日闭气完成。在这一年多的堵复施工中，由于时代背景局限和施工决策欠当，堵口工程两次失败，直至第三次施工才告完成。第一、二次施工不顾水情、工料条件，使用外来的平堵方法并强调提前合龙，导致失败。第三次施工时充分考虑了客观条件，使用传统的立堵方法，强调次年桃汛前合龙，从而获得成功。

(一) 堵口前的政治形势

1945年8月15日，日本宣布无条件投降，中国人民经过八年浴血奋战，夺得了抗日战争的最后胜利。它洗雪了100多年来的民族耻辱，成为中华民族由衰败到振兴的转折点，为中国的独立和解放奠定了基础。

但当时作为执政党的国民党却公然违背了广大人民渴望和平的意愿，妄图发动内战。由于坚持正确的抗日民族统一战线政策，中国共产党领导的抗日武装力量得到了很大的发展，黄河下游地区的晋冀豫、冀鲁豫、山东、苏北、淮北等5个解放区在战略上基本连成一片，彼此互相呼应，利于解放区军队的机动作战，同时也切断了蒋介石政府与华北、东北等地的陆路联系，严重影响着其战略的展开。

在当时国共双方的军事斗争格局中，黄河故道的战略地位尤其重要，它穿过了冀鲁豫和渤海两个解放区腹地，为解放区之间军队调动、物资运输提供了便利通道。这一战略态势，成为国民党当局利用黄河堵复大做文章的直接动因。

另有1940年3月针对安徽省第七区10县水利会议关于抗战胜利后即应将花园口堵合的议案，国民政府经济部回复公函称：查黄河决口，一旦抗战胜利，自应立即堵合，以恢复原水道。本部最近拟订了战后水利建设纲领，已经将该项工程列入计划中。

鉴于以上两方面原因，1946年1月11日国民政府黄河水利委员会（以下简称国民政府黄委会）派员突然抵达冀鲁豫解放区，要求对解放区黄河故道进行查勘，声称准备引黄河回归故道。

(二) 堵口前的口门及河势

1. 堵口前的口门形势

口门宽为1460米，靠西坝的1000米是浅滩，靠东坝的460米是河槽。口门方向即口门横断面线：正北偏东88度。流向：大溜顺西坝处坡脚向东流，转东南斜入口门，靠近东坝头处流向正南偏东50度。西坝外滩面宽度为430米，水面宽为1030米，最大水深9米，水位89.06米，流速为1.21米每秒，流量为746立方米每秒，土质为流沙。1938年黄河扒决口门图见附图1。

附图1　1938年黄河扒决口门图

2. 堵口前的新河形势

泛区宽度为30~80千米，沟汊纵横，塌漫游荡，没有固定的河槽；夺淮黄水淤垫严重，下泄不畅。又有沿运河注入长江的可能。河南修防段在西岸设有4个新堤段，因新堤低矮薄弱，还有缺口，不断决溢，扩大了泛区。

（三）堵口前的故道形势

堤坝险工多年失修，再加上垦种及交通和战争的破坏，基本上失去了抗洪能力。河床高出水面3米，河槽内横穿一条汴新公路，南北两堤均有缺口，下游滩区新建村庄1700个，有农民40万，住在两堤之间，务农为主。

（四）黄河归故计划的制订

由于花园口口门形势复杂，堵复难度很大，1941年国民政府全国水利委员会（以下简称水利委员会）在重庆组织有关工程师和黄河问题研究专家，依据抗日战争前积累的水文记录、实测的精密地形图和大堤、河床纵横断面图等资料，探讨花园口堵口复堤工程。

次年，根据水利委员会的命令，国民政府黄委会编制出黄河花园口堵口复堤工程计划，拟订了立堵和抛石平堵两种堵口方案。

立堵方案采用传统的捆厢进占法。它的优点是：堵口所用的秫秸、柳枝等主要材料可以就地取材，黄河治理机构拥有技术熟练的工人，工程堵复有成熟的做法等。不足之处在于：口门越收窄，水流越急，到剩20多米宽的金门时，河底可能刷深到30多米，施工困难，合龙不易。另外，这种堵口方法耗资巨大，很不经济。

抛石平堵方案的工序是：在浅滩部分仍用捆厢进占法，只做一条单坝，后戗变成大堤，深水部分建筑排桩木桥一道，上铺钢轨，用小火车和手推平车运大块石料抛到桥下，堆成拦河石坝，截住河水，使其回归故道。因为黄河土质是极细的流沙，在抛石之前，先在桥下和桥位的下游铺一层柳枝编成的垫褥，石块抛在垫褥上，使其不致大量沉入泥下，下游河底也不至于被湍急的流水冲成深坑。拦河石坝抛到相当高度，为抗御坝顶急流冲击，改抛柳石大枕，这样层层加高，完成合龙。然后在石坝后加筑大堤，石坝就变成了大堤的永久护岸。

抛石平堵的方法比较经济，曾在山东利津宫家坝堵口时用过。但宫家坝的土质是黏泥，抬水也不过两三米，与流沙底的花园口不同。本方案虽然建议在口门附近铺上垫褥和柳枕，但是专家们对于整个方案的可行性仍感到没有把握。为慎重起见，水利委员会饬令中央水利实验处在重庆进行花园口堵口模型实验。

1943年1月，中央水利实验处专家谭葆泰、张瑞瑾在对花园口口门形势进行查勘的基础上第一次提出了模型实验。这个计划放弃了立堵方案，决定采用抛石平堵方法进行实验。之后，谭葆泰等人在濒临嘉陵江的重庆磐溪水工实验室相继举办了口门冲刷、引河泄水、柳辊冲刷等多次小型实验，撰写了《花园口堵口初步实验报告》。

为了增强实验结论的可靠性，弥补小型实验的不足，1945年春至10月，中央水利实验处又在四川长寿县进行了花园口堵口巨型实验。专家们利用长寿县龙溪河旁渠道水源，详细进行了堵口、开挖引河、口门泄水量、平堵时的水力冲刷等各项技术实验，得出的主要结论是：黄河冬春流量一般在2000立方米每秒以下，采用平堵法堵口，拦河石坝必须做到400米长。但如此长的石坝，如果在堵口时遇到4000立方米每秒以上的流量，将遭致失败。水利委员会在听取了专家们的实验结论后，批准了抛石平堵方案。

至于花园口堵口工程所需的巨额资金问题，则由于联合国善后救济总署（以下简称联总）的介入，找到了解决途径。联总成立于1943年11月，是为了救助被盟军解放地区的难民而成立的国际组织。该组织募集了大量资金，对在联合国控制地区内的战争受害者，提供粮食、燃料、衣着、房屋、医药等物资，进行善后救济。中国是联总的重要成员。

为了争取善后救济物资，中国政府于1944年向联总函送了编制的《中国善后救济计划》。1944年12月，联总在重庆设立了中国分署。为了配合联总办理中国区域善后救济事宜，次年1月，国民政府设立行政善后救济总署（以下简称行总），由蒋廷黻任署长。

（五）中国共产党对于黄河归故的立场

1946年初，冀鲁豫解放区从国民政府黄委会派员查勘黄河故道的行动中，获悉了黄河即将归故的消息，由于事发突然，关系重大且不清楚国民政府导引黄河归故真实意图，晋冀鲁豫中央局在接到冀鲁豫解放区的报告后认为黄河已经改道，恢复旧河道是没有任何必要的，对老百姓有百害而无一利，同时考虑军事战略原因对黄河归故表示反对。于1月29日致电冀鲁豫区党委并报中共中央，同时动员各地干部、群众准备反对国民政府引黄河归故的举措。

中共中央接到晋冀鲁豫中央局的电报后，立即对黄河归故问题表示了极大关注。2月初，中央致电正在重庆与国民党谈判的周恩来："关于国民党急于恢复黄河旧道问题，究有何目的，对我利害如何，请迅探明电告，以便决定对策。"2月13日，中央向晋冀鲁豫中央局和中共中央华东局发出了关于黄河归故问题的指示："黄河归故，对华北、华中利弊各异，但归故意见在全国占优势，我们无法反对。此事关系我解放区极大。我们拟提出参加水利委员会、黄委会、治河工程局，以便了解真相，积极参加工作，保护人民利益！"

就在中共进行酝酿协调、确定关于黄河归故的立场之时，国民党中央社却发表消息称：由于中共一再阻挠，迫使工作无法顺利进行。国民政府以此为由，决定不进行复堤而先办理堵口。1946年2月，国民政府特设花园口堵口复堤工程局（以下简称堵复工程局），由国民政府黄委会委员长赵守钰任局长，潘镒芬、李鸣钟等任副局长，陶述曾任总工程师。3月1日，国民政府决定花园口堵口工程开工。

解放区民众在得知国民政府开始堵筑花园口决口、故道即将复流的消息后，一时民怨沸腾，群情激昂，纷纷集会请愿，抗议国民党当局将黄河祸水东引的行径。这时国共双方正处在军事调停阶段，全面内战尚未爆发，国民政府深恐黄河事态扩大引起舆论抨击，影响整个政治局势，因此对于解放区故道群众的强烈反应也有所顾忌。

1946年3月3日，国民政府黄委会委员长赵守钰专程赴河南新乡，会晤了正在当地执行军事调处任务的中共代表周恩来、美国代表马歇尔和国民党代表张治中，商谈了黄河堵口复堤问题。接着，中共驻新乡军事调处组代表黄镇，又就此事与赵守钰进行会谈，双方商定各派代表进行黄河问题谈判，以求得到合理解决。

从此，国共两党围绕黄河归故问题，在谈判桌上展开了一场旷日持久的谈判。

1946年3月23日，晋冀鲁豫边区政府特派晁哲甫、贾心斋、赵明甫三人为代表，前往开封与国民政府黄委会进行谈判。双方于4月1日开始举行正式会谈。在会谈中，解放区代表重申了"先治河后堵口，要求解放区参加治河组织，政府拨款救济河床居民"等原则立场。国民政府黄委会的代表则宣称，洪水的季节性很强，如不早日着手堵口，待秋水泛滥时将无法进行，因而主张先进行堵口，复堤工程由解放区实施，治河机构由政府统一管理，对于河床居民迁移不考虑救济。

由于立场相距甚远，谈判进行得异常艰难。经过反复磋商，双方才于4月7日达成协议，主要内容为：

（1）堵口复堤程序。堵口复堤同时并进，但花园口合龙日期须待双方会勘下游河道、堤防淤淀、破坏情形及估修复堤工程大小后再决定。

（2）施工机构。直接主办堵口复堤工程的施工机构本着统一合作的原则，由双方参加人员办理。具体办法为：堵口机构仍维持原有堵复工程局系统，中共区域复堤工作由中共方面推荐人员参加办理。

（3）河床内村庄迁移救济问题。河床内居民的迁移救济，原则上属于必要，应一面由国民政府黄委会拟订预算，专案呈请中央核发，一面由行总河南分署和联总河南区代表分别向行总、联总申请救济。中共边区内河段居民救济事宜由中共代表当地政府筹措。所有具体办法，仍等实地履勘下游河道、堤防情形后，依据实际情况再行商定。

开封协议使国民党方面接受了解放区的部分意见。主要收获是对花园口堵口进度有所制约。不足之处是没能把“先复堤，后堵口”的原则列入协议；也未能争取到让解放区派代表参加堵复工程局工作；也未明确在救济物资分配方面解放区部分由解放区政府负责发放等。

开封协议达成后的第二天，国民政府黄委会赵守钰、孔令瑢、陶述曾和联总塔德、范海宁等9人，在解放区代表赵明甫、成润的陪同下开始对黄河下游故道进行查勘。这一行人历时8天，行经17县，往返1000公里，在详细了解了从菏泽到河口的黄河故道情况后，于4月15日返回冀鲁豫行署所在地菏泽。

在充分了解了实际情况的基础上，赵守钰一行完成查勘返回菏泽的当天，冀鲁豫行署主任段君毅、副主任贾心斋、秘书长罗士高、渤海解放区代表刘季青等与赵守钰等人再次举行了会谈。经过进一步的商谈，于当时达成了菏泽协议，规定：

（1）复堤浚河堵口问题。故道复堤、浚河、裁弯取直、整理险工等工程完成以后，花园口堵口工程再进行合龙施工，向故道放水。豫、鲁两省仍修旧大堤，山东省北岸寿张以上、南岸十里堡以上先修临黄民堤。而后再整修两岸旧大堤，十里堡以下仍修旧大堤。

（2）河床内村庄救济问题。新建村庄由国民政府黄委会呈请行政院每人发给法币10万元迁移费。救济问题由国民政府黄委会代请联总、行总救济。

（3）施工机构问题。冀、鲁两省处设正副主任，正主任由国民政府黄委会委派，副主任由解放区委派，由双方各向上级请求后再确定。

（4）交通问题。为施工方便。急需恢复之交通，应根据施工情形逐步修复，但不得用于军事目的，交通秩序由当地政府负责维持。

菏泽协议，在堵口复堤安排、河床内居民迁移救济等问题上反映了黄河故道沿岸人民的愿望，比开封协议前进了一步。

（六）国民政府加紧堵口施工

菏泽协议签订后，冀鲁豫和渤海两解放区政府立即动员群众，开始复堤准备。但是，事情的发展很快就与人们的意愿背道而弛了。

1946 年国民党中央通讯社和国民党控制的《中央日报》无视故道堤防修复工程极为艰巨的现实，多次为国民政府加紧堵口、放水入故道大造舆论。

花园口为全河夺溜的口门，决口宽 1460 米，在小水时期，靠西坝的 1000 米是浅滩，靠东坝的 460 米是河槽。堵复工程局总工程师陶述曾提出施工计划是：复堤工程和河槽裁弯取顺工程在本年 11 月底完成，培修堤防工程于次年 4 月完成；堵口工程采用抛石平堵方案，在大汛前仅做成西部浅埽工 800 米，留下东部的深水工程等到本年 10 月初复工，在 12 月底完成，黄水于 12 月间回复故道；然后，利用已回故道的河水运输沿河险工所需的石料，保证整理险工工程及防汛备料工作在次年 6 月底以前办完。此堵复计划得到水利委员会、堵复工程局和解放区政府的赞同，被公认为是一个合乎黄河工程实际、照顾各方利益的计划。

但是这一计划却遭到了联总工程顾问塔德的极力反对。他认为在 6 月底前完成是有可能的，因此极力主张汛前堵口。但是，他对这一巨大工程面临的实际困难严重估计不足，对堵口材料运输进度、平堵方案适用的流量条件等问题，都缺乏深入研究。

可是塔德这个不切实际的主张，却与国民党军政当局急欲汛前完成花园口堵口工程的愿望不谋而合。

4 月 28 日，国民党军副参谋总长白崇禧偕郑州绥靖区主任刘峙等，到花园口工地“视察”，督促加快堵口工程。5 月 2 日，国民政府行政院院长宋子文电令堵复工程局，称：黄河花园口堵口工程，已经决定在本年间枯水时期修复。现闻国民政府黄委会因为下游复堤工程不能赶筑完成，已决定把堵口工程推迟至秋后举办。行政院已电饬交通部迅速修筑未完工之铁路，准备列车，赶运潞王坟之石方前至工地，希望堵复工程局迅速督饬所属，依照原定计划积极提前完成堵口。

花园口堵口工程局明显加快了步伐。为了堵复花园口口门，这一时期，国民政府投入了强大的力量。据当时统计，参加施工的职员有 260 余人，基本工人约 900 人，民工达到 1 万余人。

与此同时，联总派工程顾问塔德率领外籍技术人员 10 余人，提供了桥梁材料、木船、汽车、推土机、开山机、钢轨、斗车、汽油和修理机械等大量器材；行总派工作队、卫生队到工地发放面粉、环境卫生和医务用品；河南省政府组织招工购料委员会，代招民工，购运秸料、柳枝和木桩；交通部从平汉铁路广武车站到花园口工地专门修建了铁路支线，并拨了大量列车赶运器材和粮食。

由于人、财、物力的强力支撑，堵口工程进行得非常快。5 月中旬，口门浅水部分的埽工已做完1000米，后戗培成了40米宽的大堤，临水一面做成了护堤丁坝10道，铁路已经铺到了西坝头，工程即将进入合龙阶段。

针对国民政府和联总加快花园口堵口工程的行动，解放区采取了一系列应对措施。

1946年5月1日，晋冀鲁豫边区政府主席杨秀峰致电段君毅、贾心斋，要求冀鲁豫区军民充分重视国民党方面突然提前放水、危害解放区的阴谋。

3日，冀鲁豫解放区临泽县15万人举行游行集会，并联名通电全国，强烈抗议国民党当局企图水淹正在生产的黄河沿岸群众的罪恶行径，敦促国民政府执行菏泽协议。

同日，民主建国军总司令高树勋将军致函水利委员会主任薛笃弼及国民政府黄委会委员长赵守钰，以故友的身份规劝其放弃汛前合龙计划，采取措施落实浚河、复堤等事宜。

5日，新华社发表晋冀豫边区政府负责人的谈话，严正指出：国民政府汛前完成堵口，显系包含军事企图，有意放水淹冀、鲁两省沿河人民。要求国民党当局立即停止花园口堵口工程，坚决反对两个月内完成堵口的计划。声明“如当局不顾民命，则老百姓必起而自卫，因此引起之严重后果，应由国民党当局负完全责任。

10日，中共中央发言人就黄河归故问题发表重要谈话，明确指出：现在国民党的决策者“毫无理由地违犯先浚河复堤后堵口放水的协议，对迁徙、救济故道居民不负任何责任，并坚持两月内先在花园口实行合龙放水的协议，那么中共不能不认为这只是借治河为名，蓄意淹毙冀、鲁、豫三省解放区同胞，是与国民党反动派的内战阴谋分不开的。中共对于千百万人民的生死存亡，决不能坐视不顾；对于国民党内反动派不惜以千百万人民的生命财产为政治斗争的牺牲品的恶毒计划，不能不表示坚决的反对”，“我们希望国内外各方人士，尤其是有关人士能够主持人道主义，在故道浚河、复堤与居民迁移救济工作完竣以前，努力制止花园口堵口工程，以援救冀、鲁、豫沿河数百万乃至数千万人民免于死亡”。

鉴于事态逐步升级，再在开封举行黄河问题谈判已经无补实际。5月15日，冀鲁豫解放区代表赵明甫、王笑一，同堵复工程局的代表陶述曾、阎振兴及联总河南区主任范海宁等人同往南京，期望在高层解决有关问题。

解放区代表到南京后，立即向中共驻南京代表团团长周恩来做了汇报。周恩来对此做了重要指示，指出：谈判要抓住实质，明确主攻方向。要代表解放区群众的强烈呼声，一针见血地揭露国民党的阴谋。但发表我方意见时，要讲究策略，留有分寸。在政治谈判的同时，军事斗争丝毫不能放松，对反动派不能抱任何幻想。

5月17日，南京谈判开始，中共代表赵明甫、王笑一，水利委员会代表须恺，堵复工程局代表陶述曾、阎振兴，联总代表张季春等参加了谈判。

会谈中，解放区代表列举大量的数据和事实，揭露了国民党当局违背有关协议，积极提前堵口所蕴含的政治军事企图。国民党方面的代表在事实面前理屈词穷，但又不甘心停止堵口，便坚持要堵口、复堤同时进行，花园口堵口工程仍继续打桩抛石。解放区方面主张应集中力量先进行复堤，待本年大汛后再进行堵口。

经过两天紧张商讨，5 月 18 日下午签订了南京协议，主要内容为：

（1）关于复堤工程。下游急要复堤工程，包括险工与局部整理河槽工程，应先完成，同时规划全部工程所需衔接推进。急要工程所需配合之器材及工粮由联总、行总从先从速供给。急要工程所需工款由水利委员会充分筹拨。此项复堤工作争取于6 月 5 日以前开工。复堤工作关于技术方面由国民政府黄委会统一筹拨。施工事项在中共区域内地段由中共办理。

（2）关于河道内居民迁移救济问题。国民政府黄委会已专案呈请中央从速核定办理，使之能与堵口复堤工程之进展相配合（见附图 2）。

附图 2　黄泛区赈灾（1946 年）

（3）堵口工程继续进行，以不使下游发生水害为原则。关于此点，解放区代表又提出若干保留意见，坚持大汛前口门抛石以不超过河底 2 米为限，并须：保证工程进行不受任何军事政治影响；暂不拆除汴新（开封至新乡）铁路、公路；由中共方面派工程师进驻花园口工地，以加强双方联系。

为了促使南京协议得到落实，协议签订的当天，周恩来又专门会见了联总中国分署代理署长福兰克芮、联总工程顾问塔德，就黄河问题达成 6 条口头协议，主要内容为：下游修堤、浚河工作，应克服一切困难，从速开工；关于工程所需要之一切器材、工粮，由联总、行总负责供给，不受任何军事、政治影响；行总办理物资、器材之供应事项，在菏泽设立办事处，由中共派员参加；关于河道居民迁移救济问题，由国、共两方及联总、行总组织委员会负责处理，该委员会由国民政府与中共各派 2 人、联总与行总各派 1 人组成；6 月 15 日以前，花园口以下故道不挖引河，不拆汴新铁路及公路，至6月15日以后视下游工程进行情形，经双方协议后，始得改变上述现状；打桩继续进行，至于抛石与否，须待6月15日前视下游工程进行情形，然后经双方协商决定，如决定抛石，亦以不超过河底2米为限。本协议中所指下游工程进行情形，以不使下游发生水害为原则。

随后，解放区代表又与联总、行总商谈了物资、器材供应问题，确定第一批先拨给解放区复堤工款法币100亿元、面粉6000吨，河床居民迁移法币150亿元，以满足复堤工程及迁移河床居民工作之急需。

塔德的堵口方案违背了花园口堵复工程的实际情况，对于解放区开展复堤、迁移河床居民等工作很不利。但由于塔德的身份特殊，在堵口决策中地位很重要，所以周恩来在谈判过程中十分注意做他的工作，向他深入分析了国民政府加快堵复花园口口门的真正目的。建议他进行实地调查，以便做出正确的堵口决策。

南京协议签订几天后，周恩来又亲笔致信塔德，邀请塔德到解放区进行旅行调查。塔德接受了周恩来的邀请，解放区复堤开始后不久，塔德即赴解放区考察复堤工程，对解放区忠实执行南京协议的积极行动，做出了客观的评价。

（七）解放区抢修黄河故道堤防

鉴于加紧堵口是国民党的既定方针，为了争取主动，保护人民利益，南京协议签订后，周恩来两次电示解放区迅速部署复堤工作。

1946年5月19日，周恩来在给中共中央并转晋冀鲁豫中央局和中共中央华东局的电报中指出：应贯彻执行南京协议，抓紧时间修堤，但不能寄希望于国民政府履行该协议。“我们必须争取立即开工修堤浚河，在1个月内初步完成，利用其器材物资，以工代赈，加速完工，争取在大汛前，即使反动派之阴谋堵口，亦不致成灾”。两天后，周恩来再次致电指出：“复堤动员望加速进行，以争取大量工款及器材使用我区，望40天内完成初步工程，则大汛虽至亦无危险”。

当时北方农村已届麦收大忙时节，此时组织修堤难度很大。但是，考虑到复堤工作任务艰巨、时间紧迫，冀鲁豫与渤海两解放区政府克服重重困难，决定立即开始复堤动员工作。

5月28日，冀鲁豫行署发出《关于治河大举动工前之准备工作的通知》，要求沿河各专署、县政府、修防处、修防段，抓紧做好复堤准备工作。6月1日，冀鲁豫行署向各专署、县、修防处、修防段正式发出修堤命令，要求“沿河各县政府应立即动员群众开工修堤，将堤上獾穴、鼠洞、缺口等修补完毕，完工后即开始修理河岸大堤。在测量工作未开始前，各县暂按旧堤加高0.67米，堤顶加宽至8米执行，如旧堤已超过8米者，即保留原状，不得削去。

为了贯彻修堤命令，全面部署修堤工作，6月3日，冀鲁豫行署在菏泽召开了沿河各地专员、县长和修防处、修防段负责人参加的浚河复堤联席会议。会议提出，浚河复堤，事关大局。各地务必把保卫黄河作为一项战斗任务来完成。与洪水争速度，为战争抢时间。要求各地以修堤为中心，县长亲自上阵，发动群众在麦收前或麦收后动工。基本政策是：有钱出钱，有力出力，合理负担，适当补助。复堤任务分为三期完成：第一期，修补旧堤至1938年改道前情形；第二期，加高培厚，整理险工；第三期，裁弯取直，整治河道。这次会议决定动员20多万人参加全线大修堤，要求各县尽快成立复堤工程指挥部，尽早开始第一期修堤工程。至于险工整理及裁弯取直等后续工程，准备待国民政府黄委会与联总方面带领测量队共同测量后，再行展开。

在解放区政府周密组织下，1946年5月下旬，冀鲁豫和渤海两解放区的复堤工程开始。冀鲁豫行署除动员了沿河18个县的23万民工，在西起长垣、东到齐禹近300千米的堤段上展开复堤整险工作。远离黄河的内黄等县，也动员大批民工自带工具，赶赴工地支援沿河人民修堤。渤海解放区的故道堤防长90多千米，渤海行署除动员沿黄河11个县的民工参加复堤外，还组织了邹平等8个邻近县的民工进行支援，上堤民工达到20万人。

解放区广大群众对于修堤治河的积极性很高，表现了满腔的革命热情和认真负责的精神。上堤前各村即自动开展了竞赛，保证按标准修堤、按规定时间完工。各村还组织了生产互助组或代耕组，帮助上堤民工开展生产，解除了他们的后顾之忧。

解放区修堤是在国民党军队封锁的困难条件下进行的，当时粮食、药品、修堤器材等物资极为匮乏。广大群众常常是饿着肚子从事着繁重的复堤劳动。由于天热、生活不好，很多人都病倒了。面对这些艰难情况，解放区政府一面号召广大群众克服困难，坚决完成复堤任务；一面多次向国民党当局、联总紧急交涉救济物资。解放区的党政机关、干部，也一再压缩开支，咬紧牙关，全力支援复堤工程，与人民群众一起共渡难关。

解放区的修堤工作得到了联总的认可。但是国民党当局却多方破坏解放区的复堤工程。他们不但拖延拨付应向解放区提供的修堤工款、器材、料物及河床居民迁移费，还不断派部队袭击修堤工地，杀害治河员工。5月26日，国民党军队袭击齐河县梨庄、魏庄等地，射击正在修堤的数千名员工，当场杀死修堤员工12人，致伤2人，抓捕13人，数千名员工被强行驱散。次日，该地国民党军队再次袭击修堤工地，杀死修堤工人4人，致使该地复堤工程被迫中断。6月14日，冀鲁豫解放区长清修防段段长张元昌等6人到黄河沿岸检查护岸建设工程，他们行至孝里镇西方小燕村时，被潜伏在该地的国民党特务袭击。张元昌中弹牺牲，其余5人被特务用斧头、菜刀、镰刀、长矛砍、刺而死，场面惨不忍睹。

在险恶的环境下，为了加快修堤进度，解放区人民采取了许多机智灵活的办法。白天不能进行时，就在夜间施工，不能集中大量人员进行时，就分散施工，并把治河工作与其他工作巧妙安排，调配好人力、物力，穿插进行。

经过一个多月的努力奋战，解放区第一期复堤工程基本完成。7月10日，冀鲁豫解放区共完成修堤土方770余万立方米，使昔日残破的大堤得到初步恢复。至7月20日，渤海解放区完成修堤土方416.4万立方米，不但修复了故道两岸90余千米长的旧堤防，还堵复了1937年麻湾决口的老口门，并培修了垦利以下河口段新堤30千米。

解放区的修堤工作开展得有声有色，而在国民党占领的黄河北岸齐河等地，复堤工程却迟迟未见开始。当时齐河县有40余千米的堤防被国民党控制，如果黄河在这些地方决口，将淹没冀鲁豫、冀南、冀东和渤海几个解放区，所以冀鲁豫区党委对于整修这段堤防非常重视，多次组织力量前往施工。国民党军队对此进行了多方破坏，并派出主力兵团袭击保卫修堤的解放区军队，50多位战士因此而英勇牺牲，修复这段堤防的整个工作也无法进行。

冀鲁豫区党委分析了当时形势，决定采取合法手段在该区域开展修堤工作。1946年11月中旬，王化云在阳谷县召集有关人员开会，专门研究这段堤防的修复问题。会议决定在齐河县建立合法的民众治河委员会，由当地士绅名流出面组织，而工作骨干则由解放区配备，抓紧开展齐河县国民党控制区的修堤工作。由于组织工作得力，齐河县民众治河委员会不久即告成立。之后，该委员会在距黄河堤10千米内的济南区与国统区组织了5000人的修堤常备队驻扎在黄河沿线各个村庄，有汛防汛，无汛修堤，在齐河县城解放以前，为保障齐河县国民党控制区的黄河堤防安全起到积极作用。

（八）国民政府花园口堵口工程受挫

在解放区抢修黄河大堤期间，国民党当局也在加紧实施花园口堵口工程。

南京协议签订时，蒋介石正在忙于内战准备，调集重兵包围各个解放区，并拟于6月底向中原解放区大举进攻。在冀鲁豫战线，国民党军队试图阻止刘邓大军穿越黄河故道，攻击陇海铁路沿线。为了与军事进攻密切配合，国民党当局当然不甘心让花园口堵口工程停工，遂不顾各方在南京协议中关于合龙问题的约定，单方决定在6月23日进行抛石合龙。南京谈判后，塔德也公开发表谈话，妄言7月中旬堵口可以成功，至少让3/4的河水流入故道，与国民政府的政策相呼应。

针对国民党当局的违约合龙计划，解放区加强了军事斗争。1946年5月25日晚，解放区地方部队袭击了河南新乡潞王坟石料厂，炸毁开山机两部，俘虏员工15名，造成花园口堵口石料供应紧张，有效迟滞了堵口进度。刘邓大军也厉兵秣马，准备适时发动豫东战役。

为了迅速实现合龙目标，堵复工程局的技术职员进行了调整。因不满塔德的施工计划，南京谈判后不久，堵复工程局的总工程师陶述曾等中国主要技术人员相继离职，堵口施工的决策大权完全落到了塔德等人的手里。之后在施工时，中国工程技术人员只担负了浅水部分的工程和东西两坝头的盘筑，深水部分工程则由联总工程师负责。

这次堵口过程，反映了国民党当局急于放水的焦灼心情，也说明塔德等人不从黄河的实际出发，一味蛮干，难免要碰钉子。但堵口工程首次合龙的失败，客观上为解放区整修故道堤防赢得了时间。

由于国民党政府违反南京协议，迟迟不拨付解放区应得的复堤粮款和河床居民迁移费，致使解放区下令在第一期复堤工程期间，垫用工款达80亿元，解放区财政不堪重负，后续复堤工程也难以进行。

为了这一迫切问题，解放区政府与国民党当局进行了多次交涉。1946年6月21日晋冀鲁豫边区政府致电国民政府行政院及其黄河治理机关，紧急呼吁暂停堵口工程，立即停止挖引河、拆除汴新铁路的举动，真正执行南京协议，迅速拨给解放区整批粮食器材及迁移救济物资，以利下游复堤工程。否则空谈合作，而与事实相违，人民一旦奋起自卫，则事态很难控制。但是没有得到回复。7月12日，王化云、赵明甫专程赴开封，就复堤粮款和河床居民迁移费用问题，再次与塔德及国民政府黄委会进行交涉。但塔德则竭力辩解，并摆出一副傲慢无礼的态度。对此，解放区代表非常气愤，对其提出了严厉警告。会谈不欢而散。

但是塔德等人对解放区的强烈反应却不无顾忌，因为花园口首次合龙刚刚失败，为了继续堵口，塔德正在组织力量修做口门防护工程，若此时矛盾持续激化，其堵口计划将会受到更大威胁。

次日清晨，塔德即火速飞往南京并转程上海，分别向国民政府行政院、中共驻南京代表团团长周恩来和联总中国分署汇报黄河堵口复堤工作面临的困境。各方经过磋商，决定在上海再次举行谈判，解决当前的紧迫问题。

7月18日上午，上海谈判开始，解放区由周恩来任首席代表，伍云甫、成润、王笑一和章文晋等人参加。国民党方面参加的有行总署长蒋廷黻及行总代表陈广源、水利委员会主任薛笃弼、堵复工程局代表张季春。联总的代表是福兰克芮、毕范理与塔德等。

7月19日，谈判临时休会。为进一步了解解放区复堤区的复堤情况及驻开封的联总、行总和国民政府黄委会工程技术人员对堵口复堤的态度，利用休会时间，周恩来偕王笑一、成润等飞抵开封向冀鲁豫区党委书记张玺、行署主任段君毅和冀鲁豫区黄委会主任王化云详细了解了解放区复堤情况，并通报了上海会谈情况，征询了他们对谈判的具体意见。

次日周恩来又专程巡视了花园口堵口工地，会见了联总、行总的代表，参加了国民政府黄委会举行的座谈会。

7月21日，周恩来离汴飞沪，次日上午与国民党方面、联总继续举行会谈。他站在中国共产党和广大人民群众的立场上，在坚持原则的前提下，采取灵活的斗争策略，使解放区代表在谈判中始终处于主动地位。经过激烈论争，双方终于达成了协议，由周恩来、蒋廷黻、福兰克芮签署了《黄河工程协定备忘录》，其主要内容是：

（1）为修复中共区域内黄河故道堤坝，中共方面已支付的全部工料款项，水利委员会及行总同意从速由国库支款偿还。偿还之款数，须根据国民政府黄委会工程师确认的已做工程量核定。关于该工程其余部分所需之工料款数，各方同意以20亿元为最低数目。

（2）用来偿付工料之款项，已有40亿元汇至开封转交中共地方当局，另有20亿元应存入上海银行中，用来购买黄河故道沿岸中共区域所需之善后救济物资。在购物时，行总应给予协助，并提供运输工具。

（3）行总应付给中共区域复堤工人8600吨面粉，其中1/3左右面粉应经烟台等港口交给鲁东，其余部分应送往鲁西之菏泽。

（4）山东现有器材中，塔德认为可以利用的，由行总借给解放区，麻袋则捐助之。解放区如有其他意外需要，国民党方面应予以适当之考虑。

（5）因黄河堵口而受损失之人民，应获得救济及善后扶助。该项救济，每人所得之数额比例，应较中国任何其他地区为大，被迫迁离黄河旧河床之人民，无论在中共地区或国民政府区域均应一视同仁。

中共区域河床居民迁移救济款数额为150亿元。另批款项78亿元，须由技术人员及救济专家就地考察，予以确定。

同时，协议还规定：洪水期间不再堵口，应集中力量维护现已完成之各种工程。堵口工程可在9月中旬重新进行。

这时，国民党军队加紧了对解放区的军事进攻，解放区也进行了有力的反击。为了配合军事进攻，国民党当局于10月5日恢复花园口堵口。10月23日水利委员会副委员长沈百先赶至花园口督工，限令堵复工程局50日内完成合龙，也就是12月底必须让黄河回归故道。11月29日蒋介石密电水利委员会“希督饬所属昼夜赶工，并将实施情形具报”。12月6日，堵复工程局顾问熊观民赶往南京，向国防部长白崇禧报告工情，并接洽增加运石车辆等事宜。对此，蒋介石指示：“宁停军运，不得妨碍堵口运石。”堵口步伐再度加快。

为了配合口门施工，堵复工程局曾在9～10月间，在故道接近决口一段，选择较低的路线挑挖成两条引河。12月27日，为了减轻口门抢护压力，堵复工程局便在未告知解放区的情况下通过引河向故道放水，此举遭致解放区军民的强烈反对。

堵口工程一再功败垂成，让蒋介石甚为焦虑，12月29日，他电复水利委员会及堵复工程局，表示已命令各有关部队派车辆协助运石。电令发出不到5天，1947年1月2日蒋介石又亲自指示水利委员会负责人，要求堵口工程务须按照原定进度在本月5日完工，不可拖延。

堵口施工的受挫与上峰的督促，让堵复工程局承受了极大的压力，经过组织力量昼夜抢护，才使栈桥及石坝缺口先后得以恢复。但此时已至严冬季节，全河淌凌，大量冰块壅塞桥前，致使部分桥桩下陷歪斜，此后接连出险。1947 年 1 月 11 日，因河水猛涨，石坝发生冲滚、下蛰、淘坑等三种严重险情，经全力抢护，未见成效。1 月 15 日半夜，石坝中部突然下陷 4 米，全河的水集中流经这一缺口，邻近桥桩相继折断，全桥动摇。不久，石坝缺口扩宽至 32 米、深 12 米，利用平堵法堵口再次遭到失败。

对于国民党方面违约加快堵口的行径，中国共产党和解放区人民表示了极大愤慨。

1946 年 11 月 2 日，周恩来致函联总中国分署署长艾格顿和行总署长霍宝树，严正指出："政府迄未遵守协议，致使我方整理险工等工程无法进行。于下游工程未竣，救济河床居民款项毫无拨给之际，而花园口堵口则在积极进行，且国方又有限期 50 日完成堵口之命令，是预置下游千百万及河床数十万居民为鱼鳖，危险莫大于此！"他强烈要求国民政府，在下游不能进行整险施工和河床居民迁移前，应遵守历次黄河谈判关于堵口、复堤工程同时配合进行之决议，立即停止堵口工程；否则，对于堵口行动所引起的任何后果，应由政府方面完全负责。同时，周恩来呼吁联总、行总敦促国民政府，迅速拨付所欠解放区的复堤粮款及救济河床居民费用，赔偿解放区在陇海路以北地区被政府军队抢走的治河物资，并保证以后黄河工程施工时不受军事政治的影响。

11 月 19 日，晋冀鲁豫参议会冀鲁豫办事处、冀鲁豫区工农青妇联合会向全国发出通电，强烈呼吁制止蒋介石堵口。

次日，山东省参议会、山东省政府发表通电郑重声明：如国民党当局单方决定花园口堵口工程合龙放水，联总不能履行诺言，如期如数拨付解放区各项工款、物资，则山东人民生死攸关，必须采取一切可能的办法自卫。由此引起的任何事态，应由国民党当局及联总负责。

国民党方面违约堵口，也激起了国民党统治区各界人士的极大愤慨，他们纷纷通电表示抗议。

对于中共的严正交涉和各界人士的声讨，联总、行总被迫在 11 月 23 日做出回应，承诺在 1947 年 1 月拨给解放区河床居民救济费 150 亿元。但对停止堵口一事避而不谈，显然意在继续进行。

为了遏制国民党方面极力推进花园口堵口的图谋，中共在进行政治斗争的同时，采取了相应的军事措施。1946 年 12 月 9 日夜，解放区地方武装对潞王坟石料场再次进行大破袭，切断了堵口石料的供应来源。接着，刘邓大军又一次穿越黄河故道，对陇海线进行第二次大破击，牢牢拖住了国民党王敬久、王仲廉两个集团军，使其既不能打通平汉线，又不能开赴鲁南战场。随着花园口堵口工程第二次合龙的失败，国民党当局意欲借助黄河天堑围困刘邓大军的企图再度落空。

在堵口工程再次受挫和石料供应被切断的压力下，联总和堵复工程局不得不重新回到谈判桌前。12 月 19 日塔德及堵复工程局副局长齐寿安、工程处长阎振兴等，专程赶往冀鲁豫行署所在地张秋镇，与冀鲁豫行署主任段君毅、副主任贾心斋、秘书长罗士高，冀鲁豫区黄委会主任王化云，解放区黄河谈判代表赵明甫等，就堵口复堤面临的迫切问题再次进行会谈。

谈判中，赵明甫和王化云先后发言，他们用大量事实揭露了国民党当局破坏谈判协议和修堤工程的罪行，坚决主张：花园口堵口工程应推迟到第二年5月进行；解放区复堤、整险所需工款、器材应立即拨付到位；物资器材应由联总直接交付解放区，以免国民党当局故意阻碍；按堤线长度分配工款，解放区应得200亿元，由堵复工程局与解放区结算。

对此，塔德等人虽然口头上表示同意，但言词含糊，双方最终未能签订协议。

为了让解放区人民提高警惕，加强自卫自救，这次会谈后，冀鲁豫区黄委会主任王化云对解放区新闻界人士发表了谈话，指出：此次张秋会谈，没有任何结果。究其原因，就是国民党当局不是要治好黄河，使冀鲁豫人民免于灾难，而是要把黄河作为他们进攻解放区的第二路大军。所以我方虽一再让步，委曲求全，在堵口复堤问题上，我们仅要求给以复堤时间；在复堤问题上，仅要求合理分配工款，以便我们赶修堤防，救下游故道人民出危难。然而，这一最低限度的合理要求，终被国民党方面所拒绝。至此，我们可以断言：他们这一次来谈判，不是要给人民解决什么问题，而是想进一步麻痹人民，在猝不及防之际，把黄水放过来。其毒辣之计，已昭然若揭。因此，沿河人民要以高度的警惕性，加强自卫自救，粉碎国民党当局这一罪恶阴谋。

张秋会谈后，花园口第二次堵口合龙仍在加紧进行，故道已于12月底过水分流，黄河随时都有可能归故。

鉴于形势发展日益严峻，中共中央派饶漱石为代表与联总驻北平军事调处执行部代表蓝士英、联总驻华卫生专员卜敦、联总工程顾问塔德、联总中国分署河南区代表韦士德等人一起，专程赶往晋鲁豫解放区首府邯郸。在这里各方于1月3日再次举行黄河问题会谈。晋冀鲁豫边区政府负责人滕代远、戎伍胜，冀鲁豫解放区驻国民政府黄委会代表赵政一等参加了这次谈判。

解放区代表对国民党方面违背协议、破坏下游复堤及单方面放水的行为进行了抨击。随后，戎伍胜提出了三项要求：①第一期复堤工款拨了60亿元，而解放区已实支109亿元，应补发差额49亿元；②河床居民迁移费，已允准的150亿元应迅速拨付，其余70多亿元仍须照发；③合龙放水，必须推迟到当年5月底或6月初，解放区保证在5个月内完成修堤工程。最后他向联总人士呼吁：国民政府忽视复堤、加快堵口，联总对此必须加以制止；否则，解放区人民将采取一切办法奋起自救。

此时，塔德虽然认为再等两三个月堵口，工程费用更大，但在会上迫于各方面的压力，只得同意尽快办理复堤工款和河床居民迁移费拨付事宜，并先将流入黄河故道之水堵住，不让再流。

在邯郸会谈的当日，中共代表董必武在上海致函联总中国分署署长艾格顿及行总署长霍宝树、水利委员会主任薛笃弼，严正申明了我党和解放区人民的立场，强烈谴责国民党当局置下游千百万人民之生命财产于不顾，撕毁协议，破坏复堤，擅自堵口放水，实施军事阴谋的卑劣行径，提出要对国民党当局一手酿成的这场历史惨剧追究责任。

1947 年 1 月 8 日，中共中央书记处书记周恩来在延安发表严正声明。要求联总“在黄河堵复问题上采取公正而正确的态度，立即制止国民党政府目前堵口放水的行动”。国民党政府和行总应依照过去协定，立即拨付解放区应得的全部工粮、机器、工具、工款、运输及河道居民的全部救济费，并必须在复堤、整理险工、裁弯取直全部工程完成之后，才能堵口放水。国民党政府如不接受上述要求，联总有权停止对国民党政府的一切救济，将花园口堵口工程所用的机器、工具、船只及运输器材等全部撤走。

董必武和周恩来的严正态度，促成了上海的再次会谈。1 月 11 日，艾格顿、塔德与解放区代表伍云甫、成润在上海就当时的紧张形势再度磋商。

会谈中，塔德认为从目前工程情况看，下游故道 3 个月内可无水灾危险。整理险工方面，估计 10 万人 2 个月内可以完成，并说当地人民对于复堤整险工程有经验，只需送去器材和仪器就行。言语之间，根本无意立即停止堵口。伍云甫、成润坚持认为，下游复堤、整险短期内完成有困难，堵口合龙应延迟 5 个月，目前应停止堵口施工、停止向故道放水。对此，艾格顿态度暧昧，仅表示堵口放水延期 3 个星期可以，但停止堵口是不可能的。最后因双方无法达成一致意见，艾格顿提议以后再考虑解决办法，会谈无结果而散。

根据堵口合龙日益迫近的紧急形势，几经商酌，解放区代表董必武和伍云甫、林仲，与联总、行总、水利委员会等方面的代表薛笃弼、霍宝树、向景云、艾格顿、毕范理等人于 2 月 7 日在上海又进行了谈判。

由于国民政府尽快合龙的方针已定，这次会谈只达成了部分协议，即堵口工程已被冲毁的部分可继续进行，同时加紧抢修下游河堤工程及救济河道内居民工作；具体合龙日期看下游抢修工作及合龙工程需要，由水利委员会、联总、行总与解放区方面会商确定；联总、水利委员会与解放区工程技术人员组成协同救济队，携带器材进入解放区进行勘察复堤及办理救济工作；水利委员会在日内先拨付 40 亿元转解放区作为复堤工程费。

这次上海会谈，虽没能达成全面协议，但在一定程度上促成了解放区复堤粮款问题的解决。之后，国民党当局即日夜不停，加紧实施堵口工程。

（九）黄河回归故道

为了及早完成花园口堵口工程，在第二次平堵失败后，国民政府军政大员们纷纷前往堵口现场察看、督促。

1947年1月16日，国民党军参谋部长陈诚与陆军总司令顾祝同抵达花园口视察堵口工程。18日，水利委员会副主任沈百先致电堵复工程局，内称："主席（指国民政府主席蒋介石）垂询，饬局长督率员工拼力赶堵。"27日，陆军副总司令范汉杰亦抵达花园口工地视察。

在军政当局的压力下，1月28日水利委员会主任薛笃弼率工程技术人员奔赴花园口，连续召开会议研究堵口措施。薛笃弼强调指出："堵口事宜关系重大，蒋介石'垂注其殷'，堵复工程局应务必在桃汛前完成堵口合龙工作，如工款超出预算，另行追加亦在所不惜。"会议检讨了接连出事的原因，决定在平堵的基础上采用立堵法合龙，并调集6万多民工进行施工。

为了确保这次合龙万无一失，堵复工程局采取了加固拦河石坝、增挖引河、加筑挑水坝、盘固坝头等措施，为最后合龙做了扎实的准备。3月8日，堵口合龙开始，采用抛柳石枕的办法合龙。

这时遇到的主要技术问题是：合龙时，柳枕坝上下游水面差由1米抬高到4米，坝体下游水如瀑布，跌塘深阔，如何避免柳枕坝和金门占下蛰出险？针对这个问题，堵复工程局决定，采用三道柳枕坝推进合龙，施工时三道坝同时并进，互相配合，让位于下游的两道坝各抬一半水头。这样口门下游不致冲成深塘，可保证坝体稳定。

解放区对于花园口堵口工程违约合龙给予了密切关注。3月13日，解放区代表伍云甫就国民党方面违背上海协议精神，未经协商就擅自合龙一事向艾格顿等提出抗议，要求立即停止堵口合龙。次日，艾格顿即向薛笃弼提出质问，要其解释为何堵口工程在加速进行，而与中共代表举行协商之事却未见安排。对于艾格顿的质问，薛笃弼当时未予答复。花园口堵口工程，就这样在解放区代表和联总代表的抗议、质疑声中合龙了。

黄河归故之后，滚滚黄河重新东流，首当其冲的是解放区尚未来得及迁移的河床居民。据不完全统计，冀鲁豫和渤海两解放区被淹村庄达341个，淹没土地52万余亩，大批群众的生产、生活一时陷入窘境。

陡然而至的洪水，也给解放区的修堤防汛工作带来严峻的挑战。对此，早在花园口合龙前夕，解放区政府已经未雨绸缪，制定了相应的对策。1947年2月8日，山东省河务局、渤海区修治黄河工程总指挥部联合下达指示，命令各县立即抓紧抢修险工，并对堤防进行普遍检查，发现水沟浪窝及时填垫，堤防加高工程未完工地段，须在春暖前继续完成。3月11日，冀鲁豫区黄委也在东阿县郭万庄召开黄河治理工作会议，对故道复流后的黄河治理事宜做了部署，会上第一次明确提出了"确保临黄，固守金堤，不准决口"的治河方针，得到了与会代表的一致同意，第一个人民治理黄河方针就这样应运而生了，它极大地鼓舞了解放区人民投身"反蒋治黄"斗争的热情，为争取这一斗争的胜利发挥了重要的激励作用。

根据这些部署，解放区政府在黄河归故后立即组织群众投入到修堤防汛工作之中，同时，强烈声讨国民党当局违约合龙的罪恶行径。

1947 年 3 月 25 日，中国解放区救济总会主任董必武发表声明，指出：蒋介石政府在大举进攻延安的同时，为配合其在黄河故道南岸作战，竟不惜用黄河堵口办法，企图水淹故道及两岸数百万居民，以遂其军事上隔断我解放区的目的。为此，董必武代表解放区受灾人民向世界呼吁：严厉谴责蒋介石政府撕毁历次黄河协议、违约合龙的罪行。要求联总停运一切救济物资给行总，并撤回一切参加黄河工程的技术人员及器材，救济物资直接送给解放区，救济黄河故道受灾居民。

对于解放区的声讨，国民党当局进行了极力狡辩。不久，国民党方面以堵口基本结束为由，下令断绝与冀鲁豫解放区的电报联络。5 月 17 日，国民政府行政院发出第 1826 号训令，正式宣布与解放区驻开封代表断绝联系。随着花园口堵口工程的竣工，国共双方围绕黄河归故问题展开的纷争，就这样落下了帷幕。

黄河归故谈判是解放战争时期的一个重大事件，为当时全国乃至全世界所瞩目。国共两党在黄河归故问题上的斗争，中共取得了多方面的重大胜利，在中国现代史特别是黄河治理史上写下了浓墨重彩的一页。

在政治上，通过有理有利有节的谈判斗争，使国民政府在谈判桌上不得不接受复堤尤重于堵口、堵口不能先于复堤的原则，从而为解放区复堤整险赢得了时间。黄河谈判斗争，从开封首次会谈到上海协议的签订，这期间解放区的斗争方针主要是推迟堵口，争取时间进行复堤。从张秋、邯郸会谈到花园口堵口合龙，这期间，由于国民政府背信弃义，一意孤行，加紧进行堵口工程，解放区的工作重点便随之转向揭露敌人，以全国人民舆论的力量和解放区复堤整险、自卫自救的斗争来反对国民党当局的倒行逆施。整个谈判斗争，为中国共产党和解放区政府推迟堵口进程，争取时间抢修堤防，揭露敌人阴谋，保护人民利益，夺取黄河归故斗争的重大胜利，起了重要作用。

在军事上，通过黄河归故斗争，揭露并粉碎了国民党政府“以水代兵”的阴谋，为冀鲁豫解放区开展自卫战争创造了有利条件，为刘邓大军突破黄河天险，揭开我军战略进攻序幕奠定了基础。解放区军民在坚持政治斗争的同时，也加强了军事斗争。两次对新乡潞王坟石料厂的成功破袭，切断了花园口堵口的石料来源，迟滞了堵口合龙进程。刘邓大军也利用花园口两次合龙失败的时机，大踏步地穿越故道进击陇海铁路沿线，大量歼灭国民党军队的有生力量。而当花园口终于合龙时，双方的攻防之势已变，人民军队已处于大反攻的前夜，国民政府策划的“以水代兵”企图也就彻底失败了。

在救济物资分配方面，通过黄河归故斗争，捍卫了解放区人民的正当权益，为故道沿岸群众争取到了一定数量的复堤粮款和救济物资。据冀鲁豫解放区统计，全区共接收复堤工款 100 亿元、河床居民救济费 150 亿元、面粉 500 吨、汽车 18 部，其余还有铁锹、麻绳、铁丝网等大量物资，为修复故道堤防、救济受灾群众提供了重要保障。解放区军民的正义斗争，也得到了联总内一批国际和平战士的同情和支持。1947 年 1

月上旬，加拿大人夏理逊大夫一行，带领着装载30吨医药物资、20吨纺织品的联总车队到达冀鲁豫解放区张秋镇，他们一路上历经千辛万苦，受尽了国民党军队的百般刁难。由于极度疲劳，身体虚弱，数病并发，夏理逊不幸病逝在张秋医院。解放区民众闻此噩耗，悲痛万分。冀鲁豫行署将他厚葬，举行了隆重的追悼大会。

在黄河治理事业发展方面，通过黄河归故斗争，解放区建立了黄河治理机构，培养了大批领导骨干和技术骨干。当时有不少军政干部被组织选调到治河机构担任领导工作，如王化云、张方等，他们起初不熟悉黄河治理工作，但通过实践的锻炼以及刻苦的钻研，而后成为精通黄河治理业务的领导骨干。为了完成修堤、整险、测量等艰巨任务，冀鲁豫区黄委会及各修防处、段，均想方设法选调、聘请了一些水利技术人才。在人民治理黄河初期，这些技术人才对于促进各项业务工作的开展发挥了重要作用，并在黄河治理实践中逐步成长为不同层次的技术骨干。

（十）组织机构的建立

1946年2月，国民政府黄委会组建了花园口黄河堵口工程处，后改为花园口堵口复堤工程局（简称堵复局）。开始由国民政府黄委会委员长赵守钰兼任局长。8月，改由朱光彩接替局长职务。堵复局下设7个总段、5个材料厂、6个转运所、6个水文站、1个测量队和1个电讯所（见附表4）。

附表4　黄河水利委员会黄河堵口复堤工程局机构设置一览表

机构分类	单位名称/驻地	机构分类	单位名称/驻地
总段（7个）	花园口堵口复堤总段/花园口	转运站（6个）	郑县转运所/郑县
	河南南一总段/郑县东赵集		广武转运所/广武
	河南南二总段/开封南北店		潞王坟转运所/新乡潞王坟
	河南北一总段/武陵县占店		汽车转运所/花园口
	河南北二总段/封邱县荆隆宫		帆船转运所/花园口
	河南沁河工程总段/武陵县占店		人力畜力转运所/花园口
	河南铁谢工程总段/孟津县铁谢	水文站（6个）	陕县水文站/陕县
材料厂（5个）	潞王坟石料厂/新乡潞王坟		花园口水文站/花园口
	黑石关石料厂/巩县黑石关		尉氏水文站/尉氏
	郑州材料厂/郑县		洛阳水文站/洛阳
	东坝材料厂/花园口东坝		界首水文站/沈丘
	西坝材料厂/花园口西坝		龙门镇水文站/洛阳
其他（2个）	第十一测量队/郑县常庄		
	电讯所/花园口		

配合堵复局工作的还有联合国善后救济总署、行政院善后救济总署、河南省善后救济分署、河南省社会处、河南省卫生处等机关。

（十一）购集料物

为收集堵口工程的所需料物，首先由河南省政府及社会团体组成黄河堵口复堤河南省工料招购委员会。1946 年 5 月 5 日在郑州举行会议，由省府、省国民党党部、省参议会、救济分署及黄委会堵复局各派代表，第一、二、四、五、十、十二各专区行政专员兼委员，会议决定秸料 1000 万千克、柳枝 15 万千克，由第一、四专区分配各县代购；木桩 40 万根，由第五、十、十二专区分配各县代购；复堤民工 10 万人，由五个专区各分配 2 万人，堵口 1 万人，由第二专区完成。

会议还决定：

（1）料价：秸料每千克 120 元，柳枝每千克 80 元，1.5 米木桩（梢径 7 厘米，平均重 3 千克）每根 600 元，2 米木桩（梢径 10 厘米，平均重 7.5 千克）每根 1200 元，3 米木桩（梢径 12 厘米，平均重 20 千克）每根 2400 元。

（2）运费：重车每 50 千克每里 12 元，空返时每里 8 元。

（3）各区县代购料物办公费：按代购料价及运费总额的千分之五发给。

（十二）民工组织及管理办法

（1）到工旅费：每人发面粉 1.5 千克，路程超过 20 千米者按超过里程每千米加发 20 元。

（2）土工工资：运距 50 米以内者每立方米 650 元；51～100 米者每立方米 900 元；100 米以上者按此级增加。物价波动时，随时调整单价。同时每人每日配售面粉 1.25 千克，每千克扣工资 240 元，共扣 300 元。

（3）病工、误工津贴：因雨或因病整天不能工作者，每人每日照发面粉 1.25 千克，不扣款项。

（4）食宿：距工地 5 千米之内民工自理，5 千米以外之民工，由该管理工段就近借用或租赁公、私房屋居住。不敷用时，每小队发芦席 35 条、柳杆 35 根、麻 0.5 千克，自行搭盖窝铺。炊具自带。

（5）医药卫生：由河南省善后救济分署或省卫生处派员办理，药品由分署配发。

（6）编组：每 35 个人编为一个小队，选举小队长 1 人，每 5 日结账 1 次，领款、领面、办理手续，每县派大队长 1 人带领工作。

（7）工具：自带。各小队至少应备小推车 12 辆或抬筐 12 副、铁锹 15 把。如果损坏，各队随时自行补充更换。

（8）领工人员办公费：各县所需办公费，按民工人数补助。补助标准是每千人每月 4 万元。

（十三）花园口堵口施工过程

花园口堵口工程分为五个阶段。

第一阶段，1946 年 3 月 1 日至 7 月 5 日，历时 4 个月，用塔德（美籍联总代表）

的办法：架桥抛石平堵，以失败告终。堵复局局长是国民政府黄委会委员长赵守钰，中国总工程师是陶述曾。

堵口工程于1946年3月1日开工。交通部彰洛段工程处修建从平汉铁路广武车站到花园口的铁路。铁路局拨大批列车赶运器材和粮食。行总到工地发放面粉，派卫生队办理环境卫生和医务。联总派工程顾问塔德率领十几位工作人员前来工作（并带有桥梁材料、木船、汽车、推土机、开山机、钢轨、斗车、汽油和修理机械）。

3月10日，上工工人有1826名。4月23日，增加到12183名，最多时达到15000名。

由于各方通力协作，工程进度较快（见附图3）。

附图3　黄河花园口民工在夯实堤坝（1946年）

（1）西坝新堤：沿滩东筑800米，高8米，顶宽20米，背坡1∶3，临河厢修护埽4米，埽顶低于堤顶3.5米，埽底低于滩面0.5米。护埽以外加修1∶1.5柳石坦坡，坡脚外厢铺石排。共用土250677立方米，护埽169941立方米，柳石护坡14550立方米，柳石排12744立方米。

（2）护堤坝：新堤之外筑5道护堤坝，坝长60米，用土23510立方米。

（3）护坝坦：护堤坝之外修筑7个坦，用以护坝，计174492立方米，柳石护坡984立方米、柳石排70560立方米。

（4）广花铁路：筑至西坝头，运输潞王坟和黑石关的石料。

（5）东坝裹头：平均宽30米、高12米、长60米，护埽3段，各长20米、宽2米、高10米，裹头及护埽皆加镶柳石护坡，共计占下17850立方米、埽28000立方米、柳石护坡9160立方米。

（6）东坝新堤：东坝头以下旧堤原被冲断，修复长1150米，顶宽20米，坦坡均为1∶3，土方76660立方米。

（7）浅水占工：西坝新坝以下接修埽占，长355米，并盘镶裹头，长20米，为西桥头坝。裹头宽20米，占宽10米，占顶低于堤顶3.5米，背溜帮修戗堤，高9米，顶宽20米，边坡1∶3，迎溜加修1道坝，长60米、高13米，顶宽10米，以上秸占34291立方米、土138298立方米、柳石坡22563立方米。

以上工程至5月中旬基本做完，这时对深水区透水石坝的施工发生了争执。中国共产党和下游人民力争先复堤后堵口，坚决反对汛前打桩抛石，联总代表塔德于5月18日在南京会议上声明堵口如果停工则器材停给。这时张季春提出一个折中方案：大汛前把木桥修成，透水石坝只抛2米高，使汛水分流，下游复堤恢复到战前旧状另加高0.5米，沿河险工抢厢秸埽。但塔德仍要7月15日堵口成功，至少有3/4的水回归故道，于是分流计划分头执行，中国工程师担任浅水部分工程的加强和东西坝头的盘筑，联总工程师担任深水部分的造桥和筑坝。塔德亲自向联总支款在上海购办全部桥工器材，由美籍工程师监造，只要造桥成功，石坝抛筑的高低即可由他决定。

深水部分的河槽很平，中间深水处也只有5米，造桥工作进行顺利。5月20日举行了打桩开工典礼，6月21日完工。共打桥桩124排。排距3.5米，每排4桩，桩距3米，一律高出水面4米，桩长12～20米，入土7～12米，各排均用斜撑与25毫米铁螺丝联结，上架横梁，长10米，再加纵梁4对，长7米，横铺桥板，敷设轻便铁轨两道，用28辆抛石车往返运送，日抛250立方米。

但这时运到的石料只有1万多立方米，不够护桥使用。6月29日伏汛又到，流量由1000立方米每秒涨到4800立方米每秒。口门刷深到10米，水面升高2米多，桥桩动摇。次日，东头的桥桩被冲走4排。虽大力抛石护桥，仍不济。7月15口，水又涨到6000立方米每秒，东边的45排桩全部被冲走了。平堵至此彻底失败。因而社会舆论斥责日甚，兼任局长的赵守钰也只好引咎辞职。8月即由朱光彩接替局长职务。

第二阶段，自1946年7月初至9月底，历时3个月，正当伏秋大汛之际。洪水流量一直保持在6000立方米每秒以上，最高达到16000立方米每秒，口门刷深到18米，无法加强桥桩基础，所有埽、占、丁坝时常抢险，还要抛石加护所剩桥桩，保护半截潜水石坝和口门河底，控制流量分行故道。但由于潜水石坝的挑水作用而顶冲东坝，坝头不断崩陷。日夜用柳枝和秸料加高，并压土抛石抢行保护，把仅有的1000多万千克柳枝和所存石料用完，又把20千米内的险工备防石料挪用了10000多立方米，才安渡汛期。但这半截石坝给汛后复工带来了很大困难。

汛前堵塞计划失败后，行政院水利委员会又限期12月底水归故道，复工日期又由9月中旬推延到10月初。

第三阶段，自1946年10月初至1947年1月15日，历时3个半月。时值冬季，水深溜急，这是堵口工程的困难时期。

10月5日复工后的主要工作是：

（1）在口门下游350米与旧桥平行处另建新桥，作为拦溜大坝，以改善口门水位比降，前后两道同时进堵，以分散水力。桥长400米、宽12米，桥面高程为93.0米（大沽标高）。桥桩81排，每排4根，排距5米。打桩前先做20米宽的柳排护底。桥成后均匀抛填柳石枕与块石。只因材料不敷，半途而止。

（2）由口门西桥头斜向东南修筑新堤一段，长约450米，其构造与浅水占工程相同，此堤与新桥堤、旧桥补桩时一并放弃。

（3）在口门上游东西坝前修筑透水柳坝，使口门缓流，河底淤高。东坝长100米，西坝长150米。

（4）9～10月在故道低处挖成引河两道，各长16千米，深2.7米，底宽20米。

（5）新桥滞修再建旧桥，首先需要补打桥桩45排。补桩地段长180米，河水集中流过，流速4.7米每秒，水深8～18.3米。至10月底，只从西向东打了12排，东坝头大溜顶冲，打不成。用透水柳坝逼溜西移，也未成功。在东坝前强行打桩，只打了3排，便被激流冲断了1排。

从东坝头用柳枝捆厢进占，一占未成，就被激流冲走了，搭建浮桥时，因水深溜急，难以下锚，在上游打系船桩，桩被冲走，连打桩船也冲翻了。

至此已经到了11月底，最东边的20多排桩还是无法补打，已经补打的桩，因激流淘刷，也难以维护。

尤其是石料不足。旧桥透水石坝需要20多万立方米的石料，铁路每天只能运1200立方米，按此计算，1947年4月中旬才能运完。11月初，工地存石不足1万立方米，而旧桥备防石却需5万立方米，石料不足，问题无法解决。

11月底，决定先用柳石枕填平深河，逼溜西移，再行平堵。12月15日，东坝头向前推进了80米，都高出水面，均能补打桥桩，而且只用了5000立方米的石料即代替了原计划的20万立方米，从而坚定了信心。

同时东西两坝补桩造坝，全桥修成时，已延长护桩坝至90米。这时，桥上抛石平堵。3列小火车在5条平行轨道上奔驰，每10分钟一列车。桥的中线和两边昼夜测量水深，发现凹处，即运石填补。工程师们全体出动，分班指挥，把每次测量都画成纵断面图，据以决定抛石工段。

12月27日，上游水面抬高1.2米，趁西北风势，开放引河。只因入水口较高，下泄不畅（分流不及10%），作用不大。

1947年1月11日，坝前水位抬高3米，石坝上下游相差2米多，流量又由900立方米每秒涨到1310立方米每秒，坝顶及下坡脚石块被冲走，再加土质尽属流沙，3米高的石坝又发生蛰陷。尽管急抛铅丝笼补凹加高，但仍难奏效，还有蛰动。15日夜半，溜急水壅，陡陷4米缺口，桥桩被冲断一排，小火车不能通过。小铅丝笼在缺口处站不住，大铅丝笼又抛不及，缺口扩大，桥桩断折，3天毁掉8排，缺口处深达12

米、宽 32 米，上下水位差降为 1 米左右，潜水坝露出水面，冬季平堵又告失败。

在失败面前，局长朱光彩愧不欲生，经水利委员会委员长薛笃弼亲往视察，总结经验后，才变更了堵复方法。

第四阶段。两次堵复失败后，第三次堵复计划定为 1947 年 3 月 15 日桃汛以前合龙。施工方法改为传统的捆厢进占立堵法，在平堵失败的基础上，采用此法获得了成功。

针对拦河石坝拦洪时出现的冲滚、下蛰、淘坑等问题，堵复局决定：

（1）正坝：先在东西两坝前，抢修埽段，巩固坝基。具体做法是：在石坝上游一边帮宽 10 米，层柳层石，压入泥面以下，防止淘刷坡脚，在石坝上也以层柳层石加高，使其高出故道河床 2 米。

（2）边坝。在正坝下游 30 米处进占修筑，宽 10 米、高 10 米，预计 49454 立方米，边坝下游一面浇筑后戗；侧坡 1∶3，需土 421712 立方米，两坝之间浇填土柜，需土 56079 立方米，加高整个边坝，使其与新堤顶同高，需土 102763 立方米。

（3）挑水坝。在上游 100 米外修筑。并接长第六坝（原浅水占工迎溜面加修的 60 米长坝）。两坝挑溜后，可减轻对口门的冲击。

（4）引河。原有 2 条，再加修 4 条，底宽 60 米、深 3 米、长 2000 ~ 3000 米。通过河南省政府用重奖办法“代雇”16 个县的民工 20000 人挖引河，结果到了 28000 人，包工队也到了 12000 人，加上原有的工人，堵口工地约有工人 50000 人以上，因此工程进度很快。

重奖方法是：由 16 个县的县长亲自带工督修，成绩最好的县长晋升为专员。征工最努力者，按该县工价 10% 的金额奖励给县长。征料最努力者，按该县总价 2% 的金额奖励给县长。民工完成任务后，以“超工”帮助他县者，工资加倍，如帮工完成后又帮助他县者，谓之“超超工”，工资再加倍。

“重赏之下，必有勇夫”。原计划 2 月 5 日开挖，3 月 10 日完成，3 月底合龙。因行重奖，成效显著，2 月 20 日已全部开挖，3 月 6 日即基本挖成，7 日清底验收，质量合格。

两坝筑成后，留中距 32 米，称为“金门”。“金门”两端盘筑“金门占”，它是用柳石枕和大铅丝笼做成的，十分坚固。

正边坝、挑水坝、金门占、引河均于 3 月 7 日以前完成了。从堵口工作量来说，即已完成十分之九。但“合龙”工程却是堵口工程中最紧张、最关键的项目，此时此刻分秒必争，任何情况不得稍懈，否则将会前功尽弃。

8 日流量 800 立方米每秒，并陡起西风，立开引河，约分全河流量的 2/3 以上。此时，金门上游的一道浮桥和金门上空的两道悬桥都已完成，正好运料。两坝头各分为 3 组向金门推枕合龙，使金门水成 3 级跌落。至 12 日 7 时，金门仅余 4 米，上口约 10 米左右。这时，西金门占上角稍有滑垫。坠断第一组柳石枕绳缆，下游两组柳石枕受压后绳缆亦断，3个组抛出水面之柳石枕同时下垫入水，金门形势立变险恶，使东二组和西二组工人略感胆怯，稍停几分钟。后经探摸水下柳石枕，并未冲走，才又继续抢险施工。

为防金门占再生滑蛰，第一组改抛5米长大铅丝笼，不用绳缆系挂，第二、三组改推25米长的大柳石枕，以求稳妥。

随着金门的缩小，上游水位不断抬高，引河过水量也相应增加。至14日夜，水位几与故道河床相等，引河冲刷加剧，金门水势大减。15日凌晨3时50分，第一组铁丝笼合龙，6时，第二、三组的大柳枕也合龙了。

至此，历时8年又9个月的改道局面结束了，从而使黄河回归故道，揭开了解放区人民治黄的帏幕。

第五阶段。此次在拦河石坝上，以笼枕合龙基础较好。但埽底不清，渗漏严重，遂做以下闭气工程：

（1）在金门上口厢做门帘埽赶修前戗。

（2）在上游20米处厢做边坝，以御风浪。

（3）在正坝与边坝之间浇填土柜，闭气断渗。

（4）1947年3月20日，门帘埽与前戗土柜完成，已无渗漏；至26日，边坝筑成后随即加高堤身，加强埽坝，到5月底全部堵塞，即行报竣。

（十四）工程概算及工料器材概算

花园口堵口工程原预算为232.12亿元（是按1946年5月初的物价估拟的）。嗣后，物价上涨，工程项目又多增改，故在1947年1月，又追加165.76亿元，合计为397.88亿元。其中：工程费337.20亿元，工程预备费18.05亿元，行政管理费42.63亿元。

全部工程为13个月，使用人工总数为317万工日，发放工资72.56亿元，配售面粉331.25万千克，完成堤坝土方88万立方米，开挖引河156万立方米，其他土方57万立方米，合计301万立方米。

国内器材物料使用数量为：柳枝收购5062.5万千克，秸秆收构2065万千克，黄料收购65万千克，木桩收购21.2万根，片石开采20万立方米，麻及麻绳购运111.75万千克，草绳购运83.5万千克，铅丝购运14.4万千克，铁锚购运675个。

截至1947年4月20日，联总运来水土器材59列车，约14000吨，除拨交复堤使用500吨外，其余全部用于堵口工程，共支出250万美元，兹列种类、数量如下：

（1）重型工作机具60余种，主要有曳引机（拖拉机）14台、平路机（推土机）2台、打桩机2台、压路机6台、起重机2台、气压机17台、电焊机、机械修理车、抽水机、工具配件等。

（2）交通工具40余种，主要有小火车头4台、卡车29辆、大小吉普车40辆、枕木、钢轨、斗车等。

（3）油类20余种：汽油15万加仑、柴油6万加仑、各种润滑油8000加仑。

（4）照明设备：大小发电机11台、电石灯65台、工具零件20余种。

（5）建筑器材与工具：木板、帆布、铁皮、工匠工具等230余种。

（6）土石方工具和物料如炸药、雷管、引线、洋镐、大锤、铁锹以及手用工具零件等。

（7）其他：水陆两用艇2艘、大木桩1135根、钢丝网235卷。

三、决堤后果

当时正值黄河上游的雨季，奔泻而下的滔滔黄河水，历时4天4夜，淹没了中牟、尉氏、扶沟、西华、淮阳等地，又经颍河、西淝河、淮河注入蚌埠上游的淮河，淹没了淮河的堤岸，冲断了蚌埠附近的淮河铁路大桥。蚌埠向北经曹老集至宿县，也都成了一片汪洋。黄河汇入淮河，东入洪泽湖，经界首进入运河，沿运河南下进入长江，流入东海。整个黄泛区由西北至东南，长达400千米，流经豫、皖、苏3省44个县5.4万平方千米的地方，严重受灾面积13000平方千米，给这一地区的人民生命财产造成了无法估量的损失。

据不完全统计，河南民宅被冲毁140万余家，淹没耕地936余万亩，安徽、江苏耕地被淹没1100余万亩，倾家荡产者480万余人。89余万老百姓葬身鱼腹，1250万人流离失所，并且造成了此后连年灾害的黄泛区。黄河水泛滥，在军事上形成了广阔的大片地障，给日军的西进造成了困难和损失，日军的进攻被迫停止。位于黄河泛滥区中心的日军，其来不及撤走的车辆、火炮、坦克、战车等辎重武器设备等，均沉入水底，不少人员、马匹被水冲走。在黄泛区东岸的日军迅速后撤，到达平汉路新郑附近的日军就地组织防御和空投补给。华中日军第13师团也从淮北涨水地区撤至淮河以南。华北日军组织紧急援助，解救被困部队。由于花园口决堤，日军机械化部队南犯行动受阻，辎重弹药损失较大。

日军约4个师团陷于黄泛区，损失2个师团以上，很多无路可逃的日军官兵爬上老百姓屋顶，可那些泥糊的民房根本经不住洪水的浸泡冲刷，房屋垮塌，日军纷纷落水，淹死上万人。日军大本营原定的以淮河水运为后勤补给线、日军主力由北方进攻汉口的作战计划破产，日军不得不改变作战路线，岌岌可危的郑州防线解了围。延迟6年，日军于1944年4月才攻占郑州。

破堤而出的黄河水不仅淹没了中原战场，也在日本国内引发一场“地震”。东京皇宫紧急举行的“御前会议”被一种前所未有的悲痛气氛所笼罩，身穿制服的将领个个如丧考妣，全体内阁成员向脸色铁青的天皇叩头谢罪，“花园口事件”第一次重创了日本朝野狂妄的战争信念。

日本华北派遣军狼狈逃离黄泛区，退回开封以东地区，放弃了从平汉线进攻武汉的计划。他们退守到徐州后，南下到蚌埠，过淮河，再到合肥与日军其他部队会合，从长江北岸又开始进攻武汉。1938 年 10 月，武汉失守。花园口决口终究没能挽救武汉失陷的命运。但黄河改道还是为蒋介石争取了喘口气的时间，日军的快速进攻受挫，武汉暂时解除战争警报，国民政府所有的战略部署和撤退都变得从容不迫。蒋在珍因决堤花园口而成为功臣，国民政府授予他青天白日勋章一枚，奖金 3000 元。

毛主席视察黄河记*

一、兰封一夜

1952 年 10 月 29 日，霜降节过去五天了。

黄河沿岸的人们，又一次胜利地结束了与洪水的斗争，我们缓了缓气，又着手紧张地赶制彻底征服黄河的计划。这天下午我们提前 10 分钟赶到河南省委去开会。这时，除了我们，会议室里还没有别人来，我们把根治黄河计划的示意图钉到墙壁上，等候着开会。

墙上的挂钟已经指向 1 点 40 分，开会的时候早已到了，还不见省委的同志来。我们都有点纳闷：平常省委都是准时开会，今天出了什么事？我们猜测着，一会儿秘书长韩劲草同志来了，一进门就说："你们早来了，对不起。今天省委有一件要紧的事，这个会改期再开。你们回去吧，化云同志留一下。"

随后，一位秘书同志请我到省委书记张玺同志的办公室去。一进门，就看见郑州铁路局耿副局长也在那里。我问：什么时候到的，吃饭了没有？他回答说：刚到，还没有顾上吃饭。看他那样子很忙。我们说着话，张玺同志和吴芝圃同志进来了。耿副局长说：早晨刘局长来电话，说有几位中央首长来看黄河，今天下午可能到兰州，要我向省委报告一下。我问：谁来了？张玺同志回答说，省委也不知道。大家就商量如何安排这一件还不十分清楚的重大事情。我心里在想，莫非是毛主席来了？

3 点 40 分，我随着张玺同志、吴芝圃同志、陈再道同志到了车站。铁路局为我们准备的小电车已经在第一站台等候。电车一出站就用很快的速度向东方奔驰，马达和车轮摩擦着铁轨发出了轰轰隆隆的响声，两旁树木茂密的村庄，打谷场上忙碌着的人群，一排排地闪过去。这些大平原上美妙的景象，并没有打断我对这一个突然事件的

---

*选自《王化云治河文集》，黄河水利出版社，1997 年 6 月第 1 版。

揣测。5 点多钟到了兰封。耿副局长把我们带到了车站上一间房子里休息，等待着从东方驶来的列车。

忽然，耿副局长从外面跑进来说：毛主席的专车就要进站了！立时，我的心砰砰地跳动起来。整理了一下衣服，随着他们跑出去，张大了眼睛向东方瞭望。一会儿，专车缓慢地、安静地停到了站台。郑州铁路局刘建章局长从车上走下来，把我们带到车上会见了罗瑞卿部长、滕代远部长和杨尚昆同志。

张玺同志说：今天我们想请主席住到开封去。

罗部长回答说：这个不必提了。主席怕打扰，原来不让通知你们，我们商量着还是临时告诉你们一下好。主席今天在徐州游了云龙山，很疲劳了，已经休息了，让我转告你们，今晚不见你们了，明天早晨请你们吃饭。

这时专车已经离开车站，驶进了兰坝支线。

列车员给我们找了一个房间，还给我们送来了开水和卧具。我喝了一杯开水，躺在卧铺上，怎么也睡不着，脑子里好像演电影，毛主席的形象，黄河的事情，一幕过去接着又来了一幕。1 点、2 点，一会看一下手上的表，仿佛今天的夜特别长。一看 4 点钟了，赶快爬起来找耿副局长商量明天的事情。

我走出车厢，天空里闪耀着繁星，觉着身上有点冷。用手摸了一下，啊呀！原来身上还是穿着一套单制服。可是，在我这一生中，这一个最光荣的日子里，我的灼热的心，使我忘掉了疲劳和寒冷。

二、在农村里

10 月 30 日。专车停在兰坝支线上。

太阳从东方升了起来，天空里显得特别晴朗，真是个秋高气爽的好日子。6 点半钟我们都集聚到专车的客厅里。

一会儿，一位秘书来说主席下车了，我们都离开客厅走出车去。我看见毛主席向西北方向一个小村庄走去。这个村庄距专车有一二华里，一会就到了村边。毛主席在村边打谷场上和一位中年的农民亲切地谈话。我们赶上去向主席问好。毛主席亲切地和我们握手说：谢谢你们。

毛主席继续和农民谈话：今年收成怎么样？生活怎么样？负担怎么样？

那位农民兴奋地回答说：今年年成还好，只有豆子收的薄。他抓了一把豆子给主席看，接着说：我们的生活比过去一年好一年，负担也不重。

正谈着就聚来了一些人，有老的有少的，大家都望着毛主席笑。一个儿童笑着指着主席说：我家里还有他的相片哩。毛主席也笑着向他们打招呼。

谈完后毛主席就向东走进一个农民家里。这是一户贫农，大门朝西，屋里还很干净，靠东边垛着新收的柴禾，住着三间坐北朝南的草房，老两口过日子。今天早晨老头儿进城去买东西，老婆婆正忙着在院里收拾玉米。

她看见毛主席进来，后边还跟着一群人，迎上来把毛主席让到屋里，一面让毛主席喝水吃饭，一面说俺的日子过好了，顺手取下馍馍篮子，还指着床上的被褥，请毛主席看。毛主席笑着说：我们来看看你。

毛主席和老婆婆谈了些家常话，就辞别走出来。这时这个院里的另一位主人背着褡子由城里回来。跨进了门，看见主席向外走，惊喜地支叉着两只手，连忙说：在我这儿歇一歇。毛主席含笑说：不坐了。老两口和聚集在门外的人，一直恋恋不舍地送到村边，望着毛主席走了很远才回去。

三、兰坝支线上

专车客厅被太阳照耀得格外明亮。大家都围着毛主席坐下来。我坐在主席的对面，身体挺得直直的。由于激动，心跳特别剧烈。

毛主席问：化云是哪两个字。

我回答说：是变化的化，云雨的云。

又问：什么时候做治黄工作，过去做什么？

我回答说：过去在冀鲁豫行署工作，1946 年 3 月间调到黄委会工作。

毛主席笑着说：化云名字很好，化云为雨，半年化云，半年化雨就好了。

大家都笑了起来。毛主席这样亲切而幽默的问话，使我刚才紧张的神经，很快松弛了下来。

毛主席又问陈再道同志回过家没有？家乡情形怎么样？

陈再道同志回答说：长征以后，我没有回过家。听家乡来人说，解放以后都有了饭吃，土改后闹生产的情绪挺高。不过过去国民党反动派摧毁得太厉害了，房子又烧了，年轻的女人都被抢走，男人被杀死的很多，所以现在还是有困难。

毛主席向着我们说：老根据地的人民出了大力，我们要注意帮助他们。

早餐后，专车向东坝头徐徐前进。主席继续着和我们的谈话，问河南农民负担怎么样？土改后农村有了什么变化，转生产转建设怎样？又问治理黄河的工作情况，对治本有什么打算？

谈到三门峡工程的时候，毛主席看着我们说：这个大水库修起来，把几千年以来的黄河水患解决啦，还能灌溉平原的农田几千万亩，发电 100 万千瓦，通行轮船也有了条件，是可以研究的。

四、毛主席在东坝头

11 点 10 分，下火车换乘汽车向黄河边疾驶，不一会雄伟的大堤就堵住了我们的去路。毛主席下车向堤上走，河南黄河河务局局长和兰封修防段段长来迎接毛主席，我做了介绍。毛主席问他们管黄河上哪些地方？他们回答了。

毛主席沿堤向东坝头走去。秋风吹着毛主席的草绿色大衣。毛主席向着波浪滚滚的浊流，向着黄河向东北奔腾的方向瞭望着，问：这是什么地方？我回答说：这就是清朝咸丰五年黄河决口改道的地方，名字叫铜瓦厢。

接着，毛主席详细地察看了石坝和大堤。毛主席问：像这样的大堤和石头坝你们修了多少？我回答说，全河修堤1800公里，修坝近5000道。过去国民党反动派统治时代，这些埽坝绝大多数是秸料做的，很不坚固，现在都改成了石坝。

黄河六年来没有决口泛滥，今后再继续把大堤和坝埽修好，黄河是否还会决口呢？毛主席这样问。

我回答说：这不是治本的办法，如遇异常洪水，还有相当大的危险。

主席笑着说：黄河涨上天怎么样？（在火车上我向主席报告过陕县民谣“道光二十三，黄河涨上天，冲走太阳渡，捎走万锦滩”）我回答说：不修大水库，光靠这些坝埽挡不住。

说话间，来到了杨庄险工地段。

毛主席问兰封修防段的段长管多少坝，有多少干部、工人，他们的生活怎么样？

由坝上下来，走进了杨庄村。毛主席看了场上晒着的花生，垛着的谷子、豆子。往西转弯是一座小学校，年轻的教员在给儿童谈世界和平大会的情形，毛主席在窗子外面听了一会说：教员讲的还不错。

我默默地想，毛主席对黄河流域千百万人民和黄河职工是如何地关怀！

五、难忘的午餐

火车开回兰封车站，由兰封向开封行驶。下午1点20分我们走进了餐车，毛主席含笑招呼我：“‘黄河’坐这边。”我高兴地坐到主席的对面。桌子上已摆上了咸鸭蛋、青菜各一小盘，另外还有一小盘鱼、一碗汤、一碟辣椒。我心里想毛主席这样朴素的生活，真是我们的榜样。饭后主席也没有休息，仍然询问着黄河的各种情况，我向主席报告了查勘队行走万里查勘黄河源，同时为了了解从长江上源引水入黄是否有可能性，也查勘了金沙江上游通天河的情况。

毛主席笑着说：通天河就是猪八戒去过的那个地方吧！大家都笑了。

毛主席说，南方水多，北方水少，如有可能，借一点来是可以的。

毛主席一面谈着，一面看着大平原上深秋的景色。不大一会儿，开封城内那座高耸入云的雄伟铁塔映入了我们的眼帘。

六、这就是悬河

在开封车站下了车，就换乘汽车驶往柳园口。北门外高与城齐的沙丘，是黄河淹没过这个古老城市的标志。汽车在沙路上前进，过了护城堤，远远地看见由西向东北，蜿蜒千里的大堤，不多时汽车就开到了大堤跟前，由堤脚爬到了堤顶。

毛主席从汽车里走出来，在两行柳林夹着的堤面上，大步地踏着如茵的绿草，向西走着。毛主席弯腰拔了一根草问：这是什么草？一位同志回答说：这叫葛巴草，群众特地在堤上种这种草护堤，群众说它的好处是“堤上种上葛巴草，不怕雨冲浪来扫”。毛主席笑着说：喂牲口也是好东西。毛主席站在大堤上，看到大堤北边的黄河在地面上奔流，大堤南边的村庄树木、农田好像落在凹坑里，高大的杨树稍，比大堤还低，就问：这是什么地方，这里河面比开封城里高不高？吴芝圃同志回答说：这叫柳园口，斜对岸是陈桥，就是赵匡胤陈桥兵变黄袍加身的地方，现在这是渡口。我接着说：这里水面比开封城地面高三四米，洪水时更高。毛主席说：这就是悬河啊。

说完话，毛主席下了大堤向河边走，沿着河边折向东边，并抓了一把泥沙细细地看，问：这是什么地方来的。我回答说：都是西北黄土高原地区冲刷下来的。又问：有多少？我回答说：据陕县水文站测验，平均一年就通过该地携带到下游12.8亿吨(现在改正计算数是13.6亿吨)，大量泥沙的淤淀，是造成黄河改道泛滥的根源。

谈着话继续向东走，一只很大的摆渡船停在那里。毛主席登上了这只木船，问道：这船如何使用，需要多少人驾驶？我们回答：横渡过河用，使用艄锚和橹，二三十个人驾驶着才行。又问道：能否装机器？我们回答：能。下了船看到船工们正在那里修理船，毛主席又问了他们的工作和生活。工人们都笑着一一地回答了。

回到城内，看到了北齐时建筑的铁塔，又转到龙亭，毛主席在这里瞭望了这座古城。回到驻地时，西方已露出了暮色。虽然从早晨到现在已经活动了十一二个小时，可是主席的精神仍然十分饱满。毛主席笑着说：这还该办什么？我们一齐回答说：该请主席休息休息了。

七、要把黄河的事情办好

31日早晨5点多钟，天还没有亮，毛主席已经坐到专车的客厅里。我随着张玺同志、吴芝圃同志、陈再道同志赶到了车上。毛主席吩咐我们要把黄河的事情办好。我们回答说：一定遵照毛主席的指示，治好黄河。一会儿专车发出了开车的讯号，毛主席亲切地向我们招手。我们高举着手，向主席致敬，眼睛望着西方，一直到看不见专车才回来。

回忆毛泽东同志对治黄事业的关怀*

毛泽东同志离开我们已经10年了，每当回忆起他生前对治理黄河事业的关怀和对我的谆谆教诲，心情总是久久不能平静。毛泽东同志是伟大的革命家，中共十一届六中全会做出了完全正确的评价。仅从他对治黄事业的关怀也可以看出，他深入实际，调查研究，尊重科学，实事求是和艰苦朴素的优良作风，永远是我们党的光辉典范。

一、巨大的关怀

1952年10月，新中国刚诞生不久，正值国家百废待兴的关键时期，毛泽东同志第一次出京巡视就来到黄河视察，这是对治黄事业的高度重视和巨大关怀。毛泽东同志对黄河改道问题非常关心，在徐州就登上云龙山，眺望了黄河故道，并询问故道的情况，然后乘火车来到兰封（今兰考）。10月30日察看了清咸丰五年（1855年）黄河在铜瓦厢决口改道的地方，即今兰考县东坝头。由于黄河从哪里走哪里就淤高，在东坝头看不出黄河是悬河，毛泽东同志提出想找个地方看悬河，因此又来到开封柳园口。他站在黄河大堤顶上向北眺望，黄河在高高的河床里奔流，回头南望堤外村庄，好像坐落在凹地里，他深有感触地说：这就是悬河啊！第二天过黄河，毛泽东同志又视察了人民胜利渠。当听到引黄灌溉效果很好的汇报时，他当即指出：一个县有一个就好了。指示我们尽快把这项成功经验推广开来，为黄河下游两岸人民造福。视察过程中我向他汇报了黄河治本的初步规划以及下游防洪的形势，毛泽东同志做了许多重要指示。当离开开封时，他特地嘱咐我们：要把黄河的事情办好。这是毛泽东同志向治黄职工发出的伟大号召，也是党和人民对我们的殷切期望，30多年来一直激励我们在治理与开发黄河的征途上取得一个又一个胜利。

1953年2月15日，毛泽东同志乘火车路过郑州。潘复生同志和我从开封赶到郑州车站，在火车上又一次向他汇报了整个黄河的治理方案和设想。谈了两个多小时，汇报过程中，毛泽东同志不断给我们以启示和谆谆的教诲，使我终身不忘。

1954年冬，毛泽东同志回京途中，我会副主任赵明甫在郑州南阳寨上火车，第三次直接向他汇报了治黄工作，主要谈了水土保持和规划工作。汇报后他指着汇报时用的图说：这图是否可以给我？赵明甫同志回答：我们送给主席。

1955年6月22日，我接到省委通知，在省委北院二楼会客厅第4次向毛泽东同志汇报治黄工作，主要谈了黄河规划问题。

---

*选自《王化云治河文集》，黄河水利出版社，1997年6月第1版。

1959年10月，毛泽东同志在济南再次视察了黄河。他风趣地说：人说不到黄河心不死，我是到了黄河也不死心。

1964年，毛泽东同志已年逾70岁高龄，还打算徒步策马，从黄河入海口上溯到黄河源头，对黄河进行实地考察，后因国事繁忙，未能如愿。毛泽东同志为治黄事业真是操尽了心。

在中共中央的关怀下，我国历史上第一部大江大河的综合规划——黄河规划于1954年年底编制完成。根据毛泽东同志的提议，1955年7月全国一届人大二次会议通过了这个规划，从此人民治黄事业进入了一个全面治理、综合开发的新阶段。

二、谆谆的教诲

我曾有幸多次向毛泽东同志汇报治黄工作，并亲耳聆听了他对我的谆谆教诲，垂老难忘。记得第一次见到毛泽东同志时，他问我：化云是哪两个字？我说：是变化的化，云雨的云。他笑着说：化云这个名字很好，化云为雨，半年化云、半年化雨就好了。听到这亲切的话语，不仅使我刚见到主席时的紧张心情松弛了下来，而更深的寓意则是教育我不要高高在上，脱离群众。还有一次毛泽东同志问我：你读过《联共（布）党史》中安泰那个故事吗？我说：读过。他听了很高兴。安泰是古希腊神话故事中的英雄人物，是地神的儿子，但是如果他一离开地面便毫无力量了。毛泽东同志是借这个故事告诫我不要骄傲，一个人脱离了群众就将一事无成。汇报过程中，每当我谈到修水库的坝址，他都要问：你去看过没有？我答：都去过。他很高兴。记得他问我的问题都回答清楚了，只有一个问题没有答上来，就是黄土高原有多少条沟？毛泽东同志之所以这样问我，实际是教育我要多多深入实际，调查研究，切忌空谈。

黄河是一条复杂难治的河流，国内外有的人对根治黄河缺乏信心。有一次在火车上毛泽东同志通过回顾党的历史，启发我说：比如黄河，过去也有王化云，但因不归我们管，治黄问题不能解决，只有现在才能谈到解决。这言简意深的谈话，进一步增强了我一辈子献身治黄事业的决心。使我认识到社会主义制度条件下，有党的正确领导，黄河一定能治好。

1953年2月，我在火车上给毛泽东同志汇报治黄工作，饭后他问起我们的文化水平，然后说：文化高低不在大学、小学，主要是自己努力，你王化云就钻进去了。我连忙说：我还差得多，知道的东西太少了。毛泽东同志的表扬，是对我的极大鼓励和鞭策，使我更加热爱治黄事业，兢兢业业，不断进取，力争由外行变成内行。

三、尊重科学，实事求是

尊重科学，实事求是，是毛泽东同志一贯倡导的工作作风。有一次汇报下游防洪形势时，毛泽东同志笑着问我：黄河涨上天怎么样？因为在这之前曾向他报告陕县至今还流传着一首描述1843年（清道光二十三年）特大洪水的民谣："道光二十三，黄河涨上天，冲走太阳渡，捎带万锦滩。"毛泽东同志这样问我，是提醒我们不仅要防御一般洪水，对特大洪水也要有对策，确保黄河防洪安全。还有一次当谈到黄土高原水土保持问题时，我说：西北沟壑很多，托克托至龙门即有600条直接入黄河的大沟，差不多1公里就有1条，加上黄土高原的大沟，这样就要修几千个小水库、几千道坝才能解决问题。毛泽东同志听后当即指出：不是几千个，要修几万个、几十万个才能解决。当我汇报到支流水库时，他指着地图说：这都是泥库。提示我们要注意水库的泥沙淤积问题。30多年来，黄土高原千沟万壑已修建了大量水库和淤地坝，由于开始时缺乏经验，许多水库泥沙淤积确实严重。实践表明，毛泽东同志的科学预见是完全正确的。

早在1952年毛泽东同志视察人民胜利渠时就提出：渠道两旁发生盐碱化怎么办？一位同志回答说：根据苏联的经验，在渠道两旁植树可以解决由于地下水位升高引起的盐碱化问题。毛泽东同志还指示我们，井、渠灌溉要合理安排，并形象地比喻说：井灌是游击战，渠灌是阵地战。后来的实践证明，井渠结合确是引黄灌溉的成功经验。

1955年6月，我给毛泽东同志汇报治黄工作时，他又关切地询问：引黄灌溉盐碱化解决没有？树种上没有？我说光种树不行，主要还得靠排水。1952年10月，毛泽东同志第一次视察黄河时，我给他汇报了邙山水库方案，在过郑州黄河铁桥时，他特地在南岸下车，登上邙山，察看了邙山水库坝址和黄河形势。随后我们又主张修三门峡水库的方案。1953年2月，毛泽东同志乘火车路过郑州，要听取治黄工作汇报，他下车一见面就问我邙山水库为何不修了?！当即我向他汇报了由邙山水库转到三门峡水库的理由和情况，主席问得很细。当时我总想让他表个态，尽快把三门峡工程定下来。虽然他对汇报比较满意，但仍然慎重地表示要再研究。毛泽东同志尊重科学、严肃认真的工作态度，永远是我们学习的榜样。

1955年7月，全国一届人大二次会议的代表听取了邓子恢副总理《关于根治黄河水害和开发黄河水利的综合规划的报告》，又参观了治理开发黄河的展览，大家的心情都很激动。由于治黄展览办得很好，为了宣传新中国的伟大成就，有人提出要到外国去展出。后来在中南海展出部分展品时，毛泽东同志在百忙中抽出时间看了展览，当即指示说：这些都是纸上的东西，不要出国展出。毛泽东同志一贯的实事求是的优良作风，在这里又一次生动地体现出来了。

四、简朴的生活作风

毛泽东同志曾数次接见我，时间虽然不长，但是他那简朴的生活作风，却给我留下深刻的印象。1952年10月，毛泽东同志第一次视察黄河时，省委领导同志想请他住开封。罗瑞卿同志说：主席怕扰民，不让事先通知你们，后来知道通知你们了，我们还受到批评。主席说：与我的政策不合。因此，第一天晚上毛泽东同志是在火车上过的夜。第二天一早，他就来到附近一个小村庄，与农民亲切交谈，并到一户农民家里察看，亲自了解农民的负担情况。后来经省委领导同志再三要求，毛泽东同志才同意在开封住一夜。为了使他休息好，负责接待的同志特地准备了一张席梦思软床，没想到毛泽东同志几十年睡惯了木板床，还是换了木板床他才就寝。

毛泽东同志态度和蔼可亲，平易近人，在他身边一点也不感到拘束。我第一次到主席餐厅吃饭，随在中央和省里领导同志的后边，进入餐厅以后在最后一张桌子旁坐下。他亲切地招手：黄河坐这边。招呼我同桌共餐。有几次是在火车上向他汇报工作，离开时他总要滕部长、罗部长给我们买车票，他总是送我们到车门口，亲切话别。

毛泽东同志生活上也十分简朴，穿的是布鞋线袜、白布衬衫，吸的是“恒大”牌香烟。毛泽东同志风趣地说：我天天请客，实际上吃得很简单，一小盘青菜，一小盘辣椒，一小盘咸鸭蛋，一小盘鱼，一碗汤，一小碗米饭。回忆毛泽东同志朴素的生活作风，对于今天端正党风，清除一切腐败现象，有巨大的现实意义。

在党中央、国务院的关怀和毛泽东思想的指引下，经过30多年的治理与开发，黄河已经发生了历史性的重大变化。不仅取得了人民治黄以来不决口的伟大胜利，而且在灌溉、发电、供水等方面发挥了巨大的综合效益，为害千年的黄河，已开始变为造福人民的利河。但是，与党和人民的要求相比还有很大的差距，尤其是黄河防洪任务仍然十分繁重，水资源还有待进一步综合开发利用，黄河的许多客观规律需要继续探索，治黄工作，任重道远。我们要继续奋斗，把黄河的事情办得更好，夺取新的重大胜利。

回忆周恩来同志对治黄事业的关怀*

3月5日是周恩来同志诞辰，在这个日子里，我的心总是久久不能平静，从心底涌出无限怀念之情。

早在新中国成立初期，周总理就对全国水利建设做出了明确指示，要求“今后必须从流域规划入手，采取治标治本结合、防洪排涝并重的方针，继续治理危害严重的河流”。在周总理的直接关怀下，黄河的治理被列入国家“一五”计划156个重点项目之中，决定聘请苏联专家组来华帮助制定规划。1954年10月规划编制完成。此后周总理几次听取汇报，做了许多指示。陕西省的同志对三门峡水库正常高水位有不同意见，周总理就把陕西的“五老七贤”高级民主人士请到北京，向他们讲述“淹一家救

*选自《王化云治河文集》，黄河水利出版社，1997年6月第1版。

万家”的道理，亲自做说服工作。根据党中央和毛主席的提议，国务院决定将黄河规划提交一届人大二次会议审议。1955 年 7 月 31 日大会通过了《关于根治黄河水害和开发黄河水利的综合规划的决议》，黄河从此进入全面治理、综合开发的历史新阶段。

黄河安危，事关大局。周总理对黄河下游防洪工作极为重视，几乎每年都要亲自过问。1958 年 7 月中旬，下游发生了有实测资料以来最大的洪水，花园口洪峰流量达到 22300 立方米每秒。当时总理正在上海开会，接到黄河发大水的报告后，就立即停止开会，18 日下午乘专机飞临黄河，从空中视察洪水的情况，然后到省委听取我们汇报。我主要汇报了水情和防守部署情况，并慎重地提出不使用滞洪区，依靠堤防工程和人力防守战胜洪水的建议。总理问：“征求两省意见没有？”我答：“两省都表示同意。”接着总理又详细询问了降雨和洪峰到达下游的沿城水位等情况，最后总理批准了不分洪的防洪方案，并指示两省加强防守，全力以赴，战胜洪水，确保安全。总理不顾一天的劳累，夜里 10 点多钟又乘车赶到郑州铁桥，冒雨慰问抢修大桥的职工，并在工地召开座谈会，一直工作到深夜两点多钟。周总理的亲切关怀和正确决策，极大地鼓舞了 200 万抗洪大军，终于战胜了这次特大洪水。

“文化大革命”中，周总理在极端困难的条件下仍惦念黄河防洪安全。1967 年总理唯恐防汛工作受到影响，指示水电部领导同志召集黄委会两个群众组织来北京协商联合起来搞好防汛工作，并让其转告：不论在任何情况下，大家对黄河防洪问题都要一致起来，这个问题不能马虎。1973 年汛期兰考县境内黄河滩区生产堤决口，总理得知后，深夜给水电部领导同志打电话询问有关情况，并指示我们要关心群众，保证安全。

从 50 年代到 60 年代，围绕三门峡工程曾展开过一场大争论。在这场争论中，敬爱的周总理以无产阶级革命家的宽阔胸怀和对党对人民高度负责的精神，为我们树立了光辉榜样。

三门峡水库修建前，争论的焦点集中在正常高水位如何选择这个关键的问题上。1957 年年初，国务院正准备批准初步设计，但当周总理得知仍有分歧意见后，便立即指示水利部在这个问题上要请各方面的专家认真讨论，以期获得更正确的解决方法。经过几次讨论，意见仍不一致。当时三门峡工程技术设计正在进行，1957 年 4 月正式开工以来已挖土石方近 600 万立方米，按 360 米方案已浇筑混凝土 3 万立方米，因此我们都急于要中央早日定案。即使在这种情况下，因为有不同意见，周总理仍然于 1958 年 4 月深入现场，在三门峡工地召开会议，亲自听取各方面的意见，并强调“特别要听取反面意见”。周总理深刻阐述了上游和下游、一般洪水与特大洪水、防洪与兴利、局部与整体、战略与战术等问题的辩证统一关系，耐心地说服教育与会同志们，要从全局考虑问题，不要绝对化，要留有余地。由于周总理的民主作风好，使会议开得生动活泼，进一步统一了大家的思想。1958 年 6 月，在周总理主持下又邀集有关各省负责同志交换了意见。

三门峡水库蓄水运用后，出现库区泥沙淤积翘尾巴和渭河口出现拦门沙的情况，于是争论起来。根据周总理指示，水电部几次召开技术讨论会，研究工程改建方案，分歧意见仍很大。当时库区淤积已很严重，改建迫在眉睫。但总理并没有急于拍板定案，而是挤出时间于1964年年底亲自主持召开治黄会议，耐心倾听各方面意见。经过会议认真讨论，除个别同志保留意见外，其他人都一致同意改建。总理又依次征求有关各省和业务部门领导同志的意见后，才决定批准“两洞四管”改建方案。1965年总理委托李先念同志来河南了解改建方案执行情况，1969年又委托河南省委在三门峡召开会议，研究第二次改建任务。1970年总理接见我们时，特别关心三门峡工程的改建效果，并嘱咐我回去后到陕西向那里的负责同志谈谈，叫他们放心。直到1975年，总理已重病在身，中央领导同志去医院看望时，他还询问工程改建后的情况。敬爱的周总理为三门峡工程真是操尽了心。

修建三门峡工程是治理黄河的一次重大实践。周总理曾说过：“三门峡工程不能说全对，也不能说全错，主要是我们经验不足。”现在看来，总理的这个结论是完全正确的。三门峡工程正继续发挥防洪、防凌、灌溉、供水、发电等综合效益，特别是为今后在多泥沙河流上修建水库积累了宝贵的实践经验。

从1946年7月在开封第一次与周总理见面，到1970年4月最后一次见到总理，我曾有幸20多次向总理汇报治黄工作，亲耳聆听他的谆谆教诲。记得在50年代末，由于三门峡水库即将修成，又战胜了1958年大洪水，我们思想上曾一度错误地认为下游防洪问题可以完全解决了。针对这种思想情绪，周总理在一次会上及时指出：“三门峡工程的修建，是根治黄河的开始，不是根治黄河的终结。”“200万人上堤，不能算解决问题。”给我们敲了警钟。

周总理对干部是十分关怀和爱护的。三门峡工程出了问题，总理从来没有批评过我们，他总是主动承担责任，并鼓励大家说：“旧中国未能治理好黄河。我们要探索规律，认识规律，掌握规律，不断地解决矛盾，总有一天可以把黄河治理好。”有一次总理对我说：“你是住在郑州的，你要注意，最好1/3时间在西安。”教育我处理治黄问题要有全局观点，防止片面性。1970年总理最后一次接见我和林一山同志，从上午10点一直谈到下午2点，中午和我们边吃边谈。给我们讲党的历史，教育我们要正确对待群众，正确对待自己。总理亲切地鼓励我说：“黄河的事情在毛主席的领导下取得了很大成绩，但是治黄任务还很重。黄河的工作是党和人民委托给你们的，是一件重要的事情，还要继续干好。”听了总理语重心长的教诲，我既兴奋又惭愧，当即向总理表示：我要继续努力为党工作，为治黄事业奋斗一辈子。

在周总理关于使黄河水沙资源在上、中、下游都有利生产的治黄方针指引下，黄河已初步走上由害河变利河的道路。敬爱的周总理关于“总有一天可以把黄河治理好”的遗愿一定能实现。

黄河水利委员会*

黄河水利委员会是水利部在黄河流域和新疆、青海、甘肃、内蒙古内陆河区域内的派出机构，代表水利部行使所在流域内的水行政主管职责，为具有行政职能的事业单位。主要职责是：①负责《中华人民共和国水法》等有关法律法规的实施和监督检查，拟订流域性的水利政策法规；负责职权范围内的水行政执法、监察、复议事项；负责省际水事纠纷的调处。②组织编制流域综合规划及有关的专业或专项规划并负责监督实施；组织开展具有流域控制性的水利项目、跨省（自治区、直辖市）重要水利项目等中央水利项目的前期工作；按照授权，对地方大中型水利项目的前期工作进行技术审查；编制和下达流域内中央水利项目的年度投资计划。③统一管理流域水资源（包括地表水和地下水），负责组织流域水资源调查评价；组织拟订流域内省际水量分配方案和年度调度计划以及旱情紧急情况下的水量调度预案，实施水量统一调度；组织或指导流域内有关重大建设项目的水资源论证；在授权范围内组织实施取水许可制度；指导流域内节约用水；组织或协调流域主要河流、河段的水文工作，指导流域内地方水文工作；发布流域水资源公报。④负责流域水资源保护工作，组织水功能区的划分和向饮用水水源保护区等水域排污的控制；审定水域纳污能力，提出限制排污总量的意见；负责省（自治区、直辖市）界水体、重要水域和直管江河湖库及跨流域调水的水量与水质监测。负责流域内干流和跨省（自治区、直辖市）支流的主要河段、省（自治区、直辖市）界河道入河排污口设置的审查监督。⑤组织制订或参与制订流域防御洪水方案并负责监督实施；按照规定和授权对重要的水利工程实施防汛抗旱调度；指导、协调、监督流域防汛抗旱工作；指导、监督流域内蓄滞洪区的管理和运用补偿工作；组织或指导流域内有关重大建设项目的防洪论证工作；负责流域防汛指挥部办公室的有关工作。⑥指导流域内河流、湖泊及河口、海岸滩涂的治理和开发；负责授权范围内的河段、河道、堤防、岸线及重要水工程的管理、保护和河道管理范围内建设项目的审查许可；指导流域内水利设施的安全监管。按照规定或授权负责具有流域控制性的水利项目、跨省（自治区、直辖市）重要水利项目等中央水利项目的建设与管理，组建项目法人；负责对中央投资水利工程的建设和除险加固进行检查监督，监管水利建筑市场。⑦组织实施流域水土保持生态建设重点区水土流失的预防、监督与治理；组织流域水土保持动态监测；指导流域内地方水土保持生态建设工作。⑧按照规定或授权负责具有流域控制性的水利工程、跨省（自治区、直辖市）水利工程等

* 选自《河南黄河志》，黄河水利出版社，2009年3月第1版。

中央水利工程的国有资产运营或监督管理；拟订直管工程的水价电价以及其他有关收费项目的立项、调整方案；负责流域内中央水利项目资金的使用、稽查、检查和监督等。

2002年机构改革后，黄委机关设办公室、总工程师办公室、规划计划局、水政局、水资源管理与调度局、财务局、人事劳动教育局、国际合作与科技局、建设与管理局、水土保持局、防汛办公室、监察局、审计局、离退休职工管理局、直属单位党委、中国农林水利工会黄河委员会等。所属单位包括单列机构、事业单位和企业三部分：单列机构有黄河流域水资源保护局；事业单位有山东黄河河务局、河南黄河河务局、黄河上中游管理局、黑河流域管理局、水文局、经济发展管理局、黄河水利科学研究院、移民局、服务中心、黄河中心医院、新闻宣传出版中心、信息中心、黄河小北干流山西河务局、黄河小北干流陕西河务局；企业有黄河勘测规划设计有限公司、三门峡水利枢纽管理局。

河南黄河河务局*

河南黄河河务局是河南黄河的水行政主管机关，受水利部黄河水利委员会和河南省人民政府双重领导，承担着河南黄（沁）河河段的防洪、治理开发规划与实施、工程建设与管护和水资源管理等任务。

1995年机构改革后，机关由办公室、工务处、防汛办公室（工程管理处）、水政水资源处、人事劳动处、财务处、综合经营办公室、科技处、离退休职工管理处、审计处、监察处（纪检组）、行政处、局直机关党委（思想政治工作办公室）、工会等14个部门组成，人员编制210人。局属事业单位10个，分别为：郑州、洛阳、开封、新乡、焦作、濮阳6市河务局，勘测规划设计院，干部学校，通信管理处，仓库；企业管理单位3个，分别为：河南黄河工程局、黄河机械修造厂、劳动服务公司。全局事业编制7300人。

2002年机构改革后，明确河南河务局的主要职责为：一是负责《中华人民共和国水法》《中华人民共和国防洪法》《中华人民共和国河道管理条例》等有关法律、法规的实施和监督检查，拟订河南黄河治理开发的政策和规章制度；负责管理范围内的水行政执法、水政监察和水行政复议，查处水事违法行为，负责市（地）、部门间黄河水事纠纷的调处。二是根据黄河治理开发总体规划，负责编制河南黄河综合规划和有关的专业规划，规划批准后负责监督实施；组织河南黄河水利建设项目的前期工作；编

* 选自《河南黄河志》，黄河水利出版社，2009年3月第1版。

报河南黄河水利投资的年度建设计划。三是统一管理河南黄河水资源（包括地表水和地下水）；依据黄委批准的黄河水量分配方案，编报河南黄河水供求计划和水量调度方案，并负责实时调度和监督管理；负责《黄河下游水量调度工作责任制》的贯彻落实；组织或指导涉及黄河水资源建设项目的水资源论证；在授权范围内组织实施取水许可制度。四是负责编制河南省防御黄河洪水预案并监督实施；指导、监督河南黄河滩区、蓄滞洪区的安全建设以及蓄滞洪区的运用补偿工作；负责河南省防汛抗旱指挥部黄河防汛办公室的日常工作。五是负责河南黄河河道、堤防、险工、控导工程、涵闸等工程的管理、保护；负责河南黄河水利工程建设项目的建设与管理，组建项目法人；按照分级管理的规定，负责河道管理范围内建设项目的论证、审查许可工作；协助黄委监管黄河水利建筑市场。六是按照规定或授权，负责河南黄河水利国有资产的监管和运营；参与黄河水价以及其他有关收费项目的立项、调整；依照有关法规计收引黄供水水费和有关规费；负责河南黄河水利资金的使用、检查和监督。七是负责河南黄河治理开发和管理的现代化建设。八是组织承担有关科技成果的推广应用、国际合作及交流。九是完成黄委授权与交办的其他工作。

治黄规章

关于全面落实黄河河道内开发建设与涉河安全管理责任的通知

（郑防指〔2013〕2号　2013年4月12日）

市防指各成员单位、沿黄各县（市）区防指：

2012年，为全面落实《河南省政府办公厅关于进一步加强黄河河道内开发建设和涉河安全管理工作的通知》（豫政办明电〔2012〕54号）要求，市防指出台了《关于印发郑州黄河河道内开发建设与管理工作意见的通知》（郑防指〔2012〕10号），明确了我市黄河河道内开发建设与管理工作的管理机制、各职能部门的工作职责。各防指成员单位、沿黄各县（市）区防指高度重视，积极行动，确保了我市黄河河道管理秩序和涉河安全管理形势的稳定，为2012年黄河安全度汛提供了强有力的保障。

2013年黄河汛期将至，结合今年我市黄河防洪形势以及河道管理、涉河安全管理工作中出现的新情况、新问题，为全面强化黄河河道内开发建设与涉河安全管理职责的落实，现将有关要求强调如下：

一、统一思想，加强黄河河道内开发建设与涉河安全管理工作的组织领导

郑州黄河河道内开发建设和涉河安全管理工作实行“政府统一领导，各部门依法

管理，分级负责，互相配合”的管理机制。

沿黄各级人民政府要加强辖区黄河河道内开发建设和涉河安全管理工作，按照属地管理的原则，在政府的统一领导下，逐级建立黄河河道内开发建设和涉河安全管理责任制，定期或不定期召开联席会议，建立联合执法机制，加强控制措施，进一步加强黄河河道内建设项目的审批管理，规范黄河滩区土地的开发利用，确保黄河河道行洪安全。

二、明确职责，全面强化黄河河道内开发建设与涉河安全管理责任落实

沿黄各级政府要加强对河道内建设项目管理工作的组织领导，严格落实有关法律、法规及规定，加强对辖区黄河河道内开发建设和涉河安全管理，规范黄河滩区土地的开发利用。禁止向黄河滩区迁增常住人口，不得以任何形式进行商业房地产开发项目建设；禁止在黄河主河槽内、控导（护滩）工程护坝地内、堤防工程安全保护区内建设开发项目；禁止在黄河滩区内建设污染工矿企业；禁止在黄河河道内采淘铁砂；禁止在黄河禁采区、禁采期进行采砂活动以及法律法规规定的其他禁止行为。督促各级、各有关部门要进一步强化相关部门的责任，全面强化黄河河道开发建设与涉河安全管理责任制。

（一）黄河河务部门要深入宣传黄河防洪安全知识；对已建设、正在建设的较大项目，督促建设单位要按照防洪要求制定防洪预案和度汛措施，以保人员安全；依据黄河河道内开发建设项目管理规划和黄河河道采砂规划，依法履行行政许可职责，并做好行政许可范围内的监督管理工作。

（二）发展改革部门要落实国家产业政策，对在黄河河道管理范围内未经黄河河务部门审查同意的各类工矿企业、项目园区、穿（跨）黄工程等建设项目不予批准。不得将黄河河道内的滩地作为工厂、企业成片开发区和成片城市规划建设用地。

（三）住房城乡建设部门审查批准的滩区新农村建设规划要符合防洪安全要求，并事先征得黄河河务部门审查同意；要按照“城镇建设和发展不得占用河道滩地”的原则，不得将黄河滩区规划为城市建设用地、商业房地产开发用地。在黄河滩区规划新农村建设项目，要优化建筑结构，以利行洪避洪。

（四）国土资源部门对各类禁止在黄河河道内建设的项目，不得报批建设项目用地。对违法取土、占地或破坏耕地、非法开采砂石资源的行为要依法加强监督和查处。

（五）环境保护部门应对饮用黄河水水源地环境保护实施统一监督管理。加强对黄河饮用水源的管理和保护，要严格审查排污口的设置，不得批准在黄河滩区建设污染水质的化工厂和仓储等项目，严格控制污染排放，并对黄河饮用水源的环境质量状况监测，确保水资源安全。

（六）交通（海事）部门要加强黄河河道内经营性船只及其他水上浮动设施的监

督管理。要严格落实有关经营性船只证照的审批监管制度；审批浮桥建设项目时，要事先征得黄河河务部门审查同意，并会同安全监管部门加强对已投入运营的浮桥和其他船舶的运行安全监管；对采砂船的船舶登记证书和船舶检验证书、采砂船员的适任证书实施管理，确保船只安全；要加大水上安全现场监督及执法检查，负责协调组织水上搜救和相关水上突发事件的应急处置工作。要加强对采砂运输的监督管理，依法查处超载运输。

（七）市林业行政主管部门编制保护区的保护规划应当服从黄河流域防洪规划。

（八）农业部门要加强对黄河滩区内的渔业、种养殖业以及零散渔民的清查和管理工作，加强黄河汛期的安全监管。渔政监督管理部门具体负责对从事渔业捕捞、养殖渔船以及渔业辅助船等船舶的日常管理。

（九）旅游管理部门要加强对河道管理范围内旅游设施和生态园、渔家乐等旅游项目的监督管理，督促项目业主开展安全隐患排查，停止存在隐患的旅游项目、设施的运行。

（十）公安部门负责黄河河道内治安管理工作，对违反治安管理规定，拒绝、阻碍行政执法人员依法执行公务的行为实施治安管理处罚。

三、严格执法，严厉打击黄河河道内违法行为

在各级政府的领导下，各职能部门要建立健全部门联动机制，明确分工，协调配合，形成合力，有序开展联合执法行动，增强执法效能。要及时组织开展专项整治，打击和取缔各种危害黄河河道行洪安全及违法违规行为。积极应对辖区突发事件，有效预防水事、治安、刑事案件，积极稳妥处置群体性事件，按照“发现早、控制住、处置好”的要求，切实做好预防和处置工作，最大程度地减轻突发事件带来的损失。

黄河河道内开发建设和涉河安全管理工作是一项系统工程，需要各级政府、各有关部门的共同参与，以确保经济社会发展与黄河治理相互协调、相互促进。沿黄各级政府、各有关部门要加强领导，强化监管，积极采取有效措施，切实做好黄河河道内开发建设和涉河安全管理工作。同时，要按照有关规定，结合当地实际，积极引导黄河滩区群众合理开发农业、水产养殖业、畜牧业等，确保黄河防洪安全。

关于加强郑州黄河涉河应急突发事件管理的通知

（郑防指〔2015〕12号　2015年5月15日）

市防指各有关成员单位、沿黄各县（市）区防指：

为科学应对处置郑州市黄河涉河应急突发事件，进一步明确市防指有关成员单位、沿黄各县（市）区政府及相关部门的涉河突发事件管理责任，全面提升社会公共管理水平，促进郑州黄河防汛工作有序、高效、科学开展，确保我市黄河防洪安全和群众生命财产安全，市防指结合所辖郑州黄河实际情况和防汛应急突发事件处理的实际需要，现就全面强化我市黄河涉河应急突发事件管理工作提出如下要求。

一、强化组织，明确职责

郑州黄河涉河应急突发事件管理实行“政府统一领导，各部门依法管理，分级负责，互相配合”的管理机制。按照属地管理的原则，在政府统一领导下，逐级建立黄河涉河应急管理责任制，督促各级进一步强化相关部门的责任。

（一）各级政府负责黄河涉河应急突发事件的应急处置。有关部门在政府领导下，主动采取措施，做好涉河安全宣传、涉河安全隐患的排查和治理工作，积极应对黄河突发事件的应急处置。

（二）黄河河务部门要落实工程管理范围内安全警示标语、标志的设置和维护；督促落实河道采砂场、河道内建设项目等安全警示标语、标志的设置和维护；负责协调河道采砂船只的应急处置。

（三）旅游管理部门要加强黄河河道范围内旅游景点以及设施等旅游项目的安全管理；督促项目业主开展安全隐患排查，停止存在隐患的旅游项目、设施的运行；负责协调对旅游设施等旅游项目的应急处置；团队游单位负责协调黄河河道内游客旅行安全和事故区游客转移安置工作。

（四）交通（海事）部门要加强对黄河河道内餐饮船、快艇、渡船、浮桥等各类水上浮动设施的监督管理；负责水上交通的管制、船舶及相关水上设施检验、登记和防止污染以及船舶等设施的安全保障、危险品运输监督管理；负责协调组织船舶及相关水上设施突发事件的应急处置。

（五）环境保护部门要对黄河饮用水水源地环境保护实施统一监督管理；加强对黄河饮用水源的管理和保护，负责组织对黄河水质进行监测，确保黄河水质安全；负责协调污染黄河水质等突发事件的应急处置。

河务部门配合属地政府和环保部门积极应对，督导事故现场以下河道引黄涵闸全部关闭，并将事故处理进展情况及时向上级报告。密切关注环境监测和环保部门水质监测结果，根据水质监测结果做好引黄闸开闸放水的申请和批复等有关手续。

（六）农业部门负责对黄河河道内的渔业、种养殖业及零散渔民的清查和管理工作，加强汛期和洪水期安全监管。

（七）教育管理部门负责协调学校和家长共同搞好学生涉河安全教育工作，加强紧急情况下溺水自救和互救知识教育工作。

（八）公安部门负责对违反治安管理规定，对拒绝、阻碍行政执法人员依法执行公务的行为实施治安管理处罚；负责协调对涉水人员的搜救。

二、加强宣传，预防在先

各级各有关部门要按责任分工，各司其职、各负其责，要将关口前移，提前介入，“早发现、早报告、早处置”，做好黄河涉河安全风险防范。

（一）沿黄各级政府要切实抓好辖区涉河安全管理工作。汛前要对黄河河道、水上交通、黄河水质、林业、旅游、生产经营等方面进行安全隐患排查，组织相关单位开展涉河安全隐患“拉网式”排查，对危险源要登记，及时采取措施，对涉河物体落实责任单位、责任人，并在当地媒体进行公示。

（二）各级各有关部门要加强黄河汛期和调水调沙期间的安全巡查力度，对人员集中、易发生安全事故的部位及滩岸水边线要专门落实人员进行安全巡查，及时制止河道内捕鱼、种植、开垦、游泳、游玩等危险行为，监督管理工作要事前介入，从源头上防范安全隐患的发生。

（三）河务部门要印制并发放防洪避险宣传品；对防洪工程、河道及岸边、黄河滩区、采砂场等处设置的永久性、临时性涉河安全标志标牌进行普查，对丢失、损坏的以及设置密度不足的进行更新、维护、增加，努力提高群众防洪避险的意识。

（四）广播电视部门要做好宣传教育工作，充分利用广电、网络等媒体广泛宣传河道水面安全知识，尽可能做到家喻户晓，提高广大人民群众的安全保护意识。

三、迅速应对，高效处置

坚持预防与应急相结合、常态与非常态相结合，预防为主，强化基础，快速反应。当发生突发应急事件后，各级政府要在第一时间采取必要手段，积极应对，各有关部门要互相配合，形成合力，在最短的时间内控制事态的发展。

（一）信息报告

应急事件发生后，巡查人员要在第一时间口头报当地防指；当地防指要立即报市防指，报告内容主要描述事件的地点、经过及处置意见；市防指要充分预估事件可能造成的危害，制订应急处置方案，发县防指实施。同时要在第一时间报上级主管单位及同级人民政府。紧急情况要边报告边处置，事后补报文字报告。应急处置过程中，当地防指要实行动态监管，及时续报有关情况。

（二）先期处置

应急事件发生后，事发源现场人员与增援的应急人员在报告突发事故信息的同时，要及时、有效地进行先期处置，控制事态的蔓延。

（三）应急响应

当地防指接到报告后，防指要派一名副指挥长赶赴现场；较大或重大事件时，至少有二名副指挥长或指挥长赶赴现场；成立临时指挥机构，负责指挥、组织现场应急处置工作。

（四）应急处置

需要多个职能部门共同参与处置的应急事件，由该类应急事件的职能部门牵头，其他部门予以积极配合。直接参与现场应急处置的人员要携带相应的专业防护装备，采取安全防护措施。

（五）信息发布

突发事故的信息发布要及时、准确、客观、全面。要按照省委宣传部和省防指联合下发的《关于进一步加强和规范防汛抗旱新闻宣传报道工作的通知》，规范应急事件信息发布和信息报送程序，根据授权对外发布相关信息。

四、应急结束，及时总结

在黄河涉河应急突发事件得到妥善处理后，适时结束应急处置行动，现场应急指挥机构予以撤销。后续工作要跟进，及时进行总结报告，报送属地政府及有关部门。

望各相关部门在政府的统一领导下，做好黄河涉河突发事件管理工作，确保黄河安全度汛。

关于强化郑州黄河涉河安全管理、确保防汛大局稳定工作的通知

（郑防指〔2015〕14号　2015年5月15日）

市防指各有关成员单位、沿黄各县（市）区防指：

近年来，随着沿黄生态建设的发展和黄河滩区的开发建设，黄河堤防及黄河滩区成为市民节假日旅游休闲的好去处，但也为黄河涉河安全管理及防汛大局稳定带来了隐患。郑州辖区黄河河道长126千米，单位工程1043个，黄河滩地26万亩，常住人口3.12万人，流动人口1.5万余人，节假日流动人员达5万～7万人，时常出现游人损坏防洪工程设施、堵塞防汛抢险通道，以及不听劝阻出现人员溺水伤亡事件，一定程度上影响了防洪工程的完整及防汛大局的稳定。

为进一步巩固郑州文明城市成果，创建“四个郑州”，打造郑州沿黄旅游休闲名片，确保黄河安危，需要全社会共同行动起来，保护母亲河，确保人民生命财产安全。现对郑州黄河涉河安全管理、确保黄河防汛大局稳定提出如下要求：

一、高度重视，加强组织领导

沿黄各市、县（区）政府是黄河涉河安全管理的主体。各级各有关部门要按照

“政府统一领导，各部门依法管理，分级负责，互相配合”的指导思想，坚持“属地管理”原则，在沿黄各级政府统一领导下，逐级建立黄河涉河安全管理及防汛会商领导组织。通过建立相关联席会议制度，推进涉河安全巡查常态化，强化各级各有关部门涉河安全管理责任落实，确保黄河河道管理及防汛工作组织健全、措施得力。

二、分工合作，强化责任落实

沿黄各县（市）区政府要牢固树立黄河防汛、黄河涉河安全管理责任主体的意识，按照《河南省政府办公厅关于进一步加强黄河河道内开发建设和涉河安全管理工作的通知》，进一步组织并协调好涉河安全管理各项工作，监督并指导河务、发改、城建、国土、环保、公安、交通（海事）、林业、旅游、安监等相关责任部门履职尽责。要强化落实责任追究制度，对于因履行职责不力导致发生严重涉河安全及影响防汛大局的事件，造成恶劣影响或引发群体性不稳定事件的单位和责任人进行严肃处理。

（一）明确职责，抓实抓好黄河涉河安全管理责任落实

各级政府、各有关部门要按照有关法律法规对河道内的涉河物体、建筑明确监管单位，要深入开展涉河安全、防洪安全宣传，落实在涉河安全管理中的管理职责和监管责任。

黄河河务部门加强河道采砂管理，划定禁采区，规定禁采期，依法规范河道采砂活动。发展改革部门要落实国家产业政策，对在黄河河道管理范围内未经黄河河务部门审查同意的各类工矿企业、项目园区、穿（跨）黄工程等建设项目不予批准。住房城乡建设部门要按照“城镇建设和发展不得占用河道滩地”的原则，不得将黄河滩区规划为城市建设用地、商业房地产开发用地。环保部门要严格审查排污口的设置，不得批准在黄河滩区建设污染水质的化工厂仓储及无证经营的渔家乐等项目，确保水资源安全。交通运输部门要会同安全监管部门加强对已投入运营的浮桥和其他船舶的运行安全监管。国土资源部门对各类禁止在黄河河道内建设的项目，不得报批建设项目用地，对违法取土、占地或破坏耕地的行为要依法加强监督和查处。公安部门要在节假日和主汛期加强黄河大堤的交通疏导，确保防汛抢险道路的畅通。旅游部门不得组织人员在黄河河道戏水。有关体育团体不得组织人员在黄河河道开展游泳等涉河活动。

涉河安全管理实行公示制度，要采取多种方式对涉河物体的监管单位、责任单位、责任人进行公示，接受社会监督。

（二）严格管理，全面禁止影响黄河防洪安全、涉河安全的违法违规行为

要以黄河涉河安全管理、河道行洪安全、防洪工程安全管理等为重点，禁止向黄河滩区内迁增常住人口，不得以任何形式进行商业房地产开发项目建设；禁止在黄河主河槽内、控导（护滩）工程护坝地内、堤防工程安全保护区内建设开发项目；禁止在黄河滩区内新建工矿企业；禁止在黄河河道内采淘铁砂；禁止在黄河禁采区、禁采

期进行采砂活动以及法律法规规定的其他禁止行为。

（三）明确责任，强化落实安全隐患的排查整改措施

沿黄县（市）区人民政府要组织河务、发改、城建、国土、环保、公安、交通（海事）林业、旅游、安监等有关部门和单位，依照有关法律、法规、规章规定和有关规范、技术标准，对黄河河道、水上交通、黄河水质、林业、旅游、生产经营等方面进行安全隐患排查，并及时清除安全隐患，保障国家利益和群众生命财产不受损失。

有关职能部门要按照职责要求，强化河道巡查，加大检查监督力度，依法查处违法、违规水事活动，消除涉河安全隐患。各职能部门要互相配合，坚决杜绝推诿扯皮现象。

沿黄各县（市）区防指要按照“谁设障，谁清除”的原则，对河道行洪障碍，依法下达防洪清障令，责令责任单位或责任人限期清障。逾期未按要求清障的，由属地政府负责强行清障。各有关部门要协同一致，积极推进涉河安全隐患的整改措施得到有效落实，确保河道管理工作规范有序和行洪通畅。

三、形成合力，建立健全黄河涉河安全管理长效机制

沿黄县（市）区人民政府要建立县、乡（镇）、村运行主体安全责任制，组织、协调、督促有关部门开展水上安全综合治理。河务、水利、林业、交通、环保、旅游等有关部门和单位要依照有关法律、法规、规章规定做好相关保护设施、公共安全及服务设施的建设和管理工作，按规定设置安全警示标志、标识。

（一）做到监管“四到位”。一是要确保日常巡查到位：强化事前介入，从源头上防范安全隐患。要加大黄河汛期和调水调沙期间的安全巡查力度，对重点工程、重要河段落实专人进行安全巡查，及时制止河道内捕鱼、种植、开垦、游泳、游玩等危险行为。二是监管手段到位：要定期开展危险源普查，对河道内存在的浮桥、砂场、各类船只、码头等涉水物体进行拉网式普查，并做好登记、备案，并加强监管，确保安全。三是整改措施到位：要落实有证经营实体或个体户的责任，对排查中发现的安全隐患要责令其采取有效措施，限期整改。四是依法处置到位：对拒不整改的违法违规行为，要依法治理，坚决予以取缔。

沿黄各县（市）区政府要强化涉河安全管理工作的日常监督检查，成立督查组织，对涉河安全管理工作情况进行督察、指导，强化涉河安全管理责任的落实。

（二）建立涉河安全通报制度。各县（市）区政府要牵头建立涉河安全及防汛抢险联席会议制度，由主管防汛工作的领导召集，相关责任部门参加，定期通报涉河安全管理和防汛工作中出现的新情况、新问题，研究解决问题的对策措施，重点对存在涉河安全隐患及影响防汛工作开展的水事违法行为组织开展集中整治。各责任单位要制定安全巡查制度和交接班制度，划分安全责任，对发现的安全隐患及时登记、及时

上报、及时处置，安全负责人共同处置，确保涉河安全管理及防汛工作达到无缝衔接。

（三）开展安全隐患专项整治。针对涉河安全管理和防汛工作中存在的突出问题、影响较大的违规违法行为，河务部门要适时提出专项整治意见，报请属地政府或防指组织实施。各有关部门要积极参与专项整治活动，确保相关整治活动取得明显成效。

（四）加强涉河安全宣传。各级各有关部门要制订防洪避险宣传方案，对涉水安全警示标志的位置、内容、形式等做出具体安排，及时增补各类标志标牌，做到应设必设。

对堤防、控导、险工、涵闸等防洪工程和浮桥、渡口、码头、砂场、水利景区、餐饮船只等非防洪工程涉河项目，要设置安全警示标志或安全宣传标语，保证标识标志醒目。

要转变观念，变被动为主动，创新思维，围绕自身涉河安全管理职责，充分利用多样化的媒体宣传手段，大力开展涉河安全管理法律法规宣传。形成以人为本、多措并举的涉河安全宣传常态化，促成涉河安全管理的良性循环，引导各类涉河行为依法、有序、文明开展。

（五）确保信息上报畅通。各级各有关部门要建立健全信息报送工作机制，实现雨水情、汛情、涉河安全等有关信息逐级报送。定时向各涉河安全责任监管单位通报汛情实时动态，必要时要根据实际情况对涉水物体分类提出合理化处置建议，保证信息共享，并做好信息报送记录，确保信息传达到位。

四、提前介入，强化应急处置能力

各级各有关部门要建立突发事件应急处置机制，完善突发事件应急处置预案，对可能发生的突发事件要有充分的预估和相应的对策，并定期组织突发事件应急演练，增强相关人员的危机感和责任感，提高处置紧急情况的能力。突发事件发生后，相关人员要及时将突发事件全面、准确地上报有关单位或部门，并对突发事件发生地区进行相应的隔离处置，避免事态向更严重的方向发展。

五、严肃纪律，建立健全责任追究机制

为进一步严肃纪律，各级各部门要高度重视，建立健全责任追究机制，对涉河安全管理及防汛工作中机制不完善、落实不到位，造成恶劣影响或者较大损失的，将依照《黄河防汛抗旱工作责任追究办法》（试行）进行追责。

关于进一步加强郑州黄河河道管理工作的通知

（郑防指〔2015〕15 号　2015 年 5 月 15 日）

市防指有关成员单位、沿黄各县（市）区防指：

近年来，在沿黄各级、各部门协同努力下，我市黄河河道管理工作得到逐步加强，为确保黄河防洪安全、饮水安全和生态安全提供了有效保障。但在实际工作中，仍然存在河道管理责任意识不到位、工作措施落实不力等问题，河道内违章建设涉河项目、倾倒弃渣垃圾、违规建设仓储等违法行为屡禁不止，涉河安全管理形势十分严峻，落实最严格的河道管理制度的任务依然繁重。

为进一步明确市防指有关成员单位、沿黄各县（市）区政府及相关部门的河道管理职责，强化各项管理措施的严格落实，确保我市黄河防洪安全和群众生命财产安全，现就全面强化黄河河道管理工作提出如下要求。

一、全面抓好有关黄河河道管理文件精神的贯彻落实

要进一步深入学习和领会《河南省政府办公厅关于进一步加强黄河河道内开发建设和涉河安全管理工作的通知》（豫政办明电〔2012〕54 号）、《关于严禁向黄河河道内倾倒建筑垃圾的通知》（豫政办文〔2013〕61 号）和《关于全面落实黄河河道内开发建设与涉河安全管理责任的通知》（郑防指〔2013〕2 号）等文件精神，按照文件要求明确工作职责，狠抓责任落实。

二、强化组织领导，明确工作职责

要进一步完善“政府统一领导，各部门依法管理，分级负责，互相配合”的黄河河道管理机制，坚持“属地管理”原则，落实黄河河道防汛和清障工作地方人民政府行政首长负责制，在沿黄各级政府统一领导下，逐级建立黄河河道管理领导组织，通过建立河道管理联席会议制度，主导开展联合执法，推进河道巡查常态化，严厉查处河道内违法行为，强化责任追究，确保黄河河道管理工作组织健全、措施得力。

（一）转变观念，切实把履行黄河河道管理职责放在与抗洪抢险同等重要的位置抓实抓好。沿黄各县（市）区政府要牢固树立黄河防汛、黄河河道管理责任主体的意识，组织并协调好河道管理各项工作，监督并指导河务、发改、城建、国土、环保、公安、交通（海事）、林业、旅游、安监等相关责任部门履职尽责，强力推进依法行政、依法治河工作。要强化落实责任追究制度，对于因履行职责不力导致发生严重河道违法事件，造成恶劣影响或引发群体性不稳定事件的单位和责任人进行严肃处理。

（二）严格管理，全面禁止影响黄河防洪安全、扰乱河道管理秩序的违法行为。要

以黄河河道内开发建设项目、涉河安全管理、河道采砂及采淘铁砂、防洪工程安全管理等为重点，禁止向黄河滩区内迁增常住人口，不得以任何形式进行商业房地产开发项目建设；禁止在黄河主河槽内、控导（护滩）工程护坝地内、堤防工程安全保护区内建设开发项目；禁止在黄河滩区内新建工矿企业；禁止在黄河河道内采淘铁砂；禁止在黄河禁采区、禁采期进行采砂活动以及法律法规规定的其他禁止行为。

（三）明确责任，依法查处水事违法行为，强化落实违规项目整改措施。有关职能部门要按照职责要求，强化河道巡查，加大执法力度，依法严厉打击水事违法行为，坚决杜绝推诿扯皮现象。各县（市）区防指要按照“谁设障，谁清除”的原则，对于未经审批或超审批规模建设的涉河项目、违章片林、建筑垃圾、仓储等行洪障碍，依法下达防洪清障令，责令责任单位或责任人限期清障。逾期不清除的，由属地防汛指挥部组织强行清除，并由设障者负担全部清障费用。各有关部门要协同一致，积极推进河道内违章建设项目整改措施得到有效落实，确保河道管理工作规范有序和行洪通畅。

三、建立健全黄河河道管理长效机制

（一）加强日常监管。沿黄各县（市）区政府要强化河道管理工作的日常监督检查，成立督查组织，督促有关职能部门切实履行河道管理职责，确保日常巡查到位，及时发现并制止水事违法行为苗头，确保执法处置到位，全面提高执法成效。

（二）建立河道管理联席会议制度。各县（市）区政府要牵头建立河道管理联席会议制度。联席会议由主管防汛工作的领导召集，相关责任部门参加，定期通报河道管理工作中出现的新情况、新问题，研究解决问题的对策措施，并针对重点水事违法行为组织开展集中整治和联合执法。

（三）适时组织开展专项整治。针对河道管理工作中存在的突出问题、影响较大的违规违法行为，河务部门要适时提出专项整治意见，报请属地政府或防指组织实施。各有关部门要积极参与，分工协作专项整治活动，确保相关整治活动取得明显成效。

（四）加强媒体宣传。各级各有关部门要围绕自身河道管理职责，充分利用多样化的媒体宣传手段，大力开展河道管理法律法规宣传，引导各类涉河行为依法、有序、文明开展。

维持黄河河道管理秩序规范稳定，是确保黄河防洪安全、水源安全和生态安全的重要前提。做好黄河河道管理工作是一项系统工程，需要各级各部门的共同参与。各级各部门要进一步树立大局观念和协同意识，切实抓好责任落实，共同为全市经济社会发展营造和谐稳定的治河环境。

治黄基本知识

一、工程示意图

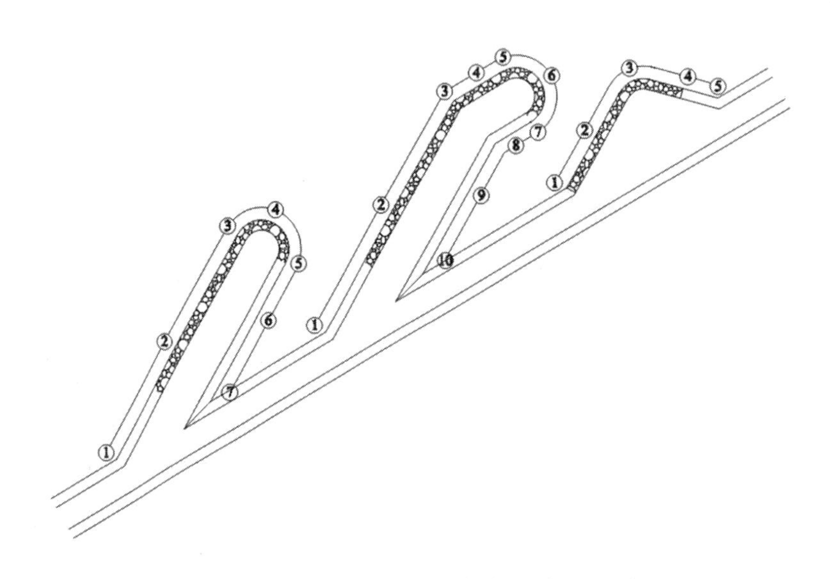

附图4　坝（垛）形状及各部位名称示意图

（一）坝（垛）形状及各部位名称示意图（见附图4）

说明：

圆头坝：①上坝根；②迎水面；③上跨角；④坝前头；⑤下跨角；⑥背水面；⑦下坝根。

拐头坝：①上坝根；②迎水面；③拐点迎水面；④拐头迎水面；⑤上跨角；⑥坝前头；⑦下跨角；⑧拐头背水面；⑨背水面；⑩下坝根。

垛：①上垛根；②迎水面；③垛前头；④背水面；⑤下垛根。

（二）坝垛靠溜区分示意图（见附图5）

说明：

（1）图例：靠河为虚线。边溜为一侧箭头。大溜为全箭头。

（2）主溜与汊（或支）溜：当多股水流时，最大的一股为主溜，其余为汊（或支）溜。

（3）工程靠溜的区分：靠河——水流的傍岸部分，流速在0.5米每秒以下者；边溜——在大溜的两侧部分，流速在0.6～2.0米每秒者；大溜——水流中流速最大的一部分，其流速大于2.0米每秒者。

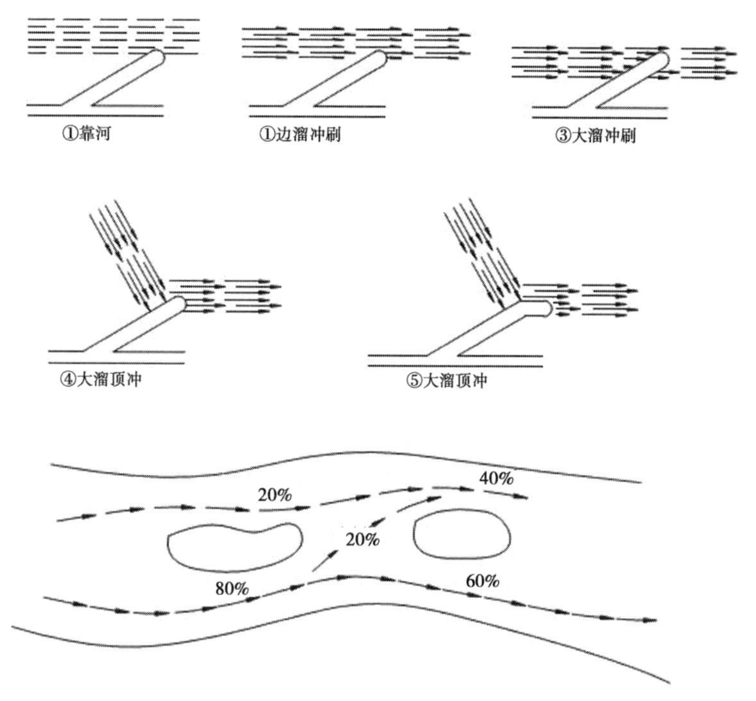

附图5　坝（垛）靠溜区分示意图

二、险情分类分级

按其工程类别，一般可分为堤防工程险情、坝岸工程险情、涵闸及穿堤建筑物工程险情三类。

堤防工程险情有两种分类方法：一是从出险原因进行分类；二是从出险情形进行分类。

坝岸、涵闸及穿堤建筑物工程从出险原因上分类与堤防工程是一致的；从出险情形上分类就有所不同。

（一）按出险原因分类

堤防、坝岸、涵闸及穿堤建筑物工程，按出险原因，可归纳为以下五类险情：

（1）洪水漫溢工程。当洪水超过工程防御标准后，堤顶就可能发生漫溢的险情。

（2）水溜冲击工程。当大溜顶冲或冲刷堤防，河底相应发生淘深，工程即可能发生裂缝、滑坡、坍塌、下陷等险情。

（3）工程质量不好。洪水时，由于水位很高，水压力很大，如果堤防土质不好或工程质量差，背河就会发生渗水、滑坡、管涌等险情。

（4）工程内部存在隐患。如堤身内部存在动物打洞、腐殖质（腐烂埽体）、残留树根、沟壕洞穴等，洪水时期极易发生漏洞险情。

（5）风浪拍击堤岸。洪水偎堤后，如遇风大浪高，拍击堤岸，极易发生堤岸坍塌险情。

总之，堤防发生决口只有漫决、冲决、溃决三种类型，不论何种险情发生，均应及时抢护，确保安全。

（二）按出险情形分类

堤防、坝岸、涵闸及穿堤建筑物工程险情情形很多，按其情形分类，堤防工程有九类险情，坝岸工程有四类险情，涵闸及穿堤建筑物工程有六类险情。

1. 堤防工程险情分类（一般为九类，特殊情况还有地震险情）

（1）陷坑：在堤顶、堤坡或戗台上发生坍塌成为坑洞的叫做“陷坑”，又叫“跌窝”。

（2）漫溢：河水上涨，堤高不够，风大浪高，堤顶漫水，叫做“漫溢”。

（3）渗水：当高水位历时较长时，在渗压作用下，堤前的水向堤身内渗透，堤身形成上干下湿两部分，干湿部分的分界线称为浸润线。如果堤防土料选择不当，施工质量不好，渗透到堤防内部的水分较多，浸润线也相应抬高，在背水坡出逸点以下，土体湿润或发软，有水渗出的现象，称为渗水。

（4）风浪：江河涨水时，堤前水深增加，水面加宽，当风向与吹程一致时，风速加大，形成冲击力，在水面形成的风浪。

（5）管涌：在背河堤脚、堤脚外的坑塘、水洼地或较远的地方等处冒出“小泉眼”或出现沙环，水中带沙粒者，叫做“管涌”。

（6）裂缝：除滑坡、坍塌前先发生裂缝外，土石结合部、黏土干缩、大堤沉陷、两工段接头不好、松散土层等因素都可能发生裂缝。裂缝有纵缝与横缝，垂直横贯大堤的叫横缝，平行于大堤的叫纵缝。横缝最危险。干缩裂缝多在表层，呈不规则形龟裂缝。要注意鉴别。

（7）漏洞：因堤身内有隐患（如动物洞穴、腐烂树根、解冻土块等）、修堤质量差或结合部不严密等，洪水时期，堤身承受高水位压力，浸水时间较长，渗流集中，在堤身内形成贯穿临背堤坡的渗流孔洞，从背河堤坡或堤脚附近流出浑水，叫做“漏洞”。概括起来讲，漏洞是贯穿堤身或堤基的水流通道。

（8）滑坡：堤身严重渗水，堤顶或堤坡出现弧形裂缝，土体沿曲面向下滑坠，叫做“滑坡”。滑坡又称脱坡。

（9）坍塌：堤身受到风浪和洪水的冲击，造成临河堤坡失稳坍塌的险情。

2. 坝岸工程险情分类

坝岸工程险情，一般常见的有四类险情。分别是：

（1）坝岸溃膛：因水流穿过裹护体和坝岸土体，将土体带走，在坝岸体中间形成塌陷或坍塌，即为坝岸溃膛险情。

（2）坝岸漫溢：因高水位或风浪等作用，使洪水从坝岸顶部漫过，即为坝岸漫溢险情。

（3）坝岸坍塌：受水流冲刷，造成坝岸裹护体或土体坍塌、墩蛰，即为坝岸坍塌险情。

（4）坝岸滑动：因坝岸裹护体或坝体与坝体之间存在有滑动面，或地基河床为层沙层淤土质时，受洪水冲刷，坝岸形成滑动体滑动，即为坝岸滑动险情。

3. 涵闸及穿堤建筑物工程险情分类

涵闸及穿堤建筑物工程险情，一般常见的有六类险情。分别是：土石结合部渗水、漏水，建筑物滑动，洪水漫顶，基础渗水或管涌，建筑物上下游坍塌，建筑物结构、构件及设备出险（故障）。

土石结合部和基础出现渗水或管涌，是穿堤建筑物主要而又难治的险情，必须加强观测和险象鉴别。

（三）按险情严重程度分类分级

险情级别高低是上传下达、组织抢护的重要依据。要认真检查观测、准确判断、及时报告、适时抢护、确保安全（见附表5）。

三、河势规律

黄河下游河道，在水沙互为作用的条件下，形成善冲、善淤、善变、善徙的特点，遇流量大小、含沙量多少和河岸边界条件的不同，冲淤和河势变化亦不同。但在水流的演进过程中，河势变化和泥沙冲淤有其一定的规律性、周期性和特殊性。

（一）规律性

小水塌湾，大水刷尖；小水塌滩淤槽，大水刷槽淤滩；北坐一湾，南出一滩。南出一滩，北生一险；下壅则上淤、上溃则下淤和紧沙慢淤等，是河道冲淤的一般规律。

小水上提，大水下挫；上湾变，下湾亦变，一湾变而多湾变，是河势变化的一般规律。

河坐磨盘山，单塌小营湾；孤柏嘴着了河，驾部唐郭往外挪，是上下湾河势的特定关系。

（二）周期性

“十年河东，十年河西”或“三十年河南，三十年河北”，是河势变化的周期性。

（三）特殊性

某一段河势坐湾，以后连年坍塌发展，形成奇曲的S形河湾，在大水中突然裁湾叉河改道，这个突然变化是河势变化的特殊性。

四、抢险的一般知识

抢险是一场复杂的斗争，在斗争中人们积累了不少的经验，主要有：对抢险人力、机械、物资的准备与使用；对河势工情的了解；对险情的查找、分析、判断等。在此基础上，制订切实可行的抢护方案、抢护原则、抢护方法等，只有掌握了这些知识，才能遇险不惊，周密部署，克险制胜，化险为夷。

附表5　黄河下游河道险情分类分级表

工程类别	险情类别	险情级别与特征		
		一般险情	较大险情	重大险情
堤防	漫溢、漏洞	—	—	各种险情
	渗水	渗清水，无沙粒流动	渗清水，有沙粒流动	渗浑水
	管涌	出清水，直径小于5厘米	出清水，直径大于5厘米	出浑水
	风浪	堤坡淘刷坍塌高度0.5米以下	淘刷坍塌高度0.5~1.5米以下	淘刷坍塌高度1.5米以上
	坍塌	堤坡坍塌高度1/4以下	坍塌高度1/4~1/2	坍塌高度1/2以上
	滑坡	滑坡长20米以下	滑坡长20~50米	滑坡长50米以上
	裂缝	非滑动性纵缝	其他横缝	贯穿横缝、滑动性纵缝
	跌窝	水上	水下，有渗水、管涌	水下，与漏洞有直接关系
险工	根石坍塌	其他情况	根石台墩蛰入水2米以上	—
	坦石坍塌	坦石局部坍塌	坦石坍塌1/2以上	坦石顶墩蛰入水
	坝基坍塌	其他情况	非裹护部位坍塌至坝顶	坦石及坝基同时坍塌入水
	坝裆后溃	坍塌坡高1/4以下	坍塌坡高1/4~1/2	坍塌坡高1/2以上
	漫溢	—	—	各种情况
控导	根石坍塌	各种情况	—	—
	坦石坍塌	坦石不入水	坦石入水2米以上	—
	坝基坍塌	其他情况	根坦石与坝基同时坍塌入水2米以上	根坦石与坝基同时冲失
	坝裆后溃	连坝坡冲塌1/2以上	连坝全部冲塌	—
	漫溢	各种情况	—	—
涵闸	闸体滑动	—	—	各种情况
	漏洞	—	—	各种情况
	管涌	—	出清水	出浑水
	渗水	渗清水，无沙粒流动	渗清水，有沙粒流动	渗浑水，土石结合部出水
	裂缝	—	建筑物构件裂缝	土石结合部裂缝、建筑物不均匀沉陷引起的贯通性裂缝

(一) 常用抢险料物

(1) 基本材料：土料、石料、砂石料、柳秸料、铅丝、麻料、木桩、土工合成材料等。

(2) 特定材料：防水布、反滤料、袋类等。

防水布：是指具有防水、不透水并有一定强度的布类物，一般有雨布、篷布、土工膜、土工复合材料、彩条布、塑料布等。

反滤料：是指具有滤水隔沙功能的料物，一般有砂石料、土工织物、梢料等。

袋类（土袋）：一般是指装土、沙或石子等用的袋子，一般有编制（化纤）袋、麻袋、草袋、布袋等。

（二）常用抢险机械的种类和适应范围

1. 机械的种类

机械的种类是按在抢险当中机械所发挥的作用划分的，不是通常意义上的机械的种类。分别有：

（1）运输机械：汽车、斗车、拖拉机、驳船、装载机等；

（2）挖装机械：挖掘机、装载机等；

（3）铲装机械：装载机、叉车等；

（4）整平机械：推土机、刮平机、装载机等；

（5）碾压机械：压实机械、履带拖拉机、推土机、装载机等；

（6）其他辅助设备：发电、供水、生活等设备。

2. 适用范围

机械的适用范围是由机械技术指标和机械性能所决定的。如机械的自重、载重、体形、行进速度、爬坡能力、转弯半径、连续作业情况、生产效率、运转消耗等，都是决定适用范围的重要依据。

装载机：主要是装石、装土、平整场地、短距离推土推石推梢料；其次是装运柳秸料、短途调运土石料和挖土以及局部碾压等。装载机是抢险中用途最广的机械。

挖掘机：主要是装土、拆除旧护坡、粗整土石护坡；其次是少量装石、局部平土等。

自卸汽车、推土机、叉车等用途较单一。

（三）河势工情

险情的形成和发展情况复杂，受多种因素的影响。就外部的因素讲，如水位过高或猛涨猛落、河势突变、大溜顶冲或边溜淘刷、渗流浸润、风浪袭击等；就工程本身讲，如堤身单薄或边坡过陡、临背河悬差大、土质多沙、碾压不实、堤身内部和基础中存在洞穴、裂缝或其他隐患等。因此，对于具体情况必须做具体分析，根据不同情况做不同的处理。

在着手抢险以前，必须对产生该险情的因素有正确的分析和判断，对材料的供应情况有足够的估计，对机械设备到位情况有准确的把握，然后确定适合具体条件的最合理的措施，全力以赴地进行抢险。切不可不根据具体情况，生搬硬套地决定一些不合理的措施，力求避免出现原则性错误。例如，临河截渗和堵塞漏洞是降低浸润线及降低渗透压力与渗透流量的最好办法，可以化险为夷。但是在某些情况下，只能在背河处理时，若不采取背河导渗和修月堤等办法，片面强调临河措施便可能铸成大错，贻误战机。

由此可见，抢险如同作战，吃透情况，方能取胜，需要了解的主要情况是：

（1）工程根基的埋置深度，河床土质的构成，工程裹护结构的强度；

（2）河势流向顺逆、边滩或心滩对其抗冲导流的影响；

（3）工程受冲作用的大小和时间长短等。

以上可以概括为抢险的“三要素”，只有弄清了这三要素，才能结合险情提出切合实际的抢护方法。

（四）一般抢护原则

堤防工程抢险是一项非常复杂的工作，必须有充分的思想准备和足够的人力、物力准备，要有明确的工作原则，只有步调一致，才能取得胜利。经过多年的抢险斗争，黄河人总结出了“探明情况，快速果断，随机应变，安全经济”十六字的抢险原则，也可称为总原则。

探明情况：一是要查清河势、工情和险情情况；二是熟悉距出险地点较近，一定范围内，人力、机械设备、料物等情况；三是把握时间、效率及协同作战能力等情况。

快速果断：统一指挥，果断指挥，制订方案快，落实方案快，完成任务快。快速果断即为2+3（两指挥和三快）。

随机应变：由于在抢险中情况复杂，各种变数很多，如河势的变化、气候的变化、险情的变化、方案与实际的差异等。因此，要适时调整方案，指挥员要有随机应变的能力，战斗员要有思想准备和良好的心理状态。只有做到这些，才能做到实际意义上的随机应变。

安全经济：在确保人身安全、工程安全两个安全的基础上，注重经济。因此，在制订方案、落实方案等抢险斗争中务必做到安全经济。

针对具体险情还有一些具体工作原则，如“查明原因，适时抢护”“预防为主，水涨堤高”“消减风浪，护坡抗冲”“临截背导，抢早抢小”“临河截渗，背河抢护”“护滩固基、减载加帮”“固脚阻滑、削坡减载”等。

（五）险情抢护工作环节

一般情况下，堤防险情均应把握五大工作环节，即险情简述（认识了解和界定险种）、原因分析（出险原因的分析）、一般要求（原则和具体要求）、抢护方法、注意事项等。由于漏洞和滑坡险情情况复杂且严重，因此漏洞险情应增加探测方法一个环节，共计六大环节；滑坡险情应增加检查观测、分析判断（滑坡的可能性、滑坡的范围与大小等）两个环节，共计七大环节。由此可见，险情抢护工作环节大多是相同的，少数是有区别的。

五、综合机械化抢险

在工程抢险中，土石方和柳秸料的挖、装、运、填等各道工序均由相互匹配的抢险机械来完成，构成“一条龙”的抢险流程，称为综合机械化抢险。

在抢险现场，过去是（传统抢险）人山人海，现在是（综合机械化抢险）机少人稀。综合机械化抢险召之即来、挥之即去，速度快、强度大、质量高，省工、省时（节省用时60%～90%）、省投资等，充分体现了综合机械化抢险的极大优越性，更加有力地保证了工程的安全。同时，提出了更新、更高、更严密的要求，必须加强相关知识的学习，才能适应综合机械化抢险的需要。

（一）一般原则

在组织综合机械化抢险中应遵循以下原则：

（1）充分发挥主要机械的作用。主要机械系指对完成关键工序起主导作用，且台班费最高的机械。充分发挥其作用，有利于加快抢险进度，降低抢险投资。如抢险运土时，挖掘机就是主要机械；抢险调石时，装载机就是主要机械；抢险运柳秸料时，叉车就是主要机械。这些机械作用发挥的好坏，直接影响各道工序、各种机械作用的发挥。

（2）挖运、装运机械应根据其工作特点配套选择。机械的高低、宽窄、容量、速度、效率等要相互配合。如挖掘机与自卸汽车，装载机与自卸汽车，叉车与自卸汽车等。

（3）机械配套要有利于使用、维修和管理。尽量减少机械的型号、规格、数量，用较少的机械完成较多的工序，以减少机械间的配合环节，提高机械的时间利用系数，简化维修管理工作。若一道工序必须由几种机械来完成，应进行综合的技术经济比较，根据需要和可能确定合理的配套方案。例如：在抢险时，装载机有平整、装运的功能，是一种功能较全的机械。如遇土场平整、土方装运等工程量大，就不如推土机平土，挖掘机装土，自卸汽车运土、运柳等效果好。如工程量较小，装载机即可起到一机多用等。使其充分发挥机械效率。

（4）加强维修管理，充分发挥机械联合作业的抢险能力，提高机械利用率。为保证主要机械作用的充分发挥，其他与之配合的机械的总抢险能力应比主要机械的抢险能力稍大一些。加强维修特别是现场的维修，对提高机械的利用率尤为重要。加强现场维修工作，可使机械利用率提高到80%以上，且主要机械无须备用。

（5）合理布置工作面、改善道路条件、减少机械的转移时间。合理布置工作面、改善道路条件是实现快速挖、装、运、卸等的前提，是避免一环受阻、环环窝工的重要保证。安排抢险任务时，让大型机械去完成工作量大而又集中的工作，工作量小而又分散的工作由小型机械甚至人工去完成，避免机械频繁转移，造成浪费。

（二）人机配合

（1）材料和机械是抢险的物质基础，人机配合是关键，是保障。因此，必须有性能优良、机动灵活、一机多用的先进机械设备担当抢险任务；必须有高素质、高技能的人才与之配合。有了好的机械设备，人就是决定的因素。人的技能高低将直接影响机械的组合和机械效率的发挥。除机械操作手技术过硬外，还要有经验丰富的指挥员、调度员、管理员等，才能达到真正意义上的人机配合，使其达到组织科学、安全高效、投资经济的最佳效果。

（2）指挥、调度与管理。指挥员是某一项工程抢险的决策者又是执行者，对抢险的得失举足轻重，因而指挥员、调度员、管理员应符合以下基本要求：

级别管理：视险情的大小及严重程度和管理（权限）能力的担当，确定其相应的指挥员。也就是说，管理班组能够处理的险情，班组长继任指挥员；部门能够处理的险情，部门负责人继任指挥员；单位能够处理的险情，单位项目主管继任指挥员；依次类推，上一级领导不得作为下一级（管理责任内）的指挥员，避免遇险即乱、错位管理、越权指挥的现象发生。

指挥员应具备的个人素质：应具有丰富的抢险经验，掌握抢险“三要素”，熟悉人机情况，决策指挥果断有力。

调度员应具备的个人素质：掌握所要调度的人机情况；具有丰富的组织调度经验和协调能力；在绝对服从指挥员指挥的前提下，还应有随机应变的能力。

管理员应具备的个人素质：应具有丰富的抢险管理经验和服务意识及协调能力。

（三）抢护方法

综合机械化抢险改变了传统抢险用料和操作方法。以其操作简单、速度快、质量好、经济为突出特点。但对抢险道路、场地、环境、机械手技能和指挥管理人员有较高的要求。其具体方法如下。

1. 抛投块石

抛投块石的标准、作用在同人工同样的基础上，由于机械抛投强度大、速度快，阻水能力强，用块石代替柳石枕及柳石搂厢，具有省工、省时、节约投资、一劳永逸、保护生态等显著作用，是人工做不到的。但应注意河势、工情和险情情况，把握抛投方法和速度，以免造成新的滑坡等险情，更好地发挥机械的作用。

2. 抛投大块石

抛投大块石是使用机械化的一大显著作用。在一定的环境条件和必要的技术指导下，大块石具有以下优缺点：

（1）优点：比重大，单块重（一般为1000～5000千克），抗冲和稳定性很强。尤其对光滑的淤土河底，容易着底，不易滚动；与铅丝笼相比，彻底避免了散笼和烦琐的捆扎；代替柳石枕、柳石楼厢等进占，且坚固、耐久、快速、经济。

（2）缺点：受条件限制，必须使用机械抛投；空隙度大、透水性大；与铅丝笼相比，不会变形，不太便于与散状石相结合，应注意适时加抛块石，以减少空隙度。

3. 柳石搂厢

机械装、运、推，埽料和平整场地速度快，效果好。尤其做混合搂厢时，可将柳、石、土滚在一起，成为大厢体，推入河中效果更佳。但机械做埽，一定要注意人机安全，避免人机坠入河中的事故发生。

六、传统抢险

传统抢险是人海战术和在基本没有机械化的情况下所进行的抢险。其主要学习参考书籍有：《黄河河防词典》，水利部黄河水利委员会编，1995 年 11 月黄河水利出版社出版；《防汛抢险技术》，水利部黄河水利委员会编，2000 年 4 月黄河水利出版社出版；《黄河埽工》，水利电力部黄河水利委员会编，1963 年中国工业出版社出版。

传统做法有：散抛块石、抛投铅丝笼、捆抛柳石枕、柳石楼厢、风搅雪，挂柳、桩柳防风阻浪缓流，梢料反滤等。

新技术应用与研究

随着电磁、遥感、卫星和计算机的应用，使得测量、查勘、探测仪器不断向自动化、数字化、微型化、多功能化方向迅速发展。近几年在黄河的治理当中，各种新技术被逐步应用。

一、应用技术

（一）灌注桩坝主要施工方法

灌注桩使用效果良好，可广泛推广应用。

1. 钻孔灌注桩施工顺序

测量放线→埋设护筒→钻机就位→造浆→钻进成孔→清孔、检孔→安装钢筋笼→安装导管→浇筑水下混凝土→拆除钢护筒。

2. 总体施工方案

沿该河段的治导线一字布置的单排钢筋混凝土灌注桩群，采用多个施工面，多台机械，顺序作业，分段施工。在单桩施工中，由于桩间距较小，必须采用隔桩跳打的办法才能有效地保持桩间隔离土体的稳定性，即每间隔 2 个孔作为一个施工作业面。

1）钻孔施工

（1）钻孔：灌注桩施工采用回旋钻机及冲击钻机，需要泥浆护壁。钻机安装就位时，底座和顶端应平稳，不得产生位移或沉陷，钻机、钻架和桅缸的顶端应用风缆固定，并在钻进过程中经常检查。

（2）清孔：采用抽浆清孔法，用泥浆泵将孔内的钻渣抽出，用清水泵注入孔内清水，保持孔内水头高度，防止塌孔。

（3）钢筋加工：钢筋加工前应进行人工清除油渍、漆污、铁锈，成盘的钢筋和弯曲的钢筋在使用前，可用钢筋调直机进行调直；钢筋的弯起和弯钩的加工可用钢筋弯曲机。

（4）钢筋的接头：采用电弧焊。为了保证电弧焊的质量，当改变钢筋的类别、直径、焊条牌号或调换焊工时，应事先用相同的材料、焊接条件和参数制作两个抗拉试件，试验结果大于或等于该类别钢筋的抗拉强度时，才允许正式施焊。

（5）钢筋笼的制作与安装：钢筋笼制作时，根据起重、运输能力等因素，应分节制作。为了使钢筋笼在吊装运输过程中不发生变形，在主筋和箍筋交叉点处加以焊接，焊接钢筋网宜采用接触点焊。钢筋笼焊接好后，用运输车运至井口，用25 t汽车吊吊起钢筋笼，在井口分节焊接，缓缓顺直安装在钻孔内，并且在孔位的支架上固定牢固，以保证钢筋笼地位置居中，防止钢筋笼下落。

（6）混凝土拌制：架设拌和站，现场拌制混凝土时，材料的配合应按混凝土配合比进行上料。

（7）混凝土运输：选用混凝土罐车运输至浇筑面进行浇筑。

（8）混凝土的灌注：灌注桩用导管灌注钻孔桩水下混凝土。桩混凝土浇灌应连续进行，中途不得中断，防止断桩。在灌注过程中，应经常探测混凝土面的高度，及时提升和拆除导管，使导管保持适宜的埋置深度，宜为2～4米，最大埋深不得大于6米；为防止钢筋笼被混凝土顶托上浮，应尽量缩短灌注时间；当发生导管卡管时，可抖动导管进行疏通；并且每50～100立方米混凝土应制作不少于2组（6块）的混凝土试验块。

2）施工技术要点

（1）按规范规定，施工时采用不分散、低固相、高黏度的高性能泥浆。采用塑性指数大于25、粒径小于0.005毫米的颗粒含量大于50%的黏性土并加适量膨润土。

（2）钻孔过程中经常检查，做到最终成孔孔斜率不得大于0.8%，扩孔率不得大于10%；清孔后孔底沉渣厚度不得超过30厘米。

（3）焊接接头在构件中的位置要符合以下规定：

①配置在同一截面内的受力钢筋的焊接接头不得超过50%。

②焊接接头与钢筋弯曲处相距不应小于10d，也不宜位于最大弯矩处。

3）混凝土用料的规定

（1）工程所用的混凝土均为C20，水泥进场必须附有制造厂的试验报告。

（2）粗骨料采用碎石，砂应选择级配合理、质地坚硬、颗粒洁净的天然砂。

（3）混凝土的塌落度应符合有关规定，一般应控制在180~220毫米；扩散度一般应控制在340~380毫米。

3. 接柱、盖梁、悬臂板和观测台施工

因本工程桩的数量较大，上部结构可穿插进行。待灌注桩从一端开始连续完成30根桩并达到一定强度时，即可进行测桩并做好上部施工准备工作。

1）施工方法

（1）柱、盖板、悬臂板的模板安装支撑好，钢筋绑扎完毕，在灌注混凝土前，应将模板内的杂物和钢筋上的油污清除干净，模板应适当涂隔离剂，模板如有缝隙或孔洞，应予以嵌塞。混凝土浇筑时应按一定厚度、顺序和方向分层灌注，混凝土运输用混凝土罐车从拌和站运至施工现场进行浇筑，浇筑时用插入式振捣器振棒，插入式振捣棒应尽量避免碰撞钢筋，更不得放在钢筋上，振捣棒头开始转动以后方可插入混凝土内，完成后，应匀速提出，不能过快或停转后再提出机头，以免留下孔洞。灌注混凝土应连续进行，如有间歇，应不超过混凝土初凝时间，以便在前层混凝土初凝前将续灌层混凝土振捣完毕。

（2）在灌注混凝土前，应凿除施工缝处前层混凝土表面的水泥砂浆和松弱层。经凿毛处理的混凝土表面，应用水冲洗干净，但不得留下积水，在灌注新混凝土前，垂直缝应刷一层净水泥浆，水平缝应在全部连接面上铺一层厚为1~2厘米的水泥砂浆，其水灰比应较混凝土减少0.03~0.05。

（3）混凝土浇筑完1~2小时后，用湿麻袋、草帘或湿砂遮盖，并经常洒水，洒水养护不得少于7昼夜，每天浇水次数应以能保持混凝土表面经常处于湿润状态为度。

2）施工技术要点

（1）所有模板、支架、钢筋和预埋件等按设计规范要求施工。

（2）浇筑时插入振捣棒前后插入的距离，若以直线行列插捣，不得超过振捣棒作用半径的1.5倍；若以交错式行列插捣，不得超过振捣棒作用半径的1.75倍。

（3）振捣棒靠近模板时，棒头必须与模板保持一定距离，一般为5~10厘米。

（4）凿缝时前层混凝土强度，须达到25千克每平方米。

（二）铅丝笼沉排坝

1. 沉排槽尺度

槽长与坝体裹护段同长；宽自坝体内坡以外，从起护断面宽14米渐变到上跨角27米，然后平顺等宽至坝前头，再接着从27米渐变到下跨角14米或18米止；深（用泥浆泵开挖）4~6米。

2. 结构

大铅丝笼制作，笼长随坝槽宽11~24米变化而变化，宽2米，高1米，网纲纵向用铅丝绳（6股12号铅丝制作），横向用8号铅丝做网纲；铺设，第一层，底层铺设缝制好的无纺土工布和有纺土工布两层，顶部低于坝顶1米处，水平嵌入坝胎内2米，然后随坝土坡下铺到底部，底宽14~27米，并在坝顶部打留绳桩。第二层，编制或铺设草捆，防止块石砸坏土工布。第三层，铺大笼，装石，扎笼，将网纲铅丝绳拴在坝顶留绳桩上；随着大笼的完成，再在大笼外侧抛三排小笼，三排小笼宽3米。槽内石笼完成后，接着用块石做护坡直至完成。

3. 使用效果

1990年，中牟九堡下延工程128~134七道铅丝笼沉排坝，与传统的坝相比，经洪水考验和部分解剖对比分析，沉排坝优于传统坝，排体基本稳定，蛰动不大，出险概率小，大险更少，适应于软基础的发展变形，较传统坝经济安全。但个别出险的部位，经分析，属施工时土工布缝合质量问题，铺石前缝合缝已开裂等。因此，在施工时一定要特别注意施工质量。在其他地方也有类似施工，使用效果同样良好，适应旱滩筑坝推广。

（三）工程抢险

1. 叉车运柳厢埽

将装载机铲斗卸掉，安装一个自制的装软料用的叉斗，斗长宽均3米，高2.5~3米，叉运柳秸料直接进占效果非常好，河南河务局进占抢险竞赛中，一举夺魁。“大型机械在黄河防洪抢险中的应用研究”获得河南河务局2004年科学进步一等奖。该机具简便易行，在传统埽工进占中，很有推广价值。

2. 柳石土混杂进占

将柳石土等混杂在一起，用机械推滚到进占的预定位置的做法，即为柳石土混杂进占。适应于流速一般不大于2米的水中进占。应用地点为中牟九堡下延工程119~127坝，在1986年施工时，曾尝试用推土机或装载机，推滚柳石土等杂物进占，效果良好。

3. 大块石代替铅丝笼

这里所指大块石，是500千克及其以上的机械施工的块石。大块石代替铅丝笼，是机械化施工发展的必然，其优点不言而喻。

（四）全站仪测量技术

具有自动测距、测角、数据处理、数据自动记录及传输等多项功能，是一种集多项功能于一体的自动化、数字化、智能化的三维坐标测量与定位系统。借助于全站仪，可以测量水平角、竖直角、斜距，计算显示平距、高差、高程、三维坐标，利用机内软件可组成多种测量功能。近几年在基层陆续使用。

（五）堤防探测

1. 堤防隐患探测仪

（1）研制：“探地雷达探测堤防隐患及路面结构的应用研究”获得黄委科学进步

三等奖和创新成果一等奖。完成单位：郑州黄河工程有限公司，主要完成人：尚向阳。

（2）主要创新点：探测范围广、数据采集密度大、速度快、效率高、费用低；突破了静态探测，能够在动态情况下准确探测。

（3）使用地：自2007年以来在郑州、济源、焦作、濮阳、新乡黄河及公路等使用。

2. 堤防软弱层探测技术

“瞬变电磁法探测”，20世纪80年代黄委勘探队对中牟黄河九堡老口门段（96～112坝）和封丘荆隆宫老口门段进行了瞬变电磁法探测和瞬态面波法实例分析。

（六）根石探测

（1）浅地层剖面仪+高精度GPS连续探测法，由黄河勘测设计院研究，在郑州黄河等应用。

（2）“X－STAR全谱扫频式数字水底剖面仪”由黄委从美国引进，1997年，在黄河花园口应用，与人工探测基本吻合。

（3）另有FB－1型根石探摸仪、活动式电动探测根石机等。

二、技术（应用）研究

（一）免烧砖代替块石筑坝

1. 设计材料及参数

C20水泥土挤压块，长宽厚分别为0.5米×0.4米×0.3米；每块中留有两个穿绳孔。定制呢绒绳和无纺土工布。

2. 旱坝施工

用泥浆泵挖出沉排槽，修好土坝基，铺设土工布，铺设免烧砖块，用尼龙绳连起，块块紧靠，形成护坡。

3. 试验时间及地点

1994年5月在郑州保和寨控导工程试验。

4. 效果

极易大面积滑坡，抢险难度大，未被推广。

（二）长管袋褥垫沉排坝

1. 工程设计情况

（1）工程结构：长管袋褥垫由生产厂家按设计要求拼接缝制。按照设计要求，马渡下延94坝采用抽沙充填长管袋褥垫沉排护底和采用抽沙充填长管袋褥垫进占，占体之上的土坝基护坡采用传统的散抛石结构，为防止块石砸破或刺破长管袋及水流淘刷土坝基，在占体顶部与护坡坦石结合部位铺一层土工布。

（2）主要机械设备见附表6。

2. 工程施工

施工工艺可分为施工放样、管袋褥垫加工制作、沉排铺设、沉排充填、土方填筑、土工布护坦、砌坦石。

附表 6　主要机械设备配套一览表

名称	柴油发电机	泥浆泵	推土机	平板船	浮筒	自卸车	斗车
规格	75 千瓦	6 吋	75 千瓦	20 吨	适当	5 吨	0.7 立方米
数量	1 部	2 套	1 套	2 只	4 支	6 辆	28 辆
备注	供电	充填管袋	碾压土方	沉排铺放	浮托泵管	运石	运土

3. 试验时间及地点

20 世纪 90 年代，在郑州黄河多处试验。

4. 效果

一遇洪水淘刷，管袋裸露氧化，已出现严重险情，抢险难度加大，未能继续推广应用。

（三）其他试验

（1）1997 年在中牟演习的膨胀剂堵漏洞、爆破振土坍塌堵漏洞等。

（2）2000～2013 年，在郑州黄河多处演习、试验的有土工包水中进占、透水土工包水中进占、抢险运输车装运抛投铅丝笼等。

（3）2013 年在惠金河务局南裹头险工试验的重复组装式导流桩坝和在中牟韦滩用块石压土工布抛点护滩等。

工程定额

本节仅摘录河南河务局、黄委部分工程定额中的工程量、材料、人工定额，不涉及机械（发展变化快）和投资部分（因为投资随物价变化较快，尤其 20 世纪 80 年代以后，变化更快，不便录入，特此说明）。工程定额，反映了当时的劳动方法、劳动工具、劳动强度等活化劳动和物化劳动的情况。

一、抢险定额

摘录自《河道工程报险的规定》。

河道工程的报险、抢险信息，是掌握险情发展、指导防汛斗争、审查抢险方法及使用工料的主要依据，同时，又是研究险情与河势、流量、水位关系的重要资料。因此，各市、县局必须认真、及时、准确地做好报险工作。规定如下：

（1）明确责任，认真填写工程靠河着溜日志。

（2）工程出险后，要及时丈量出险点的长度、宽度、高度，探测坝前水深，立即拟订抢护方案，计算工料。按照审批权限上报批准后进行抢护，属市、县局审批权限的，应报省局备查。

若险情紧急或因通话受阻不能及时报告者，可一面抢护，一面设法报告。但报告到省局时间不得迟于抢险开始后4小时。

（3）抢险过程中，险情发生变化，原订抢护方案不适应时，应修订抢护方案另行上报。

（4）对漏报、瞒报、抢护不当，违反规定，造成严重损失者，追究责任。

（5）险情报告中的几点说明：

①出险坝号，以坝埽鉴定为准。

②出险时间必须在抢险之前，应写报至月、日、时、分。

③出险原因、部位、情况表述。原因：一般为大溜顶冲、大溜冲刷、边溜冲刷、回溜淘刷等。靠溜又分为靠主溜、边溜或支流。部位：部位名称（见附图5）。起算点，临背河均以丁连坝口交会点为零点起算。拐头段以拐点为零点起算。情况：指出险情况表述。

④坝前水深不同于大河水深，坝前水深是指出险部位实际水深。

⑤出险尺度，是指坝、垛、岸实际出险尺度，一般应为均值。

⑥简明抢护方法和体积。

⑦计划用工用料规定如下：

铅丝笼：按5.2千克铅丝每立方米石料粗算。

柳料：180千克每立方米。秸料：80千克每立方米。

柳石枕：每个标准枕（长10米、直径1米），按柳料1000千克、石料3立方米、小绳（核桃绳、练子绳）15~17条、大绳（八丈绳、27米绳）2~2.5条粗算。

柳石搂厢：石柳体积比，按1∶2.5计算；每150千克柳，可计算2米长桩和大绳各2/3根。

铺设土工织物：铺设面积按土胎实际暴露面积的1.3倍计算。

用工：散抛石4立方米每工日；抛笼2立方米每工日；柳石工2.5立方米每工日；抛编织土袋0.5立方米每工日。

（6）在报险时，要报告河势情况和预估发展趋势。

（7）严格料物看护和进出手续管理。

（8）报险坝次规定：

①应以分数形式填写，分子表示出险次数，分母表示坝道数。

②不相连接的出险部位，有一个算一次。

（9）抢险用料批准权限：县局100立方米以内，市局100~300立方米，省局300~500立方米，均以代电方式逐级上报。

(10)抢险结束后，要及时逐级上报实际用工、用料、投资和抢护负责人。重大险情要写出专题总结报告报省局。上报时间规定：100立方米以内的3天之内上报，100～300立方米之间的5天之内上报，300～500立方米之间的及总结报告7天之内上报。

二、施工定额

摘录自黄委《黄河下游防洪基建工程施工定额》(修订本)。

(一) 人工土石方工程

1. 人工土方工程

(1)土工(单双胶轮车)：标准工作量(标方)，4立方米每工日。一类土，平距100米，挖、装、运、平铺等。

(2)硪实：20平方米每工日，干密度在1500千克每立方米以上。

(3)边工：200平方米每工日。

(4)拖拉机压实：2800平方米每台班。54～75型机，干密度在1500千克每立方米以上。

(5)洒水：330平方米每工日。如有运水，另按二类土运距计算。

2. 人工石方工程

人工石方定额表见附表7。

附表7　人工石方定额表

序号	定额名称	单位	施工定额	工作内容
1	丁扣护坡	立方米每工日	0.60	10米内搬运等
2	丁扣根石	立方米每工日	0.70	10米内搬运等
3	干砌块石护坡	立方米每工日	0.80	10米内搬运等
4	干砌粗料石	立方米每工日	1.00	10米内搬运等
5	干填腹石	立方米每工日	2.50	10米内搬运等
6	浆丁扣护坡	立方米每工日	0.70	10米内搬运等
7	浆砌块石护坡	立方米每工日	0.90	10米内搬运等
8	浆砌粗料石	立方米每工日	1.00	10米内搬运等
9	浆填腹石	立方米每工日	1.80	10米内搬运等
10	浆砌石旧坝拆除	立方米每工日	2.00	10米内搬运等
11	干砌石、乱石坝拆除	立方米每工日	3.00	10米内搬运等
12	坝面勾缝	平方米每工日	7.00	20米内搬运等
13	粗排乱石	立方米每工日	2.00	10米内搬运等
14	险工砌石坝抛石护根	立方米每工日	4.00	20米内搬运等
15	险工乱石坝抛石护根	立方米每工日	3.00	20米内搬运等
16	险工乱石坝抛石护坡	立方米每工日	4.00	20米内搬运等

续附表 7

序号	定额名称	单位	施工定额	工作内容
17	船抛石护根	立方米每工日	4.50	10 米内搬运等
18	控导工程抛石护根	立方米每工日	4.50	20 米内搬运等
19	控导工程抛石护坡	立方米每工日	4.50	20 米内搬运等
20	编铅丝笼片	平方米每工日	60.0	10 米内搬运等
21	抛铅丝笼	立方米每工日	2.00	10 米内搬运等
22	捆抛柳石枕	立方米每工日	2.50	10 米内搬运等
23	柳石搂厢	立方米每工日	2.50	20 米内搬运等
24	拌和水泥砂浆	立方米每工日	1.40	20 米内搬运等
25	拌和白灰沙浆	立方米每工日	1.30	20 米内搬运等
26	乱石平整	平方米每工日	40.0	拣平、填实、插严等

3. 人工采用单双轮车进行土石方工程施工

运距是工程定额的重要组成部分，运距即指水平距离。在遇翻越大堤或上下坡时，应将垂直升高高度折算为水平距离（见附表 8）。

附表 8　单双轮人力车升高折距表　　（单位：米）

垂直升高		1	2	3	4	5	6	7
折算水平距离	重载车	28	60	99	142	190	246	315
	空　车	15	30	45	60	85	116	150

注：7 米以上每升降 1 米折平距 70 米或 35 米。当坡长超过平距时，按坡长计算。

（二）石方工程材料消耗

每立方米砌体材料消耗见附表 9。

附表 9　每立方米砌体材料消耗表　　（单位：立方米每立方米）

项目	丁扣护坡、护根	干砌块石护坡	干砌粗料石	浆丁扣护坡	浆砌块石护坡	浆砌粗料石
块石	1.05	1.16		1.05	1.13	
粗料石			1.03			0.85
砂 浆				0.40	0.333	0.225

每 100 平方米勾缝砂浆消耗定额：块石勾缝需砂浆 0.70 立方米，料石勾缝需砂浆 0.45 立方米。

每立方米枕、埽材料消耗见附表 10。

附表 10　每立方米枕、埽材料消耗表

项　目	块石（立方米）	柳料（千克）	木桩（根）	铅丝（千克）	麻绳（千克）
柳石枕	0.3	126	0.1	1.0	1.0
柳石搂厢	0.25	144	0.2	0.5	2.25

三、其他定额文件

其他定额文件有《黄河机动抢险队料物储备定额》《黄河下游放淤（泵淤）工程预算定额》《黄河下游放淤（船淤）工程预算定额》《黄河防洪砌石工程预算定额》《黄河防洪土方工程预算定额》5 个（试行）的通知和《黄河防洪工程预算定额》的通知。

调水调沙

2002～2015 年，14 年黄河调水调沙，共进行 17 次，其中，试验 1 次，运行 16 次（2016 年未再进行调水调沙）。

在长期的黄河治理实践特别是三门峡工程的运用实践中逐步认识到，在黄河修建一系列大型水库，对水沙进行有效的控制和调度，减缓下游河道淤积，实现“河床不抬高”的目标，进而谋求黄河长治久安，具有十分重要的作用。2000 年小浪底水库的建成运用，为“调水调沙”的实施奠定了基础。

一、组织及数据统计

（一）组织

为切实做好每年调水调沙工作，郑州河务局接上级通知后，立即召开调水调沙动员会，启动调水调沙运行机制，加强领导、健全组织、明确责任、细化方案、充分准备，对调水调沙生产运行工作进行了统一安排部署，成立了以局长为指挥长的汛前黄河调水调沙生产运行指挥部，下设综合组、水情组、河道监测组、河道清障组、抢险组、物资保障及统计组、通信及信息保障组、宣传报道组、后勤保障组、督查组、安全组、综合分析及成果汇总组 13 个职能工作组。同时，针对小浪底调水调沙运用期间可能出现的各种情况和问题，制定了黄河调水调沙预案、生产运行期间河道工程抢险预案及河道监测预案。各县（市、区）局按照调水调沙分工和险工控导班坝责任制分工进行河势观测、水位观测、工情观测、滩区漫水和滩岸坍塌情况观测以及各险工险点险情观测。对薄弱工程进行了根石加固，对靠河工程防守由 2 名副科级干部带班，日夜守在工程，发现险情及时抢护，确保工程安全。严格落实工作，确保每次调水调沙生产运行的顺利实施及汛期辖区内防洪工程的安全。

(二) 参数统计

试验运行次数、时间、流量、含沙量等数据统计见附表11。

附表11　2002~2015年调水调沙基本参数统计表

次数	时间			流量（立方米每秒）		含沙量（千克每立方米）		出险次数
	年	月	日	最大	一般	小浪底站	花园口站	
1	2002	7	4~15	3080	2600	较低	较低	220
2	2003	9	6~18	2720	2400			
3	2004	6~7	19~13	2970				84
4	2005	6~7	16~1	3550	2900	11.7	5.52	161
5	2006	6~7	10~1	3920	3400	57.7	25.0	75
6	2007	6~7	19~4	42.90		97.8	59.6	88
7	2007	7~8	29~4	4160	3600			34
8	2008	6	19~29	4610		154.0	101.0	105
9	2009	6~7	19~7	4170		12.7	5.01	90
10	2010	6~7	19~8	6680		288.0	152.0	96
11	2010	7~8						
12	2010	8	11~21					
13	2011	6~7	19~9	4100		263.0	79.6	50
14	2012	6~7	19~12	4320		398	61.0	51
15	2013	6~7	19~11	4310		116.0	31.9	86
16	2014	6~7	29~10	4000		13.3	3.85	86
17	2015	6~7	29~14	3520			1.83	5

注：流量为花园口站实测流量。

二、试验及运行

(一) 2002年

“调水调沙”的基本原则是根据黄河下游河道的输沙能力，利用水库的调节库容有计划地控制水库的蓄、泄水时间和数量，调整天然水沙过程，使不平衡的水沙过程尽可能协调。一是在7~9月主汛期，当来水流量小于2500立方米每秒时，将水库调整到敞泄排沙状态，通过调水造峰、泄水排沙，以冲刷下游河槽，改善河床形态，增大滩槽高差，增大河槽的排洪和输沙能力，起到减轻下游河道淤积的作用。在非汛期利用水库蓄水调节径流，满足供水和灌溉的要求，并增大发电量。二是在汛期利用汛限水位上的弃水调节水沙过程。

2002年黄河首次“调水调沙”试验，从7月4日9时开始，当日10时36分小浪底水库最大下泄流量3250立方米每秒。7月15日9时止小浪底水库下泄流量控制在800立方米每秒以下运行，历时11天。调水调沙期间花园口站流量基本控制在2600立方米每秒，7月5日9时36分花园口站最大流量3080立方米每秒，水位93.63米；7月16日8时花园口站流量降至1500立方米每秒，水位92.49米；7月19日8时花园口站流量780立方米每秒，水位91.75米。

“调水调沙”试验期间，郑州黄河河道经过较长时间、较低含沙量及2600立方米每秒较稳定流量的作用，河势总体没有发生大的变化，尤其是在工程配套完善的河段及控导主流较好的河段，河势变化较小，仅表现为河槽展宽、工程靠溜长度加长。在工程配套不完善的河段，河势变化虽然较小，但流路不规顺，长期小水形成的不利河势仍未改变，一些工程仍未靠河，未能发挥控导河势的作用。

这次“调水调沙”，随着小浪底下泄流量的增大，水流的冲刷能力、河床的下切程度发生急剧变化，下泄清水，随后水流对河床的冲刷力加大，河床的下切程度逐渐加大，造成了多处新修工程频频发生险情。“调水调沙”期间，郑州河段共有9处控导（下延）工程出险64道坝220次，抢险用石21363立方米、铅丝15090千克、麻料524千克，投入人工6550人次，抢险费用240.18万元。

“调水调沙”试验期间，郑州河段共出现串沟过水1处、发生漫滩8处。中牟九堡下延工程以下河道河势变化较大，出现了滩岸坍塌情况：自7月4日8时至7月16日8时，九堡险工120坝观测断面滩岸坍塌面积4.96亩，九堡下延工程130坝观测断面滩岸坍塌面积10.16亩，韦滩控导工程观测断面滩岸坍塌面积36.86亩。

“调水调沙试验”2002年一次成功，2003年转入运行。

（二）运行（几个典型年份）

2003年

2003年是黄河调水调沙运行的第一年，是黄河第二次调水调沙（第一次是2002年试验）。经国家防总批准，黄河防总结合小浪底水库防洪预泄实施了小浪底、陆浑、故县、三门峡等4座水库水沙联合调度的“调水调沙”运行，自9月6日9时开始，至9月18日18时30分结束，历时12天。花园口水文站调控指标为平均流量2400立方米每秒，花园口最大流量达2720立方米每秒（2003年9月8日7时6分）。

与2002年黄河首次“调水调沙”试验相比，2003年“调水调沙”试验的特点在于调度小浪底、陆浑、故县、三门峡四库具有较大空间距离，洪水传播在时间与河床边界条件下差异很大，天气形势又在不断变化，情况复杂。试验还同时借助异重流排沙和浑水水库排沙，达到了小浪底水库拦粗沙排细沙，以利于实现下游输沙入海的目的。

与“调水调沙”运行前相比，河道流路变化不大，流路相对稳定，仅局部河势有些变化，靠河工程增加。其中，中牟赵口险工滩地滩岸坍塌108.71亩，九堡控导120

断面滩岸坍塌 320.85 亩，韦滩 1～3 号断面坍塌 10.55 亩。

2007 年

2007 年 6～8 月，黄委实施两次黄河调水调沙（第六次和第七次）。

2007 年 6 月 19 日黄河防总决定开始通过联合调度万家寨、三门峡、小浪底水库，实施黄河第六次调水调沙。当年调水调沙与往年相比，平均下泄流量是历年来最大的一次。自 6 月 19 日小浪底水库开始下泄，至 7 月 4 日结束，历时 16 天。小浪底水库下泄最大流量为 6 月 27 日 2 时 4210 立方米每秒，最高含沙量为 6 月 30 日 10 时 97.8 千克每立方米；花园口站最大流量为 6 月 28 日 8 时 54 分 4290 立方米每秒，最高含沙量为 7 月 1 日 12 时 59.6 千克每立方米。调水调沙期间郑州河段工程河势变化不大。随流量增大减小，工程靠河坝垛增加减少和河势的上提下挫，部分河段河面变宽。郑州河段有 5 处工程共 18 道坝发生 88 次险情（其中桃花峪 16 坝、17 坝较大险情各 1 次），累计出险体积 1.53 万立方米，抢险用石 1.29 万立方米、土方 2318 立方米、柳料 5.04 万千克、铅丝 6.89 吨、机械 2749 台时，投入人工 2790 人次，抢险费用 183.16 万元。

7 月 26 日，黄河中下游先后出现了明显的降雨过程，各支流相继涨水。7 月 29 日 14 时小浪底水库转入防洪运用，29 日 16 时起三门峡水库按敞泄运用。根据当前水情和水库运用情况，结合防洪调度，黄河防总决定进行为期 6 天的第七次黄河调水调沙过程，花园口站流量持续在 3600 立方米每秒左右。此次调水调沙期间，小浪底水库实际下泄最大流量为 8 月 5 日 8 时 3090 立方米每秒，最高水位 136.20 米；花园口站最大流量为 7 月 31 日 21 时 24 分 4160 立方米每秒，最高水位为 7 月 31 日 19 时 54 分 92.91 米。其间，郑州河段有 4 处工程共 13 道坝发生 34 次险情，其中桃花峪 17 坝较大险情 1 次，累计出险体积 5896 立方米，抢险用石 5120 立方米、土方 650 立方米、柳料 2.27 万千克、铅丝 2316 千克、机械 863.71 台时，投入人工 1029 人次，抢险费用 66.56 万元。

2010 年

2010 年 6～8 月，黄委实施三次黄河调水调沙（第十、十一、十二次），不仅创下同年实施调水调沙次数新纪录，而且使小浪底水库排沙比最高值达到 150%，下游河道最小过流能力提高到 4000 立方米每秒。

2010 年汛前，经国家防总批准，在满足沿黄省（区）工农业用水需求的情况下，黄委自 6 月 19 日至 7 月 8 日，联合调度万家寨、三门峡、小浪底水库，实施了基于黄河中游干流水库群三库水沙联合调度的第十次调水调沙。本次调水调沙，小浪底水库排沙 0.527 亿吨，黄河下游河道主河槽冲刷 2541 万吨，最小过流能力由 2009 年的 3880 立方米每秒进一步增大到 4000 立方米每秒；再次成功地在小浪底库区塑造了异重流并实现排沙出库，7 月 4 日 19 时，小浪底水库出库实测最大含沙量 288 千克每立方米，排沙比达到150%，库区淤积形态得到进一步改善。其间，花园口站在7月5日12时36分出现最大瞬时流量6680立方米每秒，相应水位93.16米，最高含沙量为152千克每立方米。郑州辖区荥阳河务局所辖河段枣树沟－27垛上首200米处主河槽内发生嫩滩上水，面积为1500亩。郑州辖区2处发生坍塌，分别是7月6日10时巩义石板沟距裴峪26坝2千米处发生滩岸坍塌，长1000米、宽50米，坍塌面积为75亩。7月7日8时巩义两沟口距赵沟控导上延16坝1000米处发生滩岸坍塌，长400米、宽18米，坍塌面积为10.8亩。郑州黄河辖区共有9处工程44道坝发生96次险情，累计出险体积15579立方米，抢险用石14298立方米、土方1204立方米、柳料1.4万千克、铅丝10215千克、机械2901台时，投入人工工日2740人次，抢险费用188.25万元。

7月24日至8月3日，小浪底水库以上泾渭洛河和小浪底水库以下伊洛河流域同时暴发洪水。在统筹考虑干支流防洪减灾和水库、河道减淤的前提下，黄委通过三门峡、小浪底、陆浑、故县水库“时间差、空间差”的组合调度，实施了基于黄河中游水库群四库水沙联合调度的第十一次调水调沙，将不同来源区洪水、泥沙在空间尺度上进行了对接掺混，使天然状态下不和谐的水沙关系塑造为协调的水沙关系，实现小浪底水库出库沙量0.261亿吨，黄河下游花园口至利津河段共冲刷0.101亿吨。

8月11~21日，黄河中游出现了一次连续性不强且有多个洪峰的洪水过程，若按传统的常规调度，这种连续性较差的小股洪水过程，势必造成水库和下游河道主河槽的淤积。为避免造成此类情况，必须对其进行组合改造。黄委再次通过万家寨、三门峡、小浪底水库“时间差、空间差”的组合调度，将中游干支流小流量、高含沙的“散兵游勇”般的多股洪水过程，塑造成有利于水库河道减淤的协调且完整的水沙过程，实施了基于黄河中游水库群三库水沙联合调度的第十二次调水调沙。此次调水调沙主要开展了三门峡、小浪底水库联合速蓄速冲试验，深化了对水库群联合水沙调度技术和异重流排沙规律的认识，取得了较好的试验效果。小浪底水库出库沙量为0.487亿吨，黄河下游花园口至利津河段共冲刷0.118亿吨。

2015年

按照黄河防总统一部署，2015年汛前实施了黄河第十七次调水调沙工作。于6月29日开始，7月14日结束，历时15天。此次调水调沙期间，7月1日16时小浪底水库下泄最大流量为38601立方米每秒，6月30日11时30分最高含沙量13.3千克每立方米，7月1日16时最高水位136.77米；7月2日14时花园口站最大流量为4000立方米每秒，7月3日20时最高含沙量3.85千克每立方米，7月2日14时最高水位91.99米。调水调沙期间，郑州河务局共有3处工程4道坝发生5次险情，累计出险体积738立方米，抢险用石738立方米、机械127.81台时，用工73.8个工日，总投资10.13万元。

沁河与蟒河

沁河与蟒河是汇入郑州黄河干流五条支流中的两条支流，其流域面积和洪水流量大，是郑州洪水威胁的重要组成部分。在此对沁河与蟒河做一简要介绍。

【沁河】

沁河发源于山西省平遥县黑城村，自北而南，过沁潞高原，穿太行山，自济源五龙口进入冲积平原，于河南省武陟县流入黄河。河道长485千米，流域面积135万平方千米。

沁河流域边缘山岭海拔多在1500米以上，中部山地海拔约1000米。流域内石山林区占流域面积的53%，土石丘陵区占流域面积的35%，河谷盆地占流域面积的10%，冲积平原区占流域面积的2%。其冲积平原分布于济源五龙口以下，有灌溉之利，亦有洪灾威胁。

五龙口至沁河口长90千米，为下游河段。河道流经冲积平原，两岸筑有大堤，河床高出两岸地面2～4米，武陟县木栾店附近临背河悬差7～10米，与黄河干流下游河道相似，沁河下游也是“地上河”，历史上决口泛滥频繁，素有“小黄河”之称。

沁河支流众多。丹河是其最大的支流，发源于山西省高平市丹珠岭，由北向南经晋城市郊进入太行山峡谷，出峡谷后流经冲积平原，南行17千米于河南省沁阳市北金村汇入沁河，河道长169千米（其中山西省境内129千米），流域面积3200平方千米，占沁河全流域面积的23.3%，其中山西省境内2981平方千米。

沁河流域属大陆性气候，年平均气温10～14.4℃，无霜期173～220天。年降水量自南而北递减，上中游平均为617毫米，下游600～720毫米。小董水文站年平均天然径流量为17.8亿立方米，其中82%来自五龙口以上，其余来自丹河。多年平均年输沙量689万吨，多年平均含沙量6.58千克每立方米。径流量的年际变化不均衡。小董水文站年径流量和年输沙量最大值分别为31亿立方米和3130万吨。1997年下游全年断流。水沙量年内分配不均，7～10月径流量和输沙量分别占年径流量和年输沙量的69.4%和90%。据历史资料记载，明成化十八年（1482年），阳城九女台曾出现14000立方米每秒洪水，1982年武陟水文站洪峰流量4130立方米每秒是人民治黄以来出现的最大洪水。

【蟒河】

蟒河是黄河北岸的一条支流，发源于山西省阳城县花野岭，流经河南省济源、沁阳、孟州、温县，于武陟县的董宋村注入黄河。流域面积1328平方千米。流域的西部和北部为山区，海拔1200多米，南部为丘陵，东部为平原。河道长135.7千米，其中赵李庄以上61千米，赵李庄至入黄口74.7千米。

流域内气候温和，年平均温度15℃左右。年均降水量约650毫米，最多达1000毫米以上，最少300毫米，年蒸发量1100～1700毫米（水面）。1933年赵李庄出现过1530立方米每秒洪水，1958年洪水实测流量为873立方米每秒。

至2013年，蟒河流域已修建水库72座，筑堤113.8千米，涵闸11座，桥72座，机电灌溉站76座，并修建了大型灌溉工程——引沁济蟒灌溉工程。

历史上的老蟒河发源于河南孟州市谷旦，流经孟州、温县，于武陟县方陵汇入黄河，流域面积540平方千米。河道长73.4千米，堤距8～200米，两岸堤长100.8千米。老蟒河主要担负孟州、温县、武陟的防洪除涝任务。

编纂始末

郑州河务局（两届）党组高度重视《郑州黄河志》编纂工作，组织到位、措施具体，保障了《郑州黄河志》编纂工作的顺利进行。编纂工作自2011年至2017年历时6年，分五个阶段，《郑州黄河志》得以圆满完成。

五个阶段：发动准备阶段（2011～2012年）、学习培训阶段（2012～2013年）、收集资料阶段（2012～2014年）、初稿编审阶段（2014～2015年）、总纂编审阶段（2016～2017年）。

发动准备阶段是做好修志工作的基础，开展了志书编纂前期筹备工作，成立《郑州黄河志》编纂委员会、编纂办公室。《郑州黄河志》编纂工作与其他工作不同，“众手成志”是其最大特点，全局全体部门携手完成。郑州河务局编志办始终站在“三个高度”（历史的高度、郑州黄河的高度、整部黄河志高度），坚持“五定一落实”（定目标、定内容、定数量、定质量、定时间，落实责任）的工作原则。

《郑州黄河志》先后10次修订成稿，经多级多层次人员审核把关，编委会成员人均审稿3次以上；专家数次指导审核，召开不同层次评审会9次。

发动准备阶段（2011～2012年）

2011年8月，郑州河务局发出《关于编修郑州黄河志及成立编委会的通知》，通知明确了编修工作的指导思想、内容、目标和要求及组织机构。

巩义、荥阳、惠金、中牟四个县（市、区）河务局成立了相应的编纂委员会和编纂办公室，与《郑州黄河志》编纂办公室上下联动，同步进行辖区内的志书（《巩义黄河志》《荥阳黄河志》《惠金黄河志》《中牟黄河志》）的编纂工作。

2012年2月，郑州河务局发出《关于印发郑州黄河志编纂工作方案及责任分工的通知》，制定了《郑州黄河志编纂方案》《2012年郑州黄河志编纂工作安排》《郑州黄河志目录》《郑州黄河志编纂责任目标分解一览表》。

2012年3月，郑州河务局召开郑州辖区黄河志编纂工作动员会，副局长申家全代表局长刘培中做动员报告。副主任委员张治安部署具体工作。各部门负责人和供稿人员、局属单位领导和供稿人员共40余人参加了会议。

学习培训阶段（2012～2013 年）

2012 年 4 月，举办了《郑州黄河志》编纂工作培训会，邀请《黄河史志资料》专家王梅枝、王继和以及《河南黄河志》编纂专家赵炜等授课指导。各位专家详细讲解了修志工作程序、质量控制、行文规范等编志工作相关要求，为局属各单位、机关各部门编志工作的开展，打下了坚实基础。此后，修志工作的培训研讨及工作例会步入常态化。

2012 年 5 月，召开编纂大纲（目录）评审会。参加的治黄专家有：河南河务局副局长、党组成员端木礼明，河南河务局原副局长赵天义，河南河务局原副巡视员赵友林；修志专家有：河南省史志办省志工作处处长陈守强、副处长李娟，《黄河史志资料》副主编王继和；河南河务局史志办主任赵炜以及该局编委会成员参加了此次会议。根据专家指导意见，相继编修了《郑州黄河志》新目录，细化了大纲，制定新《责任分配一览表》《人物章节编写要求》《局属各企事业单位撰写要求》等。随后，结合郑州实际，制定了《编纂工作规范与要领》，而后逐步修改为《郑州黄河志编纂工作规范》。

2012 年 10 月，第一次召开《郑州黄河志》初稿评审会议，邀请郑州河务局专家刘天才、余孝志、王东岳、毛彦宇、李瑞、常桂莲、刘丰、陈浩、张东风、朱福庆、蒋胜军等，组成专家组，对初稿进行了查漏补缺，建言献策。

2012 年 11 月，第二次召开《郑州黄河志》初稿评审会议，邀请郑州河务局专家刘天才、王东岳、毛彦宇、常桂莲、刘丰、陈浩、朱福庆、蒋胜军等，组成专家组，对初稿进行了再一次审查，提出了具体的修改意见和建议。

2013 年 3 月，围绕“闯新路、走前头、树形象”活动精神，召开了局属各单位黄河志编纂工作会，提出编纂部门要加紧制定新计划、新目标及新措施，投入更多的时间与精力，提高效率，保质保量，全力以赴开展 5 部志书的编纂工作。此后，多次召开资料收集和试写稿研讨会。

5 月，适时调整《郑州黄河志》编纂委员会组成人员等组织机构。

收集资料阶段（2012～2014 年）

2012～2014 年为集中收集资料阶段，补充完善资料贯穿整个编纂工作始终。

初稿编审阶段（2014～2015 年）

2014 年，编志办人员多次向黄委黄河志总编室相关领导和专家请教指导《郑州黄河志》志稿编修工作，并依据指导意见召开了《黄河志》编纂工作推进会，反复修改志稿。

2015 年 3 月，将初稿修改意见分别发至机关各部门、局属各单位相关负责人，并将修改后章节收集整理。

2015 年 11 月，《郑州黄河志》二审稿初稿形成。编志办将二审初稿提交修志专家审查，然后召开专家咨询会。11 月 20 日召开专家咨询会，参加人员有：河南省史志办省志工作处处长李娟，黄河志总编室主任（编审）王梅枝、副主编田玉根、副编审铁艳等。会议对二审稿初稿提出诸多具体、详实、明确的修改意见。依据专家指导意见，进行修改，于 12 月形成二审稿，随即提交《郑州黄河志》编委会和相关单位及内部专家进一步审核。

总纂编审阶段（2016～2017 年）

2016 年 7 月，将《郑州黄河志》三审稿提交高层次专家领导审阅，8 月 6 日召开《郑州黄河志》三审稿评审会，河南河务局党组成员、副局长端木礼明，河南省史志办省志工作处处长李娟，黄河志总编室主任（编审）王梅枝、副主编田玉根、副编审铁艳，河南河务局原副局长赵天义、河南河务局原副巡视员赵友林等六位领导专家对此志稿进行了评审。

依据评审意见，《郑州黄河志》断限时间由原来 1948～2013 年调整为 1948～2015 年，此后对《郑州黄河志》志稿进行反复修改完善，其间 2 次成稿。再经修改，于 2017 年 12 月完稿。

特此感谢：

《郑州黄河志》编纂工作是一项庞大、复杂的系统工程，得益于各级领导的关心支持，得益于专家的指导，得益于广大职工干部的辛勤努力，使得《郑州黄河志》一书面世。对此，郑州河务局对所有关心、支持、帮助、指导《郑州黄河志》编纂工作的专家、领导和同志们表示衷心的感谢。

对以下提供资料人员表示感谢：工务处刘桂民、王彬，防办付丽娟，办公室海涵、彭红，人劳处马刘强、刘敏、何朝斐、黄磊、李恩珍、郭琼，科技处张璞，水政处朱蓓蓓，财务处闫红梅，审计处赵子平，机关党委刘晖，工会罗睿，离退处冯娜，信息中心牛瑞华，服务中心武宏章，工程公司雷锐锐、谢百选，水电公司李京晓、魏双艳，天诚公司范琳、王军霞，郑州供水分局陈峰、张闯，养护公司刘晶晶，经管局赵丽，巩义河务局李爱军、杨岚、王森、张超、张俊飞，荥阳河务局李强、赵海燕，惠金河务局张玉山、秦璐、赵桂玲、程好进、孙金丽、张建宗，中牟河务局贺庭虎、饶志国、白娜娜、王灵芝、张晓晨、刘丽霞。

插表索引

插图索引